30억년의 조류 자연사

조류를 통해 본 생물진화·지구·환경

The Natural History of Algae

Perspective of Three Billion Years Evolution of Algae,
Earth and Environment

The Natural History of Algae

30억년의 조류 자연사

조류를 통해 본 생물진화·지구·환경

Perspective of Three Billion Years Evolution of Algae, Earth and Environment

Isao Inoue(井上 勳) 저 | 윤양호 번역

전남대학교출판부

SORUI 30-OKU NEN NO SHIZENSHI - SORUI KARA MIRU
SEIBUTSUSHINKA·CHIKYU·KANKYO
(The second edition) by Isao Inoue

A original Japanese edition published by Tokai University Press.

This Korean language edition is published by arrangement
with Tokai University Press, Hiratsuka, Kanagawa
in care of Tuttle-Mori Agency, Inc., Tokyo through
IMPRIMA KOREA AGENCY, Seoul.

권두사진 1. 남조(cyanobacteria)

1: 남조에 의해 발생된 녹조(綠潮)의 현미경 사진, **2**: *Microcystis*, **3**: 흔들말(*Oscillatoria*), **4**: *Anabaena*, **5**: *Spirulina*, **6**: *Chroococcus*, **7**: *Coelosphaerium*, **8,9**: 잔디에 서식하는 돌옷(*Nostoc*), **10,11**: 우렁쉥이류(*Didemnum molle*)와 그에 공생하는 원핵녹조 *Prochloron*, **12**: 피코플랑크톤인 원핵녹조 *Prochlorococcus*, **13,14**: 바다의 부유성 남조인 *Trichodesmium*의 군체와 가스포를 가진 사상체, **15**: 호주 샤크만에 있는 스트로마톨라이트(stromatolite), **16**: 호주 해머즐리에 있는 호상철광산. (사진제공, 3: 渡邊眞之, 10: 宮下英明, 12: D.J. Patterson, 13: 河地正伸, 15: 川井浩史, 16: 가나가와(神奈川)현립 생명의 별: 지구박물관(平田大二 촬영))

권두사진 2. 홍조식물문(홍조류)

1: 참김, **2**: 방사무늬김, **3**: *Coelarthrum opuntia*, **4**: *Dichotomaria falcata*, **5**: 갈래곰보(*Meristotheca papulosa*, 해조사라다의 주재료로 사용), **6**: 주름붉은잎(*Callophyllis crispata*), **7**: 우뭇가사리 일종(*Gelidium crinale*), **8**: *Plocamium telfaiririae*, **9**: 나도꿩꼬리(*Delisea japonica*), **10**: 구멍분홍치(*Sparlingia pertusa*), **11**: 엇가지풀(*Heterosiphonia japonica*), **12**: 제주비단망사(*Martensia jejuensis*), **13**: 참지누아리(*Grateloupia filicina*), **14**: 잔금분홍잎(*Acrosorium polyneurum*), **15**: *Ptilota filicina*, **16**: 방울산호말 일종(*Serraticardia maxima*), **17**: 혹돌잎의 일종(*Lithophyllum tortuosum*), **18**: 혹돌잎 속(*Lithophyllum*), **19**: 광합성색소의 추출, 위에는 에테르층으로 엽록소나 카로티노이드가 녹아있으며, 아래에는 분리된 층상구조가 보인다. (사진제공, 1, 2: 田中次郎, 5, 11, 12: 横濱康繼)

권두사진 3. 녹조식물문 갈파래강(바다의 녹조식물)

1: 홑파래(*Monostroma*), **2:** 구멍갈파래(*Ulva*), **3, 4:** 삿갓말(*Acetabularia ryukyuensis*). 4는 성숙한 삿갓의 일부, **5, 6:** *Cymopolia vanbosseae*, **7:** *Halicoryne wrightii*, **8:** *Bornetella sphaerica*, **9:** 깃털말 (*Bryopsis plumosa*), **10:** 왕깃털말(*Bryopsis maxima*), **11:** 왕바로니아(*Valonia ventricosa*), **12:** 계란바로니아(*Valonia macrophysa*), **13:** 구슬바로니아(*Valonia aegagropila*), **14:** *Boergesenia forbesii*, **15:** 그물공말(*Dictyosphaeria cavernosa*), **16, 17:** 검정잎맥발(*Microdictyon japonicum*)의 전체 모양과 일부 확대한 형태, **18, 19:** 이끼좀대롱말(*Boodlea coacta*)의 전체 모양과 일부 확대한 형태.

권두사진 4. 녹색식물문 갈파래강(바다의 녹조류)

1: 선인장말속(*Halimeda pountia*), **2**: *Chlorodesmis fastigiata*, **3**: *Avrainvillea erecta*, **4**: *Caulerpa scalpelliformis*, **5**: 바다포도(*Caulerpa racemosa*), **6, 7**: *Halicoryne wrightii*, **8**: *Caulerpa taxifolia*, **9**: 갈색대마디말(*Cladophora wrightiana*), **10**: 큰대마디말(*Cladophora japonica*), **11**: 염주말(*Chaetomorpha moniligera*), **12**: 나선염주말(*Chaetomorpha spiralis*), **13**: 청각(*Codium fraglie*), **14**: *Codium subtublosum*, **15**: 넓청각(*Codium latum*), **16**: 마리모(*Aegagropila linnaei*). (사진제공, 3: 岡本典子, 11: 田中次郎, 16: 若菜勇)

권두사진 5. 부등편모식물문(황색식물, 갈조류)

1: 감태(*Ecklonia cava*)의 해중림, 2: 대황(*Eisenia bicyclis*) 군락, 3: 참다시마(*Saccharina Japonica*) 군락, 4: 모자반(*Sargassum fulvellum*)의 해중림, 5: 쇠미역(*Costaria costata*), 6: 미역, 7: 미역귀(유주자 주머니의 집합체), 8: 미역을 뜨거운 물에 넣으면 녹색으로 변한다. 9: 괭이모자반(*Sargassum horneri*)의 생식기관, 10: 괭이모자반의 수정란에서 발아한 배의 형태, 11: 괭이모자반의 자웅생식기상, 12: 톳(*Sargassum fusiforme*) 군락, 13: 톳, 14: 프랑스 해안의 모자반류(*Fucus distichus*), 15: 모자반류의 일종, 16: 갈조의 유주자, 왼쪽; 투과영상, 오른쪽; 형광영상 종편모의 자가 형광이 보인다. 17: 부챗말(*Padina arborescens*), 18: 참그물바탕말(*Dictyota dichotoma*), 19: 그물바구니(*Hydroclathrus clathratus*), 20: *Colponemia sinuosa*, 21: 바위털(*Cassiope lycopodioides*), 22: 붕어마름(*Ceratophyllum demersum*), 23: 연두털말(*Papenfussiella kuromo*), 24: 산말(*Desmarestia ligulata*). (사진제공, 1, 4, 6-9: 横濱康繼, 3: 四ッ倉典滋, 13, 18: 田中次郞, 16: 川井浩史)

권두사진 6. 부등편모식물문, 규조강(1-17), 시누라조강(18-21), 규질편모조강(22), 파르마조목(Palmales, 22-26)

1-8: 중심규조, **1**: *Cyclotella*, **2**: *Thalassiosira*, **3**: *Actynoptycus*, **4**: *Planktoniella*, **5**: *Stephanopyxis*, **6**: *Hydrosera*, **7**: *Lampliscus*, **8**: *Biddulphia*, **9-17**: 우상규조, **9**: *Diploneis*, **10**: *Navicula* (*Lnyranneis*), **11**: *Cymbella*, **12**: *Nitzschia*, **13**: *Eunotia*, **14**: *Cocconeis*, **15**: *Entomoneis*, **16**: *Surirella*, **17**: *Campyrodiscus*, **18-21**: 시누라조(편모조군체), **18**: *Mallomonas* sp., **19**: *Mallomonas tonsulata*, **20**: *Synura peterseni*, **21**: *Synura spinosa*, **22**: 규질편모조 *Dictyocha fibula*, **23-26**: 파르마조목, **23**: *Triparma*, **24**: *Tetraparma pelagica*, **25**: *Tetraparma colunacea*, **26**: *Tetraparma* sp. (사진제공, 3, 4, 10, 11, 16: 南雲 保, 15: 長田敬五, 17: 出井雅彦)

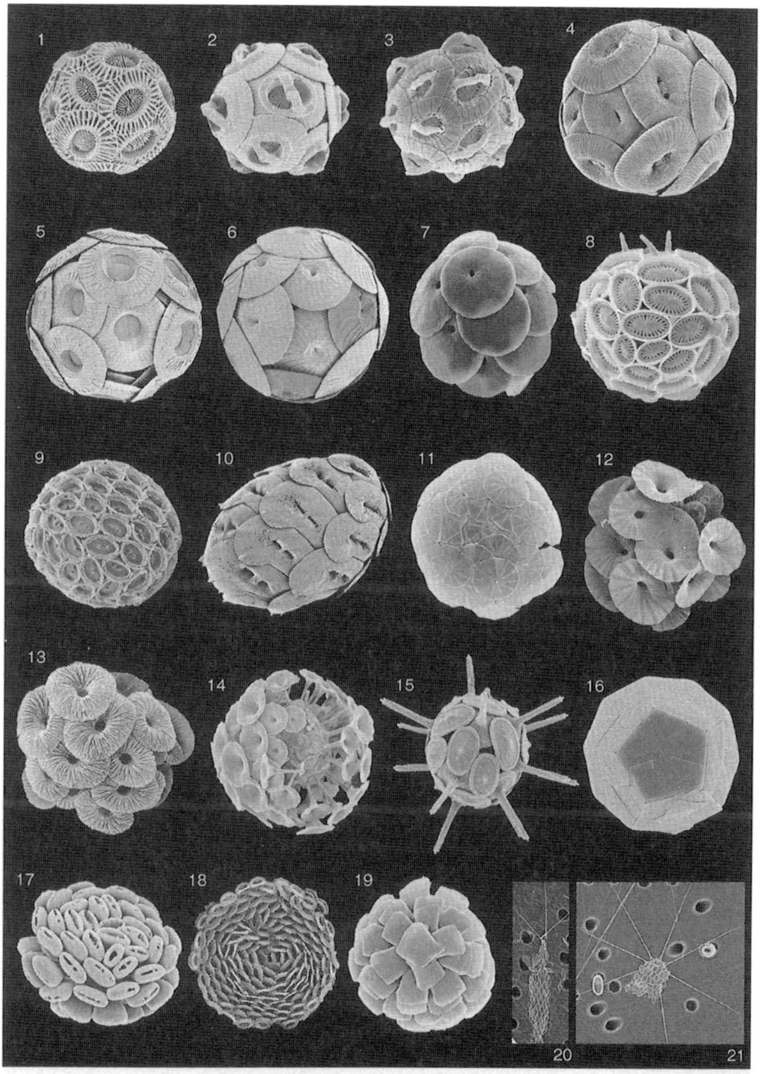

권두사진 7. 착편모조식물문의 인편모조류

1: *Emillania huxleyi*, 2: *Gephyrocapsa oceanica*, 3: *G. ericsoni*, 4: *Coccolithus pelagicus*, 5: *Umbilicosphaera foliosa*, 6: *Calcidiscus leptoporus*, 7: *Oolithotus antillarum*, 8: *Syracosphaera noroitica*, 9: *Coronosphaera binodata*, 10: *Helicosphaera carteri*, 11: *Hayaster perplexus*, 12: *Umbellosphaera irregularis*, 13: *U. tenuis*, 14: *Discosphaera tubifera*, 15: *Rhabdosphaera clavigera*, 16: *Braarudosphaera bigelowi*, 17: *Algirosphaera aryza*, 18: *Arisphaera unicornus*, 19: *Florissphaera profunda*, 20: *Calciosolenia brasiliensis*, 21: *Calcipappus caudatus*. (사진제공, 15, 16: 吉田昌樹)

권두사진 8. 와편모조식물문(1-14), 유글레나조식물문(15-18)

1-14: 와편모조, **1**: *Prorocentrum micans*, **2-4**: *Dinophysis*, **2**: *D. acuminata*, **3**: *D. caudata*, **4**: *Dinophysis* sp., **5**: *Oxytoxum* sp., **6**: *Ornithocercus steinii*, **7**: *Gonyaulax* sp., **8**: *Protoperidinium oceanicum*, **9**: *Neoceratium* sp., **10**: *Goniodoma polyedricum*, **11**: *Podolampas bipes*, **12**: *Histioneis biremis*, **13**: *Histioneis* sp., **14**: *Ceratocorys horrida*, **15-18**: 유글레나조류, **15**: *Euglena* sp., **16**: *Phacus torta*, **17**: *P. suecius*, **18**: *Trachelomonas armata*

권두사진 9. 회조식물문(1-3), 홍조식물문(단세포홍조)(4-10), 은편모식물문(11-15)

1: *Cyanophora paradoxa*, **2**: *Glaucocystis nostochinearum*, **3**: *Gloeochaete wittrockiana*, **4**: *Porphyridium purpureum*, **5**: *P. aerugineum*, **6**: 단세포 홍조 색상의 다양성, **7**: 쿠사츠(草津) 온천의 온천밭(탕전) 유조, **8**: *Cyanidium cardarium*, **9, 10**: *Cyanidioschizon melorae*, **10**은 분열세포의 형광상, 청색은 세포 핵, **11**: *Cryptomonas* sp., **12**: *Rhodomonas* sp., **13**: *Chroomonas* sp., **14**: *Goniomonas* sp., **15**: 은편모조류 공생체를 가지는 섬모충 *Mesodinium ruburum*. (사진제공, 3, 12, 14, 15: 中山 剛, 5, 6, 8: 横濱亞紀子, 9, 10: 黑岩常祥)

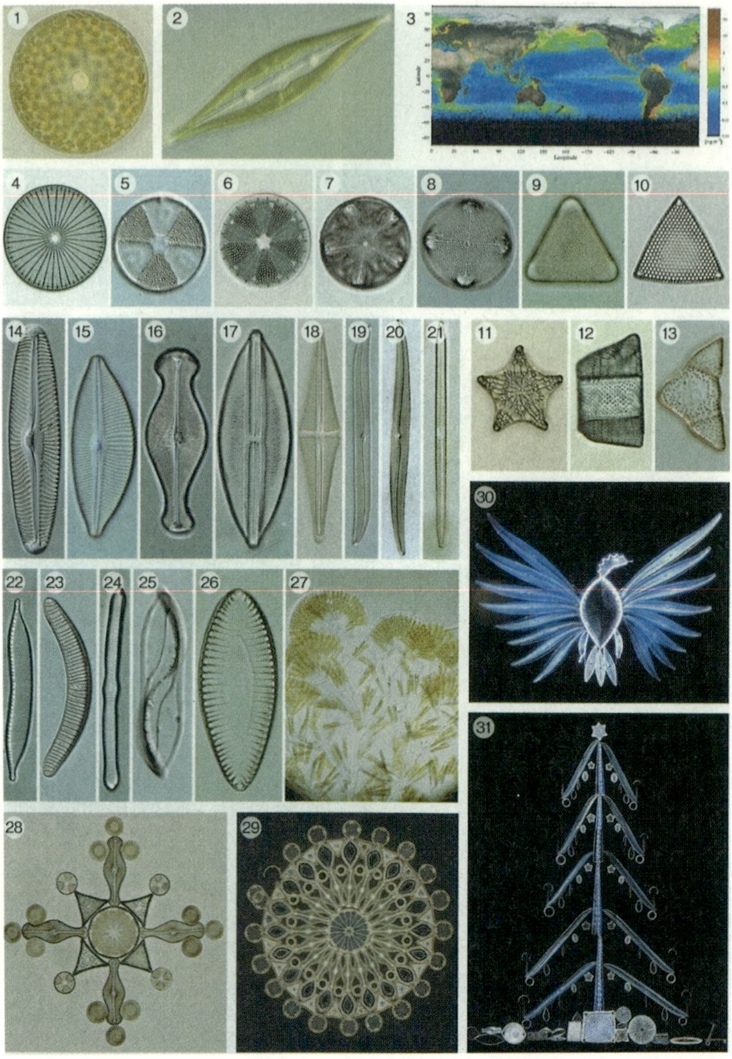

권두사진 10. 부등편모조식물문, 규조강

1-2: 전형적인 중심규조 *Coscinodiscus*와 우상규조 *Navicula*(= *Craticula*), 3: 봄에 대발생을 나타내는 엽록소 *a* 분포의 위성자료, 이때의 주요 구성종은 규조임, 4: *Arachnoidiscus*, 5, 6: *Actynoptycus*, 7, 8: *Aulacodiscus*, 9: *Trigonium*, 10, 11: *Triceratium*, 12: *Isthmia*, 13: *Eunotogramma*, 14: *Pinnularia*, 15: *Cymbella*, 16: *Gpmphonema*, 17: *Diploneis*, 18: *Achnantes*, 19, 20: *Gyrosigma*, 21: *Synedra*, 22: *Hantzscia*, 23: *Epithemia*, 24: *Eunotia*, 25: *Entomoneis*, 26: *Surilella*. 27: *Licmophora*, 28-31: 규조의 예술(영국인 클라우스 캠프(K. Kemp)의 작품), 30, 31에서는 크기가 다른 같은 종 *Gyrosigma*를 균형 있게 사용하고 있다. (사진제공, 3: 宇宙航空研究開發機構, 표본제공, 4-26. 28-31: 濱野一郎, 사진촬영, 29-31: 眞山茂樹)

권두사진 11. 부등편모조식물문, 황금색조강(1-5), 시누리조강(6, 7), 황금색조강(8-10), 진안점조강(11-14), 침편모조강(15-18), 규질편모조강(19, 20), 핑귀오조강(Pinguiophyceae) (21)

1-3: *Ochromonas vischeri*, **1**: 수면에서 황금색으로 빛나는 *O. vischeri*, **2**: 슬라이드 글라스 끝부분에 모여 있는 *O. vischeri*의 부유모양, **3**: 2의 부유모양을 위에서 본 모습, **4**: *Ochromonas*, **5**: *Dinbryon*, **6**, **7**: 시누라조(편모조군체), **6**: *Mallomonas*, **7**: *Synura*, **8**: *Vaucheria*, **9**: 풍선말 (*Botrydium*), **10**: *Mischococcus*, **11-12**: *Pseudocharaciopsis*의 유주자(안점이 현저하다). **13**, **14**: *Eustigmatos*, **15**: *Chattonella antiqua*, **16**: *Heterosigma akashiwo*, **17**: *Fibrocapsa japonica*, **18**: *Vacuolaria*, **19**: *Distephanus*, **20**: *Rhizochromulina*, **21**: *Polypodochrysis*. (사진제공, 11-14: 中山 剛, 15-17, 21: 河地正伸, 20: 關口弘志)

권두사진 12. 착편모조식물문

1-3: *Chrysochromulina*, 4: *Helicosphaera*, 5: *Calytrosphaera*, 6-7: *Ochrosphaera*, 8: *Pleurochrysis*, 9: *Umbilicosphaera foliosa*, 10: *Calcidiscus leptophorus*, 11: *Syracosphaera pulchra*, 12, 13: *Umbilicosphaera sibogae*, 14, 15: *Discosphaera tubifera*, 16: *Rhabdosphaera clavigera*, 17: *Calyptrolithina multipora*, 18: *Calyptrolithopora hasleana* (?), 19: *Crysthallolithus*. 20: *Ceratolithus cristatus*, 21, 22: *Emiliania huxleyi*, 23: *Gephyrocapsa oceanica*, 24: 베링해에 출현한 인편모조류의 대발생(적조), 25: 도버해협의 영국 쪽에 위치하는 백악의 단애. (사진제공, 1-3, 25: 河地正伸, 24: NASA/GSFC SeaWIFS Project)

권두사진 13. 와편모조식물문

1: *Gymnodinium microreticulatum*, 2: *Karenia mikimotoi*, 3: *Akashiwo sanguinea*, 4: *Gyrodinium spirale*, 5: *Amphidinium* sp., 6: *Prorocentrum triestinum*, 7: *Oxytoxum sceptrum*, 8: 야광충의 적조, 9: 야광충(*Noctiluca scintillans*), 10: *Ceratium hirundinella*, 11: *Tripos* sp, 12: *Protoperidinium* sp., 13: *Dinophysis tripos*, 14: *Dinophysis* sp., 15: *Nematodinium armatum*, 16: *Warnowia* sp., 17: *Pyrocystis noctiluca*, 18: *Pyrocystis robusta*, 19-22: 와편모조와 공생하는 해산생물, 19: 산호, 20, 21: 유공충, 22: 대왕조개, 23: *Symbiodinium microadriaticum*, 24-28: 엽록체 획득 도중에 있는 와편모조, 24: *Gymnodinium acidotum*, 25: *Amphidinium* sp., 26: *A. latum*. 27: *Karenia mikimotoi*, 28: *Lepidodinium viride*, 29: *Histioneis mitchellana*, 30: *Ornithocercus magnificus*. (사진제공, 1-3, 15, 16: 岩湧光儀, 4, 9: 福代康夫, 8: (株)水産航空, 26, 27: 堀口健雄, 28: 渡辺信)

권두사진 14. 녹색식물. 녹조강(협의)과 트레보욱시아강(Trebouxiophyceae)

1: *Volvox*, **2**: *Pleodorina*, **3**: *Eudorina*, **4**: *Pandorina*, **5**: *Gonium*, **6**: *Chlamydomonas*, **7**: *Haematococcus*의 시스트로 빨갛게 물들어 있는 강 물을 들려있는 묘지석물, **8**: 7의 시스트(휴면포자), **9**: 7의 유영세포, **10**: *Dunaliella*, **11**: *Pteromonas*, **12**: 빙설조(ice alge)를 밟은 등산화, **13**: *Eremosphaera*, **14**: *Dictyosphaerium*, **15**: *Coelastrum*, **16**: *Lagerheimia*, **17**: *Chlorosarcinopsis*, **18**: *Oocystis*, **19**: 클로렐라와 공생하는 녹색짚신벌레(*Paramecium bursaria*), **20**: *Chlorella*, **21**: *Stichococcus*, **22**: *Monoraphidium*, **23**: *Botryococcus*, **24**: *Microthamnion*, **25**: *Cloniphora*, **26**: *Scenedesmus*(떳목말), **27**: *Pediastrum*(훈장말) *simplex*, **28**: *P. duplex*, **29**: 훈장말의 정수군체형성, **30**: *Microdictyon*(잎맥말)의 어린 군체, **31**: 잎맥말의 어린 군체(2-3 mm) 형성, **32**: 딸군체(1cm), **33, 34**: 구슬줄말의 영양세포와 접합자, **35**: 가로수의 지지대에 서식하는 조류, **36**: 콘크리트 위에 서식하는 *Klebsormidium*, **37**: 터널 안전등에 서식하는 기생조 (氣生藻), **38**: 오랑캐꽃말의 일종 *Trentepholia*, **39, 40**: 지의류. (사진제공; 1-4: 沖田紀子, 13, 17, 18, 20-23: 國立環境研究所 바이오리소-스센터, 12: W.P. Armstrong)

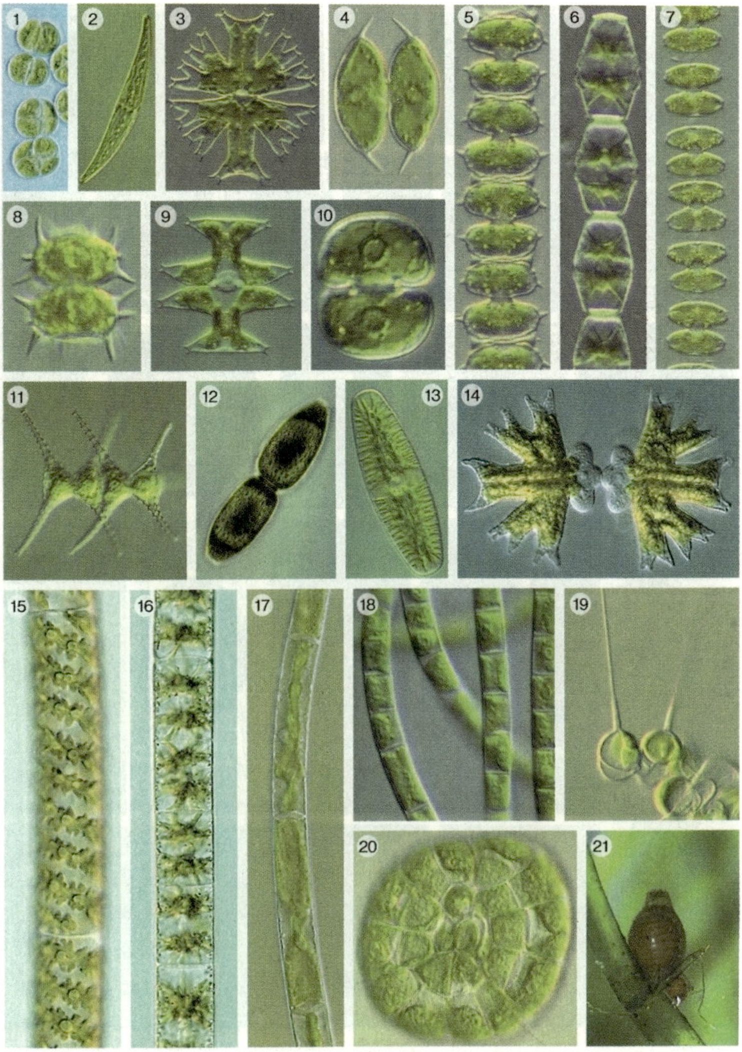

권두사진 15. 녹색식물 스트레프트식물문, 차축조강(육상식물에 연결되는 조류군4)

1: Chlorokybales: *Chlorokybus*, 2-17: 접합조목/별해캄목 (Zygnematales), 2: *Closterium* (반달말), 3: *Micrasterias*(훈장장구말), 4: *Arthrodesmus*, 5: *Onychonema*, 6: *Bambusina*, 7: *Teilingia*, 8: *Xanthidium*, 9: *Micrasterias*, 10: *Cosmarium*(장구말), 11: *Staurastrum*(팔장구말), 12: *Pleurotaenium*, 13: *Netrium*, 14: *Micrasterias*의 분열, 새롭게 절반의 세포가 형성되고 있다, 15: *Spirogyra*(해캄), 16: *Zygnema*(별해캄), 17: *Mougeotia*(판해캄), 18: *Klebsormidium*, 19: *Chaetosphaeridium*, 20: *Coleochaete*, 21: *Chara*(차축류). (사진제공, 1: 千國友子, 14: 野水美奈, 19, 20: 中山 剛)

권두사진 16. 녹색식물 담녹조강(1-14), 유글레나식물문(15-20), 클로라라크니오조식물문(Chlorarachniophyta)(21), 정단복합체충류(Apicomplexa) 말라리아원충(22), 카타브레파리드류(Kathablepharida) 하데나(Hatena)(23, 24)

1, 2: *Nephroselmis pyriformis*, **3-5**: *Pyramimonas* spp., **6**: *Tetraselmis* sp., **7**: *Mesostigma viride*, **8**: *Halosphaera*의 유영세포, **9**: *Cymbomonas tetramitiformis*, **10**: *Pterosperma cristatum*, **11-13**: *Pterospherma*의 phycoma(세포벽 일종), **14**: *Halosphaera* 파이코마(phycoma), **15, 16**: *Euglena*., **17, 18**: *Phacus* spp., **19, 20**: *Trachelomonas* spp., **21**: *Chlorarachnion reptans*, **22**: 적혈구 속의 말라리아원충 *Plasmodium*, 빨강; 아피코플라스트(apicoplast, 색소체), 녹색; 미토콘드리아, 청색; 핵, **23, 24**: 공생체를 가진 Kathablepharida류 *Hatena arenicola*의 분열모양. (사진제공, 21: 石田健一郎, 22: 岡本典子, G.I. McFadden, 23, 24: 岡本典子)

이 책은 약 30억년의 시간 동안 다양화를 추구한 조류라는 생물과 조류가 지구와 생명진화에 깊게 관여하고 있다는 것을 주된 내용으로 하고 있다. 30억년이란 너무나도 긴 시간의 이야기를 단순하게 정리하는 것은 간단하지가 않다. 일반적으로 생물에 많은 관심이 있는 사람들도 생물진화의 출발점을 에디아카라 생물군 또는 캄브리아기의 생물 대폭발 정도로 인식하고 있다. 이 기준을 시간적으로 보면 6억년에서 5억5천만 년 전에 발생한 사건에 지나지 않는다. 이러한 시간의 흐름에 약 5배 기나긴 시간을 생존하면서, 다양화된 조류는 대체 어떠한 생물일까? 인류는 6억 년 전의 사건조차도 충분한 증거를 제시하고 이야기하기가 쉽지 않다. 최근 지구과학 분야가 눈부시게 발전하고 있다고는 하지만, 30억년이란 시간은 짙은 안개 속의 세계이며, 지금은 당시의 암석조차도 거의 남아 있지 않은 실정이다.

조(藻)란 낱말은 물에 서식하는 전체의 식물을 가리키는 것으로 매우 심오한 의미를 가진다. 일본의 대표적인 국어사전인 "고지엔(廣辭苑)"에서 조(藻)는 소우(藻), 모(水草), 미즈모(水藻) 등으로 읽힌다. 그리고 조류(藻類), 해조(海藻)와 함께 "아름다운 모양 또는 시나 문장에서 아름다운 낱말"에 문조(文藻), 사조(詞藻) 등의 용어가 사용된다. 문재(文才)나 시재(詩才)와 같은 의미이다. 세심한 어휘를 사용하여 아름다운 문장이나 시를 섬세하게 표현하는 능력을 표현하는 곳에 "조(藻)"라는 문자를 사용한다. 그러나 이미 현대를 살아가는 우리에게 이러한 아름다운 센스는 남아있지 않다. 이와 같은 낱말의 사용에서 상상할 수 있는 것은 이전 우리 조상들에게 조(藻)라는 이미지는 더없는 아름다움과 세심함을 표현하는 존재였다는 것이다[1].

세심한 관찰의 눈과 감성을 가졌던 고대, 중세의 조상들은 조(藻)에 대한 다양한 문화를 남겼다. 해조는 화가나 고전문학에서 조엽(藻葉), 옥조(玉藻), 주조(珠藻)라는 낱말로 등장한다. 각각 조(藻)에 대한 이전의 명칭이자 아름다움을 표현하는 또 다른 이름(美稱)이다. 청색(海松/水松色)은 일본의 전통 색 중에 하나로 해조의 청색에 보이는 깊이 있는 연한 녹색(萠葱色)을 말한다. 우수한 색채감각이다. "나노리조의 꽃(莫告藻の化)"은 봄에서 초여름에 모자반이 만드는 생식기관을 표현하는 용어이지만, 겉씨식물 꽃과는 다르게 눈에 띄지 않는다. 대부분 현대인들은 "나노리조의 꽃"을 보더라도 그것이 해조가 자손을 남기기 위한 기관임을 알지 못한다. 만엽(萬葉)[2]의 사람들은 그곳에 꽃을 이미지화 하는 날카로운 감성과 관찰의 눈, 그리고 상상력을 가지고 있었다.

한편 지금도 사용되는 용어로 조설(藻屑)이 있다. 이 고어도 왔다가 사라지는 파도에 실려 떠다니는 해조의 잎인 조엽(藻葉)의 무상함을 나타내는 용어로 조상들의 감성표현으로 잘 어울리는 낱말이다. 문조(文藻)나 시조(詩藻)와 같은 아름다운 용어는 이미 죽은 낱말이 되었고, 아직도 조설(藻屑)이란 용어는 남아 있으나, 현대인의 감성상실, 그리고 조(藻)에 대한 감각이 희박하다는 것을 시사하고 있을 뿐이다. 지금 현대를 생활하는 우리에게는 과거 조상들을 매료시켰던 조(藻)는 식탁을 떠나면 관심의 대상조차도 되지 않은 상대로 전락하여 아무런 생각 없이 식재료로 이용하고 있을 뿐이다.

그러나 이렇게 대부분의 현대인에게 관심 밖의 대상으로 전락한 조(藻)의 세계는 실로 놀랄만한 일들로 가득한 신비의 영역이다. 그다지 눈에 띄지 않은 조류라는 생물은 30억년이란 시간동안 지구와 함께 진화하여, 현재의 지구환경과 생물다양성을 만들어 내었다. 그리고 지금도 계속하여 새로운 이야

1 일본에 대한 이야기이지만 우리나라를 통해 유입된 일본 고대문화를 고려하면, 한자를 사용하는 우리들과 그다지 차이는 없는 것으로 판단된다.

2 일본에서 가장 오래된 노래집을 말한다. 수록된 노래는 4,536수로 장가(長歌) 265수, 단가(短歌) 4,207수, 기타 64수이다. 우리나라 이두와 같은 한자를 이용하여 만든 만요가나[萬葉假名]로 쓰여 졌다. 특정 한 사람에 의해 완성된 것이 아니라, 많은 사람에 의해 오랜 기간에 걸쳐 편집된 것을 8세기 말경에 오토모노 야카모치[大伴家持]가 완성한 것으로 보고 있다. 시간뿐만 아니라 문학적으로도 높게 평가되어, 일본사상사(日本思想史) 및 생활사 연구에 귀중한 자료로 이용된다.

기를 만들어 내고 있다. 현재 지구표면을 덮고 있는 녹색인 육상식물은 조류 일부가 파생되어 만들어낸 결과물이다. 즉 지구의 생명세계는 조류를 제외하고 이야기를 할 수 없는 것이 된다. 조류는 지금도 지구환경과 지구생태계를 유지하기 위해 중요한 역할을 담당하고 있다. 인류를 포함한 생물세계의 과거와 미래라는 관점에서 보면, 해조는 매우 중요한 존재로 부각된다. 지구온난화 문제에도 깊게 관련하고 있다. 조류는 지구에서 30억년이라는 시간 축으로 이야기가 진행되어야 하는 유일한 생명체이다. 그러나 현대문화에서 이러한 조류는 너무나 하찮은 존재로 조설(藻屑)의 지위가 폄하되어 존재한다. 때문에 조류의 진면목을 세상에 알리고자 조류의 대변자를 자진해서 이 책을 쓰기로 작정하였다.

조류를 통해 생물세계를 보는 것은 우리가 자연과 함께 살아온 지금까지의 생물관 또는 생물수업에서 배웠던 생물계에 대해 많은 내용에서 상식을 뒤집는 것이 된다. 생물세계는 우리가 생각하는 이상으로 훨씬 다양한 세계를 구성한다. 또 생물진화는 지금까지의 상상보다 훨씬 역동적이었다는 것을 알 수 있을 것이다. 조류를 통해 생물계를 보는 것은 지금까지 개미의 관점에서 바라보던 세상을 새의 관점으로 조망하는 것처럼 커다란 변화를 가져오게 된다. 지금까지의 생물계의 폭과 깊이를 달리하게 된다. 조류는 생물계를 내려 보기에 가장 좋은 대상생물이다. 그리고 조류세계를 알게 되는 것으로 지구와 생물진화 그리고 지구환경을 보는 관점이 매우 다양하게 변화될 것이다. 이 책은 조류가 이러한 주목을 받을 가치가 충분하다는 것을 지구와 조류가 서로 얽혀서 진화된 생명사와 지구사의 실타래를 푸는 것으로 조금이나마 설명될 수 있기를 희망한다.

이 책은 매우 변칙적인 구성을 하고 있다. 때문에 전체를 읽는 방법에 대해 간단하게 설명하여 둔다. 제 I 부는 "조류보기"로서 제1장에서 제4장까지 남조(藍藻), 해조(海藻), 미세조류(微細藻類), 차축조류(車軸藻類)[3]로 나누어 개성 넘치면서도 다양하고, 흥미로운 조류세계에 대한 형태와 역할 그리고 현상에 대하여 설명하였다. 조류는 육상식물과는 매우 다른 광합성 생물임을 이

3 차축조식물(輪藻植物)이라고도 한다.

해하기 바라는 마음으로 설명하고 있다. 생각나는 대로 쓰다 보니 원래의 예상을 훨씬 넘는 분량이 되어버렸지만, 조류의 존재감을 느낄 수 있을 것이다. 해조와 차축조류에 대한 원고는 인간생활과 역사와의 관계라는 관점에서 설명하는 내용으로 제 2 판에서 새롭게 추가된 부분이다. 제5장은 조류가 살아가는 다양한 방법을 소개하였다. 조류는 지구의 다양한 장소에서 다양한 방법으로 적응하여 살고 있다는 점을 이해하기 바라는 희망을 담고 서술되었다. 제 I 부에서는 조류라는 생물에 대해 보다 친근감을 느낄 수 있게 되었다면 성공이다. 모든 장의 각 항목은 독립되어 기술되고 때문에 일부만을 읽거나, 뛰어 넘더라도 전체적인 이해에서는 크게 문제가 되지 않는다. 다음 장에서 참고로 설명하고 있을 때에 다시 되돌아서 읽을 수도 있다.

나머지는 제 II 부 "조류 30억년의 자취"로 정리하였다. 제6장은 조류와 지구진화 및 지구환경과의 관련성을 옴니버스 형태로 구성하였다. 다음 장을 위한 도입이라는 의미를 포함한다. 조류를 이해하기 위해서는 지구사라는 관점에서 접근할 필요가 있기 때문이다. 즉 육상식물과는 전혀 다른 관점에서 보지 않으면 이해할 수 없음을 전달하고 싶은 부분이다. 제7장 이후는 조류진화에 대한 이야기이다. 여기서부터 읽어도 되는 구성으로 되어있다. 제7장은 조류탄생 이전의 지구환경과 생명탄생을 설명하였다. 이 책의 내용과 직접적인 관계가 없는 원시지구 시대를 설명하는 것은 지구사와 생명사의 시작을 이미지로 확인하는 것이 중요하다고 생각하였기 때문이다. 제8장은 우리 주변의 식물을 설명하고 있다. 산소발생형 광합성이라는 지구생명권을 지탱하고 있는 세포기능을 어떻게 이해하는 것이 좋을까? 라고 하는 기준에서 설명하였다. 식물생리학 관련 도서가 아님에도 불구하고 한개의 장을 할애한 것은 이러한 세포기능이 조류를 지구의 변혁자로 보는 본질이기 때문이다. 식물생리학에 깊은 조해를 가지는 사람들에게는 석가의 설법이기에 뛰어 넘어도 문제가 없다. 제9장은 진핵생물의 출현을 둘러싼 문제를 설명하였다. 아직까지도 과학적으로 확실하게 밝혀져 있지 않은 부분이지만, 진화사에서 최대사건의 하나이자 최근의 연구현황에 대하여 설명하여 두었다. 광합성 장소로서 엽록체 성립도 진핵생물의 연장선상에 있기 때문에 진핵조류탄생 전사(前史)의 성격이기도 하다. 세포공생에 의한 엽록체 획득은 광합성이라는 세포기능이 원핵생물에서 진핵생물로 이동된 진화적 사건으로 이러한 진화과정의 이해는 조류진화에서 가장 큰 주제가 된다. 제11장은 앞뒤의 장과 성격이 조금 다르다. 이 장에서는 조류의 분류형질과 생활사(生活環, life cycle)[4]을 주제로 다양한 해설을 하고 있다. 다음 장 이후의 내용을 이해하기 위해 필요한 기초지식을 정리함과 동시에 체계적인 조류분류에 이해에 도움이 되는 분류형질을 설명하였다. 제12장 이후를 읽으면서 필요에 따라 참고하면 좋을 것이다.

제12장부터는 조류에서 진핵생물 전체로 이야기가 확대된다. 조류 다양화와 진핵생물의 역동적인 진화가 주제이다. 제12장은 광합성이 진핵생물에 전파되는 비밀을 설명한다. 조류 다양화의 추진력이 분명하게 파악될 수 있을 것으로 생각한다. 제13장은 전체의 진핵생물이 어떻게 구성되고 있는가에 대하여, 현재의 다양한 분류학상의 제안 등을 설명하고 있다. 오계설로는 모두 생물을 포용할 수 없는 융통무애(融通無碍)한 진핵생물의 진화는 많은 독자들에게 알려지지 않은 미지의 세계라는 것을 확신한다. 진핵생물의 복잡한 구성 속에 조류 다양성을 위치 부여하고자 하는 장이다. 이와 관련하여 동물은 생물계에서 어떠한 위치를 부여하는 것이 좋은가? 에 대한 문제도 설명하였다. 제14장은 녹색식물의 진화와 육상식물의 출현을 설명하였다. 조류 진화의 최종 종착점은 육상식물의 출현이기에 하나의 장으로 설명할만한 가치가 있다. 제15장은 전체의 구성을 매듭짓는 장이다. 지구과학의 자료를 기본으로 지구사와 생물사를 비교하여 보았다. 육지와 바다는 생명이 가득하다. 이런 현실은 지구와 생물진화의 공동 산물로서 역사적으로 다루어야할 내용이다. 이 장은 현재 지구환경과 생물세계를 시간 축에서 설명할 필요성이 있었다. 때문에 이 시점에서 현재의 식물플랑크톤 세계를 이해할 수 있게 설명하였다. 최후인 제16장은 현재 조류와 원생동물의 다양성 연구가 발견과 탐험의 선구자적 시대라고 하는 내용을 설명하였다. 즉 다윈이나 윌리스가 대형 동물을 연구하여 새로운 발견을 계속하고 있었던 시대에 해당하는 것으로 조류와 원생동물 연구가 진핵생물 진화와 구성을 이해하기 위해서는 필요불가결한 것임을 주장하였다.

---

4 생활사(生活史, life cycle)라는 용어와 혼용된다.

이 책은 이렇게 매우 변칙적인 구성을 하고 있기에 읽으면서 앞으로 되돌리기도 하고, 또는 한참 뒷장의 내용으로 뛰어 넘기도 할 정도로 많은 곳에서 다른 장의 내용을 참고하고 있다. 생각나는 대로 손이 가는대로 쓰게 된 결과가 이러한 구성을 만들게 되었지만, 다양한 자연계의 사실과 현상은 모두가 서로 깊게 연계되어 있기 때문이기도 하다. 지금 생각하면 이러한 구성도 좋았다고 생각한다. 어떻든 다양하게 읽을 수 있는 방법이 있다고 생각되기에 독자들이 편하게 시도하여 보았으면 한다. 개선점에 대해서는 지적을 해주면 감사하겠다.

이노우에 이사오(井上 勳)

역자 머리말

지구생태계를 구성하는 다양한 생물들은 나름대로 생태계를 구성하는 인자로서 각각에 부합하는 역할을 수행하고 있다. 다만 우리가 이들 다양한 생물종에 대한 특성을 모르고 있을 뿐이다. 때문에 우리는 눈으로 확인되고, 우리생활에 밀접한 관련성을 나타내는 극히 일부의 생물 종에 대해서는 친근함을 느끼게 되지만, 잘 알 수 없는 대부분 생물 종에 대해서는 친근함은 물론 그의 중요성에도 관심을 가지지 못한다. 이 번역서에서 주제로 하고 있는 조류(藻類)라는 생물군도 지구의 역사와 함께 인류의 문화형성 과정은 물론 일상생활에도 밀접한 관련성을 가지고 있지만, 생물을 전공으로 하지 사람을 포함하여 대부분 사람에게는 매우 생소한 생물군이다.

조류에도서 비교적 큰 형태를 하는 해조류는 오래전부터 식용으로 사용되고 있었으며, 최근에는 건강식품으로 많은 사람들에게 애용되면서 깊은 친근감을 나타내는 생물이 되었다. 특히 미역은 오래전부터 산모의 산후조리는 물론 생일에 먹지 못하면 서운함을 느끼게 되는 식품이라 할 수 있다. 그러나 대부분의 조류를 포함하는 현미경적인 크기를 하는 미세조류가 되면 사정은 완전히 달라진다. 대부분 사람들에게는 매우 생소하기 보다는 존재자체도 알지 못하는 생물군이 된다. 그러나 우리 눈으로 직접 확인할 수 없는 이들 미세조류가 지구탄생 이후 원시지구에 출현하여 기나긴 지구역사와 함께, 현재의 지구대기 환경은 물론 지구의 생물진화는 물론 우리의 문화형성에도 깊게 기여하는 생물이라는 것은 미지의 영역이라고도 할 수 있다.

그러나 내용에서 구체적으로 설명되지만, 지금의 대기조성은 물론 현대의 인류문명을 지탱하는 석유와 철, 그리고 기상현상까지에도 오랜 지구역사와 함께 미세조류가 밀접하게 관련을 짓고 있다는 사실을 알고 있는 일반인은 거의 없을 것이다. 즉 지구환경 및 에너지순환이란 부분에서 없어서는 안되는 생물군이다. 특히 현재의 대기성분은 약 78%가 질소. 다음으로 산소가 약 21%이고, 나머지 1%는 아르곤, 이산화탄소 및 기타 성분으로 구성되어 있다. 이 중 산소는 지구의 모든 생물에게 산소호흡을 가능하게 하는 원소이나, 이 산소의 70% 이상을 현재 바다를 포함한 수권의 미세조류에 의해 생산되고 있다. 지구 표면적의 약 71%를 차지하는 거대한 바다의 표면에는 눈에 보이지 않은 거대한 숲인 숨겨진 밀림이 미세조류에 의해 형성되어 있다. 이들 미세조류는 해양생태계에서 기초생산자로서 태양에너지를 고정하는 역할은 물론, 지구환경의 조절자로서 역할을 하여왔다.

이러한 미세조류를 포함하는 조류는 46억년의 지구역사와 함께 격동적인 30억년 지구역사와 함께하면서 지구의 대변혁은 물론 현재의 다양한 생물군으로 진화하여 지구생태계를 구성하고 있다. 이 책은 조류의 중요성에 비해 일반인은 물론 생물을 전공으로 하는 사람들에게도 그다지 알려져 있지 않은 지구생태계에서 조류의 중요성을 포함하여, 현재 인류가 지구규모에서 당면하는 환경, 에너지 및 식량 문제들에 대한 관련성 및 조류의 이용 등 매우 흥미로운 이야기를 담고 있다.

전체적인 내용이 매우 방대하지만 책의 구성 및 이야기 전개에 대해서는 저자의 머리말에 담고 있기에 여기서는 생략한다. 다만 원서로 되어 있는 일본어는 우리나라를 통해 전달된 문화이지만, 시간이 지남에 따라 일본토속문화로 정착된 다양한 생활문화에 녹아 들어 있는 해조류이야기가 일본역사, 민속사, 그리고 생활사와 관련시켜 흥미롭게 서술하는 내용들을 우리의 문화와 연관시켜 번역하려 하였지만, 여러 곳에서 부자연스러운 표현이 다소 존재할 수도 있기에, 독자들의 이해를 구하는 바이다. 또한 원서에는 수많은 조류를 포함하여 원생동물까지 다양한 생물명이 등장한다. 가능한 등장하는 생물명을 우리말로 번역하였지만, 매우 많은 생물명에 대해 국내의 기록을 찾을 수 없었다. 국내에서 출현되지 않거나, 아직 기록되지 않아 국문 생물명이 없는 종은 학명을 그대로 사용하거나, 학명의 속명을 생물이름으로 사용하였다.

이 번역서는 지구생태계를 구성하는 생물의 진화과정 파악은 물론, 인류가 당면하는 환경, 에너지 및 식량문제에 대한 미래의 비젼을 제시할 수 있는 도소로서 생물, 환경을 전공으로 하는 연구자들은 물론 일반인에게도 많은 의미 있는 내용을 전달할 수 있을 것으로 생각되며, 그러한 부분에 조금이나마 도움이 되었으면 한다.

끝으로 번역에 대한 승낙은 물론 원서에서 잘못된 부분까지 수정하여 원고를 보내주신 원저자인 Isao Inoue 교수에서 감사와 존경을 표하며, 방대한 원고 및 도판의 편집 등 많은 노고를 아끼지 않으신 전남대학출판부 선생님들에게도 감사를 전한다.

2016. 11.

여수 양지골에서
역자 윤 양 호 씀

제 I 부 조류보기

제Ⅱ부 조류 30억년의 자취

제 I 부

조류보기

들어가는 장

조류라는 생물?

이 책은 조류(藻類, algae)에 대한 내용을 설명하고 있기 때문에 조류는 어떠한 생물인가? 라는 질문으로부터 이야기를 풀어본다. 이렇게 단순한 질문에 대한 답은 그렇게 간단하지 않다. 우선 개략적으로 보면, 조류는 물에 사는 식물이라 할 수 있다. 그러나 최근 조류에 대해 많은 새로운 내용들이 속속 밝혀지고 있다. 조류라는 생물은 우리가 상상하는 범위를 훨씬 초월한 복잡한 구성을 하고 있을 뿐만 아니라, 믿기 어려울 정도의 진화과정을 걸쳐왔다는 것이다. 현재 지구에는 매우 다양한 조류가 존재하며, 이들 조류는 우리의 생각을 훨씬 뛰어넘는 다양한 비밀을 감추고 있다. 이 책의 주제를 간략히 정리하면 "조류를 어떻게 이해하면 좋을까"라고 하는 것이다. 때문에 조류를 다양한 측면에서 세심하게 고찰하여, 그 결과를 독자들에게 알기 쉽게 시각적인 표현방법으로 전달하고자 하였다. 책을 계속 읽다 보면 조류가 어떠한 생물인지? 에 대한 질문을 이해할 수 있게 된다. 조류를 이해하기 위해서는 조류가 지구환경과 생명진화에 어떠한 혁명적 변화를 가져오게 하였는가? 라고 하는 관점에서 접근할 필요가 있다.

조류는 포유류나 곤충 또는 양치식물이나 속씨식물과 같은 분류군 수준에서 취급할 수 있는 생물군(生物群, biota)이 아니다. 지구환경과 자연현상에서 조류의 "비"상식적인 내용을 일부 나열하여 본다. 이와 같은 내용으로부터 조류는 만만하게 상대할 수 있는 생물군이 아니라는 것을 조금은 상상할 수 있을 것이다.

① 태양계 혹성 중에 지구의 대기에만 산소 20%, 이산화탄소 0.036%라고 하는 산소가 풍부한 공기를 가진다. 지구탄생 초기의 원시대기에서 이산화탄소를 감소시키고, 산소를 대기 중으로 배출하여 현재의 호기적인 환경으로 변화시킨 주역은 조류이다. 즉 조류는 지구환경을 불가역적으로 바꾸어 놓은 장본인이라 할 수 있다.

② 지구의 호기적인 대기출현은 지구환경에서 생물진화에 결정적인 영향을 미친다. 산소를 사용하여 유기물을 연소하는 산소호흡이 가능하게 되었고, 때문에 현재의 생물번영을 가능하게 만든 것이다. 즉 현재 1,000만종 또는 2,000만종이라고 하는 생물다양성을 만들어낸 원동력은 약 30억년 이전의 남조(시아노박테리아)에 의한 산소발생형 광합성을 출발점으로 한다.

③ 오존층은 유해한 우주선과 단파장의 자외선을 차단한다, 그 덕분에 지구에는 사람을 포함한 동물과 녹색식물이 육상에서 서식이 가능하게 되었다. 오존층을 만들고 생물을 육상으로 진출할 수 있게 한 것은 조류가 30억년 시간 동안 만들어낸 기체산소가 있었기 때문에 가능하였다.

④ 농경과 석기로 시작한 인류문명은 결국 철의 발견과 이용으로 비약적으로 발전하였다, 현재문명은 철에 의해 유지되고 있다고 할 수 있다. 이러한 지구의 철은 25~18억년 이전 원시해양에서 일제히 퇴적된 철광상에서 채굴되고 있다. 조류가 방출한 산소에 의해 해수에 녹아 있던 철이 산화되어 해저에 침강, 퇴적된 것이다. 철도와 자동차, 항공기의 문명은 조류의 역할에 빚을 지고 있다.

⑤ 철이 있어도 석유(원유)가 없으면 자동차와 항공기로 대별되는 현대문명은 발생하지 못하였을 것이다. 채굴 가능한 석유의 80%가 중동에 매장되어 있지만, 이 석유는 1~2억년 이전 고지중해(테티스해)에 대증식한 조류와 조류를 출발점으로 하는 생태계의 먹이사슬을 따라 동물플랑크톤의 사체가 해저에 퇴적되어, 지열 등 외부 인자에 의해 변성을 받아 만들어진 작품이다. 현대문명의 근본을 찾으면 25억년 이전, 그리고 1-2억년 이전의 조류활동에 의한 철광상과 석유에 의해 유지된다고 할 수 있다.

⑥ 원시지구의 대기를 구성하던 주성분인 이산화탄소 대부분은 탄산염의 형태로 암석에 갇혀있다. 영국과 프랑스의 국경인 도버해협에 우뚝 솟은 백악단애 또는 분필절벽(권두사진 12-25)은 거대한 석회암 덩어리이지만, 덩어리를 형성하는 성분 대부분은 조류이다. 광합성과 동시에 조류는 이산화탄소를 석회암으로 변화시켜 지구환경을 유지하고 있는 것이다.

⑦ 생명을 지탱하는 물은 강우로 공급되지만, 비를 만드는 구름을 형성하는 응결핵은 바다의 조류가 생산하는 물질로 만들어진다. 즉 조류가 없었다면, 지금처럼 비가 내릴 수 없을 뿐만 아니라 강한 햇빛도 차단되지 않아, 지구규모적인가뭄과 고온현상이 빈번하게 발생되어, 지금과는 전혀 다른 지구환경으로 변화되었을 것이다. 조류는 물 순환과 기후억제 조절자의 역할도 하고 있다.

이와 같은 조류에 대한 상식에서 벗어나는 모든 사실을 하나하나 열거하려면 끝이 없다. 조류를 단순히 물에 사는 식물이라는 범주에서 취급하기에는 무리가 있다는 것을 이해할 수 있을 것이다. 대표적인 식물인 육상식물은 철광상을 만들 수도 없고, 구름을 만드는 수증기의 응결핵도 공급하지 못한다. 또한 거대한 석회암을 만들 수도 없다. 조류의 세계는 일반적인 식물의 상식을 크게 벗어나고 있는 것이다.

이러한 조류의 비상식적인 내용을 하나하나 살펴가는 것으로서 조류에는 어떠한 생물들이 존재하며, 이들은 현실 세계에서 어디에 어떻게 살아가고 있는 것일까? 라고 하는 것에서부터 이야기를 시작하기로 한다. 조류에 익숙해지기 위해서 가장 좋은 방법은 시각적으로 확인하는 것이다. 이 책의 주인공을 차지하는 조류들은 어떠한 생물인지, 또 어떠한 생활방식을 하고 있는지는 잠시 후 조류보기(algae watching)에서 시작하여 보자. 상황에 따라서는 교양생물과 같은 여러 곳에서 설명이 중복되어 나오지만, 이것도 소설보다도 기묘한 조류의 세계를 이해하기 위한 필요 기초지식이라 생각하여 주었으면 한다.

생물의 몸을 구성하는 세포라는 점에서 보면, 지구의 모든 생물은 특성을 달리하는 두개 그룹인 원핵생물(prokaryota)과 진핵생물(eukaryota)로 나눌 수 있다. 고등학교 생물 첫 시간에 수업하는 내용이다. 원핵생물과 진핵생물의 차이로 강조되는 것이 원핵생물은 유전물질인 DNA가 세포질 속에 노출되어 존재하지만, 진핵생물은 이중막으로 된 핵막으로 둘러싸여 있다는 것이다. 그러나 원핵생물과 진핵생물은 핵의 있고 없고 이외에도 많은 점에서 서로 다른 특성을 보인다. 1937년 Chatton에 의해 이런 차이를 증거로 크게 다른 생물그룹으로 인식하게 되었다. 원핵생물의 대표는 세균류로서 장내세균이나 식중독 원인이 되는 대장균 및 비브리오균 등이 있다. 나중에 상세하게 설명하지만, 원생생물과 진핵생물 사이에는 지구의 생물진화사에서 최대급의 골, 즉 경계가 형성되어 있다. 그러나 조류를 이야기 할 때에는 이들 원핵생물과 진핵생물 모두에 대한 내용을 필요로 한다.

제1장

원핵조류: 남조(시아노박테리아)

1. 남조라는 조류

크기가 매우 작아 눈에 보이지 않은 클로렐라나 크기가 크고 식용으로 이용하는 미역 모두는 진핵생물로 조류이다. 그러나 무엇 때문인지 이러한 조류 중에는 원핵생물을 포함하고 있다. 원핵세포로 된 조류 전체를 통합하여 남조(藍藻, blue green algae)라고 한다(권두사진 1). 몸을 구성하는 세포가 원

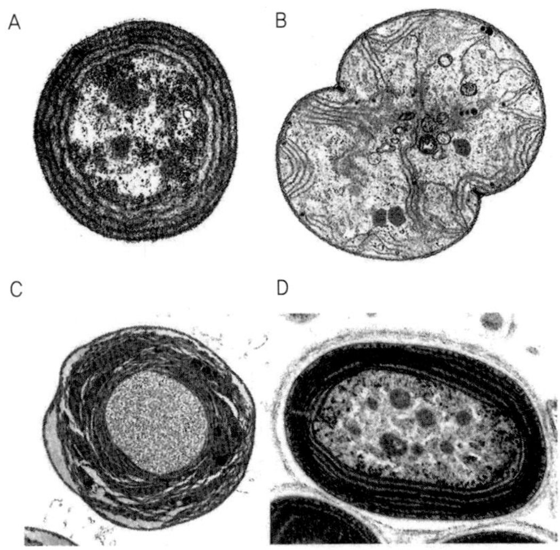

그림 1-1. 다양한 남조의 전자현미경 사진, A: *Synechocystis*, B: *Chroococcus*, C: *Prochloron*, D: *Acaryochloris* (사진제공, D: 宮下英明)

핵세포이기 때문에 원핵생물이다(그림 1-1 및 그림 1-2). 실제로 남조는 틀림없는 세균으로 계통학으로 보면 대장균 등과 함께 그람음성세균(Gram negative bacillus) 그룹에 포함된다(그림 1-2 및 그림 1-3). 때문에 남조를 남색세균 또는 시아노박테리아(cyanobacteria, Gk: *kyanos* 파란, *bacterion* = small stick, 앞으로 그리스어는 Gk로, 라틴어는 L로 표시한다)라고 불리기도 한다.

그림 1-2의 계통수를 보면 다양한 세균그룹 이외에 미토콘드리아(mitochondria)가 포함된 것을 알 수 있다. 미토콘드리아는 진핵생물에서 산소호흡을 수행하는 세포소기관(organelle)으로 진핵세포에서는 없어서는 안 되는 중요한 부품이다. 이러한 미토콘드리아가 α-프로테오박테리아(α-proteobacteria) 계통에 얼굴을 들어내고 있다. 계속하여 그림 1-2의 시아노박테리아의 계통수에는 엽록체(chloroplast)가 포함되어 있다. 이 두 가지 내용은 이 책의 주제와 밀접한 관계를 나타낸다. 또한 앞으로의 내용을 이해하는데 매우 중요한 부분이므로 기억해주기 바란다. 엽록체도 미토콘드리아처럼 진핵세포를 구성하는 매우 중요한 요소이다. 그런데 계통수에서 엽록체는 어떻게 남조와 근연관계

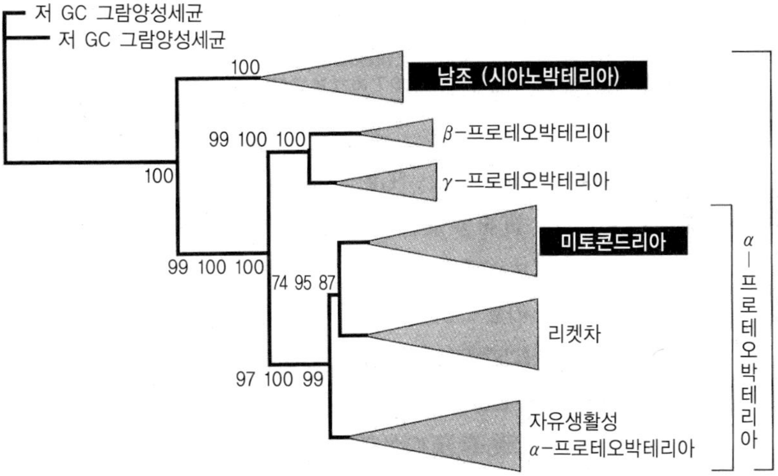

그림 1-2. 사이토크롬(cytochrome) *b* 및 사이트크롬 *c* 서브유닛 1-3 유전자의 복합 계통수. 남조는 그람음성세균의 뿌리부근에서 분기한다. 미토콘드리아는 α-프로테오박테리아와 근연으로 리케차(rickettsia)와 가장 가까운 근연관계를 보인다(Emelyanov, 2003을 고쳐 그림).

를 나타내고 있는 것일까? 이와 같이 미토콘드리아와 엽록체가 세균과 근연 관계를 가지는 것에 대해서는 제Ⅱ부에서 자세하게 설명한다. 즉 미토콘드리아와 엽록체는 진핵생물의 진화 및 다양성을 이해하는데 매우 중요한 단서를 제공하는 세포소기관이다.

이름에서도 생각할 수 있듯이 남조에는 남색을 나타내는 종이 많다. 이것은 남조에 광합성 색소 및 피코시아닌(phycocyanin, Gk: *phykos*, *phukus* 조류에서)이라는 청남색 색소단백질이 많은 양으로 포함되고 있기 때문이다(제9

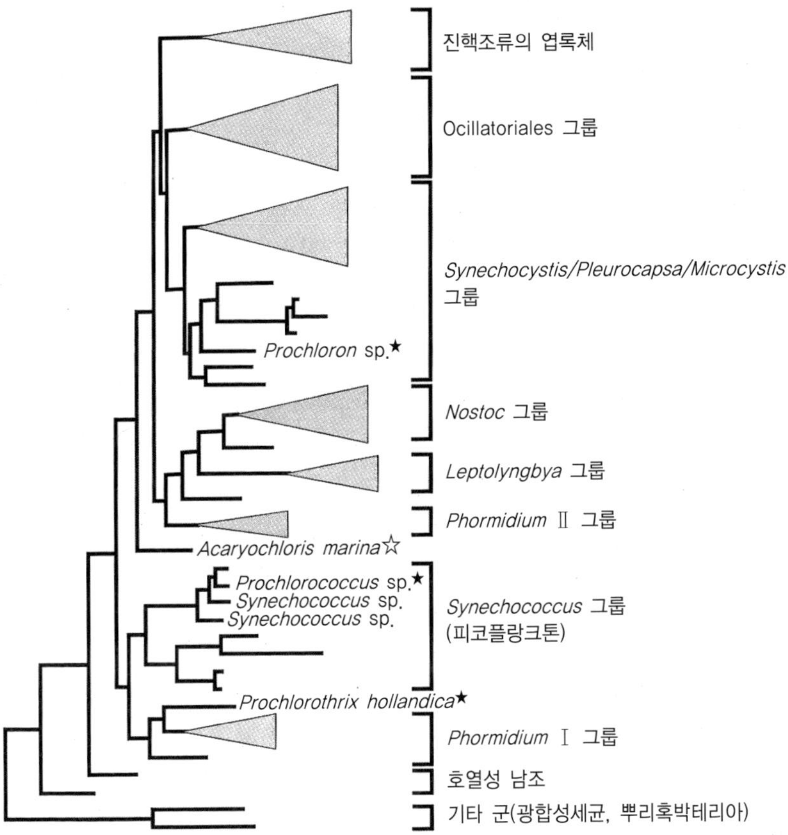

그림 1-3. 남조(시아노박테리아)의 계통. 원핵녹조는 남조의 계통수에서 분산하여 출현한다(검은 별 표시). 엽록소 *d*를 가지는 *Acaryochloris* (하얀 별)도 독립된 계통군으로 출현하고 있다. (Miyashita *et al.*, 2003)

장과 제11장). 대부분 남조는 다른 세균에 비해 세포가 크고, 형태적으로 단세포에서 실모양이나 나무막대 모양을 하고 있다. 때문에 얼핏 보면 세균으로 생각되지 않는다. 즉 일반적인 형태와 크기가 진핵생물에 가깝고, 조류와 같이 광합성을 하여 독립영양으로 성장하고 있기 때문에 역사적으로도 세균이지만 조류연구자의 연구대상이 되어왔다. 이러한 이유로 지금도 조류세계에서는 남조류라는 이름으로 불린다. 시대를 거꾸로 올라가는 것 같지만, 이 책에서도 예부터의 남조라는 이름을 주로 사용한다. 다만 필요에 따라서는 시아노박테리아라는 이름을 사용하기도 한다.

"조(藻)"라는 용어를 사용하기 위해서는 조건이 부여된다[1]. 이 용어에는 광합성을 한다는 강한 메시지를 담고 있어, 독립영양이라는 부분이 중요하기 때문이다. "조(藻)"라는 한자를 분해하면 풀 초(草) 윗머리에 물 수(水)변, 그리고 품(品)밑에 목(木)을 쓰는 조(喿[2], 떠들썩하거나 모으다. 라는 의미)로 되어 있다. 이것은 물에서 무리를 이루는 풀을 의미한다. 당연히 풀은 광합성을 하는 식물을 의미하기에 남조도 "풀"의 범주에 포함된다. 나무와 풀은 태양에너지를 이용하여 이산화탄소를 동화시켜 유기물을 만드는 광합성을 한다. 그리고 광합성의 부산물로서 산소를 생산한다. 즉 다음의 광합성 식인

$$6CO_2 + 12H_2O \rightarrow C_6H_{12}O_6 + 6H_2O + 6O_2$$

는 초등학교에서 고등학교까지 누구나 반복하여 배웠던 생태계에서 식물이 가지는 기본적인 역할이다. 이러한 산소발생을 동반하는 광합성을 산소발생형 광합성(oxygenic photosynthesis)이라고 하고 있다. 지구에서 이러한 기능은 나무나 풀만이 수행하고 있는 것은 아니다. 다시마와 미역 그리고 김도 이러한 광합성으로 산소를 만들고 있다. 세포구성 체제나 일부 구조에서 차이는 있지만, 남조도 육상식물이나 해조와 거의 같은 세포기능을 하고 있다. 그리

1 순수한 우리말로 조류를 뜻하는 의미로 "말"이란 단어가 쓰인다. 말은 원래 물속에 서식하는 은화식물을 통틀어 이르는 용어이다. 본문에서도 자주 등장한다.

2 울 조 또는 울 소로 읽고 새가 무리지어 우는 모습이나 소란스러운 것, 떠들썩한 것, 또는 집단을 이룬다는 의미를 가진다.

고 이들은 모두 생산자로서 먹이사슬의 출발점을 이루어 지구생태계가 유지되는 기반을 형성한다. 남조의 출생에 대하여 정확하게 인식하는 것도 중요하지만, 우선 여기서는 남조도 나무나 풀, 그리고 해조와 같은 생산자 기능을 하는 생물군으로 이해하여 주기 바란다. 남조는 매우 특수한 원핵생물로서 "원핵식물(prokaryotic plantae)"로 취급하는 것이 전체를 이해하는데 도움이 된다. 또한 이것이 지구생태계에서 생물로서 남조가 수행하는 역할의 본질이기도 하다.

2. 남조의 이것저것

남조의 크기는 매우 작기 때문에 사람의 눈으로 직접 확인할 수 없지만, 지구의 어떠한 장소에도 빠짐없이 서식하면서 광합성 생물로 역할을 충실하게 수행하고 있다. 상세한 남조탄생의 기원 및 지구 생태계의 역할에 대해서는 제Ⅱ부에서 설명하고 있기 때문에 여기서는 남조가 어떠한 생물인가? 라는 구체적 이미지 파악을 위해서 특색 있는 남조 생물을 예로 들어서 남조의 다양성과 살아가는 방법을 알아보기로 한다.

가. 녹조와 가스포

녹조(綠潮, water bloom)는 여름에 호소(湖沼)나 저수지 표면에 청색가루를 뿌려 놓은 것과 같은 현상으로, 이는 담수에 서식하는 남조가 대량으로 발생한 현상으로 물의 꽃 또는 담수적조(제5장 참조)의 자연현상을 표현하는 용어이다. 일본어로는 Aoko(青粉)라고 한다. 담수적조인 녹조를 구성하는 생물은 녹조(綠藻, green algae)와 규조 그리고 유글레나조 등 다양한 조류를 포함한다. 그러나 주체가 되는 종은 대부분 남조류인 *Mycrocystis*, *Anabaena*, *Aphanizommenon*, *Phormidium*, *Oscillatoria* 속을 구성하는 원핵조류이다. 녹조를 발생시키는 남조에는 간장독(肝臟毒)이나 신경독(神經毒) 등 유해한 물질을 생산하는 종들과 곰팡이 냄새를 생산하는 종들이 포함된다. 때문에 녹조발생은 대부분 호소의 수질악화라는 사회적인 관점에서 다루어지기도 한다. 물론 원인이 되는 남조가 나쁜 것은 아니다. 발생원인은 수질을 악화시킨 인간에게 있다는 것은 두 말할 필요도 없다. 녹조는 분별없이 호소를 오염시키는 인간이라는 생물에 대한 강력한 자연의 경고라 할 수 있다(제4장 차축조류 항 참조).

수질오염과 유독물질은 제5장에서 자세하게 설명하고 있기 때문에 여기에서는 녹조가 수면에 뜬다는 성질에 주목하여 보자. 당연한 이야기로서 생물이 물에 뜬다는 것은 녹조를 구성하는 남조가 물보다 가볍다는 것이다. 일반적으로 세포는 대부분 물로 구성되기 때문에 물속에 물을 가득채운 자루와 같다. 또한 물속 환경은 무중력이다. 때문에 수면에 뜬다는 것은 세포 전체가 물보다 가볍다는 것을 의미한다. 이것은 남조 세포 속에 가스포(gas vacuole)라는 소기관이 존재하기 때문이다. 가스포는 세포막 안쪽을 따라 다발 모양으로 존재하기에 현미경으로 관찰하면, 굴절률이 높은 빨강색 또는 검은색의 과립(顆粒, granule)[3]으로 채워 있는 것처럼 보인다. 각각의 가스포는 2-3nm (1nm는 10^{-9}m로 100만분에 1mm)의 얇은 두께의 막으로 싸여 직경이 75nm 정도인 막대모양을 하고 있다. 이 세포막은 질소, 산소, 이산화탄소 등 기체만을 통과시킨다. 막의 주성분은 단백질로서 지방질은 거의 포함되어 있지 않다. 즉 세포막과 핵막 등과 같은 세포의 주요 구성요소인 지질이중층(脂質二重層, lipid bilayer)의 단위막과는 달리, 가스만을 통과시키는 특별한 막인 것이다.

세포에서 막이 차지하는 용량이 커질수록 세포는 밀도가 낮아져 무게보다 부력이 크게 되기 때문에 물에 뜬다. 반대로 가스포 용량이 작게 되면 세포밀도가 커져서 무게가 부력보다 크게 되기에 침강하게 된다(그림 1-4 및 그림 1-5). 이러한 원리로 녹조는 다음과 같은 개략적인 과정을 통해 호소 표면에 집적되는 것으로 판단된다. 가스포를 가지는 남조는 수면 가까이에서 부유생활로 광합성을 한다. 광합성 결과로서 세포 속에 광합성 산물인 탄수화물이 축적된다. 때문에 팽압(膨壓, turgor pressure: 세포가 세포벽을 누르는 힘)이

3 과립은 세포 속에 있는 입자모양의 구조를 나타내는 용어이다. 과립에는 미토콘드리아, 리포좀, peroxisome, 엽록체와 같이 세포소기관에 속하는 것은 물론, 분비과립, 색소과립, 봉입체, 전분입자, 글리코겐, 지방 방울 등과 같이 부속적인 형질에 속하는 것이 있다. 리포좀, 폴리좀 등과 같이 미세한 입자모양도 과립이라 불린다. 그러나 식포나 음소포와 같은 액포는 과립이라고 하지 않는다.

상승하여 가스포가 파괴된다. 가스포가 파괴되면 세포밀도가 커져 부력보다 무게가 증가하기 때문에 남조는 호소 밑으로 침강한다. 침강한 남조는 호소 저층부에서 질소와 인 등의 영양소를 흡수하여 성장과 호흡에 의해 팽압이 감소하게 되면, 가스포가 재차 형성되기에 부력이 강해져서 수면으로 재차 부상하여 광합성을 하게 된다. 즉 개략적으로 녹조를 형성하는 남조는 야간에 하강하고, 주간에 상승하는 일주리듬에 대응하고 있다. 남조는 가스포에 의한 일주연직운동(日周鉛直運動, diurnal vertical migration)을 반복하면서 급성장하여 녹조를 형성하는 것이 된다.

가스포를 가지는 조류는 남조뿐으로 진핵조류에는 존재하지 않는다. 다른 한편으로 원핵생물의 세계에서는 다양한 세균에서 가스포가 관찰되며 남조와 같은 역할을 하고 있다. 이러한 사실은 가스포가 원핵생물의 진화에서 가장 초기단계에 출현한 것을 의미한다. 만일 이러한 추측이 정확하다면 원핵생물의 가스포에 의한 부유와 침강은 생물이 최초로 획득한 운동방법이라고 할 수 있다. 이러한 관점에서 지금 남조와 세포의 가스포에 대한 연구가 활발히

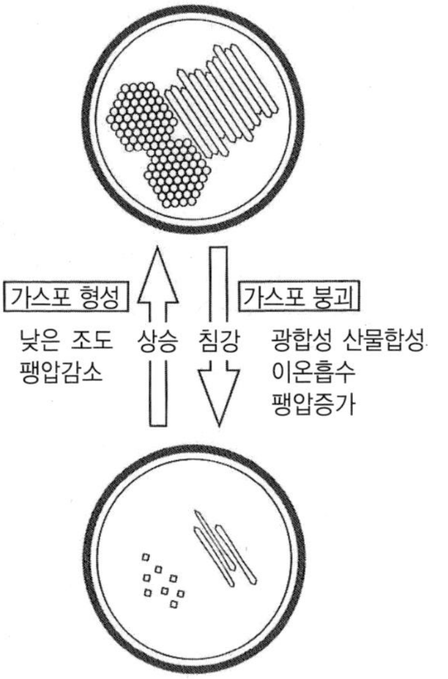

그림 1-4. 가스포를 가지는 남조의 연직운동

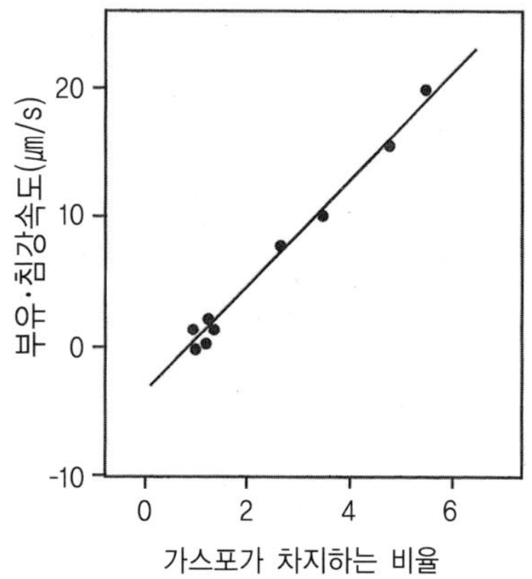

그림 1-5. 남조 *Anabaena circinalis*에서 관찰되는 가스포와 부유·침강 속도의 관계 (Reynolds, 1972 기본으로 그림)

진행되고 있다.

가스포는 빛을 강하게 반사 또는 굴절시킨다. 결과적으로 빛을 산란하는 성질을 가진다. 특히 가스포를 가지는 남조가 수면에 모이면 강한 빛에 대한 차광효과를 나타낸다. 즉 물속의 플랑크톤에게 강한 빛을 피할 수 있는 양산과 같은 기능을 하고 있거나, 아니면 광합성에 필요한 충분한 빛을 받지 못하게 할 수도 있다. 어느 쪽이든 이러한 영향은 크다. 뿌리를 내려 호소 바닥에 서식하는 수초나 차축조류에는 빛을 감소시키는 쪽으로 더욱 영향이 크게 나타날 것이다. 이러한 남조의 차광효과는 호소생태계 등 담수생태계를 교란시키는 결과를 가져온다(제4장). 아무튼 가스포는 광학 소재로서도 흥미로운 성질을 가진다. 때문에 이러한 측면에서도 가스포는 흥미로운 연구대상이 되고 있다.

나. 흔들말: 남조의 운동

흔들말(*Oscillatoria*, L: *oscillator* 흔들리는 것, 권두사진 1-3)은 이름에서도 알 수 있듯이 행동으로 세포가 표현된다. 남조에는 운동을 하는 종이 많다. 가스포에 의한 연직운동도 확실히 운동이라고 할 수 있지만, 이것은 부력과 중력을 이용한 수동적인 운동방식이다. 이와는 다르게 흔들말의 운동은 능동적일 뿐만 아니라 놀라울 정도로 결렬하다. 많은 단세포 생물은 원핵편모(原核鞭毛, proterokont)를 이용하여 물속에서 편모운동으로 빠른 유영속도를 보이지만 남조에는 원핵편모가 없다. 진핵생물인 유글레나조와 볼복스(*Volvox*)에 있는 편모도 없다(원핵편모와 진핵생물의 편모에 대한 차이는 제11장 참조). 남조는 이들과 다른 구조로 특수한 운동을 한다.

습한 토지표면에 서식하는 흔들말을 채집하여 물이 들어 있는 비커에 넣고 잠시 창가에 올려 놓으면 흔들말은 빠르게 창 쪽 표면으로 모여든다. 모여 있는 흔들말 일부를 현미경으로 관찰하면 격렬하게 요동치면서 위와 아래로 왕복운동 할 뿐만 아니라, 좌우로 흔들리는 운동을 하는 것을 알 수 있다. 이러한 운동을 반복하면서 빛에 반응하여, 최종적으로는 빛을 받는 쪽으로 모이게 된다. 나선모양 몸을 하는 스피루리나(*Spirulina*, Gk: *speira* 나선 : 건강보조 식품으로 사용된다, 권두사진 1-5)는 슬라이드글라스 위에서 나사를 돌리

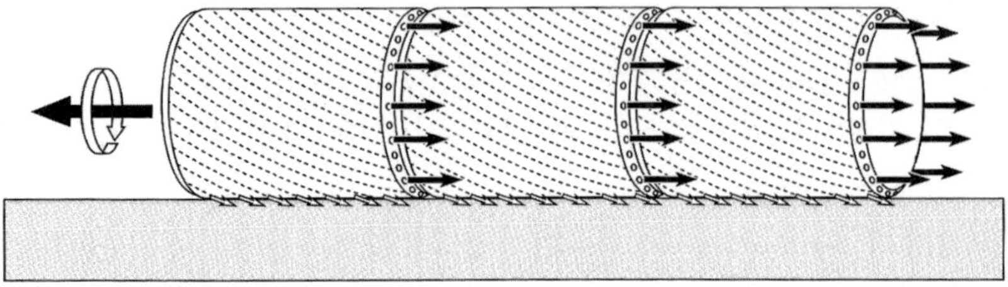

그림 1-6. 남조의 활주운동. 세포 끝부분의 구멍에서 점액물질(검은 화살표)이 분비되면서 전진한다. 그리고 나선모양으로 배열된 오실린섬유가 회전의 안내역할로 작용한다(하얀 화살표) 점액물질이 반대방향으로 분비되면, 운동방향이 바뀌게 된다.(Hoiczyk and Baumeister, 1997를 기본으로 그림)

는 것처럼 회전운동한다. 남조가 하는 이러한 운동들을 활주운동(gliding motility)이라 한다. 이러한 운동을 발생시키는 힘은 세포가 기질에 밀착하여, 무엇인가의 방법으로 기질을 누르는 힘에 대한 반작용을 발생시키는 힘이 이용된다. 아직도 남조운동에 대한 전체적인 메카니즘은 분명하지 않지만 다음과 같은 가능성을 제시하고 있다. 즉 로켓과 같이 분사한 물질이 반작용 운동으로 세포벽면에 나선모양으로 나열된 미세한 오실린(oscillin)이라는 단백질이 솔과 같이 슬라이드글라스 등의 기질표면을 쓰는 것으로 추진력을 만든다(그림 1-6). 운동할 때에는 세포회전을 하지 않은 남조는 오실린섬유가 존재하지 않기 때문에, 점액질 역할에 의해 앞뒤로 이동하게 된다. 오실린섬유를 가지는 남조는 오실린이 회전운동을 할 수 있도록 안내하는 것으로 추정하고 있다.

일부 *Synechococcus* 속에 속하는 일부 종은 기질이 없는 부유조건에서도 운동을 한다. 즉 유영운동을 하는 것이다. 이들 종의 유영운동에는 세포표면에 미세한 털이 존재하여, 이 털이 운동에 관여하는 것으로 생각되고 있다. 이 털은 흔들모 등 일부 남조가 가지는 오실린과 비슷한 구조를 하고 있어, 어딘가에 공통의 메카니즘을 가지는 것으로 생각되지만, 아직 세부적인 내용은 파악되어 있지 않다. 미세한 털이 솔로 청소하는 것과 같은 원리로 유영운동을 발생시키고 있는 것인지? 아직 분명하지 않은 부분이 많다. 생물은 원핵과 진핵을 막론하고 운동에 의해 광합성에 필요한 빛과 영양소가 있는 곳으로 이동하여 생존을 보증 받게 된다. 유성생식을 하는 생물은 배우체를 만나기 위해서도 운동은 필수적인 요소가 된다(홍조에서는 예외적인 사례가 관찰된다, 제11장 참조). 또 아직까지 구조적으로 확실하지는 않지만, 남조도 활주와 유영이라는 운동을 현실적으로 실현하고 있다. 아마도 어느 쪽이든 매우 오래전부터 이어지고 있는 기본적인 운동기능일 것이다. 생물에게 운동은 생태적응이란 측면에서도 매우 중요한 성질이기에, 이러한 생물의 운동은 생존전략이라는 관점에서 이해할 필요가 있다.

다. *Aphanothece sacrum* (Suringar) Okada

일본 남부의 규슈 중앙부에 위치하여 세계 최대의 칼데라(caldera)를 자랑하는 명산 아소(阿蘇)에 내리는 비는 용암과 화산재로 만들어진 대지로 침투된다. 물은 지하수가 되어 하류에서 솟아나 다시 지표에 모습을 보인다. 이러한 과정을 통해 규슈 중북부에 위치하는 구마모토(熊本)에서 하카다(博多=福岡)에 이르는 지역에 풍부한 미네랄을 포함하는 깨끗한 물(淸流)이 생산된다. 이 깨끗한 물에 구마모토 특산종인 남조가 서식한다. 녹색이 들어 있는 갈색으로 다양한 모양의 한천질 군체를 만드는 남조 *Aphanothece sacrum* (Gk: *aphanes* 보이지 않는다, *theke* 초(鞘) 또는 상자, 소종명은 L: *sacer* 신성한)이다. 이 종의 일본 이름은 서식하는 구마모토시 수이젠지(水前寺)라고 하는 유명한 사찰과 공원의 이름을 빌어 수이젠지노리(水前寺海苔)라고 한다[4]. 슈센타이(壽泉苔), 시킨타이(紫金苔)로 불리기도 한다. 탄력 있는 입맛이 진미로 에도시대에는 장군가(將軍家)에 진상되는 물품이었다. 맑은 국이나 물 양갱 그리고 설탕과자 등으로 가공하여 이용하였던 것 같다. 구마모토시의 구와미즈마을(神水町)에 위치하는 가미에츠코(上江津湖)의 *A. sacrum*은 1924년 천연기념물로 지정되었다. 녹조(綠潮)로 상징되는 나쁜 이미지의 남조와는 거리가 다소 먼 내용이다. *A. sacrum*은 빈영양 상태의 맑은 물이 흐르는 곳에서 미묘한 영양소 균형이 유지되는 환경에서만 서식한다. 서식조건은 18-20℃의 따뜻하면서 지속적으로 공급되는 신선한 용천수(湧泉水)가 필요한 것이 알려진

[4] 수이젠지 공원의 맑은 물에 서식한다는 의미를 가지는 종으로 수이젠지김으로 번역할 수 있다. 일본 고유종이로 알려지는 남조로서 요리재료로 사용되고 있다. 국내에 출현하지 않은 종이기에 학명을 그대로 사용하였다.

다. 이러한 청결한 환경에 생활하수가 유입되면, 질소와 인이 증가하여 용천수 유역의 생태계가 쉽게 붕괴된다. 이러한 민감한 서식조건을 필요로 하기 때문에 *A. sacrum*은 생활하수 유입에 의한 수질오염 등으로 원래의 자생지에서 지금은 거의 자취를 감추어 버렸다.

일본 환경성이 정리한 적색자료집(Red Data Book, 2000년 간행)을 보면, 일본에서 이미 멸종하였거나 야생멸종, 그리고 멸종위기에 있는 종 및 준멸종 위기종이 많음에 경악을 금치 못한다(자료집 표 4-1 참조). 이 중 조류를 보면, 맑은 호수나 하천유역 또는 청정해역에 서식하던 거의 대부분 종이 나열되어 있다. 5종의 멸종된 차축조(육상식물로 연결되는 스트레프토식물(Streptophyta), 제4장 참조), 다음에 야생 멸종된 동일 분류군인 차축조, 니텔로프시스(*Nitellopsis obtusa*)가 있고, 그 다음에 구마모도지방에서 자생하였던 *Aphanothece sacrum*이 나열되어 있다. 때문에 구마모토현의 상징으로 *A. sacrum*을 지키기 위하여 많은 시민들이 참가하는 환경정화 운동이 실시되고 있다. 지금은 구마모토현의 아마키(甘木) 황금천에서 *A. sacrum*이 양식되어 상품으로 출하되고 있다.

라. 돌옷과 발채

비가 내린 다음 정원의 잔디나 거친 땅 또는 하천제방에서 권두사진 1-8과 같은 녹색에서 자색을 띠는 말랑말랑한 덩어리를 본 적이 있는 독자들도 있을 것이다. 이것이 돌옷(*Nostoc commune*[5], *Nostoc*는 16세기 스위스 연금기사가 사용한 이름으로 어원은 불명이다)이라는 연쇄체목(Nostocales)에 속하는 남조이다. 영어로는 *Nostoc* "ball"로서 명확하게는 해파리와 같은 젤라틴 또는 한천질 덩어리이다. 돌옷의 정체는 남조가 만든 덩어리이다. 이 돌옷은 매우 강한 몸을 하고 있어, 우리의 생각을 훨씬 초월하는 강임함을 나타낸다. 강열한 여름의 직사광선이나 건조에도 끄떡없다. 건조가 계속되어 수분을 잃게 되면, 얇고 단단한 검은 색의 씨앗을 형성한다. 살아있는 생물처럼 보이지 않지만, 여기에 물이 공급되면 어느새 말랑말랑한 원래의 돌옷으로 되돌아온다.

5 일본이름을 그대로 직역하여 돌해파리로 불리기도 한다. 우리말은 돌옷으로 기록되어 있다.

한천질 기질은 고무와 같은 탄력으로 매우 질기다. 손위에서도 조각으로 쉽게 찢어지지 않는다. 면도날로 작은 조각을 만들어 현미경 관찰을 하면 단단하게 굳은 한천질 속에 수없이 많은 구슬모양으로 연결된 남조가 가득한 것을 알 수 있다(권두사진 1-9). 이와 같은 한천질이 강한 빛과 온도변화에 내성을 가지게 하는 것 같다. 돌옷은 자외선을 흡수하는 색소를 포함하여, 자외선에 대한 방어태세를 구축하고 있는 것으로도 알려진다. 이러한 구조적인 연구가 가나자와(金澤)대학에서 진행되고 있다. 또 남조에는 질소고정에 관여하는 이질세포(heterocyst)라는 특수한 세포가 존재한다(제6장). 이질세포에 의한 질소고정(窒素固定, nitrogen fixation)은 대기 중에 많은 양으로 존재하는 기체질소를 생물이 이용할 수 있는 암모니아나 유기물의 형태로 변환시키는 것을 말한다. 남조가 질소가 부족한 황무지와 같은 환경에서도 살 수 있는 것은 이러한 질소고정 능력을 가지고 있기 때문이다. 30억년 이상을 지구에서 살아온 남조의 끈기를 잘 보여주는 사례이다.

지구의 많은 지역에서 남조는 식용으로 이용하고 있다. 뜨거운 물로 가볍게 읽혀 초무침하여 먹기도 한다. 식재료로 유명한 남조의 일례는 중화요리에 사용되는 발채(髮菜, 중국어 발음으로는 fat choy)이다. 중국의 몽고자치구 등 건조한 초원 표면에 머리털모양으로 군체를 만드는 연쇄체목 남조이다. 중국어 사이트를 보면 "藍藻門唸珠藻目的細菌"이라고 쓰여 있다. 건조하면 문자 표현처럼 가는 머리털 같이 보이지만, 물에 넣으면 부풀어 올라 옅은 녹색을 띤다. 돌옷과 같이 한천질 덩어리 속에 이질세포를 가지는 실모양(絲狀體)의 남조가 들어있다. 그러나 사상체가 세로로 나열되어 있기에 돌옷과 다르게 가늘고 긴 덩어리가 된다. *Nostoc flagelliforme*라는 학명을 가지고 있지만 돌옷의 변종인 *N. commune* var. *flagelliforme*로 취급하기도 한다. 중화요리의 발재호시(發財好市, fācái hǎo shì)는 발채와 말린 굴을 함께 찐 요리로서 부(富, 돈)를 불러 온다고 하여 중국에서는 정월 등 경사스러운 날에 먹는 대표적인 요리이다. 돌옷도 이 발채와 매우 근연관계의 남조이기에 요리하는 방법에 따라서는 좋은 식재료가 될 수 있을 것이다. 현재 발채는 남획으로 멸종 직전에 있다. 자생지 초원에서 수분을 유지시켜, 토양이 날아가는 것을 막아주는 역할을 하고 있었다. 그러나 식용으로 모두 채취되어, 초원의 수분보전이 어렵게 되면서, 초원은 빠르게 사막화가 진행되고 있다[6]. 중국 국가환경보호국은 2003년에 발채를 국가 일급보호식물로 지정하여 채취 및 판매를 금지하였다. 사실여부는 확실되지 않았지만, 현재 거래되는 대부분은 해조를 사용하여 만든 가짜 발채라는 기사를 본적이 있다. 아무튼 발채는 고사하고 돌옷을 먹어 보는 것은 개인적인 바람일 뿐으로, 먹어본 경험이 없어 맛에 대한 소개를 할 수 없다는 것에 아쉬움을 가져 본다.

마. 천구의 보리밥

확실한 정체도 알지 못하는 불가사의한 이름의 생물(?)을 여기에서 다루어도 좋을 것인가 하는 것에 대해서는 확신을 할 수 없었지만, 다른 곳에서도 다룰 수 있는 내용이 아니기에 이쯤에서 설명하여 두고자 한다. 천구의 보리밥은 일본 중북부의 아사마산(淺間山), 이이츠나산(飯綱山), 구로히메산(黑姬山) 등의 쇼슈(上州)와 신슈(信州)[7]에 위치하는 산들의 정상부근에 분포하는 것으로 알려진다. 예로부터 알려지고 있었고, 1843년에 발행된 "善光寺道名所圖會" 및 같은 시기에 쓰여진 "信濃奇勝錄"에 기록된 내용 중에 이러한 산들의 정산부근 지표 밑에는 천구(天狗)의 보리밥[8]이라는 먹을 수 있는 흙이 존재한다는 것이다. 이곳에서는 이전 보리 고개로 식량이 떨어질 때에도 사람들은 천구의 보리밥을 이용하여 춘궁기를 넘겼다고 전해진다. "모래밥", "된장흙", "겐신[9]의 된장" 등 다양한 이름으로도 불리지만, 천구의 보리밥이란 이름이 부르기도 좋고 낭만도 있는 것 같아서 이 책에서는 천구의 보리밥이란 이름을 사용한다. 천구의 보리밥이란 이름은 이츠나산(飯繩山=飯綱山)의 천구

---

6 이 남조의 채취로 초지가 황폐화되어 봄철 황사를 발생시키는 원인 중 하나로 취급되기도 한다.

7 지금의 나가노(長野)현

8 천구(天狗)는 일본의 민간신앙에서 전승되는 신이나 요정이라는 전설 속의 동물을 말한다. 우리가 말하는 도사, 도깨비, 신선, 요정 등으로도 해석할 수 있지만, 원어의 의미를 그대로 살렸다.

9 일본 전국시대 무장인 우에스기 겐신을 나타낸다. 우에스기 겐신은 일본 전국시대의 다이묘로서 전국시대 '전국 3영걸' 오다 노부나가, 도요토미 히데요시, 도쿠가와 이에야스 다음으로 인지도가 높은 인물이다. 다케다 신겐과 라이벌 관계로도 유명하다.

전설과 연결되어 있다. 나라시대에 전래된 불교에서 촉발되어 일본 각지에는 토속 민간 또는 산악신앙이 만들어졌다. 슈겐자(修驗者)[10]는 깊은 산과 계곡에서 고행을 쌓아 도의 경지(境地)를 연다. 이즈나산에 경지를 연 것이 일본 8대 천구의 하나인 이즈나 사부로(飯綱三郎) 천구이다. 흉작으로 어려움을 겪는 해에 여러 나라를 뛰어다니면서 이즈나산 정상부근에서 나는 "천구의 보리밥"이라는 먹을 수 있는 흙을 나누어 주어, 많은 서민들의 목숨을 구하였다는 것이다.

원저자가 근무하는 츠쿠바대학 생물학계 대선배 중 한 사람으로 치학자인 츠바키 게이스케(椿啓介) 선생이 젊은 연구자 시절, 천구의 보리밥에 흥미가 있어 아사마산 정상에서 천구의 보리밥을 채집하였던 경험을 기록한 것을 저자에게 준 적이 있다. 그 내용에는 보리밥을 관리하는 산속 오두막집 주인의 안내를 받고 지시한 풀밭을 팠더니, 그곳에 연한 자색에서 회자색의 보리밥과 같은 입자형태로 된 층이 만들어져 있었다는 것이다. 층 두께는 수십 cm정도로 각 입자는 색이나 크기가 정말 보리밥과 같아서 만지면 탄력을 느낄 수 있었다고 한다. 보리밥 일부를 부탁하여 표본으로 채집하여 실험실에서 현미경을 관찰한 결과 그곳에 세균과 균류 그리고 조류가 혼합된 불가사의한 생물군집이 만들어져 있었다고 한다. 여러 가지 실험을 하여 보았지만, 생물덩어리에 대한 정체는 파악 할 수 없었다고 한다. 세균뿐만 아니라 다양한 생물에 조예가 깊었던 츠바키 선생조차도 정체를 밝힐 수가 없었다고 한다. 같은 박람강기(博覽强記)의 치학자였던 고바야시 요시오(小林義雄) 저서에도 천구의 보리밥에 대한 내용이 몇 번이나 등장한다. 아무래도 조류보다 세균연구자 사이에 더 많은 관심이 있었던 것 같다. 학계에서는 1898년경부터 연구의 대상이 되었던 것 같다. 오노 나오에(大野直枝), 가와무라 타미지(川村多實二)에 의해 최초의 연구성과가 1916년 일본식물학회지에 게재되어 있

10 일본의 민간신앙에서 산과 들에 머무르며 고행하는 사람을 뜻한다. 산은 조상의 영혼이 향하는 땅으로 신비한 힘을 가진 정령의 주거지로서 강과 나무 열매 등 혜택을 주는 근원이다. 이런 산에서 깨끗한 '기'를 받아들이는 수행자, 즉 슈겐자는 지극히 자연스럽게 발생하였다고 한다. 대부분은 신선도나 잡밀(雜密)을 공부한 사람으로 여기에 민간신앙이 혼합되어 만들어진 독특한 종교가 슈겐도(修驗道)이다.

다. 영문제목은 각각 Studies on "Tengunomugimeshi[11]"……와 Untersuchungen über "Tenguno-Mugimeshi"……이다. 두 사람 모두 보리밥을 만드는 주인공 생물을 세균으로 보는 견해이다. 남조는 물론 원핵생물이지만 오노 및 가와무라 시대에는 원핵생물과 진핵생물이라는 개념이 완전히 확립되어 있지 않았다. 남조는 식물학에서 연구되었기 때문에 남조와 세균은 실체가 완전히 다른 것으로 생각하였을 것이다. 가와무라는 유사한 세균과 비교한 결과 생태적 생리적인 성질이 특유하였고, 배양으로 출현한 세균을 새로운 생물종으로 하여 신속 신종으로 *Vulcanothrix silicophila*라는 학명을 붙였다(조사한 결과 이러한 이름은 현재 세균, 균류, 그리고 조류 어디에서도 사용되고 있지 않다). 속명은 화산암 지대에서 생산된다는 것을 의미하고 있으며, 종명은 세포를 싸고 있는 막이 규산질을 많이 포함되고 있어서 붙인 것이라고 한다. 그로부터 잠시 이후 도호쿠(東北)제국대학의 식물생리학 교수로 초빙되어 일본에 체류하였던 독일 식물학자 H. Molisch(제3장 빛말 항을 참조)가 가와무라로부터 일부 천구의 보리밥 표본을 양도받아 현미경을 관찰하였다. 그리고 가와무라 등의 세균설에 의문을 가진 Molisch는 당시 독일 조류연구의 대가인 S. Stockmayer에게 표본을 보내어 분석을 의뢰하였다. 그 결과 천구의 보리밥을 구성하는 것은 수 종의 남조로서 *Gloeocapsa*, *Gloeothece*, *Lyngbya*, *Microcystis* 등에 속하는 7종의 생물 복합체라는 결과를 얻었다(그림 1-7).

1935년에 다카하시 모토오(高橋基生)에 의한 천구의 보리밥에 대한 연구결과도 있다. 서식지 pH는 5.3~5.6의 안산암 지대라는 것, 천구의 보리밥은 광합성 색소를 갖고 있지 않다는 것, 메탄가스를 발생하고 있어 성냥으로 발화한다는 것, 서식지는 안산암이 부식하는 환경에 있다는 것 등에 대한 결과를 정리하고 있다. 이 논문에서 다카하시는 보리밥이 안산암을 분해하여 에너지를 얻고 있는 것으로 추론하였다. 무엇 때문인지는 모르지만 조사를 기반으로 했던 연구는 다카하시 연구 이후 오늘날까지 천구의 보리밥에 대한 학술적인 인쇄물은 찾아 볼 수가 없다.

녹조 클로렐라와 남조 스피루리나를 식재료로 이용하는 연구를 하였던 나

11 천구의 보리밥에 대한 일본어 발음.

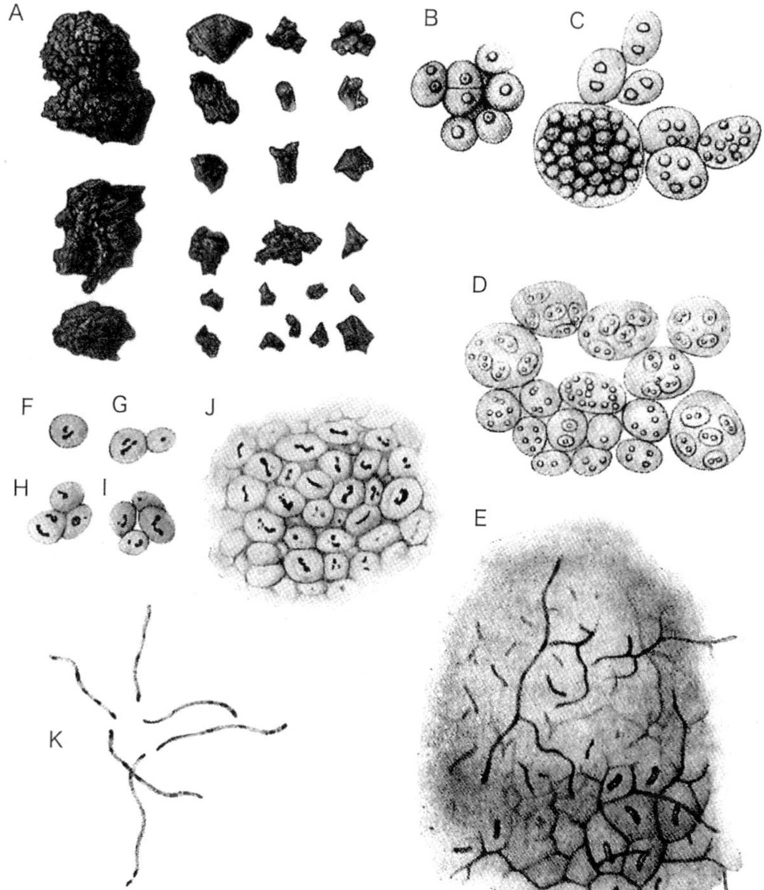

그림 1-7. Molisch(1926)가 남긴 천구의 보리밥 스케치(그림 배열을 바꾸었다) A: 보리밥의 다양한 형태, B, C: *Gloeocapsa conglomerata*, D: G. *aeruginosa* 및 *G. punctata*, E: *Gloeotheca linealis*, F-j: B-E가 약해진 것(Degenerationsformen)으로 설명되어 있다.

카무라 히로시(中村浩)가 1977년 작가인 가이코우 타케시(開高健)와 대담 중에 천구의 보리밥에 대해 열심히 강조한 내용이 있다. 그는 일찍부터 현대인류가 직면하는 인구폭발과 식량위기를 우려하여 발 빠르게 미생물 농업을 기반으로 철저한 재활용을 제창하고 실천한 이색적인 연구자였다. 인간의 배설물을 자원화하고, 그것을 이용하여 식재료가 되는 클로렐라와 스피루리나 등

조류를 배양하였기에 분뇨박사라는 별명으로 불리기도 하였다. "느리면서도 빠르게"라는 매력적인 저서의 대담집 속에 천구의 보리밥을 분뇨처리를 위한 미생물로 사용하자는 내용이 있다. 천구의 보리밥을 인분에 넣으면 매우 빠르게 메탄을 발생하는 것으로 설명되어 있다. 분뇨박사의 면목약여(面目躍如)이다. 즉 천구의 보리밥을 배양하여 분뇨처리장에 넣으며 분뇨처리장은 메탄공장으로 변하게 된다. 이렇게 하여 발생한 메탄을 에너지로 사용하자는 것이다. 그렇게 되면 석유 등 화석연료를 수입할 필요가 없을 뿐만 아니라, 반대로 아랍권에 메탄을 수출할 수도 있다는 장대한 아이디어를 주장하고 있다. 자신의 저서에도 장을 할애하여 천구의 보리밥을 설명하고 있다. 저서에서 천구의 보리밥은 *Gloeocapsa*, *Gloeotheca*의 남조와 *Methanococcus*, *Methanobacillus* 등 메탄생성 세균의 공생체로 설명하고 있다. 말의 배설물을 혼합시켜 배양하면, 메탄이 발생하는 것으로 배양방법까지 기록하고 있다. 이와 같이 책에 소개될 정도이기에 어딘가에 학술논문이 있을 것으로 생각되지만, 아직까지는 발견하지 못하고 있다. 남조 분류학자인 와타나베 마사유키(渡邊眞之)가 TV 방송사의 의뢰를 받고 신슈 구로히메산에서 천구의 보리밥을 채집하여 현미경 관찰을 하였던 기록이 있다고 한다. 역시 빛이 없는 장소에 서식하고 있어 광합성 색소는 없는 모양이다. 일부 남조는 종속영양으로 살아가는 것이 가능하다고 하지만, 일생을 종속영양으로 생활하는 남조를 저자는 아직까지 들어본 적이 없다. 역시 천구의 보리밥에는 정체가 밝혀지지 않는 미생물이 서식하고 있는 것이다. 1890년대에서 1900년대 초까지 오노와 가와무라 연구에 조언을 하는 사람이 있었다. 일본 식물학 개척자 중의 한 사람인 미요시 마나부(三好學)는 "천구의 보리밥은 장래 연구를 위해 보전되어야 한다."라고 하여 비교적 접근이 편리한 고모로(小諸)시 미소즈카(味噌塚)를 천구의 보리밥 산지로서 천연기념물로 추천하였다. 천구의 보리밥은 미요시 조차도 이러한 정도의 조치 밖에 할 수 없었던 불가사의한 생물덩어리라고 할 수 있다. 고모로시 미소즈카는 1921년 3월 천연기념물로 지정되어 지금에 이루고 있다(그림 1-8). 또 천구의 보리밥에 대하여 NHK 퀴즈방송 "일본인의 질문"에서 다루어진 적이 있는 것 같지만, 여기에서도 조사는 하였지만, 구체적인 내용을 밝혀내지는 못하였다고 한다.

그림 1-8. 고모로시에 있는 천구의 보리밥 산지. A: 고모로시 교육위원회가 설치한 표시판. B: 천연기념물 표시의 석탑, C: 전경. 전체적으로 나지막하게 부풀어 있다. 오른쪽 위에 시나노 철도의 철로가 보인다.

2007년 7월 중순에 신슈 수가다이라(管平)고원에 있는 츠쿠바대학 고원생물실험센터에서 생물학분야 학생을 대상으로 하는 야외실습이 있었고, 저자도 지도교수로서 참가하였다. 좋은 기회라고 생각하여 도중에 미요시 마나부(三好學)가 후진을 위해 남겨두었다는 고모로시의 미소츠카를 방문하였다. 시나노철도의 히가시고모로역에서 아주 가까운 국도 141호선과 선로 사이의 비좁으면서도 다소 낮은 작은 초지로 천연기념물로 보기는 어려운 상황이었다(그림 1-8). 파친코 가게와 중화요리점의 공동주차장 건너편에 "국가천연기념물 천구의 보리밥 산지, 고모로시 교육위원회"라고 하는 작은 입석

알림표시판이 있었다. 그곳에서 10m도 안 되는 낮은 언덕을 올라간 곳에 위치하는 작은 초지가 천구의 보리밥 산지였다.

초지입구에 시교육위원회에서 천구의 보리밥에 대한 지난 역사를 설명하는 안내판이 있었기에 알 수 있었다. 그러한 안내조차 없었다면 발견할 수 없었을 것이다. 철로 쪽을 제외하면 주변은 모두 민가로서 이런 곳에 국가천연기념물이 있다는 것 자체가 이상할 정도였다. 일반적인 초지와의 차이점은 조금도 찾을 수가 없었다. 철로 쪽 경계 바로 붙어서 석탑이 있었다. 석탑 장소가 초지 중심부가 아닌 것이 흥미롭다. 석탑 정면은 철로를 향하고 있엇고, 오래되어 읽기조차 어렵지만 "천연기념물 천구의 보리밥 산지"라고 새겨져 있었다. 약 80년에 걸쳐 철로를 통과하는 전차 승객에게 "여기에 천구의 보리밥 산지가 있다"라고 존재를 어필하여 왔을 것이다. 천구의 보리밥을 사회에 널리 알리고 인정받고 싶어 하던 당시 관계자의 의도와 열기를 읽을 수 있는 부분이다. 그러나 어디를 보아도 단지 조그마한 초지일 뿐이었다(그림 1-8). 솔직히 맥이 빠져 일부러 방문한 것이 어이없을 정도였다. 그러나 잠시 초지를 거닐다 무엇인가 다른 느낌을 감지할 수 있었다. 미소츠카의 흙에는 부드러운 탄력을 느낄 수 있는 쿠션감이 있다는 것이다. 꼭 물이끼 습지나 낙엽이 많이 쌓인 곳을 걷는 것과 같은 감촉이 발끝을 통해 전해왔다. 어쩌면 이것은 단순한 초지가 아니다. 천연기념물로 지정되어 80년이 지난 지금에도 미요시 선생이 후진을 위하여 남겨두었다고 하는 비밀의 보리밥이 미소츠카의 흙속에서 활동을 계속하고 있는 것인가? 불행하게도 국가천연기념물로 지정되어 있기 때문에 마음대로 땅을 파볼 수도 없었다. 언제가 정식으로 허가를 받고 확인해 보고 싶다는 생각을 남기면서 미소츠카를 뒤로 하였다.

그 다음 날이었다. 이전부터 천구의 보리밥을 실제로 조사하여 관찰하고 싶다는 이야기를 하였더니, 츠쿠바대학 수가다이라(管平) 고원생물연구센터장인 도쿠마스 세이지(德增征二)교수의 주선으로 생각지도 못하였던 천구의 보리밥과 대면할 수 있게 일이 성사되었다. 보리밥 보호를 위하여 채집한 장소와 그곳에 이르는 상세한 경로에 대한 설명은 생략한다. 그곳은 수가다이라 가까이에 있는 고원 속의 사유지였다. 우리는 우선 서식지 모습에 대해 가르침을 받고자 천구의 보리밥에 조예가 깊다는 T씨를 방문하였다. 갑작스러운 방문이었지만 T씨는 불편한 기색 없이 우리 이야기를 모두 들어 주었다. 그리고는 사유지의 소유주인 Y씨에게 전화를 걸어 허가를 받고는 우리를 보리밥 산지로 안내하였다. 예상 이외의 전개였다. T씨는 장소를 잘 아는 여유로운 분위기로 우리를 인솔하였고, 저자는 가슴 설레는 마음으로 뒤따라 잎갈나무 숲으로 들어갔다. 실제로는 급한 경사의 잎갈나무 숲이 임도를 타고 펼쳐있었고, 이름 모를 고산식물 꽃이 핀 고원을 수 km 정도 걸었다. 드디어 도착한 천구의 보리밥 서식지에는 도중에서 보았던 잎갈나무도 고원식물의 꽃도 그곳에는 거의 없었다. 크고 작은 자갈이 널려있으면서 바닥을 드러낸 강변과 유사하였다. 전체가 다소 올라있는 분위기로 폭이 10m, 길이가 20m 정도로 넓고 완만한 경사를 하고 있었다. 주위와는 분명하게 다른 환경이었다. 현장에서 이상한 냄새가 난다. T씨는 눈짐작을 하는 것처럼 잠시 있다가 장갑을 끼고는 땅을 파기 시작하였다. 드디어 20cm정도 깊이에서 파낸 흙을 살펴보고는 이것이 천구의 보리밥이라고 우리들에게 말하였다. 처음 보여주는 그것은 단지 흙으로만 보였다. 츠바키선생이 작성한 보리알과 같은 것을 기대하였으나, 보이는 것은 작은 입자모양은 하고 있었다. 이것이 천구의 보리밥이라는 확신을 가질 수 없었다. 그러나 세심하게 살펴보면 하얀 또는 오렌지색의 젤리모양 또는 한천모양의 덩어리가 포함되고 있어, 확실하게 단순한 흙은 아니었다. 더욱 몇 군데 흙을 더 파도록 부탁한 다음, 한 줌정도 흙을 받아 들고는 실험실에서 조사하여 보기로 하였다(그림 1-9) 결국 상상하고 있었던 뒤룩뒤룩한 보리밥을 만날 수는 없었다. 수가다이라센터로 돌아와 기대 반 실망 반의 기분으로 흙의 작은 젤리모양을 부수어 현미경으로 관찰하였다.

단순히 흙일뿐이라고 생각하였던 것은 기우에 불과하였다. 현미경 시야에는 매우 많은 미세한 생물이 모습을 나타내면서 서로의 존재감을 주장하고 있었다. 단단한 모래입자와 같은 과립도 부수어 현미경으로 관찰하면, 매우 많은 미생물을 포함하고 있었다. 놀라운 것은 얼핏 보면 흙으로 밖에 보이지 않던 덩어리 모두가 흙이나 모래가 아니라, 생물이 만든 덩어리 즉 집괴(集塊)였다는 것이다. 계속 관찰하는 과정에서 Molisch나 가와무라가 남긴 스케치(그림 1-7)와 일치하는 생물을 다수 발견하였다(그림 1-9). 형태는 보리밥처럼 분명하지는 않지만 구성하는 미생물은 보고서에 있는 천구의 보리밥 그대로였다.

보리밥은 필연적으로 보리밥 입자의 형태를 할 필요는 없을 것이다. 일정하지 않은 형태에 대한 기록이 있다(그림 1-7). 겐신의 된장, 된장모래 등의 표현도 있다. 채집한 시료는 된장 밥 쪽이 더욱 유사한 형태에 해당하는 것 같다. 계절적인 변화나 성장과정에서 보리 종자와 같은 모양을 하고 있는지도 모른다. 천구의 보리밥을 지속적으로 관찰한 연구가 아니었기에 천구의 보리밥 이해는 이러한 부분에서부터 시작하여야만 하는 것은 아닌지? 여하튼 몇

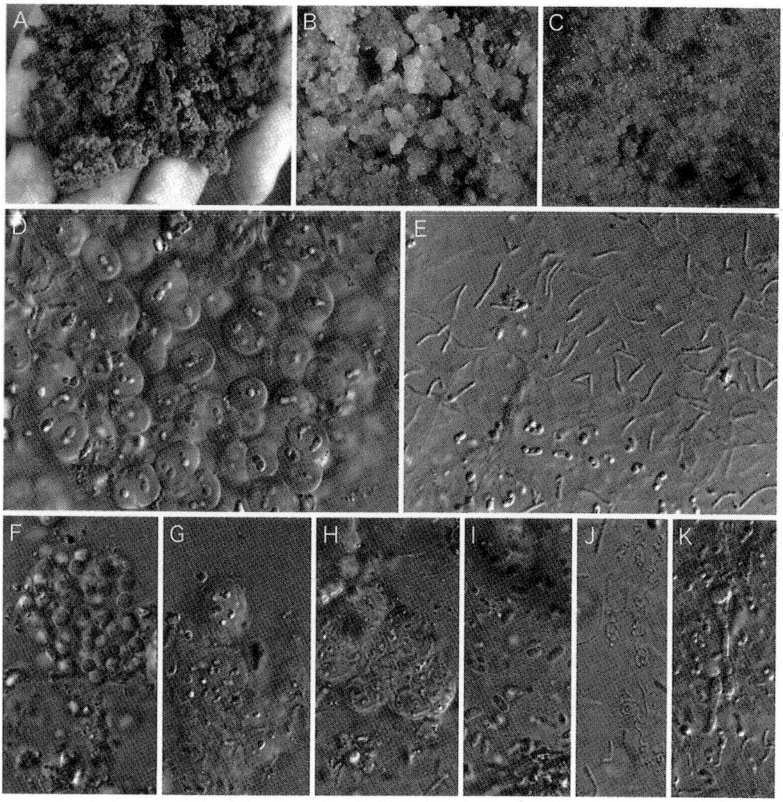

그림 1-9. 천구의 보리밥 현미경 사진. A: 파낸 보리밥, B, C: 실체현미경으로 확대한 모습. B는 입자가 단단한 것, C는 젤리 모양의 입자, D: 가장 많이 보이는 미생물 Molisch 분류에서 *Gloeocapsa* 또는 *Gloeothece*에 해당한다. E: 많이 보이는 미생물, Molisch 분류에서 *Lyngbia*에 해당, F-K: 기타 출현한 여러 미생물, K는 균사상의 생물.

시간의 수고와 현미경 관찰을 통해 알 수 있었던 것은 천구의 보리밥은 수 톤에서 장소에 따라서는 수 백 톤이나 되는 유기물 덩어리라는 것이다. 천구의 보리밥은 특수한 환경에서 미생물이 만들어낸 거대한 유기물 집괴라고 할 수 있을 것이다.

마이크로코스모스(microcosmos)라고 하는 용어가 있다. 미생물 군집이 만든 복잡한 생태계를 말한다. 직경 수cm 속에 생산, 분해, 소비자로서 기능을 하는 모든 생물이 서식하고 있어, 물질에너지 순환이 성립하는 세계이다. 마치 독립된 생물과 같이 움직인다. 천구의 보리밥의 작은 입자나 젤리 속에는 외부와 격리된 비밀과 같은 생태계가 구축되어 있는 것 같았다. 즉 거대한 바이오메스로 성장하여 주위의 흙을 밀어내면서 성장하고 있다. 마이크로코스모스는 실제로는 이정도 진귀한 것은 아니지만, 이와 같은 생태계가 어떻게 유지 되는가를 밝히는 것은 미생물의 새로운 학문영역이 될 것이다. 복합생물계(複合生物系)라고 하는 것이 일종의 유행어가 되어 있지만, 천구의 보리밥과 같은 것이 정말로 복합생물계이다. 복합생물계가 수 톤의 규모로서 실현되고 있는 것이다. 이와 같은 생태계에 본격적으로 연구하는 사람은 아직 거의 없는 것은 아닌지? 연구가 진행되면, 일례로서 우주선 속의 생태계의 모델이 될 수도 있을 것이다. 실제로는 다양한 모든 곳에 미생물은 마이크로코스모스를 형성하여 미생물끼리 마이크로적인 생태계를 형성하고 있지만, 생태학에서는 아직 거의 연구대상이 되어 있지 않다. 천구의 보리밥은 복합생물계연구의 훌륭한 목표가 된다.

이 "흙"은 유기물로서 모래나 흙은 거의 들어 있지 않다. 따라서 보기에는 어떨지 모르지만 식재료로 손색이 없다. 실제로 일행 중 몇 명이 시도하여 보았다. 전분과 같이 까칠까칠하지만, 은은한 단맛이 있다고 한다. 과감하게 저자도 먹어 보았다. 아무리 보아도 흙덩어리로 밖에 보이지 않은 보리밥은 처음에 조금 까칠했지만 혀로 부수면 부드럽게 녹아 저항 없이 목을 타고 내려갔다. 맛도 냄새도 없지만 다른 식품이 없는 상황에서는 확실히 식용으로 이용할 수 있을 것이다. 한편으로 다카하시와 나카무라가 말하는 메탄발생은 보리밥 서식지와 "흙"에서 방출되는 냄새와 관련된 것으로 흥미롭다. 단 메탄자체는 무색무취하기에 직접적인 증거가 되지는 않는다. 알 수 있었던 것은 보리밥이 어떠한 기체를 발생하고 있는 것 같다는 것이다. 만약 보리밥이 메탄을 생산하고, 나카무라가 말한 것과 같은 것이라면 현재 다양한 클린에너지 개발이 시도되고 있는 국내·외의 상황에서 그대로 간과 할 수만은 없을 것이다. 보리밥 서식지 지표에 어떤 가스가 발생하고 있는지 조사할 필요성이 생긴 것이다. 그렇더라도 천구의 보리밥이라고 하는 수 톤이나 되는 바이오메스를 생산하는 복합생물계의 에너지원은 대체 무엇이란 말인가? 또 탄소원으로는 무엇을 사용하는 것일까? 열이나 화학물질 분해에 의해 발생한 에너지가 천구의 보리밥이라는 시스템에 더해져서 어떠한 방법으로 탄소를 고정하여 거대한 바이오메스로 성장하고 있다. 처음 탄소를 고정하는 것은 보리밥 속의 어떤 미생물일까? 지금으로서는 아무것도 알지 못하였다.

그런데 1870년대 이후 다양한 분야에서 관심사인 천구의 보리밥을 구성하는 미생물에 대하여 저자는 지금 아무것도 말할 수가 없다. 현미경으로 관찰하면 한천질 기질에 묻혀진 "실에 꿰어 목에 건 구부러진 옥돌 장신구"와 같이 구부러진 모양을 하고 있는 세포가 보리밥을 구성하는 주체이다. 모양만으로는 *Gloeocapsa* 또는 *Gloeothece* 어느 쪽이라 하여도 그다지 문제가 되지는 않을 것 같았으며, 엽록소가 없는 남조이다. 그러나 일부의 남조에서 종속영양이 알려지지만, 그것은 어디까지나 보조적인 것으로 일생을 종속영양으로 살아가는 절대 종속영양성 남조는 들어본 적이 없다[12]. 이것을 다른 세균으로 분류하여도 이상하지 않지만, 전체적으로 세균이라 보기에는 다소 대형으로 형태만으로 분류하기에는 무리가 있다. 유전자에 대해서도 예비적인 조사를 진행하고 있다. 지금 시점에서 우리가 알고 있는 천구의 보리밥에 대한 지식은 1935년 이후 거의 발전된 내용이 없다. 보리밥은 현재에도 "천구의~"라고 하는 형용구를 붙여 이야기 되는 것이 어울리는 비밀스러운 존재이다. 현재 과학기술을 이용하여 그 정체를 밝히는 것은 그다지 어렵지 않을 것이다. 단 생물학자의 손에만 맡기면 안 되며, 지질학과 기상학 그리고 화학분석 전문가가 협력하지 않으면 정체를 밝히기는 쉽지 않을 것이다. 천구의 보리밥 이야기를 하면 다양한 분야의 연구자가 흥미를 가질 것이다. 1921년 고모로시

12 남조라고 하는 정의에도 맞지 않는다. 이것이 정말 남조라면 남조라는 용어 정립부터 바꾸어져야 할 것이다.

의 된장 무덤이 천연기념물로 지정되어 약 100년이 되고 있는 지금 천구의 보리밥에 대한 관심이 재차 높아지고 있다. 미요시 마나부(三好學) 선생의 배려에 회답을 하여야만 할 시기가 온 것은 아닐는지?

바. 보색적응

남색을 하고 있기 때문에 남조라고 한다는 설명은 언제나 옳은 것은 아니다. 적갈색을 띄는 남조도 종종 관찰되기 때문이다. 나중에 설명하는 개방된 외해역에서 중요한 남조인 *Trichodesmium*은 크림색을 한다(권두사진 1-13, 14, 제6장). 남조의 남색과 적갈색은 두 가지 색소에서 유래한다. 남색은 피코시아닌(phycocyanin, Gk: *phykos, phukos*, 조류, *kyanos,* 청) 색소에서 유래한다. 한편 적갈색은 피코에리트린(phycoerythrin, Gk: *eruthros,* 빨강) 색소에서 유래한다. 남조는 피코시아닌과 피코에리트린을 태양에너지를 포착하는 주요한 색소(안테나색소, 제11장)로 사용한다. 어느 쪽 색소가 더 많은 양으로 포함되고 있는가에 따라 세포색이 남색 또는 적갈색을 띄게 된다, 대부분 남조는 종에 따라 결정되는 한 가지 색상을 나타낸다. 그러나 일부 종은 환경에 따라 남색과 적갈색으로 변화하는 것이 알려진다. 이러한 현상을 보색적응(complementary chromatic adaptation)이라 한다.

보색적응에 대한 연구는 독일 식물학자인 엥겔맨(T.W. Engelmann)이 19세기말(1982, 1983)에 광합성과 빛 색깔에 관련된 실험을 출발점으로 하고 있다. 엥겔만시대에는 광합성으로 생산되는 산소를 측정할 수 있는 산소전극이 없었다. 또 백색광에서 특정 파장을 선택할 수 있는 분광장치도 없었다. 대부분 고등학교 생물교과서 그림에 게재되어 있는 것처럼 엥겔만은 프리즘에서 백색광을 분광하여 산소검출을 위한 호기세균 활동을 광합성 활동의 지표로 이용하였다. 호기성 세균은 산소가 풍부한 장소에 모여든다. 프리즘으로 7가지 색을 분리한 빛을 식물에 비추면 어떠한 빛의 색에 호기성 세균이 모여들게 되는가를 관찰하는 것이다. 엥겔만은 녹조의 대마디말(제2장 마리모 항 참조)과 호기성 세균을 혼재하여, 지금의 광합성 작용 스펙트럼을 시각화 하였다(그림 1-10). 논문에는 녹조의 대마디말, 붓두껑말 이외에 유글레나와 규조 그리고 남조의 이름이 게재되어 있다. 다양한 색을 가지는 조류를 대상으로 실험을 하여 녹조에는 녹색의 보색인 빨강색 빛 아래로 호기성 세균이 모이고, 홍조는 빨강색의 보색인 녹색 빛 밑으로 모이는 것을 관찰하였다. 이와 같은 실험결과에서 엥겔만은 조류가 자신의 색소와 보색관계가 있는 빛을 받았을 때에 가장 빠른 동화(광합성)를 한다고 생각하게 되었다.

이후 N. Gaidukov는 남조를 대상으로 실험한 결과, 세포의 채색은 받고 있는 빛의 보색을 띠고 있는 것을 확인하여, 이러한 현상을 보색적응이라 하였다. 이것에 대해 당시에 반론도 있었지만, 광범위하게 수용되어 수십년에 걸쳐 교과서에 게재되었다. 다음에 구체적인 설명을 하겠지만 이러한 실험결과는 특히 대형해조인 녹조, 갈조, 홍조의 연직분포를 설명하는데 사용되었다(제2장). 남조에 대해서는 후지타와 핫토리(藤田 & 服部, 1960)가 남조 *Tolypothrix tenuis*를 대상으로 연구하여 녹색 빛에서 성장시키면, 피코에리트린(보색인 녹색 빛을 잘 흡수하는 빨간 색소) 양이 증가하고, 빨간색 빛으로 배양하면 피코시아닌(빨간색 빛을 잘 흡수하는 푸른 색소)이 증가하는 것을 밝혀내었다. 남조는 빛 환경 변화에 대하여 빨간색과 파란색을 포착하는

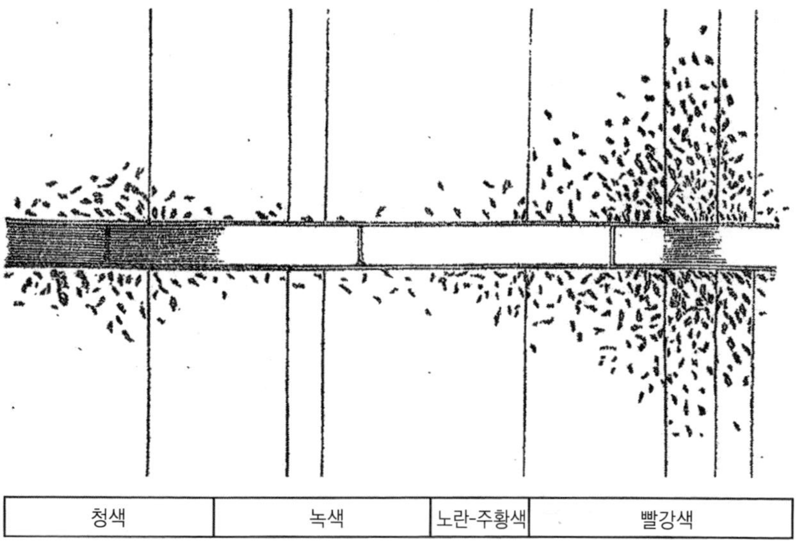

그림 1-10. 엥겔만이 1982년 실시한 광합성과 빛의 색에 관한 실험. 녹조 대마디말을 사용하여 프리즘에서 분광한 빛을 비치면, 호기성 세균이 빨간색 영역에 모였다. 현재의 표시방법으로 맞추기 위해 원도를 반전하여 표시하였다.

안테나색소(antenna pigment)[13]의 비율을 변화시켜 대응하고 있는 것이다. 그러나 피코빌린색소를 가지는 또다른 조류인 홍조에서는 이와 같은 반응이 발생되지 않는다.

빛 환경에 어떻게 적응하는가에 따라 식물의 생존에 직접적인 연관성을 나타낸다. 다양한 식물들은 각각 개성 있는 방법으로 빛 환경에 적응한다. 육상식물은 어떠한가? 몇 초에서 10분 정도의 짧은 시간에 진행되는 단기간의 빛 적응과 비교적 오랜 시간의 변화에 적응하는 것으로 구분되고 있어, 각각을 대상으로 하는 연구가 진행되고 있다. 단기간 적응에는 담금질(quenching, 제9장)이나 빛을 수용하는 안테나단백질의 재배치 등이 있다. 또 비교적 오랜 시간의 대응에는 강한 빛에 안테나를 크게 하고, 약한 빛에 안테나를 작게 하는 광합성 장치의 재구축이 이루어진다.

수목에는 양지식물(sun plant)과 음지식물(shade plant)이 있다. 일반적으로 빛을 직접 받는 환경에 서식하는 수목과 빛이 차단되어 숲의 아래처럼 다소 어두운 곳에서 서식하는 수목을 말한다. 서식에 필요한 빛의 양은 양지식물에서 크고 음지식물에서 작다. 때문에 수목은 잎의 구조를 변화시키는 등의 노력으로 빛에 대응한다. 양지식물과 음지식물은 광합성만이 아니라 호흡을 포함한 진화적 적응 결과로서 영속적인 적응이다. 남조와 같이 광합성 색소조성은 변하지 않는다. 모든 식물에 있어 빛 적응은 중요한 생존전략이며, 그 중에서도 남조가 보여주는 보색적응은 아주 특별한 예이다.

사. 원핵녹조

위에서 설명한 것처럼 남조의 안테나색소는 피코시아닌과 피코에리트린으로, 대부분 남조는 엽록소 *a*와 함께 이 두 색소를 가진다. 그러나 예외적으로 원핵녹조(原核綠藻, Prochlorophyta)라는 원핵조류가 있다. 원핵생물이지만 나무나 풀과 같은 산뜻한 녹색을 한다. 엽록소 *a*와 *b*를 가지는 불가사의한 조류이다(권두사진 1-11, 그림 1-1C). 1975년에 *Prochloron* (Gk: *pro* = before,

13 집광성 색소(light harvesting pigment), 더듬이 색소(antenna pigment), 레드드롭(red drop)이라는 용어로 사용되기도 한다.

chloros 풀의 녹색, 권두사진 1-11)이 발견되었을 때, 녹색식물과 엽록소 조성이 일치하는 것으로부터, 엽록체의 조상이라는 화제의 대상으로 스포트라이트를 받기도 하였다. 아마미오시마나 오키나와 등의 남쪽 아열대 해역의 바위에서 조그만 주의하여 관찰하면, 모래사이에 작은 녹색의 군체를 이루는 우렁쉥이를 찾을 수 있다. 그 속에 *Prochloron*가 서식한다(권두사진 1-10, 그림 1-11). 녹색 군체인 우렁쉥이를 면도날 등으로 상처를 내어 슬라이드글라스 위에 짜내면 쉽게 관찰할 수 있다.

이러한 원핵조류의 발견 이후 1986년에는 담수 호소에서 엽록소 *a*, *b*를 가지는 실모양의 원핵조류 *Prochlorothrix*(Gk: *thrix* 털)가 발견되었다. 또한 같은 해에 바다의 다양한 수심에서 0.5~0.8μm 정도의 극소형 원핵조류가 발견되어 *Prochlorococcus*(Gk: *kokkos* 둥근)라는 이름이 붙여졌다. 엽록소 *b*라는 원핵조류로서 특이한 특징을 가지고 있기 때문에 남조와는 독립된 원핵녹조로 인식되었다. 현재도 교과서에서 종종 조류식물문의 하나인 원핵녹색식물문(Prochlorophyta)으로 취급된다. 그러나 유전자를 사용한 계통해석이 가능

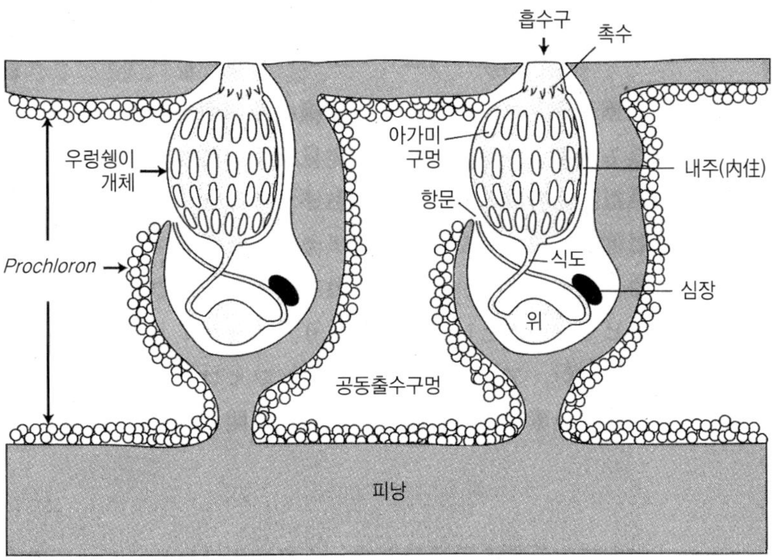

그림 1-11. 군체 우렁쉥이의 구조 및 *Prochloron*의 서식 장소. (Pardy and Royce, 1992를 기본으로 그림)

하게 되면서 원핵녹조도 남조에 포함되는 것으로 알려진다(그림 1-3). 그러나 이들 3종의 원핵녹조는 동일한 조상에서 발생된 그룹은 아니다. 엽록소 *b*를 공유하지만 서로 근연관계가 성립되지 않은 다는 것도 점차 명확해지고 있다. 이러한 해석에 대한 구체적 내용은 제Ⅱ부에서 설명하지만(제11장), 현재는 이와 같은 계통관계에 의해 각각 특수한 남조로서 위치를 부여받고 있다. 그 중에서도 *Prochlorococcus*는 바다에서 눈에 보이지 않은 숲(제6장)을 만드는 주요 조류로서 지구생태계에 중요한 관련성을 가지는 존재로 부각되어 있다.

아. 아카리오클로리스(*Acaryochloris*)

대부분의 남조와는 다른 엽록소 조성을 하는 원핵녹조 *Prochloron*의 발견은 조류연구에 커다란 영향을 가져왔다. 광합성 색소의 조성, 특히 엽록소는 예외가 존재하지 않는 조류군 특유의 형질로 확신하고 있었기 때문이다. 녹조와 육상식물은 엽록소 *a, b*, 갈조나 규조, 은편모조, 착편모조, 와편모조는 엽록소 *a, c*라고 결정되어 있었고, 지금까지 이런한 규칙에 예외가 없었다. 그러나 예외는 *Prochloron*으로 끝나지 않았다. 1996년에 마야시타(宮下) 등(해양생물공학연구소, 현재 교토대학)에 의해 엽록소 *d*를 가진 원핵조류 아카리오클로리스(*Acaryochloris marina*, Gk: *a* =without, *karyon* 핵, *chloros* 녹색, 그림 1-1D)가 새롭게 발견되었다. 아카리오클로리스를 제외한 거의 모든 조류와 육상식물은 광합성의 반응중심(정확하게는 광화학계Ⅰ의 반응중심, 제8장 참조)에는 엽록소 *a*가 있지만, 아카리오클로리스는 엽록소 *a*가 엽록소 *d*로 대체되어 있다. 산소발생형 광합성은 680nm 파장의 빨간색 빛을 흡수하는 엽록소 *a*가 필수라는 것이 교과서 수준에서 상식이었다. 그러나 엽록소 *d*는 740 nm 파장이라는 에너지가 낮은 근적외선을 흡수하고 있다.

최근 교토대학의 미무로(三室) 등이 아키리오클로리스와 관련된 연구를 실시하였다. 광합성 연구에서 상식으로 산소를 발생하는 광합성은 물을 분해하기 위해 높은 전위차가 필요하기 때문에 엽록소 *a*가 필수적이다(제8장). 그러나 아카리오클로리스는 엽록소 *d*로서 근적외선의 광을 흡수하여 물을 분해할 수 있는 높은 전위를 발생시킨다고 한다. 엽록소 *a* 이외의 색소로서 물을 분해하여 산소를 발생하는 광합성 구조가 발견된 것이다. 즉 아카리오클로리스는 근적외선을 사용하여 광합성을 하는 남조인 것이다. 아카리오클로리스의 발견으로 지금까지 오랜 기간 변하지 않을 것 같았던 산소발생형 광합성에 대한 상식이 붕괴되었다. 광합성 진화연구에서 아카리오클로리스의 정확한 위치를 부여하는 것은 매우 중요하다. 또 아카리오클로리스에는 많지는 않지만 피코빌린색소를 가지고 있는 것 같다. 보통 남조에서는 피코빌린 색소가 피코빌리솜(phycobilisome)이라는 구조를 만들어 틸라코이드 위에 배치되어 있으나(제8장 및 제11장), 아카리오클로리스는 피코빌린솜을 가지지 않는다. 피코빌린색소는 어떻게 광합성에 관여하고 있는 것일까? 엽록소 *d*의 역할과 함께 흥미롭다.

그러나 계통적으로 아카리오클로리스도 남조에 포함된다(그림 1-3). 대부분 남조에 추가하여 원핵녹조, 아카리오클로리스와 남조에서 엽록소 조성은 매우 다양하다. 즉 광합성 색소에 다양성을 나타내지만, 원핵조류는 모두 공통의 조상에서 파생된 것이다(제11장). 이렇게 남조의 진화에서 광합성 색소가 다양하게 진화하는 것을 나타내는 것은 다음에 출현하는 진핵식물에서 더욱 다양한 광합성으로 진화하게 되는 것과 무관하지 않을 것이다. 전체적으로 남조가 임기응변으로 환경에 적응하여 왔던 것에 대해서는 제8장에서 자세하게 설명한다.

지금까지 남조에 대해 생각나는 내용들을 순서 없이 소개하였다. 생명진화에서 남조가 담당하는 역할은 헤아릴 수 없다. 이러한 다양한 내용들이 이 책의 주제에 깊게 관여하고 있다. 이 책에서 남조는 앞으로도 수시로 반복하여 등장한다. 모든 조류의 이야기는 남조 없이 시작할 수 없기 때문이다.

조류는 원핵조류과 진핵조류를 동시에 포함하고 있다. 원핵생물과 진핵생물 사이에 깊은 진화의 골이 가로막혀 있지만, 원핵생물과 진핵생물이 동시에 조류라는 같은 이름으로 불리는 것이 이치에 맞지 않을 수도 있다. 원핵생물인 남조와 진핵조류가 조류라는 동일한 그룹으로 취급되는 유일한 하나의 이유는 산소발생형 광합성을 한다는 점이다. 이것을 제외하면 남조는 대장균이나 뿌리혹박테리아에 근연관계를 가지게 되어, 대부분의 진핵조류와는 조금도 닮아 있지 않다. 반대로 말하면 빛 에너지를 이용하여 물과 이산화탄소에서 유기물을 만드는 산소발생형 광합성이라는 세포기능은 생물진화의 최대의 골짜기를 넘어 원핵생물인 남조에서 진핵생물인 조류와 육상식물에 이르기까지 광범위한 생물군에 존재하고 있다는 것이다. 이러한 현실의 조류세계을 어떻게 이해해야 되는 것인지! 이 또한 이 책의 중요한 주제로서 제12장에서 설명한다. 제 I 부에서는 잠시 조류보기(algae watching)를 계속한다. 진핵조류는 남조와는 비교 될 수 없이 압도적인 다양성을 가지는 세계로서, 처음 대면하는 것 같지 않게 가치 있는 다양한 개성 있는 배우들이 집결되어 있다.

제2장

해조

1. 진핵조류

우선 진핵조류는 육안으로 볼 수 있는 대형조류(macroalgae)와 현미경을 사용하지 않으면 볼 수 없는 미세조류(microalgae)로 구분된다. 대형조류는 다른 말로 표현하면 해조라고 할 수 있다. 해조는 물론 다세포의 몸 구조를 하며 수십 m 이상 큰 것도 있다. 해조에는 홍조, 갈조, 녹조가 있다. 각각 홍색, 갈색, 녹색의 해조이다. 대부분 해조의 체색은 광합성에서 빛을 받는 색소의 색깔을 반영하고 있기 때문에 3개 그룹의 해조가 다른 체색을 하고 있다는 것은 각기 다른 광합성 색소를 가지고 있다는 것을 의미한다(제11장).

한편 미세조류는 대부분 단세포 생물이다. 한개 세포가 하나의 개체를 구성하고 있기 때문에 세포 하나에 생존을 하는데 필요한 모든 기능과 구조를 포함하여야만 한다. 때문에 세포구조와 기능의 수준에서 매우 다양한 특징을 나타낸다. 제Ⅱ부에서 자세하게 설명하겠지만, 원핵세포와 비교하면 진핵세포 기능은 단위 차이로 우수한 성질을 구사하고 있어, 단세포이지만 매우 놀라운 다양화를 추구하고 있다.

물론 해조와 미세조류라는 구분은 인위적 편리성에 따른 것이다. 예를 들면 같은 해조에서도 녹조류와 갈조류는 계통적으로 멀리 떨어진 그룹이다. 그러나 건강보조식품으로 잘 알려진 클로렐라는 단세포인 미세조류이지만, 갈파래 및 파래 등 대형의 녹색해조 및 육상식물과 같은 녹색식물에 속하는 그룹이다. 즉 이러한 인위적 분류는 과학적으로 다소의 문제점을 내포하지만,

많은 실용적인 면과 함께 편리한 표현방법이기에 지금도 널리 사용되고 있다. 다세포로 구성되어 있으면서도 크기가 작아 현미경을 사용하지 않고는 관찰할 수 없는 조류도 많다. 이들은 단세포 조류와 함께 미세조류의 영역으로 설명한다.

담수에 서식하는 조류 대부분은 크기로 미세조류에 속하지만, 다소의 예외도 있다. 호소나 논에 서식하는 차축조는 계통적으로 녹색식물인 스트레프트식물문 차축조강에 속한다. 이 계통의 생물에서 유일한 대형조류이다. 대형은 수십 cm 크기에 달한다. 중요한 것은 이들 그룹에서 이끼, 고사리(양치식물), 그리고 종자식물이라는 육상식물이 진화되었다는 것이다. 그 중에도 차축조는 육상식물에 가장 근연적인 조류로 알려지는 중요한 그룹이다. 어떠한 조류일까? 설명할 필요성이 있다(제4장). 현재의 수권 환경문제를 고찰한다는 측면에서도 많은 의미를 내포하고 있다.

우선은 해조에 대한 이야기로부터 시작 해보자. 우리는 세계 제1의 해조류 소비국으로 서양에 비해 해조에 대한 친근감이 강하다. 미역 된장절임 및 김은 매일 먹는 메뉴이고, 다시마국물도 요리에 없으면 안 된다. 이 외에도 김초밥, 삼각김밥, 다시마김밥 등 다양한 형태로 해조를 식용으로 이용한다. "톳"이나 "큰실말"도 친밀하다. 현재 식용으로 이용하는 해조는 50 종 이상 알려지며, 각 지방마다 그 지역 특유의 해조식품이 생산된다. 최근에는 다이어트식품, 건강식품으로 해조사라다도 일상의 메뉴가 되어 있다. 그러나 인류와 해조의 관련성은 식재료로 이용하는 것만은 아니다. 잘 알려져 있지 않는 다양한 세계에서 해조는 인류생활에 깊게 파고들어 있다. 따라서 지금부터 홍조, 녹조, 그리고 갈조 순으로 각각의 특징을 살펴보자. 우리는 해조와 오랜기간 친밀한 관계를 유지하고 있었기에 민속사적 관점에서 해조를 조망하는 것도 흥미로울 것이다. 상호 관계하여 왔던 기나긴 시간을 이해하게 되면, 해조류에 대한 친근함이 더욱 깊어질 수도 있을 것이다.

2. 홍조류(권두사진 2)

많은 홍조류(紅藻類, Rhodophyta, red algae)는 아름다운 홍색 몸체를 한다

(권두사진 2). 홍조가 빨강 것은 갈조류나 녹조류에 존재하지 않는 피코에리트린이라는 광합성 색소단백질을 포함하고 있기 때문이다. 이 빨강색 색소가 광합성 생물로서 홍조의 특징이다. 앞에서 설명한 것처럼 이 색소단백질은 남조에도 존재하였다. 이러한 사실을 기억해 주기 바란다. 나중에 몇 번이나 더 반복하여 설명하는 중요한 형질이다(제8장 및 제11장). 홍조에서 우리와 가장 친근한 종은 김과 우뭇가사리일 것이다. 김은 삼각김밥이나 김초밥으로, 우뭇가사리는 우무, 한천, 함밀병, 그리고 양갱 등에서 우리와 매우 친근하다. 홍조를 대표하는 이 두 가지 종에 대해 설명하여 둔다.

가. 참김의 성쇠기

김의 일본어는 "NORI"라고 발음한다. 어원은 단순히 미끈미끈하다는 것에서 유래한 것으로 알려진다. 한자로는 해태(海苔) 이외에도 자채(紫菜), 자태(紫苔), 감해태(甘海苔) 등으로 쓴다[14]. 생물학적으로 김은 김 속(*Porphyra,* Gk: *porphyra*, 자색)에 속하는 해조를 총체적으로 표현하는 용어이다. 이들 대부분 김은 간조시 강렬한 직사광선에 노출되는 건조한 조간대 상부의 바위 표면에 서식한다. 김에는 참김, 방사무늬김 이외에 잇바디돌김, 오카무라돌김, 둥근돌김, 패돌김 등 다수의 종을 포함한다.

우리 한민족이나 일본인들이 김과 인연을 맺은 시기는 매우 오래 전이다. 7세기에서 8세기 초에 쓰여진 가키노모토노히토마로(柿本人麻呂)[15]의 노래에 "다비데 안쪽의 후미에서 잔파도에 김을 따는 여인의 옷깃은 젖고"라는 문구가 있다. 현재 김의 대명사로 사용되는 마른 김은 대나무 발로 틀을 만들어 그 위에서 건조시킨 20cm 정도의 사각 김시트로서, 이는 1,600년대 초기부터 사용되었다고 한다. 이때부터 김 브랜드로 널리 알려진 것이 일본에서는"아사쿠사노리(浅草海苔)[16]"로 지금의 참김(*Porphyra tenera,* L: *tenuis*, 얇다의 의미)

14 우리나라에서는 김을 처음 양식한 사람(김여익)이 성씨를 따서 김이라고 불렀다는 이야기도 전해지지만, 김은 한자로 해태, 건태, 해의(海衣)로 쓰고, 삼국시대부터 식용으로 한 것으로 전해진다.

15 600년대 후반에서 700년대 전반의 시기

16 현재 일본 도쿄도[東京都] 다이토구[台東区]에 위치하는 지명으로, 과거 해안에 접해

이다(권두사진 2-1). 지금도 마른 김을 나타내는 용어로 사용되지만, 생물종으로 김의 대명사로 사용되었다. 그러나 제2차 세계대전 이후 김 양식이 번성하면서는 튼튼하면서도 색이 짙고 품질이 우수하여 대량으로 생산되는 방사무늬김(권두사진 2-2)에 그 명성을 내주었다. 현재 유통되는 마른 김 대부분은 방사무늬김(*Porphyra yezoensis*, 치바의 나라와에서 개발된 "나라와방사무늬김"이라는 품종이 중심이다)이다. 지금은 과거 영화를 누렸던 참김은 환경부에서 발행한 멸종위기 Ⅰ종으로 레드데이타에 등재되어 있다(자료 표 4-1, 2). 도쿄부근에는 치바현의 훗쓰(富津)에서 다소의 서식이 확인되는 것을 제외하면, 각지에서 조금씩 자라고 있는 것이 보고되고 있을 뿐이다.

그런데 홍조에 속하는 김이 체색은 왜 홍색이 아니냐? 라고 하는 이야기가 종종 들린다. 이유는 정말 빨강색을 하는 홍조와 비교하면 엽록소 *a*와 피코에리트린 양이 많고, 강렬한 자외선에 이길 수 있게 카로틴노이드와 자외선 흡수물질이 많이 포함되기 때문이다. 직사광선을 받지 않은 수 m 깊이에 서식하는 김과 근연관계인 *Pyropia tenuipedalis*는 선명한 홍색을 한다.

지금처럼 서민들도 김을 김(초)밥 등으로 쉽게 이용할 수 있게 된 것은 19세기 말 이후이다. 이전에는 특정 계급에 속하는 극히 한정된 사람들만 먹을 수 있었던 귀중품으로 장군가의 진상품이었다. 이렇게 일반식품으로 보급되는 이면에는 1,600년대부터 계속된 김 재배와 양식의 역사가 있다. 이 항의 제목인 "참김(아사쿠사김)의 성쇠기[17]"는 가타다 미노루(片田實, 도쿄수산대학, 현재는 도쿄해양대학 명예교수)가 저술한 책 제목이다. 이 제목을 빌어 사용한 것은 이 책이 아사쿠사김 또는 생물종으로 참김 양식의 파란만장한 역사 이야기를 제공하는 소재가 잘 표현되고 있기 때문이다. 참김의 영고성쇠 이야기는 근대일본이 가진 에너지의 역사임과 동시에 자연과 약자에 대한 방약무인적인 거동의 역사이기도 하다.

있는 마을이었고, 이곳에서 생산된 김을 뜻하는 용어이다.

17 원저에는 '아사쿠사김의 성쇠기'로 표현되어 있다. 아사쿠사김은 참김을 의미하며, 아사쿠사는 현재 도쿄에 위치하는 하나의 지명이지만, 김에 이런 이름을 쓰게 된 이유는 본문에서 구체적으로 설명하고 있다.

잘 알고 있을 것 같으면서도 그다지 알려져 있지 않은 사건은 선사시대인 죠몬시대(繩文時代)의 죠몬해진(繩文海進)으로 알려진 해면상승에 의해 지금의 도쿄인근인 관동평야 낮은 지대가 바다에 잠겨있었다는 것이다. 완신세의 세계적 온난화로 1만년 이전부터 빙하가 녹아 해수면이 현재보다 3~5m정도 상승하였다. 이 온난화는 지축이동(밀란코비치주기, 지구의 자전에 따른 지축운동과 공전궤도의 주기적 변화에 의해 2, 4, 10만년 주기로 일사량에

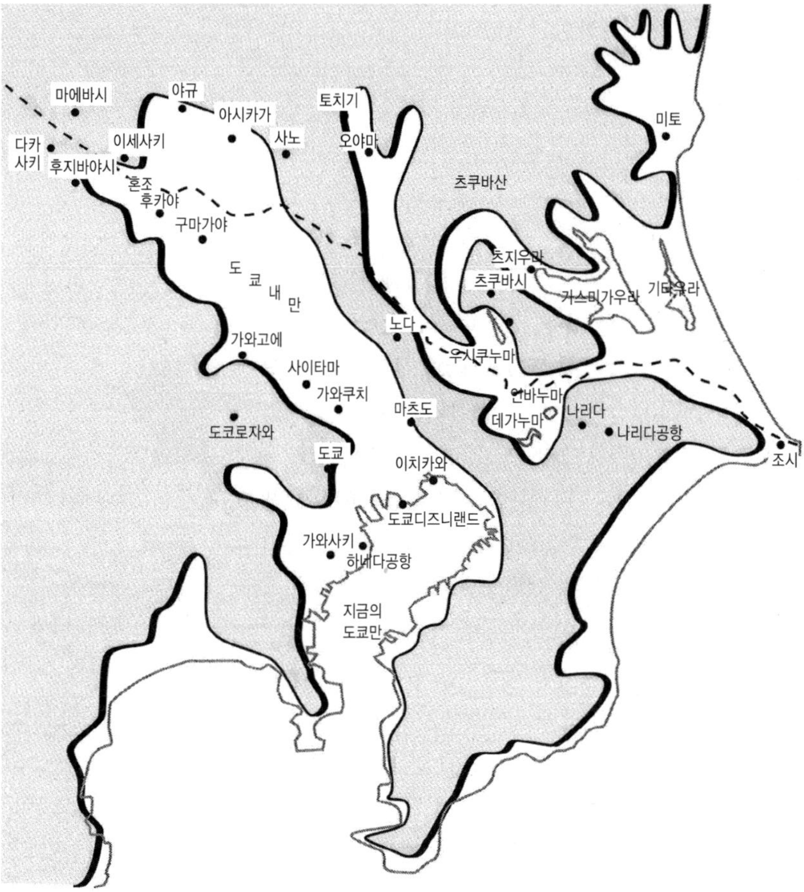

그림 2-1. 죠몬해진 시대의 간토지방. 도쿄내만이 도치키현까지 함몰되어 있다. 회색의 가는 선은 현재의 해안선과 호소를 나타낸다. 점선은 현재의 도네강의 유로(Katada(片田)을 참고로 그림. 원본은 도쿄만사(東京灣史))

영향을 준다. 제15장 참조)에 의해 일사량이 증가하였기 때문에 발생하였다. 당시 도쿄만은 현재 도심부를 관통하여 도치키현 남부까지 연결되는 만의 후미[18]를 형성하였다(그림 2-1). 도쿄내만이라고 할 수 있는 만의 후미는 현재의 도쿄만의 3배 정도 크기로 보소반도와 미우라반도로 둘러싸여 평온하면서도 수심의 얕은 광활한 내만을 형성하였다. 간토지방 여러 곳에서 발견되는 패총 유적은 이 시기의 해안선이었던 것을 나타내는 증거이다. 도쿄내만 연안은 죠몬인의 생활 전초기지였던 것이다. 그 이후 약 3,000년 이전부터 바다가 후퇴하기 시작하였다. 죠문해퇴(縄文海退)라는 사건이다. 바다가 후퇴함에 따라 남북으로 연결된 도네강(利根川)과 이츠마강(入間川) 등 많은 하천이 발달하여, 도쿄내만 하구에 토사를 퇴적시켜 홍적평야를 만들었다. 지금 스미다

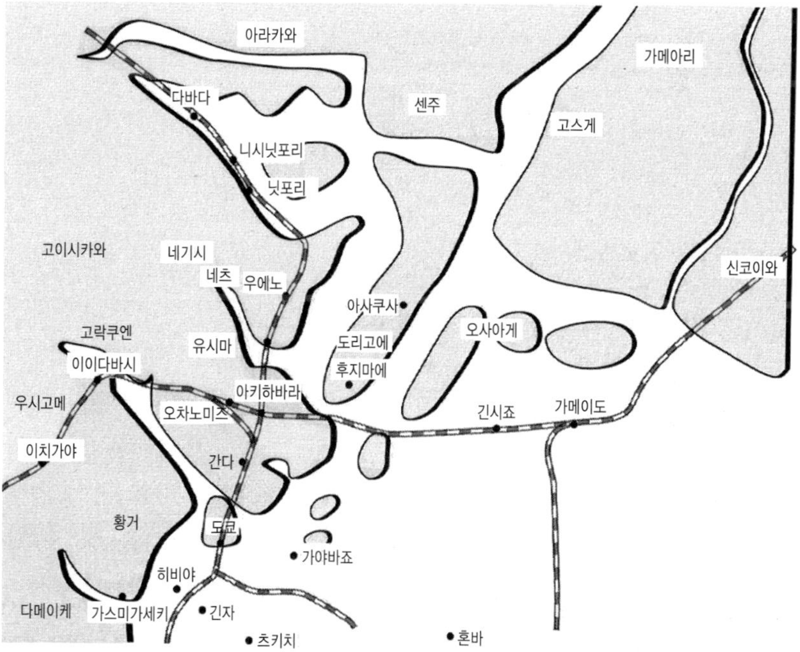

그림 2-2. 13세기 초 도쿄. 현재 도심 대부분은 바다였다(Katada를 참고로 그림. 원본은 도쿄만사(東京灣史))

18 만의 길게 형성되어 가장 깊은 내만을 나타내는 용어이지만, 우리말로는 내만이란 표현 이외에 적합한 단어가 없는 것 같다.

강(隅田川)과 에도강이 그때의 하천이다.

역사시대에 들어선 이후에도 현재 도쿄 번화가에는 많은 사주가 분포하였다(그림 2-2). 시대가 흘러 1,100년대 후반에서 1,300년대 초반에 현재의 황거(皇居) 부근을 에도코로(江所)라고 불렸다(에도라는 지명에서 유래한 것이라고도 한다). 이때에는 지금의 아사쿠사, 구라마에, 오카치마치, 도리고에, 아키하바라에 걸친 지역은 바다로 둘러싸인 독립된 땅, 즉 섬이었다. 현재 황거인 에도성을 건축한 것은 무로마치시대(1336 - 1573)의 무장인 오타 도우칸(太田道灌)이었다. 도우칸은 적으로부터 방어를 생각하여 해안에 성을 축조하였다. 황거에는 지금도 도우칸 이름을 딴 도우칸수로(道灌堀)가 남아있어, 수초가 무성한 조용한 환경을 제공하고 있다. 도쿠가와 이에야스가 이곳에 부임할 때의 에도는 우에노에서 도쿄에 걸쳐 광활한 습지대가 분포하였다. 역사시대의 도쿄내만 후미는 소택지로 모습을 바꿔 우에노 시노바주노연못(不忍池)으로 연결되는 희메노 연못이나 센조쿠 연못(千束池) 등 연못과 습지 군(群)이 아사쿠사·도리고에 대지와 우에노와 유시마 언덕을 구분하고 있었다. 한편 지금은 매립지로 둘러싸여 알기 쉽지 않지만, 당시 도쿄에서 히나가와는 직접 바다에 인접한 해안이었다. 이용 가능한 토지확대와 수송을 위한 수로 확보를 위한 치수는 도쿠가와 막부의 주요시책으로 추진되었다. 에도막부는 당시 도쿄만으로 유입되던 도네강을 치바의 죠시를 하구로 하는 하천으로 개조하는 대역사를 실시하였다. 지금은 생각조차 할 수 없는 대공사였다. 대·중·소의 다양한 규모의 치수공사로서 홍수지대는 농경지로 변화되었다. 그리고 경제유통을 위하여 에도시내의 수로가 정비되었다. 당시 에도는 베니스와 같은 수상도시에 가까웠을 것이다. 현재의 도쿄 번화가와 도쿄도심은 치수와 매립에 의해 만들어진 지역이름이 그대로 남아있다.

도쿠가와 이에야스가 에도로 부임한 시절 아사쿠사(淺草)는 해안가 마을이었다. "아사쿠사김"이라는 이름이 사용되기 시작한 시기에 대해서는 많은 설이 있어 확실하지가 않다. 그러나 당시 아사쿠사 해변에 김이 서식하고 있었다고 하여도 이상한 일은 아닐 것이다. "도오토사이지키(東都歲時記)" 제3권에 "아사쿠사는 덴쇼시대(이에야스가 부임하는 시기)까지는 도로 한편에 어가농가 사람이 해변에 나가 김을 채취하여 펼쳐 말리고, 판매하는 것에서 아사쿠사김의 이름이 생겼다"라고 쓰여 있다(Katada에서 인용).

에도시대 아사쿠사김은 장군가, 고산케(御三家)[19] 및 도에이산 간에이지(東叡山 寛永寺)에 상납하는 진상품이다[20]. 현재 도쿄도 오타구에 있었던 오모리촌 등 극히 제한된 마을이 김 재배권을 독점하였다. 아사쿠사김의 재배기술은 밖으로 유출될 수 없는 비법으로 막부 말기 전국으로 확산되기 이전까지는 유명한 에도의 명품이었다. 19세기 말 메이지 이후 도쿄만의 김 재배는 기득권자와 긴 투쟁 과정에서 일반어업자에 개방되었다. 참김인 아사쿠사김은 그 이후에도 오랜 기간 김의 최고 브랜드로 군림하였다.

김은 겨울에 수확한다. 가을에 "김발"이라는 대나무나 나무 가지를 수심의 얕은 바다에 세워둔다. 그러면 어떻게 된 일인지 김발에 김이 제멋대로 생겨나게 된다. 이것이 1,600년대에서 1,950년 중반까지 지속된 김 재배기술이다. 김이 생활사를 이해하지 않고 담수와 해수 경계에 세워든 나무막대 밑에서부터 자연적으로 "솟아나다"라는 생각을 하고 있었다. 김 양식은 이렇게 김발을 세워 시간과 장소와 수위 선정에 관련된 경험으로 수행되어 왔다. 때문에 해마다 김 생산은 기후에 좌우되어 풍작이 되기도 하고, 대흉작이 되기도 하였기에 김을 "운수 풀", "도박 풀", "마음과 다른 풀" 등 다양한 별명을 가지게 되었고, 김 양식은 앞이 보이지 않은 도박이 연속이었다.

19세기 중, 후반 메이지유신 이후에도 오랫동안 사정은 그다지 변하지 않았다. 구미에서 자연과학이 수입되고, 그 하나의 분야로 조류학이 도입되어 발전하면서 19세기 말에서 20세기 초까지 김 생활사에 대한 많은 지식이 축적되었다. 그러나 김 양식에서 중요한 부분은 여전히 미지의 세계로 남아있었다. 한 겨울에서 초봄에 걸쳐 성숙한 김 수정란이 분열하여 포자(즉 수정란 클론으로 과포자로 불리기도 한다)를 만들어 방출한다(그림 2-3, 제11장 참조). 이 포자는 어디에서 발아하여 여름을 보낼 것이나, 어디에서 어떠한 모양으로 여름을 지내는지는 아무도 알지 못하였던 것이다. 가을이 되면 어디에서 정처 없이 "씨앗"이 흘러나온다. 경험적으로 알고 있던 씨앗이 많은 "종자 밭"

19 도쿠가와 장군 일가인 오와리(尾張), 기이(紀伊), 미도(水戸) 세 가문을 나타내는 경어.

20 도쿠가와 장군가의 가문과 도쿠가와 이에야스 등 막부 초기 장군을 모시는 신사 등을 나타냄.

에 적절한 시기에 적절한 수위로 김발을 세워 씨앗을 붙인다. 경험에 의존한 김발 설치가 에도시대 초기(1,600년대) 이후 매년 계속되었다. 육지 농업과 비교하면 야채의 씨앗을 뿌리는 과정을 자연환경 변화에 의존하였던 것이다. 마치 "도박 풀"로서 역사가 지속되었다.

김 생활사 비밀은 영국 맨체스터대학에 근무하던 여성 조류학자인 카트린 드류(Kathleen M. Drew)에 의해 밝혀졌다. 1949년 있었던 일로서 아사쿠사김이라는 이름으로 김이 불리기 시작하여 약 450년 지난 시기의 일이다. 김의 과포자는 조개껍질 등 패각에 잠입하여 사상체로 성장한다. 즉 패각 속에서 여름을 보낸다(그림 2-3). 그 때문에 오랫동안 과포자의 행방을 알 수 없었던 것이다. 조류학의 세계에서 조개껍질 등 패각에 사는 사상체 홍조가 존재하는 것이 이전부터 알려졌으며, 이러한 생활사를 가지는 홍조에 콘코세리스(*Concocelis*)

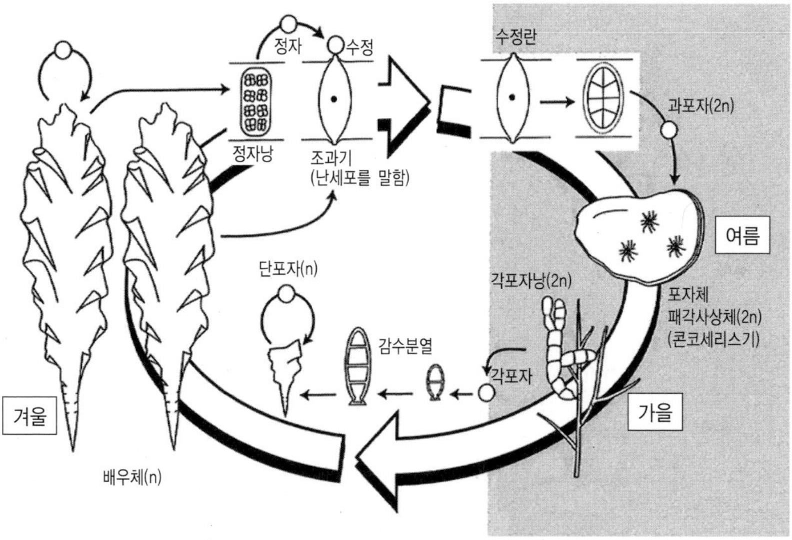

그림 2-3. 돌김류의 생활사. 엽상체는 겨울에 성장하여 10cm정도가 된다. 체세포가 정자기(조정기), 조과기(난세포)로 분화한다. 수정한 조과기는 분열하여 과포자로서 분산된다. 과포자는 패각에 구멍을 내어 석회질 속에서 사상체(콘코세리스)로 발달하여 여름을 지낸다. 가을에 패각 사상체에서 각포자낭이 형성되어 2세포에서 4세포로 분열할 때에 감수분열이 발생한다. 각세포에서 발아한 어린 김은 단세포로 무성생식으로 배우체를 만든다. 오른쪽 회색 부분이 450년간 알지 못하였던 내용이다(千原, 1970을 기본으로 그림)

라고 하는 별도의 속명이 붙여 있었다(*Conchocelis rosea*). 이 콘코세리스 포자체(2n, 제11장 참조)의 존재가 밝혀진 것이다. 콘코세리스가 감수분열을 하여 만든 김의 "씨앗"을 각포자(殼胞子, conchospore)라고 한다. 이 각포자가 바닷물에 떠다니다 김발에 부착하여 김으로 성장하였던 것이다. 어린 김은 단포자인 무성포자를 만들고, 이것이 김으로 성장한다. 과포자 형성과 동일하게 여기서도 클론(cron)이 대량으로 생산된다(그림 2-3). 또 SF소설에서 나올 것 같은 일을 김은 매우 간단하게 수행하고 있는 것이다.

콘코세리스가 김 포자체인 것이 밝혀짐에 따라 김 양식에 혁명을 가져오게 된다. 도박 풀이라고까지 불리던 김 양식에서 김의 "씨앗"을 인위적으로 김발에 붙이는 인공적 조절이 가능하게 된 것이다. 참 의미에서 김 양식은 농사짓는 방법으로 진보한 것이다. 지금은 당연한 일로서 김 씨앗을 인공적으로 부착시킨다. 즉 인공채묘라는 단계이다. 조개껍질에 과포자를 부착시켜 콘코세리스를 생육시켰던 것을 탱크에 재배하여 준비한다. 조개껍질 속에 서식하는 포자체에서 방출된 각포자를 인공적으로 김의 양식 그물에 부착시킨 다음, 이것을 적절한 위치의 바다에 설치하여 김을 성장시키는 것이다. 드류(Drew)는 이러한 콘코세리스기의 발견을 이전부터 알고 지내던 세가와 소키치(瀬川宗吉, 당시 규슈대학 교수)에게 하루라도 빨리 알리고 싶어 했다는 일화가 남아있다. 이 발견을 계기로 일본산 김도 이와 같은 생활사를 가진다는 것이 명확해졌다. 드류의 편지가 계기가 되어 김 인공채묘가 실현되었던 것이다. 지금은 연간 생산량이 100억장이나 된다는 김 양식의 발전은 김의 과포자를 발견한 드류에 큰 빚을 진 것이라고 할 수 있다. 1963년 4월 14일 일본에서 가장 많은 김을 양식하는 아리아케카이(有明海)를 내려볼 수 있는 구마모토현 우시시 수미요시신사 언덕 위에 드류 여사의 공덕비가 건립되었다. 드류의 과포자 발견으로 1,600년대부터 계속되었던 김 양식을 결국 목표에 도달하게 되었다. 최근에는 매년 4월 14일을 드류 축제일도 정하여 여사의 공덕을 기리고 있다. 2001년은 드류 탄생 100년을 맞이하여 기념축제가 개최되었다고 한다.

일본은 19세기 말 메이지유신 이후를 근대화, 제2차 세계대전 이후를 고도성장으로 구분하여 불린다. 이러한 과정에서 일본정부가 가장 어리석게 추진된 정책으로 생물다양성을 자랑하고 어패류나 김에서 1,600년대 최성기의 이름을 그대로 유지하고 있던 도쿄만이라는 연안환경의 보고를 뿌리부터 송두리째 파괴하여 콘크리트 매립지와 공장지대로 변화시킨 것이다. 현재 도쿄만 해안에서 산반세, 반주갯벌, 후츠갯벌을 제외하면, 거의 모든 해안선이 콘크리트 항만과 호안화되어 자연상태의 해안선은 사라졌다. 김 어업도 도시화에 따른 수질오염과 게이힌(京浜)-치바(千葉) 거대콤비나트 건설정책에 따라 순식간에 도쿄만에서 자취를 감추었다. 국내에서 제일 풍요로움을 자랑하던 갯벌 모두가 국가정책에 의해 완전히 파괴된 것이다. 국가가 시행하는 택지조성과 치산치수의 명분으로 산지와 호소를 황폐화 시킨 것도 도쿄만의 사례와 유사하다(호소에 대해서는 제4장을 참조). 이러한 자연환경에 대한 정부정책들은 이전에 자연에 대해 우수한 감성과 자연을 신성시 하던 동일한 민족이 자행하는 것이라고는 도저히 믿기 어렵다. 아사쿠사김의 영고성쇠로부터 우리 현대인이 마음의 변화가 읽혀진다. 근대화에 따른 배상은 생각보다 매우 컸다.

나. 우뭇가사리와 우무·한천

홍조 우뭇가사리류는 우뭇가사리(*Gelidium*, Gk: *gelidus* 얼다), 개우무(*Pterocladia capillacea*), *Beckerella subcostata* 등 우뭇가사리과에 속하는 홍조류를 총칭하는 이름이다(권두사진 2-7). 이 우뭇가사리류를 재료로 하는 식품에 우리가 애용하는 우무와 한천이 있다. 이 둘 사이의 차이를 엄밀하게 말하면, 우뭇가사리류의 해조를 물에 삶아서 상온에서 고체화 시킨 것이 우무이고, 이 우무를 동결 건조한 것이 한천이다. 우뭇가사리를 응해조(凝海藻)라 부르기도 한다. 우뭇가사리류 등 홍조류를 삶아 상온에서 식혀서 겔화(굳힌 것)한 우무는 오랜 옛날부터 식용으로 사용하여 왔다. 우뭇가사리를 삶았을 때 물에 녹는 성분은 다당류로 포도당 등 단당류가 다수 연결된 탄화수소 화합물이다. 모처럼 이야기가 나왔기에 우뭇가사리를 이용하여 우무를 만드는 방법을 간단하게 설명하여 둔다. 기회가 된다면 독자들이 직접 시도하여 보기 바란다.

우선 바닷가 암반에서 우뭇가사리를 채취하여야 한다. 채취는 봄 대조 때가 가장 좋다. 바다에서 암초가 노출되는 조간대 해안은 대부분 자치부락 어촌계가 어업권을 설정하고 있기 때문에 어장에 누구나 쉽게 들어가 해양생물을 채취할 수 없다. 파도에 의해 모래사장으로 올라오는 우뭇가사리를 채취하는 것도 해당 어촌계에 허가를 받아야 한다. 채취된 우뭇가사리는 짙은 홍색을 한다. 이것을 수돗물에 잘 씻고 여러 날 맑은 햇빛 조건에 건조시킨다. 건조된 우뭇가사리를 다시 씻고 건조하는 작업을 수 회 반복한다. 씻고 건조하는 과정이 반복되는 과정에 빨강 색소가 점점 빠져나가 우뭇가사리는 점차 녹색으로 변해간다. 즉 수용성 색소인 피코빌린 색소가 빠지고 있는 것이다. 녹색 상태는 아직도 엽록소가 남아 있기 때문에, 색소가 모두 빠져서 하얀색으로 변할 때가지 우뭇가사리를 씻고 건조하는 것을 반복한다. 하얀색으로 변색되면 건조시켜 보관한다. 이렇게 한 우뭇가사리 100g을 2리터 물의 비율로 가마에 넣고 끓인다. 끓게 되면 약한 불로 약 2시간 계속하여 우뭇가사리를 삶는다. 삶아진 우뭇가사리와 물을 깨끗한 삼배 등을 이용하여 걸러내어 바트 등 넓은 그릇에 넣고 실온에 방치한다(30분 정도 삶은 것을 짜내어 작은 스푼으로 2개 정도 식초를 넣게 되면, 굳어지는 시간이 단축된다). 남은 우뭇가사리도 삼베 등을 이용하여 완전하게 짜낸다. 이때 우뭇가사리가 매우 뜨겁기에 화상을 입지 않도록 세심한 주의가 필요하다(한천에 의한 화상은 매우 위험하다). 이러한 과정을 통해 상온에서 식혀서 만든 우무는 첫 우무로서 바다향기가 남아 있다. 짜내고 남은 찌거기 우뭇가사리를 다시 물을 넣어 재차 30분 정도 끓은 다음 같은 방법으로 걸러내면 두 번째 우무가 된다. 이 두 번째 우무가 시판되는 한천을 사용하여 만든 우무에 가까운 무취를 나타낸다. 이렇게 하여 상온에서 젤화 시킨 다음 다양한 방법으로 먹을 수 있는 우무가 탄생하는 것이다. (우뭇가사리를 삶은 물은 고온에서 액체, 상온에서 고체로 변화한다)

우무가 만들어 지면 한천은 다음과 같은 과정을 걸쳐 상품화 된다. 우무를 일단 냉동실에서 얼린다. 얼린 것을 꺼내어 실온에서 해동한다. 이때 녹아내린 물은 버린다, 재차 냉동실에 넣고 얼린다. 이러한 작업을 수 회 반복하여 바람에 말리면 한천이 된다. 한천은 주로 산골에서 만들어 진다. 일본에서는 나가노현 치노시(茅野市)가 한천의 명소로 알려진다. 해조를 원료로 하는 한천 생산지가 산골이라는 것은 불가사이하기도 하지만, 앞에서 설명한 것처럼 우무를 동결시켜 해동하고, 더욱 동결과 해동을 반복하는 작업은 우뭇가사리

그림 2-4. 이즈반도 아마기의 옛 아마기터널 부근에 있는 한천교. 여기에서 왼쪽 산 쪽의 길은 한천임도(林道)로 불리며, 핫쵸이케(八丁池) 입구로 연결되어 있다.

가 채취되는 어촌의 날씨로는 불가능하다. 더욱 혹독한 겨울날씨를 보이는 산골이 이러한 작업을 수행하기에 더욱 적합한 환경이 되기 때문이다. 우뭇가사리는 바다에서 채취한 다음 산으로 운반되어 한천으로 가공되었던 것이다. 이즈(伊豆)의 도오라코에서 유명한 이즈반도의 아마기고개 가까운 곳에 한천교(寒天橋)라는 교량이 있다(그림 2-4). 이즈 바다에서 채취한 우뭇가사리류를 한천 생산지인 스와(諏訪)지방으로 보내기 위해 아마기산을 넘어야 하는 것을 기념하기 위해 만들어 진 교량이다. 예전에는 바다에서 채취된 무거운 우뭇가사리를 지게 등 등짐으로 급경사인 아마기 고개를 넘을 만큼 가치가 있었던 것을 시사하는 내용이다.

지금 우리는 선조들은 이렇게 고생하여 만든 한천을 이용하여 양갱 등 다양한 식품재료로 광범위하게 사용한다. 현재 한천은 우리 식생활에 없어서는 안 되는 중요한 식재료이다. 한편 한천은 현재의 자연과학분야에서도 없어서는 안 되는 실험소재가 되었다. 한천을 정제한 아가로스(agarose, 그림 2-5)는 다양한 미생물의 배양기질로서 사용될 뿐만 아니라 전기영동의 매질로 사용되는 생물과학에서 없어서는 안 되는 중요한 소재이기 때문이다.

그런데 한천은 어떠한 물질인가? 한천에 대해서 간략하게 설명하여 둔다.

한천은 일본에서 만들어진 것으로 이에 대한 기초연구도 일본을 중심으로 진행되었다. 한천의 주성분은 아가로스 및 아가로스에 피루브산과 황산이 결합한 아가로펙틴(agaropectin)이라는 두 종류의 다당류이다. 이들 연쇄분자가 무질서하게 엉클어져 있어 분자사이에 수분을 유지하여 고온에는 졸 상태에 있던 것이 온도가 내려가게 되면, 다수의 이중나선구조를 만들어 겔 상태가 변화한다(그림 2-5). 한천의 응고점은 30℃로서 상온에서 고체상태를 유지하지만, 융해점은 85℃가 되어 열을 가하면 액체가 된다. 응고점과 융해점의 차이는 55℃로 이러한 성질을 이용하여 다양한 가공이 가능하게 된다.

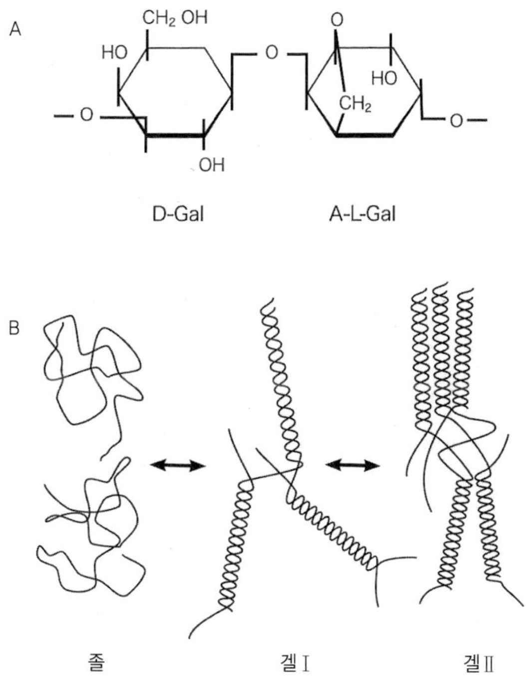

그림 2-5. 한천의 화학적 성질. A: 아카로스의 기본구조. D-Gal: D 갈락토스, A-L-Gal : 3.6-안하이드로-L-갈락토스, B : 고온의 녹은 상태(졸에는 아가로스나 아가로펙틴의 연쇄분자가 무질서하게 엉클어져, 그 사이에 물을 보관한다. 온도가 내려가면 분자가 규칙적으로 이중나선을 만들어 굳어진다(겔화). 더욱 온도가 내려가면 이중나선이 증가하여 병열로 나열되어, 굳은 구조가 된다(西澤·村杉, 1988에서 그림)

다. 카라기난(carageenan)

홍조 유래에서 한천과 양립하여 많이 이용되는 다당류로 카라기난(carageenan)이라는 물질이 있다(그림 2-6). 아일랜드 카라긴지방 주민들은 600년 이전부터 “아이랜드이끼(Irish moss)”라는 이름을 가진 진두말 속의 주름진두말(*Chondrus crispus*)을 식용으로 이용하여 왔다. 19세기 후반 대기근이 발생하였을 때(제13장 참조), 아일랜드에서는 주름진두말을 식량으로 이용하여 대기근을 넘긴 다음부터 이 해조를 카라긴이라고 부르게 되었다. 아일랜드에서는 주름진두말을 넣은 스프가 지금까지 “성 패트릭스프”로 전해진다. 이 해조에서 얻어진 한천 모양의 다당류가 카라기난이다. 현재는 진두말속 이외에 주로 유케마 속(*Eucheuma*, Gk: eu 좋다, cheuma 녹은 것)의 홍조에서 다른 모양을 가지는 카라기난이 추출되어, 여러 가지 적합한 용도로 사용되고 있다. 참고로 몇 가지 이용되는 사례를 살펴보면 우유제품의 안정화, 퓨린(purine)의 겔화, 스파게티의 점질보존, 쥬스의 점성안정제, 의료 및 화장품에는 완하제(緩下劑), 치약의 점성보존제, 샴푸, 로션의 계면활성제, 최근 광고에 나오는 지워지지 않은 립스틱 등, 이외에도 맥주, 간장, 식초 등의 청정제(清淨劑, clarifier, clarificant) 등으로 사용된다. 일상생활의 다양한 곳에 활용되고 있다.

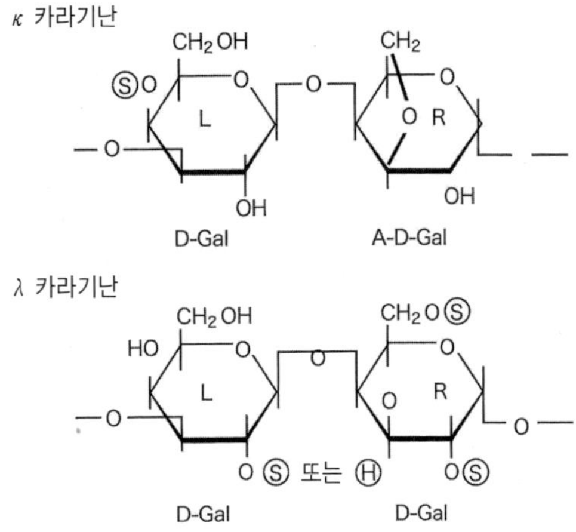

그림 2-6. 카라기난의 기본구조. Ⓢ: 에스텔 황산기, Ⓗ: 수소 원자, D-Gal: D-갈락토스, A-D-Gal : 3,6-안하이드로-D-갈락토스.

라. 산호말류

홍조에 산호말류(coralline algae, Gk: *korallion* 산호)라는 하나의 그룹을 산호말목(Corallinales)으로 분류하여 정리되어 있다. "산호조(珊瑚藻)"의 이름처럼 몸이 돌과 같이 단단하다. 이것은 산호말류가 성장과정에서 세포벽에 탄산칼슘을 침착시켜 돌과 같은 몸을 만들기 때문이다. 탄산칼슘은 석회석과 같은 성분이기에 이름처럼 돌로 된 골격을 가지게 된다. 산호말은 산호와 함께 조초성 생물(造礁性生物, hermatypic organisms)로서 산호초 형성에 관여한다. 약 6억년 이전부터 화석이 출토되기 때문에 매우 오래된 생물이다. 어떤 종은 정말 돌멩이와 구별이 안 되는 것도 있다(권두사진 2-16~18). 산호말류 중에 마디를 가지는 유절산호말(有節珊瑚藻, articulated coralline algae)이 있다. 석회화한 부위가 마디로 연결된 독특한 몸을 가진다, 투구의 "경개(頸鎧)[21]"와 같은 것이라 하여 방울산호말 일종(*Serraticardia maxima*, 권두 그림 2-16), *Calliarthron yessoense* 등의 이름을 가진 종류가 있다. 아무리 보아도 해조로 보이지는 않는다.

생물이 광물을 만드는 현상을 바이오미네랄리제이션(生鑛物化, biomineralization, 생물학적 광물생성작용이라고도 한다)이라 하고, 이 결과 만들어진 광물을 바이오미네랄(biomineral)이라 한다. 생물에 의한 광물생성은 그다지 진귀한 현상은 아니다. 다양한 생물군이 생명활동의 결과로 칼슘염이나 규산염을 만든다. 우리들의 뼈와 이빨은 인산칼슘이고 별모래는 유공충이 만든 탄산칼슘의 껍질이다(권두사진 13-20, 21, 그림 13-21). 바이오미네랄리제이션은 생물권(biosphere)과 암석권(lithosphere, 수권, 기권과 같은 용어로 Gk: *lithos* 돌) 사이의 인터페이스로서 지구규모에서는 발생하는 중요한 현상이다. 홍조는 이러한 생광물화작용에도 관여하고 있다.

김과 우뭇가사리를 제외하고 우리에게 친근한 홍조는 해조사라다에 얼굴을 내미는 갈래곰보(*Meristotheca*, 권두사진 2-5), 꼬시래기(*Gracilaria*, L: gracilis 가늘다), 풀가사리류 등이 있다. 그러나 이들 생물종은 일반인에게는

21 투구의 뒤에 늘어져 목을 가리게 된 부분을 가리키는 말로 일본어 발음은 시로코이다. *Serraticardia maxima*는 일본어 이름이 오시로코, *Calliarthron yessoense*의 일본어 이름은 에조시로코이다.

그다지 잘 알려져 있지 않다. 많은 지역의 특산 해조 절반 이상은 홍조이고, 다양하게 분화되는 것을 알 수 있다. 홍조에는 섬세하고 매우 아름다운 종이 다수 있어, 조류보기에는 뒤지지 않는다. 특히 깊은 수심에 서식하는 홍조는 선명한 빨강색을 하는 것이 많다. 이러한 홍조는 석엽(腊葉)[22]을 하면 그림에 못지않은 아름다움을 나타낸다(권두사진 2). 홍조는 츠크바대학 시모다임해실험센터를 발상지로 초·중등학생 및 일반인들에게 이용되는 환경학습을 포함하여 전국적으로 보급된 "해조 이야기"의 주역이기도 하다.

3. **녹조류**(갈파래조류, 권두사진 3, 4)

녹색해조인 녹조류는 육상식물과 함께 녹색식물(Viridiplantae, L: viridis 녹색)이라는 거대한 그룹에 속한다(제13장). 녹색식물에는 두개의 커다란 계통이 있으며, 녹색해조는 육상식물인 녹색식물과는 다른 계통이다. 대표적인 녹색해조 속인 갈파래속(*Ulva*, L: *ulva* 사초 등 수변식물의 총칭, 권두사진 3-2)이란 이름의 왕관을 쓰고 갈파래강(Ulvophyceae)에 모두 정리되어 있다(제14장). 이 식물군 주변은 다소 복잡하여 연구자 사이에도 어지간하여서는 용어 침투가 쉽지 않은 분야이다. 지금도 녹색해조를 많은 곳에서 녹조라 부르고 있다. 갈파래조라는 이름은 학문상 의도적으로 사용하는 것 이외에는 거의 들을 수가 없다. 이 책에서도 특별한 단서가 없는한 녹색해조를 녹조로 부르기로 한다.

녹조에서 잘 알려진 종은 잎파래(*Enteromorpha*, Gk: *enreron* 장(腸), *morpha* 형(形))와 홀파래(*Monostroma*, Gk: *monos* 하나, *stroma* 층, 권두사진 3-1)이다. 지금은 우리나라에도 많이 보급된 야키소바(焼蕎麦)나 오코노미야키(御好焼) 위에 뿌려 먹는 녹색분말이 잎파래이다. 홀파래는 오키나와에서 아-사-라는 이름으로 된장국에 넣는 식재료로 사용된다. 둘 다 츠구다니(佃煮)[23]의 원료이기도 하다. 갈파래 종류는 질겨서 식재료는 많이 사용되지 않는다. 오히려

22 종이나 책 따위의 사이에 끼워 말린 식물의 잎사귀나 나뭇가지 등의 표본을 말한다.

23 어패류, 생선, 해초 등을 설탕, 간장 등과 함께 달고 매콤하게 조린 해산물 조림의 일종이다. 17~19세기에 쯔쿠다섬의 어부가 만들었다고 해서 붙여진 이름으로 일본인들이 즐겨먹는 반찬 중 하나로 우리의 조림과 비슷하다.

오염된 갯벌에 대량으로 발생하여 썩은 펄을 만드는 해조로 더욱 유명하다. 잘 알려진 녹조는 얇고 단순한 필름모양을 하거나, 가늘고 긴 대롱 모양의 파이프 모양으로 조류보기 대상으로 매력적이라고 할 수는 없다.

가. 삿갓말

녹조에는 파래 이외에 어떠한 종류가 있을까? 삿갓말목, 청각목, 대통말목 등 녹조에도 괴짜 생물이 많다(표 2-1). 삿갓말부터 살펴보자. 삿갓

표 2-1. 삿갓말, 청각목 그리고 대통말목의 해조

Order (목)	Family (과)	Genus (속)
삿갓말목 Dasycladales	삿갓말과 Dasycladaceae	*Acetabularia*(삿갓말속), *Batophora*, *Bornetella*, *Cymopolia*, *Dasycladus*, *Neomeris*
청각목 Caulerpales	Ostreobiaceae	*Ostreobium*
	깃털말과 Bryopsidaceae	*Bryopsis*(깃털말속), *Derbesis*, *Pedobesis*
	청각과 Codiaceae	*Codium*(청각속), *Pseudocodium*
	Udoteaceae	*Boodleopsis*, *Halimeda*, *Pseudochlorodesmus*, *Udotea*
	옥덩굴과 Caulerpaceae	*Caulerpa*(옥덩굴속)
	Dichotomosiphonaceae	*Dichotomosiphon*
대롱말목 Siphonocladales (대마디말목 Cladophorales)	Chaetosiphonaceae	*Blastophysa*
	Arnoldiellaceae	*Arnoldiella*, *Basicladia*
	대마디말과 Cladophoraceae	*Bryobesia*, *Chaetocladiella*, *Chaetomorpha*, *Cladophora*(대마디말속), *Pithophora*, *Rhizoclonium*
	잎맥말과 Anadyomenaceae	*Anadyomene*(잎맥말속), *Cystodictyon*, *Microdictyon*(검정잎맥발속), *Willeella*
	대롱말과 Siphonocladaceae	*Boergesenia*, *Boodlea*, *Chamaedoris*, *Cladophoropsis*, *Siphonocladus*(대롱말속)
	공말과 Valoniaceae	*Dictyosphaeria*, *Valonia*(공말속), *Valoniopsis*, *Ventricaria*

말(*Acetabularia ryukyuensis*, L: *acetabulum* = vinegar cup, 권두사진 3-3)은 매우 아름다운 해조로 한번 보면 대부분 아무런 생각 없이 넋을 잃고 빠져들게 된다. 영어로는 인어의 포도주잔(mermaid`s wine glass)으로 표현된다. 높이는 십 수 cm 정도로 일본에서는 아와미오시마나 오키나와 등 산호초 바다에 서식한다. 죽은 산호 조각에서 뻗어 나온 가늘고 하얀 줄기의 끝 부분에 녹색의 원반(cap)이 붙어 있다. 이 원반을 일본은 우산, 우리는 삿갓, 그리고 서구에서는 포도주잔으로 비유하고 있는 것이다. 즉 일본에서 우산말의 의미를 나타낸다. 하얀 줄기는 생광물화에 의해 탄산칼슘이 침착된 것이다. 삿갓은 중심에서 방사상으로 뻗어 나온 자루와 같은 구조로 성숙하면, 그 속에 시스트(cyst)라는 입자(나중에 배우체를 방출한다)가 만들어 진다(권두사진 3-4, 그림 2-7).

삿갓말이 지명도가 높게 된 것은 1932년과 1934년의 헤메룰링(J. Hämmerling)의 실험결과가 교과서에 소개된 다음부터이다(그림 2-8). 생물의 유전물질이 세포질기질이 아닌 핵에 있다는 것을 증명하는 것과 함께 mRNA(전령 RNA)의 존재를 암시한 실험결과이다. 이것은 삿갓모양에 차이가 있는 유럽산 두 종류의 삿갓말인 *Acetabularia acetabulum* (= *A, mediterranea*)과 *A. crenulata*를 사용하여 각 종의 줄기일부를 다른 종의 헛뿌리(가근[24])를 포함한 부분에 접목하였다. 결과 *A. acetabulum*의 뿌리부와 *A, crenulata*의 줄기를 접목한 부분에서 *A. acetalulum* 삿갓이 만들어 졌고, *A. crenulata*의 뿌리부와 *A. acetabulum*의 줄기를 접목함 부분에서는 *A. crenulata* 삿갓이 형성된 것이었다(그림 2-8A). 이와 같은 실험이 가능한 것은 삿갓말 몸체은 단 하나의 핵만을 가지는 거대한 단세포이기 때문이다. 삿갓말 몸은 전체가 빨대와 같이 헛뿌리 부분에서 세포 끝부분인 정단까지 하나로 연결된다. 그리고 삿갓이 형성될 때까지는 한개의 거대한 핵(일차핵이라 한다)이 헛뿌리에 존재한다. 때문에 성장 도중의 삿갓말 줄기에는 핵이 없다. 핵을 가진 헛뿌리부에 다른 종의 핵을 갖지 않은 줄기 조각을 두개의 빨대를 연결하는 것처럼 접목할 수가 있다. 삿

24 해조는 잎에서 영양분을 흡수하기에 뿌리는 물과 영양분 공급 기능을 하는 육상식물과는 달리, 빛의 없는 수심으로 흘러가지 않게 부착하는 기능만을 가진다. 때문에 해조뿌리는 육상식물과 차별적으로 가근, 가짜뿌리, 헛뿌리, 위근 등의 이름으로 불린다.

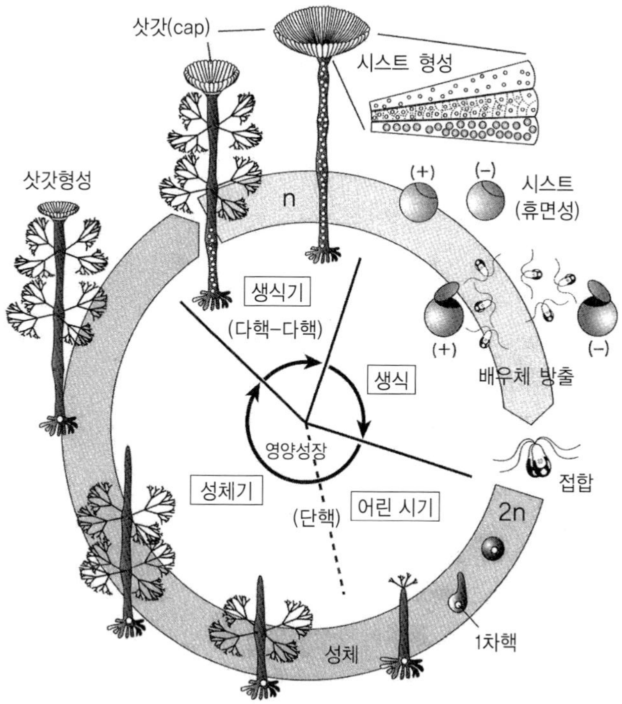

그림 2-7. 삿갓말의 생활사(life cycle). 영양체는 2n의 단핵 거대세포로서 삿갓(cap)을 가지지 않는다. 영양세포는 불완전한 윤생가지만을 만드는 어린시기와 복잡한 윤생가지를 만드는 성숙기로 구분된다. 삿갓이 형성되기 시작하면 생식기에 들어가 감수분열을 계속하여 핵상 n의 핵분열을 반복하면서 성장하는 삿갓으로 보내어 삿갓에 시스트를 형성한다. 시스트는 방출 이후에는 배우체 주머니로서 기능한다. 동형 배우체 접합 이후 발아하여 어린시기(유생기)로 돌아온다.

갓이 만들어 지기 시작하면, 거대 핵은 감수분열을 한 다음 더욱 분열을 반복하면서 원형질 유동으로 줄기의 끝부분으로 이동하여 삿갓 속으로 들어간다. 결국 삿갓 자루/주머니 중에서 10~40개 핵을 포함한 시스트가 다수 만들어진다(권두사진 3-4). 시스트 실체는 배우체 주머니이다. 휴면한 다음에 배우체를 방출하여, 접합이란 과정을 걸쳐 원래의 몸으로 되돌아오는 것이다(그림 2-7).

헤메룰링은 또 한 가지 중요한 실험을 하였다(그림 2-8B). 윤생(輪生) 가지를 가지는 삿갓말 앞부분을 잘라내어 배양을 하였다. 그러면 핵이 없음에도

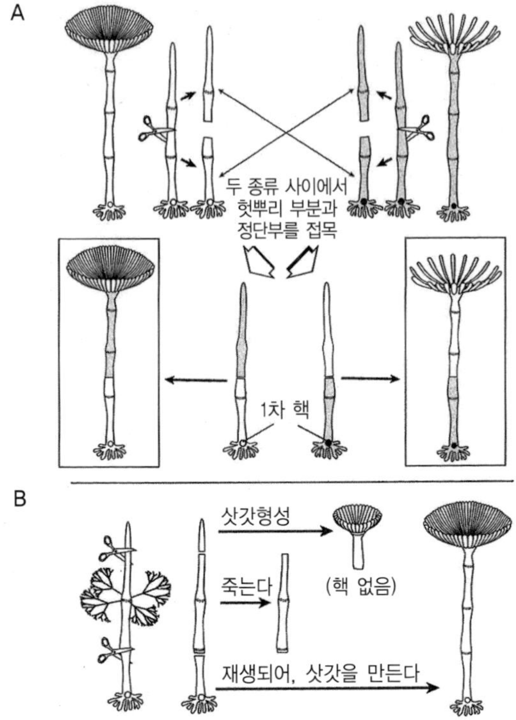

그림 2-8. 헤메룰링의 고전적 실험. A: *Acetabularia acetabulum*과 A. *crenulata*의 핵을 포함하는 헛뿌리 부분과 다른 종의 핵을 가지지 않은 줄기 정단부를 접목한 실험. 핵을 가진 헛뿌리 부분 종에 특유의 삿갓이 만들어 진다. B: 핵을 포함한 헛뿌리 부부, 정단부, 중간 줄기부분을 짤라 내어 배양한 실험. 헛뿌리부와 정단부는 삿갓으로 분화하지만, 중간의 줄기부분은 죽어 버린다.

불구하고 삿갓을 만들기 시작한다. 이러한 결과는 삿갓 형성을 진행시킬 수 있는 힘을 가진 물질이 삿갓말 앞부분에 존재하고 있음을 의미하는 것이 된다. 이 물질을 우리는 지금 전령 RNA(mRNA)라고 한다. mRNA는 DNA를 주형(鑄型, mold))으로 하여 복사된 RNA로, 이 염기배열을 기본으로 단백질이 합성된다. 1956년 대장균에서 mRNA가 발견되기 20년 이전에 헤메룰링은 mRNA의 존재를 예견하였다. 삿갓말은 단세포이지만 다세포 식물과 같이 장소에 따라서 기능을 달리할 수 있다. 세포 능력을 극한까지 추구하는 생물로 지금은 중요한 모델생물 중 하나로 발전하였다.

삿갓말 그룹에 속하는 종은 모두가 가지를 줄기에서 방사상으로 뻗는 특징을 갖고 있어, 잘 정돈되면서도 아름다운 모습을 한다. 일본에는 *Neomeris annulata*, *Cymopolia vanbosseae*, *Bornetella sphaericosa*, *Halicoryne wrightii* 등 삿갓말목에 속하는 다른 종들이 보고된다. 이들은 모두가 산호초 해역에 서식하는 아름다운 해조이다(권두사진 3-5~8). 모두가 한개의 핵을 가진 거대 단세포인 것이다. 육상식물에서는 상상도 할 수 없는 특징적인 구조를 한다.

나. 다핵 거대세포

거대세포는 삿갓말목에 한정되지 않는다. 청각목과 대롱말목(또는 대마디말목)은 거대 세포의 온퍼레이드(on parade)이다(표 1-1). 깃털말속은 청각목 깃털말과의 녹조로 새의 깃털과 같은 모습을 하는 녹조이다. 속명의 *Bryopsis* (Gk: *bryon* 이끼, *opsis* 모습에서 유사하다는 뜻)는 이끼의 소태(Bryophyta)와 비슷하다는 의미이지만, 새 깃털이라는 것이 더욱 특징에 부합할 것 같다(권두사진 3-9, 10). 왕깃털말(*Bryopsis maxima*)이라는 녹조가 이바라키현 오아라이(大洗)나 지바현의 조시(銚子) 해안에 무성하게 서식한다. 직경 1mm 정도의 가는 줄기에 거의 같은 굵기의 옆가지가 돋아나서 새 깃털과 같이 보인다. 크기가 60cm까지 성장하지만 삿갓말과 같은 단세포이다. 몸 내부는 거의 액포로 채워져 있으며, 세포질은 세포표면을 따라 엷은 시트 모습으로 존재한다. 몸 전체가 풍선과 같다. 단지 다음과 같은 중요한 점에서 삿갓말과 다르다. 즉 삿갓말과는 달리 왕깃털말은 무수하다 할 정도로 많은 핵을 가진다. 이러한 구조를 비세포성다핵체(coenocyte, Gk: *koinos* 공통, *kytos* 속의 비다)라고 한다. 여기에서도 육상식물과는 달리 융통무애한 구조의 다양화가 진행된 것을 알 수 있다.

바로니아(*Valonia*)라고 하는 듣기에 익숙하지 않은 이름의 녹조가 있다. 이탈리아 식물학자 이름인 Valoni에서 유래하였다. 대롱말목 바로니아과에 속한다. 알바로니아(*Valonia macrophysa*, 권두사진 3-12)나 구슬바로니아(*V. aegagropila*, 권두사진 3-13) 등이 있지만, 왕바로니아(*Ventricaria ventricosa* = *Valonia ventricosa*, 권두사진 3-11)가 인상적이다. 메추리 알 정도로 광택 있는 짙은 녹색 풍선모양으로 바다의 바위 그늘 등, 그다지 빛이 없는 장소에 서식한다. 바위 그늘에서 발견된 광택 있는 모습은 보석의 기품을 보인다.

이러한 풍선같은 몸을 하는 녹조에서 가장 흥미로운 점은 원형질체(protoplast)를 아주 간단하게 만들 수 있다는 것이다(그림 2-9). 원형질체는 세포벽을 제거한 식물세포를 표현하는 용어이다. 즉 동물세포와 같이 세포막으로만 싸여있는 상태의 식물세포를 말한다. 다른 종류의 식물세포를 융합시켜 새로운 식물을 만들거나, 유전자를 도입하여 새로운 성질을 가진 식물을 얻기 위해 다양한 식물 종에 원형질체가 만들어 진다. 예를 들면 감자와 토마토(모두 가지과)의 세포융합으로 포마토(pomato)가 만들어진다. 원형질체는 세포벽을 효소 등으로 녹여서 제거하여 만드는 매우 세심하고 번거로운 작업이다. 이러한 작업을 왕바로니아 및 왕깃털말은 아주 간단하게 할 수 있다. 해조를 면도날로 자르고, 원형질을 멸균한 해수에 짜내는 것으로 완성된다. 그러면 처음에는 모양이 일정하지 않던 원형질 덩어리가 수 분 후에 풍선모양의 낱알로 변한다. 세포막이 재생하여 원형질체가 된 것이다. 육상식물에서 손이 많은 가는 번거로운 원형질체가 조류에서는 이렇게 간단하게 완성된다. 처음에는 일정한 모양을 하지 않았던 원형질 덩어리는 세포막에 이어 세포벽을 재생하여 예쁜 구형으로 변한다. 이 작은 낱알을 몇 주 배양하면 어미와 같은 모양으로 되돌아온다. 이와 같은 원형질체에 의한 개체의 재생은 청각목 및 대롱말목 해조에서 관찰되는 성질로서 *Boergesenia forbesii*(권두사진 3-14), 그물공말(권두사진 3-15), 잎맥말(권두사진 3-16, 17), 그리고 이끼좀대롱말(권두사진 3-18, 19) 등은 이러한 성질을 이용하여 증식한다. 풍선모양의 해조내부에서 원형질이 붕괴되어 많은 덩어리가 형성되고, 각각의 덩어리는 세포벽

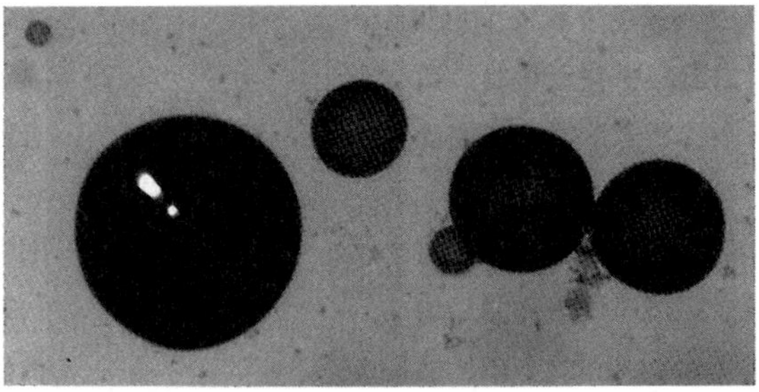

그림 2-9. 알바로니아의 원형질체. 원형질을 꺼내고 약 1시간 후.

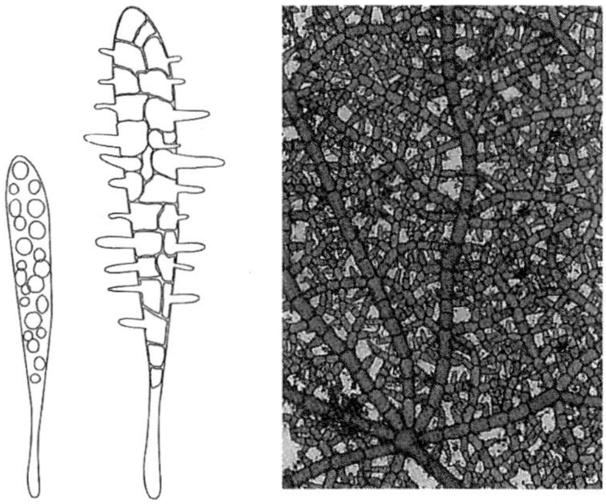

그림 2-10. 분리분열. 사진은 망사모양의 엽상체 일부.

을 발달시켜 다수의 세포를 만들어 크기를 키우는 것으로 전체가 성장한다. 분리분열(segregated division)이라는 증식양식이다(그림 2-10). 이와 같은 증식 형태도 육상식물에서는 상상도 할 수 없는 현상이다.

이외에도 청각목 청각과 청각속(*Codium,* Gk: *codion* 동물의 피부), 옥덩굴과 옥덩굴속(*Caulerpa,* Gk: *caulos* 줄기, *herpo* 기다), Halimedaceae의 선인장말속(*Halimeda*, Gk: *halimos* 바다, 권두사진 4-1), *Avrainvillea erecta*(사람이름에서 유래, 권두사진 4-3) 및 *Chlorodesmis* 속(*Chlorodesmis fastigiata*, 권두사진 4-2) 등도 비세포성 다핵체의 몸을 가진다. 선인장말속 생물은 이름과 같이 선인장 모양을 한다. 마디사이는 석회질이 짙게 침착되어 있어, 홍조의 산호말과 함께 조초성 생물이다. 산호초 외각 해역에 선인장말이 군집을 이루어 *Halimeda* bioherm(집괴 또는 초상이 되는 생물의 층) 또는 *Halimeda* bank라고 하는 10~20m의 퇴적 띠를 만든다. 생물학적 광물생성작용(biomineralization, 광물화)을 하는 대표적인 종 중의 하나이다.

다. 킬러조류

옥덩굴과 옥덩굴속(*Caulerpa,* Gk: *kaulos* 줄기, *herpo* 기다; 권두사진 4-4~8)은 담쟁이덩굴과 같이 기질표면에 부착하여 성장하면서 잎을 만든다. 잎 형태는 다양할 뿐만 아니라 이름답기에 감상하는데 적합하다. 호리병박과 같은 공

모양의 잎을 가진 *Halicoryne wrightii*, 나무공이 모양의 바다포도, 깃털모양 잎을 가지는 *Caulerpa sertularioides*와 *C. subserrata* 등이다. 톱니모양 잎으로 규슈 나가사키현 이키섬에 자생하는 *C. scalpelliformis*(권두사진 4-4)는 국가 천연기념물로 지정되어 있다. 몸이 단단하기에 단세포라고 생각하기 어렵다. 이들 종들이 튼튼한 몸을 가질 수 있는 것은 세포벽이 안쪽으로 뻗혀있어, 단단하게 보강되는 역할을 하기 때문이다. 해저의 광활한 면적을 덮고 있는 이들 녹조는 모두 하나로 연결된 세포이다.

1980년 초 모나코 수족관에서 바다로 도망친 *Caulerpa taxifolia*가 지중해 전해역으로 확산되었다. 이 옥덩굴 해조는 다른 조류의 번식을 방해할 뿐만 아니라, 어패류의 서식장까지 빼앗아 버리는 것으로 커다란 화재가 되었다. 결국 이러한 사건을 계기로 킬러조류(killer algae)라는 악명을 얻게 되었다(권두사진 4-8). 지중해 옥덩굴 해조는 지상 최대의 단세포 생물이라 할 수 있다. 이 옥덩굴 해조는 독일 수족관 수조에서 발생한 돌연변이체로 내한성과 강한 번식력을 가지면서 지금도 세계의 바다로 확산되고 있다. 지중해 연안생태계에 막대한 피해를 발생시킨 침입자이지만, 매우 아름다운 자태의 해조이다[25].

갈파래강 대롱말목은 다핵의 세포가 연결된 다세포 몸체를 하는 해조가 많다. 클라도포라과(Cladophoraceae)의 염주말(*Chaetomorpha moniligera*, 권두사진 4-11) 및 나선염주말(*C. spiralis*, 권두사진 4-12) 등으로 아름다운 모습을 한다. 육안으로도 관찰되는 직경 1mm 정도의 세포가 염주모양으로 연결되어 있다. 잎맥말과의 잎맥발속(*Anadyomene*, Gk: *anadyomens* = arising from the sea)이나 검정잎맥말속(*Microdictyon*, Gk: dictyon 그물, 권두사진 3-16, 17)은 다핵의 세포가 2차원 평면으로 연결되고 있어, 자세히 관찰하면 섬세하면서 아름다운 뜨개질 망사 모양을 한다(그림 2-10).

라. 마리모

녹조 보기에서 마지막은 마리모(*Aegagropila linnaei*, Gk: *aigagros* 산양, L: *pilus* 털)에 대해 이야기를 한다. 마리모는 담수인 호소에 서식하는 벨벳(velvet)

---

25 우리나라는 아직 출현보고가 없다. 일본은 이치이츠타라는 이름으로 보고되고 있다.

과 같이 손으로 만질 수 있는 녹색 공 모양의 녹조이다. 큰 것은 직경이 30cm까지 된다. 해조는 아니지만 조류보기의 대상으로 절대적인 존재이기에 부가적인 설명을 한다. 분류상으로도 지금까지 다루었던 대롱말목(Siphonocladales)의 클라도폴라과(Cladophoraceae)에 속하는 식물이기에 여기에 등장시키는 것에 문제는 없을 것 같다. 조류에서 발굴의 지명도를 자랑하는 슈퍼스타로서 홋카이도 아칸호(阿寒湖)의 마리모는 특별천연기념물로 지정되어 있다(권두사진 4-16). 진한 녹색 공 모양의 조체는 아름다워 계속 보고 있어도 지겹지가 않다. 마리모의 몸은 바로니아처럼 몸속이 비어있지 않다. 벨벳과 같이 좋은 촉감을 느끼게 하는 차상분지(叉狀分枝, dichotomous branching)로 사상체 몸이 격식에 따라 몸속을 가득 채운 둥근 마리모를 만든다. 중심부에 빛이 도달되지 않는다. 그러나 무엇 때문인지 마리모는 몸속까지 녹색이다. 일반적으로 식물은 빛이 도달하지 않으면 엽록소를 만들지 않는다. 양배추나 양파를 가운데로 잘라내어 표피와 중심의 색을 비교하면 표피는 녹색을 하지만 중심으로 진행할수록 하얀색을 한다. 이런 결과는 표피에서 중심을 향하여 빛이 감쇄하기 때문에 빛이 없는 중심부에는 엽록소를 생성되지 않기 때문이다. 그러나 마리모는 빛이 없는 세포 안쪽에서 엽록소가 합성되고 있다. 마리모에서 관찰되는 수수께끼이다. 이렇게 일반적이지 않은 이례적인 현상들이 조류에서는 많은 곳에서 다수 관찰된다. 이러한 내용들이 연구대상으로서 조류에 대한 흥미로움을 더해 준다.

그런데 마리모가 서식지하는 호소(아칸호 및 후지고호(富士五湖) 등)는 대부분 해적호(석호)이다. 해적호 또는 석호는 원래 바다였던 곳이 오랜 세월을 거치면서 바다에서 격리되어 만들어진 담수호이다. 현재 마리모가 서식하는 이들 해적호는 6,000년 전 죠몬해진기에 내만이었거나 하구였던 곳이다. 즉 해진기에 바다가 후퇴하면서 호수로 남겨진 곳이다. 홋카이도 구시로습원도 죠몬해퇴에 형성된 것으로 6,000년 전 해진이 최고에 달한 이후 점차적으로 바다가 후퇴하여 약 3,000년 전 해진에서 지금의 모습을 한 것으로 알려진다. 아칸호의 마리모도 죠몬해퇴에 의해 기수에서 담수로 갇히게 되었을 가능성이 높다. 6,000년이라는 시간은 생물진화에서 한 순간에 지나지 않은 시간으로 마리모는 해조에서 담수조류로 변하게 되었다. 그러나 생물은 이 정도의 시간에 그렇게 쉽게 변하지 않는다. 만일 바다가 격리되어 호수화 된 것이 사실이라면, 마리모는 반드시 예전의 성질 일부를 가지고 있을 것이다. 실제 마리모를 해수를 5~10% 포함한 배양액에 배양을 하면 해수첨가에 따라 마리모의 성장이 촉진되는 결과를 보인다. 죠몬인들이 어로활동을 하고 있을 때 마리모는 강어귀 안쪽의 기수역에 서식하였던 해조였을지도 모른다. 계통적으로 마리모는 갈파래강의 대롱말목에 속한다. 앞에서 설명한 것처럼 해조에 많은 근연을 가지는 종이다. 출신으로 보면 해조라 하여도 문제가 되지 않을 것이다.

4. 갈조류(권두사진 5)

갈조류는 바다 식물의 주역으로 대형해조가 많다. 길조의 관찰에는 대부분 스노클링이나 스쿠버다이빙 기술을 필요로 한다. 저자는 물고기 흉내를 내는 취미가 없어, 바닷물 속 해저에서 해수표면을 향해 치솟은 갈조류 모습을 수족관이나 비디오를 통해서만 보아왔다. 깊은 곳에 살고 있는 홍조도 사정은 같지만, 이들은 파도에 의해 해저에서 쓸려나와 해안으로 밀려온다. 해안으로 밀려온 해조를 주어 해수를 넣은 하얀 바트에 펴놓고 관찰하면 충분하다. 저자는 다양한 해조가 서식하는 모습을 눈으로 직접 본적이 없다. 때문에 이렇게 해조보기를 안내하고 있지만, 무엇인가 전달해야할 중요한 부분이 빠진 것 같은 불안을 느끼게 한다. 바다 속에서 해조는 어떠한 모습으로 보일까? 바다 속을 뻗어가는 해조가 관찰자인 다이버에게 무엇을 느낄 수 있게 할 것인가? 등에 대해서는 참고문헌에 나열된 요코하마(横濱康斷)씨의 저서를 참고해 주었으면 한다, 이 책과는 다른 방향에서 해조의 매력과 중요함을 표현하고 있다.

가. 다시마: 다시마의 길

다시마도 미역도 갈조강(Phaeophyceae) 다시마목(Laminaliales)에 속하는 해조이다. 다시마는 다시마류의 총칭이다. 일본에는 13종의 다시마류가 서식한다. 그 중 다시마속(*Saccharina*)에 속하는 참다시마(*Saccharina japonica*, 권두사진 5-3), 도깨비다시마(*Saccharina diabolica*), 일본다시마(*Saccharina angustata*), 긴다시마(*Saccharina longissima*), 그리고 리시리다시마(*Saccharina ochotensis*) 등이 인위적으로 재배되어 식용으로 이용된다. 다시마와 같이 이용되는 해조에 개다시마속(*Kjellmaniella*)의 개다시마 등이 있다. 단 상품으로 판매되는 "도로로다시마"는 식초에 절여서 부드럽게 한 다시마와 리시리다시마를 겹쳐서 얇게 깍은 것으로 생물종으로 개다시마와는 다르다.

예로부터 갈조류는 우리에게 많은 친근함을 가지는 해조이다. 일본인처럼 다시마를 많이 먹는 민족은 없을 것이다. 다시마 국물은 일본요리에 필연적이다. 다시마김밥, 다시마조림 외에도 염장다시마, 식초다시마, 도로로다시마 등 각지에서 다양한 형태로 다시마를 소비한다. 재미있는 내용은 일본 각 지방마다 다시마 이용방법이 다르다는 것이다. 주로 다시마 액을 추출하여 이용하는 지역, 또는 액으로 하지 않고 다시마 생체를 주로 이용하는 지역 등 다양하다. 이것은 이 항의 소제목으로 빌려온 오이시 케이치(大石圭一)의 저서 "다시마의 길"의 내용에서 다시마를 먹는 방법의 유형분포로 발표된 내용이다(그림 2-11). 다시마의 생물학도 중요하지만, 조류에 시민권을 부여하는 것이 이 책의 목적이라면, 다시마류를 일본 민속사와 관련하여 살펴보는 것도 흥미로운 내용이 될 것이다. 다시마를 먹는 방법의 분포는 홋카이도 발전과 다시마어업의 발달, 그리고 일본 해조류 유통발달의 역사와 밀접하게 관련된다. 실크로드까지 가지 않더라도 다시마 길 나름대로 그 역사는 매우 흥미롭다. 또 사족이지만 다시마의 고어는 히로메(廣布)로 피로연을 어원으로 한다. "요로콘부[26]"라고 하는 경사스러움이나 즐거움을 의미를 나타내는 낱말에 맞추어 다시마가 즐거움을 주는 어원이라고 하였던 것은 한참 이후이 일이다.

다시마는 북쪽 바다에서 자라고, 다시마류는 홋카이도 전역과 혼슈의 산리쿠연안에 분포한다. 남방한계는 미야키현으로 홋카이도와 비교하면, 약간의 다시마류가 서식할 뿐이다. 다시마류는 한류인 오야시오(親潮)의 영향을 받는

26 일본어로 "요로코부"는 기뻐하다, 즐거워하다, 축복하다 등을 나타내는 동사이다. 여기에 어미 쪽의 "코부"를 "콘부"로 변화시켜 "요로콘부"로 하여 경사스러운 의미로 사용한다는 것이다. 이때에 어미를 변화시킨 "콘부"는 다시마를 나타내는 일본어이다. 즉 다시마를 일본어로는 "콘부"라고 한다.

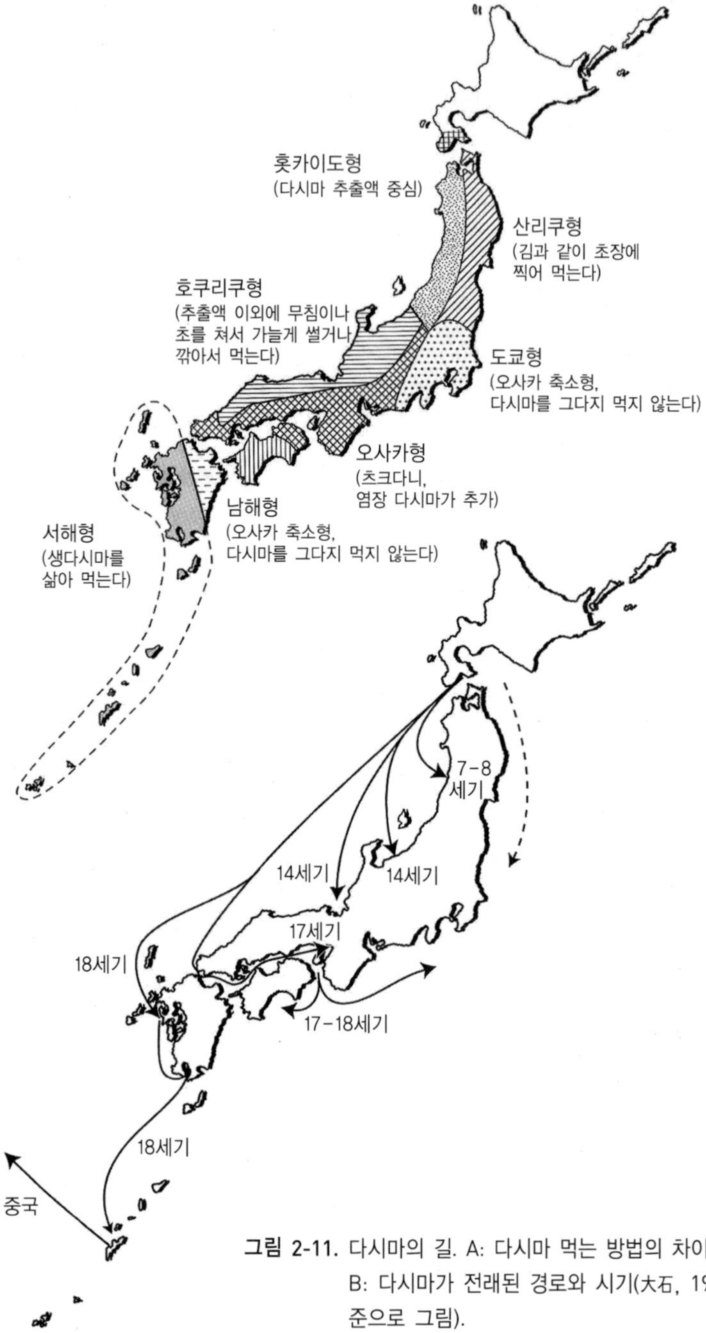

그림 2-11. 다시마의 길. A: 다시마 먹는 방법의 차이와 분포, B: 다시마가 전래된 경로와 시기(大石, 1987을 기준으로 그림).

해역에서 잘 성장한다. 쓰시마난류의 영향을 받는 홋카이도 남서쪽 동해/일본해해역에는 리시리다시마와 애기다시마(*Laminaria religiosa*)가 서식하지만 생산량은 매우 소량이다. 즉 일본에서 대부분 다시마는 오야시오영향을 받는 태평양쪽 연안에서 재배되어 수확된다. 다시마류는 영양염이 풍부한 오야시오의 한류해역에서 성장하고 있는 것이다(한류역이 난류역보다 영양염이 풍부한 이유에 대해서는 제6장 참조).

일본역사에 다시마가 등장하는 것은 7~8세기경이다. 당시 홋카이도 하코다테(函館) 서쪽은 일본인이 거주하면서 애기다시마를 이용하였다. 797년의 "속일본기"에 조정에 헌상한 기록이 있고, 927년 법령집인 리쿠오쿠에서 세금으로 다시마를 거두어드린 기록이 남아 있다. 12세기 말 가마쿠라시대 초기에는 도호쿠 및 홋카이도지배가 진행되고 있었으며, 이후 홋카이도 개척과 함께 다시마 채집해역이 태평양연안으로 확대되었다. 남쪽에서 북쪽으로 진행함에 따라 다시마, 일본다시마, 긴다시마가 이용되었다. 다시마를 운반하는 항로는 쓰가루에서 호쿠리쿠(北陸)로 이동되었고, 무로마치(室町)시대(1336~1573)에는 오사카까지 확대되었다. 이러한 과정에서 각 정박지 항구마다 다시마를 이용하는 톡특한 독립적 문화를 형성되었다. 17세기 전반 에도시대 초기에는 그때까지 사용되었던 튼튼한 대형선 건조가 금지되었다. 도쿠가와 이에야스가 도요토미 히데요시를 추종하는 적들이 침공을 두려워하였기 때문이라고 한다. 그 결과 소형선으로 태평양을 항해하는 항로는 매우 위험하기 때문에 일본의 서해인 동해(일본해)의 해상교통이 발달하게 된다. 기타마에부네(北前船)[27]가 물자 유통을 담당하게 되었고, 이것이 다시마 유통에 커다란 역할을 수행하였다.

이러한 물자유통에서 도야마번(富山藩)과 사츠마번(薩摩藩)[28]이 등장한다. 도야마의 약장사로 알려진 것처럼, 약의 유통은 도야마번의 재정을 지탱하는

27 정기적인 항로에 의해 물자를 수송하는 것이 아니라, 선주가 직접 물자를 구입하여 다른 지방에서 판매하여 이익을 창출하는 형태의 선박을 가리키는 용어.

28 일본사에서 번(藩, 일본 발음 Han)은 에도시대(江戶時代)에 1만석 이상의 영토를 소유한 봉건영주인 다이묘(大名)가 지배했던 영역이면서, 그의 지배기구를 가리키는 용어다. 도야만는 현재의 호쿠리쿠지방에 위치하는 도야마현, 사츠마는 현재 규슈 남단에 위치하는 가고시마현을 가리킨다.

사업이었다. 약 상가는 동시에 기타마에부네을 이용한 수송에 관여하였다. 에도중기(약 18세기)에는 도야마번의 물자유통은 멀리 홋카이도에서 가고시마까지 영역을 넓히고 있었다. 이러한 과정은 다시마 수송에도 깊게 관여하게 되어 도야마에서는 예로부터 다시마를 다양한 방법으로 이용하고 있었다. 한편 사츠마번은 부채에 허덕이는 가난한 영주로 가짜 돈을 만들기까지 하였다. 그에 더하여 부채의 탕감, 유규왕국(지금의 오키나와)을 통한 중국과 밀무역에까지 손을 뻗히고 있었다. 규슈에서 가장 크면서 강한 영주이지만, 하는 일들은 조직폭력단 그 자체였다. 그러나 이러한 밀무역 덕분에 다시마의 길은 중국까지 확장하는 결과를 가져왔다. 홋카이도에서 다시마 운반은 도야마번의 역할이었고, 중국과의 밀무역은 사츠마번이 담당하였다. 다시마가 유규(琉球)를 걸쳐 중국으로 운반된 것은 시바료다로(司馬遼太郎)의 장편소설 "객주와 유채꽃의 앞바다(菜の花の沖)"의 주인공 다카다야카헤에(高田屋嘉兵衛)가 북방항로를 개척한 19세기 초쯤이다. 유규(오키나와)와 중국 청나라 왕조의 교역에서 수출 대부분은 다시마로서 많은 때에는 화물 90% 이상의 다시마로 채워졌다고 한다. 중국은 약초로서 다시마 수요가 많았다. 다시마를 수출하고 중국에서 약이나 수입금지 품목을 들어오는 밀무역으로 사츠마번과 도야마번의 재정은 나날이 풍요롭게 되었다. 이러한 밀무역을 주도 한 사람이 주쇼히로사토(調所廣鄉)이다. 사극에서는 악인이지만, 사츠마번의 재정개혁과 농업개혁, 그리고 많은 "밀무역(나쁜 일)"을 통해 얻어드린 재화로 번을 재정립하는 주역이기도 하였다. 사츠마번은 이러한 방법으로 힘을 축적하여, 19세기 말 막부 말기의 전쟁을 걸쳐 메이지유신을 실현하는 주역이 되었다. 오이시(大石)는 다시마가 메이지유신을 성공할 수 있도록 한 근원일 가능성에 대해서 지적하고 있다. 다시마라는 해조가 일본 근대화의 요람인 메이지유신을 성공시키는 원동력의 일부를 담당하였을 것이라는 내용을 생각하면 조류를 연구하는 사람으로서 희열을 느끼게 한다.

현재 다시마 소비액으로 제1은 도야마시로 다른 지방자치단체를 압도한다(양으로는 3위, 1위는 모리오카시). 예전에 유수의 소비지였던 나하시(오키나와 도청소재지)는 지금 금액으로 24위, 양으로는 10위를 차지하고 있다(총무부 통계국 가계조사에 의함). 이것은 전쟁이후 오키나와 식문화가 크게 변하여, 일반 식탁에서 다시마를 이용한 요리가 사라졌기 때문이라고 한다. 다시마 소비량의 저하와 평행하여 장수 일본을 자랑하던 오키나와의 평균수명도 낮아져 현재는 4위로 다른 지방정부와 거의 차이를 찾을 수 없게 되었다. 이러한 사실은 다시마가 건강식품으로서 효능이 증명되는 것이기도 하다. 오래 살고 싶은 사람은 다시마를 열심히 먹는 습관을 가지라는 것이다. 원래 오키나와는 다시마 이외에 다른 많은 해조가 식용으로 널리 이용되었던 것 같다. 이러한 것과 때를 함께하여 다시마를 식용으로 이용할 기회가 감소하였을 것이다. 다시마가 가지는 식물섬유, 미네랄, 그리고 주요성분인 알긴산(alginic acid)과 푸코이단(fucoidan)의 효능은 여기저기에서 이야기되고 있기에 나중에 설명한다.

나. 미역

된장국 재료로서 거의 매일 만나는 미역(*Undaria pinnatifida,* L: *undare* 파도가 부딪치는, *pinnatifida* 날개와 같이 갈라졌다는 의미, 권두사진 5-6)도 다시마목(Laminaliales)에 속하는 해조로서 홋카이도 남부에서 규슈까지 광범위한 분포를 보인다. 지금은 대부분 양식이다. 다시마와 미역은 우리에게 가장 친근한 해조이다. 어떠한 "식물"인가? 조금 더 알려지는 것도 좋을 것이다. 제Ⅱ부에서 설명하지만 엄밀하게 말하면, 갈조를 식물이라고 하는 것은 옳은 것이 아니다. 물론 광합성을 한다는 의미에서 식물이지만 "식물"이 정의와 성립 경위가 복잡하다. 이러한 내용을 이해하기 위해서는 생물진화를 기반으로 하는 접근이 필요하다. 관심 있는 사람은 제Ⅱ부의 제12장과 제13장을 잠시 살펴보는 것도 좋을 것이다. 자세한 내용은 이들 장에 양보하고, 여기서는 다시마류와 미역의 생활사에 대하여 간단하게 설명하여 둔다.

우리 주변의 나무나 풀은 어느 것을 보더라도 모두 가지 끝부분에 잎이 달려있다. 성장기 봄에 특히 뚜렷하게 확인된다. 소나무는 봄에 새로운 가지를 20~30cm 키운다. 풀도 마찬가지이다. 끝부분의 잎일수록 젊고 작다. 몇일 계속하여 관찰하면 싹을 더욱 성장시켜 그 곳에 새로운 잎을 펴지는 변화를 확인할 수 있다. 즉 식물은 끝부분인 최선단부가 성장하고 있는 것이다. 이것은 성장을 위한 새로운 세포를 생산하는 분열조직인 성장점이 가지 끝부분에 있고, 그곳에서 세포를 분열시켜 성장하기 때문이다. 성장점은 윗부분으로 향시들어 올려 진다. 육상식물은 언제나 가지 끝부분이 가장 젊다. 이러한 원칙은 다시마나 미역에는 적용되지 않는다. 다시마나 미역을 채집하면, 이상한 점을 발견하게 된다. 상당히 젊고 작은 미역이나 다시마에서도 끝부분이 항상 너덜너덜하다는 것이다. 반대로 뿌리부근은 윤이 나고 싱싱하다. 일반적인 식물은 뿌리부분이 너덜너덜하여 죽은 가지가 많고 선단부로 갈수록 활기 있게 가지에 잎이 무성하다. 그러나 다시마와 미역은 반대로 끝부분이 너덜너덜하고 뿌리부근이 신선하다. 이것은 미역이나 다시마의 성장점이 뿌리부근에 있기 때문이다. 즉, 뿌리부근(기부)의 분열조직에서 만들어진 새로운 세포는 성장과 함께 점차 끝부분으로 보내진다. 그러한 결과 끝부분이 가장 오래된 것이 된다. 다시마와 미역 엽상체에 나무로 구멍을 뚫고 방치한다. 그리고 이 미역이나 다시마를 계속 관찰하면 그림 2-12와 같이 구멍이 점점 앞부분으로 이동한다. 즉 구멍이 아래쪽에 새로운 세포가 생겨서 계속 밀려올라가기 때문이다. 즉 치약을 짜는 것처럼 오래된 부분이 끝부분으로 이동하고, 뿌리부근(기부)은 새롭게 나오는 치약처럼 새로운 세포와 조직이 성장한다. 다시마와 미역의 성장은 육상식물에는 존재하지 않는 이른바 "치약형"이다.

봄에 슈퍼마켓 생선식품 판매장에 보면 종종 "미역귀"가 진열되어 있다. 한자로는 아주(芽株)가 아니고 화포무(和布蕪)로 쓴다. 입체적인 "주름"이 몇 장이고 중첩된 차색으로 일반인들은 한번 보고 무엇인지 잘 알지 못한다. 보통은 ○○산 미역의 아주(芽株) 등으로 표시되어 있기에 미역의 일부라는 것은 알 수 있다. 이 미역귀를 사는 사람은 틀림없는 어촌 출신일 것이다. 뜨거운 물에 살짝 데워서 잘게 썰어 두드려서 낫토(納豆)[29]와 같이 점액질을 내서 먹는다. 이 점액질 주성분은 알긴산으로 나중에 설명한다. 가는 실처럼 길게 뻗히는 것이 마치 낫토와 같다. 영양만점으로 동맥경화를 예방하기도 한다. 즉

29 우리나라 청국장과 비슷한 일본 전통의 발효식품으로 콩을 물에 불려 삶고는 일정 온도를 유지시켜 발효시킨 식품이다. 특유한 향을 가지며, 발효로 인하여 실 같은 균사(점액질)가 묻어날 정도로 점도가 높다. 이 점액질은 위를 보호하는 효과와 혈전이 생기는 것을 막고, 혈전을 용해시키는 능력이 있어 심혈관 질환에 도움이 되는 것으로 알려진다.

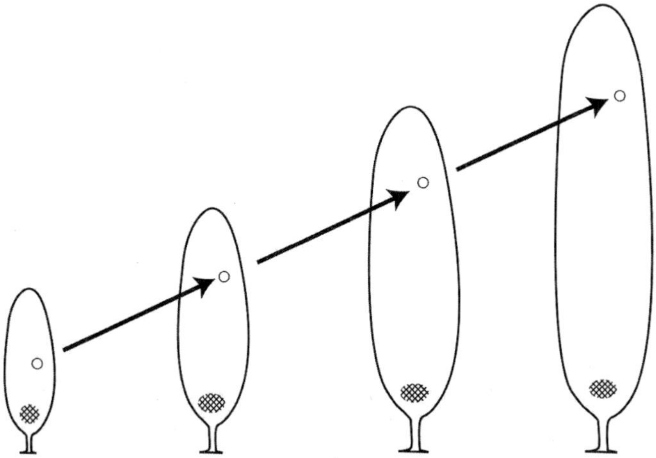

그림 2-12. 다시마류와 미역의 성장. 잎에 뚫린 구멍은 성장과 함께 끝부분으로 이동한다. 이것은 성장점 (빗금친 부분)이 잎(엽상체)에 붙은 뿌리에 있기 때문이다.

높은 염분을 포함한 먹이를 투여하여 인위적으로 동맥경화 시킨 토끼에게 미역귀 분말을 투여하면 혈전 등 동맥경화 발생이 현저하게 감소하는 것이 알려진다. 같이 진열된 생미역과 비교하면 모양이 이상하여 내용을 알지 못하면 구매하고 싶은 마음도 없게 된다.

실제로 "미역귀"에는 미역의 유주자가 농밀하게 모여 있는 부분으로 포자낭이라고 할 수 있다(그림 2-13). 성숙한 미역 눈 싹은 뿌리에 생긴다. 유주자(zoospore)는 감수분열 결과로서 만들어진 무성포자이다. 편모를 가져 유영하는 포자이기 때문에 유주자라고 부른다. 겨울에서 봄 대조 때 미역귀에서 유주자가 방출되어 바위 등에 부착하여 발아한다. 그러나 열 몇 개의 세포로 성장할 뿐이다. 현미경크기이지만 훌륭한 개체로서 하나(n)의 염색체를 가지는 배우체이다. 배양하지 않으면 배우체를 볼 기회가 없다. 이 미세한 배우체에서 알과 정자를 만드는 생란기(生卵器, oogonium)와 장정기(藏精器, antheridium)[30]가 만들어진다. 수정한 알이 발아하여 눈에 보이는 미역으로 성장한다. 즉 먹을 수 있는 미역 본체는 두개(2n)의 염색체를 가지는 포자체(胞子

30 조정기라는 용어로 사용하기도 한다.

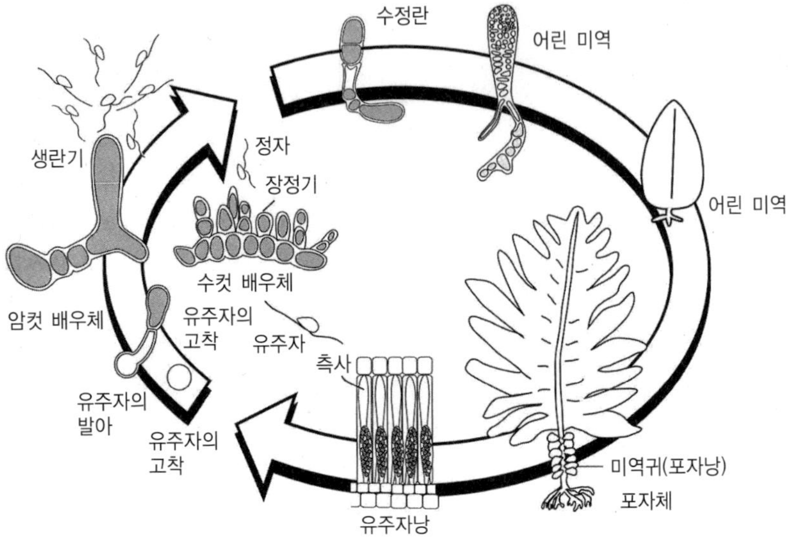

그림 2-13. 미역의 생활사(life cycle). 배우체는 현미경적 크기이다(千原, 1970을 기준으로 그림).

體, sporophyte: 감수분열로 포자를 만드는 세대로 제11장 참조)이다. 다시마도 미역과 같은 생활사를 가지며, 식용으로 하는 다시마는 포자체이다. 배우체는 현미경적 크기로 육안으로 볼 수 없다. 다음 항에서 설명하는 모자반류인 *Fucus distichus*나 모자반의 생활양식과는 크게 다르다. 그림 2-13과 그림 2-16을 비교하여 보기 바란다. 두개를 통합해서 이해하는 것이 좋다.

그런데 이 미역이 해외로 진출하였다. 최근 뉴질랜드에서 연안생태계를 파괴하는 침입자로서 미역이 악명을 떨치고 있다. 뉴질랜드 정부의 Bio-security에 관한 웹페이지에 pests and disease의 목록에 올라있다. 우리에게는 중요한 식품이지만, 지역이 변하면 꼭 그렇지도 않은 모양이다. 뉴질랜드에서 미역은 공포의 침입자이다. 우리는 식품으로 이용하기에 수확하여 먹으면 될 것이라는 무책임한 의견도 있겠지만, 이러한 외래종의 침입은 오랜 기간을 걸쳐 만들어낸 토속생태계 및 생물다양성을 아주 간단히 파괴시킨다. 우리 담수생태계에 방유된 초어, 블루길 및 황소개구리 등의 결과를 생각하면, 논쟁할 필요없이 이해가 될 것이다. 고가사하라군도(小笠原群島)에도 외래종 유입으로 섬

고유의 많은 생물이 멸종 위기를 맞이하는 것으로 알려진다. 일본 전체로는 2006년에 특정 외래생물규제법이 시행되었지만, 이미 늦은 감이 있다. 늑대거북(*Chelydra serpentina*)이나 이상한 모양의 대형도마뱀이 도심 연못이나 길가에서 발견된다. 이러한 점에서 뉴질랜드는 빠르게 경종을 울려, 시민에게 호소하면서 외래종에 대한 구제를 실시하고 있다. 우리보다 훨씬 건전하다고 할 수 있다.

다. 미역수확 초일 축제

미역을 한자로 쓰면 "약포(若布)"이지만, 고어에는 "화포(和布)" 또는 단순하게 "포(布)"로 표기하였다. 많은 노랫말로 사용되어 예로부터 우리 생활에 깊숙하게 스며들었다. "메가리신지(和布刈神事)[31]"라는 키타규슈시(北九州市)의 메가리(和布刈) 신사(神社)에 전해지는 의례가 있다. 미나모토노요시츠네(源義經)의 핫소도비(八艘飛び), 안토쿠(安德)천황의 투신 등 일본사의 유명한 일화를 동반하며, 헤이안(平家)시대를 마감하는 시나리오의 무대가 관몬해협(關門海峽)의 단노우라(壇ノ浦) 하야토모노세토(早鞆瀨戶)이다. 관몬해협은 키타규슈의 모지(門司)와 야마구치(山口)현 시모노세키(下關)를 나누는 약 15마일의 해협으로 가장 협소한 부분에 단노우라가 위치한다. 여기에서 관몬교를 통하여 고속도로와 신칸센이 혼슈(本州)와 규슈(九州)를 연결한다. 메가리축제는 미역을 수확하는 첫날 채취한 미역을 신전에 바치는 의식으로, 음력 선달 그믐날 밤 간조에 실시된다(그림 2-14). 양력으로는 대략 3월 초순에 해당한다(조석에 대해서는 제2장 뒷부분에서 설명한다). 4세기에 진구(神功)황후가 삼한정벌[32]의 개선을 축하하여, 미역을 신전에 받쳤다는 고사에서 시작되어 현재까지 전승된다.

---

31 메가리 신사의 의례로서 메가리축제로 번역하였다. 메가리는 미역을 수확한다는 의미이다.

32 일본이 4세기 후반에 한반도 남부지역에 진출하여 백제·신라·가야를 지배하고, 특히 가야에는 일본부(日本府)라는 기관을 두어 6세기 중엽까지 직접 지배하였다는 임나일본부설이지만 일본이 한반도 정복을 정당화하기 위한 설로서 역사적 사실에 근거한 내용은 아니다.

이 축제의 모습과 유래는 마쓰모토세이쵸(松本清張)의 소설 “시간의 습속(時間の習俗)”에 잘 표현되어 있다. 사회파 추리소설로 알려진 마쓰모토의 소설은 모두 읽었다고 생각되었지만, 예전의 일로서 주의부족도 있었기에 소설 속의 메가리신지에 대한 기억은 남아있지 않았다. 미역에 관한 지역행사를 조사하던 중 이 소설과 메가리축제의 관계에 대한 설명을 만날 수 있어 다시 한 번 읽게 되었다, 내용은 모 산업신문의 사장이 사가미호반(相模湖畔)에서 살인을 당한다. 관계자이지만 용의자라고 할 수 없는 택시회사의 전무는 살해 몇 시간이 지난 시점에 키타규슈의 메가리축제를 구경하면서 그 모습을 사진 촬영한다. 이 완벽한 알리바이를 해결하는 과정이 소설의 중심 요소이다. 이 추리소설의 최초 도입이 “메가리축제”로서 세이쵸는 “하야토모의 바닷가에서 미역이나 따올까나”라는 시구로 원고가 시작된다. 최초의 몇 쪽을 할애하여 메가리축제인 미역의례의 모습을 상세하게 묘사하고 있어, 다른 장르의 책으로 착각하게 된다. 그만큼 메가리축제에 몰입한다. “신사의례는 음력 섣달그믐에서 새해 초하루의 미명에 거쳐 실시된다. 오전 2시30분 정도가 최고 간조 시간임과 동시에 신사의례/메가리축제가 클라이막스에 도달 한다”라고 기

그림 2-14. 키타규슈시 메가리신사(和布刈神社)에 전해지는 미역의례. 신관이 심야의 간조에 바다에 들어가 미역을 베고 있는 모습 (사진제공; 키타규슈시 경제문화국 관광과).

록되어 있다. 메가리축제에 대한 내용을 인용하여 소개한다. "경내에 크게 불을 놓고 신사음악을 연주하는 속으로 3명의 신관이 횃불, 낫, 나무통을 가지고 바다로 연결된 긴 석단을 내려간다. 물가에서 축사를 낭독하고, 파도소리의 바위를 찾아 미역을 베어들고는 물이 떨어지는 그대로의 미역을 축사 및 신사음악의 연주 속에 정중하게 신전에 받친다. 이 시간이 간조이기에 조류의 격렬한 흐름으로 해저가 노출되어 신관은 쉽게 미역을 채취할 수 있다. 이 신은 조류의 간만을 담당한다고 하여, 항해의 수호신으로 예로부터 숭배된다. 먼 옛날에 신구황후가 정한 항로를 지켜준 신으로 전해진다."

메가리신사의 축제신인 히코히노나지스츠미미코토(彦火火出見尊, 야마사치히코(山幸彦)를 말한다)와 도요타마 공주(豊玉姬)에 얽힌 "고서기"와 "일본서기"의 신화를 대상으로 한 "메가리"라고 하는 노(能)[33]도 있다. 공주는 상어의 화신으로 실제는 용궁의 공주였다. 육지와 바다의 교류를 원만하게 하기 위하여 사람의 모습으로 변하여 야마사치히코(山幸彦)의 아내가 되었다. 그런데 출산할 때 절대로 엿보면 안 된다는 약속을 어긴 남편 히코히노나지스츠미미코토는 상어의 모습으로 돌아온 도요타마 공주의 실체를 보게 된다. 진짜 모습을 들켜버린 공주는 이것을 한탄하며 용궁으로 되돌아가 버렸다. 이후 바다와 육지의 관계는 차단되었고, 메가리축제는 이러한 육지와 바다의 차단된 관계를 회복시키는 의식이라는 것이다.

메가리축제는 단노우라를 끼고 있는 시모노세키시의 나가토(長門)의 수미요시(宮住吉神社)신사와 이즈모(出雲)의 히노미사키(日御碕)신사에서도 실시된다. 수미요시신사에서는 메가리축제라고 하여 음력 신년 초하루 미명에 실시된다. 즉 하야도모세토를 끼고 있는 해안의 두 곳에서 동시에 두개의 메가리축제가 실시되는 있는 것이다. 수미요시신사는 해안에서 4~5km의 떨어진 내륙부에 위치하기에, 축제를 할 때에는 해안까지 횃불행렬이 이어진다. 이 행렬을 직접 보는 것은 금기로 여겨 길가의 민가는 소등하여 몸을 숨긴다. 히

33 노는 예능, 재능, 능력에서 말하는 능(能)의 의미를 포함하는 것으로, 일본에서 가장 오래된 전통예능으로 약 7세기에 걸쳐 고도로 양식화 된 무대예술이면서 일종의 가면극이다. 그러나 대중성 및 오락성이 부족하여 지금은 관계하는 사람들만이 아는 고전적인 것으로 인식되고 있다.

노미사키신사의 메가리축제는 음력 1월 15일에 실시된다. 이것은 주간에 이루어진다. 신관이 풍어기를 세운 어선에 타고 말사인 구미노곤겐(熊野權現)에 미역을 받치고 풍작과 풍어를 기원한다. 이 의례이후 이즈모에는 미역어업이 해금된다.

해조를 수확하는 의례는 미에현 이세시의 후타미교다마(二見興玉)신사에도 전해진다. 이 신사에서는 미역이 아니라 "무쿠시오쿠사(無垢鹽草)"가 사용된다. 이 염초는 사진으로 보면 해조가 아니라 거머리말 그룹인 해초이다. 돌고래와 고래가 바다로 돌아온 포유류인 것과 같이 거머리말은 나무나 풀처럼 바다로 돌아온 속씨식물로서 꽃을 피운다. 해초라고 하여 해조와는 구별된다. 모래저질에 잘피밭(eelgrass bed)이라는 군락을 형성하여 해조가 만드는 조장과 함께 해양동물의 서식 및 번식장으로 중요한 역할을 한다. 물론 환경성에서 실시하는 전국 해조장 분포조사의 대상이다.

라. *Fucus distichus*와 모자반류

보통 식재료로 사용되는 톳(*Hizikia fusiforme*, 권두사진 5-12, 13)은 한자로 녹미채(鹿尾菜)로 쓰지만, 한자를 떠올릴 수 있는 사람은 거의 없다. 이것은 갈조를 대표하는 또 하나의 그룹인 모자반목(Fucales) 모자반과(Sargassaceae) 그룹에 속한다. 이 그룹에 속하는 *Fucus*속(Gk: *phykos*, *phukus*, 해조)은 북쪽바다의 대표적인 해조로 유럽 연안해역은 *Fucus* 그룹이 장악한다고 할 수 있다(권두사진 5-14, 15). 모자반(*Sargassum*)은 마미조(馬尾藻) 또는 신마조(神馬藻)라고 한다. 이름과 같이 잘 보면 말 꼬리처럼 보이기도 한다. 많게는 수 m에 달하는 대형 해조로 겨우 수 mm의 가느다란 싹으로 많은 수의 잎이 붙어있다. 조류에서 고도로 분화된 체제를 가진 해조로 육지의 유관속 식물에 필적한다. 잎의 일부는 공기를 포함하는 기포라는 봉지로 분화되고, 이 기포의 부력으로 가느다란 몸을 해수 속에서 직립시킨다(그림 2-15 및 권두사진 5-4). 5m 정도의 가느다란 갈색 해조가 바다 속에 똑바로 서있는 모습은 육상의 숲과는 다른 별다른 세계이다. 50종 이상의 갈조가 알려지는 일본에서 모자반류는 커다란 그룹을 형성한다.

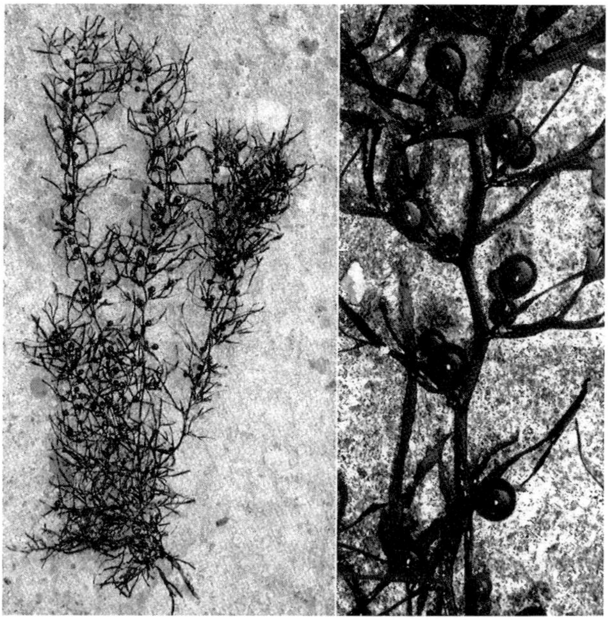

그림 2-15. 모자반류의 체제. 외견으로는 헛뿌리, 새싹, 잎이 분화된 복잡한 구조를 보인다. 새싹은 가늘고, 몸은 기포(부유봉지)에 의해 부력으로 유지된다.

모자반류도 일본사에 친근하게 등장하는 해조이다. 해조의 아름다운 명칭인 옥(구슬) 조의 옥은 원래 모자반류의 기포봉지를 나타낸다. "만엽집"에서도 모자반류를 대상으로 한 노래가 많다. 사례로서 몇 개 소개하면,

> "썰물이 되면 모자반을 따 놓자 집에 있는 아내가 항구 선물 바라면 뭐라도 줘야겠지" (3권)
>
> "파도치는 먼 바다에 흔들리며 휘어져 있는 나노리소의 꽃처럼, 아내와 내가 여기에 있는 것을 누구에게도 알리고 싶지 않다" (7권)
>
> "히키츠의 해안에 나노리소의 꽃이 피고, 그 꽃을 볼 수 있을 때까지는 당신을 만나러 갈렵니다. 아름다운 그대여! (7권)

나노리소는 한자로 "막고조(莫告藻)" 또는 "명고조(名告藻)"이다. 모자반류인 괭생이모자반(*Sargassum horneri*)의 이름이 일본어 의미로는 "이름에 실려

흐르는"이라는 의미를 가지기에, 이러한 의미에서 보면 "막고조(莫告藻)" 쪽이 적합할 것이다. 나노리소노하나(なのりその花)는 괭생이모자반의 생식기 모양을 나타내는 것으로 모자반류에 붙어 있는 작은 볼모양 생식기를 꽃으로 비유한 것으로 전해진다. 지금 비교하면 해조가 그만큼 친근했다는 것이지만, 만엽인의 감성과 날카로운 관찰력에는 놀라움을 금하지 못한다.

"해조소금(藻鹽)신지(神事)/의례"가 일본 도처의 신사에서 전해지는 것으로 알 수 있듯이 예전에는 모자반류가 소금을 제조하는데 이용되었다. "만엽집"에는 다음과 같은 시(노래)가 있다.

> "시가의 해녀는 해조를 캐기도 하고, 소금을 굽기도 하여, 쉴 틈이 없는데, 머리빗이나 거울을 넣은 빗접에서 빗을 들고 볼 여가도 없도다" (3권)
>
> "나키수미노 배 정박지에서 보면, 아와지섬의 마츠호자키 포구에서 아침뜸에 모자반을 채취하고, 저녁뜸에 소금 굽는 해변의 아가씨……" (6권)

그런데 해조소금에 대한 문헌에 남아있지 않기에 제조방법 등은 잘 알지 못한다. 해조소금을 굽는 의식이 전해지는 미야기현의 시오가마(鹽竈)신사의 분사인 오가마(御釜)신사에서는 대나무로 만든 "발판"을 소금을 조리는 가마 위에 펼쳐놓고, 그 위에 채취한 모자반을 20cm정도 쌓아서, 여기에 함수(鹹水, 농축한 해수)를 뿌린다. 그 다음 가마에 풀과 톱밥에 불을 붙여 가열한다. 이 시점에서 "발판"과 모자반이 제거되어 의식은 종료된다. 더욱 가열하여 소금을 만든다. 조염소(藻鹽燒), 즉 해조를 태우는 것으로 전해지고 있지만, 이 신사에서는 제염과정에 해조를 태우는 작업이 포함되어 있지 않다. 실제 오가마신사의 제염방법은 예부로터 전해졌던 것이 아니라, 근래 들어 언제부터인가 지금의 방법으로 변하였다고 한다. 그러면 해조소금을 태우는 것은 정말이었을까? 실재로는 알려지지 않는다. 그러나 출토된 가마에서 제염에 모자반이 사용한 것으로 태운 흔적이 발견된다. 즉 제염작업에 모자반을 태우는 작업이 포함된 것이 시사하는 내용이다. 이 수수께끼의 해조소금 제조에 도전한 사람들이 있다. 국토교통성의 관광 카리스마 100선 페이지에 세도내해의 고대 소금만들기가 재현되었다 "해조소금의 카리스마"로 해조소금 모임의 대표인 마츠우라센슈(松浦宣秀)씨가 소개되었다. 고분시대의 제염토기가 발견된 것을 기회로 고대 제염법 연구를 시작하여, 10여년의 세월을 투자하여 해조소금의 제염방법을 확립하였다. 1999년 일본경제신문 기사에 의하면 그의 제염방법은 ① 해수를 뿌린 모자반류를 건조시켜 해수가 들어있는 가마에 담금질 작업을 반복하여 함수를 만든다. ② 사용한 해조를 태워, 그 재를 농축액에 혼합시켜 여과하고는 일주야를 방치한다. ③ 상등액을 토기에서 조려 소금을 만든다. 라는 것이다. 완성된 소금은 미네랄과 요도가 풍부하여 마츠우라씨에 의하면 "해조의 재로서 냄새가 사라진 다시마와 같이「감칠맛」있는 소금이 되었다고 한다." 해조는 육상식물의 각피층과 같이 증발을 방지하는 구조가 없다. 건조가 빠르고 양지에 두면 금방 파삭파삭하게 마른다. 이 성질을 잘 사용하여 해수 농축에 응용한다는 것이다. 현재 해조소금은 마을을 살리는 사업으로 발전하여 성공을 거두었다. 고고학회도 인정하는 성과이다.

모자반의 생활사는 앞에서 설명한 다시마나 미역의 생활사와 크게 다른 점은 배우체가 존재하지 않는 것이다(그림 2-16). 이러한 생활사를 가지는 것은

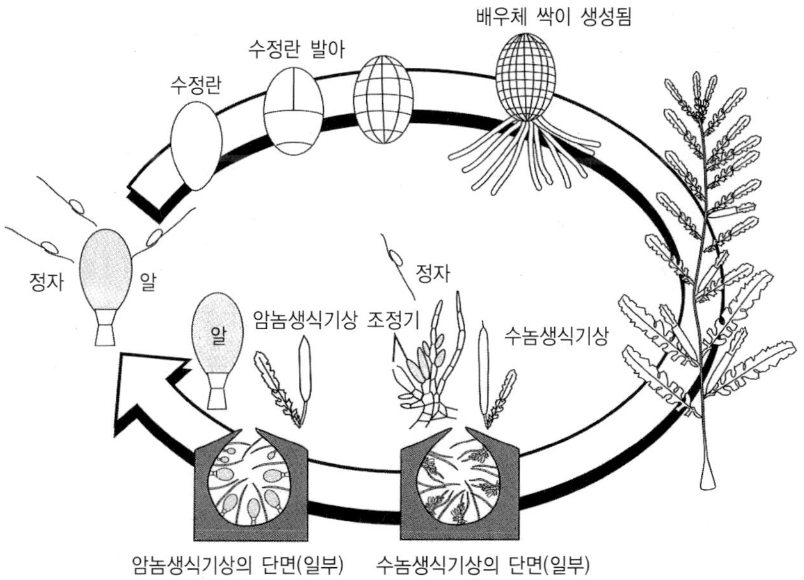

그림 2-16. 모자반류의 생활사. 핵상 n 개체가 존재하지 않은 것이 특징. 2n의 조체에서 감수분열을 걸쳐 직접 난과 정자를 만든다. 조체는 보통으로 말하면 포자체이나 포자를 만들지 않고 배우자를 만들기에 배우자이다 (千原, 1970을 기본으로 그림).

조류에서 매우 이례적이다. 배우체가 없는 생활사는 어떠한 것일까? 내용은 간단하다. 우리 자신이 이러한 사례라고 할 수 있다. 즉 염색체를 두 세트 가지는 어미가 감수분열 결과로 한 세트의 염색체를 가진 배우자를 만든다는 것이다. *Fucus distichus*나 모자반은 배우체를 만들지 않고, 바로 배우자를 만드는 것이다. 우리 인간이 남성에서 정자를 여성에서 난자를 만드는 것과 같다. 생활사에 대해서는 제Ⅱ부 제11장에서 상세하게 설명한다. 여기서는 다시마, 미역과 모자반류는 같은 갈조류이지만, 살아가는 방법이 서로 다르다는 것을 이해해 주었으면 한다.

마. 바다 숲과 초원

다시마류와 모자반류(그림 2-16)는 모두 연안해역에 육상의 삼림과 같은 바다숲을 구성하는 주역이다. 육상에는 아한대의 침엽수림, 온대의 낙엽수림, 열대와 아열대의 상록광엽수림 등 남북으로 분포와 경관이 다르다. 이와 같이 바다숲도 남북에서 다른 모습을 보인다. 북쪽 홋카이도 바다는 다시마류 숲이 펼쳐진다. 혼슈 북쪽인 북관동에서 규슈에 걸쳐서는 다시마과 감태(*Ecklonia cava,* 사람 Ecklon를 기념하여)와 대황(*Eisenia bicyclis,* 사람 Eisen을 기념하여)으로 구성된 감태 및 대황의 해중림[34]에 모자반과 모자반류(모자반의 방언을 사용하여 일본에서는 가라모장 이라고도 부른다)를 중심으로 하는 갈조의 바다숲이 분포한다. 모두 어패류 서식과 번식, 자치어의 성육장으로 없어서는 안 되는 중요한 장소이다.

세계 최대의 바다숲은 북미와 남미 서해안을 따라 펼쳐진 다시마 그룹인 *Macrocystis pyrifera*(Gk: *macro* 크다, *kystis* 자루모양)에 의해 형성되는 숲이다. 이와 같이 해조가 무성하게 자라고 있는 장소를 해조장, 해중림이라 부른다(정확히는 바다로 돌아온 겉씨식물 해초인 잘피류가 무성한 잘피장까지도 포함하는 용어이다). 해중림은 어개류의 서식과 번식의 장소임과 동시에 해수중의 영양분을 흡수하여 해수 수질를 정화하는 기능까지 가지는 연안생태계의 기반이다. 바다 속에 이와 같은 삼림인 바다숲이 사리지면, 연안생태계는

---

34 우리나라 중앙행정 부서에서는 바다 숲이라는 용어로 정책을 수행하고 있다.

괴멸하게 된다는 것을 더욱 널리 알릴 필요성이 있다. 생산자로서 바다숲의 역할은 아직도 과소평가 되어있다. 연안해역의 갈조 바다숲에서 방출되는 유기물은 난분해성 유기물로 멀리 외해까지 운반되어 많은 양이 생물펌프(제6장을 참조)에 의해 해저로 수송되는 것이 알려지며, 최근에 이러한 과정에 대해 많은 연구가 진행되고 있다. 지구의 이산화탄소 수지에 있어서 바다숲의 역할을 정확하게 파악할 수 있다면, 육상의 삼림과 같이 바다숲을 중요하게 여기는 마음가짐도 널리 확산될 것임에 틀림이 없다.

파도에 의해 해저의 고정기반에서 떨어져 나온 모자반류는 기포의 부력으로 해수면을 부유하면서도 성장을 지속할 수 있다. 이러한 모자반류가 해면에 "유조(流藻, drifting seaweeds)[35]"라는 집단을 형성하여, 외양에서 중요한 어개류의 서식장소를 제공한다. 일본에서도 동해/일본해의 유조는 해조장으로서 중요하다. 그러나 세계적으로는 일반적인 내용과는 비교할 수 없는 탁월한 유

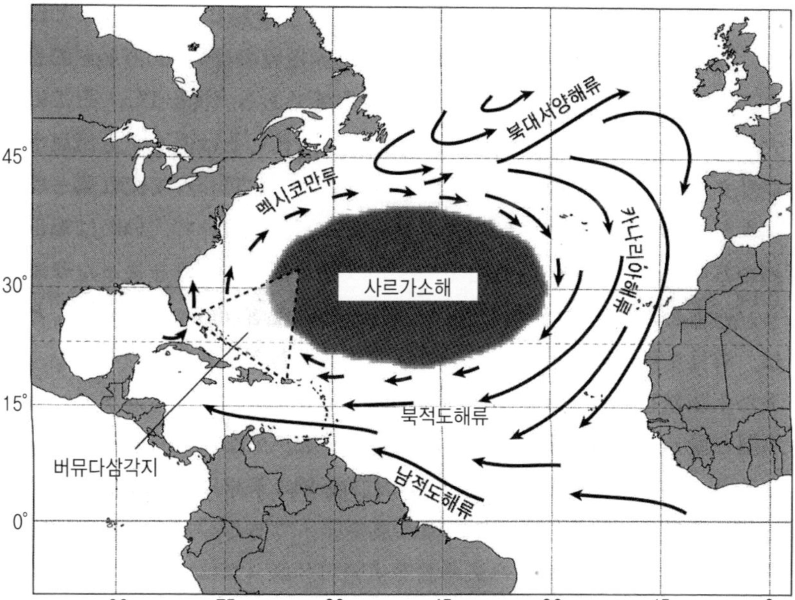

그림 2-17. 사르가소해(Sargasso Sea)의 위치와 규모.

35 부유해조, 떠다니는 해조 등으로 쓰이기도 한다.

조 집단이 모이는 해역이 있다. 신대륙을 목표로 항해하였던 콜럼버스에 의해 발견된 해역으로, 북대서양의 북위 20~30도, 서경 30~70도에 위치하는 광활한 해역이 바로 그곳이다. 이 해역은 사르가소해(Sargasso Sea)[36]로 우리말로 번역하면 조해(藻海 또는 대조해)라고 할 수 있다. 해역을 나타내는 사르가소(Sargasso)는 모자반류의 속명 *Sargassum*으로 포루투칼어 sargassum을 기념하는 이름이다. 어원인 sargacos는 포도를 의미한다. 모자반 기포의 모임이 포도 알과 비슷한 것에서 유래하였다. 사르가소해는 멕시코만류와 북적도해류 사이 500만km^{2}의 흐름의 약한 타원형의 정체된 광활한 해역이다(그림 2-17).

이곳에는 막대한 양의 모자반류가 해수면에 떠있다. 원래는 서인도제도나 플로리다해안에 서식했던 모자반류가 파도에 의해 암반에서 떨어져, 부유하면서 유조가 되어 멕시코만류에 의해 사르가소해로 수송된 것으로, 이른바 갈색의 바다초원을 형성한다. 뿌리를 붙이는 암반을 잃어버린 사르가소해의 모자반류(대부분 *Sargassum natans*와 *S. fluitans*)는 유성생식 능력을 잃게 되지만, 조체에서 잘려나가는 것으로 증식하여 막대한 생물량을 유지한다. 해류로 둘러싸여 정체된 사르가소해는 다른 해역에 비해 수온과 염분이 높고, 영양염류가 낮다. 때문에 "바다사막"이라는 또 다른 이름을 가진다. 그러나 실제로는 바다초원에 적응, 진화한 소형 어개류로 넘쳐나는 지구규모의 유조 생태계이다. 이것에 덧붙여 미스터리 해역으로 유명한 버뮤다삼각지(Bermuda triangle, 플로리다. 퓨에르토리코, 버뮤다 섬을 연결하는 해역)는 사르가소해의 남서쪽에 위치한다(그림 2-17). 콜럼버스가 바다초원을 처음 발견하였을 때에는 배가 해조에 걸려 항해하지 못할 것을 두려워하였다고 하지만, 그 정도의 생물밀도는 아니다. 배나 비행기 실종에 대한 많은 미스터리도 모자반과는 아무런 관계가 없다.

바. 해조의 힘: 알긴산과 후코이단

갈조류는 식품 이외에도 다양한 곳에 이용된다는 것을 이해해주었으면 한

36 조해(藻海) 또는 말의 바다로 불리기도 한다. 여기서 말은 조(藻)를 나타내는 우리말이다

다. 많은 갈조류의 엽상체에 미끈미끈한 점액질이 분비되는 것을 볼 수 있다. 이 미끈미끈한 성분 중의 하나가 알긴산(alginic acid, 이름은 해조의 영어 alga에서 유래)으로 만누로산(mannuronic acid)과 글루쿠론산(glucuronic acid)이라는 두 종류의 우론산(uronic acid, 단당의 산화에 의한 유도체의 하나)으로 만들어진 산성 다당이며(그림 2-18), 다시마류의 건조 중량에서 30~60%에 해당하는 함류량을 포함한다. 이 다당은 놀라울 정도로 다양한 곳에 이용된다. 사례를 보면, 의약품, 화장품 등의 점성재. 겔화, 안정제, 보습제 이외에도 땀을 흡수하는 파우다의 기본재료, 치과 인상제, 수술 후 봉합사, 창상피복제, 위벽 보호 의약품, 필름형성제, 종이 사이징(sizing, 종이에 콜로이드 물질을 첨가하여 잉크가 번지지 않게 하는 것) 공정, 식품에서는 음료 안정제, 쵸코우유 현탁제, 아이스크림 부형제, 인공이쿠라(ikra) 피막 등 결국 소파의 연결에까지 우리 주변의 많은 곳에 이용되고 있다. 물론 식물섬유로서 알긴산은 건강식품으로도 이용된다. 또한 알긴산은 장내에서 거의 분해되지 않기에 양질의 정장제이다. 알긴산나트륨은 장내에서 음식중의 콜레스테롤을 싸서 체외로 방출하기에 혈액 속 콜레스테롤을 낮추는 역할도 한다. 고혈압 방지와 일부 암 예방 작용도 있다. 더욱이 카드뮴이나 방사성 스트론듐에 오염된 체내에서 이들 금속을 제거하는 작용도 한다. 이것은 알긴산이 나트륨이나 칼륨을 떼어내고 이들 금속과 결합하는 성질을 가지기 때문이다.

후코이단(fucoidan)도 갈조의 미끈미끈한 성분에 포함된 황산다당이다. 이 이름 역시 갈조 *Fucus* 속의 이름에 유래하였다. *Fucus*는 그리스어에 해조를 의미하는 *phycos* (*phukus*)에서 유래하기에 알긴산도 후코이단도 해조를 의미한다. 주된 구성성분은 후코스(fucose), 갈락토스(galactose), 만노스(mannose), 글루클론산(glucuronic acid), 자일로스(xylose) 및 황산이다. 갈조 종류에 따라 이들 성분이 다양한 비율로 포함된다. 분비세포에서 만들어진 점액관에서 세포표면으로 분비되어 공기 중에 노출된 몸을 건조로부터 보호하는 역할을 하는 것 같다. 후코이단은 알러지 및 암 치료약으로 기대되는 인터류킨(interleukin)과 인터페론(interferon)의 산출을 높이는 효과가 있다. 항 혈액응고제로서도 사용된다. 이와 같이 갈조류는 해조의 힘(algal power)의 주역으로 앞으로도 다양한 분야에서 응용 가능하다. 이렇게 다양한 점에서 갈조류는

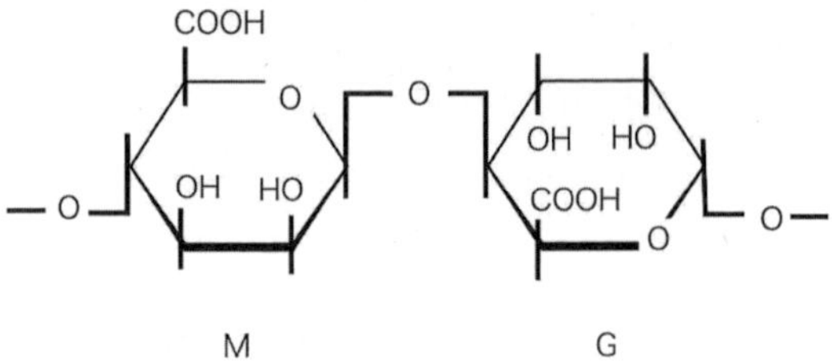

그림 2-18. 알긴상 분자의 일부. M: 만누로산 기질, G: 글루클론산 기질. MGG, MMG 등과 같은 반복구조가 주체로 불균일한 분자집단을 만든다. K, Na, Ca 등과 염을 만들어 존재한다(西澤, 1989를 기본으로 그림).

해조의 주역이다.

소형 갈조류로 조금 눈을 돌려보자. 간조 때 갯가에 가면 많은 소형의 갈조를 비교적 쉽게 관찰할 수 있다. 특히 눈에 띄는 것은 조수웅덩이에 서식하는 부챗말(*Padina*, Gk: *padinos* =flat, 권두사진 5-17)이다. 부채모양을 한 5, 6매의 잎이 덩어리가 되어 바다 속이나 조수웅덩이에 서식하는 모습은 흥미롭다. 차상분기한 몸을 가지는 참그물바탕말속(*Dictyota*, Gk: *Dictyotos* 그물모양)의 다양한 종류도 관찰하고 있으면 즐겁다(권두사진 5-18). 파도에 밀려온 해조에서 채집된 갈조에는 수수한 종이 많이 포함된다. 산말속(*Desmarestia*)의 *D. japonica*이나 쇠꼬리산말(*D. viridis,* 권두사진 5-24)의 수수한 갈조는 아름답다. 홍조나 녹조가 화려하다면 갈조는 수수하여 전문가가 좋아하는 해조이다.

5. 해조의 지리분포

지금까지 취급했던 해조들이 일본열도에 어떻게 분포하는가에 대한 개략적인 내용을 정리하여 둔다. 즉 해조입장에서 보았을 때 일본열도를 어떻게 구분할 수 있을까? 하는 것이다. 일본은 남북으로 3,000km나 되는 매우 긴 해안선을 가지기에 한대에서 아열대까지의 기후대는 물론 난류인 구로시오해류와 한류인 오야시오해류가 흐르는 풍요로운 해안선을 가진다. 그렇지만 지금은 세계 유수의 해조상을 자랑하던 해안선이 개발 등으로 절반은 사라지고,

절반의 자연해안만 남아있을 뿐이다. 그만큼 해조상도 각처에서 위기의 절박함을 호소하고 있지만, 아직 포기하거나 버려진 것은 아니다. 아직도 북에서 남으로 변화가 풍부한 해조의 세계가 펼쳐지고 있다.

바다식생은 육지와 다르다. 고도에 따른 변화는 무시하더라도 육지식생은 위도에 따라 결정된다. 북반구에서는 열대우림에서 북극의 툰드라까지 서로 특색을 달리하는 식생이 분포하지만 바이오매스(생물량)는 북으로 갈수록 점차로 감소한다. 그러나 바이오매스에 대해서 바다는 육지와 반대현상을 보인다. 즉 북에서 남쪽으로 갈수록 바이오매스가 감소한다. 홋카이도에는 다시마가 무성하게 서식한다. 앞에서 설명한 것처럼 이 다시마가 일본사에도 영향을

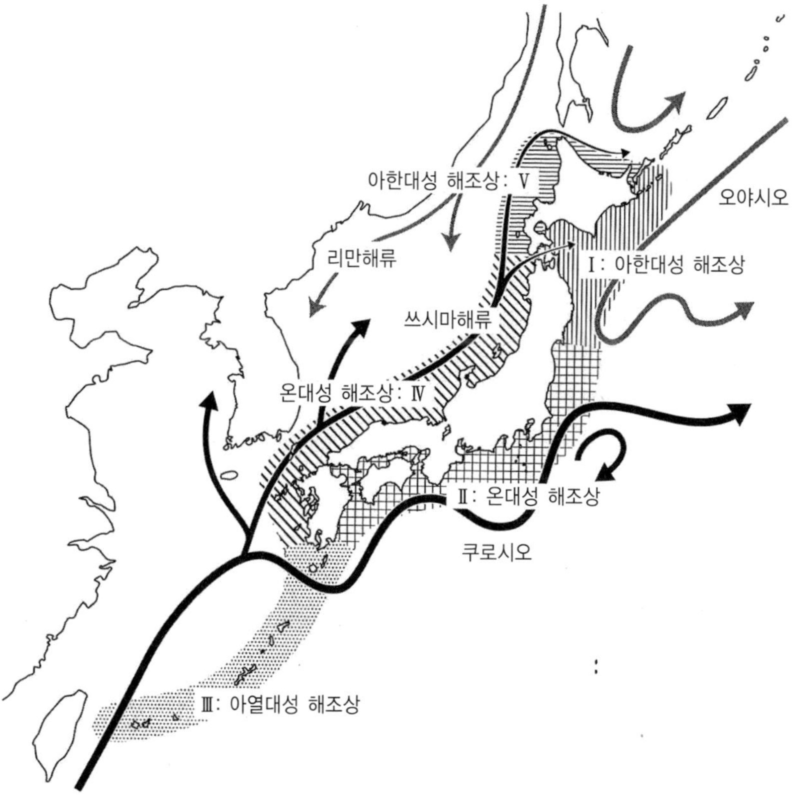

그림 2-19. 해조에 의한 식물지리. 일본연안에 영향을 미치는 해류에 의해 다른 해조상을 만들고 있다.

주어, 메이지유신을 발생시킬 정도의 수확이 있었다. 한편 남쪽의 산호초해역은 세심하게 관찰하면 녹조, 갈조, 홍조의 다양한 종류가 발견되지만, 경관으로 해조가 무성한 풍경은 이례적이다. 산호초해역에서는 마음먹고 해조는 찾지 않으면, 쉽게 해조를 발견할 수 없을 정도로 낮은 생물량을 보인다. 혼슈 연안은 홋카이도와 오키나와 중간을 채우는 조류식생이 펼쳐진다. 예로부터 이러한 차이를 정리하고자 하는 시도가 있었다. 일본에서 처음으로 해조연구를 시작하였던 오카무라 킨타로(岡村金太郎)는 서식하는 해조 특징으로 일본을 5개 구역으로 구분되는 식물지리를 정리하였다(그림 2-19).

제1구: 홋카이도 무로란(室蘭)에서 미야기 긴카산(金華山), 제2구: 긴카산에서 규슈 미야자키현 휴가오시마(日向大島), 제3구: 휴가오시마에서 가고시마현 노마미사키(野間岬) 및 노마미사키에서 오키나와현 난세이쇼토(南西諸島), 제4구: 노마미사키에서 쓰가루해협(津輕海峽)에 이르는 동해/일본해 연안, 제5구: 쓰가루해협에서 홋카이도 동해/일본해 및 오호츠크해 연안인 네무로노삿푸사키(根室納抄岬)에 이루는 해역이다. 해조분포와 해조상의 차이는 개략적으로 해류와 대응한다. 간단히 말하면 제1구는 한류인 오야시오해류의 영향을 받는 연안해역, 제2구는 난류인 구로시오해류의 영향을 받는 온대의 태평양 연안해역, 제3구역은 아열대의 구로시오 해역, 제4구역은 구로시오 지류인 쓰시마해류의 영향을 받는 동해/일본해의 연안해역 그리고 제5구역은 난류의 영향을 받는 홋카이도의 서쪽 및 오호츠크해 연안해역이다. 해조류의 세계는 바다 표층을 흐르는 해류와 수온에 대응하여 진화하였고, 형성되어 왔던 것이다.

개략적으로 북쪽은 한류역의 갈조가 만드는 해중림의 세계, 남쪽은 난류역에서 녹조가 만드는 초원의 세계, 그리고 혼슈는 이 두 해역의 중간적인 해조상을 보이는 것으로 생각할 수 있다. 혼슈 태평양 연안은 온대해역의 해조에 더하여 오야시오의 영향이 남아있는 치바현 조시(銚子)를 경계로 북에는 한류계의 해조가 남에는 난류계의 해조가 다양한 해조상을 만든다. 동해/일본해 연안은 쓰시마해류의 영향으로 난류계의 해조가 북쪽까지 남아있는 것 이외에는 일부 특산종 출현으로 특징 지워진다.

6. 조간대의 조류학

가. 조석

해조의 생활과 분포를 파악할 때 조석작용에 의해 만들어진 조간대(tidal zone)라는 서식환경이 특별한 의미를 가진다. 조석은 태양과 달의 인력으로 만들어 진다. 지구는 공전면에 대해 23.4° 기우러져 자전하면서 1년을 걸려 태양주위를 한 바퀴 도는 공전을 한다. 한편 지구의 위성인 달은 지구 주위를 27.3일 걸려서 공전하며, 달의 공전면은 지구 공전면에 대해 평균 5.2° 정도 어긋나 있다(그림 2-20). 지구를 중심으로 생각하면 그림 2-20과 같이 지구의 공전면은 태양이 관통하는 길인 황도, 달의 공전면은 백도로서 천구위에 큰 원을 그린다. 지구는 일 년을 걸려 공전하기에 하늘의 적도와 황도는 연 2회, 춘분점과 추분점에 교차한다. 한편 달은 약 한 달에 한번 천구 상을 돌기에 백도는 월 2회 황도를 횡단한다. 달이 황도를 남에서 북으로 가로지르는 점인 승교점(ascending node)과 북에서 남으로 가로지르는 점인 강교점(descending node)은 일정하지 않고 천천히 서쪽으로 이동하여 대략 18년 주기로 황도를 일주한다. 이러한 태양과 달, 그리고 지구의 3개 천체의 위치관계가 풍부

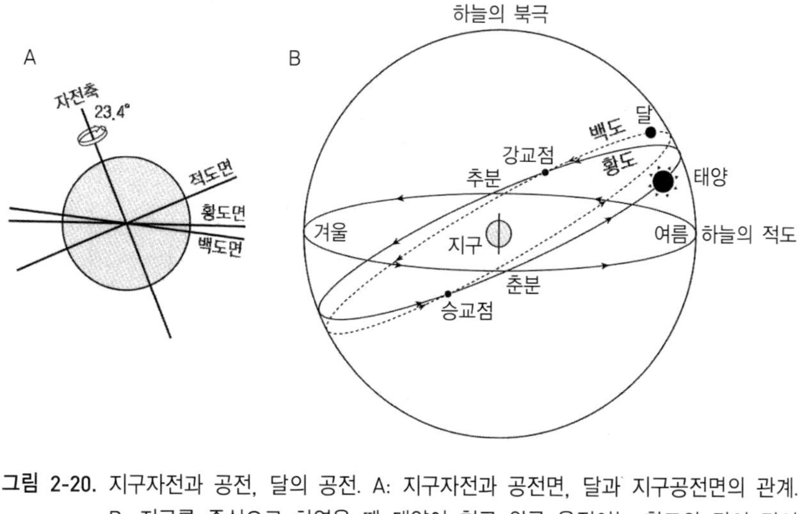

그림 2-20. 지구자전과 공전, 달의 공전. A: 지구자전과 공전면, 달과 지구공전면의 관계. B: 지구를 중심으로 하였을 때 태양이 천구 위를 움직이는 황도와 같이 달이 움직이는 백도의 관계.

한 변화를 보이는 조석을 만들고 있다. 태양에 의해 만들어지는 조석을 태양조(solar tide), 달에 의해 만들어지는 조석을 태음조(lunar tide)라고 하며, 이 두개의 합이 실제 조석이다. 달을 예로 들어 조석의 메카니즘을 생각하여 보자(그림 2-20). 뉴톤이 제창한 평형조석론(equilibrium theory of tide)은 지금도 조석과학의 기본이다.

당연한 일이지만 지구와 달은 공통의 중심(重心) 주위를 공전한다. 공통중심은 지구중심에서 약 4,600km 떨어진 곳에 위치한다. 지구반경이 6,400km 이기에 공통중심은 지구내부에 존재하게 된다. 지구는 자전과 함께 이 공통중심 주위를 원운동으로 요동치고 있다(그림 2-21). 이러한 공전에 의하여 지구위 모든 물체에는 같은 크기의 원심력이 작용한다. 한편으로 모든 지표의 물체에는 만유인력에 의해 지구뿐만 아니라 달의 인력에도 영향을 받는다. 인력의 크기는 거리 제곱에 반비례하기 때문에 지구의 위치에 따라 크기가 다르다. 또 인력은 달의 중심을 향하고 있기 때문에 힘의 방향도 각각 미묘하게 조금씩 다르다. 달에 의한 인력과 공전에 의한 원심력을 합한 벡터가 조석력(기조력)이 된다. 결과 해면은 지구와 달을 연결하는 직선상에 있을 때 상승하고, 직각 방향에 있을 때 하강한다.

물론 달처럼 태양에 의해 발생하는 원심력과 인력이 있기에, 여기서도 조석력이 발생한다. 태양은 거대한 질량으로 멀리 떨어져 있어도, 인력은 달의 200배나 된다. 그러나 너무 멀리 떨어져 있기 때문에 태양에 의한 조석력은 달의 절반 정도에 지나지 않는다. 이것은 인력이 거리 제곱에 반비례하는 것에 대하여 조석력은 거리 3승에 반비례하여 발생하기 때문이다. 앞에서 설명한 것처럼 지구가 태양을 도는 공전면과 달이 지구를 도는 공전면은 평균 5.2° 어긋나 있기에 3개의 천체는 동일 평면위에 존재하지 않는다(그림 2-20, 언제나 동일 평면 위에 존재하면 신월마다 일식이 만월마다 월식이 발생하게 된다). 이러한 내용이 조석이라는 현상을 더욱 복잡하게 하지만, 이것을 잠시 잃고 일단 평면위에 있는 것으로 생각하자. 이 평면 위에서 3개의 천체가 일직선으로 나열될 때 달은 삭(신월: 음력으로 초하루) 또는 망(만월: 음력으로 보름)이 된다. 이때에 태음조와 태양조가 중첩되기 때문에 대조가 된다. 또 달이 상현(음력 8일-여드레)이나 하현(음력 23일-스무사흘)인 반달일 때 달과 태양

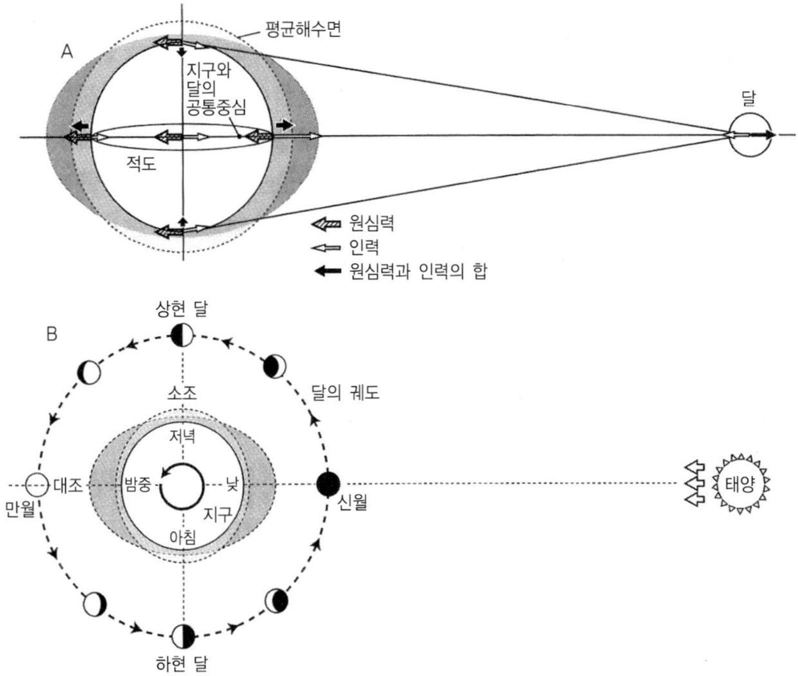

그림 2-21. A: 기조력의 원인. 달의 인력과 지구 - 달의 공전에 의한 원심력 차이가 기조력이 된다. B: 태양, 달, 지구가 동일 평면에 있을 때의 조석. 신월(삭)과 만월(망) 때 태양조와 태음조가 합해져 대조가 되고, 상현과 하현 달 일 때 태양조와 태음조가 분산되어 소조가 된다.

은 지구에서 보면 직각방향에 위치한다. 이때는 태음조와 태양조가 서로 힘의 분산되기 때문에 간만차가 작은 소조가 된다(그림 2-21). 원래 해류운동 등에 의해 시간 차이가 발생하기 때문에 실제로 발생되는 대조와 소조는 만원(신월)과 반월에서 1일에서 2일 늦게 나타난다.

그런데 만월 때에 간조 시간은 매일 같은 시간이 아니라, 하루에 대략 50분씩 늦어진다(그림 2-22). 이것은 달이 27.3일에 한번 지구를 공전하기 때문이다. 때문에 지구가 24시간 동안 1회 자전할 때, 달은 어제의 위치에서 13°어긋난 위치로 이동한다. 지구를 13°도는데 필요한 시간이 50분이다. 만조는 1일 2회 발생하며, 만조에서 만조, 간조에서 간조의 간격은 24시간 50분의 절반인 12시간 25분이 된다.

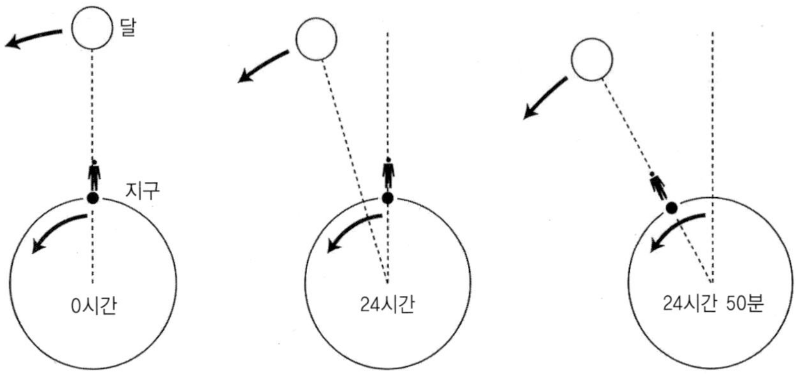

그림 2-22. 간만의 시간이 매일 50분정도 늦어지는 이유. 달이 공전으로 1일 13° 이동하기 때문에 매일 50분 정도 조시가 늦어진다.

나. 일조부등

조석은 달과 태양과 지구의 거리, 상대적인 위치 변동이 만들어 내는 복잡한 현상이다. 그러나 이들 천체 운행은 제멋대로가 아니고, 일정한 규칙적인 주기를 가진다. 때문에 조석에 관한 학문은 태양과 달이 만들어 내는 기조력을 주기를 가지는 다수의 함수(단진동의 정현파)로 분석하면, 전체의 모양을 알 수 있다. 기준파에 상당하는 각각의 조석을 분조(component tide)라고 한다. 실측값에서 각 분조의 진폭과 위상 차(지각: 가상의 천체가 남중하여 그 분조가 만조가 될 때까지 시간을 각도로 표시한 것)를 구하는 것을 조화분석(調和分析, harmonic analysis of tides)이라 한다. 이들 분조를 합한 힘으로서 조석을 이해하면 된다. 고려할 주기 함수는 매우 많으며, 그 중에서 주요한 것만으로도 20개가 넘는다. 그 중 진폭이 큰 4개의 분조석에는 주태음 반일주조(12.42h 주기), 주태양 반일주조(12.00h 주기), 태양과 달의 합성 일주조(23.93h 주기), 그리고 주태음 일주조(25.82h 주기)가 있다. 각각 반일 또는 하루 주기를 가진 조석이다. 이 이외에도 반년주조, 1년 주조 조석도 있다. 이들 영향도 추가로 생각하여야 하기 때문에 매우 복잡하다. 어떻든 천체 운동은 예측 가능한 것이기에 조화해석에서 얻어진 계수를 사용하면, 조석을 예측할 수 있다. 각각 함수에 대하여 지형을 고려한 전파속도나 패턴이 관측되고, 이러한 정보를 통합하여 조석예보가 이루어진다. 이과년표(理科年表)[37]에는 이들 조석의 전파 양상이 게재되어있기에 참고하기 바란다.

이상과 같은 조석은 달과 태양의 움직임이 원인이지만, 기온, 수온 또는 기압의 변화도 조위에 영향을 미친다. 태풍 등 불규칙한 것은 별도로 고려하지만, 기상에 의한 조위변화 중에는 일정한 주기로 발생하는 것이 있다. 천체 움직임에 따른 천문조(astronomical tide)에 대하여, 이와 같은 수온, 기압 등 기상에 따른 분조를 기상조(meteorological tide)라고 한다. 24시간 주기의 기상일주조 및 일년주기의 태양년주조가 있다.

지구는 자전하기 때문에 보통 만조와 간조는 하루에 두 번씩 발생한다. 그러나 대부분 같은 만조에서도 첫 번째와 두 번째의 조위가 다르고, 같은 날의 간조에서도 조위가 다르게 나타난다. 이러한 현상을 일조부등(diurnal inequality)이라 한다. 이것은 태양과 달이 지구 적도면에서 어긋나 있기 때문이다(그림 2-23). 지구 자전축은 공전면에 대하여 23.4° 기울어져 있다. 그리고 달의 공전면은 지구 공전면에 대하여 평균으로 5.2° 정도 기울어져 있다. 이야기를 간단히 하기 위하여 달을 예로 들어 생각하면, 달은 2주간 마다 지구 공전면(즉 황도)을 횡단하여 북반구와 남반부를 왕래한다. 일조부등은 달이 적도면에서 멀어질수록 크다(그림 2-23). 봄과 가을 신월과 만월 때에 달은 적도부근에 있고, 상형과 하현에는 남북으로 멀어진다. 때문에 신월, 상현, 만월, 하현으로 달이 위치가 변화됨에 따라 일조부등은 소 → 대 → 소 → 대로 변화한다. 여름과 겨울은 이러한 관계가 반대가 되어, 신월(대) → 상현(소) → 만월(대) → 하현(소)와 같이 변한다(그림 2-23). 같은 방법으로 태양에 의한 영향을 더하여 계절이나 하루하루의 일조부등이 실현된다.

그런데 일반적으로 대조 때 간만의 차이는 봄 춘분을 전후로 3일을 합한 7일 사이가 최대라고 믿고 있다. 여름과 겨울 만월이나 신월은 태양, 지구, 달의 위치가 평면에서 크게 어긋나 있기 때문에 태양조와 태음조를 부정하게 되어 간만 차이가 작게 된다. 이것에 반하여 춘분과 추분에는 황도와 하늘의

37 각종 자연과학 분야의 주요 식, 계수, 단위 등 관련되는 일반적인 사항을 정리해둔 소책자로서, 주로 역부(曆部), 천문부, 기상부, 물리, 화학부, 지학부, 생물부, 환경부 등으로 구분하여 매년 발간하고 있다. 우리나라에서는 국립해양조사원에서 조석표를 발간하고 있으며, 인터넷을 통해서도 확인이 가능하다.

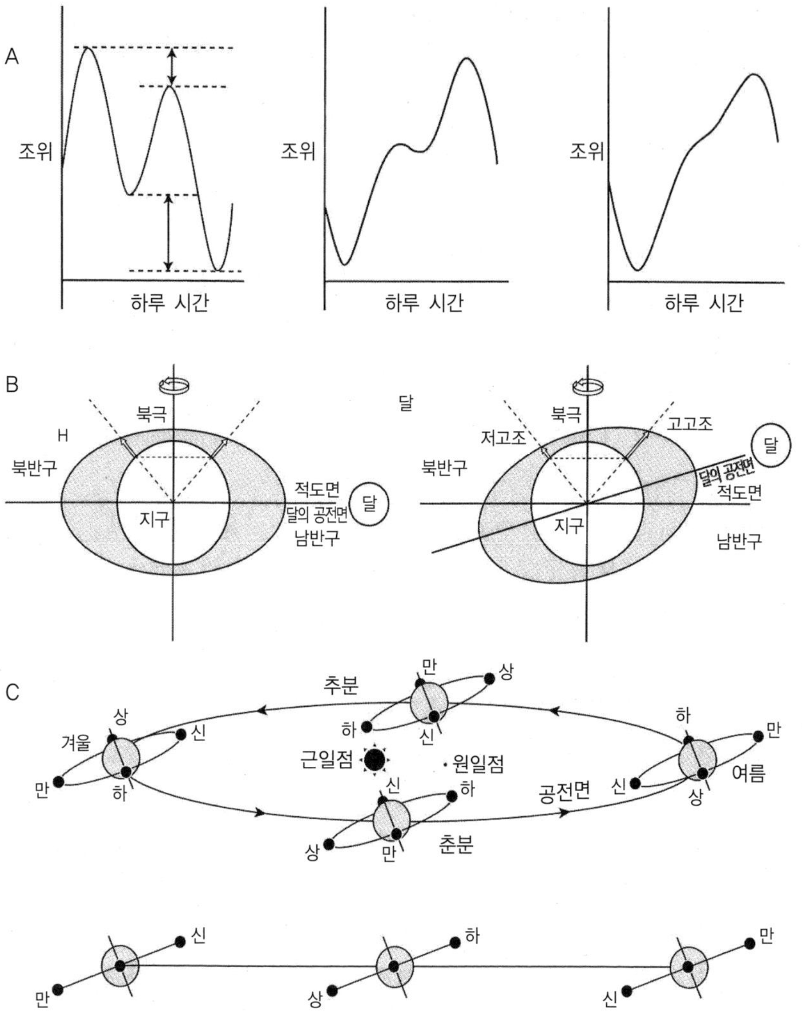

그림 2-23. 일조부등. A: 1일에 두 번 있는 만조와 간조의 조위가 다르다(왼쪽), 오른쪽의 두개는 일조부등의 파괴된 예, B: 달이 위치가 적도위에 있을 때, 일조부등은 생기지 않는다(왼쪽). 달이 적도면에서 어긋나 있을 때, 해수면의 축이 어긋나기 때문에 같은 만조에도 반일 이후의 만조와 조위가 다르다(오른쪽). C: 계절에 의한 태양과 달의 위치관계. 춘분과 추분에는 상현, 하현의 달에, 여름과 겨울은 신월과 만월 때에 조석부등이 크게 된다.

적도가 교차하기 때문에 태양과 지구와 달은 평면에 위치한다. 때문에 봄과 가을 대조인 춘분과 추분을 중심으로 약 7일 동안 최대 간만 차를 나타낸다. 그러나 이것은 현실적으로는 정확하지 않다. 저자도 봄 대조가 최대의 간조가 되는 것으로 생각하여, 이유를 조사하는 중에 실제로는 그렇지 않다는 것을 알았다. 봄 대조가 최대의 간조라는 것은 아무래도 깊은 생각에 빠져있기 때문인 것 같다.

실험적으로 인터넷 사이트에서 수년분 조석표를 살펴보면 좋다. 확실하게 9월, 10월 가을은 간만 차이가 작고, 11월, 12월, 1월 겨울에 조위 차이가 현저하게 크다. 간조에 조위도 낮아진다. 대조에서 중조를 포함하여 조위가 낮은 날이 계속되는 경우가 많다. 봄이 되면 겨울에 비하여도 손색이 없는 대조도 있지만, 전체적으로는 간만 차이가 큰 날이 감소한다. 봄보다 겨울 만조와 간조 차이가 크다는 것은 사실이다. 일부 전문가를 포함하여 많은 사람들이 착각에 빠져있는 것이다. 여름은 겨울에 비하면 간만 차이는 분명히 작아진다. 전체적으로 겨울과 봄에 간만 차이가 큰 날이 많다.

겨울과 봄에 대조가 가을보다 간만 차가 큰 것은 수온이 낮은 해수가 체적이 작아지기 때문이다. 즉 기상조에 의한 것이다. 수축한 만큼 간조에 조위가 낮아진다. 또 다른 이유도 있다. 지구는 태양 주위를 타원궤도로 돌고 있다. 때문에 계절에 따라 태양과 거리가 다르다. 북반구에서 지구가 태양에 가장 가까이 접근하는 근일점(perihelion)에 위치하는 것은 1월이며, 반대로 여름은 원일점(aphelion)에 가까운 위치에 있다. 때문에 북반구에서는 여름보다 겨울이 태양에 의한 조석력이 크게 되어 간만 차이가 다소 증가한다. 그렇다면 우리가 느끼는 체감으로는 봄 대조의 간만 차이가 크고 간조에 갯벌 조개잡이 등으로 떠들썩한 것은 무엇 때문일까? 그 이유는 간조 시간이다(그림 2-24). 겨울에 하루에 두 번 있는 대조에서 큰 간만 차이를 보이는 보다 큰 간조는 야간에 해당한다. 낮에 오는 간조는 밤 간조에 비해 그다지 물이 많이 빠져나가지 않는다. 실제로 1, 2월 겨울 조간대 채집은 한밤중에 회전등을 가지고 나간다. 스릴이 있어 즐겁고, 자고 있는 작은 새우나 어류를 포획하여 먹는 즐거움도 있다. 그러나 얼어버릴 것 같은 추위 때문에 최근 30년 정도 밤에 바다에 채집을 나가지 못하였다. 밤바다는 완전한 어둠으로 발 밑 밖에 보이

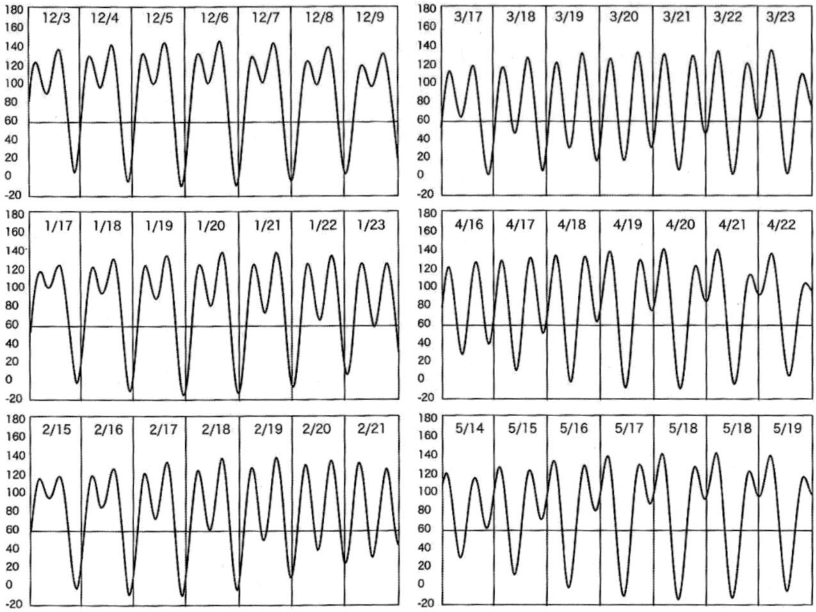

그림 2-24. 겨울에서 봄에 걸친 간조 시간의 변화(2006~2007년 이바라키현 오아라이(大洗) 조석표), 겨울의 낮 간조는 물이 많이 나가지 않으며, 봄은 주간 간조에서 보다 많은 물이 빠진다(웹 조석표에서 그림).

지 않는다. 물이 많이 빠져나갔다는 실감을 느낄 수가 없다. 음력 섣달그믐 밤에서 신년 아침에 걸쳐 집행되는 키타규슈 메가리신사의 미역수확축제를 기억하여 주었으면 한다. 미역을 채취하는 축제의 최고점은 오전 2~3시 간조에 해당한다. 조간대 하부, 저조선 부근에 서식하는 미역을 채집할 수 있는 간조가 밤중에 일어나는 것을 알 수 있다. 결국 3월이 되면 보다 큰 간조 차이가 밝은 낮으로 이동한다. 반대로 밤의 간조는 그다지 조위가 내려가지 않는다. 때문에 봄이 되면 큰 간조가 눈앞에 나타나게 된다. 이러한 현상은 가을 추분까지 계속된다. 추분 이후에 보다 큰 간조는 다시 밤으로 이동한다. 이러한 변화에 대한 구조적 설명은 저자의 설명 한계를 넘는 것이지만, 결론은 분조의 이야기가 된다. 반일주조의 큰 정현파는 1일주기의 큰 정현파가 중첩되면서 발생하는 일조부등이 생기는 것이다(그림 2-23). 두개의 파는 위상이 점차 어긋나고, 그 결과로 겨울 야간의 큰 간조에서 봄 주간의 큰 간조로 이동되는 것이다. 문제는 이러한 위상차를 발생시키는 것이 무엇인가 하는 것이다. 아마도 주태음 반일주조와 주태양 반일주조의 분조위상에 원인이 있다고 생각되지만, 저자가 참고할 수 있는 자료에서는 그것까지 해석을 해주는 것이 없었다. 반년주기, 일년주기의 분조영향도 조금은 있을 것이다. 조석 전문서적을 찾아보면 무엇인가 설명이 가능하겠지만, 그것까지는 시간도 경제적으로도 여유가 없는 것 같다. 무엇보다도 어떠한 문헌이나 책을 찾아보는 게 좋은 것인지를 모르기 때문에 더 이상 깊이 있는 설명은 하지 않는다. 때문에 조석예보가 몇 년, 몇 십 년 앞까지 거의 정확하게 예상할 수 있다는 것은 정말로 대단하다는 것을 실감한다. 그러나 그 정도로 정학하게 예측할 수 있다는 것은 이외로 간단한 원리로서 접근할 수 있다는 것이다. 저자가 필요로 하는 것은 질문에 해답을 줄 수 있는 선배이다. 인화사의 법사 쓰레즈레구사(徒然草)[38]의 교훈과 같이 어떠한 일에도 그 길에 도움을 주는 선생이나 지도자가 필요하다.

아무튼 봄 대조에 해조관찰을 해보기를 추천한다. 한번쯤 조간대 암반해역을 방문하기를 바란다. 결코 기대를 배반하지 않을 것이다. 놀라울 정도로 물이 빠져나가 해수로 잠겨 있던 해저에 또 다른 세상이 펼쳐진다. 그리고 결국은 해수가 다시 차오르게 된다. 그만큼 많은 체적의 해수를 움직이는 태양과 달의 인력이 대단함을 느낄 수 있을 것이다. 덧붙여서 이웃나라 한국 서해에 위치하는 인천은 세계유수 간만차를 나타내는 장소로 대조시 간만 차이는 최대 10m가 된다. 세계 최대 간만차이가 기록되는 곳은 캐나다의 펀디만으로 실로 15m의 조위 차를 나타낸다.

---

38 세상을 멀리서 바라본 은둔자의 사색을 수필 형식으로 짤막하게 써 놓은 것으로, 일본 중세의 작품이다. 아름다운 자연이나 사랑을 묘사한 매끄러운 문장은 물론 역사적인 사건도 없다. 다만 은둔자의 눈으로 바라본 세상의 여러 모습을 적어놓은 것으로, 내용을 음미하려면, 차분히 묵상해 볼 수 있는 내용이다. 어려운 구절이나 이해하기 어려운 대목을 곰곰이 생각하노라면, 세상을 멀리서 바라보는 은둔자의 시각이 은연중에 나의 시각으로 떠오르게 될 것이다. 많은 사람에게 교양서적으로 읽히는 책이다.

다. 조간대

조석에 대해 다소 길게 설명하였지만, 실제는 지금부터가 본 주제이다. 만조와 간조의 해수면 사이 해역을 조간대(tidal zone)라고 한다(그림 2-25 및 그림 2-26). 이곳에 서식하는 생물은 하루에 두 번 찾아오는 만조와 간조에 의해 바다 속의 생활과 공기에 노출된 생활을 교차한다. 움직이는 동물은 괜찮지만, 고착성 동물과 해조에게는 극과 극에 달하는 환경변화로 대단한 일이 된다. 수십 cm의 고도차이가 서식환경을 극단적으로 변화시키기 때문이다. 조간대 상부 해조는 공기에 노출되는 시간이 길기에 건조와 온도상승을 견뎌야만 한다. 저조부근은 대부분 시간이 수면 아래에서 생활하지만, 그래도 일 년에 몇 번은 건조와 직사광선, 그리고 고온에 노출된다. 단지 수 m 차이밖에 되지 않지만 조간대는 크게 다른 환경조건이 연직으로 응축되어 있는 것이 된다. 각 환경에 대응하여 해조는 뚜렷한 대상분포(帶狀分布,zonation)를 한다(그림 2-25 및 그림 2-26). 육상의 식생은 완만하게 변화한다. 중부지방을 예로 보면, 500m 부근에서 메밀잣밤나무속 및 떨갈나무대에서 너도밤나무대로 이행되고, 1,500m 부근에서는 아고산대(베이트키전나무대), 2,500m에서는 고산대(눈잣나무대)로 변한다. 조간대는 육상의 2,500m에 걸쳐 변화하는 식물의 연직분포가 겨우 수 m의 아주 짧은 범위에서 관찰된다. 조석이 만들어내는 해조의 연직분포이다.

물은 비열이 크기 때문에 해수 온도변화는 대기에 비하면 훨씬 따뜻하다. 때문에 해조는 바닷물 속에 서식하는 동안은 매우 안정된 환경에서 성장할 수 있다. 그러나 직사광선에 노출되는 조간대는 건조, 자외선, 열 등의 가혹한 환경변화에 노출되어 있다. 맑은 날, 대조의 뜨거운 바위에는 돌김류나 참홑파래가 파삭하게 건조되어 암반에 눌러 붙어있다. 애기풀가사리나 불등가사리, 패나 넓패 등도 거의 건초화 되어, 얼핏 보면 도저히 살아 있는 생물로 보이지 않는다. 그러나 이들 해조는 만조에 해수가 들어오면 바로 원래의 모습으로 되돌아간다. 광합성 활성도 급속히 회복되는 능력을 가진다. 조간대에는 이와 같은 강한 능력을 가지는 해조만이 서식이 가능하다. 그럼에도 불구하고 강한 직사광선이 내리 쪼이는 한 여름의 날씨는 견딜 수 없는지, 일부 종은 계절에 따라 모습을 감춘다. 이들 종도 가을이 되면 재차 조간대의 바위

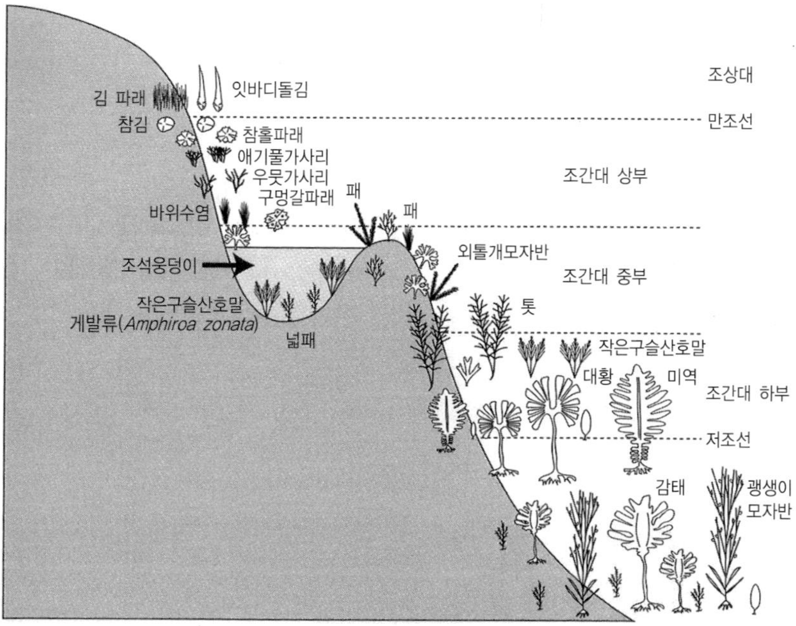

그림 2-25. 조간대 해조의 연직분포. 이즈시모다(伊豆下田)의 예. 각각의 zone에 특유의 종이 서식하고 있다. 조수웅덩이에는 주변과 전혀 다른 해조가 서식하고 있다.

에 재차 출현한다.

조간대에서 조석 간만에 의한 스트레스를 피할 수 있는 장소가 조수웅덩이(tidal pool)이다. 조간대에서 움푹 페인 곳은 간조에도 해수가 남아 있다. 이러한 장소는 주변과는 다른 종류의 해조가 서식한다. 움푹한 얕은 곳에는 산호말류의 작은구슬산호말이나 부챗살(*Gymnogongrus flabelliformis*), 파래류가 서식한다. 어느 곳이든 손을 넣으면 뜨겁다. 40℃까지도 올라가기에 뜨거운 목욕탕 수온이다. 이러한 곳에서 아무런 일이 없는 것처럼 서식하고 있다. 겨우 수 cm 떨어진 건조한 바위에는 애기풀가사리나 참홑파래가 서식한다. 가혹한 환경임에도 불구하고 약간의 해수 존재가 서식하는 해조의 종을 크게 변화시키는 것을 알 수 있다. 큰 조수웅덩이가 생기면 멋진 해조가 서식하게 된다. 산호말로 가장자리를 빼앗긴 웅덩이 주변에는 부챗말(*Padina arborescens*)이 보인다. 저조선보다 깊은 곳에 서식하는 모자반류도 있어, 실질적으로는 저조선 이하와 같은 환경이다. 조간대에 서식하는 해조는 각지의 해조상에 대응하여 다르게 나타난다. 츠쿠바대학의 시모다(下田)임해실험센터가 있는 이즈의 예를 들게 되면, 그림 2-25 및 그림 2-26과 같다.

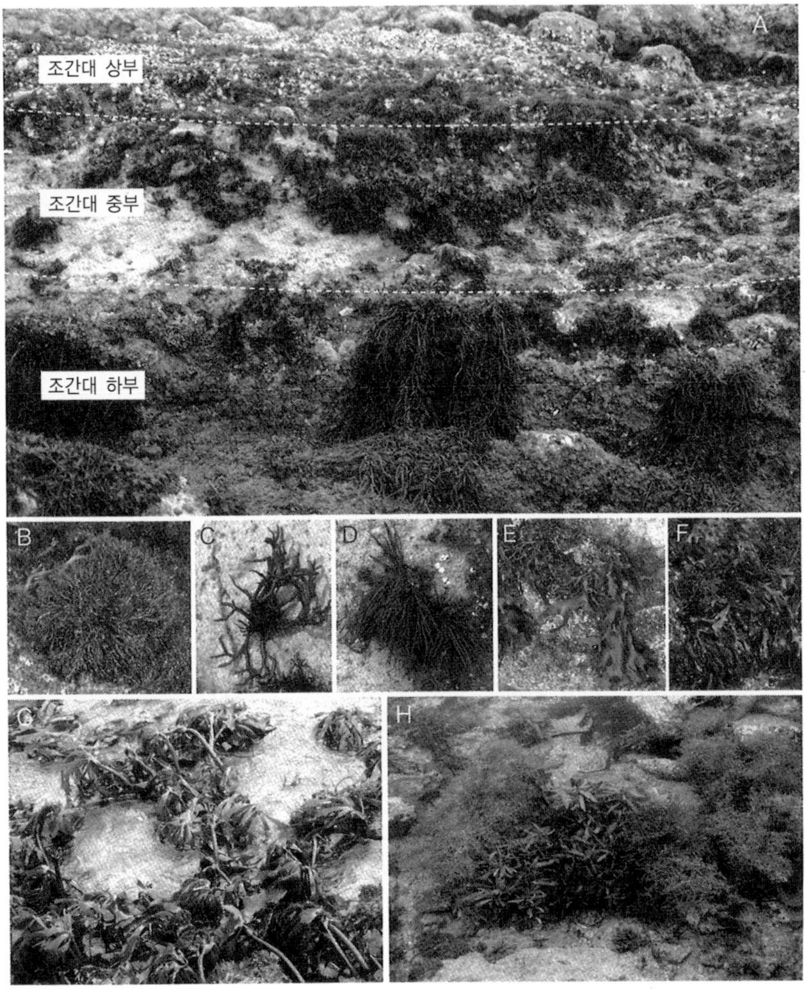

그림 2-26. 조간대의 해조군락. A: 간조시 조간대(이즈시모다 해역). B: 애기풀가사리(홍조), C: 불등가사리, D: 바위수염과 넓패, F: 애기진두발(*Chondrus verrucosus*), G: 감태의 수관, H: 저조선 밑에 사는 모자반류.

라. 보색적응설

해조의 연직분포와 관련하여, 제1장 남조에서 설명한 보색적응을 여기에서 다시 한 번 설명할 필요가 있다. 엥겔만(T.W. Engelmann)의 보색적응설(complementary chromatic adaptation)로 일반적으로 이해하는 것은 바다가 빨강 빛을 급속히 흡수하고 녹색과 청색은 가장 깊은 곳까지 도달한다는 빛 스펙트럼 변화에 대응하여, 얕은 수심에 녹색, 깊은 수심에 홍색 그리고 중간 수심에 갈색이 분포한다는 것이다. 각각 수심의 빛 환경에 대하여, 서식하는 해조 색이 보색관계에 있다. 조류의 광적응을 잘 설명하면 알기 쉽지만 실제 분포는 그렇게 단순하지 않다. 이 매력적인 설이 통용되지 않음은 명백하다. 이미 조간대 항에서 조상대에 홍조인 김파래나 돌김류인 *Pyropia dentata*, 조간대 상부에는 애기풀가사리나 불등가사리가 분포하는 것을 보았다. 이외에도 얕은 조수웅덩이에 부챗살, 참지누아리(*Grateloupia filicina*) 등 홍조류가 서식하며, 조하대 하부에는 홍조 진두말류인 *Chondrus verrucosa* 군집이 서식한다. 녹조에 대해서도, 갈조에 대해서도 조간대 각각에 특유의 해조가 서식한다. 지금까지 가장 깊은 바다에서 채집된 것은 녹조인 청각이다. 즉 보색적응설이 성립하지 않는다. 그럼에도 불구하고 이 설이 오랜 기간 유지되었던 것은 나름대로의 진실을 전하고 있기 때문이다. 깊은 곳에 서식하는 홍조는 정말로 빨강이다. 이들 해조가 주로 이용 가능한 빛은 청록색 빛이다. 보색적응설에 합치한다. 그러면 갈조나 깊은 곳이나 바위그늘에 서식하는 녹조는 어떻게 하여 청록색 빛을 이용하는 것일까? 분류군에 의하지 않고 많은 조류는 각각 서식장소의 빛 환경에 훌륭하게 적응한다. 빛을 포착하는 구조는 조류 색의 다양성과 진화에 관여한다. 이것에 대해서는 나중에 보다 구체적으로 설명하기로 하자(제11장).

이상으로 아사쿠사김과 한천에서 시작하여, 탈선을 반복하면서 해조에 대하여 소개하였다. 저자의 지식과 관심 범위로는 생산자로서 해조의 존재 의미만을 집중하게 되어, 다양한 해조 생물학에 대하여 상당부분 설명을 하지 못하였다. 소개자로서 실격으로 존재감을 가지는 각각의 해조들에게 할 말이 없다. 무엇인가 개선하고 싶은 생각이지만, 지금은 이러한 변명만을 하고 있다.

이런 저자이면서도 자신 있게 추천할 수 있는 것은 봄 대조를 선택하여 한번쯤 갯가를 방문하여 보라는 것이다. 바다가 없는 도시에 사는 사람도 꼭 한번은 바다를 방문할 수 있기 바란다. 빨강, 자색, 녹색을 하는 많은 해조를 만날 수 있다. 반복되지만 부산물로서 조석이라는 지구의 역동적인 움직임을 실감하게 될 것이다. 갯가 놀이를 위해 숙소를 빌리거나 새우를 잡는 것도 즐겁지만, 한번쯤 해조관찰을 한다면, 지금까지 육상식물밖에 모르던 사람에게도 반드시 미지의 세계가 열리게 될 것이다. 해조 석엽도 추천한다. 석엽 만들기를 하면서 연안환경 및 지구환경에 대한 이해도 깊어지게 될 것이다.

제3장

미세조류

인류가 물 한 방울 속에서도 다양하면서 매우 많은 "보이지 않은 생물"이 존재하는 것을 이해하기 시작한 것은 네덜란드 무역상인 레벤훅(A. van Leeuwenhoek)이 현미경을 발명한 1673년 이후의 일이다. 현미경을 이용하여 미소생물 관찰이 가능하면서 인류에게 생물을 보는 세계는 매우 넓어지게 되었다. 레벤훅의 현미경은 단안렌즈이지만, 270배까지 확대하여 관찰할 수 있었다. 270배이면 매우 다양한 미소생물을 관찰할 수 있다. 그는 물에 서식하는 미소생물을 관찰하여 Animacula[39]라고 명명하였지만. 여기에는 동물의 정자는 물론 물벼룩과 같은 소형의 동물까지 포함된다.

현미경 발명으로 다양한 미소생물 존재가 확인되었다고 하지만, 옛날 현미경으로 관찰할 수 있는 미생물의 범위는 한계가 있었다. 무엇보다 "보이지 않은 생물"의 다양성은 당시 사람들의 상상을 훨씬 초월하였다. 미소생물에 대한 연구역사를 보면 이들 미생물에 대한 혼란의 흔적이 곳곳에서 다양하게 발견된다. 레벤훅 이후 미소생물에 Monas(1714), Infusoria(1760, 적충), Urthiere(1805, 원동물의 의미), Archaezoa (1852), Acrita, Protozoa(1818, 원생동물), Protoctista(1861, 원생생물), Protista(1866, 번역은 같은 원생생물) 등 매우 다양한 이름이 사용되었다. 1,800년대 후반에서 최근까지 미소생물은 원생동물로 동물학 분야에서 연구되었다. 일부는 미생물학이나 병리학 분야에서 연구가 진행되었다. 한편 엽록체를 가지는 미소생물(즉 미세조류)은 식

39 적충류(滴蟲類, infusoria)를 참고.

표 3-1. Pascher에 의한 미세조류의 분류

파셔의 분류계	해당하는 현재의 조류군
황갈조식물문(Chrysophyta)	부등편모식물문(Chromophyta) = 황색조식물문(Heterokontophyta)
갈조식물문(Phaeophyta)	
황적조식물문(Pyrrophyta)	와편모조식물문(Dinophyta), 은편모식물문(Cryptophyta)
유글레나식물문(Euglenophyta)	유글레나식물문(Euglenophyta)
녹조식물문(Chlorophyta)	녹색식물문(Chlorophyta, 차축조류 및 일부 조류는 스트레프토식물문(Streptophyta)을 구성한다(제9장 참조)
차축조식물문(Charophyta)	
홍조식물문(Rhodophyta)	홍조식물문(Rhodophyta)
남조식물문(Cyanophyta)	남조식물문(Cyanophyta) = 시아노박테리아(Cyanobacteria)

물학 분야로 취급되었다. 미세조류에 대한 개략적인 구성인자는 20세기 전반 독일의 파셔(A. Pascher)에 의해 몇 개의 특징적인 성질을 가진 그룹으로 나눌 수 있음을 알게 되었다(표 3-1).

미생물의 세계에 새로운 연구의 장을 열게 된 것은 1950년대 투과전자현미경과 1970년대 주사전자현미경의 실용화라고 할 수 있다. 1,000배의 분해능을 가지는 광학현미경을 이용하여 미생물, 조류 그리고 원생생물을 연구하던 연구자에게 고배율 광학현미경이나 전자현미경을 이용한 압도적인 미소생물 세계의 다양성에 경악을 금치 못하였다. 진핵미생물은 세포구조 수준에서 큰 차이를 보였다. 우리는 눈으로 확인되는 사물에 대해 쉽게 이해하게 된다. 20세기 후반 약 50년 동안 단세포 진핵생물에 대한 이해는 비약적으로 발전하였다. 조류를 포함한 진핵미생물 세계는 폭발적으로 확대되었고, 지금도 계속 확산되고 있다. 이러한 진핵조류와 진핵생물의 다양성은 대부분 현미경을 이용한 미소세계로 확산되었다.

지금부터 고배율 광학현미경과 전자현미경을 이용한 미세조류 관찰을 시작한다. 미세조류는 해조와 달리 매우 광활하면서 다양한 세계를 구성한다. 미세조류의 주요 서식지는 바다, 호소 및 하천을 포함하는 담수로 구분할 수

있다(표 3-2). 매우 개략적으로 미세조류를 구분하면 바다는 노란색의 세계, 담수는 녹색의 세계로 정의할 수 있다(제15장). 즉 바다의 미세조류는 광합성 색소로 엽록소 *a, c*인 노란색 엽록체를 가지는 부등편모식물의 규조류, 와편모조류, 그리고 착편모조류가 대부분을 차지한다. 이것에 반해 담수인 호소나 하천의 미세조류는 일반적으로 엽록소 *a, b*인 녹색엽록소를 가진 녹조류와 유글레나조류가 우점한다. 바다에도 담수에도 흥미롭고 특이한 모양을 가진 미세조류가 많아 보고 있으면 즐겁다. 대부분 미세조류는 전자현미경을 이용하지 않으면 확인하기 어려운 섬세한 미세구조를 한다. 이러한 미세구조가 생물의 속과 종을 구별하는 분류형질로 사용된다. 때문에 현재 미세조류 연구에는 전자현미경을 이용한 미세구조 관찰이 필수적인 사항으로 되어있다(권두사진 6～8).

표 3-2. 조류의 서식지

문	강	바다	담수	기타 서식환경	비고
남조식물문 Cyanophyta		◎	◎	토양, 나무껍질, 지의류 공생	*Synechococcus*와 *Prochlorococcus*는 피코플랑크톤으로 유광층 아래 부분에 풍부하다.
회조식물문 Glaucophyta		×	○		4속뿐이다
홍색식물문 Rhodophyta		◎	△	단세포 홍조류는 온천, 화산, 토양에 많다	대부분은 해조이고, 흐르는 물에 많은 종이 서식하며 희소종이 많다
녹색식물문 Chlorophyta					
	담녹조강 Prasinophyceae	◎	△		속 다양성은 해산에서 현저하다
	갈파래강 Ulvophyceae	◎	△		대부분 해산이나, 대롱말목은 담수에도 보통이다. 마리모 등
	트레보욱시아강 Trebouxiophyceae	×	◎	지의류 공생조, 토양, 나무껍질	환경수의 DNA 분석에서 바다에 근연종이 존재하는 것을 시사하고 있다.
	녹조강 Chlorophyceae	△	◎	토양, 나무껍질, 지의류	
	차축조강 Charophyceae	×	◎	토양, 나무껍질	차축조류는 호소에서 차축대를 형성한다.
은편모식물문 Cryptophyta		◎	◎		

문	강	바다	담수	기타 서식환경	비고
부등편모조식물문 Heterokontophyta = 황색식물문 Chromophyta					
	갈조강 Phaeophyceae	◎	△		모두 다세포로 대부분이 해산이다.
	쉬조크라디아강 Schizocladiophyceae	△	×		*Schizocladia* 한 종뿐이다.
	황록조강 Xanthophyceae	×	○		바우케리아는 연안에도 서식한다.
	파이오탐니오조강 Phaeothamniophyceae	×	△		호소에 분포하는 작은 그룹이다.
	크리소메리스강 Chrysomerophyceae	△	×		바다나 기수역에 분포한다.
	진안점조강 Eustigmatophyceae	△	○		해산 클로렐라인 *Nannochloropsis*는 이 종과 유사종이다.
	침편모조강 Raphidophyceae	○	○		해산으로 대부분 적조를 형성하는 종이다.
	황금색조강 Chrysophyceae	×	◎		
	규조강 Bacillariophyceae	◎	◎	토양, 온천, 해빙 등	
	볼리도조강 Bolidophyceae	○	×		피코플랑크톤 2속만 기재되어 있다.
	규질편모조강 Dictyochophyceae	○	△		해산으로 다양하다.
	펠라고조강 Pelagophyceae	○	×		
	핑귀오조강 Pinguiophyceae	○	×		EPA, DHA 등의 고도불포화지방산을 고농도로 축적하고 있다.
착편모조식물문 Haptophyta		◎	△		인편모조류는 주로 외양을 서식지로 한다.
와편모조식물문 Dinophyta		◎	◎	산호 공생조, 기생, 부착	
클로라라크니오조식물문 Chlorarachniophyta		○	×		4속뿐이다.
유글레나식물문 Euglenophyta		○	◎		해산에는 연안성이 많다.

◎: 많다, ○: 보통, △: 소량이다, X: 존재하지 않거나 발견되지 않는다.

권두사진에 제시된 사진들로부터 불가사의한 미세조류 형태의 다양성을 이해할 수 있었으면 하는 바램이다. 미세조류는 단순한 형태가 아니라 매우 다양화된 모양을 한다는 것을 알 수 있을 것이다. 각각 설명을 필요로 하는 다양한 특징을 가지지만, 필요에 따라 설명하는 것으로 한다. 다만 여기서는 우선 단순하게 미세조류가 가지는 색과 형태의 다양함을 느껴주었으면 한다.

1. 회조식물(권두사진 9)

진핵조류에 남조와 같은 피코빌린 색소단백질을 빛 포착색소로 이용하는 3개의 그룹이 존재한다(표 11-1). 회조식물(glaucophyte), 홍조식물 그리고 은편모식물이다. 이들 조류의 엽록체는 청록색 또는 빨간색을 띤다. 조류의 체색을 결정하는 것은 남조와 같은 피코빌린 색소단백질(제11장)에서 청록색의 피코시아닌 또는 빨간색의 피코에리트린이 포함된 비율에 의해 결정된다(은편모식물은 이 중에 하나만을 가진다). 남조는 지구상에서 처음으로 산소발생을 동반한 광합성을 하는 생물이다. 이들 진핵조류와 남조 사이에 유사점을 공유한다는 것은 주목할 만한 가치가 있다. 어찌되었든 이들 3개 그룹은 진핵조류의 기원과 진화를 규명하기 위해서는 필수적인 조류이다(제10장 및 제12장).

회조식물이라는 이름은 무엇인가 우리에서 위화감을 느끼게 한다. 일반적으로 색 이름을 이용하여 부르는 조류는 그 이름에 주로 엽록체가 가지는 색을 반영한다. 그러나 회색에는 채도가 없다. 즉 흰색과 검정 사이 중간의 명도만을 가지며, 가시광선을 포함한 채도는 없다. 검정색은 모든 빛을 흡수하고, 흰색은 모든 빛을 반사한다. 회색은 그 중간으로 회색 엽록체는 모든 색의 빛을 모조리 흡수하는 우수한 것이라 할 수 있다. 그러나 웬일인지 광합성 색소에는 검정색이나 회색의 색소는 존재하지 않는다. glaucous라는 영어 단어가 있다. 문어적 표현으로는 짙은 청록색 또는 청색을 띄는 회백색을 의미한다. 청록색이라는 것이 이해되는 것은 회조식물의 엽록체가 마치 청록색과 같기 때문이다. 회조식물에 대한 설명을 할 때마다 곤란한 것은 엽록체 색을 빌어 청록조식물이라 하였으면, 혼란 없이 확실한 표현이 되었을 것을 왜 회조식물이란 이름을 사용하였는가 하는 것이다. 남조와 구분하기 위하여 회색이란 표현을 빌린 것으로도 생각되지만, 이 역시 석연치 않다. 이러한 의문에 대해 우연한 기회에 한 유학생으로부터 답을 얻었다. 그 학생은 "유럽인은 지중해의 청록색을 회색으로 느끼기 때문에 청록색이 회색이 되는 것이다." 라고 기말시험 답안지 여백에 작성하여 주었다. 유럽에서는 유럽 유형의 우수한 색체감각이 있다는 것을 알려 주었다. 역시 청록색도 채도가 낮다. 채도를 조금 낮추면 거의 짙는 회색으로 보인다. 꼭 흐린 날 지중해 바다는 회색에 가까운 선명하지 않은 청록색으로 보일 것이라고 생각된다. 그리스어에서 glaucus를 찾으면 sea-green으로 되어 있는 것이 납득되는 사항이다. 이러한 내용을 이해하고 난 다음부터는 저항 없이 회색에 가까운 청록색 엽록체가 머리에 떠오르게 되었다. 청록색은 남색(blue green)이다. 권두사진 9-1~3과 같이 세포내에 포함된 엽록체와 같은 시아넬라(cyanelle)[40]라는 세포 속의 구조도 남색이다(제11장).

회조식물은 남조를 연상시키는 엽록체를 가진다. 이것에 대해서는 자세한 설명이 필요하지만, 조류의 성립과 진화를 설명할 때에 피할 수 없는 부분으로 제11장에서 보충적인 설명을 한다. 여기서는 이런 조류가 존재한다는 정도로 매듭짓기로 하자. 회조식물을 대표하는 *Cyanophora*(Gk: *kyanos* 청, *pherein* 가지다, 즉 청색을 가지다는 의미, 권두사진 9-1)도 *Glaucocystis*(Gk: *glaucus* 바다의 녹색, *kystis* 봉지 모양, 권두사진 9-2)도 담수인 호소에 널리 서식한다. 호소 저층의 표층퇴적물을 채취하여 열심히 관찰하면 찾을 수 있을 것이다. 생물량은 많지 않지만, 식물 진화를 설명할 때에 매우 중요한 위치에 있는 생물그룹이다.

40 원생동물이나 조류 몸속에 내생하며 세포내 환경에 적응하여 마치 숙주의 광합성 소기관처럼 기능하는 남조 유사체이다. 회조식물의 *Cyanophora* 및 *Glucocystis*는 무색편모조에 남조 유사체로 시아넬라가 내재하여 성장하는 광합성 생물이라 생각 할 수 있다.

2. 단세포 홍조(권두사진 9)

일반적으로 홍조는 해조이지만, 매우 원시적인 그룹으로 구성된 단세포 홍조 그룹도 존재한다(그림 3-1). 단세포 홍조에는 다양한 색을 가지는 종들이 알려지며(권두사진 9-5~10), 다양한 환경에 서식한다. *Porphyridium cruentum* (Gk: *porphyra* 자색, *idion* 닮다)이라는 종이 있다. 일본이름은 치노리모이다. 치노리(血糊)로서 피로 풀칠을 한다는 의미로 다소 혐오스럽다. 이 종은 염분이 높은 습지 표면에 빨강 매트를 형성하기에, 그 모습이 마치 피로 풀을 칠한 이미지를 생각하게 한다는 의미에서 붙여진 이름이다. 현미경으로 보면 귀여운 단세포 조류이다. 보통은 담수의 녹색플랑크톤이나 바다의 규조나 와편모조만을 보고 있다가, 이 종을 보면 매우 신선한 느낌을 받게 된다. 배양하면 빨강색을 하지만, 선명한 빨강색으로 아름다운 색체감을 표현한다. 피로 풀칠한 모습과는 전혀 다르다. 이외에도 남색, 회색에 가까운 것 등 단세포 홍조는 다양한 색을 나타낸다(권두사진 9-6). 제1장에서 살펴 본 남조의 색도 자유스럽게 변하지만, 단세포 홍조도 남조와 유사하다. 홍조는 아마도 매우 오랜 역사를 가지는 조류 중 하나의 그룹이다. 그 중에서도 원시적인 단세포 홍조 그

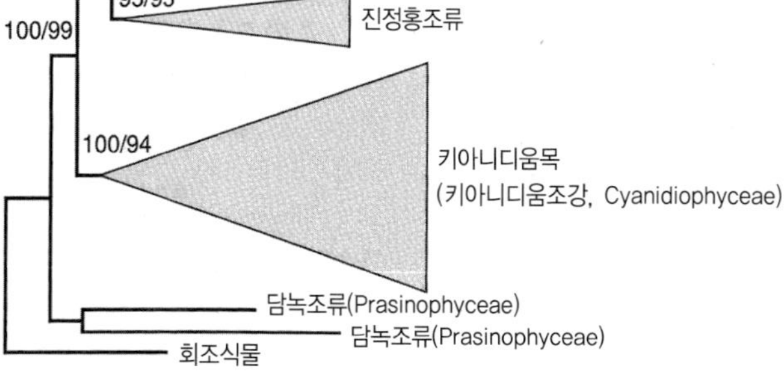

그림 3-1. 홍조의 계통관계. 키아니디움조강 그룹이 다른 홍조와 크게 다른 것을 나타낸다. 강 수준에서 취급하기도 한다(Ciniglina *et al.*, 2004에서 그림)

룹에는 홍조류 초기 진화의 흔적이 그대로 남아있을 것으로 생각된다. 색소의 다양성도 서식지가 다양하다는 것도 진핵생물의 진화라는 관점에서 접근하여야 할 내용이다. 이러한 의미에서 주목해야 할 단세포 홍조는 다음에 설명하는 온천이나 화산이라는 극한환경에 서식하는 그룹이다.

3. 은편모조식물(권두사진 9)

은편모조류(Cryptophyceae, Gk: *cryptos*)의 그립토는 숨다, 어둡다 등 어두움을 표현하는 의미로 어쩐지 쉽게 정이 안가는 조류 이름이다. 선명하지 않지만 다소 수수한 빨강색을 하는 종이 많기에 붙여진 이름이다. 그러나 조류 진화의 수수께끼에 답을 줄 수 있는 결정적인 역할을 하는 중요한 그룹이다. 저자가 학생시절에는 조류를 연구하는 연구자 사이에서도 거의 존재가 알려져 있지 않았다. 그리고 연구 대상으로 상대하지도 않았던 생물군이다. 그러나 지금은 생물진화, 세포진화에서 매우 중요한 위치에 있는 생물그룹으로 중요성이 인정되어, 그 지명도가 급격하게 상승하여 생물학의 상식에 해당하는 생물그룹으로 위치 매김 하였다. 많은 대학의 생물학 강의에서도 다루어지는 존귀한 존재이다. 실재 은편모조를 관찰한 적이 없는 사람도 많지만, 담수에도 해수에도 극히 일반적으로 서식하는 미세조류이다. 가까이 존재하는 연못의 물을 채수하여 현미경을 관찰하면, 우선 확실하게 볼 수 있을 것이다. 적갈색 이외에 진한 빨강색 은편모조류, 청록색 은편모조 등이 있다(권두사진 9-11~13). 이 은편모조의 광합성 색소조성은 매우 특이하다. 우선 엽록소 *a*와 *c*를 가진다(표 11-1). 이것은 다시마, 규조 등 부등편모조류(노란색)식물, 착편모조식물 그리고 와편모조식물과 공통으로 공유하는 색소이지만, 은편모조는 동시에 남조나 회조식물, 홍조식물이 가지는 피코빌린 색소단백질을 가진다. 다채로운 색상을 나타내는 은편모조가 관찰되는 것은 이러한 색소조성 때문이다. 식물 진화에서 은편모조의 중요성에 대해서는 제12장에서 자세하게 설명한다.

4. 노란색의 미세조류(권두사진 10, 11)

육상을 생활터전으로 하는 우리에게 식물이란 푸른색 세계를 구성한다. 그러나 해조까지 범위를 넓혀서 식물을 생각하면, 식물은 매우 다채로운 색을 가진 세계를 만들고 있다는 것을 제2장 해조에서 설명하였다. 지금 바다는 연안해역의 대형다시마인 캘프숲, 그리고 사르가소해의 유조처럼 노란색 식물이 중심이 되고 있는 세계이다. 갈조가 속하는 부등편모조식물문(노란색 식물문)은 녹색식물과 대등하거나, 그것을 초월하는 산소발생형 광합성 생물을 가지는 거대 그룹이다. 갈조류는 다세포 조류로 부등편모조의 정점에 있다. 녹색식물과 비교하면 육상식물에 해당한다. 범위를 미세조류로 한정하면, 바다는 더욱 노란색 일색으로 변한다. 부등편모식물에는 매우 다양한 미세조류 그룹이 포함된다. 대표적인 주역 그룹이 규조류(diatoms)이다. 이외에도 다수의 미세조류 그룹이 알려진다. 강 계급에서 구성인자를 보면 부등편모식물은 녹색식물을 제외하면 가장 다양화된 조류이다(표 3-2).

부등편모식물 세포는 다소 변형된 모양을 하기에, 여기서 기본적인 형태를 설명하여 둔다. 그림 3-2는 일반적인 부등편모식물의 유영세포 형태이다. 세포는 두개의 편모를 가진다. 하나는 앞으로 뻗는 앞편모(anterior flagellum)로 유영을 하기 위한 추진력을 만든다. 다른 하나는 뒤편모(posterior flagellum)로 옆에서 뒤쪽을 향해 뻗혀있지만, 많은 종에서 퇴화하여 관찰되지 않는다. 전자현미경을 이용하여 관찰하면, 앞편모에는 편모 표면에 좌우로 길이 1μm 이상 되는 털이 밀생한다. 이 편모의 작은 털이 존재가 부등편모식물의 가장 큰 특징이다. 유영세포는 미역 유주자나 규조의 정자 등에 이 작은 털이 있다. 작은 털은 3개의 하부구조를 가진다. 주축부분 속은 빈 공간으로 되기에 3부구성의 관상소모(tripartite tubular mastigonemes, tubular hairs)라고 한다(그림 3-3A). 관상소모가 있으면 편모의 역할도 크게 변한다. 편모가 만드는 추진력이 방향를 역전시킨다(그림 3-3A). 동물의 정자처럼 원래는 편모를 뒤로 젓어서 유영력을 생산하지만, 힘의 방향을 역전시켜 편모가 세포를 끌어당긴다(그림 3-3A, 그림 11-24 참조).

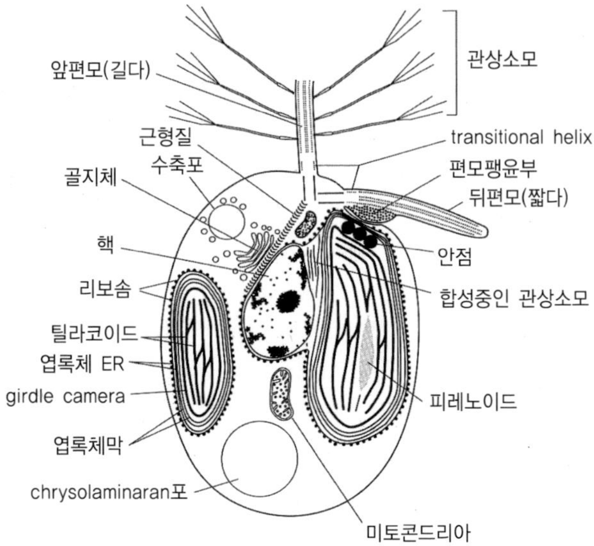

그림 3-2. 부등편모식물의 세포구조

뒤편모에는 이러한 수사적인 구조가 없다. 유영방향을 결정하는 선박키의 역할을 한다. 뒤편모가 뻗어나오는 뿌리부분은 종종 부풀어 올라있어 편모팽윤부(flagellar swelling)라 부르고 있다. 대부분 안점은 팽윤부에 붙어 존재한다(그림 3-2 및 그림 3-4). 즉 편모팽윤부와 안점은 합해서 빛을 수용하는 장치를 구성한다. 많은 조류에 안점이 관찰된다. 안점이란 이름에서 유영하는 조류의 시각적인 역할을 하는 것으로 생각할 수 있지만, 안점은 눈이 아니다. 안점의 실체는 엽록체 내부에 있는 농밀한 카로티노이드 과립으로 당근에서 오렌지색 색소와 같은 역할을 한다고 생각해도 좋다. 과립은 파라폴라 안테나와 같이 안쪽 면에 배치되어 입사하는 빛은 안점에서 반사시켜 파라폴라 안테나의 초점에 모이게 한다. 그곳에 편모팽윤부가 위치하며 빛을 받아드리는 분자 및 빛 수용체가 존재한다(그림 3-4). 부등편모식물의 빛 수용 분자는 비타민류인 프테린(pterin)이나 플라빈(flavin)에 유사한 물질로 생각된다. 이 빛 수용체(photoreceptors)는 자외선이나 청색광을 흡수하면, 청록색광의 형광을 발산한다(권두사진 5-16).

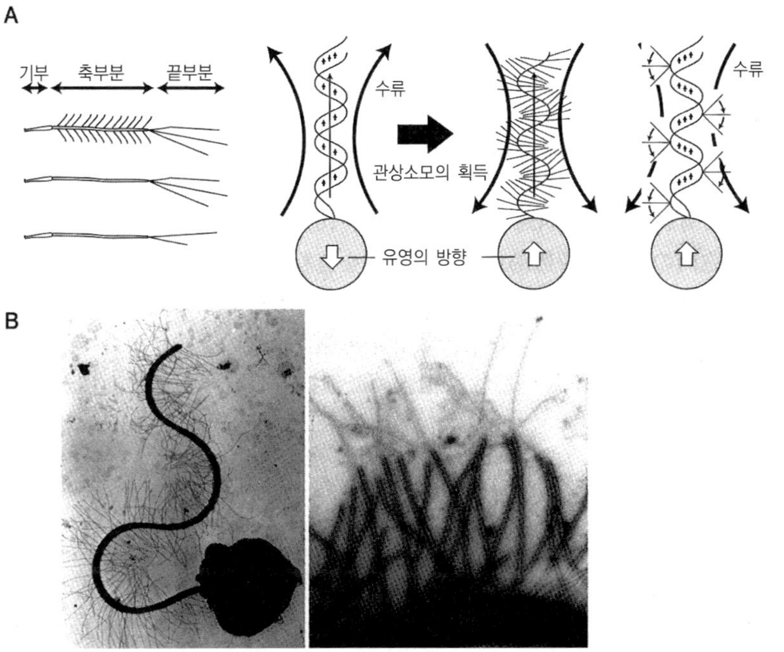

그림 3-3. 관상소모. A: 관상소모의 3부구조와 편모의 추진력을 역전하는 기능, B: 전자현미경사진, 세포의 전체모양(왼쪽) 및 고배율에서 본 것(오른쪽) (사진제공, 本多大輔)

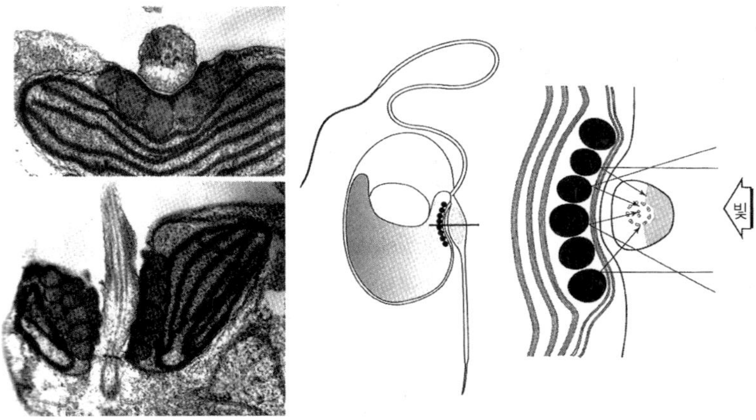

그림 3-4. 안점과 편모팽윤부의 관계. 안점은 빛에 반응하여 편모팽윤부에 존재하는 빛 수용체에 닫는다. 이른바 파라폴라 안테나의 역할을 수행한다(川井浩史의 원도를 이용하여 그림)

세포구조에서 특징적인 것은 엽록체를 포함하는 막이다. 엽록체는 2중막으로 둘러싸여 있기 때문에 바깥쪽에 2장 여분의 막이 있고, 가장 바깥쪽 막은 핵막으로 연결된다. 이 불가사의한 구조가 의미하는 것에 대해서는 나중에 설명한다(제12장). 부등편모식물은 세포 미세구조 단계에서 공통성은 보이지만 외부 형태는 매우 다른 다양한 조류로 분화하였다. 부등편모식물의 대표격인 규조부터 살펴보자.

가. 규조류

규조류(diatoms)는 초등학교 "자연"에서 플랑크톤의 사례로 등장하기 때문에 조류에서는 비교적 잘 알려진 그룹이다. 그러나 지금보다 더욱 광범위하게 알려지더라도 좋을 충분한 가치를 가진다. 부등편모식물에서 최대의 강(綱, class)을 구성할 뿐만 아니라 아마도 모든 진핵조류에서 가장 다양한 종을 포함하는 거대한 생물분류군이다. 열대에서 극지해역은 물론, 강산성에서 강알카리의 환경수, 담수에서 사해와 같은 고농도의 염호, 남극이나 북극의 빙상, 40℃ 이상의 온천수, 그리고 토양 및 나무껍질의 표면에까지 지구의 모든 장소에 광범위하게 서식하는 조류이다. 저자는 규조를 조류의 곤충이라 부르고 싶다. 진핵세포에서 현재 최대의 다양화와 번영을 누리는 분류군이기 때문이다. 10만종이 넘는 종이 존재한다고도 하지만, 주어진 숫자로 끝날 것인지? 규조가 지구생태계에서 수행하는 역할의 크기가 분명해지기까지는 아직도 많은 시간을 필요로 할 것이다.

규조 세포는 규산질의 피각(frustule, L: *frustulum* 작은 단편)에 싸여 있다. 피각의 주성분은 규산질($SiO_2 \cdot nH_2O$)로서 유리와 같은 비정질의 이산화규소이다. 비정질(非晶質, amorphous)이라는 것은 수정과 같이 결정이 완성되지 않고, 이산화규소 분자가 불규칙하게 배열되어 있다는 것이다. 얼음 결정에 대한 액체의 물 상태에 해당한다고 할 수 있다. 액체상태 물이 고체화되는 것과 같다는 것이 그다지 잘못된 예는 아닌 것 같다. 이 유리피각이 믿기 어려울 정도로 정교하고 다채로운 마이크로 유리세공을 만들어 낸다(권두사진 6과 10). 그림 3-5A는 피각의 모식도이다. 도시락 상자의 덮개와 본체에 해당하는 상각면(epivalve)과 하각면(hypovalve), 그리고 이 둘을 연결하는 띠 모양의 환대(girdle)로 구성된다. 각각의 띠는 밴드(band) 또는 copula(L: *copula* 연결하는 것)라고 부른다. 예로부터 규조는 피각의 형태, 특히 상하의 각 면 구조에 기본을 두고 분류하였다. 각면(valve)에는 포문(L: *areola* 작은 구멍)이라는 작은 구멍이 다수 있다. 포문이 모여서 광학현미경으로도 관찰이 가능한 조선(條線, striate, L: *stria* 가는 선)을 구성한다.

규조는 피각면 모양으로 크게 두개의 분류군으로 구분한다(권두사진 10-1, 2). 피각면이 방사대칭 모양을 가지는 중심규조(centric diatoms)와 좌우 선대

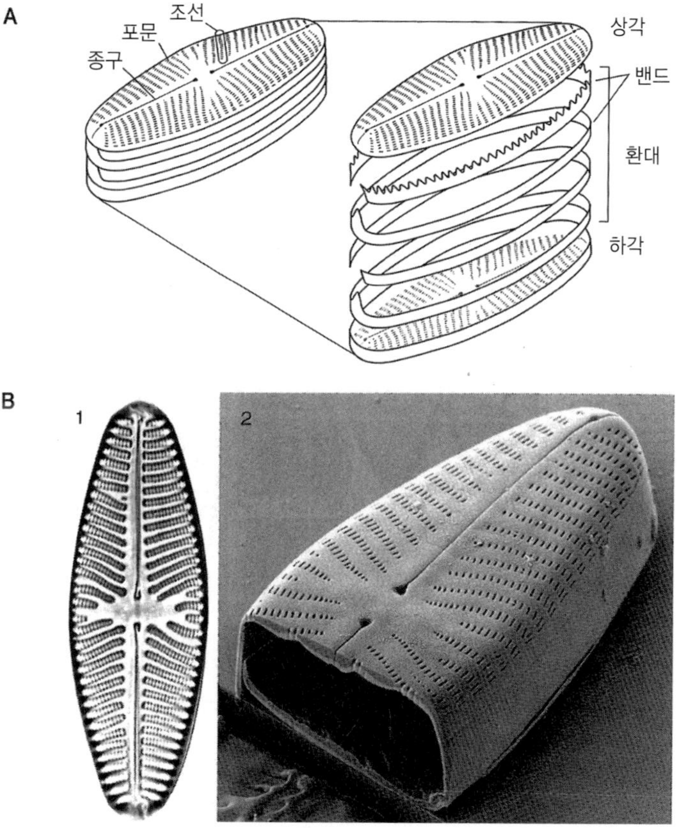

그림 3-5. 규조 피각의 기본구성. A: 상하의 각면과 환대로 구성, B: *Navicula*의 광학현미경 사진(각면) (1)과 주사전자현미경 사진(2) (특수한 장치를 이용하여 피각을 절단한 것) (사진제공: 南雲保)

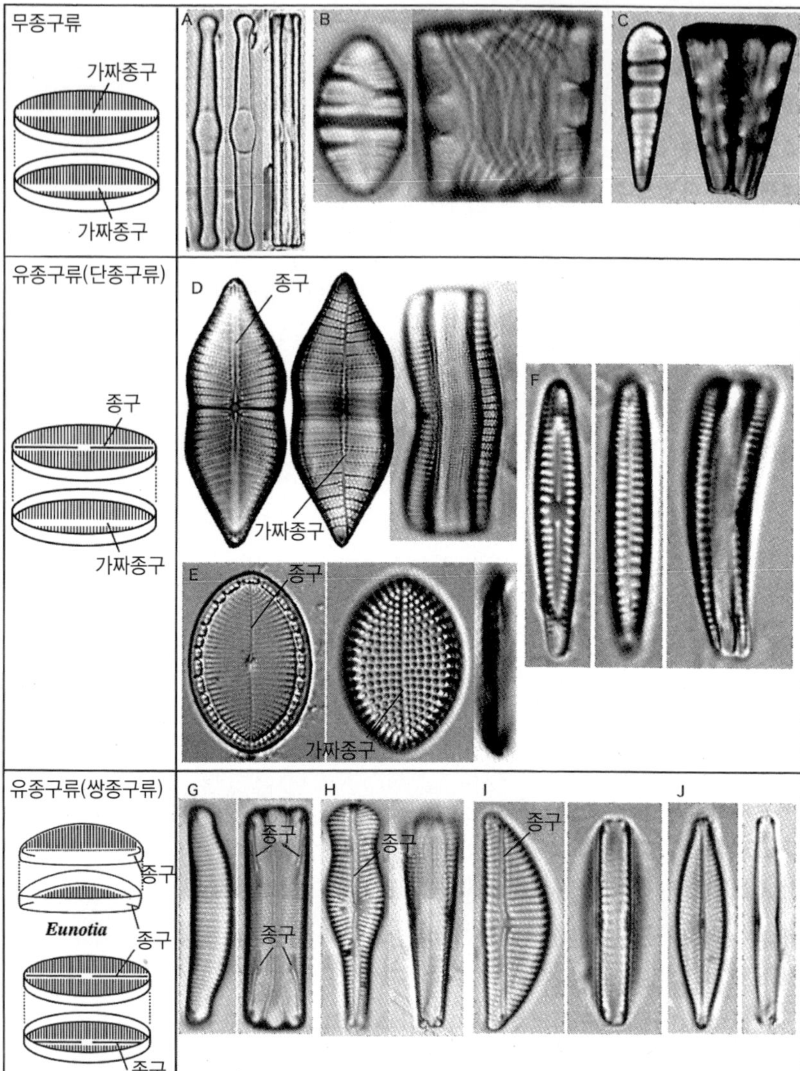

그림 3-6. 우상규조류의 전통적인 분류. 종구의 유무에 의해 무종구류와 유종구류로 나눈다. 유종구류는 단종구류(피각의 한 방향으로만 종구가 있다)와 쌍종구류로 나눈다. *Eunotia*는 종구가 짧고, 유종구류의 원시적인 형태를 지키는 것으로 생각된다. (A: *Tabellaria*, B: *Diatoma*, C: *Meridion*, D: *Achnanthes*, E: *Cocconeis*, F: *Rhiocosphenia*, G: *Eunotia*, H: *Gomphonema*, I: *Cymbella*, J: *Navicula*) (사진제공 D: 豊多健介, E, F: 鈴木秀和, A-J, G-J: 南雲保)

칭 모양을 하는 우상규조(Pennate diatoms)이다. 오래전부터 각각을 중심목(Centrales, L: *centrum* 중심)과 우상목(Pennales, L: *penna* 날개/깃)으로 분류하였다(권두사진 6). 우상규조는 더욱 장축을 따라 종구(raphe, Gk: *raphe* seam 근(筋), 구(溝))라는 슬릿을 가진 유종구규조(Raphidineae)와 종구가 없는 무종구규조(Araphidineae, Gk: *a* = without)로 구분하였다(그림 3-6). 지금은 더욱 복잡한 분류계를 가지나, 개략적인 규조의 내용을 이해하기에는 이러한 분류가 적합하다.

중심규조는 상각면과 하각면 중심이나 주변부에 유기돌기(strutted process)라는 속이 빈 돌기를 가진다. 유기돌기에는 실 모양의 점액이 가시처럼 뻗어 연결되어 군체를 만들기도 하고, 방사상으로 뻗어 부력을 증가시킨다(그림 3-7). 중심규조와 우상규조의 일부(무종구류 및 원시종구류)에는 피각면 안쪽에 진상돌기(labiate process)라는 입술(唇)모양의 돌기가 있다(그림 3-7). 이 진상돌기를 늘려보면 종구와 같다. 우상규조에서 보이는 종구는 중심규조의 진상돌기에서 진화한 것으로 생각되고 있다. 나중에 설명하지만 우상규조는 중심규조에서 진화한 것이다.

중심규조와 우상규조는 각각 원반, 가늘고 긴 직방체를 가장 기본적인 모양으로 한다. 이것이 변형되어 다양한 모양의 규조를 만들고 있다. 전갱이, 고등어, 가다랑이와 같이 극히 보통의 물고기를 상상하여 주기 바란다. 이것을 장축방향으로 압축하고 단축방향으로 다소 잡아당기면 개복치 모양이 된다. 다양화 과정에서 진화는 종종 이와 같은 기본형의 변형, 이른바 주제의

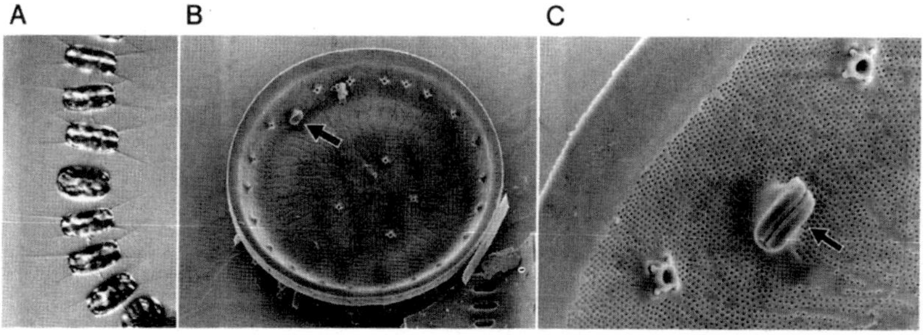

그림 3-7. 중심규조. A: 광학현미경 사진, B, C: 유기돌기와 진상돌기(화살표)를 안쪽에서 본 것. C는 확대사진(사진제공: 南雲保).

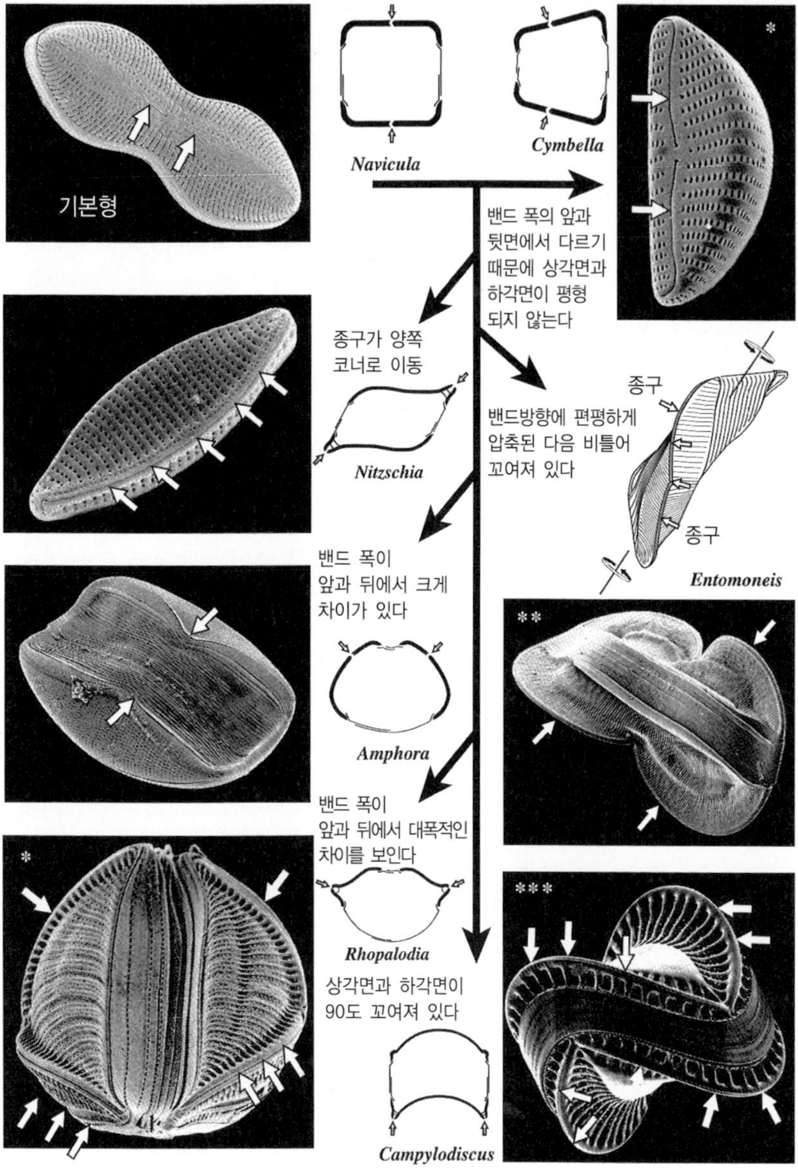

그림 3-8. 우상규조의 기본형과 변형. 하얀 색 화살표는 종구의 위치를 나타낸다(사진제공: *南雲保, **長田敬五, ***出井雅彦)

변주(變奏)를 시도하는 것처럼 보인다. 규조에서 이러한 주제인 기본형에 당기거나 압축시키고, 때로는 비틀고 구부리는 등의 요소가 변주로 추가되어 매우 다양한 모양의 규조가 만들어 진다(그림 3-8, 권두사진 10-4~27).지금까지 초정밀 유리세공에서 어떠한 예술가도 도달한 적이 없는 자연의 작품이다. 신비로운 다양한 모양이 마이크로의 세계를 구축하고 있다.

이러한 규조를 이용하여 만든 믿기 어려운 예술작품이 존재한다. 권두사진 10-28~31은 다양한 규조의 피각을 커버글라스 위에 하나씩 세심하게 정성들여 나열하여 봉입한 작품이다. 게재한 사진은 동경대학 빨강 문 앞에 있는 하마노현미경 가계의 하마노 이치로(濱野一郎)씨가 소장하는 규조 프레파라트를 촬영한 것이다. 손재주가 탁월하다는 일본인이 만든 이러한 마이크로적 작품은 아직 본 적이 없다.

이렇게 복잡한 피각을 가지는 규조세포가 어떻게 유지되며, 복제되는가를 해명하는 것은 규조라는 조류가 담당하는 역할을 이해하는 것으로 연결된다. 규조피각은 반영구적인 것으로 자신의 피각을 손자에게 전승하는 것으로 모든 규조에 대한 내용이 시작된다(그림 3-9). 규조의 번식은 어미 피각을 기준으로 어미의 상각면에 대하여 새로운 하각면이, 어미의 하각면을 상각면으로

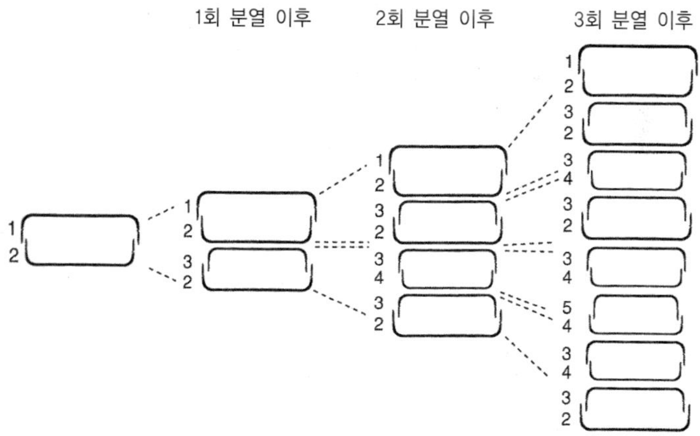

그림 3-9. 규조분열에 의한 피각의 축소화. 새로운 피각은 어미 피각 속에서 생겨나기에 부모의 피각보다 작다. 숫자는 피각의 크기를 나타내고 있다. 3회분열하면 5종류 크기의 피각이 생긴다(Round *et al.*, 1990를 기초로 그림)

하여 새로운 하각면이 어미 피각 안쪽에 만들어져 2개의 딸세포가 생겨난다. 즉 규산질로 만들어진 피각이기에 튼튼하여 늘어나거나, 줄어들지 않기 때문에 다음세대의 규조는 정해진 피각의 공간을 벗어날 수가 없게 된다. 때문에 2개의 딸세포에서 어미의 하각면을 상각으로 하여 만들어진 2세는 필연적으로 부모세대보다 크기가 작게 된다. 이러한 분열이 반복되면 규조세포는 점차 크기가 작아져서 최후에는 없어지는 것은 아닌가 하는 걱정을 할 수도 있다. 당연하겠지만 최후에 없어지지는 않는다. 특별한 생식과 발아과정을 거쳐 규조는 원래 어미세포의 크기로 회복하는 능력을 가진다.

크기 회복을 설명하기 이전에 피각형성에 대해 조금 더 자세하게 살펴보자 (그림 3-10, 3-11). 규조는 피각면에 평행하여 분열한다. 세포질분열이 완성하면 두개 딸세포의 세포 속에서 분열면 세포벽 바로 밑에 작은 소포가 다수

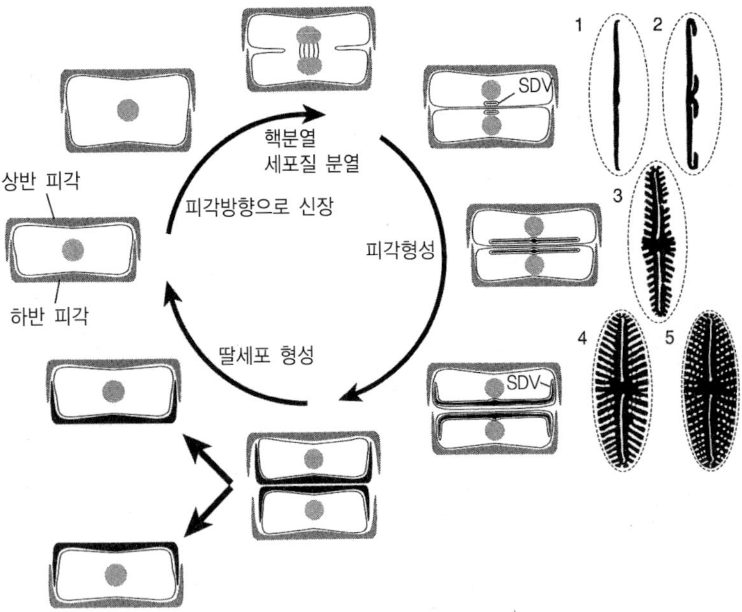

그림 3-10. 규조의 분열과 피각형성. 핵분열은 피각면에 수직으로 세포질 분열은 피각면에 평행하게 발생한다. 딸세포의 종구가 형성되는 부위에 규산침착소포(SDV)가 생기고, 상하의 피각을 상각면으로 하는 하각면이 형성된다. 피각면에서 보면 피각형성은 종구의 형성에 시작하여, 이후 좌우에 규산화가 진행된다(出井雅彦, 眞山茂樹의 원도를 기본으로 그림)

출현한다. 규산침착소포(silica depositing vesicle: SDV)라는 이 소포가 규조를 침착시키면서 융합하여 성장하면서 최종적으로 어미와 같은 피각을 만든다. 피각이 완성되면 이 소포는 세포 밖으로 방출되고, 상각면과 하각면이 밴드로 둘러싸여 딸세포가 생겨난다. 피각 형성과정에는 순서가 있다. 우선 최초로 규산화 개시점인 패턴센터(pattern center)라는 구조가 출현한다. 패턴센터의 위치는 규조그룹에 의해 다르지만, 이것이 형태와 연주의 출발점이 되고 있다. 그리고 패턴센터 위치결정에는 MTOC(microtubule organizing center)라는 미소관 형성을 담당하는 구조가 관련된다. 중심규조의 패턴센터라는 중심원(anulus)이라는 원에서 SDV가 방사상으로 뻗혀서 규산침착이 진행된다(그림 3-11A). 한편 우상규조의 패턴센터는 중늑(sternum)이라 불린다. 중늑 형성은 조금 복잡하다. 중심 시작점에서 세포 장축을 따라 뻗으면서 SDV는 꺾어 돌아 신장한다. 그래서 세포 양측에서 꺾어 돌아온 SDV가 융합하는 것으로 중늑이 완성된다(그림 3-10, 3-11D). 종구류 규조에서는 중늑에 둘러싸인부분이 나중 종구가 된다. 이후에 중늑에서 짧은 축쪽을 향하여 양측 SDV가 신장되고, 더욱이 그것을 연결하는 것과 같은 형태로 SDV 신장은 계속된

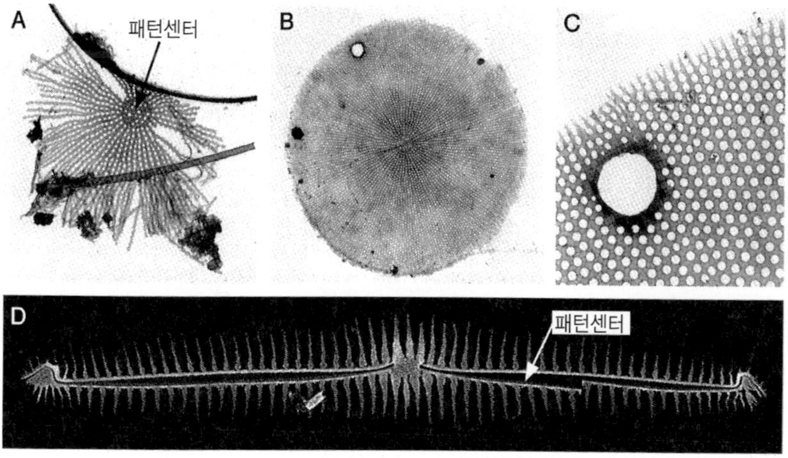

그림 3-11. 규조의 피각형성. 중심규조는 링크상의 중심원에서 우상규조에서는 세로로 달리는 중늑이 최초로 만들어지고, 각각 방사상, 좌우에 규산화가 진행된다. 중심원과 중늑은 패턴센터라고 한다 (사진제공, A-C: *Stephanodiscus*, 長田敬五, D: 出井雅彦)

다. 이렇게 하여 고분해능 전자현미경에서만 관찰되는 미세한 규산질 구조물이 완성된다. 규조피각의 정밀한 형태 형성과정은 고도화된 프로그램에 의해 진행되고 있음을 나타내는 대목이다. SDV 주변에는 액틴(actin)섬유가 보여진다. 아마도 액틴섬유는 SDV 모양을 억제하여 주형으로 기능을 하는 것으로 생각된다.

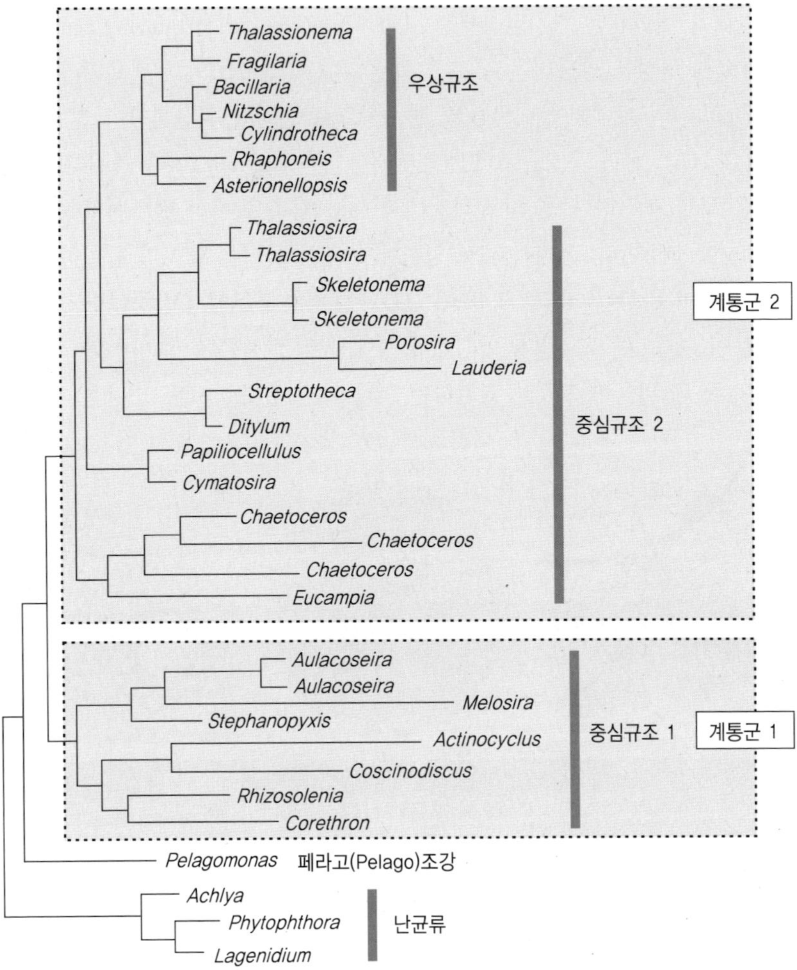

그림 3-12. 규조의 분자계통수. 중심목 쪽이 원시적이지만 하나의 계통은 아니다. 중심규조만 포함하는 계통군(klad)과 중심 및 우상규조를 포함한 계통군이 포함되고 있다.

규조를 진화적으로 보면 중심규조가 먼저 출현하였고, 우상규조가 나중에 진화, 출현하였다. 진화라는 과거의 일에 대해 이와 같이 확신을 할 수 있는 것은 규조가 규산질 피각을 가지고 있기 때문에 거의 완벽한 화석으로 현존하고 있기 때문이다. 화석기록을 토대로 신뢰할 수 있는 진화과정을 복원할 수 있는 생물은 그리 많지 않다. 규조는 그런 의미에서 형태진화 연구에 매우 적합한 생물이다. 그것도 화석종으로 기록되는 상당부분의 속과 종이 지금도 수권에서 광합성 활성을 수행하고 있다. 최초의 규조화석은 1.8억년 이전인 중생대 백악기에 출현하는 중심규조이다. 우상목 무종구규조가 출현하는 것은 훨씬 이후인 신생대 요신세(6,500~5,600만년 이전)쯤 이다. 이러한 결과로부터 1억년 이상의 시간을 걸쳐, 규조는 방사대칭형태의 중심목에서 보다 정밀한 조절을 필요로 하는 좌우대칭형태인 우상목으로 진화한 것을 알 수 있다. 또 양쪽 피각에 종구를 가지는 쌍종구규조의 화석은 시신세 이후에 출현한다. 이로부터도 무종구규조에서 쌍종구규조로 진화하는 시간도 대략 2,000만년을 필요로 한 것이 된다. 유전자에 의한 계통해석의 결과도 이러한 규조진화의 역사를 지지한다(그림 3-12).

중심규조와 우상규조의 커다란 차이는 유성생식에서 관찰된다(그림 3-13). 우선 규조는 딸세포의 피각을 어미피각 속에서 만들어지기에, 분열함에 따라 점차 크기가 작아지는 숙명을 가진다는 것은 이미 설명하였다. 세포를 유지하기 위해서는 당연하지만, 크기에 한계가 있다. 크기가 상당히 작아지면 필요한 세포소기관을 유지할 수 없기 때문이다. 이러한 것을 피하기 위하여 규조는 유성생식을 한다. 그림 3-13에 중심규조와 우상규조의 유성생식 과정을 나타내었다. 전자는 알과 편모를 가진 정자에 의한 난생식을 하고, 후자는 유영하는 배우체가 없는 아메바상 배우체에 의한 접합이다. 규조가 중심목에서 우상목으로 진화되었다면, 유성생식 방법도 난생식에서 아메바상 배우체 접합방법으로 진화하였다는 것이 된다. 여기에서 중요한 것은 어느 쪽이든 접합한 세포(수정란에 해당)는 규조에서 단단한 피각이 없는 유일한 시기를 맞이한다는 것이다. 이 제한된 짧은 시간만이 세포 크기를 증대할 수 있다. 규조 수정란은 발아하기 이전에 크기를 회복시킨다. 때문에 증대포자(auxospore, Gk: *axwein* 증대하다)라는 특별한 이름으로 불린다. 증대포자는 규산질 인편이나

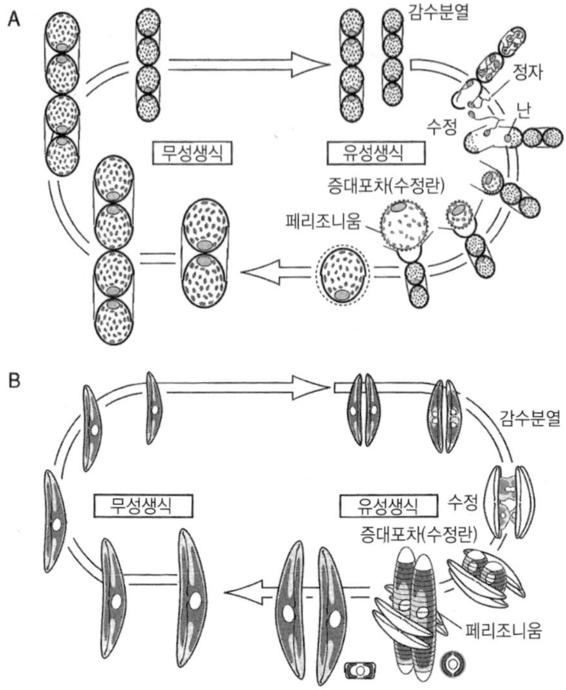

그림 3-13. 규조의 생활사. A: 중심규조, B: 우상규조(出井雅彦 원도를 기준으로 그림)

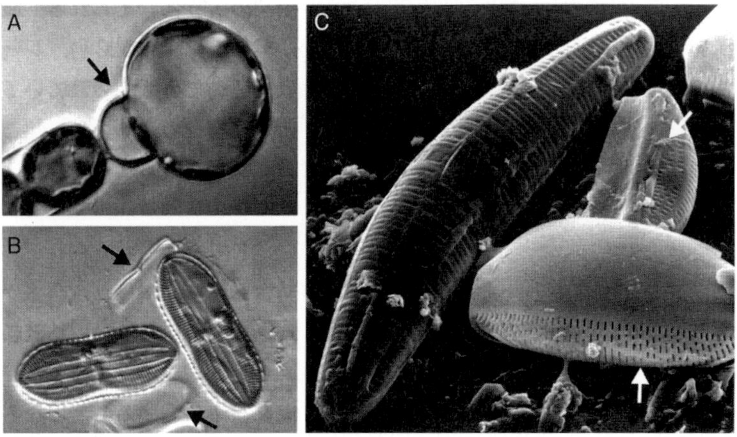

그림 3-14. 규조의 증대포자. A: 중심규조, B, C: 우상규조, B: *Diploneis*, C: *Amphora* 밴드모양의 페리조니움에 둘러싸인 증대포자. 화살표는 배우체를 만든 세포(사진 제공, A. B: 出井雅彦, C: 南雲保)

페리조니움(perizonium)이라는 얇은 밴드로 덮여있지만, 모두 크기증대를 방해하지는 않는다(그림 3-13, 3-14). 이렇게 하여 규조는 원래의 크기로 복원되어, 재차 무성생식에 의한 이분열로 축소화의 순환과정을 밟게 된다.

이야기를 바꾸어 규조가 운동을 한다는 것은 이외로 잘 알려져 있지 않다. 중심규조는 능동적으로 움직일 수 있는 수단을 가지지 않지만, 종구를 가진 우상규조는 기질에 부착하여, 기질 표면을 앞과 뒤로 미끄러지는 활주운동을 한다(그림 3-15). 메카니즘 등 상세한 내용에 대해서는 아직까지도 확실하지 않은 부분이 많지만, 개략적인 운동 메카니즘은 다음과 같을 것으로 생각된다. 종구를 따라 세포막 안쪽에는 섬유구조인 액틴섬유가 기차철로의 2열 레일과 같이 뻗혀있다. 액틴은 근육의 수축운동에서 잘 알려진 단백질로 미오신 분자와 결합하는 것으로 근섬유의 활주운동이 발생하여, 근육수축을 발생시킨다. 미오신과 같은 단백질을 운동단백질(motor proteins)이라 한다. 액틴섬유에 결합하여 그 위를 미끄러지는 활주운동(滑走運動, gliding movement)이 발생된다. 아마도 규조도 미오신 일종인 액틴과 결합하는 것으로 생각된다. 미오신에 세포막을 관통하는 단백질이 결합하고, 그곳에 재차 종구에서 기질로 분비되는 점액섬유가 결합하는 것으로 생각된다(그림 3-15). 점액섬유는 기질에 부착하기 때문에 미오신이 액틴섬유 위를 미끄러지면, 기질과의 접점이 지지되는 기준이 되어 세포가 장축방향으로 활주운동을 하게 된다. 미오신이 세포 끝부분까지 도달하면 점액섬유는 잘려나가 폐기된다. 때문에 세포가 이동한 뒤에 활주운동 궤적이 남는다. 반대방향으로 운동을 전환할 때에는 아마도 종구를 끼고 달리는 또 하나의 액틴섬유에 접합이 절환 되는 것으로 추정되지만 아직까지 분명하지 않다.

규조운동 중에서도 *Bacillaria paradoxa*(L: *bacillium* 막대)에서 관찰되는 막대모양의 군체운동을 보면, 아무 생각 없이 형태를 변화시키는 운동모양에 빠져들게 된다(그림 3-16). 이 규조는 소종명 paradoxa (Gk: *para* 떨어지다, *dox* 정설, *paradoxa* = opposite to what is expected)의 이름처럼 상식을 벗어나는 수수께끼로 가득하다. 일반적인 이름은 *Bacillaria paxillifer*이지만, 여기서는 *paradoxa*가 어울린다). 우선 이 규조는 해수 및 담수, 그리고 빈영양이나 부영양 수역을 가리지 않고 모든 곳에 일반적으로 서식한다. 군체운동은 너무

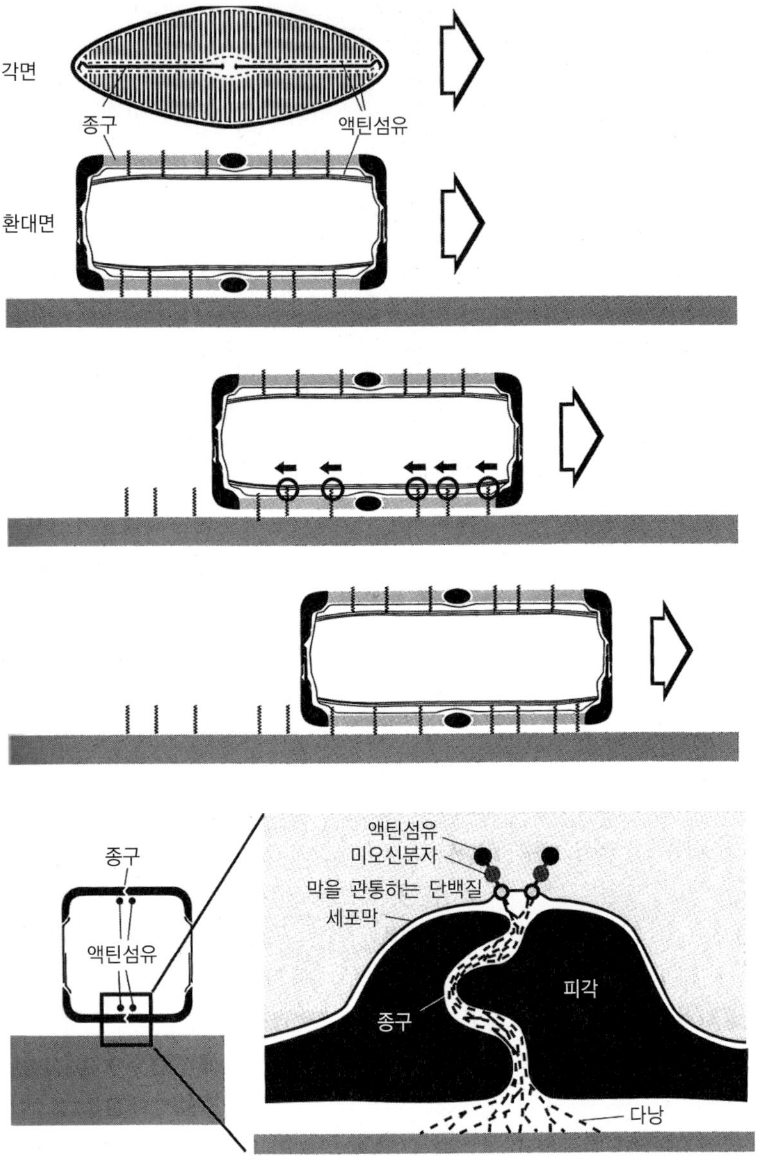

그림 3-15. 우상규조의 운동 추상도. 종구를 따라 뻗어있는 액틴섬유에 아마도 미오신분자가 결합하고, 그것이 막을 관통하는 단백질을 매개로하여 종구에서 기질로 분비된 다당과 결합하는 것으로 생각된다. 이러한 메카니즘이 있게 되면, 미오신분자가 화살표방향으로 운동을 하는 것으로 세포는 반대방향으로 진행한다(Round *et al.*, 1990 및 Wetherbee *et al.*, 1998의 내용을 기준으로 그림)

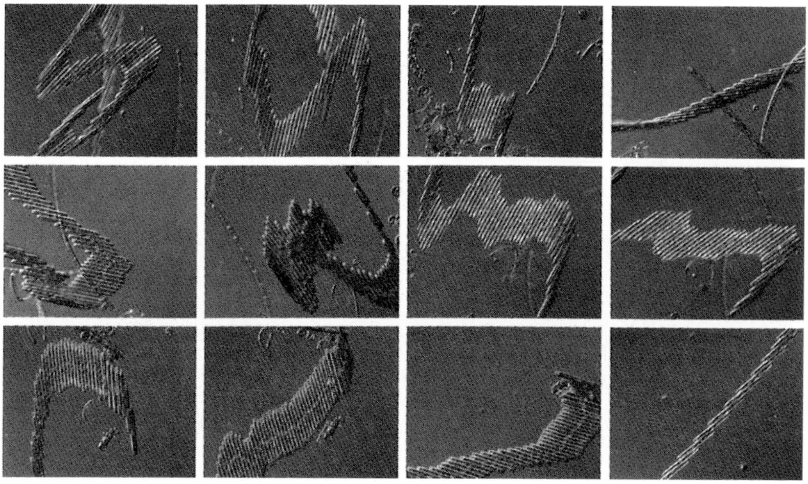

그림 3-16. *Bacillaria* 군체운동. 같은 군체운동을 경시적으로 나타내었다(왼쪽에서 오른쪽, 윗단에서 가운데 단 및 아랫단의 순)

복잡하기에, 현대과학으로도 해석이 불가능하다. 최근에는 쉽게 볼 수가 없지만 남경옥렴(南京玉簾)[41]이라는 대도예(大道藝)가 있다. '아~!, 자~, 아!, 자~, 자~그럼 남경옥염'으로와 같이 흥미롭게 반복되는 노래를 부르면서 대나무 발(옥염)을 늘리고, 줄이고, 또는 반대 방향으로 늘리기도 하면서 다양한 모습으로 발을 변화시키는 불가사의한 길거리 연주가 있었다. *B. paradoxa*의 군체운동은 이 발 모습이 변화하는 것과 매우 유사하다. 그림 3-16은 시간에 따른 군체운동의 비디오영상을 연속적으로 나타었다. 어지러울 정도의 다양한 모습으로 군체가 변화된다. 세포와 세포는 종구를 가진 각면이 붙어서 발과 같이 얇은 반상으로 장방형의 군체를 만든다. 군체운동은 매우 잘 통제되어 동조한다. 세포사이에 무엇인가 틀림없는 정보교환이 있을 것이다. 군체는 세포가 서로 미끄러지면서 남경옥렴(南京玉簾)[42]과 같이 가늘고 길게 뻗히지

41 일본의 대도예(大道芸) 중의 하나로, 역사가 있는 전통예능이라고 한다. 한 사람의 발 연주자가 20~30cm 정도의 대나무로 만든 소형의 발(簾-발 염/렴)을 가지고 노래에 맞추어 발을 낚시대, 다리, 수양버들, 깃발 등 매우 다양한 형태로 변화시켜 형상화 시킨다. 남경옥렴은 연기자가 가지는 발의 이름이기도 하다.

42 google에서 한자로 입력하여 검색하면, 발이 다양하게 변화되는 이미지를 영상으로

만, 뻗히면서 반대 방향의 활주운동으로 변한다. 어떠한 구조로 이와 같은 조절을 가능하게 하고 있을까? 이 운동을 수학적으로 해석하고자 하였던 연구가 있었다. 이른바 복잡계로 해석해야 한다는 것이다. 규조생물학은 놀라움이 가득한 분야이다. 젊은 예비 연구자에게 규조 생물학 분야의 연구를 적극 추천한다.

당돌한 이야기이지만, 노벨상은 알프레드 노벨이 발명한 다이나마이트 특허료에 의한 기금으로 운영된다. 노벨상이 규조와 무슨 관계가 있냐고 생각할지 모르지만, 다이나마이트는 불안정한 액체 폭약인 니트로클리세린를 규조각으로 만들어진 규조토에 깊게 스며들게 하여, 안전하게 사용하기 쉽게 만든 것이다. 봄은 규조가 대량으로 증식하는 계절로 여기저기 해역에서 규조가 대발생한다(권두사진 10-3). 증식한 규조가 죽어서 해저에 퇴적되면, 오랜 시간을 걸쳐 규조토(硅藻土, diatomite)라는 흙이 된다. 이 규조토는 현재 우리 일상생활에서 매우 다양하게 이용된다. 고등어 등 생선을 굽을 때 사용하는 흙풍로는 예로부터 애용하던 소박한 조리기구다. 이 흙풍로는 규조토를 잘라서 800℃ 온도의 열로서 굳힌 것이다. 단열효과가 우수하고 원적외선을 발생하는 우수한 조리기구이다. 규조토는 규조의 각으로 만들어진 것이기에 유리로 된 나노미터 단위의 다공질 구조로 목탄의 수천배에 달하는 다공질 소재로 이용된다. 이러한 성질을 이용하여 생맥주의 여과제로 이용하기도 하고, 제습, 방습제, 향기분자의 흡착제, 그리고 새집증후군의 대책으로 벽의 재료로 사용되고도 있다. 노벨상과 흙풍로, 그리고 새집증후군은 규조를 통해 연결된다. 규조는 생각하는 것보다 더욱 우리 생활 가까운 곳에 존재한다.

나. 황금색조, 빛말(권두사진 11-1~7)

황금색조는 주로 담수의 호소에 서식하는 미세조류로 황금색의 이름은 엽록체 색을 빌어 갈조 엽록체보다 노란색이 강하기 때문에 붙여졌다. 많은 종이 담수에 서식하지만, 분류가 매우 어려워 아직까지 그다지 많이 알려져 있지 않다. 조류보기에는 없어서는 안 되는 빛말이 여기에 해당한다. *Chromulina*

볼 수 있다.

rosanoffii, Ochromonas vischeri, Chromophyton rosanoffii 등의 학명이 붙여있지만, 정확하게 정착된 학명은 아직 없다. 빛말(권두사진 11-1)은 각지에서 전쟁 중 건설된 방공호 동굴 속의 고인 물이나 신사나 사원의 약수터 표면에서 관찰된다. 빛말은 문자처럼 황금색으로 금가루를 채워놓은 것과 같이 빛을 발생시킨다. 얼핏 보면 신의 존재하는 것과 같은 느낌으로 영광과 감사의 마음으로 손을 모으게 된다. 빛말 세포는 빛을 내지 않을 때에는 물속에서 편모를 가지고 유영하지만, 어떻게 된 일인지 수면에서 반전하여 소수성(疎水性) 자루를 가지고는 수면으로 솟아오른다. 공중으로 솟아 오른 빛말은 융합하거나, 세포분열을 하여 군체모양의 세포 덩어리를 만든다. 이것에 입사하는 빛을 반사시켜 금속광택이 있는 황금색으로 반짝거리는 것이다.

아마도 빛말과 같을 것으로 생각되지만, 1980년 핀란드(현재 러시아 령)에서 Woronin에 의해 기재된 이후 많은 연구자에 의해 흥미 깊은 현상이 기록되어 왔다. 빛말은 입사광의 방향에서 보면 빤짝이지만, 이 때 입사광선에 대하여 직각 방향에서 보면, 반짝거림은 관찰되지 않는다. 빛이 없는 어둠이 오면 빤짝임도 사라진다. 재차 빛을 받게 되면 10~20분에 빤짝임은 회복된다. 빛말은 빛 환경 변화에 민감하게 반응하여 황금색의 빤짝임을 보이기도 하고, 잃어버리기도 하는 것이다. 아직 분명하지 않은 무엇인의 메카니즘이 있어, 빛말이 빛에 대해 능동적으로 자세를 변화시켜 빤짝임을 실현시키는 것으로 판단된다.

빛말의 광 반응은 예로부터 연구자의 주목을 받는 내용으로 다양한 실험이 실시되었다. 빛에 반사하는 것은 물과 공기와 같이 굴절률 차이가 큰 물질 사이에 계면이 존재할 때이다. 일반적으로 세포 구조에서 빛을 반사하는 것은 안점뿐이다. 기타 세포소기관에서 빛을 반사하는 것은 알려져 있지 않다. 일반적으로 안점은 기름성분의 진한 카로티노이드 과립으로 거의 물에 가까운 세포질 속에서 굴절율의 경계를 만들어 반사판 또는 차광판의 기능을 하는 것이다(제3장 및 제11장). 빛말 세포 속에 이러한 굴절율 경계는 존재하지 않는다. 현미경으로 위에서 빛을 주고, 반사하는 빛을 관찰하면 유영하는 빛말 세포는 빤짝이지 않는다. 즉 빛말 세포 속의 굴절율이 크게 변하여 반사면이 존재하지 않는 것이다. 수면으로 솟아오를 때만 빛말은 빛에 반응한다. 이런 사실에서 빛말은 수면에 솟은 세포와 공기의 경계면에서 빛을 반사하는 것으로 생각할 수가 있다. 이러한 현상은 미세한 노란색 입자(세포 또는 세포의 집합체)를 전체 수면에 뿌려놓은 상태에서 가드레일 반사판과 같이 입사한 빛이 감쇠되면서 반사하는 재귀반사(再歸反射, retro-reflection)라는 것으로 이해할 수 있다. 하지만 빛말의 반사구조는 실험을 통한 명확한 구조해석이 필요하지만, 아직 그 누구도 성공한 적이 없는 것 같다.

빛말은 입사광 방향에서 볼 때 가장 황금색으로 빤짝거린다. 약 100년 이전인 1901년에 모리쉬(H. Molisch)는 빛말의 반사는 이끼류의 한 종인 빛이끼(*Schistostega pennata*) 원사체가 빛을 빤짝거리게 하는 구조와 같은 것으로 생각하였다. 빛이끼 세포는 볼록렌즈의 기능을 하여 입사광의 반대쪽에 빛을

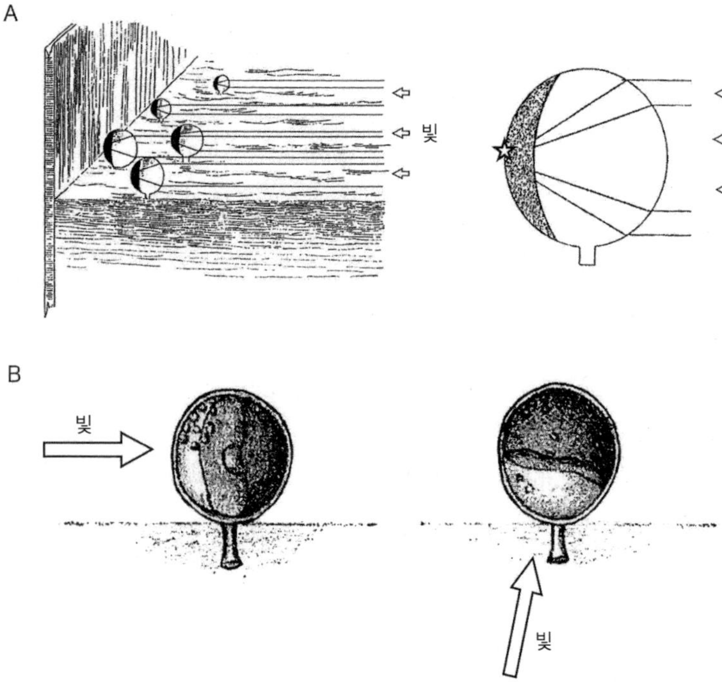

그림 3-17. 빛말 엽록체의 빛에 대한 정위. A: 입사광선에 대하여 반대쪽에 엽록체가 위치하여, 엽록체를 통과하여 빛을 반사하는 것으로 생각되고 있다. 별 표시는 반사부위(Molisch, 1901를 개정), B: 화살표의 방향에서 빛을 주면 엽록체가 세포의 반대쪽에 정위한다(Senn, 1908을 기본으로 그림).

모은다. 일부 빛은 전반사로 광원 쪽으로 되돌아온다. 빛의 세기가 적당하면 빛이끼 엽록체는 입사광 반대측, 즉 세포렌즈 효과에서 빛이 수렴하는 쪽에 위치한다. 때문에 녹색 반사광이 된다. 빛말도 이처럼 적당한 빛이 있을 때 엽록체는 광원의 반대쪽에 정위(定位)한다. 때문에 빛은 엽록체를 통과하여 반사하기에 황금색으로 빤짝이는 것으로 생각된다. 그러나 빛말은 5μm 정도의 미소한 세포로 정확하게 관찰하는 것이 쉽지 않다. 현재의 과학수준에서도 빛말의 반사구조는 아직 충분한 이해를 하지 못하고 있다. 그림 3-17은 Molisch와 Senn이 남긴 그림이다. 빛말의 엽록체 정위가 기록되어 있다.

불가사의한 조류로서 많은 미스터리를 가지기에 매력 있는 연구대상이다. 치바(千葉)현 다케오카(竹岡)의 빛말은 국가 천연기념물로 지정되어 있다. 유채 꽃이 피는 이른 여름 국도를 따라 있는 작은 사당에서 약하게 솟구치는 약수터가 마치 신이 강림한 것처럼 빤짝이는 광경을 만들어 낸다. 한번쯤 경험할 가치가 있다.

다. 디노브리온 및 우로글레나

군체를 형성하는 황금색조인 디노브리온(*Dinobryon*, 권두사진 11-5) 및 우로글레나(*Uroglena*)는 대표적인 호소 식물플랑크톤이다. 물론 이들 조류는 광합성을 하지만 실제로는 광합성과 함께 세균 등을 잡아먹는다. 그것도 상당한 속도로 많은 양의 세균을 포획하여 세포 속으로 집어넣고 소화시킨다. 즉 일부 황금색조는 광합성과 동시에 포식에 의한 종속영양을 병행하는 것이다. 이와 같은 영양방식을 혼합영양(mixotrophy)이라 한다. 이러한 현상은 수권생태계를 생산자에서 분해자, 소비자로 흐름을 가지는 것과 같은 단순한 도식으로는 설명할 수 없는 복잡한 관계를 만든다(제6장). 미세조류의 섭식작용이 어떻게 발생하는 것인가에 대해 설명하여 둔다(그림 3-18). 부등편모식물의 편모가 추진력을 역전시키는 것은 앞에서 설명하였지만, 이것을 바꾸어 말하면 편모근 쪽으로 향하는 물의 흐름을 가지는 것을 의미한다. 이 물 흐름에 의해 먹이가 운반된다. 세균 등 먹이입자가 편모의 뿌리부분(세포의 앞부분)을 자극하면, 짧은 편모 가까이에 금붕어를 건지는 망과 같은 세포구조가 순간적으로 발사되어 먹이를 포획한다. 순간적으로 발사되는 부분은 포식광주

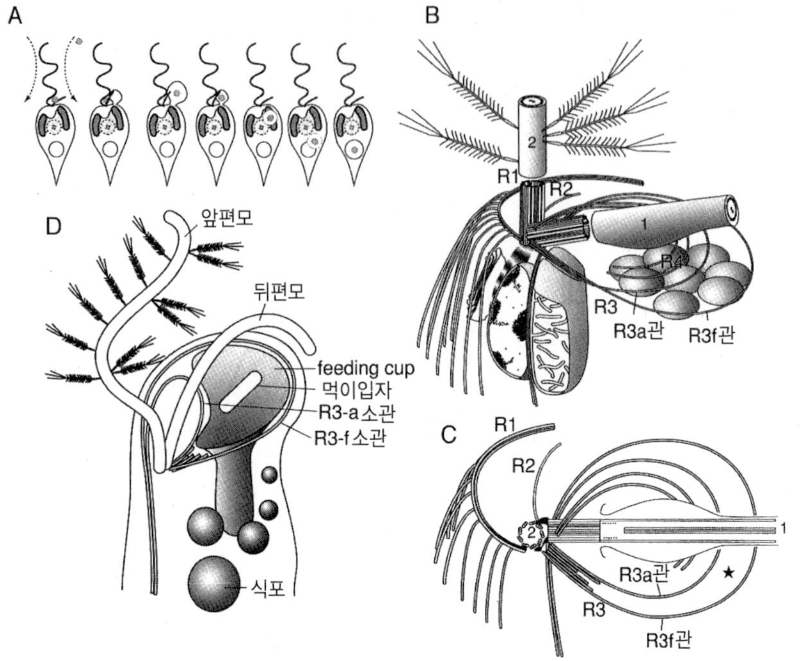

그림 3-18. 황금색조의 섭식작용 및 편모장치. A: 섭식작용의 프로세스, B: 황금색조의 편모장치, C: 편모장치 평면도, D: 섭식작용과 편모장치의 관계, 편모근 R3 미소관의 틈(별표)이 열리는 것으로 포획바구니가 만들어지고, 먹이를 포집한 다음 이 틈이 축소되는 것으로 먹이를 포획한 식포가 잘려져 세포 속으로 들어간다.

리(feeding cup 또는 basket)라 하며 모기장과 같이 프레임과 그물부분으로 구성된다. 이때 프레임이 미소관이고 그물은 세포막이다. 전자현미경으로 관찰하면 황금색조 세포의 편모근은 편모장치라는 복잡한 구조(그림 3-18)로서 다수의 미소관이 편모근이란 구조의 기저소체에서 나오는 것을 알 수 있다. 미소관은 외경 24nm, 내경 14nm인 관상섬유로 진핵생물의 보편적인 세포요소이다. 그 중에 편모근 No. 3(root 3, R3)가 포식망 형성에 관여하고 있다. R3의 미소관 a와 f는 안쪽과 외부에 두개의 원을 만들고, 그 뒤에 인접하여 핵과 미토콘드리아를 따라 세포 뒤쪽으로 뻗어있다. 편모운동으로 생긴 수류를 타고 운반되어온 세균 등 먹이입자가 편모기부에 접촉하면, f 미소관이 위로 미끄러진다. 그 결과 a와 f의 원 사이에 틈이 넓어져 세포 앞쪽이 돌출되면서 세포막을 펼쳐 포집망을 만든다. 이렇게 먹이가 포집망에 모이게 되며, 이번에는 아래로 미소관이 미끄러진다. 이 과정에서 두개의 원 사이가 좁혀져 포집망 입구가 닫히면서 먹이입자가 세포 속으로 들어간다. 이 마이크로한 포집망을 이용한 섭식작용으로 디노브리온 및 우로글레나는 소비자에 상응하는 역할을 하는 것이다.

라. 시누라조

황금색조에 매우 가까운 미세조류 그룹에서 독자적인 진화의 결과 몸 전체가 규산질로 이루어진 독특한 비늘에 덮여있는 분류군을 시누라조라고 한다. 시누라(Synura, Gk: *syn* 함께, 네델란드어: *ura* 꼬리, 권두사진 6-20, 21, 11-7)와 말로모나스(*Mallomonas*, Gk: *mallos* 양의 털, *monas* 고독에서 단세포, 권두사진 6-18,19, 11-6)는 역시 호소에서 일반적으로 관찰되는 플랑크톤이다. 특히 가을에서 겨울에 거쳐 다수 출현하는 담수 식물플랑크톤의 중요한 구성종이다. 규조의 피각과 같이 시누라조의 비늘도 화석으로 산출되기 때문에 고환경 해석에 많이 이용된다.

마. 노란색 미세조류의 이것저것

부등편모식물에 속하는 미세조류는 놀라울 정도로 다양하고 특유의 성질을 가진 그룹이 많이 알려진다(그림 3-19). 이들 모두를 설명할 수 있는 여유가 없기에 여기서 몇 개를 선택하여 소개한다.

황록색조강(Xanthophyceae, 권두사진 11-8~10) 및 진안점조강(Eustigmatophyceae, 권두사진 11-11~14)은 노란색식물(부등편모식물의 별도 이름)이지만 녹색이다. 왜 녹색을 하는 것일까? 설명하기 위하여 조류보기에 등장시킨다. 생미역은 진한 차색이지만 된장국 속에 있는 미역은 녹색이다. 어떻게 된 일일까? 생미역을 열탕에 넣으면, 순식간에 차색이 선명한 녹색으로 변한다(권두사진 5-8). 이것은 생체에 빨강색 색소로 기능하던 푸코크산틴(fucoxanthin)[43]이라는 갈조 색소와 단백질 합성체가 변성되어 파괴되고, 감

---

43 갈조소라고도 한다. 외래어표기는 국어사전에 푸코크산틴으로 되어있다. 그러나 일

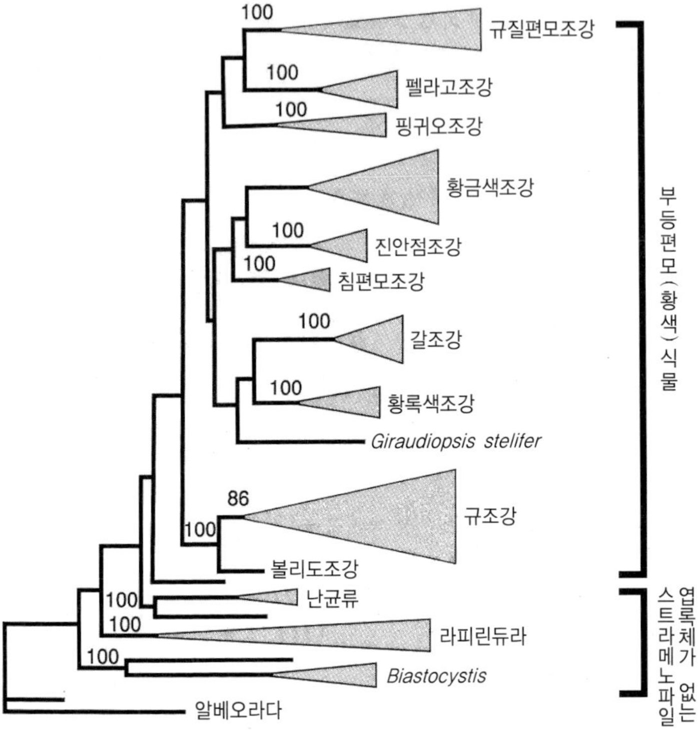

그림 3-19. 부등편모식물의 계통수. 높은 독립성을 가지는 많은 강(class)으로 구성되어있다. 강 사이의 관계는 아직도 분명하지 않다(Kawachi *et al.*, 2000을 기준으로 바꾸어 그림). 스트라메노파일에 대해서는 제13장을 참조.

추어져 있던 엽록소 색이 나타나기 때문이다. 이 푸코크산틴이 황록색조 및 진안점조에는 존재하지 않는다. 때문에 녹색인 것이다. 그러나 양은 작지만 다른 노란색 식물과 같이 엽록소 *c*를 가지고 있다. 또 세포형성에서도 부등편모식물에 속하는 하나의 그룹인 것만은 틀림이 없다.

진안점조는 부등편모식물에서 보편적인 엽록소 *c* 조차도 가지지 않는다. 진안점조란 이름은 유영세포가 눈에 잘 띄는 안점을 가지기 때문에 붙여진 이름이다(권두사진 11-11, 12). 이 안점은 황금색조나 기타 부등편모식물과는

반적으로 후코잔틴 또는 푸코크산틴 등으로 표기된 경우가 많다.

달리 엽록체 속이 아니라 세포질 중에 존재한다(그림 3-20). 황금색조나 갈조류에서 안점은 뒤편모 팽윤부의 빛 수용체와 함께 빛 수용 장치를 구성하지만, 진안점조에는 이러한 규칙이 적용되지 않는다. 앞편모에 편모팽윤부가 있고, 그것도 넓은 낫 모양으로 나누어져 안점에 붙여있다(그림 3-20). 안점은 기저소체에서 뻗은 편모근으로 둘러싸여 있으며, 기능적으로는 이들 구조와 연대하는 것으로 추정된다. 편모근은 다른 부등편모식물과 같다고 생각되기에 진안점조는 부등편모식물 중에서 형태적으로 특수한 진화과정을 밟아왔다고 할 수 있다.

침편모조강(Raphidophyceae, 권두사진 11-15~18)이라는 익숙하지 않은 이름을 가진 부등편모조류는 바다 및 담수에 널리 서식한다. 무엇 때문인지 해산종에는 푸코크산틴이 존재하지만, 담수종에는 이 색소가 없다. 광합성색소의 진화를 생각할 때에 흥미 깊은 조류군이다. 한편으로 침편모조는 적조를 형성하는 원인종으로 악명을 떨친다. 차토넬라속(*Chattonella*, 인명 Chatton을

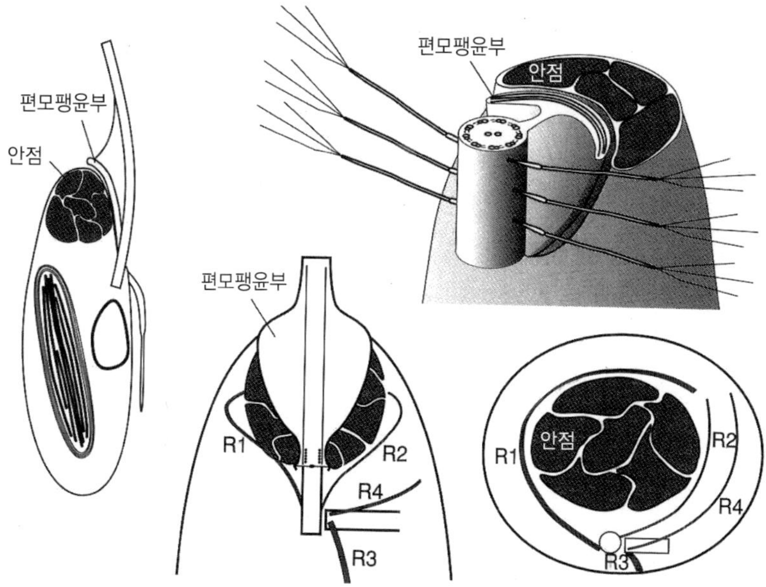

그림 3-20. 진안점조강의 안점과 편모장치. 황금색조나 갈조와는 빛 수용에 관여하는 구조가 다르다. 안점은 엽록체 밖에 위치한다.

기념)의 몇 종과 이름조차도 적조에서 유래한 *Heterosigma akashiwo*[44] 등이 침편모조 목록에 이름을 채우고 있다(권두사진 11-16). 이 중에 차토넬라는 가장 주의를 필요로 하는 적조원인조류이다. *Chattonella antiqua*(권두사진 11-15) 적조는 양식방어의 가장 큰 적으로 여름에 대증식 하였을 때, 이들은 방어양식장에 막대한 피해를 동반한다. *Ch, antiqua*는 크기가 150㎛나 되는 거대한 미세조류이다.

부등편모식물에는 이들 분류군 이외에도 규질편모조강(Dictyochophyceae, 권두사진 6-22, 11-19, 11-20), 황금색조강(Chrysophyceae)의 파르마조목(Parmales, 권두사진 6-23~26), 펠라고조강(Pelagophyceae), 볼리도조강(Bolidophyceae) 그리고 핑귀오조강(Pinguiophyceae, 권두사진 11-21) 등 이름조차 생소한 다양한 미세조류 그룹을 포함한다. 영어명칭으로 불리는 조류는 최근에 발견된 생물그룹들이다. 대부분 강 수준의 분류군으로 이용된다. 파르마조의 parma(Gk: *parme*)는 서양 병사가 사용하였던 방패를 나타내는 용어로 방패모양을 하는 규산질 입자가 조합하여 세포를 덮고 있다(권두사진 6-23~26). 1987년에 발견되었지만, 배양이 되지 않은 이유로 전반적인 연구가 늦어지고 있다. 기타 노란색 식물이 발견은 최근 일이다. 페라고조는 1993년, 볼리도조는 1999년 그리고 핑귀오조는 2001년에 기재된 새로운 조류군이다. 대부분 크기가 매우 작은 부등편모식물로서 크기로 보면 피코플랑크톤에 해당된다. 이와 같이 새로운 그룹의 생물이 계속 발견된다는 것은 아직도 부등편모식물의 다양성에 대한 조사가 매우 불충분하다는 것을 시사하는 것이다. 이들 극소형의 부등편모조 그룹도 앞으로 더욱 발전할 연구 분야로서 미래의 예비 연구자들에게 적극 추천한다.

3. 착편모조류

가. 착편모

엽록소 *a, c*를 가지면서 많은 부분에서 부등편모식물과는 다른 특성을 가

44 적조(赤潮)를 일본어로는 아카시오라고 발음한다.

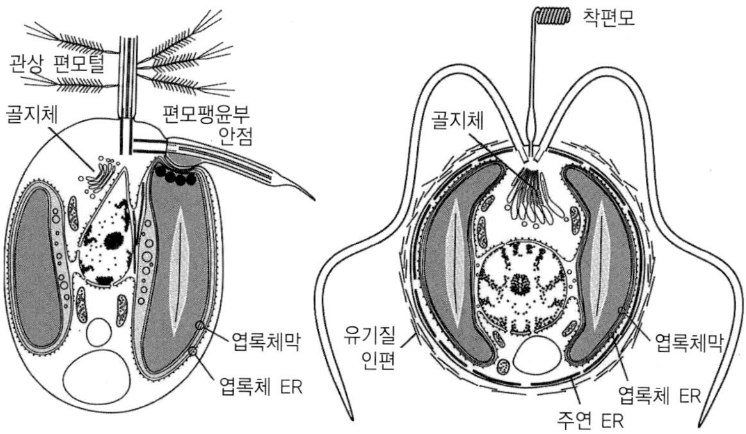

그림 3-21. 황금색조(부등편모식물)과 착편모조의 세포구조 비교. 착편모, 편모털, 편모팽윤부, 안점, 유기질 인편, 주연ER의 유무, 골지체의 배열 등에서 다르다. 광물화된 외피구조를 가지는 경우, 부등편모식물은 규산질, 착편모조는 석회질인 점도 다르다.

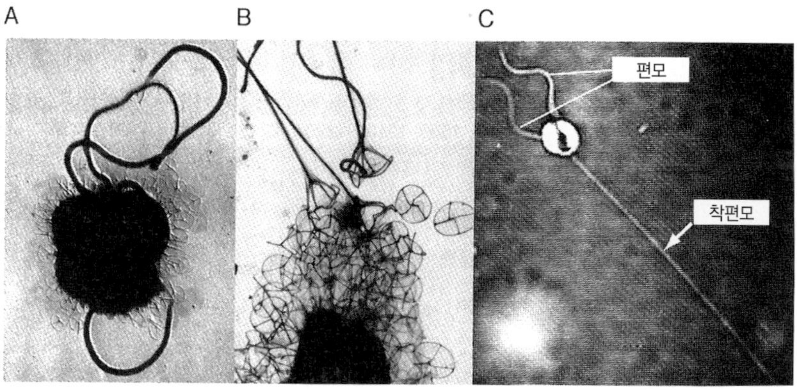

그림 3-22. A, B: 유기질 인편으로 덮여 있는 착편모조의 세포. C: 긴 착편모를 뻗고 유영하는 착편모조.

지는 착편모조식물(Haptophyta)이라는 거대 미세조류 그룹이 있다. 파셔시대에는 황금색조의 그룹으로 생각되었다. 그러나 전자현미경을 이용한 분류군별 세포의 미세구조에 대한 비교·검토가 가능하게 되면서 일반적인 황금색조식물과 세포의 미세구조 수준에서 현저한 차이가 발견되는 생물군으로 인식하게 되었다. 광학현미경에서는 황금색조와 유사하여 익숙하지 않으면 거의 구별이 되지 않는다. 그림 3-21에 전형적인 황금색조와 착편모조의 세포구조를 비교하여 나타내었다. 엽록체를 만드는 것은 비슷하지만 다른 구조는 크게 다르다. 황금색조의 세포외피는 규산질이지만, 착편모조는 대부분 골지체에서 만들어진 유기인편으로 덮여있다(그림 2-22, A, B). 무엇보다도 착편모조는 착편모(haptonema, Gk: *haptein* 부착, *nema* 실)라는 특유한 세포구조를 가진다. 이 착편모를 가지기 때문에 착편모조라고 불린다. 착편모는 착편모조류의 최대 특징이다(그림 3-22C). 착편모라는 의미는 부착성이 있는 실이라는 것이다[45]. 착편모조의 많은 종은 착편모를 이용하여 기질에 부착한다(그림 3-23A). 종류에 따라서는 세포크기는 10μm 전후이지만 착편모조의 길이는 120μm에 달하는 종도 있다. 이러한 착편모로 기질에 부착한 착편모조 세포는 마치 연실에 연결되어 공중에서 춤을 추는 연과 같은 모습을 한다(그림 3-22C).

착편모는 매우 불가사의한 세포기관으로 부착하는 기능 이외에도 몇 가지 다른 기능을 수행한다(그림 3-23). 일부 착편모조는 광합성뿐만 아니라 혼합영양을 한다. 이때에 착편모는 먹이를 포획하는 용도로 사용된다. *Chrysochromulina hirta*라는 종의 섭식작용이 상세하게 알려진다(그림 3-23B, 3-24B, 3-25). 세포는 착편모를 뻗어 선회하면서 착편모를 이용하여 먹이를 차례차례로 포획한다. 포획된 먹이는 착편모 기부로 보내어 커다란 덩어리를 만들고는 편모기부 반대에 있는 착편모 앞부분으로 수송된다(그림 3-23B, 24B). 착편모 표면을 커다란 먹이 덩어리가 굴러가는 것처럼 앞부분으로 이동시킨다. 착편모 앞부분에 먹이가 도착하면, 착편모를 구부려 먹이를 세포 끝부분으로 보낸다. 세포 끝부분에는 식포가 존재하고 있어 먹이가 수송되면 입을 열어 섭취한다. 착편모는 연을 날리는 연실의 역할뿐만 아니라 동시에 새나 곤충을 잡는 끈끈이와 같이 먹이포획 기능도 가지는 것이다.

현재의 세포학 수준에서는 착편모의 먹이포획과 수송현상을 확실하게 설명할 수 없다. 착편모 내부에는 세포 본체의 세포막 바로 아래에 망목 모양으

---

45 우리나라에서도 생물과학대사전에서는 부착성 편모라는 용어로도 번역되고 있지만, 일반적으로는 착편모로 불린다.

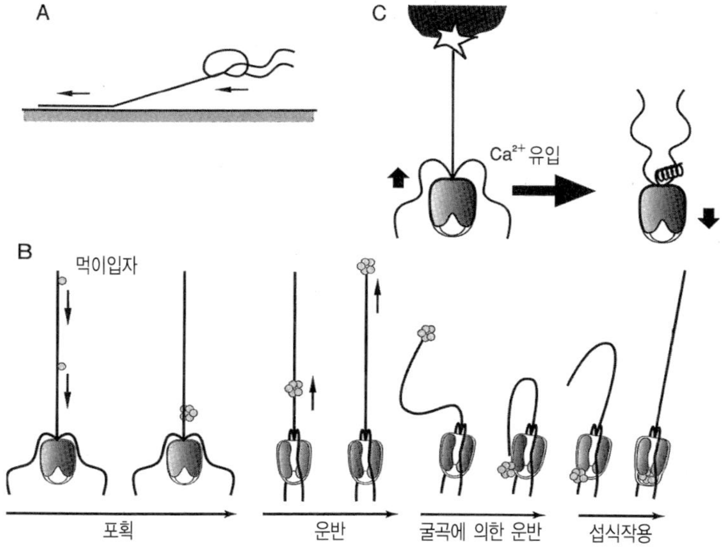

그림 3-23. 착편모의 다양한 기능. A: 부착과 활주운동, B: 섭식작용에서 먹이포획, C: 나선형성(coiling)과 도피반응.

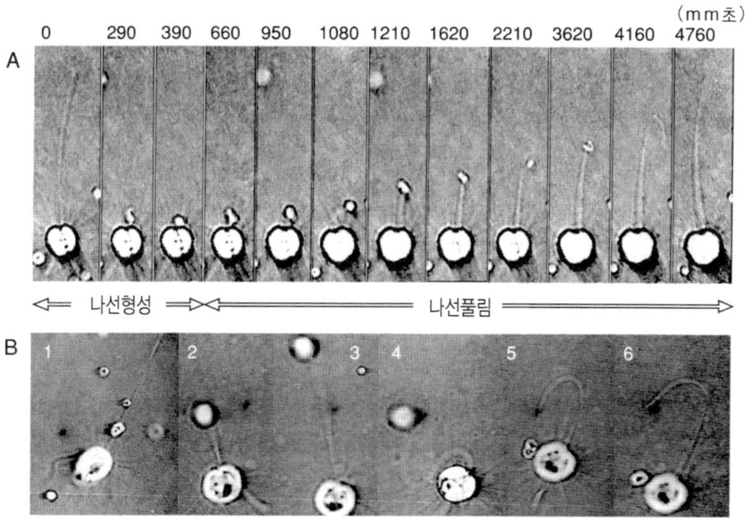

그림 3-24. 착편모의 다양한 기능. A: 나선형성과 나선풀림(uncoiling), 나선형성은 순식간에 나선풀림은 천천히 진행한다. B: 먹이입자의 포획과 수송, 1. 착편모로 먹이 부착, 기부에서 축적과 덩어리 형성, 2, 3, 먹이 덩어리를 착편모 끝부분으로 수송, 4~6, 착편모 굴곡(구부림)으로 먹이를 세포로 수송(비디오 촬영: 河地正伸).

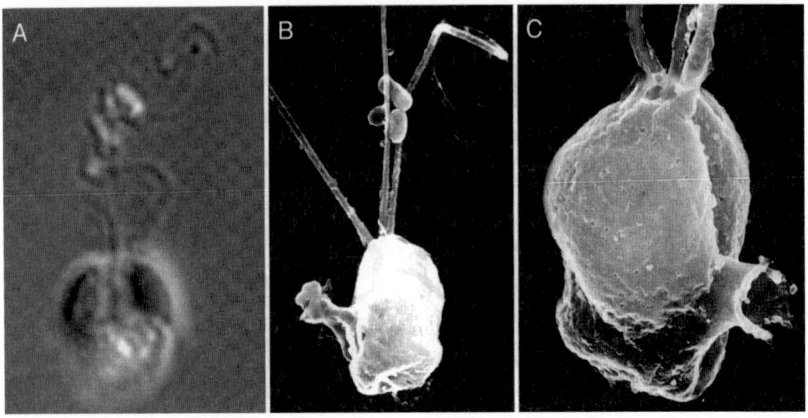

그림 3-25. 착편모조 *Chrysochromulina*의 섭식작용. A: 광학현미경 사진, 착편모로 먹이입자를 부착하고, 또 세포 속으로 섭취하고 있다. B, C: 주사형 전자현미경 사진(사진, 河地正伸).

로 펼쳐진 소포체가 연속으로 연장되어 있으며, 단면으로 보면 링 또는 C자 모양을 한다(그림 3-26). 그 내부에 6~7개의 미소관이 나열되어 있다. 착편모 표면에 먹이입자를 부착하여, 그 위를 미끄러지게 하기 위해서는 힘을 만드는 원동력이 필요하다. 진핵세포에서 이러한 세포운동은 미소관과 운동단백질(motor proteins)인 다이닌(dynein)이나 키네신(kinesin) 또는 악틴섬유와 운동단백질인 미오신(myosin)이 역할을 담당하는 것이 일반적이다. 그러나 현재 착편모에는 이러한 것 중에 어떠한 것도 발견되지 않는다. 만일 다이닌이 있다고 하여도 미소관과 먹이입자는 소포체에 의해 차단된다. 현재 과학으로 착편모에 의한 먹이포획은 설명이 불가능한 미스터리 운동이다.

착편모는 또 하나의 풀리지 않은 운동으로 나선형성과 나선풀림이 있다(그림 3-23C 및 그림 3-24A). 나선형성은 직선으로 뻗혀 있는 착편모가 나선모양으로 감겨 수축되는 현상이다. 이 수축은 수천분에 1초라는 찰나의 순간에 발생한다. 어떠한 분자기구가 이러한 급속한 운동을 가능하게 하는 것일까? 이것에 대해서도 현재로는 어떠한 설명도 할 수 없다. 그러나 운동을 하는 의미는 상상할 수 있다. 장해물로부터 도피반응에 관계되는 것으로 판단된다. 나선형성은 착편모나 다른 세포부분 어딘가에 접촉하였을 때 발생한다. 그리

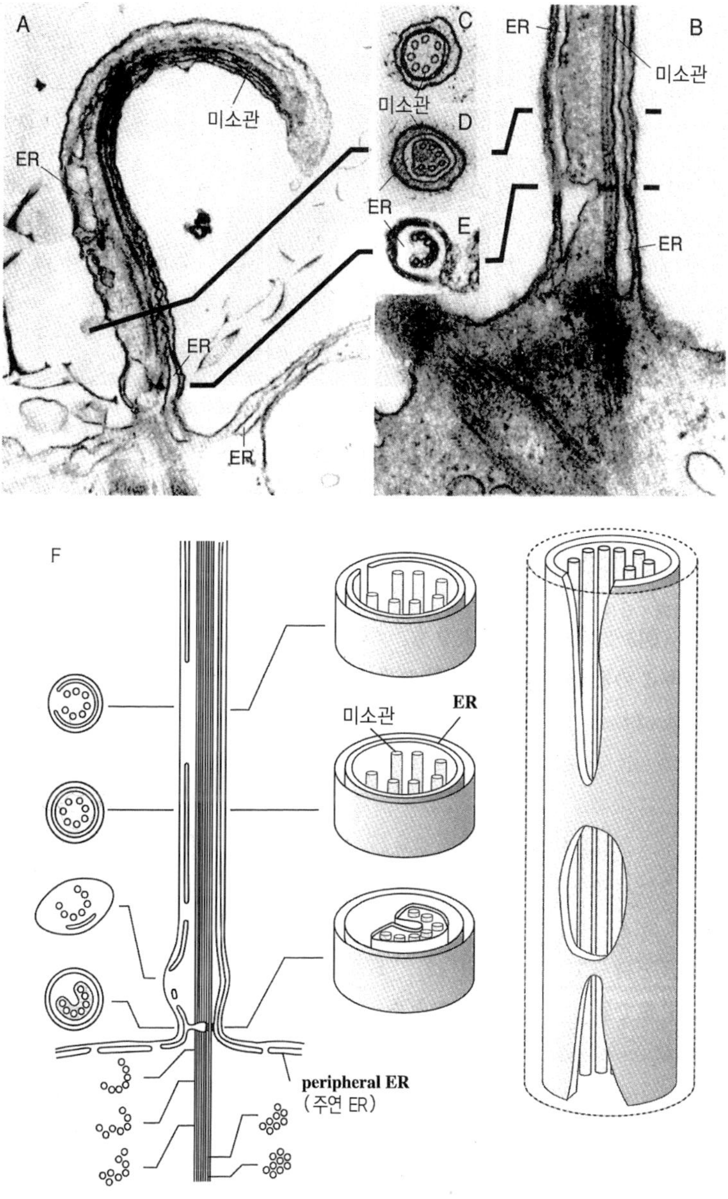

그림 3-26. 착편모의 구조. A: 나선형성이 되어 있는 착편모 미소관이 굴곡된 쪽에 모여 존재한다. B: 착편모 기부의 절편, C. D. E: 착편모 횡단면. 각 선에서 나타나는 횡단면 부분에 대응한다. F: 착편모 구조의 모식도, 미소관과 ER이 복잡하게 배열되어 있다. 착편모 속 ER은 세포막 바로 밑에 주연 ER로 연결되어 있다.

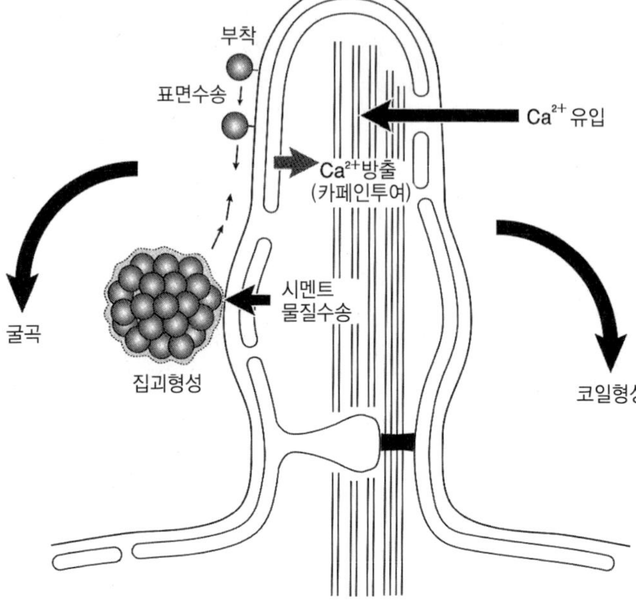

그림 3-27. 착편모의 기능을 나타내는 모식도. 많은 부분이 수수께끼로 남아있다. 표면 부착에 의한 수송 (활주운동도 같음), 수송의 방향전환, 덩어리(집괴) 형성, 굴곡과 나선형성에 작용하는 힘의 기원은 전혀 알지 못한다. 나선형성에는 칼슘이온의 유입이 관계되지만, 나선에서 회복하는 구조 등은 아직 미지로 남아있다.

고 나선형성에 동반하여 편모운동 방향이 역전하게 된다. 그 결과 세포는 접촉한 장해물에서 멀어진다. 나선형성은 착편모 내부에 칼슘이온이 유입되는 것으로 발생된다(그림 3-27). 그리고 편모운동의 역전에도 칼슘이온 유입이 필요하다. 이들은 연결된 하나의 움직임으로 착편모조는 착편모를 장해물 센서로 이용하고 있는 것이다. 착편모는 기질에 부착과 먹이포획, 그리고 장해물 센서라는 3가지 다른 일을 처리하는 멀티테스크(multitask)의 세포기관이라 할 수 있다(그림 3-23, 3-27).

나. 인편모조 (권두사진 7)

착편모식물을 구성하는 생물군에 인편모조(Coccolithophorids)라는 그룹이 있다. 비늘(鱗) 또는 원석(圓石)을 영어로 coccolith(Gk: *kokkos* = berry로부터 둥근 것을 의미, *lithos* 돌)라고 하여 둥근 돌을 의미한다. 인편모조/원석조는 이러한 둥근 돌을 피막으로 가지고 있는 것에서 붙여진 이름이다(Coccolithophorids 또는 Coccolithophores, -phorid, -phore Gk: *pherein* = to bear)[46]. 즉 세포표면이 둥근 돌로(비늘 모양의 원석) 덮여 있는 미세조류 그룹이다. 대부분 편모나 착편모가 없이 부유생활을 하는 바다 식물플랑크톤이다(권두 사진 12-9~24). 돌이라는 비유는 그다지 바람직하지 않다. 실제는 탄산칼슘 즉 석회석으로 된 비늘모양의 조각이 세포를 감싸고 있다. 그리고 이들 인편 모양이 둥글다는 것에 한정할 수도 없다. 원석은 방해석 결정에서 만들어진 미세하고 섬세한 요소가 조합된 다양한 모양으로 크게 두 종류로 구분된다. 하나는 방해석의 미세한 사방육면체 결정이 중첩되어 만들어 진 것으로 호로코코리스(holococcolith)라고 한다(그림 3-28B). 또 다른 하나는 같은 방해석이지만 결정이 성장하여 다양한 모양의 단결정을 만들고, 그들이 조합되어 만들어진 원석으로 헤테로코코리스(heterococcolith)라고 한다(그림 3-28A). 이와 같이 둥근 돌인 원석은 다양한 형태의 단결정 조합으로 복잡하면서도

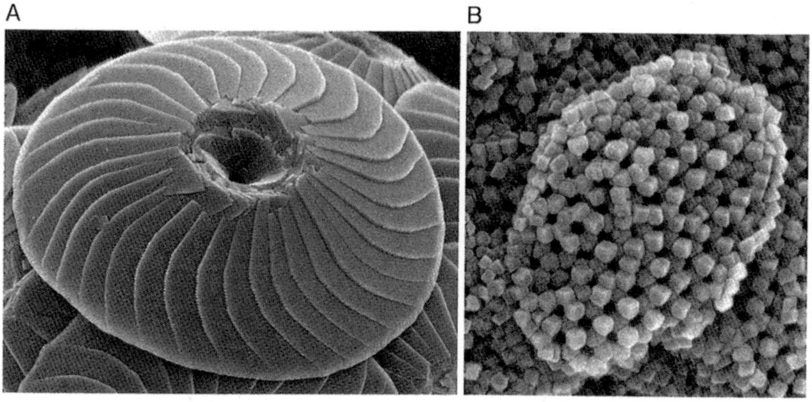

그림 3-28. 둥근 돌(원석)의 두 가지 형태. A: heterococcolith, B: holococcolith. 모두 방해석이지만 결정의 크기와 형태가 다르다.

---

46 국내에서는 인편모조류(지구과학사전), 원석조류(해양학사전, 생명과학대사전)가 혼용되고 있다. 일본에서 번역되었던 원석조류에 대하여 둥근 돌이 비늘 조각과 같은 모양을 하는 것에서 인편모조란 이름을 사용하고 있다. 최근의 도서, 문헌 등에는 인편모조란 용어가 더 보편적으로 사용되고 있는 것 같다.

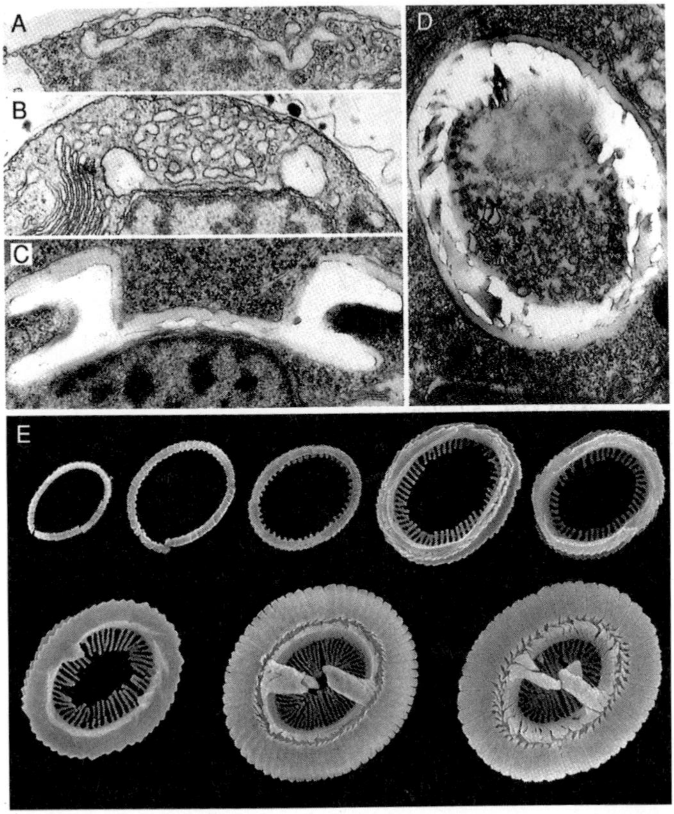

그림 3-29. 세포 속에서 진행하는 *Gephyrocapsa* 원석의 형성과정. A-D: 핵표면에 형성된 소포 속에서 석회화가 진행된다. E: protococcolith에서 성숙한 원석으로 형태 변화(E의 프로토코코리스의 시료제공, 深谷順子)

매우 다양한 모습을 하고 있다(권두사진 7). 인편모조는 원석의 형태를 기준으로 분류되어 현재 약 200종이 기재되어 있다. 대부분 해양에 서식하는 종으로 개방된 빈영양해역의 해양생태계에서 매우 중요한 역할을 한다(제6장). 비늘 모양의 둥근 돌(원석)인 인편은 골지체에서 만들어 진다. 즉 생물에 의한 광물화/석회화이다. 이런 생물에 의한 석회화는 다양한 생물군에서 널리 관찰된다. 이빨이나 뼈는 인산칼슘이고 유공충이나 산호, 홍조의 산호말류, 녹색해조인 선인장말류에서는 탄산칼슘이 석회화가 진행된다. 그러나 석회화가 세포 속에서 진행하는 것은 매우 이례적인 것으로 일상적으로 이러한 과정을 진행하는 것은 인편모조뿐이다. 대부분 원석은 유기질 인편(그림 3-31)과 같은 구조를 기부에 동반하기 때문에 유기질 인편이 석회화된 것이라고 할 수 있다. 인편은 다음과 같은 과정으로 형성된다. 우선 골지체 소포 또는 골지체 유래의 소포에서 유기질 인편둘레의 가장자리에 결정방향이 방사(radial) 및 수직(vertical)방향으로 방해석 단결정과 교차로 배치된다. 이러한 것을 프로토코코리스(protococcolith)라 한다(그림 3-29 및 그림 3-30). 다음에 각각의 결정이 성장하여 원석을 만드는 것이다. 이것은 V/R 모델(vertical/ radial model)이라 불린다. 많은 원석형태는 이 모델로서 설명이 가능하다. 그림 3-30은 전형적인 인편모조인 *Coccolithus*의 인편구성을 나타낸다. 두개의 유닛(unit)이 각각의 원석 윗방패/접시(盤, distal shield)와 아래 방패/접시(proximal shield)를 만든다. 진화적으로 V 유닛을 작게 하면서, R 유닛을 발달시키는 방향으로 진행되어 온 것으로 생각된다. 인편모조에서 가장 진화된 새로운 종인

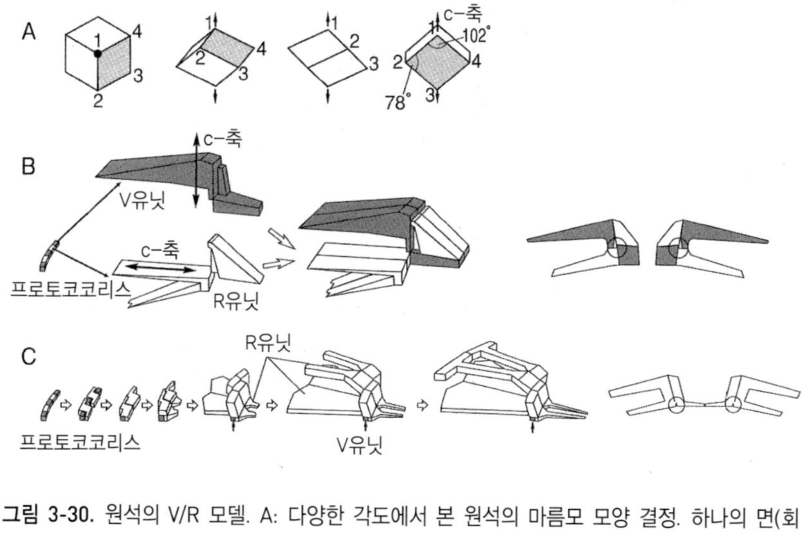

그림 3-30. 원석의 V/R 모델. A: 다양한 각도에서 본 원석의 마름모 모양 결정. 하나의 면(회색) 정점에 번호를 붙인 모습, c축을 화살표로 표시하고 있다. B: *Coccolithus pelagicus* 원석의 V/R 모델에 의한 해석. 프로토코코리스에서 성장한 V 유닛(회색)과 R 유닛(백색)이 조합되어, 위와 아래 방패와 중심관이 구성되고 있다. C: *Emilliania huxleyi*의 원석. V 유닛은 흔적으로 원석형성에 거의 관여하지 않았다. 원은 프로토코코리스의 위치를 나타낸다(Thierstein and Young, 2004에서 그림).

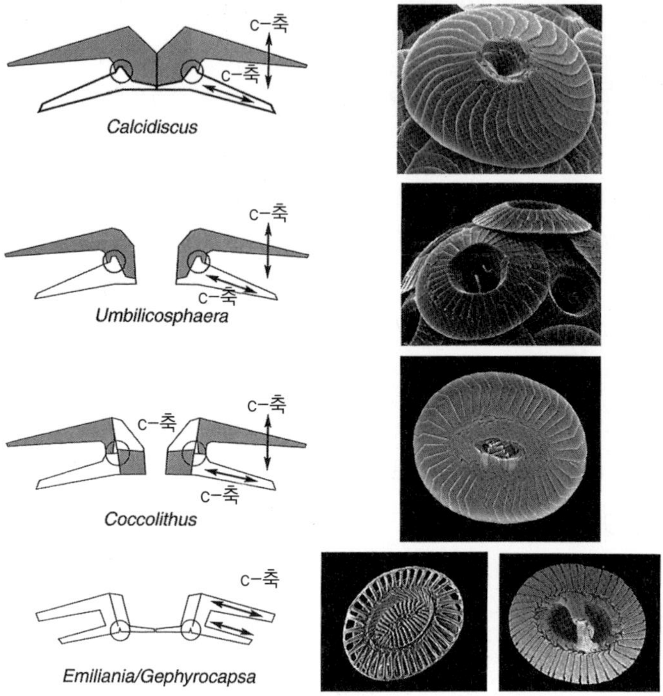

그림 3-31. 대표적인 인편모조의 V/R 유닛에 의한 구성. 원은 프로토코코리스의 위치를 나타낸다 (Thierstein and Young, 2004에서 그림).

Emiliania huxleyi(이탈리아 출신 고해양학의 창시자 Cesare Emiliani를 기념하여 속명을, 소종명은 진화론 옹호자인 Thomas H. Huxleyi를 기념하여, 제6장) 또는 *Gephyrocapsa oceanica*(Gk: *gephya* 다리, *capsa* 상자)의 원석은 대부분 R 유닛으로만 형성되어 있고, V 유닛은 오직 흔적으로 존재하고 있을 뿐이다(그림 3-31). 원석을 구성하는 방해석 결정의 성장에는 산성 다당이 관여한다. 산성 다당분자가 칼슘과 결합하여 결정의 성장을 멈추게 하는 것으로 정교한 방해석 단결정이 완성되는 것이다. 규조가 피각을 형성하는 것과는 다른, 또 하나의 정교한 마이크로적 조형이라 할 수 있다. 현재의 어떠한 나노기술도 아직 미세조류의 정교한 미세구조와는 비교할 수 없을 것이다.

4. 와편모조류 (권두사진 8과 13)

가. 암피에스마

와편모조류(dinoflagellates)는 미세조류 중에서도 유달리 눈에 띄는 불가사의한 특성을 많이 가지는 그룹이다. 서식지가 매우 다양하다는 점에서는 규조와 필적되지만, 공생이나 기생하는 종도 많다. 이러한 점에서 미세조류의 괴짜 중에 넘버원이라 할 수 있다. 모습도 서식지도 자유자재로 변화하여 생물군으로서 전체 모습을 정리하기가 매우 어렵다. 그러나 기본형은 그림 3-32와 같이 표현할 수 있다. 가로홈(cingulum)으로 구분되는 윗부분과 아랫부분을 각각 상각(epitheca)과 하각(hypotheca)[47]이라 한다. 앞에서 보면 하각에서 상각에 걸쳐 세로홈(sulcus)이 있다. 가로홈(횡구)와 세로홈(종구)의 각 홈에 횡편모(transverse flagellum)와 종편모(longitudial flagellum)가 있으며, 이 두 편모의 복잡한 운동으로 유영한다. 추진력은 종편모가 만든다. 횡편모는 변형되어 리본모양으로 파도치는 특이한 형태를 하며(그림 3-33), 운동할 때는 세포 전체를 회전시키는 역할을 한다. 세포표면의 구조적 특징으로 유각과 무각 와편모조라는 두개의 큰 영역으로 구분된다. 유각종은 권두사진 8과 같이 세포

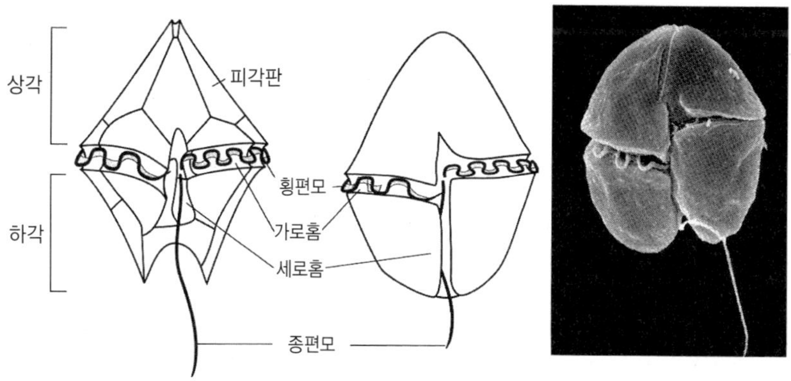

그림 3-32. 와편모조의 기본형태. 왼쪽: 유각, 오른쪽: 무각. 사진은 무각와편모조인 *Karenia mikimotoi* (사진제공, 高山晴義).

47 무각종에서는 상체(epicone)와 하체(hypocone)로 불린다.

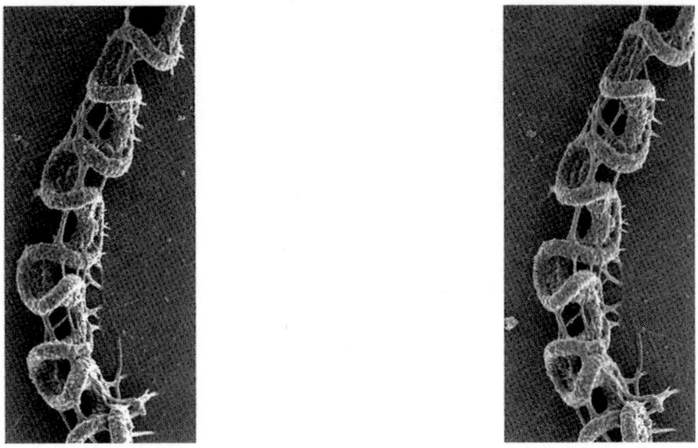

그림 3-33. 와편모조의 횡편모. 입체사진으로 되어 있다. 한번 시도해보기 바란다.

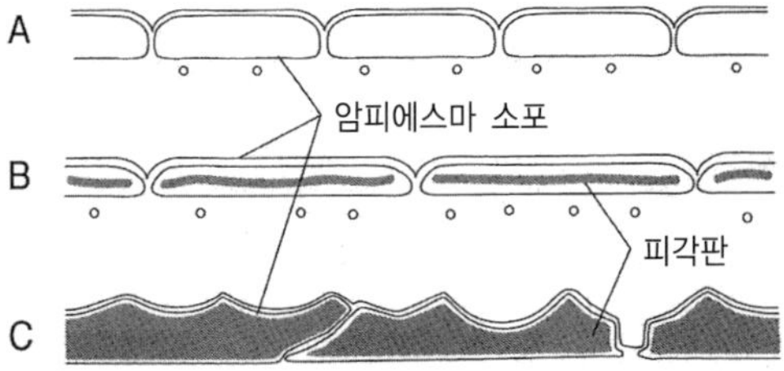

그림 3-34. 와편모조류의 외피구조 (Taylor, 1987에 의해 그림).

가 피각판(皮殼板, thecal plate)이라는 매우 튼튼한 구조물로 덮여 있어 웅대한 위엄을 나타낸다. 영어로 armored라고 형용되어 "갑옷을 입다"라는 의미를 나타낸다. 무각종은 unarmored 또는 naked로서 광학현미경으로 관찰하면, 세포표면에 특별한 구조가 보이지 않는 벌거벗은 모습으로 약해 보인다(권두사진 13-1~5). 실제로는 어느 쪽도 기본적인 구조는 같으며, 세포막 안쪽에 암피에스마(amphiesma 옷을 입다) 소포라는 편평한 자루가 있다. 그 속에 두꺼운 셀로로스 판이 있으면 유각이라 하는 것에 반하여, 아무것도 없거나 극히 얇은 판이 형성되어 있으면 무각이라 한다(그림 3-34). 이것은 와편모조류 특유의 피막으로 암피에스마라 부른다.

유각 와편모조에서 특정부위의 피각판 모양이나 배열에 다양성이 관찰된다. 때문에 피각판 모양과 배열을 분류형질로 속과 종을 구분한다. 즉 피각판에 번호가 부여되고, 전문가는 그 번호를 조합하여 속이나 종을 판별하는 것이다. 예로서 권두사진 8-8의 *Protoperidinium*속(Gk: *protos* 최초의, *pretitdinein* 주위에 소용돌이를 일으키다)은 그림 3-35에 나타낸 것과 같은 상각의 정단판에 붙어서 4장, 환대에 붙어서 7장, 그리고 이 사이에 3장의 피각판이 있고, 하각에는 환대에 붙어서 5장, 그 안쪽에 2장의 피각판으로 구성된다. 순번에 프라임(′, ″, ‴..) 기호를 붙여 숫자로 표현된다. 그림 3-35의 피각판배열은 4′ 3a 7″ 5‴ 2′‴ 로 표현된다. a가 붙어 있는 피각판은 정단판이나 환대에 붙어있지 않고, 이 사이에 있는 피각판으로 정중간각판((anterior intercalary plate)이라 한다. 이외에 가로홈과 세로홈에도 작은 피각판이 다수 있다. 전문가는 이 피각판의 상세한 배열과 형태를 분류형질로 이용한다. 규조와 함께 매우 깊이 있는 분류를 가지는 생물군의 하나로서 모든 종에서 매우 매력적인 세계를 보여 준다. 와편모조 형태도 다양하며, 복잡한 형태를 하는 것도

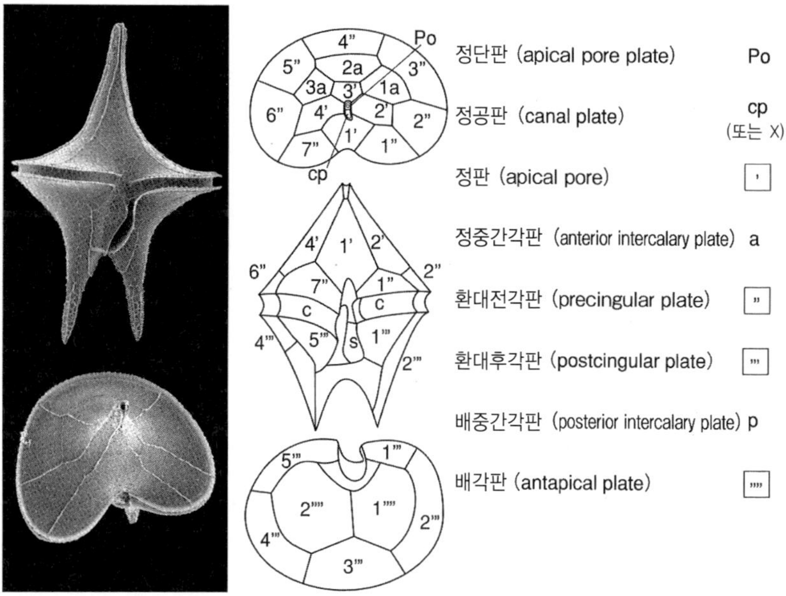

그림 3-35. 와편모조의 plate formula. 피각판 배열은 분류군에 따라 결정된 양상을 나타내기에 각 피각판의 수를 나열하면, 그 분류군 특유의 식이 된다. *Protoperidinium* 속은 Po, cp, 4′, 3a, 7″, 5‴, 2″″가 된다(堀口健雄 원도를 기본으로 그림).

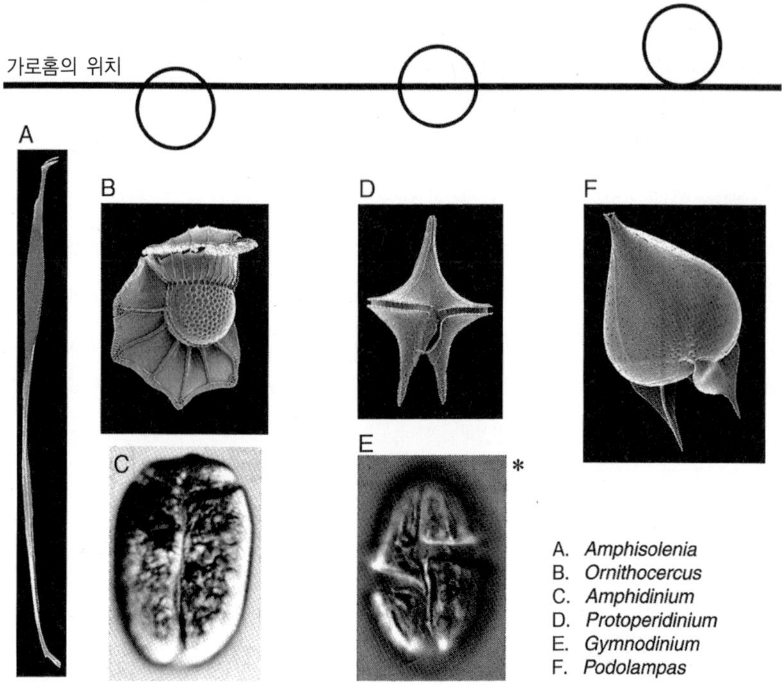

그림 3-36. 와편모조의 다양한 형태. 가로홈의 위치가 다르다(*사진제공, 岩滝光儀).

많지만, 규조와 같이 기본형에서 확장되는 것으로 이해할 수 있는 부분이 많다. 그림 3-36의 왼쪽은 가로홈이 세포 앞부분으로 몰려있는 종을, 오른쪽은 뒷부분으로 밀려있는 종을 나타낸다.

나. 와편모조의 핵

세포 속으로 눈을 돌리면 광학현미경으로도 확실히 확인되는 핵이 있다. 그 속에 포함된 염색체가 괴짜이다. 전체 진핵생물에서도 와편모조는 매우 특징적인 존재이다. 이 염색체는 세포 전체 주기 동안 항상 응집하여 존재한다. 즉, 일반적인 생물학 상식은 염색체가 핵분열에 앞서 응집되어 관찰된다는 내용을 위반하는 것이다. 이와 관련하여 진핵생물에서 유일하게 와편모조 염색체는 히스톤단백질 H1이 없다(그림 3-37). 진핵생물은 염색체라는 고차적 구조를 형성하는 최초단계에서 DNA를 히스톤단백질로 칭칭 감싸는 뉴클레오솜(nucleosome)이라는 구조를 한다(그림 3-37). 이때 스토퍼로 역할하는 단백질이 히스톤 H1이다. 히스톤 H1은 매우 보수적이다. 그러기에 모든 진핵생물은 거의 동일한 아미노산배열에 의해 생산되는 단백질이다. 와편모조는 이러한 단백질을 전혀 가지고 있지 않다. 진핵생물에 이런 생물군은 와편모조

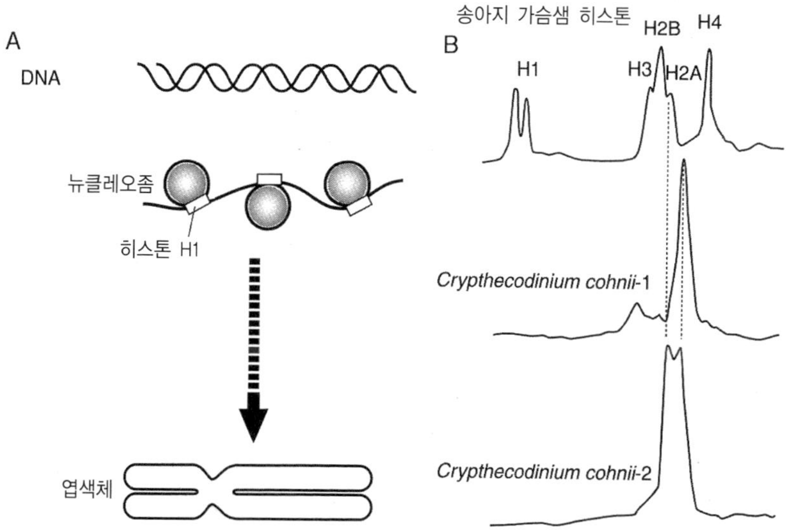

그림 3-37. 진핵생물의 염색체 구성 A와 B: 와편모조에 히스톤 H1이 존재하지 않는 것을 나타내는 자료 (Taylor, 1987를 기준으로 그림).

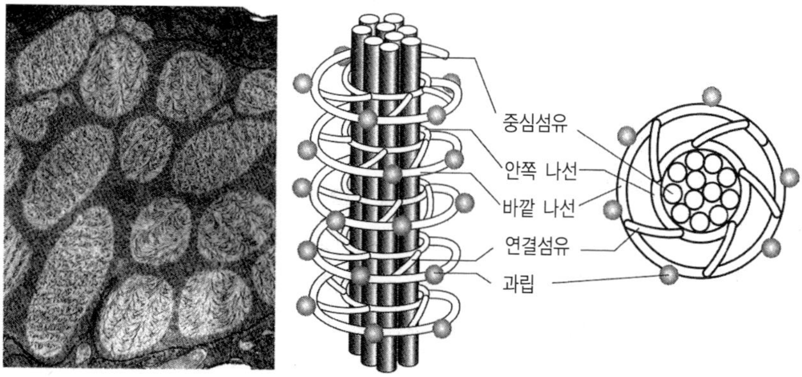

그림 3-38. 와편모조의 염색체(전자현미경 사진)과 모델의 일예(Spector, 1984에서 그림).

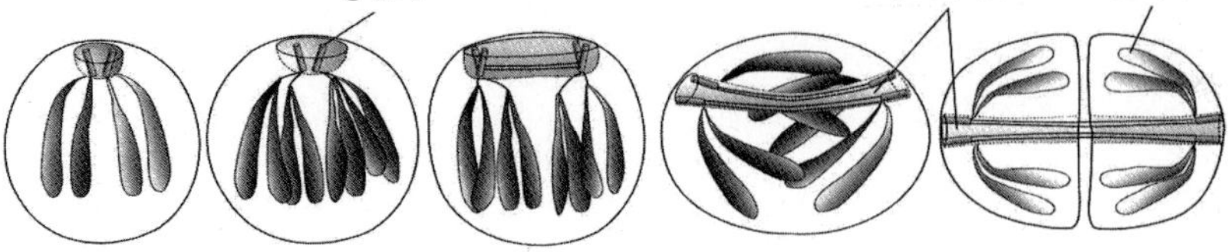

그림 3-39. 와편모조의 핵분열. 최후까지 중심체와 염색체는 사이에 핵막을 매개로 접합하고 있다. 분열극은 중심체 짝 사이의 미소관이 신장하는 것으로 떨어진다. 이 과정에서 중심체를 포함한 홈은 핵 속에 묻혀 세포질 터널을 형성한다.

가 유일하다. 즉 와편모조는 다른 진핵생물과는 다른 방법으로 염색체를 응집시키는 것이지만, 상세한 것은 아직 알지 못한다. 그림 3-38과 같은 염색체 모델이 제창되어 있다.

핵분열도 다른 진핵생물과 차이가 있다. 와편모조는 대부분 진핵생물은 염색체를 딸핵으로 분리하기 위하여 방추체 미소관을 동원체(centromere)로서 직접 염색체에 결합한다. 그러나 와편모조는 핵막을 매개로 결합한다(그림 3-39). 이러한 성질에서 와편모조는 원핵생물과 진핵생물의 중간적인 생물로 간주하여 중핵생물(Mesokaryota)이라 하기도 하였다. 지금은 이렇게까지 생각하지는 않지만(제13장), 와편모조는 진핵생물에서 상당히 동떨어진 괴짜 특성을 가지는 것만은 틀림이 없다. 이 책에서도 앞으로 괴짜로서 성질이 여기저기에 얼굴을 내밀게 된다.

다. 포식작용

실제 와편모조의 약 절반은 엽록체를 갖고 있지 않다. 즉 포식작용으로 에너지를 획득하는 종속영양생물이다. 황금색조나 착편모조 등 일부 조류에서 독특한 방법으로 먹이를 포획하는 것이 알려지지만, 와편모조의 먹이 포획방법도 특이하다(그림 3-40 및 그림 3-41). 와편모조 먹이 포획방법의 하나로 편모근에 포식베일(veil)이라는 세포질을 뻗혀 막상으로 펼쳐서 다른 미생물을 둘러싸서 포획하여 먹고는 소화·흡수한다. 또 다른 하나의 방법 역시 편모근 부근에서 세포질을 길게 뻗히고는 세포질을 먹이생물의 세포 속에 찔러 넣고는 스토롤로로 과일주스를 빨아드리는 것처럼 먹이생물을 세포질로 들어 마신다. 즉 미조사이토시스(myzocytosis, Gk: *myzein* 빨다)라는 포식 방법이다. 더욱이 네마토시스트(nematocyst, Gk: *nema* 실)라는 먹이에 활살을 쏘아서 끌어당기어 포식하는 방법도 이용한다. 그림 3-42는 와편모조가 다른 와편모조를 포식하는 것을 촬영한 다카야마(高山晴義) 박사의 주자전자현미경 사진이다. 조류에서 포식작용은 그다지 이례적인 사항은 아니다. 그러나 와편모조가 먹이를 포식하는 방법에는 매우 독특한 다양화를 구사한다(그림 3-40).

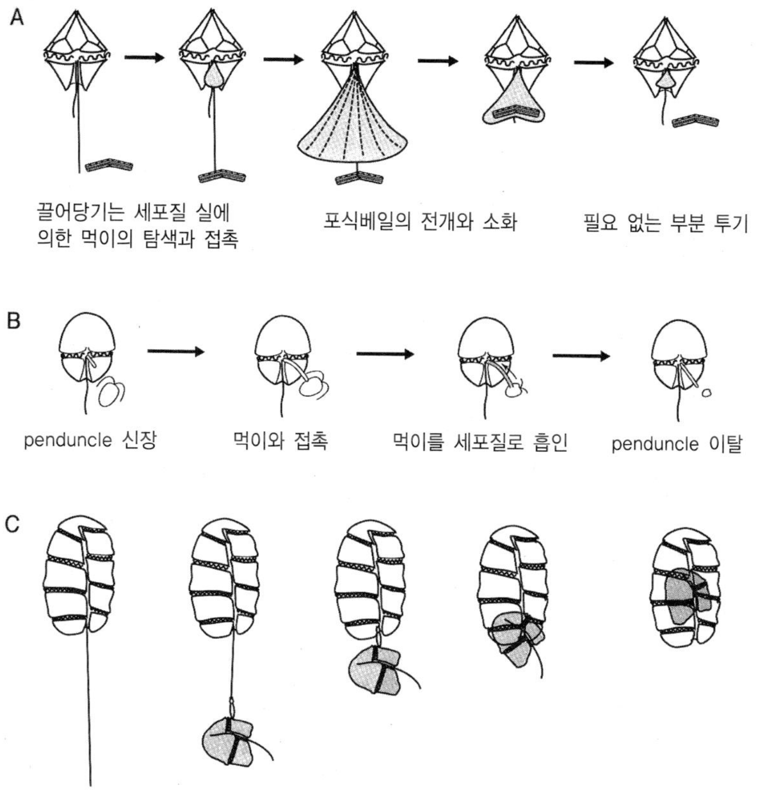

그림 3-40. 와편모조의 포식작용. A: 포식 벨, B: 자루(penduncle), C: nematocyst에 의한 포식. *Polykrikos kofoidii*가 *Gymnodinium*을 포식하는 모습. 네마토시스트를 쏘아서 먹이를 끌어당긴 다음에 세포 속으로 먹이를 집어넣는다.

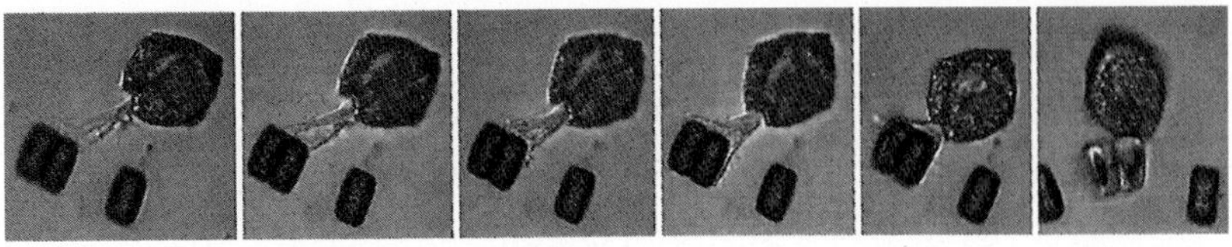

그림 3-41. 와편모조의 포식작용. 포식베일로서 규조를 싸서 포식하고 있다(사진제공, 福代康夫)

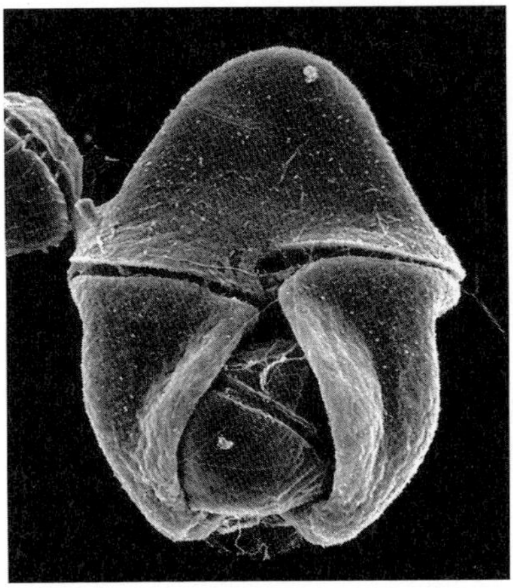

그림 3-42. 다른 와편모조(*Scrippsiella ?*)를 포식하고 있는 *Akashiwo sanguinea*
(사진제공, 高山晴義).

5. 녹색의 미세조류 (권두사진 14~16)

녹색을 나타낸다는 것은 엽록소 *a, b*를 가진 그룹이라고 할 수 있다. 바다에도 호소에도 녹색을 하는 미세조류는 서식하지만, 바다에 비해 담수에 압도적으로 다양하다. 부영양화가 진행된 연못이나 호소에서는 플랑크톤네트를 사용하지 않아도 미세조류를 관찰하기에 충분한 식물플랑크톤이 서식하기 때문에 조류보기를 하는데 사정이 매우 편리하다. 표본을 현미경으로 관찰하면 일반적인 생각과는 달리 편모로 유영하는 미세조류가 빠른 속도로 모든 방향에서 현미경시야로 들어왔다 빠르게 빠져나간다. 또 편모를 가지지 않는 부유성 미세조류도 무수하게 존재한다는 것도 알 수 있다. 여름에는 녹조(제5항 참조)를 발생시키는 남조가 다수 포함되어 있지만, 남조에 혼합하여 다양한 형태와 움직임을 하는 다수의 진핵미세조류를 관찰할 수 있을 것이다. 그 중 중요한 구성인자는 녹색을 하는 미세조류이다. 녹색 미세조류에서 개성 있는 몇 개의 조류에 대해 살펴본다.

가. 볼복스 및 클라미도모나스

약 300년 전인 1700년 8월 30일 현미경을 발명한 네델란드의 레벤후크는 도로 옆 고랑에 있는 물을 채집하여 자신이 만든 현미경으로 표본을 관찰하였다. 표본에는 크기가 모래입자 정도로 녹색이면서 둥근 입자가 구르는 것처럼 움직이는 것이 확인되었다. 자세히 보면 이 작은 입자 주변에 작은 돌기가 규칙적으로 2,000개 정도가 나열되어 있었다. 이 녹색입자는 빙빙 돌고있고, 작은 입자 속에 더욱 작은 녹색입자가 5~11개 들어있었다. 더욱 관찰을 계속하면, 이 작은 입자는 큰 입자에서 차례차례 빠져나와 돌돌 굴러갔다.... (Kirk의 저서 "*Volvox*"의 프롤로그로부터). 이것이 인류가 볼복스(*Volvox*)를 처음 관찰한 기록이다. 생각하지도 않은 상태에서 보석과 비슷한 생물을 만나게 된 레벤후크가 꿈을 꾸는 것과 같이 흥분된 분위기를 느끼는 것이 선하다. 정식 이름은 1758년 린네(Carl von Linnè)에 의해 명명되었다. *Volvox*(L: *volvere* 굴러가다)라는 이름이 붙여져, zoophyte 즉 동물적인 성질을 가진 식물로서 "자연의 체계(Systema Naturae) 10판"에 기재되었다. 이때가 *Homo sapiens*라는 사람에 대한 생물 학명이 붙여진 시기였다.

볼복스(권두사진 14-1)는 미세조류의 슈퍼스타이다. 회전하면서 유영하는 모습은 정말 아름답다. 현미경을 보면 어른도 아이들도 소리를 지른다. 실제로 볼복스를 본적이 없는 사람들이 많을 것으로 생각되지만, 인기 최고로 마리모, 삿갓말과 함께 지명도가 매우 높은 미세조류이다. 높은 인기의 이유는 생물 교과서에 "군체"를 나타내는 사례로서 등장하고 있을 뿐만 아니라, 암시야 조명에서 촬영한 아름다운 사진이 게시되고 있기 때문일 것이다.

문제는 볼복스의 군체이다. 차분하게 시간을 가지고 볼복스를 관찰하면, 상당히 속이 깊은 생물로 여러 가지 생각을 하게 한다. 조류에 대해 흥미로움을 일깨워주는 생물 중의 하나이다. 많은 연구가 수행되어 있는 *Volvox cartei*를 예로 들어보자. 군체(colony)라는 것은 본래 같은 종의 생물 개체가 집합되는 상태를 말한다. 이 용어가 적용되는 범위는 매우 넓다. 군체를 구성하는 각각의 개체가 같은 모양, 같은 크기로서 단지 서로 모여서 서식하는 군체가 있다. 조류에는 녹조의 사포자말이나 황금색조강의 디노브리온(권두사진 11-5) 등이 여기에 해당한다. 이에 반하여 군체를 구성하는 개체가 모양이나 기능의 분화되어 분업하는 종도 있다. 다형성(多型性) 군체라고 하여 동물의 히도로충이나 태형동물에서 관찰된다. 군체로 보면 볼복스도 이 범주에 해당한다고 할 수 있다. *V. cartei* 군체는 대략 2,000개 세포가 한천질 표면에 매몰된 볼모양이다. 군체 속에는 형성 도중에 있는 딸세포 16개의 군체도 포함된다. 성숙한 군체 세포는 서로 독립하여 세포끼리 연락은 하지 않는다. 이만큼 많은 수의 독립된 세포가 어떻든지 군체를 형성하여 우아하게 유영하면서 빛을 향해 정확하게 정위한다. 이것은 군체 이상의 구조가 볼복스에 구비되어 있음을

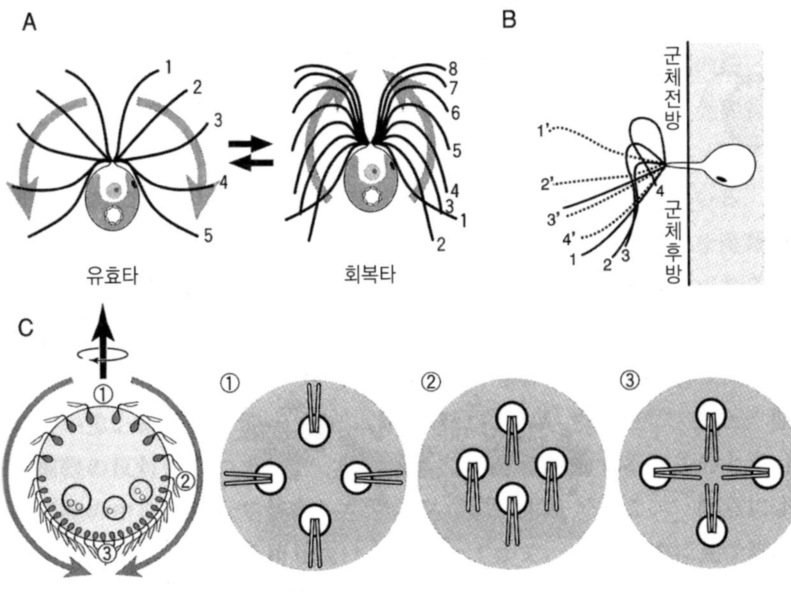

그림 3-43. A : 클라미도모나스의 평형식 유영. 추진력을 만들어 내는 유효타와 물의 저항을 적게 하여 원래의 위치로 돌아오는 회복타가 반복된다. B: 볼복스의 크롤형 유영. 편모가 모두 같은 방향으로 배열되어, 같은 방향에 유효타와 회복타를 반복한다. 실선과 점선은 별도 편모의 파형, A, B 모두 숫자는 파형의 순서를 나타낸다. C: 볼복스 군체의 다른 부위(원숫자)에서 세포배열. 세포는 군체 앞부분에서는 편모를 바깥쪽에. 옆에서는 뒤쪽으로, 그리고 뒷부분에서는 안쪽을 향해 있다(Hoops, 1993에서 고쳐 그림).

나타내는 내용이다. 군체를 형성하는 세포를 조금 더 자세하게 살펴보자(그림 3-43). 각 세포는 클라미도모나스(*Chlamydomonas*, Gk: *chlamys* 외투, *monas* = alone으로부터 단세포, 권두사진 14-6)와 같이 2개의 편모를 가지지만, 편모 배열에 많은 내용을 포함시키고 있다. 클라미도모나스의 두개 편모는 사람이 평형으로 헤엄칠 때 손의 움직임과 같이 좌우로 젓는 것(평형모양의 유영 =breast stroke; 추진력을 만드는 유효타(effective stroke)와 물의 저항을 최소로 하여 돌아오는 회복타(recovery stroke)로 구성 된다)에 대하여 볼복스는 두개 편모가 평행으로 나열되어 같은 방향으로 편모를 교차하면서 내리친다(그림 3-43A, B). 이른바 크롤(crawl stroke)의 움직임으로 볼복스 각각의 세포는 추진력을 만들고 있다. 이와 같은 세포가 군체 앞부분에서는 편모운동을 바깥쪽으로 향하게 하고, 옆면에서는 편모운동을 뒤쪽으로 향하게 할 수 있도록, 그리고 군체 뒷부분에서 안쪽을 향할 수 있도록 배치되어 있다. 이렇게 하여 2,000개의 세포가 가진 4,000개의 편모는 군체 앞에서 뒤를 향해 내리치고 있는 것이다(그림 3-43C).

이와 같이 볼복스 군체는 앞과 뒤가 결정되어 있을 뿐만 아니라 아직 잘 알지 못하는 구조적 특성으로 빛을 향해 유영한다. 이 비밀은 앞뒤 세포의 차이에 있다. 군체 앞부분에 위치하는 세포는 대형으로 커다란 오렌지색 안점을 가진다. 이에 반해 군체 뒤쪽 세포는 소형으로 안점이 매우 작아 쉽게 관찰되지 않는다. 이러한 세포구조가 볼복스 운동에 대한 수수께끼를 풀 수 있는 단서가 되는 것 같다. 대표적인 단세포 녹조인 클라미도모나스에서 안점의 역할을 생각하여 보자(그림 3-44A). 안점은 β 카로틴 등 카로티노이드 과립이 하나에서 몇 층으로 중첩된 구조로 염색체 속에 존재한다. 클라미도모나스는 빛을 흡수하여 자극을 수용하는 분자가 척추동물의 빛 수용물질과 같은 로돕신(rhodopsin)·레티날(retinal)과 같은 종류의 색소이다. 로돕신과 같은 물질은 원핵생물에서 진핵생물까지 광범위하게 존재하며, 클라미도모나스 로돕신은 원핵생물인 고세균형 로돕신에서 유래한 것으로 생각된다. 클라미도모나스 빛 수용체는 안점에 대면하는 세포막 위에 존재한다. 즉 안점은 빛 수용체를 세포 안쪽에서 덧붙인 것처럼 배치된다. 세포전체로 보면 안점과 빛 수용체는 세포 옆면에 위치하는 것이다.

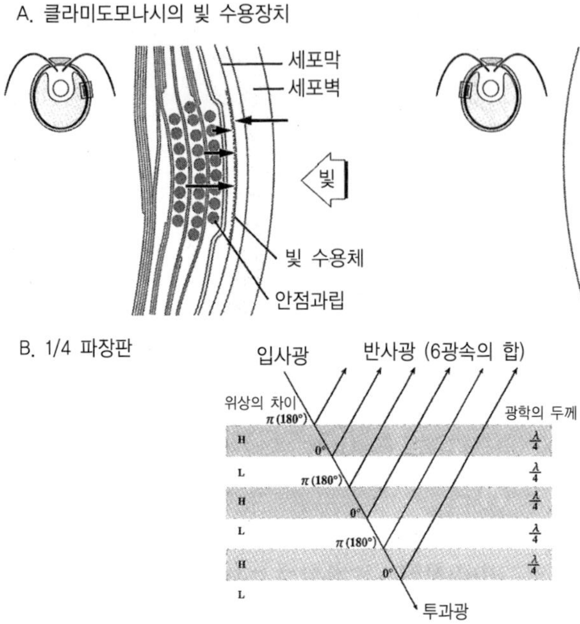

그림 3-44. A : 클라미도모나스의 빛 수용장치. 빛 수용체는 세포막에 존재한다. 안점이 빛 쪽에 있을 때, 빛은 직접 또는 안점과립에 반사하여 수용체에 도달한다(검은 화살표). 그러나 안점이 그늘 부분에 있을 때는 빛이 안점에 차단되어, 거의 수용체에 도달하지 못한다. B: 1/4 파장판은 1/4 파장의 광학적 두께를 가진 고굴절층(H)와 저굴절층(L)이 그림과 같이 배열되어 있다. H층 속에서 반사한 빛은 위상차이가 없지만, L층에서 반사한 빛은 180° 위상차가 발생한다. 각 경계면에서 반사한 성분은 제1면에 위상이 모인 상태로 돌아오며, 서로 강하게 만나는 것처럼 결합한다.

여기에서 안점방향에서 빛이 비치는 상황을 생각해 보자(그림 3-44). 많은 광양자는 빛 수용체 분자에 직접 부딪치게 되지만 일부는 통과한다. 투과한 빛은 안점에 부딪혀 반사되어 다시 빛 수용물질에 도달한다. 즉 안점이 반사판 역할을 하게 된다. 이 구조를 조금 상세하게 생각해 보자. 안점은 종종 복수 층으로 되어 층 사이에 스토로마나 광합성 색소가 없는 틸라코이드(thylakoid)가 삽입된다. 이것은 광학적으로 굴절율이 높은 층과 낮은 층이 교차로 배열되는 것이다. 층과 층 사이 거리는 평균 160~180nm 정도 이다.

고반사판(高反射板)이라는 광학소재가 있다. 이것은 반사광의 1/4 파장의 광학적 두께(즉 빛이 입사되어 반사되는 광학적 거리로서 물질의 밀도, 굴절률에 의해 물리적 거리가 다르다)의 박막을 1/4 파장 간격으로 층상으로 배열한 것으로 1/4 파장판(quater-wave plate)이라 불린다. 이 광학적 두께에 소자가 배치되면, 입사한 빛은 각각의 층에서 반사하여 입사면에 위상이 모이는 빛으로 되돌아온다. 모든 반사광 위상이 모이게 되기에 빛의 진폭이 증폭되어 높은 반사를 얻을 수 있다(그림 4-44B). 최근 에너지 절약 등을 위해 형광등 등에도 이용된다. 안점의 반사는 1/4 파장판과 비유하여 이해할 수 있다. 크기가 매우 작은 미세조류에도 진화의 결과 물리법칙에 따른 구조가 실현되고 있는 것이다.

클라미도모나스 세포는 대략 1초에 2회(즉 2㎐) 회전하면서 유영하기에 안점위치는 빛 방향에 대하여 시시각각으로 변화한다. 세포가 또는 안점이 빛을 마주한 상태에서 180°회전하면, 안점은 세포 반대쪽, 즉 빛에 대하여 그림자 부분으로 이동한다. 이 때 빛이 세포 속을 투과하여 감쇄하면서 안점에 도달하게 되면, 안점에 의해 반사된다. 안점을 통과하는 빛은 매우 작기 때문에 빛 수용체까지 도달할 수 있는 빛은 매우 약하다. 이때 안점은 빛 차폐

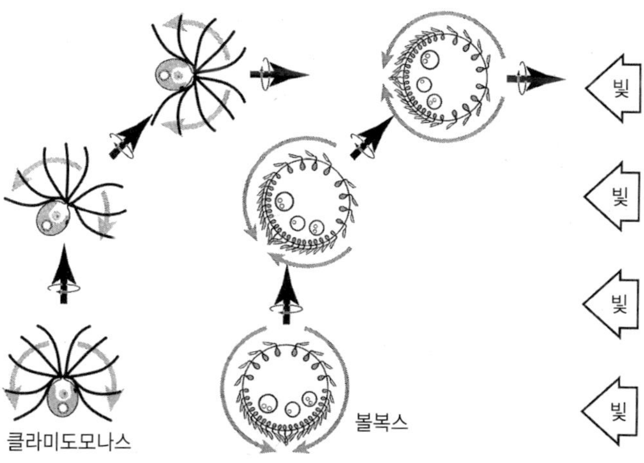

그림 3-45. 클라미도모나스와 볼복스의 주광성. 클라미도모나스는 안점이 입사광 쪽에 있을 때, 입사광 쪽의 편모운동 빈도가 저하하여 광 정위가 발생한다. 볼복스는 입사광 쪽의 군체 전방 세포가 편모운동을 정지하는 것으로서 빛의 방향으로 방향키를 돌리는 힘이 발생하여 빛 정위한다.

판(遮蔽板)의 역할을 하고 있다. 즉 안점이 존재하는 것으로 빛 수용체가 빛을 향하고 있을 때와 그늘에 있을 때에 받아들이는 광량에는 큰 차이가 발생한다. 이 차이가 크다는 것은 노이즈에 대한 시그날 비(S/N 비)가 센서로서 감도가 높은 것을 의미한다. 이렇게 하여 클라미도모나스는 빛 방향을 정확히 감지하게 된다. 세포는 빛을 마주하는 쪽의 편모운동 빈도를 감소시키고, 반대쪽 편모운동을 실시하는 것으로 좌우 편모에 의해 추진력 차이를 만들고 있다. 이러한 결과로 방향키를 바로잡아 빛에 정위하고 있다(그림 3-45). 즉 양의 주광성이다.

이 원리가 2,000개 세포로 구성된 볼복스 군체에도 적용된다. 우선 군체 후반부 세포는 빛에 거의 반응하지 않는다. 빛 수용체 밀도가 낮다는 것은 안점이 작은 것으로도 상상할 수 있다. 반대로 군체 앞부분 세포는 커다란 안점을 가지고 있어 안점에 대응한 빛 수용체 밀도가 높게 될 것이다. 실제로 군체 앞부분은 빛에 대하여 민감하게 반응한다. 볼복스 군체는 회전하면서 유영하다 빛이 세포 옆에서 입사하게 되면, 회전하던 볼복스 군체 중 빛이 입사되는 쪽에 위치한 군체 앞부분 세포군은 일순간에 편모운동을 정지한다. 그러나 이 때에도 그림자 부분에 위치한 세포군은 통상의 편모운동을 계속 수행한다. 세포가 빛 쪽으로 접근하면 편모를 정지하고, 그곳을 지나면 편모운동이 부활한다. 이러한 결과 전체 군체의 편모운동 합력은 빛을 향하게 된다. 이 때문에 군체는 우아하게 빛에 정위한다(그림 3-45). 이와 같이 볼복스는 고도로 제어된 운동을 하고 있어 단순한 군체라 할 수 없을 정도이다.

다른 관점에서 볼복스를 살펴보자. 유영하는 볼복스에는 "꼬마볼" 즉 딸 군체가 16개 들어있다(그림 3-46). 볼복스를 매우 좋아하던 여학생이 졸업연구에서 볼복스 연구를 할 때부터 저자의 연구실에서 딸 군체를 "꼬마볼"이라는 애칭으로 부르고 있다. 딸 군체라는 것보다 친근함을 느낄 수 있기에 여기에서도 애칭을 사용한다. 꼬마볼 속에는 "손자볼" 즉 다음 세대에 발생하여 꼬마볼이 되는 손자 군체의 원기(原基, primordium)인 생식세포(gonidia, Gk: *gone* 종자)도 이미 형성되어 있다. 볼복스 발생과정에서 흥미로운 것은 다세포화라는 생물진화의 현상 해명에 관여하는 것이다. 알아두면 손해 보지는 않기에 살펴보자. *V. carteri*의 손자 꼬마볼은 배양조건으로 어미 군체 속에서 약

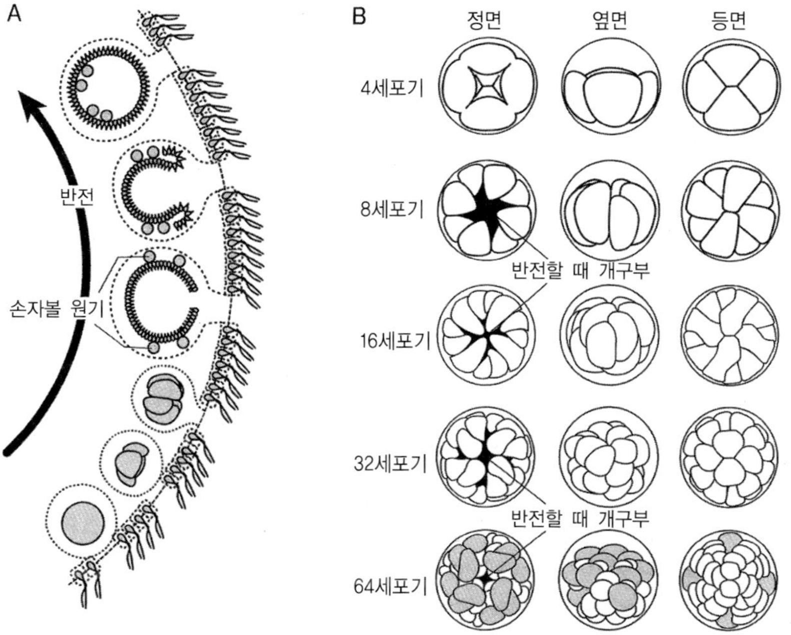

그림 3-46. 생식세포의 분열과 반전. A: 동물의 난할과 같이 세포크기를 증가시키는 일 없이 연속적으로 분열한다(G.M. Smith, 1955를 고처서 그림). B: 5회째 분열까지의 경과, 64세포기의 회색세포는 딸 군체에서 생식세포가 되는 것. 하얀 세포는 영양세포가 되는 것을 나타내고 있다. 생식세포는 개구부 부근에 집중하고 있기 때문에 반전 이후는 군체 뒷부분에 많이 분포하게 된다(Kirk, 1998를 기준으로 그림).

2일에 걸쳐 탄생한다. 생식세포는 군체 속에서 약 반일동안에 성숙하여 분열을 시작한다. 이 분열은 동물 수정란에서 알이 분획되는 난할과 유사하다. 즉 분열 시 세포크기는 변하지 않고, 안쪽에 공간을 만들면서 작은 세포로 분열하여 간다(그림 3-46). 5회 분열로 32개의 세포가 된다. 동물발생학에서 말하는 이른바 할구이다. 다음 6회째 분열에서 앞쪽의 16개 세포가 부등분열을 한다. 여기에서 보다 큰 16개 세포는 다음과 다음 세대 볼복스의 생식세포, 즉 "손자볼"이 될 운명으로, 나머지 48개 세포는 어미 군체를 구성하는 체세포(somatic cell)로 발전할 운명을 부여 받는다. 이와 같이 분열 도중에 세포의 숙명이 완전하게 프로그램 되는 것에서 볼복스가 단순한 군체를 형성하는 것이 아님을 알 수 있다(그림 3-46). 다음에 체세포가 되는 숙명을 가진 세포는 분열을 반복하여 합계 11회 또는 12회 분열을 걸쳐 한개의 공간을 차지하여 약 2,000개 세포로 구성되는 속이 빈 볼을 완성하고 세포분열을 종료한다. 이 상태에서 16개 손자볼은 할구 바깥쪽에 컵과 같이 부착한다. 또 체세포는 편모를 형성하는 세포 앞부분이 할구 안쪽으로 향한다, 정상적인 꼬마볼이 탄생하는 것은 이 속이 빈 할구를 뒤집힌다는 난제를 해결해야만 한다. 손자볼

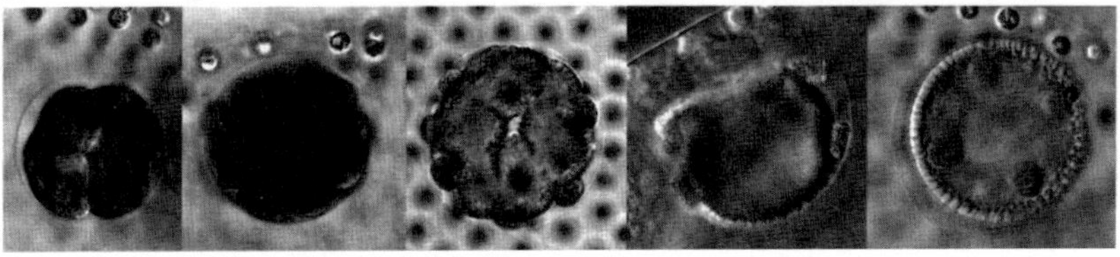

그림 3-47. 볼복스의 딸 군체 형성. A: 8세포기, B: 16세포기, C: 반전시작 이전의 딸 군체. 반전이 시작되는 개구부가 보인다. 또 손자볼은 바깥쪽에 부착하여 있다. D: 반전 중인 딸 군체, E: 완성된 딸 군체(사진제공, 植木紀子).

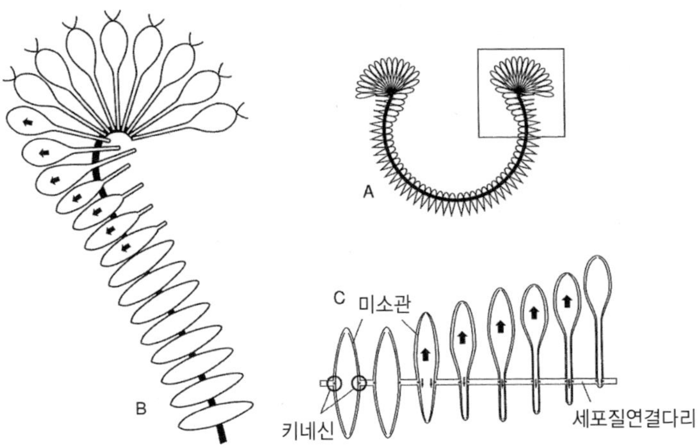

그림 3-48. 볼복스의 반전구조. 반전 이전 세포는 세포질연결다리로 연결된다. (A, B의 굵은 선). 반전부위에 가까운 세포는 세포 뒷부분에서 꼬리모양의 돌기를 신장함과 동시에 연결부세포는 협소한 후단부에서 연결되어 결과적으로 세포는 군체 안쪽을 향하여 젖히는 것처럼 반전하게 된다. 이때의 연결다리 이동은 키네신단백질이 미소관 위를 세포 뒤쪽을 향해 이동하는 것으로 실현된다(C). (Nishii *et al.*, 2004에서 그림).

탄생이 마무리는 반전(inversion)이라는 드라마틱한 현상이다(그림 3-47). 봉지를 뒤집는 것과 같이 개구부 주변 세포가 차례차례로 뒤집혀서 세포시트 전체가 뒤집혀져 손자볼을 볼 속에 집어넣은 다음 각 체세포는 편모가 있는 쪽이 바깥쪽을 향하게 된다.

최근 반전에 대한 구조가 명확하게 밝혀졌다(그림 3-48). 반전하기 이전에 뒤집기 되는 꼬마볼 세포가 볼모양으로 유지되는 것은 세포사이를 연결하는 세포질 연결다리이다. 이 연결다리는 방추형 세포에서 가장 폭의 넓은 정중앙 부근에 있지만, 반전이 시작되면 틈 주변세포는 세포 뒷부분(이 때에는 볼의 바깥쪽)에서 가는 돌기를 뻗어 프라스크 모양으로 변형된다. 이 때 동시에 세포는 볼 안쪽을 향하여 이동한다. 이것은 세포질연결다리가 세포 뒷부분을 향해 이동하기 때문이다. 이러한 이동에는 키네신이라는 운동단백질(그림 11-22)이 관여된다. 세포의 편모기부에는 기저소체가 있고, 그곳에서 세포막 바로 밑에 뒤를 향해 뻗어있는 미소관이 있다(제11장 및 제14장). 키네신은 미소관에 결합하여 운동하는 단백질로 연결다리에 제한적으로 존재하는 키네신분자가 미소관 위의 세포 후방으로 움직이는 것에서 연결다리가 세포 후방에 이동되는 구조이다. 반전이 발생하는 부위는 이렇게 세포끼리 뒷부분이 돌기 앞부분에 연결된 상태가 된다. 그곳에서 차례차례 다른 세포가 밀어 들어가는 것으로 최전선 세포는 연결다리의 어떤 세포 뒷부분을 지지점으로 하여 강제적으로 뒤집혀지는 것이다.

볼복스 생식세포 분열에서 반전에 도달하는 과정은 동물수정란 난할과 배발생과정과 매우 비슷하다. 동물발생에서 낭배(囊胚, gastrula) 형성 때 세포함몰이 발생하지만, 그 구조는 아직 명확하게 밝혀져 있지 않다. 반전은 이러한 구조를 이해할 수 있는 모델이 될지도 모른다. 동물발생의 수수께끼를 풀 수 있는 로제타석(rosetta stone)으로서 지금 볼복스는 뜨거운 주목을 받고 있다.

반전과 평행하여 바깥쪽으로 향한 세포에는 편모가 발생하여, 반전이 완료된 꼬마볼은 내부에 손자볼 원기를 가지며, 4,000개 편모를 가진 볼모양을 한다. 반전 이후 닫힌 부분이 군체 뒷부분이 된다. 때문에 손자볼은 군체 뒷부분에 분포한다. 결국 볼 내부와 세포의 틈은 한천질로 채워져 연락다리가 소실되고, 각각의 세포가 독립하여 군체를 완성한다. 볼복스 체세포는 프로그램에 따라 2일 동안의 짧은 생애를 마감하고 붕괴된다. 16개 꼬마볼은 새로운 어미볼로서 2일 동안의 한단지몽(邯鄲之夢)의 꿈을 접게 된다. 이 과정에서 볼복스가 대단한 것은 다음 꼬마볼이 형성될 때까지 세포분열을 하지 않는다는 것이다. 군체를 구성하는 체세포는 크기를 증가시키지만 분열은 하지 않는다. 모양은 꼬마볼이 형성된 시점에 종료된다. 볼복스 발생은 엄밀하게 말해 정교한 프로그램화가 되어 있는 것이다. 이것은 군체라는 것보다는 다세포 생체시스템으로 이해하여야 할 것이다. 어떠한 구조가 서로 독립하여 한개의 몸체에 매몰되는 세포군을 하나의 개체와 같이 통제하는 것일까? 볼복스 생물학은 커다란 가능성을 숨겨두고 있다고 할 수 있다.

볼복스 그룹에는 편평한 군체를 가지는 고니움(*Gonium*, Gk: *goneia* 각도), 오디말이라는 이름을 가진 판도리움(*Pandorium*, 딸 군체의 방출을 판도라상자에 비유한?), 그리고 기타로서 유도리나(*Eudorina,* Gk: *eu* 진짜의, *doria* 의미부재)와 플레오도리나(*Pleodorina,* Gk: *pleon* = more) 등 다양한 군체가 있고 이들은 각각 개성적인 특징을 보인다(권두사진 14-2~6).

나. 훈장말, 뗏목말 그리고 그물말

호소에서 물을 떠서 현미경을 관찰하면 우선 확실하게 훈장말(*Pediastrum*, Gk: *pedion* 평면, *astron* 별, 권두사진 14-27~29)이나 뗏목말(*Scenedesmus*, L: *scena* 무대의 판, *desmos* 연결, 권두사진 14-26)을 관찰할 수 있다. 훈장말 그룹은 개성적으로 조류보기에 충분한 값어치를 하는 독특한 특징을 보인다. 훈장말이나 뗏목말은 원칙적으로 결정된 수의 세포로 성립되기 때문에 정수군체(coenobium, *coen* = Gk: *koinos* 공통)라고도 한다. 정수군체 형성과정(그림 3-49)은 색다른 모습을 보인다. 정수군체와 같은 자식 만들기를 하면 개체라는 개념이 깨어지고 만다. 증식 할 때 훈장말을 구성하는 각 세포가 분열하여 편모를 가지는 유영세포를 만든다. 다른 조류에는 이러한 세포를 유주자라고 하는 무성생식세포, 즉 포자에 해당한다. 보통 유주자는 헤엄를 쳐서 발아에 적당한 장소에 도착하면 편모를 상실하고 발아하여 어미와 같은 몸으로 되돌아온다. 그러나 훈장말은 이러한 유영세포가 어미 세포에서 나온 포대 속에

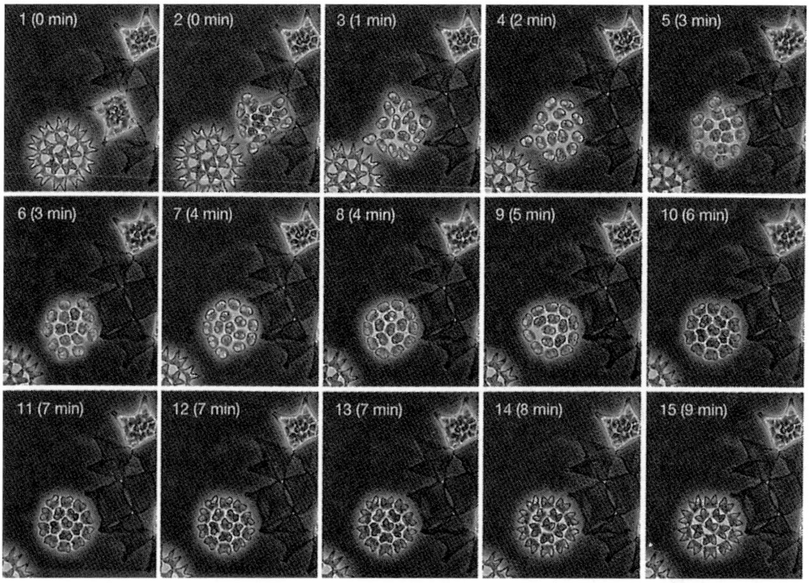

그림 3-49. 훈장말 딸 군체 형성의 연속사진. ( )내의 수는 개시로부터 경과시간(분)을 나타낸다. 유주자가 유영하여 나온 다음 (1), 유영하면서 정수군체의 배치를 하여 (2-9), 운동을 정지 한 다음에 세포가 변형되어 딸 군체가 완성된다(10-15).

멈추어서, 그 속에서 수분 동안 유영하면서 다른 유영세포와 접촉하여 어미 정수군체와 같은 배열을 한 다음 편모를 상실한다. 그리고 각각의 세포가 보는 사이에 변형되어 어미와 같은 모양의 작은 군제를 완성한다. 이 과정은 10분 전후로 완결된다. 이런 현상은 훈장말 유주자가 결합하여 새로운 한개의 훈장말을 만들어 내는 것이다(그림 3-49). 보통 유주자는 무성생식을 하기 때문에 원래 하나의 유주자는 한개의 개체로 성장한다. 그러나 훈장말은 복수의 유주자에서 한개의 개체가 탄생하는 것이다.

여기에서 "개체"라는 용어를 사용한 것은 훈장말 정수군체는 어떻게 보더라도 개체로 밖에 보이지 않기 때문이다. 일반적인 발생이나 생활사로부터 말하면, 각각의 세포가 개체에 해당하기 때문에 훈장말을 군체라 부르지 않으면 안 된다. 때문에 정수군체라는 난해한 용어를 사용하는 것이 되다. 그러나 생물은 인간이 만든 개념을 반드시 준수하는 것이 아니기에 때에 따라서는 용어에 구속될 필요가 없을 것이다. 훈장말은 각각의 어미세포가 어미개체와 같은 수의 세포를 만들고 이것에 연결하여 새로운 개체를 만들어 낸다. 복수의 생식세포에서 한개의 개체를 만들어 내는 것이 훈장말이 선택한 생존전략이다. 각각의 세포는 다음 세대를 위하여 유주자를 만들기까지 재차 분열하지 않는다. 일생에 한번만 세포분열을 하는 것이다. 이것이 훈장말이다. 일반적으로 방출 이후에 분열하여 발생을 시작하지 않는 유주자는 없다. 이러한 면에서 훈장말 유주자는 예외적인 것이 된다. 상식에 구속됨이 없이 훈장말을 이해하여야만 한다.

훈장말과 같은 생활사와 발생을 하는 또 하나의 조류가 뗏목말이다. 뗏목말도 정수군제로 각각 세포가 분열한 다음 새롭게 연결되어 새로운 정수군체를 만든다. 이때 세포는 편모를 가지지 않지만(드물게 유영세포를 만든다), 현상으로는 훈장말과 같다. 이와 같이 조류세계는 일반적 원칙이 통용되지 않을 뿐만 아니라 일반원칙에 반정립(反定立, antithese)으로 취급하는 편이 보다 쉽게 이해할 수 있는 현상도 다수 관찰된다.

군체가 정수가 아닌 경우도 있다. 그물말(*Hydrodictyon*, Gk: *hydro* 물, *dictyon* 그물, 권두사진 14-30~32)이라는 조류이다. 그물말은 여름 논에서 쉽게 관찰되는 조류로 훈장말이나 뗏목말과 같이 구슬말목(Sphaeropleales)에 속한다. 20,000개에 달하는 세포가 뜨개질 코(망목)로 연결되어, 성장하면 손바닥에 넘치는 매우 커다란 조체를 형성한다. 이 조류가 무성적으로 번식할 때에 훈장말과 같이 각각 세포가 유주자를 무수하게 만든다(그림 3-50). 유주자는 어미 세포 속에서 운동을 하지만, 어미세포 표면을 빈틈없이 메꾸고 있기 때문에 운동을 할 수 있는 공간이 없다. 결국 서로 접촉하여 편모를 잃고 어미와 비교하면 몹시 작은 뜨개질 코 자루를 만든다. 이 작은 그물말은 이후 세포가 분열하지 않고 세포크기를 크게 하는 것으로 어미와 같은 크기까지 성장하기 때문에 눈으로 보기에는 뜨개질 코가 점점 커지는 것이 된다. 여기에도 역시 유주자 방출이후 다음 유주자 형성까지 두 번 분열하는 일은 없다. 유주자나 포자 개념을 넘는 생식세포인 것이다. 유주자나 개체의 개념에 의문을 던질 수 있는 흥미로운 조류이다.

이러한 생활사는 독특한 세포주기(cell cycle)를 채용하는 것으로 실현되는 것 같다(그림 3-51). 훈장말은 16세포, 뗏목말은 4세포인 개체가 많지만, 환

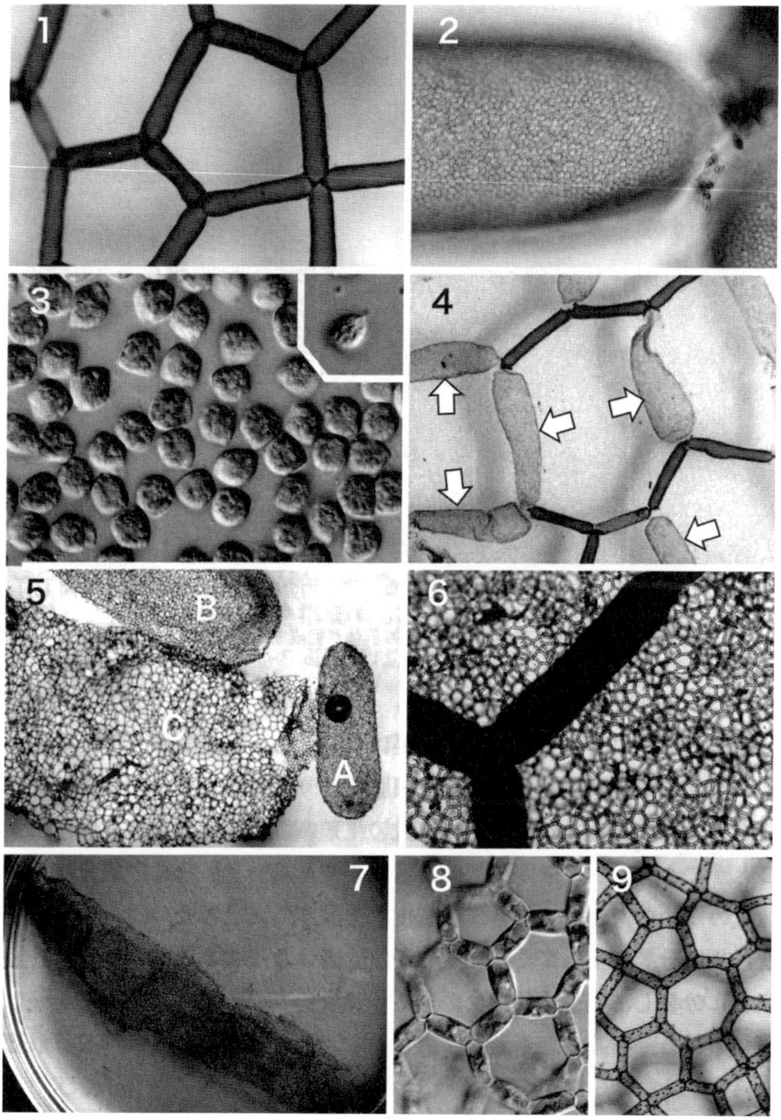

그림 3-50. 1: 성숙한 그물말. 2: 유주자를 형성하고 있는 세포, 3: 유주자, 각 세포는 두 개의 편모를 가진다. 4: 유주자가 결합하여 만들어진 딸 군체(화살표), 5: 어미세포에서 방출된 원통모양 군체가 성장한 것. 성장에 따라 한쪽 눈이 크기가 커지고 있다(A~C 순). 6: 성장한 그물말과 성장 초기 그물말의 크기비교. 7: 10cm 정도 성장한 그물말 군체. 8, 9: 성장단계가 다른 그물말의 세포. 8은 단핵, 9는 다핵이다.

경조건이 좋게 되면, 훈장말은 32세포, 뗏목말은 8세포인 개체도 출현한다. 반대로 환경조건이 나쁘면 각각 8세포, 2세포 개체가 출현하기도 한다. 세포주기라는 것은 DNA의 합성이 진행된 S기(synthesis)와 핵분열이 발생하는 M기(mitosis), 그리고 M기와 S기 사이인 G1기(gap) 및 S기와 M기 사이인 G2기(gap)로 이루어진다(그림 3-52). G1, S, G2기를 합쳐서 간기(interphase)라고 한다. 세포주기에는 몇 개의 체크포인트가 있다. 한개의 체크포인트를 통과하면, 다음의 체크포인트까지 반응이 진행된다. 분자로 제어된 작업 공정 점검이다. 보통 세포주기를 한번 돌게 되면 세포질 분열을 걸쳐 두개 세포가 탄생한다. 뗏목말을 대상으로 한 실험에서 4세포 정수군체를 만들 때에 두개의 세포주기가 오버랩 되어 진행되었다. 때문에 4세포분의 DNA와 기타 필요

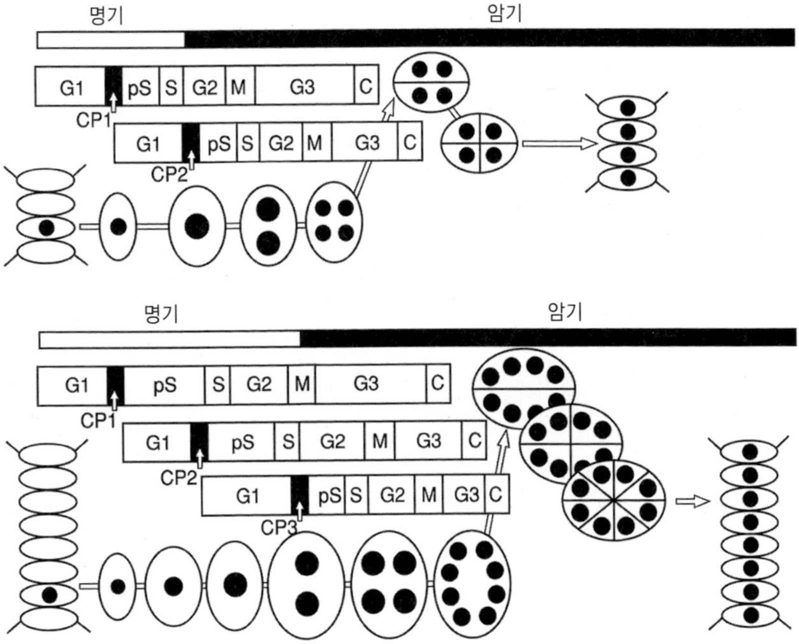

그림 3-51. 뗏목말 정수군체 형성에 영향을 미치는 빛 조사시간과 세포주기. CP(commitment point)를 빛 조사시간에 2회 통과하면 4세포 정수군체가 3회 통과하면 8세포 정수군체가 형성된다. pS(pre-replication phase): CP와 S기 개시까지의 시간, G3: 핵분열과 세포질 분열 사이, C(cleavage): 세포질 분열(Zachleder *et al.*, 2002에서 그림).

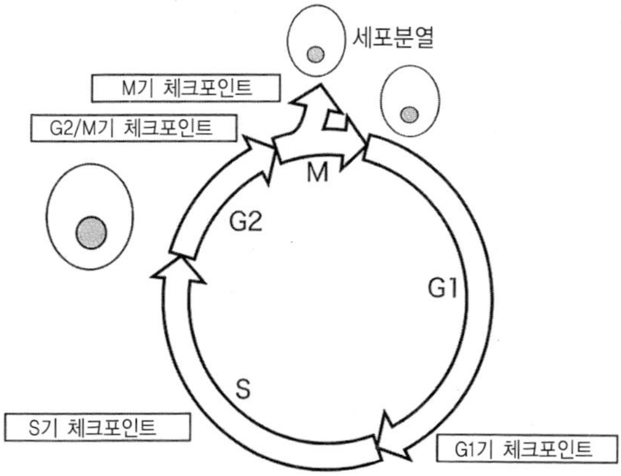

그림 3-52. 진핵세포의 전형적인 세포주기. M(mitosis)은 세포분열이 발생하는 시기로서 이 이외의 시기를 간기(interphase)라고 한다. 간기는 더욱 G1(gap1), S(synthesis), G2(gap2)로 구분된다. S기는 DNA의 복제에 해당되고, G1, G2는 각각 S기, M기로 가기 위한 반응이 진행되는 시기이다. 세포주기가 순조롭게 진행되고 있는지를 점검하는 체크포인트가 있다. 검사에 불합격하면, 다음 단계로 진행되지 않게 되어 있다.

로 하는 분자가 합성되었다. 조건이 좋으면 세개의 세포주기가 중첩되어 진행되기도 한다. 그 결과는 8세포의 뗏목말이 탄생하게 된다(그림 3-51). 32세포의 훈장말은 5회의 주기가 중첩된 것으로 이해할 수 있다. 그물말은 20,000세포분의 DNA를 합성하는 것이 되기에 14~15회 세포주기가 중첩되어야 한다. 여기까지 오면 처음으로 세포분열이 발생한다. 다핵화가 진행되어 최후에 세포질 분열이 발생되는 현상은 겉씨식물과 속씨식물의 배 발생 때에도 관찰되지만, 이러한 현상을 이용하여 개체를 만드는 구조는 아직까지 다른 생물에서는 알려지지 않는다.

다. 접합조류 (장구말류 및 해캄류, 권두사진 15)

단세포성 담수 미세조류 중에 특히 아름다운 형태를 하는 장구말류 또는 해캄류라 불리는 그룹을 미세조류 보기에 등장시켜 보자. 가까운 연못이나 호소에서 낙엽이나 저층의 펄을 채집하여 현미경 관찰을 하면 해캄이나 장구말과 같은 장구말류를 볼 수가 있다. 고층습원(오재(尾瀨)습원과 같이 물이끼에

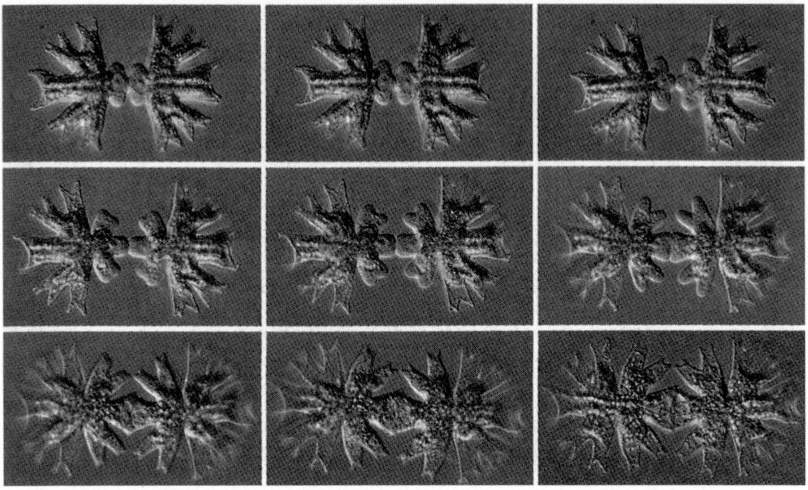

그림 3-53. 훈장장구말 속(*Micrasterias*)의 세포분열을 나타내는 연속사진. 반세포 성장을 알 수 있다(사진제공, 野水美奈)

의해 형성된 습원)에는 아름다운 많은 종들이 서식한다. 많은 장구말류는 북과 같이 중심부가 잘록한 체제를 하며, 중심에서 양쪽을 반세포(hemicell)라고 한다. 이 특이한 형태의 비밀은 독특한 세포분열에 있다(그림 3-53). 장구말류의 세포핵은 잘록한 부분에 위치한다. 핵이 분열하면 딸핵을 두개의 세포로 나누는 경계가 반드시 잘록한 부분에 만들어진다. 요컨대 세포분열 직후는 두개의 반세포는 각각 독립한 세포가 된다. 다음에 각 반세포에서 작은 팽창이 발생하여 점차 커지면서 결국 완전한 세포로 성장한다. 때문에 세포는 어미에서 물려받은 반세포 한개와 새로 만들어진 반세포 한개로 완성된다. 다른 조류에서는 사례를 찾아 볼 수 없는 불가사의한 세포분열이다(그림 3-53).

장구말류와 같은 그룹인 해캄(*Spirogyra*, Gk: *speira* 코일, *gyros* 비틀어지다), 별해캄(*Zygnema*, Gk: *zygon* 멍에, *nema* 실), 판해캄(*Mougeotia*, 인명에서 유래) 등은 세포가 일렬로 연결된 실모양의 다세포체제 조류이다(권두사진 15-15~17). 엽록체 모양이 다양하며 특히 해캄의 나선형 엽록체는 매우 아름답다. 장구말류도 해캄도 조류로는 진귀하게 생활사 중에 편모를 가지는 유영세포를 만들지 않는다. 세포 속에 중심체도 존재하지 않는다. 때문에 유성생식을 할 때는 한쪽 생식세포가 다른 쪽 생식세포로 흐물흐물 흘러들어가 세포가 융합되는 방법을 택한다. 이 현상을 접합이라고 한다. 중등학교 생물교과서에 유성생식의 사례로 게재되어 있다. 이 그룹은 생식형태에서 접합조(接合藻, Conjugatae)로 불리기도 하는 녹색식물의 독특한 생물군을 구성한다. 계통적으로는 차축조류(차축조류)와 함께 육상생물로 연결되는 스트레프트식물로서 차축조강을 구성한다(제14장), 육상식물을 탄생시킨 계통 중 하나로 육상으로 식물이 진출한 수수께끼를 풀 수 있는 연구대상 생물이기도 하다.

라. 유글레나(연두벌레)류 (권두사진 8 및 16)

같은 엽록소 *a, b*를 가지면서도 녹색식물과는 생판 타인인 조류가 두개 그룹 존재한다. 그 하나가 유글레나(*Euglena*, Gk: *eu* 좋다, 많다, *glena* 안구) 그룹이다. 초등학교 자연시간에 연두벌레는 동물인가? 아니면 식물인가? 라는 짓궂은 질문을 받은 기억을 가진 사람들도 있을 것이다. 이러한 내용에 대해서는 제12장에서 설명하지만 짚신벌레가 동물이 아닌 것처럼 연두벌레도 동물이 아니다. 광합성을 하는 진핵생물이라는 의미에서 연두벌레는 망설임 없는 식물이며 조류이지만 많은 종들이 구불구불 몸을 비꼬면서 움직인다(그림 3-54). 이러한 운동을 유글레나운동(euglenoud movement)이라 한다. 이러한 눈에 띄는 운동을 하기 때문에 연두벌레는 동물인가? 식물인가? 하는 터무니 없는 문제로 이용되어 어린이들을 당황하게 만든다. 움직이다 = 동물, 움직이지 않는다, 광합성을 한다 = 식물 이라는 도식을 어린이들에게 심어주어 동물도 식물도 아닌 생물이 다수 존재하는 것을 설명하지도 않고 혼란을 초래하는 짓궂은 질문을 던지고 있는 것이다. 물론 연두벌레의 책임은 아니다. 잘못된 자연교육의 희생자이지만 그 덕분에 지명도가 높아져서 많은 사람의 머릿속에 이름이 남아 있는 생물그룹이다.

유글레나운동처럼 불가사의한 운동이 가능한 것은 다른 생물에서는 예를 찾을 수 없는 특이한 세포외피 구조에 있다. 세포는 표피대 또는 표피끈(pellicle strap, L: *pellicula* 작은 피부)이라는 40개 정도의 가는 리본모양의 구조로 앞에서 뒤에까지 나선모양으로 빙빙도는 구조로 되어 있다. 포대를 떠올리면 좋다. 그리고 투탕카멘(Tutankhamun)의 미이라 처럼 세포가 포대로 똘똘 말려

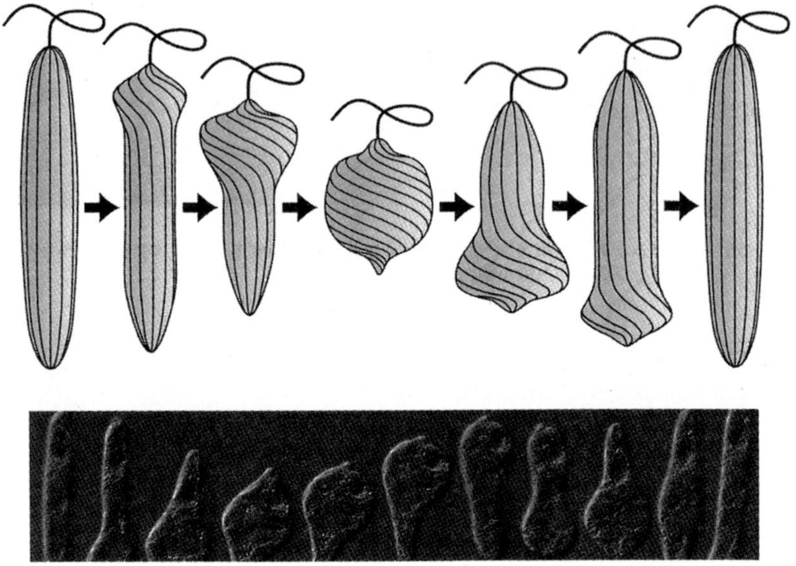

그림 3-54. 유글레나운동. 세포표면에 표피층(pellicle)이 활주운동을 하기 때문에 발생한다.

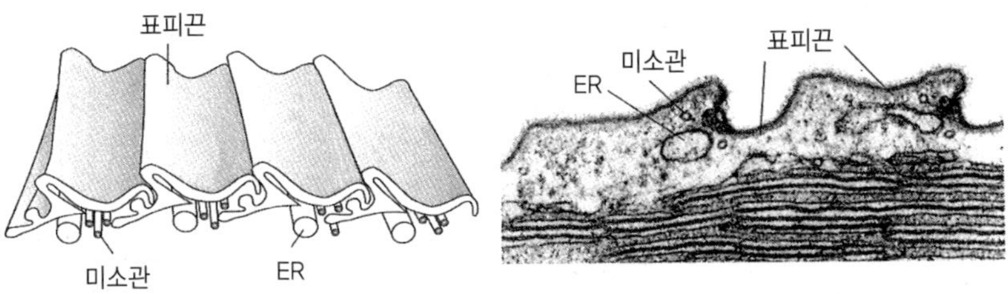

그림 3-55. 연두벌레의 표피구조. 표피층(pellicle)이라고하며, 세포막 바로 밑에 단백질성 표피끈 이외에 미소관 및 소포체(ER)로 구성된다.

있는 상태를 상상하면, 거의 연두벌레 세포의 표면구조가 된다(권두사진 6-15). 단 이 포대는 서로 활주운동을 한다. 옆에 붙은 표피끈이 미끄러져 가는 것에 따라 세포는 형태를 눈이 돌아갈 정도로 빠르게 변화시킨다 이 끈은 단백질을 주성분으로 하는 포대이다(그림 3-55). 이것에 미소관이나 소포체 등 복수 요인이 추가되어 유글레나운동을 실현시키고 있는 것이다. Ca^{2+}가 관여하는 운동단백질 관여가 시사되고 있지만, 아직 상세한 것은 알지 못한다. 그 중에는 끈이 고정되어 미끄러지지 않기 때문에 세포변형이 되지 않는 연

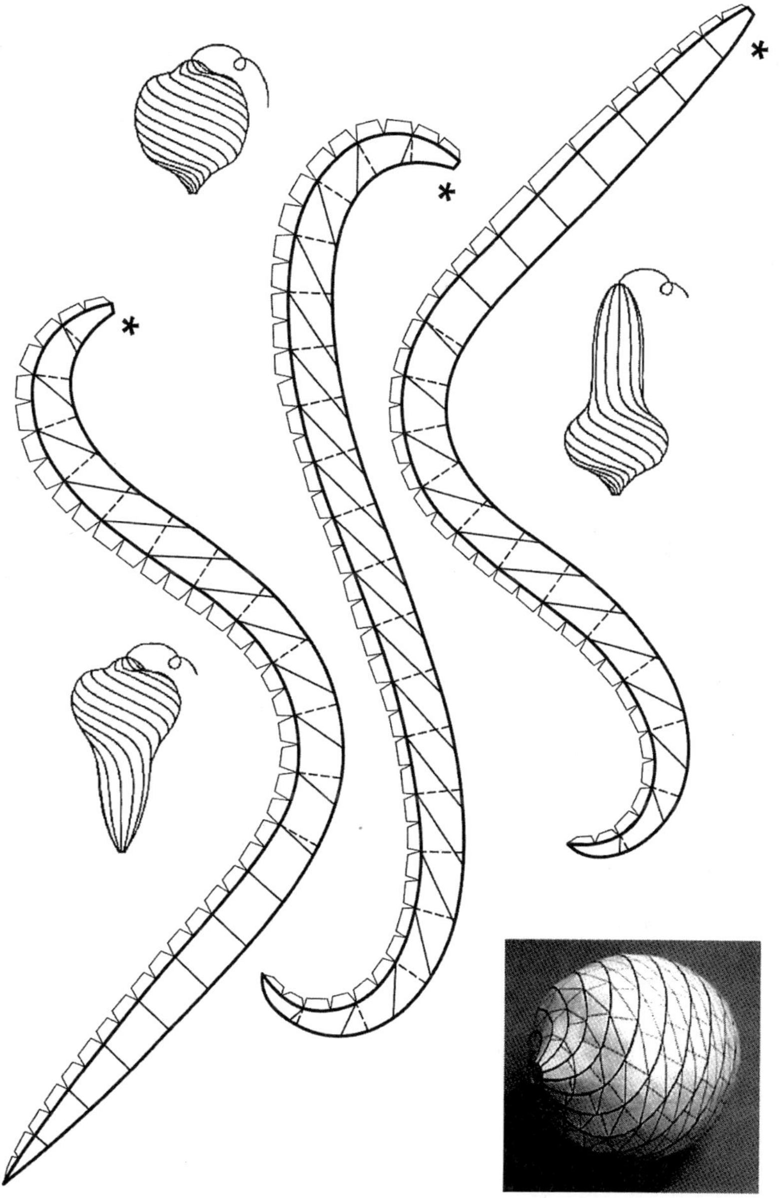

그림 3-56. 유글레나운동의 종이 모형. 작성방법은 본문을 참조 (洲崎敏伸, 원생동물학회의 허가를 얻어 "원생동물학회지"에서 전재).

두벌레 그룹도 있다. 편평한 몸을 가지는 *Phacus*(Gk: *phakos* 편평한 콩, 권두사진 8-16, 17, 권두사진 16-17, 18)가 그 사례이다. 두꺼운 각을 가지는 것도 있다. *Trachelomonas*(Gk: *trachelos* 머리, *monas* 고독으로부터 단세포의 의미, 권두사진 8-18, 권두사진 16-19, 20)가 그 대표이다. 우리말로 다소 센스 있는 호리병수염충이라고 하지만 확실히 호리병과 같은 각을 가지며 그 속에 구불구불하게 운동하는 유글레나 세포가 들어있다. 이 각은 대부분 차색으로 단단하다. 그 이유는 각에 수십 %의 비율로 철과 망간이 포함되어 있기 때문이다.

그림 3-56은 고베대학의 수자키 토시노부(洲崎敏伸) 교수가 작성한 유글레나운동의 종이 모형이다. 움직임이나 구조를 이해할 때 도움을 주는 것이 모형이다. 전재허가를 받았기에 수자키(洲崎) 교수의 아래 설명을 참고로 만들어 보면 좋다. 이 그림을 복사하여 이하의 방법으로 붙여 맞추면 3종류의 유글레나 입체모형이 된다. 실제 유글레나 세포표면은 약 40장의 표피체로 구성되어 있지만 간략화한 이모형에는 12장의 표피대로 만들어져있다.

〈모형을 만드는 방법〉

① 그림을 12장 복사하여 같은 모양 표피체를 12조 준비한다. ② 풀칠하기 위해 남겨 놓은 부분을 따라 그림의 표피체를 잘라낸다. ③ * 표시는 세포 앞부분을 나타낸다. 풀칠할 부분에 풀을 하여 앞부분부터 붙여 맞추어 간다. 실선은 세포 앞부분에서 같은 거리의 점을 연결한 선이고 점선은 표피체 장축에 수직한 선이다. 이들 선을 참고하면서 붙여 맞춘다. ④ 마지막으로 세포 앞부분에 실 또는 철사로 편모를 만들어 붙이면 좋다.

많은 연두벌레 그룹은 하나의 편모로 유영한다. 이 편모운동은 매우 복잡하여 지금도 운동구조가 잘 알려져 있지 않지만 이 편모운동으로 빛에 반응하여 집합과 분산을 한다. 앞에서 클라미도모나스와 볼복스 주광성에 대해 설명하였지만, 빛에 대한 연두벌레의 반응은 이들과 다소 다르다. 세포가 놓여진 조건에 따르지만, 많은 경우 연두벌레는 빛을 향해 진행하는 것이 아니라, 빛 강도의 변화에 맞추는 반응을 한다. 광경동반응(photophobic response) 다른 말로 "깜짝 놀람"반응이라 불리는 것으로 연두벌레는 빛에 모여든다(그

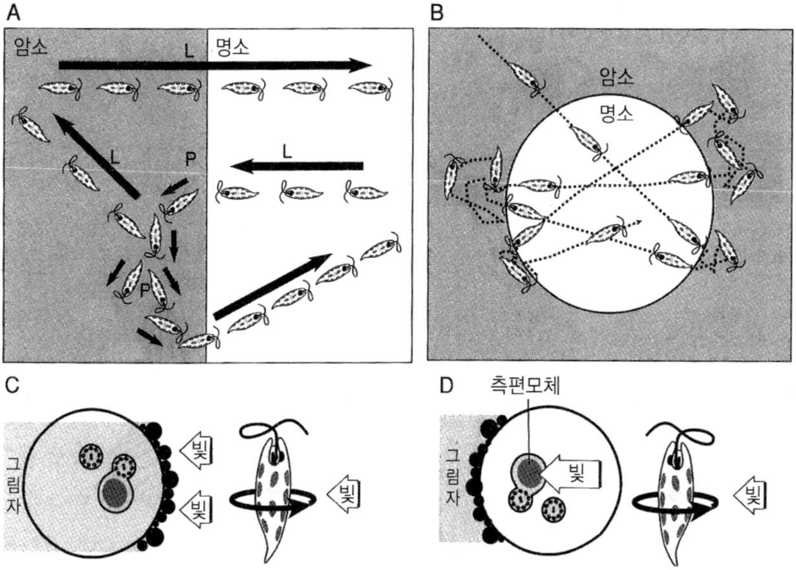

그림 3-57. 연두벌레의 빛응답 반응. A, B: 연두벌레는 밝은 곳, 어두운 곳 어디에서도 직선적으로 운동하지만(L), 명암의 변하에 반응하여 유영방향을 변화시킨다. 밝은 곳에서 어두운 곳으로 들어가더라도 특별한 반응은 없지만(L), 어두운 곳에서 밝은 곳으로 들어가면 일시적으로 움직임이 혼란되어 방향이 변한다(P). 어두운 곳에서 밝은 곳으로 들어가면, 다시 똑바로 진행한다. 어두운 곳에 들어가면 "갑짝 놀라"며, 밝은 곳으로 나오면 똑바로 진행하기에 결과적으로 빛에 모이는 것이 된다(B). C, D: 연두벌레의 빛 수용물질은 편모기부의 측편모체(paraflagellar body)에 제한적으로 존재한다. 안점이 입사광선 쪽에 위치할 때 (C), 빛은 안점에서 차단되어 편모는 그림자 속에 들어간다. 180도 회전하여 안점이 반대쪽에 왔을 때(D), 빛은 안점에 차단되지 않고 편모에 도달하여, 명암 차이에 반응하는 것이 가능하다.

림 3-57). 요컨대 연두벌레는 어두운 곳에서 밝은 곳으로 들어가면 세포는 특별히 반응하지 않고 직진한다. 그러나 밝은 곳에서 어두운 곳으로 들어가면 세포는 깜짝 놀라 유영방향이 랜덤하게 변한다. 이 과정을 반복하면 세포는 빛을 받는 부분으로 모여들게 된다. 결과는 주광성과 마찬가지이나 의미는 매우 다르다. 빛에 대한 연두벌레의 반응은 클라미도모나스와 비교하면 매우 둔하다. 클라미도모나스의 빛 수용체가 세포막에 고정되어 안점이 매우 효율 좋은 차폐판 또는 반사판으로 기능하는 것에 반하여, 연두벌레는 그 위치관계

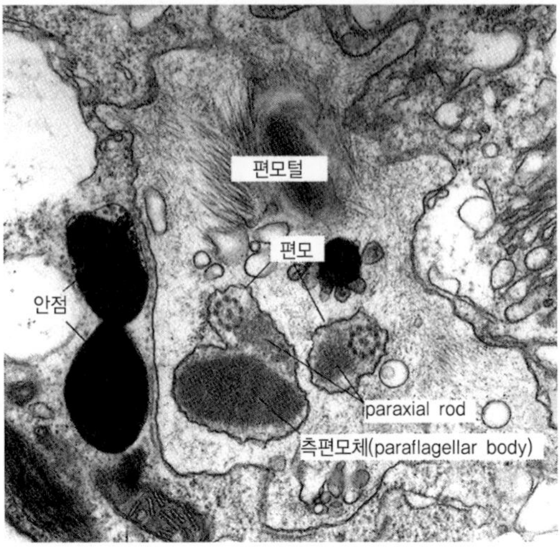

그림 3-58. 연두벌레의 안점과 편모.

가 다소 조잡하다. 연두벌레는 깊은 홈에서 나온 두개의 편모를 가지지만 안점은 그 홈에 대면하여 배치된다(그림 3-58). 한편 빛 수용체는 이 편모의 기부에 배치되며 성분은 비타민 B_2 그룹인 후라빈과 후테인 등의 물질로 생각되고 있다. 편모와 안점의 관계는 연두벌레 세포가 변형운동을 하는 것에도 도움을 주지만 매우 불안정하여 고작해야 차폐판으로 역할을 할 정도 밖에 기대되지 않는다. 명암 차를 클라미도모나스처럼 민감하게 감지할 수가 없을 정도의 나쁜 S/N 비가 빛 변화에 연두벌레의 변화를 민감하게 반응할 수 없게 한다.

최근 연두벌레의 빛 수용체가 분리되어 FAD(hula bean, adenine, dinucleotide)와 결합한 후라빈단백질인 것이 밝혀졌다. 더욱이 이 단백질은 세포내 신호전달물질로서 알려지는 cAMP(환상아데노신인산)를 만드는 아데닐산시크라제(adenylate-cyclase)라는 요소로 기능하는 것도 명확해졌다. 아데닐산시크라제는 우리가 맛이나 냄새를 감지할 때 역할을 하는 물질이다. 보통은 센서단백질에서 G단백질을 매개로 아테닐산시크라제가 활성화 되어 cAMP가 만들어진다. 그러나 연두벌레는 청색 빛을 비추면 효소활성이 수십 배로 상승하는 것으로부터 이 후라빈단백질은 그 자체가 외부 자극인 빛에 의해 활성화

되어, 신호전달물질을 만든다는 독특한 빛 수용물질인 것을 알게 되었다. 이러한 사례는 다른 생물에서는 관찰되지 않는다. 즉 연두벌레는 불가사의한 생물로서 세포기능에 많은 수수께끼를 감추고 있다.

마. 클로라라크니온

아메바는 원생동물이라는 이미지가 강하다. 그 중에서 클로라라크니온이라는 생물은 강렬한 개성을 방출한다. 녹색 엽록체를 가진 아메바이다(권두사진 16-21). 때문에 이름도 클로라라크니온(*Chlorarachnion*, Gk: *chloros* 녹색, *arachne* 거미 집)으로 녹색 거미집으로 번역된다. 아열대인 아와미오시마나 오키나와 등의 해안에 서식한다. 진귀한 것은 아니지만 만나면 기분이 좋아지는 해조 중 하나이다. 엽록체는 녹색식물이나 유글레나식물(연두벌레류)과 같은 엽록소 *a*, *b*를 가지지만, 세포형태는 이들과 전혀 다르다. 유주자도 만들지만 한개의 편모가 몸을 나선상으로 둘러싸는 독특한 것으로 이러한 점에도 공통점은 없다. 그렇다면 왜 엽록체만이 유사한 것인가? 그곳에 조류다양성의 수수께끼가 숨겨져 있다(제12장). 은편모조와 마찬가지로 클로라라크니온도 최근에는 지명도가 매우 상승한 조류군이다. 육상식물의 진화연구에 없어서는 안 되는 조류가 되었기 때문이다.

제4장

차축조류(윤조식물)

1. 사라져가는 차축조대

대형조류라고 하면 주로 해조라는 이미지가 강하다. 그런 중에 담수인 호소에서 육안으로 확인할 수 있는 유일한 조류가 차축조류(車軸藻類, Charophyceae)이다. 마리모를 포함하여 대마디말류는 해조의 친척이 된다는 것은 제2장 녹조에서 설명하였다. 다른 대부분 담수조류는 미세하여 수면에 부유하거나, 돌 표면에 부착하여 서식하여 인간사회에서는 쓰레기로 취급을 한다. "구(垢)[48]" 등으로 불리면서 상대도 해주지 않는다. 이러한 담수산 조류 중에 차축조류는 육안으로 보인다는 의미에서도 호소생태계의 유지자로 더욱 이는 식물진화의 입장에서도 특별한 위치가 부여되는 존재이다. 그렇지만 일반인에게는 차축조 역시도 무명에 가깝다[49]. 만일 독자가 생활하는 도시 주변에 수질오염이 진행된 호소나 연못이 있고, 오염된 호수환경에 대해 무엇인가 도움을 줄 수 있는 일을 찾으려고 생각한다면, 여기에서 설명하는 차축조에 대해 이해를 해두기 바란다. 차축조에 대한 내용을 알아두면 호소의 환경문제 접근에 도움을 줄 수 있을 것이다. 실제로 지금 대부분 일본의 호소는 죽음으로 몰리고 있다 하여도 좋을 것이다. 현재 30대 이하의 젊은 사람들은 아마도 갈대나 수련 등 수초로 덮여있는 물가에 물방개나 물장군 등 다양한 수서

48 인간 노폐물인 때 등을 나타내는 말.

49 우리나라에서는 차축조류의 출현 현황 등 매우 기본적인 조사기록 조차도 찾아보기 어렵다.

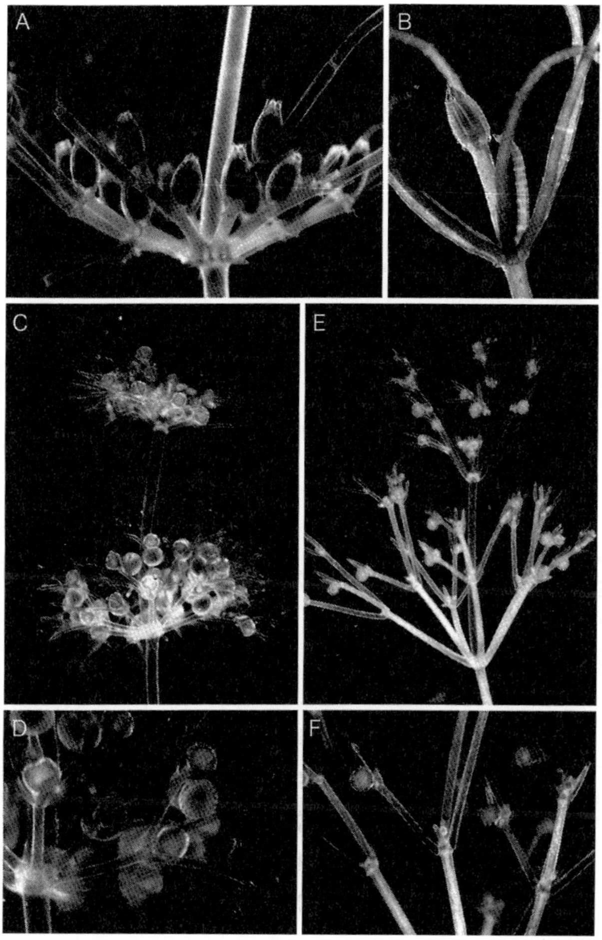

그림 4-1. 자축조. A: 차축조 *Chara braunii*, B: *Chara globularia* var. *globularis*, C, D: *Nitella hyalina*, E, F: *Nitella gracilens*. 모두가 멸종위기 I류로 분류되어 있다(차축조호소재조사 http://www.nies.go.jp/biology/mcc/Chara2006/chara-2.htm에서 허가를 얻어 전재).

동물이 서식하는 풍요로운 호소를 거의 알지 못할 것이다. 많은 호소나 저수지는 본래의 생물다양성과 아름다움을 잃어버렸고 지금은 수초 하나 보이지 않는 환경으로 변하였기 때문이다. 살풍경한 경관 속에 블랙배스나 블루길의 낚시터가 되어 있다. 이러한 상황을 개선하기 위해서는 차축조에 대한 정보가 더욱 주의 깊게 전달되어야 할 것이다. 이장의 주제는 호소생태계에서 차축조류의 역할 및 호소복원에 있어서 존재 의의이다.

차축조는 직경이 1mm도 되지 않은 가느다란 싹을 가진다. 수십 cm로 성장하여, 그 새싹에서 차륜모양의 가지(차륜지라고도 함)를 내고 있다. 때문에 차축조 또는 윤조(輪藻, Charophyta)라는 이름이 붙어있다(그림 4-1). 전체적인 모습은 쇠뜨기와 비슷하다. 물론 조류이기에 꽃을 피우지 않는다. 윤생지 밑부분에 생난기(oogonium, 복수는 - a)와 조정기(antheridium, 복수 - a)가 발생한다, 육안으로 확인할 수 있지만, 실체현미경으로 보면 더욱 아름답다. 조정기에서 헤엄쳐 나온 정자가 알에 도달하여 수정하는 것으로 자손을 남긴다.

이전에는 초여름 물을 받아 놓고 조금 안정시킨 논에서 차축조인 *Chara braunii*는 비교적 쉽게 관찰 할 수 있었다(그림 4-1). 이외에도 많은 차축조는 호소나 저수지 밑에 서식하였다. 오염되지 않는 자연호소의 호안에는 일반적으로 갈대(*Phragmites australis*), 부들(*Typha orientalis*), 줄(*Zizania latifolia*) 및 마름(*Trapa japonica*) 등 겉씨식물 수초가 서식한다. 호안에서도 차축조를 볼 수 있지만 보다 깊은 수심에 많은 종이 서식한다(그림 4-2). 차축조대 수심은 호소의 투명도에 따라 다르지만, 대략 5~10m 정도로 생각할 수 있다. 이전에 투명도가 14m나 되었을 당시 도와다(十和田)호에서는 30m까지 *Chara globularis*가 서식하였다. 어떻든 깊은 곳에 있기에 주위에 철사를 감은 닻을 던져서 끌어올리는 방법으로 호소 바닥에 서식하는 차축조를 채집하였다. 30~40년 이전 호수는 대부분 무성한 수초로 덮여 있었고 호소 바닥에는 차축조도 가득 서식하였다. 일본에는 일본고유종 또는 아시아 고유종을 포함한 4속 74종의 차축조가 알려진다. 그러나 지금은 이런 차축조를 점점 찾아보기 어렵게 되었다.

일본 환경부가 편집하여 발행하는 "개정, 멸종위험 야생생물(Red Data Book) 9. 식물 Ⅱ" (2000년)을 보면, 누구나 경악을 금치 못할 것이다. 조류 항목을 보면 멸종(extinct), 야생멸종(extinct in the wild), 그리고 멸종위기 Ⅰ급(critically endangered) 항목에 차축조가 즐비하게 이름을 올리고 있다(표 4-1). 전부해서 30종이나 된다. 그 중에 5종은 이미 멸종, 1종이 야생멸종, 24종이 멸종위기 Ⅰ급이다. 현재 개정중인 레드북에는 그 수가 더욱 많아

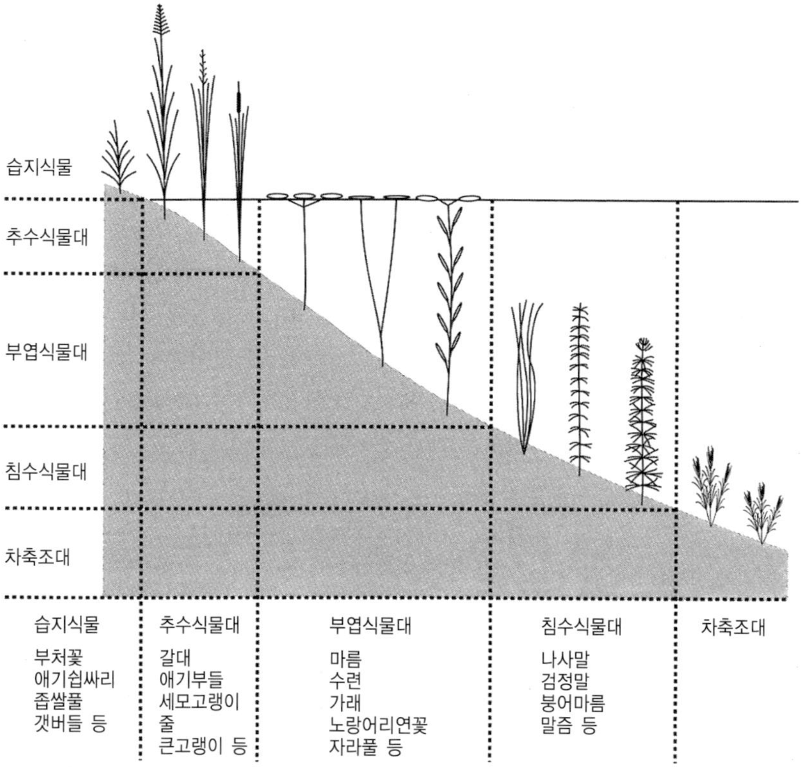

그림 4-2. 호소의 식생. 호안에서 수심 깊이에 따라 순서로 특유의 성질을 가지는 겉씨식물 수초가 분포한다. 차축조류대가 가장 깊은 곳에 위치한다.

져 60종에 달한다(표 4-2, 이 책 교정 중에 환경성에서 인터넷을 통해 공포되었다). 즉 많은 고유종을 포함한 74종의 차축조 대부분은 멸종위기을 맞이하고 있다.

토쿄도립대학(현재 수도대학토쿄) 명예교수인 가사키 히데오(加崎英男) 교수는 전 생애를 차축조 연구에 종사한 연구자이다. 제2차 세계대전에 징병되어 군인으로 전장에서 보냈지만 다행히 무사 귀환하였다. 연구공백을 메꾸기라도 하듯이 차축조의 분류와 생태에 대해 정렬적인 연구를 수행하였다. 당시에는 자동차도, 플라스틱 용기도 없었기에 무거운 유리병을 배낭에 채우고 걷는 것이 연구자 스타일이었다. 야외 현장연구가 중노동이었던 시대였다. 그

표 4-1. Red book(2000년)에 기재되어 있는 조류

멸종 (EX) Extinct	차축조강	*Chara fibrosa* var. *brevibracteata*, *Chara globularis* var. *hakonensis*, *Nitella minispora*, *Nitella furcata* var. *fallosa*, *Nitella flexilis* var. *bifurcata*
야생멸종 (EW) Extinct in the Wild	차축조강 (차축조강)	*Nitellopsis obtusa*
멸종위기 Ⅰ급 (CR+EN) Critically Endangered	남조강	*Aphanothece sacrum*
	홍조강	쿠니에다김(*Porphyra kuniedae*), *Porphyra tenuipedalis*, 참김(*Porphyra tenera*), *Thorea gaudichaudii*, *Nemalionopsis tortuosa*, *Compsopogonopsis japonica*
	황록색조강	*Pseudodichotomosiphon constrictus* = *Vaucheria constricta*
	녹조, 갈파래강	*Acetabularia caliculus*, 마리모(*Cladophora aegagropila*), *Dasycladus vermicularis*
	차축조류강	*Nitella acuminata* var. *capitulifera*, *Chara globularis* var. *globularis*, *Chara corallina*, *Nitella morongii* var. *spiciformis*, *Nitella mirabilis* var. *inokasiraensis*, *Nitella microcarpa*, 차축조(*Chara braunii*), *Nitella imahorii*, *Nitella hyalina*, *Nitella mucronata* var. *gracilens*, *Nitella furcata* var. *furcata*, *Nitella flexilis* var. *longifolia*, *Nitella flexilis* var. *flexilis*, *Nitella batrachosperma*, *Nitella acuminata* var. *subglomerata*, *Nitellopsis obtusa*, *Chara zeylanica*, *Nitella pseudoflabellata* var. *pseudoflabellata*, *Nitella pseudoflabellata* var. *mucosa*, *Nitella orientalis*, *Chara sejuncta*, *Chara benthamii* var. *benthamii*, *Nitella pulchella*, *Nitella pseudoflabellata f. macrophylla*
멸종위기 Ⅱ급 (VU) Vulnerable	홍조강	*Thorea okadae*, *Compsopogon prolificus*, *Compsopogon aeruginosus*, *Compsopogon oishii*, *Compsopogon hookeri*, *Compsopogon corticrassus*
준멸종위기 (NT) Near Threated	홍조강	*Batrachospermum atrum*, *Batrachospermum gallasei*, *Batrachospermum gelatinosum*, *Eucheuma amakusaense*, *Caloglossa ogasawaraensis*, *Caloglossa continua*, *Bostrychia simpliciuscula*, *Batrachospermum turfosum*, *Batrachospermum restale*, *Batrachospermum stagnale*, *Batrachospermum helminthosum*, *Batrachospermum helminthosum*, *Sirodotia delicatula*, *Kumanoa virgatodecaisneana*, *Meristotheca papulosa*, *Hildenbrandia rivularis*, *Hydropuntia eucheumatoides*
	갈조강	*Alaria valida*, *Saccharina latissima*, *Saccharina longipedalis* =*Laminaria longipedalis*, *Cymathaere japonica*
	갈파래강	*Prasiola japonica*, *Dichotomosiphon tuberosus*, *Caulerpa scalpelliformis*

표 4-2. Red book(2007년 개정판)에 기재되어 있는 조류(환경성 홈페이지에서 작성)

멸종(EX) Extinct	홍조강	*Porphyra angusta*
	차축조강	*Chara fibrosa* var. *brevibracteata, Chara globularis* var. *hakonensis, Nitella minispora, Nitella flexilis* var. *bifurcata*
야생멸종(EW) Extinct in the Wild	차축조강	*Nitella furcata* var. *fallosa,*
멸종위기 I급 (CR+EN) Critically Endangered	남조강	*Aphanothece sacrum*
	홍조강	*Bangiopsis subsimplex, Compsopogon aeruginosus, Compsopogon corticrassus, Compsopogon hookeri, Compsopogon prolificus, Compsopogonopsis japonica,* 김파래(*Bangia atropurpurea*), 쿠니에다김(*Porphyra kuniedae*), 참김(*Porphyra tenera*), *Porphyra tenuipedalis, Batrachospermum atrum, Batrachospermum gracillima, Batrachospermum iriomotense, Batrachospermum kushiroense, Batrachospermum mahlacense, Batrachospermum periplocum, Batrachospermum skujae, Batrachospermum sporiferum, Batrachospermum tortuosum, Batrachospermum virgato-decaisneanum, Sirodotia segawae, Sirodotia sinica, Sirodotia suecica, Sirodotia yutakae, Nemalionopsis tortuosa, Thorea gaudichaudii, Thorea hispida, Bostrychia flagellifera*
	황록색조강	*Pseudodichotomosiphon constrictus = Vaucheria constricta*
	녹조, 갈파래강	*Blidingia minima* var. *ramifera,* 마리모(*Cladophora aegagropila*), *Caulerpa fastigiata, Aceta- bularia caliculus*
	차축조류강	*Chara corallina, Chara fibrosa ssp. gymnopitys, Chara benthamii* var. *benthamii, Chara fibrosa ssp. gymnopitys* var. *flaccida, Chara globularis* var. *globularis, Chara sejuncta, Chara vulgaris* var. *nitelloides, Chara zeylanica, Nitellopsis obtusa, Nitella acuminata* var. *capitulifera, Nitella acuminata* var. *subglomerata, Nitella allenii* var. *allenii, Nitella comptonii, Nitella axilliformis, Nitella batrachosperma, Nitella dimorpha, Nitella erecta, Nitella flexilis* var. *flexilis, Nitella flexilis* var. *longifolia, Nitella furcata* var. *furcata, Nitella furcata* var. *zollingeri, Nitella mucronata* var. *gracilens, Nitella graciliformis, Nitella gracilis, Nitella gracillima* var. *gracillima, Nitella hyalina, Nitella imahorii, Nitella megacarpa* var. *inversa, Nitella megacarpa* var. *japonica, Nitella megacarpa* var. *megacarpa, Nitella leptodactyla* var. *megacarpa, Nitella microcarpa, Nitella microcarpa* var. *glaziovii, Nitella mirabilis* var. *inokasiraensis, Nitella mucronata* var. *mucronata, Nitella oligospira, Nitella opaca, Nitella orientalis, Nitella pseudoflabellata f. macro- phylla, Nitella elegans* var. *spinosa, Nitella pseudoflabellata* var. *mucosa, Nitella pseudoflabellata* var. *pseudoflabellata, Nitella pulchella, Nitella rigida* var. *saitoiana, Nitella rigida* var. *tanakiana, Nitella shinii, Nitella morongii* var. *spiciformis, Nitella stuartii, Nitella tenuissima* var. *japonica, Nitella tenuissima* var. *sanukensis, Nitellopsis obtusa, Nitella opaca*

멸종위기 Ⅱ급 (VU) Vulnerable	홍조강	*Compsopogon oishii, Batrachospermum gelatinosum, Batrachospermum japonicum, Batrachospermum turfosum, Batrachospermum turgidum, Thorea okadae, Ganonema farinosa, Chondria armata*
	갈조강	*Alaria angusta, Sargassum pinnatifidum, Sargassum polycystum*
	황록색조강	*Vaucheria longicalulis*
	갈파래강	*Caulerpa parvifolia, Caulerpa subserrata, Caulerpa taxifolia, Avrainvillea riukiuensis, Udotea argentea, Dichotomosiphon tuberosus, Cymopolia vanbosseae, Acetabularia ryukyuensis*
	차축조강	차축조(*Chara braunii*)
준멸종위기 (NT) Near Threated	홍조강	*Porphyra katadae, Batrachospermum arcuatum, Batrachospermum helminthosum, Yamadaella caenomyce, Yatabella hirsuta, Hildenbrandia rivularis, Constantinea rosa-marina, Catenella caespitosa, Catenella impudica, Eucheuma amakusaense, Eucheuma muricatum,* 갈래곰보(*Meristotheca papulosa*), *Hydropuntia eucheumatoides, Caloglossa adhaerens, Caloglossa continua, Caloglossa leprieurii, Caloglossa ogasawaraensis, Acrocystis nana, Bostrychia simpliciuscula*
	갈조강	*Cymathaere japonica, Laminaria cichorioides, Saccharina longipedalis =Laminaria longipedalis, Alaria valida, Cystoseira prolifera*
	갈파래강	*Valoniopsis pachynema, Rhizoclonium grande, Boergesenia forbesii, Chamaedoris orientalis, Cladophoropsis sundanensis, Caulerpa scalpelliformis* var. *scalpelliformis, Avrainvillea erecta, Boodleopsis pusilla, Chlorodesmis caespitosa, Chlorodesmis haterumana, Halimeda distorta, Halimeda macroloba, Halimeda simulans, Bornetella nitida, Bornetella oligospora, Acetabularia ryukyuensis*
정보부족 (DD) Data deficient	홍조강	*Porphyra amplissima, Porphyra kinositae, Porphyra moriensis, Porphyra occidentalis, Porphyra tanegashimensis, Trichogloea requienii, Trichogloeopsis mucosissima, Stenopeltis liagoroides, Stenopeltis setchelliae, Stenopeltis gracilis,* 깃털실풀가사리(*Schimmelmannia plumosa*), *Halymenia dilatata, Sarcodia ceylanica, Eucheuma okamurae, Betaphycus gelatinum, Eucheuma arnoldii, Eucheuma serra, Kappaphycus striatum, Gracilaria firma, Haloplegma duperreyi, Martensia flabelliformis, Vanvoorstia spectabilis, Laurencia mariannensis, Laurencia palisada, Pterosiphonia tanakae*
	갈조강	*Akkesiphycus lubricus, Sargassum segii, Sargassum wakayamaense*
	갈파래강	*Capsosiphon groenlandicus,* 바다포도(*Caulerpa lentillifera*), *Halimeda tuna, Tydemania expeditionis, Trichosolen hainanensis*
	차축조강	*Trichosolen hainanensis, Nitella comptonii, Nitella mirabilis* var. *mirabilis, Nitella rigida* var. *moriokae*

런 가혹한 조건 속에서 64개의 호소의 차축조 분류와 생태에 대한 상세한 조사를 실시하였다. 그리고 결과를 집대성한 논문이 1964년에 출판되었다. 이 연구결과가 현재 일본의 호수를 이해하고 미래를 생각하기 위한 기초자료가 되어있다. 1992년부터 국립환경연구소가 차축조 현황조사를 실시할 때에도 가사키 교수가 중심적인 역할을 하였다.

조사결과는 모두를 경악하게 한다. 조사가 완료된 39개 호소에서 27개 호소의 차축조가 전멸하였고, 7개 호소는 다양성이 감소하였다. 차축조가 이전과 같은 상태로 서식하고 있는 곳은 겨우 5개 호소뿐이었다(그림 4-2). 1964년 이들 호소에는 30종에 가까운 차축조 서식이 확인되었지만, 1992년 조사에는 6종만이 확인되었다. 차축조 조사결과에 가장 가슴아파하는 것은 가사키 교수일 것이다. 이 조사는 최근까지 흐름을 보이는 연못까지 조사대상을 확대하여 계속 진행되었고, 그 성과가 2007년판 레드북 목록(표 4-3)에 반영되어 있다.

다소의 문제는 있었다고 하지만, 이렇게 대규모로 하나의 생물군 그룹(분류학적으로는 스트레프토식물문, 차축조강 차축조목 차축조과에 속한다. 제14장 참조)이 일제히 멸종위기에 처한 사례는 아직까지 다른 생물군에서는 찾아볼 수가 없다. 이런 이례적인 사태를 발생시킨 원인은 무엇일까? 많은 환경문제 사례에서 알 수 있듯이 차축조의 멸종(위기)에 대하여도 명확한 인과관계를 도출하는 것은 간단하지가 않다. 그러나 몇 개의 가능성이 시사된다. 아마도 지적되는 모든 내용이 상당부분 설득력이 있다고 생각된다.

그런 이유의 하나로 일본은 1970년대부터 시작된 고도성장으로 개발 태풍을 맞이하게 되었다. 도시는 환경오염이 진행되었고 호소는 공장과 생활하수의 배출구로 변해버렸다. 부영양화가 진행된 호소는 녹조에 의해 투명도가 낮아지게 되어 차축조대까지 빛이 도달할 수 없게 되었다. 차축조는 빛을 둘러싸고 수초와 경쟁을 하여야 하지만 작은 몸으로 호소바닥에 포복하여 서식하는 차축조 폐퇴는 시작부터 결정된 싸움이었다. 거기에 새롭게 도입된 외래생물도 차축조 소멸을 촉진시키는 또 하나의 원인이 된 것으로 생각된다. 엘로데아 누탈리(*Elodea nuttallii*) 등 외래수초가 녹조와 마찬가지로 수면을 덮게 되어 빛을 차단하게 된 것이다. 약한 빛을 사용하여 성장하는 차축조에게 치

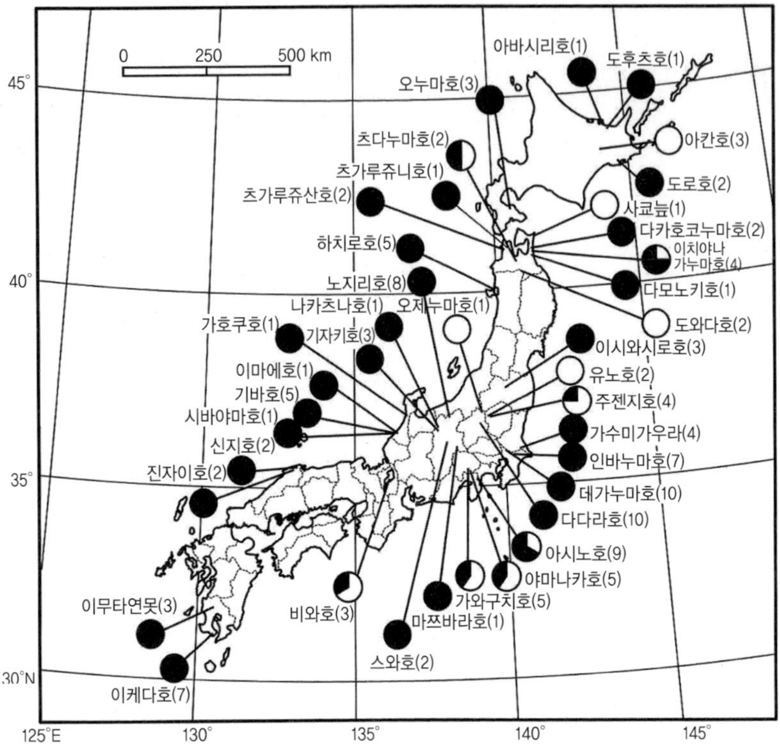

그림 4-3. 차축조 호소재조사가 실시된 호소의 차축조류 생육현황. ( )내 숫자는 1964년도 조사 때의 종수. 검정은 멸종. 백은 현존하는 차축조의 비율 (차축조호소재조사 http://www.nies.go.jp/biology/mcc/Chara2006/chara-2.htm에서 허가를 얻어 전재).

명적이었을 것이다. 다음 항에서 설명하는 것처럼 초어(草魚, *Ctenopharyngodon idellus*) 등 초식어에 의한 식해도 차축조 소멸원인의 하나가 된다. 개발행위 자체가 직접적인 차축조의 소멸원인이 된 사례도 있다. 하치로가타(八郞潟)에는 간척에 의한 매립으로서 이삭쇠뜨기말속(*Lamprothamnium*)이 멸종하였다. 다양한 사례가 보고되지만, 각 호소마다 사정은 조금씩 다르다. 그러나 대부분 일본의 호소환경은 가사키(加崎) 교수가 조사하였던 1960년 전후와 비교하면, 대폭적으로 악화되었다는 것은 의심할 여지가 없다. 대부분 호소는 회복 불가능이라 할 정도로 죽음의 단계에 들어서 있다. 그러나 이러한 환경변화 중에서 일부 호소가 회복과 복원을 위한 새로운 활동을 시작하여 결과를 내고 있다.

2. 회복되는 차축조류(*Nitellopsis obtusa*)

나가노(長野)현 북부 시나노군(信濃町)에 있는 노지리호(野尻湖)는 면적이 4.43 km^2인 비교적 작은 호수이다. 나가노현은 서쪽으로 호쿠신고가쿠(北信五岳)의 이이츠나산(飯綱山), 도가쿠시산(戸隠山), 구로히메산(黑姫山), 묘코산(妙高山)을 조망할 수 있고, 동쪽으로 마다라오산(斑尾山) 등 유수의 관광자원을 가지는 유명한 관광지로서 은혜 받는 곳이다. 독자 중에서도 빙하시대의 나우만코키리[50] 화석에 대한 발굴 작업이 실시되는 노지리호를 알고 있는 사람이 있을 것이다. 약 7만 년 전 노지리호 탄생에서 현재에 이르기까지의 호소바닥 퇴적물에 대한 해석으로 자연환경의 변천을 명확하게 파악할 뿐만 아니라, 약 4~1만년 이전인 일본 빙하시대의 구석기 생활을 이해할 수 있는 자료구축이 노지리호 발굴에 주어진 역할이다. 그러기에 노지리호의 퇴적물 해석 및 나우만코기리 화석발굴의 의의는 매우 크다. 나무열매를 채집하여 나우만코키리를 수렵하는 노지리호 사람들의 생활이 점차 밝혀지고 있다. 노지리호는 양수발전을 위한 댐의 기능도 담당하고 있어, 봄이 되면 발전을 위해 취수된다. 호면 수위가 3m 정도까지 내려가서 호수바닥이 드러나는 시기에는 서쪽의 하나사키부근에서부터 발굴 작업이 실시된다. 1962년 시작하여 지금까지도 계속되고 있다. 노지리호 발굴 작업의 특색은 누구라도 참가할 수 있는 "대중발굴" 방법을 택한다는 것이다. 전국 각지에 "노지리호 동호회"가 있고, 발굴에는 남녀노소를 불문하고 전국에서 사람들이 모여든다. 어쩐지 이 지역은 전통적으로 주민참가에 대한 기풍이 높은 것 같다.

현재 중영양단계에 있는 노지리호는 아직까지 다행스럽게 녹조가 발생하지 않는다. 이전에는 호안에 갈대, 줄, 큰고랭이 등 다양한 수초로 덮여 있었다. 그리고 호수바닥에는 침수식물과 차축조가 번무하였던 우등생 호수였다.

---

50 Naumann`s elephant(*Palaeoloxodon naumanni*) : 약 50만 년 전~1만 5천 년 이전에 살았던 고대 코끼리 중 하나로서 독일의 지질학자인 E.나우만이 일본에서 발견한 것을 기념하여, 일본에서 발견자의 이름을 따서 붙여진 이름이다.

1900년대 초까지 23종의 수초가 서식하는 것으로 기록되어 있었다. 1916년에 실시된 생태조사 사진을 보면, 호안에는 갈대와 줄 군집이 밀생하였다. 호안에서 호수중앙부를 향하여 순서로 부처꽃대, 갈대대, 줄대, 수중겉씨식물대로 수초대가 이행하여 6~10m 수심에는 차축조대가 분포하였다. 특히 니텔로프시스 오브투사(*Nitellopsis obtusa*)도 차축조대에 군생하고 있었을 것이다. 1970년대 후반에, 노지리호 호면은 외래 수초인 엘로데아 누탈리(*Elodea nuttallii*)가 차지하게 된다. 이 외래수초는 선박운항을 방해하기도 하고 어업에도 영향을 주게 되었기에 수초제거를 위하여 1978년 호수에 5,000마리의 초어(草魚)를 방유하였다. 이러한 임시방편적이면서 단편적인 외래수초 제거 대책이 노지리호에 비극을 불러오는 원인이 되었다.

중국이 원산인 초어는 이름에서 알 수 있듯이 강력한 초식어류이다. 생각한 것처럼 초어는 외래수초인 엘로데라를 제거하였다. 그러나 동시에 기존에 풍요롭게 번무하였던 토종 수초도 약 3년이란 기간 동안 모두 먹어 치워버리게 된다. 이후 현재까지 노지리호는 거의 수초가 존재하지 않는 호수로 변해버렸다. 호안에서 호수를 보면 예상과는 달리, 이외로 깨끗한 물을 유지하여 오염된 것으로 생각되지 않는다. 투명도 수심이 5m 정도는 되는 것 같다. 현재 일본의 호소에서 오염되지 않은 편에 해당한다고 생각되지만, 호수 어디를 보더라도 갈대나 줄 등 수초는 거의 보이지 않는다. 수초가 없어진 것은 호수의 부영양화가 원인이 아니라는 점은 확실한 것 같다. 초어의 포식압이 얼마나 큰 것인가를 실감하는 내용이다. 그것도 현재 진행형으로 초어에 의한 식해는 계속되고 있다. 사람들이 자신의 손으로 노지리호 생태계를 파괴한 것이다.

니텔로프시스 오브투사(*Nitellopsis obtusa*)는 별 모양의 무성 싹을 만들어 번식하는 대형 차축조이다. 노지리호에서는 많은 수초와 함께 *N. obtusa*도 초어의 포식에 의해 멸종되었다. 1964년에는 노지리호를 포함한 4개 호수에서 서식하는 것이 알려졌지만, 이들 모든 호수에서 서식이 확인되지 않았기 때문에 1994년 멸종으로 판정하게 되었다, 그러나 다행스럽게 노지리호산 *N. obtusa*가 오사카의과대학의 이와사키(岩崎尙彦) 교수실에서 전기생리학의 연구재료로 보존되고 있었다. 그 때부터 환경복원에서 "노지리호모델"이라고도 할 수 있는 지역주민과 연구자에 의한 *N. obtusa*와 수초복원 활동이 시작되었다. 기초자치단체도 연대하여 현재까지 다양한 내용이 시도되었다. 윈드서핑을 즐길 수 있는 노지리호로 되돌리기 위해 잃어버린 수초를 복원하자는 운동이다. 야마가와(山川篤行) 씨 등 다이버 동호회가 시작한 활동과 오사카의과대학에서 배양주를 분양받아 재배한 *N. obtusa*를 자연환경으로 복원시키려는 나가노현 환경보전연구소 히구치 스미오(樋口澄男) 씨와 나우만코키리 박물관의 곤도요이치(近藤洋一) 씨 등의 노력을 기반으로 1996년 "노지리호 수초복원연구회"가 발족되었다. *N. obtusa*를 심볼로 하는 노지리호 환경개선 및 수초복원을 위한 활동이다 "되돌리자 *N. obtusa*"라는 슬로건으로 반향을 불러일으켰다. 수초와 차축조대 복원에 대한 시도는 현재도 계속 진행되고 있으며, 많은 실패에도 끈기 있는 활동은 지속되고 있다. 아직 충분한 성과를 도출하였다고 할 수는 없다. 그러나 원래 환경복원이란 오랜 시간을 필요로 하는 대형 사업이다. 착실하게 하나하나 결과가 쌓아가게 되면 점차 개선될 것이라는 것을 확신한다.

초어라는 물고기는 강을 거슬러 올라가서 산란한다. 초어의 알은 부성란(浮性卵, pelagic egg)으로 강을 따라 내려가면서 부화하여 호수로 돌아온다. 바다까지 흘러간 알은 죽게 되기에 하천 유역거리가 짧은 일본열도에서 초어는 거의 번식되지 않는다고 한다. 노지리호와 거의 같은 시기에 같은 왜래수초인 엘로데아를 제거하기 위해 초어를 방류한 기자키호(木崎湖)는 초어가 감소하여, 지금은 호수바닥에 차축조인 니델라 프레시리스(*Nitella flexilis* var. *flexilis*)가 번무하는 것이 알려진다. 노지리호도 초어가 줄어들고 있다고는 하지만, 최근에 블루길(특정외래생물) 등에 의한 식해가 증가하고 있다. 한번 붕괴된 생태계를 본래 모습으로 돌리는 것은 쉽지 않지만, 시나노 주민들은 수초복원에 열중하고 있다. 노지리호 북쪽호안에 *N. obtusa*와 수초복원을 위한 실험구가 설치되어 있다. 초어 접근을 방지한 틀 속에서 작지만 갈대군락이 착실하게 정착하고 있다. 수초대가 부활한다면, 정말로 *N. obtusa*가 되돌아오는 날이 올 것이다. 반드시 "노지리호모델"이 승리를 선언하는 날이 오기를 기원해본다.

노지리 수초복원연구회 활동에서 또 하나의 특징은 활동 초기부터 초등학생을 대상으로 적극적인 환경교육을 실시하였다는 것이다. 박물관이 수초복원활동에 관여하고 있다는 것도 의의가 크다. 교육활동의 노하우를 살려서 초등학생과 함께 초어 방호책 속에 갈대포기를 심고, 학교의 종합학습 시간을 이용하여 교내에 연못을 만들어 수초를 키우는 활동을 하고 있다. 또 시나노군은 초등학교 4학년생 모두가 노지리호에서 환경을 주제로 하는 야외학습을 체험할 수 있게 지원하고 있다. 깨끗하기로 유명한 나가노현과 시나노군이 실시하는 것이다. 연구회활동이 바로 환경교육 프로그램으로 이용되는 점은 다른 곳에서는 사례를 찾을 수 없다. 진행과정이 연구 및 환경보전과 복원활동의 교재로 사용되기에 어린이들의 학습은 리얼성 그 자체라고 할 수 있다. 교육효과는 매우 클 것이다. 초등학교 선생님들과 연구회와 연계도 매우 효율적인 내용으로 야외학습 효과를 최고로 올릴 수 있는 시스템이다. 노지리 수초복원연구회 활동은 환경개선 및 보전활동, 환경교육의 좋은 실전이 되고 있다. 같은 활동은 치바현 이치가와시에서 니텔라 미라비리스(*Nitella mirabilis* var. *inokasiraensis*, 멸종위기 I급)의 보전활동 등은 물론 전국으로 파급되고 있다. 그리고 2000년의 레드북에서 니텔로프시스 오브투사의 위치는 야생멸종(Extinct in the Wild)으로 표기되어 있다.

최근 차축조류 연구에 열심인 토쿄해양대학 학생이 집념의 탐색 끝에 가와구치호(河口湖)에 서식하는 니텔로프시스 오브투사를 발견하였다. 이 차축조가 아직도 자연계에서 서식하고 있었던 것이다. 레드북의 다음 판에는 멸종위기 I급으로 내려가게 될 것이다(?)(표 4-2). 그러나 안심할 수는 없다. 지금도 개발의 파도, 환경파괴, 환경오염은 계속되고 있다. "특정외래생물에 의한 생태계 등에 관련된 피해방지에 관한 법률(외래생물법)"이 드디어 제정되었지만, 이미 늦었다는 감도 있다. 외래생물에 의한 환경파괴도 더욱 가속화될 것이다. 노지리호 주변의 주민이나 학생들과 같은 정렬이 없으면, 결국 일본에서 차축조류는 멸종될 것이다. 물론 오랜 시간에 걸친 환경교육도 필요하지만, 국가 수준의 신속하고 적절한 환경행정이 절실하게 요구되는 부분이다.

3. 니텔라 푸르카타(*Nitella furcata* var. *fallosa*): 멸종된 종의 부활

차축조는 알과 정자로 수정하여 자손을 남긴다. 수정결과 접합자(zygote)를 만든다. 접합자는 난세포(oospore)라고도 하지만 난세포는 다소 혐오적인 용어이기에 이 책에서는 사용하지 않고 접합자라는 용어를 사용한다. 차축조의 접합자는 호수 퇴적층에 침강하였다가, 재차 환경조건이 좋아지면 발아하여 다음세대의 차축조를 탄생시킨다. 차축조 접합자는 화분과 같이 스포로포레닌이라는 자연계에서 최강이라고 하는 유기물을 포함한 세포벽으로 싸여있다. 때문에 많은 차축조 접합자가 화석으로 남아 있어, 고생대 이후의 지층에서 산출된다. 식물이 육상으로 진출할 때에 이미 차축조는 존재였던 것이다. 차축조는 매우 오래된 녹색식물로서 많은 세포학적 특징에서 육상식물의 직접적 자매일 가능성이 높다(제14장). 2,000년 전 연꽃에 있던 종자가 발아하였다는 오가(大賀) 연꽃의 사례가 있다. 즉 오가 이치로(大賀一郎)가 죠몬시대 지층에서 연꽃 씨앗 3개를 발견하여, 그 중 한개가 발아에 성공한 것이다. 오가 연꽃과 같이 멸종된 것으로 되어 있는 호소의 퇴적층에 살아있는 차축조 접합자가 남아 있을 가능성은 매우 높다.

멸종으로 인정된 5종의 차축조 중에 하나로 일본 고유종인 니텔라 푸르카타(*Nitella furcata* var. *fallosa*)가 있다. 치바현 데가누마(手賀沼)가 타이프산지(새로운 분류군을 설립할 때에 기준표본의 채집지)이다. 이외에도 후쿠시마현 이나와시로호(猪苗代湖), 군마현 다다라호(多々良湖)에 서식하는 것이 기록되었지만, 지금 모든 호소에서 소실되어 멸종으로 판정되었다(표 4-1의 2000년 레드북).

데가누마는 치바현 북부의 아비코(我孫子)시와 가시와(柏)시 사이에 끼어 있다. 폭 수백m로 동서 약 6.5km에 달하는 가늘고 긴 늪지이다. 평균 수심은 90cm로 매우 얕다. 남동 3km 정도의 곳에 위치하는 작은 늪지까지 포함하여 데가누마라고 부른다. 원래는 하나의 늪지였지만, 에도시대 간척에 의해 지금 모습으로 변화되었다. 현재 이들 호소는 남북의 늪지가 데가강과 연결되어 있다. 노지리호와는 달리 전형적인 도시형 호소로서 에도시대부터 간척이 진행되어 논으로 변모되어 왔다. 그래도 30~40년 전까지는 어개류가 많고 물새가 모여드는 풍요로운 늪지였다.

그러나 고도성장으로 도시화가 진행되었고, 토쿄의 베드타운(bed town)으로 발전하는 과정에서 생활하수와 공업폐수가 흘러들어 급격하게 환경이 악화되었다. 1974년부터 26년 동안 화학적 산소요구량(COD, chemical oxygen demand, 물속에 환원성 물질을 산화하기 위하여 필요로 하는 산소량을 말한다. mg/L 또는 ppm으로 표현하며, 분해되지 않은 유기물량의 기준으로 오염이 진행될수록 높은 값이 된다)의 농도는 국내에서 최악의 수준을 계속적으로 유지하였다. 1982년 농도로 노지리 COD가 1.6 ppm인 것에 반하여, 데가누마는 21.0 ppm이었다. 덧붙어 치바현 인바누마(印旛沼)이 12.0 ppm, 이바라키현 가스미가우라(霞ヶ浦)의 니시우라(西浦)가 10.0 ppm이였다(이과년표 환경편에서 인용). 도부강과 같이 호수퇴적물 오염으로 극심한 혐기화를 나타내었다. 얼마 전까지 데가누마는 세계에서 가장 수질이 나쁜 것으로 국제적으로도 악명을 떨쳤다.

주변에 개발이 되기 이전에는 수심의 얕고 깨끗한 늪지로 수초의 보고였던 것 같다. 1964년 가사키(加崎) 교수 조사에서 10종이 차축조가 기록되었다. 국토교통성과 치바현이 준설과 도수로 정비 등으로 수질개선을 시도하고 있지만, 세계 최악의 오염을 경험한 지금은 모든 수초가 소실되었다. 1994년 국립환경연구소 조사에서 차축조는 한 종류도 확인되지 않았다. 이와 같이 환원환경의 데가누마에서 이미 멸종된 니텐라 푸르카타(*Nitella furcata* var. *fallosa*)를 부활시키고자 하는 시도가 시작되었다. 당시 치바현립 이치가와(市川) 서 고등학교에 근무하던 모리메이(森鳴秀治) 및 사노(佐野郷実) 두 선생의 활약이다. 두 사람은 데가누마가이 환원환경이지만 호저 퇴적층에는 차축조 접합자가 살아 있을 가능성이 있다고 생각하였다. 1998년과 2000년에 수심 50cm 정도의 호저 퇴적물을 채집하여 건조하고는 그것을 유리 수조에 넣고 물을 주입하였다. 그 결과 멸종으로 판정되었던 니텐라 푸르카타가 출현하였다. 동시에 소멸되어 멸종위기 I급으로 지정된 니텐라 마쿠미나타(*Nitella macuminata* var. *capitulifera*), 차라 벤타미(*Chara benthamii* var. *benthamii*)를 포함한 6종의 차축조가 발아하였다. 차축조는 접합자로 삶을 연명하고 있었던 것이다.

문제는 차축조 접합자는 혐기상태에서 얼마나 살 수 있느냐 하는 것이다.

데가누마에서 차축조가 보이지 않기 시작한 것은 이미 30년을 넘기고 있다. 최소한 30년의 수명은 있는 것이 된다. 그렇다면 차축조류가 멸종한 호소의 퇴적물을 채집하면, 대부분 종이 부활할 수 있다는 것이 된다. 아직 시간이 있다는 것이다. 연꽃에서 2000년을 견디었기에, 차축조에서도 상당한 시간 살아 있을 가능성이 있다. 하치로호(八郎潟)와 같이 매립되어 멸종된 니텔로프시스 오브투사의 부활은 어려울지 모르지만, 최소한 코아를 굴착하는 시도는 가능할 것이다. 수초도 종자가 살아있을 가능성이 높다. 호소부활에 대한 희망의 불빛이 두명의 고등학교 선생님에 의해 살아나게 되었다. 쾌거라 할 수 있을 것이다.

데가누마 일각에서 국토교통성이 가래과 침수식물인 은잎말(*Potamogeton dentatus*)을 포함하여, 원래의 식생을 재생할 목적으로 "은잎말 재생연못"을 정비하였다. 여기에는 일시적으로 다수의 차축조가 회복되었었으나, 개차 환원환경 연못으로 되돌아간 것 같다. 안되었지만 데가누마 환경은 아직 수초나 차축조가 서식할 수 있을 정도로 회복되지 않은 모양이다. 그러나 이러한 방법을 배우는 것은 원래상태로 완전하게 되돌아오지는 않지만, 할 수 있다는 마음을 가지면 호소환경은 정화, 복원가능하다는 것을 의미한다. 강한 접합자를 가지는 것이나 조류 생활사가 수목과 비교하면 짧은 연 단위이기 때문에 완전하게 멸종하지 않은 상태라면, 우리들의 노력에 의해 언제가 회복될 가능성을 보이는 것이 된다.

네델란드에서 녹조가 발생하는 많은 호소를 정화하여 환경개선에 성공하였다. 인 유입을 제한시키고, 호소 물의 교환을 지속할 수 있는 조치를 끈기있게 실시한 결과 10년 후에 차축조가 호수 바닥의 60%를 덮을 수 있게 되었고, 투명도는 이전의 수준으로 회복되었다. 원래의 투명도 수심이 회복되어 차축조대도 안정되게 빛이 받을 수 있어, 정(正)의 피드백 상태가 회복되었다. 호수 바닥에 분포가 확산되는 차축조 초원이 퇴적층의 펄의 재부유를 방지하여 투명도가 유지되면 적당한 식물플랑크톤과 동물플랑크톤을 포함한 생태계 균형이 돌아온 것이다. 자축조는 속씨식물인 수초에 비하여 영양염류를 체내에 유지하는 힘이 강하여 식물플랑크톤과 동물플랑크톤의 증식을 억제하는 역할을 하는 것으로 생각된다. 더욱이 식물플랑크톤 증식을 억제하는 알레로

파시(allelopathy)[51] 작용이 있다는 보고도 있다, 알레로파시는 미생물이나 식물사이의 생화학적 상호작용으로 이들이 생산하는 화학물질이 환경에 방출되는 것에 의해 다른 경쟁 미생물 또는 식물이 영향을 받게 되는 성장저해 효과를 말한다. 소나무 숲에 잡초가 거의 자라지 않은 것은 소나무에 의한 알레로파시 때문이다. 이러한 여러 가지 이유로서 차축조가 호소에 서식하지 않게 되면, 식물플랑크톤 더욱이 동물플랑크톤 등이 증식한다. 노지리호에서 1998년 황금색조 우로글레나(*Uroglena*)에 의한 담수적조가 발생하였다. 부영양화가 되지 않은 노지리호에서 이와 같은 현상이 생기는 것은 차축조나 수초가 거의 존재하지 않는 것이 하나의 원인이 될 수 있다. 차축조는 호소생태계 균형을 제어하는 주요한 구성요소인 것이다.

그렇지만 하면 될 일도 되지 않은 병의 근원은 어디에 있는 것일까? 의욕적인 학생, 선생님, 많은 지역주민들이 적극적인 활동과 노력을 계속하는 만큼, 국가나 기초자치단체에 의한 본격적인 지원과 주도적인 활동이 동반되지 않으면, 환경회복에 대한 기대는 어렵다. 호소의 모든 차축조류에 덮치는 멸종위기는 호소에 대한 죽음의 경고이다. 때문에 차축조 보전은 니텐로프시스 오브투사나 니텐라 푸르카타의 사례에서 볼 수 있듯이 환경정화에 의한 호소복원의 심볼이다. 전국 호소에서 멸종 또는 멸종위기에 노출된 모든 차축조류가 부활하여 40년 이전에 호수주변에 수초로 덮여 있었던 아름답고 맑은 호소를 볼 수 있는 날이 올 수 있는 것인지? 이 나라의 환경에 대한 수준을 질문하고 있는 것이 된다.

4. 차축조류의 생물학

오사카의과대학에서 니텐로프시스 오브투사의 배양주를 확보하여 배양 및 보호되는 것은 생물학 연구재료로서 차축조가 이용되기 때문이다. 생물로서 차축조의 흥미로움은 어디에 있는 것일까? 이에 대해 설명하여 둔다. 차축조는 쇠뜨기와 같이 마디를 가진다. 마디에서 윤생지가 나온다. 마디와 마디를

51 1937년 오스트리아 출신 식물학자인 한스 몰리슈(Hans Molisch)가 처음 사용한 식물학적 용어이다. 타감작용(他感作用)으로 번역되기도 한다.

연결하는 세포를 절간세포라고 한다. 차축조의 절간세포는 수 cm 길이를 가진 거대세포이다. 지금까지 거대세포의 흥미로움에 대해 몇 번이나 설명하였지만, 차축조류 연구의 매력도 이러한 성질을 기본으로 한다. 가위로 절간세포의 위와 아래를 자르고 여분의 윤생지도 근원에서 절단하여 한개의 절간세포를 만든다. 이것을 스라이드글라스에 놓고 커버글라스를 덮은 다음 끝에서 절간세포가 젖을 때까지 물을 더하여 현미경 관찰을 한다. 세포벽 바로 안쪽에 다수의 엽록체가 가득 나열되어 있는 것을 볼 수 있다. 현미경 초점을 조금 내리면 세포질이 보이지만, 이 원형질은 장축방향으로 수 μm/sec라는 상당한 속도로 움직인다. 이러한 운동을 원형질운동이라 한다. 초점을 맞추어 반대쪽 세포표면 부근을 보면 반대방향으로 원형질이 흘러가는 것을 알 수 있다. 차축조 원형질은 절간세포 속을 끝임 없이 돌고 있는 것이다. 그림 4-4는 절간세포 모식도이다. 다핵의 거대세포에는 중앙에 커다란 액포가 있고, 세포질은 세포 표면에 찰싹 달라붙어 있다. 엽록체는 세포막으로 고정되고 엽록체 안쪽 표면에는 약 100본의 악틴섬유 다발이 배치되어 있다. 이 악틴섬유에 미오신이라는 단백질이 결합한다. 미오신은 운동단백질로서 악틴 위를 미끄러져 이동하는 성질이 있다(그림 11-22). 근육수축과 같은 구조이다. 미오신분자에 소포가 부착하면, 수 cm 길이의 세포 속에서 물질이 이동하는 것이 가능하게 된다.

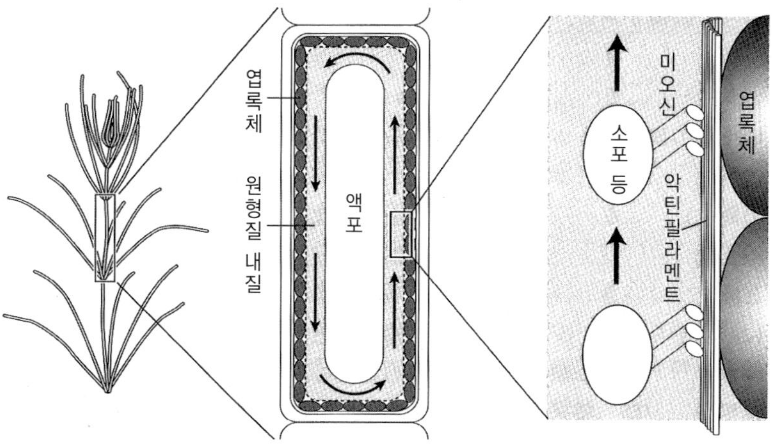

그림 4-4. 차축조류의 원형질 유동. 악틴 섬유가 엽록체에 고정되어 있고, 그 위를 미오신분자가 움직이는 것으로 움직임이 발생한다(新免, 1992 및 기타를 참고하여 그림).

엽록체에 부착한 악틴 섬유는 세포 속의 철도수송망을 구성하는 것이다. 차축조의 원형질 운동은 매초 수십~100μm에 달한다. 이것은 동물의 악토미오신(Aktomyosin)계에서 보이는 활주운동보다 약 10배 빠른 것이다.

거대세포라는 것은 세포에 다양한 조작을 할 수가 있다는 것이다. 절간세포 한쪽을 자라서 세포질을 짜내는 것은 하네모(제2장)와 같이 간단하다. 이렇게 하여 얻어진 흐물흐물한 원형질을 슬라이드글라스에 올려놓고 관찰하면 이번에는 원형질이 아니라 엽록체가 움직이고 있는 것이 관찰될 것이다. 이것은 세포 속에서 악틴이 고정되는 것과는 반대로 원형질이 슬라이드글라스 위에 고정되어 미오신분자 위를 엽록체에 부착된 악틴섬유가 활주운동을 하기 때문이다.

더욱 세심한 실험도 가능하다. 절간세포는 크기가 충분하기에 가위로 절간세포를 길게 자라 펼칠 수 있다. 잘라서 열려있는 절간세포를 원형질 쪽을 위로하여 슬라이드글라스에 붙인다. 그리고 원형질을 씻어내면 악틴섬유 다발이 가장 표면에 노출된다. 이곳에 다른 생물 예로서 토끼나 닭의 미오신을 올려놓으면 운동이 발생한다. 이렇게 하여 다양한 생물의 미오신성질을 현미경 관찰로서 비교할 수 있다. 차축조는 흥미롭고 재미있는 실험생물이다. 거대세포에는 전극을 간단하게 꼽을 수 있다는 것이다. 신경세포와 마찬가지로 차축조는 세포막이 어떻게 외부자극에 응답하는지를 파악할 수 있는 몇 안 되는 대상식물이다. 기본적으로 전기생리학 연구는 차축조에서 시작되었고 이후 신경세포로 발전하였다. 차축조는 전기생리학이라는 커다란 생물학 분야를 개척한 생물이다.

차축조류는 특색 있는 거대세포이지만, 그것과는 별도로 차축조류 연구에 가장 기대되는 것은 식물이 육상으로 진출한 비밀에 대한 답을 얻는 것이다. 제14장에서 구체적으로 설명하지만 수중생활과 육상생활 사이에는 커다란 장벽이 있다. 급속한 온도변화, 자외선을 포함한 강렬한 태양광선, 건조, 직접 영향을 받는 중력 등 많은 곤란을 뛰어 넘지 않으면 육상에서 살아갈 수 없다. 5억년 가까운 고생대 오르도비스기에 아마도 차축조류를 조상으로 하는 녹색식물은 이러한 업보의 짐을 졌던 것 같다. 차축조류는 식물이 육상진출이라는 중요한 진화과정을 해명할 수 있는 살아 있는 증인이다. 식물이 육상진출 비밀은 장래 차축조류의 생물학에서 밝혀지게 될 것이다.

제5장

특수 서식지 및 조류가 만드는 현상

생명의 혹성인 지구는 화산내부와 같이 극히 제한된 환경을 제외하면, 미생물로 가득 덮여있다고 할 수 있다. 최근에는 지하 수 km의 암반 속에까지 원핵생물이 존재하는 것이 알려진다. 이것은 극단적인 사례이지만, 지표의 모든 곳에 세균이나 균류가 관찰되는 것처럼 조류도 거의 모든 곳에 서식한다. 지구는 화구 등 극단적인 환경을 제외하면 빈 틈 없이 미생물로 덮여있는 혹성이라 할 수 있다. 이 장에서는 이러한 곳에까지 조류가 살고 있는가? 이런 역할도 하고 있구나! 라는 관점에서 조류가 살아가는 방법을 살펴보자.

1. 토양조와 기생조 (권두사진 14)

조류는 일반적으로 수계인 물속에서 광합성을 하는 생물로 이해할 수 있지만, 실제로는 토양이나 지표면에도 많은 조류가 서식한다. 이들을 토양조(soil algae)라 한다. 또 암석이나 나무껍질, 말라 쓰러진 나무나 가로수의 낡은 받침대 표면에도 조류가 서식한다(권두사진 14-35~38). 이들은 기생조(airborn algae/aerial algae)라 한다. 이러한 관점에서 보면 의심할 여지없이 조류는 이미 육상으로 진출하여 있는 것이다. 녹색식물이 육상으로 진출하여 이끼나 고사리 등 이른바 육상식물을 탄생시킨 경위에 대해서는 제14장에서 설명한다. 그러나 이들 식물이 육상진출 이전에 아마도 조류는 이미 육상에 진출하여 있었던 것은 아닐까? 토양에도 나무표피에도 콘크리트블록이나 지붕 위에도 약간의 습기와 수분만 있으면 조류는 그곳을 서식처로 이용한다. 최근 이렇게 강건한 조류가 다수 보고되고 있다. 새로 지운 집의 한얀 벽면에 반년이나 일년도 되지 않은 시기에 장소에 따라서는 녹색줄기가 형성되기도 하고 일부는 검게 변하기도 한다. 그런 부분에 조류가 서식한다. 비와 습기에 의지하여 살아가는 것이다. 장마나 태풍의 계절을 대환영하여 이 시기에는 색에 윤기가 난다. 무리를 하여 많은 대출 부담을 안고 설레는 마음으로 신축한 집에 조류가 동거한다는 것은 참으로 견디기 어려운 일이다. 건축업자에게 고충을 토로하게 한다. 터널이나 관광지 종유동굴에는 안내와 안전을 위하여 어슴푸레한 조명이 점점으로 설치되어 있다. 이 빛이 도달하는 벽은 예외 없이 색을 띤다(권두사진 14-37). 이 또한 조류이다. 어떤 종의 조류는 매우 낮은 빛과 약간의 습기만 있으면 어떠한 장소에서도 살 수 있는 생명력을 가진다.

그런데 토양조를 구성하는 분류군은 남조, 단세포 홍조, 녹색조류에 속하는 다양한 그룹과 규조, 진안점조 등 매우 다양하다. 그러나 토양조와는 달리 기생조는 *Chlorocybus*(권두사진 15-1), *Klebsormidium*(Klebs, 독일 조류학자, Gk: *thormidium, hormos* 쇄) 및 *Stichococcus* (Gk: *stichos* 시리즈에서 계속, *kokkos* 과일에서 둥글다) 등의 차축조류와 건강보조식품으로 유명한 클로렐라(*Chlorella*, Gk: *chloros* 녹색, *ella* 작다고 하는 의미를 나타내는 지소사)와 같은 트레보욱시강에 속하는 조류가 많다. 차축조류는 육상식물로 연결되는 녹색조류이다. 이들 녹색조류는 육상식물에 앞서 육상생활에 적응진화의 실험실로 역할을 하고 있었는지도 모른다. 이와 같은 기생조는 당연하지만 공중을 날아서 서식장소에 도착하였을 것이다. 조류는 공중을 날기도 하고 땅 속으로 잠입하기도 한다.

보통은 건조하지만 간간히 물이 공급되는 장소가 있다. 그런 곳에 서식하는 조류도 있다. 묘지에는 석탑 앞에 물을 담아두는 수발(水鉢)이라는 얕은 홈이 있는 돌이 있다. 비가 오면 물이 채워지지만, 보통은 텅 비어 건조하다. 자세히 보면 홈 표면이 대체로 빨강색상을 띄고 있다(권두사진 14-7~9). 이것은 대부분이 *Haematococcus pluvialis*(Gk: *haima* 피, *kokkus* 둥근)라는 녹조의 시스트이다. 이 홈에 빗물이 채워진 다음 다소 시간이 흐르면 물이 진한 빨강색으로 변한다. 이것은 헤마토코커스가 발아하여 헤엄쳐 나와 증식하기 때문이다. 세포가 두꺼운 한천질로 덮여있는 것이 특징이다. 대부분 세포의 중심에 빨강색 색소를 가진다. 이것은 카로티노이드(carotenoid)의 아스타크산틴(astaxanthin)으로 새우나 게의 홍색색소와 같은 것이다. 강한 햇빛 특히 자외선에 대한 방어역할을 하는 것으로 전해진다. 얕게 고여 있는 물은 햇볕을 받으면 바로 건조하지만, 헤마토코커스는 빠르게 시스트를 만들어 다음 찬스가 올 때까지 견딘다. 이름 봄의 풍물지인 얼레지/가재무릇은 극히 짧은 봄철 한순간 출현하여 꽃을 피우고 사라진다. 이와 같은 식물을 조춘식물(spring ephemeral)이라 한다. 얼레지 개화는 잠깐 동안 감단의 꿈(邯鄲之夢)을 가질 뿐이다. 헤마토코커스도 때때로 찾아오는 감단의 꿈을 실감하기 위하여, 건조라는 가혹한 환경을 견디고 있다.

기생조류에서 유달리 사람의 눈을 끌게 하는 것은 오랑캐꽃말의 일종인 *Trentepohlia aurea*(Trentepohl 독일의 식물학자, L: *aurea* = golden, 권두사진 14-38)이다. 산지에 서있는 전신주나 교량기둥에 오렌지색 매트가 빈틈없이 덮여있는 것을 볼 수 있을 것이다. 알지 못하면 다소 다른 곰팡이로 생각해 버리게 된다. 실체로는 세포가 나무모양으로 분기하는 현미경 크기의 녹색조류로 카로티노이드를 포함한 기름방울이 축적되기 때문에 선명한 오렌지색으로 보인다. 제비꽃/오랑케꽃 향기가 난다는 오랑케꽃말의 이름이 있다. 이 오랑케꽃말, 실제로는 녹색조류 중에서 아직도 계통상 위치를 잘 알 수 없는 수수께끼 조류이다. 최근 녹색해조(갈파래강)에 가깝다는 보고가 있었다. 그것이 사실이라면 해조도 이미 육상에 진출하여 있었던 것이 된다.

봄에 여름의 밭이나 모내기 이전에 논 흙 표면을 주의 깊게 관찰하면, 이끼와 혼합하여 녹색 또는 녹색 위에 하얀 가루를 덮어쓴 1mm도 안 되는 작은 입자를 볼 수 있다. 이것은 풍선말(*Botrydium*, Gk: *botrydion* 무리짓다, 권두사진 11-9)로서 녹색이지만, 부등편모식물에 속하는 황록색조강의 조류이다. 풍선과 같이 자루모양의 몸을 가지는 다핵주머니상 조류이다. 이런 형태는 해산녹조(갈파래조)의 바로니아(*Valonia*) 및 깃털말(*Bryopsis*)과 비슷하다(제2장). 풍선말은 거대세포에서 가지가 나누어지는 가느다란 헛뿌리를 흙 속에 넣어 수분과 영양을 확보하여 살아간다.

같은 황록색조류에는 가는 실모양의 조체를 가지는 바우케리아(*Vaucheria*, Vaucher 스위스 조류학자, 권두사진 11-8)가 있다. 이 바우케리아도 세포에

마디가 없기 때문에, 세포 구분이 안 되는 다핵 거대세포이다. 바우케리아를 습한 여과지를 깐 샤레에 두고 2, 3일 방치하면 급속하게 성장하여 여과지 표면을 덮게 된다. 바우케리아는 빛에 대한 반응이 민감하여 약한 빛에서 양의 굴광성(phototropism)을 나타내기에 빛 방향으로 향하여 실 모양의 몸을 신장시킨다. 반대로 강한 빛에서는 빛을 피하는 것과 같은 음의 굴광성을 나타낸다. 바우케리아는 토양뿐만이 아니라 논에서 해안까지 다양한 종류가 다양한 환경에서 서식한다. 커다란 적응력을 가진 조류 중 하나이다. 모델생물로서도 커다란 가능성을 숨기고 있다. 바우케리아는 제12장에서 소개하는 군소의 엽록체로 역할도 하고 있다.

2. 빙설조와 얼음조

빙설조(snow algae)는 용어에서 의미하는 것처럼 눈 위에 출현한다. 쌓인 눈의 표면을 빨강 또는 녹색으로 물들이기 때문에 적설(赤雪), 녹설(綠雪) 등으로도 불린다. 녹조의 *Chloromonas*나 *Chlamydomonas*(Gk: *chlamys* 외투, *monas* 단세포)가 만드는 빙설조에 대한 보고가 많다. 그 중에서도 잘 알려져 있는 것은 *Chloromonas nivalis*로서 소종명인 *nivalis*는 라틴어의 *nivis*로 눈을 의미한다. 이들은 본래 녹색을 하지만 눈 위에 출현할 때에는 세포 속에 아스타크산틴이 축적되어 있기 때문에 눈이 빨강색으로 물들어 있는 것처럼 보인다. 강한 빛에 적응한 결과이다. 저자는 대규모의 빙설조를 본적은 없지만, 권두사진 14-12와 같이 눈을 피로 물들인 것 같은 장관을 연출한다. 다윈의 비글호의 항해기에도 안데스산 속에서 빨강 빙설조를 만난 것을 기록하고 있다(제15장 코르디예라(cordillera)의 고개).

빙설조가 육안으로 확실하게 인식되는 시기에는 대부분 접합자가 되어 있다. 눈으로 묻혀있는 지면에서 빛을 찾아 위를 향해 유영하여 표면에 도달하면 증식하여 접합자를 만드는 것이다. 접합자는 눈이 녹으면 토양으로 되돌아가 발아 기회를 가진다. 빙설조 생육온도는 1~5℃ 정도로 저온이다. 빙설조는 녹조강에 한정되지 않는다. 황금색조 오크로모나스(*Ochromonas*가 만드는 차색의 빙설조 보고도 있고 저자도 눈이 녹는 스가다이라고원(管平高原)에서 시누라조류의 마리모나스(*Marimonas*)에 의한 설상의 블룸을 본 적이 있다.

얼음조(ice algae)는 극지 등 해빙 중 또는 해빙의 표면에 증식하는 미세조류로 오호츠크해의 빙산이나 사로마호에서 관찰된다. 극지 바다 먹이연쇄의 출발점으로 커다란 역할을 한다. 해빙이 성장하는 과정에서 얼음에서 제거되는 높은 염분농도를 가지는 해수가 브라인채널(brine channel)이라는 직경 수 mm의 세로로 뻗은 액체 층이 형성되고, 그 속에 조류가 증식하는 것이다. 또 해빙 표면는 일시적으로 얼음이 녹아 물이 고이기 때문에 그곳도 조류가 증식하는 장소가 된다. 더욱 대형인 군집은 해빙 밑부분 발처럼 매달려 있는 규조의 대군집이다. 얼음조는 규조 중심이지만 녹조, 담녹조류, 착편모조 등 다양한 분류군이 보고된다. 극지의 기초생산자로서 역할을 하는 이외에도 눈을 형성하는 데에도 깊게 관여한다(제6장).

3. 온천조

온천조(hot spring algae)는 대서특필의 가치가 있다. 많은 온천은 강한 산성이면서 고온이다. 이러한 온천탕이 좋아서 살고 있는 조류가 있다. 온천은 극한 환경이다. 남조, 단세포 홍조류, 규조 등의 조류가 세균과 같이 독특한 생태계를 만들어 낸다. *Galdieria sulphuraria*라는 단세포 홍조는 pH 0.05~3.0, 온도 56℃라는 황산온천의 가혹한 환경에 서식한다. 소종명인 *sulphuraria*은 황에서 유래하였다. 일본에 잘 알려진 종은 *Cyanidium caldarium, Mastigocladus laminosus* 등의 조류이다. 권두사진 9-7은 쿠사츠(草津)온천의 온천밭(湯畑)이다. 아직도 뜨거운 수증기가 피어나는 원천이 흘러 떨어지는 폭포암반에 남색의 *M. laminosus*로 덮여있다. *C. caldarium*는 세계 각지의 고온, 강산성 온천에 서식하는 단세포로 원시홍조이다. *M. laminosus*는 황산화세균과 함께 온천에서 매트를 형성한다.

조류연구를 설명 할 때 *Cyanidioschyzon merolae*는 피할 수 없는 관문이다. *Cyanidium caldarium*에 근연으로 더욱 원시적인 종으로 생각된다. 학명은 *Cyanidium* + *schizon*(Gk: *schizein* 분열하다)으로 분열하는 *C. caldarium*의 의미이다. 이전에 세균을 분열식물(Schizophyta)이라 하여 분열세균과 분열조류

(남조)로 분류하였다. 화산에 서식하는 진귀한 종으로 최소 크기를 나타내는 진핵생물 중의 하나이다(권두사진 9-9). 세포 내부에는 핵과 미토콘드리아, 엽록체, 골지체가 각각 1개씩 조밀하게 들어있다. 이 성질에 주목하여 구로이와(黑岩)가 연구대상으로 도입하였다. 지금은 조류뿐만 아니고 식물연구로서 연구가 되어야만 하는 모델생물로서 육성시킨 단세포 홍조이다. 이 조류를 이용하여 엽록체와 미토콘드리아 분열장치에 관한 일연의 연구 성과가 도출되었다(권두사진 9-10, 그림 10-5). 때문에 지금은 연구세계에서 조류의 슈퍼스타로 등극하였다. 이 *Cyanidioschyzon*가 지금은 핵, 미토콘드리아, 엽록체의 모든 게놈 염기배열이 결정되어 조류진화를 해명하는 중요한 단서를 제공하는 조류가 되어있다(제10장).

4. 공생조 (권두사진 1, 13, 14)

조류에는 다른 생물의 세포 내부나 세포 사이에 서식하는 종이 다수 알려진다. 조류가 살아가는 방법 중 하나가 다른 생물과 공생하는 것이다. 이러한 생활을 하는 조류를 공생조(symbiotic algae)라 한다. 공생 상대는 유공충이나 섬모충 등 단세포 원생동물에서 후생동물이나 육상식물까지 매우 광범위한 생물군에 거쳐있다. 한편 공생조에도 남조, 녹조, 홍조, 규조, 와편모조 등 많은 분류군이 포함된다. 공생조는 색상을 기준으로 특별한 용어로 불려진다. 공생하는 남조는 시아넬라(cyanelle, Gk: *kyanos* 진한 청색)이다. 회조식물의 엽록체를 시아넬라라 하였던 것은 이전에 이것이 공생남조라고 생각하였기 때문이다(제3장과 제11장).

겉씨식물인 소철이나 논에 부유하는 고사리인 아졸라(*Azolla*, 개구리밥/물개구리밥속)는 남조 공생체를 가진다. 아졸라에 대해 살펴보자(그림 5-1 및 5-2). 아졸라는 보통 고사리류(꽃집에서 판매하고 있는 공작고사리(*Adiantum*)나 줄고사리(*Nephrolepis*) 등)와는 다른 모습을 하는 부유초이다. 속씨식물인 부유초 등과 함께 호소 수면에 떠있다. 작은 잎이 기와처럼 중복되어 배열되어 있어, 좀처럼 고사리 같아 보이지 않는다. 그러나 상세하게 설명할 여유는 없지만, 포자를 만들고 포자가 발아하여 전엽체를 만드는 점에서 양치식물임에는 의심할 여지가 없다. 유전자분석에 의한 계통해석에도 당당하게 양치식물 그룹에 속한다. 수서생활에 특수화한 고사리 한 종류로서 생이가래(*Salvinia natans*)나 네가래(*Marsilea quadrifolia*)와 함께 형태적으로는 양치식물 같지 않은 수생고사리로 불리는 하나의 그룹을 구성한다. 그 중에 아졸라만은 남조를 공생체로 가진다. 시골 논에서 때로는 수면이 빨강~자색으로 물든 것을 볼 수 있다. 가까이서 자세하게 살펴보면 아졸라가 수면을 가득 덮고 있는 것을 알 수 있다. 아름다운 풍경이다. 재래종인 아졸라는 관서지방을 중심으로 분포하는 물개구리밥(*Azolla imbricata*)과 관동지방을 중심으로 분포하는 큰물개구리밥(*Azolla japonica*)이 있다. 유전자 수준에서 큰물개구리밥은 다시 두개 유형으로 구분된다. 2000년 환경성 레드북에서 두종 모두 멸종위기 Ⅱ급으로 분류되어 있다. 확실히 개발되기 이전처럼 쉽게 관찰되지는 않는다.

아졸라는 작지만 두꺼운 잎 내부에 만들어 진 빈 공간에 남조를 공생시킨다. 공생체는 *Anabaena azollae*라는 남조이다(속명에 대해서 이론이 있다. 한천질로 메꾸어진 *Nostoc*라는 의견과 *Anabaena*, *Nostoc* 그 어느 쪽도 아니라는

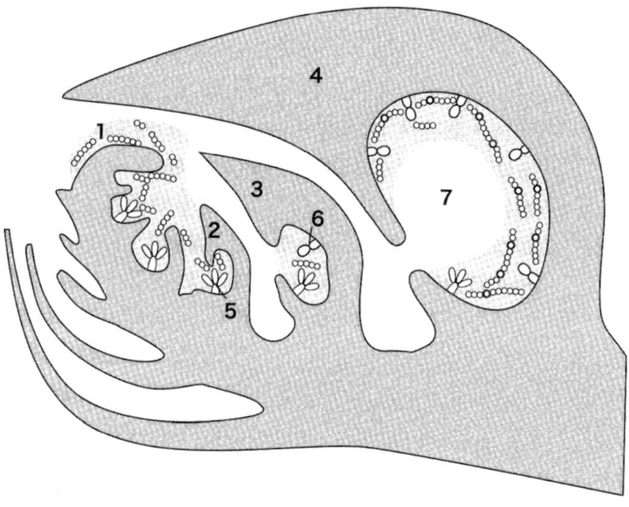

그림 5-1. 물개구리밥 앞부분의 모식도. 1. 이질세포가 없는 앞부분의 *Anabaena*, 2. 잎의 원기(原基), 3. 어린 잎, 4. 성숙한 잎, 5. 분기한 다세포 털, 6. 2세포의 털, 7. 잎의 공극(空隙, 중심부는 가스, 주변부는 젤라틴질로 이질세포를 가지는 *Anabaena*가 매몰 되어 있다) (Van Hov and Lejeune, 2002를 기준으로 그림).

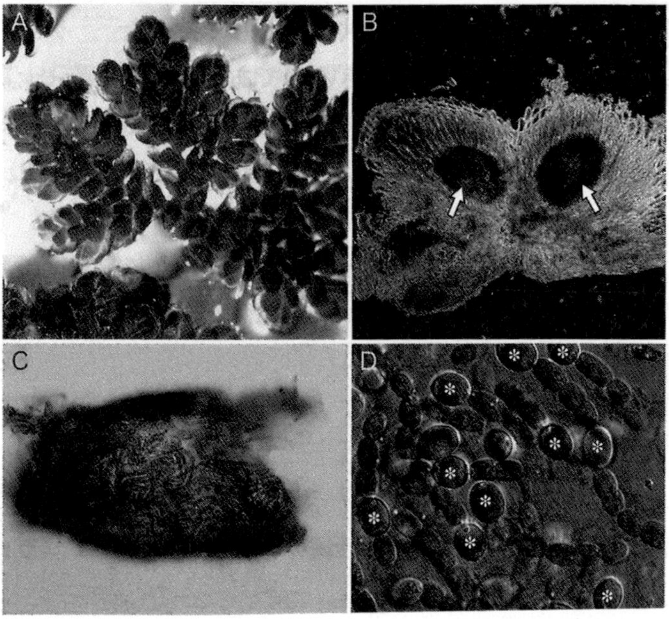

그림 5-2. 물개구리밥의 남조 공생조. A: 전체 물개구리밥의 모양, B: 인편, 화살표 부분이 남조 *Anabaena azollae*를 포함한 공극, C: 공극에서 빼낸 *Anabaena* 덩어리, D: *Anabaena* 확대사진(*표는 이질세포).

의견도 있다). 그림 5-1은 공생에 도달하는 과정의 모식도이다. 아졸라 싹은 앞부분에서 차례로 새로운 잎을 만들어 간다. 싹 앞부분은 젤라틴질로 된 기질이 있다. 이질세포(heterocyst)를 가지지 않은 남조 *A. azollae*가 부착하여 다른 세균과 함께 서식한다. 결국 잎의 원기가 만들어지지만, 그 때에 잎 안쪽에 작은 공극이 생긴다. *Anabaena*는 공극에 들어가 잎이 성장과 함께 성장되는 공극 안쪽을 채우면서 젤라틴질 기질 속에서 독특한 덩어리를 형성하여 공생한다. 그림 5-2C는 공극 속 *Anabaena* 집괴(덩어리)를 빼낸 것이다. 성숙한 잎 속 *Anabaena*는 이질세포를 발달시키고 있다(그림 5-2D). 열심히 질소고정을 하고 있는 것이다(제6장). 이 사진을 보면 아졸라가 질소화합물을 공급해주는 *Anabaena*를 "사육"하고 있는 것처럼 보인다. 진화가 연출한 공생의 사례라고 할 수이다. 콩과 식물은 *Anabaena*를 공생시키는 것에서 아졸라와 같은 목적을 달성하고 있다.

재래종 물개구리밥과 큰물개구리밥이 멸종위기 Ⅱ급으로 지정되어 있지만, 한편으로 몇 종이 외래종이 도입되어 논에 서식한다. 질소고정을 하는 *Anabaena*를 공생체로 가지고 있기 때문에 아졸라 그룹은 질소비료 대신으로 이용할 수 있다. 경작하기 전에 빈 논에 아졸라를 성육시켜, 아졸라의 공생체가 질소고정을 하는 것으로 토지를 비옥하게 한다는 원리이다. 동남아시아에서는 예로부터 이용이 장려되어 사용된다. 이러한 "아졸라 농법"은 일본에서도 무농약의 "오리 농법"과 연결하여 장려하는 것 같다. 확실하게 무농약에서 질소비료 대신으로 아졸라를 사용하는 것은 좋은 발상이지만, 많은 경우는 아졸라에서 얻을 수 있는 좋은 효과만을 생각한다. 그 이후에 발생할 수 있는 다양한 문제점에 대해서까지 생각하는 신중함이 빠져 있다. 과수원의 수분(受粉)을 위해서 도입한 서양뒤영벌(*Bombus terrestris*)이나 제4장에서 설명한 초어방유도 이와 같은 내용이다. 단편적인 발상으로 도입된 외래종이 국내의 생물다양성에 위협을 주고 있다. 얼마 전에 간사이(關西) 지방을 중심으로 성 주변의 해자나 도시 연못에 아졸라가 대량으로 증식한다는 뉴스가 있었다. 해자나 연못이 진한 빨강색으로 변하면 보는 사람에게 기분 좋을 일은 아닐 것이다. 아무래도 논에서 빠져나간 놈인 것 같다. *Azolla cristata*라는 것으로 특정 외래종으로 기록된 종이다.

공생조가 녹조이면 동물공생조류(zoochlorella, 복수는 - ae)라고 한다. 섬모충인 짚신벌레 일종인 녹색짚신벌레(*Paramecium bursaria*, 권두사진 14-19)가 있다. 세포 속에 무수한 클로렐라가 들어있어, 녹색짚신벌레 세포 속에서 분열하여 증식한다(제12장 참조). 초록나팔벌레(*Stentor polymiorphus*)도 클로렐라가 공생하는 섬모충이다. 강장동물인 히드라에서도 클로렐라를 공생시키는 종이 있다. 이 외에도 태양충, 유각아메바, 편형동물인 콘볼루타(*Convoluta*)는 담녹조류인 *Tetraselmis*를 공생시키고 있어, 몸 전체가 녹색으로 보인다. 규조나 와편모조 등 황색이나 갈색조류가 공생조인 경우도 있다. 이들을 황록공색조류(zooxanthella, Gk: *xanthos* 황색)라고 한다. 대표적인 황록공생조류는 산호초를 형성하는 산호충의 위층에 공생하는 와편모조 *Symbiodinium*(권두사진 13-23)이다(그림 5-3). *Symbiodinium*의 공생으로 산호(권두사진 13-19)는 마치 식물처럼 행동한다(제6장). *Symbiodinium*는 이 외에도 해산의 많은

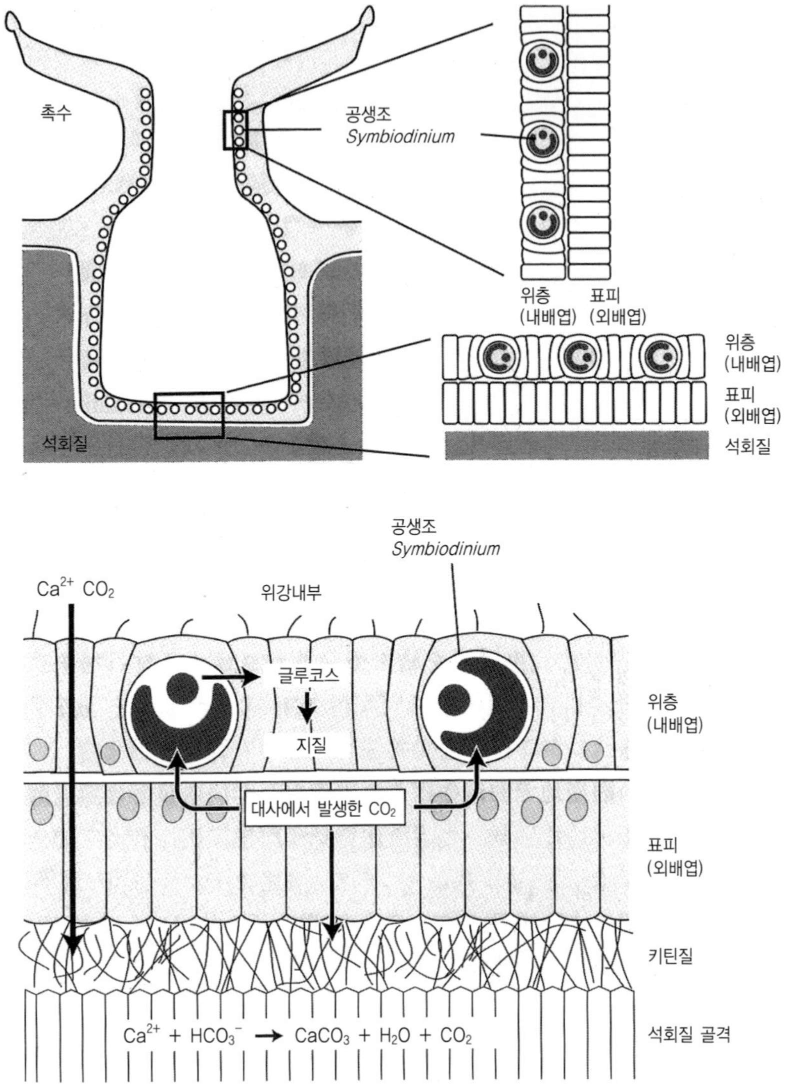

그림 5-3. 산호 개충과 공생조 *Symbiodinium*의 관계. 위층세포 속에 서식하고 있다(鈴木, 1997 등을 기준으로 그림).

생물과 공생관계를 유지한다. 꽃해변말미잘류인 *Anthopleura uchidai*는 촉수에, 또 대왕조개(권두사진 13-22) 등은 외투막에 *Symbiodinium*을 공생시키고 있다.

아열대나 열대 관광지에서 토산품으로 판매하는 별 모래는 탄산칼슘 각을 가진 아메바 모양의 몸을 하는 원생생물인 유공충이다. 유공충(권두사진 13-20, 21)은 zooxanthella로서 *Symbiodinium*이나 규조 또는 단세포 홍조 등과 공생한다. 홍조 공생조를 zoorhodella라고 불러도 좋을 것 같지만, 발견된 것이 늦었기 때문인지 이에 상당하는 용어는 아직 없다.

공생에는 2가지 형태가 있다. 숙주의 세포 속에 공생하는 세포내 공생과 숙주의 세포와 세포 사이에 서식하는 세포외 공생이다. 이 두 가지 공생은 본질적인 차이가 있을 것이다. 외양에 서식하는 와편모조류 중에 *Ornithocercus*(Gk: *ornitho* 새, *kerkos* 꼬리, 권두사진 13-30), *Histioneis*(Gk: *histion* 그물, 권두사진 13-29)라는 독특한 형태로 시선을 사로잡는 속이 있다. 둘 다 엽록체가 없는 무색 와편모조이다. 와편모조는 세로홈(종구)와 가로홈(횡구)를 가지는 것이 공통 특징이지만, 이들 종은 세로홈이 크게 발달하여 거의 닫혀있는 빈 공간(空洞)을 만들고 있다. 이 공간은 이른바 플라스크로 진화시켜 그곳에 남조류 시네코코커스(*Synechococcus*)를 사육하는 것처럼 보인다. 아마도 시네코코커스가 광합성으로 만든 유기물을 수확하는 것일 것이다. 시네코코커스는 넓은 해양에서 분산되지 않고, 안전하게 증식할 수 있다는 이점이 있을지도 모른다. 조류에서 발견되는 흥미로운 공생진화의 하나이다. 이 "사육"되는 시네코코커스는 분명하게 세포 외에 공생한다. 마찬가지로 *Amphisolenia*(Gk: *amphi* 주변, *solen* 파이프)라는 외양성 와편모조가 있다. 이 와편모조에는 시네코코커스가 세포 속의 액포 내에 공생한다. 이것은 세포내 공생이다. 세포내 공생과 세포외 공생 사이에는 그렇게 큰 차이는 없을지도 모른다. 원핵녹조인 *Prochloron*도 멍게 속에 세포내와 세포외 모두에 서식한다(권두사진 1-10, 11).

하여튼 조류의 공생 사례는 열거에 끝이 없다. 이와 같은 다양한 공생 중에 엽록체로 정착하는 것이 출현하였다고 생각된다. 공생조 연구는 엽록체 성립 및 식물 다양화를 보다 깊게 이해하기 위해서는 지금 이상으로 적극적인 연구 진행을 필요로 하는 분야이다(제12장)

5. 지의류

같은 공생에서도 조류공생이 매우 특수한 생물군을 만들어 낸다는 점에서 지의류(lichen, Gk: *lichein* 핥다, 지의는 땅을 핥고 있는 것처럼 생육하다는 것에서 유래)는 별도로 취급해야 할 것이다. 가까운 곳에는 나무 표면에 다수 부착한 하얀 딱지와 같은 엽상지의류 일종인 *Parmotrema tinctorum*가 대표적이다(권두사진 14-39, 40). 분재 가지에 붙은 엽상지의류는 수령을 나타내는 중요한 지표이다. 이 외에도 여러 가지 나무껍질이나 암석, 콘크리트 돌담 등에 백색, 황색, 오렌지색 얼룩과 같은 모습으로 딱 달라붙어 있다. 일반적으로 관심을 끌기는 부족한 생물 중의 하나로 이끼와 유사하면서도 비슷하지 않은 것에서 생물 마니아들도 상당히 혼동한다. 삼림 깊은 곳에 들어가면 나무 가지에 발과 같이 가늘고 길게 아래로 늘어뜨린 레이스커텐과 같은 것도 지의류 *Usnea*이다. 지의류는 가혹한 환경을 견디는 성질을 가져 높은 산에 건조한 암석표면 등 다른 생물이 정착할 수 없는 장소에도 늠름하게 서식한다. 수목이 살지 못하는 툰드라에서 이끼와 함께 다양한 지의류가 매트를 만들어 대부분의 지표를 덮고 있다. 지의류는 툰드라 생태계의 주요한 구성요소이다.

얼핏 보면 독립된 생물로 보이는 지의류 본체는 균류로서 그 중에 조류가 공생한다. 이른바 복합생물이다. 지의 절편을 만들어 관찰하면 무색 또는 차

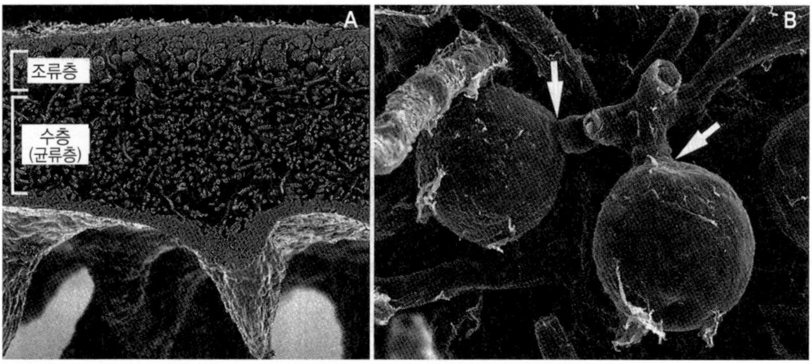

그림 5-4. 엽상지의류 일종인 *Parmotrema tinctorum*의 전자현미경 사진. A: 지의체의 단면, 조류층과 수층(髓層, 균류층)으로 구성된다. B: 조류에 밀착하고 있는 균사.

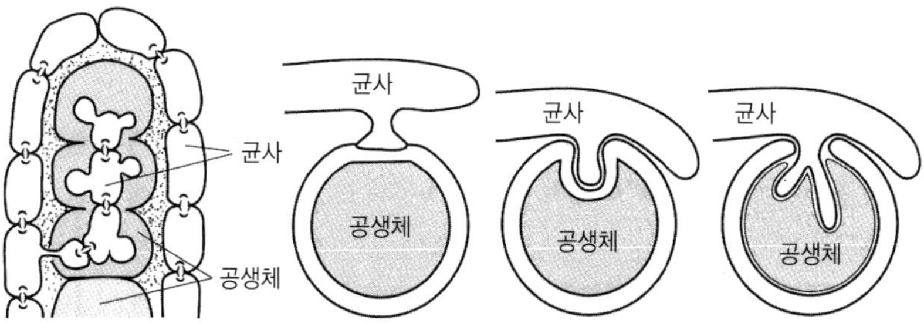

그림 5-5. 균류와 공생조 사이의 밀접한 관계(Honegger, 1992를 기본으로 그림)

갈색 균사가 얽어서 지의체를 만들고 그 속에 조류가 띠 모양으로 층을 형성하여 분포한다(그림 5-4). 이 층을 조류층(algal layer)이라 한다. 조류가 지의체 전체로 퍼져서 분포하는 것도 있다. 어느 것도 조류는 균사가 만든 높은 습도 공간에 서식하며, 균사로 둘러싸여 있다(그림 5-5). 보통 균류는 사상체를 나타내며 통상은 유성생식 때문에 자실체("버섯"에 해당)를 만들 때를 제외하면 특별한 구조를 만들지 않는다. 균류 중에서 지의류만이 조류와 공생하여 별도의 특별한 생물이라 할 수 있는 몸을 만든다. 이런 점에서 지의류는 특별한 것이다. 1887년 스위스의 식물학자 Simon Schwendener에 의해 생물공생(L: *symbiosis* 함께 산다)을 처음으로 인식할 수 있게 해준 생물이다.

어떻게 하여 이와 같은 복합생물이 출현하게 되었을까? 균류도 원래 수중 생활을 하고 있었다. 육지로 진출한 최초 균류는 건조라는 커다란 장해에 직면하였을 것이다. 조류도 마찬가지로 수분이 많은 토양 등 극히 제한된 환경에서만 생육이 가능한 상황이었다. 그러한 환경에서 일부 균류가 균사를 복잡하게 얽히는 것으로 내부에 충분한 수분을 포함하여 건조를 견딜 수 있는 강건한 코로니를 만들 수 있었을 것이라 생각할 수 있다. 거기에 균류와 조류사이에 습도가 높은 환경과 광합성 산물 제공이라는 트레이드오프(trade off)를 성립시킨 것이 지의류이며 지의화라는 현상으로 생각된다. 지의화는 복수의 균류계통에서 출현한 것 같다. 지의를 형성하는 대부분 균은 자낭균류이지만 단자(担子)균류가 만드는 지의도 있다. 지의화는 이들 균류계통에서 적어도 5회는 독립적으로 진화한 것으로 추정된다.

지의류는 지의산(lichen acid) 등 특별한 이차대사 산물을 만드는 것이 알려진다. 이러한 산물생산은 공생조류의 존재에 의존하는 것으로 보인다. 각각을 별도로 분리하여 배양한 균류와 조류를 이용하여 균류 배양주에 조류 배양액을 더하면 지의산이 생성된다. 지의산은 세포막 투과성을 높여 조류가 만드는 당과 당 알코올 등 광합성 산물의 섭취효율을 높여주는 것으로 생각된다. 지의의 균류와 조류 관계는 떨어지려고 해도 떨어질 수 없는 사이가 되어 있는 것이다.

지의류를 구성하는 균류를 균체(mycobiont), 조류를 공생조체(phycobiont or photobiont)라 한다. 지의류 종마다 공생하는 조류가 반드시 결정되어 있는 것은 아니지만, 비교적 한정된 범위의 조류만이 균과 공생하여 지의를 형성한다. 지의류의 85%는 녹조를, 10%는 남조를, 그리고 4%가 녹조와 남조의 양쪽을 공생체로서 가진다. 녹색식물에서 트레보욱시아(*Trebouxia,* 사람이름 Treboux로부터)나 *Asterochloris*(Gk: *aster* 별, *chloros* 녹색)가 가장 일반적인 녹색조류 공생체이다.

여기에서 녹색조가 아니라 녹색조류라고 쓴 것은 조금 복잡한 이유가 있다. 트레보우시아와 일부의 클로렐라는 지금의 분류에서는 녹색강이 아닌 트레보욱시아강이라는 그룹으로 분류된다(제14장 참조). 녹색조류 중에 토양조나 지의류에서 구성된 그룹이다. 건조에 대응하여 균류와 공생의 길을 선택한 것은 녹색조류 중에서도 특정 그룹에 한정된다. 남조는 남조 *Nostoc*와 *Scytonema*(Gk: *skytos* 가죽, *nema* 실) 등이 지의조로서 공생생활을 한다.

6. HAB: Harmful Algal Blooms 적조 및 물의 꽃

미세한 조류도 대량으로 증식하면 육안으로 관찰할 수 있다. 여름 호수나 늪지표면을 녹색으로 물들게 하는 녹조(綠潮)는 다수의 남조류가 모여 있는 것이다. 녹조는 수면에 파란 분말을 뿌려 놓은 것과 같이 보이는 것으로부터 일본어로는 녹색 분말이라는 의미의 아오코(青粉)라고 한다. 이와 같이 담수인 호소에 조류가 대증식하는 것을 물의 꽃(水華, water bloom)이라 한다. 우아한 이름이지만 대부분은 악취를 동반하는 등, 그다지 유쾌한 용어는 아니다. 또 적조(赤潮, red tides)는 일반적으로 바다에서 식물플랑크톤이 이상 번식한 결과 해수면이 변색하는 것이다. 지금은 담수 호소에서 와편모조류 등의 증식에 대하여도 담수적조라는 이름으로 불린다. 와편모조나 침편모조, 황금색조의 *Uroglena* 등의 조류그룹이 대량으로 증식하여 물이 착색된 것처럼 보인다. 야광충(*Noctiluca scintillans*, Gk: *nox* 밤, *lucere* 빛나다)은 광합성 색소가 없는 와편모조 그룹으로 여름 각지의 연안해역에서 대증식하는 일이 많다. 이때 바다가 핑크에서 빨강색으로 물들게 된다(권두사진 13-8). 이런 대규모적인 것은 아니지만, 주변에 조금 관심을 갖고 살펴보면 여기저기에 미세조류 대증식이 관찰된다. 금붕어 수조가 녹색이 되어 있으면, 이것은 녹조그룹이 대량으로 증식한 것이 된다. 연안해역의 적조나 호소의 물의 꽃은 생활하수나 공장폐수 등 인간 활동이 원인이 되어 발생하는 것이 많다. 바다에서는 토쿄만, 오사카만, 세도내해 각지의 항만, 하카다만, 나가사키의 오무라만 등 일본 각지에서 문제가 발생한다. *Cochlodinium, Gonyaulax, Heterocapsa, Gymnodinium, Karenia, Protoperidinium, Prorocentrum* 등 와편모조(권두사진 13), *Chattonella, Heterosigma* 등의 침편모조(권두사진 11)가 적조를 발생시키는 대표적인 조류이다. 이것에 규조 *Skeletonema* 등 다른 조류가 혼재하여 적조를 발생시키기도 한다. 호소에서는 데가누마(手賀沼), 비와호(琵琶湖), 스와호(諏訪湖) 등이 악명이 높지만, 전국 각지의 늪지나 연못 대부분은 옛날의 그림자는 찾을 수 없다. 남조의 녹조 이외에 댐 등에서는 담수 와편모조에 의한 담수적조 보고가 많다. 이외에도 세균크기의 담수 피코플랑크톤에 의한 적조도 알려진다.

조류의 대증식은 반드시 오염에 의한 것으로 한정할 수는 없다. 미세조류 대증식은 대륙붕이나 외양에서도 종종 관찰된다. 이런 경우 발생범위는 매우 광범위하다. 용승류(湧昇流, upwellimg)라는 영양염이 풍부한 저층의 해수가 유광층으로 올라오게 되면, 심층해수에서 공급되는 영양염을 이용하여 넓은 범위에서 조류가 대증식을 하게 된다. 때에 따라서는 우주선에서 관찰할 수 있을 정도의 대규모 증식을 할 때도 있으며, 이러한 대규모 발생은 기상현상에 까지 영향을 미친다(권두사진 12-24, 제6장).

7. 유독조류

여름이 되면 어패류에 의한 식중독 뉴스가 심심치 않게 들을 수 있다. 이러한 어패류 독화원인 대부분은 와편모조류에 의해 발생한다. 패류가 먹이를 포식하는 과정에서 독을 생산하는 유독조류(有毒藻類, toxic algae)의 독이 조개 몸속에 축적되기 때문에 발생한다. 패독(貝毒, shellfish poison)으로 총칭된다(그림 5-6). 마비성패독은 복어독과 유사한 마비증상을 발생시킨다. 실제 복어독에 필적하는 맹독으로, 삭시톡신(saxitoxin)은 0.5mg이 치사량이다. 원인생물로는 유독 와편모조인 *Alexandrium catenella, A. tamarense, Gymnodinium catenatum, Pyrodinium bahamense* var. *compressum* 등이 알려진다. 가리비, 굴, 바지락 등의 패류가 유독조류에 의해 독화되고, 독화된 조개류를 사람이 먹어서 중독을 일으킨다. 삭시독신은 분자량 약 300 알카로이드(alkaloid)로서 세포막의 나트륨 채널을 차단하는 것으로서 독성을 나타낸다.

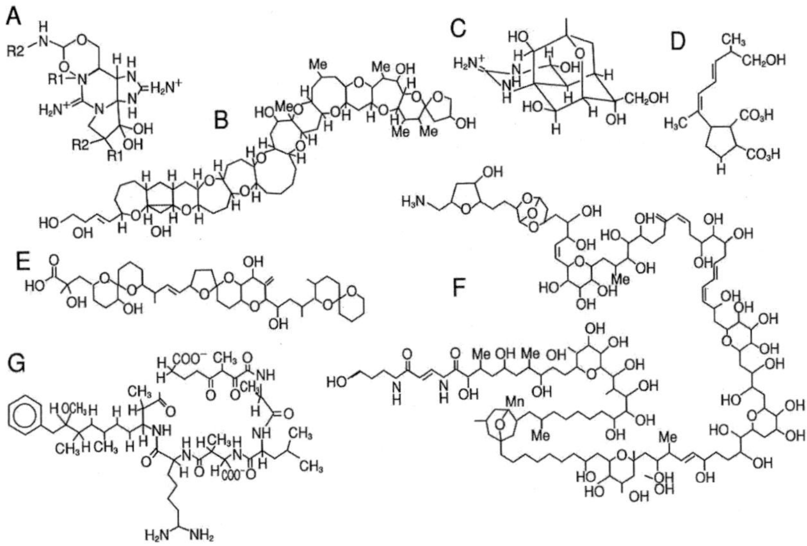

그림 5-6. 주요한 조류독의 구조. A: 삭시톡신(saxitoxin), B: 시가톡신(ciguatoxin), C: 테트로도톡신(tetrodotoxin), D: 도모산(domoic acid), E: 오카다 산(okadaic acid), F: 펠리톡신(palytoxin), G: 미소시스틴microcystin).

설사성패독은 이름과 같은 설사증상을 일으키지만 다행스럽게 죽음에 이르는 경우는 없다. 그러나 저자도 한번 체험하였지만 고열을 동반한다. 죽을 것 같이 증상이 무겁다. 25년 전 아프리카호텔 레스토랑에서 무모하게도 20개 정도 생굴을 먹었을 때의 일이다. 와편모조류 *Dinophysis fortii*와 *D. acaudata* 등이 원인이 되어 발생한다. 분자량 약 800 폴리에스테르화합물인 오카다 산(okadaic acid)과 그 유도체가 독성분으로서 단백질의 탈린산화효소를 저해하는 것으로서 독성을 나타낸다.

신경성패독(그림 5-6)은 *Karenia brevis*(=*Gymnodinium breve*)에 의해 발생된다. 독성분인 브레베독신(brevetoxin)은 폴리에스텔 화합물로서 마비성패독인 삭시독신과는 반대로 나트리움채널을 과도하게 활성화시키는 것으로 독성을 나타낸다.

시가테라독(ciguatera toxin)은 지용성인 시가톡신(ciguatoxin)과 수용성인 마이토톡신(maitotoxin)으로 대표되는 독소의 총칭으로 *Gambierdiscus toxicus*(그림 5-7)라는 와편모조가 원인이 되어 발생하는 마비성 중독의 독소이다. 시가테라는 카리브해에서 시카라고 하는 고둥류에서 발생되었던 중독을 나타내는 것 같다. *G. toxicus*는 홍조 산호말 등의 표면에 부착하는 평편한 조류이다. 해조를 먹이로 하는 어류나 패류가 독화된다는 점에서 이매패에 의해 독화되는 다른 패독과 다르다. 우리나라 주변에서 피해 보고는 없지만 동남아시아에서는 심각한 피해를 발생시키고 있다.

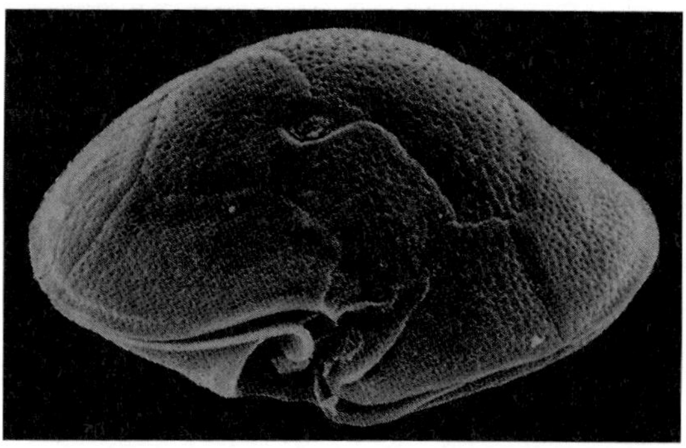

그림 5-7. 와편모조 *Gambierdiscus toxicus*.

휘스테리아(*Pfiesteria*)라고 하는 와편모조는 1980년대 후반부터 1990년대에 걸쳐서 북미에서 높은 반향을 일으켰다. 노스캐롤라이나 하구해역에서 어류 대량폐사를 발생시킨 이 와편모조는 피라니아를 방불케 하여 물고기의 어육을 욕심스럽게 먹는 것으로 바다를 피로 물들게 한다. 세포에서 피던클(peduncle)이라는 관을 뻗혀 어류에 찔러 넣고는 모기가 피를 빨아 먹는 것과 같이 물고기의 어육을 빨아들인다. 앞에서 설명한 미조사이토시스(mizocytosis)라는 포식작용이다(제3장). 더욱이 *Pfiesteria*의 연구자와 어업인 사이에서 기억이나 계산능력 상실 등의 장해가 발생한 것으로부터 휘발성 신경독을 생산하는 것으로 지역을 공포로 몰아넣었다. 유령와편모조(phantom dinoflagellate) 또는 바다유령(phantom of the ocean)의 별명을 가진 이 와편모조에 대하여 1992년 이후 노스캐롤라이나 주립대학 JoAnn Burkholder 등은 아메바상이나 황금색조 시스트에 유사한 단계를 포함하는 24개의 다른 세포상으로 변화되는 복잡하기 한량없는 생활사과 신경독 생산을 보고하여 왔다. 이러한 반향은 “And the Waters Turned to Blood”라고 하는 제목으로 책이 출판되었고, 이것에 대한 공포소설도 출판되었다. 그러나 지금 그녀들의 연구는 커다란 비판을 받고 있다. 2002년에 *Pfiesteria* 생활사가 일반적인 와편모조와 다르지 않다는 것, 어류폐사를 가져오는 독 유전자가 게놈에 존재하는 다는 것이 보고되어 Burkholder 등과 논쟁을 벌이게 되었다. 지금까지 논쟁은 계속되고 있지만 이미 과학논쟁을 넘어선 비방전 양상을 띠고 있다.

규조도 독을 만든다. 1987년 캐나다동부 해안에서 발생한 진주담치을 매개로 하는 대규모 식중독은 복통, 설사, 구토 등의 중독증상에 더하여 기억상실을 포함하는 신경독 증상을 나타내었다. 이른바 기억상실성패독(amnestic shellfish poising, ASP)이라는 것이다. 원인이 되는 독성플랑크톤은 우상규조인 *Pseudonitzschia multiseries*로서, 원인이 되었던 독물질은 아미노산 일종인 도모산(domoic acid)이었다(그림 5-6). 그때까지 패류에 의한 중독은 와편모조의 몫이었지만, 처음으로 규조에 의한 패독이 발견되었다. 독물질 이름은 최초로 발견된 홍조 개서실속 *Chondria armata*가 지역 방언으로 도모라고 부르는 것에서 유래하였다. 도모산은 분자량 311의 아미노산 일종으로 신경세포의 이온채널형 글루타민산 수용체에 결합하여 글루타민산 결합을 저해한다.

도모산이 대량으로 뇌에 들어가면, 해마 등 글루타민산 수용체에 결합하는 것으로 기억상실 등의 증상을 발생시킨다. 다행스럽게 일본이나 한국에서는 아직까지 *Pseudonitzschia*에 의한 중독피해 보고는 없다.

담수에서는 남조가 생산하는 독이 문제가 된다. 여름 호소수면을 덮고 있는 녹조피해는 악취로 끝나지 않는다. 가축이 호소 물을 마시고 사망하는 피해가 1980년대 후반부터 세계각지에서 보고된다. 남조(시아노세균)가 만드는 독은 시아노독신(cyanotoxins)으로 총칭된다. 중독증상으로부터 간장독, 신경독, 피부독으로 분류된다. 최초로 *Microcystis*에서 분리된 환상펩티드인 미소시스틴(microcystin)이나 *Nodularia*에서 분리된 같은 환상펩티드인 노둘라린(nodularin)은 간장독으로 발암성을 나타낸다. 이 외에도 많은 남조에서 다양한 독을 만든다. 알카로이드 독으로서 *Anabaena*나 *Aphanizomenon*이 만드는 아나톡신(anatoxin)은 신경독으로서 신경전달에 관여하는 아세틸코렌 수용체에 작용하여 시냅스전달(synapse transmission)을 차단한다. 삭시톡신은 패독으로서 알려지는 독소이지만, *Anabaena*나 *Aphanizomenon*에서도 만들어져 신경축추(Neural axis)로 작용한다.

8. 갯녹음 현상

한참 이전부터 일본 각지에서는 "갯녹음"이라는 현상이 보고되었다. 어패류 서식과 번식장소를 제공하는 다시마류나 미역 등 갈조 그룹인 대황, 감태 그리고 모자반류가 만드는 해중림/바다숲이 소실되는 현상이다. 갯녹음 바다는 이전에 무성하게 번성하였던 바다숲이 직립상태로 말라죽거나, 혹은 완전히 모습을 감추게 되어 해저가 불모지인 사막으로 변하고 있다. 해중림을 지지하던 해저암반은 대형해조 대신에 짙은 핑크색 홍조인 산호말류가 가득 덮고 있다. 이런 상태가 되면 갈조가 산호말 위에 착생을 하여도 결국 산호말이 벗겨내어 버리기 때문에 뿌리가 붙지 않는다. 장소에 따라서는 산호말조차도 고사하여 해저는 산호말 사체로 전체가 하얗게 페인트를 칠한 것 같은 모양을 한다. 무엇 때문인지 불모의 암초 위에는 성게가 우점하여, 많은 갯녹음 현장의 사진에는 하얀 암반을 배경으로 다수의 성게가 검은 반점으로 흩어진

을씨년스러운 영상을 보여준다. 산호말을 먹고 서식하는 성게 몸속에는 식용으로 이용하는 정소나 난소가 채워져 있지 않기 때문에 상품으로 가치는 없다. 전국으로 확대되는 갯녹음 바다는 죽음의 평원이다.

갯녹음은 메이지 후반에 이즈(伊豆)반도 동쪽해안에서 처음으로 인식되었다. 대황이나 감태 등 해조가 소실된 결과 수산동물의 어획이 급격히 감소하였다. 어업인들은 이런 현상을 갯녹음 또는 백화현상이라고 불렀다. 이후 많은 해조연구자에 의해 조사와 원인규명을 진행되어 왔지만, 아직도 원인은 잘 알지 못한다. 여러 가지 설이 있다. 난류유입에 따른 수온상승, 조식동물 특히 성게의 식해에 따른 대형해조의 고갈, 모래나 펄 유입 및 환경오염에 의한 해수오염, 즉 오염으로 초래되는 광합성에 필요한 빛 부족 등이다. 엘리뇨도 하나의 원인이라고 한다. 분명한 원인은 알지 못하지만, 단일 원인으로 한정할 수는 없다. 또 한마디로 갯녹음이라고 표현하고 있지만 다양한 유형이 존재한다.

"숲이 사라지면 바다도 죽는다"라는 생각에 입각한 설명이 있다. 이것은 마츠나가 가츠히코(松永克彦) 저서의 제목이지만, 그 취지는 바다와 삼림은 생태적으로 밀접하게 연결되어 있다는 것이다. 하천을 매개로하여 질소나 인 등의 영양염과 함께 숲의 철을 바다로 공급하고 있다는 것이 포인트이다. 철은 조류증식에 필수 원소이다. 그러나 바다에는 철이 거의 업다(제6장 HNLC 항 참조). 육지가 바다로 철을 공급한다. 때문에 숲이 사라지면 바다가 죽는 것이 된다. 숲의 재생은 바다 생태계의 유지와 재생에 불가결이라는 것이다.

숲은 부식토를 만들고 그 중에서 균류와 세균을 포함하여 생물에 의해 만들어진 무기산이나 유기산이 광물을 분해한다. 이것을 "생물풍화"라고 한다. 산소존재 조건에서 철은 생물이 이용할 수 없는 산화철 입자나 콜로이드 형태로 존재한다. 숲은 식물이 이용할 수 있는 풀브산과 결합한 수용성 철(플브산철)을 만들고, 하천이 이것을 바다로 운반한다. 숲이 이러한 기능을 잃게 되면 하천에서 유입되는 철이 부족하여 해조의 성장을 방해하게 된다. 실제로 갯녹음이 발생하는 해역의 해수 중 철 농도는 외양과 비슷한 제로에 가깝다고 한다. 연안해역은 해중림이 번무한다. 또 외양에 비해 식물플랑크톤 현존량도 압도적으로 많다. 권두사진 10-1은 규조의 봄 대발생을 나타내지만, 고위도해역을 제외하면 생산량이 높은 빨강이나 노란색이 연안해역에 집중하는 것을 알 수 있다. 이것은 연안해역은 육지로부터 규소만이 아니라 풍부한 영양염류가 공급되기 때문이다. 연안의 해조 숲과 식물플랑크톤 생산량은 육지에 의해 지지된다는 생각은 다양한 장소에서 검증할 필요가 있다.

일본은 이미 많은 자연해안을 잃어버렸다. 일본 해안선의 총연장 길이는 33,800km 정도로 지금 이 중 절반은 인공해안으로 변하였다. 토쿄는 96%가 인공해안으로 약간의 갯벌만을 남겨두고 있을 뿐이다. 중부지방은 자연해안이 약 28%에 지나지 않는다. 환경성은 1970년대부터 전국 해조장 조사를 계속하고 있지만, 1978년에서 1992년까지 14년 사이에 7,200ha의 해조장이 사라진 것으로 보고한다. 원인은 24.9%가 매립이고, 13.2%가 갯녹음 때문이다. 해중림도 육지 삼림과 같은 정도로 중요하다는 것을 일반사회에게 인식시키기 위해서는 무엇을 어떻게 하면 좋은가?

9. 피코플랑크톤

미세조류 중에서도 특히 크기가 작은 조류가 알려진다. 크기가 2~20μm 인 미세조류는 나노플랑크톤, 2μm 보다 작은 미세조류를 피코플랑크톤으로 구분한다. 미터법에서 나노(nano)는 10^{-9}m, 피코(pico)는 10^{-12}m이지만, 크기별 플랑크톤을 나타내는 용어에서는 매우 작다는 의미로 사용되고 있을 뿐, 단위로서 의미를 나타내지는 않는다. 나노는 그리스어 어원 *nanos*(난쟁이)라는 의미이며, 피코는 스페인어 어원 pico(작다)라는 의미로 모두 작다는 의미의 접두어로 사용된다. 플랑크톤을 채집하는 도구에 플랑크톤네트가 있지만, 임해실습 등에서 사용되는 네트로 식물플랑크톤을 체집하면 나노플랑크톤과 피코플랑크톤 대부분이 빠져나간다. 피코플랑크톤은 세균 크기로 너무 작기 때문에 현미경을 사용하여도 관찰하기가 쉽지 않다. 때문에 오랜 기간 플랑크톤 연구에서 대상조차 되지 않고 못본 척 빠뜨려 왔다. 그러나 20년 정도 이전부터 이러한 초미세조류라고도 할 수 있는 조류가 호수나 바다에 서식하는 것이 명확해졌다. 그 양은 매우 막대하여 생물량 또는 생산량으로 전체 식물플랑크톤의 90%가 넘는 것으로 추정한다.

피코플랑크톤 중에서도 특히 중요한 것은 피코시아노박테리아인 *Synechococcus*와 *Prochlorococcus*이다. 시네코코커스는 연안과 외양, 프로클로로코커스(권두사진 1-12)는 외양 식물플랑크톤 군집의 주요한 구성종이다. 프로클로로코커스는 남북 위도 40도를 따라 띠 모양으로 분포한다. 수심 100m까지 깊이에서 1~3 × 10^5 cells/mL 밀도로 존재하지만, 해수면 광량의 99.9%가 감소하는 150~200m까지 분포한다(그림 5-8). 이 속만으로 빈영양해역 생산량의 40~50%를 차지한다. 이 두개의 남조 속은 근연이지만 서로 많은 점에서 다르다. 색소조성은 시네코코커스가 엽록소 *a*와 피코빌린색소 단백질을 가지나, 프로클로로코커스는 엽록소의 8위의 메틸기 대신에 비닐기가 붙은 비닐엽록소(DVchl) *a* 및 *b*를 가진다. 제1장에서 설명한 원핵녹조의 하나이다. 비교적

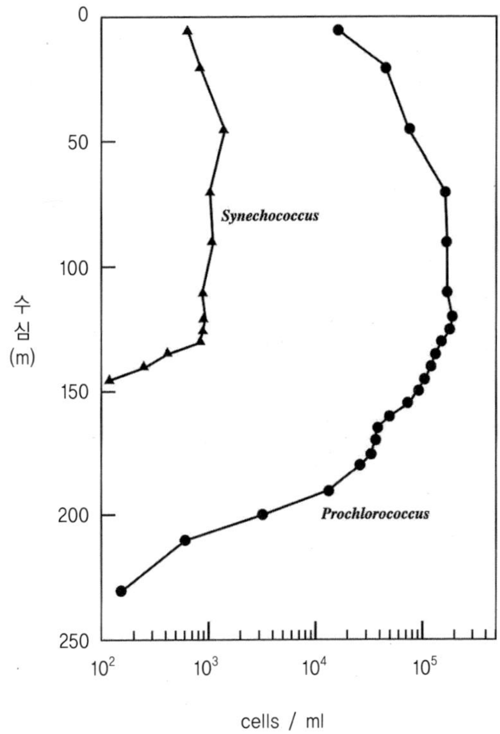

그림 5-8. 해양 피코남조의 분포 *Prochlorococcus*는 200m보다 깊은 수심까지 분포하고 있다(Wolfgang *et al.*, 1996에서 그림)

빛이 강한 해양표층에 분포하는 그룹과 DVchl *a*, *b*의 함량이 높고 더욱이 피코에리스린를 포함하여 150m 수심에 분포하는 그룹 등 성질이 다른 많은 유형이 알려진다. 모두 게놈 해독이 진행되어 많은 사실들이 계속 새롭게 밝혀지고 있다. 분포와 성질이 다른 이들 피코시아노박테리아는 아마도 다양한 바다환경에 적응하여 다양화를 진행시켜온 그룹으로 생각된다. 현재 지구에서 가장 성공한 남조라고 할 수 있다.

진핵조류에도 다수의 피코플랑크톤이 존재하는 것이 알려진다. 권두사진 6-23~26에 게재된 팔마조류는 규산질 세포외피를 가지면서 엽록소 *c*를 가지는 것에서 부등편모식물에 속하는 것으로 생각되는 피코플랑크톤이다. 유감스럽지만 아직 배양이 성공되지 않아서 이들에 대한 정체는 거의 알지 못한다. 담녹조류인 오스트레오코커스(*Ostreococcus*, Gk: *ostrakon* 패각)는 0.6μm 필터를 빠져 나가는 최소 진핵생물의 하나이다. 편모는 없고 세포는 핵 주변에 미토콘드리아, 엽록체, 단순한 골지체가 각각 1개가 배치되어 줄이고 줄여 빠듯하게 단순화되어 있다. 이 조류도 전체 게놈이 결정되어 있다. 그것도 12 Mb로 진핵생물에서 최소게놈을 가진다. 편모를 가진 세포로는 같은 담녹조류 마미엘라목(Mamiellales)에 속하는 *Micromonas*가 가장 작고 단순화되어 있다. 편모는 극도로 단축되어 있지만 두께는 변함이 없다. 편모에 미안할 정도로 세포가 붙어 있다. 기괴한 느낌을 가지게 하는 조류이다(그림 5-9). 진핵피코플랑크톤은 진핵세포가 최소 어느 정도의 자원으로 살아갈 수 있는가를 추구하는 진화의 실험실이다.

유럽과 미국에서는 생태학자, 해양학자가 게놈 해독에 놀라울 정도로 적극적인 참여를 한다. 앞에서 살펴본 시네코코커스, 프로클로로코커스, 오스트레오코커스의 게놈 프로젝트도 해양학자와 생태학자가 주도하여 실시하는 것으로 해양이나 지구환경의 이해라는 마크로의 관점에서 게놈해독이 필요한 조류를 결정한 것이다. 식량으로 중요한 벼나 연구에 중요한 모델생물인 애기장대의 게놈 해독도 물론 중요하지만, 연구토양의 두께 차이를 통감한다. 우리는 아직도 구미의 기초과학 정신이 정착되지 못하는 부분도 있지만, 이와는 별도로 바다와 호소 물에서 종합적인 유전자를 추출하는 기술이 보급되면서, 자연계에는 아직도 알지 못하는 미지의 진핵피코플랑크톤이 다수 존재하는

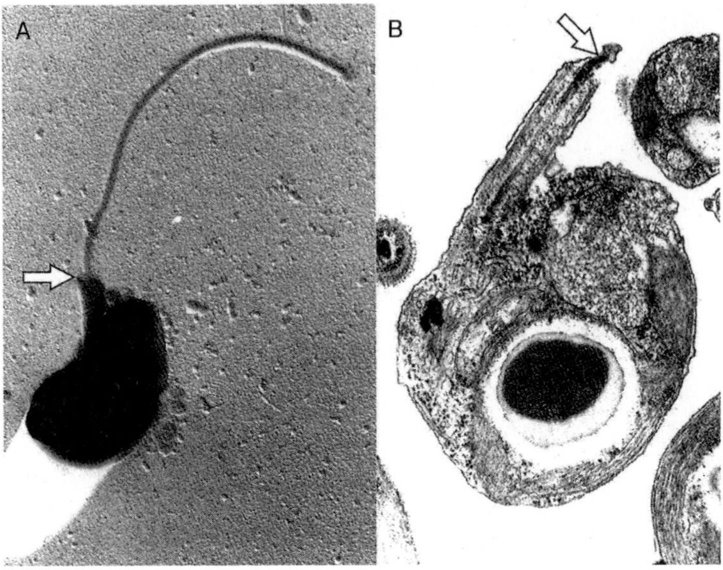

그림 5-9. 담녹조류 *Micromonas pusilla*의 전자현미경 사진. A: 새도잉상, 세포를 고정하여 백금 팔라듐 미립자로서 그림자를 만들어 관찰한 것, B: 절편상. 화살표는 편모의 9 + 2구조가 끝나고 중심미소관대로 이동한 부분.

것이 분명해지고 있다. 지금 수계에는 "피코생물"이 만드는 미지세계가 막대하게 존재한다. "진핵피코"는 거의 모든 조류의 분류군에 퍼져있고, 여기에서 조류의 진화방향이 하나로 피코플랑크톤에 길이 있다는 것을 알 수 있다. 남극의 표층수에는 미지의 알베올라타가 존재한다. 진핵피코 세계는 상상 이상으로 다양한 것 같다. 시네코코커스와 프로클로로코커스 그리고 다양한 진핵피코는 거대한 바이오메스와 일차생산량을 나타내며, 틀림없이 수권생태계에서 필요불가결한 역할을 수행하고 있을 것이다. 극히 최근까지도 수권생태계는 이렇게 거대한 인자를 보지 못하고 제외한 상태에서 해석하고 있었던 것이다.

피코플랑크톤 세계는 종래 해양생태학의 연구방법으로는 커다란 진전을 기대하기 어렵다. 생명과학으로서 분류학, 계통학, 해양생태학, 생리학, 유전학 등 모든 분야, 그리고 해양학과 지구화학 지식과 기술을 통합함과 동시에 연구선이나 위성관측 등 대형 하드웨어의 도움이 있어야만, 처음으로 연구를 전진시킬 수 있는 복합영역의 학문세계이다. 거대과학(big science)으로서 위치부여와 조치가 불가결한 분야로 국제적 수준의 지침이 있어야만 되는 분야이다. 세계적으로 다수 분야의 연구자가 협력하여 거대 프로젝트가 전개되어야 하는 핫(hot)한 영역이다. 분야를 뛰어넘는 연구진행이 필요하지만 아직 그러한 이야기는 전혀 들려오지 않는다. 피코플랑크톤은 너무 작기 때문에 영상으로 볼 수 있는 대상으로는 적합하지 않다. 그러나 연구세계에서는 눈을 뗄 수 없는 가장 중요한 분야 중 하나로 성장하고 있다. 앞으로 조류연구를 목표로 하는 사람에게 적극적으로 추천하고 싶은 분야이다.

제Ⅱ부

조류 30억년의 자취

제6장

조류와 지구진화 그리고 지구환경

1. 심해에서 배운 것

2001년 여름에 심해탐사선 "신카이(深海)2000"으로 심해 870m까지 잠항할 기회가 있었다. 심해는 암흑세계이다. 빛이 없는 세계에 조류연구자가 간다는 것도 이상한 일이지만, 조류와 조류의 친척인 진핵미생물은 지구의 모든 곳에 존재하기에 심해에도 서식하고 있음에는 틀임이 없다. 어쩌면 심해에서 조류진화의 과정을 해명할 수 있는 단서가 될 수 있는 생물이 발견될지도 모른다. 지금까지는 누구도 이러한 관점에서 심해를 보지 않았었기 때문에 탐방할 가치가 크다고 할 수 있다. 이러한 이굴(理屈) 등으로 조류연구자인 저자가 잠수정에 승선하였다. 모선인 나츠시마(夏島)호에서 크레인으로 해면에 내려져, 잠행하기 이전 5분인가 10분, 잠수정은 잠항준비를 위해 파도에 흔들리면서 바다 표면에 떠있었다. 승무원은 기계류 점검에 바쁘지만, 나는 도마 위에 놓인 잉어는 아니지만 파도에 떠밀리는 해조나 플랑크톤의 신세이다. 그 동안 잠수정에 있는 직경 20cm 정도의 현창은 공기와 물속을 왔다 갔다 춤을 추었다. 수영을 하지 못하는 저자는 이론으로만 바다 속을 알고 있었다. 파도가 없는 산호초 라군에서 물안경을 쓰고 1~2m 수심의 바다 밑의 해조를 찾는 것이 고작이었다. 학생시절 오키나와 니시오모테섬의 산호초에서 2m 정도 깊이에 있는 아름다운 해조를 발견하고, 그것을 채집하기 위해 필사적으로 물을 저어 잠수한 경험이 있다. 어떻게 되었던 것인지 해조를 손에 넣을 수는 있었지만, 단단한 산호에 발이 닫기 이전까지는 살아 있다는 마음을 가질 수가 없었다. 그 이후 절대로 키보다 깊은 곳은 가지 않았다. 때문에 차분하게 바다 속을 관찰하는 것은 잠수정이 첫 경험이라고 할 수 있다. 과학의 성과는 고마운 것으로 견고한 선체로 보호되고 있었기에 여유를 가지고 바다 속을 차분하게 관찰할 수 있었다. 춤을 추는 현창은 백색광과 푸른색 세계로 나누어져 있었다. 다소 과장된 표현이지만, 이것은 공중(지상)과 수중세계의 극적인 변화를 체험하는 것이 된다. 잠행이 시작되면서 본격적인 푸른색 세계가 펼쳐졌지만, 곧 별도 요소가 추가되었다. 빛의 감쇄이다. 생각한데로 잠수정은 빠르게 잠수하였다. 둥글고 작은 현창 밖은 급속하게 옅은 어둠으로 변해가더니 밝은 푸른 세계가 일순간에 어둠에 먹혀버렸다.

수심 50m 정도가 되면서, 옅은 어둠으로 바다 속 세계에 보이는 것은 아무것도 없었다. 잠시 생각하니 유광층이라는 용어가 생각난다, 유광층(photic zone)은 바다표층에서 해수면에 입사한 태양광 중 1%의 빛이 도달하는 수심인 보상수심(compensation depth)[1]까지의 수층을 말한다. 보상수심보다 얕은 유광층에는 조류의 광합성이 호흡량보다 크게 된다. 즉 생산량이 소비량을 넘어 조류가 서식할 수 있다(그림 6-1). 확실히 유광층은 100m 정도는 되었다고 생각되었다. 엽록소 *a* 농도로 식물플랑크톤의 연직분포를 나타낸 자료가 있다. 수심 100m 전후는 아직 빛이 도달하기에 조류들이 광합성을 하고 있는 것이다. 100m 이상의 수심에 엽록소 *a* 농도의 최대피크가 있다는 자료는 많다(그림 5-8)[2]. 육지에서 그렇게 떨어져 있지 않은 해역이었지만, 그래도 유광층 깊이는 50m 이상은 되었을 것 같다. 듣는 것과 보는 것은 크게 다르다. 충분한 유광층 범위인 50m 수심도 저자의 눈으로는 거의 암흑이 세계였다. 그 속에 빛이 조금 있기에 이 빛을 이용하여 조류들은 이산화탄소를 고정한다는 것을 처음으로 알았다. 100m 정도 잠수하면, 잠수정에서 비추는 라이트 불빛 속만 시각적 기능을 가능하게 하였다. 빛이 비치는 공간 이외는 완전한 암흑세계였다. 그리고 라이트 불빛 속에는 거대한 동물플랑크톤 무리가 떠돌고 있었다. 이 정도의 생물이 존재할 수 있을까? 라고 생각할 수 있는 엄청난 생물량이었다. 곤쟁이, 열새우 등 해산 무척추동물들이다. 이것이 바다에서

1 생물학적으로는 광합성과 호흡량이 같이 지는 수심을 말한다.

2 외양, 연안 및 내만해역에 따라 유광층 수심의 차이는 매우 크다.

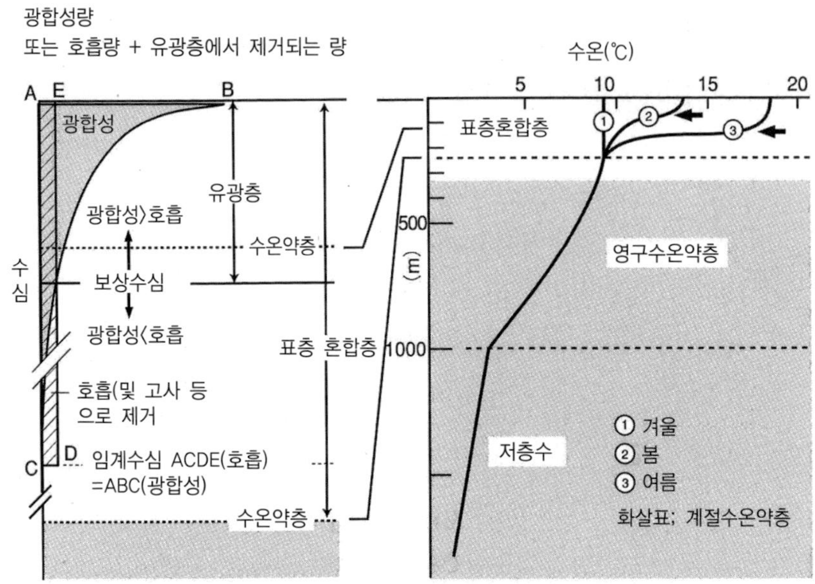

그림 6-1. 표층 혼합층에서 광합성과 호흡의 관계. 표층 혼합층은 겨울에 혼합되고, 봄에서 여름에 걸쳐 수온약층이 형성된다(Lalli and Parsons, 1996을 기본으로 그림).

거대한 수염고래가 먹이에 곤란을 느끼지 않게 되는 이유이다. 거대한 바다 생산력을 눈으로 확인하는 순간이었다.

해저는 어둡고 춥다. 잠수하기 전에 지금까지 입어 본적이 없는 두꺼운 방한복을 지급받아 몸 전체를 두르고 있었지만, 몸 안에서부터 차가움을 느낄 수 있었다. 870m 해저는 저온과 암흑의 가혹한 세계였다. 생물생산은 없다. 생산이 불가능한 세계이다. 잠수정의 서치라이트 속에서 해저는 불가사의한 세계를 연출하였다. 현창/관찰창으로 보는 해저는 불모의 사막이 끝없이 펼쳐진 세계였다. 물론 해조는 하나도 서식하지 않았다. 식물이 존재하지 않은 바다 세계를 처음으로 경험하였다. 언젠가 갔던 식물이 자라지 않은 알라스카 극지의 툰드라에서 조차 이끼와 지의류가 지표를 덮고 있었다. 유황천을 뿜어내는 지옥곡에도 남조와 황세균 마트가 존재하였다. 해저풍경은 지금까지 경험하지 못한 위화감을 느끼기에 충분하였다. 그러나 결코 죽음의 세계는 아니었다. 실제로는 민첩하고 활발하게 유영하거나, 돌아다니며 탐욕적으로 먹어치우는 동물세계가 펼쳐져 있었다. 여기저기에 커다란 왕게(*Paralithodes camtschaticus*)가 꿈틀거리면서 먹이를 탐색하고 있었다. 라이트 빛 속에서 오징어가 공식(共食)[3]을 하는 모습도 관찰되었다. 해저사막에 해삼이 점점으로 작은 돌처럼 분포하였고, 멀리서는 거대한 유리해면이 환상적인 모습을 연출하고 있었다. 잠수정이 해저 산악지대에 들어가더니 그곳에는 동물만으로 구성된 심해의 숲이 펴져있었다. 유리해면이나 해양류(Gorgonacea)의 수목이 작은 동물의 서식장을 만들고 있었다. 수 m가 되는 거대한 해양류 체표에는 다수의 새우가 밀집하여 무리를 이루어 살고 있었다. 심해는 육상생활에 익숙해진 몸으로는 도저히 상상도 할 수 없는 불가사의한 생태계가 존재하였다.

해저생태계를 지탱하는 모든 물질과 에너지는 물론 표층에서 침강하는 유기물에 의존한다. 광합성은 수심 200m보다 얕은 유광층만이 가능하다. 세계 전체바다의 평균 수심은 약 3,800m이다. 6,378km인 지구반경에서 3,800m는 1/1,678로서 매우 얕다. 즉 사과껍질만큼도 되지 않는 매우 얕은 피막에 불과하다. 지구반경에 대한 유광층 깊이도 1/30,000 이하가 되어 거의 제로에 가깝다. 열수분출공(thermal vent) 등 일부를 제외하면 차가운 심해에서 생산할 수 있는 방법은 없고, 모든 에너지원은 표층에서 침강하여 공급되는 유기물에 의존한다. 빛이 간신히 도착하는 유광층 아래 부분인 보상수심을 경계로 표층에서 꾸준하게 활성화되는 식물플랑크톤 광합성이 막대한 동물플랑크톤 군집은 물론, 심해 오징어, 해삼, 해양류 및 해면의 생명을 지탱시켜 미묘한 심해생태계의 균형을 유지하는 것이다. 미세한 크기의 플랑크톤네트 망목을 빠져나가는 세균크기의 나노 및 피코식물플랑크톤에 의한 생산이 심해생태계의 입력값이 된다. 바다의 거대한 먹이연쇄에서 최후의 도달점은 해저에 있었다.

바다의 총체적은 대략 14억m^3, 면적은 3억6,000만km^2로서 지구 표면적의 70%를 넘는다. 원시지구에서 바다가 형성되어 산소발생형 광합성을 하는 남조가 출현한 이래, 남조유래의 엽록체를 가진 진핵식물 활동은 해양생태계를 지탱하는 기초생산자로서 충실하게 역할을 수행하여 왔다. 거대한 해양생태

---

3 동물집단에서 같은 무리끼리 서로 먹고 먹이는 관계를 나타내는 용어이다.

계를 지탱하는 것은 현미경으로도 형태 확인이 어려운 매우 미세한 조류이다. 그러나 그것뿐이 아니다. 조류는 지구규모의 여러 가지 현상에 관여하여, 현재 사회와 문화가 존재하는 방법에까지 영향을 미치는 많은 역할들을 완수하여 왔다. 이 장에서는 조류가 과거와 현재의 지구환경과 생태계에 관여하여 왔던, 그리고 지금도 깊게 관여하는 모습을 옴니버스 방법으로 살펴보기로 하자.

2. 철 문명을 가져다 준 것

가. 철과 말의 민족

문명은 농경과 함께 시작되었다. 하천범람으로 만들어진 비옥한 토양, 토양의 계획적인 이용 그리고 도구를 이용한 효율적인 농경으로 잉여 생산물이 발생하게 된 것이 계기가 되어 도시와 문화를 구축하게 되었다. 인간이 사용한 최초의 도구는 석기였다. 자연이 만들어 낸 예리한 각을 가진 돌을 이용하였던 구석기시대는 인류발생에서 수백만 년에 걸친 수렴과 채집의 시대였다. 가공한 석기 도구인 신석기를 손에 넣었을 때가 기원전 약 8,000년쯤으로 세계에서 가장 오랜 마을인 예리코(jericho)에서 농경이 시작되어 문명을 탄생시켰다. 예리코의 정확한 현재 위치는 알 수 없다. 일부에서 인류 최초의 농경지는 현재의 몬슨아시아(monsoon Asia)지역이라는 설도 있다. 즉 일만 년 전 일으로 세계사적 상식으로 보면 여기를 예리코라고 보더라도 좋을 것이다. 이러한 농경의 잉여생산은 인구증가를 불려오게 되었다. 인류에게 행복인지? 불행인지? 정확한 판단은 어렵지만, 인구증가에 따라 결국은 계급사회라는 구조가 탄생하였다. 인류가 사용하는 도구도 결국은 더욱 단단한 금속으로 변화하였다. 화려한 청동기문명 시대가 세계에 4대문명 발생지의 막을 열게 만들었다. 청동은 구리와 주석의 합금으로 그다지 높지 않은 온도에서 녹기 때문에 세공이 쉽다는 점이 광범위하게 이용될 수 있는 주요 이유이다. 금도 이용되었다. 금을 정련하는 과정에서 도가니에 녹은 금위에 떠있는 것이 철이다. 이러한 철이 청동기를 대신하여 최초 철로서 이용되었다. 이후 풀무가 발명되면서 높은 온도의 불을 이용할 수 있게 되면서, 야금기술은 더욱 진보하게 된다.

그 결과 철강이 만들어 지게 되었다. 인류가 철을 이용할 수 있게 된 것이다. 가래, 낫 등 철강 농기구는 농업효율을 비약적으로 진보시켰을 것이다. 또 무겁고 약한 청동 칼이나 창은 가벼우면서 강한 철강 무기에 상대가 되지 못하였다, 철이 "발견"으로 인류문명에는 다음과 같은 혁명을 가져왔다.

제철기술은 기원전 약 1,500년 이전 지금의 터키 인근에 번영을 누리던 고왕국인 히타이트(Hittites)에서 처음 시작된 것으로 알려진다. 히타이트족은 "철과 말의 민족"으로 철제무기와 마차의 기동력을 이용하여 주변국을 제압하였다. 결국 청동기에 의존하던 고대바빌로니아를 멸망시켜 고대 이집트까지 침공한다. 철이 히타이트족을 승자로 만들었다. 당연한 일로서 제철기술은 히타이트족의 우위를 지속하기 위해서는 반드시 필요한 것으로 국가의 최고기밀로 엄중하게 관리되었다. 그러나 철을 독점하는 우위를 가지면서도 히타이트왕국은 500년 정도의 역사로 멸망하였다. 히타이트왕국이 멸망한 진짜 이유는 지금도 알지 못한다. 다만 하나의 설로서 동지중해를 방랑하던 수수께끼 민족인 "해양민족"에 의해 멸망된 것으로 알려진다. 제철기술은 히타이트왕국의 멸망에 의해 주변국가로 확산되었고, 마침내 세계는 철을 이용한 새로운 시대를 맞이하게 된다. 이후 3,000년 인류역사는 철과 함께 하여왔다. 훨씬 이전의 산업혁명을 시작으로 철도, 자동차, 초고층빌딩 및 항공기 등의 현대문명도 철 이용이란 토대위에 성립되었다. "철은 국가이다"라는 말이 있다. 철혈재상이라는 비스마르크(O.E.L. von Bismarck)가 독일제국의 통일을 앞둔 취임 첫 의회 연설에서 "국가는 철과 피로서 결정된다."라는 주장에서 비롯된 말이다. 우리도 근대와 전쟁 이후 발전을 목표로 하는데 부합한 말이 되었다. 지금도 철은 문명과 국가의 상징이라 할 수 있을 것이다.

나. 철이라는 원소

산업기반으로서 철은 그렇다고 하고, 철은 매우 특징적인 원소라는 것을 설명하여 둔다. 관측기술의 향상으로 우주의 시작이 놀라울 정도의 정밀도로 점차 분명해지고 있다. 137 ± 2억년 이전에 우주는 탄생하였다. 원소기원은 우주론과 밀접하게 관련되어 있으며, 많은 이러한 부분들이 확실하게 밝혀지고 있다. 우리의 우주나 자신의 몸을 만드는 원소는 우주인플레이션(cosmic inflation)으로 계속되는 빅뱅 그리고 훨씬 이후에 출현한 혹성의 일생에서 생겨났다고 한다. 인플레이션은 우주탄생 순간에서 빅뱅 직전까지의 10^{-36}에서 10^{-34}초 사이에 발생한 것으로서 우주는 그 시작에 지수함수적 가속팽창(inflation) 시기를 걸친다고 한다. 선문답과 같지만 그 이전은 "무"였다. "진공에너지"의 세계라고 하는 표현도 있지만, 이렇게 되면 저자와 같은 생물연구자는 무엇을 말하는지 전혀 알 수 없다. "무"라는 것은 물리학에서 "흔들림"을 의미하는 것으로 에너지가 빠져나간 다음에 남는 제거할 수 없는 진동인 것이다. 인플레이션 이전은 에너지가 존재하지 않았다. "무"와 "유"사이의 "흔들거림" 상태라는 것이다. 다소 이해하기 어렵지만, 그래도 크기는 있어서 최초의 인플레이션은 10^{-34} cm 정도의 크기였던 것 같다. 소립자조차 이것보다 훨씬 크기 때문에 이런 의미에서 실로 "무"와 같다. 이것이 인플레이션에 의해 진공에너지 상전이(相轉移, phase transition)를 발생시켜 1cm까지 팽창하였다. 고작 1cm라고 생각하면 안 된다. 이것은 10^{34}배 팽창한 것으로 1조배에 다시 1조배, 그것에 추가하여 다시 100억 배로 팽창한 것이 된다. 이 결과 생겨난 것이 10^{28}℃의 작열하는 불덩어리인 구슬우주로 "무"에서 "유"가 생겨났다는 것보다, 에너지가 없던 "무"의 상태에서 에너지가 응축된 "유"의 상태로 위상이 바뀌었다는 것이 이해하기 쉬울 것 같다. 물이 액체에서 고체인 얼음으로 상전이하는 것처럼 우주의 상전이가 발생하였다는 이미지인 것 같다.

어찌되든 에너지와 함께 시간도 생겨나고 현재의 우주가 시작되었다. 빅뱅에 의한 팽창으로 온도가 내려가 1/100만초 후에는 광자의 1/10억이 양자와 중성자로 변하였다. 그리고 빅뱅시작에서 3분 정도에 양자와 중성자, 전자 등 현재원소를 구성하는 소립자가 생겨났다. 헬륨 원자핵(양자 2개, 중성자 2개로 된다. α선을 말함)도 생겨났던 것 같다. 그때부터 약 30~50만년 사이는 이온화된 소립자가 열심히 프라즈마 우주에서 빛은 소립자에 의한 전자적 교란을 계속 받게 되었다. 우주팽창은 계속되었고, 결국 현재 우주의 1/100 크기, 온도가 3,000℃ 이하가 되면서 그때까지 분리되었던 양자와 전자가 결합하여 전하가 없는 중성의 원소가 생겨났다. 90%는 수소(H 원자번호 1)이며, 10%가 헬륨 (He 원자번호 2) 그리고 미비한 양의 리튬(Li 원자번호 3)과 벨리륨(Be 원자번호 4)이 포함되었다. 원소가 형성되고 소립자 교란이 점차로 안정되면서 빛은 방해받지 않고 직진할 수 있게 되었다, 이 때 우주는 처음으로 빛으로 가득하게 된다. 3,000℃라는 용광로 속의 온도였기에 당시 우주전체가 용광로와 같이 빛나고 있었던 것이다. 이런 현상을 "우주가 맑아 졌다"라고 표현한다. 더욱 팽창이 계속되면서 충분하게 냉각되는 것으로 원소가 서로의 중력으로 당겨져 응집되면서 별이 탄생하였다. 어둡고 차가운 항성이 방출하는 빛만이 밤하늘에 떠있는 것과 같은 우주가 되었다. 130억년 이전에 은하가 탄생하였다. 허블우주망원경(HST: Hubble space telescope)이 찍은 100억년 이전의 영상(Hubble deep field)에는 다수의 은하가 빛을 내고 있어 감동을 받게 된다.

별이 탄생하는 과정에서 항성중심에는 핵융합에 의해 헬륨보다 무거운 원소가 만들어 진다. 태양정도 크기의 항성에는 겨우 탄소(양자 6개, 중성자 6개)나 산소(양자 8개, 중성자 8개)가 생겨날 뿐이지만, 최근의 별 형성모델에서 빅뱅에서부터 수억 년 사이에 만들어진 대부분 별은 태양의 수백 배가 되는 거대 항성이었던 것으로 밝혀졌다(수바루망원경 HP에 의함). 거대 항성중심에는 강한 압력과 열에 의해 핵융합이 진행되면서, 더욱 무거운 원자가 만들어지고 있었다. 이렇게 하여 만들어진 원소를 제1세대 원소라고 불린다. 철은 제1세대 원소 중에서 가장 나중에 만들어진 가장 무거운 원소로서 양자 26개를 포함한다. 항성중심에서 핵융합이 진행되면 아인슈타인의 일반상대성이론, 즉 유명한 $E = mc^2$라고 하는 방정식에 따라 질량이 에너지로 변환된다. 때문에 무거운 원자를 구성하는 양자나 중성자 질량은 가벼운 원자보다 조금 작게 된다. 때문에 철의 원자핵을 만드는 양자와 중성자는 모든 원소 중에서 가장 가볍다. 즉 결합에 필요한 에너지가 가장 작아 안정된다.

철보다 무거운 니켈에서 우라닌까지 원소가 민들어 지기 위해서는 더욱 고온과 고압을 필요로 하였다. 제2세대 원소라는 이들은 제1세대 원소와는 다른 과정을 걸쳐 만들어 진다. 천체물리학에서 풀이한 것에 따르면, 두 가지 경우가 있다. 하나는 태양의 수배 질량을 가진 항성중심에서 천천히 진행되는 S과정(slow process), 또 다른 하나는 초신성(supernova) 폭발중심에서 급격하게 진행되는 R과정(rapid process)이다. 어느 과정이든 중성자 포획과 그것에 계속된 β붕괴(중성자가 양자와 전자로 분리되는 것)에서 새로운 원소가 탄생한다. S과정은 항성중심부의 고온·고압 조건에서 기존 원소의 원자핵에 중성자가 충돌한다. 중성자는 전하가 없기에 반발하지 않고 원자핵에 포획된다. 그러나 중성자가 과잉이 되는 원자핵은 불안정하여 여분의 중성자가 전자를 방출하고 자신은 양자로 변화한다. 이렇게 하여 원자번호가 하나씩 큰 원소가 탄생한다. 이것에 반하여 R과정은 태양의 20배 이상 질량을 가진 항성이 매우 화려한 종말 즉 초신성 폭발중심부에서 진행된다. 이때는 철과 같은 새로운 씨앗 원소가 없어도 다수의 중성자와 양자가 결합하여 원자번호가 큰 다양한 원소가 한꺼번에 만들어 진다. 과잉의 중성자를 가진 불안정한 원자핵은 β붕괴를 걸쳐 다채로운 원소가 된다. 초신성 폭발로 만들어진 원소는 결국 수소와 헬륨과 함께 응집하여 새로운 항성의 소재가 된다. 태양도 전세대 항성이 만든 원소를 소재로 하여 생겨난 하나의 항성이기에, 지구나 생물의 몸은 수소와 헬륨 이외에 다양한 원소를 포함하게 된다.

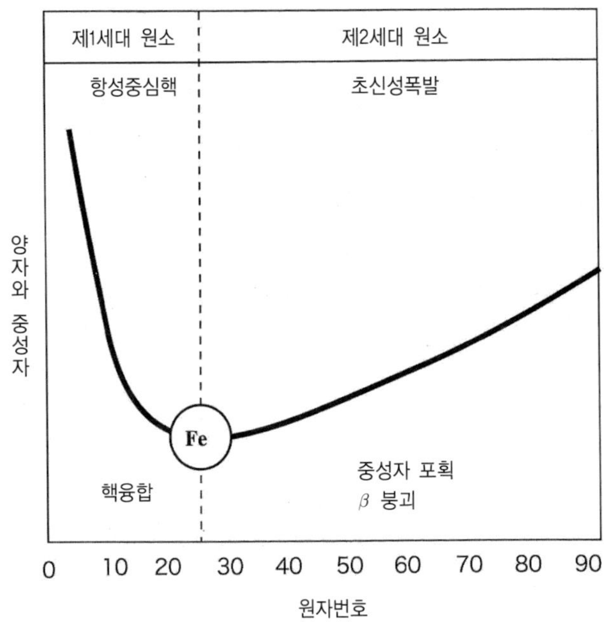

그림 6-2. 철이 원소 중 위치. 핵융합으로 탄생한 제1세대 원소 최후에, 중성자 획득으로 탄생한 제2세대 원소의 최초에 해당한다. 어느 쪽 원소와도 성질이 잘 맞는다(山崎, 2004에서 그림).

제2세대 원소는 에너지를 받는 것에서 탄생하였다. 핵융합과 반대 이유로 원소를 구성하는 양자와 중성자는 철을 만든 소립자보다 조금 무겁게 된다. 때문에 니켈보다 무거운 중원소는 철보다 불안정이다. 이상에서 알 수 있듯이 철은 제1세대 원소의 끝이면서, 제2세대 원소의 처음에 위치한다. 철보다 가벼운 원소는 핵융합에 의해 철로 변하였고, 철보다 무거운 원소는 대부분 불안정하기 때문에 핵분열을 반복하여 철로 되돌아온다(그림 6-2). 때문에 철은 가장 안정하며 우주의 모든 원소는 철에 수렴한다. 현재 우주에서 철이 차지하는 비율은 다른 금속에 비하여 현격하게 높다. 비교적 태양에 가까운 혹성인 지구는 무거운 원소를 많이 포함한 고체혹성(지구형 혹성)으로 태어났다(화성보다 바깥쪽의 외혹성은 목성형 혹성이라 하며, 가벼운 기체가 주성분이다). 다음 장에서 설명하지만, 지구 중심은 철로 되어 있어 지구의 다이나모를 구동한다. 지구에서 철은 총중량의 34%를 차지하는 가장 풍부한 금속이다. 이런 의미로 보면 지구는 철의 혹성이라 할 수도 있다.

원소 중에 철은 제1세대와 제2세대 원소의 중간적인 성질을 가진다(그림 6-2). 어느 쪽 원소와도 성질이 잘 맞아 다양한 화합물을 만들 수가 있다. 이온화 경향(K > Ca > Na > Mg > Zn > Fe > Ni > Sn > Pb > H > Cu > Hg > Ag > Pt > Au)이나 산소와 결합하기 쉬운 정도도 역시 중간적 위치에 있다. 이러한 성질이 생물의 생체 속에서 철이 중요한 역할을 하는 결과를 가져오게 되었을 것이다. 헬리코박터 파일로리(*Helicobacter pylori*)균으로 상처를 입은 위에서 출현이 반복되면 만성적인 빈혈이 된다. 빈혈이 되면 철분을 보충할 수 있도록 처방한다. 혈액 속에서 산소운반을 담당하는 헤모글로빈이 철을 포함하는 분자이기 때문이다. 호흡전자전달에 관여하는 복합체에도 철이 반드시 필요하다. 과산화수소를 분해하는 카탈라제(catalase)는 철을 포함한 포르피린(porphyrin)을 가진다. 이 책에서 주요한 하나의 주제인 산소발생형 광합성은 철-황클러스터를 구성한다(제8장). 이외에도 철은 생체 속 다양한 곳에서 중요한 역할을 한다. 철은 아마도 생물진화 초기에 생명현상에 중요한 인자로 들어 있었기 때문에 생명의 근간에 깊게 관여하고 있다. 우주도 생명도 문명도 철을 빼고 이야기 할 수 없는 이유이다.

다. BIF: 호상철광상

지구라는 혹성의 성립과 인류의 문명을 탄생시킨 철은 철광산에서 채굴된다. 캐나다, 호주, 남아프리카, 우크라이나, 브라질에는 호상철광산(BIF, Banded iron formation)이라는 거대한 철광상이 분포한다. 권두사진 1-16에는 호주 필바라지역(Phibara region)의 해머즐리에 노출된 철광상이다. 적철광(Fe_2O_3)과 규암이 교차로 겹쳐 층상구조를 형성하는 퇴적물로 세계 철 자원의 90% 이상을 공급하는 철광상이다. 광상이라면 일반적으로 지각변동이나 화산활동으로 형성되는 것으로 생각하지만, 이들 호상철광산은 그렇지 않다. 여기에도 조류가 등장한다. 대부분 호상철광상은 25억에서 18억년 이전에 걸쳐 형성된 것으로 점토나 모래입자가 거의 포함되지 않기 때문에 대양성 심해퇴적물로 생각되어진다. 문명을 지탱하는 거대한 철광산은 2가철(Fe^{2+})이 산소에 산화되어 3가철(Fe^{3+})로 침전되어 만들어진 것이다. 즉 2가철은 물에 녹기 쉽다. 산소는 2가철에서 전자를 빼앗고는 물에 녹지 않는 3가철로 변화시켜 해저에 침전시킨다. 이러한 산소를 만들어 낸 것이 원핵조류인 남조(시아노박테리아)이다. 남조의 광합성은 물을 분해하는 반응을 포함한다. 때문에 부산물로서 산소를 발생시킨다(제8장). BIF가 호상이 되는 것은 바다에서 광합성 활성이 높아 산소에 의한 철산화가 활발한 계절과 낮은 광합성 활성으로 규소가 주로 퇴적한 계절이 반복되기 때문이다.

철은 지구에서 6번째(중량으로는 첫 번째)로 많은 원소지만, 대부분은 지구 전체가 마그마 오션으로 녹아있을 때(제7장), 지구 내부로 가라앉아 지구핵을 만들어서 지금은 지구의 다이나모를 구동하는 지자기를 만들어 내고 있다. 지구탄생 이후 마침내 형성된 원시바다에 나머지 일부 철은 2가철로서 지구의 핵에서 녹아 나왔다. 막대한 양의 2가철은 이온으로 원시해양에 녹아 바다를 더욱 파랗게 표현하고 있었을 것이다. 그러한 바다에 30억 년 이전에 남조가 출현하여 광합성으로 산소를 발생하였다. 이때 처음 발생된 변화가 무산소의 환원상태에 있었던 해수 중의 금속원소를 산화시킨 것이다. 2가철은 산소와 결합하면 바로 3가철로 산화된다. 해수에 녹아 있던 막대한 2가철이 점차 산화되어 난용해성 3가의 수산화철($Fe(OH)_3$)로 변하여 침전되어 갔다. 침전한 수산화철은 마침내 탈수되어 적철광(Fe_2O_3)으로 변화되었다. 이 과정에서 거의 모든 철이 해수에서 제거된 결과, 지금의 바다는 거의 철을 포함하지 않고 있다. 현재 바다에서 철은 육지에서 공급된다. 연안은 하천을 통해 유입되지만, 외양은 바람을 타고 육지에서 운반된 먼지입자에 포함된 철이 유일한 공급원이다(제6장 HNLC 항을 참조). 남조가 만든 산소발생형 광합성으로 철저하게 바다에서 제거된 철이 현재 호상철광상으로 출현하고 있다. 이때 바다에서 침강되어 제거된 철은 100조 톤에 달한다고 한다. 현재 채굴 가능한 철광석은 2,300억 톤을 윗돌아 다른 금속에 비하면 단위가 다르게 많다. 30억년 이전 산소발생형 광합성이 바다에 가져다 준 것은 상상을 초월하는 해양환경의 대개편이었다. 이렇게 만들어진 무진장이라고도 할 수 있는 철광산은 인류문명의 발전을 가져다준 원동력이 되었다. 칼과 창의 시대에서 현재 자동차, 철도와 마천루로 대표되는 새로운 문명을 만들어 내고 있다.

3. 분필 속의 조류

해양식물플랑크톤을 구성하는 주요한 하나의 요소로 착편모식물이 있었다(권두사진 7, 12). 착편모조 중에는 인편모조류(鱗鞭毛藻類, Coccolithophores)[4]라는 하나의 거대 그룹이 있다는 것을 이미 설명하였다(제3장). 10μm 전후 크기로서 미세조류에서도 소형에 속하는 그룹이다. 석회석을 주성분으로 하는 피각인 인편에 다양한 조형미를 나타내는 인편모조류는 매우 다양한 분야에서 지구환경에 크게 관여하여 왔다. 인편을 만드는 석회는 광물이기에 화석으로 보존된다. 인편모조가 지구에 출현한 것은 고생대 말기로 중생대 쥬라기와 백악기에 크게 번성하였다. 인편모조 출현은 2억년 이전의 일로서, 조류 30억년 역사에서 보면 극히 최근 일이다. 지구에 가장 새롭게 출현한 하나의 조류 그룹이라 할 수 있다. 공룡이 지구생명의 패자(覇者)로 번영하던 시대이다. 지구는 온화하였고, 인편모조는 크게 번성하여 평온한 바다를 가득 채우고 있었다(제15장). 대량으로 번식한 인편모조는 동물플랑크톤 먹이가 되었고, 동물플랑크톤은 소화가 되지 않은 불필요한 인석을 배설물로서 방출시켰

[4] 영어명은 같지만, 국내에서는 매우 다양한 이름으로 번역되어 불리고 있다. 원석조류, 석회질편모조류 등이 대표적이다.

그림 6-3. 세드맨트트랩(sedment trap)에 모여진 해산동물 배설물(분립)의 주사전자현미경 사진. 많은 인편이 보인다(투영, 濱健夫).

다. 지금의 바다에도 요각류, 검물벼룩 등의 배설물인 분에는 인편이나 규조의 피각 등 식물플랑크톤 잔해가 가득 채워져 있다. 분립(fecal pellet, 분의 덩어리)이라 불리는 동물플랑크톤 배설물(그림 6-3)은 해저에 침강하여 퇴적물을 형성하였고, 마침내 지각으로 변화하였다. 즉 오랜 지질시간을 걸쳐 지각변동으로 해저가 융기하면서 해저에 침강, 퇴적된 인편은 석회암으로 지표에 모습을 나타내었다. 생물이 만든 석회암은 산호초가 유명하지만, 이 외에도 유공충이나 인편모조와 같은 석회피각을 만드는 미세한 생물들이 중심이 되는 경우도 다수 알려진다. 도버해협의 영국 쪽에 백악절벽(chalk cliff 또는 white chliff)이라는 석회암 절벽이 있다. 웅대한 경관을 나타내는 거대한 석회암 덩어리의 약 80%는 인편모조로 구성되어 있다(권두사진 12-25). 1mm의 1/100 정도 크기를 가지는 식물플랑크톤이 십 수 km로 연장된 석회암 절벽을 만들고 있는 것이다.

당연하지만 칠판 판서에 이용되는 분필은 탄산염이다. 예로부터 사용되는 분필을 현미경으로 관찰하면, 인편이 거의 파괴되지 않고 남아 있다. 유럽에서는 지금도 직접 석회암을 사용하여 만든 분필이 사용된다. 석회암으로 글을 쓰면, 결국 칠판에 인편모조가 칠해지는 것이 된다. 수천만 년에서 1~2억년 이전 식물플랑크톤 화석을 문질러서 문자나 수식을 쓰는 것이다. 어쩌면 뉴턴이나 아인슈타인은 인편모조 화석을 이용하여 연구와 강의를 하였을 것이다. 뉴턴의 제2법칙 운동방정식이나 아인슈타인 상대성 이론의 선구라는 방정식을 현미경으로 확대하면 인편 덩어리라는 것은 상상할수록 즐겁다. 어쩌면 다윈도 인편모조 분필을 사용하여 진화론을 설명하였을 것이다. 자신이 이용하는 분필이 오래된 조류화석 덩어리라는 것을 미리 알았다면, 어쩌면 진화론에도 또 다른 영향을 주었을지 모른다.

4. 인편모조 연구사

인편모조는 원래 화석으로 발견되었다. 19세기 독일의 저명한 박물학자인 에렌베르그(C.G. Ehrenberg)는 미생물 연구 창시자의 한 사람으로서 많은 원생생물과 조류를 세상에 소개하였다. 동시에 미생물 화석을 연구대상으로 한 미고생물학의 창시자이기도 하다. 1836년 에렌베르그는 발트해 하겐섬의 석회암층에서 미세한 원반상 물체, 석회질 링을 발견하였다. 에렌베르그는 발견 당시 그것을 비생물 기원인 광물로 생각하였다. 역사 연대표를 보면 1836년은 알라모 요새의 전투, 다윈이 항해에 참가한 비글호가 귀항한 해에 해당한다. 에렌베르그는 이후 십 수 년에 걸쳐 석회암 중의 타원형 링을 관찰하여 후진 박물학자들과 논쟁을 계속하였지만, 아쉽게도 위대한 박물학자인 에렌베르그는 1876년 생을 마감할 때까지 석회질 링이 생물기원인 것을 알지 못하였다.

인편연구는 1857년 대서양을 횡단하는 전신케이블을 매설하기 위한, 영국 해군의 군함 HMS Cyclops(HMS: Her Majesty`s Steam 또는 Ship으로 "여왕 폐하의 증기선"을 의미한다)의 조사에서 큰 진전을 보게 된다. 헉슬리(T.H. Huxley)는 해저퇴적물에 같은 모양의 원반이 다수 포함된 것을 발견하여, cocoolith(인편)라는 이름을 붙였다. 그리고 그도 역시 인편을 비생물 기원인 광물로 생각하였다. 1860년에 재차 대서양을 횡단하는 전신케이블 매설을 위하여 HMS Buldog에 의한 조사가 실시되었다. 그 때 승선한 Wallich는 채집한 시료 중에 단체인 인편에 추가하여 복수 인편을 만드는 볼 형태를 발견하여, coccosphere (Gk: *spharira* 구형)라고 명명하고 석회질 각을 가지는 유공충 유생으로 생각하였다. 인편모조 연구의 여명기는 이와 같이 극한 혼란을 경험하였다. 인편연구는 이후 퇴보의 길을 걸게 된다. 석회화하는 홍조 산호말류(제2장)의 포자로 생각하기도 하였다. 그리고 부정형 물질 중에 인편이 묻혀 있는 것이 발견되고서야 무엇 때문인지 이들이 모든 생물기원으로 인정되었다. 근대 해양학을 개척한 HMS Challenger 항해(1872~76) 목적의 하나가 이 수수께끼 기원생물의 정체를 밝히는 것이었다. Challenger에 승선한 과학자들에 의해서 마침내 표층해수에도 cocoolith와 coccosphere가 포함되는 것이 밝혀지게 되었다. 이후 종류와 분포에 대한 지식이 급속하게 증가하였다. 19세기말에는 오늘날 알려지는 주요한 인편모조 cocoosphere가 훌륭한 스켓치와 함께 기재되었다(그림 6-4). 인편모조에 대해서는 발견 이후 약 60년의 우여곡절을 걸쳐, 1900년에 핵, 1901년에는 엽록체, 그리고 1902년에는 편모가 발견되어, 인편은 어떤 황금색조의 세포를 덮고 있는 구조를 하는 것이 확인되면서 생물기원이라는 것이 증명되었다.

이후 1950년대까지 인편모조 연구는 우수한 광학현미경 사용자들에 의해 황금시대를 맞이하였다. 많은 종이 기재되었고 다음의 전자현미경 시대로 이어졌다. 전자현미경에 의한 세포구조 연구에 의해 인편모조는 황금색조와는

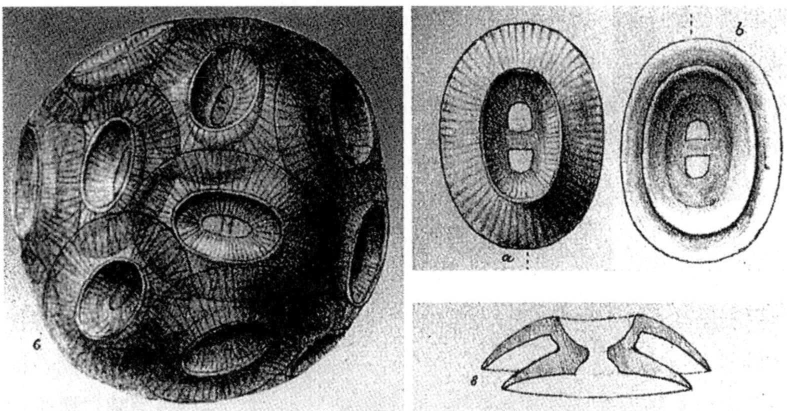

그림 6-4. Murray and Blackman이 1898년에 그린 *Cocoolithus pelagicus*의 스켓치 예. 선인들이 현미경기술에 대한 높은 수준을 보여주고 있다.

다른 세포구조를 가지는 조류군인 것이 밝혀져 1962년에 독립된 강으로서 착편모조강(Haptophyceae)이 설립되었다. 한편으로는 현존하는 인편모조 연구와 병행하여 고생물학에서 중생대 쥬라기와 백악기 그리고 신생대 층서와 석회질 나노화석(인편모조 등 석회질 구조를 가진 미생물 화석) 연구가 진행되d었다. 때문에 인편모조의 진화에 대한 이해의 폭이 매우 넓어지게 되었다. 에렌베르그에 의한 석회질 링이 발견은 백수십년 시간을 지나, 석회질 나노화석이라는 지구과학의 층서학(지층의 연대측정)에 새로운 분야를 창출하게 되었다. 그리고 해양화학과 해양생태학에서 탄소순환에 있어 나노플랑크톤에 의한 석회화 의의라는 새로운 과제를 제기하게 되었다.

5. 우주에서 볼 수 있는 식물플랑크톤

가. 인편모조 *Emiliania huxleyi*

1969년 아폴로 11호 달 착륙 성공은 이후 다양한 우주시대의 개막을 알리는 것으로, 당시는 유인 우주선에 의한 화성이나 금성탐사를 기대하고 있었다. 그러나 아폴로 13호 사고, 그리고 냉전종식 등 정치상황 변화는 우주개발에서 모험을 거둬드리게 되었고, 이미 오랜 시간 인류는 달에 조차 가고 있지 않다. 지구궤도 위에서 제한된 실험과 관측 활동만을 계속하고 있다. 개인적으로는 큰 불만이지만, 덕택에 지구관측은 크게 발전하였다. NASA에는 지구로 향한 카메라에 투영된 바다, 사막 및 화산 등 무수한 사진과 관측 자료가 축적되어 있다. 그런 사진 중 여러 장에 조류가 찍혀 있다(권두사진 12-24). 현미경 크기의 미세한 식물플랑크톤이 우주에서도 보인다!

석회암을 만드는 인편모조는 현재의 바다에서도 활발하게 활동하고 있으며, 종종 거대한 블룸(대규모의 증식을 말함, 적조 등과 같음)을 발생시킨다. 인편모조 블룸(bloom, 대발생)은 1950년대부터 북유럽의 피오르(fjord) 해역 등에서 알려져 바다를 연한 녹색으로 변화시킨 현상이 몇 번이나 관측되었다. 외양에서도 인편모조 대발생이 관찰된다. 북대서양은 거의 매년 인편모조인 *Emiliania huxleyi*(관계자 사이에서는 Ehux라는 애칭으로 불리는 친근한 현상이다, 권두사진 7-1)가 대발생한다. “Ehux”는 인산염이 0.1μM 정도로 매우 낮은 해역에 출현한다. 5μm 정도의 작은 조류이지만, 대량으로 증식하면 우주에서도 관찰된다. 캐나다에서 그린란드에 이르는 해역에서 거대 블룸이 형성된다. 태평양은 베링해에서 최근 거의 매년 *E. huxleyi*가 대발생하여 우주에서 관측되고 있다. 블룸발생에 맞추어 조사선에 의한 현장연구도 지속적으로 수행되고 있다. 일본 혼슈에서는 1995년에 *Gephyrocapsa oceanica*(권두사진 7-2)라는 별도의 인편모조가 사가미(相模湾)만에서 도쿄(東京)만에 걸쳐 대증식하였다. 그 때 토쿄만과 사가미만은 녹색으로 물들어 있었다.

인편모조 대발생이 2억년이나 되는 시간 동안 우주에서 관측될 규모로 발생하였다면, 이것은 지구 전체의 탄소순환에 막대한 영향을 미치는 규모의 현상임에 틀림이 없다. 현실적으로 많은 석회암에는 인편모조 이외에 유공충이나 산호가 포함되어 있기 때문에 지사학적인 시간 속에 대기 중 이산화탄소의 증가와 그에 따른 온실효과 촉진이 커다란 문제가 된다. 그러나 이러한 인편모조의 대발생은 지구규모의 기상 및 환경학적 관점에서도 지대한 주목을 받는 존재가 되어있다.

나. 석회화의 의미

인편모조는 석회를 침착(沈着, deposition)한다. 석회침착(石灰沈着, calcification)의 의미를 생각하여 보자. 인편모조가 대발생한다는 것은 탄산칼슘을 주성분으로 하는 인편이 대량으로 만들어 진다는 것이다. 탄산칼슘은 칼슘이온과 중탄산이온에서 만들어 진다. 중탄산이온은 공기 중의 이산화탄소가 해수에 녹아있는 형태이기에 인편이 만들어지는 것은 공기 중의 이산화탄소가 탄산칼슘으로 저장되는 것을 의미한다. 때문에 인편모조는 이산화탄소 흡수에 커다란 역할을 하는 것이 된다. 그러나 그러한 평가는 그렇게 간단하지 않다. 해수 속에서 탄산칼슘은 다음과 같은 화학반응으로 만들어 진다.

$$HCO_3^- \rightarrow H^+ + CO_3^{2-} \quad ①$$

$$CO_3^{2-} + Ca^{2+} \rightarrow CaCO_3 \quad ②$$

$$H^+ + HCO_3^- \rightarrow H_2O + CO_2 \quad ③$$

중탄산이온에서 탄산이온이 만들어 지고 탄산이온이 칼슘이온과 반응하여 탄산칼슘을 생성한다. 남은 수소이온은 중탄산이온과 반응하여 물과 이산화탄소가 된다. ①~③의 식을 정리하면 다음의 반응식이 된다.

$$2HCO_3^- + Ca^{2+} \rightarrow CaCO_3 + H_2O + CO_2$$

이 반응식에서 탄산칼슘형성은 이산화탄소의 방출을 동반하는 것을 알 수 있다. 즉 탄산칼슘은 확실하게 탄소를 고정하지만, 동시에 새로운 이산화탄소를 만들어 낸다. 식에서 중탄산이온(HCO_3^-)은 해수에 녹기에 두려워하는 온실효과에 아무런 영향을 주지 않는다. 때문에 인편형성은 새롭게 이산화탄소를 만들게 되어 온실화를 촉진하는 결과가 된다. 이것이 대기 중에 방출되면 인편이 만들어 질 때 마다 공기 중의 이산화탄소는 증가하여 온실효과에 기여하게 된다는 것이다. 인편모조 대발생이 이산화탄소의 싱크(sink, 고정 또는 제거)가 되는 것인지? 아니면 소스(source, 방출)가 되는 것인지에 대해서는 지금도 논쟁이 계속되고 있다.

인편모조도 물론 석회화만을 진행하는 것이 아니라 광합성도 한다. 광합성은 이산화탄소를 유기물로 고정하는 반응이기에 광합성이 진행하면 인산화탄소가 흡수된다. 그렇다면 석회화에 의한 이산화탄소 방출은 광합성에 의한 이산화탄소 흡수에 대한 수지를 통해 인편모조 활동이 대기 중 이산화탄소 싱크 인지? 또는 소스 인지?를 결정하게 된다. 여기저기에 논쟁이 많고, 배양실험에서도 자연계 관측에서도 결과는 어느 쪽이라고 할 수 있는 확실한 결론을 도출하지 못하였다. 그러나 오카자키(岡崎)와 이치무라(市村, 1996)의 실험에서 석회화 속도 : 광합성 속도 = 1 : 2라는 자료를 제시하였다. 이것이 사실이라면 인편모조 블룸은 대기에서 이산화탄소를 흡수하는 것이 된다. 자연계에서 정밀한 측정이 기대된다. 이것은 그렇다고 하더라도 인편모조가 인산화탄소를 방출하는 것에 대한 부분은 지구진화라는 입장에서 보면, 그렇게 중요한 문제가 아니다. 지사학적인 규모에서 보면, 인편모조는 탄소의 거대한 싱크로서 역할을 하여왔다. 도버해협의 백악단애(white cliff), 즉 분필절벽(chack cliff, 권두사진 12-25)은 이러한 사실을 충분하게 증명하고 있는 증거가 된다.

6. 산호의 광합성

가. 한대와 열대의 바다

산호초 바다는 말고 투명한 바다를 대표한다. 물이 투명하다는 것은 해수 중에 부유물질이 많지 않다는 것을 의미한다. 즉 산호초 바다는 식물플랑크톤이나 동물플랑크톤이 거의 서식하지 않은 불모지 바다이다. 육상은 적도부근에 울창한 열대림이 분포하여, 아시아나 남미의 열대우림은 다른 지역과는 비교할 수 없는 압도적인 바이오매스를 자랑한다. 적도에서 남북의 고위도를 향하여 식생은 변하여 간다. 여러 가지 식생이 존재하지만 대략적으로는 아열대에서 온대의 조엽수림, 낙엽수림; 한대의 침엽수림을 걸쳐 상대적으로 식생은 점차 빈약해진다. 결국 극 지역부근에서는 수목이 거의 자리지 못하고, 이끼나 지의류가 우점하는 툰드라가 펼쳐진다. 이러한 것은 위도에 따른 육상식생의 변화에 대한 극히 상식적인 내용이다. 단 같은 위도라고 하여도 강수량이 차이가 있으면, 식생이 다르게 되어 사바나 등 건조한 대지가 펼쳐진다. 즉 육지식생은 온도와 강수량에 의해 결정된다.

그러나 바다는 사정이 조금 다르다. 권두사진 10-3을 참고하기 바란다. 봄철 규조류 대발생을 나타내는 인공위성 자료이지만, 열대와 극 해역을 비교하면 식물플랑크톤 생물량은 극에 가까운 고위도에서 분명히 높고 적도부근인 열대에서 낮다. 이러한 경향은 남반구보다 북반구에서 특히 현저하다. 즉 육지와 바다에서 광합성 생물의 바이오매스 및 생산량과 위도 관계는 육지식생과는 반대 양상을 나타낸다. 무엇 때문일까? 육지는 분명 온도와 위도 차에 의해 저위도와 고위도 지방의 바이오매스와 생산량에 차이를 나타내었다. 온도에 대해서는 바다도 조건은 거의 마찬가지로서 극지방 바다는 차갑고, 열대 바다는 따뜻하다. 수온이 높게 되면 육상식물과 마찬가지로 광합성이 활발하게 되어 생산량이 높아진다. 그러나 실제로는 앞에서 설명한 것처럼 열대바다는 맑은 청색으로 식물플랑크톤 생물량이 매우 낮다. 반대로 고위도 바다는 막대한 식물플랑크톤 바이오매스가 존재한다. 때문에 고위도 바다는 열대바다처럼 투명하지가 않다. 고위도 바다에는 다량의 식물플랑크톤이 서식하며 그것을 출발점으로 하는 먹이사슬로 동물플랑크톤에서 어류에 이르는 막대한 양의 생물이 생산된다. 북쪽 바다가 좋은 어장이 되고 있는 것은 식물플랑크톤 생산이 높기 때문이다. 왜 생산량이 육상과 반대로 되는 것일까? 이유는 영양염류 농도 차이에서 찾을 수 있다. 육상은 질소, 인 그리고 철 등의 미량원소도 토양이 공급하고 식물은 그것을 뿌리에서 흡수하여 이용한다. 습지 등 한정된 일부 환경을 제외하면 식물에 충분한 영양염이 공급된다. 위도에 관계없이 영양염은 충분하게 존재한다는 것이다. 때문에 온도차와 강우량이 생산량의 차이를 나타내는 주된 원인이 되어 위도에 따라 다양한 식생을 만들어 낸다.

그러나 바다에서 생산량을 제한하는 것은 영양염 농도이다. 규조의 봄 대발생이 연안해역 이외에 고위도 해역에서 현저한 것은 고위도 해역에 영양염이 풍부하게 존재하는 것을 의미한다(권두사진 10-3). 즉 고위도 해역은 풍부한 영양염을 가지는 반면, 적도부근의 저위도 해역은 영양염이 고갈되어 있다. 다시 한 번 그림 6-1를 참고하기 바란다. 표층에 혼합층이 존재한다. 깊은 바다는 풍부한 영양염을 가지며 겨울 해수 혼합으로 풍부한 심층의 영양염이 유광층으로 올라온다(그림 6-1①). 이것이 봄에 규조 대발생이 발생하는 이유이다. 이런 현상을 보이는 것은 해수밀도의 변화에 원인이 있다. 물은 4℃에서 최대밀도 1.0 g/㎤를 나타내고 그 전후의 수온에서 가볍다. 그리고 0℃에서 응고한다. 겨울 호소에서 수온이 4℃ 가깝게 내려가면, 표층의 무거운 물은 밑으로 침강하고, 저층의 따뜻한 물은 표층으로 상승하여 표층과 저층 사이에 물의 교환이 이루어진다. 즉 대류가 발생하여 표층과 저층의 물이 혼합된다. 수온이 4℃보다 내려가면, 물은 가볍게 되기에 작은 호소에서는 밑으로 이동이 멈추고 마침내 0℃가 되면 응고하여 수면이 얼게 된다. 그러나 규모가 크고 수심이 깊은 호수가 얼지 않은 것은 저층의 따뜻한 물이 끝임 없이 표층으로 상승을 계속하여 상층과 하층 사이에 혼합이 계속되기 때문이다. 여름 호소에서는 표층 물이 수온이 높기 때문에 가볍다. 그리고 저층은 수온이 낮아 무겁기 때문에 상층과 하층 사이의 혼합은 일어나지 않는다.

그런데 해수에는 35 g/L(35‰ = 3.5%)라는 염분을 포함하기 때문에 호소와는 다소 다른 성질을 나타낸다. 물에 한정되지 않고 일반적으로 용매에 용질을 더하면 응고점이 내려간다. 이것을 응고점강하라고 한다. 응고점강하로 해수는 0℃에서는 얼지 않게 되어 차가울수록 밀도가 높아져서 무겁기에 밑으로 침강한다. 해수는 -1.8℃ 정도에서 응고된다. 해수가 응고될 때 얼음에는 염분이 존재하지 않고 나머지 해수에 남게 되기에 주변 해수의 염분농도는 증가한다. 염분농도의 증가는 해수의 무게 증가로 연결되어 표층해수는 더욱 무거워져 밑으로 침강한다. 대신에 높은 영양염을 가지는 따뜻한 심층수는 상대적으로 가벼워져 표층으로 상승한다. 이와 같은 대류는 수심 200m 정도의 표층에서만 발생한다. 이른바 용승(upwelling)이다. 이러한 과정으로 고위도 바다는 심층에서 영양염이 풍부한 해수가 표층으로 공급되어 일조량이 증가하는 봄에 규조가 봄 대발생(spring bloom)을 발생시키는 원인이 된다. 결과 고위도 해역은 풍요로운 어장이 형성된다. 이에 반하여 열대 바다는 높은 일사량으로 따뜻해진 표층해수가 가볍기 때문에 밑으로 침강하지 않는다. 때문에 파도 등에 의한 교란을 제외하면, 상대적으로 낮은 온도를 나타내는 무거운 저층 해수와 가벼운 표층해수 사이에는 연중 혼합이 발생하지 않는다. 이것이 산호초 바다가 항시 빈영양 상태로 맑은 해수를 유지하는 이유이다. 연한 파란 물색(aqua blue)의 투명한 바다는 시각적으로 깨끗함과 시원함을 나타내지만, 생물생산이란 측면에서는 영양염이 고갈된 불모의 바다이다.

나. 산호가 살아가는 법

그러나 한편으로 TV 등에서 친근하게 느낄 수 있는 에메랄드빛 산호초 바다는 어류를 시작으로 해산동물의 보고를 이룬다. 수천 종이 넘는 어류와 무척추동물이 생활한다. 지구에서 생물다양성이 높은 해역 중 하나이다. 산호초 바다는 수만 마리의 어류가 무리를 지어 격렬하게 헤엄치는 모습을 나타내는 풍요로운 해양생태계이다. 산호초에 사는 동물들에게 에너지를 공급하는 근원을 찾아보면, 산호에서 방출되는 유기물로서 풍요로운 생태계가 유지되는 것을 알 수 있다. 산호가 산호초 해역의 거의 모든 동물상을 지탱시키는 에너지원이 되는 것이다. 이러한 산호는 동물이다. 말미잘이나 해파리와 같은 강장동물로 산호초를 만드는 조산호는 돌산호로 분류된다. 산호가 기능적으로는 동물이지만, 산호초 해역의 먹이연쇄 출발점이 된다는 것은 앞에서 설명하였다. 와편모조인 심비오디니움(*Symbiodinium*, 무슨 이유인지 심비오디니움을 와편모조가 아니고 황록조류 또는 갈충류라 부르는 경우가 많다)은 산호 위층(胃層)이라는 표층조직 세포 속에 막으로 둘러싸여 공생한다(그림 5-3). 1㎣에 3만 세포나 존재한다. 빛을 받으면 이들 심비오디니움은 광합성 활성으로 왕성하게 산소를 만들어낸다. 산호에 공생하는 심비오디니움은 하루에 250.7 줄(Joule = 약 60 cal)의 에너지를 고정하며, 그 중 약 90%를 당과 아미노산 형태로 숙주인 산호에게 공급한다. 그리고 산호는 심비오디니움에서 받은 유기물에서 절반을 점액질로서 체외로 방출시킨다(石田, 2005). 산호와 산호초에 서식하는 물고기나 새우도 심비오디니움이 광합성으로 만들어낸 유기물을 받아 성장하는 것이다. 산호는 심비오디니움에 의존하는 공생체이다. 다양하면서 풍부한 생물상을 자랑하는 산호초는 심비오디니움이라는 와편모조 공생체에 의해 유지되는 생태계라 할 수 있다.

다. 화이트신도롬

몇 년 전에 뉴스에서 산호의 백화현상이 크게 다루어진 적이 있다. 수온이 높은 해류에 노출된 차색 산호가 하얗게 변하는 것으로 이것은 체내에 공생하는 와편모조 심비오디니움이 산호 몸에서 밖으로 뛰쳐나가버리기 때문에 발생하는 현상이다. 하얗게 백화된 산호는 단독으로 살아갈 수 없다. 이것은 산호는 심비오디니움이란 공생체가 없이는 살 수 없고, 산호초가 살아가기 위해서는 공생체가 필수적이라는 것을 의미한다. 산호의 백화현상은 일시에 발생하였다. 어느 날 갑작이 어느 해역의 산호 군체에서 모든 공생체가 산호를 빠져나감으로서 발생되는 현상이다. 한 해역의 산호가 붕괴적인 공격을 당한 것이다. 때문에 백화를 발생시킨 원인은 해수 수온 등 한 장소의 모두 산호에 동일한 영향을 줄 수 있는 인자로 생각할 수 있다. 일반적으로 수온상승이 직접적인 원인으로 생각된다. 최근 화이트신드롬(white syndrome)이라는 말이 들린다. 산호 군체에서 어느 부분만 백화가 발생되고, 다른 부분은 살아있는 것을 표현하는 용어이다. 난세이쇼도(南西諸島)에서 심각한 화이트신드롬이 진행되어, 산호가 붕괴적인 상태에 놓이게 된 것이다. 이러한 현상에 대한 정확한 원인은 아직 알지 못하나, 지구온난화와 깊은 관계를 가지는 것으로 생각하고 있다.

라. 산호의 석회화

산호에 의한 산호석회화 및 산호에 의한 이산화탄소 고정에 대해서는 인편모조 항에서의 탄산칼슘을 만드는 "석회화의 의미"에 등장한 ①~③의 화학반응식과 같이 석회화에 의해 1분자의 이산화탄소가 방출된다. 산호에 의한 석탄화도 이산화탄소의 싱크일 가능성과 소스일 가능성을 모두 가진다. 산호초도 인편모조와 같은 탄소논쟁에 노출되어 있다. 그리고 인편모조와 같이 양쪽의 내용을 지지하는 결과가 보고된다. 그러나 이시다(石田) 등(1993)은 30μE/㎡/sec의 빛 강도에서 광합성 속도는 항시 석탄화 속도를 상회하는 것으로 보고하였다. 청산호와 공항건설반대운동으로 이름이 알려진 오키나와 이시가키지마(石垣島)의 시라호(白保) 마을의 산호초에 관측기기를 상설 설치하여, 연간 이산화탄소를 연속관측하였다. 결과 산호초는 석회화에 의한 탄소방출보다는 이산화탄소를 흡수하는 쪽으로 결과가 도출되는 것이다.

인편모조 및 산호초에서 생물의 석회회가 이산화탄소 소스인지? 아니면 싱크인지? 하는 측면에서 많은 이야기가 진행되었지만, 이들 생물은 탄소고정 및 배출이라는 의의보다도 더 큰 관점에서 이야기가 진행되어야만 할 조류이자 생물 그룹이다. 산호와 심비오디니움 공생체가 어떻게 형성되었을까? 그 경위를 완전하게 이해할 수가 있다면, 빈영양인 불모지 열대해역에 산호초라는 생태계가 번영하는 이유를 이해할 수 있을 것이다. 산호자체는 고생대부터 화석으로 출현하는 오래된 동물이다. 이것에 반하여 와편모조류는 중생대에 출현하여 번영한 비교적 신생 조류그룹이다(제15장). 와편모조류가 출현하기 이전인 고생대의 산호초는 어떠한 방법으로 에너지를 획득하였을까? 살아가는 방법도 기원도 다른 두개의 생물군이 언제 어떻게 만나서 공생관계를 유지하게 되었을까? 이들 두 생물군의 공생은 불모의 열대바다를 지구에서 생물다양성의 매우 높은 풍요로운 생태계로 변화시켰다. 어떠한 공생기작이 이러한 환경 대변혁을 만들었을까? 하는 부분을 이해하려는 노력이 필요하다.

7. 바다숲과 보이지 않는 바다숲: 조류에 의한 기초생산

요즘 화제가 되는 탄소순환에서 반드시 등장하는 것이 열대우림이다. 열대정글은 확실히 막대한 양의 바이오매스(생물량)를 가진 이산화탄소의 거대한 저장고로 지구의 탄소순환에서 없어서는 안 되는 장소임에 틀림이 없다. 그러나 여기서 조금만 관점을 바꾸어 바이오매스와 생산량에서 수목과 조류를 비교하여 보자. 생산자로서 조류의 특징을 알 수 있을 것이다.

가. 육상식물과 수중식물

바이오메스(biomass)는 단위 면적에 존재하는 생물량이다. 생산량은 총생산량과 순생산량으로 구분된다. 순생산량은 광합성에 의한 총생산량에서 호흡에 관련한 소비량을 뺀 순수한 알맹이 생산량이다. 육상식물은 몸을 지지하여 위쪽으로 성장시키기 위하여 또 필요한 수분이나 양분을 수송하기 위하여 견고한 유관속계(vascular system)인 줄기를 필요로 한다. 성장함에 따라서 수목은 2차 나무부분이 발달하여 튼튼한 목재를 만든다. 물론 거대한 줄기와 가지 및 땅속에서 사방팔방으로 뻗혀 있는 뿌리는 광합성을 하지 못한다. 육상식물의 생산은 가지 끝에 달려있는 나뭇잎에서 실시된다. 이것은 육상식물이 생산을 위해 뿌리나 줄기라는 생산이 동반되지 않는 많은 자원을 필요로 한다는 것이다. 이에 대하여 단세포인 미세조류는 세포 자체가 광합성을 하는 개체이기 때문에 수목에서 말하면, 광합성을 담당하는 잎의 책상조직을 만드는 세포에 해당한다. 책상조직(柵狀組織, palisade parenchyma)을 이루는 각각의 세포가 클로렐라라고 생각할 수 있다. 다세포의 체제를 가진 대부분 해조에서도 몸이 얇거나 가늘고 부드러워서 생산에 관계하지 않은 부분은 육상식물에 비하면 극히 작다. 100m까지 성장하는 자이안트 켈프에서도 다른 조류에 비하여 줄기는 굵지만 재목에 해당하는 비광합성 조직은 극히 제한적이다. 바꾸어 말하면 대부분 조류는 전신이 거의 잎으로서 기능하고 있다. 때문에 조류는 생물량에 대한 생산량 비율이 육상식물에 비해 압도적으로 높다. 같은 바이오매스의 수목과 조류가 있는 경우 순생산량은 조류 쪽이 압도적으로 크다. 또는 같은 양의 바이오매스를 유지하기 위해 필요한 자원을 얻기 위해서 필요한 생산량은 수목이 크고 조류는 작다. 열대우림과 수계의 기초생산을 비교할 때에는 바이오매스 알맹이 생산량을 구별하여 생각하여야만 한다. 바이오매스에서 비교하면 조류는 육상식물의 1%에도 미치지 못하는 존재이지만, 전체 생산량에서는 거의 유사하여 육상식물에 결코 뒤지지 않는다.

이러한 조류와 수목의 차이는 생활사가 완성되는 시간 차이에 있다. 수목은 수백 년(죠몬삼나무는 수 천 년의 삶을 지속하기도 한다) 수명을 가지며, 개체성장을 유지하기 위하여 생산에 관여하지 않는 커다란 생물량 유지가 필요하다. 극상에 도달한 삼림은 광합성과 호흡에 의한 탄소수지는 거의 같다. 더 이상 생산증가를 바랄 수 없다. 열대우림을 시작으로 하는 삼림이 중요한 것은 이산화탄소 스톡(stock, 저장고)으로서 역할이다. 나지에 나무를 심으면 생산량 증가는 바랄 수 있지만, 효과가 나타나는 것은 수년, 십 수 년이란 시간을 필요로 한다. 이것에 반하여 단세포 조류는 세포에 관여하지 않은 부분은 존재하지 않는다. 또 배양에서 거의 매일, 자연계에서 6일에 1회 분열한다. 모든 단세포 조류는 잎 세포와 마찬가지라고 생각할 수 있다. 바이오매스는 거의 생산량과 같다. 분열한 식물플랑크톤의 반수는 죽던지 다른 생물에 포식

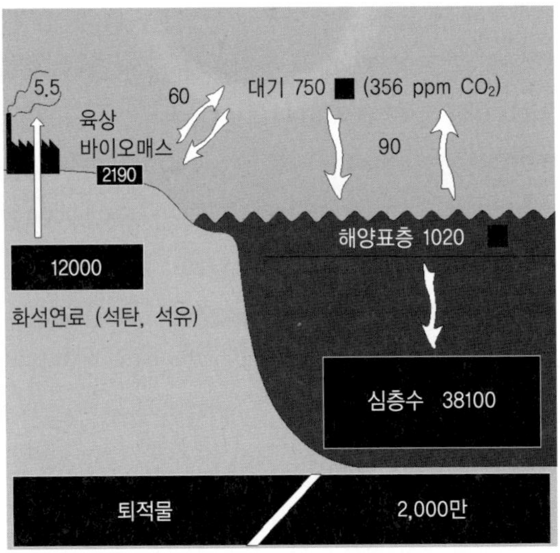

그림 6-5. IPCC(1994)에 의한 이산화탄소 플럭스(이동)과 스톡(저장), 퇴적물을 제외한 사각형 면적은 탄소 양의 차이를 나타내고 있다(단위 Gt).

되기에 식물플랑크톤 바이오매스는 1주일에 한 번 전체가 교환된다. 해조도 수목과 단세포 조류의 중간이지만, 수명은 길더라도 수년으로 전신이 잎이라는 성질은 단세포 조류에 가깝다. 단세포 조류에 준한다고 생각하면 된다. 그리고 조류군락과 군집의 연간 출현과 소멸은 거의 안정되기에 조류에 의해 고정되는 탄소는 유기물로서 다른 생물에 바로 이동된다. 다르게 표현하면, 탄소순환에서 수목은 거대한 이산화탄소의 스톡(stock)으로, 조류는 이산화탄소의 플럭스(flux, 스톡에서 스톡으로의 이동)로서 기능을 하는 것이 된다(그림 6-5).

나. 눈에 보이지 않는 바다숲

대양은 투명도 수심이 깊고 수돗물과 같이 투명하다. 그러나 이 해수를 1 μm 이하의 공경을 가진 필터로 100배나 10,000배 정도 농축하여 현미경을 관찰하면, 그곳에는 놀랍도록 미세한 식물플랑크톤의 세계가 펼쳐진다. 1997년 NASA가 쏘아올린 인공위성 Sea WiFS(Sea Wide Field Sensor)의 주요한 임무는 지구 전체의 식물플랑크톤 양을 측정하는 것이었다. 엽록소 *a*가 빛을 흡수하면 반사가 감소하여, 그 만큼 바다가 어둡게 보인다. 이 원리를 이용하여 SeaWiFS는 세계의 바다를 끝임 없이 관측하였다. 그러한 관측 자료에서 바다의 생산량이 육상식물의 생산량과 거의 같다는 것이 분명해졌다. 해양 식물플랑크톤은 바다 표층에서 연간 약 400~500억 톤의 탄소를 고정한다. 이것은 이전에 추정되었던 값의 2배에 가깝다. 그리고 연안의 해조는 40억 톤의 탄소를 고정한다. 한편 육상식물에 의한 생산은 이전에는 1,000억 톤이라고 하였지만, 약 절반인 520억 톤인 것으로 알려진다. 식물플랑크톤과 해조는 육상식물과 거의 같은 양의 이산화탄소를 고정하는 것이다. 연안 해조는 바다숲을 구성하여 기초생산에 기여한다. 그리고 식물플랑크톤은 해면에서 약 100m 수심까지 서식하여 광합성을 한다. 수심 100m까지 바다는 3억6,000만 km^2의 면적을 가진 눈에 보이지 않은 바다 숲인 것이다(Falkowsky, 2002).

다. 미지의 바다

예로부터 식물플랑크톤 생산량은 탄소동위체로서 표지를 한 탄산이 식물플랑크톤 세포에 흡수된 양을 측정하는 것, 즉 입자형태의 유기물 양으로서 측정되었다. 그러나 많은 식물플랑크톤은 광합성을 하면서, 동시에 글리콜산 등 유기물을 끝임 없이 세포 밖으로 배출한다. 세포에서 외부로 배출된 용존 유기물을 배출 용존유기물(extracellular released organic carbon, EOC)이라고 한다. 광합성으로 만들어진 유기물 중에 약 절반이 EOC로서 빠르게 세포외로 배출되는 것으로 추정된다. 그러나 식물플랑크톤 생산량은 해수를 여과하여 필터에 남은 입자상 유기물로만 측정되기 때문에 EOC는 입자상 유기물에 의한 식물플랑크톤 생산량 측정에서 제외된다. 이렇게 배출된 유기물은 어디로 이동되는 것일까? 바다에는 막대한 수의 종속영양세균이 서식한다. 세포외로 분비된 EOC는 바로 이들 원핵생물에게 소비되는 것으로 추정된다. EOC 절반은 이들 세균호흡에 의해 산화되어 이산화탄소로 되돌아온다. 이러한 과정은 빠르게 진행되기 때문에 통상적인 측정에서 정확한 EOC 값을 계산하는 것은 어렵다. 따라서 실제 조류 생산량은 세균의 바이오매스량과 호흡으로 소비된 양을 더한 값이 된다. 이러한 내용을 고려하면, 바다숲 생산량은 현재 추정되는 값보다 약 두 배 이상으로 수정할 필요가 있다(그림 6-6).

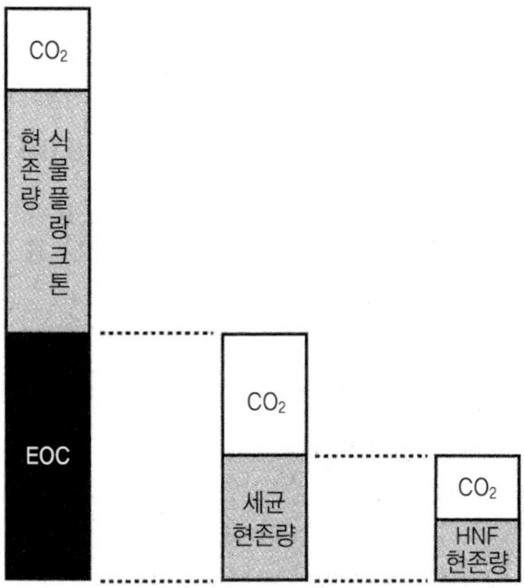

그림 6-6. 식물플랑크톤, 세균, 종속영양성 나노편모충(HNF)의 관계. EOC가 세균과 HNF에 유기물을 공급하고 있는 것으로부터 식물플랑크톤 생산량을 대폭으로 수정할 필요가 있다(鈴木, 1997에서 그림).

아직까지 바다의 생산량 측정에서 이러한 기본적인 내용도 충분하게 해명되지 못한다는 것은 믿기 어렵다. 선박을 이용한 해양조사 및 연구에는 거액의 경비와 함께 연구자의 열정과 끈기를 필요로 한다. 해양의 정확한 기초생산량 파악은 아직도 미래의 일인 것 같다. 기후변동에 관한 정부간 패널(IPCC: Intergovernmental Panel on Climate Change) 등 탄소순환과 기후변동에 관여하는 국제적인 프로젝트를 통해 바다 기초생산량 측정의 정밀도를 향상시킬 수 있는 더욱 세심한 방법개발과 접근이 필요한 이유이다.

8. 탄소순환과 생물펌프 및 알칼리펌프

앞에서 설명한 인편모조나 산호는 탄소순환이나 지구온난화와 관련하여 많이 이야기 된다. 그러나 지구 전체규모에서 탄소순환이 되면, 문제는 매우 복잡하여 정확한 파악이 쉽지 않다. 여기에서는 매우 개략적이나마 조류가 지구전체의 탄소순환에 기여하는 역할에 대해 살펴보기로 하자.

가. 바다의 탄소순환

1994년 IPCC 보고서에서 지구규모 탄소순환의 예측(그림 6-5)을 보면, 탄소 저장량은 연간 대기에 750 Gt(이산화탄소 350 ppm에 해당), 육지의 모든 부분을 합해서 2,110 Gt(생물군집 610 Gt, 토양과 낙엽퇴적물 1,500 Gt)이 된다. 이것에 반하여 바다에는 약 39,000 Gt(표층수 1,020 Gt, 중심층수 38,100 Gt)의 탄소가 탄산이온(CO^{2-}), 중탄산이온(HCO^{-}) 및 이산화탄소(CO_2)의 형태로 녹아있다. 전체 해양생물에는 3 Gt, 그리고 해저 표층퇴적물에는 150 Gt의 탄소가 있는 것으로 예측하고 있다. 이러한 숫자에서 알 수 있는 것은 첫째 바다는 거대한 탄소저장고라는 것이다. 이산화탄소는 탄소평형에 의해 해수에 녹아든다(그림 6-7). 해수는 pH 8.1 정도로 약알칼리성을 나타내기에 1,020 Gt의 표층수에는 이산화탄소가 거의 존재하지 않고, 중탄산이온이 9, 탄산이온이 1이라는 비율로 존재한다. 둘째로는 동식물플랑크톤에서 고래까지 모든 해양생물의 전체 생물량은 육지의 생물군집의 탄소량에 1/200 수준밖에 되지 않지만, 탄소플럭스에 대해서는 육상식물의 80%에 해당한다

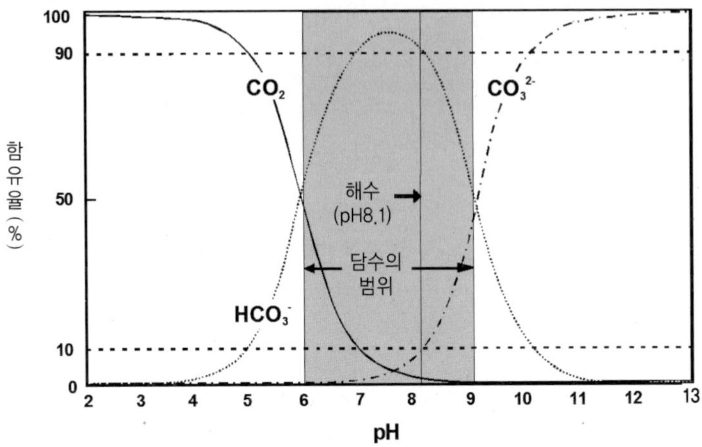

그림 6-7. 수계에서 무기탄소의 존재양식과 비율. 많은 조류가 서식하는 약산성의 호소에는 대략 이산화탄소 1, 중탄산이온 9의 비율로 존재, pH 8.1정도인 해수에서는 중탄산이온 9, 탄산이온 1로서 이산화탄소는 거의 없다. 많은 조류는 이산화탄소 농축기구(그림 9-18)를 발달시키고 있다.

는 것이다. 이것은 짧은 생활사를 가지는 식물플랑크톤이 차례로 분해되어, 먹이연쇄에 첨가되었다가 제거되는 것을 의미한다. 이러한 내용에 배설용존 유기물(EOC)로 유출되는 양을 보정하면, 식물플랑크톤의 생산량은 육상식물의 생산량을 웃도는 결과가 된다.

나. 생물펌프와 알칼리펌프

앞에서 설명한 것과 같이 해양에서 보이지 않은 숲을 형성하는 식물플랑크톤은 6일에 한번 전체적으로 교체된다. 열대우림에서 수목들의 모든 잎이 일주일에 모두 교체된다고 가정하여 상상하면 대단한 현상임을 알 수 있다. 해양은 이 만큼 막대한 생물량이 생산되며, 생산과 함께 바로 제거된다. 수계에서 탄소화합물은 언제나 생물에서 생물로 이동한다. 식물플랑크톤에 유래하는 생산물의 90%는 세균이나 동물플랑크톤에 이용되어 호흡으로 소비되며, 물과 이산화탄소로 분해되어 대기로 되돌아온다. 분해되지 않는 조류나 동물플랑크톤 사체 및 배설물은 해저로 침강한다. 수심 200m를 넘으면 해수는 차갑고 무겁기 때문에 표층해수와 거의 혼합되지 않는다. 때문에 200m까지 침

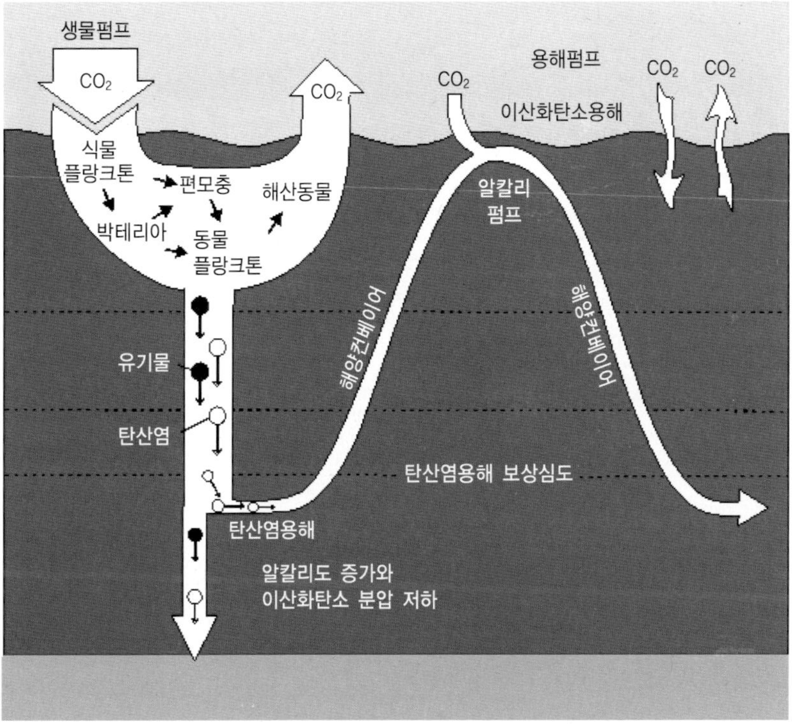

그림 6-8. 생물펌프와 알칼리펌프.

강한 탄소는 대기와 표층해수에서 제거되는 것이 된다. 바다가 대기에서 이산화탄소를 제거하는 역할을 하는 펌프가 존재하는 것으로 화산폭발 등을 매개로 하여 지각에서 방출되는 이산화탄소와 균형을 취하고 있다. 식물플랑크톤은 대기에서 중층으로 탄소를 이동시켜 대기의 이산화탄소를 일정 범위로 유지시키는 거대한 엔진으로 기능하고 있는 것이다. 이 엔진이 구동하는 펌프를 생물펌프(biological pump)라고 한다(그림 6-8). 생물펌프에 의해 심해로 저장된 탄소는 연간 70~80억 톤에 달할 것으로 계산된다.

탄소순환에는 유기물만이 아니라 유공충이나 탄산칼슘의 각을 가지는 인편모조도 검토대상이 된다. 이들 사체 일부는 해저에 퇴적하여 석회암으로 변하지만, 일부는 심해에서 녹아서 탄산이온과 중탄산이온으로 해리되어 해수의 알칼리도(alkalinity)를 높인다. 알카리도가 높게 되면 화학평형에 의해 이

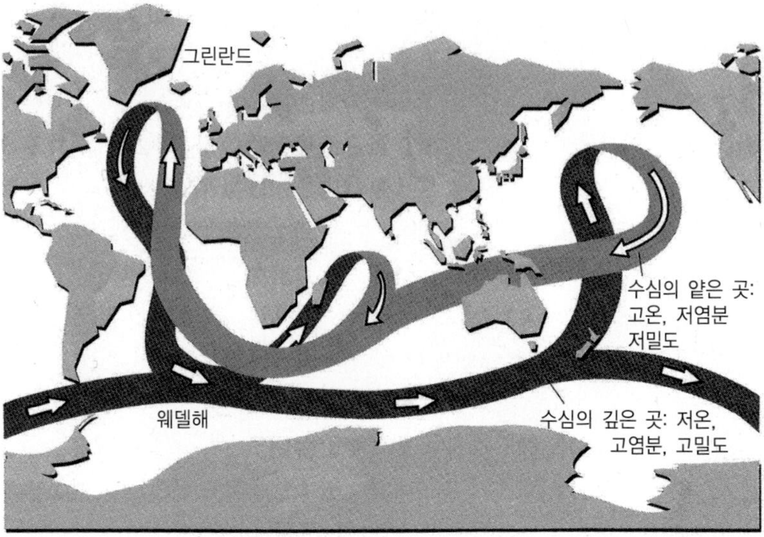

그림 6-9. 해양의 대순환. 그린란드 외양에서 차가운 해수가 침강하여 심해수가 되어 대서양을 남진한다. 남극 웨델해에서 침강한 침강류와 합류하여 대부분은 뉴질랜드에서 북태평양으로 북상하고, 하와이 부근에서 표층으로 되돌아온다. 이 순환에 소요되는 시간은 약 2,000년이다.

산화탄소 분압을 낮아진다. 이렇게 된 심층수가 표층으로 되돌아오면, 대기와 평형을 유지하기 위하여 대기의 이산화탄소를 해수에 용존시키는 역할을 한다. 이러한 과정을 알칼리펌프(alkali pump)라고 한다(그림 6-8). 심층수 순환에는 약 2,000년 이상을 필요로 한다(그림 6-9). 때문에 탄산칼슘을 용해한 해수는 수백에서 수천 년 이후의 해수가 표층으로 되돌아온다. 알칼리펌프는 탄소순환에 관한 1,000년 규모의 펌프이다.

따뜻한 겨울이나 대가뭄 등 이상기후의 원인이 급속한 화석연료 소비 등에 의한 인간 활동으로 이산화탄소나 메탄이 방출된 결과 발생하는 지구온난화라는 사실을 많은 사람들이 인식하게 되면서, 지금은 미래를 걱정하는 상황이 되었다. 2007년 2월 IPCC 보고서는 그때까지 회의적이면서 신중한 자세를 완전히 접고 "지구온난화는 의심할 여지가 없는 인간 활동이 원인이라고 확신한다"라고 명확하게 확인하였다(마이니치신문, 每日新聞). 2001년 제3차 보고서에서터 크게 진전된 표현이다. 지구온난화문제를 정말로 심각하게 생각한다면, 바다로 흡수되는 이산화탄소의 정확한 양을 파악하는 것이 온난화 대책으로 매우 긴급하게 요구되는 과제이다.

9. 높은 영양염이면서 낮은 엽록소 해역인 HNLC

가. 레드필드비

식물플랑크톤은 지구 바다의 유광층에서 눈에 보이지 않는 숲을 구성하지만, 그 현존량은 해역에 따라 크게 다르다. 실제로 조류를 배양해 보면 알겠지만, 식물플랑크톤은 영양염이 있으면 영양염이 소진될 때까지 증식한다. 절약하면서 사용한다는 기술이 없다. 식물플랑크톤이 영양염을 이용하는 비율은 거의 정해져 있어, 원소 사이에 일정 비율로 흡수한다. 평균적인 값은 원소의 원자비로서 탄소 : 질소 : 인 = 125 : 16 : 1로서 해수 중의 표준적인 존재비(탄소 : 질소 : 인 = 106 : 16 : 1)에 극히 가깝다. 이와 같은 현상은 1930년대부터 지적되었고 발견자의 이름을 이용하여 레드필드비(Redfield ratio)라고 한다.

나. HNLC

그런데 남극해나 알라스카만, 동부적도해역(갈라파고스제도 부근)에서는 해수에 인이나 질소 등 영양염이 충분하게 존재하고 있음에도 불구하고 식물플랑크톤 생물량은 현저하게 낮은 "높은 영양염에 낮은 엽록소(high nutrients low chlorophyll, HNLC)" 해역이 존재하는 것이 알려진다(그림 6-10). 이러한 생물생산의 불모해역을 만드는 원인은 오랜 시간 비밀에 쌓여있었지만, 지금은 식물플랑크톤 성장에 필요한 미량원소인 철 결핍 때문이라는 것이 밝혀졌다. 식물플랑크톤은 성장하기 위하여 인 1원자에 대하여 철 0.005원자를 필요로 한다. 앞에서 설명한 해역은 인산염이나 질산염은 풍부하게 존재함에도 불구하고 철 존재량이 매우 부족하다. 식물플랑크톤 성장에서 철이 먼저 고갈되기 때문에 더 이상 생물은 증식하지 않는다. 때문에 식물플랑크톤 생물량은 억압되어 매우 낮다. 앞에서 설명한 것처럼 18~25억년 이전에 해수가 환원상태에서 산화상태로 변화되는 과정에서 해수에 용해되었던 2가철 대부분은 산

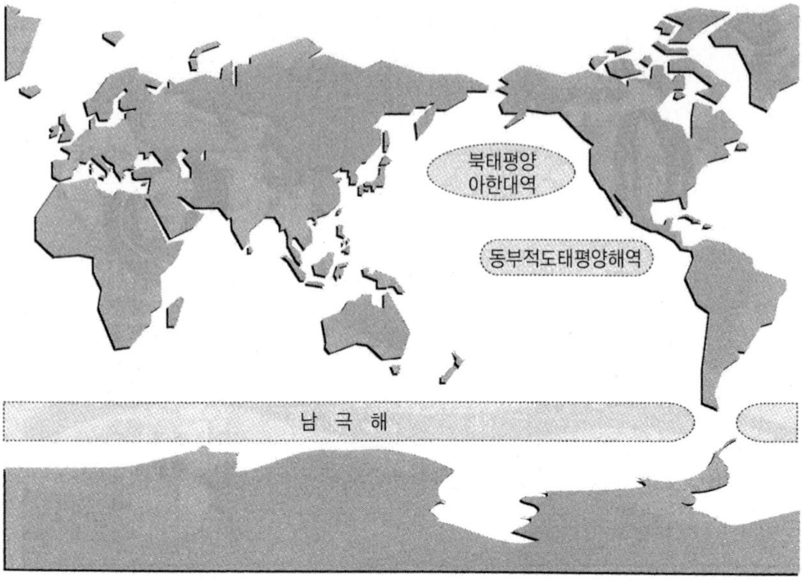

그림 6-10. HNLC해역. 편서풍에 의한 철 공급이 없기 때문에 식물플랑크톤 생물량이 매우 낮다.

화되어 입자형태의 3가철로 변화하면서 해저로 침강되어 해수에서 모두 제거되었다(제6장). 때문에 지금 바다에는 원칙적으로 철이 존재하지 않는 것이 된다. 식물플랑크톤 성장에 필요한 철은 오직 육상기원의 모래, 흙먼지 등으로 하천이나 편서풍에 의해 육지에서 운반되어 바다로 공급된다. 때문에 이러한 흙먼지 공급원에서 멀리 떨어진 남빙양과 태평양 동쪽해역은 흙먼지 공급이 부족하여 식물플랑크톤 생산에 필요한 철이 결핍되는 것이다.

이러한 철 결핍 해역인 HNLC 수역에 철을 살포하면 식물플랑크톤이 증식하여 이산화탄소를 흡수하기에 지구온난화를 방지할 수 있다는 단편적이면서도 난폭한 아이디어가 제안되었다. 실제로 갈라파고스 외양과 남극해에 철 살포 실험을 하였다. 결과 식물플랑크톤 생물량은 각각 20배와 5배로 증가하였다. 철을 살포하면 확실하게 식물플랑크톤 생물량은 증가한다. 그러나 대량으로 증식한 식물플랑크톤이 분해과정은 심층이나 해저에 어떠한 영향을 미칠 것인가? 철이 부족한 환경에서 진화하여 적응된 이들 해역의 생태계가 어떻게 반응할 것인가? 등은 단순한 모델링에서는 밝혀낼 수 없는 내용들이 있다. 초복잡계라고 할 수 있는 해양환경에서 이와 같은 대책방안은 쉽게 평가될 수 없다.

고작 과거 수년 사이에 복수 조류의 새로운 고차분류군(문이나 강)이 계속하여 발견된다(제3장). 또 해양에 포함되는 환경수의 DNA 해석에서 다수의 미지 생물군이 존재가 시사된다. 또한 피코플랑크톤 다양성과 생물량은 지금까지 예상을 훨씬 웃돌고 있다는 사실들도 밝혀지고 있다(제5장). 지금 식물플랑크톤을 포함한 해양미생물에 대한 다양성의 이해는 막 시작하였을 뿐이다. 허블우주망원경이 촬영한 신비적인 우주영상을 볼 때마다 공통의 물리법칙이 수십억 광년 저쪽에서도 적용할 수 있다는 것을 통감한다. 이런 것에 반하여 연못이나 바다의 물 한 방울에 포함하는 수권의 생물세계는 구성내역도 역사도 분명하지 않은 미지의 우주이다. 해양은 우주공간 이상으로 미지세계이며 미생물 세계에 대한 이해는 아직 시작하지도 않았다. 21세기는 생명과학의 시대하고 하지만, 생물과학이 이름을 더럽히지 않기 위해서는 해양미소생물의 우주를 정확히 이해하는 것이 무엇보다 필요하다. 눈에 보이지 않는 바다숲을 이해하는 것은 측정방법의 개선과 동시에 조류를 포함한 해양미생물의 다양성 해명이 진전되는 것에서 처음으로 가능하다.

10. 미생물 먹이망

식물플랑크톤은 태양 에너지를 이용하여 이산화탄소를 유기물로 고정하는 일차생산자로서, 바다 먹이사슬(food chain)을 나타내는 피라미드의 가장 아랫부분에 위치한다. 소비자인 요각류나 바다곤쟁이 등의 동물플랑크톤이 이들 식물플랑크톤을 섭식한다. 식물플랑크톤을 섭식한 동물플랑크톤은 플랑크톤식자(plankton feeder)라는 어류나 고래의 먹이가 된다. 먹이사슬 피라미드의 정점에는 육식어류와 포유류가 있다. 교과서에 게재된 설명이다(그림 6-11). 그러나 조류를 둘러싼 수권생태계는 실제 이렇게 단순하지 않고 상당히 복잡하다. 제3장에서 설명하였던 황금색조, 착편모조, 와편모조 등의 조류는 광합성을 하는 것 이외에 먹이를 섭식하여 에너지를 획득한다. 이른바 혼합영양이라는 방법이다. 즉 조류는 생산자는 물론 소비자의 역할도 한다. 즉 EOC를 이용하여 성장한 세균을 조류가 포획하여 먹이로 소비한다는 것을 의미한다. 즉 조류는 세포의 삼투압 조절 등을 이유로 세포 밖으로 배출하였던 유기물을 에너지원으로 이용하는 것이다. 해양에는 상상 이상으로 커다란 바이오매스를 가진 세균군집이 존재한다. 혼합영양 조류는 이들 세균을 섭식하기도 하고 때에 따라 같은 조류까지 섭식하는 방법으로 광합성만으로 부족한 에너지를 종속영양으로 보충한다. 여기에 조류와 세균 사이의 물질과 에너지의 복잡한 순환이 성립한다. 실제로는 이들 혼합 또는 종속영양조류는 규조 등 다른 조류도 섭식하기 때문에 먹이망(food web)은 매우 복잡하다. 이 외에도 수계에는 종속영양 진핵미생물인 종속영양 미소편모충류(HNF, heterotrophic nanoflagellates)라는 미소생물이 매우 많은 양으로 존재한다. 조류를 포식하고 있어 먹이사슬은 더욱 복잡하게 얽히게 된다는 것을 느낄 수 있다. HNF는 생명과학의 세기라는 지금도 거의 실태가 해명되지 않은 블랙박스이다. 현재 대부분 수계 조사 및 연구에서는 원생동물을 섬모충 하나로 묶어서 일괄 처리되지만, 이것은 아주 잘못된 방법이다. 실제 원생생물에는 다양한 진핵생물

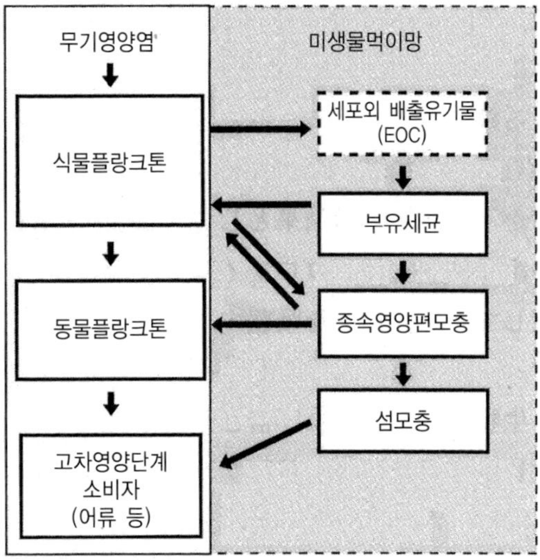

그림 6-11. 왼쪽은 이전에 생각되었던 먹이사슬, 오른쪽 틀 속은 미생물이 관여하는 먹이망. 혼합영양성 식물플랑크톤은 생산자인 동시에 소비자이기도 하다.

분류군이 포함되어 있고 매우 다양한 생물군으로 구성된 진핵생물 다양성의 보고이다(제13장). 원생생물에 대한 연구는 매우 뒤떨어졌으며, 우리는 지금도 한 방울의 연못 물이나 해수 속에 얼마나 많은 종류, 얼마마한 양의 편모충이 존재하는지에 대한 답을 할 준비가 되어 있지 않다 종류도 바이오매스도 알지 못하기 때문에 그의 생태학적 의미는 전혀 해명되지 않았다. 그러나 수계 미생물의 중요한 요소로서 세균이나 조류의 소비자로 중요한 역할을 담당한다는 것은 의심할 여지가 없다. 이렇게 하여 대형 동물플랑크톤에서 어패류로 연결되는 고차의 먹이사슬과는 별도로 세균과 조류, 편모충류, 섬모충류를 포함한 진핵미생물이 관여하는 물질순환과 먹이연쇄가 성립한다(그림 6-11). 이른바 미생물루프(microbial loop) 또는 미생물먹이망(microbial food web)이라는 것으로 극히 최근까지 수권생태학을 생각할 때 배제되어 누락되었던 부분이다. 최근에는 더욱 피코플랑크톤으로 통합된 1~2μm의 크기의 막대한 초미세 식물플랑크톤이 막대하게 존재하는 것이 밝혀졌다. 이렇게 보면 지금 바다에는 피코플랑크톤을 추가하여 해양의 전체적인 생물량조차도 정확하게 파악되지 않았다는 것이 된다. 호수나 해양을 포함한 수권의 먹이사슬을 이해하기 위해서는 조류의 영양양식을 정확히 파악하는 것은 물론, 세균의 현존량과 호흡량, 그리고 무색편모충의 포식능력 파악 등에 대한 연구 진전이 매우 중요하다. 이러한 블랙박스의 전모가 밝혀져야만, 처음으로 보다 정확한 지구환경 및 지구생태계를 이해할 수 있다.

11. 마르갈레프 만다라

해양 식물플랑크톤 군집에는 매우 다양한 분류군을 포함되지만, 그 대표적인 분류군이 규조, 와편모조 그리고 인편모조이다. 이들이 바다에서 보이지 않는 숲(hidden forest)을 구성하는 주역이다. 개략적으로 말하면, 연안은 주로 규조와 와편모조가 우점하고 있지만, 외양은 이들 분류군에 인편모조가 더해지는 것으로 생각할 수 있다. 어떤 그룹에도 연안에는 연안, 외양에는 외양에 적응한 특유한 종류가 있으며, 계절에 따라서 다른 특유의 식물플랑크톤 군집을 형성한다. 즉 각 해역에서 연간을 통하여 식물플랑크톤 군집조성은 변화된다. 이들 조류분포와 출현 및 소멸을 결정하는 요인은 무엇일까? 아직 이해가 충분하다고 할 수 없다. 철을 살포하여 생산량을 증가시킨다는 단편적인 일들을 생각하기 이전에 식물플랑크톤 군집의 변동구조를 정확하게 파악하는 것이 무엇보다 중요하다. 많은 연구가 진행되지만 수계는 이른바 초복잡계로서 단순한 물리현상인 탄도의 궤도를 예측하는 것과 같이 단순하지 않다. 그러나 조금은 알려져 있는 것도 있다. 해양생태학자인 레이먼 마르갈레프(Ramon Margalef)가 조류의 증식특성 해석에서 제창한 모델이 있다. 이것을 도식화 한 것이 마르갈레프 만다라(Margalef mandala)로 알려진다(그림 6-12). 만다라(曼荼羅, mandala)는 본질을 나타낸다. 깨달음의 세계를 상징하는 밀교그림이다. 여기서는 식물플랑크톤 군집의 출현과 소멸을 설명하는 원리도라는 의미일 것이다. 조류 증식에 관여하는 인자는 다수이다. 광량, 일조시간, 수온, 염분, 질소와 인 등의 영양염과 미량원소로서 철과 망간의 농도, 기타 열거에 끝이 없다. 동물플랑크톤에 의한 포식도 영향을 미친다. 식물플랑크톤 군집은 이와 같은 많은 인자의 상호작용의 결과로 존재하여 복잡하기에 끝이 없다. 이러한 복잡한 현상을 만다라는 영양염 농도와 해수의 혼합정도만을 지표로 규조와 인편모조 그리고 와편모조의 출현과 소멸을 멋있게 설명하고 있다.

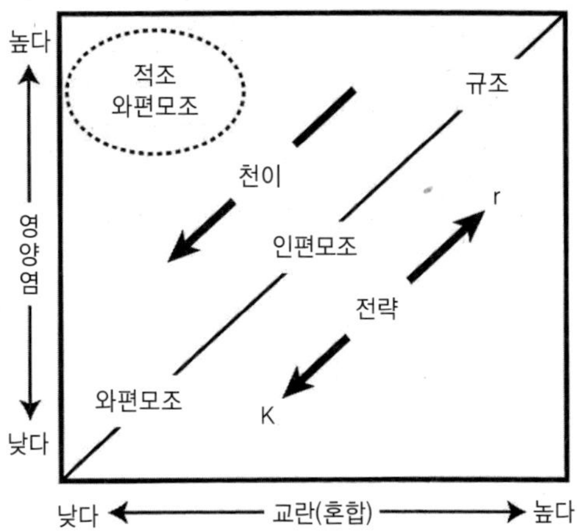

그림 6-12. 마르갈레프 만다라 (Balch *et al.*, 2004를 기본으로 그림).

가. K전략과 r전략

전형적인 온대해역 식물플랑크톤 군집의 계절변화를 개략적으로 표현하면 그림 6-13과 같다. 표층수가 냉각하는 겨울에는 바다의 표층과 중층 사이의 온도차가 사라져 해수혼합이 발생한다. 혼합으로 중층의 높은 영양염이 표층으로 공급된다. 그리고 봄이 되면 일사량 증가로 표층 수온이 상승하여 성층이 형성된다, 더욱 일조량이 증가하면 풍부한 광량과 영양염 공급 그리고 수온상승이 도화선이 되어 규조에 의한 대증식이 발생한다. 이 대발생을 봄 대발생(spring blooming)이라고 한다(권두사진 10-3). 그러나 대발생으로 표층 식물플랑크톤의 활발한 영양염 흡수로 영양염가 고갈되면 대발생은 소멸한다. 이후 식물플랑크톤 군집은 인편모조 중심인 군집으로 천이되며, 더욱 수온이 상승하는 여름에는 와편모조가 우점한다. 그러나 영양염 고갈과 수온하강에 의해 현존량은 감소한다. 식물플랑크톤 사체는 해저로 침강되지만, 침강도중에 분해되어 무기영양염으로 해수에 농축된다. 가을에서 겨울 사이에 해면 냉각으로 겨울보다 작은 연직혼합이 발생하여 중층이 영양염이 재차 표층으로 공급되어 새로운 가을 대발생으로 연결된다. 해역에 따라서는 가을 표층으로 영양염이 많은 양으로 공급되어 현저한 가을 대발생이 관찰되기도 한다. 그리고 겨울 재차 대규모 해수 혼합이 발생한다. 이상은 온대해역에서 관찰되는 개략적인 내용이지만, 식물플랑크톤 군집은 다양한 분류군을 포함하며 또 종마다에 생리적 특성도 다르기 때문에, 실제 군집에는 많은 서로 다른 분류군이 혼재된다. 그러나 온대해역의 외양에서는 계절에 따라 대략적으로 규조, 인편모조, 와편모조 순으로 식물플랑크톤 군집이 천이한다. 극지는 광량이 약하기에 여름에 한번만 생물량이 증가한다. 대조적으로 열대해역은 연간을 통해 증가와 감소가 반복된다(그림 6-13).

생물의 생존전략으로 K전략과 r전략이 있다. r-K선택설로서 중요한 생태학 개념의 하나이다. 생물의 성장률을 나타내는 S자 모양의 지수곡선은 다음 식으로 나타낸다.

$$\frac{dN}{dt} = r(1-\frac{N}{K})N$$

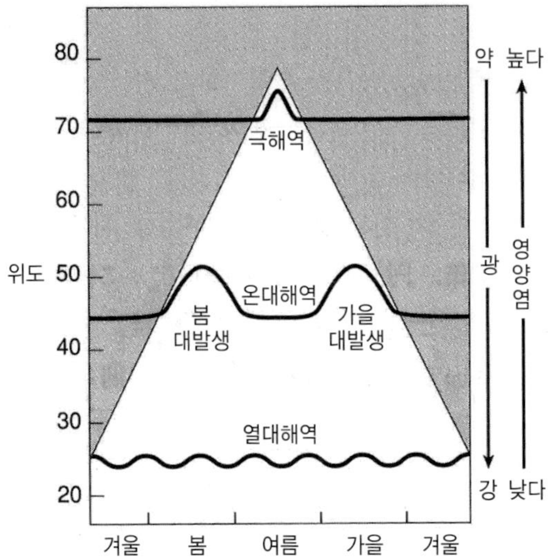

그림 6-13. 식물플랑크톤의 계절변동. 하얀 부분은 일조시간을 나타낸다(Lalli and Parsons, 1996을 기본으로 그림).

N은 개체수, t는 시간, 그리고 r은 내적 자연증가률, K는 환경수용력이다. 식에서 환경수용력 K는 특정 환경조건에 서식할 수 있는 서식밀도이다. 이 K를 최대로 하는 전략이 K전략(K-strategy)이다. 종간경쟁이 격렬하여 살아남기 위해서는 소수의 자손을 크게 낳고 귀하게 키운다. 사람은 이런 생활방식을 한다. 몇 명의 자녀를 낳고 귀하게 키운다. 사회적인 요소에 의한 부분이 많지만 사람 자녀는 생식연령에 도달할 때까지 실로 20년을 필요로 한다. 이런 생활양식을 하는 다른 생물은 존재하지 않는다. 사람은 극단적인 사례이지만, 가능한 많은 자원을 투자하여 소수의 자손을 낳고 보호하면서 키우는 방법으로 생활하는 생물은 많다. 이런 생활방식에 반하여 앞 식에서 내적 자연증가율인 r을 크게 하는 것이 r전략(r-strategy)이다. 서식밀도가 낮을 때에 얼마만큼 빠르게 개체군을 증식시킬 수 있을까? 하는 것이 관건이 된다. 결과로서 다수의 자손을 낳고, 그 중에서 최소 자손이 생존하면 되는 전략이다. 이 경우는 다소 희생의 전제가 된다. 희생은 많더라도 수가 많기 때문에 확실하게 자손을 남긴다. 대부분 소형동물은 이러한 전략으로 생활한다. r-K전략(r-K strategy)은 많은 동물이 살아가는 방법을 설명하는 수단으로 이용되고 있다.

식물에서도 큰 종자를 소수 만드는 것과 작은 종자를 다수 만드는 것이 있어, 이들을 r-K전략으로 설명이 가능하다.

마르갈레프는 이러한 개념을 식물플랑크톤 성장특성으로 확대하여 적용하였다. 규조는 일반적으로 분열속도가 빠르고 비교적 소형으로 많은 자손을 남기는 것에서 r 전략자로서 생각하였다. 이에 반해 많은 외양성 와편모조는 증식속도가 느리고, 크게 태어나서 귀하게 키워지는 K 전략자에 해당한다. 그리고 인편모조은 규조와 와편모조 사이의 중간적 성장특성을 가진다. 그리고 이들 식물플랑크톤이 이러한 성질을 가지는 것은 영양염 농도와 해수의 혼합이라는 환경인자와 밀접하게 관련된다. 때문에 이런 관계를 나타낸 것이 영양염 농도와 해수 혼합을 축으로 하는 2차원 만다라이다(그림 6-12). 많은 규조는 해수혼합이 격렬하여 영양염이 풍부한 조건에서 r 전략자로서 서식한다. 한편 와편모조는 해수 혼합의 약한 평온한 빈영양 환경에서 K 전략자로서 생활한다. 그리고 인편모조는 그 중간 어디엔가 속한다. 항만 등 내만해역에서 적조를 형성하는 와편모조는 외양 와편모조와는 다르게 영양염이 풍부하게 존재하고, 해수혼합이 약한 환경에서 증식하는 특성을 가진다. 만다라의 우수한 것은 규조에서 인편모조, 와편모조로 천이하는 현상을 멋있게 설명한다는 것이다. 만다라의 대각선은 r-K전략의 정도를 나타냄과 동시에 규조에서 와편모조로 천이되는 방향도 나타낸다.

그러나 마르갈레프 만다라로서 설명이 되지 않는 것이 많다. 빈영양해역에 서식하는 규조도 많다. 인편모조에도 혼합이 없고 영양염 농도가 높은 연안역에 서식하는 것, 영양염이 풍부하고 혼합이 큰 용승류가 출현하는 그룹도 있다. 또 수십 m 수심을 선호하여 서식하는 종도 많다. 그런 것을 고려하고, 또 많은 관측 자료를 바탕으로 3차원 축으로서 일조시간을 추가한 개정판 만다라가 최근 제안되었다(그림 6-14), 이 새로운 만다라로 인편모조의 다른 군집거동을 설명할 수 있다. 제3장에서 설명한 인편모조 *Emiliania huxleyi*에 의한 적조는 다른 인편모조와는 다른 특성을 가진다. 3차원 공간에서 다른 인편모조와는 다른 위치를 차지한다. 실제로 만다라의 확장은 이것으로 끝나지 않는다. 진화의 관점을 추가한 또 하나의 만다라가 제창되어 있다. 그것은 제15장에서 설명한다.

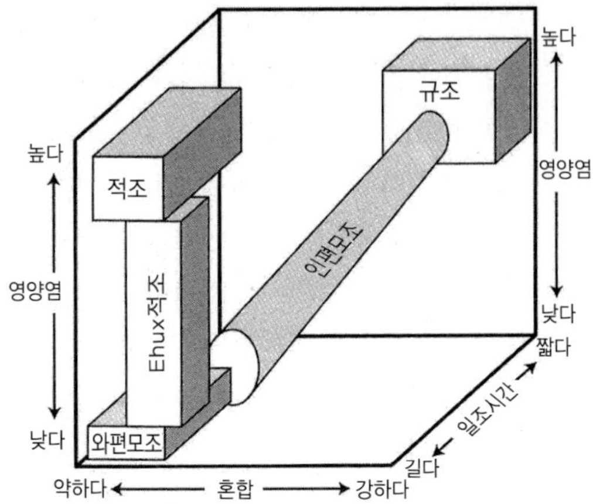

그림 6-14. Balch 등에 의한 새로운 만다라(Balch *et al.*, 2004를 기본으로 그림).

12. 질소가스를 고정하다

가. 생물적 질소고정

질소는 단백질이나 핵산을 구성하는 중심성분이며, 생물은 대사계에서 언제나 질소를 필요로 한다. 지구에 질소원자는 매우 풍부하다. 그러나 97.8%는 지각 속에 갇혀있다. 나머지 2%가 대기 중에 질소가스로 존재한다. 질소가스의 질소원자는 N≡N이라는 3중 결합으로 단단하게 연결되기 때문에 매우 불활성이다. 사람을 포함한 많은 생물은 질소가스를 이용할 수 없다. 때문에 우리는 호흡할 때 마다 대기 중의 질소가스를 마시고 그대로 배출한다. 토양이나 바다에서도 이용 가능한 형태의 질소는 절대량이 부족하다. 때문에 질소는 인, 칼슘과 함께 식물성장에 필요한 3대영양소이다. 때문에 식물을 키우기 위해서는 절대적으로 질소비료가 필요하게 된다. 농경지에는 인공적인 비료로 질소를 보충하지만, 자연계에서 부족한 대부분 질소는 질소가스를 암모니아염으로 변화시키는 것으로 보충한다. 아래 반응식처럼 불활성 질소가스를 고정하기에는 많은 에너지가 필요하다.

$$N_2 + 8H^+ + 8e^- + 16ATP \rightarrow 2NH_3 + H_2 + 16ADP + 16Pi \text{ (Pi는 무기 인산)}$$

고정된 암모니아염은 이후 생물에게 이용되어 아미노산으로 변화되고, 단백질이나 핵산을 만드는 재료로 이용된다. 생물에 의한 분자질소가스의 고정을 생물적 질소고정(biological nitrogen fixation)이라 한다. 우리에게 잘 알려진 것은 육상의 콩과식물 뿌리에 혹을 만드는 근립균(根粒菌, Knöllchen-bakterie)에 의한 질소고정이다. 봄에 보이는 연꽃 밭은 근립균으로 질소를 고정시켜 흙을 비옥하게 만들기 위한 것으로 관광객을 위해 만들어진 것이 아니다. 즉 지구환경에서 생물적 질소고정을 할 수 있는 생물은 매우 제한적이다. 그럼 수계에서 질소고정의 역할은 어떠한 생물에 의해 수행되는 것일까? 답은 남조이다. 남조에는 물속에 녹은 질소가스(전질소량의 0.001%로 평균 1 mM 농도로 용해되어 있다)를 흡수하여 유기물로 변화사키는 종이 있다. 호소나 바다에서 질소공급에 중요한 역할을 하는 것이다. 양치식물 만강홍이나 겉씨식물 소철도 남조를 공생시켜, 남조에서 질소화합물 공급을 받는다(제5장).

기체질소를 암모니아로 고정하는 것은 니트로게나제(nitrogenase)라는 효소이지만, 이것은 산소에 매우 약해서 산소가 있으면 기능을 하지 못한다. 때문에 질소고정에는 무산소(혐기)상태가 필요하다. 남조에는 이러한 무산소상태의 환경조건을 만들기 위한 여러 가지 방안이 마련된다. 시네코코커스(*Synechococcus*)는 광합성으로 산소가 발생하지 않은 야간에 질소고정을 한다. 또 시아노테케(*Cyanothece*)는 낮에 몇 시간만 광합성 광화학계Ⅱ(산소를 발생한다) 작용을 약하게 하여, 산소발생을 억제한 다음 질소고정을 한다. 더욱이 트리코데스미움(*Trichodesmium*, 권두사진 1-13, 14)이라는 사상체제를 가진 해양성 남조는 일부세포에서 광합성을 하고, 다른 일부세포에는 질소고정을 하는 것으로 역할이 분담되어 산소가 없는 환경을 만든다. 남조 중에는 이질세포(heterocyst)라는 벽이 두껍고 투명한 세포를 가지는 종이 있다(권두사진 1-9). 이질세포는 질소고정에 특화된 세포이다. 광화학계Ⅱ를 잘아 내어 언제라도 질소고정을 진행시킬 수 있는 구조를 만든다(그림 6-15). 이질세포는 두꺼운 점액질로 덮여 있어 외부에서 산소가 들어오지 못하게 차단되어 있다. 당연히 질소도 들어올 수 없기에 질소는 주위의 영양세포가 흡수하여, 세포사이 연결을 통하여 들어온다. 이질세포의 최대 특징은 산소발생에 관여하는

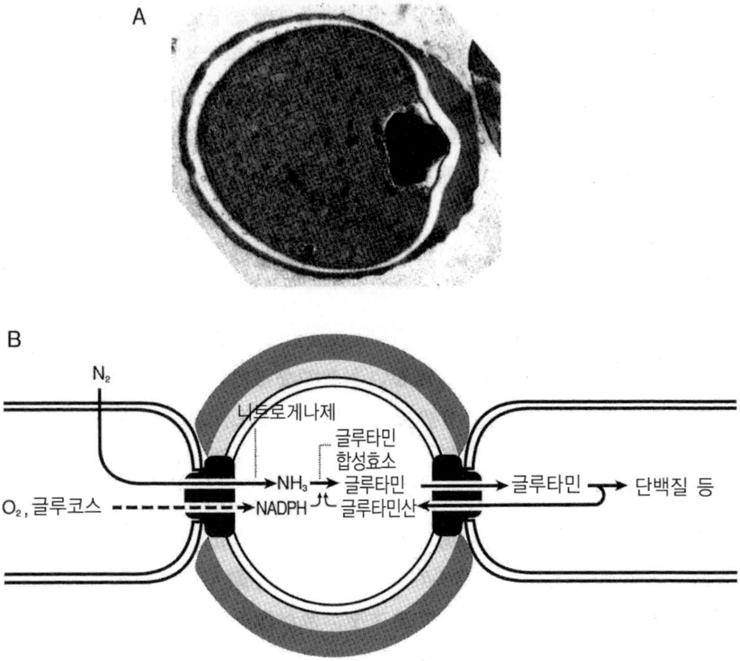

그림 6-15. 이질세포(heterocyst). A: 전자현미경 사진, B: 질소고정 반응.

광화학계Ⅱ를 가지지 않은 것이다. 이질세포는 광합성을 하지 않기에 이산화탄소를 고정하지 못한다. 질소고정과 호흡에 필요한 탄수화물 역시 주변세포에서 공급받는다. 니트로게나제에 의해 환원물질인 NADPH에서 수소가 질소를 넘겨받아, 암모니아가 만들어 진다. 암모니아는 인접세포에서 공급된 글루타민산과 결합하여 글루타민이 된다. 즉 이러한 글루타민은 생성물로서 영양세포로 보내지며 그곳에서 다른 물질로 변환된다.

나. 트리코데스미움

아프리카대륙과 시나이반도를 나누는 가늘고 긴 균열경계는 지각이 갈라지고 열리는 것이 계속되는 판구조론의 견본이지만, 그 균열경계를 메꾸는 바다를 홍해(Red Sea)라고 한다. 영어로 Red Sea, 아라비아어로서도 빨강 바다라는 의미라고 한다. 구약성서 창세기에 이어지는 출애굽기(= 출이집트기)

에서도 이집트 파라오(Pharaoh) 정권에 노예로 학대받던 이스라엘인을 모세가 약속의 땅 카난으로 탈출시킬 때 에호바신이 바다를 갈라 이집트군의 추격을 피할 수 있게 한 바다가 홍해이다. 추격해온 이집트군은 닫힌 바다에 의해 괴멸되었고, 병사의 피로서 바다가 빨강색으로 물들었다고 한다. 때문에 홍해이다(원래 구약성서에는 갈대의 바다(Reed Sea)를 Red Sea로 오해하였기 때문이라는 설도 있다). 영화 "십계"에서 화려하게 묘사되었다. 바다가 갈라져서 해저에 출현한 회랑을 따라 급하게 도망치는 이스라엘인과 그 뒤에 닫힌 바다에 빠져드는 이집트군 병사의 영상이 기억에 남아있는 독자도 많을 것이다. 성서이야기는 별도로 하고, 왜 이 바다를 홍해라고 부르게 되었는가에 대해 흥미로운 설이 있다. 남조 트리코데스미움(*Trichodesmium*)적조에 의해 바다가 빨강색으로 보인다는 것이다. 이 트리코데스미움은 외양에서 종종 적조를 발생시키는 종으로 그 모습은 위성에서도 관찰된다. 외양은 빈영양이다. 영양염이 전체적으로 부족하며 특히 질소결핍이 크다. 그러나 트리고데스미움 적조에 의해 공기 중의 기체질소가 고정되어 세계 각지 바다에 질소를 공급한다. 이 질소가 다른 식물플랑크톤에 이용되어 물질과 에너지 순환 속으로 들어가는 것이다. 트리코데스미움이 존재하지 않았다면 바다의 생산량 상당부분은 제한되었을 것임에 틀림이 없다.

제3장에서 설명하였던 와편모조류 *Ornithocercus*(권두사진 13-30)와 *Histioneis*(권두사진 13-29)는 영양염 농도가 낮은 외양에 서식하였다. 이들 와편모조 세포에는 띠 모양 또는 프라스코 모양의 틈새가 있으며, 이곳에는 예외 없이 단세포성인 남조 *Synechococcus*가 살고 있다. 이들 와편모조는 이른바 남조를 사육하여 질소화합물을 이용하는 것으로 생각된다. 빈영양해역에 서식하는 와편모조류의 지혜이다. 질소를 고정하는 남조 피코플랑크톤은 높은 밀도로 해양에 서식하는 것이 밝혀진다. 이렇게 보면 해양에서 남조의 질소고정은 지구규모의 질소순환에서 매우 중요한 내용임을 알 수 있다.

13. 구름을 만들다: 물과 황 순환

그다지 익숙하지 않지만 황은 생물의 성장에 필수 원소이다. 아미노산인 시스테인, 시스틴, 메티오인은 황을 포함하며, S-S결합이라는 가교결합을 만들어 단백질 입체구조를 만드는 중요한 역할을 담당한다. 파마머리는 S-S결합을 잘라내어 별도 S-S결합을 만드는 것으로 웨이브를 만들어 낸다. 또 황을 포함하는 황다당인 히알루론산, 콘드로이틴황산은 연골을 구성한다. 자연계에서 황은 황산이온 형태로 하천에서 바다로 흘러간다. 바다로 유출된 황은 피드백 되어 처음으로 순환이 성립되지만, 바다에서 육지로 이동하는 황 순환(sulfur cycle)에 조류가 커다란 역할을 한다다. 구름을 통하여 순환을 하게 된다.

가. 김 향기와 바다 내움

가이아가설로서 유명한 제임스 러브록(J.E. Lovelock)은 미량물질을 검출하는 초고감도 전자포획형 가스크로마토그라피 개발를 통해 환경분석기술에 혁명적인 진보를 가져와 지구규모의 물질순환 연구에 크게 공헌하였다. 1950년대 PCB나 프레온으로 지구가 오염되었다는 것을 규명하였다. 이 보고가 이후 레이철 카슨(R.L. Carson)이 1962년 한 세대를 풍미한 명저 "침묵의 봄(Silent Spring)"을 출판하는 계기를 제공하였다고 한다. 한편 러브록은 해조나 해양식물플랑크톤이 만든 DMSP(dimethyl sulfoniopropionate: 김 향기의 원인 물질임)를 전구체로 하여 형성된 휘발성 황화합물인 황화메틸(DMS, dimethyl sulfide)이 대기로 방출되어 산화되면, 황 에어졸로 수증기 응결핵이 되는 것을 발견하였다.

바다에 가면 독특한 바다 내움이 있다. 이 정체가 DMS이다. 조류가 어떠한 이유로 DMSP를 생산하는지는 분명하지 않은 점이 많지만, 일반적으로는 삼투압 조절 때문으로 생각되고 있다. 조류가 먹히거나 죽어서 분해되면 DMSP가 용해되어 발생한다. DMSP는 해양에서 세균작용으로 DMS로 변환된다. DMS는 휘발성으로 공기 중에 방출되지만, 햇빛을 받으면 화학반응에 의해 아황산가스를 걸쳐 황산이온으로 변한다. 황산이온는 물과 반응하여 황산이 되고 이것이 응결핵이 되어 구름이 성장한다.

DMS를 핵으로 하는 구름형성이 지구의 기후유지에 기여하는 역할은 크다. 구름이 만들어지면 햇빛을 차단하게 되기에 알베도(albedo, 입사한 방사에너

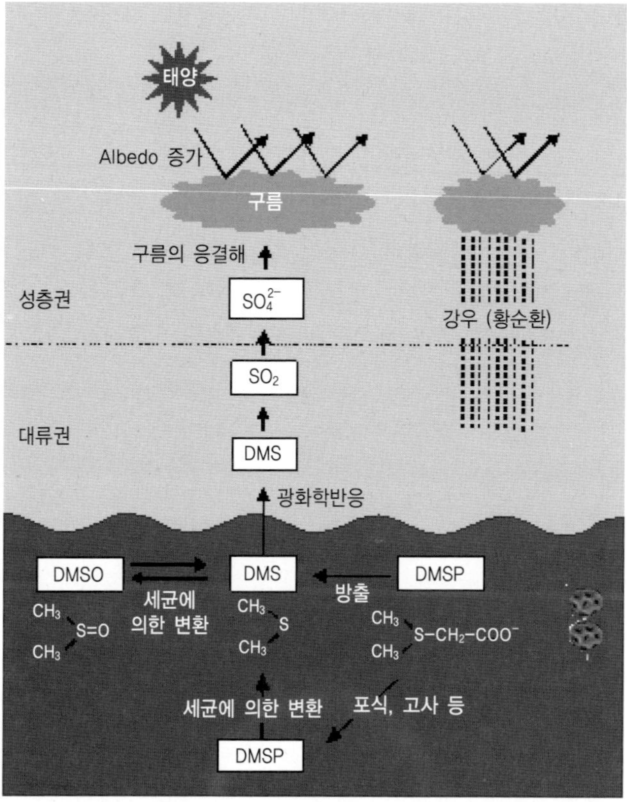

그림 6-16. DMS 유래와 변동. (DMS: dimethyl sulfide, DMSO: dimethyl sulfoxide, DMSP: dimethyl sulfoniopropionate).

지를 반사하는 물체의 정도 즉 반사율)로서 작용하여 지구가 흡수하는 열량을 감소시킨다. 이러한 효과는 크고, DMS에 의한 구름형성이 되지 않게 되면 지표온도는 지금보다 10℃는 높게 된다고 한다. 생물작용에 의해 만들어진 물질이 기후억제에 관여한 결과로 지구환경이 보전되고 있다. 러브록이 가이아이론을 주장하는 것도 이해가 된다. 현재 지구에도 생물이 환경에 기여하는 정도는 상상 이상으로 크다. 그리고 구름형성과 강우를 통한 황 순환도 조류에 크게 의존한다. DMS 생산은 착편모조에서 크고 규조에서 작다. 이러한 결과는 아마도 두 조류가 걸어온 진화적 경위를 반영하는 것으로 생각된다. 이러한 사정을 고려한 지구 대기와 조류진화 관계의 이해는 지금의 지구온난화

문제에 관련하여 매우 중요하지만, 이러한 관점에서의 해양학 연구는 얼마나 진전되고 있을까?

pH가 5.6 이하인 비를 산성비라고 한다. 황은 강산이기에 DMS가 핵이 된 구름에서 내리는 비는 산성비라는 것이 된다. 때문에 얼마 이전까지 문제가 되었던 산성비는 조류 때문이라는 논쟁이 있다. 확실히 가능성은 있고 원인이 일부일지도 모른다. 그러나 해조도 착편모조도 인간이 탄생하기 이전부터 이러한 일을 계속하여 왔을 것이기에, 산성비의 중요한 원인은 역시 인간 활동의 결과하고 할 수밖에 없다. 산성비가 발생시키는 잉여의 SO_x나 NO_x 등의 황산화물과 질소산화물은 주로 공장이나 자동차 배기가스에서 배출된다. 이들 산성 대기오염물질이 구름 응결핵이 되면 pH가 낮아져 산성비를 내리게 한다. 조류에서 유래하는 DMS는 역시 현재의 기후를 있게 한 진화적 역할의 측면에서 평가하여야 한다.

14. 석유가 된 조류

석탄이나 석유가 화석연료이고 원래 고대의 생물사체가 기반이 되어 만들어진 것이라는 것은 모두가 잘 알고 있다. 석탄탄광은 2,000만년 정도 이전 점심세에 형성된 것이지만, 이전 산업혁명을 지탱하여 온 석탄은 주로 고생대에 번영하면서 웅장한 모습을 자랑하였던 나무고사리(tree fern) 거목이 땅속에 파묻혀 탄화한 것이다. 한편 석유는 1908년 T형 포드 개발을 시작으로 자동차와 항공기 전성시대를 열었다. 20세기는 석유의 세기로 사상 최대의 번영을 가져왔다. 대형 항공기에 의한 대량 수송기술은 세계거리를 단축시켜 글로벌 시대의 추진력이 되었다. IT시대라는 오늘날도 석유는 경제를 지탱하는 기반이 된다. 선진국들은 석유가 없으면 하루도 생활이 되지 않을 정도로 석유의존도가 높다. 그리고 원유가격이 세계 경제와 정치를 지배하는 세상이다. 지금 지구 여러 장소에서 반복적으로 확대되는 많은 전쟁의 배경에는 석유이권을 둘러싼 확집(確執)이 있다고 한다. 중동지역의 불운은 대종교 세력의 접점인 것에 더하여, 그곳에 풍부하게 매장된 석유 때문이다. 사우디 아라비아나 이라크 등 중동국가들은 세계 최대의 석유매장량을 자랑한다. 중동지역에 유전이 집중된 것에 대한 의미를 지구와 조류의 역사로 이해하여 보자.

가. PT 경계

대략 4~3억년 이전에 생긴 초대륙 팡게아가 2.5억년 이전에 재차 남과 북의 곤도와나대륙과 로라시아대륙으로 분열하여 남북으로 분단 면이 열리면서 확대되어 대서양이 탄생하였다. 현재 5대륙 5대양을 만든 크나큰 지각판 변동이 시작이다(그림 6-17). 이러한 판구조론의 격변이 생물진화사 최대의 대멸종(페름기와 트라이아스마기[5]의 경계: PT경계 Permian-Traiassic boundary)에 깊게 관여한다(그림 15-2와 그림 15-3). 이때를 사이에 두고 이전과 이후 생물상이 극단적으로 다르게 된다는 점에서 지질학에서는 여기를 고생대와 중생대의 경계로 정의한다(제15장). 격변이라는 점에서 조류세계도 다르지 않다. 중생대 트라이아스마기 초기에 와편모조가 그리고 후기에는 인편모조가 화석으로 출현한다. 쥬라기를 걸쳐 백악기 초기에 들어서면, 또 하나의 새로운 조류군으로 규조가 추가된다. 이들 조류군은 그 때부터 지금까지 해양식물플랑크톤의 주역으로 역할을 담당하고 있다.

나. 데티스해(고지중해)

팡게아(Pangaea) 분열과 대서양 확대는 데티스해(Tethys Sea)라는 거대한 강어귀를 만들게 되었다(그림 6-17). 당시 기후는 매우 온난하여 지구 전체가 열대에 가까운 상황이라 할 수 있다. 데티스해는 따뜻하고 얕은 바다로서 식물플랑크톤이 크게 번성하였다. 팡게아 분열 당시 테티스해는 아프리카 연안에서 인도양을 걸쳐 중동에 이르는 광활한 바다로서 현재의 중동은 테티스해 동쪽 끝에 위치하였다. 그러나 이 바다는 대서양이 확대되는 것에 따라 점차 축소되었다. 또 호주에서 분리되어 아시아대륙에 충돌하는 인도대륙에 의해 분단되어, 인도, 유럽 및 아프리카 사이에 끼게 되었다. 최종적으로 남은 데티스해의 현재 모습이 유럽지중해이다. 때문에 데테스해를 고지중해라고도 한

5 삼첩기(三疊紀)로 불리기도 한다.

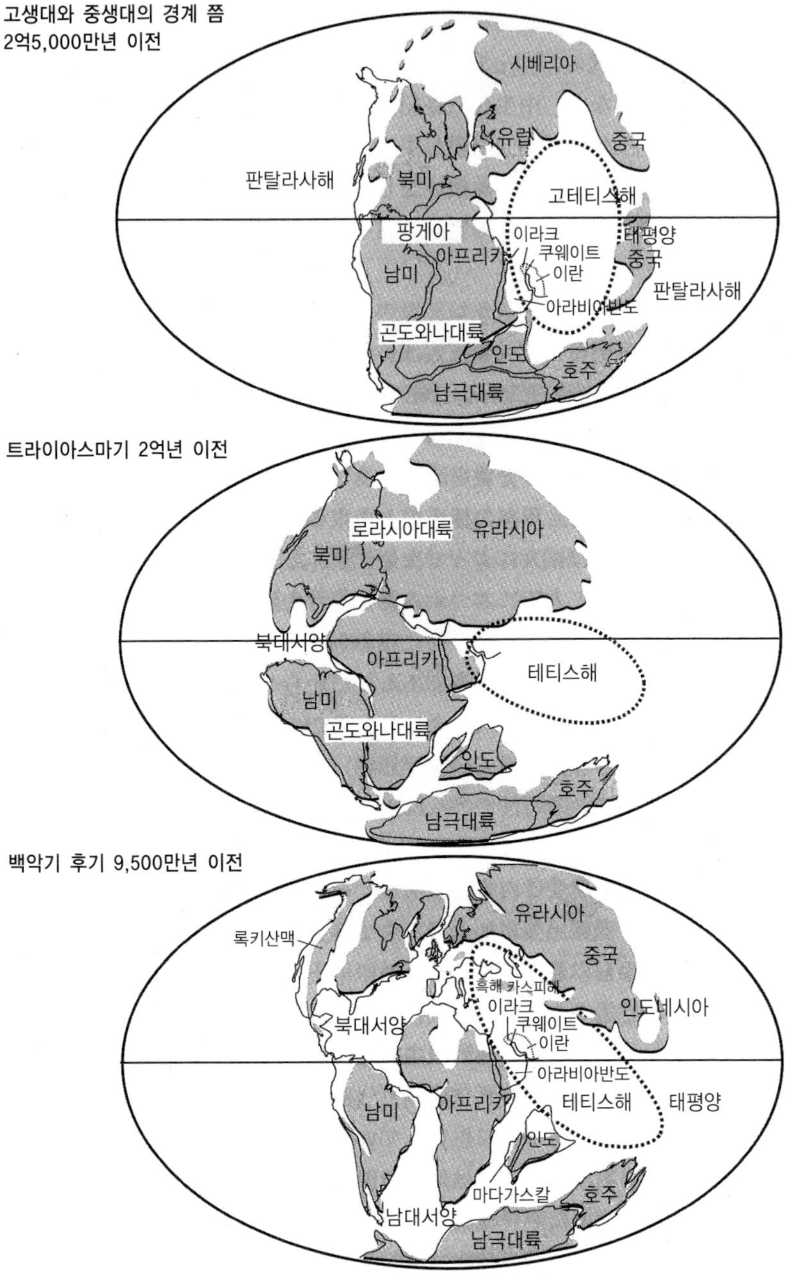

그림 6-17. 대륙이동과 테티스해(Paleomap Project를 기본으로 그림).

다. 판구조론에 의한 이러한 대규모 지각변동이 조류진화에 크게 관여하였다(제15장).

현재 인류의 생활에 필수적 요소로 사용되는 대부분의 석유는 과거 데티스해의 얕은 바다에 번성하였던 해양미생물 유해가 해저에 퇴적된 이후에 지각 속에 갇혀 고압조건에서 지열에 의해 변성을 받은 산물이다. 해양미생물의 주역은 식물플랑크톤이다. 인편모조, 와편모조에 더하여 정확히 규조가 번성하는 시기에 해당한다. 이들이 지금 석유의 본질인 것이다. 때문에 지금 우리가 난방 등 가정용으로 사용하는 등유, 자동차를 달리게 하는 휘발유, 화석연료를 사용한 화력발전소에서 만들어 가정 및 산업적으로 이용되는 전기의 상당 부분의 원천은 식물플랑크톤이라 할 수 있다. 유공충 등 다른 동물성 미생물도 석유기원생물이다. 이들 원생동물은 광합성 조류에 의지하여 성장하고 증식한 것이기 때문에 결국 석유의 기본은 당시 테티스해에 서식하였던 식물플랑크톤이라고 할 수 있다. 예로부터 국제적인 석유회사에서는 규조나 와편모조 화석 분류를 하는 전문가를 채용하였다. 석유탐색을 위하여 당시 번성하였던 식물플랑크톤에 대한 화석조사가 필요하였기 때문이다. 1~2억년 이전의 식물플랑크톤이 현재의 과학기술 문명을 지탱하는 한편으로는 끝이 보이지 않은 분쟁의 불씨를 제공하고 있는 것이다.

15. 클린에너지

가. 트릴레마 문제

타고난 지혜와 사고에 의해 번영하여 탄생이후 수십만 년을 걸쳐 패권(覇權)을 쟁취한 인류는 18세기 초에 6억 명의 인구를 가지게 되었다. 완만하게 증가하여 왔다고는 하지만, 이미 대형포유류로서 생각할 수 없는 이상 개체수에 도달하였다. 그러나 지구 운명에까지 영향을 미칠 수 있는 규모의 인구증가 폭발은 그 이후에 발생하였다. 산업혁명을 시작으로 새로운 에너지 획득과 기술개발은 경제와 생활을 한꺼번에 변화시켜 인구의 폭발적인 증가를 가져왔다. 1999년에는 세계 인구가 결국 60억 명을 돌파하였고, 2015년에는 70억 명을 돌파하였다. 과거 3세기 동안 10배, 과거 50년 사이에 약 2배로 증가하였다. 이대로 간다면 2050년에는 90억 명을 돌파할 것이다. 생물종으로는 이상이라고 할 수 있는 것 말고는 할 말이 없는 현상이다. 역사상 이전에 없었던 이러한 인구폭발이 "트릴레마(trilemma) 문제"라는 인류가 직면하는 심각한 문제의 배경이다.

18세기도 저무는 1798년 영국의 경제학자 토머스 로버트 맬서스(T.R. Malthus)는 "인구론(An Essay on the Principle of Population as it Affects the Future Improvement of Society)"를 저술하여 인간은 지수 함수적으로 증가하지만, 생활에 필요한 물자와 자원은 산술급수를 따라 증가하는 것을 지적하였다. 인구증가는 항상 생활에 필요한 물자나 자원의 스톡을 초과하기에 필연적으로 인구와 자원의 불균형이 생긴다. 그러면 이러한 불균형을 해소하려는 시소의 힘이 작용하여 기아, 빈곤, 더욱이 전쟁 등 인구를 억제하는 현상이 발생한다. 반대로 생활에 필요한 물자와 자원에 여유가 생기면 생활수준 향상과 인구증가도 진행된 새로운 균형상태에서 당연히 인구는 이전보다 많게 되고, 소비되는 물자나 자원도 이전보다 크게 된다. 자원의 여유가 있으면 이러한 상승으로 완만하거나 또는 급속한 스파이럴(spiral)이 계속된다. 맬서스는 현재의 인구 상황을 정확하게 이야기하였다고 할 수 있다.

역사적으로 현저한 인구증가는 몇 번 있었다. 유행어로 말하면 혁신적인 이노베이션을 동반하였다. 최초 증가는 석기가 발명되어 수렵채집 효율이 비약적으로 증가하는 것에 의한다. 이 때 인류는 "사람"에서 "인간"으로 진화의 발걸음을 내딛었다. 3~4만년 이전의 일이다. 다음에 발생한 것이 농경이 시작된 약 1만년 이전의 일이다. 세계의 큰 하천 유역에서 문명이 성립되었다. 농경에 의한 생산물의 여유와 철 이용은 생활물자와 자원에 대폭적인 증가를 가져와서 인구는 비약적으로 증가하였다. 그에 따라 인류는 계급과 사회를 발명하여 그 질서 속에서 상승으로 나선형 증가는 계속되어 왔다. 그리고 새로운 단계를 맞이하였다. 결정적이라 할 수 있는 세 번째 인구폭발의 계기를 만든 것은 18세기 말에 시작된 산업혁명이었다(1785년 와트(J. Watt) 증기기관, 1807년 증기선의 발명, 1825년 스티븐슨(G. Stephenson)의 증기기관차의 실용화). 석탄이 가지는 에너지해방은 당연한 것이었고 생활물자와 자원의 대폭적인 상승을 가져왔다. 이후 3세기에 미치는 석유를 포함한 화석연료 이용과 과학기술 개발은 역사적으로 사례를 찾을 수 없는 인구증가가 진행되어 오늘에 이르고 있다.

산업혁명 이후 흐름이 일관되고 있지만, 과거 50년에 대해서 별도로 생각할 필요가 있다. 산업의 비약적인 발전에 더하여 비료나 농약도입으로 식량공급이 비약적으로 증가하였다. 그 중에도 역사상 어떠한 사람보다 많은 인명을 구한 것으로 1970년 노벨평화상을 수상한 노먼 블로그(N.E. Borlaug) 등에 의해, 1940년대에 시작한 "녹색혁명(Green Revolution)"의 영향은 대단하였다. 녹색혁명은 아시아와 남아프리카에 식량자급을 가져왔다. 그러나 다른 측면에서는 공산세력의 대두(적색혁명: 1917년 러시아혁명, 1949년 중국공산당 권력 장악 등)에 대항하여 미국이 주도한 아시아 국가들에 대한 식량공급을 위한 정책이었다. 1944년 록펠러재단이 국제미작연구소(IRRI, 필리핀)와 국제옥수수 및 밀개량센터(CIMMYT, 멕시코)를 설립하여, 품종개량을 추진하였다. 여기서 개발된 높은 수확의 옥수수와 밀 품종을 농업에 투입하였고, 또 수확량 증가를 위해 계절마다 품종 특성에 알맞은 재배토지를 변경하는 등 세심한 주의로 더욱 참신한 방안을 채택하였다. 동시에 다량의 질소비료를 투입하고, 관계사업 등이 전개되었다. 결과 특히 동남아시아와 남미에서는 이전에 없던 식량증산을 가져와 사람들을 기아에서 해방시키는데 크게 공헌하였다. 그러나 한편으로 녹색혁명은 과도한 수확으로 토지의 황폐를 불러왔고, 수자원 고갈을 초래하였다는 부정적 평가도 있다. 녹색혁명에 대한 공과 죄에 대한 논쟁은 있지만, 결과로서 세계 인구는 50년에 2배 증가하였다. 2016년 11월 세계 인구는 74.6억 명을 넘고 있다. 표현을 바꾸면 75억 마리 사람이라는 대형포유류가 지구 위에 북적거리는 세계가 되어 있다는 것이다.

인구론을 인용할 필요도 없이 지속적으로 증가하는 인구를 유지하기 위해서는 경제성장의 유지는 물론 충분한 식량 확보가 절대적으로 필요하다. 그리고 지속적인 식량증산을 위해서는 필연적으로 지금보다 많은 자원과 에너지를 필요로 한다. 그러나 자원과 에너지의 과잉소비는 이전에 경험하지 못한 규모로서 환경변화를 불러왔다. 무모하다고 할 수 있는 화석연료의 대량소비는 지금, 지구온난화라는 지구전체에 환경위기를 불러왔다. 이것이 지금의 지구 현상이다. 지구환경이 악화되면 식량생산이 파탄을 초래하여 많은 세계인

구가 기아에 허덕이는 결과를 초래 할 것이다. 당연 경제도 악화되지만, 정도의 규모가 다르다. 때에 따라서는 인류의 생존조차 위협 받게 되는 상황을 만들 수도 있다. 2007년 2월 지구전체가 온난화되는 것에 의심할 여지가 없다고 IPCC(Intergovernmental Panel on Climate Change, 기후변동에 관한 정부간 패널)의 제2워킹그룹이 제4차보고서에서 확인하였다[6]. 이 보고서 특징은 이용 가능한 광범위한 관측자료의 검토를 밑바탕으로 하는 것으로 몇 가지 쇼킹한 내용을 포함한다. 간단히 보면, 지구 평균기온은 과거 100년에 0.74℃상승하였다. 제3차 보고서에서 0.6℃이었기에 과거 10년 동안 온난화가 기속된 것을 의미한다. 해수면은 100년에 17cm나 상승하였다. 또 북극해 결빙면적과 북반구 대륙의 적설면적은 모두 과거 30년에 비해 8% 감소하였다. 역시 투발루공화국이 가라앉고 있는 이유이다. 보고서에 상정된 앞으로 온실효과 가스의 배출량에 따른 미래 상황에 대하여 몇 개의 시나리오가 제시되었다. 그것에 따르면 지금부터 20~30년은 10년에 0.2℃ 온도상승이 진행된다. 2100년에는 최저 1.8℃, 최고는 6℃의 평균기온 상승이 예상된다. 평균기온에서 6℃ 차이는 에너지로 말하면 막대한 양이 된다. 이것이 무엇을 가져다 줄 것인지! 다양한 일들이 발생할 것이다. 예를 들어 21세기 후반에는 여름 북극해는 얼음이 없는 바다가 될 것이라고 한다. 기타에도 슈퍼컴퓨터로 지구시뮬레이션을 구사하여 다양한 지역적인 변화에 대해 예상하고 있다. 믿고 싶지 않은 내용들이 많다.

이상의 문제에서 해결하기가 매우 곤란한 것은 "경제발전", "자원과 에너지 확보", "지구환경보전"이라는 것이다. 칭칭 얽어 있는 트릴레마 문제이다. 트릴레마(trilemmam, Gk; *tri* 셋, *-lemma* 상정)는 서로 인과관계가 있는 세 가지 문제를 가진다는 것이다. 딜레마가 관련되는 두개 문제를 해결하는 과정에서 고민/괴로움 하는 것은 3파의 모순 사이에서 방황하는 것이 된다. 지금 미래 지구에 대한 우리의 예상은 막연한 불안에서 확신을 동반한 근심으로 변해가고 있다.

---

[6] 2014년 제5차 보고서가 발표되어 있다.

나. 조류의 역할

이상이라고 할 수 있는 인구증가는 생물 진화사에서 처음 직면하는 커다란 문제이지만 인류가 이용할 수 있는 자원과 에너지가 있다면, 앞으로도 계속하여 인구는 증가하게 될 것이다. 그 누구도 멈추게 할 수 없는 동물적 본능이라 할 수밖에 없다. 이와는 별도로 트릴레마문제의 본질은 화석연료의 과도한 소비에 있다. 지구환경에 가혹이라 할 정도의 오염부하로 대기오염 및 온실효과가스가 증가하여 지구온난화라는 심각한 환경문제를 발생시키고 있었다. 우리들은 이러한 지금 상황에서 무엇을 할 수 있을까? 지구환경에 오염부하를 조금이나마 경감시키면서 인구를 지키고, 생활을 유지하기 위해 할 수 있는 유일한 일은 세계의 에너지 사용에 80%를 차지하는 화석연료(석유 36%, 석탄 23%, 천연가스 21%)을 대신할 수 있는 새로운 에너지, 즉 대체에너지를 개발하는 일이다.

이미 설명한 것과 같이 현재 우리가 사용하는 대부분 에너지는 생물기원이다. 물론 원자력을 더하면, 수력이나 풍력, 지역에 따라서는 지열도 이용하지만, 화력발전소에 사용되는 석탄이나 원유는 화석연료이다. 석탄은 육상의 양치식물 등 수목, 석유는 조류인 플랑크톤이 주된 기원이다. 근원을 더듬게 되면 모두 광합성 생물이 태양에너지를 유기물로 고정한 것이다. 즉 이들 광합성 생물이 땅속에서 변성을 받고 형성된 것이 화석연료이다. 온난화는 이들 화석연료를 아무런 생각 없이 지속적으로 소비하는 것에서 원인을 찾을 수 있다. 수억 년에 걸쳐 땅 속에 갇혀 있던 온실효과 가스인 이산화탄소를 300년이라는 짧은 시간에 열심히 그것도 지속적으로 해방시키고 있다. 아마도 이러한 현상에서 지구온난화는 필연이라고 할 수 있다.

그렇다면 한편으로 이렇게 생각할 수도 있다. 옛날의 조류나 식물이 석유나 석탄이 되었다면, 현재 지구에 서식하는 조류나 식물을 이용하여 석유를 시작으로 필요한 연료를 만들 수도 있는 것은 아니지! 어느 쪽도 현재의 대기 중 이산화탄소를 고정하고 있기에 화석연료와 같이 온실효과 가스를 증가시키지는 않을 것이다. 원래 석유의 소재였기에 당연한 발상이라 할 수 있다. 조류나 식물에서 화석연료를 대신하는 에너지를 추출할 방법이 있기에 그것을 개발하면 된다. 이러한 구상을 녹색화학(green chemistry)이란 이름으로 불린다. 이산화탄소 무배출시스템(zero emission)을 목표로 하는 시도이다. 교토의정서(Kyoto Protocol) 기후변화협약(FCCC, Framework Convention on Climate Change)을 밑바탕으로 1997년 12월 11일 지구온난화방지를 위한 교토회의 제3회 국제기후변화협약 체결국회의(COP3-FCCC, COP: Conference of the Parties)에서 이산화탄소 배출과 지구온난화문제가 클로즈업 된 이후 바이오매스를 에너지로 변환하는 기술개발이 다양한 분야에서 진행되고 있다. 광합성 효율 상승을 목표로 하는 식물의 품질개량이나 유전자조작도 진행된다. 사막에 생존하는 식물개발 등이라는 것도 있지만, 여기서는 식물에서 직접 에너지를 변환시키는 것을 표적으로 하는 것을 생각해본다. 광합성 산물을 에너지로 변환하는 지식기반의 개발은 앞으로 인류생존을 좌우하는 중요한 과제이다.

그런 관점에서 바이오매스 에너지가 주목을 받는다. 특히 이러한 분야는 바이오연료란 이름으로 주목을 받고 있다. 사용이 오래된 식용유에서 기름을 정제하는 재순환 활동을 시작으로, 사탕수수와 옥수수, 유채, 해바라기 씨(식물형태학적으로 정확하게 말하면 과실), 더욱이 쓰다버린 목재 폐기물을 분해하여 에탄올이나 디젤을 추출하는 사업이 차례차례 진행되었다. 한편으로는 미세조류를 사용하여 에너지를 추출하는 기술개발은 세계적으로 일찍부터 연구되어 있음에도 불구하고, 현시점에서 실현되지 못하고 있다. 즉 커다란 기대를 모았음에도 조류에서 에너지를 추출하는 기술은 아직 실용화에 이르지 못하고 있다. 무엇 때문일까?

실은 사탕수수나 해바라기 등 육상식물에 비하면 조류는 커다란 장점이 있다. 첫째는 적당한 온도와 빛이 있으면 시간과 장소를 가리지 않고 성장이 가능하다는 것이다. 모든 빌딩 옥상에 에너지생산을 위한 조류배양 플랜트를 설치하는 것도 가능하고, 해상이나 사막을 이용하는 것도 가능하다. 옥수수도 해바라기도 수확에는 일 년에 한번(2모작이 되어도 겨우 2번)으로, 그것도 재배에는 넓고 비옥한 토지를 필요로 한다. 일본은 현재 사탕수수나 옥수수를 더 이상 증산을 할 수 있는 토지도 없다. 토지를 해외에서 구하게 되면 열대우림이나 맹그로브 등 자연식생의 파괴를 더욱 촉진시킬 수밖에 없다. 그러지 않더라도 지구규모의 식량위기의 도래를 걱정하는 현실이다. 바이오매스 에너지가 유행이었지만 식량을 연료로 돌리는 것이 불가능한 시대가 금방 도래하게 될 것이다. 그것도 나무나 풀은 종자를 지탱하기 위한 가지나 줄기에 많은 바이오매스가 필요하며, 수목은 성장에 오랜 시간을 필요로 한다. 애초 수목에는 이산화탄소 스톡으로서 역할이 있어 이것을 벌채하여 에너지로 변환하는 것은 좋은 방법이 아니다. 고작해야 간벌제가 대상이 될 정도일 것이다. 간벌제를 모두 사용하면 금방 재료가 바닥이 날 것이라는 것은 어렵지 않게 예측된다. 이런 것에 반하여 조류는 바이오매스가 거의 생산량 그 자체이다. 그것도 좋게 말하면 매일 바이오매스를 채취하는 것이 가능하다는 것이 두 번째 장점이다. 현시점에서는 배양을 위한 시설 투자가 경제적으로 부담된다는 문제가 있다. 조류 에너지이용이 실용화되지 않는 가장 큰 이유는 비용문제이다. 높은 증식속도를 가지면서 생산성도 높은 배양주가 있으면 된다. 많은 노력을 하고 있지만 지금까지 많은 연구에서 우량주 탐색과 선택이라는 초기단계가 충분하지 못하였던 것 같다. 인간에게도 단거리와 마라톤은 적성과 능력은 별도일 것이다. 조류에도 마찬가지이다. 목적에 부합되는 재능이 풍부한 조류를 찾아내는 것이 무엇보다 중요하다. 예로부터 장기에 걸친 우주선 생활에 클로렐라를 생태계 일부로서 사용한다는 구상이 있었다. 장소에 관계없이 높은 효율로 광합성을 할 수 있다는 것이 이유였다. 한정된 공간에서 에너지 생산자 역할을 할 수 있는 것은 조류밖에 없다. 수목을 가지고 갈 수는 없다. 바이오매스 에너지를 얻는 것에 조류를 사용하면 좋다는 생각은 결코 잘못된 것이 아니다. 다만 경제성이 확보될 수 있게 빠른 성장이 가능하면서 높은 효율성을 가지는 배양주 확립과 광합성 효율의 향상, 그리고 생산물 정제기술의 개량이 있으면 가능하다. 조류가 온난화 대책을 위한 대체에너지원으로서 주역이 되는 것은 시간문제이다. 트릴레마문제 대책은 그곳에 조류가 가진 이점을 얼마만큼 활용할 수 있는가? 하는 것이 열쇄가 될 것이다. 어쩌면 인류의 미래는 조류의 유효이용에 달려있다고 할 수 있을지도 모른다.

다. 석유를 만드는 조류

보트리오코커스(*Botryococcus braunii*, Gk: *botrys* = cluster of grapes 포도의

방, 권두사진 14-23, 그림 6-18)는 바이오에너지 연구 분야에서 파격으로 유명한 조류이다. 방모양의 군체를 형성하는 담수산 녹조로 녹색에서 빨강색까지 다양한 색상을 띈다. 녹조와 같이 호소수면에 부유하여 빨강색이나 녹색의 블룸(bloom)을 발생시키기도 한다. 이 조류가 주목을 받는 것은 탄소수 30~40의 탄화수소를 대량으로 생산할 수 있기 때문이다. 생산된 탄화수소 비율은 건조중량으로 조류 생체량의 30~70%나 되는 경이로운 수준이다. 빨강색 군체가 탄화수소 생산량이 높은 것으로 알려진다. 포도당이나 전분 등 당은 $(CH_2O)_n$ 등의 표현으로 나타내는 것처럼, 탄소, 수소, 산소의 화합물, 즉 탄수화물이라고 한다. 이것에 반하여 탄화수소는 탄소와 수소만으로 형성된 화합물로서 석유나 석탄, 천연가스의 주성분이다. 다음 세대 에너지로서 주목되는 메탄하이드레이트의 메탄도 탄화수소이다. 즉 탄화수소는 양질의 연료로 사용할 수 있다. 보트리오코커스는 광합성에 의해 직접적으로 석유를 만들어 낼 수 있다고 하여도 좋다. 보트리오코커스에서 추출된 탄화수소는 중유에 해당한다. 실제 보트리오코커스는 5억년 이전 오루토비스기 오일셰일(oil-shale)에서 화석으로 산출되며 현재 이 퇴적층에서 석유를 채취하고 있다. 오일셰일

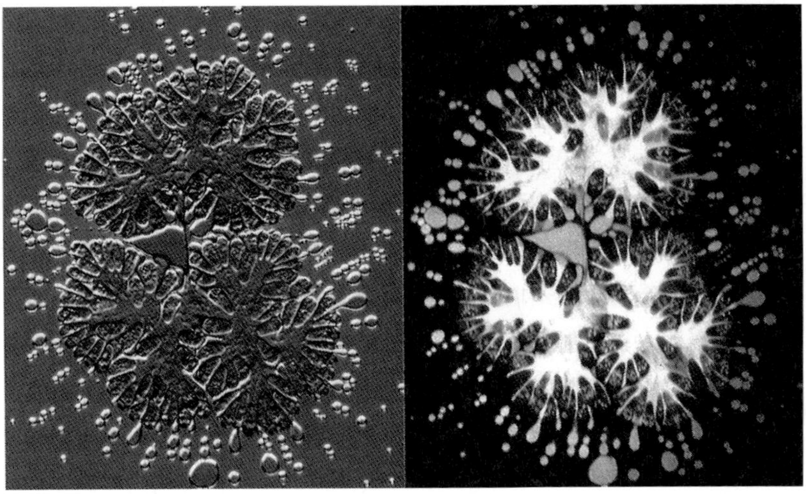

그림 6-18. *Botryococcus* 군체와 생산되는 오일. 군체가 부서지는 과정에서 기름이 세포에서 방출되고 있다. DIC 현미경(왼쪽) 및 형광현미경 사진(오른쪽). 하얗게 빛나는 부분이 기름(사진제공, 田野井孝子).

이란 탄소, 수소, 질소, 황 등으로 되는 고분자유기화합물을 포함하는 흑갈색의 점토상 세립질로 형성된 유혈암(shale: 퇴적암의 한 종류로서 수중의 펄이 퇴적하여 형성된 것)으로 세계 중에 널리 분포한다. 이것을 부수어 산소가 차단한 상태에서 유기물을 분해하고 휘발성 물질을 회수하면 석유가 얻어진다. 추정매장량은 3.3조 배럴에 달한다. 채굴이나 추출에 비용이 들기 때문에 지금은 거의 이용되지 않지만, 유전에서 채취되는 석유가 고갈되면 인류는 이것을 에너지원으로 사용하기 시작할 것이다. 그렇다 하더라도 오일셰일은 다양한 생물을 기원으로 하여 형성되었고, 그 중에 보트리오코커스에 유래하는 오일셰일이 다수 알려지고 있다.

보트리오코커스를 현미경으로 관찰하다가 조금 방치하면 수분이 증발하여 커버글라스에 세포가 달라붙는다. 이 때 세포에서 기름이 흘러나오는 것이 관찰된다(그림 6-18). 주변 물과는 혼합되지 않은 것에서 기름이라는 것을 알 수 있다. 이렇게 특별한 성질을 가지는 조류이기에 10여년 이전부터 생물공학의 표적으로 주목을 받아 연구 대상이 되어 왔다. 많은 연구자가 과제를 열심히 수행하였고, 다양한 연구비가 투입되었지만 아직까지도 충분하게 비용을 저감할 수 있는 방안이 도출되지 않는다. 즉 실용화에 대한 확실한 성과를 도출하지 못하는 상태이다. 그러나 에너지이용이라는 관점에서 보면 직접 탄화수소를 회수할 수 있는 보트리오코커스가 가진 장점은 의심할 여지가 없다. 도리어 연구가 활발하게 추진되지 않은 것이 더욱 이해가 되지 않을 정도이다. 그러나 이런 와중에 최근 새로운 전개가 보여 진다. 전국에서 재차 다수의 보트리오코커스를 채집하여 배양한 배양주에 대해 기초적인 해석을 실시한 결과 증식이 빠르고, 그것도 탄화수소 생산도 충분하게 확보할 수 있는 보트리오코커스 배양주가 확립되었다. 기름 정제기술의 개량도 진행되어 유채나 기름야자를 능가한다. 또 연구단계이지만 보트리오코커스를 이용한 대규모 에너지 생산시스템에 대한 타당성에 대한 평가도 실시되는 단계이다. 조류에서 석유를 만드는 시도가 실용화를 향해 한발 내딛고 있다. 열심히 기초연구에서 성과가 도출되면, 앞으로 이외에도 에너지 이용에 도움이 되는 조류가 발견될 것이다. 후보는 얼마든지 존재한다. 그 중에서 보트리오코커스는 조류가 석유를 대신할 수 있는 대체에너지 주역으로서 최초의 주인공이 되고 있을 뿐이다.

라. 수소발전

수소분자는 모든 물질 중에서 가장 높은 결합에너지를 가진 고에너지 분자이다. 수소원자 2개가 각각 전자를 한개 가지고 있어 C-H, O-H 등 유기화합물이 가진 결합에 비하여 높은 에너지를 유지한다. 때문에 연료로서 우수하다. 특히 중량 당 에너지로서는 월등히 탁월하다. 로켓트연료(추진력)가 수소가스로 공급되는 것을 생각하면 쉽게 이해할 수 있다. 조류를 유류 등 바이오매스 에너지로 이용하는 연구 이외에 직접 수소를 생산하여 에너지로 이용하려는 시도가 있다.

중학교 과학이나 고등학교 화학교과서에서 물의 전기분해 항목에서 누구나 학습하는 것이지만, 물에 전기를 통하면 수소와 산소로 분해된다. 이 과정을 반대로 한다면 어떻게 될까? 수소와 산소의 화학반응은 물을 생성하고 동시에 전기를 얻을 수 있다(그림 6-19).

이것이 연료전지(fuel cell)의 원리로서 최근에 하이브리드 차량으로 우리에게 한층 친숙해졌다. "전지"라면 건전지와 같이 전기를 저장하는 도구로서 충전을 위해 수소가 필요한 것으로 생각하지만 그렇지는 않다. 수소와 산소를 연속하여 공급하면 전기가 연결될 때와 같이 연속하여 전류가 흐른다는 구

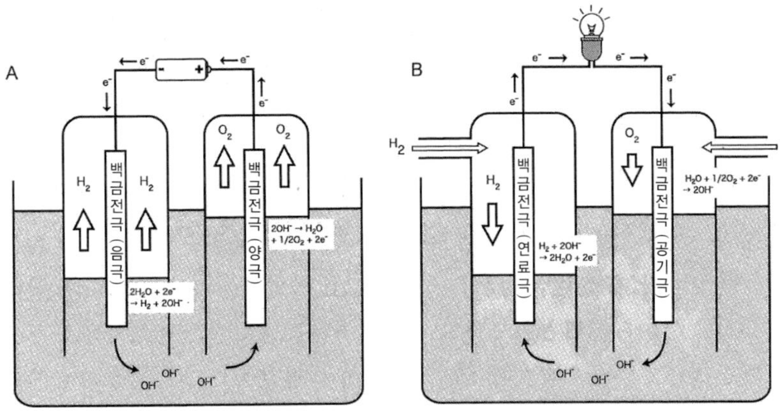

그림 6-19. 물의 전기분해와 연료전지. A: 물의 전기분해, B: 연료전지. 수소와 산소를 공급하면 물이 생성되고 전기가 흐른다.

조이다. 연료전지는 수소를 사용하여 전기를 저장하는 것이 아니라, 수소를 연료로 하는 발전기이다. 공기 중 산소는 연소제이다. 즉 수소를 계속하여 공급하면 언제나 전기를 발생시키는 수소발전기(hydrogen generator)를 만드는 것이다. 태양전지도 마찬가지로 태양광을 받는 동안은 직접 전기로 변환되지만 전기를 저장하지는 못한다. 이런 부분은 용어의 정의에 따른 문제지만 쉽지가 않다. 수소를 이용하여 발전하면, 발전의 결과로서 물이 생성될 뿐이기에 환경에 영향은 전혀 없다. 때문에 수소는 화석연료를 대신하는 클린에너지(clean energy)로서 유력하다. 개발경쟁에 세계가 인고하고 있지만 문제는 수소생산 방법이다. 예로부터 일부에서 실시하는 것처럼 석유를 사용하여 수소를 만들어 연료전지로 공급하면 결국은 화석연료 소비가 된다. 천연가스라면 이산화탄소 발생량이 작기 때문에(석유의 60%) 다소 좋다고 할 수 있지만, 화석연료 이외의 자연에너지 또는 생물활동을 이용한 수소공급이 실현되어야만 처음으로 클린에너지라는 이름의 가치를 가질 수 있다. 조류를 이용하여 물에서 수소를 만드는 것이 실현된다면, 물에서 수소, 수소에서 물이라는 순환에너지가 얻어지게 된다. 실현되면 이것이야말로 궁극적인 클린에너지라고 할 수 있다.

일부 조류(남조 및 녹조의 *Chlamydomonas*나 *Scenedesmus* 등)는 어떤 조건에서 수소를 발생한다(그림 6-20). 광합성은 광반응의 광화학계 Ⅱ에서 물이 분해되어 H^+와 e^- 그리고 O_2가 생성된다. 통상은 H^+와 e^-는 ATP 합성과 환원제인 NADPH 생성에 사용되며, 이것으로 이산화탄소를 환원하여 포도당이나 전분을 만든다. 그런데 혐기적인 조건이면 H^+와 e^-는 별도의 길을 걸게 되어 엽록체 속에 존재하는 수소화효소(hydrogenase)를 사용하여 수소를 발생시킨다($2H^+ + 2\ e^- \rightarrow H_2$). 생리적으로는 여분의 전자를 수소로 제거하는 반응으로 생각된다. 수소화효소는 수소분자의 산화환원반응을 촉진시키는 촉매효소로서 혐기조건의 다양한 대사에서 역할을 한다. 수소화효소는 산소가 존재하면 활성이 저해된다. 때문에 수소를 발생시키기 위해서는 빛 조건에서 배양한 다음, 혐기 및 암 조건으로 이동하여 효율향상을 시도하였다. 그렇지만 조류를 배양할 때에 배양액에 대부분의 황을 제거하면, 빛 조건에서도 수소발생을 유도할 수 있다는 것이 밝혀졌다. 이미 초기단계 실험은 성공하여, 석

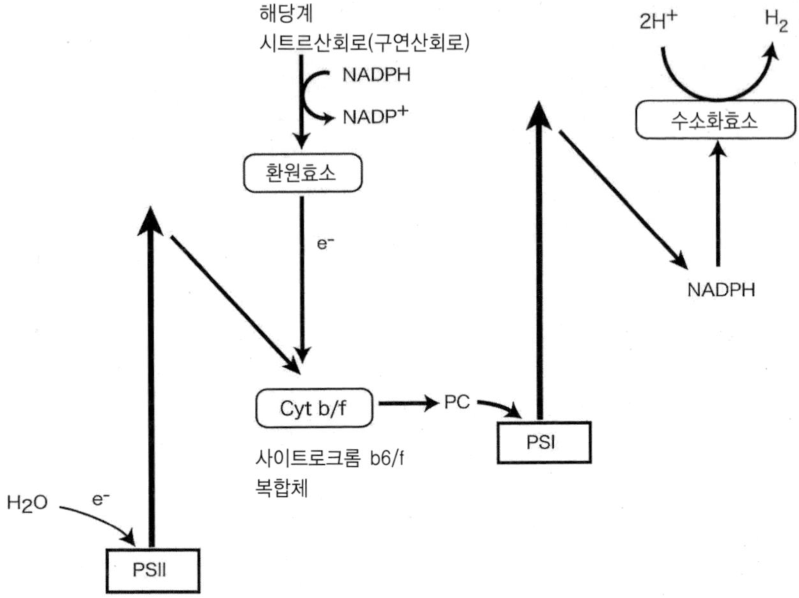

그림 6-20. 클라미도모나스에 의한 수소발생.

유나 석탄 등 화석연료의 대체연료로서 이용가능하다는 결과를 얻었다. 충분하게 경제성이 확보되어 미국에너지성(DOE)이 제시하는 기준을 통과하는 수준에 있다. 미국에서는 벤처회사도 이미 설립되어 한꺼번에 플랜트 건설까지도 계획을 진행하는 분위기이다. 드디어 조류가 전기를 만드는 시대를 맞이하게 되는 것이다.

이외에도 남조에서 수소를 이용하는 연구가 진행되었다. 남조는 수소화효소도 이용되지만, 또 하나 질소고정효소(nitrogenase)를 이용하여 수소를 발생시키는 것이 특징이다. 질소고정효소는 공기 중 질소가스를 고정하는 반응을 촉매 시키는 촉매효소이다. 질소고정에 대해서는 이미 앞에서 설명하였다. 복습이 되지만 다시 한 번 화학반응식을 살펴보자.

$$N_2 + 8H^+ + 8e^- + 16ATP \rightarrow 2NH_3 + H_2 + 16ADP + 16Pi$$

이 식에서 알 수 있듯이 질소고정 반응의 부산물로서 수소가 발생되기 때문에 필요한 것은 이것을 효율적으로 꺼내는 방법이 있으면 된다. 질소고정효소 반응에서는 25%의 전자가 수소생산에 사용되어($2H^+ + 2e^- + 4ATP \rightarrow H_2 + 4ADP + 4Pi$), 한 분자 수소를 만들기 위해서는 4분자 ATP가 사용된다. 클라미도모나스의 수소화효소를 사용한 수소생산에 비하면, 빛 에너지로부터의 변환효율은 다소 나쁘다. 그러나 장점도 있다. 수소화효소를 사용한 수소생산은 산소가 존재하면, 반대로 수소 흡수반응이 발생하기 때문에 광합성과 수소생산 과정을 나누어서 설정하여야 하기에 매우 복잡한 시스템이 된다. 그러나 질소고정효소 반응은 부가역적으로 수소를 발생하며, 그것도 대상으로 하는 종을 선택하면 산소가 존재하더라도 수소생산이 가능하다는 것이다. 남조는 산소에 약한 질소고정효소 기능을 보호하기 위하여 이질세포(heterocyst)를 발달시키는 등 산소가 발생하는 광화학계 Ⅱ계와 질소고정의 장을 분리하여 수행된다(그림 6-21). 또는 낮에는 광합성, 밤에는 호흡활성으로 산소를 소비하여 질소고정효소가 기능하는 환경을 만드는 것도 있다. 남조를 사용하는 가장 큰 강점은 단순한 시스템 구성이 가능하다는 것이다. 우수한 배양주가 확보된다면, 수소발전의 중요한 기수로서 역할을 수행할 수 있을지도 모른다. 여름철 주변 곳곳의 하구댐이나 하천에서 발생하는 녹조 원인 생물로 우리에게 나쁜 이미지를 나타내는 남조가 수소생산 등 클린에너지 생산으로 지구온난화 문제해결의 한 부분을 담당할 수 있는 역할을 담당할 수

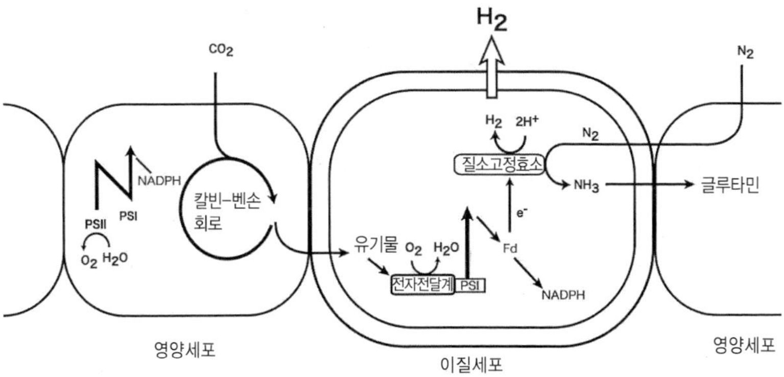

그림 6-21. 남조의 수소생산. 질소고정 과정에서 수소가 발생한다. 이질세포(heterocyst)는 질소고정이 진행한다.

있다면, 지금까지의 오명을 벗고 면목약여(面目躍如)가 실현된다. 유전자조작에 의한 효율 향상도 시도된다.

이상에서 조류가 클린에너지를 생산할 수 있는 가능성에 대한 살펴보았다. 현재의 지구환경을 구축한 주인공은 남조이지만 트릴레마 문제의 핵심부분에 있는 에너지문제를 해결하기 위해서는 결국 조류의 힘을 빌리게 될 것으로 생각한다. 이산화탄소 플럭스(이동)로서 조류역할에 대해서는 앞에서 생물펌프의 개념으로 이미 설명하였다. 그것은 화석연료를 대신할 수 있는 대체에너지 문제에서도 동일하게 생각할 수 있다. 본래 탄소저장고로 역할이 큰 육상식물과는 다른 역할을 가진 조류에 대해 조금 더 심도있게 검토하여, 조류를 효율적으로 이용해야만 하는 시기가 이미 도래하여 있다고 할 수 있을 것이다.

마. 아이슬란드의 교훈

교토의정서에 정해진 CO_2배출 해당 삭감량(온실효과 가스 6종에 대하여 1990년 배출량을 기준으로 2012년까지 5% 삭감한다. 일본의 목표삭감량은 6%이다)을 유일하게, 그것도 이미 실현하여 의정서에 따라 2012년까지 10% 여분의 CO_2를 배출할 수 있는 보증을 받은 우등생 국가가 존재한다. 어떠한 나라인지 독자는 알고 있을까? 답은 북구권에 위치하는 조그만 나리인 아이슬란드이다. 조류하고 직접적인 관계는 없지만, 지금까지 문맥에서 아이슬란드 사례를 살펴보는 것도 많은 참고가 될 것으로 생각되어 소개하여 둔다. 에너지문제에서 아이슬란드는 세계의 최선진국으로서 의미하는 내용이 크다. 세계는 에너지절감을 위해 다채로운 방법들을 실시하고 있다. 앞으로 우리들은 무엇을 생각하고, 어떻게 행동하여야 하는가에 대해 중요한 시사점을 다양하게 보여줄 것으로 생각된다.

1970년대 발생하였던 오일쇼크로 대서양 섬나라인 아이슬란드도 에너지를 석유에 의존하였던 대부분의 세계 서방국가와 마찬가지로 커다란 타격을 받았다. 그러나 아이슬란드의 위대함은 오일쇼크를 교훈으로 빠르게 대체에너지로 전환을 시도하여 성공한 것이다. 아이슬란드는 대서양 북쪽에 멀리 떨어진 외딴 섬이지만, 세계적으로 이름 있는 화산국가이다. 아이슬란드 화산은 대서양의 북미판과 유라시아판에 의해 만들어 진다. 지구의 남북을 관통하는 대서양 중앙해령이 육상에 얼굴을 내밀어 섬 중앙부를 통과하는 장소이기 때문이다. 홋카이도보다 작은 크기의 아이슬란드는 2개의 지각판이 만들어 내는 대서양 중앙해령의 정상에 위치하고 있다. 그다지 살고 싶은 마음은 없지만, 덕분에 충분한 지열을 가지는 섬이다. 또 이러한 지구과학적으로 특별한 환경특성 때문에 국토는 기복이 심하여 많은 폭포가 존재한다. 이와 같은 자연환경 조건을 적극적으로 이용하여 아이슬란드는 화석연료 대신 지열과 수력을 이용한 자연에너지 전환을 효율적으로 실시하였다. 지열로 터빈을 돌려 발전하는 방법으로 필요한 전력을 충당하고 있으며, 발전과정에서 발생하는 80℃의 냉각폐수를 파이프라인으로 수도인 레이카빅으로 보내어 난방에 이용하고 있다. 열병합발전(cogeneration)이라는 시스템이다. 한국이나 일본에서도 최근 주목되는 에너지의 효율적 이용방법이다. 지금은 이러한 자연에너지로 국가가 필요로 하는 에너지 총량의 80%를 충당하는 환경선진국이 되었다. 북쪽 나라이기에 바람도 강하다. 풍력도 충분하게 활용하고 있다. 아이슬란드는 지금 자동차 등 수송연료를 제외하면, 화석연료 사용이 거의 없는 상황이 실현되고 있다. 40여년 이전의 오일쇼크에서 세계가 보조를 맞추어 도입해야만 했던 일을 아이슬란드는 세계에서 유일하게 선진적으로 도입하여 이미 실현하고 있는 것이다.

또 아이슬란드는 수소연료 사회의 실현을 목표로 하는 선진국이기도 하다. 2040년을 목표로 모든 자동차에 수소가스를 연료로 하는 연료전지를 탑재시키려고 계획하고 있다. 아이슬란드 정부가 솔선하여 추진하고 세계의 관련 대기업이 이 계획에 협력을 하고 있다. 아이슬란드는 지구에서 여분의 온실효과가스를 배출하지 않는 최초국가가 되는 것은 틀림이 없다. 1,000년도 넘는 이전부터 바이킹으로부터 물려받은 자연과 조화를 찾는 마인드와 모험심으로 합리성이라는 국민성이 아이슬란드를 세계적인 환경모범국가로 만들고 있다. 예전 일본인은 아이슬란드 사람들과 매우 유사한 마인드를 가지고 있었다. 하지만 지금 그러한 마인드는 어디론가 모두 잃어버리고 환경적으로는 전혀 힘을 쓸 수 없는 상황에 봉착하여 있다. 자연에너지로 회귀는 필연이기에 이미 이것을 실현하는 국가가 있다는 것은 작지만 미래의 희망을 살릴 수 있는 불씨로서 커다란 역할을 할 수 있을 것이다.

에너지에 대한 토론은 끝이 없다. 많은 입장에서 서로 다른 주장을 할 수 있고, 나중이 없는 긴급한 시기임에도 불구하고 공통의 이해가 도출되지 못하는 것이 국제적인 현실이다. 화석연료 사용 자제를 지속적으로 요구하지만, 현재에도 화석연료의 기본이 되었던 생물들이 살고 있기 때문에 지구환경이 유지되고 있다는 것에 대해서는 거의 인식을 하지 못하는 것이 현실의 정치적인 실정이다. 태양전지 이외에는 태양에너지를 직접 이용하여, 그린에너지로 변환할 수 있는 것은 광합성 생물뿐이다. 견강부회(牽强附會)라고 할런지도 모르지만, 그 중에서도 장소와 시간에 구애되지 않은 이산화탄소의 플럭스로서 조류역할은 더욱 정확하게 인식되어야 할 것이다. 이용 가능한 에너지로 원자력이 있다. 원자력은 원자핵 붕괴에 의한 질량에너지로의 변환이기에 온난화 가스는 물론 방출하지 않는다. 지구에 생물이 같이 살아간다고 하는 가이아설 제창가인 러브록은 모든 화석연료 사용을 바로 멈추고 원자력으로 바꾸는 것을 제안하였다. 그렇게 된다면 아직 온난화에 의한 파멸을 피할 수가 있다고 주장하였다. 조류나 태양전지에 의한 대체에너지가 아직 개발도중에 있는 지금 이론적으로는 타당한 내용일 수도 있다. 그러나 원자력문제는 그렇게 간단한 것이 아니다. 원자력 발전의 안전성이 확실하게 보증된다면 이라는 전제조건이 붙게 된다. 미국의 스리마일섬의 사고(1979년), 소비에트연방의 체르노빌사고(1986년)나 이바라키현의 東海村의 JCO 사고(1999년), 최근 후쿠시마 원자력발전소 사고(2011년) 등은 원자력사고에 의한 피폐가 아직도 세계 인류의 머리속에 생생하게 기억이 각인되어 있다. 방사성 폐기물 처리문제도 있다. 최근에는 전력회사의 원자력발전소 사고 숨기기가 점차로 폭로되고 있으며, 그에 따라 국민들의 불신감이 더욱 높아지고만 있다. 안전이 확보되고 보증된다면 확실히 원자력은 에너지 문제를 해결할 수 있는 대안이다. 그러나 안전성이 확보되어 마을 가까이에 소형 원자로를 설치할 수 있는 날이 언제쯤 올 것인지에 대해서는 미지수이다. 설령 실현된다고 하더라도 먼 미래의 일일 될 것이다. 당분간은 태양에너지를 얼마나 효율적으로 이용할 수 있느냐? 하는 방안이 요구된다. 또한 원자력조차도 앞이 보여 온다. 원자력에 이용 가능한 우라늄이 앞으로 50년 이후에는 고갈되는 것으로 예측하고 있다. 때문에 고속 증식로(高速增殖爐, fast breeder reactor)나 핵융합 연구에 거액을 투자하여 활발하게 진행되고 있지만, 앞의 전망은 그다지 밝아 보이지는 않는다. 그렇다면 미래에는 바이오매스를 이용한 에너지 밖에 길은 없다. 이러한 일들을 생각하면 조류야 말로 최대의 목표가 되지 않으면 안 될 것이다. 아이슬란드에 조류에너지 플랜트 이야기를 제안하면 이외로 쉽게 승낙할지도 모른다. 지열에도 지지 않고 온수 속에서 태연하게 생육하는 조류가 능력개발을 시작할 지도 모른다. 이러한 에너지 관점에서 우리는 아이슬란드에서 많은 점을 배워야 할 것이다.

제7장

생명과 조류의 탄생

지금까지 각 장에서 조류의 다양성과 다양한 생태적 기능 및 역할에 대하여 설명하였다. 생김새에서 살아가는 방법 그리고 생태계와의 관련성에 이르기까지 조류는 놀라울 정도로 다양하며 지구환경과 생태계에서 매우 중요한 존재라는 것을 알 수 있었을 것이다. 이렇게 다양한 조류는 46억년 지구역사와 40억년의 생명사에 어떻게 위치 매김을 할 수 있는 것일까? 이 장에서는 조류라는 생물을 만들어 낸 탄생초기의 지구와 생명에 대하여 생각하여 보자.

1. 원핵세포와 진핵세포

원핵세포(原核細胞, procaryotic cell)와 진핵세포(眞核細胞, eukaryotic cell)의 차이를 질문하면 대부분 학생들은 핵의 유무라고 대답한다. 이것은 이것대로 틀린 답은 아니다. 그러나 이 답은 이 두 세포 사이의 많은 차이점 중의 하나일 뿐이다. 양자는 세포기능 및 효율이라는 면에서 상당한 차이가 있다. 원핵세포는 세포의 많은 화학반응이 같은 세포질의 스프(세포질 기질 또는 세포질 졸) 속에서 진행된다. 전자현미경으로 관찰하면 원핵세포 내부는 DNA 영역과 리보솜만이 관찰된다(그림 7-1A). 이것에 반하여 진핵세포는 세포 속에 막이 미로와 같이 복잡하게 들어있다(그림 7-1B). 진핵세포는 핵을 시작하여 많은 세포의 주요한 기능이 막으로 둘러싸여 있다. 즉 다른 기능과 나누어진 구획 속에서 독립으로 반응이 진행된다. 나중에 설명하는 미토콘드리아나

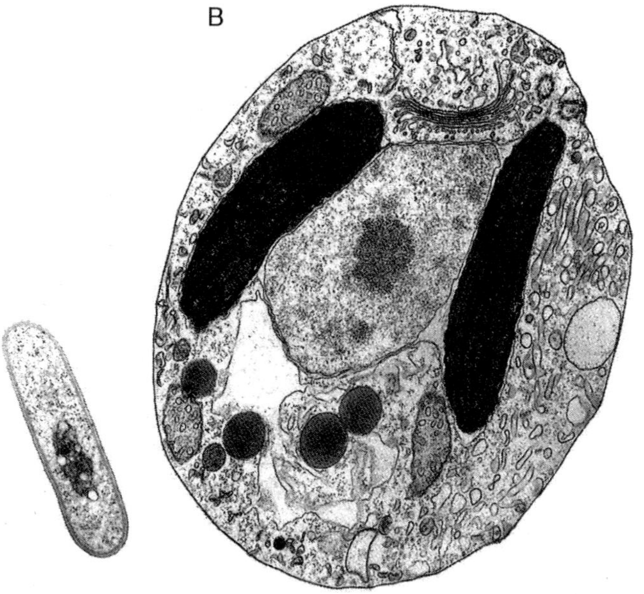

그림 7-1. 원핵세포(그람음성세균, A)와 진핵세포(황금색소 오크로모나스, B)의 전자현미경 사진. 진핵세포에는 세포 속에 막계가 발달된다.

엽록체는 진핵세포가 가진 우수한 에너지 변환장치로 미토콘드리아 속에서 산소를 사용한 연소반응(산소호흡)과 엽록체 속에서 빛에너지를 화학에너지로 변환하는 반응(광합성)이 별도로 진행된다. 이외에도 소포체나 골지체 등은 진핵세포 속에 막으로 칸막이가 된 세포내소기관들 이다. 소포체는 단백질을 만들어 그것을 골지체로 보내 당 등이 부가된 다음에 분비소포로 잘라내어, 세포 밖으로 방출시키거나 세포 속의 목적지로 보낸다. 이와 같이 진핵세포는 잘 설계된 공장과 같이 분업화가 실시된다. 때문에 일연의 반응이 정연하게 진행되어 높은 효율을 나타낸다. 이러한 진핵세포와는 달리 원핵세포는 예를 들어 설명하면 자동차의 조립과 해체를 같은 라인에서 진행하는 것이 된다. 서로의 작업이 방해가 되기도 할 것이다. 때문에 효율이 매우 낮게 된다.

원핵세포와 진핵세포의 또 다른 하나의 차이는 세포 속의 물질수송능력에 있다. 원핵세포는 수송에 관련하는 특별한 수단이 발달되어 있지 않아 세포질 속에서 확산되는 것 이외에는 별도의 수송방법이 없다. 물질이 확산에 의해 도달할 수 있는 범위에서만 기능을 할 수밖에 없기에 원핵세포는 크기가 현저하게 제한을 받는다. 대부분 세균이 1μm 정도 크기인 것은 세포 속 수송능력이 한정되기 때문이다. 이에 반하여 진핵세포는 미소관이나 악틴 등의 세포 골격 그리고 각각에 결합하여 운동하는 운동단백질이 발달된다. 이들을 이용하여 세포 속에서 높은 효율로 물질을 목적지까지 수송할 수 있다(그림 11-22). 이러한 구조적 차이 때문에 진핵세포는 원핵세포에 비하여 크기가 훨씬 크다. 동물이나 식물세포는 수십 μm가 일반적이다. 그림 7-1을 다시 한 번 보아주기 바란다. 한 번 보고도 그 복잡함의 정도 차이를 알 수 있을 것이다. 원핵세포와 진핵세포 차이를 그림 7-2에 정리하였다.

세포내 수송을 다른 측면에서 말하면 핵에 집약된 유전자로부터 전사되어 해석된 단백질을 세포 속의 목적지에 정확하게 배달하는 것이다. 상세한 것은 나중에 설명하지만, 때문에 수송되는 단백질에는 정교한 장치가 구비되어 있다(제10장). 진핵세포는 단지 원핵세포의 DNA가 막으로 덮여있는 것이 아니다. 새로운 부품과 다수의 기능을 추가하여 높은 효율화를 구현한 전

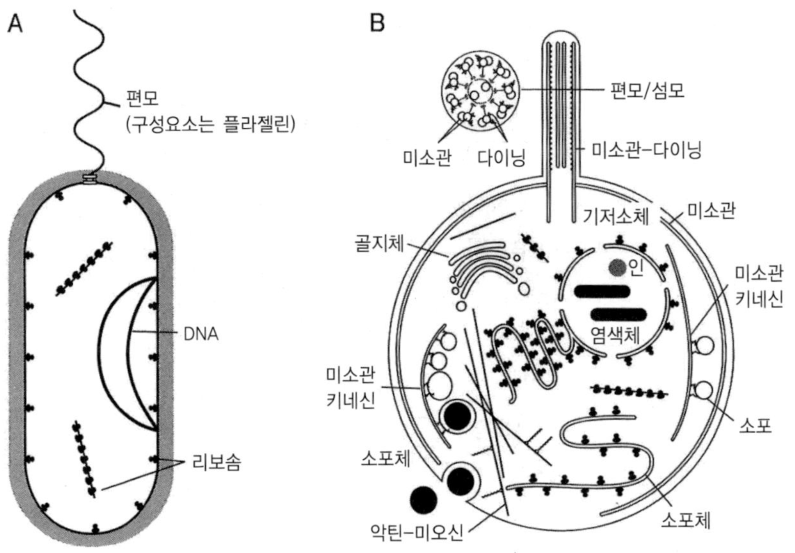

그림 7-2. 원핵세포(A)와 진핵세포(B)의 구조비교. 진핵세포에는 각종 기능이 막으로 구획화 되어 있을 뿐만 아니라 세포 속의 수송구조가 발달되어 있다.

혀 다른 종류의 세포이다. 자전거와 자동차 정도의 차이로 생각하면 이해하기 쉽다. 원핵세포와 진핵세포 사이에는 생물진화 최대의 갭(gap)이 존재하는 것이 된다.

이러한 복잡하고 새로운 부품을 추가하는 것으로서 진핵생물은 원생생물에서는 찾을 수 없는 다양한 구조를 발달시킨다(그림 7-2). 핵과 세포의 분열장치도 이러한 구조 중의 하나이다(그림 7-3). 세포는 어미세포의 정확한 분열에 의해 만들어 진다. 원핵세포 분열은 무사분열이라고 한다. 세포가 잘록해지면서 DNA 덩어리인 핵양체를 두개의 세포로 나누어 분배된다. 이 때 DNA는 세포막에 결합되어 세포막이 당기는 힘으로 두개로 분리된다. 이렇게 원핵세포와는 달리 진핵세포는 핵분열 과정에 유사분열이라는 새로운 구조가 도입된다. 우선 DNA를 복제하여 같은 내용을 가진 염색분채를 두개 만든다. 각각의 염색분체에는 동원체라는 미소관이 결합할 수 있는 부위가 존재하며, 여기에서 방추체 미소관이 결합된다. 이 방추체 미소관이 양극으로 당기는 힘으로 두개의 딸세포로 분배된다(실제로는 동원체에서 미소관이 분해되는 것

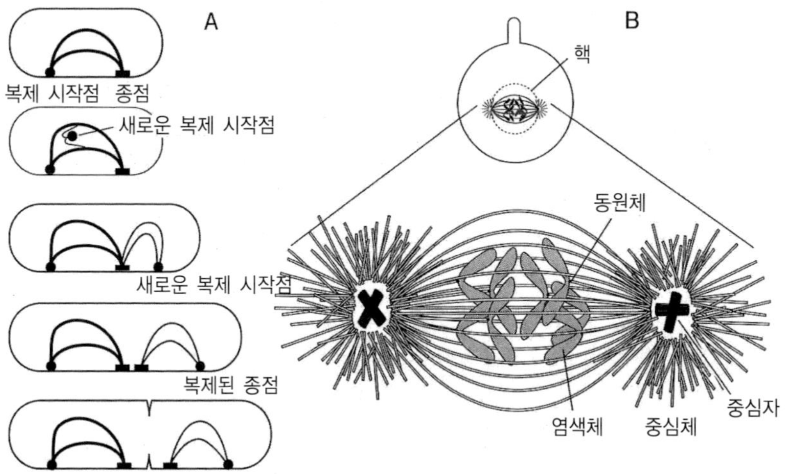

그림 7-3. 원핵생물과 진핵생물의 세포분열. 원핵세포(A)는 복재한 환상(環狀) DNA가 세포막 당김에 의해 분리된다. 진핵세포(B)는 중심체가 분열극에 형성되고, 염색체 분리와 미소관으로 된 방추체에 의해 분열된다(Maynard Smith and Szathmáry, 1995를 기본으로 그림).

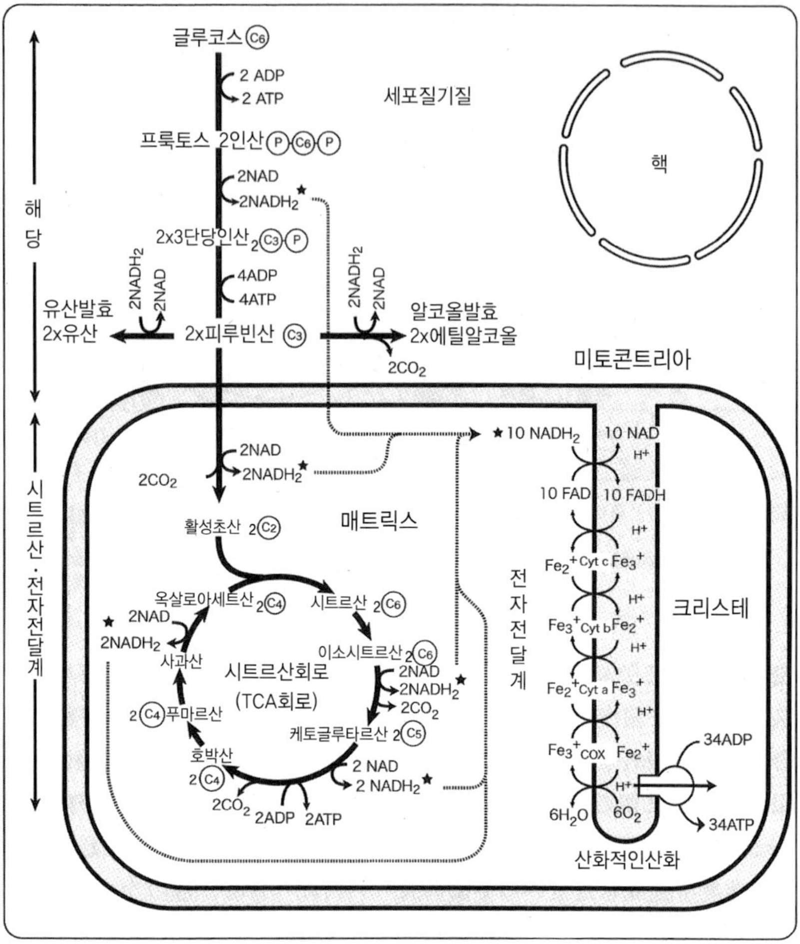

그림 7-4. 혐기호흡과 산소호흡. 원 속의 숫자는 탄소 수.

에서 방추체 미소관이 짧아진다). 정확히 유전자를 전달하는 짜임새는 진핵생물에서 완성되었다고 할 수 있다.

호흡이라는 점에서 원핵생물과 진핵생물의 차이를 살펴보는 것도 진핵생물의 번영과 다양화가 어떻게 가능하게 되었는지를 이해하는데 중요하다, 세포활동 에너지는 호흡에 의해 얻어진다. 호흡은 유기물을 분해할 때 생기는 에너지를 ATP형태로 꺼내는 반응으로 세포 속에서는 ATP를 이용하여 다양한 반응이 이루어진다. 거의 모든 생물은 포도당(탄소 6개)를 피루브산(탄소 3개)으로 분해하는 해당계라는 대사계를 가진다(그림 7-4). 원핵세포는 이 과정에서 포도당 1분자에서 2 ATP를 만들어 낸다. 즉 많은 원핵생물은 피루브산을 알콜이나 젖산, 아세트산 등으로 분해하여 호흡반응을 완성한다. 결론적으로 말하면 발효이다. 한편 진핵생물 호흡은 훨씬 효율이 좋다. 현존하는 대부분 진핵생물은 미토콘드리아(mitochondrion, 복수 - a, Gk: *mitos* 실, *chondros* 입자, 세포 속에 실 모양의 구조의 의미)를 가진다. 미토콘드리아는 시트르산회로와 호흡연쇄라는 반응계에서 산소를 이용하여 피루브산을 물과 이산화탄소로 분해한다(그림 7-4). 이 반응을 산소호흡(酸素呼吸, aerobic respiration)이라고 하여 일반적으로 피루브산 2분자에서 36 ATP가 만들어 진다. 포도당을 중심으로 비교하면, 많은 원핵생물이 산소를 이용하지 않은 호흡(혐기호흡)에서 2 ATP를 생산하는 것에 반하며, 산소호흡에서는 38 ATP가 생산된다. 실로 19배나 높은 효율 차이를 나타낸다. 이 압도적인 에너지효율이 진핵생물 번영을 보증하였던 것임에 틀림이 없어 보인다.

앞에서 개략적으로 원핵세포와 진핵세포를 혐기호흡과 산소호흡으로 대응시켜보았다. 그러나 이것은 이야기를 단순화시키기 위한 의도적인 내용이다. 실제로 산소호흡은 원생생물에서 진화한 대사계로서 원핵생물에 광범위하게 분포한다. 진핵생물 세포에서 산소호흡을 담당하는 미토콘드리아는 지금 널리 인정되는 것처럼 호기성 산소호흡을 하는 α-프로테오박테리아가 진핵생물에 공생하여 세포 속에 새로운 부품으로 정착한 것이다(그림 1-2). 어떠한 과정을 통하여 산소호흡이 가능하게 된 것인지는 아직도 거의 알지 못한다. 말할 필요도 없이 산소는 많은 분자와 간단하게 결합하는 강력한 산화제로 혐기적인 환경에서 진화한 최초의 원핵생물에게는 위협적인 맹독으로 작용하였을 것이다. 원시대기를 구성하던 이산화탄소나 물(수증기)은 광분해에 의해 산소가 만들어 진다. 때문에 초기 지구에도 지속적으로 산소분자는 생성되었을 것이다. 그러나 생성된 산소량은 최대로 추정하여도 현재의 수억분에 1 정도였을 것이다. 이렇게 생성된 약간의 산소분자는 환원상태에 있었던 금속원자의 산화에 이용되어, 대기에서는 금방 제거되었을 것이다. 오히려 혐기적 대기상태를 나타내었던 것은 당시 생물의 에너지원으로 활용되던 비생물기원의 유기물을 산화로부터 지키기 위해서 더욱 필요하였을 것이다. 산소호흡이 진화하기 위해서는 당연하게 산소가 존재하여야만 하지만, 대기 중 산소는 다음 장에서 자세하게 설명하는 산소발생형 광합성에 의해 만들어졌다는 것은 부인할 수 없다. 그러나 산소발생형 광합성을 진화시킨 원생생물인 남조는 이미 산소호흡을 하였고, 남조 이전에 진화한 많은 원핵생물에서도 산소호흡은 발견되고 있었다. 시토크롬산화효소(cytochrome oxidase)라는 산소호흡에서 가장 중요한 효소가 있다. 이 효소가 생명진화 초기에 출현하였다는 증거가 있다. 이러한 것에서 생물진화 초기에는 무엇인가 비생물학적인 구조에서 산소가 발생되는 환경이 있었고, 그러한 과정에서 산소호흡이 진화된 것으로 추정된다. 그러나 이러한 제반 과정에 대한 자세한 해답은 아직 없다. 앞으로 추진해야 하는 커다란 연구과제이다(제8장 참조).

이렇게 원핵생물과 진핵생물의 차이를 살펴보면, 원핵과 진핵생물을 포함하는 조류라는 생물군은 매우 부자연스럽다. 그럼에도 불구하고 일반적으로 조류라는 용어는 지금도 광범위하게 사용되며, 저자도 자신을 조류연구자라고 칭하고 있다. 세계 각국에 조류학회라는 학술단체가 구성되어 있어 다양한 조류에 대하여 연구하고 논쟁을 하고 있다. 원핵생물과 진핵생물이 혼재하는 이질적인 생물들이 모인 집단임을 인정하고 있는 것이다. 조류라는 통합을 인식하는 것에 의미가 있다고 생각하기 때문이다. 조류는 원핵세포에서 진핵세포에까지 광범위하게 거쳐있다. 지금의 생물학에서 말하면 비상식적인 통합이다. 그러나 이들 조류에는 무시할 수 없는 공통항목을 가진다. 조류가 가지는 이러한 공통항목, 즉 산소발생형 광합성이라는 구조는 앞에서 설명하는 많은 차이를 보충하고도 남을 수 있는 대단한 중요성을 가진다.

2. 지구의 탄생과 바다의 형성

진화라는 점에서 보면, 당연한 일이지만 원핵세포가 원시적이고 진핵세포는 나중에 진화한 것이다. 최초에 생명탄생은 조류세계가 시작되기 훨씬 이전에 발생한 일이다. 그러한 과정을 설명하는 것은 이 책의 범위를 크게 벗어난다. 그러나 생물진화 출발점인 생명탄생은 우리의 호기심을 발동시켜, 누구나 알고 싶어 하는 내용 중에 하나이다. 생물과학이 크게 발전한 현재, 유전자 해석에서 그 모습을 파악하는 연구가 활발하게 진행되고 있다, 한편으로 생명의 기원에 대하여 지구과학 입장에서 연구도 활발하게 진행된다. 되돌아가는 길이 되지만 현재까지 정리되어 있는 내용을 설명하여 둔다.

그린란드 이수아(Isua)라는 지방에 현존하는 가장 오랜 화석이 존재한다. 38억년 이전 화석이다. 이수아라는 것은 땅이 사라져 열매가 되는 장소라는 뜻으로 얼음세계와의 경계라는 의미이다. 당시의 많은 암석들은 그 이후의 조산활동과 판 운동에 의해 지각으로 매몰되어 버린 것으로 생각되기에, 이수아에 38억년 된 암석이 남아있다는 것은 행운 그 자체라고 할 수 있다. 이 암석은 퇴적암으로 이때부터 지구에는 이미 물이 존재하여 현탁물이 물밑에 퇴적되고 있었음을 시사하고 있다. 이 물은 아마도 바다였을 것이다. 생명탄생과 바다는 서로 떨어질 수 없는 공동 운명체인 것이다.

바다는 어떻게 만들어졌을까? 개략적으로 다음과 같을 과정이 생각되고 있다(그림 7-5). 원시 태양계 중에 미혹성이라는 직경 10km 정도의 천체가 다수 존재하였다. 중력에 의해 미혹성 충돌이 반복되면서 주변의 입자를 융합하여 점차 커다란 덩어리로 성장하면서 결국 지구형 혹성이 만들어진 것으로 생각된다. 46억년 이전 지구탄생 당시에 반복되는 미혹성 충돌로 막대한 에너지가 발생하였기 때문에 지구는 모두가 녹아 액체로 된 작열하는 구체였을 것이다. 모든 것이 용해되는 지구의 상태를 마그마오션(magma ocean)이라 한다. 결국 철과 니켈 등 무거운 원소는 마그마오션에서 밑으로 침강하여 지구의 핵을 구성하였고, 기타 물질은 표층의 맨틀을 구성하게 되었다. 그리고 질척하게 녹은 마그마오션에서 이산화탄소나 질소, 물 등의 휘발성 분자가 가스형태로 분리되면서 고온의 원시대기가 만들어졌다. 기압은 현재의 100배 이상이었을 것이다. 이렇게 지구에 코아, 맨들, 지각, 대기라는 층상구조가 서서히 형성되었고, 외부에서 공급된 에너지가 감소함에 따라 점차 냉각된 것으로 생각된다. 냉각이 시작된 지구는 표면에 고체인 지각이 만들어지고 결국 대기 중 막대한 수증기가 액화되어 비로서 지표에 내려앉았다. 바닷물 양은 이 때부터 지금까지 거의 변화가 없는 것으로 생각되어지기에 현재의 막대한 바닷물은 당시 열탕이 액체가 비 형태로 지표에 떨어진 물이다. 전체 지구표면이 나이아가라 폭포와 같이 물 폭탄을 맞는 무서운 광경이었을 것임에 틀림이 없다. 수 만 년 동안 비는 계속되었다. 이렇게 하여 지구에 바다가 만들어 졌다.

바다형성은 지구의 냉각을 더욱 촉진하였다. 온실효과 가스인 수증기가 액체로 변하는 것으로 그리고 또 하나의 온실효과 가스인 이산화탄소가 바다에 녹아 칼슘과 결합한 탄산칼슘으로 침강하는 것으로, 더욱이 비가 증발할 때 잠열을 빼앗는 것으로 지구 냉각화가 진행된 결과, 바다와 생명탄생이 가능한 온도범위를 가진 대기가 성립하였을 것이다. 이후 지구환경은 해양과 지각과 대기의 상호작용으로 기능을 분담하여 갔다. 그리고 그곳에 생명탄생과 진화가 더해져 해양과 대기와 생명이 요소가 구성되었다. 지구가 생명과 함께 살아가는 가이아라는 공생체라면, 가이아(Gaia)는 이때에 탄생한 것이 된다.

다시 이야기를 이수아로 되돌려 보자. 38억년 이전 해저에 퇴적되어 생긴 것임에 틀림이 없는 지구에서 가장 오래된 이수아 화석에서 생물기원으로 추정되는 탄소동위원소비가 검출되었다. 탄소에는 무거운 탄소(^{13}C)와 가벼운 탄

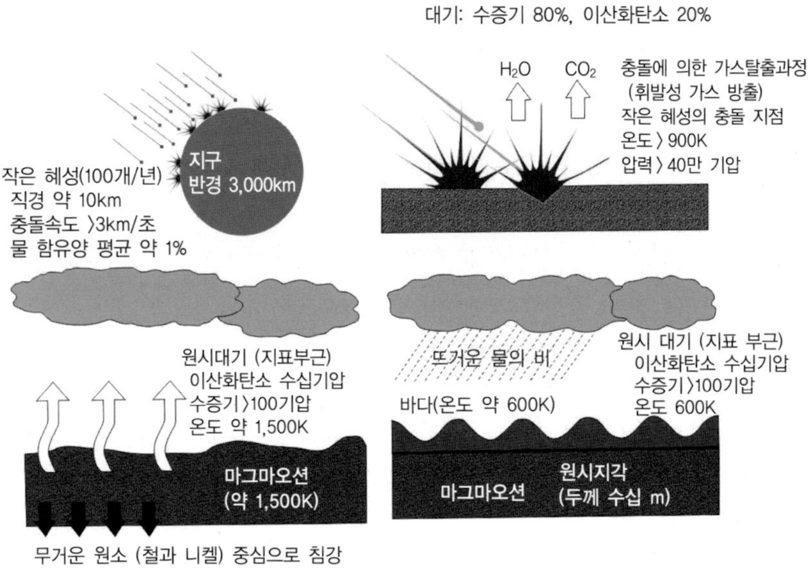

그림 7-5. 지구와 바다의 형성 (松井, 2000을 참고로 그림, 그림 속의 설명도 같은 문헌에서 인용).

소(^{12}C)동위체가 있다. 무엇 때문인지 생물은 ^{13}C보다도 ^{12}C를 많이 사용하기에 생물체의 ^{13}C, ^{12}C의 비율과 자연계의 비 사이에는 차이가 발생한다. 이수아의 낙암을 탄소동위체로 분석하면, 가벼운 탄소원자 점유비율이 높게 되어, 생물체의 탄소비율에 가까운 값이 계산되었다. 이러한 결과로 38억년 이전에 지구에는 이미 생명이 존재하였던 것으로 추정하게 되었다. 분자시계에 의한 해석에서 생명탄생은 40억년 이전까지도 거슬러간다는 보고도 있다. 38억년 이전의 바다는 상당한 고열이었을 것으로 생각되기에 생명은 열수에서 탄생하였을 가능성이 높다. 19세기 최대 박물학자 중에 한 사람인 헤켈(Ernst Haeckel)은 필요한 유기물을 적당히 혼합하여 "조리(cooking)"하면 생명을 만들어 낼 수 있다고 하였다. 그가 말한 대로이다. 생명이 고도로 통합된 화학반응 시스템이라는 것은 생물학이 생명현상을 물리와 화학의 언어로 표현할 수 있는 것을 보더라도 틀림이 없는 사실인 것 같다.

이전에 생명은 우주에서 날아왔다는 판스페르미아설(theory of panspermia)이 있었다. 판스페르미아설의 성쇠에는 물리학자들에 의한 정상우주론과 빅뱅우주론 싸움이나, 가짜 시조새 화석문제와 관련된다. 천문학자이면서 SF작가인 프레드 호일과 관련된 유명한 과학사 에피소드가 있다. 최근 화성유래의 운석에 세균 비슷한 생명체가 발견되는 등 운석이나 소혹성 연구가 진행되면서, 과거 이러한 혹성 사이에서 생명이동이 빈번하게 발생하였을 가능성도 지적되고 있다. 이에 따라 판스페르미아설도 현대과학의 관점에서 재검토되고 있다. 목성의 얼음 위성 에우로파, 토성의 위성 타이탄, 그리고 화성탐사도 진행되어 결과가 기대되지만, 이 책에서는 이러한 문제를 더 이상 설명하지 않는다.

20세기 전반 과학자들은 생명기원을 규명하기 위한 다양한 실험을 시도하여, 다양한 논쟁을 제기 하였다. 그 중 러시아 생화학자인 오파린(A.I. Oparin)이 주장한 코아세르베이트(coacervate)설은 유명하다. 단백질 콜로이드나 핵산용액을 혼합시키면 미세한 액적(液滴)이 만들어진다. 1920년대 오파린은 이러한 액적을 코아세르베이트라고 하여 생명이 진화하기 이전 상태로 생각하였다. 물리학자인 버날(J.D. Bernal)이나 파동방정식으로 유명한 양자물리학의 거인 슈레진가(E.R.J.A. Schrödinger)도 생명기원의 연구에 커다란 영향을 끼쳤다. 이 계보는 양자수준에서 생명발생과 진화를 생각하는 양자진화학으로 연결되었다. 1950년대 시카코대학의 대학원생이었던 밀러(S.L. Miller)와 그의 지도교수였던 유리(H.C. Urey)는 암모니아, 메탄, 수소, 그리고 수증기를 원시대기 상태로 모방하여 밀봉한 다음 방전시키는 유명한 실험을 하였다. 결과 7종류의 아미노산, 그리고 알데하이드가 합성되는 것을 밝혀내었다. 생명의 "원시스프"는 생명이 없더라도 만들어지는 것을 확인한 획기적인 연구였다. 아미노산은 단백질 합성, 알데하이드는 핵산합성의 출발점이다. 나중에 운석조사에서도 마찬가지인 아미노산이 태양계 창세과정에서 이미 형성되어 있었던 것으로 증명되었다. 현재는 아미노산이나 알데하이드만이 아니라 당이나 염기, 그리고 아미노산이 연결된 폴리펩티드가 비생물학적으로 만들어지는 것이 확인된다. 생명의 원시스프는 40억년 이전의 원시해양에 존재하고 있었던 것은 틀림없는 사실이다.

화학진화가 어떻게 생명을 만들었는지? 단백질이 먼저인지, 핵산이 먼저였는지? 등에 대해서는 아직도 논쟁이 계속된다. 최근 RNA가 효소활

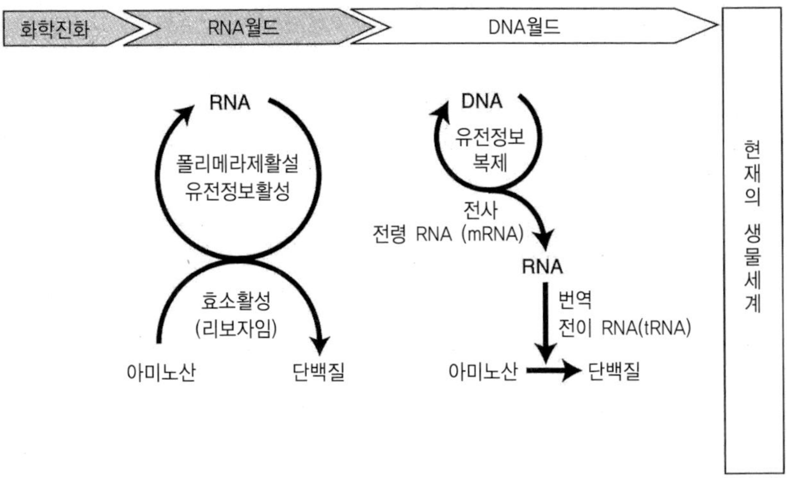

그림 7-6. RNA월드. RNA자신의 유전자 정보를 가짐과 동시에 효소활성을 가지는 것으로 단백질이 만들어 진다는 생각. 이러한 성질을 가진 생물이 생물진화 초기에 존재하였다고 생각한다. RNA는 DNA에 비하여 불안전하여, 결국 유전정보는 DNA가 담당하고, RNA를 걸쳐 단백질이 만들어 진다고 하는 DNA월드로 대신하였다고 생각하고 있다.

성(ribozyme)을 가지다는 것이 발견된 것을 계기로 하여, RNA 월드가설이 우세하게 되었다(그림 7-6). 즉 RNA가 유전정보를 운반하던 시대(RNA world)를 거쳐, 현재 모든 생물의 공통 짜임새인 DNA가 유전정보를 담당하고 효소로서 단백질을 사용한다. 그리고 그 사이를 RNA가 연결하는 생물시대(DNA world)로 진화한 것으로 생각하는 가설이다.

3. 두개의 엠파이어와 세개의 도메인

38억년 이전 언제쯤인가 고온 해양의 원시스프에서 진행된 화학진화의 결과로 생물이 탄생하였다. 최초 생명에 대해 설명하기 이전에 현재 지구 전체 생물은 어떻게 구성되고 있는가에 대한 이해가 먼저 필요하다. 지금까지 이 책에서 생물을 원핵생물과 진핵생물인 두개의 그룹으로 구분하여, 이 두 생물 사이에는 진화역사에 최대의 갭이 있다는 점을 강조하여 왔다. 이러한 내용은 정확하다. 원핵세포에서 진핵세포로 이행되는 진화는 거대할 뿐만 아니라 혁명적인 변화이다. 그러나 혈통이 연결된다는 관점 즉 족보의 관점에서 생물을 보면 아직 족보 체제가 완전하게 정착되지 않았다는 논쟁이 있다. 1970년대부터 유전자 정보를 이용하여 생물계통을 탐구하는 분자계통학(分子系統學, molecular phylogeny)이라는 새로운 연구분야가 탄생하여 생물계통에 대한 이해가 비약적으로 진보하였다. 그 성과 중의 최대는 원핵생물에 특성을 달리하는 두개의 거대 그룹이 존재한다는 것을 밝혀낸 것이다. 일리노이대학의 칼 우즈(C. Woese)는 리보솜 서브유니트를 구성하는 하나의 16rRNA 유전자 염기배열을 이용하여 세균과 진핵생물을 포함하는 계통수를 작성하였다. 1977년 메탄세균 그룹은 다른 세균과 다양한 점에서 다르다는 것을 지적하여, 당시까지 생물계가 가지고 있던 견해와는 상당히 다른 결과를 보고하였다. 많은 증거와 함께 1990년 우즈는 생물계를 3개의 도메인(domain)이라는 새로운 계급으로 분류하는 시스템을 제창하였다. 결과 현재 생물계는 3개의 도메인으로 구성된다는 것은 생물학의 상식으로 인식되고 있다(그림 7-7). 3개의 도메인은 진정세균 (Eubacteria 또는 단지 Bacteria), 고세균(Archaebacteria 또는 Archaea) 그리고 진핵생물(Eukaryota) 도메인이다.

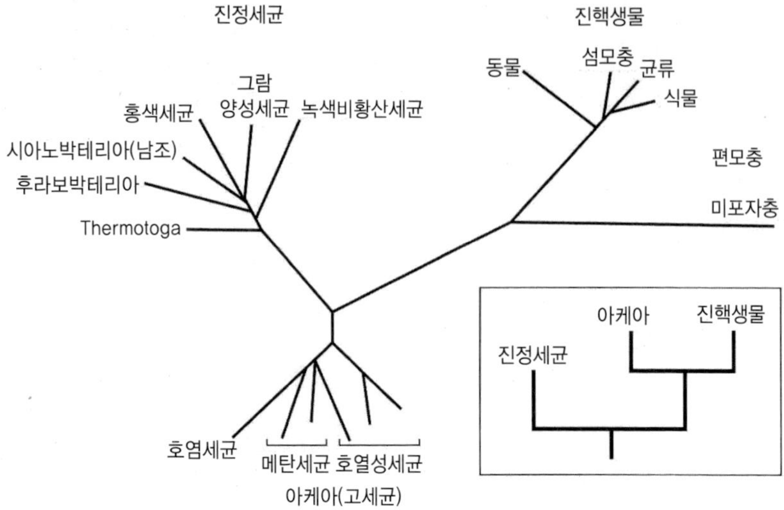

그림 7-7. 생물계 3개의 도메인. 틀 속은 중복유전자를 사용한 해석에서 계통수에 뿌리를 붙인 것.

진정세균(Archaea에 대응하는 용어는 Bacteria로 세균이라고 하여야 맞는 것이지만, 쉽게 혼란할 수 있기에 여기서는 진정세균이란 용어를 사용한다)과 아케아는 원핵생물이지만, 세포막 성분 및 대사계 등 생화학 수준에서 차이가 있다(표 7-1 및 그림 7-8). 병원균이나 장내세균 등 보통 알려지는 대부분 세균은 진정세균에 속한다. 대장균도 고초균도 그리고 원핵조류인 남조(시아노박테리아)도 진정세균이다. 한편 아케아는 극한 환경에 서식하는 것이 많다. 온천이나 심해의 열수분출공과 같은 고온환경에 서식하는 호열세균(好熱細菌, thermophilic bacteria), 암염이나 이스라엘의 사해 및 미국의 그레이트솔트 호수(Great Salt Lake) 등 염호에 서식하는 고도 호염균(好鹽菌, halophilic bacteria) 그리고 혐기환경의 호소나 해양, 더욱이 소의 반추위 등에 서식하여 폐수처리에도 이용되어 메탄발효를 하는 메탄세균(methane bacteria) 등이다. 그러나 최근 토양이나 해양에서 아케아가 극히 일반적으로 그것도 대량으로 서식하는 것이 밝혀지고 있다.

그럼 진핵생물과 원핵생물 2 도메인 사이의 관계는 어떠한가? 실제로 이러한 물음에 정확한 답을 주기는 어렵다. 즉 3 도메인은 지구상의 모든 생물을

표 7-1. 진정세균, 아케아 및 진핵생물의 비교

항목	진정세균	아케아(고세균)	진핵생물
핵막	없음	없음	있음
염색체	환상	환상	〉1, 선상
핵단백질	HU형 단백질	히스톤 유사단백질	히스톤 단백질
세포벽	무레인	슈도무레인, S층	셀룰로스 등 다양
세포막 지질	에스텔 지질	에텔 지질	에스텔 지질
세포막 스테롤	없음	없음	있음
세포골격	없음	없음	미소관, 악틴
원형질 유동	없음	없음	있음
유사분열	없음	없음	있음
리보솜	70S	70S	80S
DNA 폴리메라제	DNA 폴리메라제 Ⅰ-Ⅲ	진핵생물 α, β형 DNA 폴리메라제	DNA 폴리메라제 α-ε
번역개시 tRNA	fMet-tRNA	Met-tRNA	Met-tRNA
인트론	없음	있음	있음
프로모터	Pribnow box	TATA box	TATA box
펩티드 체인연장인자 저해 (키로마이신)	있음	없음	없음
펩티드 체인연장인자 저해 (디프테리아독)	없음	있음	있음
CSK* 감수성	있음	없음	없음

* CSK = 클로람페니콜(chloramphenicol)·스트렙토마이신(streptomycin)·카나마이신(kanamycin)

포함하기 때문이다. 계통수의 뿌리를 발견하기 위해서는 비교를 위한 대상 생물군과 분명하게 다른 생물군(외군이라 한다) 존재가 필요하지만, 그런 것은 화성에서 구할 수밖에 없다. 이러한 어려운 질문의 답을 스마트한 아이디어로 찾게 되었다. 유전자는 종종 기존 유전자와 함께 새로운 유전자를 만든다. 이런 현상을 유전자중복(遺傳子重複, gene duplication)이라 한다. 3개 도메인 모두에 분포하는 중복유전자는 3개의 무리로 나누어지기 이전에 중복한 것으로

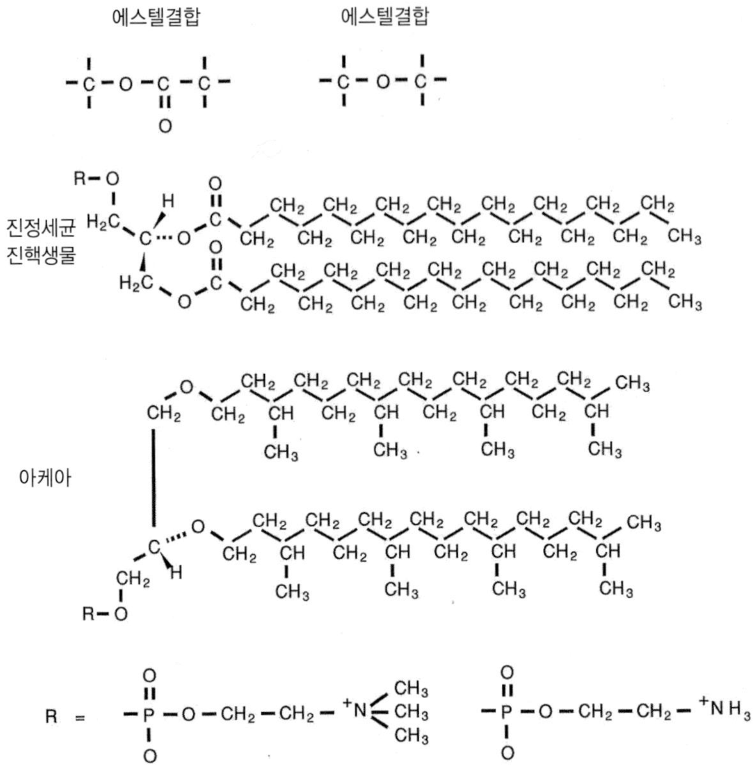

그림 7-8. 세포막 성분의 비교. 진정세균, 진핵생물에서는 극성기(R)가 붙는 위치가 3번째 탄소. 탄화수소연쇄는 에스텔결합에서 글리세롤에 결합한다. 이것에 대하여 아케아는 탄화수소가 첫번째 탄소에 붙고, 탄화수소는 에텔결합으로 결합하고 있다. 또 탄화수소연쇄는 분기한 피탄올(phytanol)잔기이다.

생각할 수 있다. 때문에 이러한 중복유전자를 서로의 외군으로 사용하면, 계통수 뿌리를 만들 수 있게 된다. 중복유전자의 계통해석 결과 진정세균보다 아케아가 보다 진핵생물에 근연이라 생각할 수 있게 되었다(그림 7-7). 이렇게 하여 진핵생물은 아케아 일부가 진화하였다는 시나리오가 지금은 일반적으로 채택되고 있다. 그러나 논쟁은 지금도 계속된다. 원핵생물을 2개로 나누는 경계는 한장의 막을 가지는 그룹(그람양성세균과 아케아)과 두장의 막을 가지는 그룹(그람음성세균) 사이에 있고, 아케아와 진핵생물은 거의 동시에 방선균의 한 무리에서 진화하였다는 생각이다. 자세한 것은 나중에 설명하지만 아케아는 특수화한 세균으로 생각해야 한다는 것이다(제9장). 이러한 입장에서 생물을 3개 도메인으로 나누는 것은 잘못된 것으로 이전의 원핵생물과 진핵생물로 나누는 것이 옳다고 하는 주장이다. 이 경우 린네가 남긴 최고위 분류계급인 엠파이어를 붙여 엠파이어 원핵생물(Empire Prokaryota)과 엠파이어 진핵생물(Empire Eukaryota 또는 Eukarya)로 구분하는 것이 된다. 도메인설인 우즈학파와 엠파이어설을 채용하는 연구자 사이에는 지금도 끝임없는 논쟁이 지속되고 있다.

4. 전체생물공통조상: LUCA

현재 지구에 존재하는 모든 생물은 단 하나의 유일한 공통조상에서 나누어진 것으로 생각된다. 즉 생명일원론이다. 이와 같은 생각은 현존하는 생명은 기본적으로 같은 유전암호를 사용하고 있는 것이나, 단백질을 만드는 아미노산이 약 20종류로 한정되어 있는 것, 그리고 아미노산이 모두 L형(왼쪽 손과 오른쪽 손과 같이 거울대상의 아미노산의 두개의 형 중에 왼쪽 손 형)이라는 것, 대사에너지 교환에 ATP를 통화로 사용하는 것 등 생명현상의 기본이 되는 물질과 원리를 공통으로 공유하는 점을 기본으로 한다. 사람도 아메바도 짚신벌레도 모두가 생물이기에 단 하나의 전체생물공통조상(Last Universal Common Ancestor: LUCA)에서 태어났다는 생각이다. 이 최초생명은 다양한 의미를 포함하여 프로제니터(progenitor 조상), 센안세스터(cenancestor, Gk: *ceno* = *coen* = *kionos* 공통의 의미), 컴몬노트(commonote, 공통조상) 등의 이름으로 불린다. 최초의 생명탄생에는 여러 가지 시행착오가 있었으며, 다른 구조를 가진 복수의 생명이 탄생할 가능성은 부정할 수 없다. 그러나 결국 하나의 세포 자손만이 살아남아서 현재의 모든 생명을 만들어 낸 것이다. 현존하는 생명은 의심할 여지가 없는 단일기원이다.

3개 도메인의 근본이 진정세균과 아케아 사이에 있다면, 계통수 뿌리가까이에 분포하는 아케아와 진정세균 대부분은 고열을 이겨낸 성질을 가지는 초호열세균일 것이다(그림 7-9). 생명탄생이 38억년보다 이전이라면 당시 바다는 열탕에 가까운 고온바다였을 것이다. 이러한 것이 생명이 열수에서 시작하

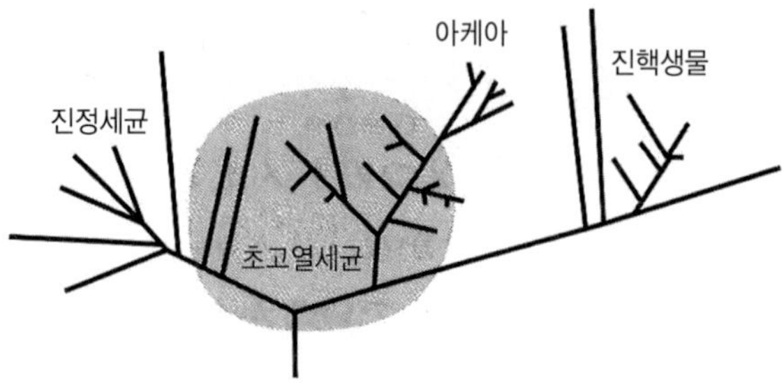

그림 7-9. 초고열세균의 계통적 위치. 계통수 뿌리부가 진정세균과 아케아 사이에 있다고 하면, 뿌리부근 가까이에 초고열세균이 분포하였을 것이다.

였다고 생각하는 이유이다. 최초생명은 호열성 원핵생물이었기에 현재의 심해 열수분출공과 같은 환경에 서식하는 초고열세균에서 최초생명의 모습을 찾고자 하는 움직임도 있다.

사족이지만 초고열세균은 38억년의 시간을 걸쳐 21세기 바이오시대의 주역으로 뛰쳐나왔다. 지금은 일반적인 생물학 방법으로 이용되는 DNA 증폭방법인 PCR(polymelase chain reation, 중합효소연쇄반응법)을 사용한 내열성 DNA 중합효소(polymelase)는 초고열세균에서 얻어진 것이다.

그림 7-9 계통수 뿌리부근에 위치하는 초고열진정세균과 아케아가 공통으로 가진 성질에서 전체생물공통조상인 LUCA의 모습이 상상된다. 유전정보를 쥐고 있는 손은 고무 밴드와 같이 폐쇄된 환상이중쇄 DNA(원핵생물에 널리 보이는 DNA의 존재양식)이다. 최소 필요한계인 1,000개 정도의 유전자를 가진다. 그리고 이들 유전자는 센트럴도그마(central dogma, DNA 유전정보가 전령 RNA(mRNA)에 전사되어, 그 정보가 전사 RNA (tRNA)에 의해 단백질로 번역된다)에 의해 발현된다. 즉 mRNA로 전사를 거쳐 tRNA에 의해 리보솜에서 단백질로 해석되었을 것이다. 단 전사개시와 종료의 짜임새는 발달되지 않으며 반복하여 멈추지 않고 계속 움직이는 것으로 생각된다. 에너지통화는 ATP로 기본적인 대사로서 해당경로(解糖經路, glycolytic pathway, 발견자를 기념하여 엠던-마이어호프경로(Embden - Meyerhof pathway)라고도 한다)에 가까운 구조를 가진다(그림 7-4). 그리고 세포질 분열은 FtsZ 단백질 고리의 수축으로 진행된다(제11장). 이러한 모습이 개략적으로 상상되는 모습이

다. 그러나 이것은 완성된 것으로 추정되는 매우 복잡한 세포이다. 어떻게 이런 세포가 출현하게 되었는지에 대해서는 거의 공상 세계에서 논의되고 있을 뿐이다. 원시스프 속의 화학진화 과정에서 자연히 비눗방울과 같은 지질막 소포가 생긴다. 이 소포에 복제와 단백질합성을 실시한 분자가 우연히 들어가는 것으로 최초세포가 만들어졌다고 할 정도이다.

세포는 초정밀 화학기계이다. 무수라고 할 수 있는 화학반응을 생명이라는 시스템으로 비약시키는 것은 그렇게 간단하지가 않다. 최초세포 출현 이후에 작으면서도 수많은, 그것도 혁명적인 진화 축적이 있었을 것이다. 이러한 화학진화에서 세포출현에 이르는 과정에 대해서는 앞으로 상세한 고찰이 필요하다. 오브셀설(obcell theory)이라는 것이다(그림 7-10). ob-는 접두어로서 '~로 향하여'라는 것으로 세포라는 생명의 기본단위 구축을 향하여 라는 의미를 가진다. 원래 개념으로는 1980년 G. Blobel에 의해 제창되었지만, 이 책의 후반에 빈번하게 등장하는 Cavalier-Smith가 발전시킨 것이다. 아미노산 암호인 코돈(codon)이나 유전자 복제는 어떻게 진화하였을까? 등 세포가 생명으로 기능하기 위해 필요한 성질들이 어떻게 진화되어 왔을까? 라는 의문에 대하여 막대한 생화학 자료를 기본으로 만들어졌다. 이 설을 정확하게 이해하기 위해서는 생화학과 분자생물학에 대한 구체적인 지식을 필요로 한다. 때문에 이 책에서 내용 전체를 소개하기에는 무리가 있고, 저자의 역량범위를 넘는 분야가 된다. 자세한 것은 이 책 끝부분에 나열한 문헌을 참고하기 바란다. 여기서는 오브셀의 이미지를 설명하는 것으로 매듭 짓는다.

오브셀은 돔과 같은 모양의 편평한 자루로 그 표면(즉 폐쇄된 막의 바깥쪽)에 원시적 효소활성을 가진 RNA유전자와 유전자의 전사나 복제, 아미노산 수송에 관여하는 분자가 부착되어 있다. 막의 토포로지로 말하면 뒤집혀(inside out) 있는 세포이다. 이것이 폴리인산염의 광물기질에 딱 달라붙어 그곳에서 에너지를 얻는 유전자 복제와 단백질 합성을 한다는 것이다. 막이 뒤집혀 있는 것은 유전자와 단백질수송 기능을 획득하기 이전의 원시적인 막 안쪽에 둘러싸이게 되면, 외부와의 물질교환이 불가능하였다고 생각하기 때문이다. 최초세포로 진화한 초기단계는 유전(유전물질의 복제)과 촉매(효소, 진화의 초기에는 핵산이 나중에 단백질이 그의 역할을 담당한다)와 막(비생

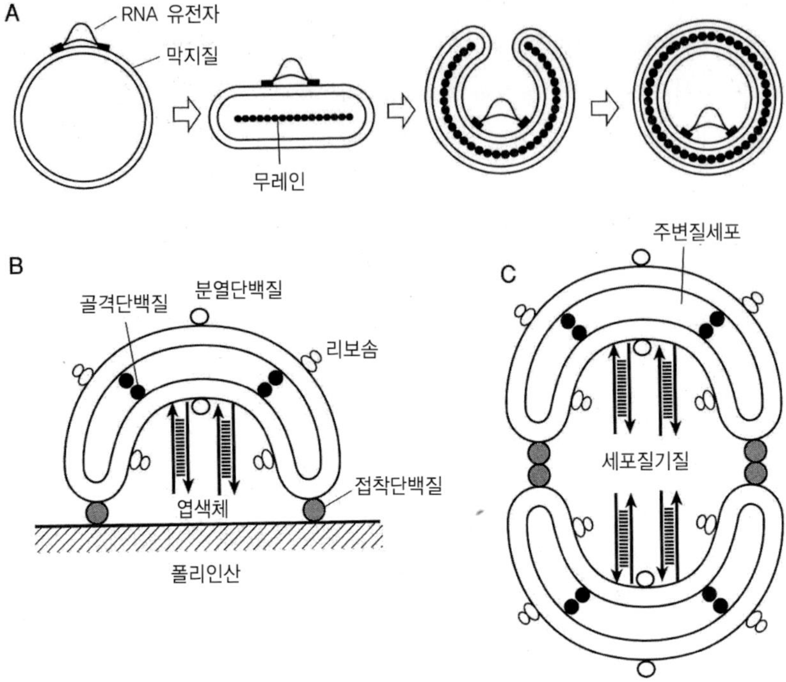

그림 7-10. obcell설. A: 기본개념, 유전자를 바깥쪽에 가진 편평한 지질막이 닫히고, 유전자를 안쪽에 부착하는 두 장의 막에 둘러싸인 원시세포가 형성된다(Maynard Smith and Szathmáry, 1995에 의해 그림). B: 초기 obcell의 에너지는 폴리인산염 기질에 부착하는 것으로 얻어진다. C: 두개의 obcell이 융합하면, 유전자를 안쪽으로 하여 둘러싼 원시세포가 완성된다(Cavalier-Smith, 2001에서 그림).

물학적으로 생김 지질막, 장래 세포막이나 세포기관의 기능적인 막으로 진화한다)이 협력적으로 시스템화 되어 가는 과정이었다고 한다. 유전자만으로도, 단백질만으로도 생명을 구성하는 것은 불가능하기에 이들 필수인자가 이른바 공생하는 것으로 최초세포가 만들어졌다고 생각하고 있다. 이설에서 흥미로운 것은 가장 초기의 원핵생물로 상정된 그람음성세균(그림 9-10)에서 두장의 막 구조 성립과정을 멋있게 설명하고 있다는 것이다. 오브셀이 막혀있거나 또는 두개의 오브셀이 융합하면, 두장의 막이 물을 둘러싸고 안쪽 막에 유전자가 결합한 세포가 만들어진다. 이것이 원시세포이다. 그 과정에서 두장의 막 사이에 펩티드그리칸층이 형성되어 세포모양을 유지하는 기능이 생기고,

바깥쪽 막은 커다란 분자도 통과시키는 큰 구멍이 열린 막으로 변화된다. 한편 세포 속은 유전자 복제시스템, 단백질 합성계, 세포분열 기구, 그리고 대사계가 진화하여 그람음성세균이 출현하였다는 것이다. 이러한 주변 내용도 상세하게 고찰되어 있다. 그리고 최초생명으로 그람음성세균에서 광합성을 하는 *Chlorobium* 그룹이 탄생하였다고 한다. 그람양성세균은 진화의 역사에서도 드물게 막을 상실하는 것으로서 그람음성세균에서 생겨난 것이라고 하고 있다.

여기서 막(membrane)에 대하여 설명하여 둔다. 생물학에서 말하는 막은 지질이중층 (脂質二重層, lipid bilayer)을 나타내는 것으로 세포막, 핵막, 소포체 및 골지체가 모두 막에서 만들어진다. 각각의 막에는 독자 단백질을 채워놓고 있어 특유의 기능을 담당한다. 흥미로운 것은 막은 결코 무에서 생겨나는 것이 아니라는 점이다. 무엇 때문인지 막은 기존 막에 새로운 부품이 더해지는 것으로 성장하여 분열한다. 막이 없는 장소에 갑짜이 막이 출현하는 일은 없다. 막의 역할에 대해서는 외부와 경계로 기능수송의 역할이 협조되지만, 막 유전에 대해서는 이야기되는 것은 많지 않다. 그러나 생물진화를 생각할 때 막 기원과 유전은 신중하게 검토해야만 하는 중요한 문제이다. 세포막은 세포막에서 핵막은 핵막에서만 만들어진다. 세포막은 38억년 사이 핵막은 아마도 10~20억년 사이, 성장과 분열을 반복하고 있는 것이다. 마찬가지로 엽록체도 미토콘드리아도 그들을 구성하는 막은 최초 출현 이후 계속하여 계승되고 있다. 막 존재는 매우 보수적이다. 거꾸로 말하면 새로운 막이 생기는 것은 드물고 핵막이나 엽록체를 둘러싸고 있는 막 출현은 통상의 세포활동으로는 만들어지지 않는다. 때문에 새로운 막으로 둘러싸인 구조의 출현은 생물진화에서 대사건이 된다. 그리고 한번 확립된 막은 간단하게 소멸되지도 않는다. 옥스퍼드대학의 Cavalier-Smith에 의하면 막 상실은 유일하게 그람양성세균이 출현할 때에 발생하였을 뿐이고 이후 새로운 막이 부가되는 것은 있어도 상실한 적은 없었다고 한다. 세포수준의 진화는 새로운 막 획득문제를 제외하고는 이야기 할 수 없다. 그런 의미에서 원핵생물인 그람양성세균과 그람음성세균의 차이는 매우 크고, 최초생명에 유래되는 원핵생물 진화를 생각할 때에 커다란 의미를 가진다. LUCA에 관한 이야기는 많은 사람들이 하고 있지만, 이

문제의 중요성을 인식한 것은 Cavalier-Smith가 처음이 아닌가 생각된다. Cavalier-Smith는 이와 같은 막을 유전막(genetic membrane)이라 부른다. 유전하는 막으로도 번역할 수 있을 것이다.

5. 조류의 범위

이쯤에서 조류가 어떻게 정의되고 있는지를 설명하여 두자. 원생생물인 남조와 진핵조류의 공통점은 어떤 것이 있을까? 당연한 내용이만 산소발생형 광합성을 한다는 것이다. 빛 에너지를 이용하여 물에서 전자와 수소를 빼내고 그 에너지를 이용하여 이산화탄소를 고정한다. 남조와 다시마와 녹조류인 *Acetabularia ryukyuensis*가 모두 조류라는 것은 모두가 산소발생형 광합성을 하여 독립영양으로 살아가고 있기 때문이다. 이것은 종속영양을 한다는 하나의 이유만으로 O157과 같은 대장균이 사람과 같은 동물이라고 하는 것과 같은 것이다.

그렇다면 조류는 다음과 같이 정의할 수 있다. 산소발생형 광합성을 하는 생물에서 육상에 서식하는 이끼, 고사리, 겉씨 및 속씨식물을 제외한 것을 총칭한다. 왜 원핵조류와 진핵조류가 존재하는 것인가? 에 대한 대답은 이러한 소극적인 정의에서 찾을 수 있다. 예전에는 꽃을 피우지 않은 식물을 은화식물(cryptogamic plants)이라 하였다. 이끼와 고사리와 함께 모든 조류를 포함하는 통합이었다. 소거법에 의한 정의는 종종 전혀 모르는 타인을 하나로 통합하는 것이 된다. 조류에도 같은 내용을 말할 수 있다.

이렇게 되면 문제는 조류에 한정되지 않고, 식물은 무엇인가? 라는 질문이 된다. 대부분 우리는 광합성을 하는 생물이라는 이미지에서 식물을 보고 있지만, 학문적으로는 매우 복잡한 역사를 가진다. 근대 생물학의 시작은 린네로부터 보는 것이 보편적이다. 린네의 식물 24강 분류체계(1953년)에서 제24강목에는 이끼나 양치식물과 함께 조류와 균류가 포함된다. 계통발생의 재현성으로 유명한 헤켈계통수에도 균류는 식물계에 포함되어 있다. 동물에 대응하여 움직이지 않고 섭식하지 않은 광합성 생물과 균류를 통합해서 식물로 취급되어 왔던 것이다. 때문에 균류는 학문적으로 식물학분야에서 연구가 진행되었다. 그러나 균류는 분해 및 흡수라는 영양방식으로 동물이나 식물과는 전혀 다른 영양방식을 가진다는 점에서 나중에 균계라는 새로운 통합이 인식되었다. 결과 현재 식물은 산소발생형 광합성을 하는 생물로 취급되는 것이 보통이다. 식물은 산소발생형 광합성이라는 하나의 공통항목으로 통합된 생물군이다. 그 중에는 조류도 포함된다. 그래서 조류에는 원핵생물인 남조가 포함되고 있다. 식물은 무엇인가? 라고 하는 질문을 뒤집혀서 보면, 왜 남조와 진핵조류, 그리고 이끼나 튜립은 산소발생형 광합성을 공통성질로서 가지고 있는 것인가? 라는 질문이 된다. 식물과 조류진화의 비밀을 이해하기 위해서는 산소발생형 광합성의 기원과 과정을 규명하여야만 한다는 것이다. 앞으로의 연구결과에 기대를 걸어 본다.

제8장

산소발생형 광합성
: 지구환경을 변화시킨 생물진화의 최대 이벤트

우리가 호흡에 사용하는 산소는 대기에 21%가 포함되어 있지만, 이것은 혹성 지구만의 가지는 특성이다. 태양계에서 다른 혹성의 대기조성과 비교하면, 지구대기의 특수성을 잘 알 수 있다(표 8-1). 이상적으로 산소농도가 매우 높다. 30~40억년 이전 원시대기의 주요성분은 이산화탄소였으며 이외에 아황산가스나 일산화탄소 등의 분자가 포함되어 있었다. 산소는 거의 없었다. 그러나 다른 혹성과는 달리 지구 대기만은 산소를 포함하는 조성으로 변화하였다. 이 산소는 어디에서 왔을까? 당장은 믿기 어렵지만, 이들 모든 산소분자는 생물기원이다. 지구에서 생명을 지탱하는 산소는 대부분 광합성으로 만들어진 것이다. 원시생물인 남조류(시아노박테리아)는 30억년 이상의 옛날부터 오랜 시간을 걸쳐 대기 중에 산소를 축적시켜 왔다. 남조의 출현 즉 산소발생형 광합성의 출현으로 지구는 다른 혹성과는 다른 역사를 밟을 수 있게 되었다. 생물에 의한 지구 재편 작업이 이루어진 것이다.

대기 중에 산소가 증가한 결과 생물 세계에는 커다란 변화가 발생하였다. 산소를 사용하여 유기물을 산화하는 것(즉 태우는 것)으로 에너지를 얻을 수 있는 산소호흡을 하는 생물이 생물 세계에 주류로 등장하게 된 것이다. 그리고 진핵생물이 출현하였다. 출현 시기에 대해서는 다수의 설이 있지만, 여기에서는 21억년 이전으로 하여 두자. 이때의 지층에서 최고의 진핵생물 화석으로 알려지는 그리파니아(Grypania)가 출현하였다.

표 8-1. 금성, 지구, 화성의 대기조성 (단위 : %)

성분	금성	지구	화성
질소	3.4	78.09	2.7
산소	6.9×10^{-3}	20.95	0.13
아르곤	1.9×10^{-3}	0.93	1.6
이산화탄소	96	0.03	95
일산화탄소	4.5×10^{-5}	1.2×10^{-5}	0.07
물	0.14	1~2.8	0.03
지표대기압 (bar)	90	1	0.06

이과년표 및 기타를 참고하여 작성

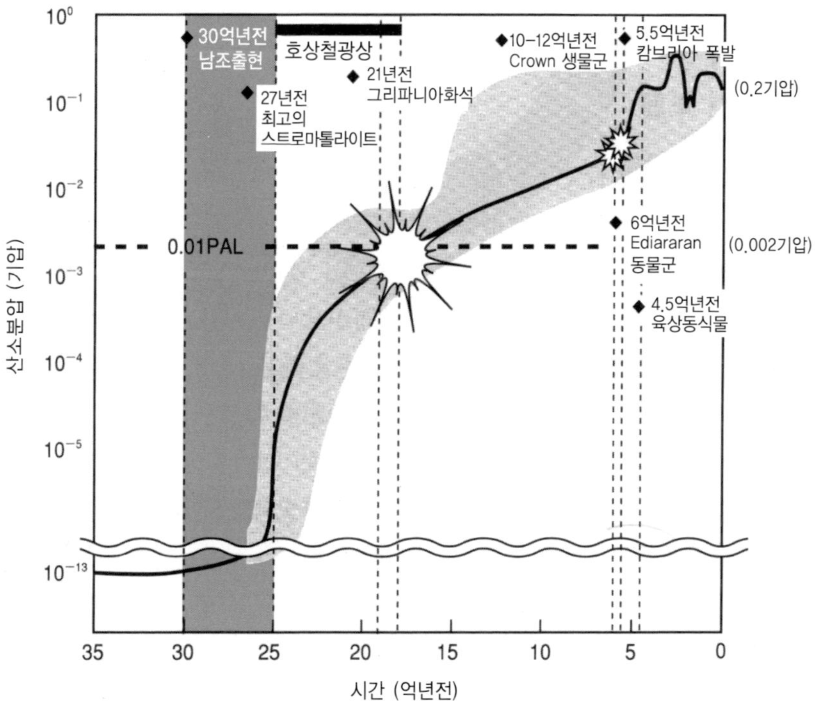

그림 8-1. 산소농도의 지사적 변화. Condie and Sloan(1998)의 그림에 주요한 생물진화 사건과 호상철광산이 많이 형성된 기간을 나타내었다.

균류인 자낭균류에 속하는 효모 *Saccharomyces*는 산소호흡뿐만 아니라 혐기호흡도 한다(혐기상태에서 기능이 알코올발효나 젖산발효이다, 그림 7-4). 산소호흡과 혐기호흡의 전환은 환경의 배경 산소농도에 의해 결정된다. 현재 대기성분의 21%인 산소는 1/100의 산소분압을 경계로 산소호흡에서 혐기호흡으로 전환된다. 이와 같은 현상을 발견한 파스퇴르를 기념하여 이 경계의 산소분압을 파스퇴르포인드(Pasteur point)라고 한다. 과거 산소의 대기분압은 PAL(present atmospheric level)이라는 단위로 많이 표현되었다. 파스퇴르포인트는 0.01 PAL과 같다. 그림 8-1은 지사학적 연대변화에 따른 산소분압의 추정 변화를 나타내었다. 오차가 있지만, 산소분압이 0.01 PAL에 도달한 것은 17~20억년 이전 정도로 판단된다.

진핵생물은 산소호흡 에너지 변환장치로 미토콘드리아를 획득하여 다채로운 그룹으로 다양화되었지만, 그 중에서 남조가 능력을 도입하여 산소를 생산할 수 있는 광합성 생물을 출현시켰다(제10장 및 제12장). 즉 진핵조류의 탄생이다. 원핵조류인 남조와 진핵조류는 모두 광합성 결과로 산소를 방출하기에 대기 중 산소는 더욱 축적되었다. 결국 산소는 오존층을 만들게 되었고 오존층에 의해 생물성장에 유해한 자외선이 지표에 도달하지 않게 된다. 마침내 바다생물이 육상으로 진출하기 시작할 수 있는 토대가 마련된 것이다. 4~5억년 이전에 발생한 사건이다.

1. 생명사 카렌다

문장으로 쓰게 되면 생명탄생이나 진화는 숫자를 나열하는 것으로 끝나버린다. 생명탄생이나 산소발생형 광합성 출현에서 생물이 육상으로 진출하는 일연의 진화에 얼마만큼 시간이 소요되었는가를 직감적으로 알 수 있는 방법은 없을까? 겨우 100년의 수명을 가지는 인간에게는 거의 불가능에 가깝다. 기준이 되는 체감시간이 고작 연단위이기에 일만 년과 백만 년의 시간차이를 상상하는 것조차 어렵다. 시간 스케일이 너무나 크기 때문에 발생했던 두 사건 사이의 거리를 도저히 실감할 수 없게 된다. 그래서 무엇인가를 상상할 수 있는 수준의 스케일로 파악할 수 있는 방법으로 자주 사용되는 것이 있다. 지구역사 46억년을 1년으로 환상하여 살펴보는 것이다. 1년의 길이, 한 달의 길이는 연령에 따라 체감시간이 차이는 있다하여도 각자 몸으로 느낄 수 있기에, 일례로서 2월 7일과 3월 3일 사이에 흘러간 시간이 어떠한 것인지를 상상할 수 있게 된다. 30억년이나 40억년이라는 유구한 시간길이를 실감하는 것은 불가능이지만, 하나의 지사학적, 진화사적으로 발생한 일과 기타 사건과의 사이에 시간 거리를 카렌다로 환산하여 바꾸어 놓으면, 각 사건 사이의 거리를 상대적이나마 파악할 수 있게 된다. 주요한 지질사, 진화사의 이벤트 연대를 일 년 카렌다로 환산하여 만들어진 놓은 것이 그림 8-2이다. 단 지질 년대에 대한 사건발생 시기에 대해서는 대부분 복수의 설이 주장되기 때문에 확실하게 말할 수 있는 값은 그다지 없다. 특히 시간을 거슬러 올라갈수록 주장되는 값의 차이도 크게 된다. 어느 쪽이 정확한 것인가를 생각하여도 대부분은 그다지 의미가 없다. 어느 쪽도 근거는 있지만 그에 반해 오차도 있기 때

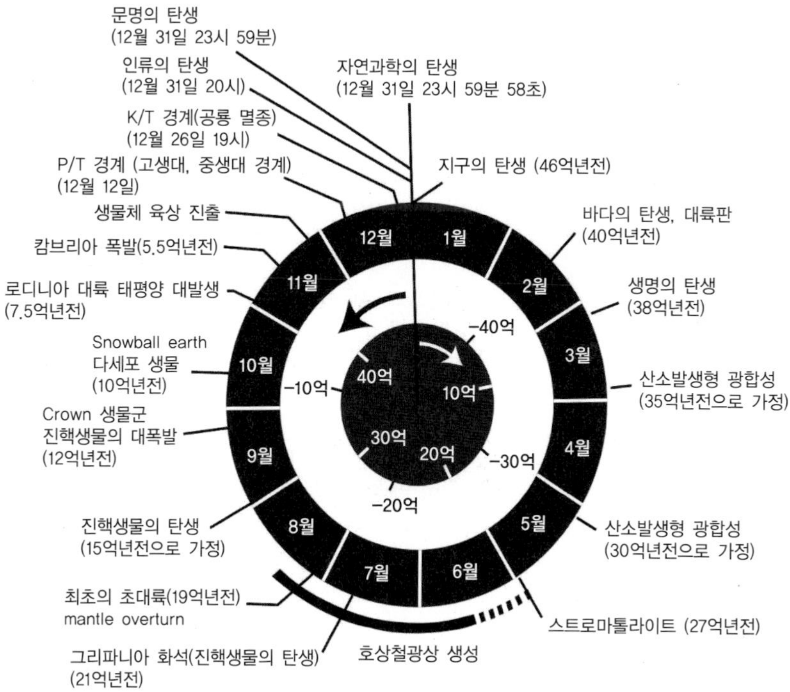

그림 8-2. 지구역사와 생명사의 카렌다.

문이다. 10억년을 넘는 과거사에 대해서는 짙은 안개 너머에 있는 실루엣같은 사건밖에 없기에 카렌다에 정확히 몇 월, 몇일에 해당할지는 알지 못한다. 대략 그 정도에 해당할 것이라 생각할 수밖에 없다. 지구과학과 생명과학의 진보가 눈부시다고 하여도 지구역사와 생명사에 대한 정확한 달력을 완성시키기까지는 아직도 몇 백 년이라는 시간을 더욱 필요로 할 것이다. 그렇더라도 카렌다는 중요한 진화적 사건 사이의 시간적 거리를 파악할 수 있는 대략적인 시간척도을 나타내는 것만으로도 나름대로 도움이 된다. 생명사 카렌다를 이용하여 산소발생형 광합성 생물의 출현과 그 이후 지구와 생물진화의 주요한 이벤트를 살펴보자.

1월 1일 보신각 종소리가 울리기 시작하는 신년 0시 0분 0초에 미혹성 충돌이 반복되면서 우주에서 고체 지구가 탄생하였다. 생명탄생을 38억년 이전으로 한다면 카렌다에는 대략 3월초 매화의 계절에 해당한다. 지구냉각과 바다형성 그리고 화학진화에 일 년 중 2개월 정도를 소비한 것이 된다. 산소발생형 광합성을 하는 생물인 남조가 출현한 것은 5월 단오(어린이날) 전후이다[7]. 6월 중순부터 호상철광상 형성이 시작되어 8월초까지 지속된다. 그리고 그 사이에 진핵생물이 출현한 것으로 생각하고 있다. 21억년 이전이라 하면 7월 8일에 해당한다. 진핵세포라는 우수한 시스템 완성에 생물진화는 막대한 시간(17억년, 1년으로 하면 4개월 정도)을 사용한 것을 알 수 있다. 육상에 동·식물이 진출한 것은 11월이 끝날 무렵이 된다. 이것을 이해하는 것은 중요하다. 카렌다로 보면 육상의 생물세계는 형성되어 한 달을 조금 넘기고 있을 정도로, 매우 최근의 사건에 해당한다. 즉 지구에서 생물진화는 대부분 물속에서 진행되었다는 것이 된다. 한층 더 인류출현, 문명탄생 등은 카렌다에서 보면 최후의 일순간에 지나지 않음을 알 수 있다. 그림의 카렌다에 구마자와(熊澤) 등(2002)의 연대에 따라, 지구에서 발생한 주요한 사건들을 추가하였다. 카렌다로 보면 조류가 얼마나 오랜 시간동안 지구에 생명환경을 구축해 왔는지를 이해할 수 있을 것이다.

---

7 일본은 음력을 사용하지 않기에 과거 음력으로 사용하던 절기를 양력 날짜로 하여 사용하고 있다. 양력 5월 5일을 단오절, 7월 7일을 칠석 등.

2. 화학합성

생물진화 초기에 세포는 지구생성 시기에 무기적인 과정에서 만들어진 유기물을 분해하여 에너지를 얻은 것으로 생각된다. 그러나 지구환경이 점차로 안정되어 감에 따라 새로운 유기물 공급은 감소하였다. 유기물이 생성된다 하더라도 생물에 의해 즉시 소비되어 버렸을 것이다. 결국은 자신이 유기물을 만들 수 있는 동화기구를 획득한 세포만 존속할 수 있었을 것으로 판단된다. 동화에 이용한 에너지는 외부에서 들여와, 생물에너지의 통화인 ATP 3번째 인산결합에너지로서 비축된다. 세포 속에서 화학적인 일들이 이루어질 때에는 결합된 인산을 잘라 낼 때에 발생하는 에너지를 사용하였다. 동화에는 탄산동화와 질산동화가 있고, 이산화탄소나 질산 등 무기물에서 탄수화물이나 단백질을 만들어 낸다. 이용할 수 있는 유기물이 고갈되었을 때, 살아남는 것은 이러한 동화능력을 가진 원핵생물이다. 이런 세균은 다양한 무기물을 산화시켜, 그 때에 방출하는 에너지를 이용하여 이산화탄소를 고정한 유기물을 합성한 것으로 생각된다. 현재에도 이러한 화학합성(chemosynthesis)을 하는 세균이 존재한다.

혐기적 화학합성

메탄세균 $4H_2 + H_2CO_3 \rightarrow CH_4 + 3H_20$

호기적 화학합성

아질산균 $2NH_4^+ + 3O_2 \rightarrow 2NO_2^- + 4H^+ + 2H_2O$

질산균 $2NO_2^- + O_2 \rightarrow 2NO_3^-$

황세균 $2S + 3O_2 + 2H_2O \rightarrow 2SO_2^{2-} + 4H^+$

$2H_2S + O_2 \rightarrow 2S + 2H_2O$

철세균 $4FeSO_4 + 2H_2SO_4 + O_2 \rightarrow 2Fe_2(SO_4)_3 + 2H_2O$

수소세균 $2H_2 + O_2 \rightarrow 2H_2O$

단 이들 대부분 화학합성 세균은 산소를 이용하고 있으며, 탄소고정에 조류나 육상식물과 마찬가지로 나중에 설명하는 칼빈-벤손회로를 이용하기 때문에 광합성 출현 이전에 기원을 가진다는 것이 타당한 것인가? 에 대한 의문을 남게 된다.

화학합성 세균이 서식하는 예로는 심해의 열수분출공(hydrothermal vent)을 들 수 있다. 심해생물로 유명한 관벌레류인 *Lamellibrachia satsuma*는 입이 없고 먹이를 먹지 않는다. *L. satsuma* 체내에는 황화수소를 이용하는 황세균이 공생하여 숙주에서 황화수소와 산소, 이산화탄소를 공급받아 탄소를 동화한다. 이러한 심해 열수분출공이 지구 최초세포를 만들어 내었을 가능성이 지적되고 있다. 생명은 에너지가 존재하는 곳에서 만만치 않은 생존방법을 개척하였던 것이다. 초기동화는 이렇게 다양한 유형의 화학합성이었을 것으로 생각되지만 열수분출공과 같은 환경은 많지 않다. 이 때문에 초기생명은 극히 한정된 장소에서 유지되고 있었음에는 틀림이 없을 것이다. 그러나 결국 동화를 위한 에너지를 태양에서 공급받는 원핵생물이 출현하였다. 광합성에 의한 탄소동화의 탄생이다. 이때부터 생물은 무한 에너지원을 간단하게 입수할 수 있었고 생명진화는 새로운 전개를 맞이하게 되었다.

3. 광합성 출현과 다양성

광합성을 구동하는 에너지는 주계열 별 가운데 위치하는 G형 혹성인 태양의 중심에서 발생한다(그림 8-3). 그곳에서 핵융합에 의해 4개 수소가 헬륨 1원자로 변환된다(4H → He + 에너지). 헬륨 원자핵 1개 질량은 수소 원자핵 4개 질량의 합보다 작다. 감소한 만큼의 질량이 $E = mc^2$라고 하는 아인슈타인의 상대성이론 방정식에 따라 에너지로 변환되는 것이다. 이렇게 만들어진 핵융합의 거대한 에너지가 지구 약 100배 반경인 69만6,000km를 여행하여 태양표면에 도착하여, 그곳에서 흑체복사(black body rediation)에 의해 전자파로서 방사된다. 이 전자파가 8분에 걸쳐 평균 1.5억 km 떨어진 지구에 도달한다. 지구를 원반으로 보면(원 궤도로 한 경우) 1㎡ 면적에 1.177 kcal 또는 1370 W/㎡의 방사에너지를 받는다. 이 값을 태양상수(solar constant)라고 한다(그림 8-3) 즉 지구표면의 1㎡ 면적에 100 W의 전구 14개 또는 1 ㎾의 강한 전기난로로 데워지는 것이다.

이 만큼 열량이 계속적으로 더해지면 지구는 결국 작열하는 지구가 되어

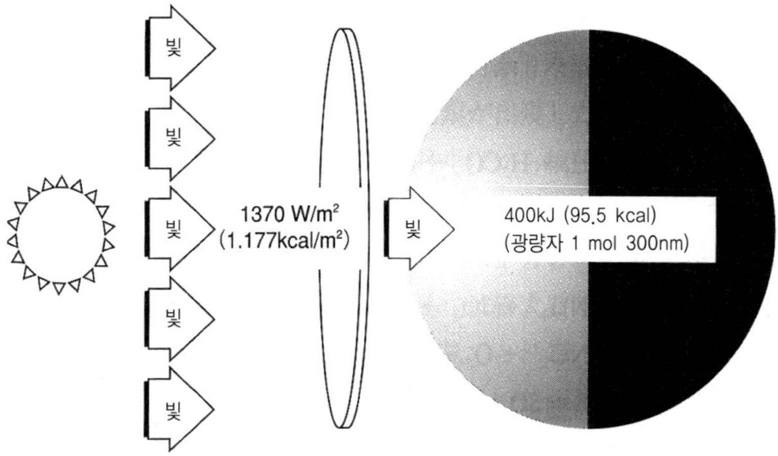

그림 8-3. 태양정수와 지표에 도달하는 에너지

버릴 것이다 그러나 지구가 작열하지 않은 것은 입사된 양과 같은 양의 에너지를 우주로 반사하고 있기 때문이다. 지구가 태양으로부터 받는 에너지를 태양방사(solar radiation), 지구에서 우주를 향해 방출하는 에너지를 지구방사(earth radiation)라고 한다. 만일 지구방사가 태양방사보다 작게 되면 지구는 온난화가 진행되어 점점 더워지게 될 것이다. 반대로 과잉으로 지구방사가 발생하면 냉각되어 얼게 된다. 구름에 의한 반사와 기체분자의 흡수, 산란 등의 기능에 의해 지구표면의 기온은 미묘한 균형을 맞추고 있다. 최근 발생하는 지구온난화 현상은 이산화탄소 등 온실효과 가스가 과잉으로 방출된 결과, 태양방사와 지구방사의 균형이 깨지는 것을 말한다. 물체에서 방사되는 전자파는 온도가 높을수록 에너지가 크고 파장은 짧다. 태양은 밝고 높은 온도에서 6,000 K(절대온도)의 표면온도를 가진다. 태양복사는 가시광선을 포함하여 0.3 (300nm)~4μm의 파장대로 분포한다. 한편 지구방사는 약 250 K(-23℃) 물체의 흑체방사에 해당한다. 즉 대기에 의한 온실효과가 없게 되면 지표온도는 -23℃가 된다는 것이다. 실제 지구표면의 평균온도는 15℃ 정도이기에 지표는 온실효과 가스에 의해 40℃ 가까운 고온으로 유지되고 있는 것이다. 어떻든 250 K 물체에서 방사는 4~200μm의 장파장대가 된다. 즉 태양방사와 지구방사는 파장대가 한 단위 차이가 있다(그림 8-4). 다행히도 오존

층이나 대기 중에 존재하는 질소, 산소, 수증기, 이산화탄소 등의 분자가 가지는 전자파 흡수와 산란특성에 의해 주로 300~800nm 파장의 빛은 거의 흡수되지 않고 지표에 도달한다. 그러나 지표에서 발생한 열은 10μm 전후로 열린 창을 통해 우주공간으로 방출된다. 이들 전자파가 통과하는 대기에 열려 있는 창(대기창)은 각각 가시광 창(optical window), 적외선창(infrared window)이라 한다(그림 8-4). 가시광창이 300~800nm 파장대에 있기 때문에, 지표에는 백색광이 도달하고, 적외선창이 열려있는 덕분에 지구방사에 의한 장파가 우주로 방사되어 지구가 과도하게 가열되는 것을 막고 있는 것이다. 즉

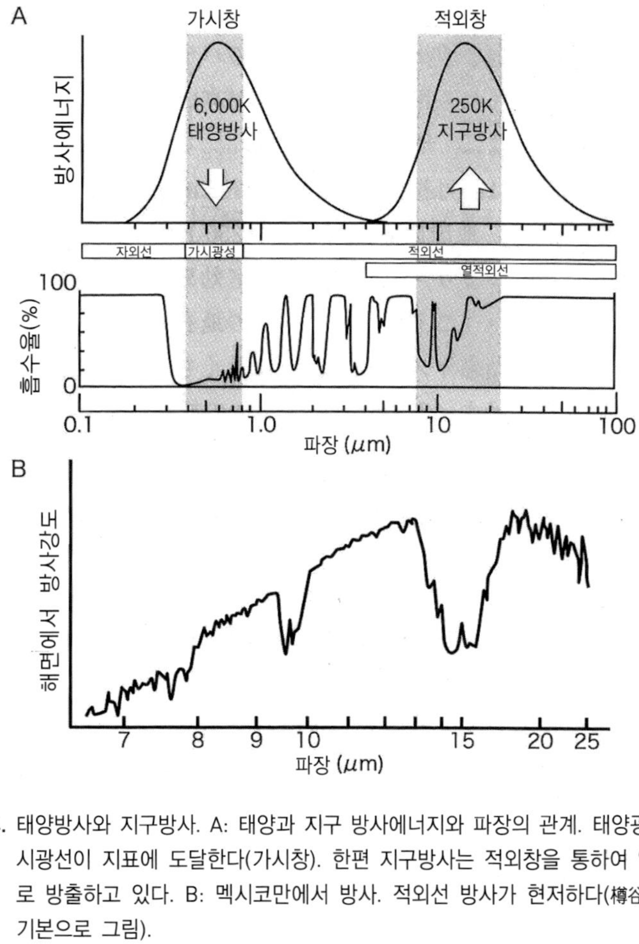

그림 8-4. 태양방사와 지구방사. A: 태양과 지구 방사에너지와 파장의 관계. 태양광선 중 가시광선이 지표에 도달한다(가시창). 한편 지구방사는 적외창을 통하여 열을 우주로 방출하고 있다. B: 멕시코만에서 방사. 적외선 방사가 현저하다(樽谷, 2003을 기본으로 그림).

대기창(atmospheric window)에 의해 지구환경은 균형을 유지하고 있다고 할 수 있다.

어찌되었든 가시광창을 통하여 가시광선이 지구에 도달한다. 지표에 도달한 광량자는 300nm의 파장에서 1 mol 당 약 400 kJ, 그리고 800nm의 파장에서 약 150 kJ의 에너지를 가진다. 이 에너지는 방법만 개발된다면 이용할 수 있는 최대 태양에너지 값이다. 현재 지구에는 연간 2×10^{18} kJ의 화학에너지가 얻어지고, 2×10^{11} 톤의 탄소가 고정된다. 이것이 지구 생명권 대부분을 지탱하는 광합성 에너지의 변환반응이다. 광합성 출현은 에너지 고갈에서 생명을 해방시켰다는 점에서 생물진화의 최대 사건이라 할 수 있다. 원핵생물에서 싹이 핀 광합성은 더욱 진화와 다양성을 걸쳐 현재의 거대한 생물다양성을 가져다준 원동력이 되고 있는 것이다.

광합성은 복잡한 반응이다. 산소발생형 광합성 이전에 간단한 사례로서 빛에너지 변화의 원리를 생각해 보자. 현재 알려지고 있는 가장 단순한 빛 에너지 변환은 아케아 종인 호기성 세균 *Halobacterium halobium*에서 관찰된다. 이 세균은 혐기조건에서 세포막 속에 자색막(紫色膜, purple membrane)이라는 자주색 영역을 형성한다. 자색막에는 우리 눈의 색소단백질인 로돕신과 비슷한 박테리오로돕신(bacteriorhodopsin)이라는 색소단백질이 포함되어 있다. 빛을 받으면 박테리오로돕신은 자색 P_{570}에서 담황색 P_{412}로 변화하지만, 이 변화에 긴밀하게 결합하여 프로톤(proton)이 세포막 밖(주변세포질 periplasm)으로 이동한다. 이 과정에서 빛 에너지가 세포막 안쪽과 바깥쪽 프로톤의 농도차에 의한 전기화학에너지(potential)로 변환된다. 이것은 세포막을 낀 전위차가 발생한 것이기에 적당한 장치가 있으면 사용 가능하게 된다. 이 때문에 세포막에는 막을 통하여 프로톤을 보내는 ATP 합성효소라는 장치가 들어있다. 이 효소가 열린 채널을 통해 프로톤이 세포 속으로 흘러들어 방출된 전기화학에너지에 의해 ADP에서 ATP가 합성된다. 이러한 과정에서 빛 에너지가 ATP 인산결합을 위한 화학에너지로 변환되는 것이다. 이러한 일련의 과정이 빛 에너지 변환의 본질이라 할 수 있다. 다음 절에서 설명하는 광합성 세균, 그리고 남조의 산소발생형 광합성은 빛을 포착하는 구조, 전자를 공급하고 전달하는 구조, 더욱이 양전자 수송 기구가 많은 색소와 단백질이 복잡한 복

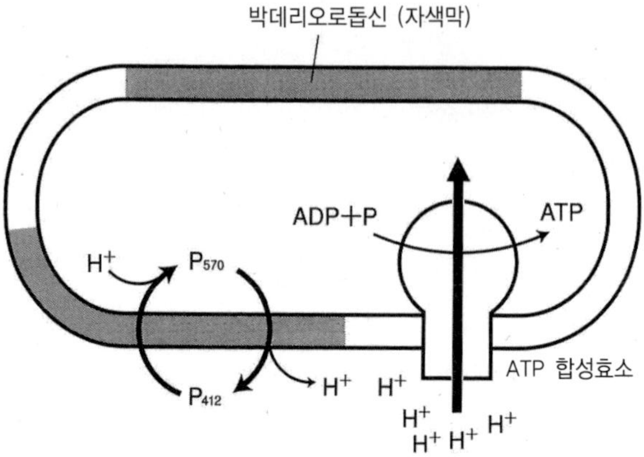

그림 8-5. *Halobacterium*에서 관찰되는 가장 간단한 광합성 장치. 자색막의 박데리오로돕신은 빛을 흡수하여 P_{570}에서 P_{412}로 변화한다. 이 변화에 긴밀하게 결합하여 프로톤이 방출된다. 형성된 전기화학적 포텐셜과 프로톤의 농도차를 이용하여 ATP 합성효소로 ATP가 합성된다(Mohr and Schopler, 1998에 의해 그림).

합체에 의해 구성된다. 그곳에서 진행하는 몇 십 개의 연쇄 산화반응과 환원반응에 의해 실현된다는 점에서 할로박테리아와는 크게 다르다. 그러나 빛 에너지를 화학에너지로로 변환시킨다는 본질은 자색막과 차이가 없다.

4. 광합성 세균

산소발생형 광합성으로 연결되는 광합성은 진정세균 α-프로테오박테리아라는 세균의 복수 계통에서 진화하였다. 광합성 세균 대부분은 원핵세균인 시아노박테리아 즉 남조의 친척에 해당하는 그람음성세균이다(그림 1-2). 광합성 세균이라고 하여도 그다지 친근함이 없을지 모르지만 비교적 우리 주변에서 쉽게 볼 수가 있다. 물이 고여 있는 혐기적인 웅덩이의 물을 떠서 현미경으로 관찰하면 비교적 쉽게 관찰할 수가 있다. 다른 세균에 비하여 비교적 크기가 큰 대형이고, 세포 속에 독특한 과립을 가지고 있기 때문에 눈에 쉽게 띈다. 여름이 되면 많은 호소에서 수온약층이 형성되어 빛을 받는 표층은 따뜻한 물, 수온약층 아래에는 차가운 물이 존재하는 연직적인 안정성이 유지되기에 물이 순환되지 않고 정체하는 성층(成層, stratification) 상태가 된다. 대기와 인접하는 표층은 공기가 녹아들고 또 식물플랑크톤이 광합성에서 방출하는 산소가 녹아 있기에 호기적인 환경이 유지된다. 그러나 약층보다 아래층은 물이 정체되어 대기에서 공급되던 산소공급도 차단되고, 표층에서 침강하는 유기물 분해 등으로 산소를 모두 소비하게 되면, 황산환원세균 등의 활동으로 황화수소와 이산화탄소가 풍부한 혐기적인 환경으로 변화된다. 이러한 두개의 수층 경계역에서 광합성 세균은 매우 활발하게 성장한다(그림 8-6).

광합성 세균에는 몇 개 그룹이 존재한다. 대부분은 α-프로테오박테리아에 속하는 홍색황세균(purple sulfur bacteria), 홍색무황세균(purple nonsulfur bacteria), 녹색황세균(green sulfur bacteria), 활주성 사상녹색세균(gliding filamentous green bacteria) 등 이다. 이외에도 그람양성세균인 헬리오박데리아(*Heliobacteria*)가 있다(표 8-2). 이들 광합성 세균은 광합성 색소가 다를 뿐만 아니라, 다른 많은 점에서도 차이가 있는 다양한 원핵생물군이다. 광합성에 필요한 전자 공급원으로서 황화수소(H_2S) 등 황화물 이외에 호박산이나 사과산 등 유기화합물과 수소를 이용하는 것도 있다. CO_2고정에 육상식물과 마찬가지로 칼빈-벤손회로를 사용하는 것을 생각하면, 산소호흡 반응계에서 광합성으로 획득한 에너지를 추가하는 것으로 호흡에 대한 역반응을 발생시켜 CO_2고정을 하는 것도 있다. 기체질소를 고정하는 것과 하지 않는 것, 산소호흡을 하는 것과 하지 않는 것 등 매우 다양하다.

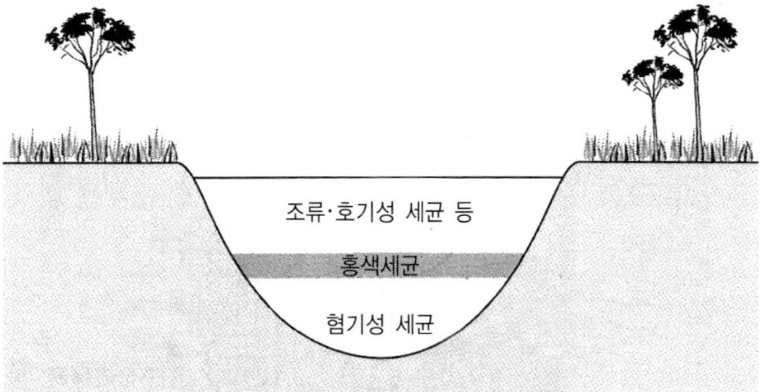

그림 8-6. 광합성 세균의 서식지.

표 8-2. 광합성 세균의 비교

	홍색무황 세균	홍색황세균	녹색황세균	녹색사상세균 (녹만균류)	헬리오박테리아
그람염색	음성	음성	음성	음성	양성
호기 or 혐기	약호기성	약호기성	절대혐기성	약호기성	절대 혐기성
서식지	활성오니	호수, 황산천, 염호	호수	고열성, H_2S를 포함한 40~60℃의 알카리 온천이 흐르는 바위 표면	토양 (특히 열대의 건조한 논의 토양)
영양방식	광합성 독립영양	광 독립영양 CO_2를 탄소원, H_2S를 전자공여체	광 종속영양 CO_2를 탄소원, H_2S를 전자공여체	광합성 종속영양	광 독립영양
화원력	호박산 사과산 수소	황화물 (H_2S)	황화합물 (수소공여체도) H_2S가 산화되어 황산이 된다.	황화물 수소	유기화합물
전자 수용체	BPhe	BPhe	Bchl 유도체	BPhe	Bchl 유도체
전자 공여체	Bchl	Bchl	Bchl	Bchl	Bchl
반응중심	heterodimer -35kD	heterodimer -35kD	homodimer -80kD	heterodimer-35kD, H 서브유니트 상실	homodimer -68kD
반응중심 안테나계	분리형 (LH1, LH2)	분리형(LH1, LH2)	복합체	분리형(LH1)	복합체
CO_2 고정계	칼빈-벤손회로	칼빈-벤손회로	환원형 TCA회로(TCA회로의 역회전)	칼빈-벤손회로, TCA회로가 아닌 히드록시프로피온산 회로	?
산소호흡에 의한 종속영양	어두운 기간 가능	불가		혐기상대에서 광합성, 호기상태에서 산소호흡	피루빈산 발효에 의한 화학합성
광화학계	Ⅱ, 순환형	Ⅱ, 순환형	Ⅰ, 비순환형	Ⅱ	Ⅰ, 비순환형
질소고정	가능		가능		가능
기타		운동성 있음	클로로솜(막외 안테나계)(Bchl *c, d, e*를 포함)을 가짐. 운동성 없음	클로로솜(Bchl *c*를 포함)을 가짐	Bchl *g*를 가짐. Bchl *g*는 빛과 산소가 존재하면 chl *a* 유사물질에 이성화한다. 남조의 광학계 Ⅰ에 가장 근연으로 생각

많은 광합성 세균은 동물이나 식물에 대한 일반적인 생물학에 대한 상식이 통용되지 않은 세계이다. 광합성 세균이 살아가는 방법은 임기응변으로 매우 다양하다. 다채로운 성질을 가진 세균에서 광합성이라는 기구가 다양한 진화를 풀어가는 것을 엿볼 수 있다.

5. 광반응(명반응)

빛 에너지를 전기에너지로 변환하여 최종적으로 화학에너지로 보존하는 반응을 광반응(명반응)이라고 한다. 이 과정에서 생성되는 물질은 세포 속 화학반응을 구동하여 엔진역할을 하는 고에너지 화합물인 ATP와 이산화탄소 결합에너지를 공급하는 강력한 환원제인 NADH(산소발생형 광합성에서는 NADPH)이다. 빛 에너지에 의한 ATP생성은 인산화, NADH(NADPH) 생성은 광환원이라고 한다. 광반응에서 지속되는 암반응은 ATP를 에너지원으로 또 NADH (NADPH)를 환원제로 이산화탄소를 환원하고 유기물을 합성하여 광합성을 완성한다. 광반응 과정은 태양광 보충, 빛 에너지를 전기에너지로 변환(광전변환), 전자전달(전류발생)과 이들에 동반하는 프로톤(proton) 농도경사 형성(전위차 생성), 그리고 전위차와 전류를 이용한 ATP합성과 NADH (NADPH)생성으로 구성된다. 광반응은 강의실에서 생물학을 전공하는 많은 학생의 머리를 아프게 하는 하나의 항목이다. 독자 중에는 젊은 사람도 적지 않을 것으로 생각하기에 저자의 수비범위는 넘지만, 광합성 세균을 사례로 설명하여 둔다. 조류가 아닌 광합성 세균으로 설명하는 것은 광합성 세균의 광반응이 남조나 진핵조류, 나아가서는 육상식물의 광합성 광반응 진화의 기원이기 때문이다. 광합성은 확실하게 복잡하지만, 결국은 전자 공급원과 전자 행방, 그리고 에너지 행방에 대한 문제로 귀결된다.

광반응을 수행하기 위한 분자(광 포착성분과 전자 전달성분)는 대부분 복합체를 만들어 막 속에 방향성을 가지고 배치된다. 광반응에서 광화학반응을 담당하는 부분을 반응중심(reaction center)이라 한다. 광합성 세균에서 반응중심은 세균엽록소 *a*의 이량체(special pair라 한다)와 단백질로 구성된다. 기저상태의 이량체는 발열이나 발광을 하지 않기 때문에 아무런 일을 할 수 없다. 정지한 발전기와 같은 것이다. 반응중심을 여기(勵起, excitation, 전류가 흘러 일이 가능하도록 하는 상태를 만들다)하기 위해서는 태양광에서 광량자를 포착하여 포착된 에너지를 반응중심인 이량체로 보내어 광화학반응을 여기시켜야만 한다. 빛을 보충하기 위해서는 빛을 흡수하는 색소가 필요하다. 광합성에서 빛 에너지를 포착하는 구조를 안테나색소계라고 한다. 광합성 세균에서 안테나색소계는 세균엽록소(bacteriochlorophyll)와 다수의 카로테노이드로 구성된다. 안테나에 포착된 빛 에너지는 모두가 반응중심의 이량체에 집중되어 광화학반응을 구동한다. 이것은 볼록렌즈에서 빛을 초점에 모이게 하여 높은 밀도의 에너지를 얻는 것과 같은 원리이다. 수력발전으로 말하면 댐의 물을 발전기(dynamo) 날개에 집중하여 회전이 발생할 수 있도록 하는 것에 해당된다. 반응중심과 안테나색소계는 구동(여기)에너지를 효율 좋게 반응중심으로 보낼 수 있도록 막 속에 정밀하게 배치된다. 이러한 분자배치와 에너지전달을 연구하는 것은 생물학분야라고 하기 보다는 양자화학의 영역으로 설명하게 되기에, 저자에게 부담되는 하중이 너무 무겁다. 그리고 아직 많은 부분에서 분명하지 않은 점이 많은 광합성 연구의 최전선 중에 한 분야라고 할 수 있다.

아무튼 구동(여기)에 필요한 에너지를 주입되면, 반응중심 이량체는 광화학반응을 발생시켜 에너지 수준이 올라가게 된다(그림 8-7). 즉 이량체에 포함된 원자단의 전자궤도가 기저상태에서 에너지 준위가 높은 여기상태궤도로 이동한다. 이 과정으로 전자를 다른 분자로 받아 넘기는 힘, 즉 환원력이 발생한다. 중력에 의해 물이 높은 곳에서 낮은 곳으로 흐르는 것처럼 전자는 각 분자를 가진 고유의 산화환원전위(oxidation-reduction potential)라는 전자를 받기 쉬운 순서를 따라 흐른다. 광반응이 진행하는 막 속은 산화환원전위에 따라 분자가 배열되어 반응중심의 복합체를 구성한다. 구동된 이량체는 다음의 산화환원전위가 높은 분자에 전자를 건네어 이것을 환원시키고 자신은 산화되어 원래 상태로 되돌아온다. 전자를 받은(즉 환원된) 분자는 산화환원전위가 또 하나 밑의 분자를 환원시키고 자신은 산화되어 원래의 상태로 되돌아온다. 이러한 산화환원전위가 연속적으로 발생하는 것으로 전자는

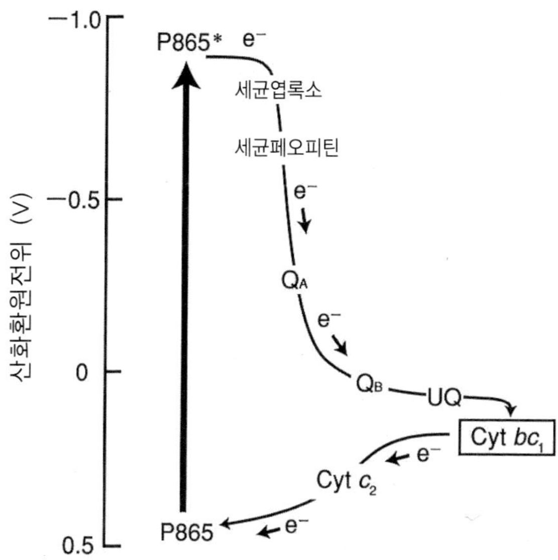

그림 8-7. 홍색세균의 광화학계와 전자흐름. 반응중심 P865는 세균엽록소 짝$(Bchl)_2$으로 구성되며, 안테나에서 공급된 에너지에 의해 여기상태가 된다(P865*). 여기상태는 펨토초(femto second, 10^{-15}초로서 1,000조분에 1초) 수준에서 전자가 페오피틴(phaeophytin)에게 전달하고 환원한다. 더욱이 200피코(pico, 10^{-12})초에서 유비퀴논(ubiquinone) Q_A, 100마이크로(micro, 10^{-6})초 정도에서 유비퀴논 Q_a를 환원한다. Q_a는 안정된 환원물질 유비하이드로퀴논(ubihydroquinone) UQ를 생성한다. UQ는 전자를 사이토크롬(cytochrome) b/c_1복합체로 받아 넘기고 전자는 반응중심으로 돌아온다. UQ생선에 P865 여기에너지의 2/3가 상실된다. 남은 1/3을 사용하여 사이트크롬 복합체에서 화학적인 일이 수행된다.

계속적으로 흘러가게 된다. 즉 전류가 발생하는 것이다. 이 연속된 일련의 산화환원반응을 전자전달계(electron transport system)라고 한다(그림 8-7).

이 전자흐름은 두 가지 일을 한다. 하나는 프로톤(proton)을 막 안쪽에서 바깥쪽으로 수송하는 일이다. 광반응에서 전자전달계에 들어있는 사이토크롬(cytochrome) b/c_1 복합체의 정체는 프로톤 수송 장치로 전자가 흘러가면, 긴밀하게 결합하여 프로톤을 막 전자가 흘러가는 방향으로 이동시키는 구조를 가진다(그림 8-8). 바꾸어 말하면, 이 과정에서 전기에너지가 프로톤의 농도구배라는 전기화학에너지(포텐셜)로 변환시키는 것이다. ATP 합성

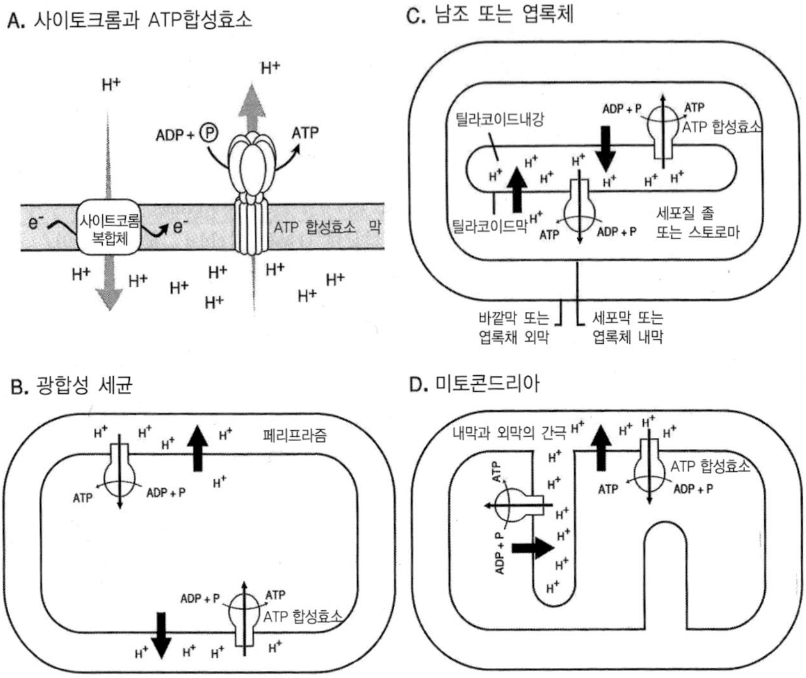

그림 8-8. 사이토크롬 복합체 기능과 ATP 합성효소. 사이토크롬 복합체는 프로톤 수송 장치에서 막을 매개로 프로톤 농도구배를 만들어 ATP 합성효소가 그의 전기화학적 포텐셜을 이용하여 ATP를 생성한다(A). 광 인산화나 호흡에 관여한다. 광합성 세균은 세포막에 제한적으로 존재하여 세포 속에서 주변세포질(periplasm)에 프로톤을 수송한다(B). 남조나 엽록체는 사이토크롬 복합체가 틸라코이드막에 있고, 남조는 세포질에서 틸라코이드 안쪽의 빈 공간에, 엽록체는 스토로마에서 틸라코이드 안쪽의 빈 공간에 프로톤을 수송한다(C). 미토콘드리아의 산화적 인산화에서는 메트릭스에서 내막과 외막 사이의 간극에 프로톤을 수송한다(D). 사이토크롬 복합체는 광합성 세균과 미토콘드리아에서는 Cyt b/c_1, 남조와 엽록체에서는 Cyt b_6/f이다.

효소가 이 전기화학적 농도구배, 즉 전위차를 이용하여 ADP에 인산을 결합하여 ATP를 합성한다. 앞에서도 설명하였지만, 이 효소는 막을 관통하고 있어 그 속으로 프로톤이 통과한다. 이 구조의 상세한 부분은 아직 불명확한 점이 많다. 그러나 막 밖으로 돌출된 부분은 매우 빠른 속도로 회전하는 분자모터로서 프로톤은 그 모터 속을 통하여 막 안쪽으로 흘러들어 간다. 소용돌이를 이미지하면 좋을 것이다. 생물이 만들어내는 고효율의 나노 기계이다.

전자전달계가 하는 또 하나의 일은 NAD^+에 전자를 건네어 수소결합으로 환원하여 NADH를 생성하는 것이다. 전자를 NAD^+에 직접 건네주는 경우와 프로톤 농도구배를 통하여 간접적으로 건네주는 방법이 있지만, 모두 필요한 에너지는 안테나색소에 포착된 태양에너지에서 유래한다.

이와 같이 α-프로테오박테리아에서 진화한 광합성은 할로박데리아와 비교하면 훨씬 복잡하지만, 광반응 구성요소를 나누어서 생각하면 쉽게 이해된다. 광화학계 반응, 전자전달, 사이토크롬 b/c_1 복합체에 의한 프로톤 농도구배 형성과 ATP생성, 그리고 NADH생성이다. 더욱 복잡한 산소발생형 광합성의 광반응도 이것에 대한 응용문제이다.

그런데 광합성 세균은 반응중심과 안테나색소계의 관계, 그리고 전자전달계 구성에 있어 크게 다른 두개의 광반응이 알려진다. 모두가 남조의 광합성과 관계가 있기 때문에 홍색무황세균과 녹색황세균으로 대표되는 두개의 광반응 구성을 정리하여 둔다(표 8-3, 그림 8-9). 홍색무황세균에서는 빛 에너지에 의해 구동된 반응중심 전자는 키논, 사이트크롬 b/c_1 복합체, 사이트크롬 c를 걸쳐 출발점으로 되돌아온다. 그리고 전자가 사이트크롬 b/c_1 복합체를 통하는 과정과 긴밀하게 결합하여 프로톤의 농도구배가 형성되고, 그 전기화학적 에너지 일부가 ATP 합성효소에 의한 ATP합성에 이용된다. 이 광반응은 반응중심에서 이량체로부터 전자전달계로 흘러간 전자는 에너지를 받아 건네준 다음 출발점으로 되돌아온다. 전자는 NAD^+ 환원에 사용되지 않는다. 때문에 반응중심은 전자를 잃지 않기에 보충할 필요는 없다. 때문에 이 과정을 "순환형 전자전달계"라고 한다. 이 반응이 계속적으로 발생하는 것은 이른바 전지에 전구가 연결된 회로와 같은 것으로서 전자는 회로를 돌고 있을 뿐이지만, 전구점등이라는 에너지변환이 실현된다.

한편 녹색황세균의 광반응은 "비순환형 전자전달계"라고 한다(그림 8-9). 반응중심에는 사이토크롬 c에서 P_{840}(전자공여체), A_0(1차전자수용체 세균엽록소), A_1(퀴논, 2차 전자수용체), Fx, Fa, Fb(철황 크러스터)라는 순서로 전자이동이 발생한다. 사이토크롬 c는 막 속 사이토크롬 b/c_1 복합체에서 전자를

표 8-3. 광합성 세균과 남조의 비교

비교항목	홍색세균	녹색황세균	남조
반응중심 Ⅰ	존재하지 않음	80kD 단백질의 이량체(homodimer) + 철황 cluster를 포함한 폴리펩티드	PSIRC : 82kD heterodimer (PsaA, PsaB 상동성 45%) + 2철황 cluster를 포함한 폴리펩티드 (PsaC)
반응중심 Ⅰ 전자공여체/수용체	존재하지 않음	Bchl *a* 이량체(P840)/chl 유도체	chl *a* 이량체 (P700)/ chl *a*
반응중심 Ⅰ 안테나색소	존재하지 않음	반응중심, 안테나 복합체	PSI : 반응중심, 안테나 복합체
반응중심 Ⅱ	1차 구조가 다른 28-30 kD (L), 32-36 kD (M) 단백질 이량체(heterodimer L, M)	존재하지 않음	PSIRC : 1차 구조가 다른 30-34 kD 단백질 이량체(heterodimer) (D1, D2의 상동성 40%)
반응중심 Ⅱ 전자공여체/수용체	Bchl *a* 이량체(P860)/ BPhe	존재하지 않음	chl *a* 이량체(P680)/ Phe *a*
반응중심 Ⅱ 안테나 색소계	코아안테나 LH1 주변안테나 LH 2 반응중심, 안테나분리형	존재하지 않음	PSⅡ 코아안테나 : CP43과 CP47 (엽록소 결합 다백질) PSⅡ 주변안테나 : 피코빌린단백질 반응중심, 안테나분리형
전자전달계	순환형	비순환형	순환형과 비순환형의 직열 접속
광환원생성물질	NADH	NAD(P)H	NADPH
사이트크롬 복합체	Cytb/c_1 (미토콘드리아의 사이토크롬 복합체와 공통)	Cytb/c_1 (미토콘드리아의 사이토크롬 복합체와 공통)	Cytb_6/f

홍색세균	Bchl *a* 이량체(P860) → Bchl *a* → BPhe *a* → 유비퀴논 (Q_a, Q_b) → 환원형 유비퀴논 QH_2 → 사이토크롬 b/c_1 복합체 → 사이토크롬 *c* → Bchl *a* 이량체(순환형)
녹색황세균	사이토크롬 b/c_1 복합체 → 사이토크롬 *c* → Bchl *a* 이량체 (P840) → Bchl *a* 이성체 A_0(?) → 퀴논(?) → 철황센터 → 페레톡신 → NAD (P) 환원효소 복합체(?) → $NAD(P)^+$ (비순환형)
남조	물 → 망간크러스터 → 타이로신 → chl *a* 이량체(P680) → Phe *a* → 유비퀴논 (Q_a, Q_b) → 환원형 유비퀴논 QH_2 → 사이토크롬 b/c_1 복합체 → 플라스토시아닌 → chl *a* 이량체(P700) → 피로퀴논 → 철황센터 (Fx, Fa, Fb) → 페레톡신 → NAD 환원효소 복합체(?) → $NADP^+$ (비순환형) chl *a* 이량체(P700) → 피로퀴논 → 철황센터 (Fx, Fa, Fb) → 페레톡신 → NADPH 탈수소효소(?) → 사이토크롬 b/c_1 복합체 → 플라스토시아닌 → chl *a* 이량체(P700) (순환형)

받는다. Fa, Fb는 페레독신(ferredoxin)을 매개로 하여 NADH 합성을 한다. 한편 산화 쪽에서는 황화수소 등에서 사이토크롬 C_{553}, 사이토크롬 C_{555}를 걸쳐 반응중심에 전자를 받아 전해진다. 이 광반응은 전자공여체에서 전자수용체로 한 방향의 전자흐름이 발생한다.

이들 두개 광화학계는 반응중심을 구성하는 단백질이 홍색무황세균에서는 헤테로다이머(heterodimer, 다른 종의 단백질로서 구성되어 있는 이량체), 녹색황세균에서는 호모다이머(homodimer, 같은 종의 단백질로 구성된 이량체)라는 차이가 있다. 더욱이 홍색무황세균은 반응중심과 안테나색소가 분리하여 독립한 복합체를 만든다(반응중심, 안테나분리형). 그러나 녹색황세균은 양자가 반응중심-안테나복합체를 형성하는 등 분명한 차이를 나타낸다. 반응중심을 구성하는 세균엽록소(Bchl) 이량체(special pair)의 구동에서 전자가 반응중심으로 돌아올 때까지 반응은 각 과정이 펨토초(10^{-15}초), 피코초(10^{-12}초)에서 마이크로초(10^{-6}초)라는 초순간적 현상이다. 30억년 이전에 이만큼 초정밀화학장치가 실현되었다는 것은 경이로움 이외에 표현할 방법이 없다. 완성된 두개 광반응 시스템은 거의 그대로 남조에게 계승되었다. 광합성 세균 광반응은 육상식물을 포함한 모든 식물 광합성의 원류이다.

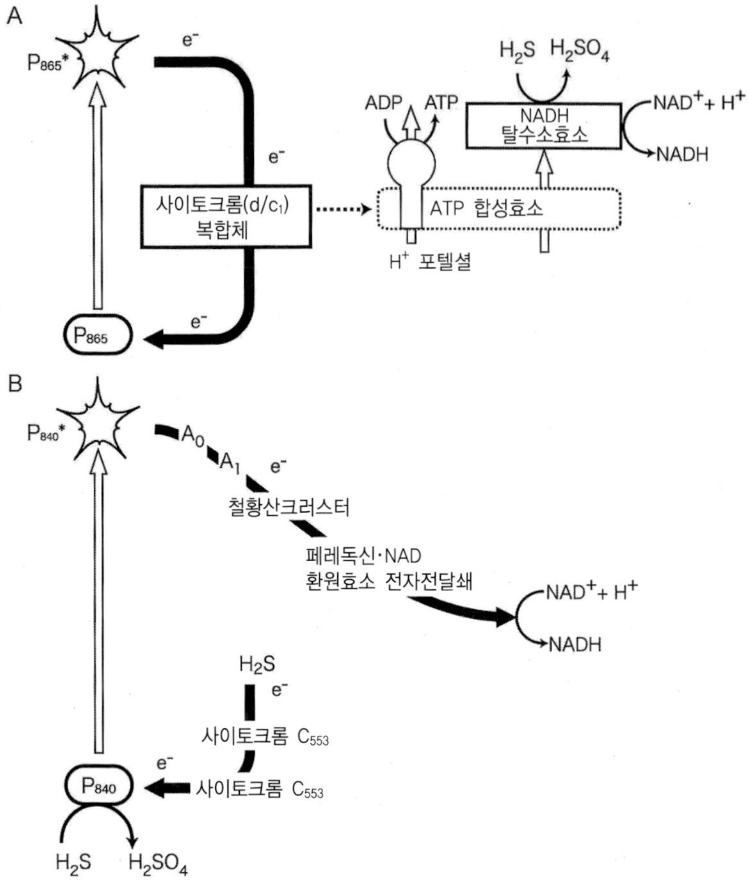

그림 8-9. A: 홍색무황세균의 순환형 전자전달계. 프로톤에 의한 전기화학적 구배에 의해 ATP가 합성된다, NADH 탈수소효소(dehydrogenase)는 황화수소(H_2S) 등에서 전자를 빼앗아 NAD에서 NADH 합성을 한다. 그러나 에너지가 충분하지 않기에 프로톤의 농도구배를 이용하여 부족한 에너지를 보충하여 합성한다. B: 녹색황세균의 비순환형 전자전달계. 전자의 일부는 NAD환원에서 소비된다. 부족분은 유기산이나 황화물 산화에 의해 보충한다.

6. 두개의 광화학계와 산소발생형 광합성

광합성 세균과 남조 그리고 육상식물의 광합성 사이에 가장 큰 차이점은 광합성 결과 산소발생의 유무이다. 산소를 발생하는 것이 이후 생물진화에 어떠한 영향을 미치게 되는지는 계산되지 않지만, 임펙트 크기로 보면 산소발생형 광합성의 출현은 지구 생물진화에서 최대 이벤트였다고 할 수 있다. 그러나 이 두 가지 광합성은 광전변환, 전자전달의 구조에서 보면 그다지 큰 차이점이 없다. 산소발생형 광합성은 광합성 세균의 광합성작용의 연장선에 있다고 할 수 있다.

녹조인 클로렐라(지금은 트레보욱시아조강, 제14장)는 예로부터 광합성 연구의 중요한 모델생물로 이용되어 광합성 메카니즘 해결에 커다란 기여를 하였다. 클로렐라에서 기묘한 현상이 발견되었다. 단색광을 비추었을 때, 광합성 양자 흡수률은 680nm 보다 짧은 파장영역에서는 거의 일정하다. 그런데 680nm 이상 장파장인 빨강색 파장에서 급격히 낮아지는 결과를 보인다. 홍조인 *Porphyridium purpureum*은 흡수률이 급격히 낮아지는 것이 650nm부근에서 시작된다는 것도 밝혀졌다. 이러한 장파장에서 광합성 양자흡수률이 급격하게 낮아지는 현상을 레드드롭(red drop, 적색광 저하)이라 한다(그림 8-10). 광합성 색소인 엽록소 *a*는 700nm까지 빛을 흡수할 수 있기에 이러한 급격한 광합성 능력저하는 쉽게 이해할 수 없다. 광합성 에너지 이용비율은 파장과 함께 커진다고 생각하기 때문에 이러한 현상의 발견은 커다란 놀라움으로 받아드릴 수밖에 없었다. 1957년 미국의 에머슨 등은 680nm 이상 빨강색 빛과 650nm의 밝은 빨강색 빛을 동시에 비추면 레드드롭은 발생하지 않는다는

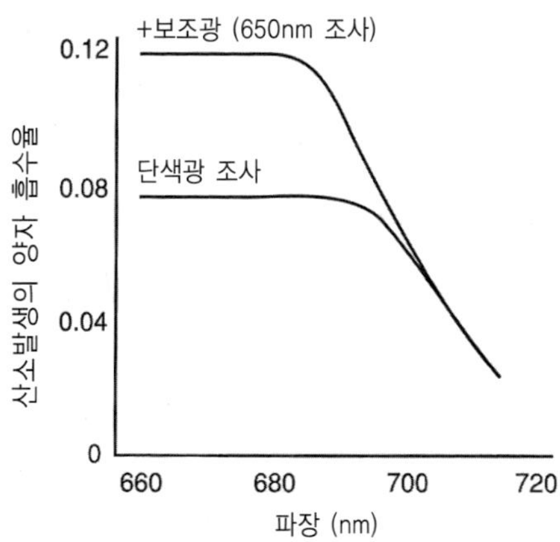

그림 8-10. 레드드롭(red drop)과 에머슨 효과(Heldt, 2000에서 그림).

것을 보고하였다. 반대로 각각의 단색광을 비추었을 때보다도 광합성 양자흡수률이 크게 상승하는 것을 발견하였다. 이 빨강색 빛과 단파장 빛을 동시에 비추는 것으로 광합성 양자흡수가 증가하는 현상을 에머슨효과(Emerson effect)라고 한다(그림 8-10). 한편으로 산소발생이나 산화적 인산화(ATP 생성)에서는 에머슨효과가 나타내지 않는다. 광합성 세균에서도 이와 같은 현상은 관찰되지 않는다. 이러한 사실은 클로렐라 등의 산소발생형 광합성에는

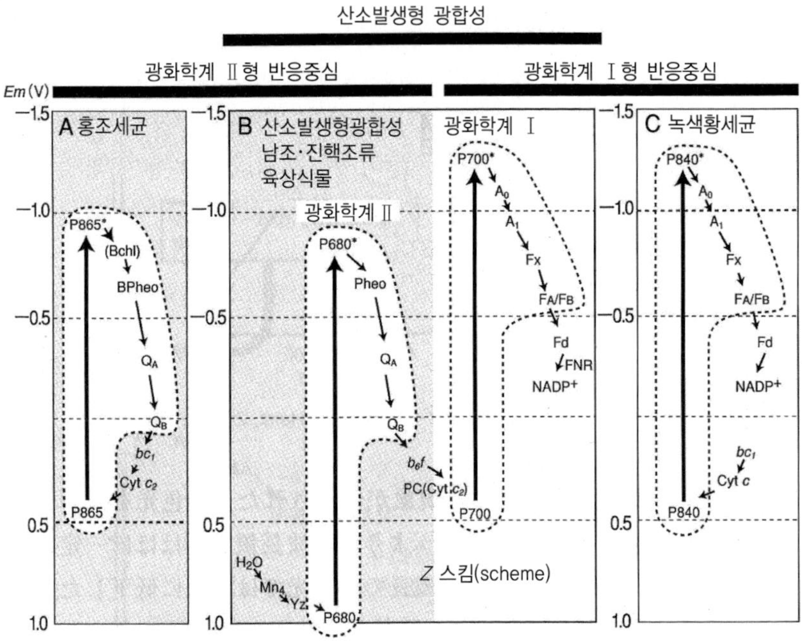

그림 8-11. 광반응에서 전자전달을 산화환원전위에 대응시킨 그림. 산소발생형 광합성의 Z 스킴을 중심(B)에 왼쪽에 홍색세균(A), 오른쪽에 녹색황세균(C)을 비교하기 위하여 배열하였다. A_0: 1차 전자수용체, A_1: 2차 전자수용체, Bchl: 세균엽록소, BPheo: 세균페오피틴, bc_1: 사이토크롬 b/c_1복합체, b_6f: 사이토크롬 b_6/f 복합체, Cyt c: 사이토크롬 c, Cyt c_2: 사이토크롬 c_2, Cyt c_6: 사이토크롬 c_6, Fd: 페레톡신, F_X, F_A/F_B: 철-황 센터, P680, P700, P840, P865: 반응중심 엽록소 이량체(*표시는 구동상태), PC: 플라스토시아닌 (plastocyanin), Pheo: 페오피틴, Q_A: Q_A 퀴논 수용체, Q_B: Q_B 퀴논 수용체, Yz: D1 단백질 타이로신 (tyrosine) 잔기. 점선으로 둘러싼 부분은 반응중심 이량체 단백질에 결합하고 있는 전자전달 성분을 나타낸다(광합성 사전을 기본으로 그림).

안테나와 반응중심이 다른 두 가지 광화학계, 즉 700nm의 빛을 흡수하는 안테나와 680nm 보다 단파장의 빛을 흡수하는 안테나를 이용하는 광화학계가 관여한다는 것을 나타내는 것이다. 1960년에 두개의 광화학계가 사이토크롬 b_6/f와 전자전달계에서 직렬로 연결된 광반응 모델이 제안되었다. 1961년 단세포 홍조 *Porphyridium purpureum*(권두사진 9-4)을 이용하여 피코에리트린(phycoerythrin)이 관여하는 광화학계와 엽록소 *a*가 주색소인 두개의 광화학계가 직렬로 연결된 것에 대한 직접적인 증명이 실시되었다. 전자전달에 관여하는 사이토크롬과 피코에리트린을 흡수하는 562nm 빛에서 환원되어 엽록소 *a*가 흡수하는 680nm 빛에서 산화된다. 전자는 680nm보다 단파장 빛을 흡수하는 안테나를 이용한 광화학계 Ⅱ에 반응하고, 후자는 700nm 빛을 흡수하는 안테나를 이용한 광화학계 Ⅰ에 대응한다. 이러한 산소발생형 광합성의 광반응 구조가 점차적으로 명확하게 밝혀지고 있다(그림 8-11 및 그림 8-12). 산소발생형 광합성의 광반응에는 물을 분해하여 발생하는 전자를 꺼내어 $NADP^+$에 전자를 건네주고는 NADPH를 형성한다. 물과 산소의 산화환원전

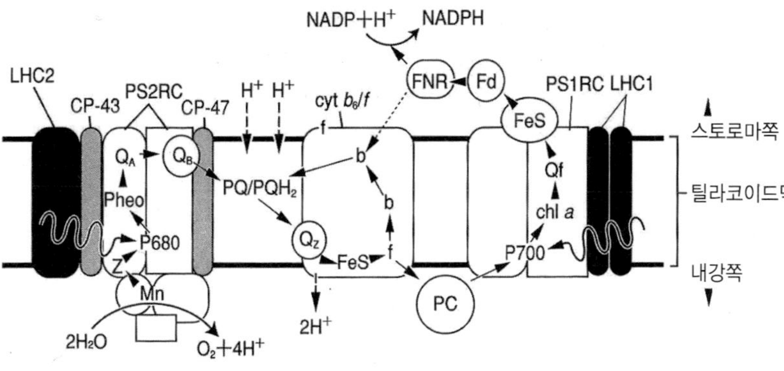

그림 8-12. 틸라코이드막에서 광반응 소자배치. b: 티토크롬 *b*, chl.*a*: PS2RC의 전자수용체, CP43, CP47: 엽록소 단백질, 코아안테나단벡질, f: 티토크롬 *f*, Fd: 페레톡신, FeS: 철황 크러스터, FNR: 페레톡신 및 NAD환원효소, LHC: light harvesting complex, Mn: 망간, P680: PS2RC의 전자수용체, P700: PS1RC의 전자수용체, PC: 플라스트시아닌, Pheo: PS2RC의 전자수용체, PS1RC, RS2RC: 광화학계Ⅰ 및 광화학계Ⅱ의 반응중심, PQ: 프라스트퀴논, Q: 퀴논, Qf: 퀴논, Z: 티로신 (三室守 원도에서 그림).

위 차이는 +0.82V, $NADP^+$와 NADPH의 산화환원전위의 차이는 -0.32V이다. 이 두개의 값 차이인 1.14V 전위차에 상당하는 에너지가 구동(광흡수)되어야만 하는 에너지의 최소값이다. 물은 매우 높은 산화전위를 가진다. 즉 전자를 받기 힘들어 분해가 곤란하다. 광합성 세균의 광화학계에는 물을 분해하는 산화전위는 얻을 수 없다. 그래서 홍색세균형의 광화학계와 녹색황세균의 광화학계를 직렬로 연결하여 2단계로 전자를 끌어드리는 펌프로 구성된 것이 남조 광화학계이다. 광화학계Ⅱ에 의해 높은 산화전위를 얻은 전자를 산화환원전위의 중간지점까지 끌어 올려 광화학계Ⅰ에서 $NADP^+$의 산화환원전위를 넘는 높은 에너지상태(낮은 환원전위)까지 더욱 밀어 올리는 것이다.

산소발생형 광합성의 광화학계는 발견된 순번으로 광화학계Ⅰ 및 광화학계Ⅱ로 불린다. 광화학계Ⅱ는 홍색세균 그리고 광화학계Ⅰ은 녹색황세균의

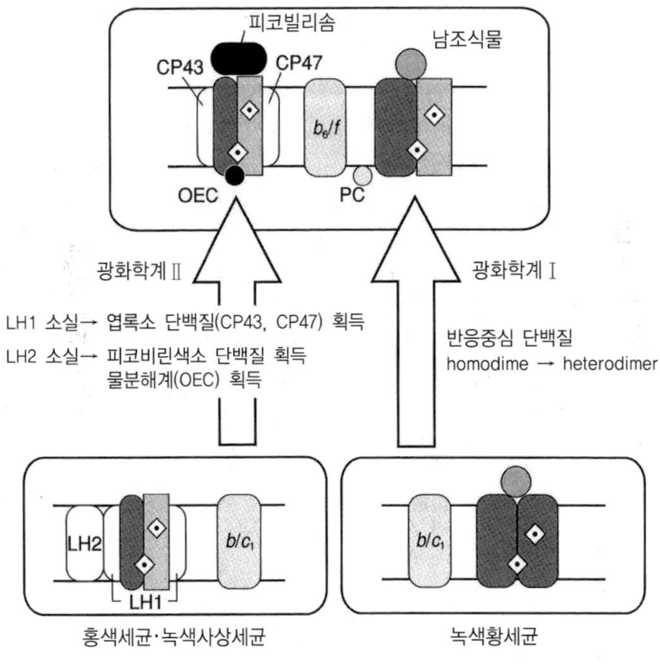

그림 8-13. 홍색세균과 녹색황세균을 기원으로 하는 산소발생형 광합성의 성립. LH1, LH2는 안테나 단백질, CP34, CP47은 코아안테나의 단백질(三室, 1999에서 그림).

광 반응계에 유사하다. 반응중심 단백질 아미노산 배열이나 3차원구조, 그리고 전자전달계 구성분자의 유사함에서 모두 광합성 세균의 두 가지 광반응에 기원을 두고 있는 것은 틀림이 없는 것으로 보인다(그림 8-13).

서로 다른 원핵생물의 두개 광화학계가 어떠한 과정을 걸쳐 남조에서 통합되었는지는 명확하지 않다. 두개의 광합성 세균이 세포융합을 하였을 수도 있고, 한쪽 광합성 세균의 광화학계에 관여하는 유전자군이 바이러스 등에 의해 또 한편의 광합성세균의 세포로 이동되었을 수도 있다. 전체생물공통조상(LUCA)이 탄생할 무렵에 생물진화의 주역은 유전자 수평이동에 의한 것으로 생각되기 때문에 어느 쪽이 발생하더라도 이상하지는 않다. 홍색세균의 순환형 광 반응계에 앞서 녹색황세균의 비순환형 광 반응계를 사이트크롬 복합체를 매개로 직렬연결하여 여기에 홍색세균 반응중심에 물 분해계를 새롭게 추가한 것이 된다. 전체로 보면 두개의 광화학계를 이용하여 물에서 NADPH에 이르는 전자전달계가 남조의 광 반응계 전체모습이다. 단 물을 분해하는 구조를 획득한 것에 동반하여, 보다 높은 산화전위를 실현하기 위한 색소와 반응중심 단백질에 커다란 변화가 발생하였을 것이다. 표 8-3에 광합성 세균의 광반응과 남조 그리고 엽록체의 광반응 차이를 정리하였다.

7. 녹색틈새

이쯤에서 산소발생형 광합성에 채용된 주요한 광합성 색소인 엽록소 *a*에 대하여 간단하게 정리하여 둔다. 그림 8-14는 엽록소 *a*의 구조이다. 4개의 피롤(pyrrole) 고리가 4개의 메틸기에 결합한 테트라피롤(tetrapyrrole) 고리(포르피린이라고도 한다)가 있고, 더욱 5번째 고리구조가 붙은 클로린(chlorin) 고리(고리 중심에 Mg을 가진다)와 피톨(phytol)이라는 긴 탄화수소로 구성된다. 구조식은 어렵지만, 결국은 포르피린(porphyrin) 10개의 이중결합이 국재하지 않고 모두에 공통의 전자구름으로서 존재한다. 때문에 빛 에너지를 쉽게 흡수하여 구동된다. 또 소수성 탄화수소를 가지기 때문에 단백질 소수성 영역에 쉽게 들어 갈 수 있다. 테트라피롤은 생물계에서 매우 중요한 분자로서 중심의 금속을 변화하는 것으로 다른 기능분자로 널리 사용된다. Fe^{2+}가 들어있는

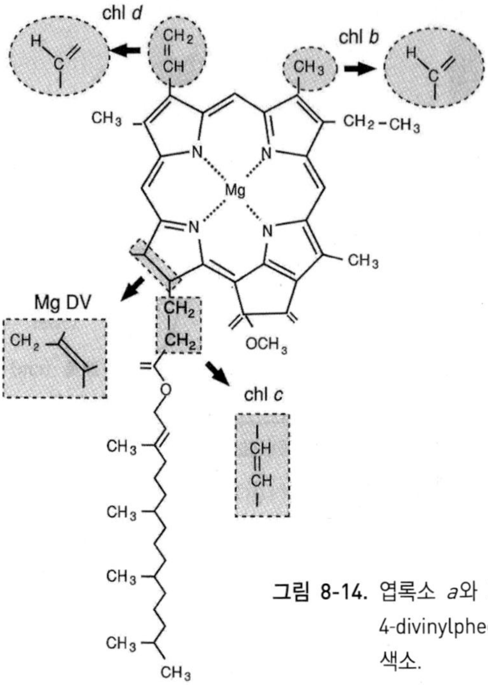

그림 8-14. 엽록소 *a*와 기타 엽록소의 관계. MgDV(Mg-2, 4-divinylpheoporphyrin은 엽록소 *c*와 비슷한 색소.

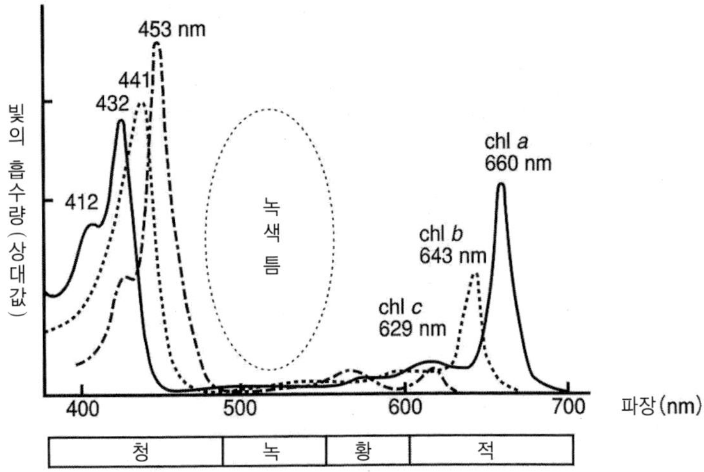

그림 8-15. 엽록소의 에테르 속에서의 흡수곡선. 녹색광은 거의 이용되지 않는다.

헴(heme)은 전자전달계의 사이토크롬으로 사용되는 이외에, 동물에서는 헤모글로빈 기능중심으로 산소운반 역할을 담당한다. 그리 8-15는 에테르(aether, ether) 속에서 엽록소의 빛 흡수곡선이다. 431nm와 660nm에서 흡수 극대를 보이며, 450~640nm에 해당되는 파장대의 빛은 거의 흡수하지 못한다. 이 범위를 "녹색틈새"라고 하며, 조류군에 따라 이 틈새를 메꾸기 위한 다양한 대책이 도입되고 있다.

8. 피코빌린색소 단백질

남조, 홍조, 인편모조의 광화학계Ⅱ의 빛 포착안테나는 피코빌린색소 단백질이다(그림 8-16). 광화학계Ⅱ의 조상격인 홍색세포 안테나색소 단백질이 LH2와 비슷하지 않은 것에서 남조에서 새롭게 획득된 것으로 생각된다. 광화학계Ⅱ 코아안테나(core antenna)인 CP43(CP는 엽록소 단백질을 나타냄)과 CP47도 광합성 세균과 비슷하지 않기 때문에 남조는 광화학계Ⅱ의 빛 포착계를 전면적으로 쇄신한 것이 된다. 광화학계Ⅱ는 물을 분해하는 새로운 역할을 담당하며, 물의 산화에 필요한 산화전위를 얻기 위하여 커다란 변화가 필요하였을 것이다.

피코빌린색소 단백질의 발색단은 고리가 열린(開環) 테트라피롤인 것에 반하여, 엽록소와 미오글로빈(myoglobin)은 고리가 닫힌(閉環) 테트라피롤이다. 빌린(bilin)이라는 것은 담즙(bile)의 색소가 고리가 열린 테트라피롤에서 형성되는 것에 유래한다. 발색단의 수와 조합에 의해 알로피코시아

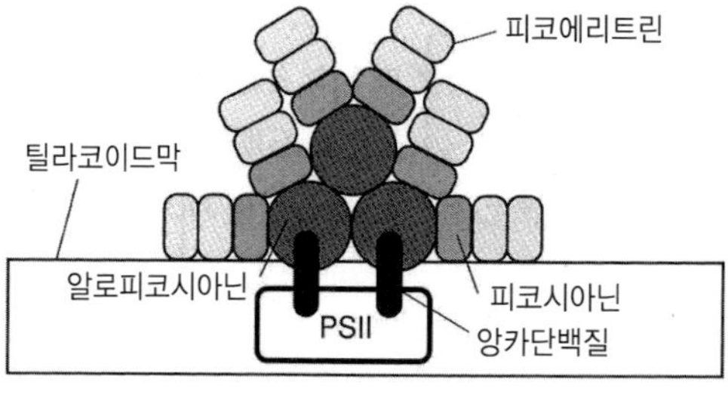

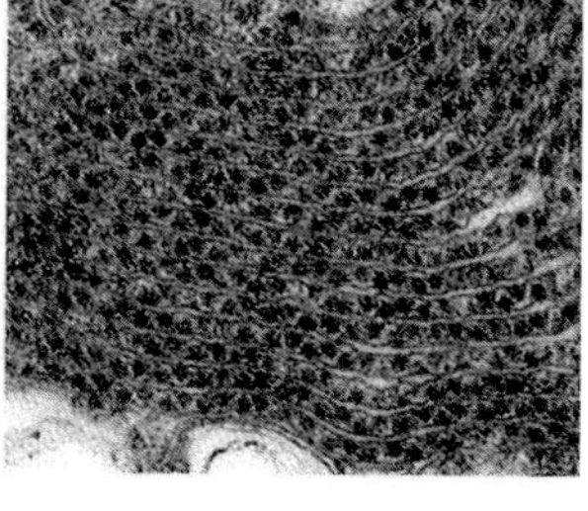

그림 8-16. 피코빌리솜 모식도. 오른쪽 전자현미경 사진은 검은 과립(사진제공, 石田健一郎).

닌(allophycocyani), 피코에리트린, 피코시아닌 등의 다양한 흡수파장을 가진 피코빌린색소가 형성된다. 여기서 중요한 것은 피코빌린단백질은 수용성으로 기름에는 녹지 않는다. 반응중심을 시작으로 광반응의 다른 소자는 모두 지용성으로서 틸라코이드막에 들어있지만, 수용성 단백질은 지질막인 틸라코이드막에 융합되지 않는다. 때문에 피코빌린단백질은 틸라코이드막 바깥쪽 표면에 약 40nm의 피코빌리솜(phycobilisome)이라는 입자구조를 만들어 배치된다. 피코빌리솜은 알로피코시아닌을 코아로서 바깥쪽에 피코에리트린, 피코시아닌 순으로 막대모양으로 배치된다. 빛은 에너지 준위가 높은 피코에트린에서 피코시아닌, 알로피코시아닌 순으로 전달되어 틸라코이드막에 배치된 광화학계Ⅱ의 반응중심으로 보내져 광화학반응을 발생시킨다(그림 8-16).

9. 물 분해계

광반응에서 전자전달 결과 $NADP^+$에 전자가 건네지면, 광화학계Ⅱ의 반응중심에는 전자결실이 생긴다(엄밀하게는 프라스토퀴논 분자에 전자를 건네는 것으로서 계Ⅱ의 전자 결손이 발생한다). 이 결손된 전자를 채우는 구조가 남조에서 새롭게 획득한 물 분해계이다. 반응중심 복합체 중에 존재하는 4개의

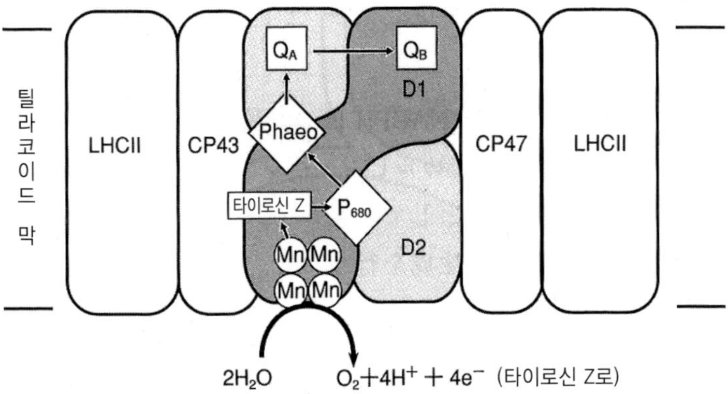

그림 8-17. 산소발생 장치. 광반응에서 소비된 전자를 보급하기 위하여 타이로신 전자가 P680으로 이동한다. 이동된 전자부족을 메꾸기 위하여 물이 망간클러스터에서 분해되어 전자를 타이로신에 받아 넘긴다. 결과로서 산소가 생성된다.

망간원자로 되는 망간클러스터에서 진행한다. 빛 에너지에 의해 구동된 반응중심 중심색소인 엽록소 *a* 이량체는 전자를 페오피틴 *a*에 건네고 강한 산화제가 된다. 반응중심 단백질이 특정 타이로신(tyrosine Z)에서 전자를 빼낸다. 이렇게 하여 전자를 잃은 타이로신에 전자를 공급하는 것이 망간클러스터로서, 순서대로 산화되어 4개의 전자를 타이로신에 건넨다. 그리고 공급된 분자의 전자를 물 2분자에서 보충한다. 결과 4개의 프로톤과 산소 1분자가 생긴다($2H_2O \rightarrow 4H^+ + 4e^- + O_2$, 그림 8-17). 지금까지도 불명확한 점이 많은 물 분해계는 생물이 만들어 낸 산소발생형 광합성이라는 최종적 에너지 변환장치의 주요 소자이다.

10. 남조의 호흡

그런데 남조는 산소발생형 광합성과 함께 산소호흡으로 살아간다. 즉 산소를 사용하여 유기물을 이산화탄소로 산화하여 에너지를 획득하는 것이 가능하다. 산소호흡은 대부분 진핵생물이 미토콘드리아에서 실시하는 대사와 같은 것이다. 진핵생물에서 광합성은 엽록체의 틸라코이드막에서 산소호흡은 미토콘드리아의 내막에서 각각 필요한 소자, 복합체가 막 속에 정연하게 배치되어 있다(그림 7-4). 이것에 반하여 원핵생물인 남조는 모든 세포기능은 동일 세포에서 실시하기 때문에 산소발생형 광합성도 산소호흡도 같은 세포에서 진행한다. 어느 것도 광합성이나 호흡에 필요한 주요 소자가 막에 매몰되어 있다. 틸라코이드막에는 광합성과 호흡계가 있고 세포막에는 호흡계가 존재하는 것이 알려진다.

남조의 광합성에는 세 종류의 다른 모듈(module)인 광화학계Ⅱ, 사이토크롬 b_6/f 복합체, 그리고 광화학계Ⅰ로 구성된 전자전달계가 필요하며 이들은 모두 막 속에 매몰되어 있다. 그러나 산소호흡도 실시하는 남조는 호흡을 위한 모듈도 구비되어 있다(그림 8-18). NADH 탈수소효소제 복합체에서도 프라스트퀴논을 매개로 사이토크롬 b_6/f 복합체에 전자가 전달된다. 이 전자는 사이토크롬 *c*를 걸쳐 사이토클론 *a*/*a3* 복합체로 건네지며 산소분자에 의해 물이 만들어 진다. 광 반응과 호흡연쇄의 두개 전자전달계는 중앙부 모듈

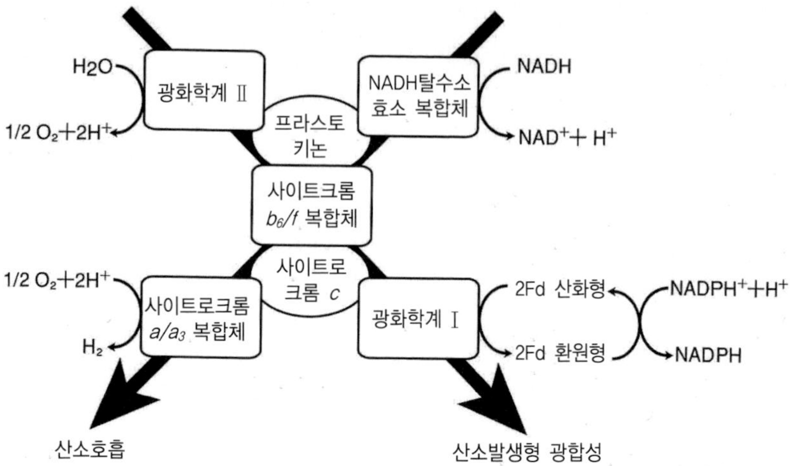

그림 8-18. 남조의 광합성과 산소호흡. 두개의 전자전달계는 일부가 공유되고 있다.

을 공유하는 것이다(그림 8-18). 사이토크롬 b_6/f 복합체는 어디서 온 전자인지 구별이 되지 않기에 어디든 흘러가기 쉬운 쪽으로 흘러가지만, 무엇인가에 의해 조절이 되고 있음에는 틀림이 없다. 광합성이 진행되는 상태에서 광합성에 의한 전자이동이 주요한 경로가 되고 호흡은 무시할 수 있을 정도로 작게 된다고 생각된다. 그렇다고 하더라도 불가사의한 것은 보통의 세포질 속에 다양한 기능을 멋있게 기능시키는 구조가 실현되고 있다는 것이다. 홍색세균에서도 유비퀴논, 사이토크롬 b/c_1 복합체가 광합성과 호흡에서 공유되고 있다.

11. 탄산고정반응

광반응에서 만들어진 ATP와 NADPH는 탄산고정에 사용된다. 탄산고정반응을 발견한 사람 이름을 이용하여 칼빈-벤손회로(Calvin-Benson cycle)라고 한다. 또 이산화탄소와 반응하는 기질로서 리부로스-1.5-2인산(RuBP, Ribulose-1.5-bisphosphate)을 생성하는 것에서 환원형 펜토스인산(Pentose phosphate) 회로라고도 한다. 회로라고 하면 무엇인가 복잡하고 어렵게 생각할 독자가 많

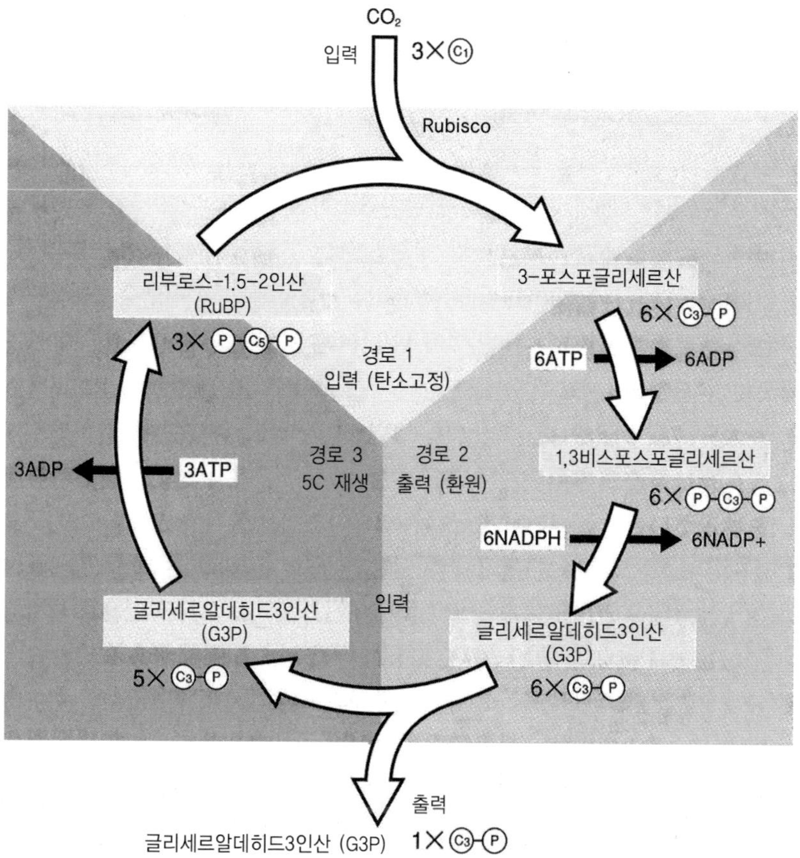

그림 8-19. 칼빈-벤손회로에 의한 이산화탄소 고정. 이산화탄소 3분자에서 글리세르알데히드3인산(탄소수 3) 1분자를 만든다.

을 것이다. 그러나 이 반응은 탄소원자 3개를 통합적으로 생각하여 회로를 3개 경로로 나누어 생각하면 이해하기 쉽다(그림 8-19). 경로 1은 탄소가 고정되는 단계로서 탄소원자 5개로 된 RuBP와 이산화탄소 각각 3분자에서 탄소원자 3개를 포함한 3-포스포글리세르산(PGA, 3-phosphoglycerate) 6분자가 만들어진다. 회로입력에 해당하는 부분에서 이 반응을 촉매 하는 효소가 RuBP 카복시라아제/옥시게나아제(Ribulose-1.5-bisphosphate carboxylase/oxygennase)로 약자로 표시하면 루비스코(RuBisCO)가 된다. 경로 2는 PGA 6분자에서 글리세르알데히드3인산(GAP, glyceraldehyde 3-phosphate)으로 환원하는 단계로, 여기에는 광반응으로 만들어진 6분자의 ATP와 6분자의 NADPH가 소비된다. 환원된 1분자의 GAP가 방출되고, 이후에 포도당과 전분으로 합성된다. 회로의 출력에 해당하는 부분이다. 경로 3은 탄소수 5의 RuBP를 재생하는 단계로 3분자의 ATP를 소비하여, 3탄당인산 5분자에서 RuBP가 3분자가 만들어 진다. 전체적으로 이 회로가 한 회전할 때마다 3분자의 이산화탄소가 1분자의 삼탄당인산(三炭糖燐酸, triosephosphate)이 생산된다. 이것이 전분 등 글로코스나 당류로서 저장되는 이외에 다양한 유기물로 변환되어 생물의 몸을 만드는 것이다.

12. 산소신드롬

남조의 출현시기가 어디까지 거슬러 올라갈 수 있을까? 최고로 38억년, 가장 가깝게는 20억년 이전까지로 많은 설이 있다. 이들에 대한 논쟁을 여기에서 따져도 의미가 없기에 중간적인 값을 취하여 30억년 이전이라 하였다. 27억년 이전에는 확실한 것 같은 남조화석이 출현하기에 가깝지도 멀지도 않는 값이다. 광합성 부산물로서 산소가 방출되면서부터 해수에 녹아있던 환원상태의 분자(주로 2가 철 이온)는 점차로 산화되었을 것이다. 그 이후 지구환경과 생물진화를 결정짓는 산소오염이라는 산소신드롬(oxygen syndrom) 시작을 알리게 되었다. 2가 철 이온을 모두 산화한 다음에 산화할 상대를 잃은 산소는 해수를 호기적인 환경으로 변화시켰다. 결국 해수와 대기의 평형이론에 의해 바다에서 대기 중으로 산소를 방출하기 시작하였다. 그림 8-1의 25억년 이전의 급격한 산소분압 상승이 확실하다면, 산소발생형 광합성 기원을 30억년 이전이라고 하더라도 해수를 산화적인 상태로 변화시키는데 5억년이 걸린 것이 된다. 생명진화는 큰 타격을 입게 되었다. 그때까지 혐기적인 환경에 살고 있던 대부분 원생생물에게 산소의 존재는 치사적인 환경변화를 의미한다. 대부분 생물은 죽어 멸종하거나, 또는 제한적으로 남겨진 일부 혐기환경에 서식장소를 한정시키고 있었을 것이다.

13. 산소호흡의 기원가설

앞에서 설명하였던 산소발생형 광합성 출현이 산소신드롬 또는 산소대학살(oxygen holocaust)이라고 불려진다. 생명의 대멸종을 불러왔다는 일반적인 이해는 정확한 것일까? 이 생각의 근본에는 산소발생형 광합성 이전 지구에 산소가 존재하지 않았다는 전제가 깔려있다. 그러나 산소에 대한 방어기구가 없었다면, 남조가 지구에 출현하는 것은 불가능하였을 것이다. 산소는 강력한 산화제로서 발생한 산소를 적절하게 처리하여 배제할 수 없게 되었다면, 많은 혐기성 세균과 같이 남조도 자신이 만든 산소에 의해 죽음을 면하기 어려웠을 것이다. 그렇게 되지 않고 서식이 가능하였다는 것에는 상당한 비밀이 감추어져 있다. 이것은 남조의 조상은 산소를 만들기 이전에 이미 산소방어기능을 가지고 있었던 것을 의미하는 것은 아닐까? 산소가 존재하지 않았다면 산소에 대한 방어기구를 발달시킬 필요도 없었다는 이유이다.

산소는 남조 출현 이전에 이미 존재하였고, 많은 생물은 기본적인 성질로서 산소를 대항하는 구조를 가지고 있었다는 가설이 있다. 이 가설에 의하면 산소호흡은 현존하는 모든 생물 공통조상인 LUCA(제7장 참조)가 획득한 대사계의 하나라는 것이다. 실제로 산소호흡은 진정세균에도 아케아에서도 보여 지기에 그 출현이 남조의 출현 이전 사건이라고 생각하는 것이 이치에 맞다. 아케아와 진정세균은 16개 호흡에 관한 유전자를 공유한다. 산화효소(cytochrome oxidase)는 그 자체가 강력한 항산화 효소로서 호기호흡의 최후단계에서 산소전자를 이동시켜 물을 만드는 기능을 담당한다. 산화효소에 관계하는 유전자는 3개의 도메인 모두에 분포한다. 또 호흡연쇄(전자전달계)는 서로 매우 유사한 것에서 아마도 공통기원을 가지는 것으로 생각할 수 있다. 광합성 세균인 홍색황세균에서도 사이토크롬 c2가 광합성과 호흡의 전자전달계 양쪽에서 기능을 한다. 다행스러운 것은 이러한 증거들이 산소호흡이 원핵생물 두개의 도메인에서 이미 준비되어 있었다고 생각할 수 있는 이유가 된다.

슈퍼옥사이드 디스무타제(SOD, superoxide dismutase)가 산소를 결합하여 저장하는 헤모글로빈 유사 단백질도 3개 도메인 모두에 존재한다. 때문에 산소에 대한 내성이나 산소를 억제하는 구조가 남조보다 훨씬 이전에 진화하였다는 것은 매우 확실한 것으로 생각할 수 있다. 이것이 정확하다면 산소발생형 광합성은 이미 산소호흡 능력을 몸에 지닌 원핵생물에서 진화하였다고 추측할 수 있다. 그러면 LUCA는 왜 산소에 대한 내성을 몸에 지닐 필요가 있었을까? 어떠한 도태압이 이러한 내성을 추진하였던 것일까? 란(N. Lane)이 "Oxygen"이란 제목으로 쓴 저서에서 이에 대해 흥미롭게 설명하고 있다. 참고하기 바란다.

활성산소라는 말을 자주 듣게 된다. 통상의 산소분자보다 산화력이 강한 산소이거나 산화력의 강한 산소를 포함한 물질을 말한다. 프리라디칼(free radical)이라고 하여 방사선에 의한 물 분해나 과잉으로 산소가 존재하는 조건에서 생성된다. 이 때에 "활성"이라는 것은 전자를 빼앗는 힘이 강하다는 것이다. 즉 전자가 부족하기 때문에 불안정하여 가까운 물질에서 강인하게 전자를 빼앗는 성질을 말한다. 프리라디칼의 본질은 홀전자(unpaired electron, 부대전자)이다. 빈 장소를 메꾸기 위해 가까이에 있는 분자에서 전자를 빼앗는다. 라디칼 그 자체는 그것으로 안정성이 돌아오지만, 전자를 빼앗긴 분자는 라디칼로 변하여 홀전자의 짝을 채우기 위해 또 다른 분자를 공격하는 연쇄반응이 시작된다. 프리라디칼 반응의 특징은 제한 없이 계속되는 이러한 연쇄반응에 있다. 생체 속에서 활성산소가 발생하면 카탈라제(catalase)나 SOD(제14장 참조) 등의 항산화효소가 기능을 하여 이것을 제거한다.

그러나 활성산소가 대량으로 존재할 때에는 이러한 방어구조로는 효율면에서 충분하지 않다. 산소는 호흡을 위해서 반드시 필요한 물질이지만, 인간은 높은 농도의 산소에 노출되면 산소중독을 발생시킨다. 2기압의 순수산소 농도는 폐나 뇌에 손상을 주며, 때에 따라서는 죽음에 이르기도 한다. 산소중독이란 대량의 활성산소가 발생하는 것으로 라디칼의 연쇄반응을 발생시키는 것이 원인이다. 방사선에 의한 피폭은 많은 경우 피폭자를 죽음으로 몰아넣지만, 이것은 방사선이 생체 속 물질에 많이 포함되어 있는 물에 작용하여 대량의 활성산소를 생성하기 때문이다. 피폭에 의한 손상의 90% 이상은 활성산소에 의한 것이라고 한다. 그렇지 않더라도 보통 인간은 호흡할 때 마다 체내에 활성산소를 발생시킨다. 때문에 사람은 호흡하는 것만으로도 완만하게 산소

중독을 진행시키는 것이 된다는 짓궂은 운명을 가진다. 활성산소는 암이나 노화, 기타 질병의 원인으로 무서운 상대의 물질이다.

30억년 이전에는 지구에 내리 쬐는 자외선의 농도는 현재보다 30배 이상 강하였다고 한다. 이 강력한 자외선이 지구표면에 도달하면, 그림 8-20의 식에 의해 물에서 전자가 하나 분리되어 하이드록시 라디칼(hydroxy radical, ˙OH)이 발생한다. 수명은 짧지만 활성산소 중에 최강의 산화제로서 가까이 있는 분자와 격렬하게 반응하여 전자를 강탈한다. 그러면 이번에는 전자를 강탈당한 분자가 라디칼 역할을 하여, 인접하는 분자와 반응하여 전자를 강탈하는 산화환원의 연쇄가 계속적으로 발생하게 된다. 그림과 같이 하이드록시 라디칼은 더욱이 3개의 전자를 잃고서 산소분자가 된다. 물과 산소사이에는 3개의 중간산물(하이드록시 라디칼 이외에 과산화수소(hydroxy peroxide; H_2O_2)와 슈퍼옥사이드 라디칼(superoxide radical: $O_2^{\cdot-}$)이 있다. 이들에서 산소를 제거하거나 또는 부가하는 것으로 물에서 산소, 산소에서 물로 변화되는 반응이 진행된다. 하이드록시 라디칼에서 전자가 하나 빠지면 과산화수소가 된다. 이 과산화수소는 표백제나 소독제로서 잘 알려져 있으나, 하이드록시 라디칼에 비하면 훨씬 얌전하다. 그러나 물속에 녹은 철이 존재하는 환경에서는 사정이 다르다. 2가 철이 있으면 과산화수소는 철에서 전자를 받아 하이드록시 라디칼를 만들고 격렬한 산화반응을 발생시킨다. 전자를 빼앗기 철은 3가철이 되어 침강한다. 이러한 반응을 발견자의 이름을 사용하여 펜톤반응(Fenton reaction)이라 한다. 이것은 몇 번이나 설명하지만, 2가철은 태고의 원시바다에는 매우 풍부하게 존재하고 있었다. 펜톤반응은 태고의 원시바다에서 일반적으로 발생한 것으로 생각된다. 한편 슈퍼옥사이드 라디칼도 비교적 온순한 활성산소이지만, 3가철에 전자를 한개 주기 쉬운 성질을 가진다. 자신은 산소가 되고 철은 전자를 받아 수용성인 2가철로 돌아온다. 그리고 2가철은 과산화수소와 반응하여 펜톤반응으로 하이드록시 라디칼을 만든다. 이와 같이 자외선을 쪼임으로 인해 물에서 생성되는 활성산소는 모두가 하이드록시 라디칼 생성으로 연결된다. 하이드록시 라디칼은 단명으로 금방 사라진다. 그러나 짧은 수명 사이에 생체에는 심각한 상처를 입히고 있다.

이와 같이 강력한 자외선에 폭로되어 있던 태고의 얕은 바다에서 철은 과

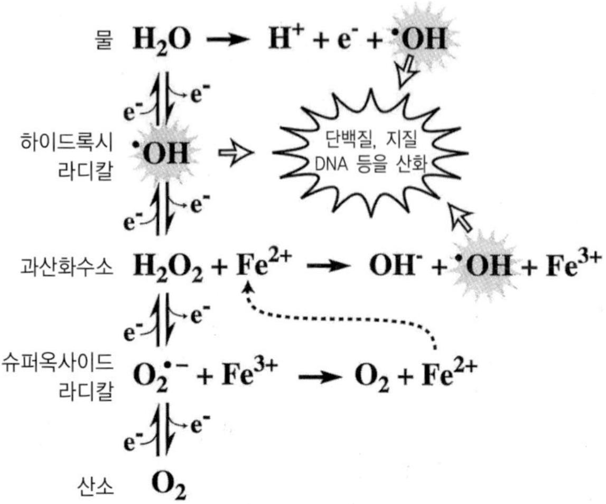

그림 8-20. 물과 산소, 활성산소의 관계. 과산화수소와 슈퍼옥사이드 라디칼은 철의 존재 조건에서 하이드록시 라디칼로 변화하고, 생체 속 물질을 산화한다.

산화수소와 반응하여 3가철로 제거되었고, 이때에 과산화수소를 산화제로 사용하였다. 산화적인 환경이었을 가능성이 있다는 것이다. 초기 지구가 이러한 환경에 있었다면, 생물은 매우 가혹한 산화스트레스를 견뎌야 했을 것이다. 그 결과로 2개의 과산화수소를 물과 산소로 분해하는 효소인 카탈라아제가 진화되었다는 추측이 성립한다.

$$2H_2O_2 \rightarrow 2H_2O + O_2$$

란은 더욱 카탈라아제의 출현이 산소발생형 광합성 진화에 직접 연결되었다는 흥미로운 가설을 소개하고 있다. 2분자 카탈라아제가 만나서 물 분해 복합체로 진화하였다는 것이다. 양자는 구조적으로 비슷하며 최초는 과산화수소를 분해하여 광합성에 필요한 수소를 떼어내고 있었던 것이 결국에는 물을 이용하게 된다는 시나리오이다. 산소발생형 광합성 기원생물로서 황화수소(H_2S)를 전자와 수소 공여체로 사용하는 황산세균과 같은 그룹을 상정하고 있다. 황화수소를 분해하는 에너지로 과산화수소를 분해할 수 있다는 것이다. 황화수소 고갈이 물을 이용하는 선택압으로 기능한다고 생각하는 것이다. 매우 매력적인 생각이지만, 이러한 가설의 시비를 이야기하기에는 아직도 많은 자료축적이 필요하다. 산소발생형 광합성 기원은 아직 짙은 안개 속에 생긴 일로서 분명하지가 않다. 어떻든 남조(시아노박테리아)가 산소를 방출하여 본격적인 산소신드롬을 발생시키기 훨씬 이전부터 산소내성과 산소호흡을 하는 원핵생물 2개 도메인이 존재하고 있었을 가능성은 그 나름대로 근거와 증거에 기반을 두고 이야기되는 내용이다.

14. 오존층

다음 장 이후 주인공인 진핵조류 출현에서 남조와 진핵조류에 의한 광합성이 대기의 호기화를 더욱 촉진시켰다. 마침내 오존층(ozone layer)이 형성되어 훨씬 뒤에 생물은 육상으로 진출할 수 있는 조건이 구축되었다. 오존은 성층권에서 산소분자가 240nm이하 파장의 자외선에 의해 해리되고, 유리된 산소원자와 산소분자가 결합하는 것으로 만들어 진다(O_2 + hν → 2O, O_2 + O → O_3). 그리고 발생한 여분의 에너지가 주변의 산소나 질소 분자에 의해 흡수되어 안정화된다. 한편으로 오존분자는 110nm 이하의 파장 빛에서 분해되고(O_3 + hν → O_2 + O), 생성된 산소원자와 결합하여 산소분자로 되돌아온다(O_3 + O → $2O_2$). 이 생성과 소멸의 차이로 오존층이 존재하는 것이다.

오존층이라면 균일한 농도의 오존이 같은 두께를 가지고 존재하는 것으로 생각되지만, 실제로는 그렇지 않다(그림 8-21). 지표에도 농도는 희박하지만 존재한다. 대기가 높아짐에 따라 농도가 증가하여 22km 높이의 상공에서 최대농도를 보인다. 최대농도 이후에는 고도가 더 높아짐에 따라 농도는 감소하지만, 50km 상공까지 오존은 분포한다. 성층권에서 만들어진 오존은 공기대류에 의해 지표까지 운반되며, 대류결과로 고도 50km까지 영향을 미치는 연직분포와 함께, 위도에 따라 불균일한 분포로 존재하는 특성을 가진다(오존층은 중위도에서 두껍고 저위도에서 얇다). 그렇다 하더라도 50km라는 것은 지구크기를 생각하면 무엇이라 말하기 어려운 얇은 층이다. 지구(직경 12,741.9km)를 직경 1m의 볼의 형태라면, 50km는 3.9mm 두께에 해당한다. 사과껍질의 두께도 안 된다. 대기와 오존층은 그만큼 얇다. 인류는 얼마

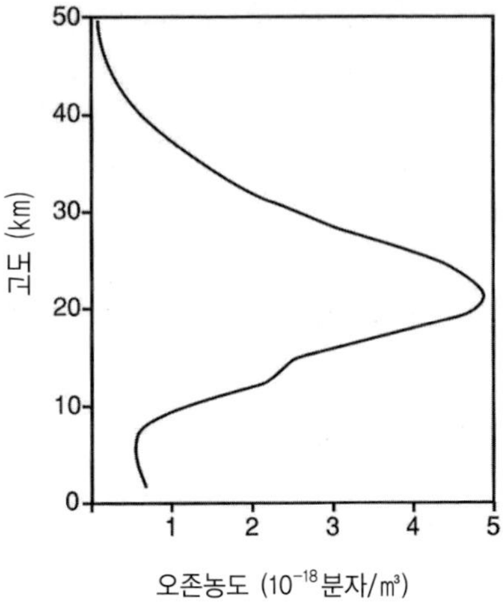

그림 8-21. 오존층의 고도분포. (中根, 2000에서 그림)

안되는 그곳을 열심히 그것도 지속적으로 오염시키고 있는 것이다. 파멸적 재해(catastrophe)는 언제 발생하더라도 불가사의한 일은 아니라는 것이 된다.

생물에 미치는 영향의 강도를 기준으로 자외선은 단파장 쪽에서부터 UV-C (280nm 이하의 파장), UV-B(280~315nm), UV-A(315~400nm)로 구분한다. 오존은 250nm 이하의 단파장인 자외선을 흡수하기 때문에 UV-C는 지표에는 도달하지 않는다. 한편 UV-A의 파장역은 오존층에서 거의 흡수되지 않기 때문에 UV-A 자외선은 모두 지표에 도달한다. DNA의 파괴나 자외선에 의한 생물의 영향은 오존층이 자외선을 충분하게 흡수하지 못하여 지표에 도달시키는 UV-B에 의한 것이 가장 크다. UV-B 파장역 자외선은 계절이나 위도, 날씨 등에 의해 지표에 도달되는 양에 차이가 있다. 아열대나 열대는 태양광선이 강할 뿐만 아니라 UV-B량이 많기 때문에 햇빛에 의한 화상을 입기 쉽다. 오존층의 성립된 시기에 대해서도 복수의 설이 있으나 정확한 숫자는 없다. 그러나 오존층 성립 이후 오존은 산소발생형 광합성에 의해 만들어진 산소를 기반으로 성층권에서 지속적으로 생성되는 것과 동시에 소멸을 지속하고 있다. 오존층은 날마다 새롭게 갱신되는 것이다.

제9장

진핵생물의 탄생과 다양화

신소발생형 광합성 출현 이후 생물진화에서 가장 현저한 사건은 최초 진핵생물의 탄생, 미토콘드리아 획득, 그리고 그에 계속되는 진핵조류의 출현일 것이다. 진핵생물이 가지는 두 가지 우수한 에너지 변환장치는 미토콘드리아(호흡에 의한 산화)와 엽록체(광합성에 의한 동화)가 원핵생물의 공생에서 획득한 성질이라는 것은 지금 교과서 수준에서 인정된다. 그러나 진핵생물 성립이라는 것은 정말로 진화적인 사건이었을까? 진핵생물을 진핵이라는 것까지 포함하여 세포핵 성립에 대한 기술은 지금도 애매모호하다. 교과서에 세포막이 안쪽으로 함몰되어 핵양체(核樣體, nucleoid)를 둘러싸서 핵이 성립한 막 기원설이 소개되어 있다. 핵의 기원 그리고 미토콘드리아를 통합한 복잡한 진핵세포 기원은 지금도 미스터리가 많다. 이 장은 진핵생물의 탄생과 미토콘드리아 성립 그리고 진핵생물 다양화를 어떻게 이해하면 좋을까? 에 대하여 생각하여 보자.

1. 진핵생물의 기원

가. 에오사이트

생물계는 3개 도메인이 있고 많은 연구가 아케아가 진핵생물의 근연임을 나타낸다(제7장). 그러면 최초 진핵생물과 아케아의 관계는 어떠한 것일까? 3 도메인 설을 기본으로 다양한 설이 제안되었다. 우선은 에오사이트가설(eocyte hypothesis)이다(그림 9-1). 아케아 중에 호열성 세균은 메탄세균이나 호염성 세균 등 다른 아케아와 다른 계통에 속한다. 각각 크랜아케아(crenarchaea, L: *crena* 톱니있음)와 유리아케아(euryarchaea, Gk: *eurys* =wide)로 정리된다. 그랜아케아는 별칭으로 에오사이트(eocyte, Gk: *eos* = dawn 시작, Gk: *kytos* = hollow에서 세포를 나타냄)라고 한다. 에오사이트는 아케아와 계통이 다른 생물계인 제4생물군으로 진핵생물은 크랜아케아에서 생겨났다는 것이 에오사이트가설이다(그림 9-1). Lake 등이 주장한 설로서 리보솜 입체구조나 단백질 유전자 삽입부분이 진핵생물과 공통으로 다른 내용은 다르다는 것이 근거로 제시되었다. 진핵생물은 아케아와 유사한 점이 다수 있는 것은 틀림없다(표 7-1). 그런 한편으로 진핵생물은 아케아보다 진정세균에 유사한 성질도 다수 발견된다. 진핵생물 DNA의 복제와 전사, 번역 등 정보처리에 관한 많은 유전자는 아케아와 상동성이 높으나, 진정세균과 상동한 것은 거의 없다. 즉 진핵생물은 정보처리에 관한 분자기구를 아케아에서 물려받은 한편, 대사에 관한 것은 진정세균에서 물려받은 것으로 생각되는 부분이다. 크게 다른 두개 원핵생물 도메인과 진핵생물의 유사점에서 진핵생물은 진정세균과 아케아의

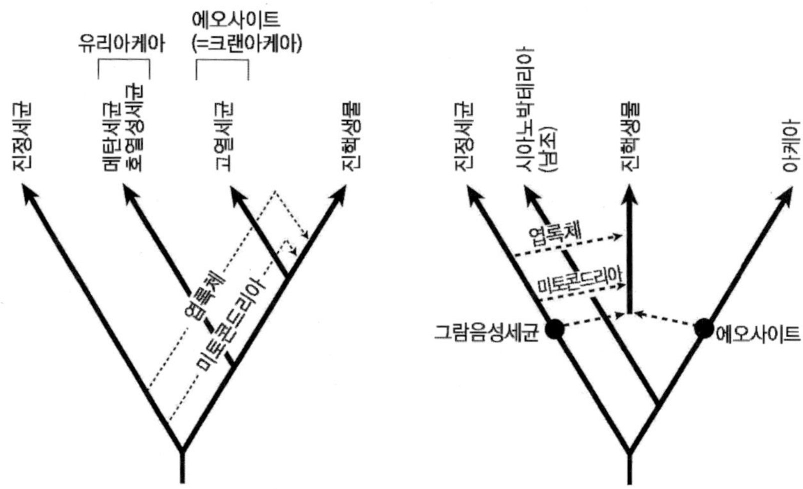

그림 9-1. 진핵생물의 기원에 관한 에오사이트가설. A: 크랜아케아가 진핵생물 조상인 에오사이트로 하는 설. B: 에오사이트인 아케아와 그람음성세균 통합으로 진핵세포가 탄생하였다고 하는 생각(키메라설, Gupta and Golding, 1996을 기본으로 그림).

키메라(chimera) 또는 모자이크(mozaic)라는 생각이 탄생하였다(그림 9-1). 이러한 사실을 기본으로 다양한 시나리오가 작성되었다.

이러한 분명한 유사성에서 누구나 생각할 수 있는 것은 진핵생물이 진정세균과 아케아가 접합하여 탄생하였다는 것이다. 3개 도메인에 분포하는 많은 유전자 비교가 실시되어 유전자를 기본으로 하는 다양한 설이 제창된다. 가

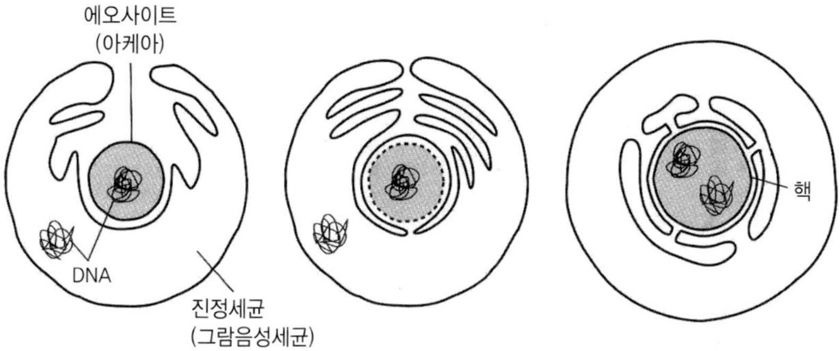

그림 9-2. 진핵생물 기원설. 아케아가 진정세균에 들어가서 핵이 성립하였다고 하는 생각(Gupta and Golding, 1996을 기본으로 그림).

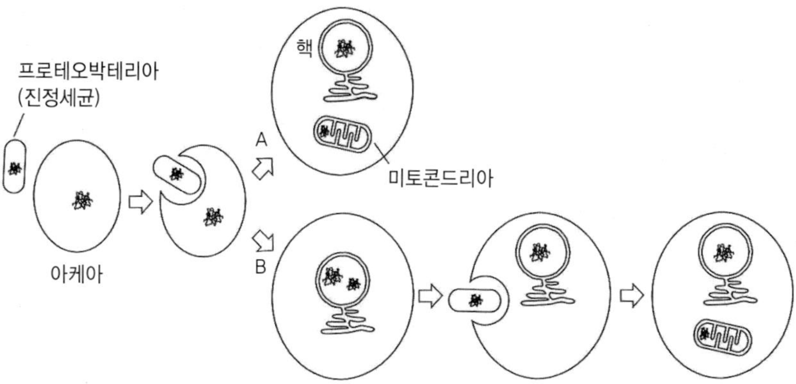

그림 9-3. 아케아를 숙주로 한 진핵생물 기원설. 두개의 시나리오로 되어 있다. A: 아케아에 프로테오박테리아가 들어간다. 미토콘드리아가 형성된다. B: 2단계 시나리오 프로테오박테리아를 거두어드린 아케아는 그의 유전자를 거두면서 핵을 형성한다. 다음에 별도의 프로테오박테리아를 거두어 미토콘드리아가 성립된다(Gray *et al.*, 1999에서 그림).

장 알기 쉬운 것은 아케아가 진정세균에 들어가서 핵이 되었다는 것이다(그림 9-2). 이른바 아케아에 의한 진정세균의 강탈설이다. 이것으로 핵의 역할 즉 유전자 전사와 해석이라는 부분이 아케아에 유사한 것이나 대사에 관여하는 많은 것이 진정세균에 유사하다는 것을 설명할 수 있다. 반대로 아케아에 진정세균이 들어가서 세포질 대사를 계승하여 숙주인 아케아 유전자군과 핵막에 의해 격리되었다는 생각도 있다(그림 9-3). 모두 아케아에서 진핵생물이 생겨났다는 점은 에오사이트가설과 마찬가지 입장이다. 원핵생물의 2개 도메인이 융합하는 것으로 진핵생물이 탄생하였다는 아이디어는 매력적이고 모두 나름의 근거를 가진다. 그러나 진정세균과 아케아의 공생 또는 융합가설에는 진핵생물이 가진 많은 특징을 충분하게 설명할 수 없다는 것 때문에 현시점에서는 이러한 내용이 수용되기가 어렵다.

제7장에서 상세하게 설명한 것처럼 유연한 세포막, 세포골격, 복잡하게 함몰된 소포체에 의한 수송시스템 등 진핵세포는 아케아나 진정세균에 없는 많은 구조와 기능을 가진다. 진정세균과 아케아가 어느 쪽인가를 섭취하여 진핵세포가 탄생하였다면, 숙주가 된 세포는 외부에서 다른 세균을 섭취하는 섭식능력을 가져야 할 것이다. "먹다"라는 낱말에서 말하는 것은 쉽지만, 포식작용을 실현하는 것은 그리 간단하지 않다. 포식작용에는 미소관이나 악틴 등 세포 속 골격으로 된 포식장치나 아메바와 같이 유연한 세포가 반드시 필요하다. 진정세균도 아케아도 세포벽으로 둘러싸여 있어, 미소관이나 마이크로필라멘트 등 세포골격을 가지지 않는다. 아직까지는 포식작용을 하는 원핵생물은 보고되지 않는다. 진핵세포의 숙주가 된 세포는 포식작용과 그것을 가능하게 하는 세포골격 등의 성질을 가지고 있었을 것이라는 것이 논쟁의 쟁점이 되어있다. 이렇게 하여 현재 아케아에도 진정세균에도 없는 미지의 원핵생물을 상정하는 진핵생물 기원론이 탄생하였다.

나. 가상 원핵생물인 크로노사이트

그 하나가 Hartman 등이 제창한 가상 원핵생물 크로노사이트(cronocyte)이다(그림 9-4). 명칭은 자신의 아들을 먹었다는 그리스신화 크로누스(Cronus)를 비유한 것이다. 크로노사이트(C)가 아케아(Archaea, A)와 진정세균(Bacreria,

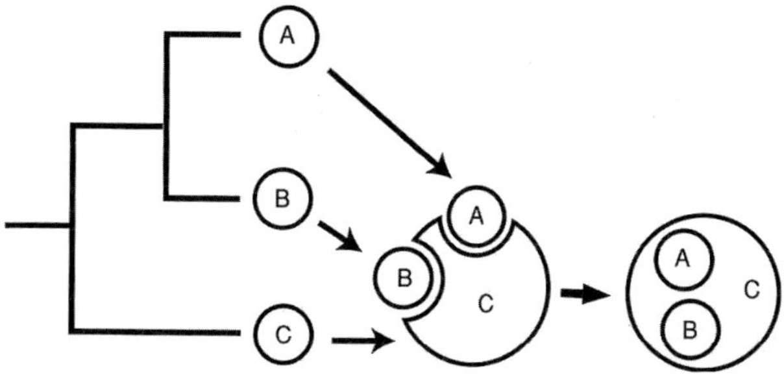

그림 9-4. 크로노사이트가설. A: 아케아, B: 진정세균(박테리아), C: 크로노사이트 진핵생물에 특유의 단백질군을 가진다. A, B와는 다른 크로노사이트가 숙주가 되어 진핵세포가 성립한다.

B)을 포식작용으로 섭취하는 것으로 진핵세포(Eukaryota, E)가 탄생하였다. E = A + B + C라고 하는 것으로서 ABC가설이라 한다. 이것에 대응하여 위에서 설명한 아케아와 진정세균이 융합을 기초로 한 진핵세포 탄생가설은 E = A + B로서 AB가설이 된다. 그들은 약 2,000개의 단백질에서 진핵생물 특유의 347개 단백질을 추출하여 이것을 ESPs (eukaryotic signature proteins)라고 하였다. 진핵생물 고유단백질이라 해석을 할 수도 있다. ESPs에는 세포골격, 세포내막계, 세포내 신호전달계(calmodulin), 이노시톨인산(inositol phosphate), 유비퀴논(ubiquinone), 사이클린(cyclin), GTP 결합단백질 등 단백질이 포함된다. 이들은 크로노사이트에서 진화하여 진핵생물로 계승되었다는 것이다. 크로노사이트는 아케아와 세균이 분기되기 이전에 전체생물공통조상(LUCA)의 가지에서 분기하여, 포식작용이 가능한 세포로 존재하였다. 이것이 아케아와 진정세균을 포식하여 진핵생물로 진화하였다는 것이다. 한편에서 크로노사이트는 유전정보를 RNA에 비축한다고 생각된다. 즉 RNA 세계(그림 7-6)의 RNA 유전자이다. 진핵생물은 DNA 정보를 mRNA로 전사하지만 DNA에는 유전자 부분인 엑손 이외에 종종 인트론이라는 유전정보를 포함하지 않은 염기배열이 삽입된다. 전사된 전구체 RNA에서 인트론이 잘려 나가는 것을 이어맞추기(splicing)라고 하지만, 이어맞추기는 RNA 복재 실패를 보정하는 구조로 진화한 것으로 생각되는 것에서 크로노사이트는 RNA를 기반으로 하는 유전구조를 가지고 있다는 것이다.

다. 새로운 벽인 네오무라

백화요란(百花燎亂), 백가쟁명(百家爭鳴)이 진핵생물의 기원론이지만, 이 중에 유달리 이채로운 내용을 보이는 것이 Cavalier-Smith의 네오무라설이다. 다른 설에 비하여 매우 구체적인 시나리오를 제시하는 것이 특징이다. Cavalier-Smith는 예로부터 생물계통과 진화에 관한 많은 아이디어를 제창하여 이 분야의 연구를 견인하는 역할을 하여 왔다. Cavalier-Smith가 제창하는 설은 유전자 이외에 생화학, 세포학, 세포구조 등 광범위한 분야의 막대한 양의 지식을 구사하여 논리적으로 조립된다. 많은 논문은 추리소설의 미스터리를 읽는 재미가 있다. 아가사 크리스티나 작품 등 추리소설을 좋아하는 사람은 매우 흥미로움을 가질 것이다. Cavalier-Smith는 진핵세포가 성립하기 위해 필요한 성질파악에서 시작하여 원핵생물의 분류를 재검토하는 과정에서 생겨난 아이디어로 진핵생물은 아케아에 기원을 두지 않는다는 것이다. 즉 아케아와 자매군 관계에 있으면서 거의 같은 시기에 그람양성세균의 한 무리인 방선균이 진핵생물의 조상으로서 진화하였다는 것이다(그림 9-5). 따라서 진핵생물과 아케아를 배출한 계통을 네오무라(neomura, L: *neo* = new, *murus* = wall)라고 하여 "새로운 벽"으로 세포를 둘러싸는 새로운 구조를 획득한 생물군이라는 의미에서 명명한 것이다.

이러한 수준의 오래된 과거 진화 이야기가 되면, 일반인에게 고찰의 실마리를 제공할 수 있는 것은 매우 낯선 생화학, 분자생물학 등 상세한 자료를 기반으로 설명할 수밖에 없게 된다. Cavalier-Smith는 진핵생물과 아케아, 진정세균이 이러한 다양한 성질을 비교하여 네오무라 조상은 진핵생물과 아케아가 19개 생화학적 분자생물학적 특징을 공유하있는 것과 아케아는 8개 독자의 성질을 가지는 것을 지적하고 있다. 그래서 그들의 많은 부분은 진정세균에서 유래하였고, 네오무라 공통조상은 진정세균인 방선균 중에서 생겨나 이차적으로 고온에 적응하는 과정에서 획득된 것으로 추정한다. 원핵생물의 분자생물학에 관한 지식이 다수 이용되고 있기 때문에 이들 분야에 대한 기본지식이 없으면 이론적 전개의 내용을 이해하기가 어렵다. 일례로서 네오무라의 주요한 성질로 동시번역에 의한 세포표피의 단백질분비, 무레인(murein, L: *murus* = wall)에 대신하는 N-결합 당단백질, DNA복제, 전사, 번역계의 조화

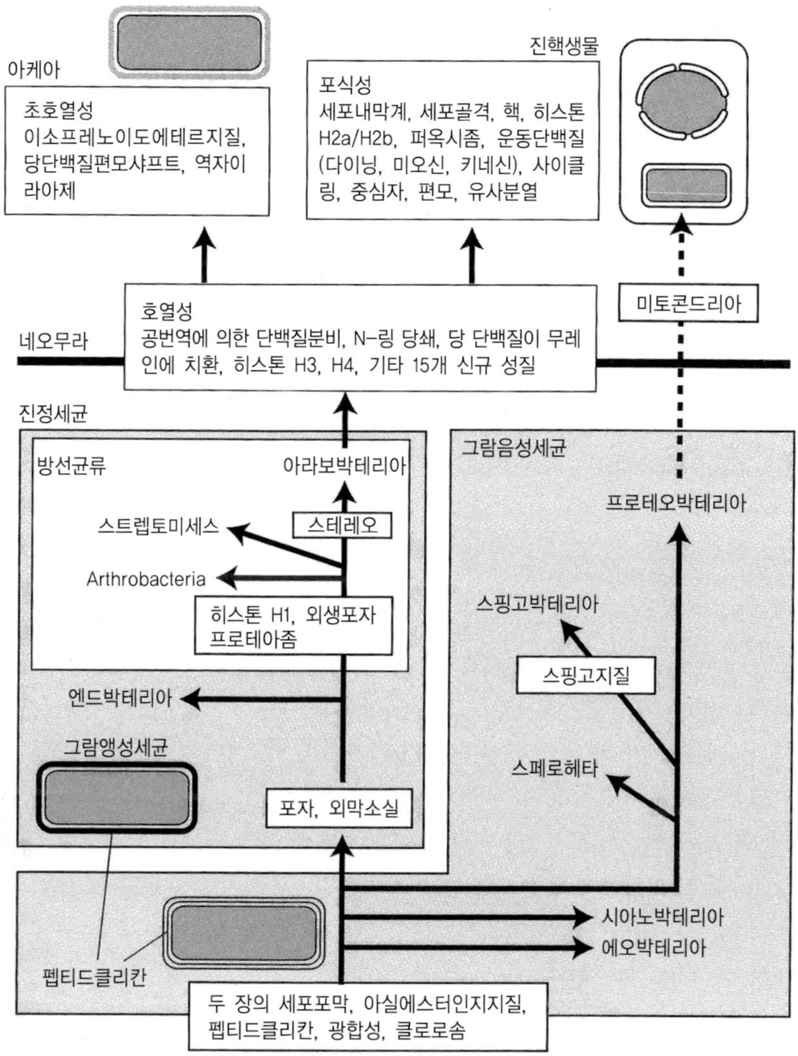

그림 9-5. 네오무라설에 의한 진핵생물의 방선균 기원설. 틀 속의 형태나 물질은 새롭게 획득된 형질을 나타낸다(Cavalier-Smith, 2002에서 그림).

적 개조, 그리고 히스톤(histone) H3, H4 획득이 제시된다. 많은 독자들은 이것들이 무엇을 말하는 것인지 알 수 없을 것이다. 여기서는 표피단백질에 대해서만 설명한다. 진정세균에는 세포 밖으로 분비하는 단백질 번역 양식에 두개 유형이 있다. 시그널인식입자(SRP, signal recognition particle)가 관여하는 동시번역에 의해 단백질을 막 바깥쪽으로 직접 만들어 보내는 것과 세포질 리보솜에서 번역된 단백질이 분비 모터인 SecA에 의해 인식된 다음에 SecYEG라는 채널을 통하여 세포 밖으로 분비되는 것이다. 그람음성세균인 프로테오박테리아 대부분은 SecA를 이용하여 해석 이후에 수송을 한다.

그러나 그람양성세균은 SecA는 거의 이용하지 않고 대부분 SRP를 이용하여 분비를 실시한다. 한편으로 아케아와 진성세균은 SecA가 없다. SRP에 의한 단백질 분비는 나중 진핵생물의 막 수송에 기본이 된다. 다른 모든 성질에 대해서도 상세하게 논의되지만, 세균의 분자생물학 영역에 들어가는 것이 되어 이 책과 저자의 수비범위를 넘는다. 여기서는 방선균이 키스톤, 히스톤 H1 상동단백질, 칼모듈린 같은 단백질, 스테롤 등 15개 중요한 성질을 진핵생물과 공유한고, 이러한 성질이 진핵생물 출현으로 연결된다는 주장을 소개하는 것으로 매듭짓는다.

네오무라설은 다른 많은 설과 주장이 다른 점이 많지만, 많은 자료를 구사하여 구축되고 있기에 상당한 설득력을 가진다. 검증에는 많은 연구가 필요하지만 한번 읽어 보면 유익할 수 있는 독서대상으로 좋은 작품이다. 두꺼운 분량의 논문이지만 한번 읽어 볼 가치가 충분하다. 또 하나의 네오무라설과 관련하여 설명하지 않으면 안 되는 것은 이 설에서 진핵생물과 아케아의 기원은 8.5억년 이전 일로서 지구전체가 동결된 눈덩이 지구(snowball earth, 제15장) 이후에 발생한 것이라는 것이다. 일반적으로 진핵생물 기원은 분자마커인 스테란(sterane)이 27억년 이전 지층에서 출현한 것에서 상당히 오랜 시간 이전의 일이라고 생각한다(그리파니아화석의 기록이 21억년 이전으로 이 책에도 이 내용을 채용하고 있다). 스테란은 스테롤의 파생물질로서 진핵생물에만 존재하는 것으로 되어 있지만, Cavalier-Smith는 일부 방선균에는 스테롤이 존재한다는 것이다. 그리고 그는 확실히 진핵생물이라고 할 수 있는 화석은 8.5억년 이전까지 출현한 증거가 없다고 한다. 앞에서 설명한 것처럼 전체생물공통조상인 LUCA(제7장)에 대해서도 Cavalier-Smith는 진정세균과 아케아가 공통조상이 아니라, 진정세균인 녹색황세균과 홍색황세균 사이라고 주장한다. 크로노사이트도 네오무라도 각각 독특한 내용을 포함하고 있지만 어느 쪽도 아직은 확정되어 있지 않은 가설이다. 진핵생물 기원에 대해서는 당분간 논의가 지속될 것이다.

2. 마토콘드리아

가. 아케조아

진핵생물의 탄생과 탄생 이후에 계속되는 놀라운 번영은 미토콘드리아를 제외시켜 이야기 할 수 없다. 진핵생물은 미토콘드리아를 획득하게 되면서 산소호흡이라는 초우량이면서 동시에 매우 위험한 에너지 구축 장치를 장착한 전혀 다른 생물로 비약적인 진화를 하게 된다. 진핵생물 기원을 만일 AB가설이나 ABC가설 중에 어느 것인가에서 구하게 된다면 최초로 탄생한 진핵세포에는 미토콘드리아가 없었을 것이다.

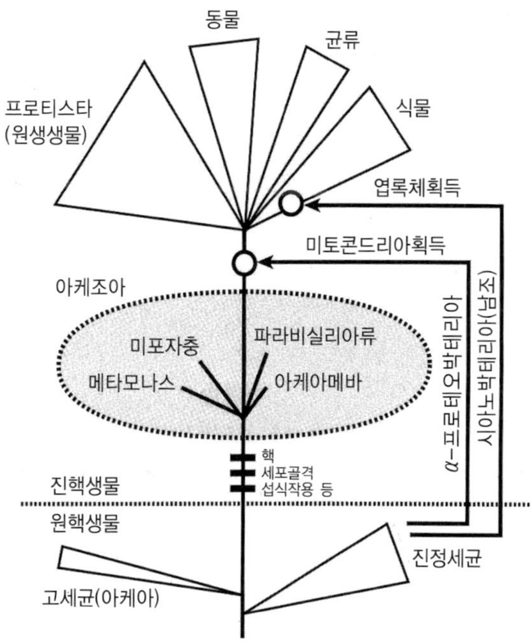

그림 9-6. 1990년경 아케조아의 위치부여 (Roger, 1999를 기본으로 그림).

그럼 미토콘드리아를 획득하기 이전의 진핵생물은 존재하였을까? 실은 원핵생물 중에 미토콘드리아가 없는 다수의 생물이 알려진다. 종종 이렇게 미토콘드리아가 존재하지 않은 원핵생물을 통합하여 아케조아(Archeazoa, Gk: *archae* = beginning, *zoon* = animal)라고 한다(그림 9-6). 아케조아는 처음의 동물이라는 의미로, 여기서는 최초의 진핵생물이라는 의미이다. 이것이 Cavalier-Smith가 제창한 분류군이다. 리보솜 RNA유전자의 유전자 계통수에서는 이렇게 미토콘드리아를 가지지 않는 생물이 진핵생물 계통수 뿌리에 집중적으로 분기한다. 때문에 미토콘드리아를 획득하기 이전에 분기한 진핵생물 자손이라는 의미로서 아케조아라고 부르게 되었다. 아케조아로 분류된 생물 대부분은 기생생활을 하는 병원충으로 장기 등 혐기적 환경에 서식한다. 그러나 이후 연구에서 이들 대부분은 퇴화한 미토콘드리아나 미토콘드리아 유래의 유전자를 가지는 것으로 밝혀졌다. 이러한 결과에서 이들 생물은 혐기 환경에 적응하게 되면서 2차적으로 미토콘드리아가 소실된 것으로 생각되고 있다. 때문에 현재는 아케조아라는 초기 진핵생물로서 위치를 부여하는 것이 부정되고 있다. Cavalier-Smith도 미토콘드리아가 없는 진핵생물은 원시적이라는 아이디어를 버리고 네오무라설에서 진핵생물 성립과 미토콘드리아의 동시획득을 주장한다. 그러나 원생생물의 다양성에 대한 연구는 지금 막 시작하였을 뿐이다. 때문에 향후 적극적인 연구에 의해 언젠가는 정말로 아케조아가 발견될 가능성을 아직도 남겨두고 있다고 할 수 있다.

나. 하이드로제노솜: 수소가설과 신트로피가설

미토콘드리아가 없는 많은 원생생물은 하이드로제노솜(hydrogenosome)이라는 수소를 발생시켜서 ATP 생산에 관여하는 소기관을 가진다(그림 9-7). 하이드로제노솜은 미토콘드리아와 마찬가지로 피루브산이나 사과산에서 ATP를 생성하는 기능을 가진다. 그러나 산소를 전자 최종수용체로 하는 전자전달을 동반한 산화적 인산화가 아니라, 생화학적 반응에서 ATP 합성을 수행한다는 점에서 미토콘드리아와 다르다. 하이드로제노솜은 산소대신에 수소이온에 전자를 건네고, 전자를 받은 수소이온은 수소가스가 되어 방출된다. 한편에서 전자를 잃은 피루브산은 조효소(助酵素, coenzyme) A와 결합하여

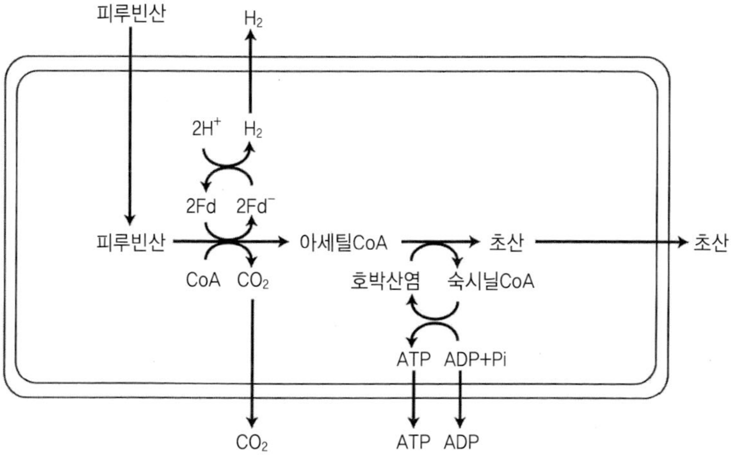

그림 9-7. 하이드로제노솜의 대사

아세틸CoA가 되고, 이것을 기질로 ATP 합성이 이루어진다. 하이드로제노솜과 같이 수소와 이산화탄소를 방출하는 세균이 공생하여 미토콘드리아가 만들어졌다는 설이 있다. 이 가설을 수소가설(hydrogen hypothesis)이라 한다(그림 9-8).

이 설을 제창한 독일인 마틴(W. Martin)은 어느 날 밤 *Plagiophyla*라는 하이드로제노솜을 가지는 원생생물 사진을 바라보고 있었다. 사진에는 이 소기관 주변에 에너지원으로 수소를 소비하는 메탄세균 무리가 모여 있었다. 그는 생물진화가 눈앞에서 일어나고 있다는 느낌을 받았던 것 같다. 하이드로제노솜과 메탄세균 관계는 진핵생물이 출현할 때 발생한 것은 아닐까? 라는 생각이 떠올랐다. 이렇게 하여 수소가설이 탄생하였다. 아케아 중 수소가스와 이산화탄소를 흡수하여 메탄을 생성하고 ATP를 합성하는 메탄세균이 있다. 이와 같은 아케아와 수소를 방출하는 α-프로테오박테리아 세균이 공생한 결과 미토콘드리아가 탄생하였다는 것이다(그림 9-8). 마틴의 공동연구자인 뮬러(M. Müller)는 진핵생물이 탄생한 환경으로 이들 메탄세균이 서식하는 수소와 이산화탄소가 풍부한 혐기환경을 상정하여 그 속에서 공동체가 성립한 것으로 생각하였다. 공생관계를 성립시킨 메탄세균은 이미 이러한 파트너가 없이는 살아갈 수 없다. 이러한 과정에서 메탄세균은 파트너를 세포 속에 품

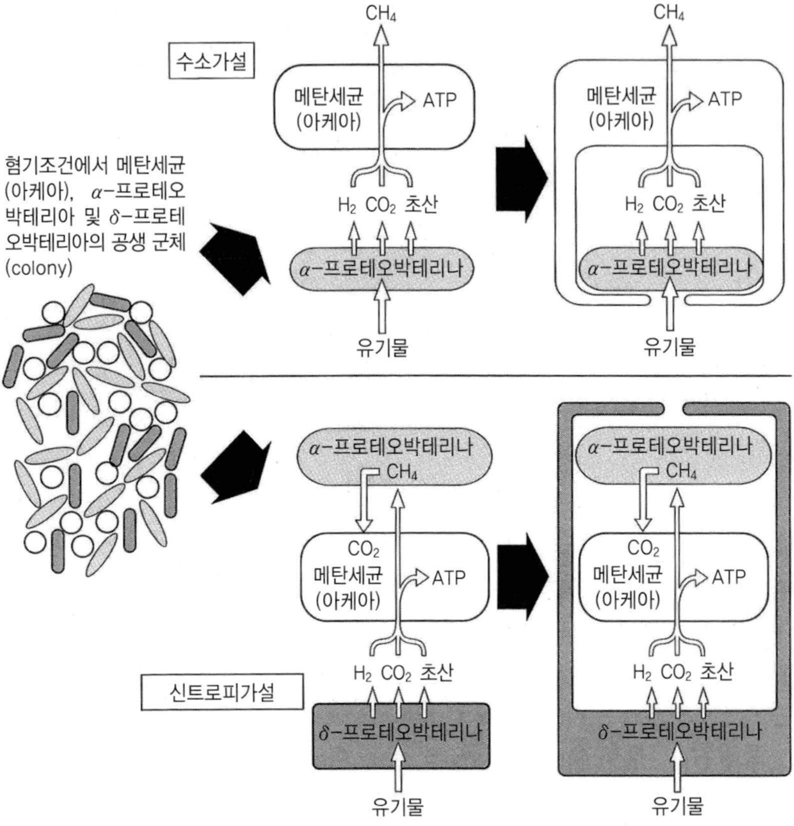

그림 9-8. 수소가설과 신트로피가설에 의한 진핵생물과 미토콘드리아 기원설(Lopéz-Garciá and Moreira, 1999를 기준으로 그림).

고서 공생체로 확립하였다는 것이다. 포식 당한 α-프로테오박테리아는 호기적 환경에서 산소를 이용하여 유기물을 분해할 수 있었기 때문에 결국 오늘날 우리가 알고 있는 미토콘드리아로 정착하였다는 것이다. 즉 수소가설에 의하면 진핵생물 조상은 독립영양성 아케아라는 것이 된다. 이러한 점에서 에오사이트가설의 연장선에 있지만 대사라는 관점으로 설명한다는 것이 매우 특징적이다.

또 하나의 시나리오로 모레이라(D. Moreira)와 로페즈-가르시아(P. Lopéz-Garciá)가 제창한 신트로피가설(syntrophy hypothesis)이다(그림 9-8). 신트로

피(syntrophy)는 그리스어의 접두사로 "함께 또는 같이"라는 의미를 가진 *syn*-과 영양방식을 나타내는 *trophy*가 합성된 용어로 상호의존적 영양양식이라는 의미에서 공동영양으로 해석할 수 있다. 수소가설도 상호의존의 영양방식에 기반을 둔 진화양식이기 때문에 또 다른 하나의 신트로피가설이라고 할 수 있다. 실제 모레이라 등의 신트로피가설에도 두개의 생물 사이에 수소이동이 있다. 이들 두 영양공생 가설의 차이점은 설정되는 생물에 있다. 3종류의 원핵생물이 관여되는 것으로 설정된다. 미생물세계에서 가장 널리 보이는 영양공생은 δ-프로테오박테리아인 황화합물을 환원하는 믹소박테리아(myxobacteria)[8]에 속하는 황환원세균과 메탄을 이용하는 아케아에 의한 것이다. 심해나 해구 생물군집에서도 종종 관찰된다. 황환원세균이 황화물을 환원하는 과정에서 방출된 수소를 메탄세균이 소비한다. 황환원세균도 배설물인 수소가 흡수되는 것으로 대사가 빨라진다는 이점이 있다. 이러한 수소를 주고받는 영양방식 컨소시움(공동체)으로 미토콘드리아가 되는 α-프로테오박테리아에 메탄산화세균이 더해져 진핵생물이 탄생하였다는 것이다. 수소가설에서는 메탄이 방출되었지만, 신트로피가설에서는 메탄이 분해되어 ATP가 생성된다.

하이드로제노솜은 DNA, 시토크롬(cytochrome) 그리고 시트르산회로가 없다는 점에서 미토콘드리아와 다르다. 그러나 이중막으로 싸여있는 공통 단백질 수송을 위한 염기배열(presequence라는 단백질 아미노기 말단배열, 제10장 참조)을 가진다는 것에서 공통의 기원을 가지는 것이 명확하게 밝혀지고 있다. 더욱 게놈을 가지는 하이드로제노솜이 발견된 것으로 이 소기관의 미토콘드리아 기원설에 정착되었다. 이것은 현존하는 대부분 진핵생물에는 미토콘드리아와 기원을 같이 하는 소기관을 가지고 있다는 것을 의미한다. 아케조아가 존재하더라도 대부분은 멸종되었다고 생각해야 할 것이다. 미토콘드리아와 하이드로제노솜이 진핵생물에 보편적으로 존재하는 것은 진핵생물 진화의

8 점액세균이라고도 한다. 토양에 생식하는 막대모양의 세균. 분열 후에도 세포가 분리되지 않고 느슨하게 군체를 이룬다. 분비성 분해효소를 효율적으로 이용하여 영양분을 섭취한다. 기아 상태가 되면 세포는 활주운동으로 견고한 집합체를 이루어 분비한 세포기질로 덮은 자실체를 형성하여 포자를 분화시켜 생성한다.

극히 초기에 미토콘드리아가 획득되었다는 것을 시사하는 것이라 할 수 있다.

다. 네오무라설에서 미토콘드리아 성립

앞에서 설명한 네오무라가설의 연장으로 Cavalier-Smith가 묘사하는 미토콘드리아 기원은 수소가설이나 신트로피가설과는 크게 다르다. 세포공생에서 다른 세포를 포식하기 위해서는 포식작용의 진화가 선결되어야 된다는 것이 포인트로서 포식작용이 발생할 수 있는 조건을 상세하게 기술하고 있다. 수소가설이나 신트로피가설에서 제시되는 세균은 모두 단단한 세포벽을 가지기 때문에 세포공생은 물리적으로 불가능하다는 것이다. 섭식작용 출현은 스테롤을 포함한 부드러운 세포막 획득과 진정세균의 펩티드글린칸이 당단백질 세포표피로 변화하는 것, 더욱이 미소관이나 악틴 등 세포골격 출현이 필요하게 된다. 세포모양을 결정하는 MreB단백질이 악틴으로 변하였다. 미토콘드리아 획득은 섭식장용 능력을 획득하여 세포내 막계나 세포골격을 발전시키는 원시적 진핵세포에서 발생하여 이것과 병행하여 많은 진화가 동시에 진행되었다고 하는 것이다(그림 9-9).

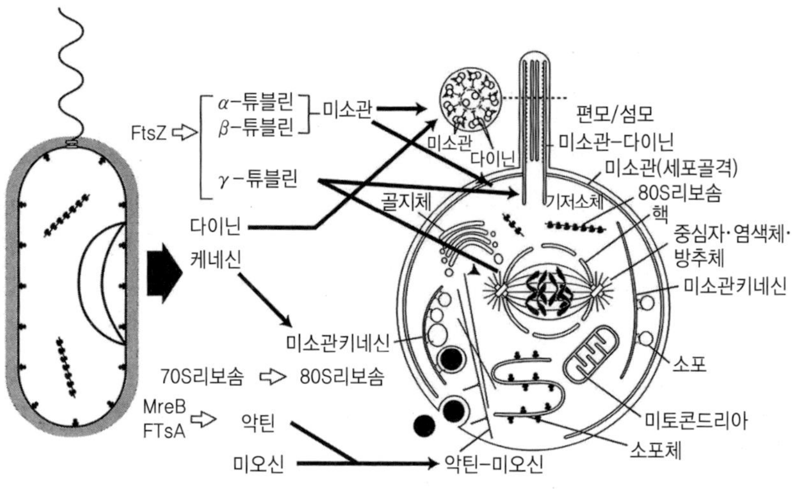

그림 9-9. 원핵세포에서 진핵세포로 모델변화. 내막계(소포체, 골지체), 세포골격, 수송계(미소관, 악틴과 운동단백질), 중심자(기저소체), 방추사, 편모획득에 더하여 전사해석계 등 대부분 완전히 변경되었다.

α-프로테오박테리아가 미토콘드라아로서 공생하여 그 유전자가 숙주세포 게놈에 통합 흡수되면, 숙주세포는 자기 유전자와 미토콘드리아 유전자 전사와 해석을 혼재하여 진행하게 된다. 이러한 혼란을 피하기 위해서 숙주세포 리보솜은 70S(S는 침강계수, 대략적인 크기의 차이를 나타낸다고 생각하여도 좋다)에서 80S로 전환되었다. 한편으로 세포내 막계, 세포골격 그리고 분자모터의 진화에 의해 세포 속 수송능력이 발달되었다. 이에 따라 세포막에 결합하였던 원핵형 염색체는 분단위기에 맞이하게 되어 정확히 분리하여 딸세포로 전달하는 것이 곤란하게 되었다. 이 과정은 세균의 세포분열 고리인 FtsZ 단백질(제10장 참조)에서 미소관 구성 단백질인 α-튜불린(tubulin)과 β-튜불린, 그리고 중심자에서 미소관 형성에 관여하는 γ-튜블린으로 변화가 필요하였다. 중심자 출현에 의해 방추체 미소관 형성, 환상 DNA에서 선상으로 응집한 염색체로 변화가 발생하였다. 이 변화에는 히스톤단백질을 필요로 하였다. 이러한 많은 변화와 공진화로 조면소포체(粗面小胞體, rough endoplasmic reticulum rough)를 기원으로 막이 염색체를 둘러싸는 구조 즉 핵이 성립하였다(그림 9-9). 한편으로 중심자 출현은 편모도 진화시키게 되어, 새롭게 고효율의 운동양식이 발생하였다(그림 10-28). 진핵세포 출현은 이와 같이 철저한 모델변화 중에서 진행하였다는 생각이다.

Cavalier-Smith 설에 의하면 진핵세포의 진화과정은 앞에서 설명한 것 이상으로 다수의 구조나 기능이 극적이면서 협력적으로 변화하는 진화였다. 이 급격하면서 협력적인 변화는 급속진화(quantum evolution)에 의한 것이라고 한다. 급속진화라는 것은 단시간에 특정의 어떤 유전자 무리만이 급속하게 변화하는 것으로서 양자수준의 전자나 양자 흔들림이 환경에 영향을 준 결과로 적응적인 방향성을 가진 돌연변이 축적으로 발생할 수 있다는 것이다. 생명기원이나 적응진화, 대진화, 결국은 뇌 역할까지 설명을 할 수도 있을지도 모른다고 한다. 1952년 슈뢰딩거의 "생명이란 무엇인가"에 계보를 가진 양자역학에 의한 진화론으로 일반적인 내용은 아니지만 영향력이 있는 학문분야이다. 이렇게 되면 모든 생명현상은 결국 양자와 전자이동이기에 생명현상은 입자가 아닌 양자로 규명하는 방향은 필연일지도 모른다. 만일에 불확실성 원리가 적응적 진화를 설명할 수 있다고 한다면, 진화학에서 다윈 이후 혁명이 되는 것이다. 고생물학에는 특정 형질들이 모여서 급격하게 변화하는 진화를 모자이크진화(mosaic evolution)라고 하여 대진화의 특징으로 취급하고 있다.

여하튼 이러한 철저한 쇄신 속에 α-프로테오박테리아는 미토콘드리아라는 세포내 에너지발생장치로 예속의 운명을 담당하게 되었다. 그리고 세포 이전에는 없었던 대규모의 모델변화를 가져오게 되었다. 다른 생물을 먹는다는 포식작용은 세포기능의 진화역사에서 최대라고 할 수 있는 적응적 성질로서 이후 진핵생물이 놀라운 다양화를 가져오게 되었다. 또 확실한 것은 알지 못하지만, 생물 다양화에서 매우 중요한 사건이었다고 할 수 있다. 진핵생물은 그 초기진화 단계에서 미토콘드리아라는 초우량 에너지 변환장치를 획득하는 것에서 산소신드롬을 거꾸로 이용하여, 진화단계를 한층 더 끌어올리고 있었던 것이다.

라. α-프로테오박테리아에서 미토콘드리아로

미토콘드리아 탄생에 대해 여기저기에서 설명을 하였지만, 이쯤에서 전체를 정리하여 두기로 하자. 미토콘드리아 조상은 진정세균이다. 진정세균 구성이 어떻게 되어 있는지를 설명하여 둔다. 세균은 많은 인간 질병의 원인이 되기 때문에 예로부터 세균에 대한 연구는 정열적으로 이루어졌다. 현미경으로 간신히 보이는 미세한 크기를 나타내는 세균이 많기 때문에 여러 가지 식별방법이 고안되어 왔다. 그람염색(Gram staining)은 그러한 고안 중의 하나로 1884년에 그람(C. Gram)에 의해 개발된 염색방법이다. 켄티안 바이올렛(gentian violet)이나 크리스탈 퍼플(crystal purple) 등 자주색 염색액과 요도액(루골액)으로 염색한 다음 알코올로 탈색시킨다. 이러한 방법으로 청자색 염색이 되는 세균은 그람양성세균, 염색이 되지 않은 세균은 그람음성세균으로 구분하는 방법이다. 그람음성세균은 사프라닌(safranin) 등 빨강 색소로 염색할 수 있다. 생화학과 전자현미경 시대가 되어서야 이러한 염색에 의한 차이는 세균의 표피구조 차이를 반영하고 있었다는 것이 밝혀졌다. 그람양성세균은 한 장의 세포막으로 둘러싸여 있고 바깥쪽에는 펩티드글리칸(peptidoglycan)을 주성분으로 하는 두꺼운 세포벽을 가진다. 이것에 반해 그람음성세균은 두

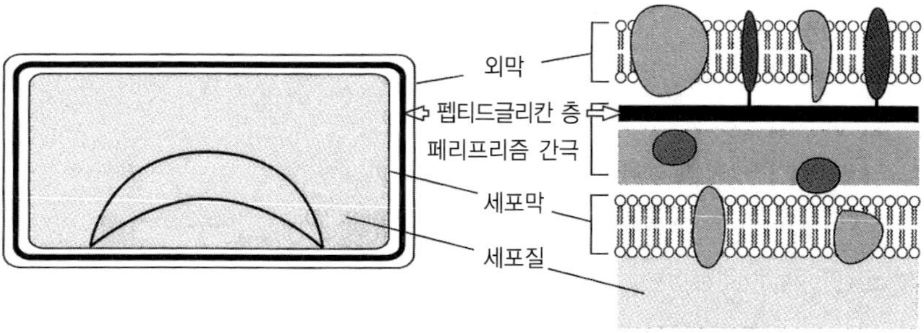

그림 9-10. 그람음성세균의 표피구조. 두 장의 막이 있는 것이 특징. 그람양성세균에서는 외막이 없으며, 펩티드글리칸 층은 두껍다.

장의 막으로 둘러싸여 있다는 특징을 가진다(그림 9-10). 안쪽이 세포막이고 바깥쪽 막은 외막이라고 하여 대형분자를 투과시키는 커다란 구멍이 열려있다. 세포벽인 펩티드글리칸은 얇은 막으로 세포막과 외막 사이에 존재한다. 이 둘은 분자계통에서도 명확하게 구분된다.

그람음성세균에는 프로테오박테리아라는 그룹이 있고, α, β, ɣ, δ, ε라는 이름이 붙여진 다섯개 계통군으로 구성된다. 분자계통 연구결과에서 미토콘드리아가 α-프로테오박테리아 일원이었다는 것을 시사한다. 리케치아증(발진티프스, 츠츠가무시병, Q열 등 흡혈이나 벼룩을 매개로 하는 세균 감염증)의 세균을 포함하는 리켓치아과가 가장 근연으로 생각되고 있다(그림 1-2). 여기서 주목할 내용은 그람양성세균인 *Helicobacteria*를 제외한 광합성 세균 모두가 α-프로테오박테리아에 속한다는 것이다. 광합성과 산소호흡 전자전달계는 같은 부품을 사용한다는 것은 예로부터 알려져 있었지만, 그 기원은 최소 α-프로테오박테리아로 거슬러 올라가고 있음을 알 수 있다. 중요한 것은 산소발생형 광합성을 하는 남조(시아노박테리아)도 그람음성세균으로 프로테오박테리아에 극히 가까운 친척이다(그림 1-2).

미토콘드리아가 세균에 유사하다는 주장은 1890년으로 거슬러 올라간다. 그 이후 찬반 양논의 논쟁을 걸쳐 세포의 미세구조와 생화학 발전으로 미토콘드리아가 원핵생물의 공생체에서 유래하였다는 것이 과학적 사실로 확립되었다. 미토콘드리아에 DNA가 존재하는 것이 발견된 것은 1963년 일이다. 이 결과는 린 마굴리스(L. Margulis)에 의한 공생설 부활에 커다란 근거가 되었

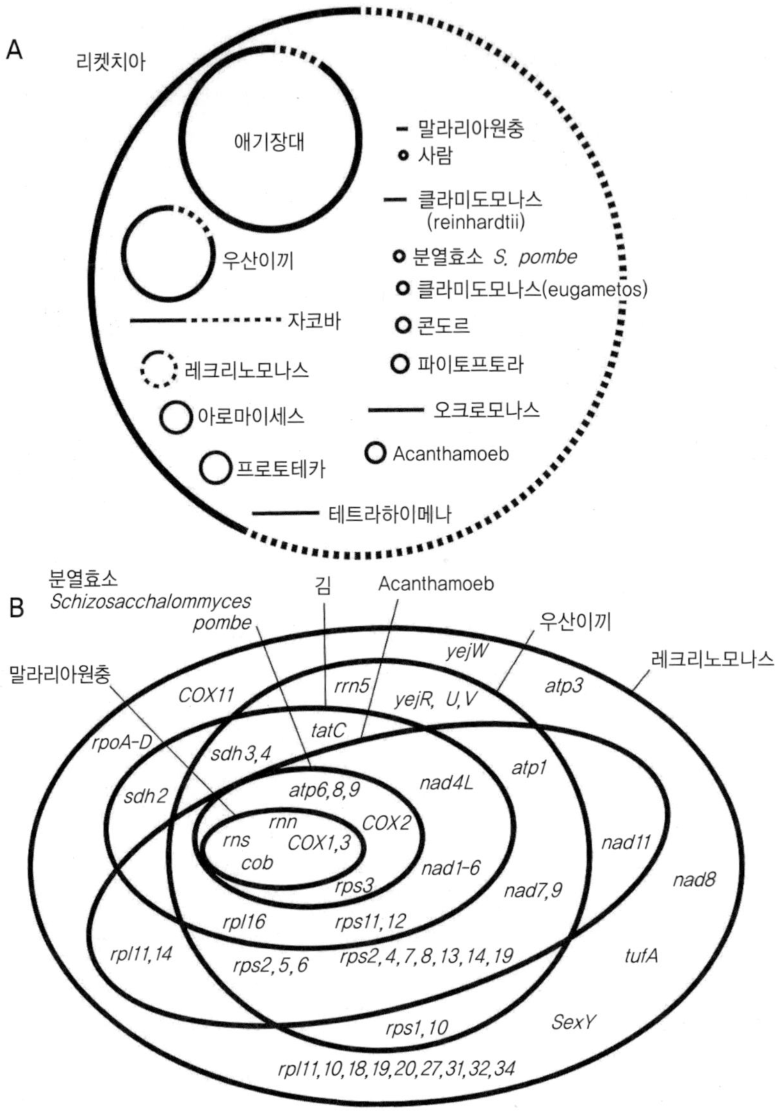

그림 9-11. 다양한 진핵생물의 미토콘드리아 비교, A: 프로테오박테리아의 리켓치아에 대한 다양한 생물의 미토콘드리아 게놈 형태와 크기 비교. 일부 생물의 게놈은 선상이다. 실선부는 분명하게 밝혀진 유전자, 점선부는 불명 또는 기능이 없는 부분, B: 생물군과 공유하는 미토콘드리아 유전자의 관계(Gray *et al.*, 1999을 바꾸어 그림).

다(엽록체 DNA의 발견은 1952년까지 거슬러 올라가지만 확실하게 분리된 것은 1964년). 현재에는 미토콘드리아가 독자적인 DNA와 리보솜을 가지며 세포 속에서 분열하여 딸세포로 전달되는 세포 속의 세포로 이해되고 있다.

많은 생물에서 미토콘드리아 게놈의 크기는 매우 작다. 소의 타일레리아(*Theileria*) 원충의 미토콘드리아는 5.7 kbp(키로 염기대(base pair)), 마리아나원충(*Plasmodium*)은 5.9 kbp, 사람은 16 kbp 정도에 지나지 않는다. 이것에 비하여 일반적으로 식물의 미토콘드리아 게놈의 크기는 크다. 우산이끼(*Marchantia polymorpha*)의 미토콘드리아는 187 kbp, 애기장대(*Arabidopsis thaliana*)는 367 kbp나 된다(그림 9-11). 식물인 애기장대의 미토콘드리아는 미토콘드리아에 가장 근연이라는 리켓치아의 전체 게놈 크기인 1.1 Mbp의 1/3이나 되지만, 그곳에 코드 되어 있는 유전자는 리켓치아(834개)의 4% 정도에 지나지 않는다(32개). 또 사람의 미토콘드리아 게놈(13개)에 비하면 22배나 크지만, 코드 되어 있는 유전자는 2.5배(13개) 정도에 지나지 않는다. 즉 미토콘드리아 게놈에서 유전자 대부분은 핵으로 이동되어 있다. 일반적으로 미토콘드리아는 식물에서 거대화되어 있는 것에 반해, 동물이나 균류 그리고 많은 원생생물에서는 소형화가 진행되어 있다. 현재 알려지는 가장 원시적인 미토콘드리아는 편모충 *Reclinomonas*의 것으로 크기는 69 kbp로 작지만, 97개의 유전자를 코드되고 있다. 다음 진핵생물의 미토콘드리아에는 잃어버린 18개 유전자가 남겨져 있다(그림 9-11). 그러나 이것에도 α-프로테오박테리아나 대장균 게놈이 코드한 유전자의 2%에 지나지 않는다. 미토콘드리아 게놈은 유전자 배열이나 사용하는 유전암호가 분류군에 따라 크게 변화되고 있다. 핵 지배로 개편되는 과정에서 미토콘드리아가 좋아하는 쪽으로 개조되었다고 할 수 있다.

여하튼 미토콘드리아는 진핵생물의 기능을 활성화 시키는 힘을 만드는 엔진으로 정착되었으나, 산소를 대량으로 소비하는 장치는 매우 큰 위험을 동반하기 때문에 취급에 세심한 주의가 필요하다. 실제로 인간 몸속에서 발생하는 활성산소는 노화 및 암 등 중요한 질병의 원인이 되는 것으로 알려진다. 소설 "패러사이트 이브(Parasite Eve)" 이후 미토콘드리아는 일반인들에게도 널리 알려지게 되었다. 세포 속 구조에서 가장 꽃모양을 하고 있는 것으로 일반인들을 대상으로 알기 쉬운 해설서가 출판되어 있다(河野, 1999; 黑岩, 2000; 林, 2002). 각각 자신의 입장에서 미토콘드리아를 대상으로 한 연구의 매력을 설명하고 있다.

3. 크라운~진핵생물의 빅뱅가설

가. 크라운생물군

아마도 대기 중 산소농도 증가에 따른 호기환경은 지구사에서 생물진화의 결정적 방아쇠를 당기는 계기가 되었다. 진핵생물의 진화가 문자처럼 여물어서 터진 것이다. 이전에 볼 수 없었던 규모의 생물방산이 발생하여 다수의 진핵생물 분류군으로 분화된 것으로 생각되고 있다. 이러한 일연의 과정을 진핵생물의 빅뱅가설이라고 불른다(그림 9-12). 그리고 이때에 분기한 다수의

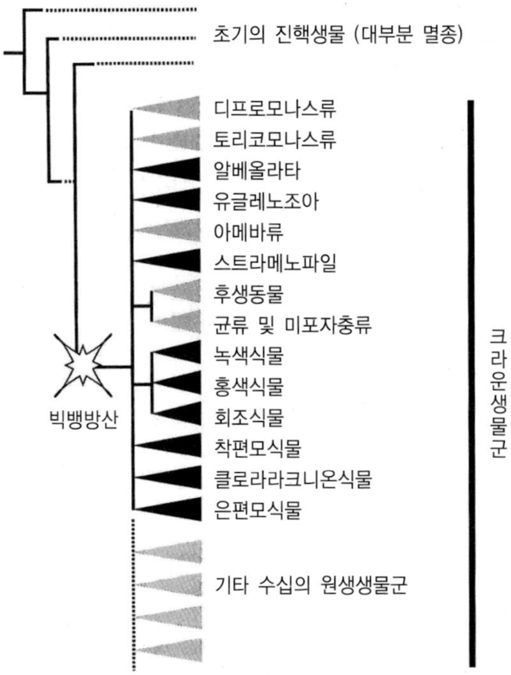

그림 9-12. 진핵생물의 빅뱅가설(Philippe and Adoutte, 1998를 기본으로 그림).

진핵생물 분류군을 통합하여 크라운(crown)이라 한다. 크라운은 스템(stem, 줄기)에 대응하는 용어로서 공통의 가지에서 파생한 계통군을 나타내지만, 여기서는 문자의 의미처럼 나무관(樹冠)을 나타내는 것으로 한 점에서 다양하게 분기된 진핵생물을 나타낸다. 1990년대 전반까지 보고되는 유전자 해석에 의한 진핵생물 계통수 대부분에서 계통수 뿌리부근에 위치하는 몇 개의 생물군을 제외하면, 대부분 진핵생물 그룹은 짧은 가지에서 분기한 계통군임을 나타내었다(그림 9-13). 가지 길이는 유전적 차이를 반영하기 때문에 이러한 계통수는 이들 생물의 유전적 차이가 그다지 축적되지 않은 시점에서 분화된 것을 나타낸다. 즉 많은 진핵생물은 짧은 지질시대 시간에 대부분 분기되었음을 나타내는 것이다. Knoll에 의하면 이들이 분기한 시점이 진핵생물 화석이 대량으로 출현하는 시기와 일치하는 것으로 보고한다. 화석기록과 분자계통수 결과가 부합된다면 이러한 결과는 커다란 의심 없이 쉽게 믿게 된다. 즉 이러한 내용들 때문에 크라운생물군은 단기간에 분기되어 유전자에 새겨진 정보 차이가 작기 때문에 계통관계 해석은 곤란한 것으로 생각되어 왔다. 그러나 1990년대 후반부터 많은 단백질 유전자의 염기배열이 명확하게 밝혀지고, 복수의 단백질 유전자를 이용한 정보량의 증폭된 계통해석이 실시되었다. 현재도 이러한 작업들은 진행 중에 있지만, 이러한 연구결과로 10여년 전에는 상상도 할 수 없었던 전체적인 진핵생물의 모습이 짙은 안개 넘어 어렴풋한 형상이나마 보이고 있다. 즉 크라운의 내부진화가 밝혀지고 있는 것이다. 현재시점에서 진핵생물의 풍경은 어떻게 보여 지고 있는지에 대해서는 조류진화의 비밀을 살펴 본 다음에 장을 바꾸어 재차 설명하기로 한다(제13장).

그런데 대기 중 산소농도가 파스칼포인트를 넘어 빅뱅이 가능하게 되기 이전에 진핵생물은 어디에서 어떻게 서식하고 있었던 것일까? 애써 획득한 미토콘드리아도 산소농도가 낮으면 쓸모가 없는 물건이 된다. 상상이지만 스토로마톨라이트 등 가까운 곳에 제한적이나마 산소농도가 높은 장소가 존재하고 있었을 것이다. 즉 산소가 다소 높은 극히 한정된 장소에 진핵생물은 서식하고 있었던 것은 아니었을까? 라는 생각을 해본다. 긴 시간을 통해서 산소신드롬이 진행되었고 대부분 지구표면에 충분한 산소농도에 도달되는 것으로

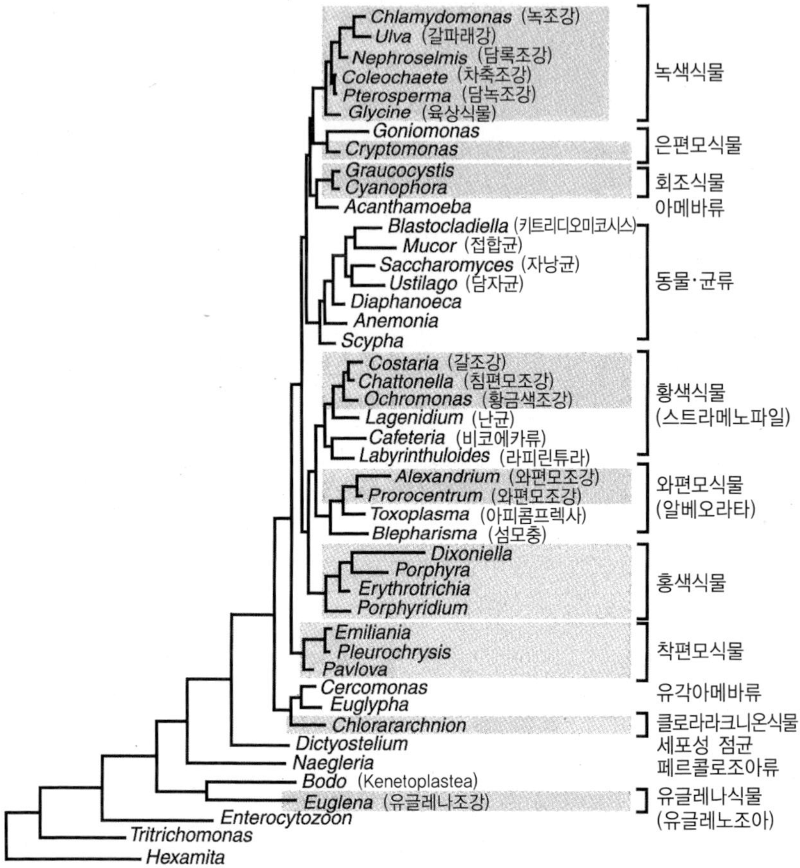

그림 9-13. 18S rDNA에 의한 진핵생물 계통수의 예. 연한 틀(box)로 표시된 것은 광합성을 하는 생물군이다.

크라운이라는 진핵생물 빅뱅 방산이 가능하였던 것으로 추정하고 있다. 여기에 대해서는 아직도 많은 부분은 미스터리인 채로 남아있다.

나. 프로티스타

현존하는 대부분 진핵생물은 거의 크라운생물군에 속한다. 즉 우리 인간을 포함하는 동물도, 균류도, 식물도, 짚신벌레도, 아메바도, 생각할 수 있는 대부분 모든 진핵생물은 십 수 억년 이전의 극히 짧은 시간 사이에 폭발적으로 방산된 진핵생물 계통에 속한다는 것이다. 감각적으로 사람과 아메바는 고등생물과 하등생물의 대표적인 종이다. 그러나 체제와 분화 정도는 단위를 달리하는 차이를 나타내지만, 계통적으로는 사람도, 아메바도, 짚신벌레도, 생물로서 연령은 거의 같은 시대에 탄생하였기에 같다고 생각하여야 할 것이다. 현재 지구에는 명확하게 구분되는 것만으로도 수십의 진핵생물군이 존재한다. 이 대부분은 프로티스타(원생생물)라는 단세포성의 미세한 진핵생물로서 세포를 전자현미경 수준에서 비교하면, 서로의 차이를 분명하게 알 수 있다. 생명을 구성하는 기본 단위는 세포(cell)이다. 세포의 형성이나 구조가 다르면, 그것은 다른 진핵생물의 생물군이라 할 수 있다.

원생생물을 나타내는 용어인 프로티스타 연구출발이 늦은 것은 최근까지 다양한 분야에서 독립적인 연구가 진행되었기 때문이다. 그 결과 새롭게 진행되는 프로티스타 연구에도 매우 혼란스러움을 겪고 있다는 것은 이미 앞에서 설명하였다. 그러나 그 이상으로 심각한 문제는 분야를 불문하고 대부분 생물학 연구자는 자신을 식물연구자 또는 동물연구자로서 위치를 부여해버리는 것이다. 대부분 진핵생물의 다양성은 프로테스타에 있는 것이 분명해진 지금, 동물이나 식물 또는 균류라는 생물군에 따른 기존 영역의 울타리가 사라져야만 프로티스타의 새로운 연구출발이 가능할 것이다. 기회 있을 때마다 이러한 내용을 어필하고 있지만, 대학도 전문분야 집단인 학회도 조직이라는 것이 매우 보수적이기 때문에 변화는 쉽지 않다. 생물 연구자는 진화라는 생물이 걸어온 임기응변식의 서식방법에서 변화와 적응이란 구조를 배워야 한다. 그러나 대부분 기존의 연구자는 걸어온 보수성에 집착하여 이러한 생물의 변화에 대한 내용을 습득하지 않으려고 애쓰고 있다. 표 9-1에는 진핵생물을 정리한 사례를 게시하였다. 참고하기 바란다.

이름을 들어 본적도 없는 많은 생물군이 다수 나열되어 있지만, 이들 모두는 현재 지구에서 우리와 함께 살아가고 있는 진핵생물군이다. 편모를 가지고 유영하는 생물, 아메바와 같은 생물, 세포벽으로 덮여있어 평상시에는 구형의 형태를 가진 생물 등 프로티스타(원생생물)가 대부분을 차지한다. 동물과 균류를 포함한 생물군이 오비스토콘타 등 익숙하지 않은 이름으로 정리되어 있다. 표에서 별표가 되어 있는 것은 산소발생형 광합성을 하는 생물을 나타내었다. 또 이 책은 여기가 가장 중요한 것으로 광합성을 하는 진핵생물은 하나로 통합되지 않고 분류표의 여기저기에 산재하고 있다. 갈조와 규조는 스트라메노파일이라는 익숙하지 않은 이름의 생물에 속해 있고 유글레나도 녹색식물과는 별도취급을 받고 있다. 이러한 견해의 근거에 대한 설명은 조금 더 나중 일이 된다(제13장).

표 9-1. 현재 인식되고 있는 진핵생물군. 대부분은 프로티스타로서 편모를 가진 유영세포체제, 아메바체제, 포자상 체제의 것이지만, 계통적인 구분은 아니다. 거대 계통군으로 동물을 포함한 오비스토콘타나 일차식물로 되어 있다(식물), 갈조, 홍조를 포함한 스토라메노파일, 와편모조를 포함한 알베올라타 등의 슈퍼그룹이 알려지고 있다. 기타 프로티스타도 슈퍼그룹으로 정리되고 있는 단계이다. ★표는 광합성을 하는 진핵생물(Cavalier-Smith, 2004를 기본으로 정리)

거대 계통군	편모성 프로티스타	아메바성 프로티스타	아메바 편모충
오비스토콘타	디몰파류	아칸타리아류	헤테로로 보세아류
후생동물	부기체류헤로 비온트류	Malamoeba 그룹	페로비온트류
균류	엑스카베이트류	Endamoeba 그룹	
깃편모충류	*Carpediemonas*	Entamoeba 그룹	포자성 프로티스타
식물	자코바류	알케라류	*Coelosporidium*
★회조식물	레톨타모나스류	대장충류	하프로스포라류
★홍조식물	*Trimastix*	디스모소라카류	미포자충류
★녹색식물	오키시모나스류	타쿠소포다류	네프리디오 파가류
스토라메노파일	*Malawimonas*	유공심립류	*Pseudospora*
★부등편모식물	디프로모나스류	과립성 망상가족류	
비코소에카류	유글레노조아	무실류 (Arhalamida)	
오바리나류	키네토프라 스토류	유공충류	
라피린튜라류	★유글레나식물	미세토조아류	
사가케츠보 가비류	★은편모식물	미쿠소가스토 레아류	

거대 계통군	편모성 프로티스타	아메바성 프로티스타	
난균류	카타프레파리스류	*Physarum*	
프라지디아류	★착편모식물	프로토스테리아	
Developayella	켈코조아	*Dicatyostelium*	
알베올라타	★클로라라크니온식물	구토리니아	
섬모충	켈코모나스류	파에오다리아류	
파킨사스류	헤미마스틱스류	폴리키스티나류	
아피콤프렉사	에브리아류	짐노아메바류	
★와편모조식물	*Phalansterium*	*Amoeba*	
	Spongomonas	시조쿠라지스류	
	Histiona	유각아메바류	
	Amastigomonas	*Euglypha, Paulinella*	
	Gymnophrys	토리코시다류	
	Heteromita	제노피오홀리다류	
	기타의 다수		

제10장

진핵조류의 탄생
: 남조(시아노박테리아)에서 엽록체로

많은 과정을 걸치고서 지금에야 힘들게 진핵조류의 탄생이란 주제에 도달하였다, 우선 화석에서부터 검토하자. 저자가 알고 있는 신뢰할 수 있는 최고의 진핵조류 화석은 13억년 이전 지층에서 발견된 담록조류(프라시노조류)로 동정된 것이다. 한편으로 7.5억년에서 12.5억년 이전 홍조화석이 캐나다의 Somerset섬에서 발견되어 있기에 진핵조류 출현은 십 수 억년 이전까지 거슬러 올라갈 수 있을 것이다. 지금까지 문맥으로 말하면, 홍조식물도 녹색식물도 크라운에 속하기 때문에 크라운생물군의 방산이 10억년 이전이라고 한다면, 위의 연대측정에 다소의 문제가 있는 것이 된다. 그러나 지질연대 추정은 다양하며 확정된 것은 아니다. 어느 것이 정확한 것인지는 아직도 잘 알지 못한다. 상상할 수 있는 것은 진핵조류는 진핵생물의 성립 그리고 크라운 시대로부터 멀지않은 시기에 출현하였다는 것이다.

진핵조류의 광합성 구조는 광화학계의 단백질 복합체를 포함하여 남조의 광화학계와 거의 변하지 않기 때문에 엽록체가 남조에 기원을 두고 있다는 것에는 의심에 여지가 없다. 진핵조류는 빛을 포착하는 색소가 다양화되었다는 것 이외에는 남조의 광합성을 거의 그대로 물려받고 있다. 때문에 남조가 종속영양 진핵생물에 섭취되어 광합성을 실시하는 에너지 변환장치로 정착된 것이 엽록체라는 것이 된다. 어떻게 하여 남조가 엽록체로 변화 되었을까? 지금부터 이 장에서 다루어질 주제이다.

1. 엽록체라는 세포내 소기관

우선 엽록체 공생설에 대한 역사를 조금 살펴보기로 하자. 엽록체가 분열하여 증가하는 것은 제2장에서 설명한 깃털말이나 공말(*Valonia*) 그리고 차축조의 니텔라(*Nitella*, 제4장)을 이용하여 1981년 최초로 관찰되었다. 그리고 그 이후에 많은 조류에서 상세하게 기록되었다. 19세기 말에는 엽록체는 결코 *de novo*(새롭게의 의미)로 발생하지 않는다는(즉 무에서 만들어지지 않는다) 것을 인식하게 되었다. 그리하여 20세기가 열린 1905년에 엽록체의 세포내 공생설에 관한 러시아의 식물학자 C. Mereschkowsky에 의한 꿈이라고도 할 수 있는 논문이 발표되었다(최근 Martin과 Kowallik에 의해 영어로 번역되었다). 엽록체 DNA는 1951년에 존재가 주장되었지만, 1964년에 분리되어 유전자의 존재가 최종적으로 확인되었다.

남조의 게놈 크기는 *Synechocystis*에서 3.5 Mbp, 피코플랑크톤인 *Synechococcus*가 2.4 Mb, *Prochlorococcus marinus* SS120에서 1.75 Mb이다. 그러나 엽록체의 게놈 크기는 많은 경우 100~200 kb 정도로 남조의 1/20~1/30 크기에 지나지 않는다(표 11-1). 유전자 수로 보면 남조 게놈에는 3,000개 이상의 유전자가 있지만, 엽록체 게놈에는 대략 150, 최대로 200 정도의 유전자가 코드 되어있는 것에 지나지 않는다. 광합성에 관여하는 유전자만으로도 이것에 훨씬 못 미친다. 이것은 남조에서 엽록체로 변화되는 과정에서 유전자 90%가 소실되었거나 핵으로 이동된 것을 의미한다. 실제로 광합성에 관여하는 대부분 유전자는 핵에 있다. 미토콘드리아도 마찬가지로 공생에 의한 엽록체 획득은 유전자 수준에서 보면 핵에 의한 엽록체 지배과정으로 보아야만할 것이다.

그람음성세균인 남조는 두 장의 막으로 둘러싸여 있다(그림 9-10). 안쪽 막이 세포막이고 바깥쪽에 별도의 외막이 있다. 세포막과 외막 사이에는 주변세포질(periplasm)이라는 공간에 펩티도글리칸층(peptidoglycan layer)이 존재한다. 한편 엽록체도 이중막으로 둘러싸여있다. 엽록체의 이중막과 남조의 두 장의 막 사이의 관계는 오랜 기간 불명확하였다. 공생 초기에는 남조가 숙주 세포 속에서 식포로 둘러싸여 있다고 생각하였다. 즉 최초는 3장의 막으로 둘러싸여 있던 것이 현재에는 이중막 엽록체가 된 것이다. 엽록체의 바깥 막은 남조의 바깥 막에서 유래한 것인지? 숙주가 남조를 받아들일 때 식포막에서 유래한 것인지? 근거가 없는 논쟁이 반복되어 왔다. 그러나 단백질을 엽록체로 보내는 수송구조 연구가 진전됨에 따라 이 문제에 대한 정답도 도출되었다.

2. Toc와 Tic: 단백질 수송채널

진핵세포에는 미토콘드리아나 엽록체뿐만 아니라 소포체나 골지체 등 복잡한 내막계가 존재하고, 각각의 장소에 특유의 단백질이 역할을 담당하고 있다. 이들 단백질은 핵에서 유전자가 mRNA로 전사되어 세포질졸로 해석된 다음 각각의 장소에 정확하게 수송된다. 이와 같은 부위 특이적인 단백질에는 아미노기말단(N말단)에 15~60개의 여분이 있는 아미노산이 붙어 있다. 이것이 세포내 소기관으로 배달장소를 결정하는 태그 역할을 한다. 이 배달 주소인 폴리펩티드 사슬(polypeptide chain)에는 배달장소에 따라 다른 이름으로 불려진다. 배달장소가 소포체이면 시그날펩티드(signal peptide), 미토콘드리아이면 프리배열(presequence), 그리고 엽록체이면 수송팹티드(transit peptide)라 불린다. 번거롭지만 같은 취지의 배달장소에 따른 용어이다. 엽록체가 세포소기관으로서 성립되기 위해서는 핵으로 이동한 엽록체 관련 유전자 모두에 엽록체를 표적으로 하는 수송펩티드가 부가될 필요가 있으며, 실제로도 그렇게 되어 있다. 수송펩티드 차이는 염기배열이 아니라 어쩌면 소수성 등 화학적 성질에 의한 것으로 염기배열이 다소 차이가 있더라도 화학적 성질이 유사하면 같은 목적지로 수송된다. 각각의 배달장소에는 수송펩티드의 화학적 성질에 걸맞은 수송채널이 준비되어 있다. 엽록체에는 바깥 막에 Toc(Translocon at the outer chloroplast membrane), 안쪽 막에 Tic(Translocon at the inner chloroplast membrane)라고 하는 채널이 존재한다. 이 채널들은 엽록체를 목적지로 하는 수송팹티드를 가진 단백질이 있으면 그 성질을 인식하여 막을 통과 시킨다(그림 10-1). 수송펩티드는 바깥 막과 안쪽 막의 양쪽 채널에 유효하기에 Toc와 Tic가 존재하는 부분에서 엽록체 이중막이 인접하고 있기 때문에 연속적으로 단백질을 통과시킨다. 목적지인 엽록체 스트로마에 들어가면 단백질 전구체에서 수송펩티드가 잘려나가 본래의 고차구조를 구축하여 기능하는 단백질이 된다. 녹색식물의 콩과식물인 완두세포에서 추출한 엽록체에 실험적으로 회조식물이나 홍조식물의 핵 코드 엽록체 단백질을 첨가하면 단백질은 엽록체 속으로 수송된다. 이러한 결과는 회조, 홍색, 녹색식물은 단백질 수송구조를 공유하는 것을 의미하는 것이다. 이것은 이들 조류에 의한 엽록체 획득이 진화 역사에서 한번만 발생하였던 것에 대한 유력한 증거 중의 하나가 된다. 그림 10-2에 육상식물에서 밝혀진 엽록체로 단백질 수송의 개략적인 내용을 제시하였다. 세포질졸에서 해석된 단백질 전구체는 hsp70이나 14-3-2 등의 단백질과 결합하여 엽록체 바깥 막의 Toc에 부착

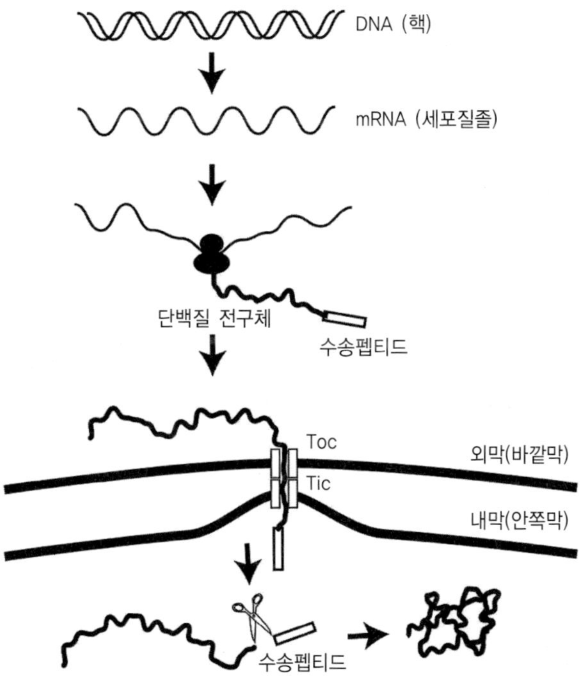

그림 10-1. 핵 코드 유전자에서 엽록체로 단백질 수송. 세포질 기질에서 해석된 단백질 전구체에는 수송펩티드라고 하는 아미노산 배열이 붙어있다. 이것이 엽록체를 배달 장소로 하는 화물태그 역할을 한다. 엽록체막의 Toc 및 Tic채널은 수송펩티드를 인식하여 막을 통과시킨다. 스토로마속에서 수송펩티드가 잘려 나가서 기능성 단백질로 변한다.

한다. 거기에서 hsp70에 의해 단백질 전구체의 고차구조가 해제되어 채널을 통과한다. 스트로마에 도착한 단백질 전구체는 펩티다아제(peptidase)에 의해 수송펩티드가 잘려나가 고차구조를 가진 단백질이 된다. 단백질 목적지가 스트로마가 아니고 틸라코이드막 또는 틸라코이드 속일 때에는 또 다시 한 장의 막을 표적으로 하는 배달장소 태그가 필요하다. 이와 같은 단백질에는 수송펩티드가 N말단에 두개 달려있다. 앞의 한개는 Toc와 Tic 채널을 통과한 다음에 없어지지만 나머지 한 개는 틸라코이드를 목적지로 한 시그널로서 역할을 하여 틸라코이드막에 들어가서 없어진다.

Toc와 Tic를 구성하는 단백질은 다수 클론화 되어 있고, 이들 중 몇 개의

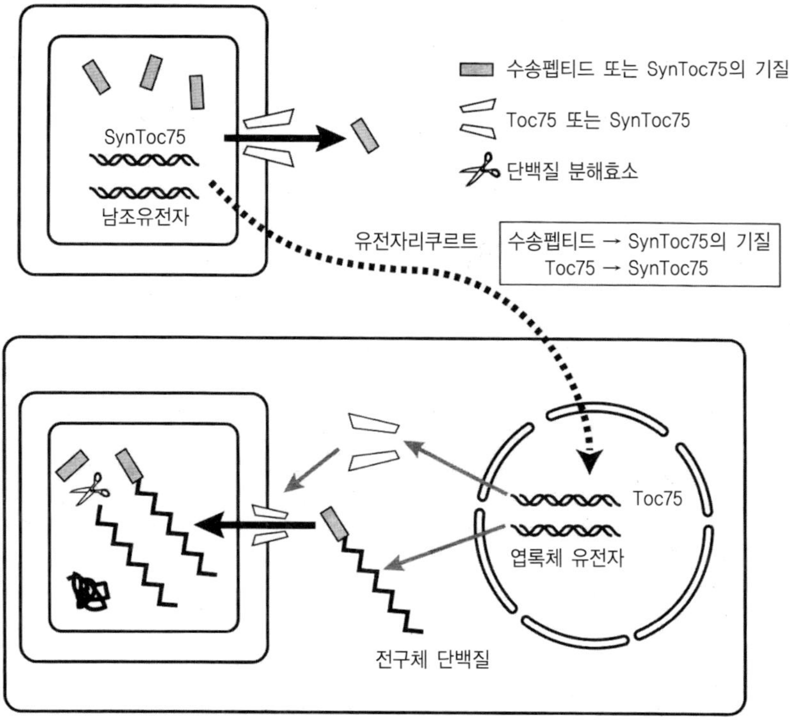

그림 10-2. 일차공생 과정에서 남조의 분비채널을 구성하는 SynToc75는 유전자가 핵으로 이동되고, 수송방향이 역전하여 엽록체의 수송채널로 변화하였다. 엽록체를 배달장소로 하는 수송펩티드는 SynToc75 기질에서 유래되었을 가능성이 있다 (McFadden, 1999를 기본으로 그림).

단백질은 남조에도 존재하는 것이 밝혀졌다. 채널의 주요 부품에서 수송단백질 유도역할을 담당하는 Toc75라는 단백질은 남조의 SynToc75라는 단백질과 같다. SynToc75는 남조 (*Synechocystis*)의 바깥 막에 존재하고 단백질 분비(즉 세포 안쪽에서 바깥쪽으로 수송)에 관여하고 있는 것으로 추측되고 있다. 이런 것으로부터 남조에서 세포 밖으로 수송하는 것에 사용되는 구조가 엽록체에는 반대방향의 수송에 사용될 수 있도록 진화된 것으로 생각된다(그림 10-2). 즉 남조가 엽록체로 되는 과정에서 채널수송 방향이 반전된 것이다. 수송 팹티드도 SynToc75 기질에 기원을 가질 가능성이 지적되고 있어, 엽록체의 바깥 막이 남조의 바깥 막에 기원을 가지는 것은 확실한 것 같다.

그러나 한편으로 엽록체 외막은 진핵적인 성질을 가지고 있다. 엽록체 외막은 남조 외막과 공통적인 당지질이나 카로티노이드(carotinoid)를 포함하고 있는 것 이외에도 진핵생물 막의 주요성분인 포스파티딜콜린(phosphatidylcholine, 별명: 레시틴, lecithin)도 포함하고 있다. 더욱이 Toc를 구성하는 단백질 일부는 숙주인 진핵세포에 유래하는 것으로도 생각되고 있다. 남조가 엽록체로 되는 과정에서 남조 외막은 극적인 재구성을 받았다고 할 수 있다. Toc75는 핵으로 이동하여 반대방향 채널로 엽록체 외막에 삽입되었고, 또 숙주 유래의 수용체(receptor)나 샤프론(chaperone) 등의 단백질이 더해져 핵에 의해 억제되는 단백질 수송기구가 완성되었다고 생각하는 것이다. Tic에 대해서도 같은 단백질이 남조에 존재하고 있지만, 그 기능이나 존재부위가 분명하지 않다. 엽록체로 수송기구의 기원에 대한 연구는 아직 젊고 유망한 연구 분야이다. 앞으로 숙주가 남조를 정복하고 엽록체로 회유한 과정이 점차적으로 밝혀지게 될 것을 기대해 본다.

3. 핵에 의한 유전자 약탈

공생과정에서 막대한 수의 유전자가 엽록체에서 핵으로 이동되었다. 이동은 어떻게 실현되었을까? 이러한 내용의 해결은 공생에 의한 세포내 소기관의 성립을 이해하기 위해서는 필수적인 요소라 할 수 있다. 미토콘드리아 성립에 대해서도 사정은 마찬가지이다. 어떠한 도태압(selection pressure)이 이러한 이동을 촉진시켰던 것일까? 아직도 확실한 것은 알지 못하지만, 다음과 같은 과정이 추정된다. 우선 엽록체 유전자 복사가 핵 DNA에 삽입된다(엽록체에는 오리지널이 남아있다). 다음으로 핵에서 이들 유전자에 수송펩티드가 부가되어 엽록체를 표적으로 하는 단백질 수송시스템이 확립된다. 그리고 엽록체 게놈에서 필요가 없는 오리지널 유전자가 소거된다. 한편 수송펩티드 부가에는 엑손뒤섞기라는 현상이 커다란 역할을 하는 것으로 추정된다. 엑손(Exon)이란 유전자 본체를 구성하는 배열로서 진핵생물에는 복수의 엑손이 인트론(intron)이라는 비해석영역을 끼고 나열되어 있다. 전사 이후에 인트론은 제거되고 엑손이 연결되는 것으로 번역에 사용되는 mRNA가 형성된다. 엑손뒤섞기(Exon shuffling)는 다른 유전자 엑손을 조합하여 새로운 유전자를 탄생시키는 것으로 진핵생물 진화에 중요한 구조 중의 하나로 생각되고 있다. 엽록소 수송펩티드가 인트론에서 끊겨져 있으면 엑손뒤섞기에 의해 엽록체에서 복사된 유전자에 수송펩티드를 부가하는 것은 그다지 어렵지는 않게 된다. 실제로 이와 같은 구조로 수송펩티드가 획득된 사례가 일부에서 확실하게 밝혀져 있다.

엽록체에서 핵으로 유전자가 이동한다는 것은 원핵세포 전사시스템에서 진핵세포 전사시스템으로 편입되는 것을 말한다. 정확하게 전사되지 않으면, 수송펩티드를 획득하여도 쓸모 없게 된다. 단순한 복사가 핵의 임의 위치에 삽입되는 것이 아니라, 반드시 전사시스템 중에 편입되는 과정이 필요하게 된다. 이러한 과정을 걸쳐서 발현 가능한 유전자가 수송펩티드를 획득하여 엽록체로 수송된다. 수송 이후는 오리지널 유전자와 혼재하는 시기를 걸쳐 경쟁에서 이겼을 때 비로소 오리지널 유전자 상실이 발생하여 유전자가 엽록체에서 핵으로 이동되는 것이다.

이러한 유전자 획득구조는 나고야(名古屋)대학의 오보카타(小保方) 등의 연구결과에 의해 실마리가 제공되었다. 아무래도 엽록체 유전자는 언제나 핵으로 들어 갈 필요가 없게 되면 버려진다. 이러한 과정에 도태압을 빠져나가 선별된 유전자가 핵 코드 유전자로 정착하고 있는 것 같다(그림 10-3). 염색체의 동원체 주변에는 이렇게 새로 들어온 외래 유전자가 염라대왕의 탁선을 기다리는 것처럼 다수 존재한다. 혀를 뽑히고 지옥으로 가던지, 아니면 천국

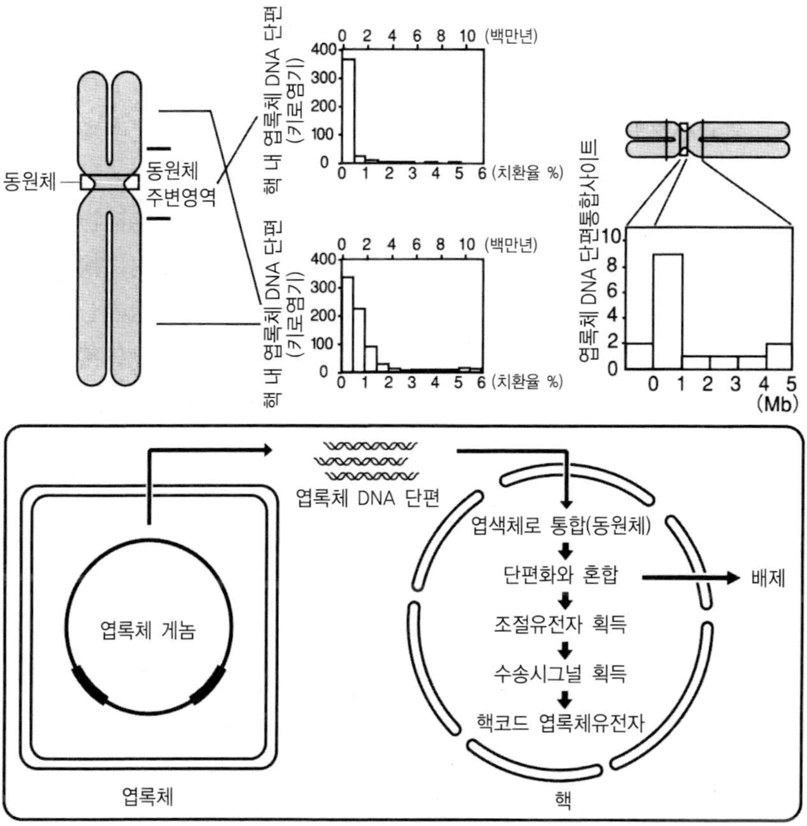

그림 10-3. 엽록체로부터 핵으로 유전자 수평이동의 구조. 핵에는 엽록체 게놈 단편이 다수 존재한다. 염기배열 비교에서 어느 시대에 각 단편이 핵으로 이동하였는지를 추정할 수 있다. 엽록체 게놈 단편은 엽색체 동원체 부근에 들어온 다음에 급속하게 단편화 되면서 염색체 앞부분으로 옮겨간다. 즉 엽색체 수평이동은 계속적으로 발생하고 있다. 그런 중에 조절유전자와 수송펩티드를 획득하면 이동이 완결된다(Matuo *et al.*, 2005를 기본으로 그림).

으로 가는 표를 받는 것이 탁선인 것이다. 채택된 유전자는 분단화 되어 염색체 전체로 확산되는 과정에서 전사 조절인자를 획득하게 된다. 진핵생물은 탄생 이래 20억년 동안 외래 유전자를 핵 속으로 받아 들여, 그 이용가치를 평가하는 작업을 계속하고 있는 것이다. 진핵생물의 염색체라는 것은 이런 정도의 강력한 능력을 가지고 있다는 것이 엿볼 수 있는 대목이다. 진핵화라는 것에는 지금까지 알려져 있는 것보다도 더 많은 비밀이 숨겨져 있는 것 같다.

4. 엽록체 분열장치

남조를 엽록체로 회유한 것은 증식과 유전구조를 지배하는 것이다. 남조의 분열구조가 엽록체에서 무언인가에 유지되어, 무언인가로 재편되는 것일까? 이것은 엽록체 성립을 이해하는데 매우 중요하다. 엽록체 조상인 남조와 같은 그룹의 원핵세포에서 세포를 분열할 때에 FtsZ라는 단백질이 세포를 잘록하게 동여매여 자르는 고리로 사용한다(Fts는 대장균 분열에서 세포가 잘록해지지 않은 온도감수성 돌연변이체(filamentous temperature sensivive)를 말한다). 엽록체는 이러한 구조가 크게 재편되어 있다.

세포 분열장치의 연구는 1986년 온천홍조(*Cyanidium caldarium*, 권두사진 9-8)에서 색소체 분열고리(PD 고리, plastid dividing ring)의 발견을 시작으로 토쿄(Tokyo)대학의 구로이와(黑岩, 현재 立教大學 소속) 등의 그룹에서 정열적으로 진행되었다. 제1장에서 설명한 온천홍조인 *Cyanidioschyzon merolae*(권두사진 9-9, 10)를 이용한 일연의 연구에 의해 엽록체 분열에 대한 이해가 크게 진전되었다.

원생생물에는 FtsZ가 세포막 안쪽에 출현하여 분열 고리를 만든다. FtsZ 유전자는 식물에도 계승되어 있으며, 엽록체 분열에 앞서 FtsZ 고리가 엽록체 내막의 안쪽에 출현한다. FtsZ 고리가 엽록체 분열면을 결정하는 것 같다. 이후 엽록체 외막의 바깥쪽, 내막의 안쪽, 그리고 외막과 내막 사이 등 3개 장소에 색소체 분열 고리(PD 고리)가 출현하여, 수축하는 것으로 잘록하게 된다(그림 10-4 및 그림 10-5). 더욱 PD 고리가 수축하는 시기에 디나민(dynamin)이라는 단백질이 세포질 쪽에 출현하여 엽록체를 최종적으로 짜르는 역할을 한다. 디나민은 소포를 형성할 때 소포제와 골지체에서 소포를 잘록하게 하는 진핵세포 특유의 단백질로 알려진다. 그런데 이 단백질이 엽록체 분열에 동원되고 있다는 것이다. 엽록체 분열은 원핵세포의 FtsZ 고리에 진핵세포의 특징적인 PD 고리와 디나민을 더한 것으로서 분열이라는 기본적인 구조를 재편하는 것으로서 핵이 남조를 억제하기 위한 과정을 엿볼 수 있다. 엽록체 분열

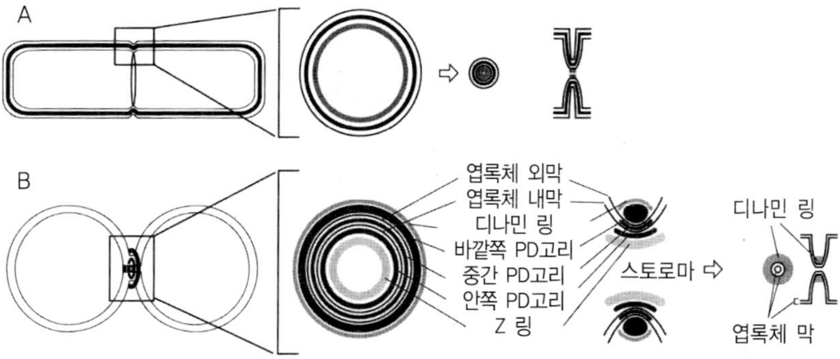

그림 10-4. 진정세균(A)과 엽록체(B)의 분열장치. 엽록체에는 세균과 같이 FtsZ 이외에 3개의 PD고리가 채용되어 있다. 최종적으로 디나민이 바깥쪽 PD고리가 안쪽으로 잠입하여 엽록체를 잘록하게 자른다(Miyagishima *et al.*, 2003을 기본으로 그림).

장치에 관한 연구는 구로이와(2000)에 의해 상세하면서도 정열적으로 설명되어 있다. 연구자의 자서전적인 체재로 쓰여져 있기에, 앞으로 연구자를 목표로 하는 학생들에게는 한번 읽어 볼 것을 적극 추천한다(Miyagishima *et al.*, 2003의 총설도 참조)

이것과 관련하여 미토콘드리아 분열 고리에 대해서도 조금 설명하여 둔다. 미토콘드리아 분열 고리(MD 고리)도 구로이와 등에 의해 역시 *Cyanidioschyzon*에서 발견되었다. 엽록체와 마찬가지로 이중막 안쪽과 바깥쪽에 고리가 출현하여 바깥쪽 고리가 수축하면서 굵어져서 미토콘드리아를 잘록하게 자른다. FtsZ도 *Cyanidioschyzon*에 의해 스트로마 쪽에 출현하는 것이 밝혀졌다. 이 FtsZ는 엽록체와는 달리 미토콘드리아 기원인 α-프로테오박테리아와 근연인 것으로부터 엽록체도 미토콘드리아도 FtsZ는 각각의 조상에게서 물려받았다는 것을 알 수 있다. 이러한 결과로부터 진핵생물은 미토콘드리아를 회유할 때와 같은 전략으로 엽록체를 획득한 경위를 엿볼 수 있다. 세포내 소기관 분열기구의 발명은 엽록체는 물론, 진핵생물 자체의 진화에 커다란 역할을 하고 있었음에 틀림이 없다. 흥미로운 것은 미토콘드리아 FtsZ가 발견된 것은 *Cyanidioschyzon* 이외에 부등편모식물인 *Mallomonas* 뿐이다. 동물이나 육상식물 그리고 균류에서는 아직 유전자조차도 발견되어 있지 않다. 게놈으로 보면 유전자 자체가 존재하지 않는 것 같다. 이들 생물의 미토콘드리아 분열에는

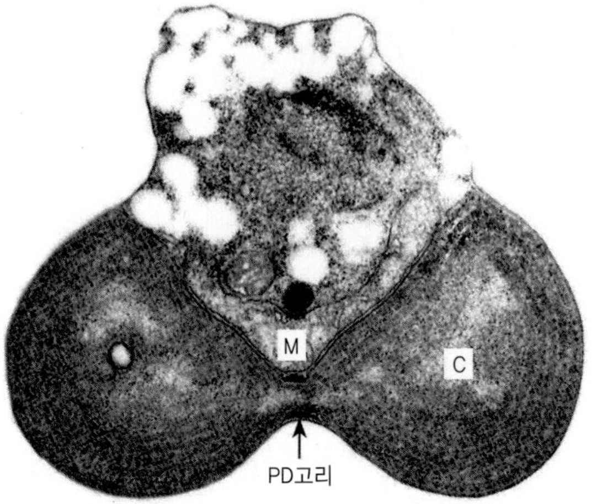

그림 10-5. *Cyanidioschyzon* 엽색체와 미토콘드리아 분열상. PD고리와 MD고리에 의해 잘록해져 있다. 권두사진 9-10에 대응하고 있다. C: 엽록체, M: 미토콘드리아(사진제공, 黑岩常祥).

디나민이 관여하고 있다는 것이 점차 분명해지고 있지만 상세한 것은 아직 명확하게 밝혀져 있지 않다.

5. 엽록체의 유전

남조가 엽록체가 되는 것은 유전이라는 점에서 어떠한 문제가 있는 것일까? 엽록체와 미토콘드리아는 자기증식을 하는 세포기관으로 공생설의 중요한 근거이다. 양쪽 모두 이분열에 의해 증식하여 다음세대로 전달된다. 전달이라는 점에서 보면 무성생식에 의한 클론 생산이다. 집단유전학에 의하면 무성생식(asexual reproduction)을 반복하는 집단에는 유해한 돌연변이가 급속하게 축적된다. 이것을 멀러의 깔축톱(Muller's Ratchet)이라고 한다. 깔축톱이란 한 방향으로만 회전하여 반대 방향으로 회전하는 것을 방지하는 갈퀴가 붙어 있는 톱니바퀴를 나타낸다. 즉 깔축톱은 거꾸로 회전하는 것이 불가능하여 피할 수 없는 숙명을 의미한다. 엽록체가 세포 속에서 자립한 공생체로 존재하다면 이러한 유해돌연변이 축적이라는 깔축톱이 한 방향으로만 회전하는 것에서 피할 수 없게 된다. 무성생식이란 유해돌연변의 축적에서 피하는 수단이 유성생식(sexual reproduction)이다. 유성생식에 의한 유전적 재편성은 유해유전자 축적을 막기 위해 진화한 생물기능이다. 엽록체를 가지는 많은 진핵생물은 유성생식을 하기 때문에 엽록체 유전자 대부분이 핵으로 이동되어 있다는 것이 이러한 점에서 커다란 의미를 가진다. 숙주의 유성생식을 통하여 엽록체는 실질적으로 유전자를 재편성하는 것이다. 엽록체는 숙주의 세포 속에서 예속적 위치에 만족하고 있지만, 보는 방향을 바꾸면 숙주의 유성생식시스템을 사용하여 유전적 재편성을 지속하는 것으로서 죽음의 깔죽톱 톱니를 피하여 번영을 지속하고 있다고도 할 수 있다.

그러나 엽록체에 남겨진 유전자에서는 멀러의 깔축톱 문제가 해소되지 않는다. 그럼 무엇 때문에 엽록체는 유전자를 남겨두고 있는 것일까? 잘 알려진 것처럼 엽록체와 미토콘드리아는 세포질 유전(cytoplasmic inheritance)을 한다. 대부분은 모성유전을 하지만 부성유전도 알려지며 얼마 안 되지만 일부에

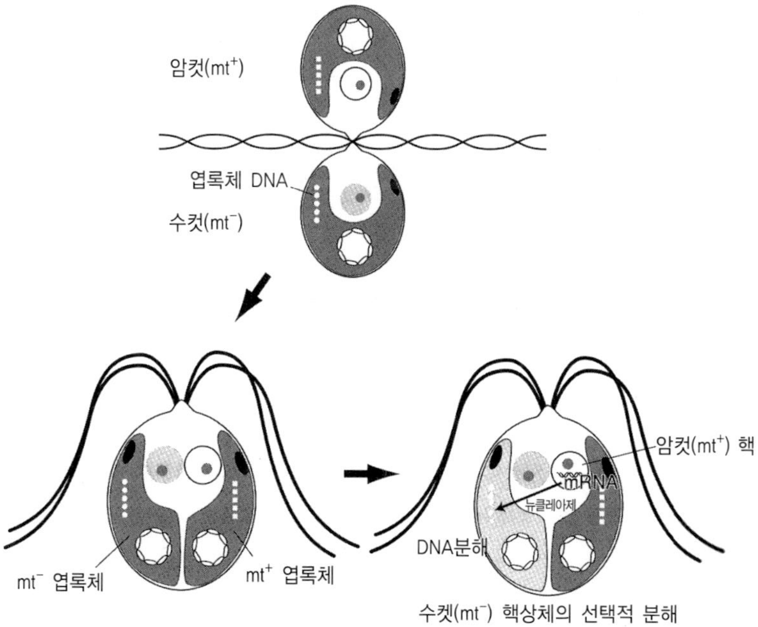

그림 10-6. 엽록체의 편친유전. mt^{+} 핵에서 뉴클레아제가 만들어져, 이것이 mt^{-} 엽록체 DNA를 분해한다(黒岩, 2000을 기본으로 그림).

서는 양성유전도 알려진다. 그림 10-6은 클라미도모나스에서 밝혀진 모성유전 과정이다. 모성유전의 분자 메카니즘에 대한 많은 결과는 구로이와(黑岩) 등의 연구그룹에 의한 결과가 기여한 바가 크다. 식물은 유성생식을 통하여 적극적으로 엽록체를 편친유래의 것에 한정하고 있는 것이다. 문제는 왜 엽록체는 자신들 유전자를 엽록체 속에 남겨 모성유전을 하는 것인가? 에 대한 것이다. 미토콘드리아에서도 상황은 마찬가지이다. 이러한 의문에 대한 답은 매우 어렵지만 성의 기원과 관련하는 것으로 흥미롭다. 토킨스(C.R. Dawkins)에 의하면 유전자는 이기적이면서 자신을 남기기 위하여 항상 경쟁을 한다. 세포소기관(organelle) 유전자도 이기적이고 양성유전은 양친으로부터 물려받은 유전자 사이에서 경쟁이 발생하여 자손의 생존을 위협할 수도 있다. 이러한 경쟁이 일어나지 않게 하는 방법이 편친유전이다. 이 부분은 가와노(河野, 1999)가 기생생물의 존재나 이기적 유전자와 관련하여 흥미로운 설명을 있기에 참고하기 바란다.

광합성 장치로서 엽록체 구성을 유전자의 핵 지배라는 점에서 보면 흥미로운 점이 있다. 주요 광반응 모듈인 광화학계 I 과 II, 사이토크롬(cytochrome) b_6/f 복합체, 그리고 ATP 합성효소의 중심부 단백질을 코드 하는 대부분 유전자는 엽록체 게놈에 코드 되어 있으며 각각 주변부 단백질 유전자는 핵으로 이동하고 있다(그림 10-7). 이러한 핵으로 유전자가 이동하는 것은 양파껍질을 한개씩 벗기는 것처럼 주변부에서 중심부로 향하여 순차적으로 진행되고 있을 가능성을 시사하고 있다. 멀러의 깔축톱 틀에서 벗어나는 것은 중요한 유전자로부터 순서로 핵으로 이동하는 것으로 생각되지만 어쩌면 그렇지 않

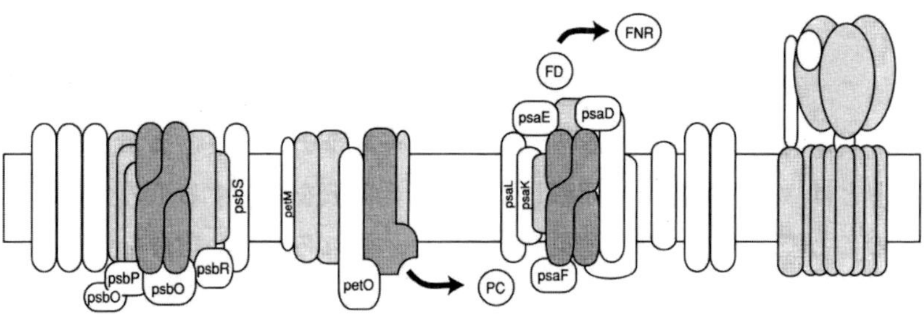

그림 10-7. 광합성의 주요 모듈구성과 핵. 엽록체 게놈 지배의 관계. 흰 사각형의 단백질은 핵 코드. 회색은 엽록체 코드이다(小保方, 2002에서 그림).

을 수도 있는 것 같다. 주요 유전자가 어떻게 멀러의 깔축톱 틀을 벗어나고 있는 것일까? 이러한 의문을 포함하여 엽록체의 핵 지배 문제를 명확하게 해결되기까지는 아직도 당분간 시간을 필요로 할 것이다.

6. 사자의 꿈

여하튼 남조는 많은 허들을 넘고서 세포소기관인 엽록체로 정착하였다. 이후 광합성 장치를 세포시스템으로 도입한 진핵조류가 등장하면서 생물진화는 새롭게 진일보한 걸음을 내딛을 수 있게 되었다. 제 I 부에서 살펴 본 것처럼 진핵조류의 다양성은 우리의 상상을 초월한다. 결국 남조가 엽록체로 성립되면서 새로운 진핵조류의 진화가 시작되었다고 할 수 있는 것이다.

제9장과 제10장에서는 진핵생물의 성립이라는 생명진화의 일대사건과 엽록체 획득이라는 진화과정은 어떻게 진행되었던 것인가에 대하여 살펴보았다. 식물이라는 새로운 생물에 대한 서식방법의 출현은 지구 생태계에서 새로운 먹이사슬을 만들어 내었다. 이로서 생태계 구성과 생물다양성을 실현하는 원동력이 구비되었다고 할 수 있다. 종속영양에서 독립영양으로 진화는 기초생산자로서 광합성 생물을 탄생시켜, 생태계가 크게 변화하게 되었다는 점에서 진핵생물 진화의 또 다른 하나의 대사건임에 틀림이 없다. 한 세기전인 1905년 러시아 카잔(Kazan)대학의 식물학자 메레쉬코브스키(K. Mereschkowsky)는 엽록체의 공생설을 제창한 역사적 논문을 사자와 팜 나무를 대비한 다음의 문장으로 매듭짓고 있다. 지구에 식물의 출현에 대한 본질을 멋있게 표현하는 문장이다. 이 러시아 논문의 영문 번역 문장을 인용하는 것으로서 제10장 진핵조류의 탄생에 대해 매듭을 짓는다.

> Let us imagine a palm tree, growing peacefully near a spring and a lion, hiding in the brush nearby, all of its muscles taut, with bloodthirsty eyes, prepared to jump upon an antelope and to strangle it. The symbiotic theory, and it alone, lays hare the deepest mysteries of this scene, unravels and illuminates the fundamental principle that could bring forth two such utterly different entitles as a palm tree and a lion. The palm behaves so peacefully, so passively, because it

is a symbiosis, because it contains a plethora of little workers, green slaves (chromatophores*) that work for it and nourish it. The lion must nourish itself.

Let us imagine each cell of the lion filled with chromatophores, and I have no doubt that it would immediately lie down peacefully next to the palm, felling full, or needing at most some water with mineral salts.

* 색소체로서 엽록체를 나타냄

(Martin and Kowallik, 1999에 의한 영어번역에서 인용)

제11장

조류의 분류와 생활사

이 장에서는 조류의 분류에 대하여 정리하기로 하자. 다음 장부터는 여러 가지 조류의 분류군이 어떠한 과정을 걸쳐서 현재의 구성을 하게 되었는지에 대하여 설명한다. 때문에 이 장에서 현존하는 조류 분류군 사이에 서로 다른 점을 확실하게 하여둘 필요성이 있기 때문에 분류에 대한 기본적인 설명은 절대적으로 필요하다. 조류의 분류에는 광합성 색소나 엽록체뿐만 아니라 세포구조도 매우 중요하기에 이들을 포함하여 정리한 결과, 현재 조류는 10개의 식물문으로 매듭되어 있다. 이 책에서는 분류군마다의 특징을 설명하는 것이 아니라, 다채로운 형질의 다양성이라는 점을 중점적으로 설명한다.

조류에 대한 내용을 잘 모르는 사람들은 식물이라고 하면 육상식물만을 가리키게 된다. 육상식물에서도 이끼와 고사리 등은 상대 하지 않는다. 아열대나 열대에서 광활한 삼림을 형성하는 침엽수는 겉씨식물이지만 우리 문화에 깊게 스며들어 있는 소나무와 봄 풍물시의 소재가 되고 있는 화분증(pollinosis)인 삼나무를 제외하면 식물로서 머리에 떠오르는 것은 거의 없을 것이다. 식물 연구자조차도 많은 경우 식물=속씨식물(꽃을 피우는 식물)인 것이다. 독자들에게는 이미 분명하게 이끼에서 속씨식물을 포함한 육상식물은 녹색해조와 담수인 호소의 미세녹조를 포함하여 녹색식물(Viridiplantae, L: *viridis* 녹색)이라는 거대한 계통군의 일부라는 것을 설명하였다. 실험적으로 이끼와 속씨식물(예로서 듀립과 민들레)의 세포를 현미경으로 관찰하여 비교해 보면 좋다. 전자현미경으로 보면 더욱 확실하지만 기본적 구성은 거의

표 11-1. 조류의 분류표

<table>
<tr><th>분류군(식물문) / 형질</th><th>남조식물문
(시아노박테리아)
CYANOPHYTA
(CYANOBACTERIA)</th><th>홍조식물문
RHODOPHYTA</th><th>회조식물문
GLAUCOPHYTA</th><th>녹색식물문
CHLOROPHYTA</th><th>은편모식물문
CRYPTOPHYTA</th></tr>
<tr><td>진핵·원핵 구분</td><td>원핵</td><td colspan="4">진핵</td></tr>
<tr><td>소속하는 진핵생물 슈퍼그룹</td><td></td><td colspan="3">식물(협의, 일차식물)</td><td>불명</td></tr>
<tr><td>상정되는 공생과 공생주</td><td>일차공생의 공생주</td><td colspan="3">일차공생·남조(시아노박테리아)</td><td>이차공생 ·홍조</td></tr>
<tr><td>미토콘드리 아크리스테</td><td>없음</td><td colspan="4">판(板)상</td></tr>
<tr><td>광 반응 중심</td><td colspan="5">엽록소 a</td></tr>
<tr><td>주요 안테나색소계</td><td colspan="3">피코빌린 (phycobillin)
(피코빌리솜, phycobillisome)으로 통합)</td><td>엽록소 b
β-카로틴
(carotene)</td><td>피코빌린(피코빌리솜 없음),
엽록소 c</td></tr>
<tr><td>엽록체 포막</td><td>세포막과 외막</td><td>2장</td><td colspan="2">2장</td><td>4장</td></tr>
<tr><td>nucleomorph</td><td colspan="3">없음 (nucleomorph = nucleo (핵) + morph (형태)</td><td></td><td>있음</td></tr>
<tr><td>틸라코이드</td><td colspan="3">1중</td><td>다중</td><td>2중</td></tr>
<tr><td>광합성 저장물질</td><td>α-1.4 남조전분</td><td>α-1.4 홍조전분</td><td>α-1.4</td><td colspan="2">α-1.4 전분</td></tr>
<tr><td>편모</td><td>없음</td><td>없음
생활사 전체를 통해 중심자, 기저소체, 편모가 없음.</td><td>비관상 깃털형
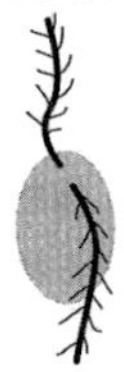</td><td>채찍형
담록조류는 편모 인편을 가짐.
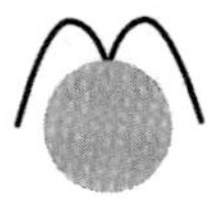</td><td>관상 깃털형 + 관상 편깃털형
</td></tr>
<tr><td>대표적인 세포외피</td><td>세포막과 외막사이에 펩티드크리칸층, 외막 밖에 다당 시즈를 가짐.</td><td>세포벽
(셀룰로스, cellulose)</td><td>세포벽 및 암피에스마 같은 구조</td><td>세포벽
(셀룰로스, cellulose)
유기질 인편</td><td>페리프라스트
(세포막 아래를 지탱하는 구조)</td></tr>
<tr><td>기타 특기할 만한 특징</td><td>엽록소 b를 가진 원핵녹조, 엽록소 d를 가진 *Acaryochloria*를 포함. 원핵녹조 *Prochlorococcus*는 엽록소 a 대신에 DVchl a를 가짐.</td><td>대부분 다세포 체제인 해조로서 체제나 생활사가 복잡하게 분화됨. 원시적인 그룹으로서 단세포 홍조군이 있음.</td><td>이 분류군의 엽록체는 2중막 사이에 펩티드크리카층을 가지기 때문에 종종 남조의 공생체가 되어 시아넬라라고 불림.</td><td>육상식물은 차축조에서 출현한 계통군. 유기질 인편을 가진 그룹은 원시적인 녹색식물군인 담록조류강으로 정리됨.</td><td>피코빌린은 틸라코이드 안쪽에 제한적으로 존재함. 엽록소 a와 피코빌린을 함께 가지는 유일의 조류군임.</td></tr>
</table>

부등편모식물문 (황색식물문) HETEROKONTOPHYTA	착편모식물문 HAPTOPHYAT	와편모식물문 DINOPHYTA	클로라라크니오 식물문 CHLORARACHNIO- PHYTA	유글레나식물문 EUGLENOPHYTA
진핵				
storamenophile	불명	alveorata	리자리아 (Cercozoa)	반상크리스테류 (유글레노조아)
이차공생·홍조			이차공생·녹조	
관(管)상				반(盤)상(부채형)
엽록소 a				
후코키산틴	19' 헥키사노이루, 오키시후코, 키산틴	페리디닌(peridinin)	엽록소 b· β-카로틴	
엽록소 c				
4장		3장	4장	3장
없음			있음	없음
3중 (thylakoid)				
β-1.3		α-1.4	β-1.3 ?	β-1.3 파라미론
관상 깃털형 + 채찍형 	채찍형 + 착편모조네마 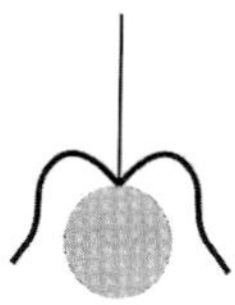	비관상 양깃털형 (횡편모) 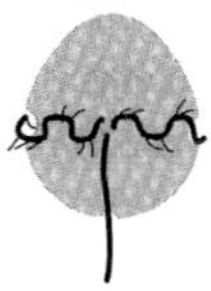	비관상형 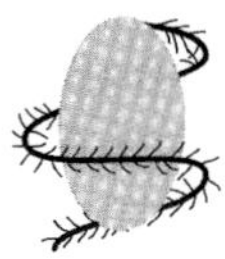	비관상 편깃털형 파라키시알롯도를 가짐. 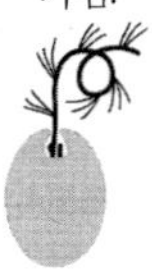
세포벽 (셀룰로스) 규산질	유기인편 석회질	암피에스마 (세포막 밑의 소포에 셀룰로스의 판이 있음)	아메바상과 세포벽을 가진 상이 있음.	페리큘 (단백질)
식물플랑크톤의 다수의 계통군과 갈조류를 포함. 가장 다양한 조류군. 갈조류는 다세포로서 체제와 생활사가 복잡하게 분화됨.	편모사이에 착편모를 가짐. 착편모는 착편모조 특유의 세포기관으로 구조도 기능도 편모와는 다름. 탄산칼슘의 각을 가진 그룹은 인편모조로서 통합됨.	히스톤 H1이 없고, 염색체는 세포주기를 통하여 응집함. 대략 절반은 엽록체가 없어 종속영양을 함. 생활양식이 다양, 한편으로 3차공생기원의 엽록체를 가진 종이 있음.	엽록체의 기원생물은 녹조계열로 추정되고 있음.	엽록체를 갖지 않는 흡수영양이나 섭식에 의해 생식하는 많은 종이 포함. 반상 그리스테류는 더욱 거대한 그룹으로서 엑스케베이트류로 통합됨.

동일하다. 볼복스나 뗏목말과 민들레를 비교하여도 세포수준에서 유사성을 명확하게 알 수 있다. 다소 다른 점에 대해서 의미를 부여할 필요성은 거의 없다. 동일 분류군에 속하는 생물 사이의 세포구조는 거의 같다고 할 수 있다. 기본적인 세포구조는 매우 보수적이고 안정화 되어 있다. 즉 다양한 조류군 사이의 세포구조에서는 분명한 차이가 존재한다고 할 수 있다. 때문에 이러한 차이를 사용하여 생물을 문이나 강 등 고차의 분류계급 단계에서 충분하게 구분이 가능하다. 조류의 기본적인 분류는 세포수준에서 관찰되는 성질의 차이에 기준을 두고 구축되었다. 다음은 조류의 중요한 분류형질을 설명하여 둔다. 표 11-1를 참고하면서 내용을 읽게 되면 훨씬 이해하기가 쉬울 것이다.

1. 광합성 색소

가. 색소에 의한 분류

조류에는 색상을 이용하여 붙여진 이름의 분류군이 많다. 해조를 조체가 가지는 다양한 색상을 이용한 명명은 1836년 아일랜드 더블린대학의 하베이(W.H. Harvey)가 해조는 매우 다양한 색으로 표현되고 있는 것에 주목하여 녹색해조를 Chlorospermae(Gk: *sperma*~의 종), 검게 보이는 해조를 Melanospermae(Gk: *melas* 검은), 홍색으로 보이는 해조를 Rhodospermae(Gk: *rhodon* 장미)라는 등의 이름을 붙인 것으로부터 시작되었다. 이 당시에는 이들 해조의 색상 차이가 광합성 색소조성의 차이에서 오는 것이라는 것을 이해하지 못하는 시기였다. 색은 형태와 마찬가지로 해조분류를 위한 하나의 분류형질일 뿐이지만, 현재 관찰되는 조류의 다양성을 대변한다. 앞에서 설명한 것처럼 1836년은 사카모도욘마(坂本龍馬)[9]가 탄생하였고, 데비 크로켓(David Crockett)이 알라모에서 전투하고 있었으며, 긴 항해를 끝내고 비

[9] 일본에서 막부(장군정치)가 무너지고 신정부가 들어서던 근대 격변기에 활동하였던 정치가이다. 20대 중반 막부 토벌 운동의 양대 축이었던 사쓰마 번과 조슈 번의 동맹(삿조동맹)을 성사시켜 막부 타도의 계기를 마련하는데 결정적 역할을 하였다. 일본 메이지유신과 근대 국가건설을 위한 계획 도중 33세의 젊은 나이에 암살당하였다.

글호가 귀항한 해이다. 한편 린네가 생물분류에 대한 기초를 구축한 것은 1730~50년대이다. 린네의 주요한 저서인 "자연의 체계(Systema Naturae: 식물, 동물, 광물계를 처음으로 인식한 11쪽의 책자이다)" 제1판이 1735년에, "식물의 속 (Genera Plantarum)"이 1737년에, 그리고 "식물의 종(Species Plantarum)" 제1판이 1753년에 출판되었다. 이와 같이 조류에 관한 학문적인 출발은 꽃이 피는 식물(현화식물: 속씨식물과 겉씨식물을 포함)에 비해 100년이나 늦게 시작된 것이 된다. 추가적으로 "식물의 종"에서 채용된 식물은 24강으로 분류되었다. 이 중 1~23강이 속씨식물 분류에 할당되었고, 나머지 1강인 24강에 꽃이 피지 않은 모든 식물이 통합되어 있다. 이렇게 꽃이 피지 않는 식물은 최근까지 "은화식물(cryptogamic plants)"이라는 매우 불분명한 이름으로 불려졌다. 은화식물 속에는 이끼, 양치식물, 균류 그리고 모든 조류가 포함된다. 이들 은화식물과 함께 *Chara*(현재의 차축조속, 나무모양의 체제를 가진), *Ulva*(막상의 조류, 현재의 갈파래강), *Fucus*(육상의 두꺼운 조류, 현재의 갈조 푸쿠스속) 및 *Conferva*(실모양의 조류, 1963년 van den Hoek가 대마디말속(*Cladophora rupestris*)으로 이동하였다. 현재는 사용하지 않는다)의 4속이 게재되어 있을 뿐이다. 볼복스(*Volvox*)가 등장하는 것은 1758년 "Systema Naturae 제10판"에서 zoophyte(동물의 성질을 가진 식물)로서 등장한다. 덧붙여서 이 제10판에서 처음으로 사람을 *Homo sapiens* L이라는 학명으로 기재하여(L은 린네를 의미) 영장류의 한 종으로 인식하였다. 이러한 인식수준의 격차는 학명이 시작 되고서 1세기 늦은 것으로 지금도 "은화식물"은 일반사회에서도 연구의 세계에서도 매우 은신의 폭이 적어서 시민권을 간단하게 얻지 못하는 실정이다. 꽃이 피지 않은 식물에게 이러한 대접을 받을 아무런 죄가 없다. 여하튼 색상의 차이로 조류를 인식하고, 이름을 붙이는 것은 이해하기 쉽다는 이유로 널리 보급되었고, 현재에도 주요한 조류군 이름에는 색의 관을 쓰고 있다. 이러한 색을 이용한 조류의 분류는 생물의 자연분류(계통관계를 반영한 분류)에 매우 가깝다고 할 수 있을 것이다.

나. 엽록소의 다양성

엽록소(chlorophyll, chl, Gk: *chloros* 녹색, *phyllon* 잎)는 산소발생형 광합성

생물을 특징을 표현하는 색소이다. 남조세포와 모든 진핵조류 엽록체에 존재하는 엽록소 분자는 대부분 빛에너지의 흡수 및 전달에 이용된다. 엽록소의 수천분에 1에 해당하는 엽록소 페어(chlorophyll pair)만이 광화학계의 반응중심에 사용된다. 엽록소에는 *a, b,* c_1, c_2, c_3 및 *d*가 알려진다. 이 중 엽록소 *a*는 모든 조류에 존재하는 주요색소(제8장)로서 반응중심 색소를 구성한다. 더욱이 엽록소 *a*는 β 카로틴과 함께 코어안테나(core antenna)를 구성한다. 이는 남조와 모든 진핵조류에서 보편적으로 관찰되는 내용이다. 그러나 유일한 예외적인 사례로서 미야시타(宮下) 등에 의해 발견된 원핵조류 *Acaryochloria marina*(그림 1-1)가 있다. 이 원핵조류는 엽록소 *a, d*를 가지며, 피코빌린단백질의 흔적이 발견되는 등 색소 입장에서 보면 매우 괴짜적인 특성을 나타낸다. 또한 이 종은 광화학계I의 반응중심(PSIRC)이 엽록소 *a*가 아닌 엽록소 *d*로 구성되어 있다. 이 원핵조류가 발견되기 이전까지는 모든 산소발생형 광합성의 반응중심 색소는 엽록소 *a*라는 것은 당연한 것으로서 받아드려졌다. 그러나 이 원핵조류의 발견으로 광합성에 대한 교과서 내용에 크나큰 변경의 압박을 받게 되었다(제1장).

엽록소 *d*는 원래 1943년에 Manning과 Strain에 의해 홍조에서 발견된 색소로서 이전 교과서에는 홍조에 존재하는 것으로 기록되어 있다. 그렇지만 엽록소 *d*는 색소추출 과정에서 생성되는 인위적인 부산물로서 자연환경에는 존재하지 않은 것으로 생각되어 언제부터인가 광합성 색소 목록에서 제외되었다. *Acaryochloris*가 발견되기까지 반세기 동안 존재가치를 잃고 있었던 신비의 엽록소이다. 극히 최근 부챗살(*Ahnfeltiopsis flabelliformis*), 볏붉은잎(*Callophyllis japonica*), *Carpopeltis prolifera* 등의 홍조 표면에 엽록소 *d*를 가진 *Acaryochloris*가 착생하고 있는 것이 무라가미(村上) 등에 의해 보고되었다. 이러한 발견이 의미는 Manning과 Strain의 엽록소 *d*를 가진 홍조는 엽록소 *d*를 가진 남조가 착생된 홍조 조체를 분석하였을 가능성이 높다는 것이다. 엽록소 *d* 발견자로서 명예가 보기 좋게 회복된 것이 된다.

진핵조류 엽록소가 *a, b, c*로 다양하다는 것은 예로부터 잘 알려져 있었고, 남조는 엽록소 *a*만을 가진다는 것은 상식이었다. 그러나 1970년대에 들어서면 사정은 크게 변하게 된다. 엽록소 *a*와 엽록소 *b*를 가진 *Prochloron* 등 일련이 원핵녹조의 발견에서부터, 계속하여 엽록소 *d*를 가진 *Acaryochloris*가 발견된 것이다. 즉 예전과는 달리 원핵조류에도 놀라울 정도의 엽록소 다양성이 존재하다는 것이 확인되었다(그림 1-3).

원핵녹조의 인식은 1975년에 군체 멍게(권두사진 1-10)에 공생하는 엽록소 *b*를 가진 원핵조류 *Prochloron didemni*(권두사진 1-11)의 발견에서 시작되었다. 이후 1986년에 *Prochlorothrix hollandica*가 발견되었고, 1988년에는 *Prochlorococcus marinus*가 발견되어, 원핵조류에 엽록소 *a*와 *b*를 가진 그룹이 새롭게 인식되었다. *Prochlorococcus*(권두사진 1-12)는 크기가 1.2~1.6μm 정도의 매우 작은 피코플랑크톤으로 바다의 유광층 임계수심 부근에 우점하는 원핵조류이다. 원핵조류라고 하지만 엄밀하게 말하면 이 조류는 엽록소 *a*를 가지지 않는다. 대신에 디비닐-엽록소 *a*(DVchl. *a*, divinyl-chlorophylls *a*, 엽록소 *a*의 8위 에틸기가 비닐기로 치환된 것)를 대량으로 포함한다. 엽록소 *a*가 없는 유일한 산소발생형 광합성 생물이다. 더욱이 깊은 바다에 서식하는 *Prochlorococcus*의 일부 종에는 피코에리트린도 존재한다. 이러한 점은 다른 원핵녹조와 다른 특성이라 할 수 있다.

원핵조류 엽록소에서 관찰되는 다양성을 분류학에서는 어떻게 취급해야 할 것인가? 명확하게 차이가 있는 3개의 원핵조류 그룹이 있다. 일반적으로 남조(시아노박테리아), 원핵녹조 그리고 *Acaryochloris*는 엽록소 조성 수준에서 차이를 보인다. 이러한 차이는 문 단계의 분류형질로 이용하여도 문제가 없을 것이다. 사실 원핵조류는 원핵녹색식물문(Prochlorophyta)로 분류하기도 한다. 그러나 계통수에서는 원핵녹조의 3속 3종과 *Acaryochloris*는 모두 남조 계통수 속에 분산하여 출현한다(그림 1-3). 이러한 내용으로부터 이들 괴짜 원핵조류는 남조 속에서 특수한 진화과정을 걸친 것임을 알 수 있다. 원핵녹조 3속은 남조계통 속에서 3개의 다른 계통으로 출현하기 때문에 각각의 계통에서 엽록소 *b*를 획득하였고 동시에 피코빌린색소를 상실하게 된 것으로 해석할 수 있다.

그러나 1999년에 *Prochlorothrix*의 엽록소 *a* 산화효소(CAO, chlorophyll *a* oxygenase, 엽록소 *a*를 산화하여 엽록소 *b*를 합성한다) 유전자가 녹색식물의 CAO와 같다는 것이 확인되었다. 이 결과로 남조의 조상은 엽록소 *a, b*와 피

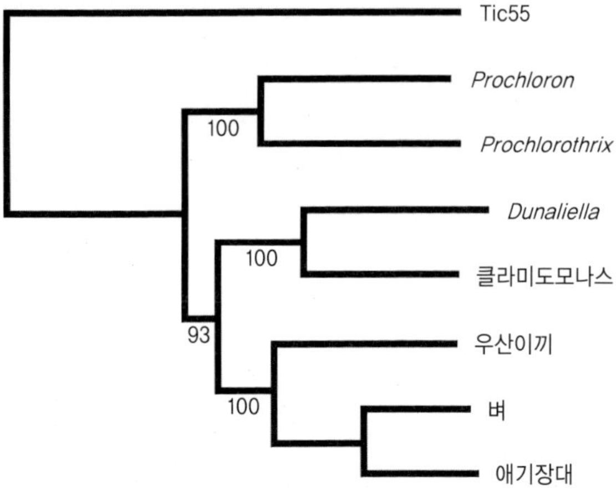

그림 11-1. 엽록소 *b* 합성효소(엽록소 *a* 산화효소, CAO)의 아미노산 배열에 분자계통수. 원핵녹조 *Prochloron*과 *Prochlorothrix*가 녹색식물과 자매군이 된다(Tomitani *et al.*, 1999를 기본으로 그림).

코빌린색소를 가졌었다는 것을 주장하게 되었다(그림 11-1). 즉 남조의 진화과정에서 대부분 계통은 엽록소 *b*를 상실하였고, 원핵녹조는 피코빌린색소를 소실하게 되었다는 시나리오가 성립된다. 그러나 이러한 주장은 매우 돌발적인 것으로 아직 신뢰하기 어렵다. 원핵녹조와 기타 남조가 분명하게 두개의 그룹으로 나누어진다면, 이 시나리오의 가능성도 충분한 설득력을 가지게 된다. 그러나 원핵조류는 여러 계통으로 남조의 계통에서 분산하여 출현한다. 때문에 다수의 계통에서 엽록소 *b* 소실이 독립으로 발생하였다고 가정하는 것이 옳을 것이다(그림 11-1). 또 *Prochlococcus*는 전체 게놈이 결정되어 있지만, 어떤 일인지 녹색식물이나 *Prochloron, Prochlorothrix*와 같은 CAO는 아직 결정된 것이 없는 것 같다. 현시점에서 이러한 문제에 대한 결정적인 답은 도출되어 있지 않다. 남조의 다양한 계통에서 CAO 흔적을 확인하는 등 다양한 검증이 필요하다. 아직 해결되지 않은 문제는 원핵조류 엽록소 다양성은 광합성 진화와 이해에 새로운 관점을 필요로 한다고 할 수 있다.

2. 안테나 색소계

엽록소 *a*만으로는 가시광선에서 녹색 파장역의 빛을 이용할 수 없다(녹색 틈새, 제8장). 육상식물은 엽록소 *a*와 *b*에서 빨강과 파란빛을 흡수하여 광합성에 필요한 빛을 얻기 때문에 녹색틈새가 다소 메꾸어지고는 있지만 녹색 빛은 거의 이용되지 않는다(그림 11-7). 육상은 모든 가시광선 파장의 빛이 일반적으로 존재하기 때문에 이렇더라도 문제는 없다. 오히려 흡수한 빛에너지가 너무 크기 때문에 광합성 장치에 피해를 입히는 것이 문제가 되어, 이에 대한 대책이 이루어지고 있을 정도이다(나중에 설명). 그러나 물속에 서식하는 조류는 사정이 크게 다르다. 빛은 물속으로 입사되면 급속하게 감쇠되어 색 환경이 변하기 때문에 얼마나 효율적으로 빛을 포착할 수 있는가? 라는 방안을 필요로 한다. 조류의 안테나색소는 이러한 환경에 멋있게 적응한다(그림 11-7). 키워드는 청록색 빛의 포착이다.

물속은 청록의 세계이다. 빛이 물속으로 입사하면 가시광선파장에서 장파장인 빨강색 빛은 급속하게 흡수되어 감쇠되기에 수 m 수심에서 제로가 된다(그림 11-2). 계속하여 주황색, 노랑색의 빛도 대부분 흡수되어 사라진다. 한편으로 단파장인 자외선이나 보라색도 물속에 흡수되어 최종적으로는 청색과

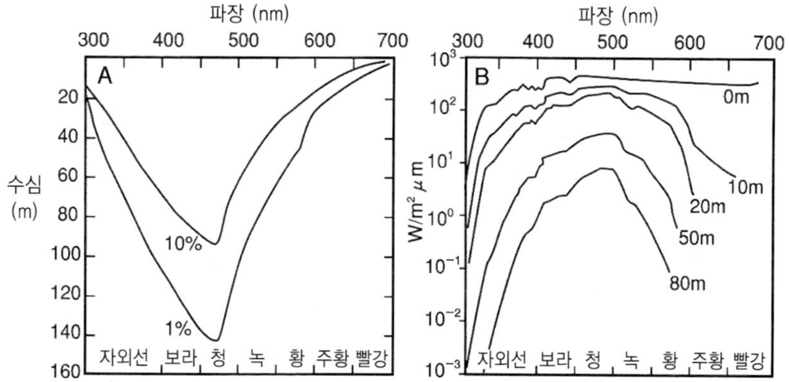

그림 11-2. 수중의 빛 환경. A: 맑은 해수에서 빛 투과율, 장파장인 빨강, 주황 빛, 단파장인 자외선과 보라색 빛은 급속하게 흡수되어 청녹색 빛이 수중에 우점한다(Lalli and Persons, 2005 생물해양학 입문에서 그림. B: 수심에 따른 빛 에너지 변화(中島, 2000을 기본으로 그림).

녹색 빛만 남게 된다. 산호초해역과 같이 부유현탁물질이 많지 않은 맑은 해역에서는 녹색 빛마저도 흡수되어 최후에 청색 빛만 남는다. 때문에 바다는 파란 세계가 만들어 진다. 그러나 연안에는 육상에서 유입되는 부유현탁물질이나 해수에 서식하는 식물플랑크톤 양에 의해 빛이 흡수되기 때문에 녹색 빛보다도 청색 빛이 먼저 흡수된다. 우리나라 남해 내만해역이 녹색으로 보이는 것은 이러한 이유 때문이다. 때문에 바다에서는 청색과 녹색 빛 이외의 다양한 색의 빛을 이용하는 수심의 얕은 곳에 많은 해조와 식물플랑크톤이 대량으로 서식한다. 조류가 "녹색틈새"를 메우는 구조로 발전된 것은 진화적인 필연이라 할 수 있다.

가. 어두운 태양의 파리독스

이야기 진행에서 한참 동떨어진 내용이지만, 우주의 항성과 혹성은 성간물질이 인력에 의해 응집되는 것으로 탄생하고 있다. 회전하는 원반 중심부에서 가스가 압축되어 수소의 핵융합반응이 시작되는 것에서 빛이 발생된다. 천문학에서 태양과 같은 수준의 질량을 가지면서 연령이 1,000만년 정도인 젊은 원반상 항성을 황소자리 T 타우리형별(TTS, T Tauri stars)이라고 한다. T 타우리형별 관측으로 초기 태양의 자외선 방사량은 현재 태양 보다 약 10,000배 정도가 높았을 것으로 추정하고 있다. 한편 TTS는 주계열별이 되지 못하였기 때문에 광도는 매우 낮다(그림 11-3).

물론 38억년 이전의 태양은 주계열에 도달하였지만, TTS 성질이 짙게 남아 있었기에 강렬한 자외선을 방출하였다. 원시지구는 강렬한 자외선에 노출된 상태에서 옅은 어두운 빨강색 계통의 빛 속에 떠있었다. 현재의 지구알베도(반사율: 이 경우는 태양으로부터의 입사에너지와 반사에너지의 비)와 대기성분을 이용하여 계산을 추정한 결과, 지구역사 전반의 평균기온은 빙점이하인 영하를 나타내어야 한다. 그러나 38억년 이전 지구에는 액체인 물이 존재하여 생명이 탄생한 것으로 판단된다(제7장). 태양진화와 화석기록에서의 어긋남을 "어두운 태양의 파라독스"라 부른다. 이 모순은 이산화탄소 등 온실효과가스의 농도가 현재보다 100~1000배 높았었기 때문에 지구 전체가 동결되는 것을 피할 수 있어 물의 혹성으로 존재하는 것으로 설명된다. 여기서 강조

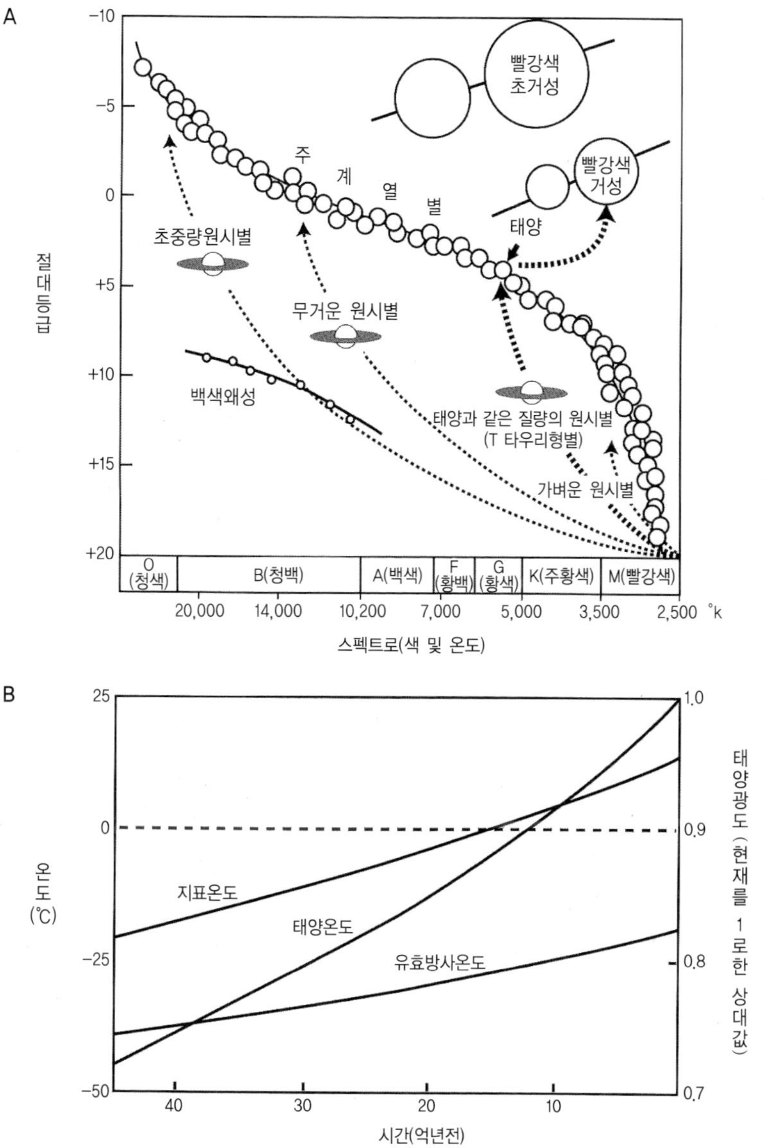

그림 11-3. A: 태양계의 탄생을 별의 진화도(HR도) 속에 그려 넣은 것. 태양 정도 질량의 별은 점차적으로 발광하면서 G형 항성으로 주계열로 들어있다. 50억년 후에는 적색 거성으로서 일생을 끝낸다. 현재 태양은 장년기에 있다. 덧붙여서 주계열별은 Oh! Be A Fine Girl Kiss Me를 생각하게 한다. B: 어두운 태양의 파라독스를 나타낸 태양광도와 지표온도의 변화(中島, 2000을 기본으로 그림).

하고 싶은 것은 지구역사 전반은 어둡고, 한편으로는 강렬한 자외선에 노출되었다는 것이다. 태양광이 현재의 90%에 도달한 것은 아마도 10억년 이전으로 추정된다. 자외선이 강하기 때문에 육상은 물론, 바다에도 10m 수심까지는 생물이 서식할 수 없었던 시대가 오랜 기간 지속되었을 것으로 생각할 수 있는 부분이다. 앞에서 살펴 본 것처럼 현재의 태양광에서도 10m 이하의 바다 속은 청록의 세상이다. 당시 지구에 생물생존이 가능했던 바다 수심은 인간의 눈으로는 암흑에 가까운 수심대가 되지 않았을까? 조류는 그러한 환경에 약하게 입사된 청록색 빛을 포착하여 생활을 할 수 있는 구조로 진화된 것으로 생각할 수 있다.

나. "녹색틈새"를 메꾸다: 피코빌린 색소단백질과 LHC

광반응의 반응중심과 코어안테나는 조류진화 과정에서 거의 변하지 않았다는 것은 제8장에서 설명하였다. 코어안테나는 엽록소 *a*와 β 카로틴으로 구성되어 있다. 광합성 색소의 다양화는 주변안테나(peripheral antenna)에 현저하게 나타난다. 주변안테나는 최초로 빛을 받는 코어안테나에 에너지를 전달하는 부분이다. 조류는 주변안테나에 녹색틈새를 메꾸는 다양한 색소를 배치하는 것으로 청록 빛이 우점하는 환경에 적응할 수 있도록 실현하였던 것이다. 분류군에 따라 주변안테나 색소가 다르게 나타난다. 각 계통은 독자의 안테나색소를 획득하여 현재에 이르고 있는 것이다. 색의 차이를 기준으로 조류를 분류하는 것은 안테나색소의 진화를 반영한 것이라 할 수 있다. 1830년 하베이(W.H. Harvey)가 조체의 색과 분류군 관계를 간파한 것은 혜안이라고 할 수 있다. 빨강, 갈색(차색), 녹색이라는 3가지 색은 안테나색소(antenna pigment)에서 살펴보면 피코빌린 형, 엽록소 *a/c* 형 및 크산토필 형과 엽록소 *a/b* 형으로도 구분할 수가 있다. 안테나를 구성하는 주요한 색소를 그림 11-4에 표시하였다.

안테나색소는 에너지를 효율적으로 전달하기 위하여 특정 공간배치가 필요하였다. 단백질이 그러한 역할을 하였기에 안테나색소 분자는 단백질복합체로 존재한다. 따라서 조류의 다양성을 관찰하기 위해서는 색소와 함께 안테나를 구성하는 단백질에도 눈을 돌릴 필요가 있다. 안테나색소 단백질은 두

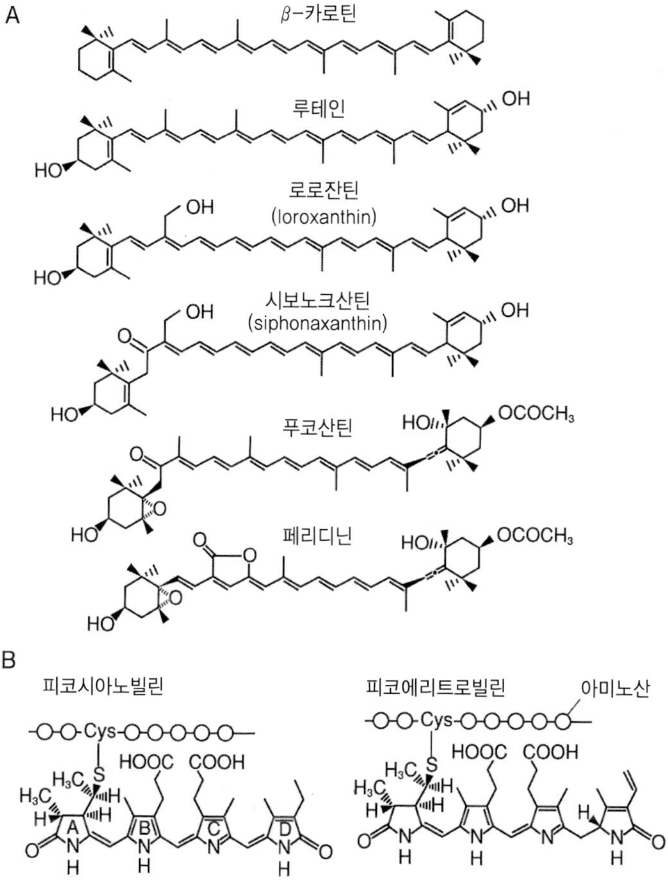

그림 11-4. 여러 가지 광합성 색소. A: 카로티노이드와 에스텔인크산토필. B: 피코빌린 색소단백질을 구성하는 주요 색소.

종류로 나누어진다. 피코빌린단백질과 집광성색소단백질복합체(LHC, light harvesting complex, 그림 11-5)이다.

피코빌린 단백질은 미오글로빈(myoglobin)이나 헤모글로빈(hamoglobin, 효소의 운반 및 저장에 관여하는 단백질) 등과 같은 글로빈단백질로서 미오글로빈이나 헤모글로빈에서 철이 결합하는 색소결합부위(도메인)에 빌린색소(bilin pigments, 그림 11-5)를 결합한다. 이 유닉한 안테나색소계는 남조가 산소발생형 광합성으로 진화할 때에 엽록소 *a*와 함께 획득한 것이지만, 남조

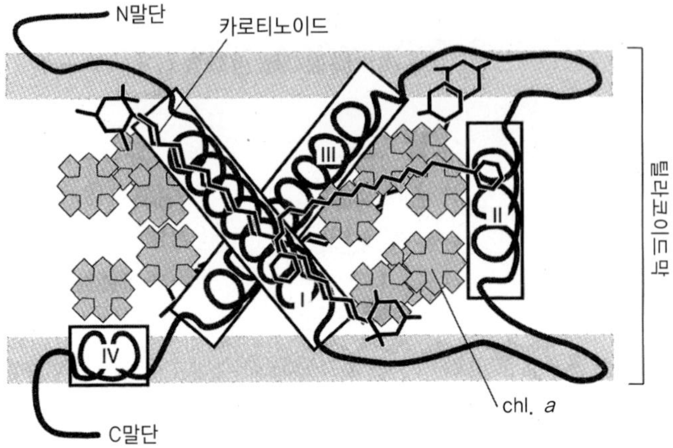

그림 11-5. LHC 구조와 틸라코이드막에서 배치. Ⅰ~Ⅳ는 α 나선(helix)

가 광화학계 구조를 리쿠르트한 α-프로테오박테리아에서는 관찰되지 않는다. 피코빌린 단백질 기원은 지금도 수수께끼로 남아 있다(제8장). 피코빌린형 안테나는 거의 남조 광화학계 Ⅱ의 주변안테나로서 사용된다. 이러한 성질은 진핵조류에는 가장 초기에 분기한 것으로 생각되는 회조식물과 홍색식물 그리고 홍조와 근연의 엽록체를 가진 은편모조로 계승되었다. 그러나 다른 진핵조류의 광화학계 Ⅱ의 주변안테나에는 또 하나의 안테나색소 단백질인 LHC로 대체되어 있다.

LHC 단백질은 막을 관통하는 3개의 α 나선(α helix)을 가진 주변안테나 색소단백질로(그림 11-5) 엽록소나 카로티노이드와 함께 진핵조류 안테나를 구성한다. 남조에는 존재하지 않으며, 홍조식물 PSI의 안테나로 처음 등장하였다(그림 11-6). 남조에서 홍조로(즉 원핵조류에서 진핵조류로) 광화학계의 진화에 있어 최대의 변화는 LHC를 획득한 것이다. LHC 단백질은 엽록소 *a/b*(CAB) 단백질이라는 다중 유전자패밀리의 다수 동족체 단백질로서 여러 가지로 변화되는 과정을 통해 모든 진핵조류의 빛 포착계로 계승되었다(그림 11-6). LHC 단백질의 기원은 분명하지 않지만, 스트레스에 의해 유도된 남조의 HLIP(high light-induced protein)라는 단백질에 영양염이나 금속 결핍과 빛 스트레스가 도퇴압으로 작용하여 HLIP 중복과 융합에 의해 LHC로 진화

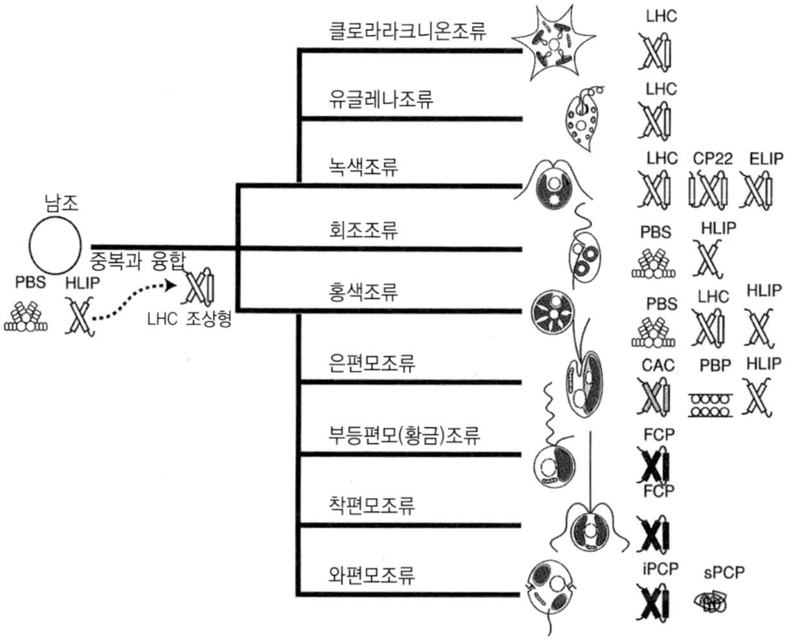

그림 11-6. 남조에는 강한 빛에서 유도되는 HLIP가 존재한다. 이 중복과 융합에 의해 LHC 조상형이 탄생하였다고 생각된다. 이후 각각의 분류군에 다양한 LHC가 분화하였다. CAC: chl. *a/c* binding protein, ELIP: early light-induced proteins. FCP: fucoxanthin-chl proteins, HLIP: high light-induced proteins, PCP: intrinsic peridinin-chl. proteins, PBP: phycobilin proteins, sPCP: soluble peridinin-chl. proteins(Durnford *et al.*, 1999를 기준으로 그림).

된 것으로 생각되어진다. 광화학계를 구성하는 많은 단백질(CP43, CP47. D1, D2 등)은 모두 막 관통형인 α 나선구조를 가진다. 이들 단백질도 단백질 고차구조의 해석으로 모두 공통조상에 기원을 가지는 것으로 생각된다.

홍조 다음에 분기한 진핵조류에는 LHC 중복이 발생하여 피코빌린색소 단백질을 대신하여 광화학계II(PS II)에도 LHC가 주변안테나로 사용되었다. 많은 진핵조류는 PS II의 LHC 단백질을 공유하면서 편입되는 색소를 다양하게 변화시켜 독특한 PS II 주변안테나계를 만들어 내었다. 엽록소 *c* 및 크산토필형, 엽록소 *b* 형의 안테나가 이에 해당한다. 다음에는 녹색틈새를 메꾸는 다양한 안테나 색소계를 살펴보자.

다. 피코빌린형 안테나

남조와 회조, 홍조식물의 PS II의 안테나 색소계는 피코빌린 색소단백질로 구성된다. 피코빌린 색소에는 많은 종류가 있지만 크게 빨강색의 피코에리트린(phycoerythrin)과 청색의 피코시아닌(phycocyanin)으로 나누어진다. 피코빌린색소 단백질은 수용성이기 때문에 엽록소나 카로티노이드와 같이 틸라코이드막으로 구축된다. 피코빌리솜(phycobilisome)은 수용성 단백질 화합체를 틸라코이드막 표면에 배치한다. 에너지 순위가 낮은 쪽에서부터 알로피코시아닌(allophycocyanin)를 코어로 피코시아닌, 피코에리트린의 순으로 정렬된다(그림 8-15). 빛 에너지는 피코에리트린에서 피코시아닌, 알로피코시아닌을 걸쳐 틸라코이드막의 광화학계II 반응중심(PSRC II)으로 보내져 전자전달계를 구동한다(그림 11-8).

대부분 남조는 빛 환경 변화에 대응하여 피코에리트린과 피코시아닌 양을 변화시킨다. 이것을 보색적응(complementary chromatic adaptation)이라고 하다는 것은 이미 설명하였다(제1장). 남조는 질소가 낮은 배지에서 배양하여도 녹색이 된다. 즉 남조 세포에서 가장 많은 단백질인 피코빌린색소가 분해되어 질소 공급원 역할을 하기 때문이다.

홍조의 색도 다양하다. 단세포 홍조는 권두사진 9에 나타낸 것처럼 청록색에서 빨강색, 회색에 가까운 것까지 다채롭다. 온천홍조인 *Cyanidium*도 *Cyanidioschyzon*과 함께 청록색으로 홍조다운 느낌이 없다. 한편 심해에서 채집되는 홍조는 선명한 빨강색이다(권두사진 2). 이것은 청록색 빛만 도달하는 해저에서 조금의 빛도 놓치지 않게 피코에리트린을 대량으로 만들기 때문이다(그림 11-7).

은편모조는 피코빌린색소와 함께 엽록소 *c*를 가지는 지구상 유일한 조류이다. 피코빌린색소로서 피코에리트린 또는 피코시아닌 둘 중 하나를 가지며, 동일종의 조류에 양쪽 모두의 색소를 가지는 일은 없다. 은편모조의 피코빌린색소는 원래 피코에리트린에서 유래하였지만, *Chromonas*(권두사진 9-13) 등 일부 종에서 청색 색소로 변화하였다. 때문에 은편모조의 피코에리트린은 남조나 홍조와는 기원을 달리한다. 더욱이 은편모조는 피코빌린솜을 생산하지 않는다. 이것은 피코빌린좀과 코어가 되는 알로피코시아닌이 없기 때문이라

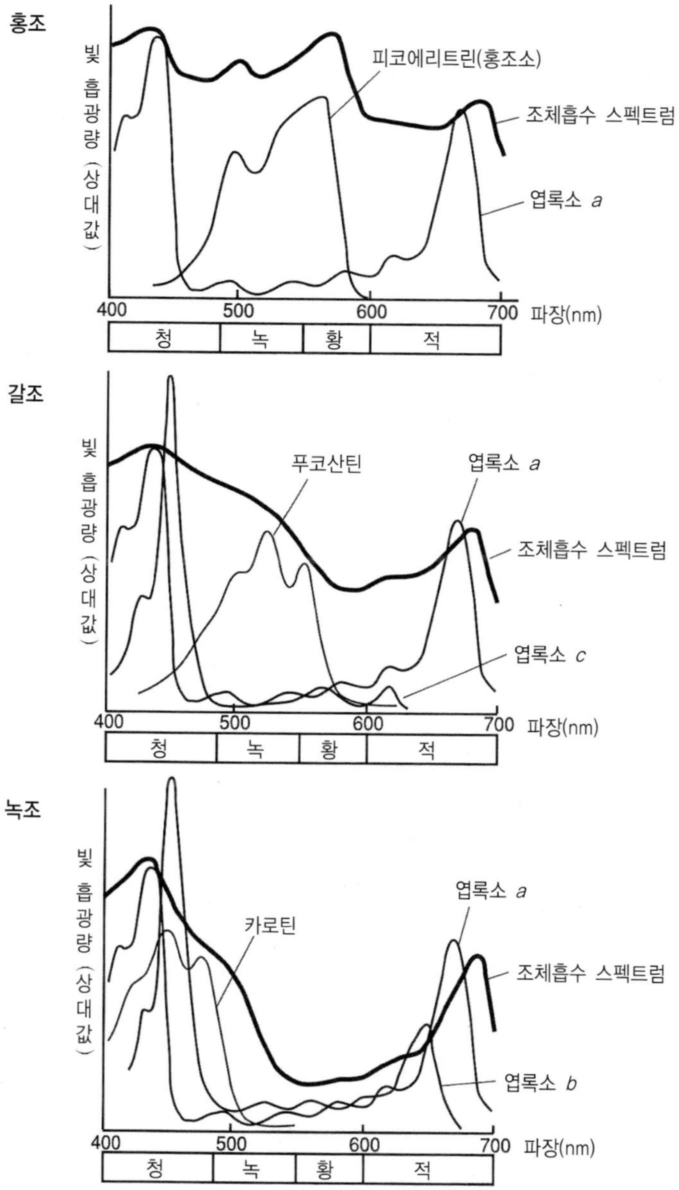

그림 11-7. 홍조, 갈조, 녹조의 주요색소와 조체흡수 스펙트럼.

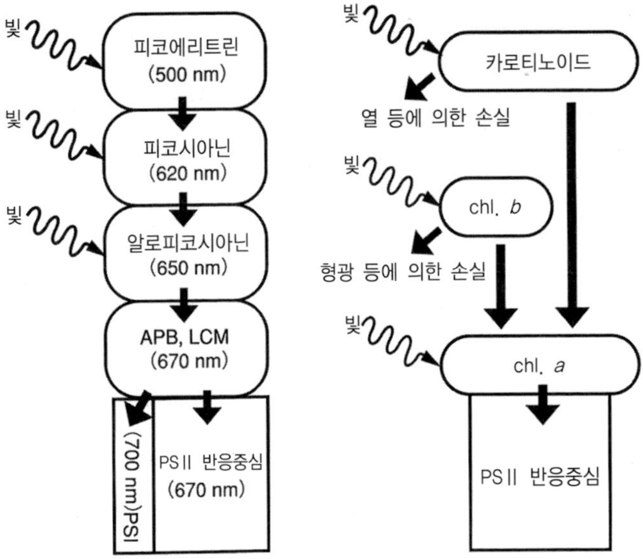

그림 11-8. 안테나색소에서 반응중심으로 에너지흐름.

고 생각된다. 피코빌린색소는 틸라코이드의 내강(內腔, lumen)에도 존재하지만, 어떻게 빛을 포착하는지에 대한 상세한 과정은 아직도 알지 못한다. 은편모조는 엽록소 *c*와 크산토필을 안테나로서 사용하는 조류의 중간계급에 위치한다. 안테나색소계의 진화를 이해하기 위하여 더욱 상세한 연구가 필요한 부분이다.

라. 엽록소 *a/c* 및 크산토필 형 안테나

부등편모(황금)식물, 착편모식물, 그리고 와편모식물에는 엽록소 *c*와 크산토필(xanthophyll, Gk: *xantos* 노랑색, *phyllos* 잎)이 안테나 역할을 한다. 크산토필은 분자 속에 산소를 포함한 카로티노이드이다(그림 11-4). 부등편모식물인 갈조나 규조는 후코산틴(fucoxanthin)이라는 황갈색 색소를 가진다. 이것이 엽록소 *a*와 *c*와 함께 엽록소 *a/c*-후코산틴단백질복합체(FCP, fucoxanthin-chlorophyll *a/c*-protein complex)를 구성한다. 단백질은 CAB 패밀리에 속하는 LHC이다. 후코산틴은 단백질과 결합하여 빛을 흡수하는 최고 파장이 장파장, 즉 빨강색 빛 쪽으로 편향된다(그림 11-7). 즉 색소를 추출하면 오렌지색이지만, 조체 속에서는 빨강 색소로 존재하는 것이다. 갈색 미역을 뜨거운 물에 넣으면 한 순간에 녹색으로 변색된다(권두사진 5-8). 이런한 변화는 FCP가 붕괴되어 후코산틴의 빛 흡수가 빨강색대에서 오랜지색으로 변화되는 과정에 숨겨져 있던 엽록소 색이 출현하기 때문이다. 즉, 미역이나 규조가 갈색으로 보이는 것은 엽록소 *a, c*의 녹색과 FCP의 빨강색이 중첩되고 있기 때문이다. 다시마나 미역이 10m 정도의 수심에서 해중림(바다숲)을 형성하는 것은 FCP가 녹색틈새를 메꾸어 청록색 광을 흡수할 수 있기 때문이다.

착편모식물은 후코산틴과 그의 파생화합물인 19′ 헥사노일·옥시후쿠산틴(19′ hexanoyl·oxyfucoxanthin)을 가진다. 아마도 같은 안테나계가 기능하는 것으로 생각되지만, 아직 상세한 것은 알지 못한다.

와편모식물은 여러 가지 점에서 독특한 조류로 안테나색소에서도 예외가 아니다. 후코산틴이 없는 대신에 페리디닌(peridinin)이라는 색소를 가진다. 이 페리디닌이 크산토필과 같은 역할을 한다(그림 6-4). 후코산틴도 페리디닌도 케토기(keto group)를 가지는 크산토필로서 케토기의 부가로 안테나색소로서 기능 효율을 높이는 것으로 생각된다(그림 11-4). 페리디닌도 엽록소와 결합하여 페리디닌-엽록소-단백질복합체(PCP, peridinin - chlorophyll *a/c*-protein complex)를 형성한다. 이것이 안테나로서 빛 환경 변화에 대응하는 것이다. 와편모조에는 안테나복합체가 두 종류 있다. 하나는 막에 편입되어 있는 엽록소 *a*, c_2-페리디닌 단백질(iPCP, i는 membrane-intrinsic 막내에 존재하는 성질)이다. iPCP는 홍조 유래의 CAB패밀리에 속하는 단백질로서 부등편모식물(갈조나 규조)의 FCP와 유사하고, 계통적으로도 관계있는 것으로 생각된다. 또 다른 하나는 수용성으로 틸라코이드막 내강에 존재하는 엽록소 *a*-페리디닌단백질(sPCP, s는 water-soluble 수용성)이다. 이 단백질은 피코빌린단백질을 포함하여 어떠한 조류의 색소단백질과도 관련성이 인정되지 않은 수수께끼 단백질이다. sPCP는 피코빌린단백질 이외에는 유일한 수용성 색소단백질로서 수많은 와편모조의 미스터리 중 하나이다.

마. 엽록소 *a/b*형 안테나

녹색조류가 녹색으로 보이는 것은 녹색 빛을 흡수하지 않고 반사 또는 투과시키기 때문이다. 즉 녹색틈새가 넓다. 안테나색소는 엽록소 *a*, *b* 이외에 β 카로틴, 루테인이나 비올라크산틴(violaxanthin) 등 카로티노이드가 보조색소로 추가되어 녹색틈새를 조금이라도 메꾸고 있다. 녹색조류에도 바위 그늘이나 10~20m 수심에 서식하는 종이 있다. 바로니아그룹이나 청각(권두사진 4-14~16), 갈파래그룹인 초록갈파래(*Ulva japonica*)는 어두운 암반 그늘이나 깊은 곳에 서식한다. 전형적인 녹조의 안테나색소로는 이러한 장소에 서식할 수 없기 때문에 이들 녹색조류는 녹색틈새를 이용하는 구조를 가지는 것으로 생각된다. 실제 이들 녹색조류에는 청록색 빛을 흡수할 수 있는 사이포네인(siphonein), 시보노크산틴(siphonaxanthin, 그림 11-4) 등 크산토필이 LHC 구조에 들어 있다.

녹색식물은 진화적으로 가장 오래된 진핵조류 중 하나로 선캄브리아대 화석에서 출토된다. 녹색식물 진화는 아마도 아직 오존층이 충분하게 발달되지 않은 바다에서 시작되었던 것이다. 그러나 그 시대의 바다는 아직도 자외선이 수심 10m부근까지 도달하기 때문에 생물의 서식장소는 청록색 빛을 우선하

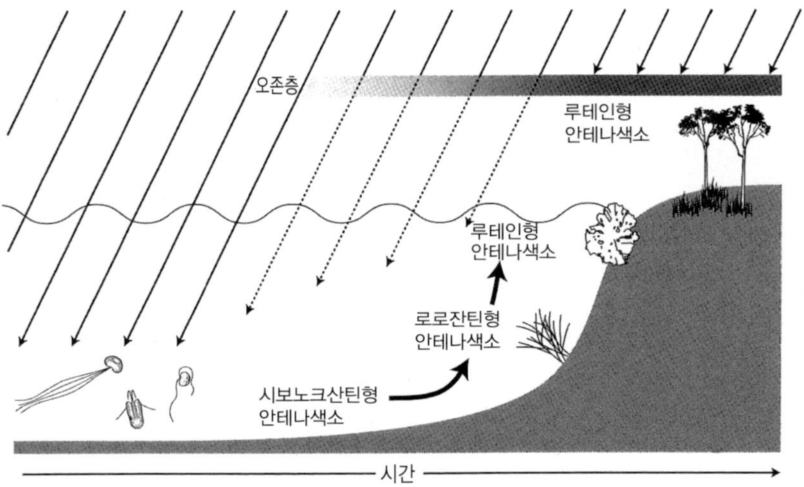

그림 11-9. 녹색식물에서 안테나색소의 진화(吉井幸惠의 원도를 기준으로 그림).

는 파란세계였을 것이다. 남조나 홍조는 피코빌린단백질을 가지기 때문에 이러한 환경에 그다지 역할을 하지 못한다. 녹색틈새의 넓은 녹색식물은 시보노크산틴 등의 색소로서 이런 시대를 인내하면서 진화를 지속하였을 것이다. 가장 원시적인 녹색식물 그룹으로 담록조류(제14장)가 있지만. 지금도 많은 담록조류에 다양한 종류의 시보노크산틴이 존재하고 있어 진화 초기성질의 흔적을 전승하고 있다. 오존층 완성에 따라 깊은 곳에서 얕은 곳으로, 그리고 이어서 육상으로 진출을 시도하는 녹색식물 진화는 안테나색소로 보면, 필요가 없는 청록색 흡수색소 소실과 로로잔틴(loroxanthin)이나 루테인(lutein) 획득으로 진화된 것을 볼 수 있다(그림 11-9).

육상식물이 직면하는 커다란 과제는 너무 강한 빛에 대한 대응이다. PS II가 과잉으로 기능하면 활성산소 발생을 유도하여 광화학장치를 파괴한다. 즉 광 저해(photoinhibition)현상이 발생한다. 육상식물 안테나색소인 카로티노이드는 과잉한 에너지를 열로 방출시키는 역할을 담당한다. LHCII의 제아잔틴(zeaxanthin)은 안테라크산틴(antheraxanthin)을 중간산물로 비올라크산틴의 생성 및 분해 사이클을 반복한다(그림 11-10). 크산토필사이클(또는 제아잔틴사이클)이라는 과정으로 이러한 생성과 분해산물에 의해서 과잉의 에너지가 열로서 방출된다. 불을 끄다. 또는 방전이나 스파크를 멈춘다는 의미의 담금질(quenching)을 실행하는 것이다. 때문에 이것을 소광제(消光劑, quencher)로 표현한다. 흡수한 빛에너지의 50~70%가 이 과정을 통해 열로 방

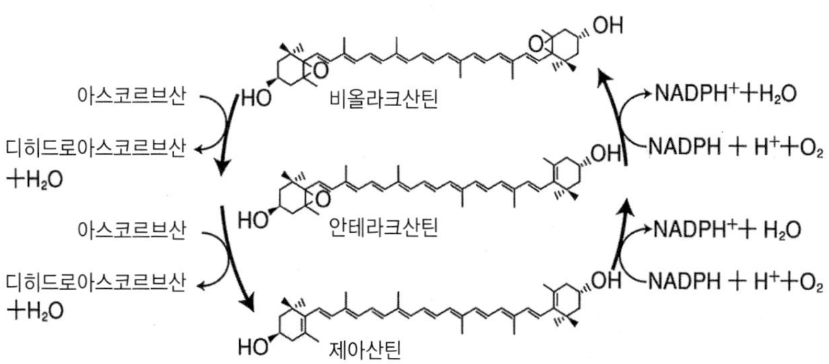

그림 11-10. 크산토필 사이클.

출된다. 이와 같이 녹색식물의 안테나는 진화과정에서 청록색 빛 흡수에서 광저해 회피로 역할을 180도 전환하고 있다.

녹색식물과 거의 같은 색소조성을 가진 조류로 연두발레 등 유글레나식물, 아메바 형태의 구조를 하는 클로라라크니온식물이 있다. 녹색식물과 세포생성과 기능에는 커다란 차이가 있지만, 광합성 안테나라는 점에서는 거의 같다. 양자모두 안테나색소와 그에 관련되는 단백질은 녹색식물에 매우 가깝다.

3. 엽록체

가. 엽록체 구조 및 엽록체포막 토포로지

원핵조류에서 광반응이 진행되는 틸라코이드막은 세포질에 존재하지만, 진핵조류에서는 엽록체(葉綠體, chloroplast) 속에 있다. 엽록체 막은 제2장과 고등학교 생물교과서에도 설명되어 있다. 또 식물은 광합성으로 엽록체 속에 전분을 만든다는 것도 여기저기에 설명되어 있기에 엽록체는 이미 상식이 되어 있다. 그러나 이들 모든 설명은 녹색식물에 대해서는 옳다고 할 수 있지만, 기타 식물 입장에서 보면 옳지 않다. 엽록체 주위의 막은 매우 복잡한 구조를 한다. 막의 토포로지는 조류 분류와 다양성을 생각할 때 가장 중요한 성질 중 하나이다. 토포로지(topology)는 위상기하학을 나타내는 학문 영역이지만, 여기서는 엽록체 바깥쪽을 싸고 있는 막이 몇 장으로 어떻게 둘러싸고 있는가 하는 질적인 차이를 표현하는 용어이다. 주된 광합성색소와 엽록체의 구조 사이를 그림 11-11에 나타내었다. 엽록체를 싸고 있는 막은 2, 3, 4장으로 식물 분류군에 따라 다르게 표현된다. 각각 이유가 있겠지만, 여기서는 사실만을 정리한다(그림 11-11). 9개의 진핵조류 중에 2장의 막으로 둘러싸인 엽록체를 가지는 분류군은 녹색식물 이외에 두개의 분류군에서만 관찰된다. 즉 회조식물과 홍색식물이다. 3장의 막을 가진 조류는 와편모식물와 유글레나식물이다. 그리고 4장의 막을 가진 조류는 은편모식물, 부등편모식물, 착편모식물 그리고 클로라라크니온식물이다.

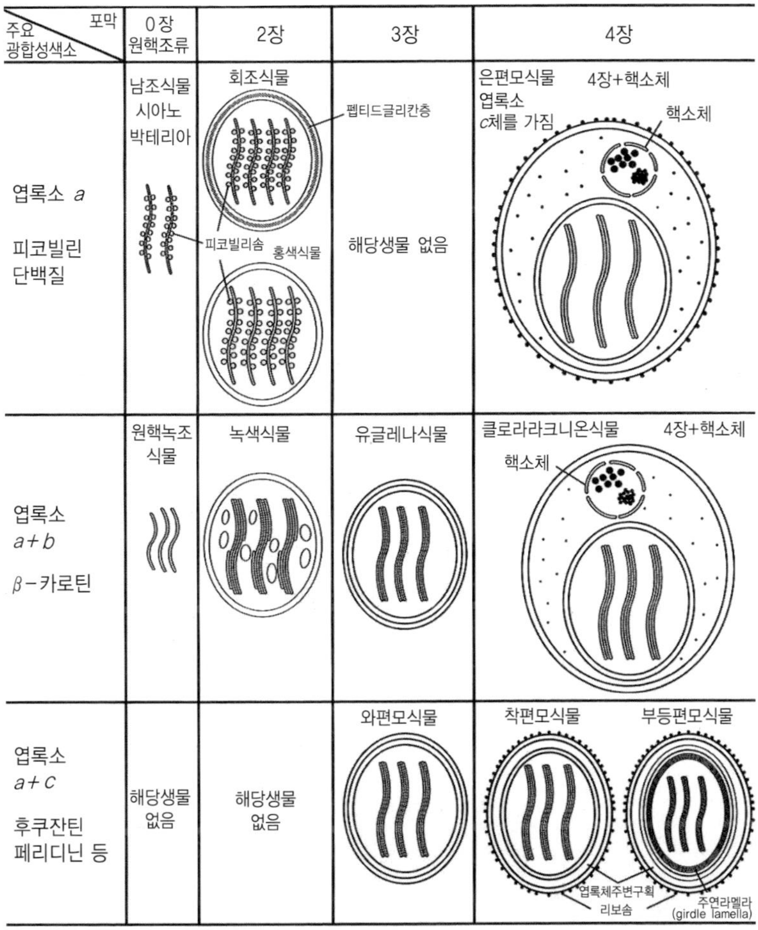

그림 11-11. 엽록체 주요색소와 형태의 다양성. 비교를 위하여 포막 0장으로 남조 및 원핵 녹조를 더하였다.

2장의 포막을 가지는 회조식물 엽록체는 오랜 기간 엽록체가 아니라 공생하는 남조로 생각되었다. 때문에 시아넬라(cyanelle)라고 하였던 것은 앞에서 설명하였다(제3장). 다른 조류의 엽록체에 비하면 회조식물의 "사아넬라"는 선명하게 관찰된다(권두사진 9-1, 2). 전자현미경으로 관찰하면 시아넬라가 단지 엽록체만이 아니라는 것을 일목요연하게 알 수 있다. 2장의 막 사이에 기묘하게 생긴 구조가 관찰된다(그림 11-12 및 그림 11-13). 이것은 펩티드글

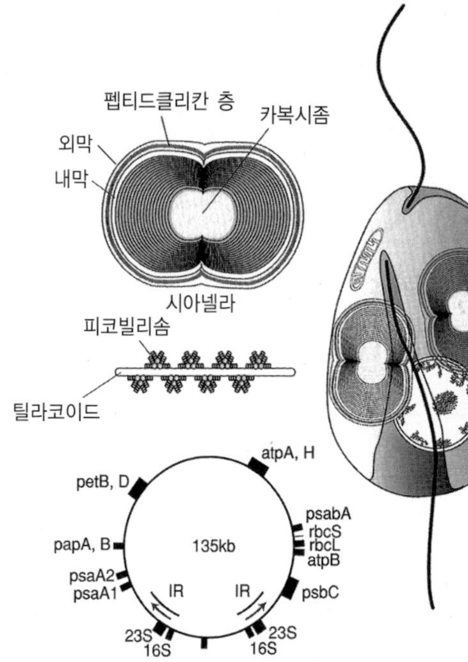

그림 11-12. 회조식물 *Cyanophora pardoxa*의 세포 모식도와 시아넬라 게놈

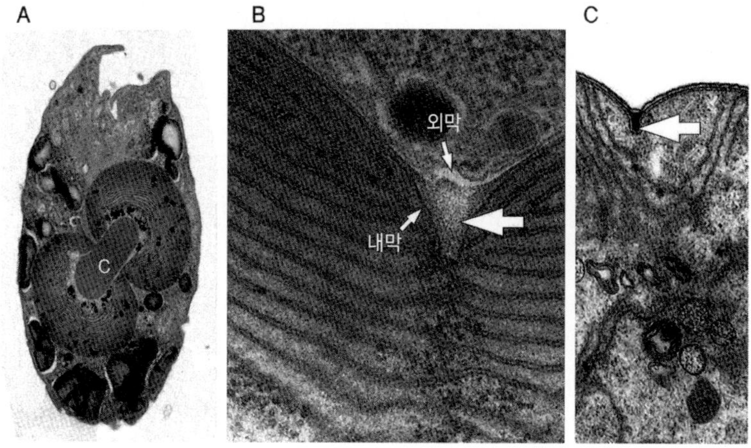

그림 11-13. 회조식물 *Cyanophora pardoxa* 시아넬라와 남조의 형태 비교. A: *Cyanophora* 세포의 전체모양. C는 분열중인 시아넬라. B: 시아넬라 분열 면의 확대, 외막과 내막 사이에 펩티드글리칸 층(진한 화살표)이 보인다. C: 남조의 분열 면, 마찬가지로 펩티드글리칸 층이 보인다.

리칸(peptide glycan = 무레인, murein)으로 그람음성세균의 세포벽과 같은 성분이다(그림 9-10 참조).

남조는 그람음성세균 그룹이지만 2장의 막(외막과 안쪽의 세포막)을 가지며, 2장의 막 사이에 세포벽으로서 펩티드글리칸 층이 있다(그림 11-13). 즉, 회조식물의 시아넬라는 세포 안쪽에 있으면서 남조의 외피와 같은 토포로지를 가진다. 이러한 유사성으로부터 회조식물 엽록체는 남조가 공생하여 세포속에 서식하는 것으로 보여 졌다. 지금도 시아넬라로 많이 표현하고 있다. 그러나 전체 시아넬라의 게놈이 밝혀져서 지금은 "시아넬라"는 남조가 아니라 엽록체로 부르는 것이 바람직하다는 것이 알려져 있다. 시아넬라의 게놈은 *Cyanophora*에서 135 kbp이다. 이것은 남조 *Synechocystis*의 케-놈과 비교하면 1/30정도로 감소되었으며, 많은 진핵식물의 엽록체 게놈 크기 범위에 있다(표 11-2). 이미 설명한 것과 같이 2장의 막은 남조가 가지던 외막과 세포막에서 유래한다(제9장). 마찬가지로 녹색식물과 홍색식물의 엽록체 2중막도 2장 남조의 막에서 유래한다(제10장).

3장의 막을 가진 유글레나식물과 와편모식물의 엽록체는 막이 수가 같은 것 이외에는 유사점이 거의 없다. 광합성 색소도, 저장물질도, 세포형성도 문 수준에서 구별하는 것이 바람직하기에 공통점은 거의 없다. 양자는 본질적으로 관계가 없는 생물이다. 2중막을 가지는 엽록체에 또 한 장 별도의 막이 싸고 있다는 토포로지는 어떠한 의미인가? 다음 장에서 설명한다.

4장의 포막을 가진 엽록체가 되면, 매우 복잡하게 되고 여기에는 몇 개의 서로 다른 유형이 존재한다. 부등편모식물과 착편모식물에서 안쪽의 2장은 엽록체 이중막이다. 그 바깥쪽에 더욱 2장이 막을 싸고 있는 것이다. 이 2장을 일반적으로 엽록체 ER (endoplasmic reticulum, L *reticulum* 그물, 소포체)이라 한다. 엽록체 ER과 엽록체 2중막 사이에는 엽록체주연구획(periplastidal compartment)이라는 틈이 있다. 이 주변구획에 종종 소포가 관찰되지만, 이외에 특별한 구조는 관찰되지 않는다. 가장 바깥 막을 더듬어 가면 핵이 외막에 연결된 것을 알 수 있다. 더욱 주의 깊게 관찰하면 가장 바깥 막 표면에는 리보솜이 부착된 것도 관찰된다(그림 11-11). 리보솜은 단백질 합성장소이기에 여기에는 무엇인가 생물학적 의미가 있을 것이다.

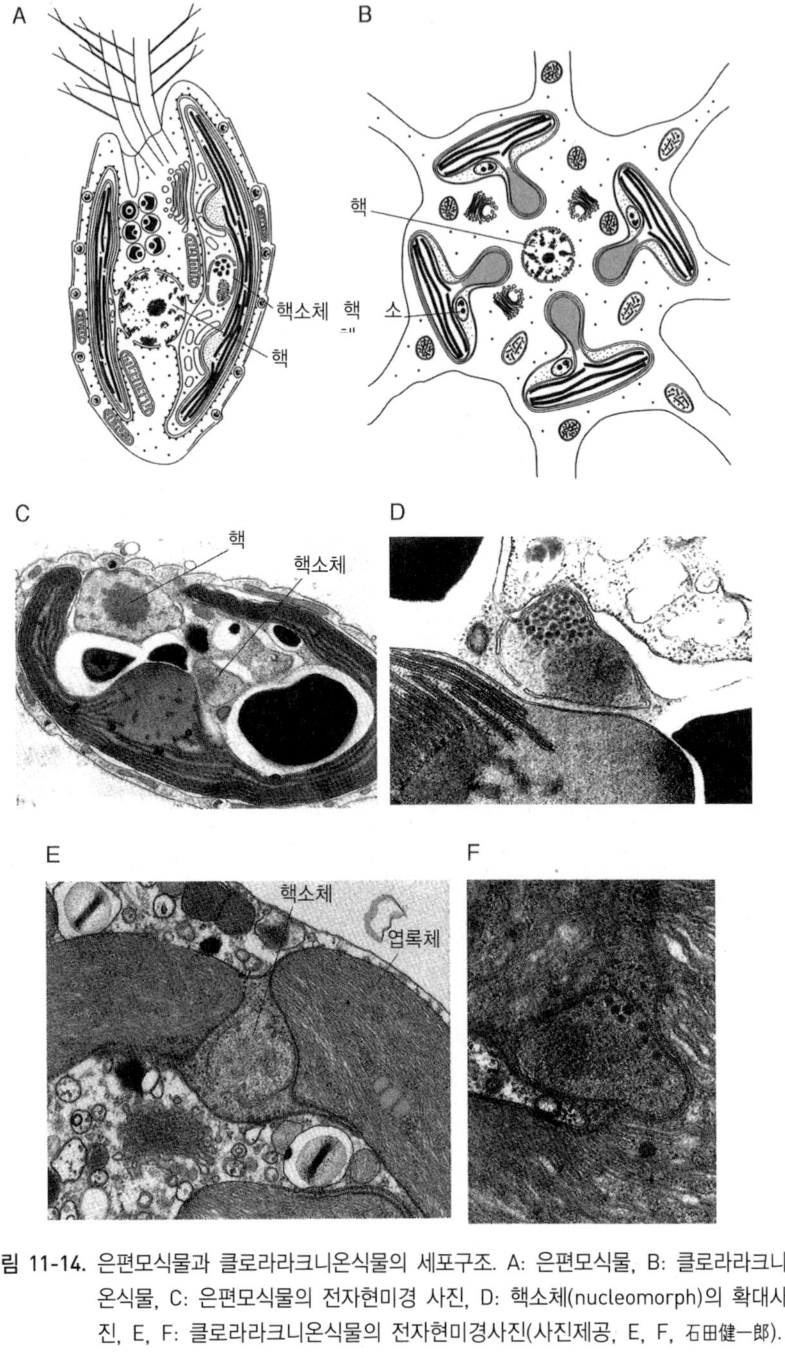

그림 11-14. 은편모식물과 클로라라크니온식물의 세포구조. A: 은편모식물, B: 클로라라크니온식물, C: 은편모식물의 전자현미경 사진, D: 핵소체(nucleomorph)의 확대사진, E, F: 클로라라크니온식물의 전자현미경사진(사진제공, E, F, 石田健一郎).

마찬가지로 특징은 있지만 더욱 복잡한 포막 토포로지는 은편모식물에서 관찰된다(그림 11-11 및 그림 11-14). 은편모식물는 엽록체 ER과 엽록체 2중막 사이에 리보솜이나 전분이 들어있다. 이것은 의심할 것도 없이 세포질 기질이다. 세포질 기질(細胞質基質, cytoplasmic matrix)이 무엇 때문에 막에서 잘려나가 있는 것일까? 엽록체 주변구획에는 또 하나의 불가사의한 구조가 있다. 군데군데 구멍이 뚫려있는 2장의 막으로 싸여있는 구조로 내부에 과립이나 검은 얼룩과 같은 것이 관찰된다. 이 구조는 진핵생물의 핵과 유사한 것에서 Greenwood(1974)는 핵소체(nucleomorph, 핵과 같은 구조)라는 이름이 붙였다(그림 11-14). 은편모조가 핵소체(nucleomorph)와 세포질 기질을 엽록체에 포함한다는 토포로지는 세포 속에 진핵조류가 공생했던 것으로 해석되었다. 핵소체는 공생체의 핵이 퇴화한 것으로 추정되었다. 실제 핵소체 속에는 DNA와 RNA가 포함되었고, 분열하여 다음 세대로 전달된다는 것이 1985년 밝혀졌다. 이때부터 은편모조는 산소발생형 광합성 생물의 다양화 비밀의 열쇠를 가지는는 생물로 무대에 새롭게 등장하게 되었다(제12장). 20여년 전까지는 거의 아는 사람이 없었던 은편모조가 지금은 조류진화를 이야기 하는 주인공으로 많은 대학의 강의에서도 귀하게 취급된다.

4장의 포막을 가진 조류가 또 하나 있다. 녹색아메바로 클로라라크니온식물이다. 엽록소 *a, b*를 가진 아메바 엽록체를 둘러싼 막 토포로지는 가장 바깥막이 핵의 외막과 연결되지 않은 점과 막 표면에 리보솜이 없다는 점을 제외하면. 은편모식물과 매우 유사하다. 바깥쪽 2장의 막과 엽록체 2중막 사이에는 은편모조와 마찬가지로 핵소체와 리보솜을 포함한 세포질 졸에 유사한 엽록체주변구획이 존재한다(그림 11-11 및 그림 11-14). 때문에 클로라라크니온식물도 은편모식물과 마찬가지로 지금은 조류진화의 단절고리(missing link), 즉 로제타석(rosetta stone)으로 역할을 할 수 있는 것으로 주목의 대상이 되어 있다. 은편모와 클로라라크니온조가 가지는 엽록체 막 토포로지는 조류진화와 다양성 연구에서 대단한 행운을 제공하는 것이 된다(제12장). 생물진화의 수수께끼를 풀 수 있는 단서를 제공하게 될 것이다.

나. 틸라코이드

틸라코이드막(thylakoid membrane)은 빛에너지를 ATP와 NADPH 등 화학에너지로 변환시키는 광반응 장소이다. 틸라코이드(thylakoid)는 한 장씩 독립된 것도 있지만, 중첩되어 삼중틸라코이드와 다중틸라코이드를 만들기도 한다. 조류분류군에 따라 대략적인 틸라코이드 존재형태는 결정되어 있다. 이런 결과는 무엇을 의미하는 것일까? 어느 정도 알려진 것은 그라나 구조가 발달된 육상식물의 스토로마틸라코이드(stroma thylakoid)와 그라나틸라코이드(grana thylakoid)뿐이다. 개략적으로 스토로마틸라코이드에는 PS I이 그라나틸라코이드에는 PS II가 국재하고 있다. 이것은 PS II와 PS I를 격리하여 PS II에서 PS I으로 에너지가 과잉으로 보내지는 것을 방지하는 것으로 생각된다. 조류에 틸라코이드가 중첩하는 의미는 아직 충분하게 밝혀져 있지 않지만, 무엇인가 기능분화가 발생한다는 것은 당연한 이치일 것이다. 무엇때문인지 틸라코이드 기능분화 등에 대한 연구는 아직 조류까지 확대되어 있지 않다. 그리고 이들에 대한 분자수준의 이해는 거의 진행되어 있지 않았다.

원핵조류인 남조는 단층 틸라코이드를 가진다. 진핵조류에는 회조식물과 홍조의 엽록체 틸라코이드가 단층이다(그림 11-15A). 이러한 이유는 쉽게 추정된다. 이들 조류의 안테나는 수용성 피코빌린 색소단백질로 지방에 녹지 않는다. 그러나 이 색소단백질을 배치하는 틸라코이드는 지용성이다. 피코빌린 색소단백질을 틸라코이드막 속에 넣는 것이 불가능한 이유이다. 때문에 막 외부에 배치된다. 틸라코이드 중첩은 안테나색소 단백질 배치를 불가능하게 하기에 단층 틸라코이드는 피코빌리솜을 이용하는 조류가 취할 수 있는 유일한 구조가 된다. 은편모에는 피코빌린단백질이 틸라코이드 안쪽에 제한적으로 존재한다. 피코빌리솜을 만들지 않기에 틸라코이드 중첩이 허락된다. 이중 틸라코이드는 은편모조에서만 보이는 형태로 두꺼운 틸라코이드가 중첩되어 있다(그림 11-15B).

부등편모식물과 착편모식물는 일반적으로 삼중 틸라코이드이다(그림 11-15C, D). 자세히 관찰하면 삼중 틸라코이드 중 한 장은 곳곳에서 다른 두 장과 분리되어 인접하는 삼중 틸라코이드로 합류된다. 합류된 삼중 틸라코이드의 반대쪽 틸라코이드는 마찬가지로 다음의 삼중 틸라코이드로 합류된다.

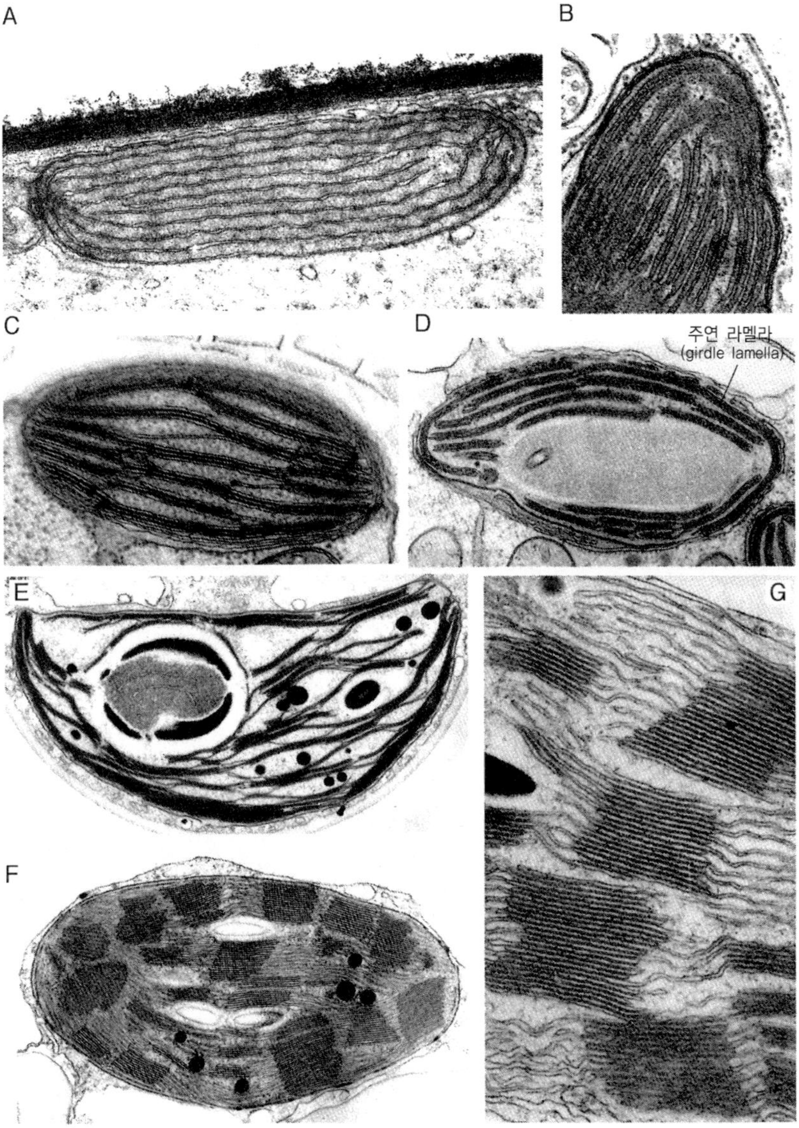

그림 11-15. 다양한 틸라코이드. A: 단층 틸라코이드(홍조), B: 이중 틸라코이드(은편모조), C: 삼중 틸라코이드(착편모조), D: 삼중 틸라코이드(부등편모식물) 주연라멜라(girdle lamella)가 있다. E: 다중 틸라코이드(녹조), F: 그라나(grana)를 가진 엽록체(콩과의 완두), G: 그라나의 확대사진(완두).

이 박리(剝離)와 합류에 규칙성이 관찰되어, 무엇인가 의미가 있는 것으로 보인다. 그러나 이런 현상 또한 아직 연구가 진행되지 않았다. 녹색조류의 틸라코이드는 일반적으로 다중 틸라코이드로 장소에 따라 몇 장의 틸라코이드가 중첩된다(그림 11-15E). 종에 따라서는 이것이 육상식물과 마찬가지인 그라나구조(그림 11-15F, G)를 하기도 한다. 조류에는 육상식물 엽록체와는 다른 틸라코이드 중첩도 관찰된다. 지금 틸라코이드 중첩은 단지 식별이 가능한 분류형질에 지나지 않는다. 그러나 이들은 각각 숨겨진 전략에 기초를 두고 구축된 것으로 생각되기에 앞으로 중요한 연구주제가 될 것이다.

다. 피레노이드

많은 조류는 엽록체 속에 피레노이드(pyrenoid, Gk: *pyren* 과일의 핵, *eidos* 형태)라는 구조를 가진다(그림 11-16). 많게는 전분 등의 저장물질로 둘러싸여 있기에 광학현미경으로 보면 윤곽이 확실한 과립으로 보인다. 때문에 종종 학생들은 핵으로 잘못 인식하기도 한다. 정체는 칼빈-벤손회로 입구에서 이산화탄소 고정을 촉매하는 루비스코(RuBisCO, 제8장) 결정으로 효소활성을 가진다. 즉 이곳에서 이산화탄소 고정이 이루어진다고 생각된다. 루비스코는 이산화탄소 이외에 산소를 기질로서 반응한다. 산소를 발생하는 광화학계Ⅱ가 가까이 있으면, 이산화탄소 고정이 늦어질 수가 있는 것이 피레노이드에 루비스코가 격리되는 이유로 생각된다. 남조의 세포질 속에 카복시좀(carboxysome)이라는 네모진 검은 결정구조가 있다. 실체는 루비스코 결정인 것으로 알려진다. 피레노이드 기원은 아마도 남조의 카복시좀으로 올라간다. 일반적으로 피레노이드 형태는 매우 안정되어 조류를 동정할 때에 중요한 분류형질로 사용된다.

피레노이드 속에는 엽록체 DNA가 제한적으로 존재한다는 불가사의한 사례가 알려진다. 해산녹조 옥덩굴의 일부 종과 지의공생조류인 *Trebouxia*, 그리고 황록색조강인 *Pseudodichotomosiphon constricta*에서 알려진다. DNA가 루비스코와 동거하는 것이 어떠한 의미를 나타내는 것인지는 확실하지 않지만, 현상으로서는 매우 흥미로운 내용으로 연구진전이 기대된다. 이러한 것과 관련성은 불분명하지만 피레노이드에 핵 일부가 진입되거나, 핵 자체가

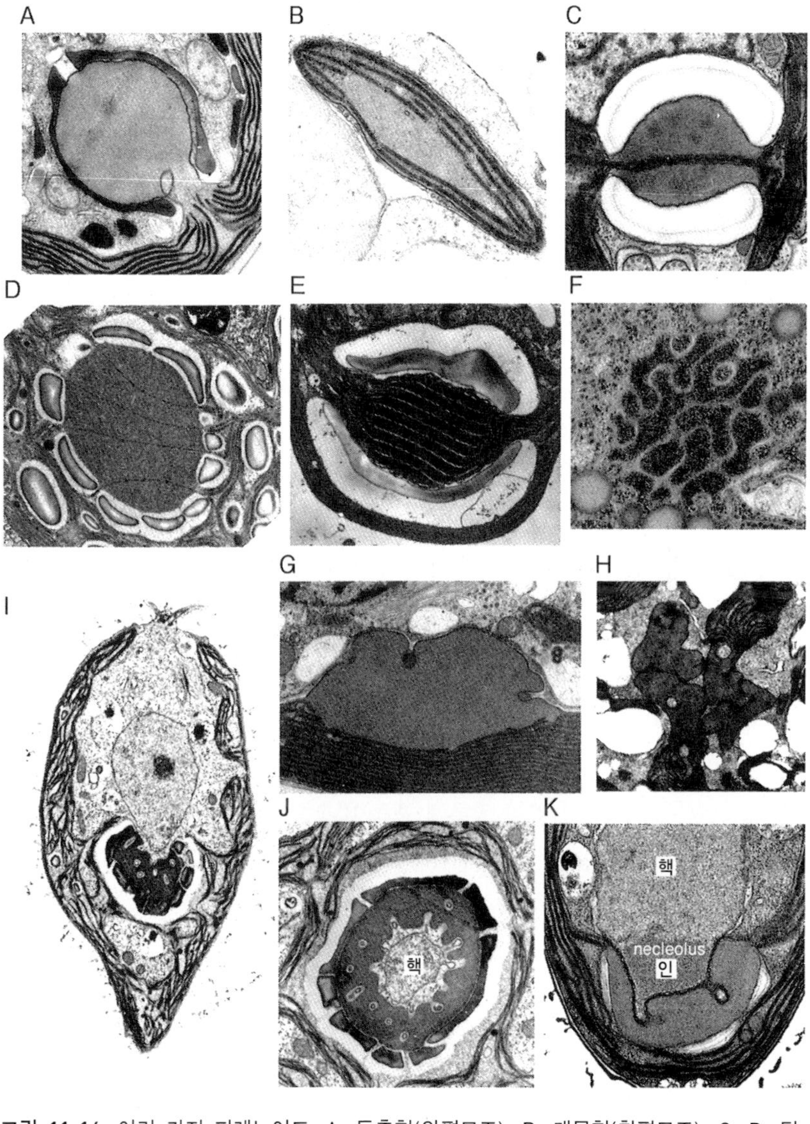

그림 11-16. 여러 가지 피레노이드. A: 돌출형(와편모조), B: 매몰형(착편모조), C, D: 틸라코이드가 평행으로 함몰(담록조류), F: 틸라코이드가 그물모양으로 함몰(담록조류), G: 반돌출형, 세포가 함몰(침편모조), H: 복수의 엽록체 피레노이드가 집합(유글레나조), I, J: 녹조 *Asteromonas*의 종단면과 횡단면, 핵이 피레노이드에 함몰, K: 핵이 함몰하여 인(nulcleolus)이 피레노이드에 밀착(담록조류).

피레노이드로 둘러싸여 있는 것이 된다. 전자는 담록조류의 *Tetraselmis*(그림 11-16K)나 녹조의 *Asteromonas*(그림 11-16I, J) 등에서, 후자는 녹조의 *Pseudocarteria*에 관찰된다. 아마도 핵과 피레노이드가 무엇인가 정보교환을 하는 것으로 생각된다. 핵과 엽록체의 관계를 해명하는 중요한 현상으로 생각되지만 아직 알려진 것은 없다. 이 또한 미래의 연구과제로 남겨져 있다.

육상식물 중 피레노이드를 가지는 것은 이끼식물인 뿔이끼류(Anthocerotopsida)가 유일하다. 그다지 눈에 띄지 않은 빈약한 피레노이드가 존재한다. 다른 모든 육상식물은 무엇 때문인지 피레노이드가 없다. 이것이 육상과 물속의 환경차이에서 오는 것인지? 진화단계의 차이에 의한 것인지? 아직은 알지 못한다. 지금 모든 식물 분류군에 피레노이드가 없는 종이 포함되기 때문에 피레노이드가 없더라도 엽록체가 기능하는 것은 확실하다. 그러나 한편으로 왜인지 모든 조류의 분류군에 피레노이드가 존재하는 종이 있다. 피레노이드의 진화과정을 밝히는 것도 매래의 중요한 연구과제이다.

라. 엽록체 게놈

미토콘드리아 게놈과 마찬가지로 엽록체 게놈도 환상 2본연쇄 DNA로 된다. 게놈 크기도 포함된 유전자도 그리고 유전자 배치도 다양하다는 것이 밝혀지고 있다. 표 11-2와 같이 엽록체 게놈 비교를 그림 11-17에 몇 개의 엽록체 게놈 특징을 모식적으로 나타내었다. 게놈 크기는 대부분은 100~200 kbp의 범위이지만, 녹색식물인 갈파래강에서 극단적인 사례가 알려진다. 삿갓말의 일종(*Acetabularia acetabulum*)의 엽록체 게놈은 1500 kbp로서, 남조 *Synechocystis* 게놈의 약 1/4이다. 더욱이 *A. acetabulum* 게놈은 반복성이 많고, 유전자 수는 다른 엽록체 게놈과 그다지 차이가 없다. 이에 반해 같은 갈파래강의 청각(*Codium fragile*) 엽록체 게놈은 89 kbp로서 피코플랑크톤인 *Nannoclorum eukaryotum*이 90 kbp 및 *Pedinomonas minor*가 98 kbp를 보이는 것과 유사하다. 즉 게놈은 같은 속에서도 변이가 보인다. 예로서 클라미도모나스에서 *Chlamydomonas moewusii*가 292 kbp, *C. pithmannii*가 187 kbp, *C. reinhardii*가 203 kbp, 그리고 *C. gelatinosa*가 285 kbp이다. 이들 크기 차이는 유전자 사이에 다양한 길이의 스페이서(spacer)가 삽입되기 때문이지만, 유전

표 11-2. 남조 게놈과 진핵식물의 엽록체 게놈

생물종	분류군	게놈 크기 (kbp)	유전자수
Synechocystis sp.	남조(시아노박테리아)	3,573	3,168
Prochlorococcus marinus	남조(시아노박테리아)	1,670 – 2,400	1,694 – 2,195
Cyanophora paradoxa	회조식물	135	136
Cyanidioschyzon merolae	홍색식물 (키아니디움류, 온천조)	150	243
Cyanidium caldarium	홍색식물(키아니디움류)	165	232
Porphyra purpurea 돌김속	홍색식물	191	200
Gracilaria tenuistipitata var. *liu*	홍색식물	183	283?
Mesostigma viride	녹색식물(담록조류강)	118	135
Nephroselmis olivacea	녹색식물(담록조류강)	200	127
Chlamydomonas reinhardtii	녹색식물(녹조강)	203	99
Chlorella vulgaris	녹색식물(트레보욱시아강)	150	78
Chaetosphaeridium globosum	녹색식물(차축조강)	131	124
Pinus koraiensis 소나무	녹색식물(겉씨식물)	119	69
Arabidopsis thaliana 애기장대	녹색식물(속씨식물)	154	87
Zea mays 옥수수	녹색식물(속씨식물)	140	76
Nicotiana tabacum 담배	녹색식물(속씨식물)	155	76
Oryza sativa 벼	녹색식물(속씨식물)	134	76
Epifagus (엽록체 퇴화)	녹색식물(속씨식물)	70	21
Marchantia polymorpha 우산이끼	녹색식물(이끼식물)	121	84
Guillardia theta	은편모식물	121	183
Odontella sinensis	부등편모(황금)식물(규조강)	119	124
Euglena grcilis	유글레나식물	143	58
Astasia longa(엽록체 퇴화)	유글레나식물	73	58
Plasmodium falciparum(apicoplast*) (엽록체 퇴화)	알베올라타** (알피콤프레쿠사***)	29	23
Toxoplasma gondii(apicoplast) (엽록체 퇴화)	알베올라타 (알피콤프레쿠사)	35	50?
Eimeria tenella(apicoplast) (엽록체 퇴화)	알베올라타 (알피콤프레쿠사)	35	50?

*, **, ***: 13장 참조

자 배열은 크게 뒤섞여 있다. 또 공통의 오베론 소실이나 새로운 프로모타 획득 등도 보여 진다. 이러한 내용으로부터 근연종 사이에서 조차 엽록체 게놈이 많은 차이를 보인다는 것을 알 수 있다. 일반적으로 녹색조류 엽록체 게놈은 유전자를 코드하지 않은 인트론이 많다. 대조적으로 홍조나 은편모조, 규조 등 엽록소 *c*를 가진 조류는 이러한 쓸모없는 부분이 생략되어 한정된 크기로 많은 유전자가 배치된다.

육상식물을 포함하여 많은 조류의 엽록체 게놈에 공통적인 특징은 리보솜 RNA유전자를 포함한 배열이 역위반복배열(IR, inverted repeat)로 존재하여, 엽록체 전체 게놈을 두개의 영역(대소 싱글카피(single copy) 영역)으로 나눈다는 것이다(그림 11-17A). 전형적인 IR에는 16S와 23S rRNA 유전자가 두개의 tRNA 유전자를 포함한 스페이서로 나누어 존재하고, 더욱이 그 밑에는 4.5S와 5S rRNA 유전자가 배열된다. 이러한 일반적인 배열과는 다른 사례가 많이 알려진다. IR 한쪽을 잃어버리는 것이 홍조류나 녹조류에 많다. 육상식물인 콩과식물에 여기에 해당한다. 유글레나(*Euglena gracilis*)의 엽록체 게놈은 4개의 rRNA가 직렬배열로서 배치된다(그림 11-17E). IR에 리보솜 RNA 이외의 유전자가 포함된 것이 녹색식물에서 보통으로 관찰되지만, 다른 조류에는 거의 관찰되지 않는 등 변이도 관찰된다. IR의 원형은 남조 *Synechocystis* 게놈에서 인정되는 것에서 조상적인 형질 중 하나로 생각되고 있다. 아마도 다양한 계통에서 소실과 획득이 반복 되었을 것이다.

엽록체 게놈에는 rDNA 등 이외에 광합성에 관여하는 유전자 등 아마도 60~200개 범위에서 복수 유전자가 코드 되어 있다. 그러나 유일한 예외가 있다. 와편모조 엽록체에는 1개 게놈에 유전자가 코드 되는 것이 아니라 각 유전자가 별도로 2~3 kbp의 작은 환상 2본연쇄 DNA를 만든다(그림 11-17F). 이런 특이한 DNA를 미니사이클(minicycle)이라 한다. 지금까지 십 수개의 미니사이클(10개의 광합성 광련 유전자와 2개의 rRNA 유전자)이 알려진다. 흥미로운 것은 유전자가 코드 되지 않은 "빈" 엠프티사이클(emptycycle)도 존재하다는 것이다. 와편모조는 많은 엽록체 유전자가 핵으로 이동되어 미니사이클로 남아있는 것은 전체 엽록체 유전자의 1% 정도이다. 와편모조는 다른 조류 이상으로 엽록체 게놈이 철저하게 변화의 압력을 받고 있는 것이라 할 수 있다.

와편모조를 제외한 대부분 조류의 엽록체 게놈은 약 50개의 주요한 단백질을 코드하고 있다. 이들 유전자는 다음과 같은 3개의 기능에 관여한다. ① 프로톤(proton)공역 ATP합성효소(*atp* 유전자). ② 광합성반응 ⓐ 반응중심 단백질(*psa, psb* 유전자), ⓑ 전자전달계(*pet* 유전자) ⓒ 루비스코 대 서브유니트(*rbcl*), ③ 하우스키핑(housekeeping) 유전자 ⓐ 엽록체 리보솜 단백질(*rpl, rps* 유전자) ⓑ RNA 합성효소(*rpo* 유전자), ⓒ 펩틴 신장인자(*tufA* 유전자) 등이다. 광합성에 관여하는 유전자는 엽록소 합성에 관계하는 *chl* I 유전자가 한개만 남겨져 있다(육상식물은 핵으로 이동).

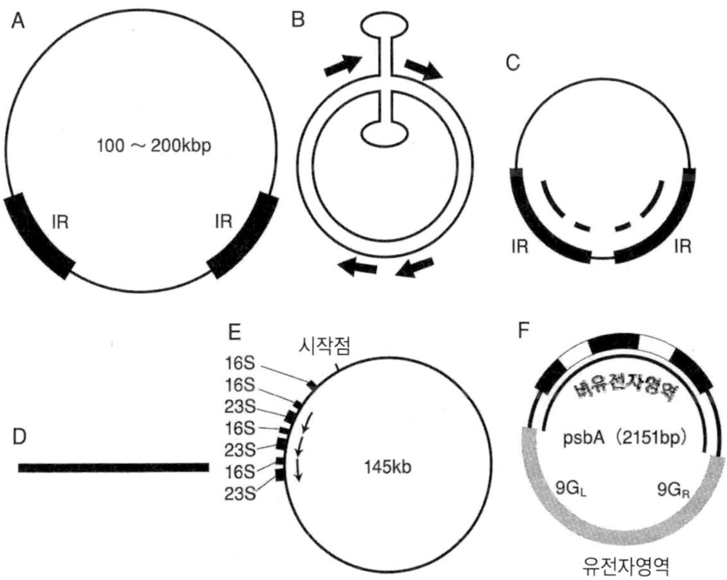

그림 11-17. 엽록체 게놈구조의 다양성. A: 전형적인 엽록체 게놈, 리보솜 RNA유전자를 코드하는 영역이 반대방향으로 배치되어 있다(역위반복배열 inversed repael: IR을 가진다). B: 온천홍조 *Cyanidium caldarium*에 보이는 머리핀구조를 가진 엽록체 게놈 화살표는 반복배열. C: 담록조류 *Nephroselmis olivacea* 엽록체 게놈, 커다란 IR를 가진 비유전자 영역을 많이 포함한다(안쪽 선 부분). D: 아피콤프라스트(apicoplast)류 *Toxoplasma*의 퇴화한 엽록체 아피콤프라스트 선상게놈(제8장 참조). E: 유글레나류의 엽록체 게놈, 리보솜RNA유전자 영역이 직렬로 복수회 반복하여 배열되어 있다(tandem repeat), F: 와편모조에서 관찰되는 미니사이클. 각 유전자가 유전자 영역과 비유전자 영역으로 구분되는 작은 원을 만들고 있다(Simpson and Stern, 2002에서 그림).

진정한 엽록소는 루비스코 유형에서 크게 두개로 나누어진다. 한개는 녹색 조류에서 Form I이라는 남조유래 루비스코를 가진다. 다른 하나는 Form II라고 하는 광합성 세균인 홍조세균 유래 루비스코를 가지는 그룹으로 홍조류 이외에 부등편모식물, 착편모식물 등이 속한다. 이 때문에 홍조형 엽록체와 녹조형 엽록체로 나누기도 한다(그림 12-4).

4. 저장물질

광합성에 의해 생산된 물질은 세포 속에서 일을 하는 곳에 사용되지만, 잉여 생산물은 다양한 형태로 저장된다. 대부분 다당으로 저장되며 필요에 따라 분해되어 ATP생산에 사용된다. 대표적인 광합성 저장물질(貯藏物質, reserve substance)은 전분이다. 탄소 1개와 탄소 4개가 그림 11-18과 같이 결합한다. 이 결합을 α-1,4결합이라 한다. 전분은 α-1,4 결합의 다당이다. 남조 시아노세균은 남조전분, 홍조는 홍조전분이라고 한다. 다당의 분기가 다른 전분을 만든다. 은편모조와 와편모조의 저장물질도 전분이다.

이에 반하여 β 결합으로 다당을 만드는 그룹도 있다. 부등편모식물인 다시마, 미역, 규조 등에는 전분이 없다. 이들 생물은 포도당이 β-1,3결합으로 연결된 수용성의 다당인 라미나란(laminaran)·크리소라미나란(chrysolaminaran) 등의 저장물질로 액포 속에 저장된다. 착편모조의 저장물질도 크리소라미나란이다. 연두벌레 그룹인 유글레나식물도 β-1,3결합의 다당을 만들지만, 이들은 특징적인 타원형, 원형 또는 판상의 결정구조를 만든다. 파라밀론(paramylon or paramylum)이라는 물질로 유글레나 세포질 속에서 하얗게 빛

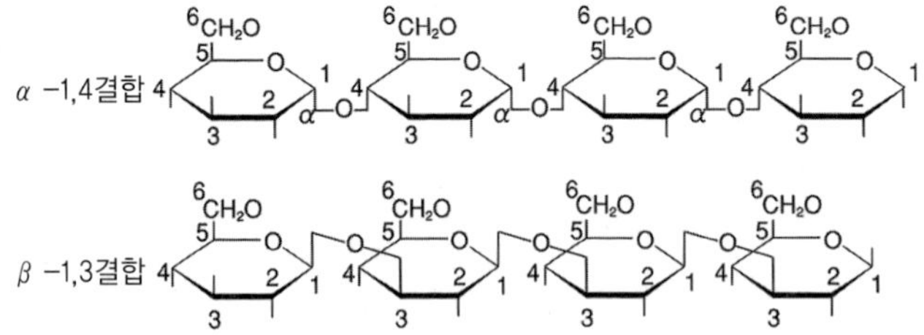

그림 11-18. 저장물질의 결합 양식

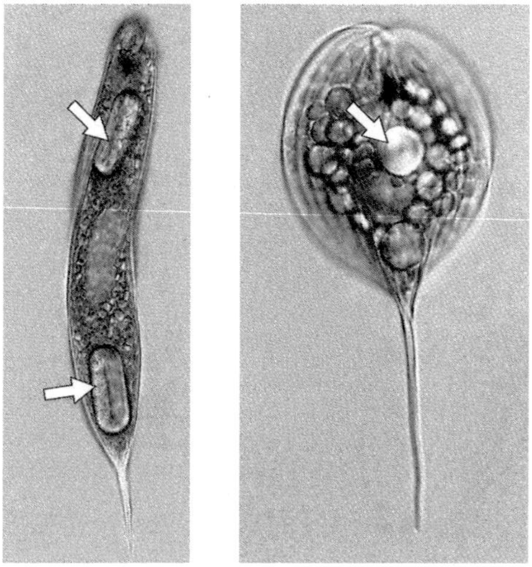

그림 11-19. 유글레나식물에 보여 지는 파라밀론입자(화살표).

을 내기에 눈에 잘 띈다(그림 11-19). 클로라라크니온식물은 과립상의 β-1,3 글루칸으로 된 저장물질을 만든다.

저장물질이 α-1,4결합이던, β-1,3결합이던 이러한 저장물질은 조류 분류군에 따라 결정된다. 육상식물은 전분이 엽록체 내부에 축적된다. 중학교부터 요도·전분반응에서 엽록체가 자색으로 염색되는 것을 학습하였다기에 누구나 쉽게 알고 있다. 그러나 이러한 상식은 녹색식물에만 통용된다. 마찬가지로 전분을 만드는 회조, 홍조, 와편모식물에서 전분은 세포질 졸로 축적되며, 은편모조는 바깥쪽에 2장과 안쪽에 2장의 막 사이의 구획에 전분이 축적된다(그림 11-13). 엽록체 속 전분은 녹색식물을 특징짓는 중요한 성질이다. 즉 녹색식물만은 전분합성효소가 엽록체 속에서 기능을 하고 있다.

5. 미토콘드리아

미토콘드리아의 기원에 대해서는 제9장에서 설명하였다. α-프로테오박테리아에서 유래하였고, 그 중 리켓차류가 가장 근연이었다(그림 1-2). 아마도 진핵생물 탄생과 동시에 발생하였거나 아니면 극히 초기의 섭식작용에 의해 세포 속으로 들어와 세포소기관으로 정착된 것으로 추정된다. 미토콘드리아(mitochondria)는 이차적인 소실 또는 수소발생소포(hydrogenosome)로 변화한 것을 제외하면 모든 진핵생물에 존재한다(제9장). 때문에 미토콘드리아 특징은 조류뿐만 아니라 전체 진핵생물에서 고려하지 않으면 안 된다. 미토콘드리아의 형태적 특징은 내막의 돌기인 크리스테(cristae)이다. 크레스테는 호흡쇄(呼吸鎖)가 배치된 부분으로 이 소기관이 기능의 중추부분이다. 그리고 이 크리스테의 형태도 분류군에 따라 차이가 있다(그림 11-20). 동물도 녹색식물도 균류도 가장 일반적인 진핵생물의 미토콘드리아는 판상으로 된 판상 크리스테를 가진다(그림 11-20A). 때문에 판상이 미토콘드리아의 기본적인 구조로 교과서에서 취급되고 있다. 그러나 조류나 원생생물로 확대하여 살펴보면, 판상 크리스테(flate cristae)는 오히려 소수파이다. 더욱 많이 관찰되는

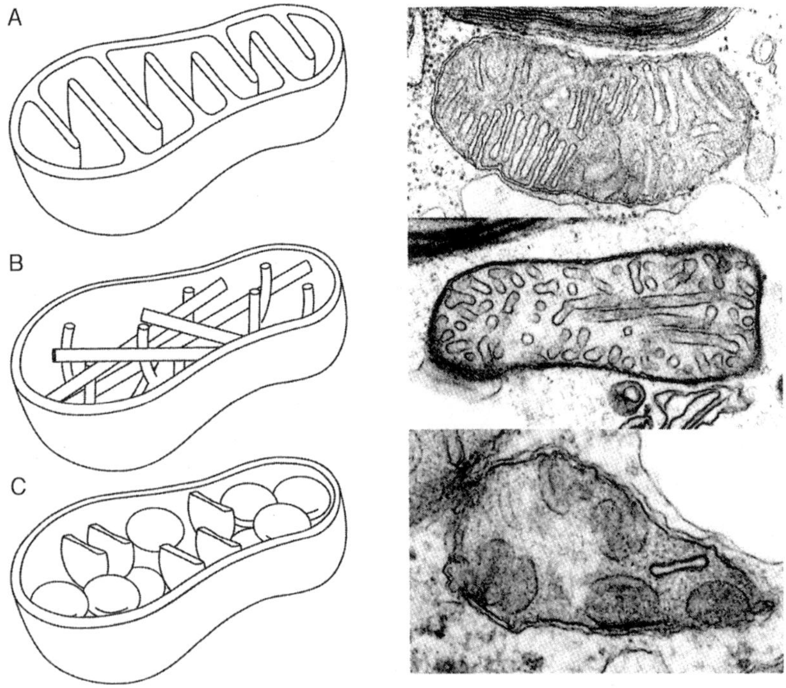

그림 11-20. 미토콘드리아 크리스테의 3가지 유형. A: 판상 크리스테, B: 관상 크리스테, C: 반산 크리스테.

크리스테는 관상 크리스테(tubular cristae)라는 것으로 대부분 원생동물에 분포한다. 아마도 초기 크리스테는 관상으로 이것이 많은 진핵생물로 계승되었다고 생각된다. 조류에는 판상 크리스테를 가지는 것은 녹색식물 이외에 회조식물, 홍색식물 그리고 은편모식물 뿐이다. 그 이외는 유글레나식물을 제외하면 모두 관상 크리스데를 가진다(그림 11-20B). 유글레나의 크레스테는 매우 특이하다. 반상 크리스테(disc-sharped cristae)라고 하는 부채와 같은 형태를 한다(그림 11-20C). 이 유형의 크리스테는 키네토프라스트류 등 극히 소수의 원생생물에 분포할 뿐이다(제13장). 미토콘드리아의 크리스테는 조류의 문 단계의 분류에 사용되는 중요한 형질이다.

6. 편모

편모(flagellum, 복수 Flagella, L: *fragrum* 채찍)라는 용어는 원래 원핵생물인 세균이 가지는 유영을 위한 세포구조에 붙여진 것이다. 그러나 정자의 편모 등 진핵생물의 유영을 위한 구조도 편모라고 하기 때문에 다소 혼란을 발생시킨다. 이 두 가지 편모는 구조도 운동방식도 완전하게 다르고 진화적으로도 완전히 다른 것이다. 조금 복잡하지만 역사적인 경위 때문에 같은 이름으로 부르게 되었다. 오계설, 공생설의 마르그리스가 전자를 flagellum, 후자를 undulipodium이라는 용어로 사용할 것을 제창하였지만, 본인을 제외하면 거의 사용되지 않는다. 지금도 두 생물군 모두에서 편모(flagellum)라는 같은 용어를 사용한다. 파악하는 요령은 문맥을 따라 원핵생물의 편모인지? 진핵생물의 편모인지를 판단하여야 한다. 알고 있으면 곤란한 일은 없지만, 한글과 한자로는 모두 편모(鞭毛)로 번역되고 있어 학생이나 일반인들에게는 다소 혼란을 발생시킬 수도 있을 것이다.

가. 세균 편모

세균(대장균이나 살모넬라균 등의 원핵생물)의 편모는 매우 가는 섬유이다. 현미경으로도 거의 보이지 않지만, 암시야(표본에서 회절한 빛만을 대물렌즈로 들어오게 하는 조명법, 미세한 표본에서도 암음(暗闇)에 부상하여 빛나 보인다)를 사용하면 관찰이 가능하다. 주목해야 할 내용은 이러한 미세 세균 편모가 지금까지 알려진 범위에서는 생물이 구성하는 구조 중에 유일하게 회전을 하는 운동 장치로 구동되는 것이다, 인공적 사회에서 운동의 주역은 모터나 자동차 바퀴 등 회전 장치이지만, 생물진화 중에서 스크루와 같이 회전하는 세포기관은 다른 곳에서 관찰되지 않는다. 흥미롭고 효율적인 운동 장치로 직경 3nm 정도의 극소 모터이다. 그것도 회전수가 200~400회전/초(약 20,000rpm에 해당)이지만 소비에너지는 10^{-16} W로 극히 소량으로 에너지변환 효율이 80% 이상이라는 현재의 과학기술로도 찾아 볼 수 없는 초우량 나노머신인 것이다. 조류와 관계는 없지만, 생물이 대단함을 이해할 수 있는 좋은 사례이기에 조금 설명하여 두기로 하자.

편모 본체는 직경 15nm, 길이 약 10~15μm 정도의 느슨하게 나선모양이 왼쪽으로 감기는 섬유로 프라젤린(flagellin)이라는 단일 당단백질이다. 프라젤린 섬유자체에는 운동능력이 없다. 운동은 편모기부의 구조가 담당한다. 세균의 편모기부는 세포막에 매몰되어 있기에 이것이 회전운동을 하는 것이다. 이 힘이 전달되어 편모의 추진력이 된다(그림 11-21). 고정자를 지지하는 회전자가 고속으로 회전하면 그 힘이 유연한 구조를 가진 훅을 통하여 방향을 변하시키는 프라젤린 섬유로 전달되어 편모가 스크루와 같이 회전한다. 일반적인 생물의 활동에 필요한 에너지는 ATP가 사용되지만, 편모회전에는 ATP가 필요 없다. 세균의 세포막에 존재하는 큰 수소이온의 구배(句配)에 의한 전기화학적인 포텐셜이 직접운동에너지로 변환되어 회전할 수 있는 동력을 공급한다. 고정자가 이러한 역할을 담당하는 것 같다. 이것은 수력으로 수차를 돌리는 것과 마찬가지로 세균 편모는 원리적으로는 극소의 다이나모(dynamo)라 할 수 있다. 제8장에서 설명한 ATP 합성효소와 기본원리는 같다. 단 ATP 합성효소는 전기화학적 포텐셜을 사용하여 ATP 합성을 하였다.

유영구조는 매우 정교하다. 세균이 직접 유영을 할 때 회전자는 반시계 방향으로 회전하고 있다(세포의 밖에서 볼 때). 그러면 복수의 편모는 마치 하나로 묶은 것처럼 모여서 운동하여 직진운동을 발생시킨다. 직진한 다음 세균은 불규칙한 운동(텀블링)을 한다. 방향을 바꾸어 재차 직진한다. 방향을 전환할 때에는 회전자가 반대로 돌고 이것에 따라 프라젤린은 다양한 방향으로

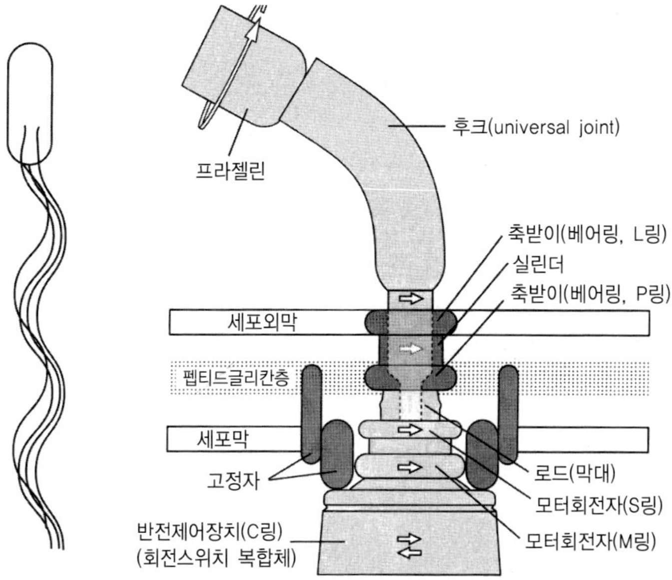

그림 11-21. 세균 편모장치(灘波啓一의 홈페이지를 기본으로 그림).

향한다. 그렇게 하면 하나로 모아지지 않기에 힘이 분산되어 유영이 멈춘다. 프라젤린은 일종의 단백질이기 때문에 나선방향을 변화시킨다는 자체가 불가사의하다. 그러나 이것이 nm 단위의 분자차이에 의해 제어되고 있다는 것이 알려져 있다. 세균 편모는 단백질의 미묘한 차이를 훌륭하게 사용하는 마이크로 유영장치인 것이다. 나노기술의 대상으로 많은 연구가 진행되고 있다.

그런데 고세균에도 편모를 가지는 종이 다수 알려진다. 마찬가지로 회전하는 모터이다. 그러나 고세균 편모는 위에서 설명한 진정세균의 편모와 많은 부분에서 차이가 있다(ATP를 동력원으로 하는 점과 진정세균의 편모기부구조를 구성하는 유전자가 게놈 중에 발견되지 않는 점 등). 진정세균과 고세균의 편모가 공통기원을 가지는 것인가? 이 물음에 대한 이론이 제기된다. 만일 기원이 다르다면 회전에 사용한 운동기관은 원핵생물 두개의 도메인에서 각 독립적으로 진화하였다는 것이 된다. 그러나 이들 장치는 진핵생물의 진화에는 적용되지 않은 것이 된다.

나. 진핵생물 편모

원핵생물 편모에 비하여 진핵생물 편모는 많은 점에서 다르다. 진핵생물 편모는 세포막 연장인 편모막으로 둘러싸인 직경 250nm 정도의 원통형 구조이다. 안쪽에는 미소관을 중심으로 하는 축사(axoneme)라는 복잡한 구조를 한다. 일반적으로 9 + 2구조로서 2연관(doublet)으로 된 9개의 주변 미소관 및 단체 미소관으로 된 중심대미소관(中心對微小管, central pair), 그리고 그것에 동반한 많은 구조로 만들어져 있다(그림 11-22). 편모기부는 9개의 3연관으로 된 기저소체로 연결된다. 실제 편모는 기저소체(基底(小)體, basal body)에 의해 구성된다. 주변의 2연 미소관은 13개의 튜블린 단백질 서브유니

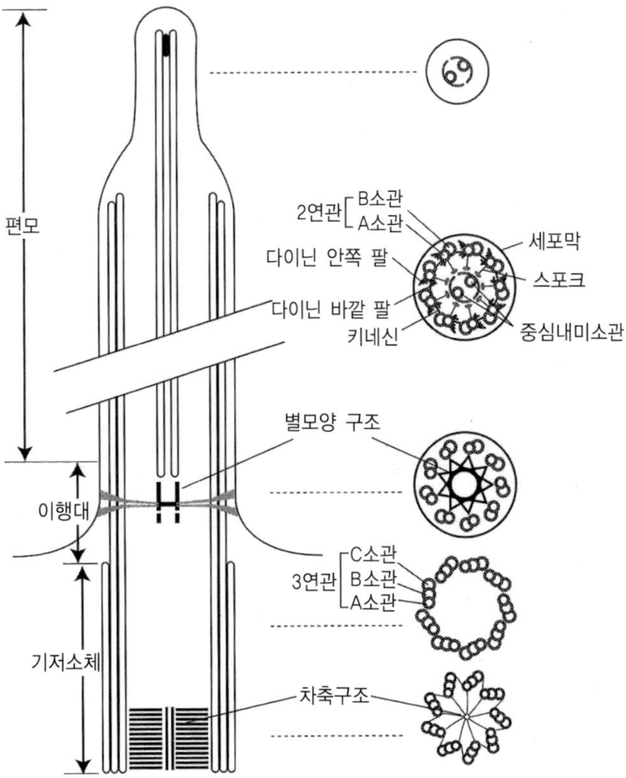

그림 11-22. 기저소체와 편모의 구조(녹색식물의 예)(Ringo, 1967; Cavalier-Smith, 1974 등을 참고로 그림).

트로 구성되는 A소관과 11개 서브유니트로 형성된 B소관으로 구성된다. 중심대미소관은 중심초에 둘러싸여 있고 중심초는 방사스포크로서 주변 2연관의 A소관과 연결된다. 주변 2연관끼리는 탄성이 강한 넥신단백질로 연결되어 있다. A소관에서 이웃하는 2연관으로 향하여 두개 팔이 뻗어있지만, 이것은 축사다이닌이라는 운동단백질로서 ATP 가수분해에서 얻어진 에너지를 굴곡의 역학적 에너지로 변환하는 역할을 한다.

진핵편모 운동은 다이닌(dynein)과 미소관(microtubule)의 기능으로 구동된다. 미소관은 방향성을 가진다. 미소관은 듀블린단백질(tubulin protein)이 중합하여 확장되는 것으로 생성되지만, 뻗기 쉬운 방향과 어려운 방향이 존재한다. 보다 뻗기 쉬운 쪽을 (+)단, 어려운 반대쪽을 (-)단으로 정의한다. 미소관에 결합한 다이닌은 ATP 에너지가 있으면 (-)단을 향하여 움직인다. 미소관에 결합한 또 하나의 운동단백질로 키네신(kinesin)이 있으며 이것은 (+)단을 향하여 이동한다. 양자는 함께 세포내에서 소포(小砲)수송에 관여한다(그림 11-23). 볼복스 딸세포가 반전할 때 키네신이 중요한 역할을 담당하였던 것을 기억하는 사람도 있을 것이다(제3장).

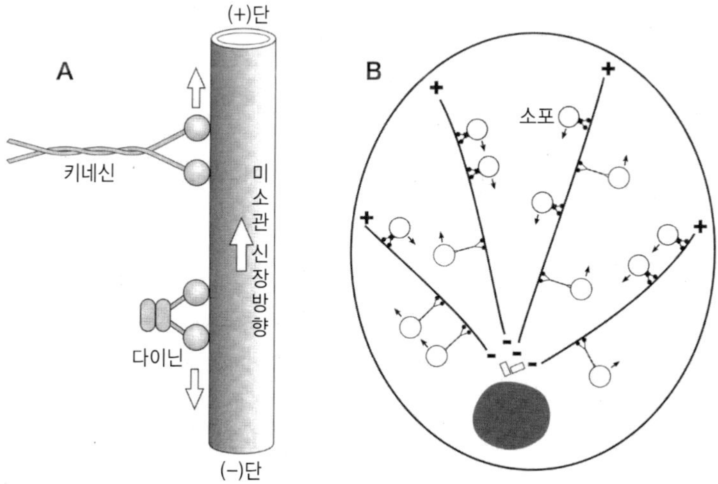

그림 11-23. 미소관의 극성과 다이닌 및 키네신 운동의 관계. A: 다이닌은 미소관의 음극(-)을 향하고, 키네신은 양극(+)을 향하여 운동한다. B: 세포속의 소포수송에서 다이닌과 키네신이 역할을 한다.

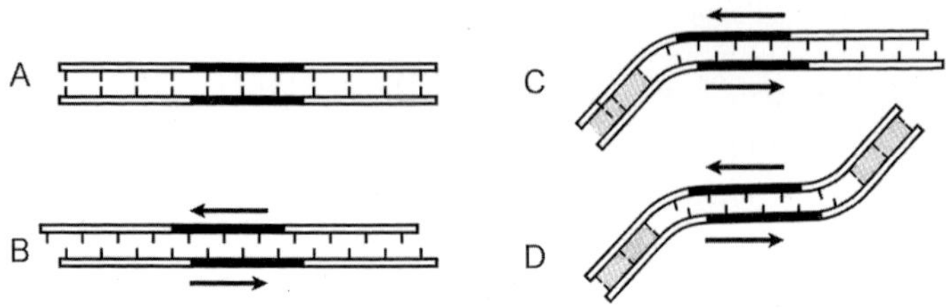

그림 11-24. 편모의 활주와 굴곡. A: 활주가 일어나기 전, B: 활주운동(검정색 부분) 양단이 고정되어 있지 않은 경우, C: 한쪽만 고정되어 있을 경우, D: 양쪽이 고정되어 있는 경우. 회색사각은 두개 미소관이 고정되어 있는 것을 나타낸다, D에서 굴곡이 발생하고 있다(Shingyoji *et al.*, 1977에서 그림).

그럼 다이닌 운동은 어떻게 편모운동을 가능하게 하는 것일까? A소관에서 뻗어 나온 다이닌은 B소관에 결합하고 있다. 이 결합이 가수분해가 되면 억압하던 것이 없어져 자유스럽게 해방된다. 해방된 다이닌은 ATP 에너지를 사용하여 B소관 위를 (-)단, 즉 편모기부를 향하여 활주운동을 한다. 두개의 이연관이 고정되지 않았을 때에는 이연관의 엇갈림이 발생할 뿐이지만, 이연관이 양쪽, 즉 기부와 상부에 고정되어 있으면 굴곡이 발생된다. 이러한 현상이 연속적으로 전달되어 반복되는 것으로 편모운동(flagellar movement)이 만들어 진다(그림 11-24).

편모의 움직임은 매우 복잡할 뿐만 아니라 내용도 심오하다. 때문에 편모의 기능을 규명하는 연구에 많은 연구자가 일생을 바쳐 정진하여 왔다. 성게 정자나 클라미도모나스 편모운동에서 분자수준으로 많은 부분이 구체적인 내용까지 명확하게 규명되었다. 그러나 현재 편모과학은 아직도 많은 조류와 원생생물의 편모운동에 대한 구조를 명확하게 설명하지는 못한다. 편모운동은 생물군에 따라 특징을 가지며, 각 분류군마다 특유한 구조를 가지는 것임에는 틀림이 없다(그림 11-25). 실제 현미경을 관찰하고 있으면 편모 움직임만으로도 어떠한 생물인지 대략적인 검토가 가능하게 된다. 편모과학에 대한 연구가 더욱 진행되면 생물진화와 계통을 이해하는 부분에 커다란 역할을 할 것으로 생각하고 있다.

그런데 다소 골치를 아픈 한 가지는 진핵생물 편모에는 편모와 섬모(cilium, 복수 cilia , L: *cillium* 눈꺼풀 없는 속눈썹)가 있다는 것이다. 정자로 살아가는

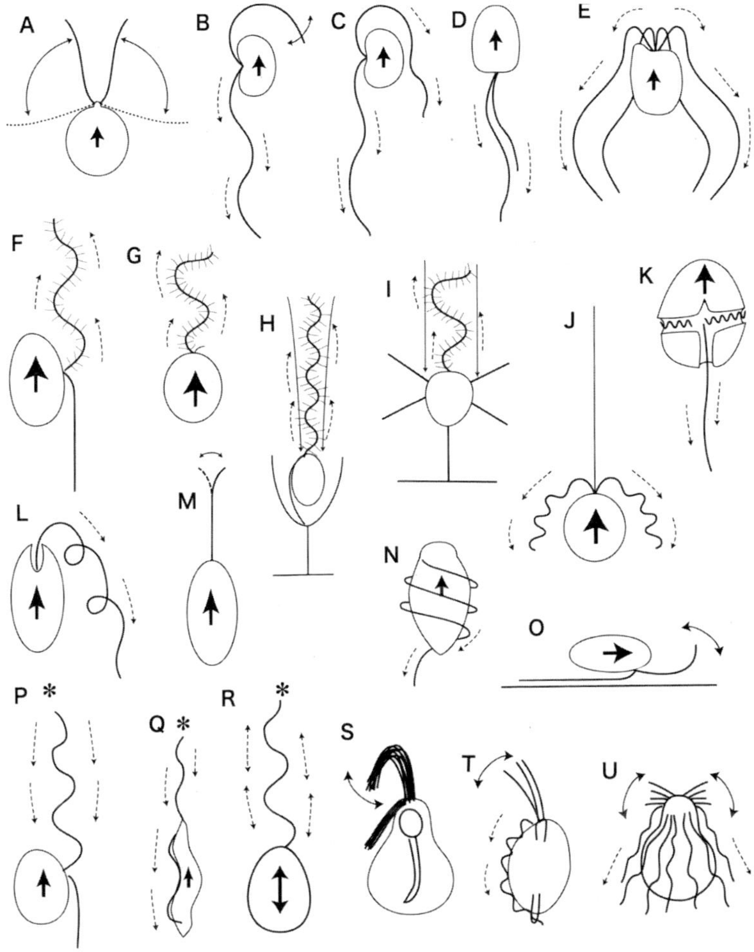

그림 11-25. 조류와 원생생물에서 보이는 다양한 편모운동. 파선 화살표: 편모타의 파가 이동하는 방향, 실선 양쪽 화살표: 섬모타 또는 특수한 이동, A-E: 녹색식물, 다양한 편모타와 섬모타가 혼재한다, F-I: 부등편모식물, 실선 화살표는 수류에 의한 "먹이" 입자 운반을 나타냄, J: 착편모식물, 세포 옆에서 후방을 향하여 편모타로 전진한다. K: 와편모식물, 독특한 횡편모와 편모타인 종편모, L: 유글레나식물의 나선상 운동, M: 유글레나식물 *Petalomonas*의 앞부분에 한정된 운동, N: 클로라라크니온의 유주자, O: 보도류 등에 보이는 포복운동, P-R: 트리파노소마(*Trypanosoma*)(Q) 등에 보이는 운동, 편모 앞부분에서 파가 발생하면 (*표) 추진력이 반대로 된다. *Strigomonas* (R)는 양방향의 편모타를 가지며, *S. joenia*는 섬모타를 치는 다수의 편모를 가짐. T: 토리코모나스류, 앞 3개는 섬모타, 뒤의 하나는 편모타. U: *Trichonympha* 편모타를 치는 다수의 편모를 가짐 (Sleigh, 1981; Holwill, 1982 등을 참고하여 그림).

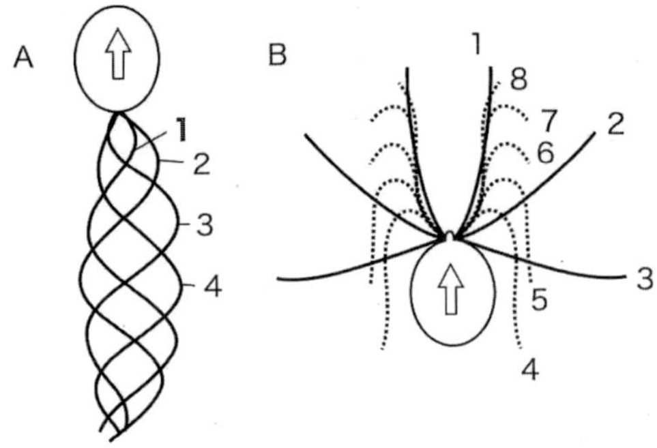

그림 11-26. 편모운동과 섬모운동. A: 편모운동, 기부에서 발생한 파가 앞부분으로 전달된다. B: 섬모운동, 유효타(1-3)와 회복타(4-8) 두 가지 운동으로 구성된다.

것이 편모이지만, 짚신벌레의 세포를 덮고 있는 것은 섬모라고 한다. 구조적으로는 완전히 같은 것이지만, 이름의 차이는 주로 역사적인 관습에 따른 것이다. 길면서 몇 개가 있는 것은 편모라고 하는 반면, 짧고 덥수룩하게 많은 수가 있는 것을 섬모라고 하고 있다. 짚신벌레는 몇 만개의 짧은 섬모로 덮여 있기에 나팔벌레, 종벌레 등과 함께 섬모충이라고 한다. 그러나 구조적으로 동일하지만 전형적인 편모와 섬모에서 운동의 차이가 관찰된다(그림 11-26). 각각 편모타(flagellar beat), 섬모타(ciliary beat)라고 한다. 편모타는 편모의 뿌리부분이 굴곡하여 발생한 파가 앞부분을 향하여 이동하여 사라지는 운동이 반복된다. 이것에 반하여 섬모타는 두개의 다른 패턴 운동이 있다. 막대와 같이 내리쳐서 추진력을 발생하는 유효타(effective stroke)와 물의 저항을 최소한으로 하여 유효타의 홈 포지션으로 돌아오는 회복타(recovery stroke)이다. 동물의 정자운동은 편모타이지만, 섬모충의 통상적인 유영은 섬모타이다. 앞에서도 설명하였지만 클라미도모나스는 좌우 편모에서 섬모와 같은 운동을 실시하는 것으로서 평영모양의 유영을 실현하였다(제3장).

실제로 이 두 가지 운동의 차이는 편모/섬모 속 칼슘이온 농도에 의해서 제어되고 있다. 클라미도모나스도 섬모충도 유영 중에 무엇인가 장해물에 부딪히면 후퇴 유영을 한다(그림 11-27). 접촉이 자극이 되어 편모/섬모의 방향이 변하게 되고 동시에 섬모타에서 편모타로 변화한다. 이것은 외계에서 칼슘이온이 편모/섬모로 유입되는 것에 따른다. 전체 진핵생물에서 보면 편모타

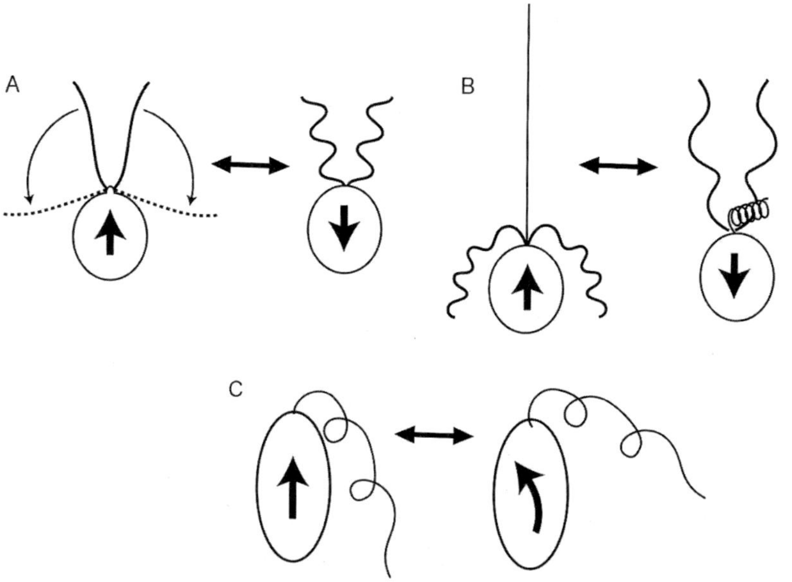

그림 11-27. 편모의 역전운동. A: 녹조의 방향전환, 도피반응, 평영운동으로 유영하는 클로미도모나스는 칼슘이온에 의해 편모를 전방으로 뻗어 편모운동을 하여 유영방향을 바꾼다. B: 착편모조, 착편모가 코일링하면, 그에 동반된 편모를 전방으로 뻗어서 운동하고 도피반응을 실시한다. C: 유글레나의 운동구조는 아직 거의 알지 못한다. 편모의 운동방향을 바꾸는 것으로 유영방향을 전환한다.

도 섬모타도 모두 넓게 분포하지만, 편모타만을 가지는 생물도 많다(그림 11-25). 갈조와 섬모충의 섬모타가 독립으로 출현한 것인지에 대해서는 아직 알지 못한다. 실제로 우리 몸에도 코의 점막이나 기관지, 신장에는 섬모가 있고, 섬모운동에 의해 이물질을 배제하는 역할을 한다. 즉 우리 포유류는 생식세포인 정자에서 편모운동을 이용하지만 성체는 섬모운동을 한다. 동물에서 섬모운동도 독립으로 진화된 것일까?

우리 몸속에서 심장이나 위는 비대칭으로 배치되어 있다. 이와 같이 비대칭성은 수정란에서 태아로 배 발생하는 과정에서 결정되지만, 여기서도 편모가 중요한 역할을 하는 것이 알려진다. 배 표면의 세포에서 한개씩 뻗은 섬모운동이 발생시키는 체액 흐름으로 좌우 비대칭을 유도한다. 예로부터 좌우 반대로 내부 장기가 형성되는 병을 가진 사람의 반은 동시에 섬모가 움직이지 않은 질병을 가지는 것이 알려진다. 섬모기능과 장기 비대칭성의 관련이 유전자 수준에서 밝혀지고 있다. 섬모는 수정만이 아니라 동물의 수정 후 발생에 크게 관여하는 것이다. 이러한 결과는 편모가 단순한 유영장치 역할만 하는 것이 아님을 나타내는 내용이다.

편모는 진핵생물의 본질적인 세포활동의 많은 부분에 관여한다. 세포의 유영은 말할 필요도 없다. 편모와 기저소체는 핵분열의 극 결정, 방추체 형성, 세포 골격의 형성, 편모근을 매개로 한 세포내 소기관의 위치결정, 그리고 수정까지 진핵생물의 중요한 기능에 깊게 관여한다. 특히 단세포 생물은 대부분 세포기능이 편모와 기저소체를 중심으로 실현되도록 설계되어 있는 것 같다. 설계도는 핵이지만, 주요한 기능은 편모와 편모장치에 의해 정리되고 있다. 이른바 세포의 현장감독 역할을 담당하고 있는 것이다.

예를 들어 보자(그림 11-28). 수정은 생활사 중에 최대 이벤트이다. 대부분 클라미도모나스는 동형(同型, 같은 모양에서 같은 크기) 배우자와 결합한다. 수컷과 암컷(자웅)에 해당하는 생식형(mating type)이 알려지며, mt^+와 mt^-로 표시된다. 접합과정은 다수 배우자가 무리를 짓는 응집(clumping)이라는 현상으로부터 시작한다. 두개의 생식형 세포가 만나면 우선 접합에 적합한 상대인지를 식별할 필요가 있다. 식별은 편모접촉에 의해 실시된다. 플러스와 마이너스 배우자의 편모 표면에는 각각 응집소(agglutinin)+와 응집소-라는 단백질이 있고, 그것에 의해 생식형이 인식된다. 상대가 적절하다고 인식되면 두개의 편모를 맞추면서 서로가 접합되어 세포벽을 탈락시킨다. 다음에는 mt^+ 세포에서 접합관이라는 세포질 관이 뻗어나간다. mt^-도 늦게 접합관을 뻗어 쌍방 접합관이 융합하는 것으로 세포질 융합이 시작된다. 접합관이 생기는 곳은 미리 정해져 있다. 접합관을 발전시키기 이전 구조를 접합구조(mating structure)라고 하여 세포막 바로 밑의 검은 층으로 관찰된다. 편모기부에 편모근이라는 미소관 다발이 자라고 있지만, 그것을 기준으로 접합구조와 안점이 배치된다. 이러한 배치는 플러스와 마이너스에서 다르게 되어 있다. 수정할 때에 접합관이 서로 정면에 배치된다. 수정하면 세포는 4개의 편모와 2개의 안점을 가지고 잠시 동안 유영하지만, 융합된 안점은 필연적으로 세포의 같은 측면에 배치된다. 이런 일련의 현상에서 주요한 요소 배치는 편모장치에

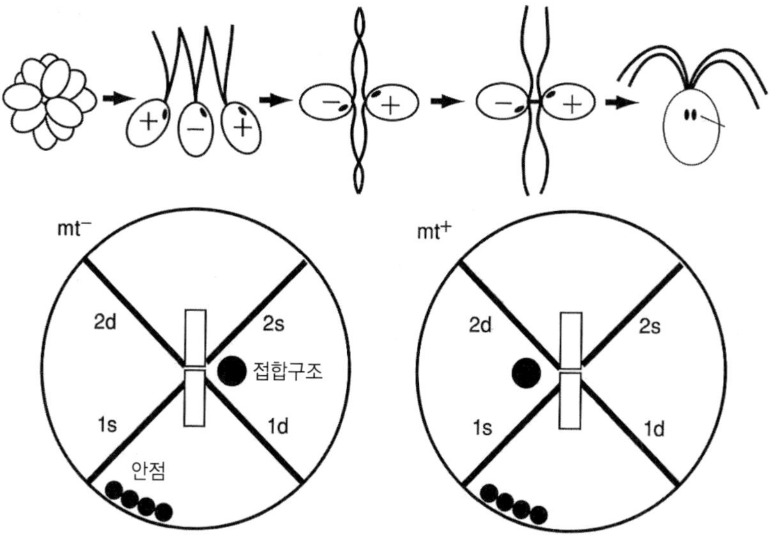

그림 11-28. 클라미도모나스의 유성생식 과정. 편모로서 상대를 식별한다, 식별한 상대와 접합하면 안점은 같은 쪽에 배치된다. 아래 그림은 mt+와 mt의 세포를 편모 쪽에서 보았을 때의 안점과 접합구조 배치 차이를 나타내었다. 1d, 2d: 오른쪽 편모근, 1s, 2s: 왼쪽 편모근.

의해 결정된다. 즉 클라미도모나스에서 수정이라는 가장 중요한 현상은 접합형이 인식되어 상대를 확보하는 과정에 편모가 커다란 역할을 하고 있는 것이다. 또 접합과 접합 이후의 세포활동에서 편모장치는 세포내 소기관의 배치를 주도하고 있는 것으로 생각한다. 이와 같이 편모와 편모장치는 세포기능의 중심으로서 역할을 수행하고 있다.

대부분 조류군은 편모와 기저소체를 가지고 있지만 예외가 있다. 홍조는 편모가 없다. 생활사 어느 단계에서도 기저소체 조차도 출현하지 않는 유일한 진핵조류군이다. 세포분열 극에도 중심자는 출현하지 않는다. 분열 극에 대한 자세한 내용은 아직도 명확하지 않은 구조에 맡겨져 있는 것 같다. 편모도 기저소체도 없다는 특징과 엽록체가 남조에 유사하다는 특성으로부터 예전에는 홍조는 가장 원시적인 진핵생물로 생각되었다. 그러나 지금은 지질시대의 단기간에 방산한 많은 진핵생물군 중에 하나로 생각한다. 홍조는 2차적으로 편모를 상실한 조류군이다. 차축조강의 별해캄목(반달말이나 해캄 그룹)도 편모가 없지만, 같은 차축조강의 다른 조류에는 유주자나 정자 등 유영 세포가 형성되기 때문에 진화과정에서 이차적으로 편모와 기저소체를 상실한 것이 분명하다. 편모를 가지는 조류에는 9 + 2 구조가 보편적으로 보존되어 있다. 예외는 규조의 정자에는 중심에 2개의 미소관이 없는 9 + 0의 구조를 가진다. 다양성은 축사 이외의 부분에도 다양한 특징적인 장식물이 관찰되어 중요한 분류형질로 이용된다. 부등편모식물의 뒤편모에 널리 관찰되는 편모팽윤부(flagellar swelling)에 관여하는 빛 수용 색소와 자가형광에 대해서는 제3장을 참고하기 바란다.

이쯤에서 편모의 기원에 관한 현재의 생각을 설명하여 두자. 약 35년 이전 저자가 학생시절일 때에는 편모기원에 두 가지 설이 존재하였다. 하나는 나선운동을 하는 스피로헤타(spirochaeta) 세포가 세포내에 공생을 한 결과 편모가 출현하였다는 것으로 마굴리스(L. Margulis)의 공생설에서 주장되었다. 오계설 해설기사에는 지금도 종종 볼 수 있다. 이 설에 의하면 진핵생물 특유의 구성요소인 미소관은 공생한 스피로헤타에 기원을 가진다. 또 다른 하나의 설은 진핵세포로 새롭게 진화한 미소관이 기본이 되어 편모가 만들어졌다는 것이다. 편모에 관한 유전자와 단백질 연구가 급속하게 진전되고 있어 후자가 보다 정확한 것으로 확인되고 있다. 편모는 세포골격, 세포내 수송, 방

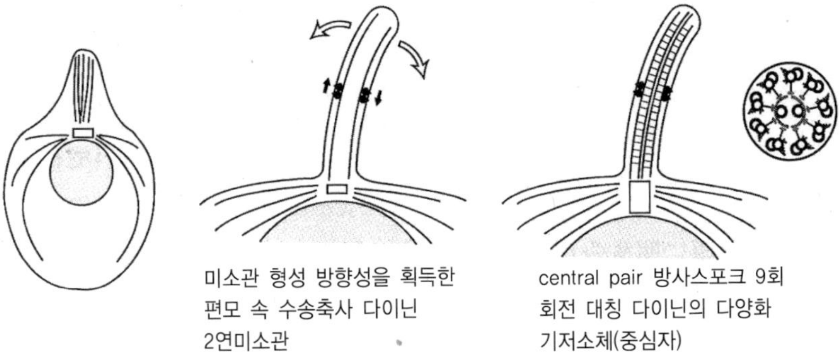

그림 11-29. 진핵세포의 편모기원에 관한 가설. 세포골격, 세포내의 수송에 관여하는 미소관이 다발도 되어 있고, 편모돌기를 형성한다. 편모내의 수송기구와 축사다이닌, 이연관 미소관 획득을 걸쳐 9 + 2구조, 방사스포크를 가진 편모가 완성되었다. 이 과-정에서 기저소체가 진화하여 편모의 생성 이외에 중심자로서 핵분열에 관여하는 구조가 되었다(Mitchell, 2006을 기준으로 그림).

추체 형성에 관여하는 미소관이 다발(束)로 구성되어 외부로 성장하는 것으로서 형성된다. 이 과정에서 편모 속의 수공기구와 동시에 2연관이 발달하여 결국 중심대미소관과 스포크(spoke, 바퀴 살)구조, 그리고 9를 기수로 하는 대칭구조가 확립되었다는 것이다(그림 11-29). 편모의 형성이 진핵세포가 확립된 이후인지, 동시에 성립된 것인지에 대해서는 다른 견해가 있다. 어찌되었든 편모는 매우 오래된 구조로서 다세포생물을 포함하여 지금도 중요한 역할을 담당하고 있다.

다. 편모축사 장식구조

일부 진핵조류에서 세포축사를 따라 특징적인 구조가 관찰된다. 유글레나식물에는 부편모도(副鞭毛棹, paraxonemal rod 또는 paraflagellar rod: 축사에 평행한 막대의 의미)라는 구조가 축사를 따라 편모 앞으로 뻗혀있다(그림

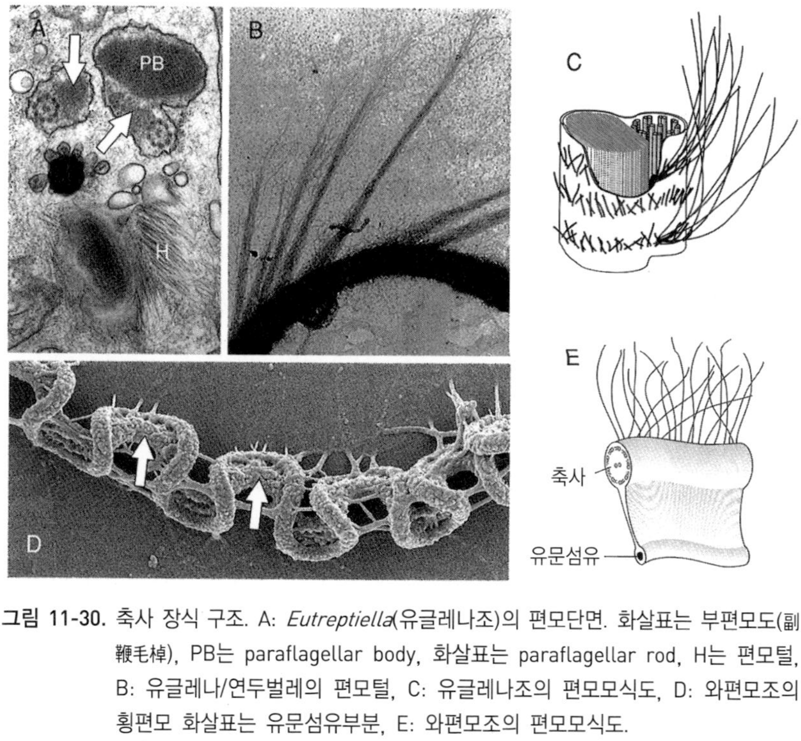

그림 11-30. 축사 장식 구조. A: *Eutreptiella*(유글레나조)의 편모단면. 화살표는 부편모도(副鞭毛棹), PB는 paraflagellar body, 화살표는 paraflagellar rod, H는 편모털, B: 유글레나/연두벌레의 편모털, C: 유글레나조의 편모모식도, D: 와편모조의 횡편모 화살표는 유문섬유부분, E: 와편모조의 편모모식도.

11-30). 부편모도는 직경 20nm 정도의 섬유가 왼쪽 나선을 감는 구조이기 때문에 편모단면은 타원형으로 되어 있다. ATP 효소활성이 관찰되는 것에서 편모운동에 관여하는 것으로 판단된다. 연두벌레의 편모운동은 독특하여 카우보이가 로프를 던지는 것과 같은 움직임을 보인다. 이러한 특유의 운동에도 관여하고 있을 것이다(그림 11-25). 와편모조의 횡편모도 일반적이지 않는 다소 괴짜이다. 리본모양으로 파도치는 특이한 형태는 편모 기본구조인 9 + 2 구조(그림 11-30)를 가지지만, 그 보다 짧은 명주모양의 유문섬유(striated strand)에 의해 휘어져 있다. 섬유구조는 수축성 단백질인 센트린(centrin)을 포함하며, 이 단백질이 칼슘이온 유입에 응답하여 수축하여 순간적으로 편모운동을 멈춘다. 와편모조가 유영 방향을 변화시킬 때 보여 지는 현상으로 이른바 급브레이크를 밟는 것이 가능하다는 것이다.

라. 편모털

편모표면의 장식구조는 조류군에 따라 다양하게 분화되어 있다. 편모에는 종종 많은 털이 생겨있다. 대부분 이러한 편모털(鞭毛小毛, mastigonemes)은 편모운동 면에 수직방향을 자란다. 이것으로 편모의 짧은 털의 존재는 편모가 만드는 추진력을 증가시킨다는 것으로 추정할 수 있다. 편모가 물을 젓는 힘을 높이기 위해서 물에 대한 저항을 높이는 것이다. 담록조의 편모털은 확실하게 이러한 위치에 배치되어 있다(그림 11-31). 담록조의 편모털은 골지체에서 형성된 것으로 소모인편(hair scales)이라 한다. 복수의 소모인편이 알려지며 편모마다에 다른 종류의 소모인편이 특정 부위에 제한적으로 존재하여 부착되어 있다(그림 11-31).

부등편모식물의 3부 구성 관상편모털(tripartite tubular hairs, tubular mastigonemes)은 편모운동이 만든 추진력 방향을 역전시켜, 세포의 유영방향을 바꾸는 것으로 매우 중요한 특징이다(그림 3-12). 이때에는 편모타의 면에 털이 배치되어 있다. 유글레나조의 편모털은 다발로 되어 타원형의 편모단면에서 큰 변에 패치상으로 붙어 있다(그림 11-30C). 와편모조 편모털도 편깃털형이라고 하는 것으로 축사쪽에 부착하여 있다. 은편모조에서는 두개의 편모가 한 편은 양깃털, 다른 하나는 편깃털로 모두가 속이 빈(중공) 부등편모식물의

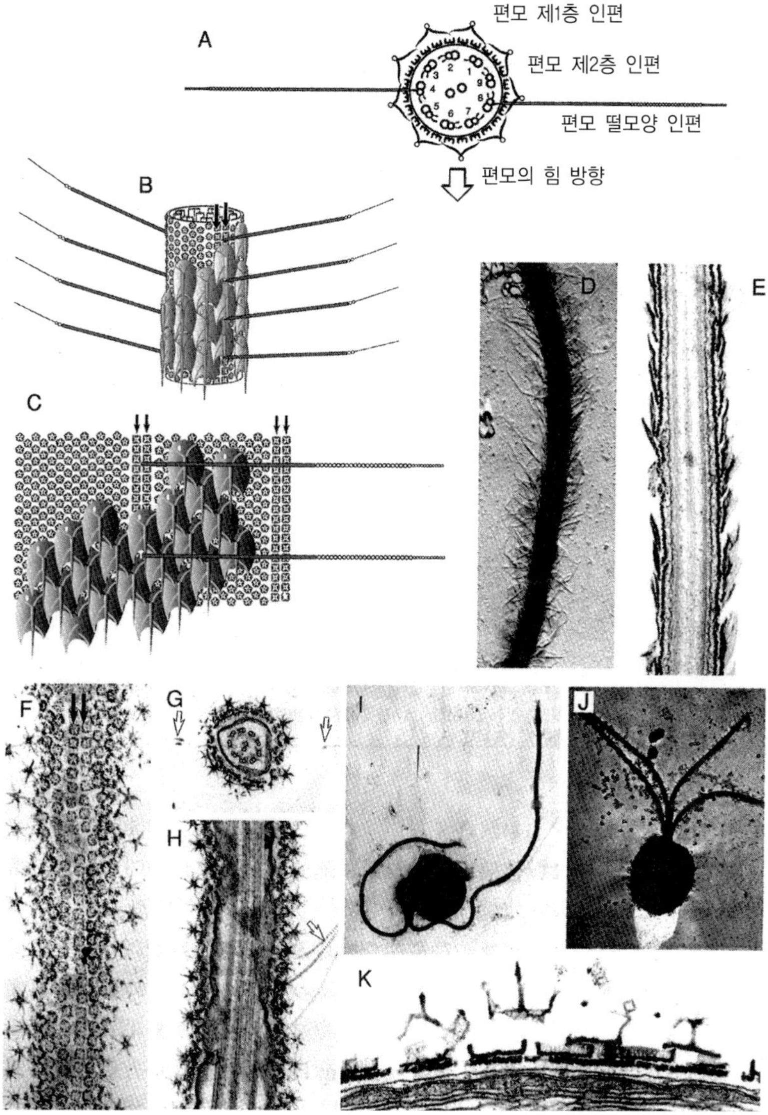

그림 11-31. 담록조류에 보이는 편모인편과 세포인편, A: 담록조류의 편모 단면도, 인편과 편모털(소모인편)의 배치와 편모운동의 관계를 나타낸다. B, C: 편모인편 배치와 전개도, D, E: *Pyramimonas* 편모, whole mount와 절편, F-H: *Nephroselmis* 편모, I, H: *Mamiella*(I)와 *Pyramimona*(J)의 whole mount 모양, K: *Pyamimonas* 편모인편, B, C, F의 검은색 화살표는 Melkonian 예, G, H의 하얀 화살표는 털(소모)인편.

3부 구성 관상소모와 유사하지만 기부구조를 결여한 2부구성이 된다(그림 11-33B).

마. 편모인편

편모인편(flagellar scale)은 특히 녹색식물인 담록조류에서 잘 발달되어 있다. 편모인편 형태는 분류상 중요한 형질로서 속과 목을 구분한다(그림 11-31). 분류군마다에 복수의 특징적인 인편이 편모표면에 배치되어 있다. 그림 11-31A~C에 담록조의 피라미모나스의 편모 모식도와 인편의 전개도를 게시하였다. 여기에는 두 층의 인편이 편모표면에 배체되어 있다. 가장 아래층의 인편은 한쪽이 40nm 정도의 미세한 정방형이지만, 매우 정확하게 정렬되어 있다. 이 인편은 *Mesostigma*를 제외한 담록조류에 널리 존재한다. 주의하여 살펴보면 2열의 인편배치가 다른 것과 다른 것을 알 수 있다. 편모 축에 평행으로 정방형의 나열로 되어 있다. 이 배열을 발견자 독일 케룬대학의 멜코니안(Melkonian)교수를 기념하여 멜코니안열(Melkonian`s rows)이라 한다. 기타는 편모 축에 각도를 유지하여 배치되어 있다. 멜코니안열은 꼭 편모털이 생기는 부위에 해당하며 편모의 반대쪽에도 또 하나의 열이 존재한다. 편모인편은 황금색조와 은편모조 등에서도 관찰되지만 특정의 종에 한정되고 있으며 담록조와 같이 보편적으로 존재하지는 않는다. 인편이 존재하는 종에서는 이것이 중요한 분류형질로 이용된다.

바. 편모이행대

편모와 기저소체의 연결부분을 편모이행대(flagellar transition region)라고 한다. 편모이행대는 분류군에 따라 특징적인 구조가 관찰된다(그림 11-32). 녹색식물은 섬유구조가 축사 2연관을 가교로 하여 별모양 구조(stellate pattern)라는 눈에 잘 띄지 않은 구조를 가진다(그림 11-22, 그림 11-32A, B). 별모양 구조에는 수축성 단백질인 카타닌(katanin)이 포함된다. 카타인은 칼슘이온 유입에 의해 수축하여 편모를 세포에서 잘라낸다. 긴급조치로 구비되는 것으로 해석된다. 많은 부등편모식물은 이행대나선구조(transitional helix, 그림 11-32C)를 가지지만, 이 구조의 역할에 대해서는 아직 전혀 알려진 내용이

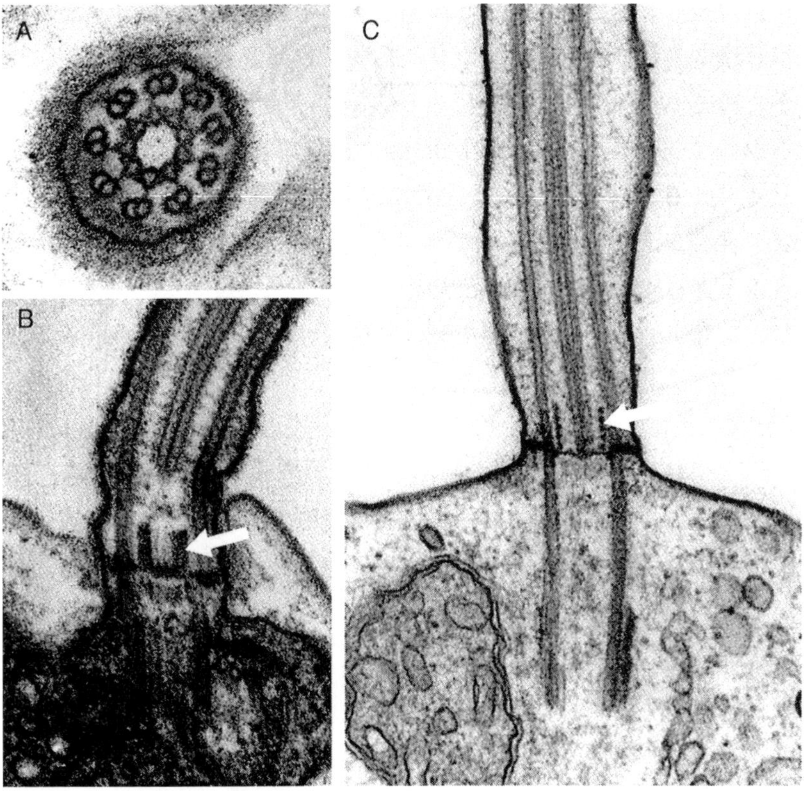

그림 11-32. 편모이행대에 나타나는 구조. A, B: 녹색식물의 별모양구조(화살표), C: 부등편모식물의 나선구조(화살표).

없다. 고차 분류군에 특징적인 내용으로 분류에서는 중요하지만 지금 시점에서 생물학적 의미부여는 거의 불가능한 실정이다. 앞으로 조류연구에서 중요한 과제가 될 것이다.

7. 착편모

제3장에서 설명하였던 착편모(haptonema, 그림 3-27~33)는 진핵생물 중에서 유일하게 착편모조에만 존재한다. 착편모의 기능은 부착, 활주운동, 도피반응 그리고 섭식작용에 관여한다는 것은 이미 제3장에서 설명하였다. 착

편모식물 프림네시움조강(Prymnesiophyceae) 크리소크로물리나(*Chrysochromulina*) 속의 일부 종에서 이러한 역할을 확인할 수 있다. 그러나 많은 착편모조는 착편모가 있지만, 모든 착편모가 이러한 기능을 하지는 않는다. 속과 종에 따라 착편모가 발달된 그룹, 퇴화된 그룹, 코일링(coiling) 하는 그룹과 하지 않는 그룹 등 매우 다양하다. 이러한 차이는 착편모조의 중요한 분류형질로 이용된다(표 11-3). 착편모가 발달하여 부착 및 코일링을 할 수 있는 그룹을 프림네시움목(Prymnesiales), 착편모가 퇴화되어, 코일링이 되지 않은 그룹을 이소크리시스목(Isochrysidales)으로 정리된다. 인편모조는 탄산칼슘 인편을 가지는 것이 중시되어, 착편모 유무가 별로 문제가 되지 않지만, 코일링을 하는 긴 착편모를 가진 종도 다수 포함되어 있다. 착편모는 착편모조 전체를 특징짓는 중요한 세포기관이다. 그러나 지금의 분류에서는 그렇게 잘 활용되고 있지 않다. 이것은 착편모에 대한 생물학적 특징이 아직 충분하게 연구되

표 11-3. 착편모조의 분류

문	강	목	그림
착편모 식물문 HAPTO-PHYTA	착편모조강 Pavlovophyceae	파브로바목 Pavlovales 부등장편모, 유영편모는 S자모양 운동, 편모 위에 막대모양 인편을 가짐. 착편모가 발달되지 않음(코일링 없음). 반상유기질 인편 없음. 안점 있음.	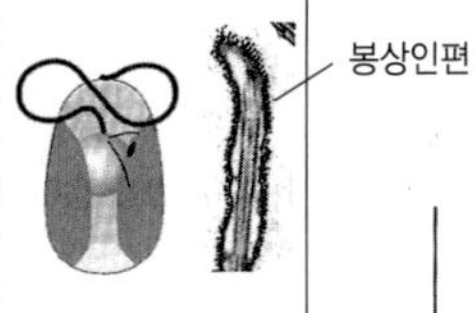
	프림네시움강 Prymnesiophyceae 인편은 유기질 반상, 안점 없음, 막대형 인편 없음, 착편모는 퇴화형이거나 발달되어 있다.	이소크리시스목 Isochrysidales 착편모는 퇴화형 또는 없다. 인편모조 *Emiliania*나 *Gephyrocapsa*의 유영세포는 착편모를 가지지 않는다. 기타에도 *Pleurochrysis* 등의 인편모조가 여기에 분류된다.	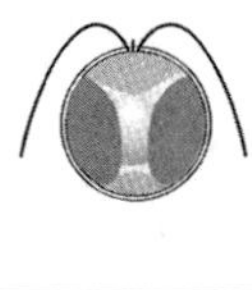
		프림네시움목 Prymnesiales 착편모가 현저하게 발달. 코일링하는 종은 *Chrysochromulina* 속으로 정리되어 있다. 유기질인편의 형태는 다양하다.	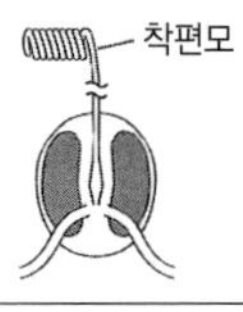 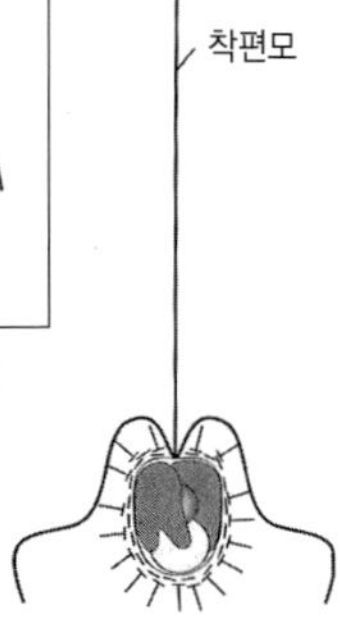
		인편모조목 Coccolithales 인편모조 중에서 이소크리시스목에 분류되었던 몇 종을 제외한 모두가 속한다. 인편의 형태로 분류된다.	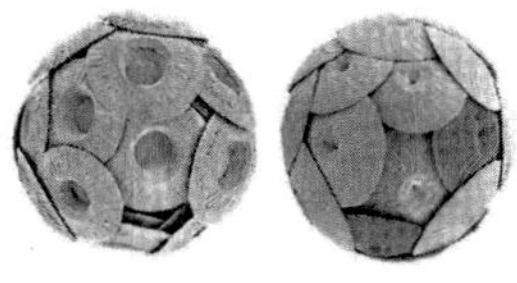

어 있지 않은 것에 원인이 있다고 할 수 있다.

착편모조 중에 연안해역에 비교적 많이 출현하는 파브로보조강(Pavlovophyceae)이 있다. 분자계통의 결과에도 파브로보조류는 착편모식물의 원시적인 그룹이라는 것이 알려진다. 프림네시움조강과 유사점은 거의 찾아보기 어렵다. 안점과 부등의 장편모를 가진 한편으로서 프림네시움조강에 특징적인 판상의 유기질 인편을 가지고 있지 않는 등 프림네시움조강의 특징과 매우 다르다(표 11-3). 그러나 발달하지 못한 착편모를 가진다. 파브로보조류 그룹은 착편모가 부착이나 코일링, 그리고 섭식작용 등의 기능을 전혀 하지 못한다. 이러한 결과로부터 착편모는 프림네시움조강에서 특수한 기능을 가지는 것으로 알려지고 있지만, 무엇 때문에 그리고 어떠한 진화적 과정에서 착편모가 발달하였는지에 대해서는 아직 전혀 알지 못한다. 착편모는 무엇일까? 어디에서 유래된 소기관일까? 매우 매력적인 연구대상이라 생각되지만, 무엇 때문인지 착편모에 대해 연구하는 연구자는 많지 않다. 지금도 많은 미스터리를 남기고 있는 세포기관이다.

8. 편모장치

편모는 편모이행대를 매개로 기저소체로 연결된다. 기저소체 주변에는 매우 복잡한 구조가 있고 이들 모두를 포함하여 편모장치(flagellar apparatus)라고 한다. 섬유모양구조와 미소관이 주요한 구성요소이다. 아직도 어떤 부분에 어떠한 기능을 하고 있는지에 대한 구체적인 내용은 거의 알려져 있지 않다. 편모장치는 300 이상의 서로 다른 구조단백질에 의해 구성되어 있다고 한다. 세포내에서 가장 복잡한 구조이다. 편모장치는 대부분 주요한 세포기능에 관여하는 진핵세포 특유의 세포구조이다. 당연한 일이지만 우선 편모생성과 운동에 관계한다. 이외에도 세포분열에서 극으로 방추체의 형성, 세포골격의 형성, 세포형태의 유지 및 세포내 소기관의 배치결정 등 다양한 기능에 관여한다. 즉 진핵생물은 편모장치가 없으면 거의 세포로서 기능을 하지 못한다는 것이 된다. 황금색조에서는 편모가 섭식작용에까지 관여한다(제3장). 세포기관으로서 편모장치는 복잡화된 진핵세포의 다양한 요소들 사이에 네트워크를 형성한다. 그리고는 다양한 세포기능이 본연의 역할을 다할 수 있도록 하는 인프라 역할을 하는 것으로 추정된다. 그러나 편모장치와 세포의 다양한 기능 사이에서 발생되는 상세한 부분의 해석은 아직까지 충분하게 해명되어 있지 못하다. 지금도 형태학적으로 상세한 기재가 끊임없이 계속되고 있을 뿐이다.

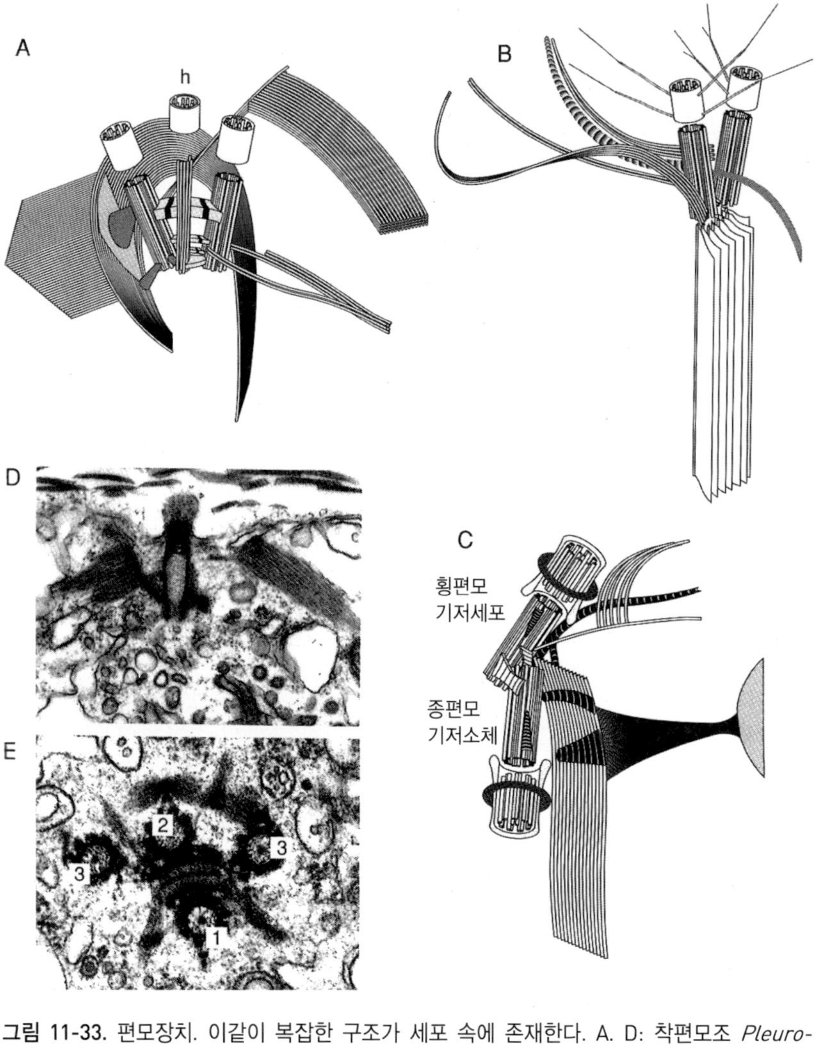

그림 11-33. 편모장치. 이같이 복잡한 구조가 세포 속에 존재한다. A. D: 착편모조 *Pleurorysis*(h는 착편모), B: 은편모조, C: 와편모조, E: 담록조류 *Pyramimonas*. 1~3의 숫자는 기저소체의 세대를 나타낸다.

편모장치는 진핵세포를 진핵세포로서 기능할 수 있도록 하는 중요한 구조이다. 즉 편모장치는 다양한 세포기능의 그랜드센트럴로서 역할을 담당한다. 어찌되었든지 편모장치를 중심으로 하는 세포학에 큰 발전이 있게 된다면 진핵세포의 이해와 원생생물 분야의 비약적인 발전으로 연결될 것임에는 틀림이 없을 것이다.

기본적인 편모장치의 구조는 강이나 목 등 고차분류군에서 안정되어 매우 보수적으로 유지되고 있다. 때문에 고차 분류군 수준에서 명확한 공통성이 인정되고 있기에 고차 분류군을 나누는 가장 중요한 형질로서 폭넓게 이용된다. 편모근을 구성하는 미소관의 수 등 편모장치의 세부적 차이는 속과 종 수준의 중요한 분류형질로 사용된다. 편모장치에 대한 그림은 이 책의 여기저기에 게시되었다(황금색조 및 진안점조: 제3장 참조, 녹조강 및 차축조류(제14장 참조), 유글레나조(제13장 참조). 이 이외의 몇 개 그룹에 대한 편모장치를 그림 11-33에 나타내었다. 제시된 모든 그림에서 편모장치는 매우 복잡한 구조를 한다. 진핵생물에는 이렇게 복잡한 구조가 세포 속에 존재하여 진핵세포의 다양한 기능에 중심적 역할을 담당하고 있는 것으로 생각할 수 있으면 좋을 것이다. 편모장치에 대한 이보다 깊이 있는 내용은 아직 누구도 알지 못한다. 용기와 끈기있는 젊은 과학자가 등장하여 편모장치에 대한 보다 깊은 연구결과가 도출되기를 기대하여 본다. 조류에 흥미 있는 젊은이들은 한번쯤 도전할 만한 가치가 충분한 세부분야일 것이다.

9. 편모변환: 편모의 "세대"

편모장치의 구성요소인 편모와 기저소체 배열과 딸세포의 분배를 보면 중요한 법칙이 있음을 알 수 있다. 조류에 한정하지 않고 대부분 진핵생물의 유영세포는 2개 또는 4개의 편모 또는 기저소체를 가진다(동물과 균류는 예외로서 제13장에서 설명한다). 클라미도모나스는 두개의 같은 길이의 편모(등편모)를 가지며, 두개의 편모사이에는 아무런 차이도 없는 것처럼 보인다. 그러나 실제로는 커다란 차이가 있다. 한개는 어미 세포에서 받은 옛 편모이고 다른 하나는 새롭게 생긴 편모이다. 즉 편모는 DNA나 세포형태를 만드는 구조의 피각과 같이 반 보존적으로 딸세포로 분배된다. 클라미도모나스는 다소 이해하기 어렵기에 길이가 다른 편모(부등편모) 중에 길이가 긴 편모를 가진 담록조의 네프로셀미스(*Nephroselmis*)와 부등편모를 가지는 부등편모식물인 오크로모나스(*Ochromonas*)를 예로 들어 살펴보자(그림 11-34). 네프로셀미스는 크고 작은 두개의 편모를 가진다. 분열할 때에는 두개의 편모는 짧게 되지만, 구분이 가능하기에 복제과정을 추적하는 것이 가능하다. 어미세포의 긴 편모는 그것을 물려받은 딸세포에서도 긴 편모가 되어 짧은 편모가 새롭게 만들어 진다. 어미 세포의 짧은 편모를 물려받은 딸세포는 물려받는 세포를 긴 편모로 승격시키고 새롭게 짧은 편모를 만들게 된다. 즉 네프로셀미스의 세포는 언제나 긴 편모 세대가 어미에게서 물려받은 오래된 세대이고, 짧은 편모가 새롭게 만들어진 새로운 세대라는 규칙이 성립된다.

부등편모식물의 앞편모는 관상소모를 가지는 편모이며(그림 11-34에서는 편모털은 생략하고 있다) 뒤편모는 장식구조가 없는 편모이다. 세포가 분열하면 어미 세포의 뒤편모는 딸세포의 뒤편모가 되고 앞편모가 새롭게 생긴다. 한편 어미세포의 앞편모는 딸세포의 뒤편모로 승격되고 앞편모가 새로 생긴

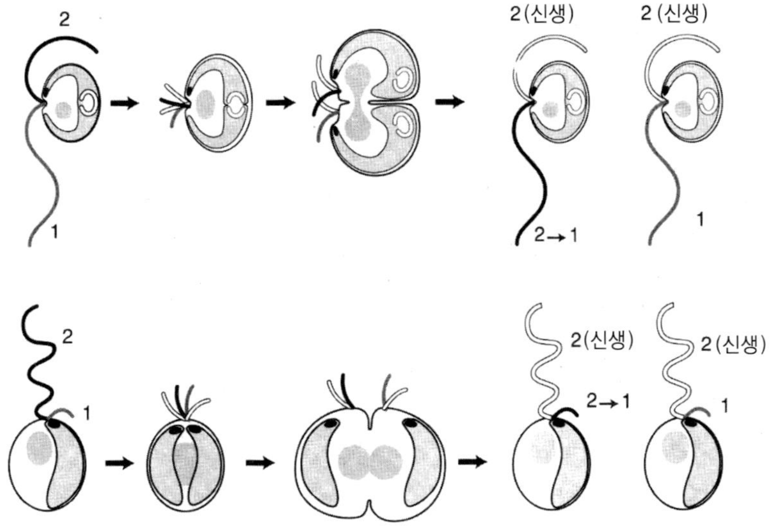

그림 11-34. 편모 및 기저소체의 세대교환. *Nephroselmis*(위)와 *Ochromonas*(아래). No. 2의 편모(기저소체)는 세포분열 이후 No. 1으로 "승격"한다.

다. 이와 같이 편모는 분열을 걸쳐 이른바 성장 또는 승격하는 것이다. 네프로셀미스에서 긴 편모의 길이가 회복되는 것은 실제로는 3세대를 필요로 한다. 4개 편모의 경우도 사정은 마찬가지로 그림 11-33E와 같이 오래된 순으로 1, 2, 3 (2개)이라는 번호를 붙이면 다음 세대에는 각각 1 → 1, 2 → 1, 3 → 2와 같이 승격하게 되어 딸세포는 3번의 기저소체가 두개 새롭게 만들어 진다. 조사한 결과 이러한 법칙은 진핵생물에서 보편적으로 관찰된다. 아마도 수백 개의 섬모를 가지는 섬모충에도 적용이 가능하다. 진핵생물의 진화 초기에 확립된 구조 중 하나로 생각되고 있다(제13장).

즉 편모는 세대가 있기 때문에 순번의 번호를 붙일 수가 있다. 그림 11-33이나 다른 항목에서 게재된 편모장치에서 기저소체에 번호가 붙여있는 것은 1이 오래된 기저소체, 2가 그 다음 오래된 기저소체 등으로 해석할 수 있다. 이렇게 하여 기저소체에 번호를 붙이면 모든 진핵생물의 유영세포를 공통기준에서 비교할 수가 있다. 편모장치를 정확하게 이해하는 것은 진핵생물의 진화를 이해하는 것으로 연결된다. 유전자나 게놈 해석이 전성시대라고 하지만, 미세구조의 세밀한 관찰은 지속하지 않으면 안 되는 매우 중요한 일이다. 언젠가 이것이 분자생물학과 만날 때 진핵생물에 대한 이해는 크게 진전될 것으로 생각한다.

10. 빛 수용장치

가. 안점

빛은 광합성 에너지의 원천일 뿐만 아니라 많은 생물의 환경응답에 대한 신호로 이용된다. 조류에서 빛에 대한 반응은 주광성(走光性, phototaxis)이나 굴광성(屈光性, phototropism) 등의 현상으로 관찰된다. 부등편모식물, 녹색식물(클라미도모나스와 볼복스) 그리고 유글레나의 주광성과 빛 수용 장치에 대해서는 제3장에서 설명하였다. 따라서 여기서는 기타 조류에 대하여 보충설명을 한다.

와편모조는 안점의 다양성 전시실과 같다(그림 11-35). 엽록체 내부의 카로티노이드 과립으로 된 극히 일반적인 안점과 삼중막으로 둘러싸여 있지만

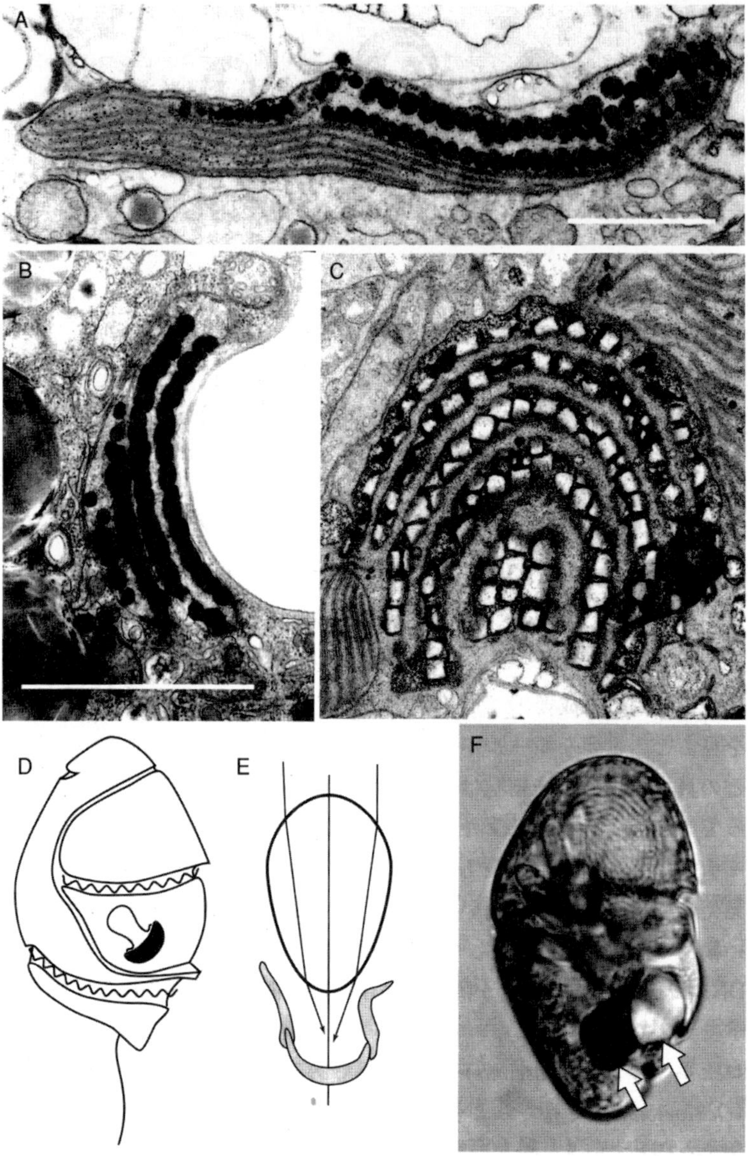

그림 11-35. A: 와편모조에 관찰되는 보편적인 안점의 유형, 엽록체 중에 있다. *Scrippsiella hexapraecingula*. B: 규조 공생조를 가지는 와편모조에 특유하게 안점이 4중 막으로 싸여있다. *Peridiniopsis* sp., C: *Gymnodinium natalense*의 블록모양의 안점, D-F: *Nematodinium*이나 *Warnowia*는 렌즈안을 생각하게 하는 오셀루스라는 복잡한 빛 수용 장치를 가진다(사진제공, A-C, 堀口健雄, F, 岩滝光儀).

엽록체에서 독립된 안점, 그리고 세포질 졸에 위치하는 안점 등이 있다. 그러나 안점의 정수를 보여주는 것은 일부 와편모조에서 관찰되는 오셀루스(L: *ocellus* = little eye)라는 렌즈 눈에 필적하는 구조의 안점이다(그림 11-35D~F). 렌즈와 망막에 해당하는 부분이 있어 그곳에서 상을 결합하는 것으로 생각된다. 이렇게 포착된 상의 정보는 세포내에서 어떻게 처리되고 있는 것일까? 상상도 되지 않을 뿐만 아니라 지금 이런 내용에 대해 알려진 것은 아무것도 없다.

나. 빛 수용색소

식물에게 빛은 광합성 에너지의 근원임과 동시에 주변 환경에서 정보를 획득하는 중요한 신호이다. 하루 중에도 빛 환경은 시간에 따라 강도와 파장의 분포가 변화되고 있다. 또 계절에 따라 일년주기로 낮의 길이와 빛 강도가 변화된다. 그리고 화산분화나 기상변화에서 생물은 빛을 모니터하면서 그것에 응답하여 살아남거나 또는 전략적으로 최적의 생존을 목표로 대응하고 있다. 때문에 식물은 빛을 감지하는 센서 색소가 존재한다. 움직이지 않은 식물은 생존전략의 하나로서 지속적인 빛을 모니터하고 있는 것이다.

사람 눈으로 감지할 수 있는 가시광선은 약 400~700nm 파장을 가지는 전자파이다. 생물학에서 말하는 빛은 가시광선보다 다소 넓은 파장을 가진다. 즉 생물이 감지하여 응답이 가능한 빛은 320nm의 UV-A에서 근적외선인 760nm 범위의 전자파가 된다. 이 빛은 태양방사에서 가시의 창을 통해 지상에서 수용할 수 있다. 세균에서 진핵생물까지 가장 넓은 범위의 생물에서 관찰되는 광센서는 청색광 및 UV-A에 응답하는 것이다(그림 11-36). 가장 오랜 빛 응답 시스템은 아마도 물속에 가장 투과율이 높은 청색광과 관련되어 진화되어 왔을 것이다. 육상식물도 양치식물의 포자 발아, 굴광성, 어린잎의 전개 또는 기공의 개폐 등 청색광에 응답하는 많은 반응들이 알려진다. 이 빛 수용체는 크립토크롬(cryptochrome)이란 이름으로 총칭된다. 240~520nm 빛에 응답하여 청색과 UV-A 빛에서 스위치가 전환된다. 이 빛 수용체는 분자량 75 kD의 노란색 후라빈단백질이라는 것이 명확해졌다. 조류는 제3장에서 설명한 연두벌레의 빛 수용체가 여기에 해당한다. 부등편모식물 유영세포의 편모팽윤부에 있는 빛 수용체도 후라빈과 같은 단백질이다. 자외선을 받게 되면 후라빈에 유사한 청록색 형광을 발생한다(권두사진 5-16). 이러한 편모 형광은 착편모조 편모에도 관찰되는 것에서 착편모조도 후라빈이 빛 수용에 관계하고 있을 가능성이 높다. 이외에 황록색조강 바우케리아(*Vaucheria*)의 굴광성도 청색광 응답의 사례이다.

육상식물인 양상치 종자는 빨강색 빛이 있을 때 발아하지만 근적외광을 받게 되면 발아하지 않는 현상으로부터 발견된 청록색 파이토크롬(phytochrome)이라는 색소를 가진다. 동물의 로돕신(rhodopsin)에 해당하는 주요한 광센서의 기능을 한다. 빨강색인 665nm에 최대흡수를 가지는 Pr 형(r = red)과 근적외인 730nm에서 최대흡수를 가지는 Pfr 형(fr = far red, 근적외)의 두 가지 형태의 색소를 가지는 수용성 단백질이다. Pr과 Pfr은 빛 평형에 있어, 빛 파장에 의존하여 존재하는 비율이 다르다. 빨강색 빛 조건에서는 대부분

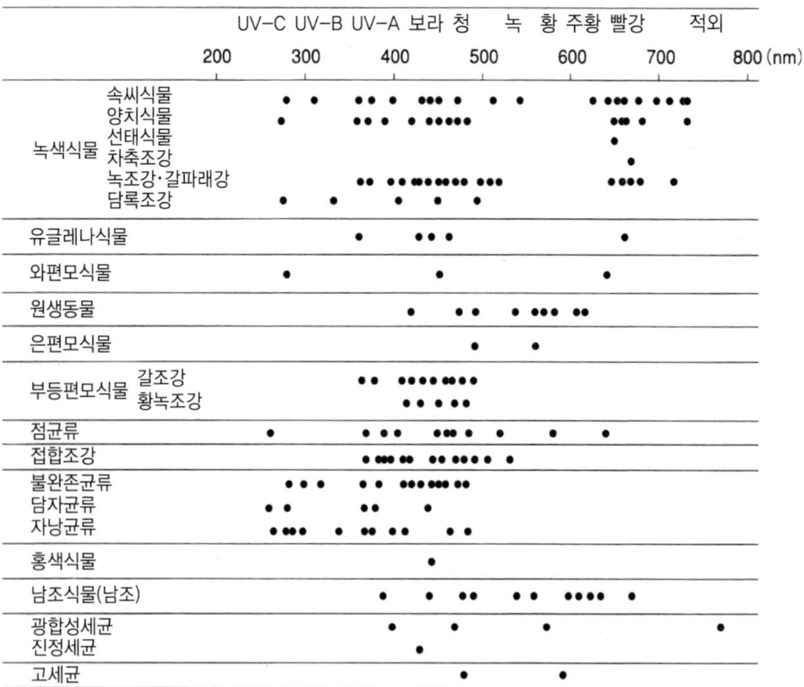

그림 11-36. 다양한 생물의 광 응답과 파장역의 관계(川井, 1999에서 그림).

Pr형으로 존재한다. 빨강색 빛은 얕은 물속을 제외하면 급속히 흡수, 감쇄되기 때문에 물속에 서식하는 많은 조류에 파이토크롬은 빛 센서가 되기 어렵다. 따라서 빨강색 빛을 신호로 사용하는 파이토크롬에 의한 빛 센싱은 녹색식물에 출현하며, 이는 식물이 육상으로 진출한 것과 크게 연관되어 진화한 것이라 할 수 있다(단 남조에도 파이토크롬과 상동성을 나타내는 단백질이 알려지고 있어, 아직 파이토크롬의 기원에 대해서는 알지 못하는 부분이 많다). 진핵조류에서 확실하게 파이토크롬이 존재하여 기능하는 것을 나타낸 사례는 차축조강의 별해캄목, 즉 해캄이나 판해캄 엽록체의 구조변화이다. 강한 빛과 약한 빛에 따라서 필요한 빛을 받기 위해 빛 방향으로 엽록체의 면적을 변화시키다(그림 3-37). 다른 요인과 함께 이것도 빨강색 빛을 이용하는 광센싱이 육상식물을 만들어낸 원인 중 하나인 것을 시사한다(제14장). 잎의 황색화나 어린잎의 전개 등 육상식물에서 관찰되는 많은 빛 응답반응은 파이토크롬을 중심으로 빨강색 광센서가 많이 관여한다.

녹색에서 황색 파장을 이용하는 로돕신을 센서색소로 이용하는 것은 육상

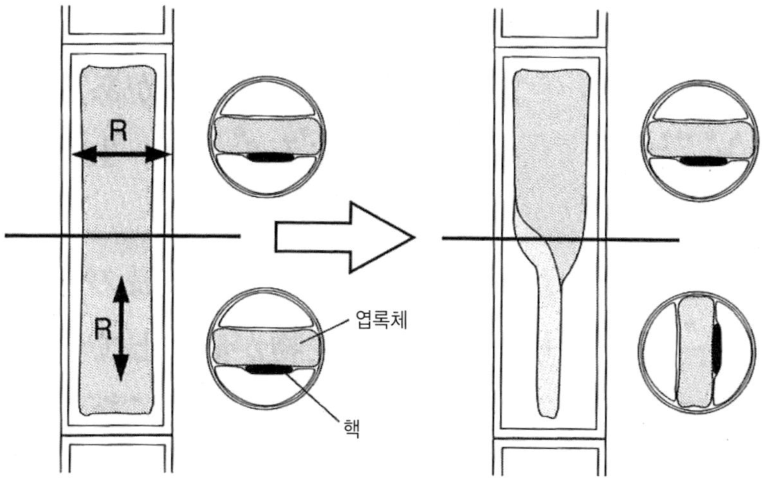

그림 11-37. 판해캄(차축조류)에서 관찰되는 파이토크롬에 의한 엽록체의 회전. 적색광 R의 편광(화살표 방향)의 방향을 바꾸어 빛을 비치면 장축방향에 편광면을 가진 빛만이 유효하게 된다. 이런 내용으로부터 파이토크롬은 방향성을 가지고 배치되어 있는 것을 알 수 있다(Plant Physiology online을 기준으로 그림).

식물과 또 하나의 녹색식물 계통군을 구성하는 갈파래강 및 녹조강이다(제14장). 클라미도모나스는 로돕신(rhodopsin), 레티놀(retinol, 비타민 A 유도체)에서 빛을 수용하여 빛의 방향을 감지한다(제3장). 녹색식물은 빛 센싱에도 두개의 큰 흐름을 가지는 것 같다. 이 경향은 많은 다른 형질로부터 명확해진 녹색식물의 대계통과 일치한다(제14장)

이외에도 파장 290~350nm의 단파장 자외선에 응답하는 UV-B 빛 센서가 존재하며, 이는 녹색식물 이외에 와편모조에서도 보고된다. UV-B 빛 센서는 육상식물에서는 파이토크롬과 크립토크롬이 협력하여 역할을 하는 것으로 생각되고 있다. 진화과정에서 다양한 광 수용색소가 채용되어 현재의 식물생활을 제어하고 있다. 빛 응답의 진화, 계통학적 이해는 육상식물이나 동물을 포함한 진핵생물의 성립을 생각할 때에 매우 중요한 내용 중에 하나이다.

11. 세포외피

권두사진의 전자현미경 사진을 보면 조류 세포 표면이 얼마만큼 다양한 모습을 하고 있는지 알 수 있다. 규조의 유리피각, 인편모조의 탄산칼슘 인편, 와편모조의 세포속의 셀룰로스 개각, 유글레나의 단백질 리본모양 외피인 박피(pellicle), 마찬가지로 유글레나류 *Trachelomonas*의 철과 망간을 포함하는 피갑(lorica), 담록조의 세포와 인편을 감싸는 미세한 인편 등 각각 개성이 넘친다. 각 분류군의 조류는 무엇 때문에 이러한 미세외피를 생산하는 것일까? 왜 구태여 유연성이 없는 규산질 각을 만들 필요가 있는 것일까? 인편모조의 석회화는 무엇 때문에 진화한 것일까? 많은 질문에 지금으로서는 아쉽게도 명확한 답을 할 수가 없다. 각 조류 그룹에 이러한 다양성이 존재하는 것은 무엇인가에 의한 도퇴압의 결과로 인해, 이러한 세포외피(細胞外被, cell coat) 획득이 무엇인가 적응적 의미를 포함하고 있기 때문일 것이다. 현시점에 제시할 수 있는 것은 이정도 다양성이 조류에 존재하며, 이러한 사실을 기반으로 조류의 다양한 그룹에 대한 인식이 이루어진다는 것일 뿐이다. 표 11-1에 각 조류의 문 수준에서 관찰되는 특징적인 세포외피를 정리하여 두었기에 참고하기 바란다.

유글레나의 박피(pellicle). 와편모조의 암피에스마(amphiesma), 은편모조의 페리프라스트(periplast)는 각각의 식물문을 구분하는 분류형질이다. 그러나 일반적으로 세포외피의 특징은 미토콘드리아 크리스테의 모양, 엽록체 막 토포로지 또는 편모의 특징처럼 보편적인 항목이 아니다. 개성 있는 특징이지만 문 수준의 계급에서 반드시 일정하다고 할 수만은 없다. 부등편모식물인 규조는 규산질 각을 가진다. 그러나 같은 문에 속하는 갈조는 셀룰로스의 세포벽을 가진다. 이렇게 세포외피의 특수화는 커다란 조류그룹에서 극히 일부 조류군에서 발생이 보이고 있을 뿐이다. 그러나 규산화는 근연의 조류군에서 광범위하게 관찰된다. 부등편모식물문인 시누라조강은 세포가 정교한 규산질 인편으로 덮여있다. 마찬가지로 규질편모조강은 규산질의 외골격을 형성한다. 이러한 내용으로부터 부등편모식물에는 광물화가 일어나면, 그것은 규산화라는 것으로 이해할 수 있다.

탄산칼슘 인편은 착편모식물인 프림네시움강(Prymnesiophyceae)의 인편모조목(Coccolithales)에 한정되어 관찰되는 형질로서 착편모식물 전체에 대한 특징은 아니다. 프림네시움강에 의해 일반적인 세포외피는 골지체에서 형성되는 유기질 인편이다. 유기질 인편에 탄산칼슘을 침착시키는 조류가 인편모조이다. 석회화는 광합성에 이산화탄소를 공급하는 구조로 출현하여 왔다고 생각되기도 한다. 즉 인편은 유기인편의 변형으로 2억수천 년 이전 어느 때에 이산화탄소 공급원으로 진화되었을 가능성이 있다. 세포외피를 분류학적으로 정확하게 평가하는 것은 계통과 세포기능의 이해가 되고 난 다음의 일이라 할 수 있다.

세포외피의 평가는 반드시 문 계급에서 일치하지 않기 때문에 쉽게 이해되지 않는다. 그러나 일부 강, 경우에는 목, 과 또는 속 수준의 분류군을 특정지울 수 있는 중요한 분류형질이다. 세포를 둘러싼 개성적인 구조는 무엇인가의 도퇴압에 노출되어 조상이 가진 형질을 바꾸는 것으로 발달되어 왔던 것이다. 따라서 각 조류군이 가지는 기본적 형질이 명확하게 파악된다면, 세포외피가 가지는 의미도 자연스럽게 해결될 것이다.

12. 생활사

생활사(life cycle)라는 관점에서 조류의 다양한 그룹을 이해하는 것은 매우 중요하다. 강의를 하다 보면 기본적인 생활사가 이해되지 않는 것에 종종 놀라곤 한다. 때문에 우선 비교를 위하여 사람의 생활사를 확인하여 둔다. 사람은 46개의 염색체를 가진다. 23개는 부친에게서 나머지 23개는 모친에게서 물려받은 것이다. 결혼한 남녀는 자손을 남기는 배우자로 관여하기에 서로가 배우체이다. 여성은 배우체로서 난자를 남자는 정자를 만든다. 난자와 정자도 감수분열에 의해 만들어지기에 염색체 수는 23개이다. 배우체를 만드는 감수분열은 배우자 감수분열(gametic meiosis)이라 한다. 수정하면 수정란은 46개 염색체를 가지며 성염색체 조합에 의해 여성이나 남성의 성을 가진 개체로 성장한다. 수백세대에 걸쳐 이러한 현상이 반복으로 사람이라는 생물종이 유지되고 있다. 모두에게 익숙한 이러한 사실을 바탕으로 다음에 조류의 생활사를 살펴보기로 하자.

가. 포자체와 배우체

포자(spore, Gk: *spore* 종자)라는 용어는 조류에서 매우 많이 등장한다. 그러나 다양한 곳에서 사용되고 있어 왠지 이해가 쉽지만은 않다. 포자를 정확하게 이해하는 것은 식물의 생활사와 동물의 생활사 차이를 이해하는 열쇄가 된다. 원래 의미의 포자는 무성생식세포에서 감수분열을 한 결과 만들어진 것이다(진정포자). 즉 어미와 비교하면 염색체 수가 절반이다. 포자의 염색체 수를 n이라고 한다면, 어미는 2n으로 감수분열에 의해 n개의 염색체를 가진 포자가 만들어 진다. 포자는 무성생식세포이기에 다른 생식세포와 융합하지 않고 발아하여 염색체수 n의 개체로 성장한다. n의 개체는 성장하여 유성생식세포인 배우체를 만든다(감수분열은 하지 않는다). 배우자를 만드는 개체이기에 배우체(gametophyta)라고 한다. 배우체가 다른 성의 배우체와 융합(수정이라고 하여도, 접합이라고 하여도 좋다)하게 되면, 염색체가 2n으로 되돌아와 성장하고는 새로운 개체가 된다. 2n 개체는 감수분열을 하여 생식세포로서 포자를 만들기 때문에 포자체(sporophyte)라고 한다. 이것이 식물의 생활

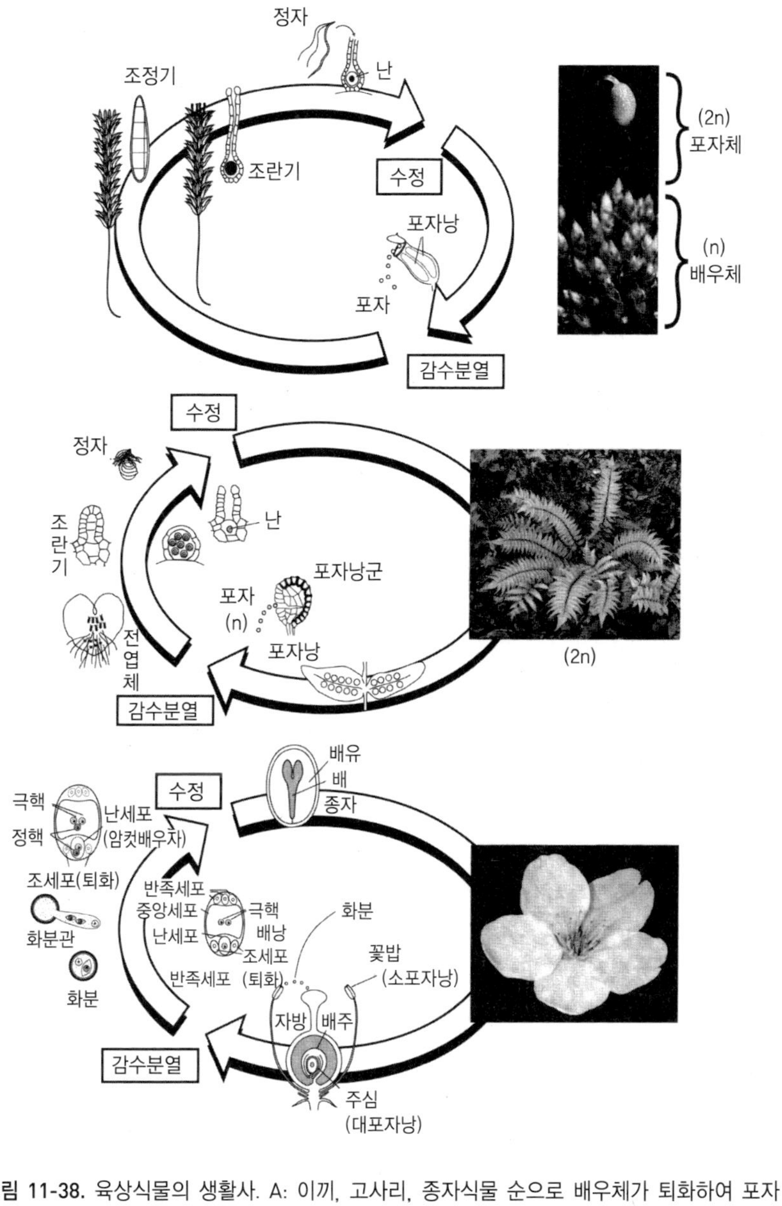

그림 11-38. 육상식물의 생활사. A: 이끼, 고사리, 종자식물 순으로 배우체가 퇴화하여 포자체가 우세하게 되어 있다. 속씨식물에는 암컷배우체는 7세포 8핵, 수컷배우체(화분관)는 2세포(화분관 세포 중에 생식세포가 존재)로 퇴화하여 있다.

사에서 기본이 된다. 포자를 만든 개체와 배우체를 만든 개체 사이에서 세대교대(alternation of generations)가 이루어지기 때문에 2세대교대라고 한다. 중·고등학교 교과서에 게재되어 있는 사례는 양치식물의 생활사이다. 산채메밀(山菜SOBA) 등의 재료로 이용되는 고사리나 고비, 정월의 장식으로 사용되는 풀고사리가 포자체로서 핵상은 2n이다. 어디서나 쉽게 볼 수 있는 고사리는 모두가 포자체이다. 포자체는 감수분열을 하여 포자를 만든다. 즉 포자감수분열(sporic meiosis, 고사리 잎의 뒤쪽에 보이지 않은 갈색 반점과 같은 것이 있으면 그곳에서 포자를 만들고 있다)이다. 포자는 핵상이 n으로 발아하여 핵상 n인 배우체가 된다. 이것이 전엽체이다. 작아서 눈으로 보이는 것은 많지 않으며, 보통은 습한 지표에 1cm가 되지 않은 작은 녹색 박막과 같은 몸으로 생애를 마친다. 전엽체는 핵상이 n인 배우체를 만든다. 조란기와 조정기라는 생식기관에서 알과 정자가 만들어지고 결국 이들이 만나서 수정을 한다. 수정 후에 염색체 수가 2n인 포자체로 돌아와서 수정란이 발아하여 우리에게 익숙한 고사리 형태로 성장한다. 즉 고사리 새끼는 전엽체로서 전엽체 새끼가 보이는 고사리이다. 보통 고사리에서 말하면 손자 대에 자신과 같은 모습을 한 개체가 탄생하는 것이 된다.

대조적으로 사람인 어린이는 어미와 같은 핵상으로 같은 모습을 한다. 이러한 부분이 식물과 커다란 차이가 있다. 동물의 생활사와 식물의 생활사를 비교하면 동물의 생활사는 포자형성에서 배우체에 의한 배우자형성까지 과정을 생략하는 것을 알 수 있다(그림 11-38). 동물은 배우체 세대를 생략하는 것으로 감수분열에 의해 직접 배우체를 만들고 있다. 즉 동물에는 세대교대가 없다. 감수분열에서 직접 배우체를 만들기에 동물 개체는 핵상이 2n임에도 불구하고 배우체라는 것이 된다. 이러한 부분이 오해를 발생시켜 이해를 더욱 어렵게 한다.

나. 해조의 생활사

식물 생활사의 기본은 2세대교대이지만 분류군에 따라서는 다양한 세대교대가 만들어진다. 고사리와 같이 포자체와 배우체가 조금도 닮지 않은 것을 이형세대교대(heteromorphic alternation of generation)라고 한다. 포자체를 S,

배우체를 G로 표기하면, S ≠ G가 된다. 또 고사리 전엽체는 보통 보는 고사리보다 매우 작고 수명이 짧기 때문에 동시에 S > G라는 관계가 성립된다. 겉씨식물이나 속씨식물도 마찬가지이나, 배우체는 퇴화되기 때문에(속씨식물 암컷배우체는 배낭이라고 하여 많게는 7세포 8핵까지 퇴화되어 있다) S ≠ G 또한 S ≫ G로 표현된다. 이끼는 배우체가 우세하기에 S ≠ G 또한 S ≪ G이다. 육상식물은 모두 이형세대교대를 실시하는 2세대교대 생물이다.

이러한 육상식물에 반하여 녹조에도 갈조에도 홍조에도 S = G가 성립하는 경우가 있다. 이는 포자체와 배우체는 겉보기에 크기가 같기 때문에 동형세대교대(isomorphic alternation of generation)라고 한다. 조류에서 S ≠ G이면, 포자체와 배우체 사이에 S > G, S < G, S ≫ G 그리고 S ≪ G의 모든 경우가 관찰된다. 조류에서 S = 0(포자체가 없고 배우체만 존재), G = 0(배우체는 없고 포자체만 존재)인 경우도 있다. G = 0라는 것은 동물과 같은 유형의 생활사이다. 녹조에는 청각(권두사진 4-13~15)이, 갈조에는 모자반류와 푸쿠스류(권두사진 5-9, 14)가 여기에 해당한다. 모두가 감수분열에 의해 배우체를 만들기 때문에 역할로 보면 배우체이지만, 식물에는 2n의 몸을 포자체로 부르기에 청각이나 모자반에는 배우체가 없다고 하는 이상한 표현을 하게 되는 것이다.

바다나 담수 등 모든 수계에 널리 분포하고 있는 녹색식물을 사례로 하여 생활사의 다양성을 서식장소라고 하는 점에서 살펴보면 담수에는 압도적으로 S = 0가 많다. 이러한 내용을 바꾸어 표현하면 담수산의 많은 조류에서는 포자체가 없다는 것이 된다. 2n 세포는 배우체가 접합한 접합자일 때만으로 담수 녹조나 차축조 대부분은 접합자 상태에서는 휴면하여 서식에 가혹한 환경변화를 이겨내고 있다. 이들 담수의 녹색식물은 서식환경 조건이 다시 좋아지면 발아한 다음 감수분열을 하여 단핵인 n개체가 된다. 이러한 담수녹색 식물과는 달리 바다의 녹조(갈파래조)에서는 다양한 유형의 생활사가 관찰된다. 제 I 부 조류보기에서 조체의 체제가 매우 다양하다는 것에 대해서 설명하였다. 그에 못지않게 생활사 유형에서도 다양성을 보인다. 이런 이유는 바다라는 안정된 환경은 다채로운 몸 체제뿐만 아니라 다양한 생활사의 출현이 가능하기 때문이라 생각된다.

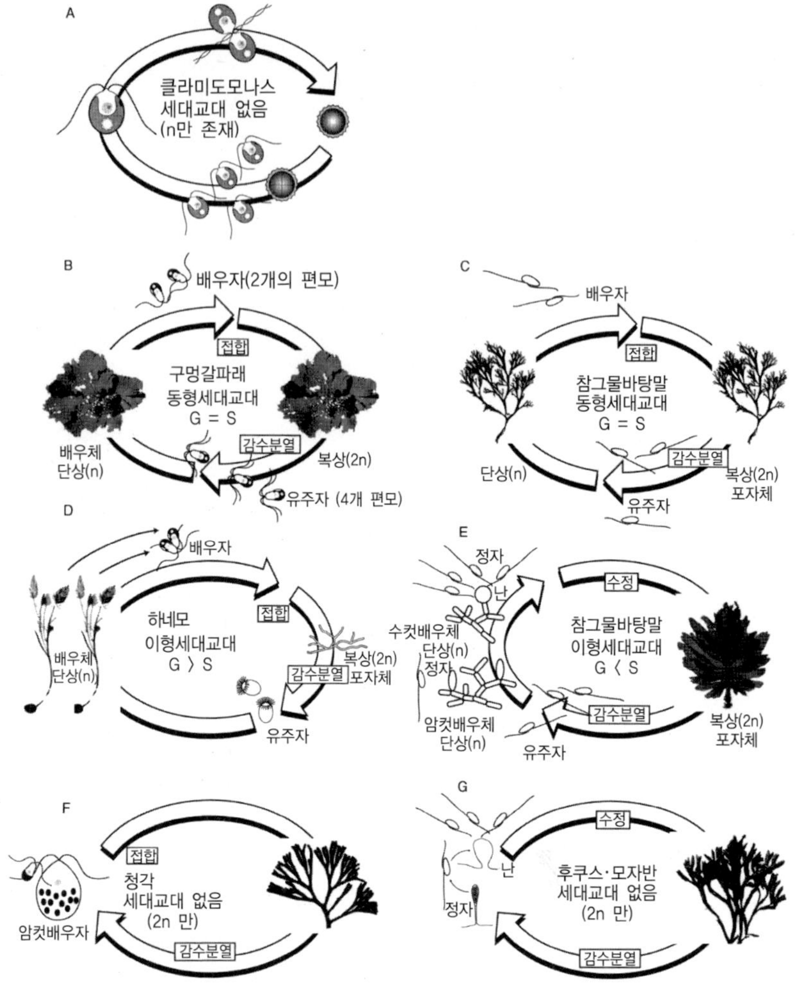

그림 11-39. 조류에서 관찰되는 다양한 생활사. A: 포자체가 없는 타입. 담수산 녹색식물(녹조강과 차축조강)에서 관찰된다. B, C: 동형세대교대, D. E: 이형세대교대, F, G: 배우체가 없는 타입(동물과 같음). 이러한 다양한 타입이 녹색식물과 부등편모식물 쌍방에서 보여 진다. 홍조에서도 동형세대교대(우뭇가사리 등). 이형세대교대 (xx 등)이 알려진다.

녹조나 갈조와 마찬가지로 홍조 생활사도 다양하다. 배우체와 포자체의 크기로 말하면, 동형세대교대(S = G)도 이형세대교대(S < G, S > G 등)도 관찰된다(그림 11-39). 그러나 많은 홍조의 생활사는 다소 복잡하여 녹조나 갈조와는 별도의 설명을 필요로 한다.

다. 홍조의 체제와 생존전략

개략적으로 홍조는 원시홍조와 진정홍조로 구분된다. 낱말의 의미처럼 계통적으로는 원시홍조가 원시적이고 진정홍조는 파생적인 것이다(그림 3-1). 많은 원시홍조는 인접하는 세포 사이가 세포벽으로 완전히 나누어져 있지만, 진정홍조는 벽공연결(壁孔連結, pit connection)이라는 조금 변한 구조를 가진다(그림 11-40). 세포벽에 작은 구멍이 열려있는 것 같이 보이는 것에서 붙여진 이름이다. 세포질분열 때에 잘록한 부분이 완전히 닫히지 않고 남은 부분에 단백질을 주성분으로 하는 물질이 마개처럼 박혀있기 때문에 벽공마개(pit plug)라고도 한다. 벽공마개는 세포가 분열하여 세포 열을 형성할 때에 세포와 세포의 사이에서 만들어지지만, 세포 열 사이에 가교가 만들어 질 때도 생긴다. 이들을 각각 일차벽공마개(primary pit plug)와 이차벽공마개(secondary pit plug)로 구분한다.

이차벽공마개 형성 때의 세포분열은 부등분열이다. 그리고 작은 쪽 세포가 옆 열의 세포와 융합하는 것으로 가교가 만들어 진다(그림 11-40). 이런 것으로부터 홍조는 세포융합 능력이 있다는 것을 알 수 있다. 앞에서 설명한 편모가 없다는 이례적인 특징과 세포융합을 한다는 것이 다른 조류에서 사례를 찾을 수 없는 홍조 특유의 생활사를 만들고 있다. 세대가 3개나 있는 것이다.

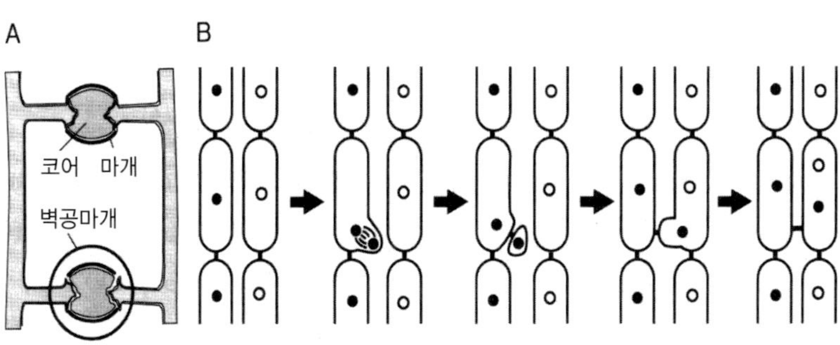

그림 11-40. 홍조의 벽공마개 구조(A)와 2차 벽공마개 형성(B), 세포융합을 동반한다. 결과로서 핵이 다른 세포로 보내지고 있다.

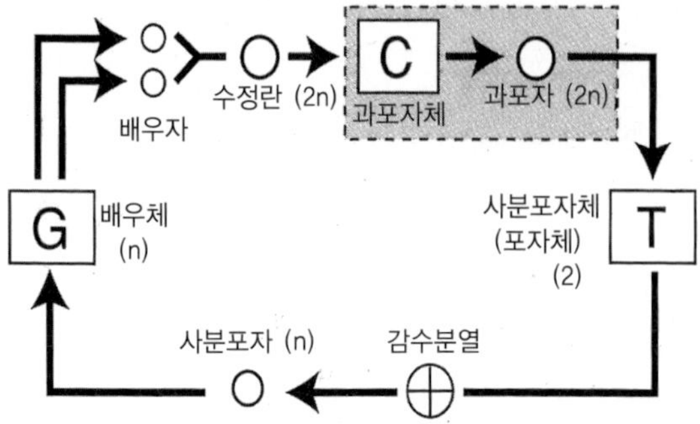

그림 11-41. 홍조류의 3세대교대. 보통 2세대교대로 진하게 사각으로 나타낸 부분이 수정란이 클론 제조 장치로 삽입된다.

즉 생활사가 한번 완성되기 위해서는 독립하여 생육하는 3개의 서로 다른 개체가 관여한다. 3세대교대라는 생활사(그림 11-41)로서 학생들의 머리를 아프게 하는 것 중 하나이다. 이것은 2세대교대의 응용문제로서 생각하면 보다 쉽게 이해할 수 있다.

수정으로부터 생활사를 살펴본다. 홍조는 난과 정자에 의한 난생식을 하지만, 정자는 편모가 없는 부동정자이다. 때문에 정자가 난에 접근하기 위해 주광성이나 주화성은 이용할 수 없기에, 파도 등 해수유동에 의존하여 난에 도달한다. 홍조의 암컷 생식기관은 조과지(carpogonial branch)라는 가지와 지지세포 역할을 하는 대형세포 열 및 앞부분의 생란기로 구성된다. 홍조의 생란기는 수정모(trichogyne)라는 돌기를 가지며 이를 조과기(carpogonum)라는 특별한 이름으로 불린다. 다수의 조과기가 수정모를 빽빽하게 배열하여 수정을 기다린다. 홍조에서 부동정자를 포획하기 위한 방안으로 활용할 수 있는 얼마 안 되는 방법 중 하나이다. 반면 정자도 부속사라는 외피구조를 발달시켜 수정모와 만날 수 있는 확률을 조금이라도 높이고 있다. 그래도 난과 정자의 만남은 우연에 의존할 수밖에 없는 것이 홍조의 현실이다. 우연하게 수정모에 도착한 정자에 의해 수정된 수정란은 더할 나위 없는 보물이 된다. 때문에 다음의 전략이 준비된다.

중요한 것은 호랑이 새끼의 수정란을 확실하게 포자체로 키워내는 것이다.

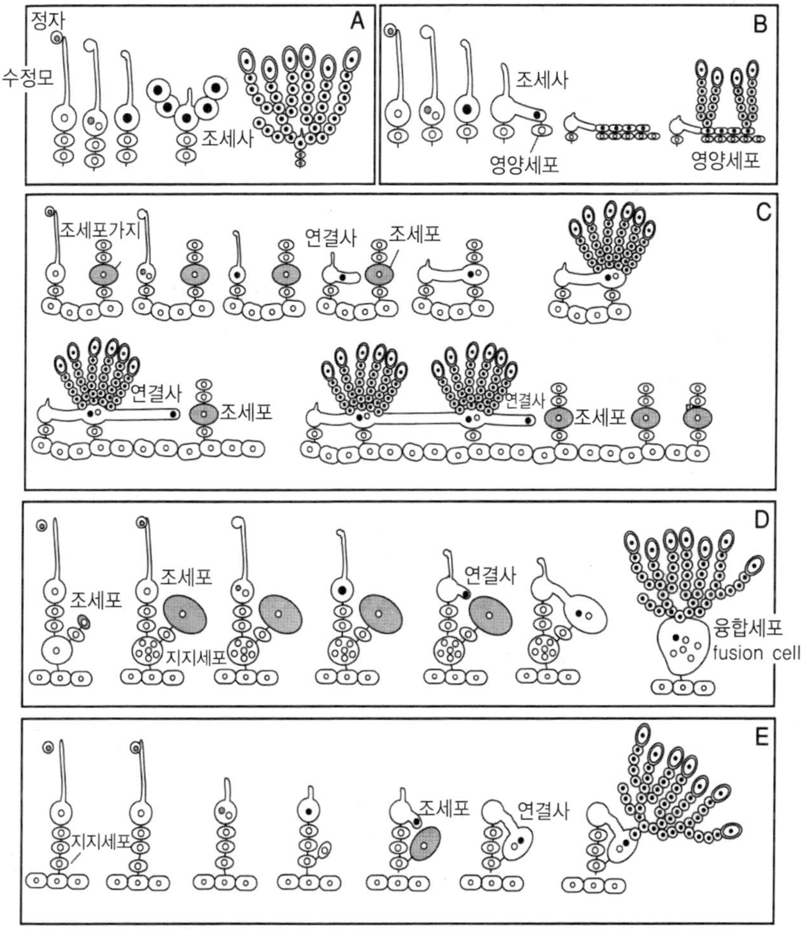

그림 11-42. A : 수정후 조과기에서 조포사가 직접 형성된다(국수나물목, 참갈고리풀목). B: 조세포를 형성하지 않지만, 연결사가 성장하여 영양세포군과 연결되고 그곳에서 양분을 얻어 조세사를 형성한다. C: 조세포(auxilary cell)라고 하는 특별한 세포를 만들며 연결사는 조세포와 융합하는 곳에서 조포사를 성장시켜 낭과를 형성한다. 조포사와 융합한 조세포는 차례차례로 연결사를 성장시켜 다른 조세포에 도달하여 복수의 낭과를 형성한다. 지누아리목에서는 조세포가 특별한 가지를 형성하며, 돌가사리목에서는 영양세포가 조세포로 변한다. D: 조세포는 지지세포에서 형성된다. 연결사가 조세포와 융합하면 지지세포를 포함한 세포군이 융합하여 융합세포를 만든다. 조세포는 융합세포에서 형성된다(팔손이풀목, 로디메니아목). E: 조세포는 수정후에 지지세포가 분열하는 것으로 만들어진다(비단풀목).

그렇게 하기 위해 가장 효율적인 방법은 어미 몸에서 방출시키기 이전에 수정란 클론을 많이 만들어 두는 것이다. 홍조는 확실하게 이러한 과정을 실행하고 있다. 원시홍조의 김 속(*Porphyra*)나 김파래 속(*Bangia*)에는 조과기(난)가 수정하면 바로 분열이 시작되어 분열을 반복하면서 포자를 만든다. 이러한 포자를 과포자(carpospore)라고 하지만, 요컨대 이것이 수정란 클론이다(그림 2-3). 과포자가 방출되어 발아하면 포자체(홍조에서는 특별히 4분포자체(tetrasporophyta)라는 이름으로 부른다)가 된다. 한개의 수정란을 수백, 수천의 과포자로 증폭하여 분산시키기에 포자체가 생존할 확률은 대폭적으로 높아진다.

진정홍조는 이러한 과정이 조금 복잡하다. 수정란은 배우체 내부에서 발아하여 조사체(gonimoblast)라는 실 모양의 몸을 만들고 그 위에 과포자가 형성된다. 이러한 몸은 핵상이 2n으로 배우체에서 독립한 개체로 배우체도, 2분포자체도 아닌 제3 세대로 과포자체(carposporophyta)라고 한다. 과포자체는 배우체에 기생하여 양분을 얻고 배우체 유래의 조직으로 지켜지는 낭과(cyatocarp)라는 구조를 형성한다. 조과기 형태나 과포자체 형성과정은 매우 다양하여 진정홍조의 목과 과 수준의 분류에 이용되는 중요한 분류형질이다(그림 11-42). 복잡하고 알기 어렵기에 전형적인 사례로서 간략화 시켜 살펴보자.

한마디로 3세대교대를 실현하는 본질적 현상은 세포융합이다. 배우체는 세포질에 조세포(auxiliary cell)라는 특별한 세포가 풍부하게 준비된다. 수정란은 연결사라는 실 모양의 돌기를 성장시켜 조세포에 융합하여, 그 속으로 수정핵을 보낸다(그림 11-42C~E). 이 융합세포는 배우체 핵(n)과 수정 핵(2n)이라는 이질적인 핵을 가진 형질전환된 세포가 된다. 본질은 수정란에 의한 배우체 세포의 강탈이다. 이 하이브리드세포에서 조포사(造胞絲, gonimoblast)가 성장하여 과포자체로 발전한다. 과포자체는 수정란 클론인 다수의 과포자를 만든다. 수정 핵이 들어가는 배우체 세포는 분류군에 따라 다양하고 이후 과정도 복잡 다양하지만 세포융합이라는 공통점이 있다. 예외적으로 수정이후에 조과기에서 조세사가 직접적으로 만들어 지기도 한다(그림 11-42A, 국수

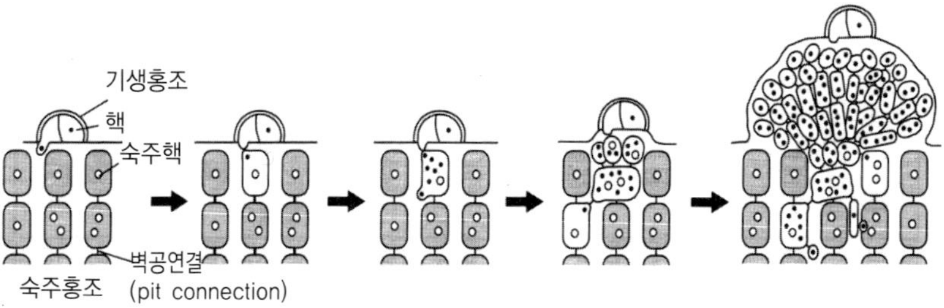

그림 11-43. 기생홍조의 성장과정(神谷, 1999에서 그림).

나뭇형). 이때는 세포융합이 없다. 세포융합을 동반하지 않은 과포자체 형성은 원시적인 진정홍조에서 많이 관찰되며, 3세대교대의 원형으로 생각된다. 진정홍조에는 보다 효율이 좋은 배우체를 이용하기 위하여 세포융합에 의한 강탈이라는 전략으로 진화된 것이다. 2세대교대와 비교하여 3세대교대는 수정과 포자체 사이에 수정란 클론을 대량생산하는 과포자체라는 세대가 삽입되어 있다(그림 11-41)

세포융합에 의해 다른 세포를 강탈하는 능력은 홍조의 일부 종에 독특한 진화를 가져왔다. 다른 홍조에 기생하는 기생홍조라는 그룹이다. 서실(*Chondria crassicaulis*)이라는 홍조 위에 기생하는 *Benzaitenia yenoshimaensis*라는 기생홍조가 유명하다. 이 기생홍조는 엽록체가 퇴화하여 광합성을 하지 않기에 몸은 흰색에서 노란색으로 서실의 몸 위에 점으로 존재한다. 기생홍조는 숙주가 되는 홍조세포에 2차 벽공마개형성을 매개로하여 차례차례 자신의 핵을 숙주세포에 집어넣는다. 기생홍조 핵은 숙주세포에서 분열을 반복하여 다핵화한다. 결국 숙주세포는 기생홍조의 세포로서 분열하여 숙주홍조 위에 기생홍조의 몸을 새롭게 만든다(그림 11-43).

라. 시스트 형성

미세조류에는 동일집단이 몇 년에 걸쳐 지속적으로 서식할 수 없다, 대체로 일 년 중에 어느 계절에 출현하여 번성하고는 감소하는 변화를 반복한다. 즉 각각의 종은 어느 시기에는 호소나 바다의 식물플랑크톤 집단에서 사라진다. 이와 같이 종류의 미세조류는 어떻게 계절을 넘기고 생존하는 것일까? perennation이라는 다년생(多年生)으로 변역할 수 있는 용어가 있다. 육상에서 perennial plants는 다년생 식물로서 개체가 2년 이상 지속적으로 생존하는 식물을, annual plants는 일년생 생물로서 일 년 중에 개체가 꽃을 피우고 종자를 남기고는 수명을 다하는 식물을 나타낸다. 미세조류의 다년생을 보증하는 방법은 많은 경우 시스트(cyst)라는 내인성 세포를 만드는 것이다(그림 11-44). 시스트는 호소 바닥이나 연안의 해저에서 환경악화를 견디고, 재차 성장에 적합한 환경조건이 갖추어지면 발아한다. 미세조류는 잠깐 동안의 번영을 구가하는 것이다.

시스트는 무성적으로 만드는 것과 유성적으로 만드는 두 종류가 있다. 모두 환경변화가 원인이 되어 만들어 진다. 환경변화가 심한 담수나 호소의 미세조류는 두꺼운 세포벽을 발달시키는 내인성세포를 만든다. 미세조류 뿐만 아니라 많은 담수산 조류는 유성생식으로 내구성, 휴면성접합자를 만들어 가혹한 계절의 환경조건을 넘기는 다년생으로 생을 구사하고 있다. 클라미도모나스는 질소결핍에 의해 유성생식이 유도되고, 내구성 휴면성 접합자를 형성한다(그림 11-39). 와편모조는 담수산이나 해산 종 모두 유성생식으로 내구성 접합자를 만든다. 규조의 유성생식은 피각의 크기 회복에 사용되며(그림 3-9), 내구성세포는 무성적으로 만드는 것이 많다(그림 11-44).

황금색조는 호소 식물플랑크톤의 구성인자이지만 다년생으로 전략은 다른 조류와 조금 다르다. 황금색조의 내구성세포를 스타토포자(statospore, Gk: *statos* = stationary 움직이지 않는다) 또는 스토마토시스트(stomatocyst, Gk: *sroma* = mouth)라고 한다. 규질각을 주성분으로 하는 구멍이 뚫린 시스트이다(그림 11-44). 구멍은 다당질 물질로 막혀있다. 다른 대부분 담수 식물플랑크톤이 환경조건의 변화에 응답하여 시스트를 만든다. 그러나 황금색조는 집단의 세포밀도가 증가하면 시스트 형성이 시작되고 밀도가 감소하면 시스트 형성이 정지된다. 이것은 세포밀도 의존성 시스트 형성으로 황금색조는 가장 번영하고 있을 때 그 중 일부를 내구성 세포로 변화시키는 것으로 위기를 대비하는 것이 된다. 이것은 발아도 마찬가지로 녹조 등과 같이 환경조건이 호전되면 일제히 발이하는 것이 아니라 환경조건이 생육 가능한 범위라

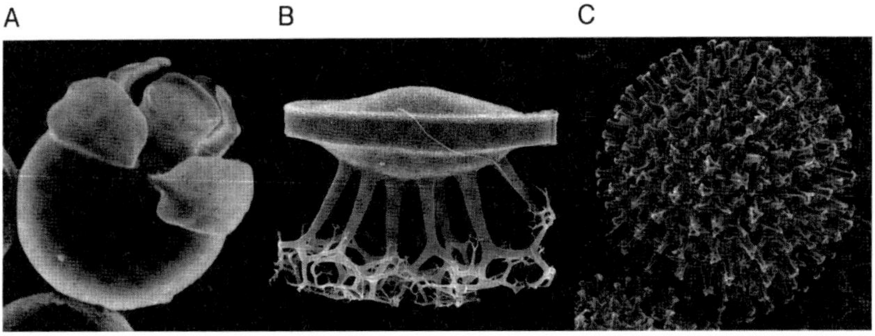

그림 11-44. 미세조류의 시스트. A: 황금색조, B: 규조 *Chaetoceros*, C: 와편모조 *Scrippsiella.*

면 언제나 조금씩 발아한다. 그리고 생육에 적합한 조건이 되면 그 때에 발아하였던 세포가 집단을 형성하여 다음의 시스트를 만든다. 때문에 황금색조의 집단출현은 불규칙하고 예측하기가 매우 어렵다. 미리 준비가 된다면 근심은 사라지게 되지만, 언제나 위기에 대비하여 준비하는 것이 황금색조가 다년생으로 생존하는 전략이다. 마찬가지로 미세조류에서도 분류군에 따라 전략은 매우 다채롭다.

마. 인편모조의 생활사

원칙적으로 미세조류는 하나의 세대만을 가지는 것으로 생각된다. 그러나 인편모조는 예외이다. 인편모조는 인편의 형태로 분류한다. 특징적인 형태를 가지는 인편의 형태를 가진 인편모조는 별도 특징을 가진 인편모조의 종과 명확하게 구분되기 때문에, 인편이 다르면 종이 다르다. 오랜 시간 이러한 규칙에 대해 누구도 의심하지 않았다. 그러나 1964년에 영국의 Park과 Adams는 헤테로코코리스(heterococcolith)를 가진*Coccolithus pelagicus*가 홀로코코리스(holococcolith)를 가진 *Crystallolithus hyarinus*라는 별도의 종으로 변화하는 것을 배양주를 이용하여 증명하였다. 이것을 계기로 인편모조는 두개의 세대를 가진다는 것이 알려지게 되었다(그림 11-45). 그러나 배양으로서 생활사를 완성시키는 것은 어렵고, 2002년 Geisen 등에 의해 많은 인편모조 생활사를 배양과 자연표본을 이용하여 밝혀지기 이전까지 대부분 종의 생활사는 불분명한 것으로 남아 있었다. 지금은 과거에 기재된 많은 인편모조가 동일종이

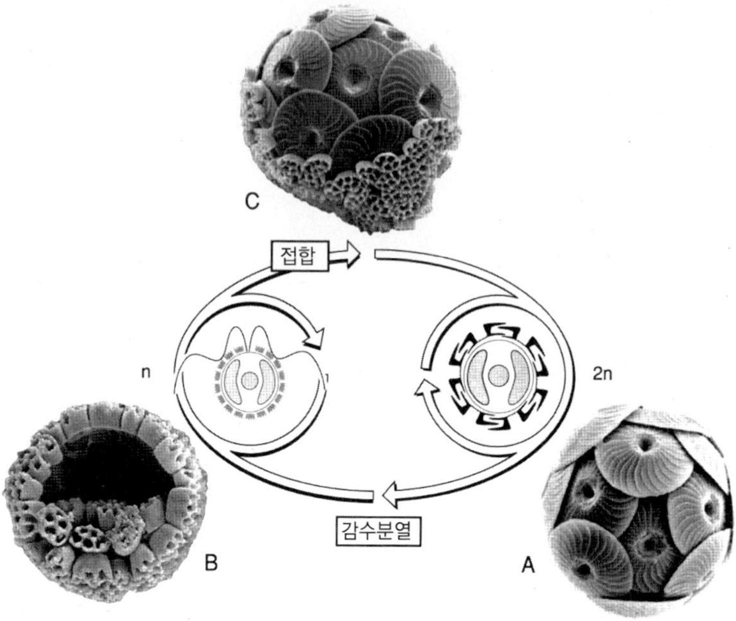

그림 11-45. 인편모조의 생활사. 헤데로코코리스를 가진 세포는 2n이며, 홀로코코리스를 가진 세포는 n이다. 각각 세포상은 무성적으로 분열하고, 별도의 이름으로 불린다. 이 사례의 경우 2n은 *Calcidiscus leptoporus*(A), n은 *Syracolithus quadriperforatus*(B) 이다. C는 n에서 2n으로 이행과정에서 양쪽의 인편을 가지고 있다. 명명원칙으로 *S. quadriperforatus*가 오래 되었기 때문에 본종은 *Calcidiscus quadriperforatus*로 학명이 변경되어 있다(사진제공, M. Geisen).

다른 세대에 위치한다는 것이 분명해졌다(그림 11-46). 핵상은 헤데로코콜리스를 가진 세포가 복상, 홀로코콜리스를 가지는 세포가 단상으로 각각 세포상은 이분열에 의해 증식하여 집단으로 존재한다.

이와 같이 인편모조는 2세대교대를 실시한다. 이것이 문제가 된다. 대부분 인편모조는 자연계에서 채집된 시료를 이용하여 종을 기재하였기 때문에 동일종의 다른 세대에 다른 종명이 붙여져 있다. 생물명명은 국제적인 규약에 따라서 붙여진다. 조류는 국제식물명명규약이라는 국제적인 규정이 있다. 명명규약에는 하나의 생물종에 하나의 이름만 사용할 수 있다. 즉 두개의 이름이 있을 경우는 먼저 명명된 종, 즉 오래된 종이 유효(valid)하고 뒤에 붙여진 이름은 무효(invalid)가 된다. 이러한 규칙을 적용하면 많은 인편모조는 지금

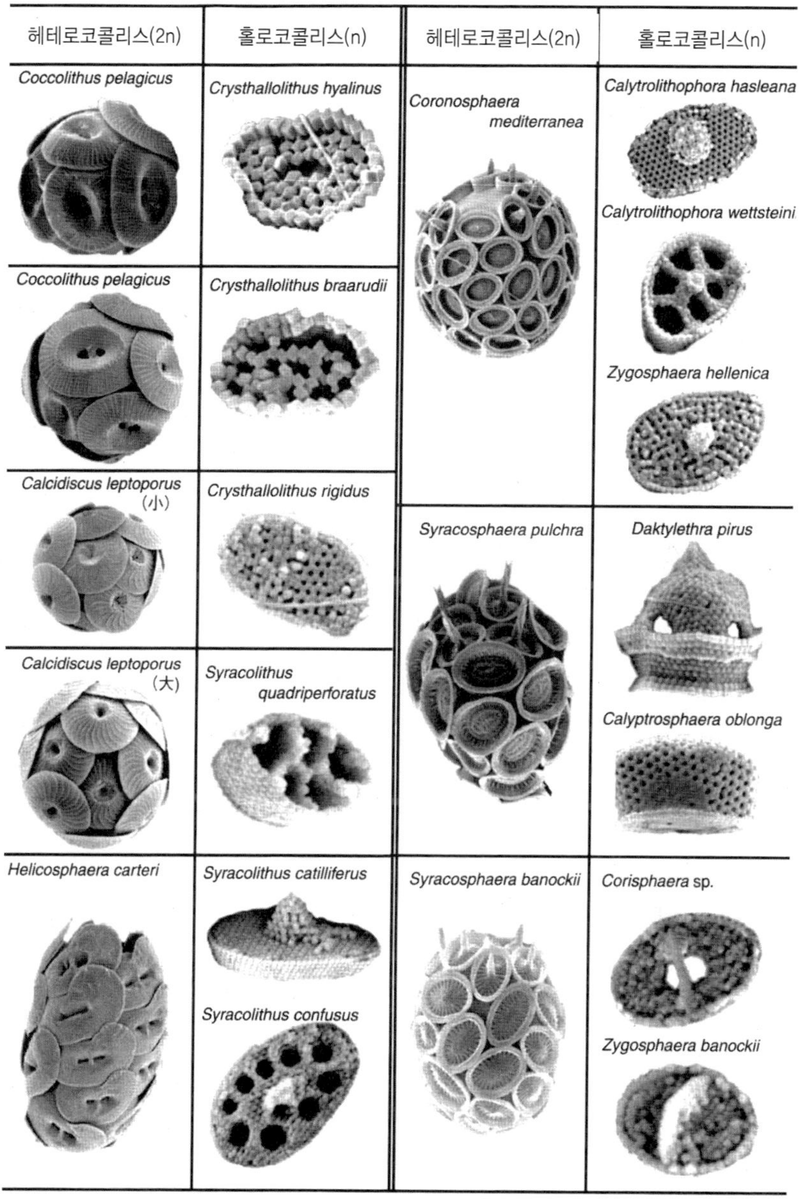

그림 11-46. 인편모조에서 명확해진 2n(헤데로코콜리스를 가진 형태 종)과 n(홀로코콜리스를 가지 형태 종)의 관계. 동일종으로 되어 있는 종이 다른 헤테로코콜리스를 가진 n세대로 변화된다. *Coronosphaera*나 *Syracosphaera*는 복수의 홀로코콜리스 종에 대응하고 있다(사진제공, M. Geisen).

까지 전혀 다른 종에 붙여진 이름으로 불려야 한다는 것이 된다. 이것이 분류에 한정된다면 연구자는 사정을 이해하기 때문에 문제가 되지 않는다.

학명은 생물학 모든 분야에서 공통으로 사용된다. 여기에서 가장 영향을 받는 것은 해양생태학 분야이다. 제6장에서 설명한 것과 같이 인편모조는 해양생태계의 중요한 일원이며 탄소와 황 순환 등 지구규모의 물질순환에 깊게 관여된다. 해양생태학자는 해양에서 인편모조를 채집하여 어느 시기 어느 해역에 어떤 종류의 인편모조가 존재하는가를 명확하게 기록한다. 이렇게 성실하게 수행된 현장조사가 지구생태계 파악을 위한 중요한 기초자료가 된다. 명명규약에 따르면 동일종의 핵상이 다른 인편모조를 같은 이름으로 기록하지 않으면 안 된다. 해양생태학에 커다란 혼란이 발생하게 되는 것이다. 이 문제는 아직 제기되었을 뿐 논의는 시작도 되지 않고 있다.

최근 은편모조에도 동일종에서 몇 개의 다른 형태를 가지는 것이 보고되어, 세대교대가 존재하는 것이 밝혀지고 있다. 즉 동일생물이 다른 세포 상에 이름이 붙여 있을 가능성이 높게 되었다. 착편모조와 함께 앞으로 분류에 커다란 문제가 되어 갈 것이라고 생각한다. 미세조류의 유성생식은 거의 미지의 영역이다. 더욱 정열적으로 연구되어야 할 분야이다.

제12장

조류의 다양화를 가져다 준 것

1. 오계설의 건너편

많은 교과서에는 전체 생물계의 구성으로 오계설이 게재되어 있다. 1969년 미국의 식물생태학자인 휘태커(R.H. Whittakerdlek)가 제창한 내용이다. 생태학자답게 분류기준으로 영양섭취방법을 선택하여, 주요한 에너지 획득방법인 광합성, 섭식으로서 분해인지 흡수인지, 식물(Plantae, L: *planta* 복수 *plantae*: 생산자), 동물(Animalia, L: *anima* = breath, soul: 소비자), 균류(Fungi, L: *fungus*, 복수 *fungi*: 분해자)에 대응하는 것에 주목하여 분류시스템을 구축

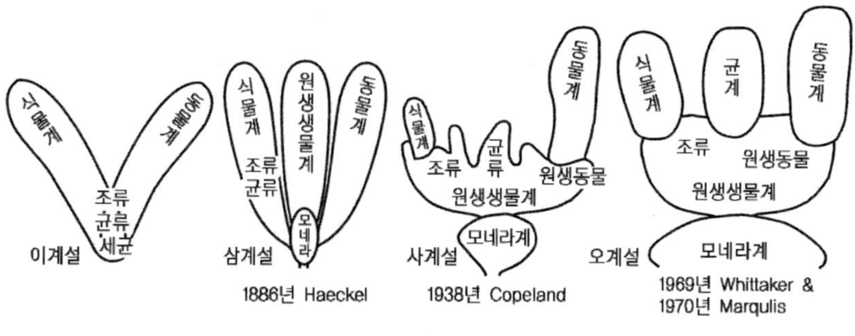

그림 12-1. 생물계에 대한 인식의 변천. 우선 대립개념으로 동물계와 식물계가 인식되었다(세균, 균류, 조류는 동물과 식물의 뿌리부분에 위치를 두었다). 여기에 원생생물계(Protista)가 인식되어 삼계설이 성립한다(이 시점에서 세균류는 삼계의 뿌리부분에 위치를 두었다). 세균이 원핵동물로 인식되어 모네라계(Monera, L: *moneron* = single)가 추가되어 사계설이 성립되었다. 분해흡수라고 하는 에너지 획득방법을 가진 균류를 다섯번째의 균류계로 하여 오계설이 제창되었다.

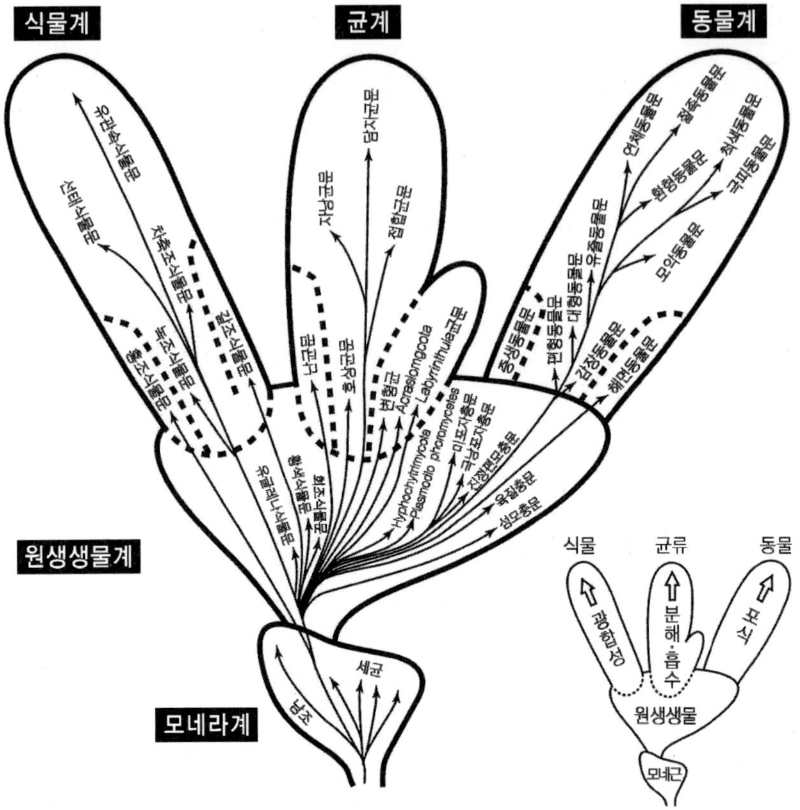

그림 12-2. 휘태커의 오계설. 이전 식물계에서 균류를 독립시켜 오계로 하였다. 동물, 식물, 균류는 각각 섭식, 광합성(독립영양), 분해 및 흡수라는 방법으로 에너지를 획득하는 생활방식에 적응하여 진화하였다. 원생생물계는 단세포성 진핵생물의 집합체로 취급하고 있다(Whittaker, 1969에 의해 그림).

하였다. 원래는 동물과 식물을 대립 축으로 하는 이계설에서 시작하여 그림 12-1과 같이 삼계, 사계설을 걸쳐 제안된 것이다. 휘테커의 오계설은 체계와 영양방법의 차이에 기반을 둔 시스템이다(그림 12-2). 식물계에는 녹색식물 이외에 홍조나 갈조 등의 광합성 생물이 포함되며, 균류에는 변형균, 세포성 점균 등 흡수영양을 하는 생물군이 포함된다. 단순하면서 이해하기 쉽다는 점에서 수용되었고, 현재 우리들의 생물관은 거의 휘테커의 오계설을 기준으로 사용하는 것이 된다. 동·식물과 균류로 분류하는 것이 곤란한 진핵생물은 일괄하여 원생생물(Protista, Gk: *protos* = first)로 통합되어 있다.

한편 공생설로 잘 알려진 마굴리스(L. Margulis)도 1970년에 오계설을 발표하였다(그림 12-3). 몇 번의 수정을 걸쳐 "다섯개의 왕국"으로 제안된 분류계이다. 그녀의 오계설은 공생에 의한 세포진화를 전제로 하면서 유사분열과 대사, 생화학적 특징과 전체생물의 계통에도 배려를 하고 있다. 동물계는 배우체 세대를 가지지 않은 다세포의 종속영양생물로서 난과 정자에 의해 생식을 하는 그룹, 식물계는 배 발생을 하는 포자체와 배우체의 세대교대를 하는 다

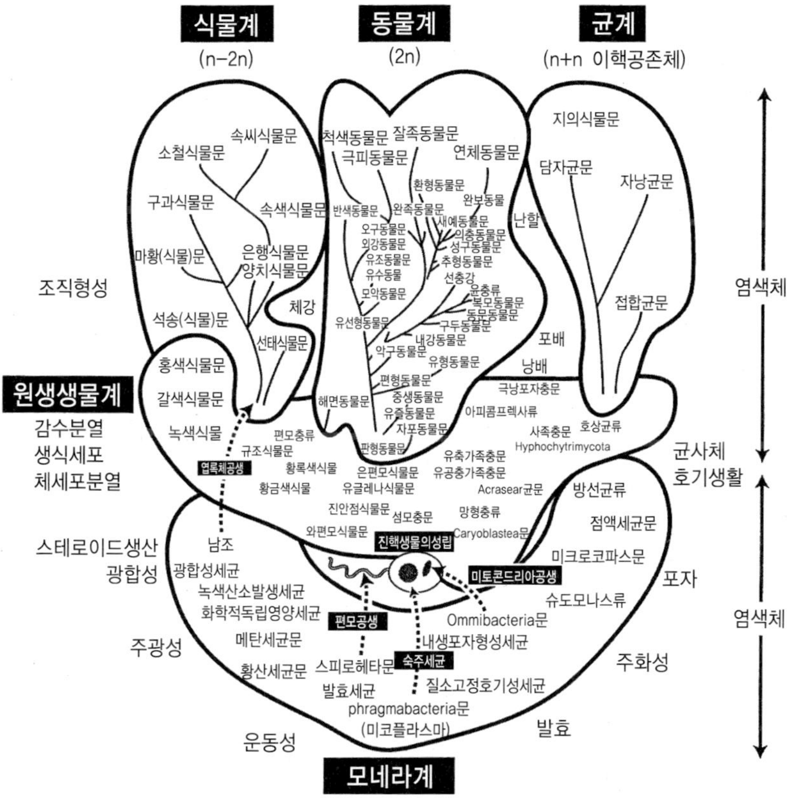

그림 12-3. 마굴리스의 오계설. 공생설과 체제. 생활사의 발달단계를 중요시하고 있다. 배를 가지 녹색식물 (이끼, 양치, 종자식물) 만을 식물계로 정리하고 있다. 휘태커의 오계설과 비교하면 상대적으로 모네라계와 원생생물계가 크게 취급되고 있지만, 계통의 정보를 배제하는 점은 같다(Margulis and Schwartz, 1982에서 그림).

세포의 광합성 생물, 균계는 단상으로 포자체 세대가 없이 또 포자를 형성하여 생활사의 어느 시기에도 편모가 없는 그룹으로 정의되었다. 이들 삼계는 모두 휘태커의 내용보다 작은 분류군으로 인식된다. 즉 광합성을 하고 있어 식물로 분류되었던 홍조, 갈조, 녹조, 차축조 등의 조류는 배 발생이 없기 때문에 원생생물계(여기에서는 Protoctista, Gk: *kystos* = to establish first builder의 낱말이 주어져있다)로 분류되었고, 균류에서는 호상균류나 난균, 망형충류 등 편모균류, 변형균, 세포성 점균이 더욱이 동물에서는 해면이나 중생동물이 원생생물계로 취급되었다. 원생생물은 체제가 단순하고 불완전한 유사분열을 하는 진핵생물로 인식되어 크게 팽대해졌다. 물론 휘태커나 마굴리스도 원핵생물계는 계통의 다른 많은 생물로서 구성된다는 것을 분명하게 인식하였다. 그들은 감각적으로 이해하기 쉬운 분류를 구축하기 위하여 계통에 대한 정보를 희생시키고 있는 것이다. 단순하게 소거법으로 정의할 수 없는 원생생물이라는 생물군을 하나의 분류군으로 인식하는 것은 헤겔 이후 200년 가깝게 계승된 최대의 문제였다.

즉 원생생물 분류와 다양성에 대한 인식은 현재 심한 변동의 소용돌이 속에 있다. 그리고 조류 진화도 그 속에 위치를 둘 수 있다. 원생생물에 조류의 위치 매김을 하는 것이 이 장에서의 주제이다. 원생생물이라는 상자를 여는 것은 생물학의 판도라 상자를 여는 것과 같은 것으로 오계설 건너편에 있는 내용을 살펴보는 것이다. 조류 진화의 비밀은 생물관에 대한 혁명으로 연결된다.

2. 식물진화의 두 가지 길

가. 세포와 엽록체의 계통

산소발생형 광합성이라는 세포기능을 공유하면서도 세포구조와 세포기능에서 다양한 차이를 보이는 것으로부터 진핵조류가 이질적인 생물집단이라는 것은 전자현미경 관찰에서부터 시사되었다. 이러한 내용을 강력하게 지지하는 결과가 분자계통학에 의한 계통수이다. 18S rDNA 등의 핵 유전자 분석에 의한 계통수에서 진핵생물 중에 조류는 복수의 다른 계통에 위치가 부여되고 있다. 미세구조에 기준을 두고 분류하였던 진핵조류는 각각의 계통수 속에서 분산하여 출현한다(그림 9-13). 결과적으로 미세구조와 분자정보는 각각의 결과를 상호 보완하는 것이다. 이러한 내용으로 진핵조류에는 크게 성질이 다른 9개의 조류군이 존재한다는 것이 재차 인식되었다(표 11-1).

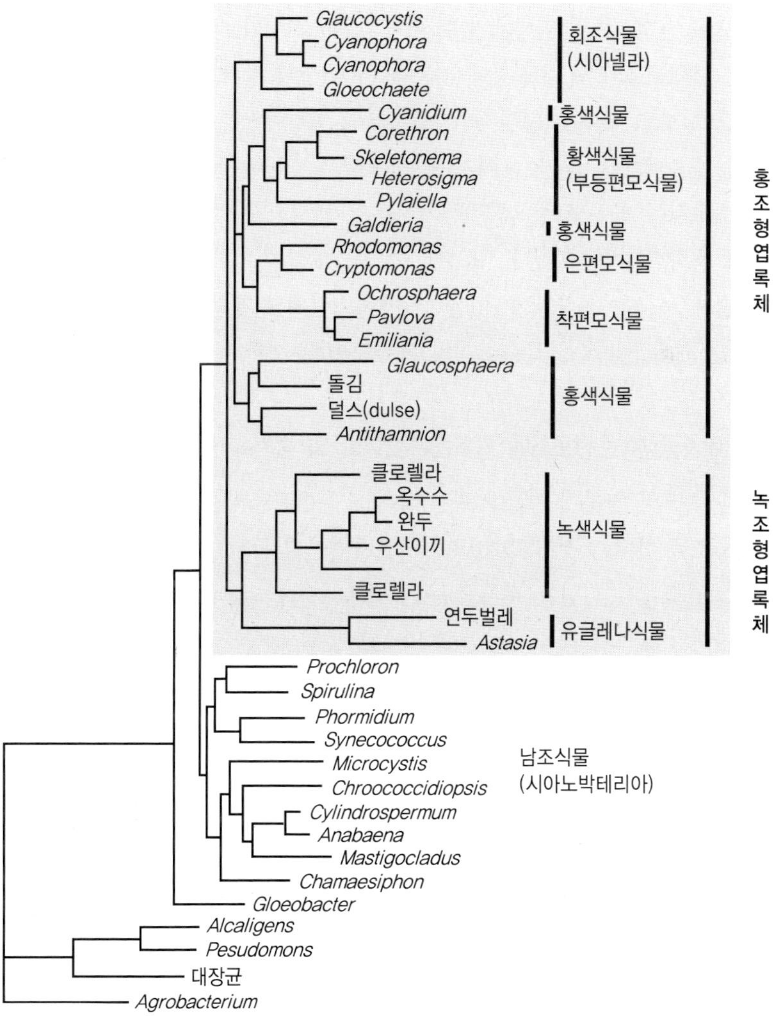

그림 12-4. 남조와 엽록체의 관계를 나타낸 16S rDNA의 분자계통수. 진핵조류와 육상식물의 엽록체는 단일계통(단일기원)으로 남조와 자매군의 관계가 되어 있다.

한편 엽록체의 유전자도 다양하게 연구되어 음미되어 왔다. 그 결과 분명한 것은 모든 진핵조류의 엽록체는 원핵조류인 남조(시아노박테리아)에 기원을 두고 있다. 즉 진핵조류의 엽록체 기원은 오직 하나뿐으로 공통의 뿌리를 가진다는 것이었다(그림 12-4). 이것은 남조의 공생에 따른 엽록체 성립은 한번만 발생하였다는 것으로 최초로 공생한 엽록체가 되었다. 이 한개의 엽록체에서 모든 진핵조류의 엽록체가 탄생하였다는 것이다(제8장 및 제10장 참조). 위에서 미세구조와 핵 유전자에 기본을 둔 주장이 정확한 것이라면 진핵조류는 핵으로 보면 복수 기원이지만, 엽록체의 입장에서는 단일기원이 된다. 같은 생물을 대상으로 한 견해이기에 이와 같은 결론은 분명한 모순이다. 그러나 현재로서는 양쪽 모두 많은 증거자료가 제시되고 있기 때문에 모두 진실이라고 생각할 수밖에 없다. 이러한 모순에 대해 어떠한 설명이 가능할 것이며 어떻게 모순을 해결할 수 있을까? 다행스럽게 현재의 지구에 이러한 의문에 해답을 제공할 수 있는 두개의 조류군이 존재한다.

나. 이차공생: 은편모조에 보이는 "식물화"의 증거

우리 주변의 연못에 보통으로 서식하는 은편모조라는 조류가 불가사의한 세포 구조를 한다는 것이 1970년대에 전자현미경 관찰로 이미 분명하게 확인되었다. 앞장에서 설명한 것처럼 은편모조(cryptophyta)의 엽록체는 4장의 막으로 싸여있다(그림 12-11 및 그림 12-14). 엽록체 구조로 보면 안쪽의 2장은 녹조나 홍조와 같이 남조에 근원을 둔 막이다. 문제는 바깥쪽 2장의 막이다. 가장 바깥쪽 막을 추적하면 핵의 바깥쪽 막과 연결되어 있고 바깥쪽에는 리보솜이 부착되어 있다. 때문에 이 2장의 막은 엽록체 ER(소포체)이라 불러왔다. 더구나 2장의 막과 엽록체 이중막에 끼여 있는 구획인 엽록체 주연공간(periplastidal compartment)에는 리보솜이나 소포가 존재한다. 그리고 이곳에는 핵소체(nucleomorph, L: *nucleus* 과일의 핵, Gk: *morphe* 모양/구조)라는 구조가 포함되어 있다(그림 11-14). 핵소체는 구멍이 뚫린 이중막으로 싸여있고 전자현미경으로 관찰하면 내부에 짙은 과립이나 부정형 물질이 들어있다. 핵소체는 핵과 같은 구조체라는 의미이다. 이러한 특이한 세포구조의 바깥쪽에 2장째 막으로 둘러싸인 핵소체와 엽록체를 포함하는 부분은 은편모조 세포에

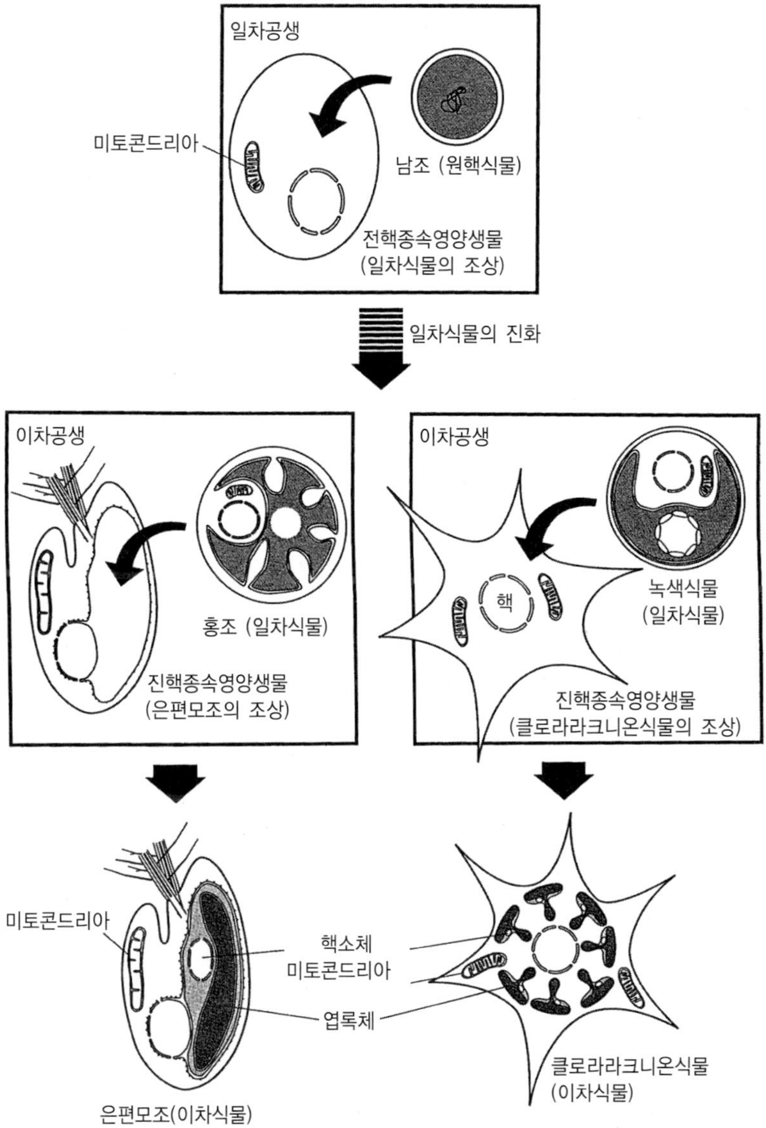

그림 12-5. 은편모식물과 클로라라크니온식물의 성립과정. 일차공생에 의해 탄생한 식물인 홍조식물과 녹색식물을 종속영양성의 편모충과 아메바가 각각 섭취하여, 미토콘드리아를 잃어버렸고, 핵은 핵소체로 퇴화하였다. 공생체는 엽록체로서 정착하였다(그림 12-14를 참조).

들어간 진핵조류의 흔적이다. 핵소체는 그곳에 공생한 진핵조류의 핵 흔적으로 추정된다. 이후에 다시 핵소체에 DNA와 RNA가 존재하는 것이 확인되었다. 현재에는 은편모조가 종속영양 진핵생물에 진핵조류가 공생한 결과로 진화되어 왔다는 것은 거의 정설화 되어있다(그림 12-5). 진핵조류의 공생으로 공생 이전까지 종속영양으로 살았던 진핵생물이 광합성을 하는 조류로 변신한다. 이른바 "식물화"라고 할 수 있는 진화가 존재한다는 것이 밝혀진 것이다.

남조가 최초로 공생하여 진핵조류가 탄생한 현상을 일차공생(primary endosymbiosis)이라는 것에 대하여, 은편모조에서 관찰되는 진핵조류가 공생하는 것에서 진핵조류가 탄생하는 현상을 이차공생(secondary endosymbiosis)이라고 불린다. 1993년 캐나다의 도글라스(S.E. Douglas)는 핵과 핵소체에서 개별로 유전자를 추출하여 계통수를 작성하였다. 그 결과 핵과 핵소체는 계통수 중에서 동떨어진 장소에 출현하는 한편 핵소체는 홍색식물의 자매군에 분포하였다(그림 12-6). 현재는 많은 종에서 유전자 배열이 결정되어, 종속영양 섬모충(권두사진 9-14의 *Goniomonas*와 같은 생물)에 홍조가 공생하여 은편모조라는 조류군이 탄생하였다는 것을 분명한 사실로 받아드리고 있다. 은편

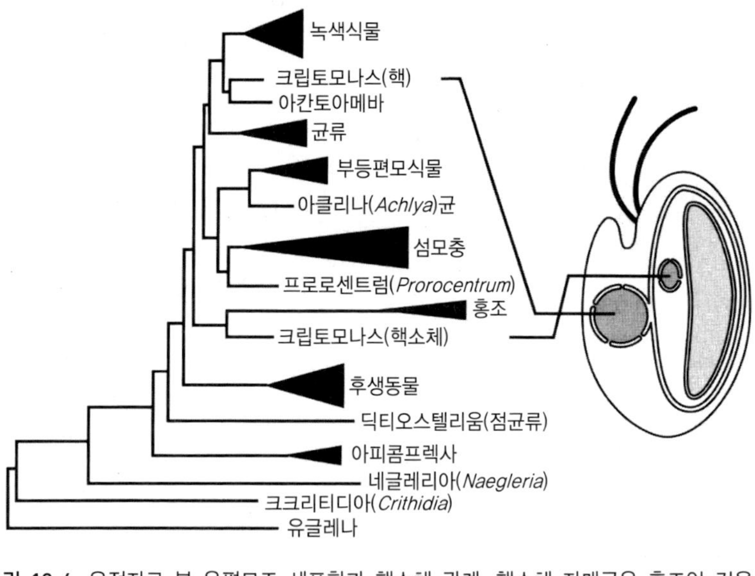

그림 12-6. 유전자로 본 은편모조 세포학과 핵소체 관계. 핵소체 자매군은 홍조인 것을 알 수 있다(Douglas *et al.*, 1991에서 그림).

모조 엽록체에 홍조와 같은 피코빌린색소 단백질이 포함되는 것도 이러한 추정을 지지한다. 이러한 사실로부터 특이한 은편모조의 세포 성립 과정은 다음과 같이 진행된 것으로 생각된다. 우선 홍조유래의 공생체가 종속영양 편모충의 섭식작용에 의해 식포로 들어온다. 식포 막은 결국 핵막과 융합하여 바깥쪽에 리보솜을 가진 소포체로서 공생체 전체를 감싸게 되었다. 때문에 막 토포로지(topology)에서 가장 바깥막과 핵막, 그리고 식포막의 키메라(chimera) 안쪽 막은 공생체인 홍조의 세포막에 해당한다.

핵막과 식포막의 융합과 평행하게 진행한 것이 미토콘드리아 소실과 공생체 핵이 핵소체로 퇴화한 것이다. 미토콘드리아 기능은 숙주의 것과 중복되기에 아마도 쓸모없는 장물로 소실이라는 운명을 걸은 것으로 생각되었다. 미토콘드리아와 엽록체가 편친유전(偏親遺傳, monolepsis)[10]을 하는 것에서 알 수 있듯이 무엇 때문인지 진핵생물은 복수기원으로 같은 기능을 하는 소기관을 동거시키는 것을 매우 싫어한다(제10장). 한편 핵도 대부분 기능은 숙주의 핵과 중복된다. 이들은 한개로 충분하게 기능할 수 있기에 숙주 핵에 의한 공생체 핵 유전자 소거와 약탈이 시작된다. 엑손뒤섞기(exon shuffling)에 의해 유전자가 차례차례 핵으로 이동되어 현재의 핵소체 게놈은 500 kbp 전후로 작다. 즉 이값은 엽록체의 수 배이지만 원핵생물보다도 매우 작다. 즉 핵으로서 기능할 수 없는 크기로 감소되어 있는 것이다.

이차공생에서 공생체의 유전자가 핵으로 이동한 것은 핵에 복사된 이들 유전자 산물인 단백질을 엽록체 주연구획에 있는 2장의 막과 본래 엽록체에 있던 2장의 막으로 된 합계 4장의 막을 통과하여 수송하여야 하는 문제가 발생한다. 핵 코드의 단백질을 세포질 졸에서 목적지로 수송하기 위해서는 수송장소를 나타내는 신호가 필요하다. 막대한 수의 유전자가 핵으로 이동된 과정에서 개개의 유전자 모두에 수송되는 장소를 나타내는 태그가 새롭게 부가되는 것이다. 은편모조는 이와 같은 복잡한 과정을 걸쳐 진화하였고 지금은 핵이 소실되기 일보직전의 단계에 있다는 것이 된다.

여기서 은편모조라는 조류가 성립하기 위해서 몇 개의 생물이 조상으로 관련 되고 있는지를 살펴보자. 진핵생물의 성립 경위는 아직도 불명확 점이 많

10 모계유전과 부계유전으로 구분하여 사용하기도 한다.

기에 아케아와 진정세균의 융합에서 성립하였다고 가정하자. 그렇다면 숙주인 종속영양 생물이 성립하기 위해서는 최초의 진핵세균(아케아 + 진정세균) + α-프로테오박테리아(미토콘드리아) + 남조이다. 이렇게 하여 은편모조 성립에는 조상세포(아케아 + 진정세균) + α-프로테오박테리아(미토콘드리아) + 남조라는 과거에 독립적으로 생활하였던 4개의 생물이 합해져서 존재하게 된다. 핵도 미토콘드리아도 성립 이후 변화를 계속하여 왔다는 것을 생각하면 게놈의 입장으로는 3개의 핵, 3개의 미토콘드리아 그리고 1개의 엽록체 게놈이 조합되어 은편모조라는 조류가 성립한 것이다. 은편모조는 대단히 복잡한 키메라(Chimera, L: *chimaira* = monster는 머리는 사자, 몸은 염소, 그리고 뱀의 꼬리를 가지는 그리스신화의 괴물 키마이라에서 유래) 세포인 것이다. 연못이나 바다에서 한 방울의 물속에 부유하는 은편모조가 우리에게 보여주는 것은 다순한 생물이 이차분기가 아니라 매우 복잡한 뜨개질에서 복잡한 코 모양의 진화를 풀어내고 있다.

다. 또 다른 하나의 증거: 녹색 아메바

권두사진 16-21에 제시된 녹색 아메바 역시 이차공생의 또 다른 하나의 주인공이다. 1984년 클로라라크니온식물(Chlorarachniophytes)이라는 그룹에서 또 하나의 불가사의한 세포 구조를 가지는 것이 발견되었다. 실모양의 가짜다리(假足)을 가지는 아메바 세포에 엽록소 *a*, *b*를 가진 녹색 엽록체가 수 개 들어있다. 이 엽록체도 4장의 포막을 가진다. 은편모조에서 관찰되는 것과 기본적으로 동일한 토포로지로서 엽록체 주연구획에는 핵소체와 세포질이 존재한다(그림 11-14). 핵소체 형태도 은편모조와 매우 유사하다. 은편모조와 다른 것은 가장 바깥쪽 막은 핵막에서 독립된다는 것과 바깥쪽에 리보솜 부착이 없다는 점이다. 사소한 차이처럼 보이나 이것은 엽록체로 단백질 수송을 생각할 때, 커다란 차이를 나타낸다. 이것에 대한 내용은 나중에 설명하겠지만, 어찌되었든 핵소체가 존재하는 것에서 클로라라크니온도 은편모조와 같은 과정에서 이차공생이 진행 되어 종속영양 아메바가 광합성을 하는 조류로 변신하는 진화가 발생한 것임에는 틀림이 없다(그림 12-5). 분자계통수에는 클로라라크니온은 *Cercomonas* 등이 속하는 아메바의 일종에 녹색조류가 이차공생을 한 결과 생겨난 것을 나타낸다(제13장). 한편 클로라라크니온의 LHC(light harvesting complex)는 녹색식물의 LHC Ⅱ와 유사하고, LHC가 LHC Ⅰ과 LHC Ⅱ로 명확하게 분화한 다음에 녹조가 획득된 것으로 나타났다. 이러한 결과에서 담록조류보다도 어쩌면 갈파래조, 즉 녹조계열의 조류가 공생체 기원으로 생각되어 진다.

3. 사라지는 핵: 핵소체

이차공생의 증거로 은편모조와 클로라라크니온이라는 로제타석(Rosetta Stone) 또는 미싱링크(missing link) 역할을 하는 생물이 지금도 존재한다는 것은 조류학 및 식물의 진화생물학에 대단한 행운이라고 밖에 표현할 길이 없다. 핵소체 성질의 해명은 이차공생에 의한 조류 다양화의 비밀을 풀 수 있는 열쇄이다. 여기에서 사리지는 핵인 핵소체에 대해 조금 상세하게 살펴보자. 핵소체(核小體, nucleolus)는 공생한 진핵조류 핵의 흔적이다. 때문에 분열하여 딸세포로 전해진다. 어떠한 분열을 하는 것일까? 진핵생물의 핵이라면 유사분열(방추체가 염색체를 분리한다)을 하는 것이 일반적이지만 핵소체는 원핵세포와 마찬가지로 중앙부의 몰입에 인한 무사분열을 하여 본래의 분열능력을 잃어버린 것이 된다. 그렇다면 공생체의 핵으로서 어떠한 역할을 하는 것일까? 게놈 해석이 발전되면서 핵소체의 핵으로서 성격이 알려진다. 은편모조도 클로라라크니온조도 핵소체에 3개 염색체가 존재한다(그림 12-7). 3개 모두 선상 염색체로서 양쪽에는 진핵생물 염색체의 특징인 테로메아(G와 G를 중심으로 한 6~7개의 뉴클레오티드((nucleotide)배열로서 이것이 반복하여 수십 개 배열하고 있다)가 존재한다. 이 사실도 핵소체가 진짜 핵이었다는 증거가 된다. 게놈 크기는 대략 500 kbp(400~700 kbp)로 매우 작다. 진핵생물의 게놈크기가 수백 Mbp(애기장대 125Mb, 벼 430 Mb)인 것에 비하면 수십배로 감소되어 있다(홍조에서 최소 게놈 크기를 가진 *Cyanidioschyzon*의 1/30 수준). 대부분 유전자는 잃어버렸지만 숙주의 핵으로 이동되었다는 것이 된다. 전체 게놈배열의 결정된 은편모조인 *Guillardia thelta*의 핵소체 연구에서 다음과 같은 내용이 분명하게 밝혀지고 있다(그림 12-8). 코드된 대부분 유전

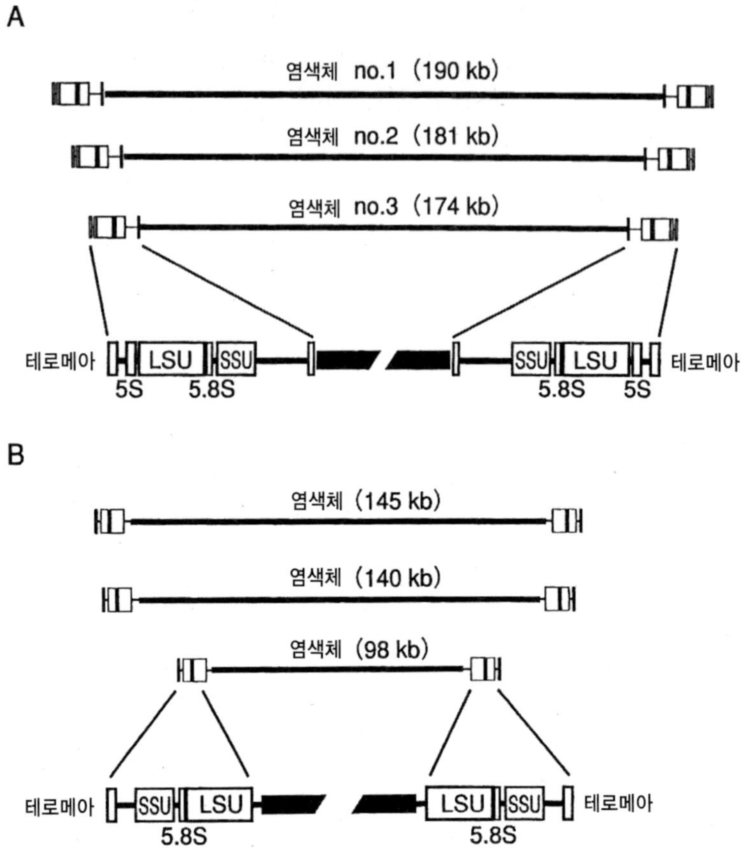

그림 12-7. 은편모조(A)와 클로라라크니온조(B)의 핵소체 염색체. 모두 3개 선상 DNA로서 양 끝에 테로메아를 가진다. 그 안쪽에 리보솜 RNA 유전자군을 가지고 있다 (Gilson and McFadden, 2002에서 그림).

자는 전사, 해석 등 유전자 발현에 관련하는 하우스키핑(housekeeping)이라는 세포유지에 관계하는 기본적인 단백질로서, 엽록체에 관계하는 단백질은 30개 정도만 존재한다. 특히 광합성에 관여하는 유전자는 2개 남기고 모두 소실되었다. 남겨진 유전자는 확실하게 배열되어 유전정보를 가지지 않는 인토론(intron) 등 비코트 영역은 매우 작고, 전체적으로 매우 콤팩트하게 정리되어 있다.

지금까지 알려진 내용으로만 보면 은편모조와 클로라라크니온조의 핵소체

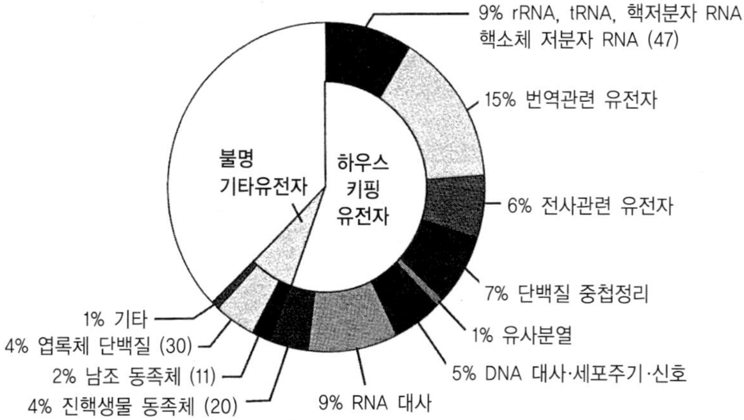

그림 12-8. 은편모조 *Guillardia theta*의 핵소체 게놈 유전자 구성. 464유전자(추정) 중 245개(53%)는 하우스키핑 유전자로서 유전자 대부분은 핵으로 이동되어 있다. ( ) 속 숫자는 유전자수(Douglas *et al.*, 2001에서 그림).

는 유전자 수준에서 매우 유사하다(그림 12-7). 이러한 결과로 생각할 수 있는 것은 일차공생에서 엽록체 유전자가 핵으로 대량 이동한 것과 같이 이차공생에서도 공생한 진핵조류의 막대한 수의 핵 유전자가 숙주의 핵으로 이동하였다는 것이다. 광합성에 관여하는 유전자 및 엽록체 구조 유전자는 그대로 숙주의 핵으로 이동되었고, 핵소체에 남겨진 것은 전사와 해석에 관여하는 유전자뿐이다. 그것도 인트론 등 비유전자 영역은 최소로 필요한 부분만 남겨져있다. 융통을 구사할 수 없고 겨우 명맥을 유지할 수 있는 게놈 구성이라 할 수 있다. 이것이 이차공생에 의한 식물화 과정에서 공생체의 핵이 사라져 가는 모습이다.

4. 식물이 된다는 것

가. 일차식물(협의식물)

세포의 형태비교와 분자정보라는 두 가지 측면에서 보면 진핵조류가 복수 기원을 가지고 있다는 것에는 의문의 여지가 없다. 진핵조류 중에는 최초로 엽록체를 획득한 일차식물(primary plants)과 진핵조류의 공생에 의한 엽록체의 수평이동으로 광합성 능력을 획득한 생물, 즉 이차적으로 식물화된 이차식물(secondary plants)이 포함된다. 전자에는 녹색식물(육상식물 포함)과 홍색식물 그리고 회조식물이 해당된다. 겉보기도 세포구조도 광합성색소도 그리고 생활방법도 서로가 전혀 알지 못하는 타인처럼 떨어져 있다. 때문에 이들이 같은 그룹이라는 것을 쉽게 믿을 수 없다. 그러나 분자계통은 이들 3개 식물군은 공통의 기원을 가지는 것을 명확하게 증명되고 있다(그림 13-1 및 그림 13-14). 이들 식물군은 모두 미토콘드리아 크리스테가 판상이며, 2중막의 엽록체 포막을 가진다는 공통의 성질을 가진다. 진핵조류에서 판상 크리스테를 가지는 것은 이들 식물군 이외에 은편모식물 뿐이다. 지금은 2중막 엽록체 포막 이외의 포막을 가지는 것은 이차공생에 의해 식물화 된 이차식물이라고 생각하고 있다.

일차식물은 어떠한 순서로 분기하였을까? 즉 가장 오랜 식물은 녹색, 홍색, 회조식물 중 어느 것인가? 라는 의문에 대해서는 아직도 정확한 답을 제공하지 못한다. 회조식물과 홍색식물은 광합성 색소(피코빌린색소 단백질)를 남조에게서 물려받았기에 이중 어느 쪽이 남조를 세포 속에 거두어들인 최초의 일차생산자라고 생각하고 있을 뿐이다. 시아넬라(cyanella(e))라는 회조식물의 엽록체는 남조의 세포벽에 있는 펩티도글리칸(peptidoglycan)층을 엽록체 2중막 사이에 남겨 두고 있다(그림 11-13).

여기에서 색소체의 분열 구조를 생각해 주기 바란다(제11장). 육상식물이나 홍색식물의 엽록체 분열에는 FtsZ고리(원핵세포 분열 고리)와 3개의 색소체 분열고리(PD고리), 그리고 디나민(dynamin)고리가 관여한다(그림 10-4). 흥미로운 것은 회조식물의 시아넬라 분열에는 FtsZ고리와 스트로마(stroma) 쪽의 PD고리만이 존재하여, 홍조나 육상식물에서 관찰되는 세포질 쪽의 고리는 존재하지 않는 것 같다(그림 12-9). 회조식물은 홍색식물에서 바깥쪽의 고리나 디나민 고리가 획득되기 이전에 분기되었을 가능성을 시사하는 내용이다. 더욱이 시아넬라 게놈에는 육상식물 엽록체에 비하면 40종 정도 유전자가 많이 코드 되어 있다. 이러한 것에서 일반적으로 회조식물이 더욱 원시적인 일차식물이라 생각되고 있다.

그러나 한편으로는 원시적인 홍조인 *Cyanidium*이나 *Cyanidioschyzon* 그리고 *Porphyra* (김속) 엽록체에는 시아넬라 보다 더욱 많은 200에서 209개 유전자가 코드 되어 있다(표 11-2). 이러한 점에서는 홍조식물이 더욱 원시적이라 할 수도 있다. 이렇게 일차식물 기원에 대해서는 아직 해결되어야 하는 많은 문제들이 산재되어 있다.

각각 세포 속에 남조를 집어넣고서 일차식물이 된 숙주 진핵생물은 어떠한 종속영양 생물계통에 속하는 것일까? 아직까지는 전혀 알려진 것이 없다. 현재 편모충의 수십 그룹에 대한 미세구조가 상세하게 조사되어 있다. 그리고 유전자 해석도 활발하게 이루어지고 있으나, 아직 이것에 대한 해결의 실마리를 찾지 못하고 있다. 일차식물 조상의 성질을 알 수 없기에 회조식물이 원시적인 것이지? 아니면 홍색식물이 원시적인 것인지? 아직 판단되지 않는다. 현재 이러한 안타까운 상황이다. 회조식물과 홍색식물의 핵 개놈 비교에서 해답이 얻어질 수 있기를 바라고 있을 뿐이다. 또 홍색식물의 계통적 위치와 식물구성에 대하여 여기에서 설명하는 견해와 다른 생각을 가지는 연구자도 있을 것이기에 나중에 설명하기로 한다(제13장).

일차식물의 3개 식물을 제외하면 기타의 모든 진핵 광합성 생물은 이차적 조 등과 함께 부등편모식물(또는 황색식물)이라고 하여 육상의 녹색식물과 으로 식물화가 진행된 이차식물이라 할 수 있다. 다시마나 미역 등 갈조는 규

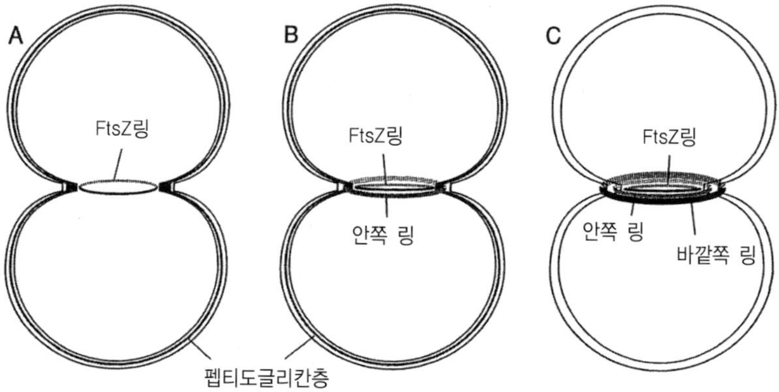

그림 12-9. 분열장치의 비교. A: 남조(시아노박테리아), B: 회조식물(시아노포라), C: 홍색식물의 분열장치. 시아노포라에서는 이중막 외측에 PD고리가 형성되지 않는다(Iino and Hashimoto, 2003에서 그림).

대비되는 수계의 주요한 생산자이지만, 생물계통(피의 연결)에 기본을 두면 식물이 아닌 것이 된다. 그러나 조류라는 통합이 중요한 것과 같은 이유로 이차식물을 포함한 산소발생형 광합성 생물은 모두 식물이라는 통합으로 취급하는 것이 좋다. 산소발생형 광합성이라는 생물기능은 그 만큼의 가치를 가지기에 충분하다.

나. 또 다른 하나의 일차식물

육상식물과 모든 진핵조류의 엽록체는 단일기원이다. 때문에 모든 진핵 광합성 생물을 탄생시킨 남조(시아노박테리아)의 세포내 공생은 한번만 발생하였다는 것도 지금은 매우 일반적인 견해로 광범위하게 받아드려진다. 그러나 남조가 공생하여 숙주세포의 일부로서 세포소기관이 되는 것은 그렇게 일반적인 사건이었을까? 제 I 부에서 설명하였지만, 지금도 남조는 다양한 생물과 공생을 한다. 그렇다면 이러한 공생관계를 가지는 다양한 생물에서 남조가 엽록체로 되는 것은 불가사의한 것은 아니다. 왜 그렇게 되지 않고 있는 것일까? 이러한 내용이 반드시 남조가 엽록체로 진화는 한번만 일어났다는 것을 의미하지는 않는다. 남조가 공생하여 다양한 생물에서 엽록체로 되었다 하더라도 그 중 하나의 계통만이 다른 것을 능가하여 현재에 이르는 것으로 본다면 엽록체는 단일기원이 될 것이다. 엽록체를 획득한 다른 생물은 충분한 발전을 하지 못하고 멸종했던지? 생존하여도 죽은 듯이 조용히 은둔하여 살아가기 때문에 아직 발견되지 않고 있을 지도 모른다.

회조식물과 마찬가지로 남조의 세포내 공생체인 시아넬라를 가지는 생물이 알려진다. 규산질의 기와 모양의 피각을 가지는 유각아메바인 폴리넬라(*Paulinella chromatophora*, Paulin 사람 이름, Gk: *chroma* 색, *-phoros* = bearing, *pherein* = to carry, 그림 12-10 및 그림 13-20)는 이름에서 알 수 있는 것처럼 색소체를 가진다. 정확하게는 색소체와 같은 것라고 할 수 있다. 여기서는 회조식물을 예로 하여 세포 속에 공생하는 남조 또는 색소체 모양의 구조를 시아넬라(cyanelle)라고 정의하기로 하자. 유각아메바는 섭식작용으로 "먹이"를 잡아먹는 종속영양생물이다. 이것에 대해 폴리넬라는 섭식작용을 하지 않고 시아넬라의 역할에 의해 생활을 영위한다. 시아넬라는 개수도 결정되어

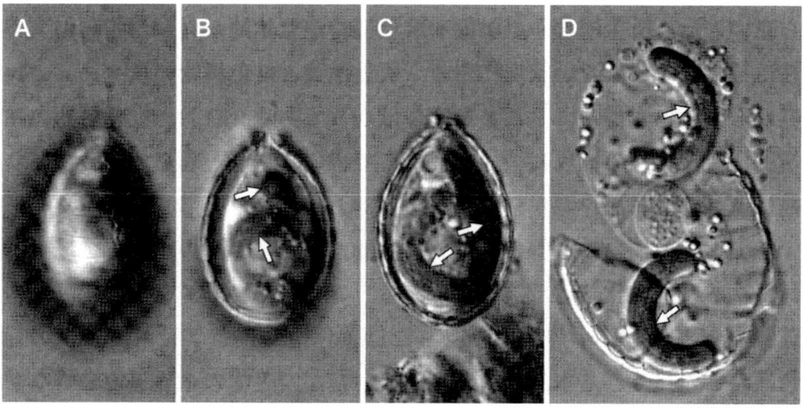

그림 12-10. 일차공생인 시아넬을 가진 아메바 폴리넬라(*Paulinella chromatophora*). A: 세포표면의 판상피각, B, C: 두개의 시아넬을 가지는 세포, D: 파열한 세포, 소세지 모양의 시아넬 두개와 숙주 핵이 보인다. 화살표는 시아넬.

있다. 세포 속에는 소세지와 유사한 모양으로 두개의 시아넬라가 존재한다(그림 12-10).

이 시아넬라는 폴리넬라 세포 속에서 막으로 싸여 존재하며 딸세포에 하나씩 분배된 다음에 분열하여 두개가 된다. 살아가는 방법을 보면 폴리넬라는 종속영양 생활을 하는 아메바 중에 유일하게 식물과 같이 살아가는 생물이다. 생물계통에서 보면 폴리넬라는 회조식물과는 완전히 다른 사족충류(Actinopodoea) 또는 리자리아(Rhizaria, Gk: *rhizo* 뿌리)라는 계통에 속한다(제13장). 때문에 회조식물과 마찬가지로 시아넬라가 엽록체라면 현재의 모든 진핵 광합성 생물을 탄생시킨 공생과는 별도의 공생에 의해 진화된 것이 된다. 최근 Marin 등에 의해 폴리넬라의 시아넬라 유전자가 해석되었다. 그 결과 폴리넬라의 시아넬라는 현재 식물과는 다른 계통인 것을 시사하였다(그림 12-11). 계통수 그림에서 엽록체는 남조계통의 내부에 출현하여 하나로 통합되어 있다(단일계통). 폴리넬라의 시아넬라는 엽록체가 아니라 남조인 *Synechococcus*나 *Prochlorococcus*의 계통에 속한다. 또 다른 하나의 일차식물이 존재하는 것이다. Marin 등의 발견은 엽록체 획득이 몇 번이고 발생할 수 있다는 것을 처음으로 시사한다는 점에서 주목할 가치가 있다.

유각아메바 중에 시아넬라를 가지는 것은 폴리넬라 뿐이며 같은 속의 종이

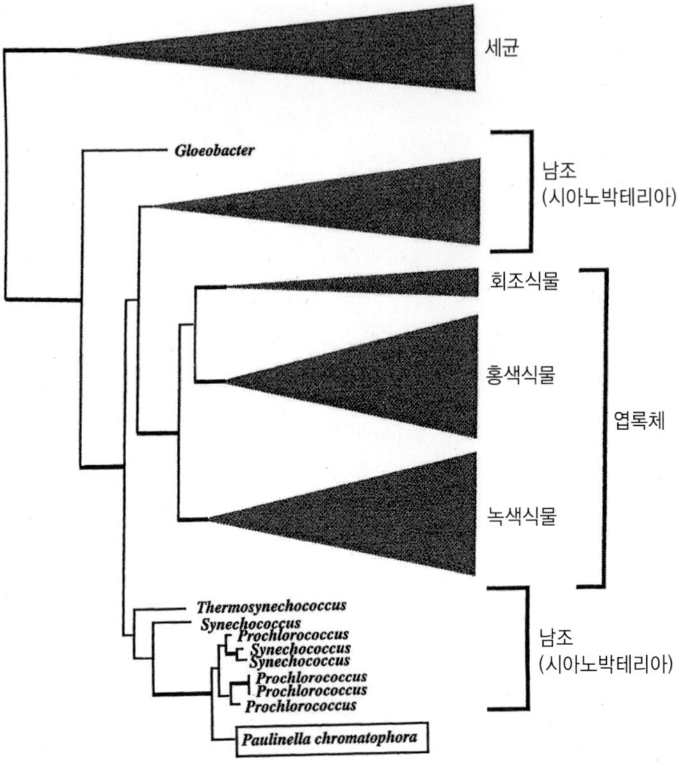

그림 12-11. 유각아메바 폴리넬라의 계통적 위치. 진핵조류 엽록체와는 다른 계통으로 피코플랑크톤인 남조의 *Synechococcus*나 *Prochlococcus*에 근연이다(Marin *et al.*, 2005에서 그림).

나 근연의 다른 속에도 존재하지 않는다. 이것은 무엇을 의미하는 것일까? 시아넬라가 엽록체가 되어 적응적으로 유리하게 기능을 한다면 폴리넬라의 자손은 광합성을 무기로 한꺼번에 적응 방산하여 새로운 식물군으로 출현할 수 있음을 나타내는 것임에 틀림이 없다. 폴리넬라 배양은 가능하지만 매우 어려운 모양이다. 보통 조류처럼 증식하지 않는다. 이것은 식물의 생존방법을 선택한 것은 적응적인 것이 아니라는 것을 의미하는 것일까? 아직 정확하게 알지 못하지만 또 다른 하나의 가능성은 이 공생이 지질시간에 비하여 비교적 최근에 발생하여 아직 충분히 확립되지 않았다는 점이다. Yoon 등(2006)에 의해 단편적이나마 시아넬라 게놈 일부가 해석되었다. 이 조그마한 자료에서 생각해야 할 점이 있다. 식물은 엽록체 유전자 대부분을 핵으로 이동되었다는 것은 이미 설명하였다. 회조식물의 시아넬라는 팹티드글리칸이라는 세포벽을 남기지만, 유전적으로는 엽록체와 마찬가지로 유전자 대부분을 핵으로 이동하여 게놈 크기가 염록체와 마찬가지로 크게 감소하였다(제6장). 폴리넬라에 대해 아직 알고 있는 것은 그리 많지 않기에 앞으로 검증 되어야 하지만, 그래도 회조식물을 포함한 진핵 광합성 생물의 엽록체에는 제거된 유전자가 남아있다는 것은 확실하다. 즉 폴리넬라 시아넬라는 엽록체에 비하면 아직도 남조에 가까운 것이다. 현시점에서 시아넬라 유전자가 핵으로 이동된 증거는 없다. 그러나 시아넬라가 딸세포로 전달되는 사실에서 시아넬라는 단순히 남조의 공생체만이 아니라는 것이다. 즉 공생체에서 엽록체에 이르는 과정에 있다고 생각하는 것이 좋을 것이다. 폴리넬라는 일차공생에 의한 진핵생물 진화가 어떠한 과정을 걸쳐 실현되고 있는 가를 이해하기 위한 중요한 모델생물이다.

다. 이차식물

이차공생에서 엽록체 제공자가 되는 조류는 홍색식물과 녹색식물이다. 회조식물은 무엇 때문인지 이차공생에 관여하지 않았다. 그리고 지금도 규모가 작은 조류군으로 이럭저럭 존재하고 있을 뿐이다. 펩티드글리칸층이라는 남조의 흔적을 남기고도 있고 분열장치가 미완성이었던 것이 원인일 수도 있다.

그림 12-4의 엽록체 계통수를 보면 회조식물 계통과 녹색식물 계통으로 확실하게 나누어져 있는 것을 알 수 있다. 또한 많은 유전자 해석 결과에서도 동일한 경향을 나타내는 것에서 엽록체는 크게 녹색계열과 홍색계열의 두개 그룹으로 구분되는 것은 틀림이 없는 것 같다. 결과적으로 녹색식물을 집어넣어 이차적으로 식물이 된 진핵조류와 홍색식물을 이용하여 이차적으로 식물이 된 진핵조류가 존재한다는 것이 된다. 전자는 클로라라크니온과 유글레나 식물로서 녹색식물과 같은 주요한 광합성 색소로서 엽록소 *a*, *b*를 가진다는 공통점이 있다. 후자는 은편모식물, 부등편모식물, 착편모식물, 와편모식물이 포함된다. 이 계통에서는 광합성 색소의 대폭적인 재편성이 발생하였다. 홍조의 주요한 광합성 색소가 엽록소 *a*와 피코빌린단백질인 것에 대하여 홍조에 유래하는 이차식물에서는 엽록소로서 *c*가 추가되었고, 은편모조를 제외하면

피코빌린단백질이 소실되었다. 왜 이러한 진화가 발생하였을까? 지금 분명하게 설명할 수 있는 것은 아무것도 없지만, 진핵조류의 진화, 광합성의 진화를 생각할 때 이 부분은 반드시 해결되어야만 하는 중요한 과제이다. 홍조유래의 진핵조류는 왜 엽록소 *c*를 가지는 것일까? 왜 은편모조만이 엽록소 *c*를 가지면서 피코빌린단백질을 남겨두고 있을까? 풀리지 않은 비밀은 많다. 엽록소 *a*, *c*를 가지는 조류는 현재 수권, 특히 바다에서 주요한 생산자이다. 엽록소 *a*, *c*를 가지는 식물의 출현과 그들의 영고성쇠는 지금의 지구환경을 정확히 이해하는 부분에 매우 밀접하게 연관되어 있다(제15장).

이차공생은 몇 번 발생하였을까? 녹색과 홍색식물에서 유래한 이차식물이 존재하고 있기 때문에 최저 두 번은 독립적으로 발생한 것임은 틀림이 없다. 문제는 각 계통의 엽록체를 가진 이차식물은 일회의 이차공생에 유래하는 것일까? 아니면 각각 독립적으로 녹색 또는 홍색식물을 집어넣고 이차식물이 되었다는 것일까? 라는 것이다. 이차식물은 세포구조 수준에서 크게 다르다(표 11-1). 또 여러 가지 유전자의 분자계통수는 이차식물 각각에 대하여 단일계통성을 지지하고 있지만, 서로의 관계에 대해서는 분해능이 부족하여 지지하지도, 부정하지도 않는다. 이것은 지금까지 각각의 이차식물이 계통적으로 독립성을 가지는 것으로 해석되어 이차식물은 독립된 이차공생에 의해 발생하였다고 생각되어 왔다. 즉 녹색식물 계열에서 2회, 홍색식물 계열에서 4회 합계 6회의 이차공생이 발생하였다고 생각하였다(그림 12-12). 그러나 최근에는 이러한 견해와 다른 내용이 주장된다. 현존하는 이차식물은 녹색식물에서 2회 독립적으로 이차공생이 발생하였지만, 홍조에 유래하는 엽록체를 가진 조류는 일회 이차공생에서 유래한다는 것이다. 이러한 내용에 대해서는 전체 진핵생물 계통에 관계되는 문제이기에 별도로 설명한다(제13장). 여기에서는 횟수가 어찌되던지 이차공생이라는 현상이 과거에 발생하였고 그 결과 그때까지 종속영양생물로 생활하였던 진핵생물이 새롭게 식물화가 진행되었다는 것, 즉 광합성 생물로 진화한 것을 이해할 수 있었으면 한다.

라. "식물화"라는 진화: 엽록체 포막의 재 토포로지

요컨대 광합성 생물로서 대부분 식물은 광합성이란 공통항목을 제외하면

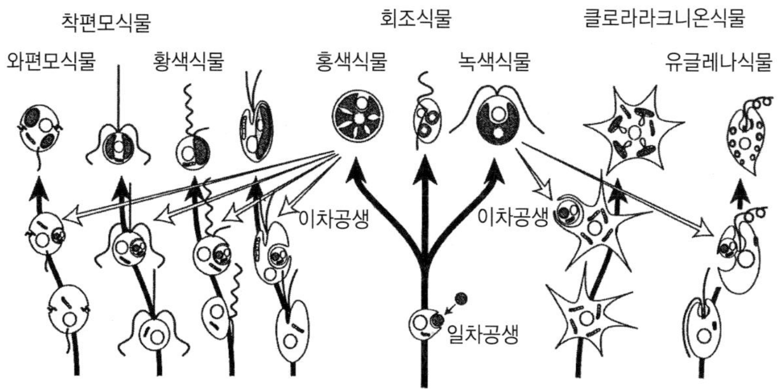

그림 12-12. 6회 이차공생이 독립으로 발생하여 여러 계통 이차식물군으로 진화하였다는 생각.

거의 유사점을 찾을 수 없다. 서로 전혀 모르는 타인이라 할 수 있다. 계통을 기준으로 생물을 정의한다면 이차공생에 의해 생겨난 조류군은 식물이 아니다. 그럼에도 불구하고 광합성이란 공통항목에 매우 큰 가치를 부여한다. 그리고 생물계에서 생산자라는 식물과 공통의 역할을 담당한다. 이차공생에 의해 숙주가 식물화 되는 과정은 어떻게 이해하면 좋을까? 다시 한 번 엽록체 포막의 토포로지와 핵 지배 단백질의 수송이란 관점에서 생각해 보자.

제10장에서 남조유래의 2중막을 일차식물의 숙주세포에 집어넣는 것은 어떠한 의미일까? 이러한 부분을 생각하여 보자. 이차식물은 사정이 더욱 복잡하다. 이차식물의 엽록체는 엽록체 막을 포함하여 3장 또는 4장의 막으로 싸여있다. 이차식물도 광합성에 관여하는 유전자 대부분은 숙주의 핵으로 이동되기 때문에 필요한 단백질을 엽록체로 보내기 위해서는 새롭게 추가된 막을 통과시키기 위한 새로운 구조가 필요하다.

4장의 포막을 가진 은편모조와 부등편모식물 엽록체의 가장 바깥막은 리보솜으로 덮여있다. 이것은 숙주가 공생체인 진핵조류를 섭식작용으로 집어넣었을 때 식세포가 핵의 ER과 융합한 것으로 생각된다(그림 11-11 및 그림 13-25). 밖에서 두 번째가 엽록체 2중막이다. 핵 지배 단백질이 엽록체로 수송되기 위해서는 이들 4장의 막을 통과하여야만 한다. 이러한 구조는 핵 지배 엽록체 단백질의 유전자 배열에 대한 연구에서 밝혀졌다(그림 12-13).

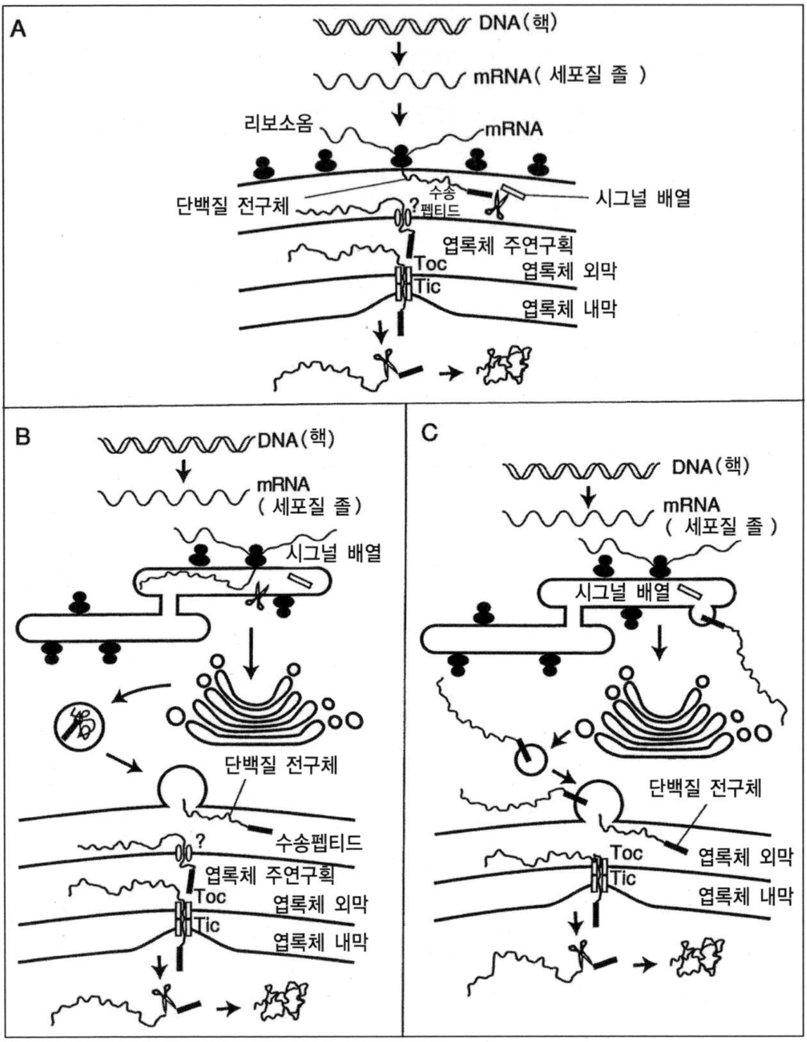

그림 12-13. 이차식물이 엽록체로 단백질 수송. A: 가장 바깥쪽 막에 리보솜을 가진지는 4장 포막의 엽록체(부등편모식물, 은편모식물, 착편모식물). 엽록체 유전자 해석은 가장 바깥쪽에 부착한 리보솜에서 실시되고, 단백질 전구체가 엽록체 주연구획에서 만들어진다. 2장 째의 막을 통과하는 구조는 알지 못하지만, Toc 복사가 있었다고도 생각된다. 그 이후 엽록체 2중막 Toc, Tic채널을 통과하여 스트로마로 운반된다. B: 리보솜을 가지지 않는 아피콤프라스트, 소포체, 골지체를 경유하여, 소포에 의해 엽록체로 보내진다. 클로라라크니온식물에서도 유사한 메카니즘의 역할을 하고 있다고 생각된다. C: 3장의 포막을 가진 유글레나 엽록체로 단백질 수송. 소포체, 골지체를 경유하지만, 단백질 전구체는 소포의 바깥에 부착하여 수송된다고 생각되는 와편모조 엽록체로의 단백질 수송도 마찬가지 경로를 가지는 것으로 생각된다 (Van Dooren *et al.*, 2001. Kilian and Kroth, 2003을 기본으로 그림).

전구체 단백질 유전자인 아미노기 말단에는 소포체(ER)를 표적으로 하는 시그널배열에 유사한 소수성이 풍부한 배열이 있다. 여기에 계속하여 엽록체를 표적으로 하는 수송펩티드가 부가된다. 우선 최초 시그널배열에 의해 mRNA가 엽록체 ER이 리보솜에서 해석되어 단백질의 가장 바깥 막과 두 번째 막 틈 사이에 출현한다. 두 번째 막을 통과시키는 구조는 아직 잘 알지 못한다. 이 막과 세 번째 막 사이에는 엽록체 주연구획으로 그곳에서는 종종 소포가 관찰된다. 이러한 결과로부터 소포에 의한 셔틀수송이 예로부터 상정되지만 확실한 근거는 없다. Toc채널 복사가 배치된 것으로 생각된다. 전구체 단백질은 계속하여 엽록체 막을 통과하나, 그곳에는 녹색식물 등과 같은 성질을 가진 Toc와 Tic 채널이 배치된다(그림 12-13). 이것은 시그널배열을 제거한 규조나 은편모조의 핵 지배 엽록체 단백질을 완두콩 엽록체 표본에 첨가하면 단백질이 엽록체 속으로 수송된다는 것이 실험에 의해 확인되었다. 즉 일차식물의 수송구조는 이차식물에서도 유지되고 있으며 추가된 2장의 포막을 통과하는 구조가 부가적으로 확립되어 있다.

클로라라크니온식물에서도 같은 4장의 포막을 가지지만 가장 바깥쪽 막에는 리보솜이 존재하지 않는다. 이럴 때에 수송은 어떻게 이루어지는 것일까? 클로라라크니온에서 아직 분명한 것은 알지 못한다. 그러나 같은 엽록체 기원인 세포기관(아피콤프라스트(apicoplast)라고 한다)이 아피콤플렉사(Apicomplexa)에도 존재한다(제11장). 그리고 이 생물을 이용한 연구가 진행되고 있다. 아피콤플렉사는 말라리아원충(*Plasmodium*)을 포함하는 원생생물이다. 아피콤플렉사의 핵 지배 엽록체 단백질은 시그널배열과 수송펩티드를 가지며 전구체 단백질은 ER에서 잘려 나가 골지체로 보내진다. 더욱이 골지체에서 잘려나간 수송 소포에 의해 아피콤프라스트로 운반되는 것으로 생각되고 있다. 그리고 아피콤프라스트의 가장 바깥쪽 막과 융합하여 단백질은 아피콤프라스트 속으로 보내진다. 그 이후 2장 째의 막 통과에는 역시 복재된 Toc채널이 관계하는 것으로 생각된다. 그리고 최종적으로는 Toc와 Tic채널을 통과하여 안쪽의 2장의 막을 통과한다. 아마도 클로라라크니온에서도 이것과 비슷한 구조로서 핵 지배 단백질 수송이 이루어지고 있을 것이다(그림 12-13B).

유글레나와 와편모조 그룹은 3장의 포막을 가진다. 유글레나의 3장의 막을 통과하여 단백질이 수송되는 과정은 오사후네(長船) 등의 면역전자현미경법을 이용한 연구결과에 의해 눈으로 확인할 수 있다. 1990년에 그들은 광화학계Ⅱ의 안테나 단백질인 LHCP Ⅱ의 전구 단백질이 골지체를 경유하여 엽록체로 보내지는 현상을 보고하였다. 당시는 이해하기 어려운 현상이었지만 지금은 3장의 막이라는 이차공생유래의 여분적인 막을 가지고 있기 때문에 유글레나가 획득한 독자의 단백질 수송시스템으로서 이해하고 있다(그림 12-13). 유글레나 엽록체의 가장 바깥쪽 막에는 리보솜이 부착되지 않기에 mRNA에서 해석은 세포질 ER에서 실시된다. 시그널부분에 친수부분이 있기 때문에 전구체 단백질은 ER의 세포질 쪽에서 만들어지는 것으로 생각된다(그림 12-13). 이 전구체 단백질은 결국 골지체로 들어와 트랜스 쪽에서 소포로서 잘려 나간다. 이 소포가 엽록체의 가장 바깥층의 막에 융합되어 단백질로 보내진다. 이후는 Toc와 Tic로 된 수송체(translocator)를 빠져나와 스트로마에 도착한다. 와편모조에서도 ER과 골지체를 경유하여 마찬가지의 단백질 수송이 있는 것으로 생각된다.

마. 방황하는 엽록체

진핵생물에서 산소발생형 광합성이 놀라울 정도로 광범위한 분포를 하는 것은 엽록체 조상인 남조 입장에서 보면 무대 앞의 입석관람객을 보고 놀랄 정도의 대성공이라 할 수 있다. 또한 미토콘드리아(mitochondria)가 되면 이차적으로 잃어버린 종이나 수소발생소포(hydrogenosome)로 변화된 극히 소수의 종을 제외하면 모든 진핵생물에 존재한다. 때문에 미토콘드리아는 진핵생물 그 자체라고도 할 수 있다. α-프로테오박테리아를 포함한 그람음성세균이 만들어 낸 이 엽록체와 미토콘드리아라는 두개의 계통은 광합성과 호흡이라는 에너지 변환장치로서 진핵생물 세포에 정착하였다. 그리고 이들 기관은 진핵세포의 다양화를 추진하는 원동력으로 큰 역할을 하였다. 진핵생물의 종 수만큼 미토콘드리아 집단이 있다. 진핵 광합성 생물의 종만큼 엽록체 집단이 존재한다. α-프로테오박테리아와 그들 그룹은 쉽지 않은 대성공을 이룩한 것이다. 엽록체는 진핵생물 속을 계속 떠돌아다니는 방랑자라 할 수 있다. 다음 항에서 설명하는 것처럼 이차공생에 해당하는 현상이 현재에도 다수 진행되고 있다는 사실에서 방랑자로서 엽록체의 성질을 엿볼 수 있다.

바. 장물엽록체: 진행되는 엽록체의 강탈

만일 엽록체(chioroplast)라는 빛에너지 변환장치가 소유 가능한 것이라면 누구나 희망하는 유형의 세포장치일 것이다. 연금술과 같이 언제라도 무료의 에너지가 손에 들어오는 마법장치인 것이다. 후생동물은 이전에 엽록체를 가진 일은 없었다. 그러나 필요에 따라 지능을 발휘하는 것은 어디에서도 볼 수 있는 것으로 후생동물에는 식물에서 엽록체를 강탈하여 식물과 같은 기능을 하는 그룹이 있다. 연체동물 낭설목에 속하는 일부 나새류(nudibranch)는 옥덩굴이나 청각과 같은 낭상녹조(제2장) 또는 해산 황록색조인 바우케리아(*Vaucheria*, 제3장)를 먹고 그 엽록체만을 섭식작용으로 세포 속에 집어넣어 수 개월 엽록체로 기능을 유지시키는 것으로 지속적인 이용을 가능하게 하고 있다. 이와 같은 나세류는 태양광 발전 민달팽이(solar-powered slugs)라는 별명을 가진다. 나세류에서 특히 주목하는 종은 푸른민달팽이(*Elysia chlorotica*)이다. 푸른민달팽이는 이름에서 알 수 있듯이 등 전체가 짙은 녹색으로 마치 나무 잎처럼 보인다. 푸른민달팽이는 어린 시기에 바우케리아 일종인 *Vaucheria litorea*를 섭식하여, 그 엽록체를 세포 속으로 집어넣는다. 엽록체는 9개월 동안 기능을 유지하여 빛과 이산화탄소가 공급되면 푸른민달팽이는 8~9개월의 수명을 다할 때까지 새롭게 바우케리아 공급을 받지 않고도 생존할 수 있다. 이 사이에 몇 개의 유전자가 발현하는 것이 분명해졌다. 이들 유전자가 발현하여 단백질을 형성하는 과정에는 핵에 의한 조절이 있을 것이다. 그러나 조사결과 푸른민달팽이에는 *V. litorea*의 핵 게놈이 들어 있지 않기에 현재 엽록체의 활성이 어떻게 유지되는지는 알지 못한다. 그러나 엽록체가 광합성 활성을 유지한 채로 수개월 동안 유지되는 구조는 숙주에 발달되어 있을 것이 분명하다. 나새류와 바우케리아 엽록체 사이에는 오랜 시간 동안에 무엇인가 유전적인 관계가 성립하고 있기 때문이다. 이러한 구조가 밝혀지면 동물이 식물화라는 메레쉬코브스키(K. Mereschkowsky)가 희망하는 사자의 꿈이 실현될지도 모른다(제10장 참조).

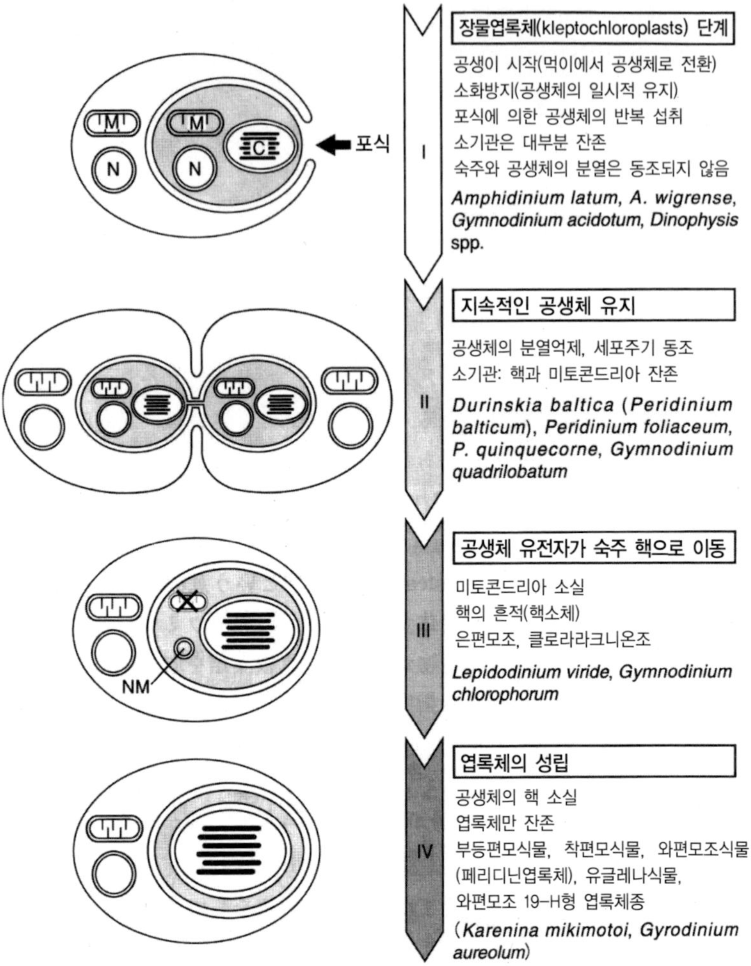

그림 12-14. 이차공생에 의한 식물화 과정. 숙주세포에 의한 공생체 제어의 증대과정(Ⅰ~Ⅳ 단계)이라 생각할 수 있다. 최종적으로 공생체의 핵 유전자는 숙주 핵에 이동하여, 소거된다. 도중의 과정은 핵소체(NM)이다. 공생체가 은편모조인 경우 막 토포로지는 더욱 복잡하다(그림 12-12A 참조). C: 엽록체, N: 핵, NM: 핵소체, M: 미토콘드리아(岡本典子의 원도를 기본으로 그림).

편형동물인 와충류(*Convoluta*)는 담록조류 등의 조류를 세포 속에 공생시켜 모래사장에 녹색매트를 형성한다. 종속영양생물이 조류와 공생하여 식물과 같은 생활을 실현하고 있는 사례를 열거하면 끝이 없다(제5장). 산호도 이러한 생활을 하는 대표적인 선수이다.

일차공생이거나 이차공생이거나 종속영양생물이 조류를 세포 속에 집어넣고도 소화하지 않고 유지시키는 구조를 확립하는 것은 엽록체를 획득하는 진화과정의 첫 단계로 필수적인 항목이다. 세포 속으로 집어넣은 광합성 생물을 포섭하여 세포내 소기관으로 정착하는 과정은 많은 단계가 필요할 것이다(그림 12-14). 현재 그 중간 단계를 보여주는 생물이 복수로 존재한다. 다른 생물의 엽록체를 사용하여 광합성을 하는 생물에는 은편모조 등 이미 확립된 이차식물과는 달리 엽록체를 정기적으로 교환할 필요성이 있다. 즉 세포 속으로 집어넣은 엽록소는 일정시간이 지나면 노후화되기에 분해 또는 파기하여야 하기 때문이다. 이는 아직 공생한 조류를 제어하여 잘려나가지 않은 단계이다(그림 12-14 단계 1).

크레프토(klepto-, Gk: *klepenai* = to steal)라는 접두어로 "훔치다"라고 하는 의미가 붙어있는 kleptochloroplasts는 "훔친엽록체", 즉 "장물엽록체"를 의미를 가진 엽록체가 있다. 앞의 나새류 예도 이것에 해당하지만, 일반적으로 종속영양생물의 세포 속에 진핵조류를 섭취하여 엽록체의 기능을 이용하는 사례를 나타낸다. 와편모조에는 섭식작용으로 진핵조류를 섭취하여 이것을 몇일 세포 속에 유지시키면서 실질적인 엽록체로 사용하는 종이 알려진다. 이와 같이 반강제적으로 엽록체를 사용하는 장물엽록체의 존재양식을 비교하면 흥미로운 연속성이 발견된다. 세포 속에 섭취한 공생체와 숙주의 상성(相性)을 예로 들어 말하면 아직 상대를 품평하는 단계에서부터 마음에 들어 동거를 하는 단계까지, 즉 만날 때부터 친밀함이 증가하는 다양한 단계가 관찰된다. 무엇 때문인지 와편모조는 은편모조를 공생체로서 섭취하여 이용하는 경우가 많다.

*Amphidinium poecilochroum*이나 *Amphidinium latum*(권두사진 13-26)이라는 와편모조는 섭식작용으로 은편모조를 세포 속에 섭취하여 이것을 수일에서 수 주 동안 유지시킨다. *A. latum* 세포를 단독으로 배양하면 분열하지 않지만, 별도 배양한 은편모조를 첨가하면 섭식작용으로 은편모조를 세포 속으로 섭취하는 현상이 관찰된다. 여하튼 섭취상대는 은편모조가 아니면 안 되지만, 엄밀하게 종류는 구별하지 않고 *A. latum*은 색이 다른 복수 속의 은편모

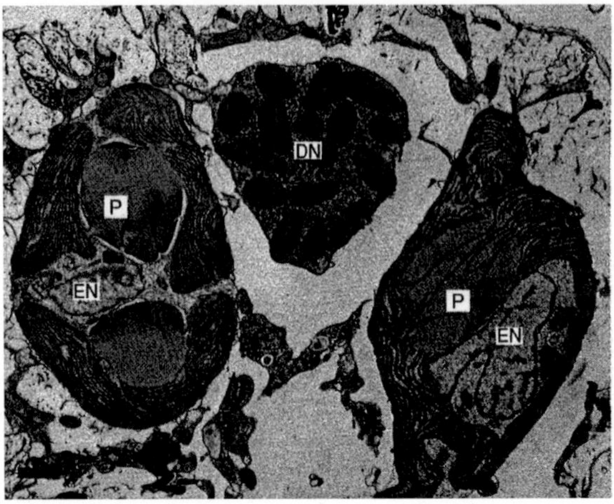

그림 12-15. 와편모조 *Amphidinium latum*이 가지는 은편모조 공생체. 다른 2종을 섭취하여 장물엽록체로서 수일 동안 유지한다. DN은 와편모조(숙주)의 핵, EN은 공생체의 핵. 피레노이드(P) 형태가 다른 점에 주의(사진제공, 堀口健雄).

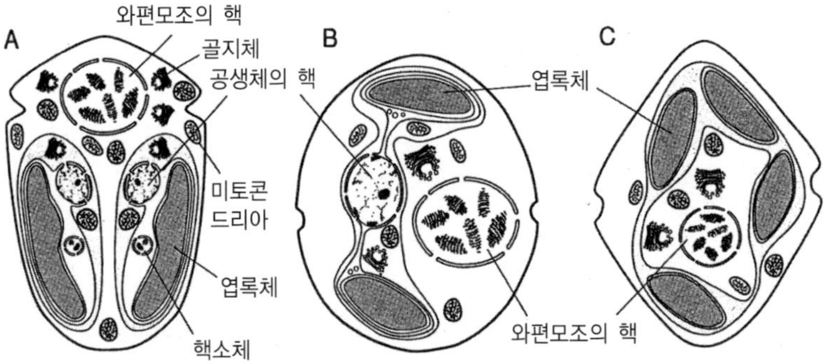

그림 12-16. 와편모조에 보이는 공생의 다양한 단계. A: 은편모조를 일시적으로 섭취한 *Amphidinium latum* 등, B: *Durinskia baltica, Peridinium quinquecome* 등, 진핵조류 공생체가 엽록체로서 기능을 하고 있다. C: *Karenia breve, Karenia mikimotoi* 등에서 엽록체만이 남고 공생체의 다른 요소는 소거되어 있다(엽록체 성립).

조식물을 섭취한다(그림 12-14, 그림 12-15 및 그림 15-16A). 또 다양한 상대와 만나서 품평을 하는 단계라고 할 수도 있다. 담수인 호소에 출현하는 *Gymnodinium acidotum*(권두사진 13-25)도 마찬가지로 은편모조 *Chroomonas*

를 반복적으로 섭취하여 광합성 생물로 살아간다. 이때 상대는 *Chroomonas*로 결정되어 있으며 현재는 만남의 단계 또는 동거단계에 있다고 할 수 있다(그림 12-14 단계 1).

Dinophysis(권두사진 8-2~4 및 13-13)라는 해산 와편모조는 빨강 엽록체를 가진 것이 많다. 이 엽록체는 두장의 막으로 둘러싸여 있으며 공생체의 핵 등은 보이지 않는다. 기원이 불분명한 엽록체로 알려졌지만, 엽록체 유전자 연구에서 은편모조 기원이라는 것이 밝혀졌다(엽록체의 획득방법에 대해서는 나중에 설명하는 *Dinophysis* 항 참조).

숙주와 공생체의 관계가 더욱 진행되면 어떻게 될 것인가? 숙주분열과 공생체분열이 동조하게 된다(그림 12-14 단계 Ⅱ). 이 단계에 도달하면 숙주가 분열할 때에 공생체도 분열하여 분배되기에 더 이상 숙주는 상대를 외부에서 섭취할 필요가 없다. 여기에 도달하면 이미 식물이라 할 수 있다. 이 단계에 있는 것이 *Durinskia baltica* (*Peridinium balticum*)이나 *Peridinium foliaceum*이다(그림 12-14). 공생체는 의연하게 자신의 핵과 미토콘드리아 및 골지체를 남겨 놓고 숙주의 세포질 분열에 앞서 분열을 한다. 숙주와 공생체가 함께 사는 길을 선택하거나 공생체가 숙주에 예속되는 것을 어쩔 수 없는 것으로 받아드리게 되는 결과이다. 공생체 핵분열은 진핵생물에서 보편적으로 관찰되는 방추체를 이용한 유사분열을 하지 않고 원핵생물과 같은 무사분열을 한다. 이 단계에서 숙주는 공생체 핵분열의 구조를 바꾸고 있는 것이다.

이렇게 공생체가 정착하여 거의 완전하게 엽록체로서 기능을 하게 되면 숙주는 중복되는 공생체의 핵 유전자와 미토콘드리아 유전자가 필요 없게 된다. 기능이 서로 상충되어 대항하기에 오히려 생활에 방해된다는 것이 정확한 것인지도 모른다. 이렇게 하여 숙주에서 공생체 핵과 미토콘드리아는 소거되고 엽록체만이 남게 된다(그림 12-14 단계 Ⅲ). 이렇게 하여 식물화의 최후 모습을 갖추게 되지만, 은편모조이면서 클로라라크니온조라고 하는 *Lepidodinium viride*(권두사진 13-28)의 녹색 공생체에서 다소의 세포질이 존재하는 것이 알려진다. 착편모조 공생체를 가지는 *Karenia mikimotoi*(권두사진 13-2, 27)에는 세포질까지도 소거되어 엽록체만 남아있다. 이와 같이 이차공생에 의한 식물화의 도중단계는 다양하게 나타난다. 진핵생물이 얼마나 유연한 적응과 진화를 풀어가고 있는가를 보여 주는 좋은 사례이다.

사. 삼차공생

공생에 대해 와편모조를 능가할 수 있는 생물은 없다. 자신들도 산호 등 동물세포 속에 공생체가 되는 것 이외에 숙주로서 다른 조류를 세포 속에 공생시킨다. 절개와 지조가 없다고 할 정도로 다양한 조류와 공생관계를 맺어 동거나 결혼이라는 단계로 진행된 사례가 다수 알려진다. 이들 중에 녹조를 섭취한 공생은 이차공생이다. 그러나 원래 이차식물인 은편모조, 규조 또는 착편모조를 섭취하여 엽록체로 기능하는 현상은 삼차공생(tertiary endosymbiosis)이라 불러야 할 것이다. 엽록체를 획득한 와편모조는 공생체 기원에 따라 분류할 수가 있다. 공생한 조류는 광합성 색소가 명확하게 다르기에 색의 차이로 부르는 것이 적합할 것이다(표 12-1).

표 12-1. 와편모조 엽록체의 다양성. 전형적인 페리디닌형 이외에 장물엽록체로서 또는 삼차공생에서 다른 진핵조류를 섭취하여 식물화 도중단계에 있는 종이 알려진다(堀口健雄 작성의 표를 고쳐 만듦)

엽록체의 유형	엽록체 기원	예
페리디닌 형	홍조	광합성을 하는 대부분의 와편모조
푸코산틴 형	규조	*Dinothrix paradoxa, Durinskia baltica, Gymnodinium quadrilobatum, Peridinium foliaceum, P. quinquecome*
19`-H-후코산틴 형*	착편모조	*Gyrodinium aureolum***, *Karenia mikimotoi*
엽록소 *a, b* 형	녹조	*Gymnodinium chlorophorum, Lepidodinium viride*
피코빌린단백질 형	은편모조	*Amphidinium latum, A. poecilochroum, A. wigrense, Dinophysis* spp. *Gymnodinium acidotum*

* 19`-hexanoyloxyfucoxanthin, ** *Karenia aureola*

아. 도둑맞은 핵: 섬모충 *Mesodinium rubrum*의 광합성 전략

같은 진핵조류의 공생이지만 조금 다른 예를 보자. 이차, 삼차공생과 별도의 과정을 볼 수 있다. 짚신벌레나 종벌레 등 섬모(L: *cillium*, 복수는 *cillia*,

구조적으로는 편모와 같고 다수 생겨있는 것을 섬모라고 한다)를 가지는 섬모충에 *Mesodinium rubrum*이라는 해산종이 있다(권두사진 9-15). 최근 *Myrionecta rubra*라는 이름으로 많이 불리게 되지만, 이것은 속의 정의에 대한 복수의 견해가 있기 때문이다. 여기서는 이름이 그다지 중요하지 않기에 이미 우리에게 친근해진 *Mesodinium*을 사용한다. 극모(L: *cirrus*, 복수는 *curri*)라는 복수의 편모가 다발이 되어 있는 특별한 구조(복합편모)를 가지며 이것을 사용하여 운동한다. 메소디니움의 운동은 매우 독특하다. 점프운동이라 하는 것으로 정지 상태에서 순간적으로 매우 빠른 속도로 유영하다가 다음 순간에는 정지하여 부유한다. 그리고 재차 점프한다. 정지와 점프를 반복하는 것이다. 이러한 운동은 사람 눈에 갑자기 사라졌다 다른 장소에 나타나는 것과 같은 고속운동으로 관찰된다. 메소디니움은 고도로 완성된 유영장치를 진화시키고 있다는 것을 알 수 있다. 점프에 의한 유영속도는 1.2 cm/sec에 달한다. 세포크기와 물의 저항을 생각하면 믿을 수 없는 속도로서 섬모운동에서 챔피온이라 할 수 있다. 메소디니움은 크기가 30~50μm 범위에서 평균 40μm 이다. 메소디니움의 운동속도를 170cm 키를 가지는 수영선수에 비교하면 1.2cm는 510m가 된다. 순간이동이라는 기분을 이해 할 수 있을 것 같다. 나노기술도 이러한 곳으로 눈을 돌리면 커다란 아이디어를 얻을 수도 있음에 틀림이 없다.

다시 본론으로 들어와서 메소디니움은 바다 어디에나 서식하는 해산 섬모충으로 남극에서 북극까지 세계 해양에 널리 분포한다. 또한 대규모 적조를 형성하는 종으로도 해양관련 연구자에게는 잘 알려져 있다. 적조(red tide)는 식물플랑크톤(미세조류)의 대량발생으로 바다 표면을 빨강색으로 물들이기 때문에 붙여진 이름이다. 이 섬모충은 빨강 색을 한다. 이전 비글호 항해에서 다윈이 페루외양의 광범위한 바다가 빨강색으로 변색되어 있는 현상을 보게 되었다. 다윈은 홍수 등에 의해 하천수가 바다로 유출될 때의 황토 물과 같았다고 표현하였다. 컵 속의 물은 옅은 빨강색으로 현미경을 관찰하면 중앙이 잘록한 계란모양의 "작은 동물"이 다수 유영하고 있었다. 고리 모양으로 정렬되어 떨림으로 움직이는 섬모가 있으며 매우 빠르게 유영하다가 순간에 정지하는 운동을 관찰하였다. 이것은 우선 틀림없는 메소디니움일 것이다. 이 섬모충은 세계 각지에서 기록되어 세포학, 진화학, 생태학 등 다양한 분야 연구자의 관심을 모아왔다. 실제로 이 빨강색은 공생하는 조류의 엽록체가 세포에 포함되어 있기 때문이다. 메소디니움은 광합성으로 살아가는 편모충인 것이

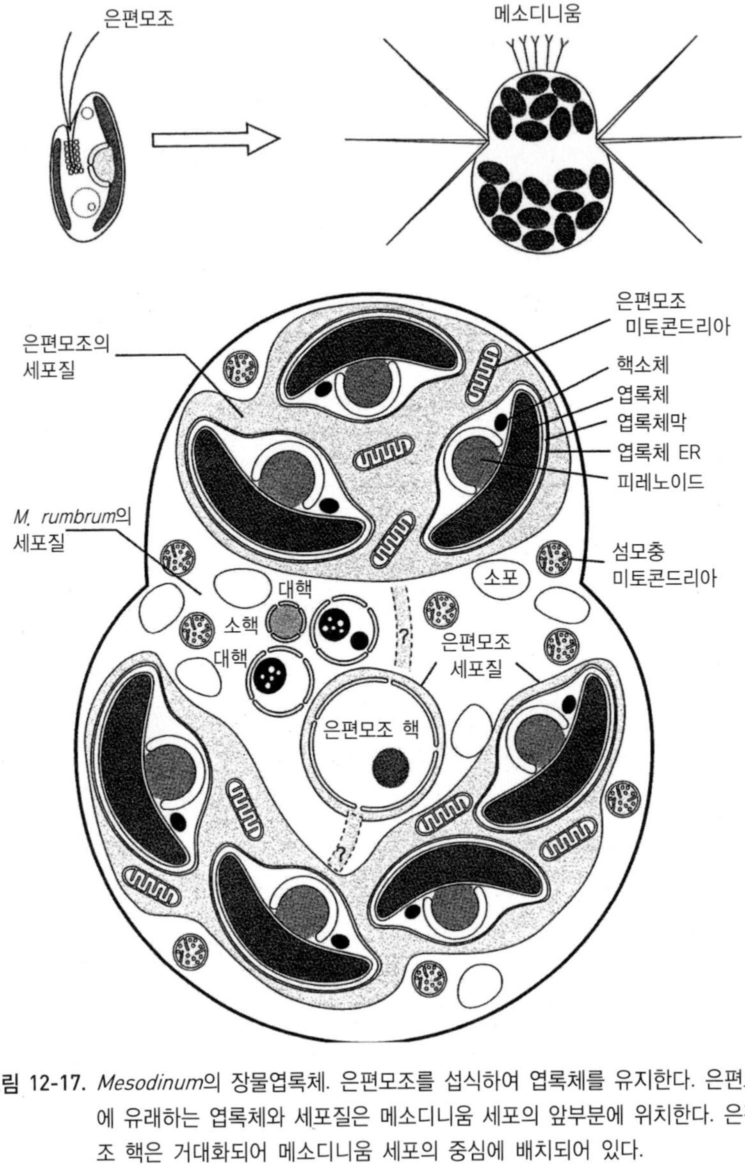

그림 12-17. *Mesodinum*의 장물엽록체. 은편모조를 섭식하여 엽록체를 유지한다. 은편모조에 유래하는 엽록체와 세포질은 메소디니움 세포의 앞부분에 위치한다. 은편모조 핵은 거대화되어 메소디니움 세포의 중심에 배치되어 있다.

다. 실제 메소디니움은 생태적으로 일차생산자로서 식물플랑크톤으로 분류되어야 한다. 세계 각지에서 적조를 형성하고 엽록소 *a* 농도와 광합성에 의한 생산량에서는 최고기록을 보유하는 종이기 때문이다. 메소디니움의 전자현미경 관찰을 통해 세포 속의 공생체가 은편모조인 것이 예로부터 알려져 왔다(그림 12-17). 섬모충의 세포질은 적도면 부근과 세포주연부의 협소한 범위에 한정되고, 대부분 세포 속은 공생체 유래의 세포질과 세포기관으로 채워져 있다. 그림 12-17에서 둥글고 관모양을 하는 관상 크리스테를 가진 미토콘드리아와 소포는 섬모충 세포질구획에 존재한다. 공생체 엽록체는 적도부근 섬모충의 세포질 영역을 끼어 있어 세포의 상하에 두개 그룹으로서 존재한다. 엽록체와 핵소체, 그리고 미토콘드리아를 포함한 각각의 구획(엽록체 및 미토콘드리아 복합체)은 전체가 한 장의 막으로 둘러싸여 있다. 그림 12-17에 나타낸 것처럼 두 장의 엽록체 막 바깥쪽에는 엽록체 ER의 두 장의 막이 있고, 핵소체는 엽록체 막과 엽록체 ER 사이의 엽록체주연구역(periplastidal compartment)에 존재한다. 이러한 복수의 엽록체를 싸는 한 장의 막이 공생체 세포질 영역을 나누어 구분하고 있다. 핵이 보이지 않은 것을 제외하면 앞에서 설명한 은편모조 구조 그 자체인 것이다. 이 막은 은편모조 세포막으로 생각되며 은편모조 미토콘드리아는 이 구획에 포함되어 있다. 특유의 판상 크리스테를 가지는 것에서 메소디니움의 미토콘드리아와 구별 된다.

메소디니움과 은편모조 공생에서 흥미로운 점은 공생체인 은편모조의 핵이 마치 섬모충 자신의 핵인 것처럼 세포 중앙에 위치한다는 것이다. 분명하게 공생하기 이전의 은편모조 핵보다 거대화된 핵의 형태로 존재한다. 섬모충 자신의 핵인 두개의 대핵과 한개의 소핵은 모두 작을 뿐만 아니라 공생체 핵에 미안해하는 것과 같은 모습으로 공생체인 은편모조의 핵 옆에 붙어 존재한다. 공생체 핵도 한 장의 막으로 싸여있다. 이 막이 엽록체 및 미토콘드리아 복합체와 연결되고 있는지는 아직 알지 못한다. 그러나 어찌되었든 이러한 세포구조 특징 등으로 대부분 연구자는 메소디니움이 이미 항구적으로 광합생생물로 진화한 섬모충이라고 생각하였다. 다른 섬모충에서는 보통인 구조인 포식장치가 메소디니움에서는 퇴화하여 있는 것도 이러한 생각을 지지하였다. 즉 은편모조와의 공생은 훨씬 이전에 성립한 것으로 공생체 핵과 엽록체 등 세포소기관은 숙주의 분열에 앞서 분열하여 계승된다. 이러한 결과로부터 메소디움은 더 이상 은편모조를 섭취할 필요가 없다고 생각되었다. 즉 메소디니움은 유전적으로도 이미 광합성으로 살아가는 생물(즉 섬모충에서 처음의 식물)로 진화하였다고 생각되었던 것이다.

그러나 이러한 믿음은 메소디니움 배양이 성공하면서 무참하게 깨어졌다. 배양에는 먹이인 은편모조 존재가 반드시 필요하였다. 먹이를 주지 않고 배양하면 점차 광합성 활성이 떨어져 공생체 핵과 엽록체 수가 감소하다가 2주간 정도에서 섬모충 자체가 증식하지 않게 된다. 그러한 메소디니움 세포에 은편모조인 *Geminigera cryophila*를 먹이로 첨가하면 몇 시간 이내로 대부분 섬모충이 은편모조를 세포 속으로 섭취하여 광합성 활성이 급격히 상승한다. 이러한 실험결과에서 메소디니움의 기본적인 생활방식은 독립영양에 의한 광합성 생물이라는 것을 알 수 있다. 그러나 생육에는 은편모조 공생체가 반드시 필요하여 지속적인 공생체의 섭식에 의해 광합성 생물로서 기능을 유지한다. 핵도 엽록체도 섬모충 세포 속에서 어느 정도는 분열하는 능력을 남겨 놓고 있지만, 새롭게 은편모조를 섭식하여야만 되는 것은 분열만으로는 아직 공생체를 안정하게 유지시킬 수 없다는 것을 의미한다.

그런데 섭식한 은편모조 최초의 핵은 3~4μm의 크기이지만 섬모충 세포 속에서 7~10μm까지 크기가 커진다. 체적으로 보면 8배 정도 증가하였다. 은편모조나 클로라라크니온조의 핵소체와 같이 이차공생에서 공생체가 숙주세포의 일부로 정착하여 가는 과정에서 핵은 소거되는 것이 일반적이기에 이러한 결과는 불가사의한 결과이다. 어쩌면 이 크기를 증가시킨 공생체 핵이 공생유지에 커다란 역할을 하는 것으로 생각된다. 광합성에 관계하는 유전자 LHCC10(광촉진계 단백질 유전자의 하나) 등 복수 유전자의 발현이 증가하는 것이 확인된다. 아마도 다른 필수 유전자도 발현되고 있는 것임에 틀림이 없다. 메소디니움 광합성 활성이 단독으로 생육하는 은편모조보다 높은 것은 공생체 핵이 외부에서 독립한 생물의 사령탑으로 기능할 때보다(적어도 광합성에 대해서는) 더욱 활발하게 활동하기 때문이라 생각된다. 메소디니움에 섭취되므로 인해 은편모조 핵은 그때까지와는 다른 핵으로 변신하는 것이다. 상세한 것은 아직 알지 못하지만, 이것은 숙주 핵과 상호작용에 의한 것이라 할 수 있다. 이차식물인 은편모조가 섭취되어 삼차공생이 진행되고 있는 예로 보아도 좋을 것이다. 그것도 공생체 핵이 예속되지 않고 이른바 주인공으로 기능한다는 점에서 메소디니움과 은편모의 공생은 다른 생물에서 사례를 찾기 힘든 이례적 모습을 한다. 접근방법을 바꾸어 생각하면 은편모조가 섬모충인 메소디니움 세포를 가로챘다고도 할 수 있다. 은편모조가 우수한 유영장치를 구축한 섬모충이란 운송체로 교체하는 것으로 세계 바다에서 적조를 형성할 수 있을 정도의 생산을 실현하고 있다. 은편모조 단독으로는 도저히 이룰 수 없는 성과이다. 은편모조 입장에서 보면 메소디니움이라는 서식처를 획득하여 번영을 누린다고할 수 있다. 앞으로 메소디니움은 다양한 "식물화" 과정을 이해하기 위한 모델생물로서 중요하게 취급될 것임에 틀림이 없다.

자. 또 다른 하나의 엽록체 강탈: *Dinophysis*

이미 충분히 친근하게 되었으리라 생각되지만, 와편모조에는 장물엽록체인 크레프토클로로프라스트(kreptochloroplast)를 가진 종이 많이 알려진다. 또한 이차, 삼차공생에 의한 다양한 엽록체 획득 과정을 보여 주었다. 와편모조 *Dinophysis*는 항만이나 내만에 일반적으로 관찰되는 플랑크톤이다. 굴 등 패류의 섭식을 통하여 패류 체내에 독성이 생물농축(生物濃縮, biological concentration)되어 설사성패독(DSP, diarrhetic shellfish poison)을 발생시키는 원인종으로 수산분야에서는 예로부터 중요한 연구대상이 되어왔다. 그러나 세계의 많은 연구자가 20년 넘게 열심히 연구하여 왔음에도 불구하고 극히 최근까지 누구도 이 조류의 배양을 성공시키지 못하였다. 전자현미경으로 관찰하면 디노피시스의 "엽록체"는 은편모조 성질을 가지는 것에서 "장물엽록체"라는 것을 알 수 있다. 유전자에 의한 연구에서도 이러한 결과가 지지되었다. 일반적으로 이와 같이 이차, 삼차공생 과정에 있는 조류의 배양은 어렵다. 디노피시스는 어떻게 하여 공생체를 이용하는 것일까? 배양이 성공하면 의문은 풀리게 된다. 최근 한국의 Park 등이 *Dinophysis acuminata* 배양을 성공시켜 이러한 의문에 해답을 주었다. 앞항에서 주인공이었던 *Mesodinium rubrum* (= *Myrionecta rubra*)이 다시 등장한다. 전혀 새로운 체험의 이야기이다.

공생체를 가진 생물배양에서는 메소디니움 예와 마찬가지로 우선 공생체 조류의 정체를 명확하게 확인하고 자유생활을 하는 공생체 조류를 찾아 배양하여야 한다. 조류를 "먹이"로 제공하는 것에서 공생관계가 성립한다고 기대하는 것이다. 공생에 대한 연구를 하는 많은 연구자가 이러한 생각으로 연구를 진행시킨다. 우리는 이러한 부분을 그다지 의식하지 않고 공생은 두개의 다른 생물끼리 무엇인가 이익을 얻는 것에서 성립하는 것을 기본적인 개념으로 가지고 있다. 예로서 말미잘과 흰동가리의 관계이다. 때문에 숙주와 공생체 후보인 조류를 혼합하여 배양하는 이원(二員)배양을 하면 공생관계를 재현할 수 있다고 생각한다. 배양이 실패할 때에는 공생체로 생각되었던 조류가 잘 못 선정되었거나 배양조건이 적합하지 않았던 것으로 생각해 버린다. 그러나 놀라운 것은 *D. acuminata*는 이러한 과정을 밟지 않는다. 다노피시스는 누구도 생각하지 못한 경로로 엽록체를 획득하고 있었다.

앞에서 메소디니움은 은편모조를 공생체로 하여 지속적으로 은편모조를 섭식하여 공생체를 갱신하는 것을 소개하였다. 메소디니움 세포 속에 존재하는 은편모조 엽색체는 독립하여 생육하는 은편모조보다 광합성 활성이 높다. 채집한 연안에서 메소디니움을 관찰하면 얼핏 보더라도 엽록체는 산뜻한 빨강색으로 건강 그 자체로 보인다. 디노피시스는 이것을 겨냥하여 사냥하는 것이다.

상식적으로 보면 섬모충은 섭식자이다. 짚신벌레나 나팔벌레 그리고 종벌레를 보면 언제나 식탐으로 세포 입에서 많은 조류를 섭취하여 식포에서 소화한다. 섬모충이 조류에게 습격당해 공생조를 빼앗긴다는 역현상은 그 누구도 쉽게 상상할 수 없었을 것이다. 기성적인 개념에서 보면 조류는 섬모충의 먹이이다. 그러나 와편모조는 언제나 예상을 뛰어 넘고 무엇을 하는지 쉽게 예측할 수 없는 생물군이다. 디노피시스의 엽록체 사냥도 이러한 와편모조 특유의 대담하고 기발한 행동 중의 하나라 할 수 있다. 디노피시스는 메소디니움이 은편모조에서 "훔친" 엽록체를 "가로챈다"라는 매우 독창적인 방법으로 엽록체를 획득하고 있었다(그림 12-18). 장물엽록체라는 용어로서 말하면 "repeate kleptoplastidy"라는 것이 되지만 이 경우는 "가로챔(interception)"이라는 것이 현상을 표현하는 용어로서 더욱 적당할 것이다.

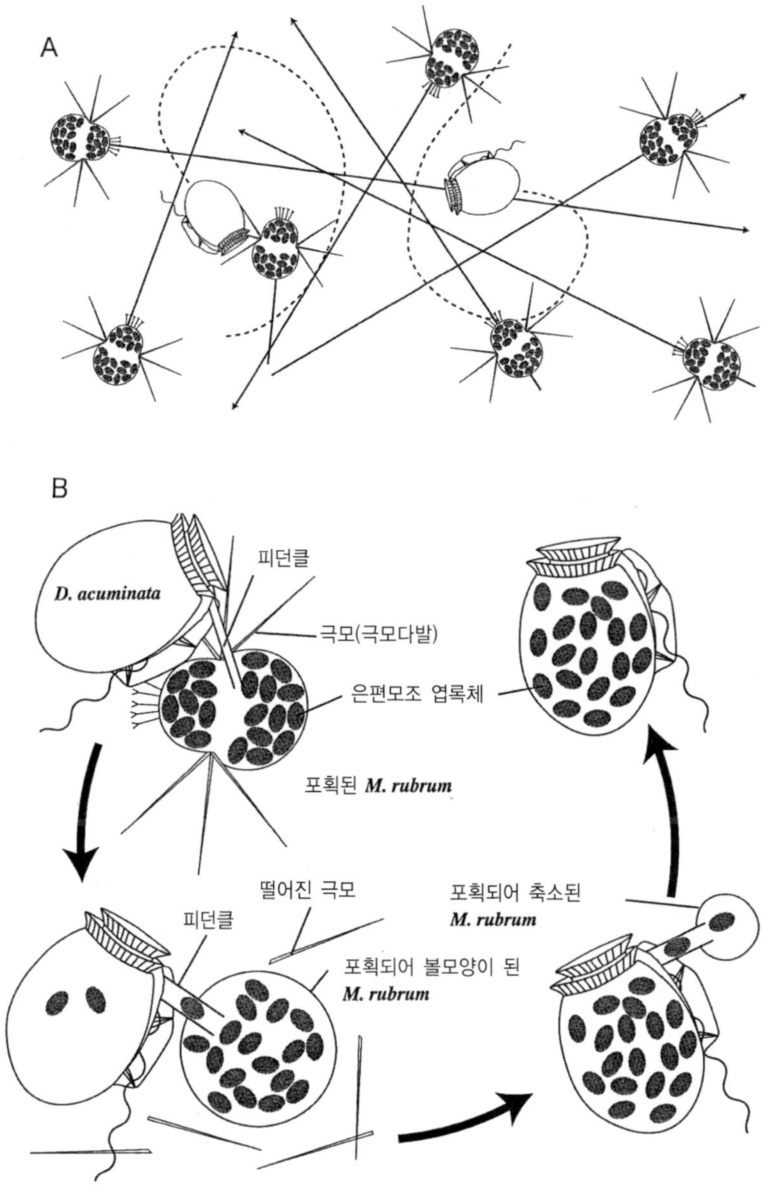

그림 12-18. *Dinophysis*에 의한 *Mesodinium*에서 엽록체를 가로채는 과정. A: 메소디니움은 직선을 고속으로 유영한다. 디노피시스와 우연히 접촉하면, 피던클에 의해 미조사이트시스가 시작된다. B: 메소디니움이 디노피시스에 포획되면 섬모다발을 떨어뜨려 구형으로 변한다. 디노피시스는 피던클을 이용하여 메소디니움에서 엽록체를 흡입하여 자신의 엽록체로 유지한다(Park *et al.*, 2006을 기준으로 그림).

앞에서 소개한 실험에 사용된 메소디니움은 남극해에서 채집된 것으로 섭식된 공생체가 되는 "먹이"는 *Geminigera cryophila*라는 저온에 서식하는 은편모조였다. 지구 반대쪽 그린란드에서 채집된 디노피시스의 공생조도 *Geminigera cryophila*에 가깝다는 보고가 있기 때문에 어쩌면 차가운 곳에 서식하는 디노피시스는 *Geminigara*를 좋아하는 것 같다. 한국의 Park 등은 *Teleaulax* sp.라는 *Geminigara*에 가까운 근연의 은편모조가 공생상대였다. 세계의 다른 지역에서 일반적으로 *Teleaulax anphioxeia*라는 은편모조가 공생체로 역할을 하는 것 같다. 한국의 연구자들은 *Teleaulax*를 배양하여 이것을 먹이로 메소디니움을 배양하였고, 더욱 메소디니움을 먹이로 디노피시스를 성장시키는 것에 성공하였다. 메소디니움을 주지 않았을 때에는 배양이 잘 되지 않는다. 또 은편모조인 *Teleaulax* sp.만을 주어도 디노피시스는 증식하지 않는다. 은편모조를 직접 섭취하여 장물엽록체로 하는 것은 불가능 하다는 것이다. 결과는 명백하게 디노피시스는 메소디니움에 공생체로 존재하는 은편모조 엽록체를 빼내는 것이다. 엽록체를 훔친다는 과정을 두 번 반복하여 공생을 성립시키고 있다. 논문에 게재되어 있는 비디오 화면의 하드코피에도 *M. rubrum* 세포에서 은편모조 엽록체가 줄줄이 흡입되어 가는 모양을 엿볼 수 있었다.

실제 디노피시스는 섭식활동은 물리적인 접촉에서 시작한다(그림 12-18). 앞에서 설명한 점프와 정지 과정 중 어디에서 세포끼리 접촉되면 디노피시스는 피던클(peduncle)이라는 세포질 관을 메소디니움 세포에 꽂아 넣는다. 피던클은 편모가 붙은 뿌리에서 생긴 포식장치이다. 이것이 순간적인 반응이며, 디노피시스는 접촉 자극에 반응하여 피던클을 빠르게 발사하여 상대세포에 꽂고 있는 것이다. 공격을 받은 메소디니움은 피던클에 연결된 디노피시스를 끌면서 계속 유영을 하지만, 몇 분후에는 움직임을 정지하여 편모다발을 탈락시킨다. 디노피시스가 어떠한 물질을 주입시키는 지는 전혀 알지 못하지만, 강력한 마취를 걸고 있는 것으로 생각된다. 이후 디노피시스는 빨대로 쥬스를 흡입하는 것과 같이 천천히 몇 시간에 걸쳐 메소디니움 세포질을 흡입한다. 미조사이토시스(myzocytosis)라는 와편모조류에서 관찰되는 다양한 섭식양식 중 하나이다(제 I 부 참조). 이렇게 하여 섭취한 은편모조 엽록체를 소화시키지 않고 세포 속에 유지하여 기능을 할 수 있도록 하고 있다.

한번 장물엽록체가 되었던 은편모조는 다른 생물에 있어서도 장물엽록체가 되기 쉬운 성질을 가지는 것일까? 그렇다면 디노피시스는 좋은 여건이 된다. 그것도 은편모조 엽록체는 메소디니움 세포내에서 광합성 활성이 강화되어 부가가치가 높게 된다. 공생체로서 튠업(tune-up)된 엽록체를 가로채어 사용하고 버리는 행위를 정기적으로 갱신한다. 이것이 *Dinophysis acuminata*가 엽록체를 획득하는 방법이다. 이렇게 보면 디노피시스에서 관찰되는 공생은 공생체가 엽록체가 되어 가는 도중 단계에 있는 것은 아닐까? 디노피시스 전략은 세포소기관으로 엽록체를 정착시키는 것이 아니라 가로채는 것을 반복하는 것이다. 다른 이차공생, 삼차공생과는 진화의 벡터가 다르게 되어 있다. 디노피시스 사례는 진핵조류의 장물엽록체로서 공생이 상상 이상으로 다양한 것을 나타내는 것이다.

차. 식물로 살아가는 짚신벌레

진핵조류를 세포 속에 집어넣고 유지하는 것은 이차공생을 매개로 하는 "식물이 된다"라는 최초 단계일 것이다. 이 과정이 어떻게 실현되는 것일까? 조류의 이차공생과는 다소 사정이 다르지만, 크게 참고할 만한 사례가 있다. 종속영양으로 살아가는 짚신벌레나 종벌레 등 섬모충에는 녹조인 클로렐라를 포식하여 이것을 소화시키지 않고 세포 속에 유지시키면서 증식시켜 공생관계를 지속하는 종이 알려진다. 세포 속 클로렐라 수는 일정 범위로 제한되기 때문에 숙주에 의한 개체수 제어가 확실하게 존재한다. 이것도 장물엽록체의 일종이다. 아직 섬모충에서 장물엽록체에서 진정한 세포기관인 엽록체로 공생이 진행된 사례는 없지만, 이차공생 초기에 어떠한 일들이 일어나는 가를 생각하는 것에서 좋은 모델이 될 것이다.

짚신벌레는 단세포생물이지만 세포구조가 매우 복잡하여 입(세포입과 세포인두)과 항문(세포항문)을 가진다. 즉 외부에서 먹이를 섭취하여 소화시키고 부산물을 항문으로 배설한다(그림 2-19A). 편모운동으로 수류를 만들어 먹이입자를 세포 입으로 운반하여 세포인두(cytopharynx, 입의 밑부분)에 입자를 축적시키고는 그곳에서 식포막에 싸서 세포 속으로 잘려 들어간다(DV-Ⅰ, DV: digestive vacuole(식포) = food vacuole). 차례차례로 식포를 형성하기 위해서는 대량의 막이 공급되어야 한다. 때문에 다수의 소포체가 세포인두로 운반되어 융합된다. 이렇게하여 세포 속으로 먹이를 가진 식포가 세포질 중에 잘려나간다. 소화의 제1단계는 식포내부를 산성으로 변화시키는 것이다. 산성소포(acidsome)라는 소포가 식포표면의 돌기로 융합하여 내부가 산성으로 변해간다(DV-Ⅱ). 이것으로 먹이를 분해하는 소화효소가 역할을 할 수 있는 환경이 정리된다. 다음에 소화효소(가수분해효소)를 포함한 리소좀(lysosome)이 식포로 융합되는 것으로 소화가 진행된다(DV-Ⅲ). 이때에 식포의 수소이온농도(pH)는 3이하로 강산성이다. 소화가 끝나면 소화되지 않은 먹이를 잔사로 배출한다(DV-Ⅳ). 이 과정에서 DV-Ⅳ 막이 출아하여 잘록하게 자리는 것으로 막을 회수하여 재사용한다. 남겨진 소포가 세포항문에 융합하여 외부로 열리게 되면 잔사가 배출된다.

이러한 소화과정에서 탈피하여 녹색짚신벌레(*Paramecium bursaria*)는 세포 속에 클로렐라를 공생시키는 것을 성공하였다(그림 12-19B). 녹색짚신벌레는 크기가 약 200μm, 폭이 100μm 정도로서 다른 짚신벌레와 마찬가지로 복잡한 세포구조를 가지며 먹이도 섭취한다. 다양한 방법이 있지만 예로서 녹색짚신벌레를 어두운 곳에서 오랜 시간 배양하면 클로렐라는 광합성을 할 수 없기에 증식하지 않는다. 이렇게 되면 짚신벌레는 먹이를 섭취하여 이분법에 의해 증식한다. 결국 클로렐라 공생체를 가지지 않는 백색의 녹색짚신벌레(화이트 셀(white cell)이라고 한다)가 발생하는 것이다. 다소 엘레강트한 방법을 원한다면 제초제나 광합성 저해제로 처리하여도 화이트 셀(white cell)이 발생한다. 공생체를 가지지 않는 화이트 셀은 먹이를 포획하여 소화시켜 에너지를 획득한다. 이러한 세포에 클로렐라를 제공하면 세포 입에서 활발하게 섭취하여 소화한다. 그러나 그 중에 소화될 운명에서 빠져나와 세포 속에 정착하는 클로렐라가 발생하는 것이다. 클로렐라라고 모든 종이 해당되지는 않는다. 녹색짚신벌레에 공생체가 되는 클로렐라는 *Chlorella* 속에서 *C. vulgaris*, *C. kessleri* (지금은 *Parachlorella kessleri*로 명칭 변경) 및 *C. sorokiniana* 등 극히 일부 종에 한정된다. 분류학적으로는 트레보욱시아강의 클로렐라과로 정리된 그룹에 속하는 생물군이다. 이러한 종 선택성은 녹색짚신벌레나 클로렐라 공

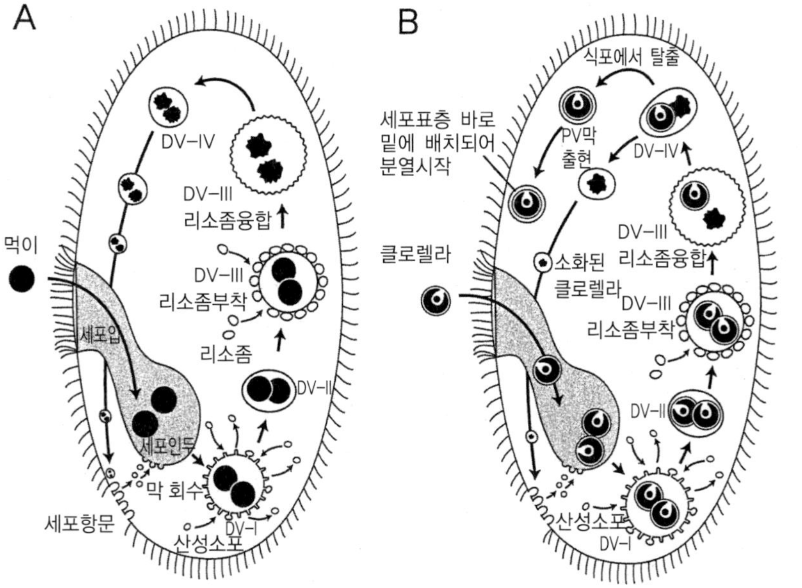

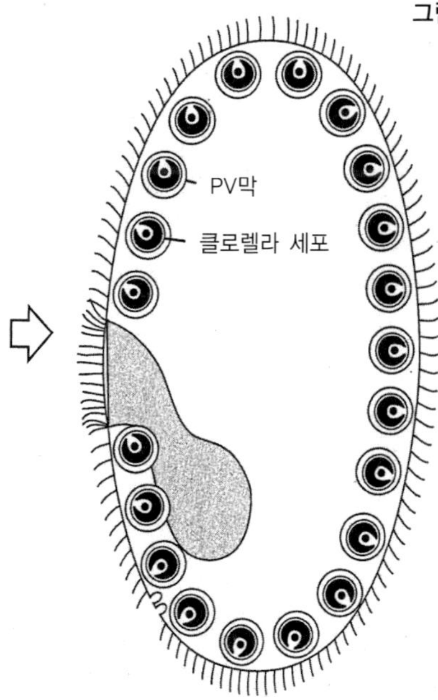

그림 12-19. 녹색짚신벌레와 클로렐라의 공생. A: 클로렐라가 없는 white cell에 의한 섭식과 소화과정. 섭식구에서 섭취한 먹이는 세포인두에서 식포에 싸여 세포 속으로 잘려나가고, 식포에 산성소포 부착, 융합하여 식포 속을 산성화 시킨다(DV-Ⅰ), 식포막이 먹이입자를 완전하게 싸는 단계(DV-Ⅱ)를 걸쳐 리소좀(lysosome)이 부착하여 융합한 DV-Ⅲ에서 소화가 일어난다. 결국 식포가 작게 되고 최종적으로는 소화되지 않은 찌꺼기가 세포항문에서 배출된다. B: 클로렐라는 먹이와 마찬가지로 소화과정으로 들어가지만, DV-Ⅲ에서 소화를 이겨내고 DV-Ⅳ 단계에서 식포에서 탈출한 것이 출현한다. 탈출에 성공한 클로렐라는 리소좀이 부착하지 않는 PV막으로 둘러싸인다. PV막에 둘러싸인 클로렐라세포는 분열을 반복하여 세포 표층 바로 밑에 동일한 간격으로 배치된다.

생이 유전적으로 제어되는 것을 나타낸다.

먹이로 섭식된 클로렐라는 식포로 둘러싸여 세포 속에서 잘려 나가 DV-Ⅰ에서 DV-Ⅳ에 이르는 소화과정에 들어가게 된다(그림 12-19). 산성소포가 융합하는 것으로 식포 속의 산성화가 진행된다. 더욱이 리소좀이 융합되면 소화효소에 노출된다. 대응책이 없으면 소화되어 숙주의 에너지로 사용될 뿐이다. 실제로 많은 클로렐라는 이 상황을 이겨내지 못하고 차례차례 소화된다. 그러나 이런 와중에서 리소좀 공격을 빠져나가는 클로렐라가 출현한다. 탈출한 클로렐라는 한 세포씩 출아에 의해 식포에서 이탈한다. 탈출한 클로렐라 세포를 싸는 막은 식포막과는 달리 더 이상 리소좀 융합을 하지 않는다. 무엇인가 작용하는 구조가 있는 것으로 생각되지만 아직 잘 알려져 있지 않다. 이 단계에서 클로렐라를 싸는 막은 성질이 변한다. 새롭게 획득된 막을 PV막(perialgal vesicle)이라 한다. 이탈 이후 30분 정도에 PV막으로 싸인 클로렐라는 세포표층 바로 밑에 정착하여 48시간 이내에 분열을 시작한다. 분열한 클로렐라는 최종적으로 피표층 바로 밑에 동일한 간격으로 배치되어 녹색짚신벌레와 클로렐라의 공생계가 확립된다. 일정 간격으로 PV막을 배치하는 것은 수송과 접착이라는 과정을 숙주가 조절하고 있을 것으로 판단되지만, 어떠한 구조에서 조절되는지는 아직 정확하게 파악되어 있지 않다.

녹색짚신벌레의 사례에서 공생계 성립에는 리소좀 융합에 의한 소화효소의 공격을 견디어 내거나, 공격을 피할 수 있는 구조가 필수적이라는 것을 알 수 있다. 다양한 생물에서 리소좀 융합 이전에 먹이생물이 식포에서 탈출하거나, 리소좀 융합을 저해하거나, 식포의 산성화를 저해하여 소화효소 활성을 억제하는 등 다양한 방법을 취하는 것이 알려진다. 녹색짚신벌레는 일시적으로 리소좀 내성을 몸에 가지는 것으로 식포에서 탈출까지의 시간을 인내하고 있다.

이러한 과정을 통해서 세포 속으로 들어온 클로렐라와 숙주는 물질교환을 실시한다(그림 12-20). 무엇인가의 구조로 숙주는 클로렐라의 광합성 활성을 높여 주고 있으며 클로렐라는 광합성 산물인 산소와 맥아당을 숙주에게 제공한다. 행동에도 변화가 나타난다. 녹색짚신벌레는 공생하는 클로렐라 수에 의해 주광성 방향을 변화시킨다. 강한 빛을 주게 되면 주광성을 부(-)로 변화시

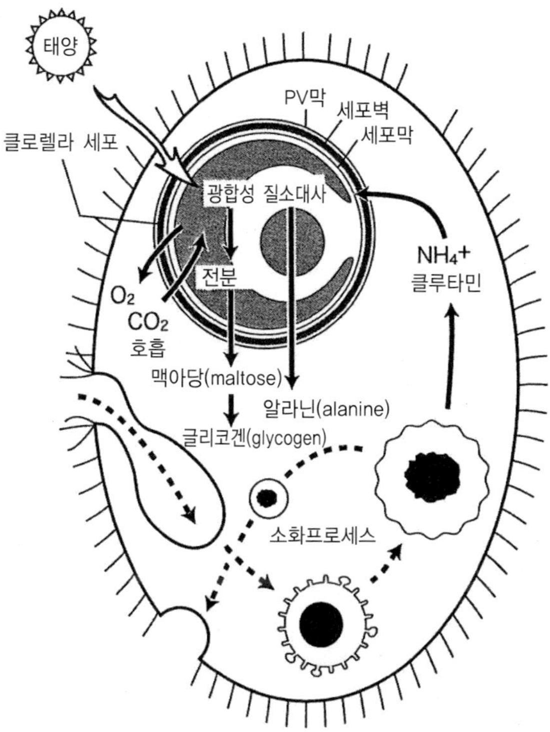

그림 12-20. 녹색짚신벌레에서 숙주와 공생체의 영양교환. 짚신벌레는 이산화탄소나 암모니아, 아미노산을 공급하고 클로렐라는 빛이 없는 시기에 전분에서 맥아당(maltose)를 만들어 짚신벌레에게 제공한다.

켜 도리어 빛을 피하는 등 화이트 셀(엽록체가 없는 세포) 때와는 분명하게 다른 상호협력 관계를 나타낸다. 이러한 관찰결과로부터 숙주와 클로렐라는 서로 협력하여 환경에 응답하는 것을 알 수 있다. 녹색짚신벌레는 클로렐라를 세포 속에 가지는 것으로서 식물로 살아가게 되는 것이다.

녹색짚신벌레는 보통 연목이나 물웅덩이에 서식하여 비교적 쉽게 관찰된다. 비교적 간단하게 배양도 할 수 있기에 한번쯤 배양하여 관찰하는 것을 권장한다. 배양방법은 많은 인터넷 웹사이트에 공개되어 있다. 그리고 배양주를 분양해 주는 기관 또는 조직도 있다. 조류가 종속영양생물에 무엇을 제공하고 있는 가를 관찰하기에 매우 훌륭한 교재이며 교재로서도 우수하다.

카. "목에 걸린 가시" 모델 및 "반조반수" 모델

카타브레파리스류(Kathablepharis)라는 편모충 그룹이 있다. 그다지 알려져 있지 않지만, 담수에도 바다에도 보통으로 서식하는 포식자로서 변화를 잘 활용하는 그룹이다. 최근 진핵생물의 새로운 문(Kathablepharida문 또는 Division Katablepharidophyta)으로 취급된다. 이 그룹에는 이차식물로 진행되는 생물이 있다. 하테나(*Hatena arenicola*, 모래해변에 서식하는 수수께끼 생물의 의미, L: *arena* 모래, *colere* 살다)로 이름 붙인 이 생물은 녹색의 편모충으로 거의 모든 세포가 녹색 엽록체를 가지는 것처럼 보인다(권두사진 16-23, 24). 그러나 전자현미경으로 관찰하면 자신의 핵을 가진 진핵조류 공생체인 것을 알게 된다(그림 12-21). 더욱이 엽록체 유전자 해석에서 공생체는 담록

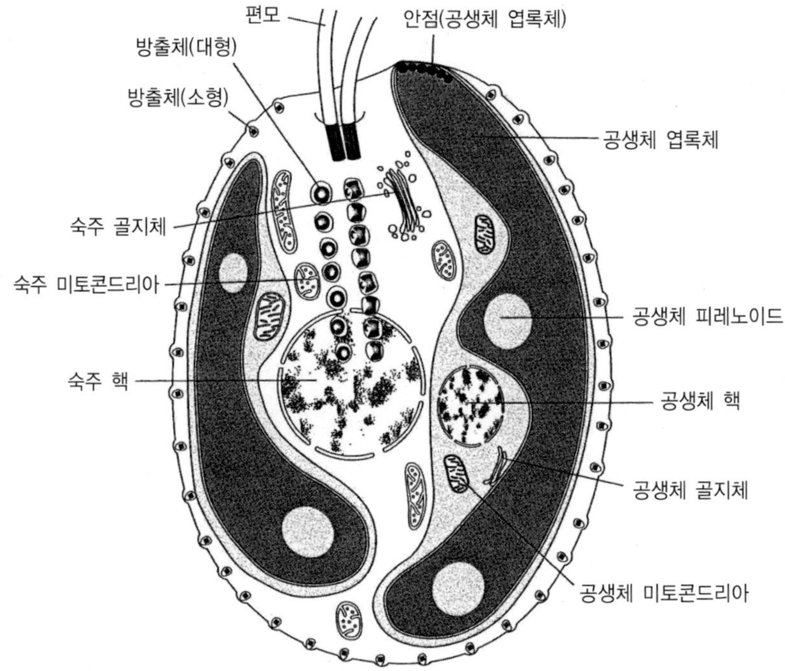

그림 12-21. 하테나의 세포 모식도. 공생체는 핵, 미토콘드리아, 골지체 등 소기관을 가지지만 편모, 세포골격, 소포체는 없다. 엽록체는 발달되었고 안점은 언제나 숙주 세포의 앞부분에 위치한다. 대소의 방출체 (ejectosome)는 카타브레파리스류(Kathablepharis)가 공통으로 가지는 세포구조이다.

조류(Prasinophyceae)의 네프로셀미스(*Nephroselmis*) 일종이라는 것이 밝혀졌다. 이 공생체는 핵이 남아있지만, 기타 대부분 세포내 구조는 퇴화적이다. 미토콘드리아는 존재하지만, 구조가 허물어진 상태이며 가끔 보이는 골지체도 빈약하다. 기저소체나 세포골격, 세포내 막 계열은 완전히 소실된 상태이다. 대조적으로 엽록체는 공생체로 알려진 네프로셀미스에 비하면 거대하다. 더욱이 다수의 피레노이드(pyrenoid, 제11장)를 가진다(자유생활을 하는 네프로셀미스는 한개). 즉 공생체의 엽록체만 특이적으로 발달되어 있고 나머지 세포소기관은 거의 소거되고 있는 단계이다. 엽록체에 안점이 있지만 흥미로운 것으로 예외 없이 숙주편모충의 세포앞부분에 배치된다는 것이다. 이 때문에 공생체의 엽록체는 마치 숙주 고유의 엽록체처럼 보인다(권두사진 16-23). 이와 같이 외계에서 세포 속으로 들어온 공생체는 격렬하게 재편되어 숙주세포의 일부로 정착되고 있다. 하테나는 이차공생 과정 즉 진핵조류가 종속영양생물에 들어가서 재편성되고 있다는 식물화 과정의 격렬함을 보여주는 사례이다.

하데나에 또 다른 하나의 불가사의한 현상이 관찰된다. 세포분열을 할 때 향시 하테나 세포는 공생체의 한 쪽 방향(배면에서 보았을 때 오른쪽)을 딸세포에게 물려주고, 다른 딸세포는 공생체가 없는 무색세포로 만드는 것이다(권두사진 16-24). 자연계에서 채집된 표본의 하테나 집단에서 가끔 공생체가 없는 무색세포가 관찰된다. 이와 같은 무색세포를 전자현미경으로 관찰하면 공생체가 없는 무색세포에는 안점이 배치되어 있는 부분에 포식에 필요한 복잡한 구조가 존재하는 것을 알 수 있다. 실험적으로 배양한 네프로셀미스 세포(공생체와는 다른 종)를 첨가하면 무색 하테나 세포는 포식장치를 사용하여 조류를 포식한다. 즉 하테나에서 공생체가 없는 세포는 새롭게 포식장치를 만들어 재차 공생체를 획득한다는 것을 생각할 수 있는 내용이다. 세포 속에 들어온 네프로셀미스는 엽록체가 발달하는 것과 평행하게 다른 세포기관은 퇴화되어 가는 과정에서 안점이 숙주세포의 앞부분에 배치된 하테나로 변신하는 것으로 생각된다. 아쉽지만 아직 공생체에 해당하는 네프로셀미스가 배양되지 않기에 충분한 실험이 되지 못하고 있다. 그러나 이상과 같은 사실만으로도 이차공생에 의한 식물화 과정에 대하여 중요한 내용들을 제공해 준다.

하테나의 사례를 참고로 하여 이차공생 과정이 어떻게 진행되는 것인지에 대하여 생각해 보자. 우선 포식으로 공생체가 되는 진핵조류를 먹이로 잡는 종속영양 진핵편모충이 진핵조류를 포식한다. 일반적으로 포식된 조류는 먹이로 소화되어 편모충의 생활을 지탱하는 에너지원으로 제공되지만, 이러한 반복과정 중에 어느 사이에 소화되지 않는 일부 공생체 조류가 숙주세포 속에 남게 된다. 이른바 잡아먹은 물고기의 뼈가 목에 걸려 있는 것과 같은 상태로 세포 속에 유지되는 상태가 확립된다. 이것이 이차공생의 시작이다. 이와 같은 상태는 van Dooren 등은 stuck in the throat model로서 설명한다(그림 12-14, 단계 Ⅰ). 이것을 의역하면 "목에 걸린 가시모델"이라고 번역할 수 있다. 세포 속으로 들어온 광합성 생물을 소화하지 않고 세포 속에 유지시키는 것은 숙주가 자신의 캐리어(career)전략을 180도 전환하는 것을 의미한다. 즉 인간을 예로 비유하면 사냥꾼이 사냥을 포기하고 농부로 살아가는 방법으로 극적인 전환을 하는 것이다. 이러한 과정에서 숙주 쪽에는 커다란 유전적 변화가 발생하여 숙주와 공생체와의 유전적 교류가 시작된다. 특정 먹이에 대해서 소화하지 않고 세포 속에 보전한다는 유전적 구조가 확립되는 것임에 틀림이 없다. 이와 같은 공생체는 점차 엽록체로서 기능이 강화되는 한편으로 광합성 이외에 숙주가 커버할 수 있는 일을 담당하던 세포소기관은 퇴화 또는 사라지게 된다. 숙주 입장에서 보면 공생주를 숙주의 핵 지배하에 두기 위하여 그리고 공생체 입장에서 보면 아마도 밀러의 깔축톱(Muller's Ratchet)으로부터 피하기 위해서(제9장) 많은 유전자가 숙주 핵으로 이동하는 것으로 생각된다. 그리고 수많은 세대와 세대를 걸쳐 결국 숙주세포와 공생체가 동조적으로 분열할 수 있게 되면 숙주가 식물로 살아가는 기술을 확립하게 된다(그림 12-14, 단계 Ⅱ). 이러한 과정에서 엽록체 기능을 제외한 공생체 세포 기능 대부분은 상실되어 간다는 것은 와편모조에서 많은 사례가 관찰되고 있다. 미토콘드리아나 골지체가 없어지고 공생체 핵이 간신히 최후 역할을 담당하는 것이 된다. 이것이 은편모조와 클로라라크니온조에 보이는 상태로서 핵은 핵소체라는 퇴화한 형태로 남겨진다(그림 12-14, 단계 Ⅲ). 이차공생 과정이 더욱 발전되면 결국 공생체의 엽록체만이 남아 식물화 과정을 완료한다. 부등편모식물이나 착편모식물 및 많은 와편모조식물 그리고 유글레

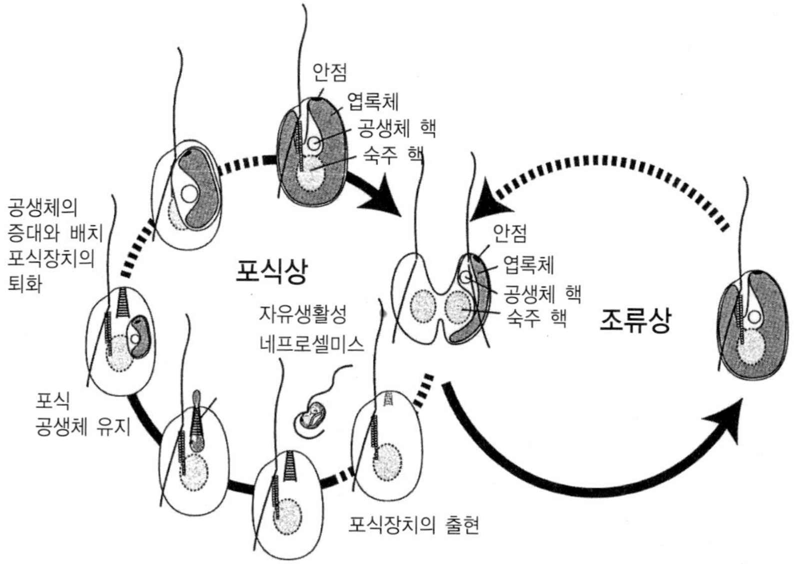

그림 12-22. 하테나의 생활사(추정). 공생에 의한 식물화 과정의 초기에는 공생체를 물려받은 세포(조류상와과 공생체를 물려받지 못하여 재차 포식으로 공생체를 받아드리는 세포상(포식상)으로 구분되는 단계가 존재할 가능성을 시사하고 있다(Okamoto and Inouye, 2005을 기본으로 그림)).

나식물이 도착한 최종 목적지이다(그림 12-14, 단계 Ⅳ).

이와 같은 식물화 과정 중에서 하테나는 어떤 위치를 부여할 수 있을까? 하테나는 숙주와 공생주의 세포주변이 동조하기 이전 단계에 있다. 공생체는 숙주세포 분열 때에 한 쪽의 딸세포로 분배된다. 그리고 공생체가 분배되지 않은 딸세포는 재차 포식으로 종속영양 생활로 돌아와 재차 공생체의 획득을 시도하게 된다. 공생체를 가지지 못하는 무색세포가 먹이를 포획하는 포식장치를 발달시키고 있다. 이에 반하여 공생체를 가진 세포는 포식장치가 존재하지 않은 대신에 공생체 안점이 백색세포의 포식장치가 있는 위치를 차지하고 있다. 이러한 사실로부터 그림 12-22와 같은 생활사의 존재를 추정할 수 있게 된다.

하테나는 분열 할 때마다 한 쪽에는 광합성 능력을 가지는 세포를 재생산함과 동시에 다른 한 쪽에서는 섭식을 필요로 하는 세포를 만들어 내는 것이다. 이것은 반은 조류로 살아가고 있지만, 나머지 반은 새로운 종속영양성 편모충으로 살아가는 세포상으로 이행한다는 것이다. 하테나가 반조반수(半藻半獸)라고 할 수 있는 생활사를 가지는 이유이다. 반조반수 생활사의 존재는 일차공생, 이차공생을 포함하여 포식성 진핵생물이 식물화 과정에서 통과해야 하는 의례의 단계일 가능성을 시사하는 것이라고 할 수 있다. 이러한 과정을 저자의 연구그룹에서는 반조반수모델(half-plant half-predator model)이라고 표현하였다. 식물화 과정은 공생체가 숙주에 예속될 뿐만 아니라 숙주세포에도 커다란 변혁을 강요하게 되는 것이다. 사냥꾼에서 농부로의 전직은 모든 생활의 격변하게 되기에 절벽에서 뛰어내리는 일대결심을 필요로 하게 된다. 단세포의 편모충에서도 세포 구성요소의 대대적인 개조를 동반한다. 진핵생물이 복수 계통군에서 진행하는 식물화라는 진화는 이만큼 대대적인 개조를 필요로 하는 도태압으로서 역할을 한다. 이러한 단계를 밟아서 결국 숙주와 공생체의 세포주기가 동조되면 식물화는 실현된다. 하테나에서 반조반수의 상태가 발견된 것은 엽록체 획득에 의한 식물화 과정을 이해하는 과정에서는 매우 커다란 전진이라 생각할 수 있다. 언젠가 하테나 배양이 성공하면 이차공생에 의한 식물화 과정에 대하여 많은 내용들이 규명될 것임에 틀림이 없다.

제13장

진핵생물의 풍경

조류에는 특성을 달리하는 다양한 분류군이 존재한다. 그리고 그 다양성은 엽록체가 진핵생물에 방황해 온 것을 이유로 들어 설명하였다. 즉 2차적으로 식물화가 진행된 많은 생물이 진핵생물 전체에 분산하여 존재한다. 이러한 상황은 이미 오계설로는 설명할 수 없게 된다. 전체 진핵생물의 구성에 대하여 교과서 수준에서 생각을 바꾸어야만 하는 시기가 왔다고 할 수 있다. 진핵생물에 포함되는 많은 생물군 그룹을 어떻게 정리하면 좋을 것인가? 또한 진화의 과정을 어떻게 묘사하여야 하는 것일까? 이에 대한 답을 구하는 것이 현재 생물학에 주어진 커다란 과제이다. 많은 단백질 유전자의 염기배열이 명확하게 밝혀지고 있기에 어렴풋하지만, 진핵생물을 구성하는 거대한 계통군에 대한 윤곽이 밝혀지고 있다. 지금 진핵생물의 풍경은 혁명적인 변동의 소용돌이 속에 있다. 이 장에서는 조류를 포함한 계통군을 중심으로 진핵생물은 현재 어떠한 구성을 하는지에 대해 살펴보기로 한다.

1. 거대 여덟 개 계통군

현존하는 대부분 진핵생물 계통은 진핵생물 빅뱅에 의하여 출현하였다는 것은 이미 설명하였다(제9장). 이들 계통군은 단기간에 방출된 것으로 생각되기에 실제로 진핵생물이 어떻게 분기되어 왔는지를 명확하게 하는 것은 매우 어렵다. 다양한 계통수가 제시되고 토론이 계속되고 있지만, 현시점에서는 10개 전후의 거대 그룹으로 정리되는 것 같다. 그림 13-1은 8개 그룹으로 정리

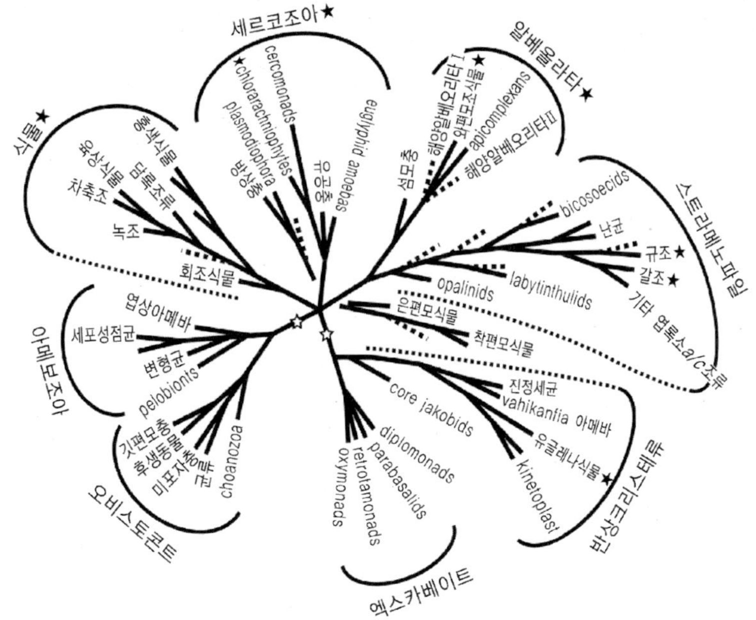

그림 13-1. 진핵생물을 구성하는 대계통군. 검음 별표는 진핵광합성 생물을 포함한 계통을 나타낸다. 유글레나는 크네토플라스트류와 함께 유글레노조아를 구성하며, 더욱이 이는 반상 크리스티류에 속한다. 한얀 별표는 전체 진핵생물의 뿌리로 추정되는 부분이다(Baldauf *et al*, 2003을 고침).

된 진핵생물의 계통수이다. 아직 모두가 인정할 수 있는 계통수는 아니지만, 이것을 기본으로 진핵생물을 조망하여 본다. 각 계통수에 조류가 포함되어 있을 때는 그 것을 확실하게 하면서 조류가 연관된 풍경 속으로 나누어 삽입하는 것으로 하자.

가. 후편모생물(Opisthokonta): Opisthokonts

이 책에서 지금까지 동물에 대한 설명은 없었다. 진핵생물의 전모에 대한 이해가 크게 변하고 있는 것을 상징하기 위해 우선 동물에서부터 설명한다. 후생동물(Metazoa)이라는 그룹이 있다. 그리스어로 *meta*는 접두어로서 "나중에"의 의미이다. Metazoa는 우리가 일반적으로 인식하는 동물을 말한다. 해면동물을 시작으로 크게는 전구동물과 후구동물이라는 커다란 두개의 계통으로 구분되며 모두가 현재 지구에 번성한다. 물론 인간은 후구동물 계통의 정점에 있는 척추동물이다. 예부터 후생동물과 반대 용어로 사용된 원생동물(Protozoa)은 실제로 다양한 진핵미생물의 집합이며 후생동물과 관계가 없는 많은 진핵동물들이 모인 집합체이다. 오계설에서는 원생생물(프로티스타(protista) 또는 프로톡티스타(protoctista)라는 용어로 정리되어 있다(제12장).

예로부터 동물과 식물은 서로 대립되는 개념으로 취급되었지만, 지금은 이러한 대립관계는 이미 붕괴되었다. 지금까지 설명한 것처럼 산소발생형 광합성 생물로서 식물은 다수 계통군을 포함하는 생물군을 모두 긁어모아 구성된다는 것이 분명해졌다. 한편 동물은 어떠한 생물군으로 다른 진핵생물과는 어떠한 관계가 있을까? 우리자신의 출제한 문제로서 당연히 독자들도 관심이 있을 것이다.

분자정보가 축적되어 계통해석을 진행하던 중에 동물이라는 분류군은 매우 잘 정리된 계통군임이 분명해졌다. 이것은 해면도 곤충도 포유류도 모두가 단 한 종의 공통조상에서 분화되어 진화된 것을 의미한다. 그림 13-1에서 후생동물의 위치를 확인하여 주기 바란다. 계통수에서 우리를 포함하는 동물은 수십의 진핵생물 속에 파묻혀 있는 것을 알 수 있다.

동물의 조상이 가지던 어떠한 성질이 동물을 지구의 패자(覇者)로 만들게 되었는지 검토되어야만 하는 것이 현재 생물학의 중요 과제이다. 이러한 원인으로 종종 다세포화가 거론된다. 다세포화는 확실히 생물의 대형화를 가능하게 하였다. 그러나 다세포로 된 것은 단지 동물만이 아니다. 식물에서도 홍조, 갈조, 녹조 등 복수 계통에서 다세포 생물이 출현하기 때문에 원인은 다른 곳에 있는 것임에 틀림이 없다. 하나의 가능성으로 세포끼리의 정보전달 방법의 독자성이다. 동물세포는 세포벽이 없고 또한 세포끼리는 각각의 세포막으로 둘러싸여 있어 서로 독립되어 있다. 이 때문에 동물은 세포사이의 정보전달은 막을 매개로 하는 방법 이외는 없다. 예로서 신경세포를 들면 시냅스(synapse) 결합으로 정보전달이 이루어진다. 이와 같이 막을 매개로 하는 정보전달은 광합성 생물이 원형질 연결을 매개로 확산에 크게 의존하는 것과는 대조적이다. 동물이 다세포성은 전체 진핵생물에서 매우 특수하다. 동물은 세포벽을 갖지 않은 다는 것과 막을 매개로 정보전달을 하는 것에서 유연한 운동성과 고속의 정보전달 수단을 습득하였다고 생각할 수 있다.

놀라울 일로서 이러한 특수한 성질을 가진 이색의 진핵생물인 후생동물은 균류와 근연이라는 것은 이미 분명해졌다(그림 13-1, 13-2). 균류라면 표고버섯이나 푸른곰팡이 등 버섯과 곰팡이를 말한다, 헤겔시대에는 균류를 식물로 취급하였다(그림 12-1). 움직이지 않는다는 것과 세포벽으로 싸여있는 등, 식물적인 성질을 가지고 있었기에 학문적으로 균류의 연구는 식물학 연구실에서 진행되었으며 지금도 크게 변함은 없다. 균류 몸은 균사라는 가는 실 모양의 세포로서 세포 밖으로 분해효소를 분비하여 분해산물을 흡수하는 것으로

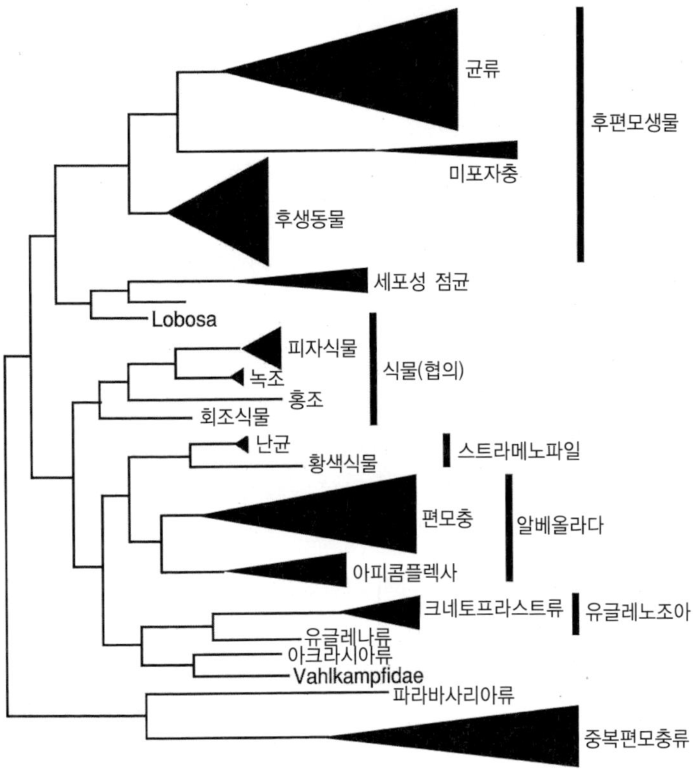

그림 13-2. 복수의 단백질 유전자를 토대로 한 거대 진핵생물 계통군을 나타내는 계통수의 예. 오피스토콘트, 식물을 시작으로 주요 거대 계통군(super group)이 종합을 보여주고 있다(Baldauf *et al*, 2003을 고침)

에너지를 획득한다. 이것이 이후에 5계설에 균계 설립의 주된 근거이다. 동물과 균류는 5계설에서 두개의 진핵생물계를 구성하는 거대 분류군이다. 이 균류가 동물과 자매관계에 있다는 것은 쉽게 믿을 수 없다. 이러한 발표는 많은 생물학 연구자에게 충격을 주기에 충분하였다. 그러나 다양한 유전자의 계통수에서 동물과 균류가 공통조상에서 진화한 것을 나타낸다. 이러한 사실은 지금 변할 수 없는 일반적인 사실로 받아드려도 좋을 것이다(그림 13-2).

진핵생물에서 균류 외에 후생동물 계통에 속하는 것은 깃편모충(Choanoflagellates, Gk: *choanos* = collar 깃)과 미포자충류(Microsporidia)이다. 깃편모충은 해양은 물론 담수인 호소 등에서 일반적으로 서식하는 편모충으로 한개의 편모를 가진 세포가 깃이라고 하는 컵 모양의 구조 속에 들어있다(그림 13-3). 깃편모충이 해면 몸을 구성하는 깃세포와 형태가 유사한 것은 예로부터 알려져 있다. 1841년 프랑스의 Dujardin은 이런 내용을 지적하여 해면은 군체성 원생생물로 생각하였다. 해면은 깃편모충과 후생동물을 연결하는 생물로 위치 매김을 하게 되었다. 이후 헤겔에 의해 해면은 후생동물의 뿌리부분에 위치를 두었고 그 결과는 현재까지 지속된다. 1880년 영국의 원생동물학자 Savile-Kent는 군체성 깃편모충을 발견하여 이것을 깃편모충과 해면을 연결하는 미싱링크(missing link)로 생각하여 *Proterospongia*라는 학명을 붙였다. 이와 같이 깃편모충과 해면의 관계는 예로부터 지적되었지만, 분자계통학에 의해 이런 이전의 생각은 올바른 것이었음이 증명되었다. 깃편모충은 Corallochytrids, Ichthyosporea, *Apusomonas, Ankyromonas, Nuclearia* 등의 기생충과 편모충 또는 아메바와 함께 코아노조아(Choanozoa, 그림 13-22)라는 그룹을 구성하는 것이 알려지나 아직은 분명하지 않다. 코아노조아 내부의 계통이 더욱 분명해지면 후생동물을 만들어낸 진화를 재구축할 수가 있을 것이다. 우리 동물의 출생을 해명하는 것은 그리 멀지 않은 미래의 일일 것이다.

한편 미포자충은 동물의 절대기생성 생물로서 많은 종을 포함하는 커다란 생물군이다. 얼마 전까지 연구의 주류를 형성하였던 리보솜RNA 유전자계통수에서는 진핵생물의 뿌리부분에 분기한다. 미토콘드리아가 없는 것에서 원시적인 진핵생물로 아케조아(제9장)로 분류되었다. 그러나 이것은 미포자충에서 rRNA의 진화속도가 다른 생물에 비하여 빠르기 때문에 이러한 결론이

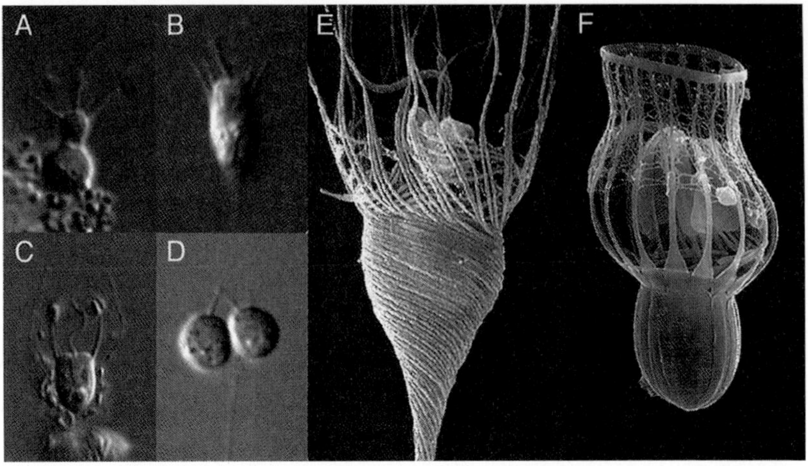

그림 13-3. 다양한 깃편모충. A: *Choanoeca perpexa*, B, E: *Acanthoeca spectabillis*, C: *Stephanoeca diplocostata*, D: *Codosiga gracilis*, F: *Diplotheca costata* 후생동물의 가장 가까운 조상 생물군으로 생각된다(사진제공, B.S.C. Leadbeater).

도출되었다는 것이 알려진다. 현재 미포자충은 균류그룹에 포함된다. 접합균류로 분류되어 사상균류(Trichomycetes)에서 기생이라는 생활에 적응하여 퇴화적으로 단순한 체제로 진화한 것 같다.

후생동물과 함께 진핵생물의 단순계통을 구성하는 그룹은 보통명사로 후편모생물(opisthokonts)이라고 한다. 정식 분류군으로 사용할 때에는 Opisthokonta(Gk; *opisthe* 후방, *kontos* 장대로 배를 젓는 것처럼 편모를 나타냄)로 표현한다. 동물 정자는 뒤쪽에 한개 편모를 움직여 유영한다. 정자운동은 TV 등 대중매체를 통해 볼 수 있는 기회가 많기 때문에 뒤에서 편모가 운동하는 것은 당연한 것으로 생각해버린다. 그러나 전체 진핵생물에서 이러한 특성을 가지는 생물은 매우 이례적이다. 버섯을 만드는 담자균이나 자낭균은 편모가 없지만 가장 원시적인 균류 그룹인 호상균류(Chytridiomycota)는 편모를 가진 생식세포를 만든다(그림 13-4). 이 세포 역시 후방편모를 가진다. 후편모생물(opisthikonta)라는 이름도 원래는 Copeland(1956)에 의하여 호상균류에 붙여진 것이었다. 그러나 지금은 이것이 후생동물을 포함한 진핵생물의 슈퍼그룹 명칭으로 확대되어 사용된다.

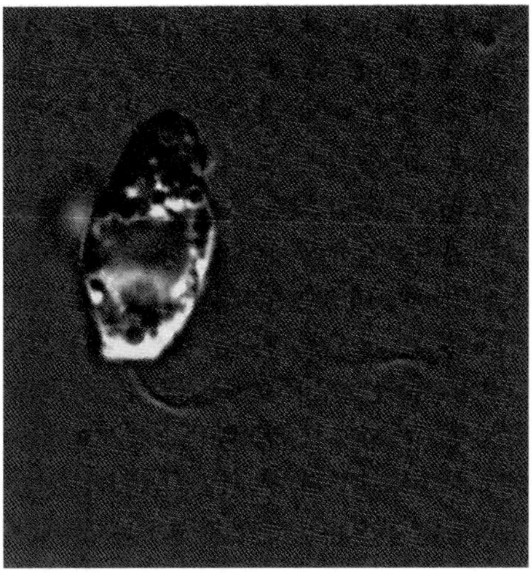

그림 13-4. 호상균 *Allomyces*의 유주자. 세포 뒤쪽에 하나의 편모를 이용하여 유영한다.

나. 식물(Plantae)

후편모생물(opisthikonta)과 함께 식물도 물론 거대계통군인 진핵생물의 하나 그룹이다. 단 여기에서 식물은 협의(*sensu stricto* = in a strict sence)의 식물로서 일차공생으로 엽록체를 획득한 진핵생물 직계의 자손을 말한다. 이미 설명한 것처럼 일반적으로 회조식물, 홍색식물(Rhodophyta 또는 피코빌린색소를 가지고 있는 것으로부터 Biliphyta), 그리고 녹색식물(Viridiplantae, L; *viridis* 녹색)이 속하는 하나의 계통군으로 생각된다. 이 분류군은 판상 크리스테 미토콘드리아를 가진다는 것과 엽록체 포막이 2중막이라는 공통점을 가진다. 녹색식물은 육상식물을 만들어 낸 계통으로 광합성 생물의 최고 승리자이다(제14장). 또 홍조식물과 녹색식물은 이차공생으로 산소발생형 광합성 생물의 범위를 넓히게 된 계통군이다. 여기에서 설명하는 협의의 식물에 대하여 광의의 식물은 모든 산소발생형 광합성 생물을 식물이라는 보편적인 식물을 광의(*sensu lato* = in a broad sence)적으로 보고 있다. 그러나 식물의 범위를 더욱 넓게 취급하는 놀랄만한 견해도 있다. 이것에 대해서는 나중에 설명한다.

다. 반상 크리스타류: 연두벌레와 파동편모충

체체파리를 매개체로 하는 잠자는 병(기면성뇌염, 嗜眠性脳炎)은 현재에도 수천만 명의 감염자가 있는 무거운 병으로 아직까지도 WHO가 박멸을 주요 목표로 하는 질병 중의 하나이다. 병원체는 파동편모충(*Trypanosoma brucei*)으로 알려진다. 이 편모충에는 이외에도 리슈마니아증의 원충 *Leishmania*가 포함된다. 나리다 국제공항의 출발 게이트 한쪽에 종종 이들 질병에 대한 경고가 게시되어 있는 것에서도 그 심각함을 상상할 수 있다. 자유유영성 편모충인 보도류(Bodonina)와 같은 그룹으로 트리파노소마류로 합하여 키네토프라스트류(Kinetoplastida)라는 편모충 그룹을 구성한다(그림 13-5). 기생생활과 포식을 하는 이들 편모충은 연두벌레(유글레나식물)와 피가 연결된 친척이다. 이 진핵생물의 계통군은 유글레노조아(Euglenozoa)로 합해져 있다. 키네토프라스트(kinetoplast)라는 것은 염색체를 염색하는 기법인 포일겐반응(Feulgen's reaction)에 의해 핑크색으로 염색된 트리파노소마와 보도류(Bodonina)의 세포 속의 과립을 나타내는 것으로 20세기 초부터 존재가 알려졌다. 종종 편모근 부근에 위치하기 때문에 이러한 이름이 붙어있다(Gk; *kinein* = to move, *plastos* = plate-like, 그림 13-4), 이 정체는 나중에 해명되지만 고밀도로 응집된 미토콘드리아 DNA이다(그림 13-6). 이 그룹은 막대한 양의 미토콘드리아 DNA가 집적되어 있어 광학현미경에서 확인 가능할 크기까지 증대하여 있다. 당시 원생동물 연구자들을 이들의 정체를 알지 못하였다. 30년이 지나 발견된 핵 외 DNA가 이미 관찰하었던 것이 된다(미토콘드리아 DNA 발견은 1963년).

키네토프라스트는 1990년 RNA편집 발견의 주역인 생물과학에 커다란 성과를 가져다 준 것으로 알려진다. RNA편집이란 DNA로부터 전사된 mRNA의 특정 위치에 염기(우리딘, uridine)가 삽입 또는 삭제되는 것으로서 성숙한 기능을 하는 mRNA가 성립되는 과정이다. 키네토프라스트 DNA에는 두 가지 유형이 있다. 하나는 대형 고리형(maxicircle) DNA라고 하는 커다란 원 모양의 DNA로서 호흡쇄 등 미토콘드리아 단백질 대부분을 코드하고 있다. 다른 하나는 소형 고리형(minicircle) DNA라고 하여 RNA편집을 위하여 mRNA를 횡단하는 안내역할을 하는 안내 RNA가 코드 되어 있다. 대형 고리

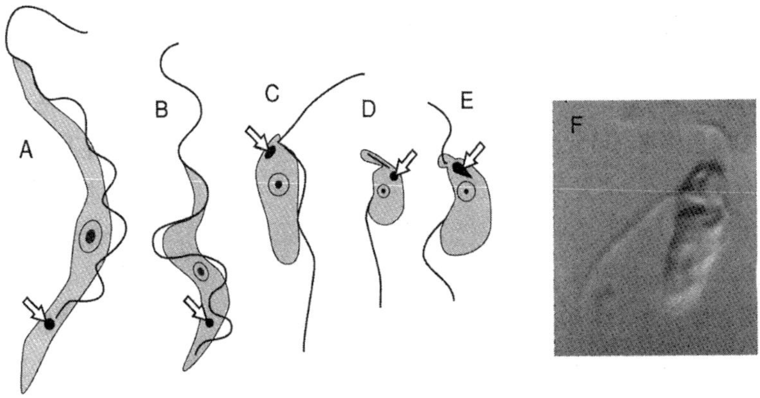

그림 13-5. 키네토프라스트류, 트리파노소마류(A, B)와 보도(Bodo)류(C-F)로 구성되어, 각각 기생과 포식성의 생활양식을 가진다. 모두 포일겐반응에서 염색된 키네토프라스트(화살표)를 가진다. F는 *Bodo*의 광학현미경사진.

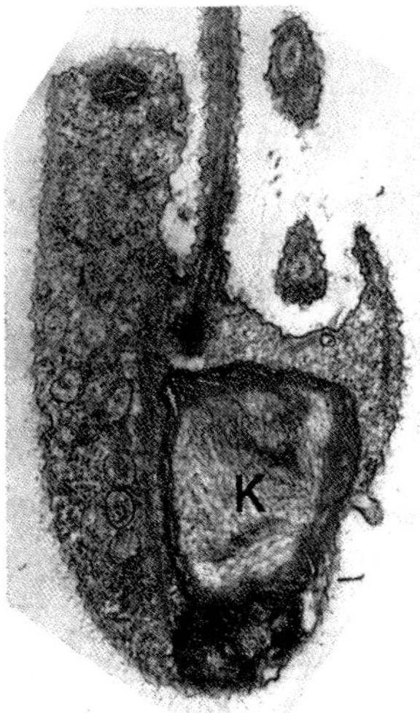

그림 13-6. 키네토프라스트류, *Bodo*의 키네토프라스트(K), DNA의 섬유가 보인다.

형과 소형 고리형은 서로 맞물려있으며 복잡한 네트워크를 구성한다.

예부터 키네토프라스트류와 유글레나류에는 몇 가지 유사점이 알려진다(그림 13-7). 두 그룹 모두 미토콘드리아의 크리스테가 부채와 같은 모양인 반상을 한다는 것이다. 이 반상 크리스테(discicristatae)는 일부 편모충을 제외

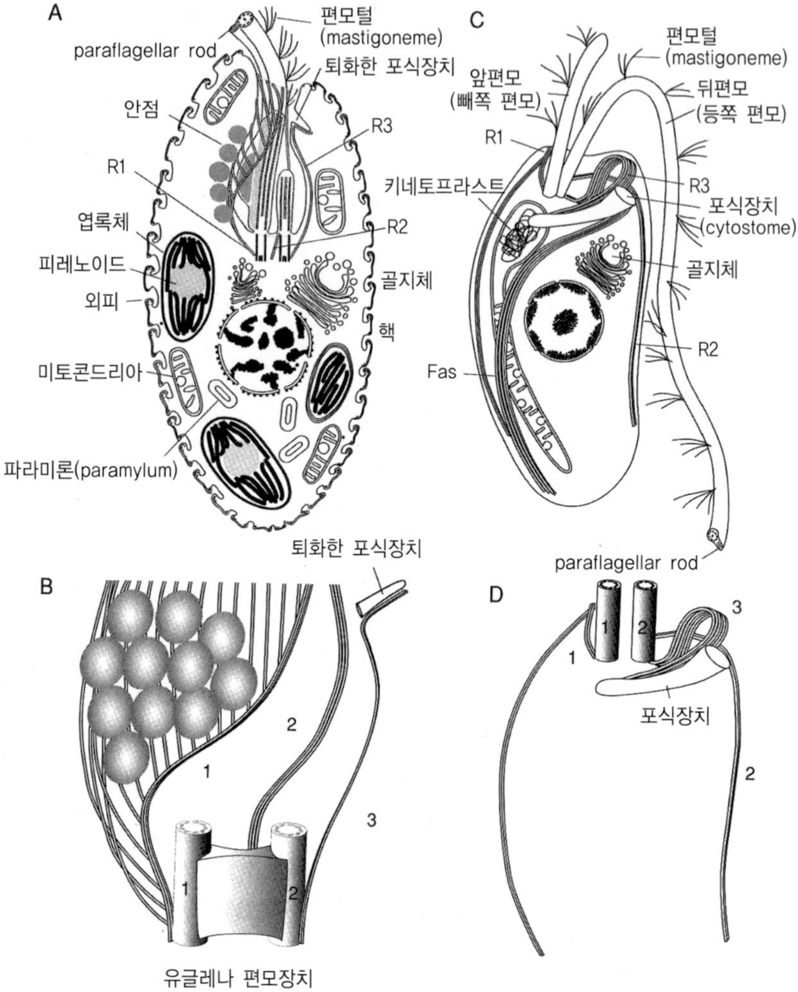

그림 13-7. 유글레나식물(A, B)과 보도류(C, D)의 구성. 파라시알로드, 편모털을 공유한다. 또 편모장치의 편모근 상동성은 명확하다.

하면 다른 생물에서는 거의 사례가 없다. 또 편모의 한쪽에 배치된 편모털(편날개형), 편모축사를 따라 뻗은 파라시알로드(paraxial rod)라는 단백질성의 구조, 세포 앞부분의 함몰부, 편모장치 그리고 핵분열양식 등이 유사한 것 등은 유전자 정보가 사용되기 이전부터 계통적으로 유사성이 지적되어 왔던 내용이다. 파라시알로드를 구성하는 단백질은 *Trypanosoma*와 유글레나에서 공통 항원을 포함하여, 생화학적인 상동성(相同性, homology)도 확인되어 있다. 기저소체의 기부에서 뻗은 3개의 편모근 배열과 배치방향에도 명확한 상동성이 관찰된다(그림 13-7) 보도류는 포식으로 생활하기 때문에 먹이를 포획하는 세포 입(cytostome)이라는 발달된 포식장치를 가진다. 이 포식장치는 편모근의 하나로서 보강되고 있지만, 실제 연두벌레에서도 이와 같이 편모근에 인접하여 퇴화한 포식장치가 남아 있다. 형태로 보더라도 키네토프라스트류와 유글레나류의 근연성에는 의문을 가질 필요가 없다. 형태비교와 분자 계통수로부터 유글레노조아라고 하는 계통에서 발생한 진화의 시나리오가 보여진다(그림 13-8).

조상은 보도류와 같이 포식성 편모충이지만, 그 곳에서 기생생활에 적응한

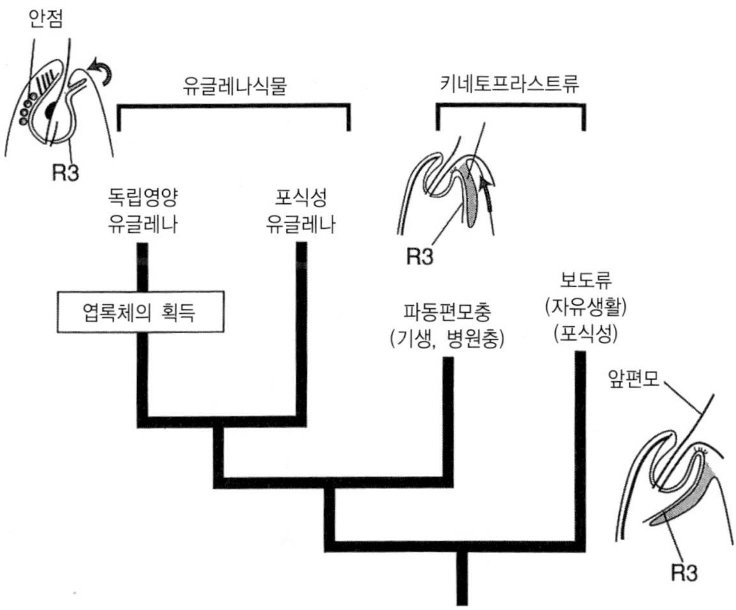

그림 13-8. 보도류의 포식장치는 편모 홈에 있고, 편모근 R3로 보강된다. 파동편모충(*Trypanosoma*)은 편모 홈의 개구부로 이동하여 같은 편모근으로 지지된다. 유글레나류의 포식장치는 편모 홈의 안쪽에 흔적으로 남아있고, 같은 내용으로 R3가 동반된다, 생활양식 변화와 함께 포식장치가 퇴화한 것을 알 수 있다.

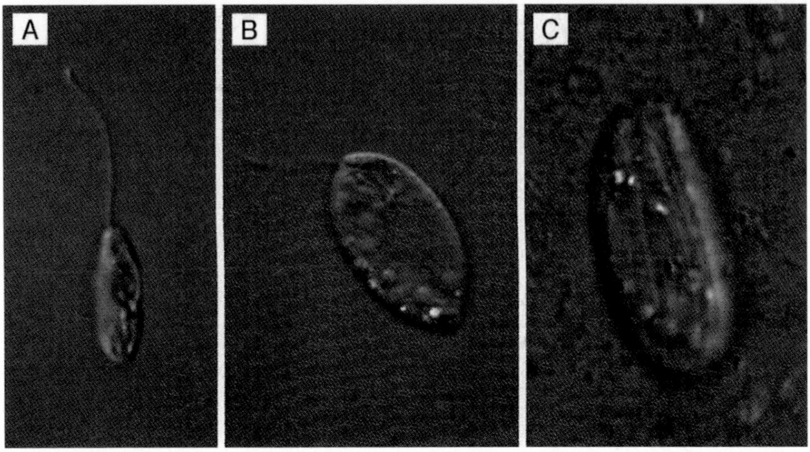

그림 13-9. 엽록체가 없는 무색 유글레나류. A: *Petalomonas*, B: *Heteronema*, C: *Entosiphon* (사진제공, 中山剛).

파동편모충(*Trypanosoma*)이 진화하였고 한편으로 포식성 성질을 물려받은 유글레나류가 분기한 것을 알 수 있다. 유글레나식물에는 엽록체가 존재하지 않아서 포식으로 생활하는 그룹이 다수 포함된다(그림 13-9). 이들은 보도류에서 파생한 그룹으로 그 중에서 일부가 녹색조류를 이차공생으로 세포 속에 집어넣어 식물화하여 독립영양성의 유글레나류로 진화하였다고 생각되어 진다. 이와 같이 유글레노조아에는 공통조상에서 포식, 기생, 독립영양이라는 다양한 생활양식으로 적응과 진화가 발생한 것을 알 수 있다(그림 13-9). 포식자에서 기생성으로 더욱 독립영양 생물로의 변화하여 원생생물의 한개 군에서 발생한 융통무애의 진화이다.

유글레노조아를 포함한 원생생물 그룹은 매우 크다는 것은 의심할 여지없이 분명해졌다. 여기에는 반상 크리스테류(Discicristates, L; *discus* 판, *cristatus* 새의 볏에서 미토콘드리아 판을 의미)라는 반상 크리스테를 가진 조상으로부터 진화한 것으로 추정되는 그룹이 포함된다(그림 13-1). 유글레나조아 자매군은 엑스카베이트(다음 항 참조)로 분류되는 이엽상근족충(Heterolobosa)[11]이다. 이 부분은 다소 복잡하지만 이들은 모두 반산 크리스테를 가진다. 또

11 Heterolobosea로 표현되기도 한다.

분류계통에서도 유글레나조아와 단일계통군을 형성하는 것으로 하나의 그룹으로서 정리되었다. 아메바체제의 원생생물 *Naegleria*류나 세포성 점균인 *Acrasia*가 여기에 속하는 것이 명확해지고 있다. 이렇게 되면 더욱 복잡한 진화과정을 설정하여야만 한다. 이러한 깊이의 진화가 되면 아직 현대의 과학으로는 그다지 잘 알지 못하는 부분이 된다. 그렇더라도 지금의 생물학에서 아메바 체제의 생물이 관련되면 거의 이치에 맞지 않은 것이 된다. 이전에 원생동물의 근족충류와 균류인 점균과 변형균으로서 취급되었던 아메바 체제를 가진 진핵생물에 대한 지금까지의 분류는 완전히 붕괴되었다. 현재는 이들 생물군에 대한 계통이 새로운 시스템으로 재구축되고 있다. 이러한 내용에 대해서는 아메보조아 항에서 정리한다.

라. 엑스카베이트: 진핵생물의 최초유형?

영어 "excavate"는 구멍을 파다. 라는 동사이다(ex + cavadre: cavadre의 명사는 cavus 빈). 이를 명사화하여 세포의 배 쪽에 깊게 푹 파인 포식장치를 가진 하나의 진핵생물 군을 엑스카베이트(Excavates)라고 부르게 되었다. 자코바류(jakobids), *Malawimonas, Trimastix, Carpediemonas*, 후진편모충류(Retortamonadina), 중복편모충류(Diplomonada), 이엽상근족충, 파라바사리아류(Parasalia) 등 들어본 적이 별로 없는 이름으로 불리는 편모충류가 전형적인 엑스카베이트이다(그림 13-10, 13-11). 이들 편모충의 공통된 특징은 세포 배 쪽에 먹이를 포획하기 위해 함몰된 구조를 가진다. 단 먹이를 포획한다하여 제3장에서 설명한 황금색조나 와편모조, 착편모조에서 관찰되는 맹렬하면서 다이나믹한 행동으로 다른 진핵생물을 포획하는 것은 아니다. 이들 조류와 비교하면 엑스카베이트 섭식은 부유물여과(suspension feeding)라는 것으로 외부에서 물을 흡수하여 그 속에 포함된 세균을 섭식하는 초라한 양식이다. 그런데 이들 편모충에서는 이 정도의 섭식만을 위한 것이라면 과잉투자라고도 할 수 있을 놀라울 정도의 세포골격과 편모장치를 가진다(그림 13-12). 더욱 놀라운 것은 이들은 진핵생물로서 가장 기본적인 공통항목의 하나인 미토콘드리아의 존재여부에 대해서도 흥미롭다. 미토콘드리아가 없는 종, 미토콘드리아는 없지만 수소를 발생하는 하이드로제노솜(hydrogenosome, 제9장)이라는 기관을

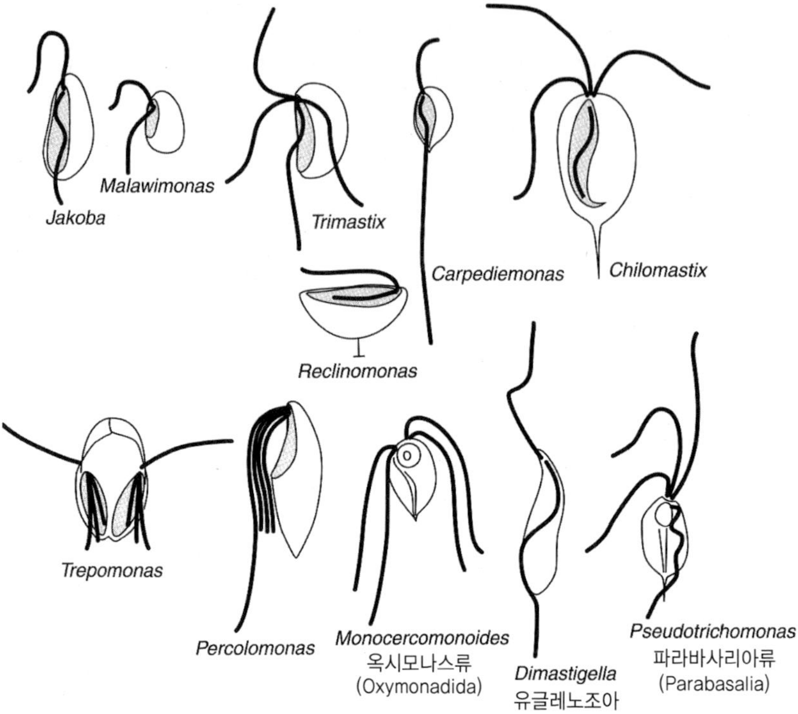

그림 13-10. 엑스카베이트류. 일반적인 진핵생물은 동일 그룹의 미토콘드리아 크리스테 형상이 거의 일정하다. 그러나 엑스카베이트류는 다양항 크레스테 형상을 가지며, 더욱이 이것이 하이드로제노솜으로 퇴화한 것이나, 이 두 가지가 모두 없는 것까지 다양하다(Simpson, 2004에서 그림).

가지는 종, 미토콘드리아 유래로 생각되는 미토솜(mitosome)이라는 2중막으로 둘러싼 구조를 가지는 종, 더욱이 미토콘드리아가 있지만, 크리스테가 반상인 종, 관상을 나타내는 종, 판상을 하는 종, 더욱이 골지체가 있는 종과 없는 종 등 진핵생물의 세포구조라는 기본적인 수준에서 다양한 차이를 보인다(표 13-1). 미토콘드리아 크리스테의 형태는 문과 강 계급의 진핵생물 고차분류군을 특정짓는 중요한 형질이다. 그러나 이러한 형질들이 엑스카베이트에는 매우 다양할 뿐만 아니라 여러 가지가 존재하는 것이다. 이러한 결과는 무엇을 의미하는 것일까? 한편으로 기묘한 이들 편모충류는 크리스테 형상과 마찬가지로 고차분류군을 특정짓는 세포골격이나 편모장치가 서로 놀라울 정

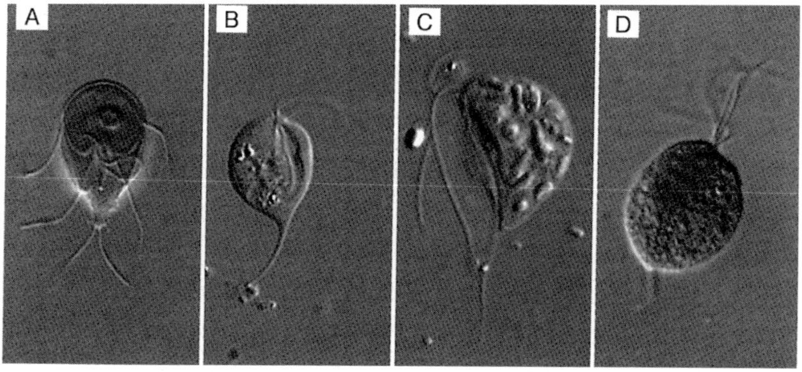

그림 13-11. 엑스카베이트류의 여러 가지. A: *Giardia*(람블편모충), B: *Chilomastix*, C: *Trimastix*, D: *Trichomonas* (사진제공, 雪吹直史).

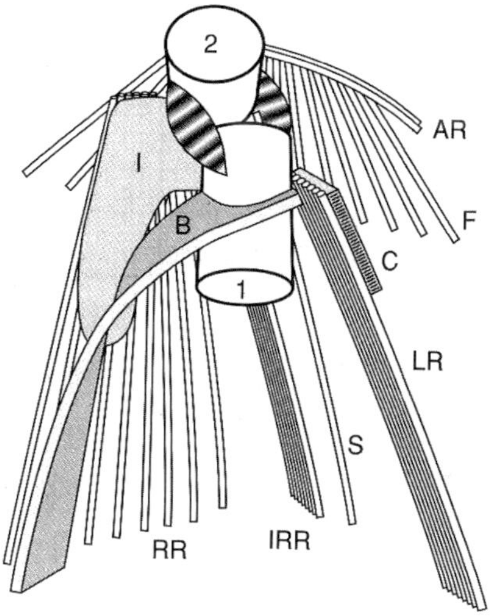

그림 13-12. 엑스카베이트류의 전형적인 세포골격과 편모장치. 각각의 구성요소에 대하여 다른 진핵세포와 상동성을 확인하는 연구가 진행되고 있다. 1, 2: 기저소체, 2: AR: 앞편모근, B: B섬유, C: C섬유, F: dorsal fan of peripheral microtubules, I: I섬유, IRR: 오른쪽 편모근(안쪽), LR: 왼쪽 편모근, RR: 오른쪽 편모근(외측), S: singlet root(Simpson, 2003에서 그림).

도로 유사하여 분명한 유사성을 나타낸다는 것이다. 즉 문과 강 등 고차분류군을 결정하는 하나의 형질은 다르지만, 또 다른 형질에서는 분명하게 매우 유사하다는 것이다. 이러한 편모충을 포함하는 엑스카베이트라는 그룹은 다

표 13-1. 엑스카베이트류의 특징

	생물군 또는 속	미토콘드리아 또는 하이드로제노솜의 유무	크리스테의 성상	배쪽의 홈	포식 장치	포식 타입	서식환경
자코바류 Jakobids	*Jakoba* *Histiona* *Reclinomonas*	미토콘드리아 있음	판상	있음	불명확	현탁물 (세균)	빈산소환경
	Malawimonas	미토콘드리아 있음	반상	있음	불명확	현탁물 (세균)	호안(서아프리카 Malawi)
	Trimastrix	하이드로 제노솜	없음	있음	불명확	현탁물 (세균)	혐기환경, 담수
	Carpediemonas	하이드로 제노솜	없음	있음	불명확	현탁물 (세균)	빈산소환경
후진편모충류 Retortamonadid	*Retortamonas* *Chilomastix*	미토콘드리아 없음	없음	있음	불명확	현탁물 (세균)	퇴적물 등의 빈영양 환경 또는 척추동물의 소화관 속
중복편모충류 Diplomonada	*Giardia* *Trepomonas* *Enteromonas* *Diplomonas*	미토콘드리아 없음(미토솜)	없음	있음	불명확	현탁물 (세균)	퇴적물 등의 빈영양 환경 또는 척추동물의 소화관 속
이엽상근족충 Heterolobosea	*Percolomonas* *Acrasid slime, moulds* *Lyromonas* *Psalteriomonas* *Tetramiyus* *Paratetramitus*	미토콘드리아 있음	반상	없음	관상	진핵 세균	호기환경
옥시모나스류 Oxymonads	*Oxymonas*	미토콘드리아 없음	-	-	불명확	현탁물 (세균)	장내

른 진핵생물 그룹과는 다소 다른 관점에서 접근하여야 할 것이다.

1990년대 전반 분자계통 연구의 주류였던 rRNA 유전자 계통수에서 중복편모충류나 파라바살리아류와 같이 미토콘드리아가 없는 생물은 진핵생물의 뿌리부근에서 분기하였고, 미토콘드리아를 가지는 페르콜로조아류가 그 뒤로 분기하였다. 이러한 결과로부터 진핵생물은 미토콘드리아 획득 이전의 미토콘드리아가 없는 생물이 존재하였던 것으로 생각하여 아케조아(Archezoa) 가설(제9장)이 만들어 졌다. 대부분 아카조아는 여기에서 설명하는 엑스카베이트에 속한다.

때문에 엑스카베이트와 같은 체제를 가진 편모충은 원시적이기에 그 중에서 미토콘드리아를 최초로 획득한 진핵생물이 존재하는 것으로 생각하게 되었다(그림 9-6). 그러나 제9장에서 설명한 것처럼 미토콘드리아가 없는 편모충도 미토콘드리아 특유의 유전자가 남아있다(제9장). 즉 전형적인 아케조아로 생각되었던 중복편모충류 *Giardia*의 미토솜도 미토콘드리아와 같은 수송시스템을 사용하는 것이 밝혀졌다. 때문에 하이드로제노솜만이 아니라 미토솜도 미토콘드리아의 퇴화형으로 생각하게 되었다. 현재 아케조아 가설은 거의 완전하게 폐기되었고 엑스카베이트의 위치 메김만이 수수께끼로 남아있다.

엑스카베이트는 많은 분자계통수에 통합되지 않고 엑스카베이트 성질이 없는 다른 생물군 속에 흩어져서 출현한다. 즉 엑스카베이트는 단일계통으로는 통합되지 않는다. 놀라울 정도의 형태적 유사성이 있지만 계통적으로는 잘 정리되지 않는다. 이러한 결과를 어떻게 받아드리면 좋을 것인가? Simpson의 엑스카베이트 가설에서 엑스카베이트는 단일계통이지만, 그 중에 엑스카베이트 특유의 편모장치나 세포골격이라는 성질을 잃어버리고 별도의 생활방법을 선택한 그룹으로 출현하는 것으로 생각하였다. 즉 엑스카베이트의 공통점은 어느 거대한 계통수의 원시적인 성질이며 일부 그룹에서 이들 성질을 잃어버리고 전혀 다른 성질을 가진 생물군으로 진화하였다는 생각이다.

이러한 관점으로 접근하였을 때 떠오르는 것이 앞항에서 설명한 반상 크리스테류(이엽산근족충 + 유글레노조아)이다. 이엽산근족충류에는 세포성 점균인 아크라시아(*Acrasia*)를 포함한다. 기본적으로 아메바상 체제를 하지만, 그 중에는 *Percolomonas*와 같이 편모를 가지고 생활을 하는 종도 포함된다. 이들 이엽산근족충류는 배 쪽에 홈을 가지고 있고 세포골격도 엑스카베이트와 매우 유사하다. 그리고 이엽산근족충류와 분자계통수에서 단일계통을 형성하는 것이 키네토프라스토류와 유글레나류로 구성된 유글레노조아로서 반상 크리스테를 공유한다(반상 크리스테류). 유글레노조아 중에서 키네토프라스트류의 보도류와 무색유글레나류는 섭식에 의해 생활한다. 포식장치는 미소관으로 둘러싸인 관상의 것으로 규조나 녹조 등의 진핵생물을 잡아먹는다. 엑스카베이트의 섭식과 비교하면 매우 효율이 좋다. 유글레나류와 엑스카베이트는 표피구조 및 세포골격에서 그렇게 유사하지 않다. 그러나 위에서 설명한 이유로서 반상 크레스테류는 엑스카베이트로 위치 메김을 하게 되었다(그림 13-13). 아케조아 가설의 붕괴에 따라 엑스카베이트가 진핵생물의 기원생물로서 의의는 잃어버렸다. 진핵생물의 진화 및 계통에서 액스카베이트의의는 나중에 설명하는 거대한 진핵생물 계통군의 하나인 바이콘트의 기원에 관련한 것으로 변화되었다 하여도 좋다. 엑스카베이트와 같은 세포 체제를 가진 조상에서 조류를 포함한 많은 그룹의 진핵생물이 진화하였을 가능성이 있다.

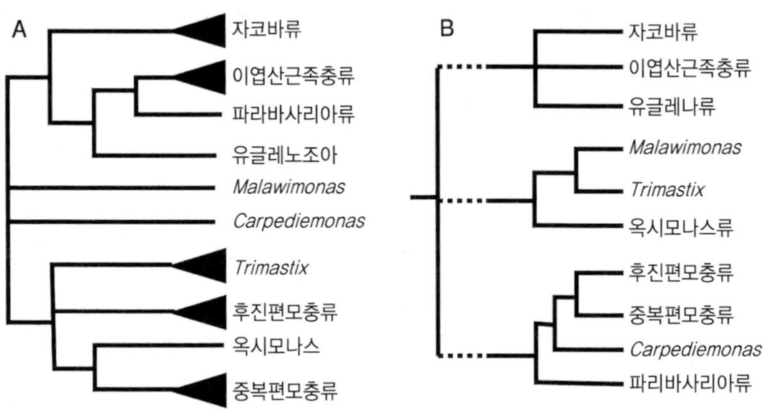

그림 13-13. 전체 엑스카베이트류의 계통관계. A는 형태, B는 분자정보를 기준으로 한 것 (Simpson, 2003에서 그림).

마. 스트라메노파일: 갈조 숲과 물곰팡이의 관계

다시마나 미역 등의 갈조류를 포함한 부등편모식물(황금식물)의 유영세포가 가지는 두개의 편모에서 앞편모는 편모의 추진력을 역전시키는 관상 편모털이 붙어있다(그림 3-2 및 그림 3-3). 관상 편모털이 광합성을 하지 않는 다양한 생물에도 존재하는 것에서 이들은 단일계통으로 인식되었다. 이러한 계통군을 스트라메노파일(stramenopiles)이라 한다. 어원인 라틴어 *stramen*은 straw = 밀짚, *pilus*는 털(毛)의 의미로서 관 속의 비어있는 편모털이 있는 것을 비유한다. 때문에 분자계통 연구에서도 이들은 공통조상을 가지는 단일계통군이라는 것이 지지되고 있다. 광합성을 하는 부등편모식물은 물론 엽록소 없이 종속영양을 하는 비코소에카(*Bicosoeca*)류(섭식에 의한 분해자), 난균류, 망형충류(*Labyrinthula*), 역모균류(Hyphochytridiomycetes, 흡수에 의한 분해

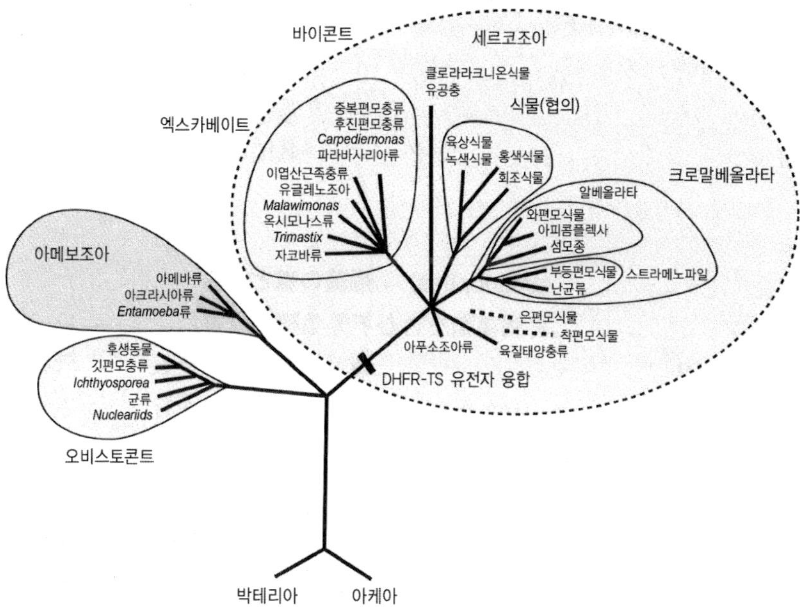

그림 13-14. 진핵생물의 계통수. 진핵생물은 오비스토콘트, 아메보조아와 바이콘트로 정리된다. 바이콘트는 DHFR-TS 융합유전자를 가진 그룹으로서 취급된다. 페르콜로조아류, 유글레나조아가 엑스카베이트류에 포함되며, 또 스트라메노파일과 알베올라타는 크로말베올라타(Chromalveolata)로 정리된다(Simpson and Roger, 2002을 고쳐 그림).

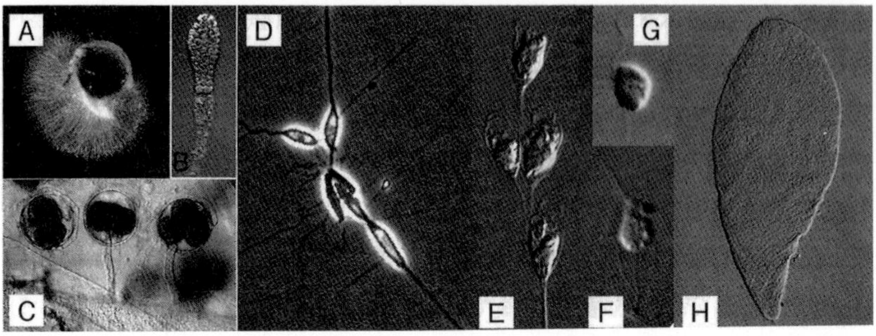

그림 13-15. 종속영양성의 스트라메노파일류. A: 마(麻)의 열매에 생긴 물곰팡이(*Saprolegnia*), B: 물곰팡이의 유주자 주머니. 부등편모를 가지는 유주자를 만든다. C: 물곰팡이 접합자, D: 망형충류, E, F: *Bicosoeca*류, G: *Bicosoeca*류의 *Cafeteria*, H: *Opalina*(사진제공, D: 中桐昭, H: 本多大輔).

자 또는 기생자) 그리고 블라스토시스티스(*Blastocystis*)류(아메바 적리(赤痢)와 같은 증상을 보이는 장내 원충) 등 복수의 생물군과 함께 진핵생물에서 거대 계통군을 구성한다(그림 13-14 및 그림 13-15).

이들 생물군은 상동성이 분명한 편모장치를 가진다. 대부분 앞편모에서 오른쪽으로 뻗은 편모근(R1)을 가지며, 이 편모근에서 종종 세포골격이 되는 미소관이 만들어진다. R2는 한개의 미소관으로 되며 짧다. R3와 R4는 많고, 작음은 있지만 루프를 만드는 경향이 있다. R3의 상동성이 특히 중요하다. 황금색조에서 이 편모근이 먹이를 포획하여 섭식하는 중요한 역할을 한다. R3의 틈에 먹이를 포획하기 위한 그물이 만들어진다(그림 3-16). R3가 관계하는 섭식작용은 스트라메노파일에 널리 분포한다. 생활양식은 다양하지만 스트라메노파일이라는 거대 진핵생물군이 존재하는 것은 세포구조의 비교에서도 분명하다. 스트라메노파일의 최대 그룹인 부등편모(황금)식물은 종속영양성의 스트라메노파일이 이차공생에 의해 새롭게 엽록체를 획득하여 식물화된 하나의 그룹으로 해석된다. 부등편모식물의 정점에 있는 갈조류는 다세포화에 의해 복잡한 체제 확립으로 대형화를 구축하여 세계 연안에서 바다숲을 형성하여 어류나 새우, 게류 등 해양동물의 서식과 번식의 장소를 제공한다(권두사진 5). 또한 부등편모식물에서 또 다른 하나의 성공자인 규조류는 식물플랑크톤으로서 담수 및 해양의 주요한 생산자 역할을 담당한다(권두 사진 6과 10).

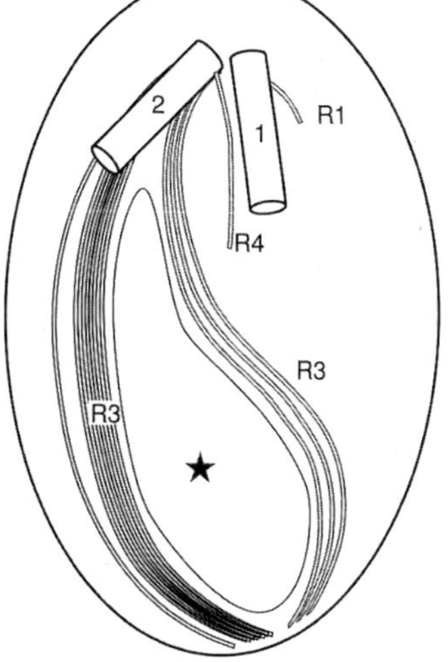

그림 13-16. 비코소에카류(종속영양성 스트라메노파일)의 편모장치. 편모근 R3의 두개 미소관 열에 끼어있는 부위(별 표시)에서 섭식이 이루어진다. 황금색조의 섭식(그림 3-18)과 비교하면 R3 섭식작용의 보편성을 알 수 있다.

표 13-2. 스트라메노파일의 구성, 생활양식, 영양양식을 기준으로 한 구분

조류 인자 (독립영양, 광합성)	부등편모식물: 갈조강, 황금색조강, 황록색조강, 페오탐니온조강, 쉬조크라디아강(Schizocladiophyceae), 진안점조강, 침편모조강, 규조강, 펠라고조강, 볼리도조강, 핑귀오조강, 팔마조
균류 인자 (분해, 흡수, 기생)	난균문/물곰팡이목(Oomycota), 라제니드균목(Lagenidiales), 렙포미투스균목(Leptomitales), 노균병균목(Peronosporales), 부패곰팡이목(Pythiales), 망형충문(Labyrinthulomycota), 역모균문(Hyphochytriomycota)
원생동물 인자 (섭식)	비코소에카류(*Caecitellus, Cafeteria, Pseudobodo* 등), 오팔리나류, 프라시디아류(Placididea), *Developayella*

부등편모식물은 녹색식물에 필적하는 생산자이며 수계 생태계의 출발점이다.

대조적으로 비코소에카(*Bicosoeca*)류는 동물성 편모충류로 구성된 원생동물이다. 이전에 이들은 다양한 종류의 모든 편모충을 분류하지 않고 하나의 그룹으로 취급하였다. 한편 난균은 일반적으로 물곰팡이(*Saprolegnia*)라는 그룹이다. 이들은 종속영양 생활을 하기 때문에 종래에는 균류로 취급하였다. 연구에서는 지금도 균류학자의 영역이다. 물곰팡이류, 렙토미투스균(Leptomitales), 라제니드균(Lagenidiales) 등을 포함한다. 노균병균류에는 기생성 종류가 많고 식물의 흰녹가루병균인 알부고(*Albugo*)나 감자나 토마토의 역병을 발생시키는 파이토프토라(*Phytophthora*)가 포함된다. 대부분 작물의 병원균으로 악명이 높다. 감자역병은 1845년과 1875년에 유럽에서 대발생하여 대기아를 발생시켜 유럽을 멸망의 위기로 몰아 넣기도 하였다. 망형충류(*Labyrinthulea*)와 역모균류(Hyphochytriomycota)도 균류로서 분리된 그룹이다. 브라스토시스티스(*Blastocystis*)라는 사람을 포함한 동물의 소화관내에 기생하는 병원충도 스트라메노파일에 포함된다. 이와 같이 스트라메노파일은 이전 분류에서 말하던 원생동물, 균류 그리고 식물에 걸쳐있어(표 13-2), 오계설과 같이 단순한 도식으로는 취급할 수 없는 매우 복잡한 구성을 한다.

바. 알베올라타: 와편모조류, 짚신벌레 및 말라리아

알베올라타(Alveolata)라는 이름으로 통합된 진핵생물의 거대 계통군이 있다. 와편모조와 아피콤플렉사(Apicomplexa) 및 섬모충(Ciliata)으로 구성된다. 아피콤플렉사류는 기생생활에 적응한 수천 종을 포함한 원생생물의 거대그룹으로 마리아나 원충인 열원충(*Plasmodium*, 권두사진 16-22)이나 톡소프라즈마(*Toxoplasma*), 그리고 일본에서 우물물 오염으로 유치원생을 중독 시켜 대중매체를 떠들썩하게 하였던 크립토스포리디움(*Cryptosphoridium*) 등이 여기에 속한다.

아피콤플렉사라는 이름은 기생생활을 위해 숙주 세포로 진입하기 위한 정단복합체(apical complex)의 영어 어원에서 유래하였다(그림 13-17). 한편 섬모충은 원생동물의 대표적인 그룹으로 짚신벌레, 나팔벌레, 종벌레 등 지명도가 높은 생물을 포함한다(그림 13-18). 포식으로 수중의 세균이나 유기물을 분해하여 생활하고 있으며 호소나 해양, 그리고 수조에까지 다양한 수계에 서식하는 중요한 분해자이다. 진핵미생물 세계에서 아피콤플렉사와 섬모충은 모두 최대급의 다양성을 자랑한다.

겉보기로는 유사점이 전혀 없는 것 같은 이들 생물군과 와편모조가 공통조상에서 진화하였다. 알베올라타라는 통합에 문제가 없다면 공통조상에서 형태도, 생활양식도 현저하게 다른 계통이 어떻게 진화되었을까? 아직 알기

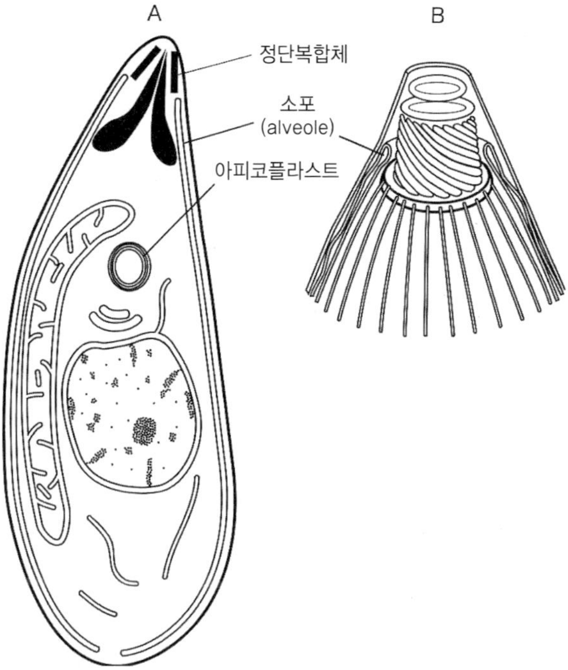

그림 13-17. 아피콤플렉사류의 세포구조 (A): 세포 앞부분은 기생장치인 정단복합체(apical complex)인 (B)가 차지하고 있다. 세포막 안쪽에 소포(alveole)가 있으며, 이는 알베올라타의 공통형질로 되어 있다. 아피코플라스트(apicoplast)는 4장의 포막을 가진 구조로서 이차공생에서 획득하여 퇴화한 엽록체이다(Hausman and Hülsmann, 1996에서 그림).

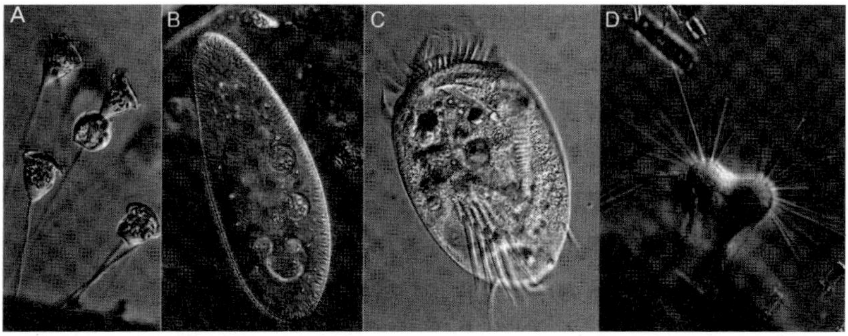

그림 13-18. 다양한 섬모충. A: 종벌레(*Vorticella*), B: 짚신벌레(*Paramecium*), C: 유프로테스(*Euplotes*), D: 토코프리아(*Tokophrya*), (사진제공, 吉田昌樹).

어려운 미지의 내용이 가득하다. 와편모조와 섬모충에는 세포막 바로 밑에 독특한 구조인 편평한 소포가 존재한다. 이것을 와편모조에서는 암피에스마(amphiesma), 섬모충에서는 알베오레(aveole, L: *alveolatus* = small cavity)라는 이름으로 불린다. 아피콤플렉사에도 세포 바로 밑에 편평한 소포가 있기에 이 불가사의한 세포외피 구조는 알베올라타에서 많지 않은 공통의 형태적 특징으로 생각되고 있다.

1996년에 놀라운 사실이 알려졌다. 아피콤플렉사에 속하는 말라리아원충의 세포 속에서 퇴화한 엽록체가 존재하는 것이 발견되었다. 말라리아는 지금도 환자가 2억 명이나 존재하는 매우 오래되면서도 새로운 질병이다. 때문에 많은 연구자 및 의료기관에서 아주 세부적이면서도 정렬적인 연구가 추진되었다. 지금도 매일같이 많은 사람에 의해 지속적인 연구가 진행되고 있다. 이러한 연구과정에서 예로부터 말라리아 원충(*Plasmodium*)이나 톡소프라즈마증 원충(*Toxoplasma*)에는 미토콘드리아 이외에 35 kbp정도 크기의 DNA가 핵 외에 존재하는 것이 지적되어 수수께끼의 핵 외 DNA로 알려져 있었다. 한편으로는 몇 장의 막으로 둘러싸인 기능 불명의 세포기관이 존재하여 multimembraned vesicle, double-wall vesicle 등의 이름으로 불리고 있었다. 1996년 Mcfadden 등에 의해 이 DNA가 퇴화된 엽록체 게놈으로 DNA는 이 수수께끼 소기관에만 제한적으로 존재한다는 것이 밝혀진 것이다. 이 사실은 현재 기생생활을 하는 말라리아나 톡소프라즈마 병원충은 이전에 광합성을 하였던 식물적인 생활을 한 것을 의미한다. 이들 생물은 최초에는 엽록소가 없는 종속영양생물이었지만, 진핵조류를 세포공생으로 받아드려 광합성 생물로 진화하였다. 더욱이 그 이후 엽록체를 퇴화시켜 기생생활을 하게 된 것으로 생각되어지는 것이다. 여기에서 관찰되는 진핵생물의 진화는 더욱 임기응변적이면서 융통무애이다. 이 소기관은 퇴화한 엽록체로서 지금은 아피콤프라스트(apicoplast)라는 이름으로 불린다(그림 13-19). 물론 광합성을 하지 않지만, 아주 소실된 것은 아니다. 이들은 지금도 지방산 대사 등을 담당하는 세포내 소기관으로 잔존하고 있다.

사. 세르코조아와 리자리아: 녹색의 아메바, 클로라라크니온, 유공충 및 방상충

녹색식물 유래의 엽록체를 가진 이차식물인 클로라라크니온식물(Chlorarachniophytes, 권두사진 16-21)은 은편모식물과 마찬가지로 핵소체(nucleomorph)를 가진다. 즉 이차공생에 의해 식물화가 실현된 것을 나타내는 중요한 조류이다. 이러한 조류가 속하는 계통은 세르코조아(Cercozoa)라고 하며, 이들은 거대한 진핵생물의 계통군을 형성한다. 명칭은 편모충 *Cercomonas*(Gk: *kerkos* = tail)에서 유래한다. 이 그룹은 분자해석 정보에 의해 처음으로 인식된 계통군이며 전체적으로 아메바체제를 가진 것이 많다. 그리고 전체적으로 공통적인 형태적 특징은 알려져 있지 않다. 각을 가지는 아메바인 *Euglypha*나 *Paulinella*(그림 12-20) 등 유각 아메바류와 편모충 세르코모나스류가 이 그룹에 속한다. *Paulinella*는 남조의 공생체를 가지는 것이 알려지지만, 최근 제2의 일차공생으로 식물화된 사례가 보고되어 화제가 되었다(제12장). 세르코

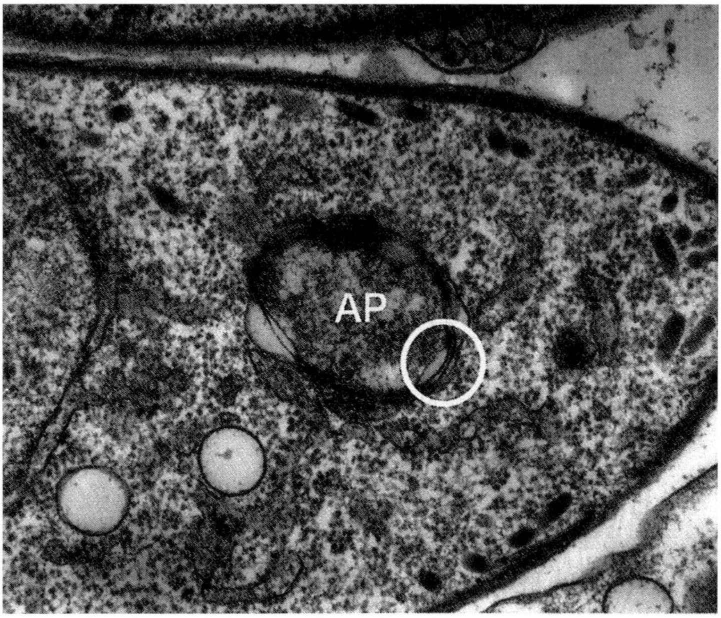

그림 13-19. 아피콤플렉사류. *Tosxoplasma*의 전자현미경 사진. 중심의 구조가 퇴화한 엽록체인 아피코플라스트(AP)로서 4장의 막으로 둘러싸여 있다(원 속, 사진제공, G.I. McFadden).

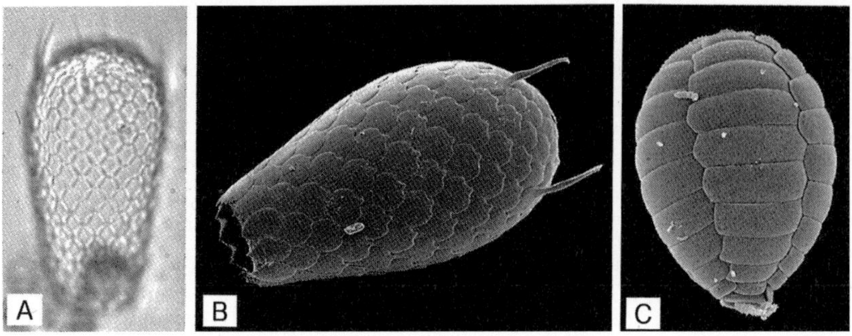

그림 13-20. 세르코조아에 속하는 유각 아메바류. A, B: *Euglypha*, C: *Paulinella* (사진제공, A: 中山剛, B, C: 吉田昌樹).

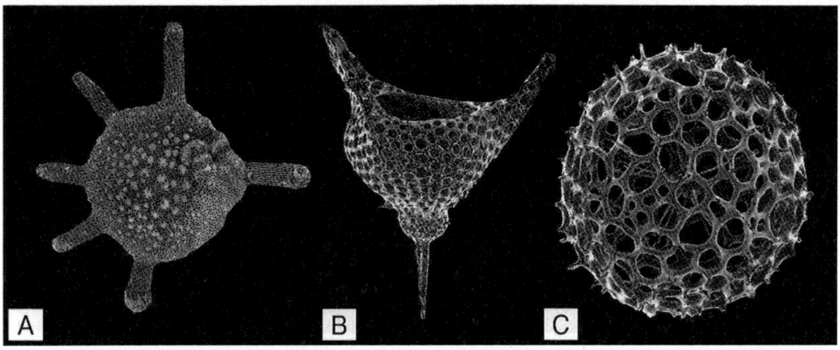

그림 13-21. 유공충(A)와 방산충(B, C). 세르코조아와 함께 리자리아라고 하는 슈퍼그룹을 구성하고 있는 것 같다. A: 별 모래를 만드는 유공충 *Carcarina*, B, C: 방산충의 *Pterocanium*(B) 및 *Actinosphaera*(C) (시료제공: 國友良樹).

조아에는 인간생활에 관계가 깊은 생물이 거의 포함되어 있지 않지만, 진핵생물 전체 중에서 거대한 계통군을 구성한다.

최근 별 모래로서 알려지는 유공충(Foraminifera, 그림 13-21, 권두사진 13-20, 21)도 이 그룹에 근연이라는 것이 밝혀지고 있다. 유공충은 석탄기 이후 현재까지 연속하여 출현하는 원생생물로서 탄산칼슘 골격이 화석으로 남아 있다. 이들 화석은 지층의 층서를 결정하는 지표로서 중요하다.

방산충(Radiolarian) 또한 고환경을 알기 위한 중요한 원생생물로 규산질 골격의 미화석으로 산출되는 생물군이다. 방상충 역시 유공충과 함께 아메바

모양의 체제를 가진 것으로 세르코조아의 근연이다(그림 13-21). 지금까지 상상도 하지 못하였던 또 하나의 근연생물로는 식물병원균으로 인간생활에 크게 관여하는 뿌리혹병균(*Plasmodiophora*)이 있다. 이들 진핵생물을 리자리아(Rhizaria)라는 분류군에 통합되었다. 분자계통에서는 이들이 크게 다른 커다란 진핵생물 그룹을 구성하고 있다는 것을 주장한다. 그러나 현재 분자계통 이외의 증거는 거의 없다. 세르코조아 또는 리자리아로 인식되는 진핵생물의 슈퍼그룹 중에서 형태적으로는 기본적인 정리가 전혀 되어 있지 못하다.

아. 아메보조아

아메보조아(Amoebozoa)는 아메바 모양이라는 형용사로서 표현된다. 가짜발을 뻗으면서 결렬하게 변형된 운동을 하는 다수의 생물이 존재하며 그 인식과 분류는 복잡한 역사를 걸어왔다. 이른바 아메바류는 원생동물 분류의 초기인 1800년대에는 육질충류(Sarcodina)로서 근족충류(Rhizopoda), 태양충류(Heliozoa), 방상충류(Radiolaria)를 포함하였다. 이 중에 엽상가족(lobose pseudopodia)을 가지는 그룹을 로보세아(Lobosea)로 정리하여다. 그리고 미세구조나 생활사 차이에 기준을 두어 전형적으로 골지체가 없으면서 미토콘드리아 반상 크리스테를 가지는 그룹을 이엽산근족충류(Heterolobosa)로 인식하였다. 한편 균류로 취급되었던 아메바상 생물은 망형충류(Labyrinthulea), 변형균(slime molds) 및 세포성 점균(cellular slime molds)이 있다. 변형균은 점균이라고도 한다. 수생변형균(*Vampyrella*), 뿌리혹병균(Plasmodiophora), 세라토믹사(Ceratomyxa) 그리고 변형균류(*Physarum*)를 포함한다. 한편 세포성 점균은 프로토스텔리움류(Protostelids), 아크라시아류(Acrasiales) 그리고 딕티오스텔리움류(dictyostelids)로 구성 된다. 딕티오스텔리움(*Dictyostelium*)은 교과서에 등장하는 얼마 안 되는 점균으로 게놈 프로젝트가 완료된 모델생물 중 하나이다. 이들 아메바상 진핵생물은 체제가 간단하기 때문에 연구가 충분하게 진행되지 않았었지만, 분자계통의 발전에 의해 다양성이 점차적으로 분명해지면서 진핵생물 복수의 거대 계통군에 분산되어 소속하고 있다(표 13-3). 생물은 개략적인 외부 형태만으로 파악되지 않는 다는 것을 시사하는 부분이다.

표 13-3. 주요한 아메바성 원생생물의 위치 부여

분류군의 이름	현재의 위치	이전의 분류
엽상가족류 Lobosea 이엽상근족충 Heterolobosa	아메보조아 반상크리스테류 (또는 엑스카베이트)	근족충류 Rhizopoda
망형충류 Labyrinthulea	스토라메노파일	균계 라피린튜라문
변형균류 slime molds 변형균 *Physarum* 뿌리혹병균 Plasmodiophora 세포성 점균 Dictyostelids	리자리아 아메바조아? 리자니아 아메바조아	균계
태양충 유중심류	불명	육질충류 Sarcodia
방상충 유공충	리자리아 리자리아	근족충류 Rhizopoda

여기에서 아메보조아에 포함되는 것은 아메바상 체제를 가지는 진핵생물 중 극히 일부인 엽상가족류(Lobosea), 변형균류(Myxomycetes, Myxozoa), 아칸트아메바(Acanthamoeba) 그리고 Phalansterea이다. 이들은 진핵생물 계통의 뿌리부근에 위치하여 진핵생물로서 원시적인 성질을 가지는 생물군으로서 위치 매김 된다(그림 13-1과 그림 13-14).

2. 진핵생물의 진화가설

이상에서 취급한 8개 진핵생물군은 어디에서 어떠한 순서로 진화하여 현재 구성으로 완성되고 있는 것일까? 정말로 이러한 수의 분류군만으로 괜찮은 것일까? 아직도 많은 자료가 부족하고 시기상조라 생각되지만, 많은 연구자가 전체 진핵생물의 틀에 대하여 다양한 의견들을 제시하고 있다.

생물의 대계통을 설명하는 연구자는 많다. 그리고 30년 정도 계속되는 이와 같이 어려운 문제를 정열적으로 연구한 사람이 있다. Cavalier-Smith로서 매일 새롭게 발표되어 변화되는 막대한 새로운 자료를 분석하여 생물진화의 과정을 추정하는 일을 오랜 시간 계속하고 있다. Cavalier-Smith설은 생명의 기원(제7장)과 진핵생물의 기원(제9장)으로 설명하였다. 참신한 많은 아이디어는 물론 설마라를 제공하는 부분도 많아, 언제나 찬반양론이 존재한다. 즉 언제나 비판에 노출되어 있는 아케조아 가설과 같이 발표이후의 연구결과에 따라 내용이 뒤집힐 때도 있다. 한편으로는 자신이 취하하는 내용도 있다. 그러나 많게는 전체 생물계의 모습을 이해하는 작업가설로서 중요한 역할을 하여 왔다. 더욱이 Cavalier-Smith의 입장은 순수한 계통분류학이 아니라 생물학적으로 정합성이 가능하면서 쉽게 활용할 수 있는 분류체계를 구축하려는 것이다. 때문에 다소 계통수와 맞지 않더라도 커다란 문제가 되지 않는다. 세포학이나 분자생물학적인 특징과 계통해석의 결과를 통합하여 순서나 도리에 맞는다고 생각되는 분류군을 구축하여 목이나 강을 문이나 계의 계급으로 정리한다. 막대한 자료를 읽고 이해하여 생각하기 때문에 종종 발표 이후의 연구결과와 일치하는 것에서 경이로움을 나타내게 되기도 된다. 현재 그의 생각은 계통분류학이나 세포 진화학의 연구세계의 견인차 역할을 한다고 해도 좋을 것이다. 그러한 업적이 평가되어 2004년 제20회 국제생물학상을 수상하였다. Cavalier-Smith의 최근에 제안한 설(그림 13-22 및 그림 13-23)을 중심으로 최근 생물계의 구성과 진화에 대한 지금의 생각을 정리하여 둔다. 단 이러한 현재의 내용은 새로운 자료가 나오게 되면 다시 개정된다. 이 책이 출판될 때쯤에는 새롭게 변경된 내용이 나올 것임에 틀림이 없기에 최신의 논문을 참고하여 주었으면 한다. 이것도 하나의 작업가설로 생각하면 좋을 것이다. 불명확한 점은 앞으로 당분간은 지속적으로 검토되어야만 할 내용이라 생각할 수 있다.

가. 후편모생물과 바이콘트

지금까지 8개의 진핵생물 계통수가 존재하는 것으로 설명하였다. 그러나 진핵생물은 더욱 고차분류군의 수준에서 어떻게 인식되는 것일까? 아무래도 동물과 균류를 포함한 후편모생물(opisthokonts)[12]과 이를 제외한 거의 모든

12 후편모생물을 원서에서는 영어 일반명칭을 사용하여 오비스트콘트라고 명명하고 있기에 이하의 진화 및 분류에서는 원서의 명칭을 사용하기로 한다.

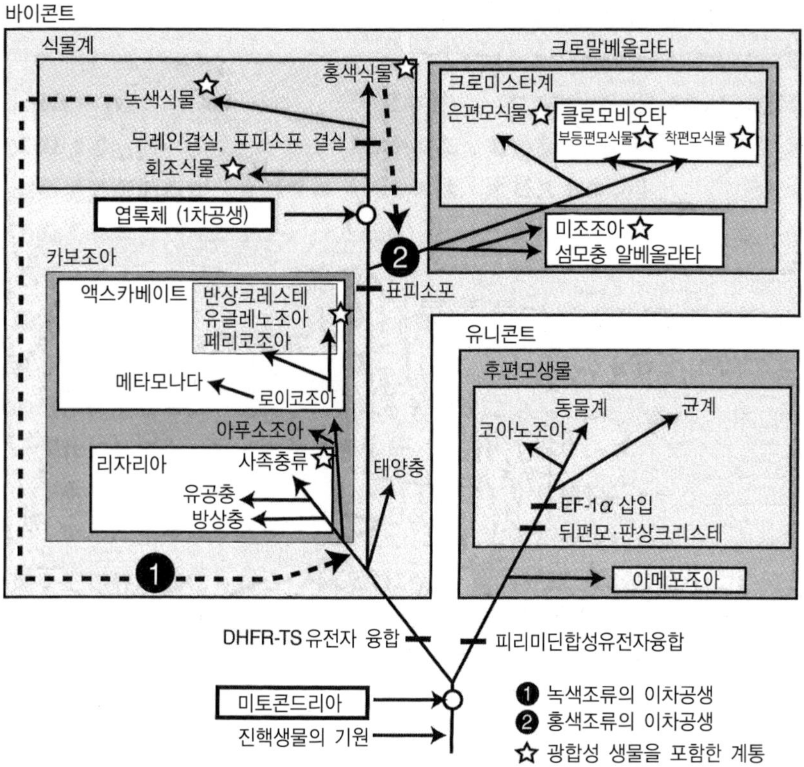

그림 13-22. Cavalier-Smith에 의한 진핵생물계의 생각 방법. 두개의 거대 계통군 유니콘트와 바이콘트로 구성 된다. 동물과 균류를 포함한 그룹은 하나의 편모를 기본으로 하고 있어 유니콘트로 정리되었다. 이들에는 피리미딘합성 유전자융합이라는 성질로서 정리되었다. 다른 한편의 그룹은 두개의 편모를 기본으로 하고 있어 바이콘트로 정리되었다. 디히드로엽산환원효소(DHFR)과 티미틸산합성효소(TS) 융합유전자를 공유한다. 대부분 원생생물은 바이콘트에 속한다. 또 엽록체를 획득한 모든 그룹은 바이콘트에 포함된다. 진핵조류의 공생(이차공생)은 두 번 발생하여(그림에서 검은 원 숫자). 그 결과로 6개 그룹의 식물(그림 속의 별표)이 된 것으로 생각되고 있다(Cavalier-Smith, 2004에서 그림).

진핵생물이 포함되는 두개의 그룹으로 정리될 것 같다. 또 다른 하나의 통합적인 그룹은 바이콘트(bikonts, L: *bis* =twice, *konts* 편모)라는 두개의 편모를 가지는 진핵생물이다. 이들 중 어디에 소속되어야 할 것인지가 아직도 명확하지 않는 그룹으로 아메보조아가 있다. Cavalier-Smith는 후편모생물인 오비스트콘토와 아메보조아를 합하여 유니콘트(unikonts)라는 그룹을 생각하였다. 그러나 한편으로는 아메보조아와 바이콘트가 세포 뒤쪽에서 편모운동으로 유영하는 것에서 오비스트콘트에 대하여 이 둘을 합해 안테로콘트(anterokonts, L: *ante* 전방)라는 경우도 있다. 진핵생물의 기원에 관한 이 부분의 계통관계는 아직도 충분하게 밝혀져 있지 않다. 어찌되었든 진핵생물의 진화는 공통조상에서 한편은 오비스토콘트가 발생하여 동물과 균류가 출현

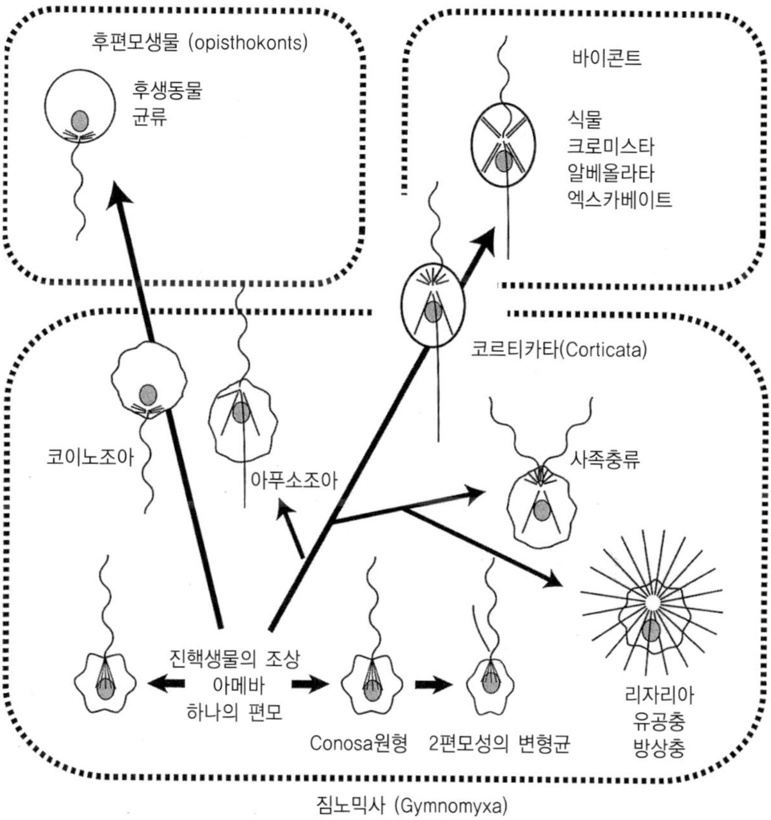

그림 13-23. 짐노믹사의 개념도. 진핵생물 초기에는 세포골격이 없이 하나의 편모를 가지면서 편모기부에서 원추상으로 뻗는 미소관으로 특징지울 수 있는 생물이 대부분을 차지하는 것으로 생각하였다. 이와 같은 조상에서 한편으로 오비스토콘트가 다른 한편에서 세포골격을 발달시켜 코르티카타를 경유하여 바이콘트가 진화하였다.

하였고, 또 다른 한편으로는 바이콘트가 발생하여 식물이나 스트라메노파일, 알베올라타 등 지금까지 설명한 수십의 분류군을 포함한 다양한 생물군으로 진화하였다는 도식이 성립된다(그림 13-22 및 그림 13-23). 조류는 모두가 바이콘트에 속한다.

이 거대한 이 두개 계통군이 존재하는 것은 많은 단백질 유전자 계통수에 의해서도 시사되고 있기에 아마도 확실한 것으로 생각할 수 있다. 그러한 근거로 디히드로엽산환원효소(DHFR, dihydrofolate reductase)와 티미틸산 합성효소(TS, thymidylate synthase) 유전자가 융합된 융합유전자가 공통으로 존재하는 한편으로 오비스토콘트에는 피리미딘(pyrimidine) 합성유전자의 융합유전자가 공통으로 존재한다는 것이다. 이렇게 분명하게 밝혀지고 있는 진핵생물의 틀은 우리 인간이 속하는 오비스토콘트가 진핵생물 진화 초기에 분기한 최고의 계통군이라는 것을 의미한다.

앞에서 설명한 것처럼 오비스토콘트에 속하는 생물의 유영세포는 편모를 세포 후방에서 유영한다. 또한 기본적으로 편모는 하나인 것으로부터 오비스토콘트의 계통은 하나의 편모를 가진 조상에서 진화한 것으로 생각된다. 한편 바이콘트는 연두벌레와 같이 편모가 하나밖에 없는 것처럼 보여도 퇴화한 제2편모 또는 기저소체가 존재한다. 엑스커베이트와 같이 다수의 편모가 있는 경우도 기본은 두개의 배수이다. 바이콘트는 편모로 세대를 바꾸어 앞편모가 다음 세대에는 뒤편모로 변화하는 편모의 세대교환구조(제11장)를 발달시킨 진핵생물군으로서 이해할 수 있다.

진핵생물의 조상은 하나의 편모만을 가졌던 것으로 추정된다. 이 하나의 편모를 세포 후방에서 운동하여 유영하는 방향으로 진화한 것이 오피스토콘트이다. 바이콘트는 하나의 편모를 복재하여 두개의 편모를 기본으로 하는 구성인자로 편모변환을 체제(body plan)로 도입하였다. 짚신벌레와 같이 수천, 수만이라고 하는 섬모(구조적으로 편모와 같다)를 가진 섬모충의 섬모 세대에 의한 변환은 아직 잘 알려져 있지 않지만, 만일 장래에 배포 좋은 연구자가 열심히 조사할 수가 있다면, 아마도 n번째 편모는 n-1세대에 붙은 No. 1의 섬모로서 성숙하는 것이 밝혀지게 될 것이다. 편모세대에 의한 교대는 바이콘 전체를 포괄하는 근본원리로 생각된다. 편모를 앞으로 하여 헤엄을 치던, 뒤쪽에서 운동하여 유영 하든 편모는 하나 또는 두개이다. 매우 단순한 성질이 실제로는 진핵생물의 거대한 진화 분기점으로서 변화를 반영하는 중요한 성질이 되어 있다.

나. 코르티카타 및 짐노믹사

바이콘트는 상상을 초월하는 거대한 그룹이다. 대부분 편모장치에서 발달한 세포골격을 구비하며, 세포골격으로 세포형태를 유지한다. 이와 같이 빈틈없는 세포를 가진 바이콘트는 코르티카타(Corticata, L: *cortex* 나무껍질보다 표층의 의미)로 정리되었다. 이들 세포는 어디에서 진화되었을까? Cavalier-Smith는 아메바와 같이 유연한 세포에서 세포골격이 발달하지 않는 바이콘트로, 다시 복잡한 세포골격을 가진 바이콘트로 진화한 것으로 생각한다. 코르티카타는 식물(협의), 스트라메노파일(stramenopiles), 알베올라타(alveolata), 엑스카베이트(excavates), 반상 크리스테류 등 바이콘트의 주요한 생물군을 포함한다. 이들 조상 생물군으로 추정되는 것은 유공충이나 방산충과 같은 원생생물이다. 이들은 사족충류와 함께 리자리아에 속하는 것으로 생각되지만, Cavalier-Smith는 양자를 사족충류와는 별도의 레타리아(Retaria)라는 분류군으로 정리하였다. 더욱이 레타리아에 사족충류(Cercozoa), 아메보조아, 코아노조아(깃편모충을 포함한 오비스토콘트의 일원)을 더하여 짐노믹사(Gymnomyxa, L: *gymno* 벗다, Gk: *myxa* 균류: 세포표면에 특별한 구조를 갖지 않은 균류의 뜻)라는 새로운 그룹의 분류군을 생각하였다(그림 13-23). 다소 복잡하게 보일 수도 있지만, 결론적으로는 편모가 있으면 한개, 그리고 세포골격이 발달하지 않는 소프트한 세포로서 아메바와 같이 변형을 반복하는 진핵생물들을 포함한다. 이와 같은 세포를 진핵생물의 원시적인 형태로 생각하는 것이다. 분류군이라고 하기 보다는 세포의 진화단계를 나타내는 용어라는 편이 더욱 이해하기 쉽다. 짐모믹사 상태에 있는 레타리아에서 바이콘트가 진화하는 한편으로 아메바모양의 코아노조아에서 동물과 균류가 진화하였다는 생각이다. 때문에 진핵생물의 조상으로 아메보조아나 코아노조아로 분류되는 아메바 편모충과 같은 생물을 상정하였다. 진핵생물의 근본은 아메바 편모충에서 찾을 수 있다.

아직도 해결되어야 할 내용은 많지만, 지금 진핵생물을 두개로 나누는 대계통군에 대해서는 다소의 논란이 존재한다. 진핵생물의 근원인 오비스토콘트와 안테로콘트 사이에 있는 것은 융합유전자 존재 등의 증거로 다분히 믿음을 받는 것으로 판단된다. 그렇지만 안테로콘트 특히 바이콘트의 다양성이 현저한 것에 비하여 오비스토콘트가 동물과 균류라는 성공자를 탄생시켰지만, 그렇게 다양한 생물군으로 진화되지 못한 이유는 무엇 때문일까? 아직 잘 알지 못한다. 한층 더 진핵생물의 조상생물의 모습은 아직 안개 넘어 어렴풋한 윤곽이 보이고 있을 뿐으로 명확하지 않다. 이용할 수 있는 최대의 자료를 구사하여 Cavalier-Smith의 추리작가적인 논리 구축력에는 경이를 표하지만, 진핵생물의 초기진화에 대한 이해에는 더욱 많은 자료에 의한 증거확보가 필요한 것으로 보인다.

다. 크로미스타계와 크로말베올라타 가설

모든 조류와 육상식물은 안테로콘트의 바이콘트에 속한다. 즉 일차공생 및 이차공생에 의한 엽록체 획득은 바이콘트에서만 발생하였다. 이차공생에 의한 식물화는 홍색식물의 공생이 독립적으로 4회 발생하여 은편모식물, 부등편모식물, 착편모식물 그리고 와편모식물을 탄생시켰다는 것은 이미 상식이 되어 있다. 그러나 최근에 이례적인 자료가 등장하기 시작하였다. 이들 조류의 엽록체 유전자 해석에서 이들 분류군은 홍조계통 중에서 하나의 계통군으로 정리할 수 있다는 것이 시사되었다. 이것은 단지 한 번의 홍조에 의한 이차공생 결과로 탄생한 엽록체가 4개 조류군에 전수되었다는 것이다. 즉 4개의 조류 분류군은 단일계통군일 수 있다는 가능성을 시사하는 내용이다. 이외에도 이와 같은 내용은 글리세르알데히드-3-인산탈수소효소(GAPDH)와 프룩토스 1, 6-2인산알토라제(FBA, fructose 1,6-bisphosphate aldolase)에 의해 지지된다(그림 13-24) 여기에는 각각 세포질과 엽록체에서 역할을 하는 2개의 다른 효소와 유전자가 존재한다. GAPDH에서 세포질에 기능하는 것은 전체 진핵생물에 상동유전자가 존재한다. 한편 엽록체에서 기능하는 효소유전자는 남조에서 유래하는 것이 조류에 널리 분포한다. 그런데 은편모조, 부등편모식물, 착편모조 그리고 와편모조에서 GAPDH는 본래 남조형이 아니라

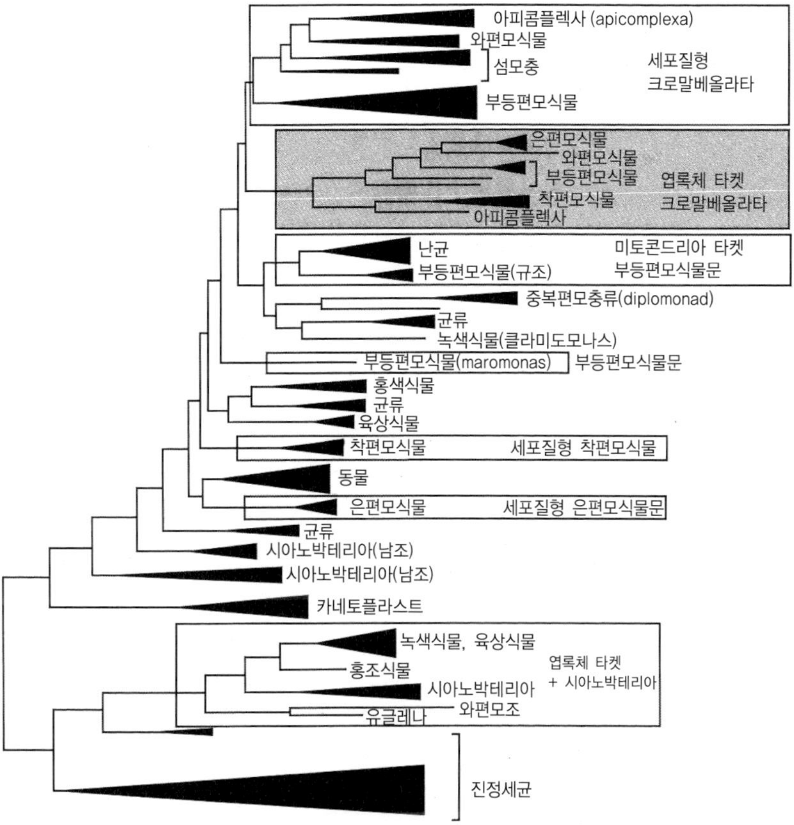

그림 13-24. 크로미스타 또는 크로말베올라타의 단일계통성을 지지하는 GAPDH의 계통수 (Harper and Keeling, 2003에서 그림).

세포질형 유전자가 중복된 것으로 치환되어 있다. FBA에 대해서도 홍조, 녹조, 클로라라크니온조가 세포질형 유전자(Class 1 FBA)를 가지는 것에 반하여, 홍조유래의 이차공생 생물인 은편모조, 부등편모식물, 착편모조, 와편모조는 남조유래의 유전자(Class II FBA)를 가진다. 이들 자료는 홍조유래의 이차식물이 1회 공생으로 발생된 것을 나타낸다.

여기에서 크로미스타라는 분류군에 대하여 설명할 필요가 있다. 1981년 엽록체의 이차공생 기원을 토의하는 도중에 Cavalier-Smith는 4장의 엽록체 포막을 가지는 엽록소 *a*, *c*형의 조류는 한 번의 공생으로 발생한 것으로 주장하였다. 은편모식물, 부등편모식물 그리고 착편모식물은 엽록체가 4장의 막으로 둘러싸여 있으며 가장 바깥쪽 막에는 리보솜이 부착하고 있다. 요컨대 ER로서 기능을 하는 것으로 생각되어 핵으로 이동한 엽록체 유전자에서 복사된 mRNA는 가장 바깥쪽 리보솜에서 해석된다. 이러한 구조를 실현하기 위해서는 아마도 수천에 달하는 핵으로 이전된 유전자에 가장 바깥층 엽록체 포막을 표적으로 하는 신호배열(제10장)이 부가될 필요가 있다. 이와 같은 돌연변이는 그렇게 간단하게 발생하지 않는다. 때문에 공생은 흔하지 않게 한 번 발생한 것이 틀림이 없을 것이다. 이와 같은 논리에서 1981~1986년에 4장의 포막을 가지는 조류에 대한 단일기원설이 Cavalier-Smith에 의해 제창되었다(그림 13-22). 이러한 공생과정을 통해 탄생한 조류군을 크로미스타(Chromista)라고 하였다. 은편모식물, 부등편모식물, 착편모식물을 포함하는 크로미스타계(Kingdom Chromista)를 제창하였다. 이 참신한 아이디어는 일시 조류학자들을 매혹시켰지만, 한편으로 이들 조류의 세포구조가 크게 다른 것과 얼마 되지 않아 보급된 rRNA 유전자에 의한 분자계통수(그림 9-13)에서 이들 조류군이 크로미스타라는 단일계통군으로 정리될 수 없다는 결과를 얻게 되었

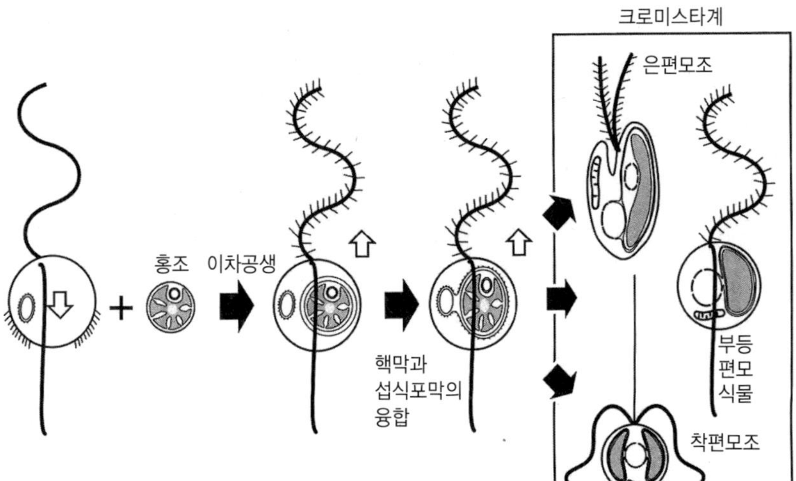

그림 13-25. 크로미스타설. 이차공생에 의한 엽록체 획득과 관상 편모털(mastigonema)를 동시에 획득하는 것에서 적응적인 진화를 하였다.

다. 때문에 크로미스타설(그림 13-25)은 점차 빛을 잃게 되었다. 결과적으로 4장의 엽록체 포막을 가진 조류군은 각각 독립적으로 엽록체를 획득한 것으로 믿게 되었다. 그런데 복수의 엽록체 유전자를 이용한 계통수와 GAPDH 및 FBA의 계통수에서는 크로미스타 엽록체의 단일기원설을 지지한다.

더욱 복잡하게 되지만, 홍조기원의 엽록체를 가지는 조류가 단일기원이라는 논의는 스트라메노파일과 알베올라타라고 하는 두개의 슈퍼그룹인 진핵생물이 단일기원이라고 하는 주장에 기본을 두고 있다. 이미 설명한 것처럼 부등편모식물은 스트라메노파일의 일원이다. 한편 와편모식물은 알베올라타에 속한다. 모두가 각각의 계통에서 최후로 출현하여 이차공생을 걸쳐 식물화 된 것으로 생각되는 것이다. 이 두개 조류군이 식물로서 공통조상을 가진다면 엽록체 기원은 스트라메노파일과 알베올라타의 공통조상까지 올라가게 된다. 실례로 양자가 자매관계에 있다는 것은 복수의 분자계통수에서도 시사되고 있다(그림 13-1 및 그림 13-7). 그 자체는 충분히 가능하다. 문 수준의 진핵생물 분류군 사이의 계통관계는 아마도 진핵생물 진화가 급속하게 진행되었기 때문에 분자계통수의 분해능이 낮아서 확실한 것을 간단하게 파악할 수 없게 된다. 동물과 균류라는 유사점이 거의 없는 계통군이 오비스토콘트라고 하는 거대 분류군으로 인식되는 것처럼, 스트라메노파일과 알베올라타가 합해져서 더욱 큰 통합 분류군을 만든다고 하더라도 불가사의한 것은 아니라고 할 수 있을 것이다.

문제는 이차공생으로 엽록체가 획득되는 시점이 언제인가 하는 것이다. Cavalier-Smith는 크로미스타(부등편모식물 + 은편모조 + 착편모조)와 와편모조가 같은 조상에서 유래한 것을 주장하여 크로말베올라타(Chromalveolates, Chromista와 Alveolata를 합성한 조어)라는 생물군의 통합을 제창하였다. 홍조유래 엽록체가 단일계통이라면 크로말베올라타 조상이 이차공생에서 홍조를 세포 속에 집어넣어 식물화 된 것이다. 만일 이것이 틀림이 없다면 스트라메노파일에 속하는 다수의 종속영양생물(비코소에카류, 난균류, 망형충류, 역모균류, 프라시디아류 등)이나 알베올라타의 섬모충도 원래는 식물이었던 것이 된다. 이 시나리오가 성립하기 위해서는 이들 계통에서 엽록체가 독립으로 잃어버린 것에 대한 설정을 필요로 한다(그림 3-26).

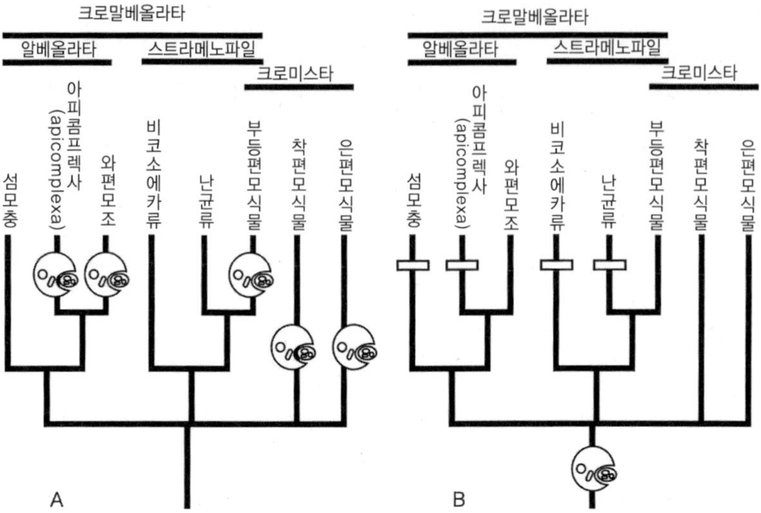

그림 13-26. 홍조기원의 이차식물 진화에 관한 종래의 생각(복수기원설, A)과 크로말베올라타 가설(B). A: 4개의 생물군과 아피콤프렉사(apicomplexa)는 독립으로 홍조를 세포 속으로 집어넣어 이차공생에서 식물화 되었다는 생각. B: 홍조기원의 엽록체를 가진 이차식물은 모두 공통조상에서 진행된 1회의 이차공생에서 식물화 되었다고 하는 생각. 이 경우 섬모충, 비코소에카류, 난균류를 포함한 다수의 계통에서 2차적으로 엽록소가 없어진 것(하얀 사각)을 설정할 필요가 있다.

크로말베올라타가 이차공생의 식물로 진화한 것을 받아드리기 위해서는 이러한 엽록체 흔적의 존재(형태이거나 분자자료이거나) 제시가 필수적이다. 육상식물과 조류 중에는 이차적으로 광합성 능력을 상실한 생물들이 다수 알려진다. 아피콤플렉사(apicomplexa)도 그렇지만 육상식물에서 새삼 또는 일본마(메꽃과, Convolvulaceae의 일종), 조류에서는 녹조인 *Polytomella, Chlorella*가 광합성 능력을 잃어버린 분류군인 *Prototheca*나 *Helicosphoridium*, 부등편모식물에 포함되는 다수의 무색조류(*Spumella, Ciliophrys, Paraphysomonas* 등), 유글레나조류인 *Astasia*, 그리고 은편모조인 *Chilomonas* 등이다. 그러나 무엇때문인지 이들 무색조류의 생활양식은 종속영양으로 변하였다. 또한 모두에서 엽록체의 흔적을 소기관으로 남기고 있다. 미토콘드리아를 잃어버린 원생생물에서도 대부분 흔적이 세포 속에 남아있다. 최근 섬모충인 테트라하이메나(*Tetrahymena*)의 전체게놈 해석이 종료되었다. 그러나 아직까지 엽록체 흔적을 나타내는 유전자가 발견되었다는 보고는 없다.

한편 지금까지 핵 유전자(즉 엽록체와 미토콘드리아를 타겟으로 하지 않는 숙주세포 유래의 유전자) 계통수에서 은편모조와 착편모조가 스트라메노파일이나 와편모조와 단일계통이라는 결과는 없다. 엽록체 유전자에서 크로말베올라타의 단일계통성을 나타내는 것은 특정 그룹의 홍조 공생체로서 부등편모식물, 와편모조 그리고 은편모조와 착편모조의 조상 생물에 이차공생 하였다고 생각하면 설명이 된다. 현재의 생물계에서도 클로렐라 및 와편모조류의 심비오디니움(*Symbiodinium*) 등 한정된 소수 조류에 한하여 다른 생물과의 공생에 깊게 관여하고 있는 것도 역시 사실이다.

Cavalier-Smith가 크로말베올라타를 상정한 근거의 하나로 엽록체를 획득하는 것보다도 잃어버리는 것이 훨씬 쉽다는 생각 때문이다. 그러나 진핵생물이 미토콘드리아 획득에서 이미 공생체를 회유하는 방법을 몸에 지니고 있다면, 6번이 이차공생(apicomplexa를 포함하면 7번)이 독립적으로 발생하였다고 하여도 이상하지는 않을 것이다(그림 13-26). 또 제12장에서 설명한 3차공생의 사례 및 다양한 동물과 편모충, 섬모충에서 성립하고 있는 크레프토클로로프라스트(kleptochloroplast)의 사례를 보면 공생관계의 성립은 오히려 진화적인 번영으로 반복되는 현상처럼 생각할 수 있다. 크로말베올라타의 조상이 이차공생에서 획득한 엽록체가 와편모조류와 은편모식물, 부등편모식물, 그리고 착편모식물에 전해진 것은 보다 명확한 직접적인 증거로서 설명하여야만 할 것이다.

라. 바이콘트 = 식물설

이 외에 최근 전체의 진핵생물 구성에 대하여 도쿄대학의 노자키(野崎) 등은 놀라운 제안을 하였다. 오비스토콘타와 아메바를 제외한 모든 진핵생물은 하나의 계통으로 그 뿌리는 일차공생에 의한 엽록체 획득에 기인한다는 것이다. 그들은 이러한 모든 진핵생물을 새롭게 "식물(Plantae)"로 정의하였다(그림 13-27). 이전에 없는 최대 분류군으로 거기에는 스트라메노파일, 알베올라타 그리고 유글레노조아도 포함된다. 이들 진핵생물군은 일차공생에 의해 엽록체를 잃어버린 다음 재차 이차공생에 의해 엽록체를 획득한 것으로 설명된

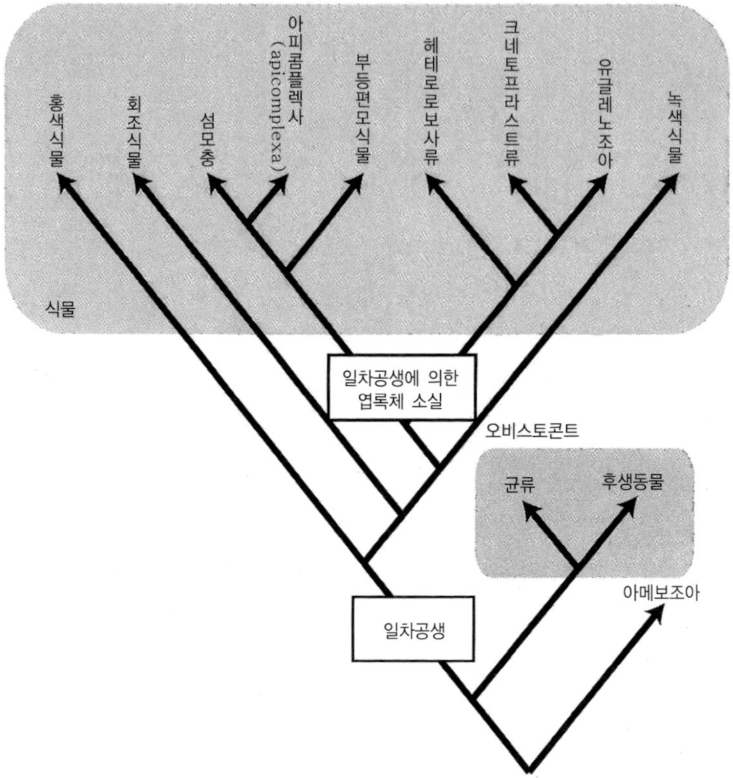

그림 13-27. 노자키(野崎) 등이 제창한 식물계 구성. 가장 원시적인 진핵생물은 점균 등 아메보조아로서 오비스토콘트가 다음에 출현한다. 홍색식물이 바이콘트 뿌리부근에 출현하는 것으로부터 일차공생은 바이콘트의 뿌리부근에서 발생하였다고 하여 바이콘트 = 식물이라는 것을 주장한다. 홍색식물, 회조식물, 녹색식물 이외의 바이콘트는 엽록체를 2차적으로 잃었고, 더욱이 부등편모식물, 아피콤플렉사, 유글레노조아는 이차공생에 의해 재차 엽록체를 획득한 것으로 설명된다(Nozaki *et al.*, 2003년을 기준으로 그림).

다. 노자키 등이 주장하는 "식물"은 거의 Cavalier-Smith가 설명하는 바이콘트에 해당한다. 이런 주장을 하는 주된 근거는 그들의 분자계통수에서 홍조가 바이콘트의 뿌리부분에 위치하는 것, 그리고 남조유래의 6-호스호글루콘산데히도게나제 유전자가 이들 진핵생물의 이차공생에서 엽록체를 획득하지 않는 생물군에도 존재한다는 것이다. 유글레노조아의 파동편모충(*Tryoanosoma*)의 게놈에 엽록체 유래로 생각할 수 있는 성질이 존재하는 것도 이 설을 지지한다. 그러나 홍조의 계통상 위치는 아직 확실하게 확정된 것은 아니다. 현재 자료에서 이러한 결론이 도출될 것인가에 대해서는 아직 많은 검증이 필요할 것으로 생각된다. 크로말베올라타의 단일계통성 문제와 마찬가지로 바이콘트 = 식물설도 직접적인 증거를 제시하지 않으면 안 된다.

어떻든 10여년 이전에는 상상도 할 수 없었던 여러 가지 내용들이 밝혀지면서 생물계 모습은 서서히 정리되고 있다. 그렇지만 진핵생물이 어떠한 구성으로 되어 있을까? 이에 대한 답도 아직 혼돈되어 정설이 확립되기까지는 상당한 시간이 필요할 것이다. 그렇더라도 진화는 놀랍다. 10년 이후에는 진핵생물 세계가 어떻게 이해될 것일까? 반듯이 또 놀라운 시나리오가 줄을 서고 있을 것임에 틀림이 없다. 조류와 진핵미생물 세계는 당분간 눈을 뗄 수 없을 정도의 변화가 계속될 것이다.

3. 팔계설 및 육계설

점차 다양한 새로운 사실들이 분명하게 되고 있지만, 지금까지 설명한 것처럼 진핵생물의 계통은 매우 복잡하여 아직도 분명하지 않은 부분이 많다. 그러나 지금까지 어떠한 시대에도 그 시대의 지식을 기반으로 하는 생물 분류체계가 구축되었다. Cavalier-Smith도 예로부터 전체 생물의 분류체계를 제창하여 왔다. 우즈에 의해 생물계는 3개의 도메인이 존재한다는 것을 주장하였다(제7장). 또 미토콘드리아를 가지지 않는 진핵생물이 rRNA 유전계통수 뿌리부에 출현하는 것으로 Cavalier-Smith가 아케조아(제7장)를 제창하였을 때 제시한 새로운 생물관이 팔계설이다(그림 13-28). 오계설에 고세균계, 아케조아계 그리고 크로미스타계를 더하여 생물계를 팔계로 정리하여 이해하려고 하였다. 현재 Cavalier-Smith가 설명하는 것이 진핵생물의 육계설이다(그림 13-29). 아케조아는 미토콘드리아를 획득하기 이전의 진핵생물이 아닌 것이 밝혀져서 정의가 다른 아계로서 원생생물계에 남겨져 있다. 고세균에 대한 Cavalier-Smith의 현재 견해는 고세균은 진정세균(방선균)에서 네오무라(제9장)를 걸쳐 특수화된 것으로 3개의 도메인으로 분류하는 것은 적당하지 않다

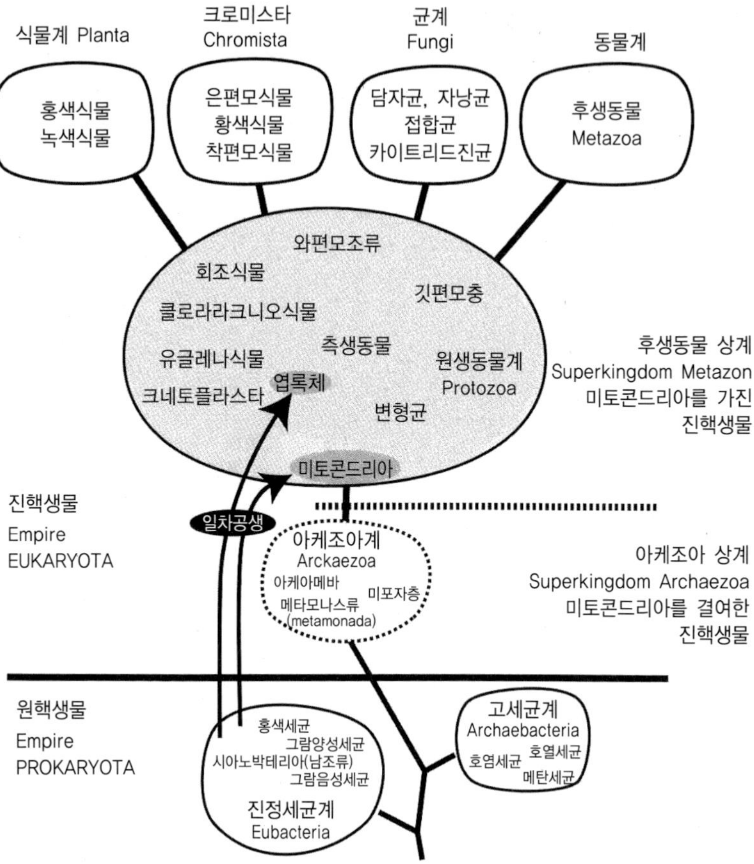

그림 13-28. Cavalier-Smith의 팔계설. 원핵생물과 진핵생물은 엠파이어 계급으로 붙여진다. 원핵생물은 진정세균계와 고세균계, 진핵생물은 동물계, 식물계, 균계 이외에 오계설의 원생생물계에 해당하는 원생동물계로 추가하였고, 미토콘드리아가 없는 진핵생물계인 아케조아계와 4장의 엽록체 포막을 가진 크로미스타계로 되어 있다(Cavalier-Smith, 1996에 의해 그림).

는 이유로 진정세균에 포함되고 있다. 결국 크로미스타계만이 남아서 육계설이 되었다.

육계설에서도 팔계설에서도 오계설에서 말하는 원생생물계에 해당하는 원생동물계가 채택되어 있다. 여기서는 앞항까지에서 설명한 것처럼 원생생물은 거대 진핵생물군으로 여러 계통군에 분산하여 존재하다는 정보는 거의 포

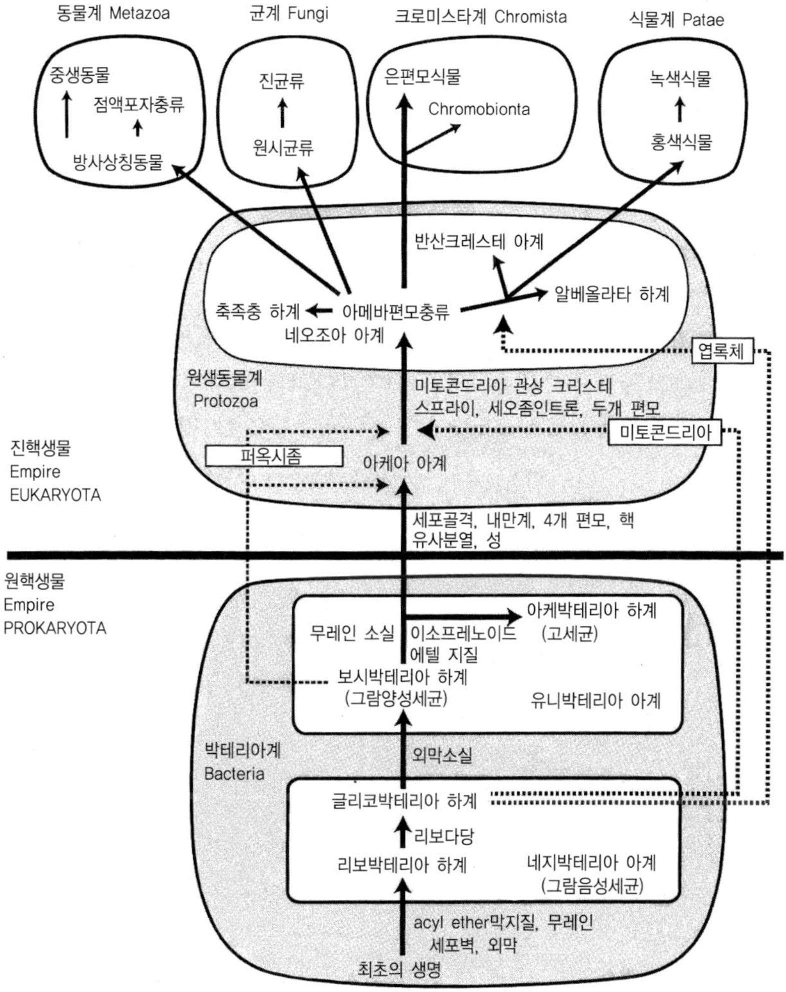

그림 13-29. Cavalier-Smith의 육계설. 팔계설과는 달리 고세균은 진핵생물 성립과 거의 동시에 출현하였다는 네오무라가설을 기준으로 세균계의 하계로 취급한다. 미토콘드리아는 진핵생물 성립과 동시에 획득되었다고 한다. 아케조아는 팔계설과는 달리 원생생물의 아계로 취급하여, 4개편모를 기본으로 하는 편모충으로 정의되었다. 미토콘드리아를 2차적으로 소실한 편모충이 속한다. 동물계, 균류를 포함한 많은 진핵생물은 아메바나 편모충으로 된 그룹에서 파생한다. 그림에 중요한 성질의 진화를 추가하였다(Cavalier-Smith, 1998에 의해 그림).

함되어 있지 않다. 분류군 목록으로 보면 막대한 수의 편모충이나 아메바가 나열되어 있지만, 그림으로 작성하면 대부분 숨겨져 나타나지 않는다. 때문에 계통관계의 많은 정보가 사라진다. 자신의 주장하는 크로알베올라타조차도 크로미스타와 원생동물계의 알베올라타 하부의 아계로 나누어지게 된다(그림 13-29). 팔계설도 육계설도 오계설을 가능한 남겨 놓은 상태에서 전체 생물계의 모습이 보다 알기 쉽게 표현하였다고 할 수 있다. 그림 13-2의 계통관계를 기본으로 알기 쉽게 정리하면 그림 13-29와 같이 된다. 육계설은 오계설과 마찬가지로 생태적 역할의 크기를 나타내는 개념도으로 이해하는 것이 좋을 것이다.

4. 진핵생물과 조류가 살아가는 방법

이렇게 다양한 조류와 원생생물을 살펴보면 그들의 체제 및 살아가는 방법이 다양함에 종종 놀라움을 느낀다. 제Ⅰ부에서 이러한 조류의 많은 종을 취급하였지만, 요컨대 조류 또는 진핵생물은 우리가 현재 이해하는 것보다 훨씬 거침없는 융통무애의 진화과정을 밟고 있다는 것이다. 동물과 균류, 식물의 섭식, 분해·흡수, 그리고 독립영양이라는 에너지 획득양식을 선택하여 다세포화 또는 대형화를 추구하면서 현재의 번영을 구축하였다는 오계설의 주장 자체는 틀림이 없다. 오계설 생물군은 현재 생물계를 구성하는 주요한 그룹이라는 것 역시 틀림이 없다. 그러나 이러한 과정으로 진화된 다양한 조류와 원생생물을 살펴보면 다양한 진핵생물의 많은 계통군(오계설의 원생생물의 다수 계통)에서 반복적으로 발생하였다는 것을 알았다. 이것은 동물, 균류, 식물이 취하는 전략과 본질적으로는 아무런 차이도 없다. 육안적인 동물, 식물, 균류의 세계에서 마이크로의 세계로 눈을 돌려보면 더더욱 복잡한 형태로 오계설의 틀을 뛰어 넘는 매우 다양한 세계가 펼쳐진다. 이차공생 기원이 하나이거나 복수이거나 스트라메노파일은 독립영양(부등편모식물), 섭식(피코소에카, 프라시티아 등), 분해·흡수(난균류, 망형충류, 역모균류), 기생(프라스토키스티스류) 등 생활양식에 다양화가 존재한다. 마찬가지로 유글레노조아에도 독립영양(유글레나류), 섭식(무색유글레나류, 보도류), 기생(트리파노소마류)이 있고 알베올라타에도 독립영양(와편모조의 절반), 섭식(와편모조의 절반, 섬모충류), 기생(아피콤플레쿠사, 파킨사스류)이 알려진다(그림 3-30). 이와 같이 진핵생물은 세포공생에 의해 광합성 생물의 다양화를 진행시킴과 동기에 다양한 생활양식을 과감하게 도입하는 방법으로 다양화를 추구하였다. 융통무애 및 임기응변이라는 것이 진핵생물이 선택한 진화의 길이다. 알베올라타의 아피콤플렉사류는 엽록체 흔적을 가진다. 아마도 아피콤플렉사류의 조상은 광합성을 하는 독립영양생물, 즉 조류였던 것임에 틀림이 없다. 병원충이라는 생존법이 어떠한 점이 아피콤플렉사가 광합성이라는 우수한 능력을 버릴 수 있는 가치를 포함하고 있었을까? 어떠한 도퇴압이 이러한 진화를 만들었을까? 왜, 알려져 있는 범위에서 아피콤플렉사류 모두가 병원충의 길을 선택하여 광합성 능력을 유지하는 그들 그룹은 남아있지 않는 것일까? 이유는 아무도 알지 못하지만, 그런 내용에서 진핵생물의 임기응변적인 생존방법을 엿볼 수 있다.

지금까지 설명한 다양한 생활양식의 생물군으로 분화되는 모든 내용이 바이콘트의 진화과정에서 관찰된다. 후편모생물인 오비스토콘트에서도 종속영양의 범주에서 다양한 생활 형태로 진화하고 있다. 즉 예를 들면 균류에서 식물부식세균, 식물병원균 및 동물기생균 등 다양하게 분기하는 것을 들 수 있다. 그러나 바이콘트는 오비스토콘트와는 다른 별도의 고려가 필요하다. 이 장에서 취급했던 여덟개 거대 진핵생물의 계통군에서 오비스토콘트와 아메보조아를 제외한 여섯개 그룹은 일차 또는 이차공생에 의한 식물화가 발생하여 다양한 조류의 계통군을 만들어 낸 것이다. 이에 더하여 에너지 획득방식, 생활양식의 다양화는 모든 그룹의 바이콘트에서 관찰된다. 홍조유래의 엽록체에 관찰되는 이차공생이 한번 뿐이었다고 한다면 섭식이나 분해, 기생을 하는 스트라메노파일과 알베올라타의 많은 그룹은 아피콤프렉사와 마찬가지로 연금술과 같은 에너지 획득수단인 광합성을 버리고 섭식이나 분해 또는 기생의 길을 선택한 것이 된다. 또는 이차공생한 각각의 그룹에서 독립적으로 발생하여 이와 같이 다양화되는 배경에 무엇인가 이유가 있음에 틀림이 없다. 아마도 그 이유는 세포, 유전자 수준의 특성에서 찾아야만 될 것이다. 진핵생물의 다양화라는 점에서 바이콘트라는 진핵생물에 숨겨 있는 수수께끼는 상

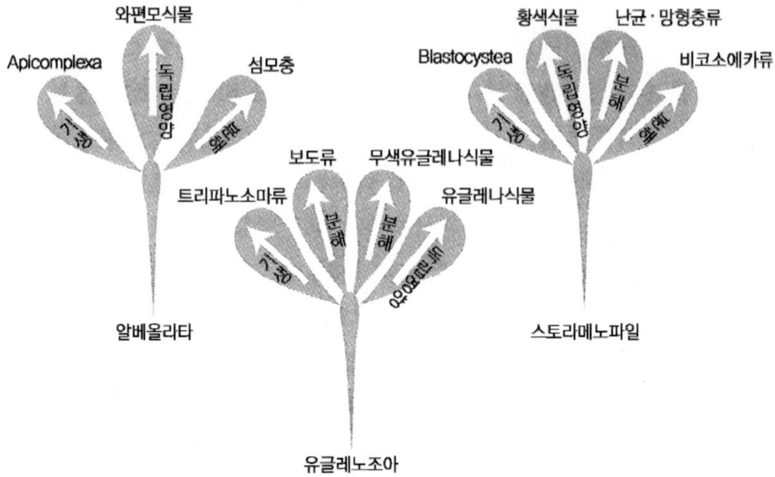

그림 13-30. 진핵생물의 생활양식 다양화. 다양한 계통에서 섭식에 의한 종속영양, 분해 및 흡수에 의한 종속영양, 그리고 광합성에 의한 독립영양이 독립적으로 진화한 것을 나타낸다. 또 많은 계통에서 기생이라는 생활양식도 독립하여 진화하였다.

상이외로 클 것이다. 앞으로 진화생물학에 분야에서 해결해야 하는 커다란 연구과제이다.

바이콘트 진화의 정점에 있는 최고의 성공자는 말할 필요도 없이 육상식물, 특히 꽃을 피우는 겉씨식물이다. 타의 추종을 허락하지 않은 압도적인 생물량과 다양성을 실현시켜 육상생물의 패권을 장악하였다. 이러한 현상은 어떠한 의미를 포함하고 있는 것일까? 물론 아직 누구도 충분한 설명을 할 수 없지만, 진화적 관점에서 보면 임기응변에 융통뮤애로 거침없는 바이콘트의 진화와 잠재적인 다양화 능력에서 이유를 찾아야 할 것이다. 언젠가는 이러한 관점에서 육상식물의 진화를 이야기할 수 있는 날이 올 것이다. 다음 장에서는 현재 확실하게 정립되어 있는 녹색식물의 계통과 육상진출에 대하여 생각하여 보기로 한다.

제14장

육상으로의 길

제2장 및 제3장에서 이미 녹색식물에 대해 많은 구체적인 예를 제시하였다. 그러나 계통진화적 관점에서 설명은 일부러 하지 않았다. 바이콘트에서 최대 성공자인 녹색식물의 계통은 매우 복잡하기 때문에 한 곳에 모아서 정리할 필요성이 있었기 때문이다. 따라서 이 장은 현재 녹색식물에서 육상식물까지 지구상에서 가장 번성하면서, 가장 친근한 생물인 식물의 기원과 계통 그리고 진화에 대하여 설명하기로 한다.

1. 두 가지 계통을 가지는 녹색식물

광합성 색소에서 엽록소 *a*, *b*를 진핵 광합성 생물 중에 이차공생으로 식물화가 진행된 분류군의 공동적인 색소조성을 가지는 생물에서 유글레나식물과 클로라라크니온식물을 제외하면, 모두가 녹색식물에 해당한다. 이들은 예외없이 엽록체가 이중막으로 둘러싸여 있고, 내부에 전분을 축적한다(제11장). 그리고 미토콘드리나의 크리스테(cristae)는 판자모양인 판상크리스테이다. 더욱이 유영세포의 편모이행대에는 별모양의 구조를 가지고 있다(제11장 그림 14-1 및 그림 14-2). 이러한 공통항목을 제외하면, 녹색식물은 매우 다양한 그룹에 개성 넘치는 다양한 생물을 포함한다(제2장 및 제3장). 그리고 이러한 녹색식물의 정점에 육상식물이 위치하는 것이 된다.

녹색식물의 계통과 진화를 이해할 수 있었던 것은 전자현미경을 이용한 유

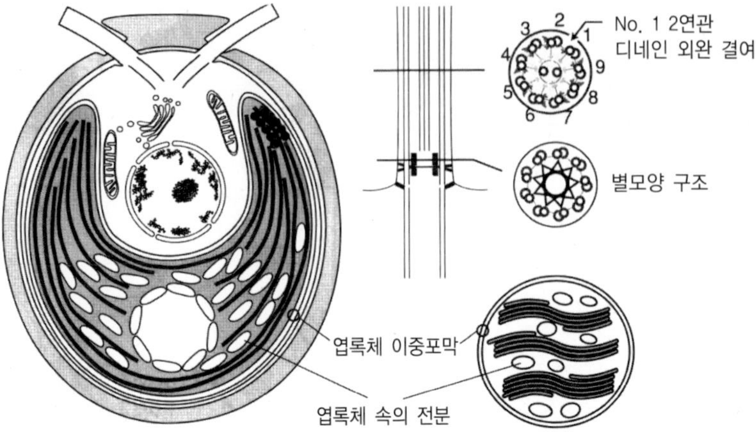

그림 14-1. 녹색식물이 공통으로 가지는 성질. 엽록소 *a*, *b*는 유글레나식물과 클로라라크니온식물에 존재하기 때문에 그것만으로 녹색식물을 특징이라 할 수 없다. 하나의 계통군으로 녹색식물은 편모축사의 No,1 2연관이 디네인 외완(外腕)이 없는 것, 편모이행대에 별모양 구조를 가지는 것, 전분을 축적하는 이중세포막을 가진 엽록체로 특징 지워 진다.

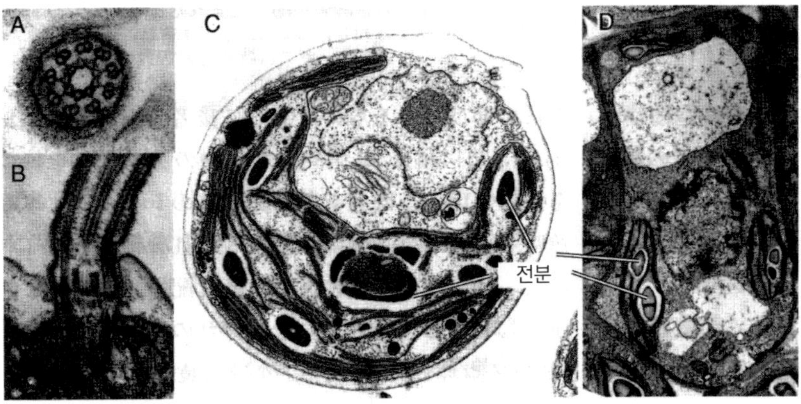

그림 14-2. 전형적인 녹색식물의 전자현미경 사진. A. B: 클라미도모나스의 별모양 구조, C: 클라미도모나스, D: 완두, 엽색체 속에 전분이 있다.

영세포의 미세구조 관찰과 미세구조 수준에서의 세포분열 형태를 연구하면서부터 가능하게 되었다. 1960년대 후반부터 축적되기 시작한 많은 녹색식물의 미세구조 관찰결과를 정리하여 녹색식물에는 특성이 다른 두개의 계통군이 존재한다는 것이 분명하게 되었다. 그때까지는 단순히 녹색식물이 녹조에서 육상식물로 진화한 것으로 믿고 있었다(그림 14-3). 때문에 이러한 차이가 존재한 다는 것은 커다란 놀라움으로 받아드리게 되었다. 유영세포의 미세구조를 중심으로 세포분열과 생화학적 성질을 추가하여 녹색식물의 진화를 살펴본다.

가. 십자형 편모장치와 MLS - 스프라이드형 편모장치

모든 이치가 알고 나면 간단하고 당연한 것처럼 보이게 된다. 광학현미경을 이용하여 녹색식물의 유영세포를 세심하게 관찰하면 세포의 편모배치에 두 가지 다른 유형이 존재하는 것을 알 수 있다. 하나는 지금까지 대표적인 녹색식물의 내용으로 취급되었던 클라미도모나스에서 관찰된다. 두개의 편모가 세포 앞부분에서 좌우로 하나씩 뻗혀있다. 나머지 하나는 두개 편모가 세

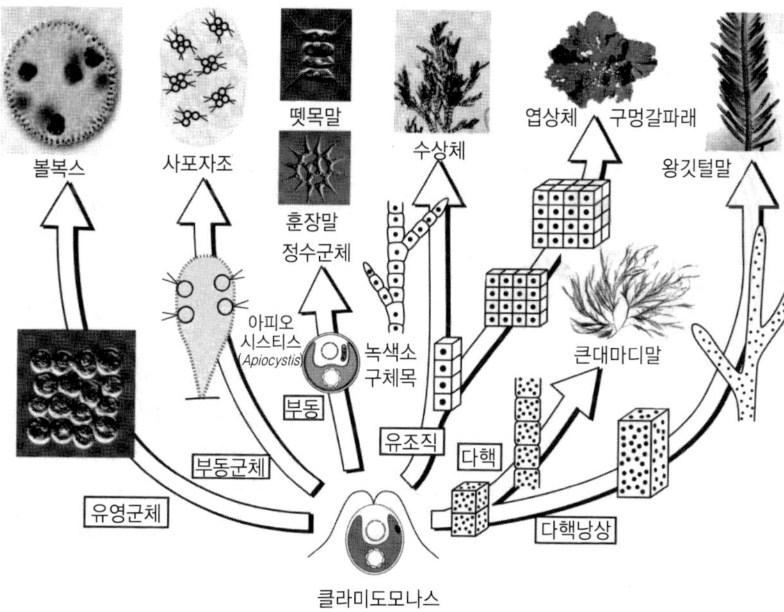

그림 14-3. 녹색식물의 진화에 관한 이전의 생각. 클라미도모나스와 같이 단세포의 편모를 가지는 조상으로부터 다양한 체제를 가지는 녹색조류 계통이 생겨난 것으로 생각하였다(千原光雄 원도를 기본으로 그림).

포 앞부분에 한쪽으로 평행하게 뻗혀있다. 후자의 예로는 차축조류의 정자에서 관찰된다(그림 14-4). 또한 이끼나 양치식물에서 두개의 편모를 가지는 정자도 거의 이와 같은 형태를 나타낸다. 이 두개의 형태를 전자현미경으로 비교하면 각각의 편모장치에 확실한 차이가 있다는 것을 알 수 있다(그림 14-4). 클라미도모나스에는 두개의 기저소체가 거의 90도에 가깝게 배치되어 기부와 앞부분 가까이까지 섬유구조로 연결되고 있다. 그리고 각각의 기저소체 기부에서 미소관성의 편모근 두개가 나온다. 이 편모장치를 위에서 보면 편모근이 교차 또는 십자형으로 보이는 것으로부터 십자형 뿌리계(cruciate root system)라고 한다.

조금 더 상세하게 관찰하면 기저소체의 기부를 위에서 보면 오른쪽 밑에 나있는 편모근은 두개의 미소관으로 되어 있는 것을 알 수 있다. 이 편모근을

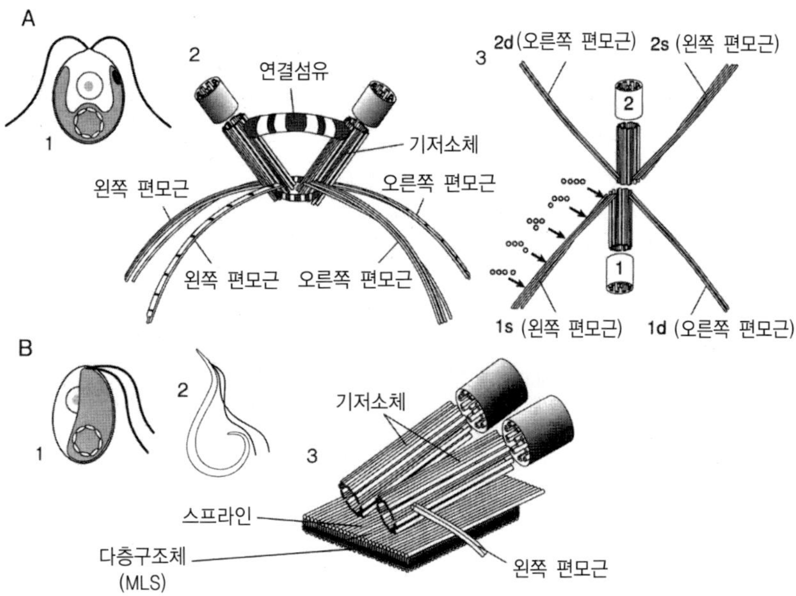

그림 14-4. 녹색식물의 두 가지 유영세포와 편모장치. A: 대다수 녹색식물의 경우, 1. 유영세포는 좌우로 편모가 나있다. 2와 3. 십자형 편모장치의 모식도. 3은 평면도. B: 소수의 녹색식물과 이끼, 양치식물 등의 유영세포의 경우, 1. 유영세포는 같은 방향으로 편모가 평행하게 나있다. 2. 차축조류와 이끼의 정자, 3. MLS-spline형 편모장치.

오른쪽 편모근(right root 또는 d root, d는 L; *dextrosum* 오른쪽 보다) 또는 2-root라고 부른다. 그리고 기저소체에서 왼쪽 밑으로 나있는 편모근은 많게는 4개 이상(종에 따라 다르다)의 미소관으로 되어 있다. 이 편모근을 왼쪽 편모근(left root 또는 s root, s는 L; *sinistrosum* 왼쪽으로 가울다) 또는 미소관의 수가 종에 따라 크게 다른 공통성을 가지기에 X-root라고도 한다. s root를 더욱 상세하게 관찰하면 미소관 기부에서 가장 바깥쪽에 배치된 미소관만이 앞부분으로 진행함에 따라 다른 미소관의 밑으로 들어가 최종적으로는 가장 안쪽에 배치되어 있던 미소관 옆으로 나온다. 즉 독특한 배치의 변화가 있음을 알 수 있다. d root와 s root는 항상 결정된 위치에 존재하고 s root에는 항시 미소관의 배치변화가 관찰된다. 이렇게 하여 십자형 편모장치의 정중앙을 중심으로 180도 회전하면 원래의 편모장치와 완전하게 중첩되기에 180도 회전 대칭이라는 특징을 가지게 된다.

한편 차축조류에서 관찰되는 유형에는 두개의 기저소체가 거의 평행하게 배치되어 있다. 그러나 기저소체 아래에는 다수의 미소관이 나열되어 있다. 미소관에서 가늘고 긴 얇은 판을 스프라인(spline)이라 부른다. 스프라인 밑에는 미세한 층상구조로 중첩된 독특한 구조가 있는데, 이것을 다층구조체(MLS, multilayered structure)라고 한다. 더욱이 기저소체에는 몇 개의 미소관으로 형성된 한개의 편모근이 나온다. 이 편모근을 MLS - 스프라인형 편모장치(MLS - spline root system)라고 한다. 양치식물과 겉씨식물의 소철과 은행나무 정자는 다세포이지만 MLD와 스프라인을 가지고 있다. 즉 이들 식물은 이와 같은 계열에 속하는 편모장치를 가진다. 이처럼 녹색식물에는 두 가지 유형의 편모장치가 존재하며, 대부분 녹색식물의 편모장치는 십자형으로 일부 *Chlorocybus*, *Klebsormidium*, *Chaetosphaeridium*, *Coleochaete*, 차축조류 *Chara*(권두 사진 15) 등의 유주자나 정자만이 MLS형 편모장치를 가진다. 이와 같은 편모장치로 보면 녹색식물은 커다란 두개의 그룹으로 구분된다. 이 두개의 편모장치에 대응하여 세포의 분열양식도 상당부분 다른 특성을 보인다.

나. 격막형성체 분열과 조판형성체 분열

아마도 일반 독자들이 가지고 있는 식물 세포분열에 대한 내용은 양파 뿌리 끝세포와 백합의 꽃가루를 관찰하여 동물세포 분열과 비교하면서 배운 것으로 판단된다. 즉 분열초기에 핵막이 사라지고 염색체가 출현한다. 중기에는 염색체가 적도면에 나열하여 방추체가 된다. 이 때 분열극에 중심체는 출현하지 않는다. 후기에 염색체가 양극으로 분리되고, 말기에는 핵막에 쌓인 딸핵이 출현하여 세포판이 원심적으로 형성되면서 세포질과 구분된다. 이러한 과정은 식물 세포분열에 대한 상식적인 내용이다. 이런 내용에 대학수준의 지식을 조금 더하면 방추체에는 염색체에 결합하는 것 이외에도 분열극끼리 접합한 중간방추체(interzonal spindle)가 있다는 것이 된다. 육상식물의 세포분열은 이 방추체가 말기까지 남아 두개의 딸핵 사이의 거리를 유지 시키고 있다. 즉 말기에 잔존성 중간방추체가 존재한다. 따라서 세포판이 형성되는 과정에 분열 축을 따라 미소관이 존재하고 세포판은 두개의 딸핵 중간에 충분한 거리를 두고 형성된다. 세포판은 중간방추체 미소관과 액틴 및 골지체 기원의 소포로 된 격막형성체(phragmoplast, Gk: *phragmos* 펜스, *plast* 주형으로 만든 구조물)라는 장치에서 만들어 진다(그림 14-5).

격막형성체와 같은 복잡한 장치를 만드는 조류는 차축조류와 콜레오케트(*Coleochaete*) 뿐이지만, MLS형 편모장치를 가지는 조류의 세포분열은 핵막이 붕괴하는 것과 중간방추체가 세포질 분열 때에 잔존하는 공통점을 보이기에 기본적으로는 같은 유형으로 분류한다. 반달말이나 해캄 등의 접합조는 유영세포를 만들지 않는다. 그러나 세포분열 때에는 중앙에 단순한 격막형성체가 형성되는 것으로 이들도 육상식물과 같은 유형의 세포분열을 한다고 할 수 있다.

한편 십자형 편모장치를 가지는 클라미도모나스 등 녹조류의 세포분열은 지금까지 설명한 과정과 매우 다른 특징을 나타낸다(그림 14-5). 우선 핵막이 붕괴되지 않는다. 또한 분열극에 중심체가 출현한다. 중간방추체는 세포분열이 일어나는 말기 이전에 붕괴된다. 때문에 딸핵이 서로 접근하여 정상적인 분열이 되지 못할 가능성도 있다. 이와 같은 상황을 회피하기 위해 미소관이 세포분열 면에 평행(분열 축에 대해서는 직각방향)으로 발달시켜 딸핵을 나

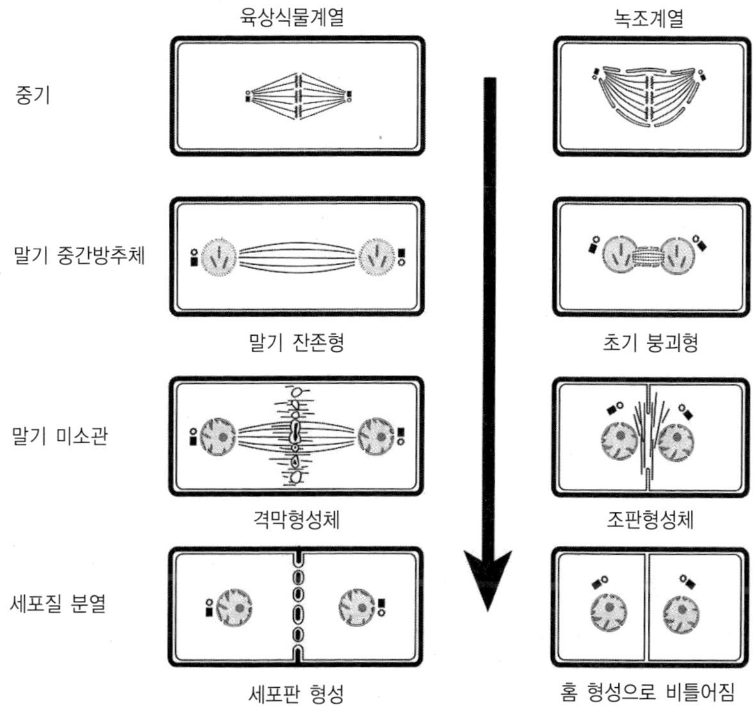

그림 14-5. 녹색식물의 핵분열 및 세포질 분열의 전형적인 두 가지 형태. 육상식물계열에서는 중간방추체가 말기까지 남고, 녹조계열에서는 초기에 붕괴한다. 딸세포를 나누는 미소관은 육상계열에서는 분열 축에 평행으로 격막형성체 미소관, 녹조계열에서는 분열 축에 수직의 조판형성체 미소관이다. 세포분열은 세포판 형성과 홈(溝) 형성이라는 차이가 있다. 그림의 육상계열에는 중심체가 표시되어 있지만, 육상식물에서는 존재하지 않는다.

눈다. 이 미소관무리를 격막형성체에 대응하여 조판형성체(phycoplast, Gk: *phycos* 조(藻))라고 부르고 있다. 대부분의 녹색조류는 이러한 형태의 세포분열을 하고 있다.

다. 광 호흡 효소와 활성산소 제거 효소

편모장치와 세포분열 양식으로 구분되는 녹색식물의 두 가지 유형은 생화학적 성질에서도 차이를 보인다. 광 호흡(光呼吸, photorespiration)은 식물에

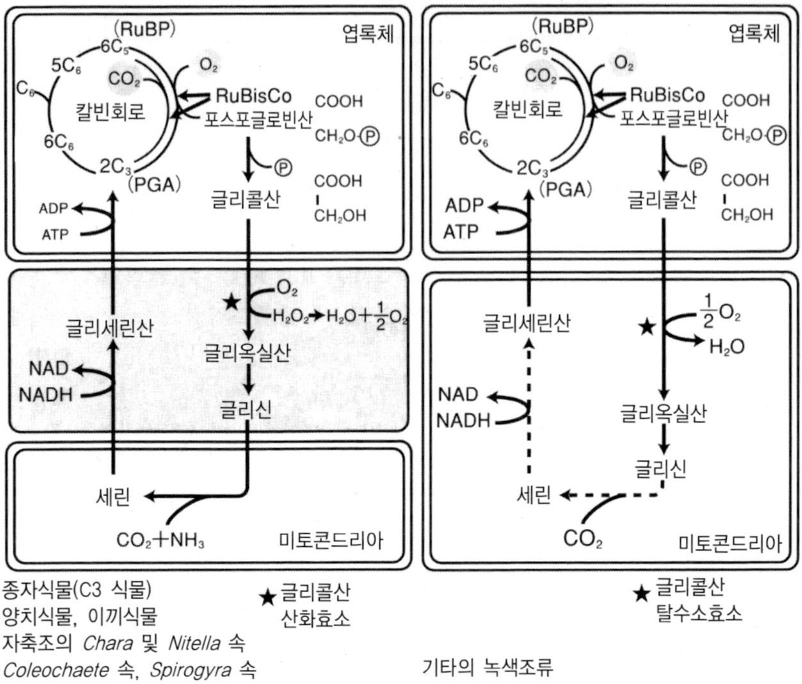

그림 14-6. 녹색식물의 글리콜산 경로에 나타나는 두 가지 유형. 왼쪽은 육상식물계열에서 글리콜산을 글리옥실산으로 산화하는 과정에 글리콜산 산화효소를 사용한다. 그리고 글리콜산 경로에서 퍼옥시좀과 미토콘드리아가 관여한다. 오른쪽의 녹조계열은 글리콜산 탈수소효소가 사용되며, 미토콘드라아만 관여한다.

빛을 쪼였을 때 광합성으로 산소를 발생하는 것이 아니라, 산소를 소비하는 반응으로 강한 빛에 의해 광합성이 저해되는 광 저해(光阻害, photoinhibition)와 관련하여 발생한다. 빛이 강하게 되면 광화학계 Ⅱ가 필요 이상으로 역할을 하여 많은 산소를 발생시킨다. 과도하게 발생된 산소는 활성산소(活性酸素, ROS, reactive oxygen species)로 변화하여 세포 속에서 나쁜 역할로 기능하기 때문에 이런 활성산소를 제거 하는 구조가 필요하게 된다. 그림 14-6과 같이 광 호흡은 광합성의 탄소고정 효소인 루비스코(RuBisCO)가 이산화탄소 대신에 산소를 기질로서 포스포글루콘산(phosphogluconate)에서 글리콜산(glycollic acid)을 생성하여 산소를 제거한다. 칼빈회로에서 제거된 탄소는 글리콜산 경로를 거쳐 회수되지만, 이 과정에 관여하는 효소와 대사과정이 편모장치와 세포분열 성질에서 구분된 두개의 녹색식물 그룹 사이에 차이를 나타낸다. 육상식물과 차축조류, 접합자 등은 글리콜산 산화효소를 다른 녹조에서는 글리콜산 탈수소효소를 사용한다. 이 두개의 효소가 기능하는 장소도 차이를 보여 전자는 퍼옥시좀(peroxisome), 후자는 미토콘드리아에서 각각의 역할을 담당하고 있다.

활성산소의 제거에는 별도의 구조를 가진다. 육상식물과 차축조류는 구리·아연 유해산소 제거효소(Cu/Zn SOD: superoxide dismutase)라고 하는 반응성이 풍부한 효소를 가진다. 이 효소가 활성산소와 반응하여 과산화수소의 형태로 제거된다. 이러한 효소는 다른 녹색식물에서는 아직 발견되지 않는다. 편모장치, 세포분열, 생화학적 특성을 기준으로 녹색식물을 정리하면 표 14-1과 같다.

라. 시계방향과 반시계방향의 십자형 편모장치

녹색식물에서 관찰되는 이러한 결과들을 기본으로 편모장치와 세포분열방식에서 서로 다른 특성을 나타내는 커다란 두개의 그룹이 존재하는 것으로 인식되었다. 이후에 실시된 많은 분자계통 연구에서도 이러한 견해가 지지되었다. 때문에 지금은 녹색식물에 서로 특성을 달리하는 두개의 계통군이 존재하는 것은 의심의 여지가 없다. 그러나 십자형 편모장치를 가지는 그룹을 보다 상세하게 살펴보며, 이들 그룹에서 다시 다른 특성을 나타내는 몇 개의 소

표 14-1. 녹색식물의 두 가지 흐름

	편모장치	분열장치	글리콜산 경로	Cu/Zn SOD*
녹조계열	십자형	핵막 잔존형 중간방추체 붕괴 조판형성체	글리콜산 탈수소효소 (엽록체, 미토콘드리아)	없음
차축조류 및 육상식물계열	MLS-spline형	핵막 붕괴성 중간방추체 잔존 격막형성체	글리콜산 산화효소 (엽록체, 퍼옥시좀, 미토콘드리아)	있음
구리·아연 유해산소 제거효소(Cu/Zn SOD)				

* Cu/Zn SOD(Superoxide dismutase)

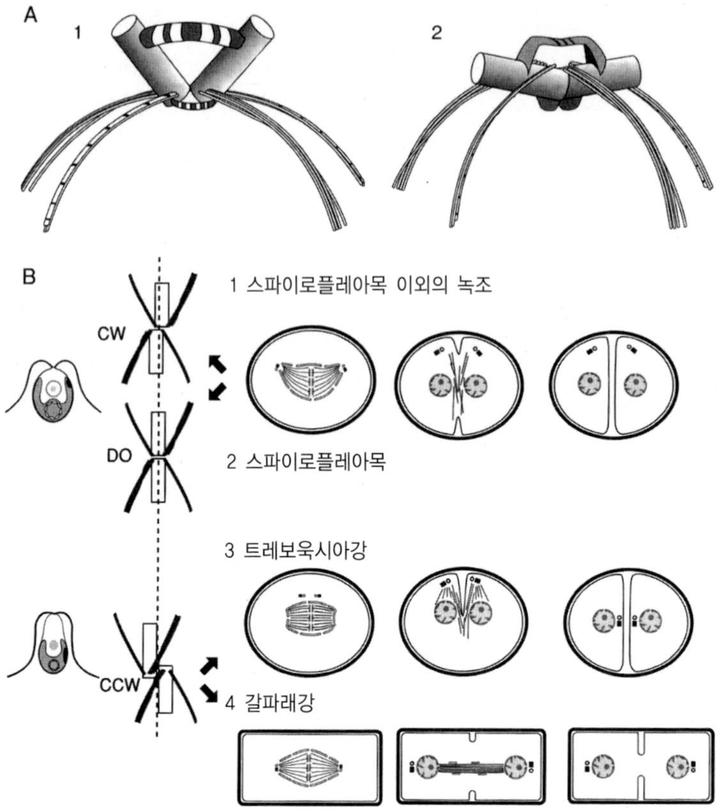

그림 14-7. A: 십자형 편모장치의 두 가지 유형. 1. 기저소체가 시계방향 배열(CW). 클라미도모나스 등 많은 녹조에서 보여 진다. 2. 반시계방향 배역(CCW), 해산녹조에서 발견된다. B: 편모장치와 세포분열에서 본 녹조계열의 분류. CW, CCW 이외에 직선배열(DO)을 가지는 것도 있다. CW는 DO배열의 그룹과 함께 조판형성체를 사용하는 세포분열을 한다. 이들은 협의의 녹조강으로 정리된다. CCW배열 녹색조류는 세포분열의 유형에서 갈파래강과 트레보옥시아강 등 두개로 나누어 진다.

그룹이 존재하는 것이 알려진다.

공통으로 십자형 편모장치를 가지는 클라미도모나스와 갈파래 등 해산녹조의 유영세포 편모장치를 그림 14-7에 나타내었다. 이들을 자세하게 관찰하면 몇 가지 서로 다른 차이점이 있다는 것을 알 수 있다. 각각의 편모장치를 좌우로 구분할 수 있는 직선을 그어 보면 클라미도모나스에서 위에 있는 기저소체는 직선보다 다소 오른쪽에 위치한다. 그러나 아래에 있는 기저소체는 선보다 다소 왼쪽으로 비켜 위치하는 것을 알 수 있다. 이에 반하여 해산녹조에서는 위의 기저소체가 크게 왼쪽으로 편향되지만, 아래의 기저소체는 크게 오른쪽으로 비켜 위치한다. 즉 두개 편모장치에서 기저소체의 배치가 서로 다르다는 것을 알 수 있다. 편모장치 중심을 기점으로 생각하면 클라미도모나스는 시계방향과 같은 오른쪽으로 기저소체가 비켜서 위치하기에 시계회전배열(clockwise configuration, CW배열), 해산녹조는 반시계방향으로 비켜서 위치하고 있기에 반시계회전배열(counterclockwise configuration, CCW배열)이라 할 수 있다. 시계의 문자판에 비유하여 CW배열은 1시·7시 배열(1/7 o`clock configuration), CCW배열을 11시·5시 배열(11/5 o`clock configuration)이라고도 한다.

CW배열과 CCW배열의 또 다른 차이점은 기저소체의 중첩에 있다. 다시 그림 14-7를 자세히 살펴보면 클라미도모나스에서 기저소체는 앞부분에서 오버랩 되지 않지만, 해산녹조는 앞부분이 다른 기저소체와 겹쳐(중첩) 있다. 더욱이 클라미도모나스는 편모가 V자 모양으로 뻗어 있는 것에 반하여, 해산녹조는 수평으로 뻗어 있는 점도 차이가 있다. 이와 같이 클라미도모나스로 대표되는 담수산 녹조와 갈파래로 대표되는 해산녹조는 같은 십자형 편모장치를 가지고 있지만, 세부적으로는 분명한 차이를 나타낸다.

그러나 실제로는 이외에도 기저소체가 시계방향으로도 반시계방향으로도 기우려져 있지 않은 편모장치가 존재한다(그림 14-7). 정면으로 맞추어져 있기 때문에 직선형 배열(diresctly opposed, DO배열)이라는 유형도 존재한다. 담수녹조인 그물말(*Hydrodictyon reticulatum*)나 훈장말 등을 포함하고 있는 스파이로플레아목(Sphaeropleales)에 관찰된다.

2. 녹색식물 분류군

가. 십자형 편모장치를 가진 녹색조류

매우 세부적인 관점에서 십자형 편모장치를 가지는 녹색조류를 살펴보았으나, 이러한 구분과 세포분열양식은 어떠한 관계를 나타내고 있을까? 많은

표 14-2. 녹조생물의 강 수준의 분류와 분류형질

강 Class	편모 장치	기저소체의 배열	세포분열	주요한 목 Order
갈파래강 Ulvophyceae	십자형	CCW	핵막 잔존형 중간방추체 잔존	Ulotrichales(주름말목) Ulvales(갈파래목) Siphonocladales(대롱말목) Caulerpales(옥덩굴목) Dasycladales(우산파래목)
트레보욱시아강 Trebouxiophyceae		CCW	핵막 잔존형 중간방추체 붕괴 격막형성체 metacentric 방추체	Chlorellales(클로렐라목) Oocystales(알주머니말목) Prasiolales(프라시올라목) Trebouxiales (트레보욱시아목)
녹조강 (협의) Chlorophyceae s.s.		CW/DO*	핵막 잔존형 중간방추체 붕괴 격막형성체	Chlamydomonadales (클라미도모나스목) Volvocales(볼복스목) Sphaeropleales (스파이로플레아목) Chaetophorales(케토폴라목) Chaetopeltidales (케토펠티스목) Oedogoniales(붓두껑말목)
차축조강** Charophyceae	MLS-spline형		핵막 붕괴형 중간방추체잔존 조판형성체	Chlorokybales (클로로키부스목) Klebsormidiales (크레브소르미디움목) Chaetosphaeridiniales (케토스페리디움목) Zygnematales (접합조목/별해캄목) Charales(차축조목)

* Sphaeropleales(스파이로플레아목), Chaetophorales(케토폴라목), Chaetopeltidales(케토펠티스목)

** Chlorokybales(클로로키부스목), Klebsormidiales(크레브소르미디움목), Chaetosphaeridiniales(케토스페리디움목), Zygnematales(접합조목/별해캄목)을 각각 독립된 강으로 취급하는 견해도 있다.

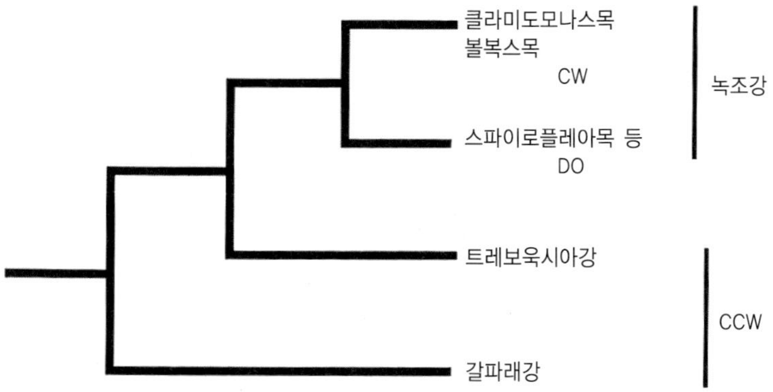

그림 14-8. 기저소체의 배열과 계통의 관계. CCW가 원시적으로서 DO와 CW가 파생적이고 진화적으로 새로운 성질이다.

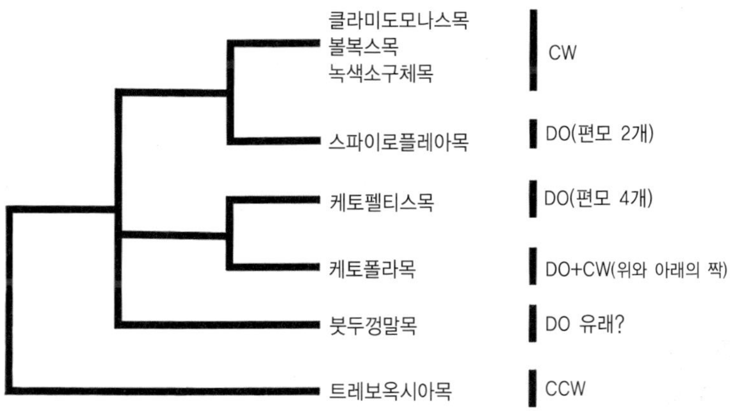

그림 14-9. 녹조강의 계통관계. DO가 원시적, CW가 새로운 형질이다. 이전에 가장 원시적이라고 하였던 클라미도모나스는 녹색강에서 가장 새로운 그룹에 속한다(Buchheim *et al.*, 2001 등을 기준으로 그림).

연구자들의 노력으로 십자형 편모장치를 가지는 그룹에서 식별이 가능한 몇 개의 세포질분열 유형이 알려진다. 다소 복잡하기에 결론부터 제시하고 설명하는 것이 이해가 쉬울 것이다. 편모장치, 세포분열양식 등이 미세구조와 분자계통의 결과을 이용하여 녹색식물은 강 수준에서 표 14-2와 같이 정리할 수 있다. 두개의 분류군에서 육상식물로 연결되는 스프라인형 편모장치계통은 차축조강으로 매듭 된다. 십자형 편모장치를 가지는 그룹은 갈파래강, 트레보욱시아강, 녹조강(협의) 등 3개의 강으로 구분되어, 이들 순서로 분기되어 온 것으로 판단되고 있다(그림 14-8, 담록조강에 대해서는 나중에 설명한다).

갈파래강은 해산녹조이다. 마리모나 대마디말 등 일부 담수에 서식하는 종도 있지만, 대부분은 해산녹조라 할 수 있다. 세포분열은 조판형성체 없이 중간방추체가 핵분열에 관여하여 떡을 손으로 찢는 것처럼 분열이 진행된다(그림 14-7). 단핵단세포 또는 다세포(Ulotrichales, 주름말목, Ulvales, 갈파래목), 단핵거대세포(Dasycladales, 우산파래목), 다핵다세포(Siphonocladales, 대롱말목), 다핵낭상세포(Caulerpales, 옥덩굴목) 등 체계와 생활사는 매우 다양하다(제2장 및 제11장). 이러한 결과는 안정된 바다환경에서 다채로운 진화가 가능하였기 때문으로 생각되고 있다.

트레보욱시아강은 주로 분자계통의 결과를 토대로 1994년에 제창된 분류군으로 아직까지 명확하게 정리되어 있지 않다. 지의류에 공생조인 *Trebouxia*가 대표적인 속이다. 이외에도 담수나 토양에 서식하는 다수의 조류를 포함한다. 그 중에서도 건강보조식품으로 유명한 클로렐라(*Chlorella*)의 기준종이 여기에 속한다. 클로렐라에는 다음의 녹조강에 속하는 종들도 포함되고 있어, 앞으로도 잠시 동안은 분류에 혼란이 있을 것으로 보인다. 세포질이 분열 면 가까이에 형성되어 좌우로 엽록체를 분리한다. 분열 축과는 다른 부위에서 역할을 하고 있기에 메타센트릭 방추체라고 한다(그림 14-7).

차축조강, 갈파래강, 트레보욱시아강을 제외하면, 남게 되는 분류군이 협의의 녹조강으로 클라미도모나스와 볼복스가 여기에 포함된다. 십자형 편모장치를 가지는 그룹 계통에 위치하는 분류군이다(그림 14-9). 이전에는 녹조강에 차축조강을 제외한 모든 녹색조류가 포함되었다. 이전의 조류 교과서에는 그렇게 설명되고 있으며, 지금도 많은 참고서나 서적에서 그렇게 취급하고 있다. 그러나 지금은 미세구조와 분자계통의 결과를 토대로 분류가 재정립 되어 협의의 녹조강(Chlorophyceae s.s.)으로 정의되고 있다. 담수에서 많은 분화가 관찰되지만, 외부형태로만 정의하기는 어렵다. 편모장치로는 CW형의 클라미도모나스목, 볼복스목, 녹색소구체목(협의)과 기타로 DO형의 스파이로

플레아목, 4개 편모를 가지면서 두개의 위쪽 편모를 가지면 DO형, 두개의 아래쪽 편모를 가지면 CW형(DO·CW 형), 다세포사상으로 나무모양의 체제를 가진 케토폴라목, 같은 부동의 군체를 만드는 케토펠티스목(4개의 편모를 가지며 2쌍의 기저소체가 함께 DO형), 그리고 편모가 다수이면서 원모양으로 나열된 붓뚜껑말목으로 분류된다. 분자계통의 결과가 지지하는 그룹이다(그림 14-8). 세포분열은 모든 핵막이 폐쇄형으로 말기 방추체가 붕괴되어 조판형성체가 형성된다. 붓뚜껑말목은 녹조강 중에서도 가장 원시적인 위치를 차지하는 것으로 생각된다. 또 기저소체의 특이한 배열은 DO형에서부터 파생한 것으로 생각된다.

나. 차축조강과 스트레프트식물문

차축조강은 전통적으로 육안으로 관찰되면서 차축과 같은 방사상의 윤생가지(輪生枝支)를 가지는 차축조(*Chara*)와 *Nitella* 등의 차축조목만을 포함한 분류군으로 취급되었다[13]. 그러나 지금은 광의적으로 해석하여 녹색식물 중에서 MLS-spline형의 편모장치를 가지면서 육상식물로 연결되는 모든 계통의 녹색조류를 포함하는 분류군으로 인식되고 있다(표 14-1과 표 14-2). 클로로키부스목(Chlorokybales)에는 단괴모양의 *Chlorokybus*(권두사진 15-1) 속만을 포함한다. 크레브소르미디움목(Klebsormidiales)에는 실 모양의 형태를 하는 *Klebsormidium*(권두사진 15-18) 속을 포함한다. 케토스페리디움목(Chaetosphaeridiales)에는 가시모양의 돌기를 가지는 그룹으로 난 생식을 하는 *Chaetosphaeridium*(권두사진 15-19) 속이 속한다. 별해캄목(Zygnematales)은 반달말과 같은 장구말류와 해캄과 같은 실 모양 조류로 구성되어 있는 최대의 분류군으로 호소나 습원의 주요한 조류 구성인자이다(권두사진 14-2~17). 정자와 같이 유영성 배우자를 만들지 않고 세포질이 직접 융합하는 접합이라는 생식형태로 특징 지워진다. 때문에 접합조로 불리기도 한다(제3장 참조). 접합조류에는 유영세포가 없다. 중심자(기저소체)와 편모가 없는 점은 차

13 차축조류(輪藻類, stonewort) 또는 차축조식물이라고도 하지만, 윤조식물로 불리기도 한다.

축조강만이 아니라 녹색식물 전체로도 특이한 그룹이다. 이러한 이유에서 접합조강(Conjugatophyceae)이라는 별도의 강으로 취급되기도 한다. 어찌되었든 광의의 차축조강이 육상식물로 진화된 것은 틀림이 없다. 육상식물을 포함하여 이들 모두를 스트레프토식물문(Streptophyta)로 정리한다(Gk: *strepsis* = twisting은 꼬다. 라고 하는 의미로 이 계통의 정자가 나선상으로 꼬여있는 것에서 유래한다) 스트레프토식물문에 대하여 갈파래강, 트레보욱시아강, 녹조강을 합해서 녹색식물문(협의)(Chlorophyta *sensu stricto*)이라고 한다. 여기서 *sensu stricto(s.s)*는 협의라는 의미를 나타내는 용어이다. 더욱이 협의의 녹색식물문과 스트레프토식물문이 합해져서 녹색식물군(Viridiplantae)을 구성한다.

다. 담록조류: 녹색식물의 원시적 조류군

지금까지 두개의 거대 녹색식물 그룹에 대하여 설명하였다. 편모장치와 세포분열양식이 현저하게 다른 이들 그룹은 어디에서 왔을까? 여기에서 녹색식물의 기원과 초기진화에 대하여 설명하여 둔다. 지금까지 설명하였던 다양한 형질의 분포로부터 초기 녹색식물이 가지는 특징을 추정할 수가 있다(그림 14-10).

녹색식물에는 녹조계열과 육상식물계열의 두개 그룹 중에 어느 쪽에도 속하지 않는 하나의 조류군이 알려진다. 담록조강(Prasinophyceae, 권두사진 16-1~14)이다. 라틴어의 *prasinous*는 짙은 녹색의 파를 나타내는 의미로 많게는 짙은 녹색이지만, 연한 녹색에서 갈색을 하는 종도 포함한다. 색만 아니라 세포형태 및 유영방법이 다양한 많은 속과 종을 포함하고 있다(그림 14-11). 원래 이 그룹은 편모가 세포 홈에서 나오는 체제를 나타내는 녹색조류로 정리되어 있었다. 그러나 자세하게 관찰하면 클라미도모나스 등과 같이 편모 끝부분이 날카롭지 않고 무디어 있다. 더욱이 편모와 세포표면은 속과 종에 따라 서로 다른 미세한 구조로 가진다(그림 11-29, 14-12). 인편(鱗片)이라는 구조는 골지체에서 만들어져 세포 밖으로 방출되어 일정한 위치에 배치된다(그림 14-12). 담록조류는 광합성색소와 편모장치 등 조류분류에 중요한 성질이 속 수준에서 크게 다른 특징을 나타낸다. 이러한 이유에서 예로부터 가장 원시적인 녹색식물의 한개 그룹으로 생각되었다. *Pterosperma* (Gk: *pteron* 날

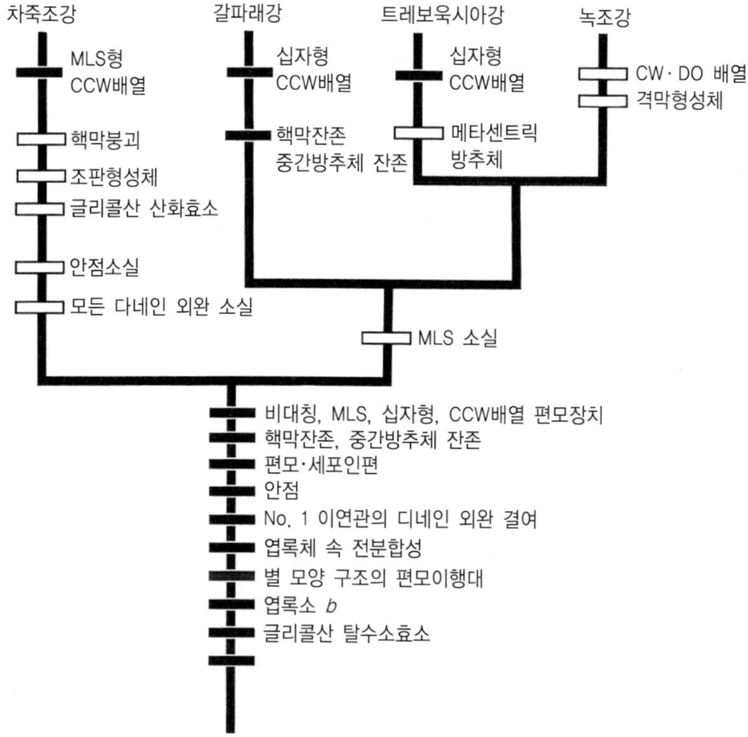

그림 14-10. 녹색식물을 구성하는 4개 강의 관계와 조상생물의 형질. 주로 편모장치와 세포분열 형질에 기초를 두고 인식되는 녹색식물 4개강의 특징과 공통의 조상을 가지고 있다는 형질을 나타내었다. 하얀 사각형은 그 계통에서 새롭게 획득된 형질, 검은 사각형은 원시적인 조상이 가지고 있던 형질. 뿌리부분의 형질은 녹색식물의 원시적 형태에 해당한다. 담록조류의 많은 곳에서 관찰된다.

개, *sperma* 종자), *Halospaera* (Gk: *hals* 소금으로부터 바다의 의미, *sphaira* 구) 등의 담록조류는 생활사에서 파이코마(phycoma)라고 하는 두꺼운 세포벽을 가지는 세포를 만든다(권두사진 16-11~14). 담록조류는 화석으로도 잘 보존되어 있어 고생대 지층에서도 많이 출토된다. 이러한 화석자료로부터 담록조류를 중심으로 하는 녹색식물이 그 시대의 해양식물플랑크톤의 주요한 구성원이었던 것으로 추정하고 있다(제15장도 참조).

그런데 이 고대 녹색식물이라고도 할 수 있는 *Pterosperma*나 *Halosphaera*의 편모장치는 비대칭이지만, 동시에 십자형 편모근을 가진다(그림 14-13). 이러

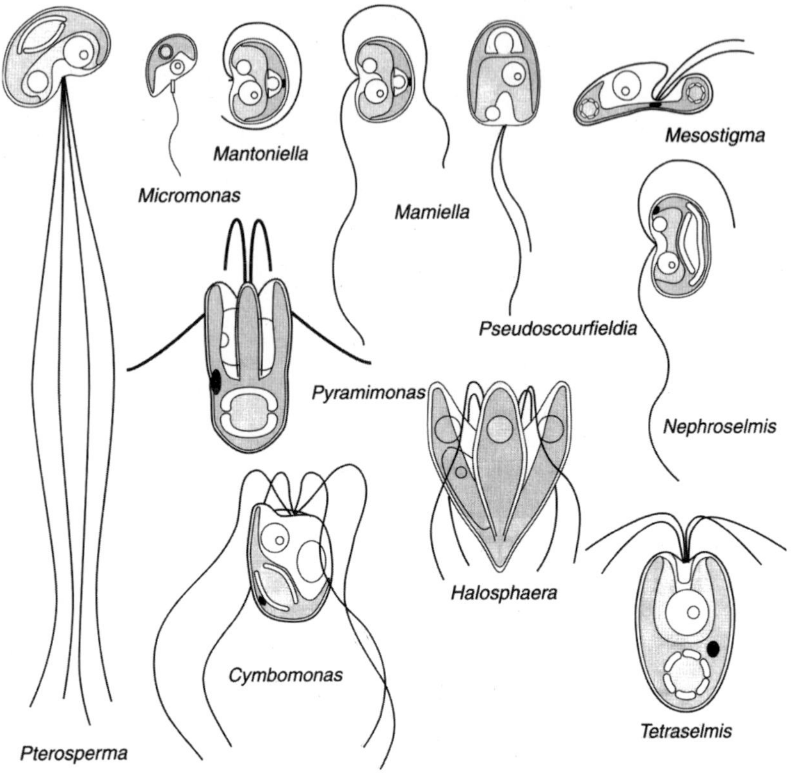

그림 14-11. 다양한 형태의 담록조류. 편모의 개수, 유영방법, 세포형태 및 광합성 색소조성이 다양하다. 이외에 편모가 없는 담록조류가 복수로 알려진다.

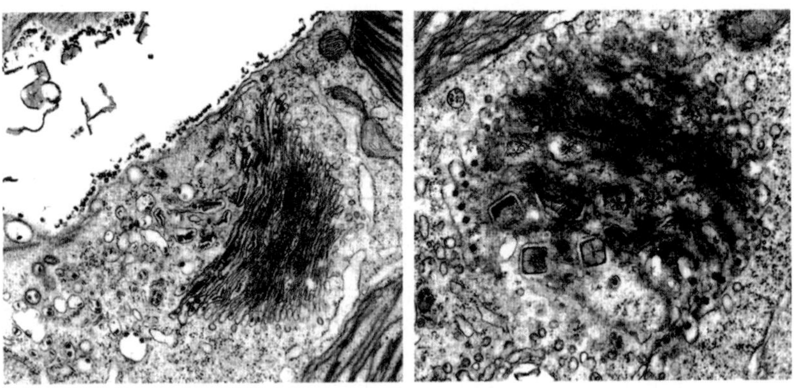

그림 14-12. 골지체에서 진행되는 담록조류의 인편 형성.

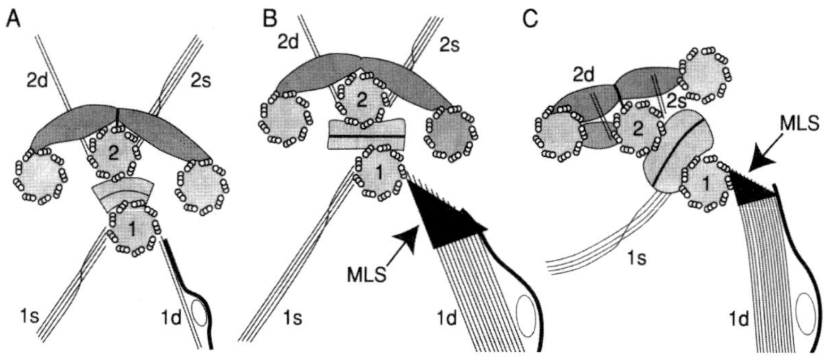

그림 14-13. 담록조류의 편모장치. A: *Pyramimonas*, B: *Halosphaera*, C: *Pterospera*, 모두가 비대칭이지만, 십자형 편모근을 가진다. B, C에서는 1d 편모근에 MLS가 존재한다.

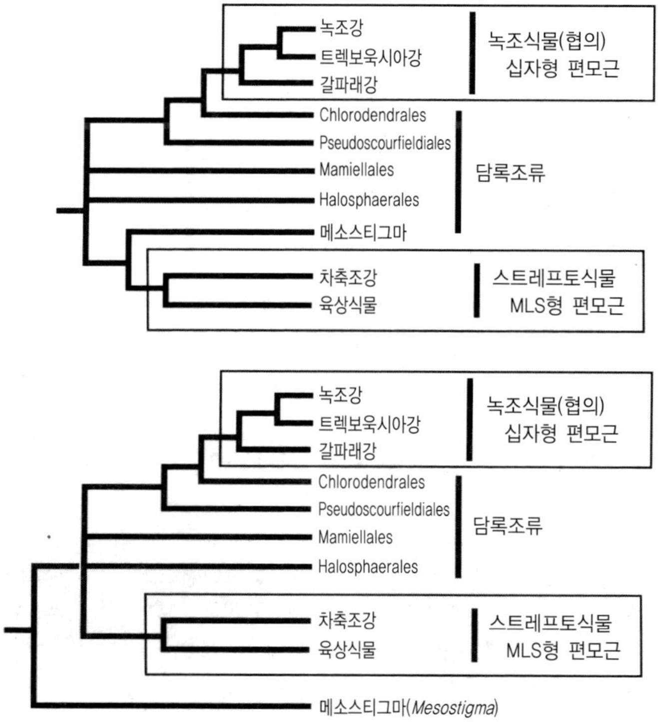

그림 14-14. 스트레프토식물과 녹조계열의 녹색식물(협의), 그리고 담록조류의 관계. 많은 담록조류는 녹색계열의 뿌리부근에 위치한다. 메소시티그마(*Mesostigma*)의 위치는 스트레프토식물의 뿌리부근이거나 전체 녹색식물(광의)의 뿌리부근으로 볼 수 있지만, 현시점에서는 분명하지가 않다.

한 점은 녹조계열과 유사하다. 그러나 편모근 1d(No. 1 편모의 오른쪽 편모근)의 뿌리 밑을 살펴보면 차축조류의 특유 성질로 알려진 MLS가 존재한다(그림 14-13). 이들 조류는 녹색계열과 육상식물계열 두개 그룹의 특징을 모두 가지는 것이 된다. 이러한 결과로부터 담록조류는 녹색식물이 거대 두개 그룹으로 분기하는 초기과정에서 발생한 계통군으로 구성되었다는 것으로 추정할 수 있다. 그림 14-10의 뿌리부분의 가지에 보이는 많은 성질은 담록조류에서 볼 수 있는 성질들이다.

분자계통수에서도 담록조류가 녹색식물 계통수의 뿌리에서 복수 계통으로 출현하고 있다. 이러한 결과는 형태나 생리연구에서 시사되었던 내용을 지지하는 결과이다(그림 14-14). 담록조류는 복수 기원으로 녹색식물의 초기에 분화한 계통군이다. 대부분 담록조류 계통은 갈파래조 및 녹조계열의 근원에 출현한다. 그 중에서 메소스티그마(*Mesostigma,* 그림 14-15)의 위치는 다소 다른

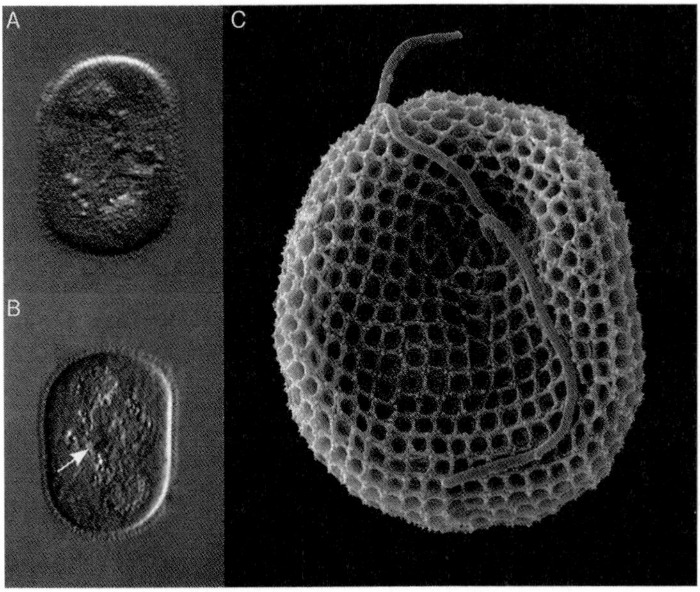

그림 14-15. 담록조류 *Mesostigma viride*. 녹색식물 전체의 자매군 또는 스트레프토식물의 자매종의 가능성이 지적되고 있는 주목 대상의 조류. 세포는 편평하고, 세포표면은 광학현미경으로도 보이는 인편으로 덮여 있다. A, B: 초점에 차이를 둔 사진으로 안점이 보인다(화살표), C: 주사형전자현미경 사진.

곳에 있다. 즉 분자계통수에서 메소스티그마는 육상식물계열인 스트레프토식물문의 근원 또는 전체 녹색식물의 근원으로서 출현한다. 스트레프토식물에서 최초로 분기한 생물이라는 것이 유력하다. 그러나 아직 명확하게 확증되어 있지 않다. 이와 같은 것으로부터 담록조류는 녹색식물 초기의 모습을 이해하기 위해서는 절대적으로 필요한 생물군이라는 시각에서의 연구진전이 요구된다. 한편으로 오스트레오코커스(*Ostreococcus*)나 마이크로모나스(*Micromonas*, 그림 5-9)는 해양의 피코플랑크톤 세계를 구성하는 주요한 인자이다(제5장).

담록조류는 고생대 이전의 바다에서 주요한 산소발생형 광합성 생물의 구성인자로서 지구대기의 호기화에 공헌했을 것으로 생각된다(제15장). 녹색식물의 기원과 진화를 탐구하기 위해서는 담록조류의 이해가 필수적이다. 지금까지 보다 한층 더 담록조류의 연구 필요성이 높아지고 있다. 게놈의 생리, 생화학, 계통과 생물학, 이들 모든 분야가 참여한 담록조류 생물학 구축이 요구된다.

3. 초록의 패자(覇者)

녹색식물은 고생대 오르도비스기 중기에서 실루리아기 초기 사이에 육상으로 진출하였다. 4억5000만~7000만년 이전의 일이다. 이전에 육상에 진출하였던 것은 이끼와 양치식물 중에 누가 먼저인가에 대한 논쟁은 있지만(즉 이끼는 양치식물에서 퇴화적으로 발생하였다는 이론 등), 분자계통 연구에서 최초의 식물이 이끼였다는 것은 틀림이 없는 것 같다. 우산이끼와 같은 이끼류가 가장 먼저 육상으로 진출하였던 것으로 추정된다. 이끼가 상륙한 다음 육상은 지속적으로 녹색식물이 패자(覇者)로서 군림하고 있다. 그때까지 만들어진 지구환경과 녹색식물의 진화에 대한 타이밍이 절묘하게 일치되어 육상으로 식물이 진출할 수 있었을 것임에는 틀림이 없다. 그럼 식물이 육상으로 진출할 수 있게 된 필요조건은 무엇이었을까? 오르도비스기에는 어떠한 일이 발생하였던 것일까? Graham(1993)의 설을 참고로 생각하여 보자.

4억4000만년 이전인 오로도비스기 후기는 빙하가 지구의 지표를 덮고 있었다. 지구 역사에서 열 번 있었다는 대규모 빙기 중 하나이다. 그 결과 해면이 70cm나 하강하여 연안에 서식하는 생물 50%가 멸종되었다고 한다. 공룡을 멸종시킨 KT경계(백악기와 제3기 경계)의 대멸종에 필적할 수 있는 사건이었다. 이와 같은 지사학적 사건이 계기가 되어 식물이 육상으로 진출할 수 있는 토대가 만들어진 것으로 생각하고 있다. 당시 대기의 이산화탄소 농도는 현재의 16배 정도 높았었다는 보고도 있다. 온실효과로 지구표면은 따뜻하였을 것이지만, 당시 곤도와나대륙의 남단에는 남극이 위치하고 있었다. 때문에 대륙이 냉각되어 빙기가 도래하였다. 한편으로 산소농도는 거의 현재 수준에 도달하여 있었다. 그 이후 다소 농도의 높고, 낮음은 있었지만 거의 같은 수준을 유지하여 현재에 이르고 있다. 이러한 과정에서 조류는 매우 가혹한 건조와 강한 빛에 노출된 환경을 적응할 수 있는 식물로 출현한 것으로 보고 있다. 육상으로 진출하기 위해서는 반드시 넘어야만 하는 많은 허들이 있었을 것이다.

가. 육상식물의 LUCA

육상식물과 가장 근연이라고 생각되는 조류는 차축조강의 콜레오케트목 및 차축조목에 속하는 조류이다(권두사진 15-21, 22). 많은 분자계통수가 이러한 내용을 지지하고 있다. 엽록체 DNA의 알라닌(alanine)과 이소류신(isoleucine)의 tRNA 유전자에 존재하는 인트론(intron)이 접합조, 콜레오케트, 차축조와 육상식물에 공통으로 존재하는 것도 이러한 내용을 지지한다(그림 14-16). 그렇다면 콜레오케트목과 차축조목 중 어느 쪽이 육상식물에 더욱 근연일까? 아직 분명한 답은 없으나, *atp*B, *rbc*L(엽록체), nad5(미토콘드리아), rDNA의 작은 서브유니트 유전자(핵)을 이용한 Karol 등의 연구결과는 육상식물이 차축조강 속에 위치하여 차축조목과 자매군을 형성하는 것을 나타내고 있다. 콜레오케트목은 육상식물과 차축조목과 자매군의 관계가 성립되는 것으로 되어있다(그림 14-17).

실제로 차축조목 조류는 많은 점에서 이끼와 유사하다. 첫째는 정자가 외견 및 미세구조에서 이끼의 정자와 매우 유사하다. 이러한 것 하나만으로도 이 둘의 근연성을 의심할 수 없다. 둘째는 다수의 영양체는 반상 엽록체를 가지고 있으며, 생활사에서 유주자를 형성하지 않는다. 즉 유일한 유영세포는

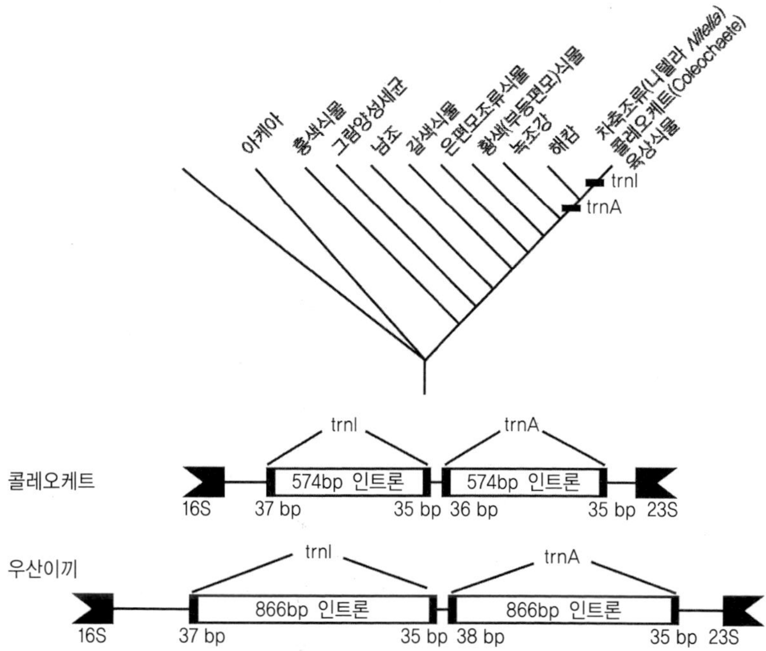

그림 14-16. 콜레오케트, 니텔라(*Nitella*)와 육상식물 엽록체 게놈의 이소류신과 알라닌의 tRNA 유전자 (trnI과 trnA)에는 인트론이 삽입되어 있다. 다른 육상계열 조류에서는 관찰되지 않는다(Manhart and Palmer, 1990에 의해 그림).

정자뿐이다. 셋째로 세포질 분열에서 육상식물과 같이 세포판이 형성되며, 그 결과로 원형질연결(plasmodesma, 복수 - ta)이 만들어 진다(콜레오케트에서 발견된다). 기타 수정 이전의 알이 보호되는 점도 유사점으로 생각할 수 있을 것이다(콜레오케트는 알을 둘러싼 세포는 수정 이후에 발달한다).

그런데 모든 육상식물은 포자체와 배우체로부터 이차세대교번이 이루어진다(제11장). 감수분열에서 발생한 것은 핵상 n의 포자로 발아하여 배우체가 된다. 이세대교번의 진화는 예로부터 육상식물 진화연구의 중심과제로 포자체 세대의 기원에 대하여 상동설(相同說)과 신생설(新生說)이라는 두 가지 가설이 대립하어 왔다. 상동설에서 어려운 부분을 많은 녹조(광의)가 이차세대교번을 실행한다는 것이다. 그러나 이러한 많은 녹조는 해산녹조로서 지금의 육상식물과 다른 녹조계열 갈파래강에 속하는 것이 확인되었다. 육상식물이

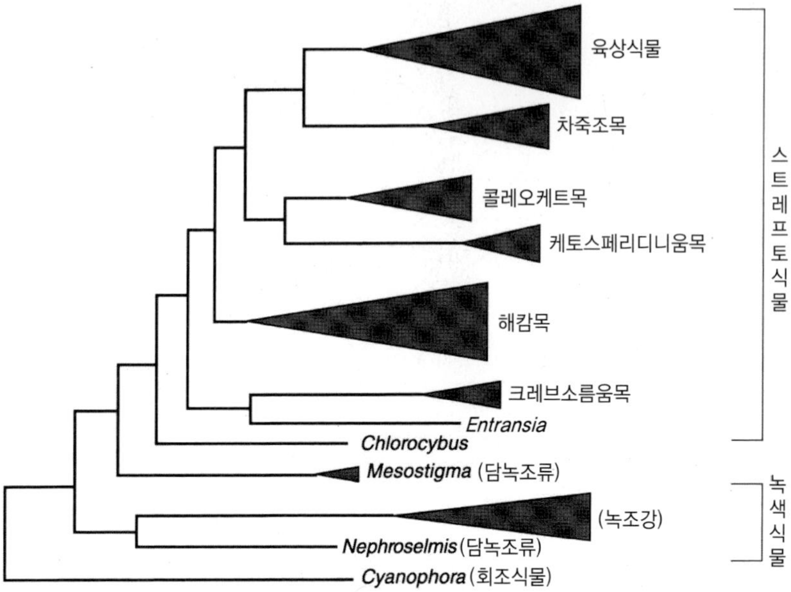

그림 14-17. 차축조류가 육상식물과 자매군을 형성하는 계통수. 이 계통수에서 메소스티그마(*Mesostigma*)는 스트레프토식물의 최초부분에 분기되어 있다(Karol *et al*., 2001에 의해 그림).

갈파래강에서 진화되었다는 것은 불가능한 일이다. 한편 신생설은 배우체만의 생활사를 가진 녹조가 새롭게 포자체 세대를 획득한다는 것이다. 차축조목이나 콜레오케트목은 단상 영양체가 배우자를 형성하여 접합자가 된다. 접합자는 발아 할 때에 감수분열(減數分裂, meiosis)을 하여 단상 영양체로 되돌아온다(접합자 환원). 즉 세대교번을 하지 않는다. 이러한 조류에서 포자체가 만들어지는 것은 감수분열의 지연이 발생하였기 때문으로 생각되고 있다. 콜레오케트는 수정란, 즉 접합체는 배우체의 세포로 둘러싸여 보호되고 배우체 세포에서 영양을 받아드려 성장한다. 그렇게 하여 접합체는 감수분열을 한 결과 8~32개의 유주자가 만들어진다. 이와 같은 배우자에서 수정란의 유지와 성장, 그리고 감수분열의 지연이 육상식물 포자체 기원이 되었다고 생각할 수 있다. 차축조의 접합체벽에는 육상식물 포자나 화분과 같은 스포로폴레닌(sporopollenin, 지구에서 가장 안정되어 분해되기 어려운 유기물의 하나로

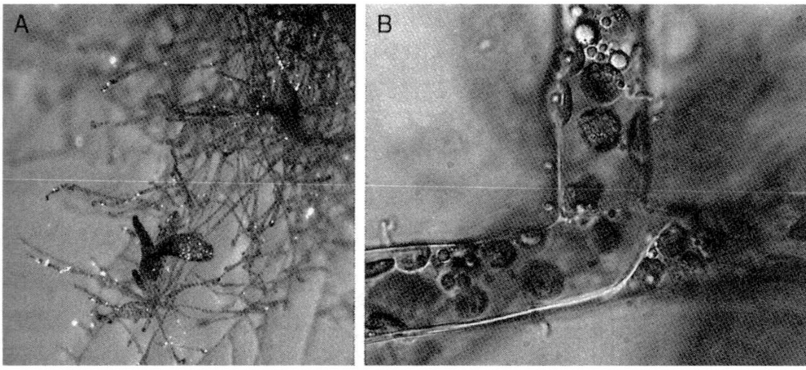

그림 14-18. A: 이끼식물 선태류의 원사체와 배우체 발아. B: 원사체의 현미경 사진(세포의 구분이 사면으로 되어 있는 것이 특징).

화석으로 남게 된다)이 존재하는 것도 감수분열 지연에 의한 포자체의 신생설 가설에 비중을 높게 한다.

차축조목과 콜레오케트목이 육상식물에 가장 근연이라고 하는 것으로부터 최초 육상식물의 모습을 연상할 수 있게 한다. 조상은 분기한 체제를 가지는 다세포식물로서 영양체가 배우체만으로 난생식(oedogonium)을 하면서 증식하여 왔을 것이다. 차축조목과 이끼 사이에는 또 하나의 유사점이 있다. 원사체(原絲體, protonema, Gk: *protos* 최초, *nema* 계)를 형성한다는 것이다. 이끼포자는 발아하여 지표를 포복하면서 분기한 실모양의 몸으로 원사체를 만든다. 그렇게 하여 원사체는 결국 다양한 장소에서 직립체가 발아하여 이끼의 배우체로 발달한다(그림 14-18). 원사체는 실 모양의 조류를 생각하게 하는 체제로서 현미경으로 보더라도 구별하는 것이 매우 어렵다. 이러한 내용으로부터 감수분열 지연에서 원사체에 유사한 체제를 가진 육상식물인 LUCA(last universal commom ancestor) 모습을 상상할 수 있게 된다. LUCA는 결국 감수분열 지연으로 포자체 세대를 새로 만들어 이차세대교번인 육상식물의 생활사를 확립하였을 것으로 생각할 수 있다.

나. 필요조건

대부분의 차축조는 산성에서 중성인 호소에 서식한다. pH가 높게 되면 탄소는 중탄산이온(HCO_3^-)의 형태로 존재하게 되어 이산화탄소 존재량은 매우 낮아진다(그림 6-7). 그렇게 되면 물속에서 기체의 확산속도는 육상에 비해 10,000배나 작다. 때문에 이러한 호소에서는 CO_2 농도가 종종 광합성 속도를 조절하는 인자로서 작용하게 된다. 이러한 환경에서 많은 조류는 세포막 표면에 탄산탈수소효소를 배치하여 HCO_3^-를 CO_2로 변환하는 CO_2 농축 기구를 발달시키는 것으로서 상황을 극복하고 있다(그림 4-19). 대부분 높은 습지 등 산성호소에 서식하는 클레오케트목이나 해캄목의 장구말류 등은 HCO_3^-의 이용 효율이 나쁘다는 것을 의미하는 것이다. 이러한 현상을 입증하는 실험결과가 있다. 그러기에 혼합이 잘 되는 얕은 여울은 향시 CO_2가 녹아들 수 있기에, 조류에게는 매우 쾌적한 환경이라고 할 수 있다. 그러나 한편으로 이러한 얕은 여울은 강한 태양광에 노출되기 쉬운 곳이기도 하다. 때문에 이러한 환경에 서식하는 조류는 강렬한 자외선과 건조에 대한 물리적 및 화학적인 방어기구 획득이 절대적으로 필요하게 된다.

이러한 방어기구를 육상식물의 LUCA는 어떻게 진화 시켰을까? 육상식물은 다양한 종류의 이차대사화합물이 자외선 필터로서 기능을 담당하고 있다. 또 현생 차축조에서도 페놀이나 프라보노이드, 리구닝과 같은 물질이 발견된다. 이런 이차대사물 합성에는 복잡한 생합성계 진화가 필요하지만, 아직 상세한 내용은 알지 못한다. 다만 차축조의 조상이 빨강 빛에 응답하는 피토크롬(phytochrom)이 이와 같은 과정에 관여하고 있다고 생각할 수 있다. 피토크롬은 이미 해캄목 단계에서 성립되어 빛에 응답하여 엽록체를 회전시키는 메카니즘의 기능을 하고 있었다(그림 11-35). 또 차축조도 접합자의 발아가 피토크롬에 의해 억제되는 것이 알려진다. 깊이가 얕은 수계에는 빨강색 빛이 다량으로 도달하기에 피토크롬을 사용한 환경응답과 생합성계의 억제구조가 진화하였다고 하여도 전혀 이상하지 않을 것이다. 이와 같은 연장선에서 자외선 적응으로 차축조는 페닐류나 프라보노이드, 페닐프로파노이드 또는 큐티큐라 폴리애스테르(cuticular polyester)를 적응적으로 형성하였다고 할 수 있다. 그래서 자외선을 방어하는 층이 발달하였고, 최종적으로 이 층이 건조적응으로서의 큐틴(cutin)층으로 진화한 것으로 생각할 수 있다. 리그닌(lignin)은 결국 유관속 요소로서, 유관속 식물의 성립에 기여하였다. 더욱이

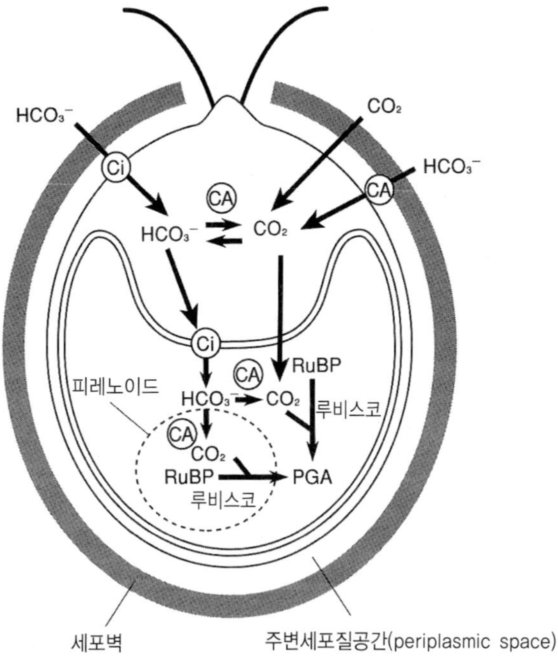

그림 14-19. 엽록체로의 무기탄소 수송. 중탄산이온(HCO_3^-)은 전기를 띠기 때문에 막을 투과하는데 에너지가 필요하다. 중탄산이온은 세포벽과 세포막 사이의 주변세포질공간(periplasmic space)에서 CA(carbonic anhydrase)에 의해 이산화탄소로 변화되어 막을 투과한다. 세포막이나 엽록체막에는 중탄산이온을 수송하는 무기탄소펌프(Ci)가 있어 중탄산이온을 엽록체로 이동시킨다. 중탄산이온은 CA에 의해 이산화탄소로 변형되고, 루비스코에 의해 RuBP를 기질로 PGA를 공정한다.

탄소 저장고로서 셀룰로스와 함께 탄소순환의 관점에서도 중요한 역할을 하게 되었다. 이러한 과정을 걸치면서 녹색식물에 의한 육상패권은 서서히 확립되었던 것으로 생각할 수 있다.

다. 육상조류

조류연구자의 눈으로 지구 풍경을 조망하면 육상에도 조류가 가득 차고 넘친다. 제1장에서 몇 개의 예를 들었지만, 토양이나 나무껍질 그리고 콘크리트의 벽 등 다양한 환경에 적응한 "육상조류(陸上藻類, terrestrial algae)"라고 할 수 있는 종들이 다양하게 알려진다. 여름의 강한 일사에도 겨울의 저온과 건조에도 움직이지도 않고 서식지에서 당당하게 살아가고 있는 많은 조류가 존재하는 것이다. 육상식물을 만들어낸 자축조강의 클로로키부스는 원래 토양에서 발견되었다. *Klebsormidium flaccidum*는 콘크리트 벽이나 유리창, 지붕 위에 서식한다. 녹조강과 트레보욱시아강에도 많은 육상조류가 포함되어 있다. 아마도 이들 조류의 조상은 육상식물의 LUCA와 함께 오르토비스기에 지구 지표를 덮고 있었을 것이다. 어떤 것은 지의화의 생활로 만족하였다(제5장). 그런 중에서 겉씨식물에 연결되는 육상의 초록이 주도권 확립을 향해 나가는 조류가 출현한 것이다. 세포 수준에서는 이들 "육상조류"도 이끼~겉씨식물과 유사한 건조나 강한 빛에 대응하는 내성구조를 몸에 지니고 있음에 틀림이 없다. 녹색식물이 육상으로의 진출의 비밀을 푸는 것은 이들 육상조류에 관한 연구 진전이 필수적이라 할 수 있다.

제15장

조류를 둘러싼 지구역사

지구생명은 대부분의 지구역사를 공유하여 왔다. 38억년 이전의 원시바다에서 생명이 탄생한 이후 생명의 대진화는 지구의 변동과 연계되어 발생하였다. 한편으로 대기조성의 변화와 같이 생물이 지구환경을 변화시키는 내용도 있었다. 가이아설에서 주장하는 것처럼 현재에도 생물이 지구환경을 조절하고 있는 부분이 확실하게 존재한다. 때문에 생물의 역사는 지구역사를 제외하고는 설명할 수 없게 된다. 지금까지 장에서 가능한 조류의 진화를 지구역사와 관련하여 살펴보았다. 때문에 이 장에서는 조류의 진화와 관련하여 지구역사를 정리하고 현재의 지구환경에서 조류의 존재가치를 생각하는 기회를 가져보기로 한다.

1. 지구역사의 7대사건

"전지구사해독(全地球史解讀)"이라고 하는 생명사와 지구역사를 체계적으로 재구축하는 것을 목적으로 하였던, 듣기만 해도 기분이 끓어 오르는 주제의 프로젝트가 있었다. 지구과학 연구자를 중심으로 정부의 과학연구비지원을 받고 1995년에서 1998년까지 3년에 걸쳐 실시된 연구과제이다. 생명진화를 포함한 지구역사를 종합적으로 해독하고자 하는 원대한 목표가 제시되었고, 그동안 실시되었던 일반적인 연구과제와는 성격을 달리하였다. 즉 일본에서 실시한 연구과제로 생각하기가 어려운 과감한 연구프로젝트였다. 과거의 지구관을 한꺼번에 대변혁하는 파라다임으로 1960년대에 판구조론(plate tectonics)이 홀연히 등장하였다. 그때 비로서 지구과학은 근대과학으로 변신을 할 수 있는 계기를 마련하게 되었다. 그러나 이후 베게너(A.F. Wegener)에 의한 대륙이동설(大陸移動說, continental drift theory)이 초등학교 교과서에 등장하였다. 그리고 지진이 발생할 때마다 일상적으로 반복되는 필리핀해판이 유라시아판 밑으로 들어가는 것은 당연한 것처럼 뉴스에서 설명되면서 판구조론은 완전히 생활 속에 침투하였다. 덕분에 지금 판구조론은 일반상식화되어 있다. 그러나 판구조론은 멋있고 매력적임에도 불구하고 사람을 열광시키는 힘이 없었다. 지구과학은 파라다임 전환을 필요로 하고 있었고, 최근의 컴퓨터 성능향상은 지구과학에도 강력한 무기를 제공하게 되었다. 지진파 처리에 의해 지진파 도모그래피(tomography Gk; *tomos* 절단)가 가능하게 되어 지구내부에 관한 정보분석에 대한 분해 능력은 현저하게 높아지게 되었다. 즉 의료기기의 CT(단층촬영, computerized tomography)와 마찬가지로 지진파를 이용한 지구내부의 단층촬영이다. 이러한 발전으로 맨틀에는 버섯보양을 한 2개의 뜨거운 상승 맨틀흐름과 상대적으로 차가운 하나의 하강 맨틀흐름이

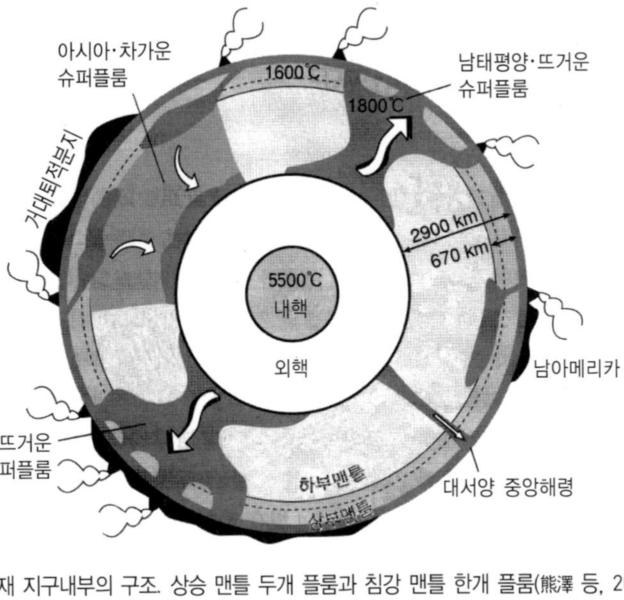

그림 15-1. 현재 지구내부의 구조. 상승 맨틀 두개 플룸과 침강 맨틀 한개 플룸(熊澤 등, 2002에서 그림).

존재하는 것이 분명해졌다(그림 15-1). 여기에서 이들 맨틀흐름에서 피어오르는 흐름을 플룸(plume)이라 하여, 맨틀대류와 지구역사를 관련하여 해석하는 플룸구조론(plume tectonics)라는 용어가 탄생하였다. 판(plate)에 대하여 플룸이라는 것이다. 조금 선동성을 느끼게 하는 이 용어가 수용되어 지구과학은 또 하나의 새로운 분야의 문을 열게 된다. 결국 맨틀대류(mantle convection)와 종래의 지질학 및 고생물학을 통합하여 이전보다 정도가 높은 해석을 지향하는 파라다임으로 전환할 수 있게 되었다. 지구과학 분야에는 우수한 아이디어가 많이 집결되어 있는 것 같다. 지구과학의 파라다임 전환은 그렇다고 하더라도 이러한 프로젝트에 관여한 연구자들의 저작물들은 지구과학의 매력을 넓히는 좋은 계몽서로 역할을 하고 있다. 덕분에 지구역사와 생명의 역사를 연결하여 생각하는 것이 저자 자신은 물론 생물학을 전공하는 학생들에게도 저항 없이 받아드릴 수 있는 분위기가 만들어 졌다. 플룸구조론에 감사한다.

전지구사해독에는 지구역사 46억년의 전체를 볼 수 있도록 대수축을 생각할 수 있는 수축시간대의 지질년표(시대가 새로워질수록 설명할 것이 많아지기에 길게 한다)로 변환한 시간축을 사용하였다. 그리고 각각의 시대를 특성지울 수 있는 7개의 사건을 선정하여 지구역사의 7대사건으로 명명하였다(그림 15-2). 최초와 최후(제1과 제7)의 사건은 지구탄생과 과학탄생을 들고 있기에 별도의 설명을 하지 않는다. 나머지 5대사건은 모두 생명진화와 크게 관련되어 있다. 제2사건은 40억년 이전 명왕대와 태고대의 경계에 맞추어져 있다. 판구조론이 시작되는 대륙지각이 형성되는 시대이다. 이때에 지구에 비로서 생명이 탄생하게 된다. 지구와 생명이 서로 어울리는 가이아적 지구가 시작되는 사건이다.

제3사건은 시간을 크게 뛰어 넘어 27억년 이전 맨틀오버턴(mantle overturn)이라 하는 사건이다. 즉 이때에는 상하 맨틀의 서로 바꾸어지는 커다란 맨틀대류가 시작되었고, 그 결과로 지구자장이 강하게 변화되었다고 한다. 이때쯤 남조인 스토로마톨라이트가 세계 각처에 출현하여 남조 광합성에 의한 산소가 발생되면서 철이 침강에 의한 호상철광산 축적이 시작되었다(권두사진 1-16, 16). 진핵생물의 바이오마커라고 하는 스테란(sterane: 콜레스테롤의

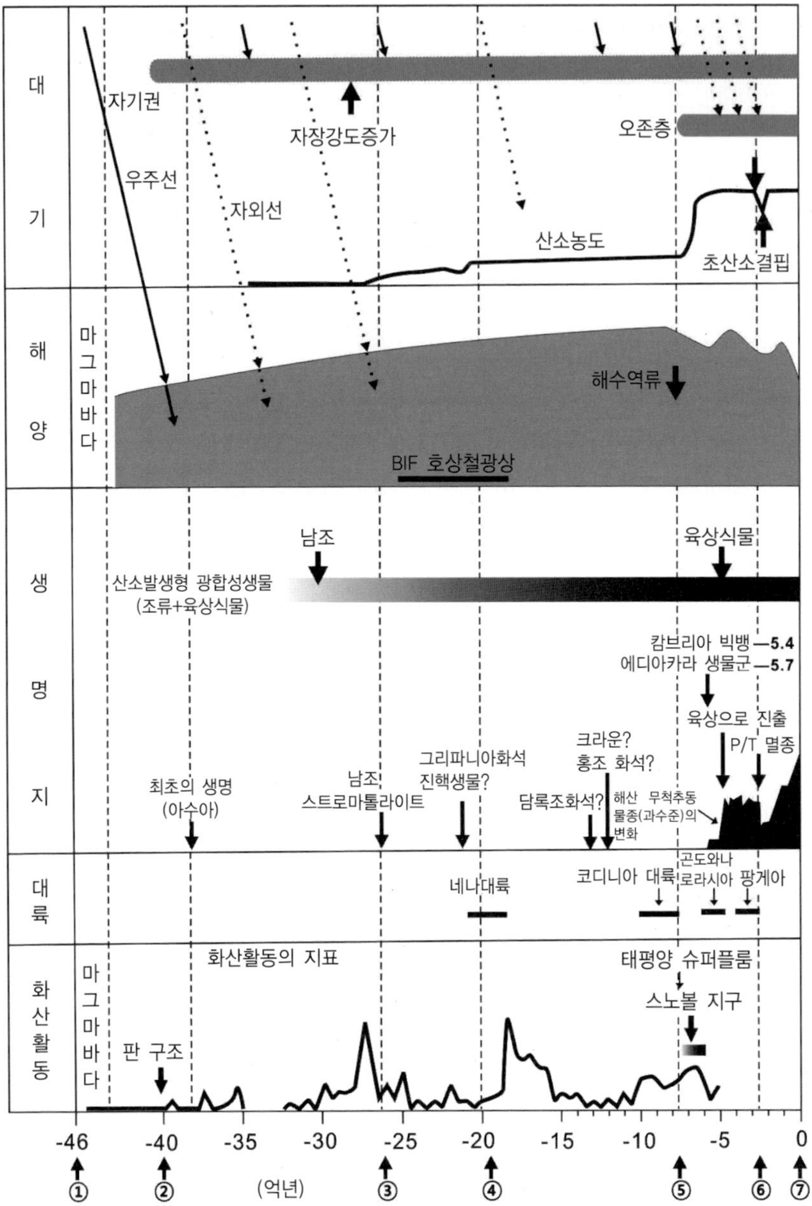

그림 15-2. 지구역사 7대사건과 생명사. 화산활동, 대륙의 소장, 대기, 해양의 변화와 생명사의 대응을 나타내고 있다. 원 숫자는 7대사건(상세한 것은 본문 참조) (熊澤 등, 2002의 복수의 그림을 이용하여 그림).

일종, 원핵생물에는 존재하지 않음)이 가장 오랜 기록이 27억년 이전이다. 만일 이 분자화석이 진핵생물에서 유래한 것이라면 제3사건은 진핵생물 탄생을 가져온 것이 된다.

19억년 이전의 제4사건도 맨틀오버턴에 의한 격렬한 화산활동이 있었던 시기인 것 같다. 이쯤에 지구에는 처음으로 현재 북미대륙규모의 대륙이 형성되었다(발견지인 North Europe and North America의 두문자를 따서 네나(nena)대륙이라고 한다). 남북아메리카라고 하는 신대륙은 지구역사에서 보면 실로 오래된 대륙인 것이다. 이 시대의 생물세계에 중요한 것은 21억년 이전 그리파니아(grypania) 화석이 출현으로, 이는 현재 최초의 진핵생물 화석으로 기록되어 있다. 오차가 있어 확실하지는 않지만, 이 시기에 산소농도가 파스칼포인트에 도달하였을 가능성이 높다. 네나대륙은 18억년 이전에 분열하였고 이후 이합집산을 반복한 다음 10억년 이전에 초대륙 로디니아(Rodinia)가 출현한다. 그로부터(지질시간으로) 잠시 이후에 지구는 지각활동이 잠잠해져 전체가 이전에 없었던 대규모 빙하에 덮이는 시대가 도래 하게 된다. 지구 전체의 동결 또는 스노볼어스(snowball earth)라고 하는 지구역사의 대사건이다.

그런데 현재 거의 지지되지 못하는 설에 속하지만 Cavalier-Smith는 진핵생물의 탄생을 스노볼어스 이후(8.5억년 이전)라고 주장한다. Cavalier-Smith에 의하면 진핵생물의 바이오마커로 되어 있는 27억년 이전의 스테란은 방선균이 만드는 스테롤에서 유래한 것으로 주장한다. 즉 8.5억년 이전까지는 정확한 진핵생물의 증거가 존재하지 않는다는 것이다. 12억년 이전에 발견된 홍조 화석도 방선균의 동정을 잘 못한 것이라고 주장한다(제9장). 앞으로 네오무라(neomura)설의 가능성 검증과 동시에 바이오마커에 대한 연구의 진전이 요구되는 부분이다.

태평양 슈퍼플룸의 탄생으로 화산활동이 재차 활발해지면서 로디니아대륙은 7.5억년 이전에 분열하게 되고, 이때 분열된 장소에 태평양이 만들어 졌다. 이쯤이 전지구사해독에서는 제5사건으로 기록되는 시기이다. 이로부터 5.4억년 이전 원생대와 현생대의 경계(이 이후 생물화석의 양이 대폭으로 증가)에 걸쳐 지구도 생명도 대변혁을 체험하게 된다. 대륙은 분열과 합체를 반복하

그림 15-3. 원생대 끝부터 중생대 이첩기에 걸친 대륙의 이합집산(熊澤 등, 2002에서 그림).

였다(그림 15-3). 5.4억년 이전에는 곤드와나(Gondwana)대륙과 로렌시아(Laurentia)대륙이라는 두개의 대륙이 형성되었다. 이 시기에 지구규모로 발생한 현상으로 흥미로운 것은 해수가 맨틀로 역류하였다는 사실이다(그림 15-2). 때문에 해수는 감소하고, 육지는 증가하였다. 이러한 결과 지구에는 거대한 하천이 출현하게 되었고, 육지가 침식되면서 대량의 염류가 바다로 흘러가게 되었다. 이때부터 해수조성은 염분을 주성분으로 변화하였다는 설도 있다. 만일 이러한 내용이 사실이라면 생물진화를 생각할 때는 매우 커다란 사건이라 할 수 있다. 7.5억년 이전의 해수는 지금처럼 짠 염수가 아니었다고 생각할 수 있기 때문이다(단 바다의 조성은 형성된 이후 거의 변화하지 않았다는 설도 있어, 아직도 확실한 것은 알지 못한다).

이러한 사건에 관련된 것인지는 확실하지 않지만, 이때에 생물계에 대사건이 발생하였다. 원생대 최후에 해당하는 이 시기에 다세포동물이 출현하였다는 것이다. 에디아카라(Ediacara) 생물군(약 5.6억년 이전)을 시작으로 후생동물의 빅뱅인 캄브리아 폭발(약 5.4억년 이전)로 지속된다. 무엇 때문인지는 확실하지 않지만 생물전공자가 아닌 일반인에도 인기가 있는 아노말로카리스(Anomalocaris)로 유명해진 버제스(Burgess)동물군(약 5.2억년 이전)도 이 시대에 해당된다. 이 시대는 대기의 산소농도가 상승한 시기로 바다에서 조류가 활발하게 번영하는 시기였다. 오존층은 이미 완성되었고 이쯤에 지표에도 이미 치사적인 자외선은 내리쬐지 않는 환경이 만들어졌을 것으로 생각된다. 결국 생물은 육지로 진출하게 되었고, 양치식물과 양서류 및 곤충이 번성하는 고생대를 맞이하게 된다,

2. PT경계

전지구사해독에서 말하는 제6사건은 2.2억년 이전에 발생한 생명사에서 최대의 대량멸종 사건이다. 이때를 경계로 화석으로 출현하는 생물종이 크게 다르게 된다. 이런 이유로 지구과학에서는 이 시기를 고생대와 중생대의 경계로 하고 있다. 고생대 페름기와 중생대 트라이아스기(삼첩기)의 경계라는 것으로 PT경계(Permian-Triassic boundary)라고 한다.

4~3억년 이전의 곤도와나대륙과 로렌시아대륙이 합체하여 팡게아(Pangaea)대륙이 만들어 졌다. 이 팡게아가 2.5억년 이전 재차 분열하기 시작한 시기에 해당된다(그림 6-17, 그림 15-3), 플룸구조론에 의하면 아프리카대륙 밑에 아프리카 슈퍼플룸이 탄생한 것이 원인이라고 한다. 지구 핵에서 막 솟아 올라온 막대한 에너지에 의해 발생된 대규모 화산활동이 계속되었다. 또 대량의

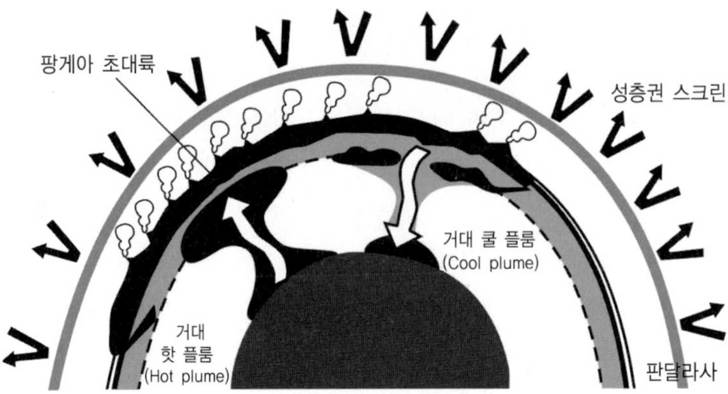

그림 15-4. 플룸의 겨울 시나리오. 거대 플룸이 팡게아대륙의 분열을 촉진시키는 과정에서 화산재가 대기를 덮어 성층권 스크린을 형성하여 태양광을 차단한다. 그 결과 광합성이 저하되고 초빈산소상태가 만들어져 생물의 대멸종하였다(熊澤 등, 2002을 기본으로 그림).

메탄하이드레이트(methane hydrate)가 지하에서 방출되었고, 이것은 강력한 온실효과를 가져오게 되었다. 이전 육상에는 고사리와 침엽수림이 확산되었고 있었고, 파충류형 포유류(포유류의 조상에 해당하는 동물)가 활보하는 생물사에서는 처음이라고도 할 수 있는 풍요로운 육상생태계가 성립되어 있었다. 이러한 풍요로운 생태계를 구성하던 생물종에서 겨우 5% 정도만을 남기고 괴멸하였다. 바다도 예외가 아니었다. 해산무척추동물의 78~84%가 사멸하였고, 전체 96%가 괴멸적인 타격을 받은 상상을 초월하는 사건이었다. 즉 대부분 지구의 생물은 멸종하였다. 현재의 자연재해로는 상상도 할 수 없는 규모의 대변동이었다. 직접적인 원인에 대해서는 다양한 설이 있지만, 지구 규모에서 산소가 감소하였다는 산소감소설이 유력하다. 산소농도가 30%에서 10%까지 낮아졌다고 한다. 대략 2,000만년 동안이나 이러한 산소결핍이 지속되었기에 초산소결핍사건(superanoxia)이라 부르기도 한다. 팡게아대륙을 분열시킨 활발한 플룸 활동이 대규모 화산활동과 메탄하이드레이트를 방출시켰다. 때문에 산성우 증가와 일조량이 낮아지는 결과를 가져와서 광합성에 의한 기초생산이 급감하게 되었다. 이러한 대규모 환경변화가 산소결핍과 생물의 대량멸종에 도화선이 역할을 하게 되었다. "플룸의 겨울"이라는 이름으로 불리는 멸종의 시나리오이다(그림 15-4). 산소결핍은 조류에게도 육상식물에게도 충분한 광합성을 하지 못하는 환경을 의미한다. 2,000만년이나 되는 기나긴 기간 동안 생물의 생명멸종은 지속되고 있었지만, 다른 한편으로는 오랜 인내의 지속 속에서 다음의 진화를 위한 새로운 생명의 싹을 키우고 있었다고 할 수 있다.

PT경계의 대량멸종을 경계로 생물세계는 크게 변화하게 된다(그림 15-5). 바다에는 완족류, 이끼벌레, 삼엽충, 산호의 사방산호 대신에 무척추동물인 암모나이트 등 연체동물이 출현하여 새롭게 번영하게 되었다. 한편 육상에서는 트라이아스기(Triassic Period)[14] 후기에 공룡이 출현하여 거대 공용시대의 시작을 알리게 되었다. 이 때 출현한 공룡은 중생대를 통하여 육상의 패자(覇者)로서 군림하게 된다. 식물은 고생대 후기에 번영하였던 석송류, 속새류 등

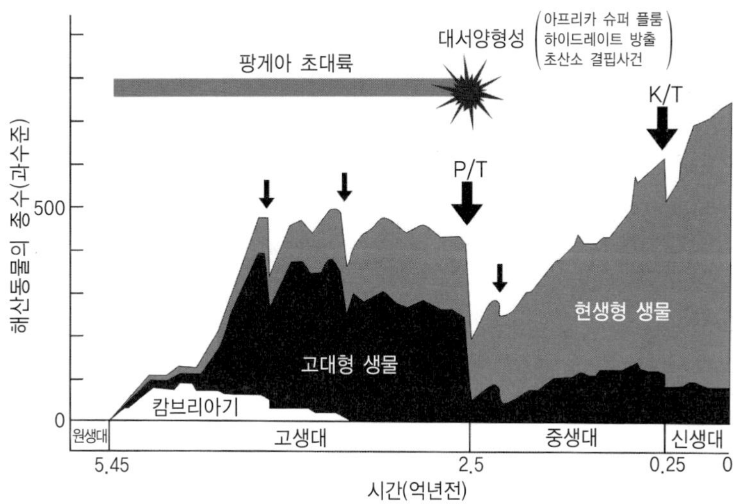

그림 15-5. 고생대, 중생대의 생물다양성 변천. 현생대(과거 5.5억년)에 다섯 번 발생한 대멸종(화살표) 중에 2.5억년 이전 PT경계 멸종은 진화사에서 최대의 사건으로 팡게아대륙의 분열말기 지각변동에 의해 발생한 것으로 생각된다. 이때를 경계로 생물계는 크게 변화하여 현대형의 생물세계가 만들어진다(熊澤 등, 2002을 기본으로 그림).

14 삼첩기로 불리기도 한다.

의 양치식물을 대신하여 겉씨식물인 은행류와 침엽수류가 새롭게 번성하게 되었다. 이들은 나중에 속씨식물의 커다란 번성으로 연결될 수 있는 토대를 마련하게 된다. 동물도 식물도 PT경계를 기준으로 바다는 녹색에서 노란색의 세계로 변화되는 계기가 되었다.

화석기록으로 보면 고생대 바다는 녹색조류가 주역을 담당하였을 것으로 생각된다. 담록조류의 파이코마(phycoma, 일부 조류에서 만드는 두꺼운 벽을 가진 시스트 모양의 세포, 권두사진 16-11~14)의 화석이 다수 보고된다. 이에 대하여 중생대 이후 화석에 출현하는 주된 조류는 와편모조, 인편모조(착편모조) 그리고 규조이다. 모두가 엽록소 *a, c*를 가지는 이차공생 결과로 탄생한 이차식물에 해당한다(제12장). 이들 모든 조류는 안테나색소로 크산토필을 사용한다. 와편모조는 페리디닌, 착편모조는 후코크산틴과 19`-헥사노일·옥시후코크산틴 그리고 규조에서는 후코크산틴이다(제11장) 모두가 갈색이나 오랜색을 나타내는 조류로 중생대 이전에는 화석기록이 없는 새로운 그룹이 조류이다. 즉 PT경계를 기준으로 바다는 녹색에서 노란색으로 변화하였다는 것이 된다. 이들 와편모조, 착편모조, 규조는 현재의 바다에서도 기초생산의 주역을 담당하는 생물군이다. 그리고 남조와 담록조류로 구성되는 피코플랑크톤(picoplankton)은 현재에도 유광층 밑의 경계부근에 대량으로 출현한다. 즉 이들 조류군은 현재의 개방된 외양역의 생태계에서 매우 중요한 기초생산자의 역할을 수행하고 있다. 이들 모두가 고생대형 생물로 위치가 부여되고 있다. 때문에 지금의 바다를 개략적으로 보면, 유광층 상부의 표층은 현대형인 엽록소 *a, c*형의 조류가, 유광층 밑에는 피코빌린형, 엽록소 *a*형의 고대형 식물플랑크톤이 우점하는 플랑크톤 2층 연직구조를 형성하는 것을 알 수 있다. 현대의 조류세계를 이야기할 때 PT경계를 빼놓고는 설명할 수 없는 이유도 여기에 있다.

조류의 진화사에서 말하면 PT경계의 대변동은 바다가 녹색의 일차식물이 우점하였던 세계에서 와편모조와 착편모조 그리고 규조가 우점하는 변화를 가져온 사건이라 할 수 있다. 이들 새로운 조류는 모두 홍조의 이차공생에 의해 탄생한 이차식물이다. 때문에 이러한 의미로는 PT경계를 사이에 두고 바다의 색은 녹색에서 홍색/노란색으로 변화하였다고 할 수 있다. 녹색식물은 바다를 뛰쳐나와 육상에서 꽃을 피우는 속씨식물이라는 독자의 세계를 만든 것이 된다. 무엇이 이러한 변화를 만들게 되었을까? 다음 항에 등장하는 미국의 해양학자 팔코프스키(Paul G. Falkowski)의 말을 빌려 표현하면, Why is the land green and the ocean red?라고 하는 질문을 던지게 된다.

3. 노란색 바다

지금부터는 PT경계에서 현재에 이르는 2.5억년 사이, 지구에서는 어떠한 사건이 진행되었고, 현재 조류세계와 지구환경은 어떻게 해서 만들어 졌는가? 라고 하는 질문에 대해 팔코프스키의 논문을 참고하여 생각하여 보기로 한다. 일차식물인 녹조나 담록조류 및 홍조기원의 엽록체를 가진 이차식물(착편모조, 와편모조, 규조, 제12장)에 대한 비교가 주요 주제이기 때문에 일차식물을 녹색그룹, 이차식물을 홍색그룹(엽록소 *a, c* 및 갈색이나 등청색의 청록색 흡수색소를 가지는 것으로 실제의 색은 노란색이다)으로 구분하여 설명하기로 한다.

그림 15-6에는 트라이아스기 이후의 해수면 변동과 석회질플랑크톤(착편모조), 와편모조 그리고 규조의 다양성 변화를 나타내었다. 화석기록으로는 이들 홍색그룹 식물플랑크톤 출현과 다양성은 트라이아스기에 시작하여 다양성이 급격히 높아지게 되는 것은 쥬라기에 들어선 다음이라는 것을 알 수 있다. 즉 적응방산(適應放散, adaptive radiation)에 의한 진화가 진행되고 있는 것이다. 오랜 기간에 걸친 이 시대의 식물플랑크톤 다양화는 해수면 상승과 일치하고 있는 것을 읽을 수도 있다. 해수면 상승은 팡게아대륙이 분열하여 대서양이 만들어지는 시기에 해당한다. 이 그림에 고생대 바다의 주인공이었던 녹색그룹은 등장하지 않는다. 녹색그룹은 PT경계의 대멸종에 의해 다소의 종을 남기고는 모두가 바다에서 사라졌기 때문이다.

6,500만년 이전 시기에 유카탄반도에 운석이 떨어졌다. 이것이 백악기와 제3기(KT: Cretaceous-Tertiary, K는 독일어 Kreide에서)의 경계로 KT경계(Cretaceous-Tertiary boundary)의 대량멸종을 발생시켰다(산소결핍이 원인이라는 설도 있음). 공룡을 멸종시킨 것으로 잘 알려진 사건이다. 지구과학에

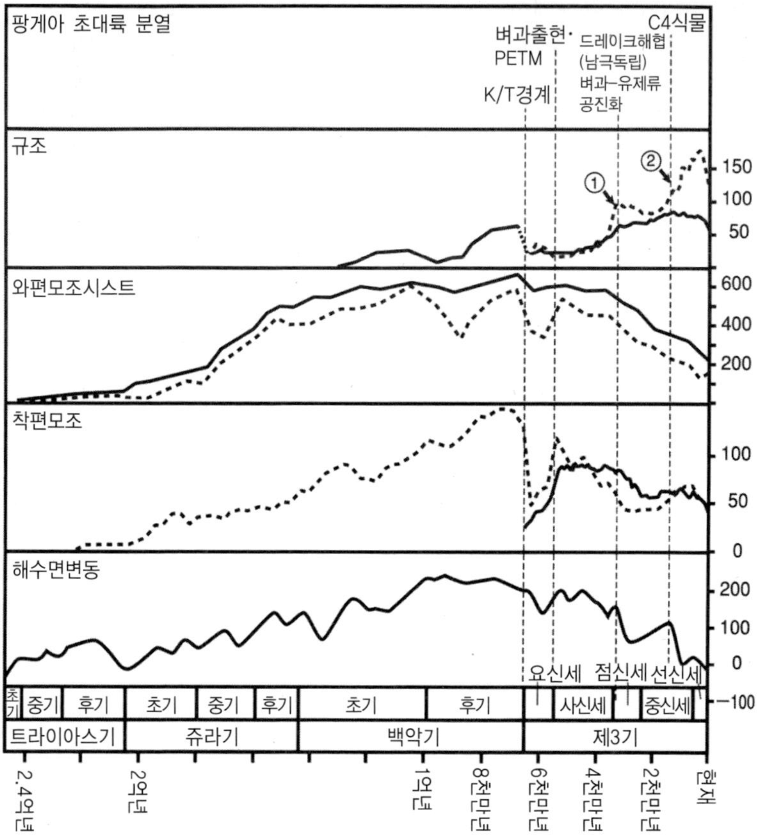

그림 15-6. 중생대 이후의 식물플랑크톤 다양성의 추이와 해수면 변동. 파선은 종이 다양성, 실선은 속의 다양성을 나타낸다(Falkowski et al., 2004을 기본으로 그림).

서는 이 때를 중생대와 고생대의 경계(KT경계)로 정의한다. 당연한 일이지만 조류에도 커다란 타격을 입혀 다양성이 급격하게 감소하게 된다. 그림 15-6에서 특히 착편모조에 영향이 심했던 것을 알 수 있다. 와편모조와 착편모조는 신생대 초기(5,500만년 이전)에 다양성이 다소 회복되고 있지만, 그 이후 현재까지 긴 조락(凋落)의 길을 걷고 있다, 이것에 반해 KT멸종 사건 이후에 규조는 다양성을 증가시키고 있다. 결국 현재의 바다에서 규조는 바다 식물플랑크톤의 주역으로 약진할 수 있는 계기를 마련한 것이다. 어떠한 인자가 이러한 변화를 발생시키고 있는 것일까? 팔코프스키는 이 문제에 대해서 다음

3개의 의문을 던지고 그에 대한 답을 고찰하고 있다.

의문 1. 중생대 초기에 녹색그룹이 해양에서 생태적 우위성을 잃게 한 것은 무엇이었을까? 중생대에 홍색그룹 출현은 내구성 시스트를 가질 수 있도록 진화하였기 때문이라는 생각이다. 그러나 고생대의 바다 주역이었던 녹색그룹의 담록조류도 파이코마라고 하는 내구성 세포를 만들고 있었기에 이러한 원인만으로 단순하게 보기는 어렵다. 한편으로 PT경계의 해면상승에서 원인을 찾고자 하는 생각도 있다. 그러나 캄브리아와 오도비스기(ordovician) 경계의 멸종에서도 해수면이 상승하였지만, 홍색그룹의 진화와 다양성은 발생하지 않았다는 전례가 있다. 따라서 중생대의 바다는 고생대 바다와 무엇인가 차이가 있다고 생각되지만 그것은 무엇일까?

의문 2. 무엇이 중생대 바다에서 와편모조와 착편모조의 다양성을 촉진시켰고 왜 규조의 다양성은 촉진되지 않았던 것일까? 한편으로 신생대 바다는 무엇 때문에 와편모조와 착편모조를 조락의 길로 떨어뜨리고 규조를 번영시키게 되었을까?

의문 3. KT멸종 이후의 신생대에 육상식물은 왜 바다의 녹색그룹과 같은 운명의 길을 밟지 않게 되었을까? 이것은 무엇 때문에 육상은 녹색을 유지하여 존속되고 있는 것에 반해, 바다는 빨강색으로 변하게 되었을까?(홍조기원의 엽록체를 가진 이차식물로 변하였을까?) 라고 하는 질문으로 대처할 수 있다. 즉 Why is the green land and the ocean red? 이다.

녹색그룹과 홍색그룹의 가장 현저한 차이는 광합성 색소이다(제11장). 그렇기 때문에 직접적인 원인은 빛 이용효율의 차이에 있다고 생각할 수 있다. 그러나 많은 담록조류는 홍색그룹과 마찬가지로 청록색 광 흡수색소를 가지고 있으며, 현재의 바다에도 담록조류 피코플랑크톤은 남조의 피코플랑크톤과 함께 유광층 아랫부분에 농밀하게 서식하고 있다(제6장). 때문에 식물플랑크톤의 교대/천이의 주인공이 빛 이용효율만으로 생각하기는 어렵다는 것이다. 의문 1에 대한 팔코프스키 등의 고찰은 다음과 같다. 고생대와 중생대의 바다에는 어떠한 차이가 있었을까? 힌트는 현생 식물플랑크톤 원소의 이용비율에 숨겨져 있다.

바다의 식물플랑크톤은 성장에 필요한 원소를 일정한 비율로 흡수한다. 탄소 : 질소 : 인 = 125 : 16 : 1(원자수비)로서 이들 원소의 해수 중의 표준적인 비 (106 : 16 : 1, 레드필드비)에 가깝다(제6장). 해수에 서식하는 식물플랑크톤을 통합적으로 측정하면 이 값이 된다. 분류군에 따라 얼마간의 차이는 있지만, 대략적으로 현재 바다의 원소조성에 대응하고 있다고 할 수 있다. 탄소, 질소, 인의 비율이 언제부터 현재의 조성으로 변화되어 있는지를 확실하게 알 수는 없지만, 녹색, 홍색 그룹 모두 현재 바다의 원소조성에 적응하고 있다고 할 수 있다.

미량원소는 어떤가? 철은 식물플랑크톤 성장에 가장 중요한 미량원소이다(제6장). 모든 산소발생형 광합성 생물은 성장을 위해 철과 망간을 요구하고 몰리브텐은 거의 필요로 하지 않는다. 그러나 지금까지 몇 번에 걸쳐 설명하였지만, 철은 지금의 바다에 가장 낮은 농도로 존재하는 원소 중의 하나이다(제6장). 한편으로 몰리브텐은 거의 이용되지 않은 원소이지만 현재 바다에 풍부하게 존재한다.

철과 망간 등 생명활동에 중요한 미량원소는 해수의 산화·환원반응에 민감하다. 지구 탄생에서 그리 멀지 않은 시대에 남조가 출현하여 산소가 해수에 방출되는 것에 따라 해수에 존재하였던 철은 수산화철로 침전되어 해수에서 제거되었다(25~18억년전). 그 결과 현재의 바다에는 철이 거의 존재하지 않는다(제6장). 풍부한 철을 가지던 해수는 호상철광산 형성이 완료되는 18억년보다 이전의 일이다. 당시 바다는 환원상태에 있었기에 철과 망간이 대량으로 녹아 있는 반면, 몰리브덴이나 구리 기타의 천이원소의 용해도는 낮았을 것으로 판단된다. 이러한 내용으로부터 현재 식물플랑크톤이 미량원소 이용 형태의 성립은 산소발생형 광합성 생물이 탄생한 원생대 초기 바다까지 거슬러 올라가간다고 할 수 있다. 즉 미량원소의 이용비율은 광합성 진화초기에 확립되어 지금까지 유지되고 있는 것으로 해석할 수 있다. 현재의 식물플랑크톤에 의한 미량원소 이용비율은 오히려 지각의 원소조성에 유사하다. 이것도 미량원소 이용 진화가 지각의 형성될 시기와 같은 환원적 환경에서 발생한 것임을 나타내는 내용이다.

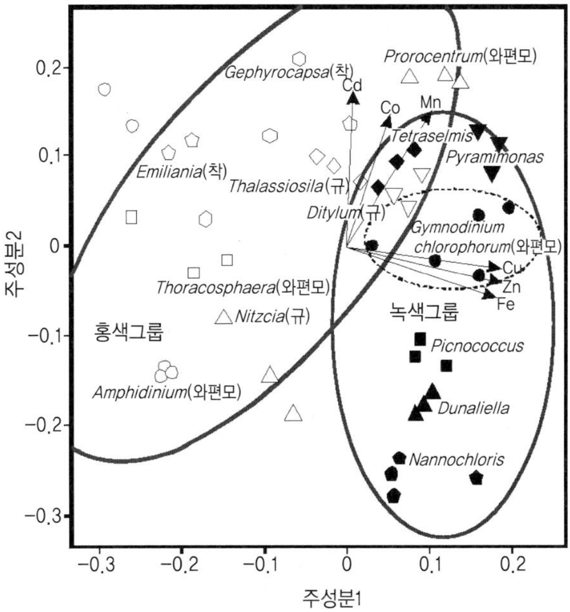

그림 15-7. 녹색그룹과 홍색그룹의 미량원소 이용에 대한 주성분분석. 하얀색 기호: 홍색그룹, 검은색 기호: 녹색 그룹. 각의 심볼은 종을 나타낸다. 종명 뒤의 괄호는 문 또는 강을 나타낸다. 녹: 녹조강, 프: 담록조강, 와편모: 와편모조식물, 규: 규조강, 착: 착편모조강(Quigg *et al.*, 2003,을 기본으로 그림)

그림 15-7에는 미량원소의 이용과 식물플랑크톤 분류군 관계에 대한 주성분 분석의 결과이다. 녹색그룹과 홍색그룹이 각각 통합된 그룹을 만들고 있는 것이 분명하게 나타나있다. 녹색그룹을 통합하는 주요한 성분은 철, 구리, 아연이고, 홍색그룹을 통합하는 것은 카드늄, 코발트, 망간이다. 철과 망간은 모두 조류가 이용하기 때문에 홍조그룹은 카드늄과 코발트의 이용률이 상대적으로 높은 것을 의미한다. 그런데 홍조그룹의 일원인 와편모조에는 이차공생에 의해 녹조식물 유래의 엽록체를 획득한 종이 있다(제12장). 흥미로운 것은 그림에서 녹조의 공생체를 가진 와편모조 *Gymnodinium chlorophorum*만이 홍조그룹에 속한다는 것이다(그림 속의 점선). 기타 홍조유래의 엽록체를 가지는 와편모조는 홍조그룹에 포함되어 있다. 이것은 미량원소 이용 프로필의 차이는 세포전체가 아닌 엽록체가 이용하는 미량원소 비율의 차이에 원인이 있

다는 것을 의미한다고 할 수 있다. 때문에 일차식물인 녹색그룹과 이차식물인 홍색그룹 사이의 미량원소 이용비율 차이는 각각 공생할 때의 엽록소와 광합성에 대한 선택압력의 차이를 반영하고 있는 것으로 이해하여야만 할 것이다.

초산소결핍사건에 의한 PT멸종 이후 바다는 강한 산화환경으로 변하였기 때문에 철과 망간의 농도는 낮아지고, 카드늄과 코발트 농도는 비교적 높게 변한 것으로 생각할 수 있다. 홍색그룹의 엽록체를 가지고 철, 망간에 대하여 상대적으로 낮은 요구성과 코발트나 카드늄에 대하여 상대적으로 높은 요구성은 현생대(顯生代) 후반의 산화상태 해양환경에 대한 광합성 및 관련 단백질 적응에 의해 획득된 것으로 해석된다. 즉 PT경계를 지나면서 바다를 노란색으로 변화시킨 것은 홍색그룹 엽록체가 이차공생 과정에서 강한 산화적 환경에 적응하였기 때문이라는 것이다. 이것에 대하여 녹색그룹은 일차공생 시기의 성질을 그 대로 남겨두면서 현재에 이르고 있는 것으로 생각되어 진다.

여기에서 문제가 되는 것은 이차공생의 시기와 횟수이다. 규조와 마찬가지로 부등편모식물에 속하는 바우케리아(*Vaucheria*)로 동정되는 화석이 고생대 지층에 출현한다. 이 종의 분자시계를 보정한 분자계통수에서 홍조그룹의 이차공생은 PT 경계보다 훨씬 오래전이라는 결과도 얻어지고 있다. 이차공생의 횟수에 대해서도 홍조기원의 엽록체는 단일기원이라는 자료도 있고(제13장), 크로말베오라타 가설(제13장)이 지지를 받고 있다. 그러나 아직 이들 모두에 대한 충분한 증거는 없는 실정이다. 팔코프스키 등의 주장은 충분히 가능한 시나리오로로 받아드려야 할 것이다. PT경계를 사이에 두고 바다가 노란색(공생체의 기원으로 말하면 빨강색)으로 변하게 된 원인의 해명은 현재 생물세계의 구성을 이해하기 위해서는 반드시 해결되어야만 하는 중요한 과제이다.

4. 와편모조 vs 착편모조 vs 규조

앞 절에서 두 번째의 질문, 중생대에 와편모조와 착편모조가 번영하였지만, 규조가 번영하지 못한 이유는 왜일까? 그리고 신생대에 이러한 현상이 역전되는 것은 왜일까? 그 원인은 이들 3개의 식물플랑크톤 분류군이 가지는 생리적 성질의 차이에 감추어져 있을 가능성이 높다고 한다.

많은 와편모조는 광합성을 하고 있지만, 동시에 용존 또는 입자형태의 유기물을 이용한다. 이러한 혼합영양(제3장)은 많은 조류군이 채택하고 있는 영양양식이다. 하지만 와편모조에서 특히 현저하다. 다른 조류군과 비교하여도 압도적으로 많은 와편모조에서 에너지 획득이 보조적 수단으로 혼합영양을 이용한다. 혼합영양은 무기영양염 농도가 낮고 상대적으로 유기질소나 인 농도가 높은 빈영양 해역이나 용존 또는 입자형태의 유기물이 많은 연안에서는 매우 유효한 에너지 획득수단이 된다. 쥬라기와 백악기의 해면상승은 이러한 환경을 발생시켜 와편모조 성장을 유리하게 하였던 것으로 추정된다. 이 시대는 완만한 열염순환으로 대부분의 판탈라사해(Panthalassa)는 열대와 아열대의 빈영양 환경을 유지하고 있었다. 이러한 환경도 와편모조의 번영을 후원했을 것으로 생각된다. 열염순환(熱鹽循環, thermohalinie circulation)이란 온도차와 염분차에 의해 발생하는 해류의 대순환을 말하는 것으로 제6장에서 설명하였던 표층해수의 대순환이 여기에 해당한다.

현재 많은 착편모조는 중영양 또는 빈영양 환경인 아열대해역에 넓게 분포한다. 그러나 인편모조의 대표격인 *Emiliania huxleyi*(권두사진 7-1)과 *Coccolithus pelagicus*(권두사진 7-4)는 중위도에서 대발생을 한다. 일반적으로 착편모조는 질소와 인에 대한 친화성이 높으며, 빈영양 해역에서 이들 원소를 유효하게 이용할 수 있는 능력을 가진다. 때문에 봄 규조의 대발생 이후에 해수의 혼합층 수심이 감소하고 일조시간이 증가하면서 질소, 인 농도가 감소하는 조건이 만들어지게 되어 착편모조의 대발생이 관찰된다(제6장). 즉 혼합에 의한 영양염 공급이 부족하게 되고, 바다가 따뜻해지면 규조 증식은 감소하지만, 착편모조 증식은 활발하게 된다는 것이다.

규조의 최대 특징은 무기규산인 규소를 필요로 한다는 것이다. 규소는 암석의 풍화에 의해 바다에 공급되지만, 지금 바다에는 공급된 규소가 규조에 의해 소비되기 때문에 규소 불포화 상태가 유지 된다. 일반적인 규조는 연안성으로 육지나 용승류에 의해 공급된 규소를 이용하기에 대륙연안에서 대발생을 한다. 또 다른 규조의 특징은 영양염 저장포(nutrient storage vesicle)를 가진다는 것이다. 이 소포는 세포체적의 35%를 차지하여 질소나 인을 높은 농도로 저장할 수 있다. 규조는 외부에서 무기영양염을 흡수하고 저장하는 것으로서 경쟁자보다 우위에 설 수 있는 잠재적 능력을 가진다. 이러한 규조에게 호적한 환경은 영양염이 단속적이면서 더욱 빈번하게 공급되는 해역 즉 해수혼합이 크고 영양염 공급이 큰 연안해역이다. 규조와 착편모조의 경쟁은 자원 확보를 둘러싼 모델로서 설명이 가능하며, 혼합이 큰 해역에서 규조는 착편모조보다 경쟁에서 우위를 확보한다. 즉 이러한 조건에서 규조의 영양염 저장에 의한 영양염 축적능력은 최대로 발휘될 수 있기 때문이다. 착편모조는 반대로 혼합이 적고 온화한 환경에서 우위를 확보한다.

그림 15-6에서 규조의 다양화가 몇 번인가 단속적으로 진행되어 있는 것을 알 수 있다. 제1 피크는 신생대의 시신세 후기에 속 수준의 다양화이다. 착편모조와 와편모조가 상대적으로 다양성이 낮아지는 시기로서 신생대를 통해 계속적으로 해수면 하강과 대륙붕 감소가 시작되었던 시기에 해당한다. 이러한 일치는 판구조론이 규조의 진화에 크게 관여하고 있음을 나타낸다. 종 수준의 규조 다양화는 두개의 피크가 보여 진다. 시신세와 점심세 경계에서 단기간의 다양화(그림 15-6에서 ①)와 중신세에서 현재까지 지속되는 다양화(그림 15-6에서 ②)이다. 이것은 판구조와 대륙부의 감소와는 다른 또 다른 무엇인가가 규조의 다양화에 중요한 역할을 하고 있다는 것을 의미한다. 중생대에서 신생대에 걸쳐서 이들 3개 조류군의 영고성쇠에는 판구조와 기후변동 그리고 바다와 육지에 관련하여 진행된 생물진화에 크게 관여하고 있다.

5. 또 하나의 만다라

제6장에서 설명한 마르갈레프(Margalef)의 만다라에서는 3개의 주요 조류군 사이의 경쟁은 영양염 농도와 해수 혼합으로 설명되었다. 팔코프스키 등은 이 만다라를 지질년대로 거슬러 올라가 중생대에서 신생대를 걸쳐 오늘에 이르는 시간대의 와편모조, 착편모조, 그리고 규조의 영고성쇠 과정의 변화를 설명하고 있다.

현재가 속하는 제4기 경신세는 빙기와 간빙기가 반복되었던 시대로 지금은 제4간빙기로 불린다. 바다 환경 입장에서 빙기란 어떠한 것일까? 제4기 경신세의 퇴적물에는 빙기와 간빙기에 대응한 단백석(opal)과 석탄(coal)이 상호교대로 층을 형성하고 있다. 퇴적하는 광물의 차이는 표층수의 혼합 차이와 그 때에 탁월하였던 생물군의 차이를 반영한다. 빙기의 기상은 강풍과 저위도와 고위도 사이의 커다란 온도차로 특징 지워지나, 이러한 교란 조건에서는 규조가 착편모조를 우선하였다. 한편 간빙기에는 바람이 약하고 위도 사이의 온도차이가 작기 때문에 표층혼합이 약하다. 이러한 조건은 착편모조 증식에 적합하다. 빙기와 간빙기는 각각 규조와 착편모조의 증식조건에 합치한다고 생각할 수 있다. 과거 300만년 사이에는 2만년에서 10만년의 주기로 발생하였던 기후변동이 규조와 착편모조의 경쟁에 크게 관여하였다는 것이다.

시대를 거슬러 올라가서 중생대에는 어떠하였을까? 중생대는 온난하였고, 해들리순환(Hadley circulation)이 존재하였다. 즉 대기 순환에서 적도부근의 따뜻한 공기가 상승기류를 만들어 상승한다. 상승한 공기는 남북의 극 방향으로 흐르다가 위도 30도 부근에서 하강류로 변화되어 지표로 내려온다. 지표로 하강한 공기는 지구자전의 전향력에 의한 코리올리 힘(Coriolis force)에 의해 동에서 서쪽으로 부는 무역풍이 되어 적도로 되돌아오는 대기의 대순환을 해들리순환이라고 한다(그림 15-8). 지금도 존재하는 대기 대순환의 주요한 요소이다. 중생대는 해들리순환에 의해 대기가 자주 혼합되었기 때문에 위도차에 따른 온도차가 작았을 것으로 생각된다. 때문에 해수도 혼합이 약한 온화한 환경이었을 것으로 생각된다. 착편모조에 최적의 서식환경이 형성되었

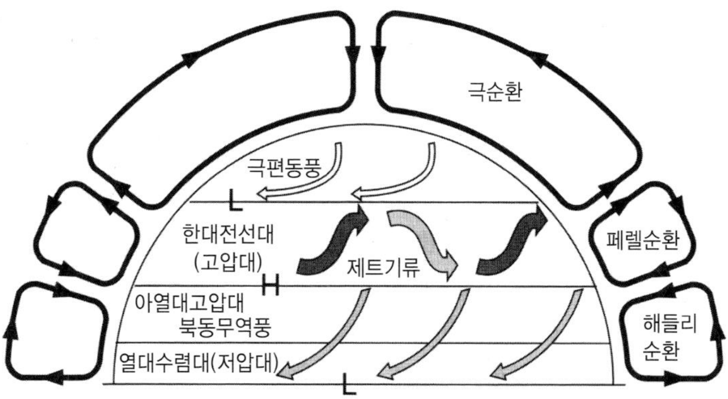

그림 15-8. 대기의 대순환. 바다 표층수의 혼합에 크게 영향을 미친다.

던 것이다.

그러나 신생대에 들어오면 시신세 중기에는 기후가 악화되었다. 시신세와 점신세의 경계(3,370만년 이전)까지로 남아메리카와 남극 사이에 드레이크해협(Drake Passage)이 만들어져 남극은 오스트레일리아와 남아메리카에서 떨어져 나갔다. 이 텍토닉이 남극주변의 바다혼합을 발생시켜 남극주변에 지구자전에 의한 남극순환해류(Antarctic Circumpolar Current)가 발생하게 되면서 온도격리가 발생하였다. 이 때문에 남극은 얼음으로 폐쇄된 대륙이 되었다. 한편으로 신생대 화산활동 쇠퇴는 오랜 기간에 걸친 이산화탄소 감소와 그에 따른 바다의 온도저하를 촉진시켰다. 이러한 지구화학적 변화에 의한 기후변화는 바다의 성층화를 촉진시켰고 그 결과 바람에 의한 용승류와 해수혼합으로 해양표층으로 영양염이 공급되게 되었다. 대기 중 이산화탄소 농도저하가 이 시기 남극의 얼음층 증가에 중요한 역할을 하였다고 할 수 있다. 해들리순환이 극적으로 변화한 결과 강한 열염순환이 발생하였다. 또 바람에 의한 해수 혼합이 증가하였다. 이러한 불안정한 해수표층 환경은 장기에 걸쳐 신생대 규조의 생태학적 우위를 불러오게 되었다.

텍토닉에 의해 발생하는 착편모조에서 규조 우위로 이행하는 과정은 그림 15-9의 만다라로 정리되었다. 판구조론이나 기후변동에는 주기가 있다. 하나는 윌슨주기(Wilson cycle)로서 대륙의 분열(해양판의 형성)에서 해양저의 확대, 대륙으로의 침입, 해양저 축소, 그리고 대륙충돌이라는 해양의 일생에 관련한 일연의 텍토닉에 관여하는 주기이다. 또 다른 하나는 지구의 공전궤도의 변화(10만년 주기), 지구자전축의 경사각의 변화(4만년 주기), 자전축의 세차운동(歲差運動, precessional motion, 2만년 주기) 등의 천문현상이 대양에서 열방사량을 좌우하고 있는 것으로서 밀란코비치 주기(Milinkovitch cycle)라고 한다. 이러한 천문학적, 지구물리학적인 인자가 발생시키는 주기적 변동에 의해 규조의 생육에 적합한 환경이 만들어지고 있는 것이 된다. 판구조론에 의한 판탈라사 바다와 판게아대륙에서 현재의 5대륙 5대양으로 변화하는 과정에서 해면하강(육지의 확대)이 발생하였고 암석이 풍화가 촉진되었다. 바다의 혼합과 영양염 농도는 위도 사이의 온도경사를 만들어 내었다. 또 빙기와 간빙기의 반복은 해수교란의 변동을 가져왔다. 이렇게 하여 해수 혼합의 증가

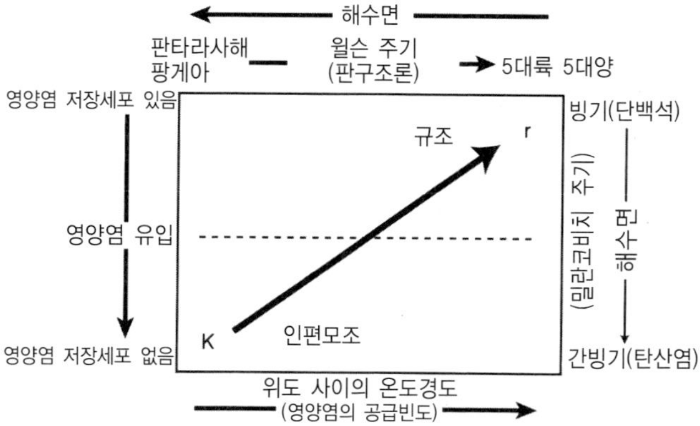

그림 15-9. 마르갈레프의 만다라를 확장한 것. 천문 및 지질학적 인자에 의한 혼합의 증가에 동반한 영양염 증가가 우점종을 K 전략자에서 r 전략자로 변화시킨다 (Falkowsky *et al.*, 2004에서 그림).

와 영양염 증가는 적응자를 K 전략자(착편모조)에서 r 전략자(규조)로 이동시키는 결과를 발생시켰다. 만다라는 식물플랑크톤의 영고성쇠가 우주와 지구의 변동에 좌우되고 있음을 나타내고 있다.

판구조와 밀란코비치 주기에 의한 기후변동만으로는 시신세와 점신세 경계 그리고 중신세 중기에 규조의 종이 급격한 적응방산을 충분하게 설명되지 않는다. 번영을 발생시킨 또 다른 인자는 무엇일까? 팔코프스키 등은 육지와 바다에서 생물의 공진화라는 시나리오로 설명을 시도하고 있다,

6. 벼과식물과 규조의 공진화

KT경계의 멸종사건에서 공룡을 시작으로 중생대에 번영하였던 많은 생물이 멸종되었다. 신생대 고제3기(6,500~2,400만년 이전)의 육상에서 생물진화의 최대 특징은 포유류와 조류, 속씨식물이 다양화되었고 현생 포유류의 많은 조상들이 출현한 것이다. 현재의 생물세계를 확립하는 과정이었다고 할 수 있다. 그런 중에 벼과식물이 최초로 출현한 것은 5,500만년 이전인 요신세와 시신세의 경계이다. 이 시대의 중요한 지질적 사건인 요신세/시신세의 돌출적 온난화 사건(PETM: Paleocene/Eocene Termal Maximum)이 발생한 시기

와 같다. PETM의 원인은 1,500 Gt의 메탄하이드레이트가 녹아서 대기 중으로 방출된 것이다. 때문에 단기적으로 지표는 5~7℃의 기온이 상승한 온난화가 진행되었다고 한다. 생물펌프(제6장)에 의한 작용으로 원래 이산화탄소 농도로 되돌리는데 3만년이 걸렸다고 한다. 이 온난한 시대에 보리나 벼 등 현재의 곡물을 제공하는 식물조상이 탄생하여 세력을 확장하게 된다.

남극의 빙층이 확립된 것에 의해 건조가 지표를 덮치게 되었다. 벼과식물은 소량으로 매우 제한적으로 서식하고 있었다. 그러나 320만년 이전인 시신세와 점신세 경계에서 일전하여 벼과식물 및 유제류(有蹄類, Ungulata)가 폭발적인 공진화가 시작되었다. 초식에 적합한 장관치형을 가진 유제류 출현과 벼과식물이 만드는 대량의 식물규산체(植物硅酸體, plant opal: 건조중량당 15%에 달한다) 출현 그리고 초원으로 확대되는 시기가 일치하였다. 벼과식물의 대량방산이 시작된 이 사건과 규조 속의 다양성 증가의 시기가 같다는 것이다. 여기서 육상 유제류와 벼과식물, 그리고 규조의 공진화 가설이 성립된다. 토양에서 벼과 식물로 규소이동이 증가하였고 이것이 물이나 바람에 의해 바다로 운반되어 규조가 이용할 수 있는 규소가 증가하였다고 생각할 수 있다. 높이가 낮은 벼과식물 초원은 1,700만년 이전까지 지표를 광범위하게 덮고 있었다. 최초는 C_3식물이 중심이 되었지만, 중신세 후기에는 C_4식물로 이행되었다. 신제3기에 보이는 규조 종 수준의 다양성 확대가 육지에서 벼과식물의 진화에 대응하고 있는 것이다.

C_3식물과 C_4식물에 대해서는 조금 설명이 필요하다. C_4식물이란 CO_2를 고정하는 칼빈-벤손(Calvin-Benson cycle) 이외에 칼빈-벤손 회로 C_4경로라는 CO_2를 농축하는 구조를 가진 식물을 말한다. C_4의 이름은 이 경로에서 탄소 4개로 된 옥살로아세트산(oxaloacetic acid)을 생성하기 때문이다. 이것에 대하여 일반식물에서는 칼빈-벤손 회로에서 탄소수 3개의 글리세로인산(glycerophosphoric acid) 3인산을 생성하고 있기 때문에 C_4식물에 대하여 C_3식물이라고 부르고 있다. 그림 15-10과 같이 C_4식물에서는 CO_2고정에 두 종류의 세포가 관여한다. 기공에서 흡수된 CO_2는 우선 엽육세포(mesophyll cell)에서 중탄산이온(HCO_3^-)으로 변화되며, 이때 CO_2 농축 효소인 탄산무수화화효소(carbonic anhydrase)가 역할을 한다. 다음에 포스포에놀피루브산(PEP:

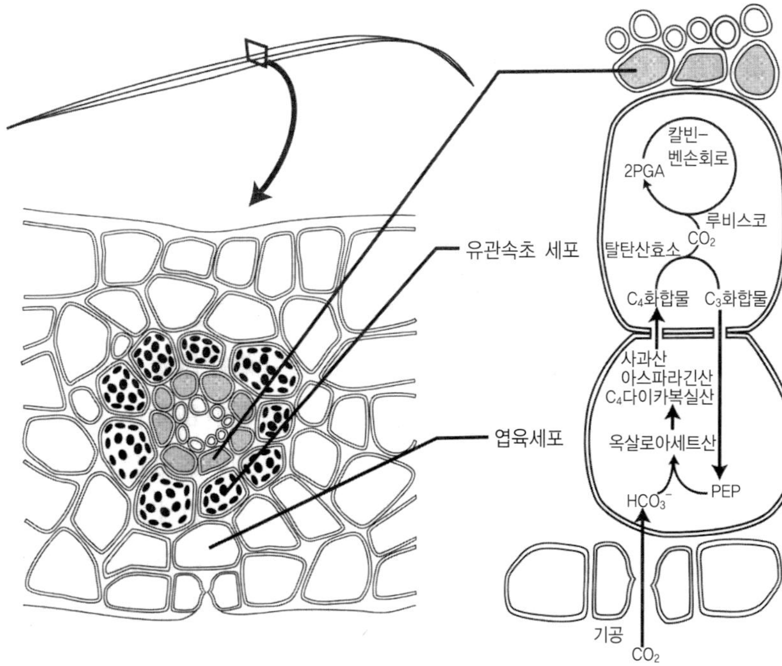

그림 15-10. C_4식물의 탄소동화. 외계에서 받아드린 CO_2는 탄소 4개 화합물인 사과산 형태로 칼빈-벤손 회로로 보내진다. C_4경로는 엽육세포로 최종적인 CO_2 고정은 유관속초 세포에서 진행된다.

phosphoenolpyruvic acid)과 중탄산이온에서 옥살로아세트산(oxaloacetic acid)을 생성하는 것으로 이산화탄소를 고정한다. 옥살로아세트산은 이후 사과산이나 아스파라긴산(asparaginic acid, 종류에 따라 다르다)을 경유하여 유관속을 싸고 있는 세포(유관속초 세포, bundle sheath cell)로 운반된다. 그곳에서 탈탄산효소의 역할에 의해 이산화탄소가 재차 방출된다. 이 이산화탄소가 칼빈 회로에서 재차 고정된다. 이와 같이 C_4식물은 통상 각각의 세포가 담당하고 있는 광화학계에 관련되는 반응(광반응, 명반응)과 이산화탄소의 고정(암반응)을 두개의 세포에서 분업하고 있는 것이 된다. 녹색식물에서는 광화학계 Ⅱ는 주로 엽록체의 그라나(grana: 원반상의 틸라코이드막이 고밀도로 중첩되어 있는 부분)에 집중하여 존재한다. 엽육세포의 엽록체에서는 그라나의 구조가 매우 발달되어 있다. 이것에 반하여 유관속초 세포의 엽록체에는 그라나가 거의 없고, 대부분은 스토로마라멜라가 차지한다. 이들은 광화학계 I과 ATP합성에 깊게 관여한다. 그러나 어떻든지 C_4식물은 최종적으로는 칼빈-벤손 회로에서 이산화탄소를 재고정하기에 이 점은 다른 식물과 차이가 없다. 이러한 필요없어 보이는 일에 분업을 하는 것에는 이유가 있다. 고온, 강한 빛 조건에서는 광화학계 II 에서 물 분해가 과잉으로 이루어지기 때문에 효소가 증가하여 활성산소가 발생하게 되고, 결과 광 저해(光阻害, photoinhibition)가 발생한다. 이것을 피하기 위한 다양한 방안이 작용되고 있으며, 그 중 하나가 광 호흡이다. 칼빈-벤손 회로에서 이산화탄소를 고정하는 역할을 가진 효소 루비스코가 이산화탄소 대신에 산소와 결합한다. 광 호흡(光呼吸, photorespiration)은 광합성의 광화학계와 이산화탄소의 고정을 동일 세포에서 실시하기 때문에 발생하는 현상이다. 이것을 피하기 위해서는 광반응에서 루비스코를 떼어내면 된다. C_4식물은 광화학계를 엽육세포로 칼빈-벤손 회로를 유관속초 세포에서 분리하여 실시하고 있다. C_4회로의 역할에 의해 유관속초 세포의 이산화탄소 분압이 높아지기 때문에 루비스코는 광 호흡으로 함몰되는 일 없이 이산화탄소 고정이 가능하게 된다. C_4경로는 이산화탄소의 농축기구로서 역할과 칼빈-벤손 회로를 효율적으로 회전시키는 역할을 하고 있는 것이다.

C_4식물은 옥수수나 사탕수수 등 벼과나 비름과(Amaranthaceae) 식물로 분포한다. 단 같은 벼과에서도 벼나 밀은 C_3식물이며 C_4식물은 잡곡류에 많다. C_4식물의 기원은 백악기로 거슬러 올라갈 것으로 생각되지만, 신생대 700만 년 이전부터 급격하게 번영하였다. 대략 대기 중 이산화탄소 농도가 현저하게 감소한 시기와 중첩되고 있는 것에서 이산화탄소 변화에 적응하여 진화한 것으로 생각되고 있다. 건조에 대한 적응이라는 해석도 있지만, 어찌되었든 신생대는 벼과식물의 대방산에 크게 공헌하였다.

덧붙여 CAM식물에 대해서도 설명해 둔다. C_3, C_4식물과 CAM식물은 세트로 이해하는 것이 좋다. CAM(crassulacean acid metabokism)식물은 돌나물과(Crassulaceae)에서 관찰되는 유기산대사를 말한다. 선인장과(Cactaceae)나 대극과(Euphorbiaceask)에서도 관찰되는 다육식물의 일반적인 특징이다. CAM식물은 야간에 기공을 열고는 이산화탄소를 받아들여 중탄산이온으로 변화시키고는 PEP(포스포에놀피루브산)와 결합하여 옥살로아세트산을 생성한다. 다음에 이것을 사과산으로 변화시켜 액포에 저장한다. 햇빛이 닫으면 기공을 닫고 수분증발을 방지한다. 그리고 야간에 축적된 사과산은 피루브산(pyruvic acid)과 이산화탄소로 분해시켜 이산화탄소가 칼빈-벤손 회로에서 재고정 된다. C_4식물과 유사하지만, C_4식물이 엽육세포 및 유관속초 세포가 같은 장소에서 분업을 하는 것에 반하여 CAM식물은 야간과 주간이라는 시간 차이를 둔다는 점이 다르다. 멋있는 분업이지만 야간에 축적할 수 있는 이산화탄소에는 한계가 있다. 때문에 전체적으로 보면 좋은 효율을 나타낸다고 할 수는 없다. 주간에 기공을 열면 이산화탄소를 받아들일 수 있지만 동시에 증산에 의해 많은 수분을 잃게 된다. CAM식물은 광합성 효율을 희생하여 건조라고 하는 가혹한 환경에 적응한 고육지책의 결과라고 할 수 있다.

이야기를 다시 앞으로 되돌리자. 유제류와 벼과식물의 공진화가 규조진화를 가져오게 되었고, 그 이후에 규조가 우세하게 되었다는 시나리오는 있을 법한 일이다. 지구환경 전체에서 보면 벼과식물과 규조세력이 확대된 것이 과거 5,500만년 사이의 대기 중의 이산화탄소 농도를 낮추는 역할을 하였다고 생각된다. 이러한 내용이 해수 혼합을 도와 와편모조 및 착편모조와의 경쟁에서 규조는 더욱 우세한 위치를 차지하게 되었던 것이다. 신생대는 벼과를 대표로 하는 속씨식물과 규조를 대표로 하는 홍조그룹이 육지와 바다를 양분하고 있었다. 그리고 이 도식은 현재까지도 계속되고 있는 것이다. 이것이 산소발생형 광합성 생물의 우세도로 살펴본 지금의 지구 모습이다.

제16장

원생생물학의 르네상스

지금까지 원시 남조의 등장에서 규조가 번성하는 현대의 바다까지 30억년 동안 조류를 둘러싼 생명의 역사를 다양한 측면에서 살펴보았다. 조류라는 생물군은 한 줄기의 생물진화가 아닌 매우 다채로운 얼굴을 하고 있다는 것을 알 수 있었을 것이다. 오랜 역사 속에 조류는 지구환경의 형성과 변화에 깊게 관여하였고, 각 과정에서 커다란 역할을 수행하여 왔다. 그러나 이렇게 된다면 조류에 대한 모든 이해는 현재시점에서 매우 단편적인 것이 되어버린다. 때문에 이 마지막 장은 조류와 조류진화에 깊게 관여하는 원생생물학(protistology)의 필요성과 중요성을 지적하여 두고자 한다.

1. 마이어 vs 우즈

마이어(Ernst Mayer)는 20세기를 대표하는 진화생물학의 거두이다. 진화적 관점에서 새(鳥類)를 분류하였다. 종이란 무엇인가에 대하여 생물학적 종 개념의 확립에 공헌하였다. 또 지리적인 단절에 의하여 생식적인 격리가 발생하며 그 결과로 종이 분화한다. 즉 서식지 차이에 따른 종 분화 이론을 발전시키기도 하였다. 최근까지 하버드대학의 명예교수로 활발한 활동을 하다가 2005년 2월 서거하였다. 한편 우즈(Carl R. Woese)는 제7장에 등장한 생물계의 3도메인 설을 제창한 학자로서 분자계통학의 선구자이다. 두 사람 모두 생물다양성 연구의 거인이라 할 수 있다. 이 마이어가 우즈의 3도메인 설을 반박하고 나선 것이다.

마이어는 진정세균과 아키아 사이의 표현형과 유전적 차이는 원핵생물과 진핵생물의 차이로 비교할 수 없다. 따라서 독립된 분류군으로 인식할 수 없다. 우즈가 30년 동안 구축한 새로운 생물관을 정면으로 부정하는 주장을 한 것이다. 마이어 입장은 다음과 같다. 우선 생물분류학은 도서관의 장서목록을 만드는 것과 같다. 때문에 생물은 형태의 유사성을 기준으로 정리되어야만 하며, 생물분류는 이해하기 쉽고 사용하기 쉬운 균형을 갖추어야만 된다. 라고 하는 주장이다. 지금까지 기재되었던 원핵생물은 진정세균에서 약 일만 종에 가깝지만, 아케아는 200종에 지나지 않는다. 이 두 그룹을 합해도 조류(새)라고 하는 분류군의 종수에 조차 훨씬 못 미치는 값이다. 더욱이 200만종 이상이라는 곤충과 비교하면 제로에 가깝다. 그러면서 마이아는 진핵생물은 단지 핵막을 가지고 유사분열을 한다는 것만으로 원핵생물과 구분되는 것은 아니다. 믿을 수 없을 정도의 다양성을 만들어 낸다는 점에서 다른 것과 차별화된다. 즉 마이어는 간단하게 진핵생물을 고작 200종에 지나지 않은 아케아 등과 동등하게 취급할 수는 없다는 것이었다. 진핵생물의 세계는 원핵생물과 비교할 수 없을 정도로 다양하며 진핵생물이야 말로 가장 중요하다. 때문에 사람들은 생물을 생각할 때 새나 곤충, 나무나 풀을 머리에 떠오르게 되는 것이지, 세균 등이 떠오르지는 않는다고 하였다. 다소 과격한 논조이다.

우즈는 마이어의 이러한 주장에 대해 바로 반론을 전개하였다. 마이어와 우즈의 견해 차이는 분류군을 어떻게 취급하느냐의 문제가 아니라 생물학에 대한 근본적인 생각이 차이라고 할 수 있을 것이다. 얄궂은 것은 우즈가 생물학적 종 개념의 대가에게 생물분류는 진화를 반영한 검증 가능한 것이라야만 된다고 설교하고 있는 것이다. 다음으로는 많은 생물학자가 이해하는 또는 생각하는 미생물의 세계와 현실적인 미생물의 세계 사이에는 상상 이상으로 커다란 차이가 있다는 것을 지적하였다. 거대한 미생물 세계의 다양성에 대한 연구는 고작 과거 수십 년에 지나지 않는다. 때문에 아직도 충분하게 미생물 세계는 해명되어 있지 않았으며, 연구의 진전에 따라서는 미생물 다양성이 더욱 크게 될 것이다. 라고 하는 것이다

우즈는 마이어가 주장하는 분류와 생물학은 다세포 생물을 중심으로 하는

것으로 그의 연구태도를 분석하고 있다. 그리고 마이어의 관심은 이른바 고등 동물군이 진화한 과거 수억 년에 일어난 일에 중점을 두고 있기에 연구대상이나 시야가 육안으로 확인되는 생물다양성에 한정된 것이라고 하였다. 그것에 반하여 우즈의 생물학 연구대상은 눈에 보이지 않은 분자이며 유전자로서 추정되는 생명의 역사이다. 따라서 대상은 38억 년 전 최초의 생명에서 만들어진 모든 생물군이다. 우즈는 "지구는 미생물 혹성"이라는 것을 주장한다. 미생물은 생물권과 생태계를 만들고 지탱하여 왔다. 철광산의 형성에 관여하였고 현재의 지구대기는 광합성 미생물의 대사를 반영하여 존재하고 있는 것이다. 때문에 미생물은 이른바 지구의 생화학 공장이며 거대한 생물에너지이라는 것이다. 다세포의 진핵생물도 미생물과 관계가 없다고 할 수 없다. 미생물에 의한 산소발생형 광합성이 산소호흡을 가져다주었고 진핵생물의 출현과 다세포화에 의해 동식물의 다양화가 가능하게 되었다. 동물도 식물도 미생물의 존재와 진화 없이는 출현하지 못하였을 것이다. 유전적 다양성으로 말하면 전체 생물다양성의 90%는 미생물에 의해 채워지고 있다. 그래서 현재 지구도 미생물은 눈에 보이지 않은 거대한 바이오메스로 존재하고 있다고 설명하였다. 중요한 것은 미생물은 생명탄생 이후 생물진화의 역사를 그들의 게놈과 세포구조, 그리고 다양한 대사와 기능 속에 집어넣고 있다는 것이다. 따라서 미생물은 생물진화를 이해하기 위한 보고로서 최전선의 연구대상이 되어야만 하는 존재라고 주장한다. 많은 미생물에 감추어진 진화의 비밀을 푸는 것, 예를 들면 인간게놈이 왜 그러한 구성을 하고 있는가를 이해할 수 있는 실마리가 제공될 수 있음에 틀림이 없다. 이른바 고등 동식물의 이해에는 미생물에 관한 지식이 큰 역할을 하고 있음에 틀림이 없다는 것이다. 때문에 미생물은 생물학 연구자에 있어 연구의 선생 또는 안내자로서 역할을 하고 있는 것으로 절대적으로 필요한 존재이다. 이러한 것이 우즈의 주장이다.

마이어가 사전에 원고를 우즈에게 보여 주었다는 사실이 기록되고 있는 것에서 이 논쟁은 계통학과 진화학에 대한 토의를 환기시키기 위한 합의된 광언과 지나친 억측이 가능하지 않았나 싶다. 그러나 우즈는 마이어 이전에도 같은 취지의 의견을 몇 번이고 표명하고 있었기 때문에 아마도 그러지는 않았을 것이다. 마이어 논지는 그때까지 생물학이 "고등한" 동·식물을 중심으로 진행되어 병원균이나 모델생물을 제외한 미생물에 대한 연구자의 관심이 희박하였던 것을 여실하게 증명하는 전형적인 사례라고 할 수 있다. 이 논쟁은 원핵생물에 두개의 큰 분류군을 인정할 것인가에 대한 가부 판단이 주제였지만, 내용은 다세포생물(육안으로 보이는 생물) vs 단세포생물(눈에 보이지 않은 생물)이라는 형식이 되어 있다. 우즈는 이 반론에서 진정세균과 아케아뿐만 아니라 아마도 진핵미생물도 염두에 두고 문장을 작성한 것으로 생각된다.

진핵미생물의 세계, 조류와 원핵생물의 세계도 사정은 매우 유사하다. 마이어의 의견은 생물분류에 대해 편견을 가진 생물학 연구자가 하는 말이다. 분류학이 우표수집과 무엇이 다른가 하는 의견, 생물분류는 이미 종료되었다고 하는 견해, 또는 속씨식물이나 조류(새), 포유류의 분류학자가 다소 편견과 모멸을 가지고 이끼나 조류 또는 무척추동물을 하등식물과 하등동물이라고 부르는 태도를 생각하게 한다. 마이어의 견해에서 생물분류는 사용하기 쉬우면서 편리한 것이 아니면 안 된다는 것으로 분류학의 목적 중 하나를 대변하고 있다. 하지만 우즈가 지적한 것처럼 미생물 또는 단세포생물에 대한 의식이 희박한 것을 부정할 수 없다. 진화생물학의 대가가 하는 말이라고는 생각되지 않지만, 머리에 조류(새)나 포유류 등이 가득 채워있게 되면 이러한 의견이 표출되어버리는 것인지도?

일본의 생물학에 대한 저자 자신의 감상도 우즈의 내용과 유사하다. 이 책에서도 몇 번이고 설명한 것처럼 진핵생물에서 최대의 다양성은 눈에 보이지 않는 미생물에 존재한다. 우리 자신을 포함한 후생동물은 깃편모충류(choanoflagellates)를 조상으로 하는 수십 개의 개성 넘치는 진핵생물 중에 하나일 뿐이다. 육상식물도 차축조강에 속하는 하나의 가지에 기원을 가지고 있다는 것도 이제는 의문의 여지가 없다. 후생동물을 진짜로 이해하기 위해서는 조상인 코아노조아(Choanozoa)를 중심으로 하는 진핵미생물에 대한 연구가 필연적이라고 할 수 있다. 한편 육상식물을 이해할 때에도 조류와 원생생물(protista)에 대한 지식 없이는 불가능하다. 물론 남조에 대한 이해는 엽록체라는 소기관의 존재 이유를 이해하기 위해서는 필연적이다. 또한 산소발생형 광합성의 진화사는 생물진화에 한정되지 않고 현재의 생물환경과 지구환경을 정확하게 이해하기 위해 필연적으로 알아야 하는 내용이라는 것은 두말할 필요도 없다. 최근 온난화 문제에 대한 해답도 이러한 연장선에서 찾을 수 있을 것이다. 생물계가 2개의 엠파이어(empire)인지, 아니면 3개의 도메인인지에 대한 계통수의 신뢰성에 대한 논의가 있었다(제9장). 아직도 결론이 매듭 되어 있다고는 생각되지 않기에 무엇이라 단연할 수가 없다. 그러나 저자는 미생물의 중요성에 대해 전면적으로 우즈의 의견을 따른다.

2. 게노믹스 및 프로테오믹스의 그늘

이전에 생화학이 생물학의 세계를 석권하였을 때, 생화학자들은 어깨에서 바람을 가르는 걸음걸이를 하였다. 생화학 진보에 따라 생물의 이해는 확실하게 발전되었다. 그들은 생화학이 모든 생명현상을 설명할 수 있을 것으로 믿었고 “생명은 산소 봉지에 지나지 않을 뿐이다”라고 잘라 말했던 적이 있다. 그러나 지금은 그것이 바른 것이 아니었다는 것을 확실히 인식하고 있다. 시간을 움직여 지금은 게노믹스(genomics)와 프로테오믹스(proteomics), 대사체학(metabolomics)이 꽃을 피우고 있는 시대이다. 게놈과 단백질을 알게 되면 생명을 이해할 수 있다고 이전의 생화학자들의 지껄임과 비슷한 주장을 하고 있다. 그러나 이것도 바른 내용은 아니라고 생각한다. 확실히 게노믹스는 지금까지 없었던 크나큰 성과를 창출하여 생물진화를 포함한 생물과학에 혁명적인 진보를 가져왔다. 유전자라는 설계도와 그 발현의 결과로 출현하는 형태 및 기능의 관계가 많은 부분을 해명할 수 있게 하였다. 그러나 그 사이를 연결하는 대사나 형태의 형성과정에 대한 많은 부분은 아직도 빈 상자로 남아 있다. 망라적인 유전자 해석에 의해 현재 유전자의 역할과 형태형성 및 기능을 불러오게 되는 생리작용에 까지 연구가 진행되고 있다. 이전의 생화학을 넘는 커다란 성과가 얻어진 것임에는 틀림이 없다. 더욱 크게 발전시켜야만 할 것이다. 그렇다 하더라도 아직도 게놈과 프로테롬(proteome)으로는 감당할 수 없는 영역이 존재한다.

단세포인 진핵생물로 이야기를 한정하기로 하자. 세포는 유전자와 단백질만으로 되어 있는 것이 아니다. 세포골격이나 핵이라고 하는 구조가 함께하여 처음으로 세포기능을 할 수 있는 고도로 복잡한 상호의존적인 시스템을 형성하는 것이다. 이런 구조에서도 편모와 편모장치가 세포의 주요활동에 큰 역할을 한다는 것에 더욱 주의하자. 세포형태의 유지, 세포 소기관의 배치, 물질수송, 핵분열과 세포질 분열 그리고 물론 편모에 의한 유영 등에 편모와 편모장치는 세트로서 기능을 하고 있다. 편모 및 중심자 자체는 다윈이 진화에서는 설명할 수 없다고 하여 빈 상자로 남겨둘 정도로 복잡한 구조이다. 300개 가까운 수의 구조단백질로 형성되어 있으며 그 형성에는 적어도 1000개 이상의 유전자가 관계하는 것으로 알려진다. 이에 대한 형태의 구조를 명확하게 해석하는 것만으로도 상상을 초월한다. 정신없을 정도의 프로테오믹스가 필요할 것이다. 그리고 이것이 중심이 되어 세포 속에서 펼쳐지는 골격형성 및 핵분열 등의 복잡한 현상에 대한 설명은 아직 거의 연구가 되어 있지 못한 실정이다. 세포는 이러한 다양한 기능이 외부의 환경변화에 질서정연하면서도 정확하게 반응하는 시스템이다. 이것이 다세포 개체가 되고 군집이 되면서 군락까지 형성되면, 유전자와는 별도 차원의 현상을 생각하여야만 한다. 필요하다면 생태학과 세포학, 생리학과 게노믹스, 프로테오믹스의 공동 작업이라고 할 수 있다. 저자는 조류, 나아가서 진핵생물을 이해하기 위해서는 편모와 편모장치를 중심으로 하는 세포학이 더욱 발전하여 이것에 게놈이나 프로테오믹스가 협력되어야 하는 것으로 생각하고 있다. 겉씨식물의 세포에는 중심체도 중심자도 존재하지 않지만, 바이콘트(bikont)의 세포시스템을 기원으로 하여 진화한 것이기에, 이들을 이해하기 위해서는 바이콘트 생물학의 발전이 필연적으로 이루어져야 한다.

유럽 및 미국에서는 생태학, 세포학, 계통분류학의 연구자와 생리·생화학, 분자생물학의 연구자가 진정한 의미에서 공동연구를 수행하고 있다. 공동연구의 범위는 생물학에 제한되지 않는다. 지구과학 및 해양학자까지 포함한 종합적인 연구가 약 20년 이전부터 추진되어 수행되고 있다. *Emiliania huxleyi*는 이 책에 몇 번이나 등장하는 착편모식물인 인편모조류 중에서도 가장 중요한 종으로 아마도 지구에서 가장 많은 개체수를 가지는 진핵조류일 것이다. 이 종을 공통의 대상으로 분자생물학에서 해양학 및 지구과학의 층서학과 기후학까지 광범위한 분야의 연구자가 지혜를 집약하여 바다에서 생물과 환경,

기후변동과 생물진화의 전모를 밝히고자 하는 시도를 하고 있는 것이다. Global *Emiliania* Modeling Initialive(GEM)라고 하는 프로젝트이다. 당시의 유럽공동체(EC)펀드로 운영되었다. 이후 EU펀드로서 Coccolithophorid Evolutionary Bio- diversity and Ecology Network(CODENET)라고 하는 프로젝트에 그 이념이 계승되어 2004년에 종료되었다. 이 두 프로젝트는 예상 이상의 성과를 도출하여 해양생물학과 해양화학의 크나큰 물결을 만들었다. 게놈과 세포와 환경응답, 생태 그리고 지구화학을 결합한 새로운 과학을 만들어 내었다. 우리는 이와 같은 대규모 프로젝트가 성립되는 것조차 상상하기 어렵다. 그러나 어찌되었든 부러운 생각을 하게 되는 것은 이 프로젝트를 통하여 생물학과 지구과학의 다양한 분야에 많은 우수한 연구자가 탄생하였다는 것이다. 다음 세대에 관련되는 많은 분야에서 우리는 상당한 고전을 면하기 어려울 것으로 생각된다. 아쉬움을 나타내는 부분이지만 아직도 우리의 과학행정에서는 EC나 EU가 추진하는 이러한 프로젝트를 제안하고 결단할 수 있는 철학과 역량은 준비되어 있지 못한 것으로 생각하게 된다. 연구자 입장에서도 수직적으로 연결되는 연구 분야 속에서 안락함을 추구하는 생활이 지속되고 있는 것 같다. 특히 금방 도움이 될 수 있는 성과를 기대하기 어려운 기초과학분야에서 독립된 분야가 힘을 합쳐야 하는 수평적 공동연구는 간단하게 진행되지 못하고 있다. 서구와 우리의 과학역사와 철학의 토양에 대한 차이를 절실하게 통감할 수밖에 없는 대목이다.

3. 새로운 박물학

20세기 후반처럼 진핵생물인 조류를 포함한 원생생물(原生生物, protista) 연구가 활발하게 수행되었던 시기는 없었을 것이다. 1673년 레벤후크가 현미경을 발명한 이후에 적충류(滴蟲類, infusoria)[15] 또는 원생생물은 다양하

15 현재는 거의 사용하지 않는 용어이다. 유기물을 함유한 수중에서 생활하는 미소한 동물군으로서 건초의 침출액(hay infusion)에 출현하기 때문에 붙인 이름이다. 1786년 최초로 레벤후크가 기재하였고, 라마르크에 의해 무척추동물을 구성하는 14강 중 하나로 분류하였다가 지금은 원생동물 섬모충강으로 되어있다.

면서 작은 단세포생물로서 수수께끼로 가득한 세계를 유지하면서 많은 선인들의 도전을 따돌렸다. 이후 300년의 시간이 흘러 세포구조와 생화학 그리고 분자생물학이라는 연구도구를 구비하고 출정하고서 결국 진핵미생물은 현대 생물과학의 사정권 속으로 들어오게 된 것이다. 20세기 후반은 마치 원생생물학(protistology)이 과학으로 꽃을 피워 진정한 진핵생물 다양성이 점차 밝혀지고 있는 시대라 할 수 있다. 결과로서 지금까지의 동물 vs 식물이라는 대극적인 생물관으로 쌓여있던 동물도 식물도 다수의 진핵미생물과 상호관계 속에서 이해하지 않으면 안 된다는 것은 의심할 수 없는 사실로 확립되었다. 이것은 린네가 생물세계를 정리하기 시작한 근대과학으로 생물학이 시작된 이후 생물관에 대한 개념을 바꾸는 최대의 혁명이라고 할 수 있을 것이다.

진핵미생물 연구 결과에서 생물학 전체에 영향을 미칠 수 있는 많은 발견이 계속 되고 있다. 지금은 분자생물학의 상식이 된 RNA편집은 운동핵편모충(kinetoplastid)류에서 발견되었다. 말단소체(telomere), 리보자임(ribozyme), 운동단백질(motor proteins)[16]은 섬모충에서 발견되었다. 센트린(centrin)[17]은 조류인 담록조에서 발견되었다. 지금 이들 모두는 진핵세포의 보편적인 요소로 이해되는 내용들이다. 진핵미생물의 연구는 생물학에 커다란 가능성을 숨겨두고 있는 것이다.

우즈의 미생물학은 생물과학의 선생이자 안내자의 역할을 담당한다고 하는 견해는 특히 원생생물에 커다란 의미를 내포한다. 인간의 이해를 위해서 후편모생물(opisthokonta)만으로는 충분할 수 없고, 깃편모충(choanoflagellata)을 포함한 코아노조아(choanozoa)의 진화에 대한 이해가 동시에 필요하다. 겉씨식물을 이해하기 위해서는 차축조의 이해와 함께 녹색식물을 포함하는 진핵생물의 거대계통군인 바이콘트(bikont)의 몸체 형성까지 거슬러서 이해할 필요가 있다. 진핵미생물의 연구는 후편모생물학과 바이콘트생물학이라는 새로운 분야의 문을 열게 하였다고 하여도 좋을 것이다.

진화적 관점에서 진핵생물을 생각할 수 있게 된 것은 분자계통학의 연구결

16 운동단백질(motor protein)로 쓰이기도 한다.

17 셉트린(centrin)은 중심체 단백질이라는 한자 용어가 쓰이기도 한다.

과이다. 이러한 결과 어렴풋하지만 진핵생물 전체의 모습이 보이기 시작하였다. 최근 출판된 많은 논문은 계통분류학과 생물진화학을 이전에 없던 매력적인 학문분야로 성장시키고 있다는 것을 표현하고 있다. 대항해시대에 박물학자는 미지의 지식과 자료를 유럽으로 가져가 사람들에게 지속적인 꿈과 야망을 제공하였다. 월리스나 다윈은 생물과 지리, 생물과 환경의 관계를 간파하여 진화론으로 생물학과 사회사상에 혁명을 불러 넣었다. 로망과 모험이 새로운 지식으로 결합된 시대였다. 21세기 현재에는 육안으로 보이는 동·식물에 대한 목록작성은 일부의 한 부분만을 남겨 놓고는 거의 완성되고 있다고 할 수 있다. 그러나 한번 뒤돌아서서 생각해 보자. 생명과학의 세기라고도 하는 이 시대를 사는 우리에게 한 방울의 물과 한줌의 흙 입자 속에 얼마만큼 많은 생물이 존재하고 있는 것일까? 현대 생물학은 아직도 이 질문에 대한 답을 준비하지 못하고 있다. 이러한 기막힌 일을 당신은 믿을 수 있을까! 실제 토양과 물 한 방울 속의 생물목록에 대해서는 아직 작성을 시작하지도 않았다는 것이다.

이전 박물학은 분자생물학에서 세포학, 고생물학까지 많은 분야의 지식을 통합하여 생물진화의 흔적을 더듬어 가면서 종합적인 과학으로 지속적인 변화를 도모하고 있다. 상상력과 창조력이 요구되는 자연과학 분야이다. 이전의 탐험과 같이 어려움을 꺾으면서 험난한 장소나 심해까지 반드시 가야할 필요는 없다(물론 이와 같은 지구전체의 탐험도 중요하다). 발견의 대상은 연못의 물, 정원의 흙, 한줌의 해안의 모래 속에 얼마든지 존재한다. 새로운 박물학(博物學, natural history)은 주로 실험실과 배양실 작업으로 진행되게 될 것이다. 40억년의 생물진화를 재구축하는 작업이다. 그 중에서 조류와 원핵생물의 박물학은 조류 30억년의 발자취를 세포공생으로 공진화 과정과 지구사의 연결로서 재구축하는 역할을 담당하고 있다.

4. 원생생물: 생물학, 지구과학의 빈 공간

조류와 원생생물의 세계는 지금 새로운 발견의 시대에 들어섰다. 바다, 호소, 토양에서 게놈 DNA를 직접 채취하여 게놈 라이브러리를 구축하여 미생물의 다양성을 찾는 움직임이 활발하다. 아무래도 환경 중에는 이미 알려져 있는 어떤 진핵생물의 상위 계통군에도 소속되지 않는 수수께끼 생물들이 많이 존재하고 있다. 환경게놈의 해석으로 알려져 있는 계통에 가깝지만은 아직도 발견되지 않은 미생물의 존재가 다수 보고된다. 이러한 생물 목록을 모르는 채로 우리는 바다나 호소의 생태계를 설명하고 지구온난화 문제를 상대하고 있는 것이다. 생산을 지탱하는 식물플랑크톤에 대한 이해는 급속하게 발전되고 있지만, 아직 많은 종이 기재되지 않은 채로 남아 있다. 바다에 존재하는 눈에 보이지 않은 숲에 얼마만큼의 식물플랑크톤이 어느 정도의 태양에너지를 유기물로 변화시키고 있는 것일까? 생산자로서 전체상은 아직 충분하게 알지 못한다. 생산자인 조류는 약 6일에 한번 바이오매스를 바꾸고 있다(제6장). 열대우림의 생산량에 필적하는 막대한 유기물을 어떠한 생물이 어떻게 소비하고 있는 것일까? 이런 점에 대해서도 우리는 거의 알지 못한다. 수계는 미소한 종속영양 미소편모충(HNF: heterotrophic nanoflagellates)이 많은 양으로 존재하다는 것을 표본을 농축하여 현미경을 관찰하면 쉽게 알 수 있다. 그러나 이들 대부분에는 아직 이름도 붙여져 있지 않다. 이 중요한 소비자를 현재에도 우리들은 빈 공간으로 취급하고 있다. 세계는 기후변동에 대하여 생태계를 정확하게 평가하여야 하는 상황에 직면하고 있지만, 그것을 가능하게 할 만큼의 지적 기반은 아직 구축되지 않은 채로 방치되어 있다. 이것이 지구에서 일부지역에 한정되어 조사가 실시되지 않는 것이면 그나마 다행이지만, 도쿄만, 맨하탄, 캘리포니아에서도 사정은 크게 다르지 않다. 세균에 대한 사정은 더욱 심각하다. 해양세균의 99%는 배양되지 않기 때문에 여러 가지를 조사할 방법이 없다. 이것도 중점적인 연구추진이 필요한 분야이다. 우즈는 지구를 미생물의 혹성이라고 하였지만, 그 다양성이 어느 정도인지 아직 누구도 알지 못한다. 지금부터 지구의 여러 지점에서, 모든 해양에서, 이들 조류와 편모충을 포함한 원생생물 그리고 세균의 다양성을 명확하게 밝히지 않으면 안 된다. 이런 미지의 다양성을 밝히는 것은 지구환경을 정확하게 이해하기 위해 필요불가결한 내용 일뿐만 아니라 우리 자신을 1,000만종 또는 2,000만 종이라고 하는 생물다양성 속에 정확하게 위치 매김을 하여, 인간이란 생물의 존재이유를 밝히는 것으로도 연결되기 때문이다.

조류와 편모충, 섬모충 등의 원생생물은 단세포가 기본적인 체제이다. 한개의 세포가 하나의 개체를 이루고 있기 때문에 각각의 분류군에서 다양하면서도 특유의 기능을 진화시켜왔다. 때문에 원생생물의 세포구조는 매우 다양하여 각각 생물군이 특징적인 형질로 나타난다. 현재 알려진 범위에서도 믿을 수 없을 정도의 다양한 구조와 세포기능을 나타낸다. 아직 알지 못하는 원생생물을 포함하면 세포수준의 구조에 어느 정도의 변화성을 나타낼 수 있는 것일까? 상상도 할 수 없지만, 이렇게 다양한 세포구조와 기능을 이해하면서 하나하나 정리하여 가는 길만이 전체적인 진핵생물의 모습을 진화적 관점에서 이해할 수가 있게 할 것이다. 육상동물과 식물과학의 발전도 이전의 착실한 기초연구의 성과에서 얻어진 것이다. 동물이나 식물, 세균에서 관찰되는 많은 세포기능은 각각의 조상이었던 원생생물에 기원이 두고 있을 것이다. 때문에 모델생물에서 얻어진 많은 지식과 견문을 진화적 관점에서 이해하기 위해서는 필연적으로 원생생물의 연구발전이 동반되어 있어야만 할 것이다. 원생동물의 빈 공간을 해소하기 위해서는 막대하면서 다양한 연구가 필요하겠지만, 다음 세대의 생물학 개척을 위해서, 또한 지구환경, 지구생태계를 이해하고 인류의 생존에 관련되는 모든 문제를 다루기 위해서도 절대적으로 필요한 내용이다. 다양한 번거로움을 피하고는 목적지에 도달할 수 없다.

5. 필연인 조류학과 원생생물학

조류학을 표현하는 영어 단어는 두 가지이다. 즉 phycology와 algology이다. 각각 그리스어의 *phycos*, 라틴어의 *alga*에 어원을 두고 있는 용어이다. 어느 쪽도 같은 의미이지만, 무엇 때문인지 파이코로지 쪽이 국제적인 시민권을 획득하였다. 이 책의 주인공인 조류, 남조에서 차축조나 갈조의 켈프(kelp)까지 다채로운 광합성 생물인 조류를 대상으로 한 생물학의 한 분야로 세계적으로 연구자는 이외로 많다. 세계를 대표하는 조류학 관련 학회는 국제조류학회, 미국조류학회, 유럽조류학회 그리고 일본조류학회 등이다. 한국에도 한국조류학회가 있고 학술지를 출간하고 활발한 연구를 추진하고 있다. 이 외에도 인도, 호주, 뉴질랜드에도 많은 연구자들이 있어 중요한 연구 성과를 만들어

내고 있다.

한편으로 진핵미생물의 연구 분야로 원생동물학(protozoology)이 있다. 출발은 후생동물 대 원생동물이라는 인식에서 취급하여, 지금도 동물학과 의학 분야를 주된 연구영역으로 하고 있다. 조류학과 원생동물학은 오랜 기간 거의 교류가 없었던 영역이었다. 그러나 조류가 진핵생물의 복수 거대생물군에 분산하여 분포하고 있기 때문에 이미 연구영역은 광합성 생물이란 울타리 속으로 한정할 수는 없게 되었다. 이와 같이 원생동물학에서 보더라도 조류는 이미 전혀 관계가 없는 타인이라고만 할 수도 없게 된 실정이다. 트리파노소마(trypasosoma) 자매로서 유글레나가 존재하고 있으며, 섬모충과 아피콤플렉사(apicomplexa) 자매로서 와편모조가 위치를 부여받고 있는 시대가 되었다. 즉 이미 조류와 원생동물은 서로에 있어서 무시할 수 없는 인접한 중요 연구 분야가 되어있는 것이다. 필연적으로 양자는 원생생물학 범위에서 연대하여 일부는 융합하면서 각자의 역할을 수행하여야 하는 숙명을 가진다. 이 장의 타이틀 "원생생물학의 르네상스"는 저자가 속하는 츠쿠바대학 생명과학 연구과의 조류와 원생생물 연구그룹이 목표로 하는 내용을 그대로 사용하고 있다.

6. 원생생물학의 르네상스

국제원생생물진화학회(International Society of Evolutionary Protistology), 약자로 ISEP라고 하는 국제적인 학술모임이 있다. 1980년대부터 시작하여 조류, 원생동물, 점균류(粘菌類, myxomycota) 등 5계설 연구의 중요성을 인식한 다양한 분야의 연구자가 한꺼번에 모이는 모임으로 다른 분야의 학회와는 다소 다른 성격의 모임이다. 2005년 1월 15회 이 학회가 멜버른에서 개최되었다. 학문적으로는 이미 2계설과 5계설은 붕괴되었다고 할 수 있다. 그러나 동물 대 식물이라는 인식은 대학의 생물학과 조직에서 아직까지 완고한 화석으로 존재하고 있다. 저자도 예외는 아니지만, 그곳에 소속하는 연구자도 학생 시절부터 동물학이나 식물학 중 어느 한쪽에 소속하는 인식을 지속적으로 몸에 지니고 있을 것이다. 생물학에서 이러한 보수적 생각을 지속하는 시대는 더 이상 지속되어서는 안 된다. 진핵생물의 세계는 상상 이상으로 복잡할 뿐만아니라 다양하면서 그 진화 과정은 놀라울 정도로 융통무애(融通無碍)하다. 조류는 아메바에서 섬모충까지 다양한 원생생물을 포함하는 안테로콘트(anterokont)와 바이콘트(bikont)의 세계에서 이야기 되어야만 하는 대상의 생물군이다. 조류학에서 원생생물학으로 이동은 생물학에서는 불가피한 흐름이라고도 할 수 있을 것이다.

일본에서도 조류와 원생생물을 연구하는 30세대 연구자가 중심이 되어, 2003년 일본원생생물진화학회(JSEP; Japanese Society of Evolutionary Protostology)가 발족되었다. 세계적으로 학식 있는 생물학자와 연대하여 원생생물을 핵으로 하는 생물학을 구축한다는 시대 흐름에서 분류학에서 분자생물학, 생태학까지를 연구영역으로 한다. 앞으로 발전이 크게 기대되지만, 일본 학회나 과학정책에 대한 의사결정의 장으로 물들어 있는 습관을 타파하는 것은 쉽지만은 않을 것이다. 그러나 모델생물의 생물학에 이어 다음에 오는 것은 다양성의 인식을 기반으로 하는 생물학이다. 진핵생물의 진화 관점에서 이해를 목표로 하는 생물학인 것에는 틀림이 없다. 생물학 발전에 필연이라고 하여도 좋을 것이다. 세계의 학식 있는 연구자들은 모두 그 곳을 목표로 하고 있다. 생물학의 진짜 의미를 비약시키기 위해서는 출판된 동물과 식물의 2계설이나 5계설의 선입견을 벗어 던져버리는 의식개조가 절대적으로 필요하다. 생물계를 이해하기 위하여 조류와 원생생물의 비중은 의도하지 않더라도 크게 확장되어 있다. 이런 일을 정말로 의식하는 연구자가 얼마만큼 인지? 인식시킬 것인지? 앞으로 기나긴 캠페인이 필요하겠지만, 연구자나 학계의 의식을 변화시킬 수 있는 지속적인 노력을 하여야만 할 것이다. 의식의 변혁 없이는 연구의 변혁을 얻을 수가 없기 때문이다. 이미 자신의 영역을 확고하게 가지고 있는 고집스런 연구자들을 상대로 해서는 잘 될 수가 없다. 주된 대상은 젊은 세대의 연구자이다. 원생생물학의 의식을 가진 젊은 연구자는 확실히 증가하고 있다고 본다. 그들은 분자생물학, 생화학, 세포학, 생리학, 분류학, 진화학, 생태학 등 기존의 연구 분야에 얽매이지 않는다. 분류학자가 동시에 분자생물학자이며 생태학자인 것이 그다지 이상한 것이 아니다. 지금은 그러한 세대로 접어들었다. 어제까지 가운을 입고 DNA를 분석하고 있던 연구자가 오늘은 작업복에 모자를 쓰고는 열대 바다를 조사하러 가는 것이 일상다반사가 되고 있다. 이러한 견문과 학식을 가진 연구자가 성장하는 과정에서 해양학, 환경과학, 더욱이 지구과학과의 연합을 진행하여 가는 것이 중요하다. 공동의 연합을 통하여 동물, 균류, 식물 그리고 짚신벌레나 유글레나를 공평하게 보는 흐름을 만들어야 한다. 앞으로 원생생물을 제외하고 지구환경, 생태계를 이야기 할 수는 없게 되기 때문이다. 지식의 혁신은 이러한 다른 분야 사이의 연합 속에서 생겨나는 것이다. 원생생물학을 접착제로 생물학 분야, 해양학과 환경과학이 동등한 위치에서 수평적인 연구가 전개될 수 있는 날이 오기를 희망한다. 그 때 원생생물학은 레벤훅(A. van Leeuwenhoek)부터 300여년 헤켈(E.H. Haeckel) 이후 백수십년을 걸쳐 결국 르네상스(renaissance)를 실현하게 될 것이다. 원생생물학 르네상스는 새로운 생물학, 종합과학의 탄생을 의미하게 될 것이다.

맺음말

이미 느꼈으리라 생각되지만 이 책에는 생물진화의 고정출연자로 등장하는 공룡도 두 다리로 걸어 다니는 영장류도 나오지 않는다. 이 책에서 다루고 있는 대부분 이야기와 비교하면 이들 생물진화는 훨씬 까마득한 나중 생물로서 생명의 나무가 10분에 성장하여 푸른 잎이 무성하게 자란 다음 등장하는 배역이기 때문이다. 캄브리아 빅뱅을 시작으로 하는 동물 진화의 주제가 만들어지기 훨씬 이전의 생물들은 어떻게 미래를 개척하여 왔었는지? 동물과 육상식물의 진화를 가능하게 한 초석은 어떻게 형성되고 있었던 것인지? 이러한 내용에 대하여 조류라는 생물을 통해서 진화사를 설명하고 싶었었다.

무엇보다도 이 책은 조류라는 생물에 대한 진면목을 널리 알릴 수 있도록, 조류를 양지로 이끌어 내고 싶은 마음과 조류를 생물권에서 당당한 시민권을 부여해 주고 싶어서 집필하게 되었다. 일반론으로 조류에 대한 이해가 매우 부족하다는 생각이 들었기 때문이다. 또 다른 하나의 개인적인 이유가 있었기 때문이다. 몇 년 전인 2000년 응용연구와는 거리가 멀기만 한 일개 조류연구자인 저자가 생각하지도 않게 밀레니움 프로젝트인 미래개척학연구과제인 "식물유전자" 프로젝트의 하나의 분야로서 "유전자해석을 기반으로 하는 식물다양성 해석과 환경안전성 평가"라는 과제의 책임을 맡게 되었다. 과제로 인하여 5년에 걸쳐 벼 게놈을 시작으로 하는 식물의 분자생물학 연구자 집단에서 일을 하게 되었다. 그때까지도 기회 있을 때마다 느낄 수 있었던 일이지만, 프로젝트에 참여하면서 한 나라를 대표한다는 식물과학 연구자들과 만나면서 알게 된 일은 클라미도모나스와 같이 일부의 모델생물을 제외하면 식물 연구자들 조차도 조류라는 생물군은 거의 의식 밖에 있는 생물이라는 것이었다. 지식과 이해가 절대적으로 부족하고 조류가 거의 관심의 대상조차도 되지 못하는 현실을 재차 확인하는 계기가 되었다. 현재의 생명권을 만들고 지금도 그것을 유지시키고 있는 조류는 이 책에서 주장하는 것처럼 빅 사이언스의 대상이 되어야 할 존재이다. 그러나 조류에 대한 현실적인 인식정도는 너무나도 삭막하다고 할 수 있다. 국가의 과학정책을 검토하는 회의에서 조류가 등장하는 것은 아마도 위원의 관심과 지식이 희박하기 때문에 거의 없을 것이다. 그러나 지구환경과 온난화를 포함하여 지구의 생명권에 관한 모든 문제의 뿌리는 필연적으로 조류에 존재한다. 조설로서 조류를 중심으로 하는 생물다양성을 이해하는 것은 장래의 생물과학과 지구과학에 있어 필수라고 할 수 있을 것이다. 조류연구자의 중요한 일 중 하나가 조류의 중요함과 흥미로운 세계를 세상에 널리 알리는 것이라고 거듭 인식하게 되었다. 그 때문에 조류의 모습을 지구진화, 생물진화, 생태계와 관련하여 사회에 알리는 것에 대한 시도도 국가적인 프로젝트에 관여하였던 저자의 역할이라는 생각을 하게 되었다. 때문에 이 책은 그 역할에 대한 저자 나름대로의 해답으로서 밀레니움 프로젝트의 "출구"이기도 하였다. 이 책이 식물연구자를 포함하여 사람들의 과학활용능력 속에서 조류의 존재감을 조금이라도 증가시킬 수 있기를 마음속 깊이 희망해 본다.

조류가 문헌에 처음으로 얼굴을 내민 것은 설형문자로 조각된 인류최고의 기록물인 길가메시서사시(Gilgamesh Epoth)라고 한다. 영원한 생명을 제공해주는 식물로 등장한다고 한다. 영원까지 가지는 않겠지만 남조(시아노박테리아)의 등장으로 시작된 조류 30억년의 진화사는 충분하게 길다. 그리고 지구사와 생명사의 많은 일에 관여되어 있다. 때문에 조류이야기를 하는 위해서는 생명의 기원을 시작으로 진핵생물의 탄생, 광합성의 메카니즘, 세포내 구조와 기능까지 생물학과 지구과학의 다양한 분야의 책과 논문을 다양하게 읽게 되었다. 재차 공부하는 도중에 느낀 것은 현재 커다란 발전을 하고 있는 생명과학도 밑거름은 생물학의 다양한 분야에서 조그마한 발견과 관찰로 시작하였다는 것이다. 즉 서로의 분야에 대한 지식을 도입하면서 연구가 추진된 결과라는 것이다. 게노믹스, 프로테오믹스, 대사체학의 시대, 생물학 세계는 이것저것을 총망라한다. 매일과도 같이 유전자나 단백질 기능이 새롭게 밝혀지고 있다, 미지의 단백질이 지속적으로 발견된다. 그 과정에 역시 생물학 기본은 생물이나 생명현상을 “보는” 것이라는 것을 거듭 느끼게 되는 것이다. 보는 것이 관찰로 발전하고 그 결과로 실험이나 분석이 시작된다. 그리고 그곳에 미지의 생물과 생명현상에 대한 이해가 넓어지게 되는 것이 생물학의 참다운 즐거움이 되는 것이다. 조류 세계는 다양한 불가사 세계가 넘쳐나고 있다. 때문에 조류를 대상으로 하는 많은 연구에는 발견, 관찰, 분석, 이해라고 하는 자연과학의 본질인 일련의 과정을 포함하고 있다. 조류는 생명의 불가사의를 체험하고 그 미스터리를 풀기 위한 가장 적합한 대상으로서 경이로움(sense of wonder)이 넘치는 세계이다. 이것에 게노믹스나 프로테오믹스 등 새로운 방법이 도입되어 애기장대 및 벼에서는 어려운 식물의 공통원리에 대한 이해가 확대되어 갈 것으로 생각한다. 연구대상으로서 조류의 가능성은 커다랗게 확대되고 있는 것이다.

무모하게도 말을 못하는 조류의 대변자를 자처하고 나섰기에 저자의 수비범위를 크게 넘는 전문 이외의 분야나 그다지 알지 못하는 생물군까지 광범위하게 취급할 수밖에 없게 되었다. 거듭 공부하는 중에 각각의 과학 분야마다 깊은 내용을 가지고 있다는 것을 통감하게 되었다. 때문에 잘못된 내용을 쓰거나 도를 넘는 부분이 있을지도 모른다. 또 일부 새로운 내용은 이마 오래전 일이 되어 있을 수도 있을지 모른다. 완성된 지금 혼자서 쓰기에는 무리가 있었다고 하는 생각을 감출 수가 없고 한편으로 식은땀이 흘러내린다. 그러나 이러한 시도가 한번쯤은 있어도 좋은 것이 아니냐고 자신을 납득시키고 있다. 이 책은 저자 나름대로 만들어 본 조류 30억년의 자연사라고 생각해주기 바란다. 제 I 부에 대해서는 도중에 전문가에서 열람을 받았지만, 대부분 열차가 지난 다음이 되어 버렸다. 크게는 벗어나 있지 않을 것으로 보이지만, 전문가 입장에서 보면 도저히 아니라고 할 수 있는 설명도 포함되어 있지 않다고 단언할 수도 없다. 지적과 지도를 받을 수 있기를 희망한다. 공부 과정에 국내·외의 다양한 인터넷 사이트도 많이 이용하였다. 사이트의 기술이 새로운 발상으로 연결되는 것도 종종 있었다. 그 때마다 URL를 기록하여 두었으면 좋았을 것을 클릭 한 번으로 전체가 변해버리는 web의 세계에서 그렇지도 못하였다. 많은 사이트에 여러 가지 내용를 배우면서 기록한 것에 허락을 바란다.

아무튼 이 책에 쓰인 모든 내용에 대한 책임은 물론 저자에게 있다.

처음부터 이 책은 가능한 시각적 표현을 하는 것을 목표로 삼았다. 생물진화에 관한 대부분 책에서 구성이나 기술은 우수하지만, 항상 시각적인 정보가 부족하다고 느끼고 있었기 때문이다. 츠쿠바대학 생물학류에서 강의를 위해 찍어 두었던 사진과 지속적으로 만들고 있는 그림이 있어 주로 그것들을 이용하였지만, 새롭게 준비해야 하는 것도 많았다. 충분한 시간도 없이 만들어 낸 솜씨에 대해서는 본의는 아니었지만, 그 작업은 알지 못했던 것, 알고 있는 것으로 착각하고 있었던 것 등 지식이나 이론의 정리에 크게 도움이 되었다. 가능한 자신이 준비하는 것으로 마음을 잡았었지만, 저자의 수비범위와 기술로서는 불가하였던 것들은 국내·외의 많은 사람들과 기관에 부탁하여 귀중한 자료를 제공받았다. 덕분에 다른 곳에서 쉽게 볼 수 없는 시각적인 책으로 완성되었다고 생각한다. 제공받은 많은 사진과 그림이 더해진 것을 조류의 도판집으로 사용할 수 있게 되었다고 생각한다. 이 책은 이러한 사용방법으로도 활용이 기대된다. 흔쾌히 사진과 그림을 제공해준 많은 분과 기관에 감사를 드린다.

2000년에 "조류의 다양성~새로운 생물의 세계가 보이기 시작하였다~"라고 하는 소책자를 만들었다. 국립과학박물관에서 개최한 기획전 "미소생물의 세계"와 관련한 것으로 언제나처럼 마감에 쫓기어 달력이 1999년에서 2000년으로 변하는 연말연시 휴일을 전부 투자하여 10일 정도에 완성한 것이었다. 중고생을 대상으로 한 겨우 56쪽의 책자였지만 칼라 그림과 사진을 다수 이용하였다. 그리고 조류의 세계를 지구환경이나 생물진화와 관련시켜 폭 넓게 다루었던 것이기에 몇 개의 대학에서는 참고도서로 사용하기도 하였다. 다행히 호평으로 판을 중판하였지만, 결국은 절판되었다. 이 책의 집필 밑바닥에는 소책자의 내용을 조금 상세하게 하여 과학에 관심이 많은 학생이나 일반인을 대상으로 하는 책으로 만들어 볼 것을 추천한 국립과학박물관의 와타나베 마사유키(渡辺真之) 선생과 도카이(東海)대학출판회의 이나가키 히데시(稲英史)씨의 권장에 회답하는 의미도 포함되어 있다. 권두칼라사진 16쪽을 받을 수 있다는 것에 혹해서, 그리고 소책자의 개정판 개념이기에 반년정도면 충분할 것이라는 가벼운 마음으로 청을 승낙하였다. 그런데 시작하고는 기분에 따라 이것저것을 펜이 가는대로 쓰게 되어버렸다. 제1장 (개정판의 제Ⅰ부)은 예정에 없었던 것으로 조류에 흥미로운 애용을 제공하기 위하여 간단한 이야기 도입부가 필요할 것으로 생각하여 쓰기 시작하였다. 그러나 생각나는 대로 쓰고 났더니 말도 안 되는 분량이 되어 결국 이 책의 1/4를 차지하는 최대의 장이 되어버렸다. 조류의 재미있는 이야기를 전할 수 있는 배우를 선택하였다고 생각하였지만, 그러한 사정으로 몇 개의 중요한 조류와 현상을 다루는 것에는 태만한 결과가 되어 버렸다. 이미 등장했어야만 하는 몇 개의 중요한 배우가 빠져있다는 것을 알게 되었지만, 이미 버스는 지난 다음이었다. 만일 언젠가 기회가 주어진다면 추가하고 싶은 마음이다. 제2장(개정판의 제Ⅱ부 제6장) 이후도 예상 이외의 분량이 되어 버렸다. 이왕 집필할 것이면 지구의 시작부터 광합성에 대해서도 조금 자세하게 하고 싶은 욕심이 있었기 때문이다. 생명과 지구의 진화에 관한 도서들에서 많이 피해가는 진핵생물의 기원을 둘러싼 연구현황에 대한 내용도 추가되어 보통은 읽을 일이 없는 문헌이 되어 버렸다. 때문에 집필시간이 대폭으로 증가하였다. 이것에 추가적으로 국립대학의 법인화 등 신변변화에 따른 업무도 증가하여 집필에 집중할 시간을 만들 수 없었기 때문에 자기 전에 조금의 술과 조금씩 원고를 쓰게 되는 꼴이 되어 버렸다. 결국 예정했던 반년이 2년 이상으로 연장되었다. 편집 담당인 이나가키씨가 종종 부드러운 독촉이 없었다면 조류뿐만 아니라 이 책이 빛을 보는 일은 없었을 것이다. 분량도 예정보다 2배 이상 증가하였지만, 이나가키씨는 이것에 대해서도 아무런 말없이 눈을 감아 주었다. 진심으로 고맙게 생각하고 있다. 그렇다 하더라도 조류의 이야기를 만들고 써가는 일은 즐거운 작업으로서 하나의 커다란 일과가 되었다. 펜이 소일거리로서 제한 없이 계속하여 쓰고 있는 자신조차도 끝이 보이지 않을 것 같은 기분이 들 때에 이나가키씨는 탈고하려 하지 않은 저자에게 교정하면서 추가적으로 작성하고 다시 수정하여 가는 제멋대로 하는 저자의 일에 아무런 짜증 없이 받아주었다. 반년 정도는 이러한 일을 반복적으로 진행되었다. 결국 최후의 최후까지 추가와 정정으로 고민을 계속하였다. 조판을 담당하였던 모든 사람에게 많은 폐를 끼쳤을 것이다. 이나가키씨와 이 책의 출판에 관여하였던 모든 사람들에게 마음으로부터의 용서와 동시에 감사를 드린다. 그렇다고 하여도 공부 부족으로 자신 있게 이야기 하지 못한 부분이 다수 있어 후회로 남는다. 정말로 조류를 대변할 수 있었던 것인가에 대해서도 말을 못하는 조류들이 귓가에 소곤거리는 것 같다. 그러나 필자의 현재 역량으로는 이 정도에서서 펜을 접는 것이 적당할 것이다. 독자들의 질책을 기다리는 바이다.

이 책을 두 번째 교정을 하고 있을 때, 편모조에 지금도 조류(식물)가 되려고 하는 진화단계에 있다고 생각되는 "하데나"라고 이름 붙여진 편모조에 관한 1쪽짜리 논문에 여론이 반응하였다. 많은 신문과 TV에서 보도되어 주요 두개의 신문에는 조간의 일면에 게재되었다. 저자에게는 생각하지도 못한 "사건"이 발생하였다. 최초는 하데나라고 하는 이름에 반응한 것으로 생각하고 있었다. 그러나 그런 것만이 아닌 내용에 대해서도 상당한 관심을 보였다. 외국의 메디아로부터 취재도 많아 국제적인 뉴스가 되었다. 도움이 되지 않은 연구는 돌아보지도 않은 이 시대에 새로운 지식이라는 것 말고는 무엇에도 도움이 되지 않는 논문에 사회가 반응한 것은 예상 밖의 놀라움이었다. 지금 시대도 아주 버려진 것이 아니라는 솔질한 감상이다. 실용과 응용면의 성과만을 강조하는 지금 시대이기 때문에 반대로 이와 같은 새로운 지식을 추구하는 것일지도 모른다. 사람들에게 아직도 경이로움(sense of wonder)을 찾는 마음이 살아있다는 것에 솔직히 기쁜 생각을 하게 되었다. 그러나 아쉬운 것은 제한된 분량으로 대부분 작성된 기사내용이 불충분하여 논문의 내용을 충분하게 전달하지 못하였다는 것이다. 때문에 잠시라도 주목을 받았던 하데나에 대하여 저자에게는 보다 상세한 내용을 사회에 알려야 하는 의무가 생겼다. 다행스럽게도 이 책 제7장(개정판 제12장)은 내용이 설명되어 있다. 논문 게재가 결정된 시점에 제12장의 최후에 하데나에 대한 설명을 추가하는 것으로 하였다. 생각하지도 못했던 "하데나 소동"을 기회로 조류와 식물 진화의 비밀이 사회의 과학활용능력(science literacy)의 일부가 될 수 있기를 희망한다.

제2판에 즈음하여

한 사람이 자유롭게 쓴다는 것은 매우 자유스런 작업이다. 무엇을 주제로 어떠한 구상으로 어떤 자료를 사용하여 쓸 것인가에 대해서 누구에게 거절당할 일도 없다. 속박 없이 쓸 수 있다. 이 책의 초판을 작성하였을 때에 이러한 기분을 알았다. 물론 집필에는 동기와 전하고 싶은 메시지가 있다. 저자 나름대로 의지를 가지고 작성했던 것이기에 작업 자체에 자유가 있었고 그것이 고마웠다. 어떤 주제에 대하여 집필한다는 것은 단독이나 공동 집필 모두 다양한 자료를 검토하는 것에는 변함이 없다. 그러나 느낌은 매우 다르다. 어쩌면 혼자서 작업할 때에는 일기나 비망록을 쓰는 것처럼 편안함이 있는 것 같다. 그렇게 말하면 결국 이 책은 강의 비망록과 같은 것이다. 때문에 개정판 발행이 가능하게 되었을 때에 초판에서 틀린 곳을 수정하는 것만으로는 무언가 부족한 것 같은 느낌에서 시간의 허락하는 범위에서 개정판을 작성하였다.

초판에서는 조류보기라고 하여 한 장을 할애하여 다양한 조류를 모두 다루었다. 원래 아무런 계획도 없이 쓰기 시작하였던 부분이다. 나중에 무엇인가 이치에 맞는 구성을 할 예정이었지만, 다소 편향된 내용이 되었다. 남조(시아노박테리아)나 해조 그리고 차축조류에 대해서도 설명되지 않았다는 지적도 받았다. 미세조류에 비하여 남조나 해조를 너무 소홀하게 다룬 것이 아니냐 하는 것이다. 남조는 이 책 전체를 통해 주인공이지만, 생물로서 남조가 보이지 않는다. 해조도 여러 곳에 등장은 하지만, 정리가 되지 않았다. 때문에 이러한 부분을 개선하였다. 그러나 필자의 공부부족이라는 것도 있지만, 시범적으로 조금 작성하여 보았던 해조의 이야기는 정면에서 다루면 교과서가 되어버려 생각처럼 되지 않았다. 저자가 이미지 하는 것과는 전혀 어울리지 않아 발상을 바꾸었다. 이 개정판에 추가한 항목에는 해조는 물론 사외와 문화를 관련시켜 다루는 것으로 하였다. 김이나 다시마는 일본역사나 양식의 역사와 관련하여 쓰는 편이 더 친근함을 가지게 한다. 선배들의 책들을 참고하면서 매듭지어 보았다, 또 차축조류의 장은 호소의 환경보전과 복원이라는 관점에서 작성하였다. 그러기 때문에 더욱 많아진 조류보기의 장을 과감하게 제Ⅰ부로 하여 몇 개의 장으로 구분하여 내용을 정리하였다. 그리고 초판의 제2장 이후를 제Ⅱ부 "조류 30억년의 발자취"로서 구성을 바꾸었다.

최근 세계적으로 각지에 이상기상 현상이 밀어닥치고 있다. 지구온난화가 현실의 문제로 다루어지고 있다. 초판에서는 조류와 환경에 관련한 지구사, 진화사와 관련하여 작성하였지만, 가능한 현실의 세계와의 관련성은 제외하였었다. 그러나 제2판에서는 조금 내용을 추가하여 깊이 있게 작성하였다. 조류연구자 관점에서 보면 이상할 만큼 과도한 화석연료의 소비는 명백한 어리석음이다. 인류는 지금 기대하지 않은 상황에 놓여있다. 에너지를 화석연료에서 수소가스로 이동시키려는 움직임도 있지만, 아이슬란드를 제외하면 세계는 뒷북을 치고 있고 특히 우리는 크게 뒤쳐있다. 우연이 대학업무로서 연료전지에 대해서 공부할 기회가 있어 에너지 문제에 대한 항목도 추가하여 그린에너지 사회의 실현에 조류가 가지는 역할의 항을 할애하였다. 지구환경이 위기에 직면하고 있는 것은 국제적으로 인식되고 있는 지금 조류가 가지는 역할에 대해서도 더욱 새롭게 인식시킬 수 있는 좋을 기회라고 생각하기 때문이다.

그러한 일도 있어 최종 장에서는 주장하는 강도를 조름 바꾸었다. 보다 명확하게 조류와 원생생물 연구의 필요성을 강조하였다. 지금 환경문제는 매우 심각한 주제로서 가벼운 모임이나 술좌석의 주제로 취급되기도 한다. 이러한 시점에 눈을 미생물로 돌리지 않게 되면 지구도 인류도 장래가 위험하다. 미생물의 혹성으로서 지구를 모두가 신중하게 생각하고 받아드려야 할 때가 온 것이다.

이외에도 몇 개인가 생각나는 것과 초판을 탈고한 이후에 밝혀진 것을 추가하였다. 불필요한 부분은 삭제하여 여기저기에 세부적인 부분을 개정하였다. 초판과 같이 조판을 진행하면서 개정 작업을 추진하였다. 편집 담당의 이나가키씨와 고후쿠(港北)출판인쇄의 모든 분을 울렸으리라 생각한다. 이번에도 제멋대로 하는 것을 탓하지 않고 너그럽게 이해해준 것에 대해 예의를 표한다. 800자까지라고 한 머리말을 맺음말로 변경하였고 또 글자 수도 지키지 못하였다.

2007년 10월 21일

井上 勳

척박한 우리나라의 독서환경과 대학생들이 독서 실태를 생각하면, 전문지식을 대상으로 하는 대학에서 전문도서를 집필하거나, 많은 정보를 공유하고 싶은 외국도서를 우리말로 번역하는 작업을 진행하는 도중, 어려움을 만날 때마다 종종 자신의 진행하는 일에 회의를 가지곤 한다. 그러면서 지금 내가 무엇을 하고 있지? 라는 자소적인 반문을 던지곤 한다. 도서를 집필하거나 번역한다는 것은 생각만큼 간단한 일은 아니다. 진행하는 과정에 생각하지도 못하는 다양한 복병을 만날 뿐만 아니라 생각처럼 원활하게 진행되지도 않는다. 특히 전문도서는 많은 객관적 자료를 바탕으로 설명이 진행되기에 이러한 어려움이 많다. 더욱이 연구 분위기와 문화적 배경을 달리하는 외국도서를 번역할 때에는 피를 말리는 심정으로 작업을 추진할 때가 많다. 그러면서도 번역이란 작업을 하게 되는 것은 자신이 그 도서를 통해 지금까지 생각하지 못했던, 생각했으면서도 경험하지 못하였던 새로운 지식에 대한 많은 정보를 얻으면서 느끼는 희열을 간직할 수 있기 때문이다. 혼자하기에는 너무 귀중한 정보들이기에 가까이 생활하는 학생들에게나마 유익한 정보와 관련분야에 대한 국제적인 연구동향 등을 공유하고 싶다는 마음에서 작업을 진행하게 된다, 그리고 뜻하지 않게 몇 되지 않는 독자들이겠지만 제공된 정보에 관심을 나타내는 일반인들이 존재를 알게 되었을 때에는 더욱 큰 보람을 느끼게도 된다.

이 책은 생물학 관련도서이면서도 많은 점에서 접근방법을 달리한다. 어쩌면 당연한 것인지도 모르지만 지구역사와 생물역사를 비교하면서, 생물의 진화라는 것이 무엇인지? 그 출발은 어디인지? 그리고 현재 우리 인간을 비롯하여 지구상에서 번영하는 생물들은 어떻게 변해왔는지? 이러한 생물진화란 과정 속에서 현재 지구규모에서 문제가 되고 있는 지구온난화를 비롯한 환경문제, 화석연료 및 대체에너지에 대한 에너지문제 등을 접목하여 그 해결을 향한 문제를 제시하고 있다. 비록 본문 중에 많은 생물이름과 생화학적 용어들로 다소의 이해를 어렵게 하는 점은 있을지 모르지만, 무시하고 소설처럼 읽더라도 생물로서 인간을 이해하고 우리가 생활하는 지구환경 및 에너지 문제를 생각하는데 많은 생각의 폭을 넓혀주게 될 것이다.

역자도 35년 이상을 해양생태계와 환경이란 측면에서 미세조류를 연구하고 있지만, 지구역사와 함께 생물진화를 고민해 본적은 별로 없다. 2006년경 이 원서의 초판을 일본에서 한국을 방문한 친구로부터 선물 받고 신선한 충격을 받았었다. 그리고 미세조류를 직접 연구하고 있으면서도 대상생물의 원류를 깊이 있게 생각한 적이 없었었기에 그 신선함과 충격은 더욱 컸을 것이다. 많은 내용을 새롭게 공부할 수 있는 기회가 되었었다. 그러나 당시에는 책에서 다르고 있는 학문의 영역이 매우 넓어, 많은 부분에서 역자의 전공분야를 넘는 내용들이 많았을 뿐만 아니라 분량역시 많아 많은 신선함 속에서도 번역을 생각하지 못하였다. 그러던 중 2007년 개정판이 출판되었고, 내용중 일부를 강의 자료로 사용면서, 원저자와 몇 번의 만남이 이루어지면서 번역을 결심하게 되었다. 그렇지만 번역을 생각하고 작업을 시작하면서 본론에 들어가기도 전에 원저자의 일본어 구사가 매우 보수적이라는 것과 제 I 부 조류보기에서 등장하는 조류와 관련한 일본역사 및 민속사의 기술부분, 그리고 만엽집과 같은 고시가에 나오는 문구의 해석 등을 어떻게 소개하는 것이 바른 것인지? 등에 대해 한참동안의 많은 망설임이 있었다. 특히 육상 동식물에서 해양동식물에 거처 다양하게 출현하는 일본어 생물이름을 우리말로 옮기는 작업은 고난이 연속이었다. 일본 인터넷 사이트에서 학명을 찾고, 그 학명을 우리나라 인터넷 등에서 우리말 이름으로 전환하는 작업을 반복하였다. 그러나 많은 학명을 우리말을 찾아 보려하였지만, 국내에는 보고된 자료가 전혀 없는 생물종도 많았고, 같은 영어명칭 또는 학명에 여러개 이름이 혼용되는 경우가 많았다. 일예로서 제4장에 한 장을 할애하여 다루고 있는 차축조류, 즉 육상식물이 바다에서 육상으로 진출하는 과정의 미스터리를 숨기고 있는 국제적으로 매우 중요하다는 식물에 대한 내용이 국내에는 출현 생물종부터 아무런 자료축적이 없었다. 역자로서 많은 아쉬움을 느끼면서 분야는 조금 다르지만 직접 시도해보고 싶은 강한 의욕이 충만 되지만, 현재로서 생각만 하고 있을 뿐이다. 시간적 여유를 만들어 가까운 시일 내에 가까움 홋부터 방문해보려 하고 있다.

이러한 번역과정의 많은 어려움과 망설이 있었지만, 이질적 문화체험도 책을 통한 하나의 경험이기에 번역에서는 원저자의 의도를 가능한 살리는 쪽으로 번역을 진행하였다. 그러나 일반인들이 이해하기 어려운 일본의 역사 및 민속사와 관련된 내용은 주석을 이용하여 무리없이 이해할 수 있게 내용에 다소의 변화를 주었다. 그리고 등장하는 일본 인명과 지명은 일본어 발음을 그대로 사용하였지만 ( )속에 한자를 병기하였다. 전문용어서는 ( )속에 한자와 영어를 병기하여 혼란을 방지하였고, 생물의 생리적 분비물질이나 합성물질 등 생화학적 명칭들은 원명을 한글로 표기하고 ( )속에 영어를 병기하여 오해를 최소화 하였다. 또한 등장하는 생물명은 가능한 우리말 이름을 사용하는 것을 원칙으로 하였다. 다만 아직 국내에 보고가 없거나 원어명을 그대로 사용하는 미소생물은 원어명을 한글로 표기하고 ( )속에 학명을 변기하였고, 우리말 이름이 없는 것은 학명을 사용하였다. 특히 일부의 생물명과 분류군은 한글과 영문을 혼용하여 설명하기도 하였고, 동종이명, 또는 동일 분류군에 대해 우리말 명칭이 둘 이상 있을 때에는 원서의 명칭을 우선하였다. 그리고 전문용어 등 추가적인 이해를 필요로 하는 곳에서는 주석을 이용하여 보충설명을 실시하였다.

책의 구성, 이 도서에서 주장하고 싶은 내용 등은 원저자의 머리말과 맺음말에 기술되고 있기에 중복되는 이야기는 생략한다. 아무튼 이런저런 이유로 번역 과정에 많은 어려움도 있었지만, 역자 본인이 많은 부분에서 새롭게 학습할 수 있는 기회를 가진다는 의미에서 1년 이상의 시간을 거쳐 번역원고를 매듭할 수 있었다. 작금 대학에서 전문적 지식을 학습하는 학생들도 책을 멀리하는 분위기를 만연하고 있어 안타까움을 느끼기도 하지만, 그 중 극히 일부라도 국내에서는 포괄적으로 접근하기 어려운 조류에 대한 생물진화에 대한 이야기와 함께 우리를 다시 한 번 되돌아 볼 수 이게 하는 조류라는 불가사의 한 이야기를 공유할 수 있었으면 하는 마음으로 번역 책을 출판하게 된다. 생물학은 물론, 환경, 에너지 및 식량분야 등 현재 지구규모의 트릴레마문제에 관심 있는 많은 사람들에게 조금이나마 도움이 될 수 있었으면 하는 바램이다.

참고문헌

제 I 부 조류보기

제1장 원핵조류: 남조

Cohen-Bazire, G., Kunisawa, R. and Pfenning, N., 1969. Comparative study of the structure of gas vacuoles. J. Bacteriol., 100: 1049-1061.

Hoiczyk, E., 2000. Gliding motility in cyanobacteria: observations and possible explanations. Arch Microbiol., 174: 11-17.

Emelyanov, V.V., 2003. Common evolutionary origin of mitochondrial and rickettsial respiratory chains. Arch. Biochem. Biophys., 420: 130-141.

藤田善彦·大城 香, 1989. ラン藻という生き物. 東京大学出版会, 135pp.

Graham, L.E. and Wilcox, L.W.、 2000. Algae. Prentice-Hall, NJ, 640pp.

Miyashita, H., Adachi, K., Kurano, N., Ikemoto, H., Chihara, M. and Miyachi, S., 1996. Chlorophyll *d* as a major pigment. Nature, 338: p.402.

Miyashita, H., Ikemoto, H., Kurano, N., Miyachi, S. and Chihara, M., 2003. *Acaryochloris marina* gen. et sp. nov. (Cyanobacteria), an oxygenic photosynthetic prokaryote containing chl *d* as a major pigment. J. Phycol., 39: 1247-1253.

Moore, L.R., Rocap, G. and Chisholm, S.W., 1998. Physiology and molecular phylogeny of coexisting *Prochlorococcus ecotypes*. Nature, 393: 464-467.

Mulholland, M.R. and Capone, D.G., 2000. The physiology of the marine N_2 fixing cyanobacteria *Trichodesmium*. Trends in Plant Sci., 5: 148-153.

Raven, J.A., 2002. The evolution of cyanobacterial synibioses. Biol. Environ., 102B: 3-6.

開高 健, 1977. 悠々として急げ. 開高健対談集. 日本交通公社, 309pp.

川村多實二, 1916. 天拘麥飯研究第一報告. 植物學雜誌. 30: 109-119.

川村多實二, 1916. 天拘麥飯研究第一報告(承前. 完). 植物學雜誌, 30: 133-151.

小林義雄, 1977. 菌類の世界. 講談社ブルバックス, 252pp.

三好 學, 1925. 天然記念物調查報告植物之部 第1輯: 長野千葉二縣ノ植物.

Molish, H. von, 1926. Pflanzenbiologie in Japan auf Grund eigener Beobachtungen. Gustav Fischer, Jena. 270pp.

中村 治, 1976. 未來の食糧: 人類の食糧危機を求う微生物. 同文書院. 244pp.

大野直枝, 1916. 黑姫山産「天拘ノ麥飯」に關スル研究. 植物學雜誌. 30: 59-65.

椿 啓介, 1995. カビの不思議. 筑摩書房, 211pp.

高橋基生, 1935. 天犯ノ麥飯について [Ⅰ]~[Ⅲ]. 植物及動物. 3(4): 761-768, 915-924,

1128-1134.
Tomo, T., Okubo, T., Akimolo, S., Yokono, M., Miyashita, H., Tsuchiya, T., Noguchi, T. and Mimuro, M., 2007. Identification of the special pair of photosystem II in a chlorophyll *d*-dominated cyanobacterium, Proc. Natl. Acad. Sci. USA, 104: 7283-7288.
Walsby, A.E., 1972. Structure and function of gas vacuoles. Bacteriological Reviews, 36: 1-32.
渡辺真之, 2000. 微小藻の世界 日本のアオコ. 国立科学傳物舘, 52pp.

제2장 해조

新崎盛敏·新崎輝子, 1978. 海藻のはなし. 東海大学出版会, 228pp.
有賀祐勝·井上勳·田中次郎·横浜康継·吉田忠生(編), 2000. 藻類学実験·実習. 講談社サイエンティフィク, 188pp.
Berger, S., de Groot, E., Heuhaus, G. and Schweiger, M., 1987. Acetabularia: a giant single cell organism with valuable advantages for cell biology. Eur. J. Cell Biol. 44: 349-370.
Carson, R.C., 1951. (日下実男(訳), 1977. われらをめぐる海. 早川書房. 319pp.
Chapman, A.R.O., 1979. Biology of Seaweeds. Levels of Organization. (千原光雄(訳), 海藻の生物学 細胞·個体·個体群·群落. 共立科学ブック 55. 共立出版.
千原光雄(編著), 1997. 藻類多様性の生物学. 内田老鶴賊. 386pp.
千原光雄(編), 岩槻邦男·馬渡俊輔(監修), 1999. 藻類の多様性と系統. バイオディバ-シティ·シリ-ズ 3, 裳華房, 346pp.
Dalton, R., 2000. Researchers criticize response to killer algae. Nature, 406: p.447.
Dumais, J., Serikawa, K.A. and Mandoli, D.F., 2000. *Acetabularia*: A unicellular model for understanding subcellular localization and morphogenesis during development. J. Plant Growth and Regul., 19: 253-264.
Hämmerling, J., 1934. Über formbildende Substanzen bei *Acetabularia mediterranea*, ihre ranmliche und zeitliche Verteilung und ihre Herkunft. Archiv für Entwicklung-mechanik, 131: 1-81.
Hanyuda, T., Wakana, I., Arai, S., Miyaji, K., Watano, Y. and Ueda, K., 2002. Phylogenetic relationships within Cladophorales (Ulvophyceae, Chlorophyta) inferred from 18S rRNA gene sequences, with special reference to *Aegagropila linnaei*. J. Phycol., 38: 564-571.
堀輝三·大野正夫·堀口健雄(編), 2002. 21世紀初頭の藻学の現況 日本藻類学会(創立50周年記念出版) (http://wwwsoc.nii.ac.jp/jsp/jjp/FiIe-list-set.html)
片田 實, 1989. 浅草海苔盛衰記 -海苔の五百年-. 成山堂書店, 202pp.
Mandoli, D.F., 1998. Whatever happened to *Acetabularia*? Bringing a once-classic model system into the age of molecular genetics. Int. Rev. Cytol., 182 : 1-67.
Mandoli, D.F., 1998. Elaboration of body plan and phase change during development of *Acetabularia*. Ann. Rev. Plant Physiol. Plant Mol. Biol., 49: 173-198.

松本清張, 1972. 時間の習俗. 新潮文庫, 325pp.

Meinesz, A., 1999. Killer Algae. The True Tale of Biological Invasion. University of Chicago Press, 378pp.

三浦昭雄(編) 日本水産学会(監修), 2007. 食用藻類の栽培. 水産学シリ-ズ 88. 恒星社厚生閣, 150pp.

宮田昌彦. 1999. 潮だまりの海藻に聞く海の自然史. 自然史の窓 4, 岩波書店, 131pp.

西澤一俊, 1989. 海藻学入門. 講談社学術文庫, 202pp.

西澤一俊·村杉幸子, 1988. 海藻の本 -食の源をさぐる-. 研成社, 215pp.

野田三千代·横浜康継, 1998. 海からの贈り物 海藻おしばをあ楽しむ. 日本ヴォグ社, 64pp.

大石圭一, 1987. 昆布の道. 第一書房, 290pp.

大石圭一 (編), 1993. 海藻の科学. 朝倉書店, 201pp.

大野正夫 (編著), 2004. 有用海藻誌 海藻の資源開発と利用に向けて. 内田老鶴圃, 575pp.

司馬遼太郎, 1987. 菜の花の沖. 文藝春秋

清水義範, 2002. どうころんでも社会科. 講談社文庫, 268pp.

植田邦彦·若菜 勇 (企画), 1999. 特集 2「マリモの生物学」. 遺伝, 53(7).

柳 哲雄, 1992. 潮汐·潮流の話. 科学者になりたい少年·少女のために (第2版). 創風社, 128pp.

横浜康継, 1982. 海藻の謎·緑の道. 環境と人間の科学 5. 三省堂. 235pp.

横浜康継. 1985. 海の中の森の生態 海藻の世界をさぐる. 講談社ブル-バックス, 247pp.

横浜康継, 2001. 海の森の物語. 新潮選書, 248pp.

横浜康継·野田三千代, 1996. 海藻おしば. カラフルな色彩の謎. 海遊舍, 96pp.

米山忠興, 2006. 空の月の歴 天文学に身近な話題. 九善株式会社, 127pp.

Yoshii, Y., Hanyuda, T., Wakana, I., Miyaji, K., Arai, S., Ueda, K. and Inouye, I., 2004. Carotenoid compositions of *Cladophora* balls (*Aegagropila linnaei*) and some members of the Cladophorales (Ulvophyceae, Chlorophyta): their taxonomic and evolutionary implication. J. Phycol., 40: 1170-1177.

若菜 勇, 1994. 高塩濃度環境下におけるマリモ系狀体の生長および光合成速度の高進. マリモ研究, 3: 51-58.

若菜 勇, 1999. マリモの先祖は海藻? バイオディバ-シティ·シリ-ズ 3. 千原光雄 (編) 藻類の多様性と系統. 裳華房, p.292-294.

제3장 미세조류

Andersen, R.A., 1991. The cytoskeleton of chromophyte algae. Protoplasma, 164: 143-159.

Andersen, R.A. and Wetherbee, R., 1992. Microtubules of the flagellar apparatus are active during prey capture in the chrysophycean alga *Epipyxis pulchra*. Protoplasma, 166: 8-20.

Billard, C. and Inouye, I., 2004. What is new in coccolithophore biology? In: Thierstein, H.R. and Young, J.R. (eds.) Coccolithophores. From Molecular Processes to Global Impact.

Springer, Berlin, p. 1-29.
千原光雄(企画), 1991. 特集 黄色植物の系統と進化. 遺伝, 45.
Cinielia, C., Yoon, H.S., Pollio, A., Pinto. G. and Bhattacharya, D., 2004. Hidden biodiversity of the extremophilic Cyanidiales red algae. Mol. Ecol., 13: 1827-1838.
Green, J.C. and Leadbeater, B.S.C.(eds.), 1994. The Haptophyte Algae. Clarendon Press, Oxford, 446pp.
Hoops, H.J., 1993. Flagellar, cellular and organismal polarity in *Volvox carteri.* J. Cell Sci., 104: 105-117.
Inouye, I. and Kawachi, M., 1994. The haptonema. In: Green, J. C. and Leadbeater, B. S. C.(eds.) The Haptophyte Algae. Systematics Association Special Volume No. 51, Clarendon Press, Oxford, p. 73-89.
伊関峰生·渡辺正勝, 2004. 光応答の分子機構-ミドリムシの光運動反応にかかわる光センサ-. 遺伝, 58: 36-41.
嚴佐耕三, 1976. 珪藻の生物学. 東京大学出版会, 136pp.
Kawachi, M., lnouye, I., Maeda, M. and Chihara, M., 1991. The haptonema as a food-capturing device: study on *Chrysochromulina hirta* (Prymnesiophyceae). Phycologia, 30: 563-573.
Kawachi, M. and Inouye, I., 1994. Ca^{2+}-mediated induction of the coiling of the haptonema in *Chrysochromulina hirta* (Prymnesiophyta = Haptophyta). Phycologia, 33: 53-57.
Kawachi, M., Inouye, I., Honda, D., O'Kelly, C.J., Bailey, J.C., Bidigare, R.R. and Andersen R,A., 2002. The Pinguiophyceae *classis nova*, a new class of photosynthetic stranienopiles whose members produce large amounts of omega-3 fatty acids. Phycol. Res., 50: 31-47.
Kawai, H., 1988. A flavin-like autofluorescence substance in the posterior flagellum of golden and brown algae. J. Phycol., 24: 114-117.
Kawai, H. and Inouye, I., 1989. Flagellar autofluorescence in forty-four chlorophyll c-containing algae. Phycologia, 28: 222-227.
Kirk, D.L., 1998. *Volvox*: Molecular-Genetic Origins of Multicellularity and Cellular Differentiation. Cambridge University Press, 381pp.
Kirk, D.L. and Nishii, I., 2001. *Volvox carteri* as a model for studying the genetic and cytological control of morphogenesis. Dev. Growth Differ., 43: 621-631.
Kreimer, G., 2001. Light perception and signal modulation during photoorientation of flagellate green algae. In: Häder, D.-P. and Lebert, M.(eds.) Photomovement. Elsevier Science, p. 193-227.
Kristiansen, J. and Andersen, R.A.(eds.), 1986. Chrysophytes: Aspects and Problems. Cambridge University Press, Cambridge, 337pp.
Leedale, G.F., 1967. Euglenoid Flagellates. Prentice-Hall, NJ, 242pp.
Murata, K, Okamoto, M. and Suzaki, T., 2000. Morphological change of cell membrane

integrated paracrystalline structure induced by cell shape change in *Euglena gracillis*. Protoplasma, 214: 73-79.

南雲 保·出井雅彦·長田敬五, 2000. 微小藻の世界 珪藻の世界. ミクロの宝石. 国立科学博物館, 57pp.

西井一郎, 2004. ボルボックス胚の形態形成運動と細胞分化の仕組み. 蛋白·核酸·酵素, 49: 1253-1264.

Nishii, I., Ogihara, S. and Kirk, D.L., 2003. A kinesin, InvA, plays an essential role in *Volvox* morphogenesis. Cell, 113: 743-753.

野崎久義, 2000. 微小藻の世界 ボルボックスとそのなかま. 小さな緑の粒に隠された秘密. 国立科学博物館, 36pp.

Pickett-Heaps, J.D., 1975. Green Algae: Structure, Reproduction and Evolution in Selected Genera. Sinauer Associates, Inc., Sunderland, Massachusetts, 606pp.

Round, F.E., Crawford, R.M. and Mann, D.G., 1990. Diatoms: Biology and Morphology of the Genera. Cambridge University Press, Cambridge, 747pp.

Rowan, R., 1998. Diversity and ecology of zooxanthellae on coral reefs. J. Phycol., 34: 407-417.

Sandgren, C.D., Smol, J.P. and Kristiansen, J., 1995. Chrysophyte Algae. Ecology, Phylogeny and Development. Cambridge University Press, Cambridge. 399pp.

Schmitt, R., 2001. *Volvox carteri*: Molecular genetics of cell differentiation. Japan. J. Protozool., 34: 7-12.

Schmitt, R. and Sumper, M., 2003. How to turn inside out. Nature, 424: 499-450.

白岩善博, 1994. 海産性単細胞石灰藻のCO_2固定機構と地球温暖化. RADIOISOTOPES, 43: 179-180.

白岩善博, 1997. 海産石灰藻によるCO_2固定. 遺伝, 51: 49-53.

白岩善博, 2000. 円石藻の光合性と石灰化. 月刊海洋, 32: 412-417.

Spector, D.L.(ed.), 1984. Dinoflagellates. Academic Press, Inc., Orlando, Florida, 545pp.

洲崎敏伸, 2004. ユ-グレナ運動. 原生動物学雑誌, 37: 169-190.

Suzaki, T. and Williamson, R.E., 1986. Cell surface displacement during euglenoid movement and its computer simulation. Cell Motil. Cyloskeleton, 6: 186-192.

Sym, S.D. and Pienaar, R.N., 1993. The Prasinophyceae. In: Round, F.E. and Chapman, D.J. (eds.) Progress in Phycological Research 9. Biopress, Bristol, p. 281-376.

Taylor, F.J.R.(ed.), 1987. The Biology of Dinoflagellates. Blackwell, Oxford, 785pp.

Ussing, A.P., Gordon, R., Ector, L., Buczk, K. and Desnitski, A.G., 2005. Diatom Monographs 5. The Colonial Diatom "*Bacillaria paradoxa*": Chaotic Gliding Motility, Lindenmeyer Model of Colonial Morphogenesis, and Bibliography, with Translation of O.F. Müller (1783), "About a peculiar being in the beach-water" Koelz Scientific Books, 138pp.

Wetherbee, R., Lind, J.L. and Burke, J., 1998. The first kiss: establishment and control of initial adhesion by raphid diatoms. J. Phycol., 34: 9-15.

Yoshii, Y., Takaichi, S., Maoka, T., Hanada, S. and Inouye, I., 2002. Characterization of two unique carotenoid fatty acid esters from *Pterosperma cristatum* (Prasinophyceae, Chlorophyta). J. Phycol., 38: 297-303.

Young, J,R., Henriksen, K. and Probert, I., 2004. Structure and morphogenesis of the coccoliths of the CODNET species. In: Thierstein, H.R. and Young, J.R. (eds.) Coccohthophores. From Molecular Processes to Global Impact. Springer, Berlin, p. 191-216.

Zachleder, V., Bišova, K., Vitova, M., Kubin, Š. And Hendrychova, J., 2002. Variety of cell cycle patterns in the alga *Scenedesmus quadricauda* (Chlorophyta) as revealed by application of illumination regimes and inhibitors. Eur. J. Phycol., 37: 361-371.

Zurzolo, C. and Bowler, C., 2001. Exploring bioinorganic pattern formation in diatoms. A story of polarized trafficking. Plant Physiol., 127: 1339-1345.

제4장 차축조류

今堀宏三, 1954. 日本産輪藻類總說. 金沢大学理学部植物学教室, 234pp.

加藤将·樋口澄男·近藤洋一·北野聡·野崎久義·田中次郎, 2005. 本邦野生絶滅種ホシツリモ(シャジクモ目)の再発見. 植物研究雜誌, 80: 84-91.

Kasaki, H., 1964. The Charophyta from the lakes of Japan. J. Hattori Bot. Lab., 27: 217-314.

国立環境研究所, 2006. しゃじくも 車軸藻類の保存をめざして. 8pp.

森嶋秀治·佐野郷美·野崎久義·加藤英男, 2002. 絶滅日本固有車軸藻テガヌマフラスコモ *Nitella furcata* var. *fallosa* (シャジクモ目)の千葉県手賀沼からの回復. 植物研究雜誌, 77: 139-142.

野崎久義, 1999. よみがえれホシツリモ: 系統保存と種の保全. 千原光雄(編)、藻類の多様性と系統 (バイオバイバ-シティ·シリ-ズ 3). 裳華房, p. 295-296.

野崎久義·加崎英男·佐野郷美·渡辺信, 1994. B 日本産車軸藻類ホシツリモ(*Nitellopsis obtusa*)の自然界での節滅と復元の可能性. 日本植物分類学会報, 10: 45-50.

野崎久義·渡辺信·加崎英男·佐野郷美·加藤僖重·大森雄治, 1995. 日本の湖沼における車軸藻類(綠色植物)の分布の現狀. その1. 藻類, 43: 213-218.

Van den Berg. M.S., Scheffer, M., Van Nes, E. and Coops, H., 1999. Dynamics and stability of *Chara* sp. and *Potamogeton pectinatus* in a shallow lake changing in eutrophication level. Hydrobiologia, 408/409: 335-342.

Watanabe, M.M., Nozaki, H., Kasaki, H., Sano, S., Kato, N., Omori, Y. and Nohara, S., 2005. Threatened states of the Charales in the lakes of Japan. In: Kasai, F., Kaya, K and Walanabe, M.M. (eds.) Algal Culture Collections and Environment. Tokai University Press, Kanagawa, p. 217-236

제5장 특수 서식지 및 조류가 만드는 현상

Barker, R., 1997. And the Waters Turned to Blood. Touchstone. New York, 362pp.

Burkholder. J.M., Gordon, A.S., Moeller, P.D., Law, J.M., Coyne, K.J., Lewitus, A.J., Ramsdell, J.S., Marshall, H.G., Deamer, N.J., Cary, S.C., Kempton, J.W., Morton, S.L., and Rublee,

P.A., 2005. Demonstration of toxicity to fish and to mammalian cells by *Pfiesteria* species: Comparison of assay methods and strains. Proc. Natl Acad. Sci. USA, 102: 3471-3476.

彼谷邦光, 2001. 飲料水に忍びよる有害シアノバクテリア. 裳華房, 148pp.

Lin S., Henze, S., Lundgren, P., Bergman, B. and Carpenter, E.J., 1998. Whole cell immunolocalization of nitrogenase in marine diazotrophic cyanobacteria, *Trichodesmium* spp. App. Environ. Microbiol., 64: 3052-3058.

Litaker, R.W., Vandersea, M.W., Kibler S.R., Madden. V.J., Noga, E.J. and Tester, P.A., 2002. Life cycle of the heterotrophic dinoflagellate *Pftesteria piscicida* (Dinophyceae). J. Phycol., 38: 442-463.

松永勝彦, 1993. 森が消えれば海も死ぬ. 陸と海を結ぶ生態学. 講談社ブル-バックス, 190pp.

Moon-van der Staay, S.Y., De Wachter, R. and Vaulot, D., 2001. Oceanic 18S rDNA sequences from picoplankton reveal unsuspected eukaryotic diversity. Nature, 409: 607-610.

Not, F., Valentin, K., Romari, K., Lovejoy, C., Massana. R., Töbe, K., Vaulot, D. and Medlin L.K., 2007. Picobiliphytes: A marine picoplanktonic algal group with unknown affinities to other eukaryotes. Science, 315: 253-255.

谷口和也(編), 1999. 磯焼けの機構と藻場修復. 恒星社厚生閣, 120pp.

Van Hove, C. and Lejeune, A., 2002. The *Azolla-Anabaena* symbiosis. Biology and Environment: Proc. Royal Irish Acad., 102B: 23-26.

渡辺真利代·原田健一·藤木博太(編), アオコ その出現と毒素. 東京大学出版会, 257pp.

Zeidner, G., Preston. C.M., Delong, E.F., Massana, R., Post, A.F., Scanlan. D.J. and Béja, O., 2003. Molecular diversity among marine picophytoplankton as revealed by psbA analyses. Environ. Microbiol., 5: 212-216.

제Ⅱ부 조류 30억 년의 발자취

제6장 조류와 지구진화 그리고 지구환경

Amos, Wade, A., 2003. Updated cost analysis of photobiological hydrogen production from *Chlamydomonas reinhardtii* green algae. Milestone Completion Report, National Renewable Energy Laboratory (http://www.nrel.gov/docs/fy04osti/35593.pdf)

Andrews, J.E., Brimblecombe, P., Jickells, T.D. and Liss, P.S., 1997. 渡辺正 (訳), 地球環境科学入門. シュプリンガ-フェアラ-ク. 東京. 264pp.

有馬真·箕浦幸治·阿部豊·清川昌一·田近英一, 1998. 地球進化論. 岩波講座地球惑星科学 13. 岩波書店, 527pp.

Balch, W.M., 2004. Re-evaluation of the physiological ecology of coccolithophorids. In: Thierstein, H.R. and Young, J.R. (eds.) Coccolithophores. From Molecular Processes to Global Impact Springer, Berlin, p. 165-190.

Chisholm, J.R.M. and Barnes, D.J., 1998. Anomalies in coral reef community metabolism and their potential importance in the reef CO_2 source-sink debate. Proc. Natl. Acad. Sci. USA, 95: 6566-6569.

Condie, K.C. and Sloan, R.E., 1978. Origin and Evolution of Earth. Principles of Historical Geology. Prentice-Hall, Inc. NJ, 498pp.

第13回「大学と科学」公開シンポジウム組織委員金 (編), 1999. 地球·生命·環境の共進化. 生きている地球の新しい見方. クバプロ, 202pp.

Falkowski, P.G., 2002. The ocean's invisible forest. Sci. American, 287: 38-45.

Falkowski, P.G., 2002. On the evolution of the carbon cycle. In: Williams, P.J.I.B., Thoas, D.N. and Reynolds, C.S. (eds.), Phytoplankton Productivity. Carbon Assimilation in Marine and Freshwater Ecosystems. Blackwell, Oxford, p. 318-349.

Falkowski, P.G., Barber, R. and Smetacek, V., 1998. Biogeochemical controls and feedbacks on ocean primary production. Science, 281: 200-206.

Falkowski, P.G., Scholes, R.J., Boyle, E., Canadell, J., Canfield, D., Elser, J., Gruber, N., Hibbard, K., Högberg, P., Linder, S., Mackenzie, F.T., Moore III, B., Pedersen, T., Rosenthal, Y., Seitzinger, S., Smetacek, V. and Steffen, W., 2000. The global carbon cycle: A test of our knowledge of the Earth as a system. Science, 290: 291-294.

Field, C.B., Behrenfeld, M.J., Randerson, J.T. and Falkowski, P., 1998. Primary production of the biosphere: Integrating terrestrial and oceanic components. Science, 281: 237-240.

Gattuso, J.-P., Frankignoulle, M. and Smith, S.V., 1999. Measurement of community metabolism and significance in the coral reef $C0_2$ source-sink debate. Proc. Natl. Acad. Sci. USA, 96: 13017-13022.

Geider, R.J. and La Roche, J., 2002. Redfeld revisited : variability of C:N:P in marines microalgae and its biochemical basis. Eur. J. Phycol., 37: 1-17.

Hata, H., Kudo, S., Yamano, H., Kurano, N. and Kayane, H., 2002. Organic carbon flux in Shiraho coral reef (Ishigaki Island, Japan). Mar. Ecol. Prog. Ser., 232: 129-140.

浜野洋三, 1995. 入門ビジュアルサイエンス. 地球のしくみ. 日本実業出版社. 170pp.

原島 省·功刀正行, 1997. 海の働きと海洋汚染. 裳華房, 181pp.

石川依久子 2002. 海も環境も藻類から. 裳華房, 191pp.

月刊海洋, 1996. 海洋植物プランクトン -その生理·生態- 号外 No 10. 海洋出版株式会社.

Lalli. C.M. and Parsons, T.R., 1997. (関 文威·長沼 毅(訳, 2005). 生物海洋学入門 第2版. 講談社, 242pp.

Lovelock, J.E.(黑川 淳舜(訳]), 1984. ガイアの科学 地球生命圈. 工作舍, 203pp.

Lovelock, J.E., 1997. 地球環境への旅 -超高感度分析器(ECD)がもたらしたもの. 旭硝子財團 平成9年度 (第6回 ブル-プラネット賞受賞者記念講演金. pp. 2-8.

Lovelock, J.E.(松井孝典 (日本語版監修)), 2003. ガイア地球は生きている. 産調出版出, 191pp.

Lovelock, J.E., 2006. (秋元勇己監修·竹村健一訳) ガイアの復讐. 中央公論新社, 290pp.

Margaref, R., 1978. Life-forms of phytoplankton as survival alternatives in an unstable environment. Oceanol. Acta, 1: 493-509.

松野太郎, 2007. 地球溫暖化と氣候変化の子測 ～IPCC 第4次報告～ 日本地球惑星科学連合ニュ-スレタ-, 3: 1-3.

Miyamoto, K.(ed.), 1997. Renewable biological systems for alternative sustainable energy production (FAO Agricultural Services Bulletin - 128) FAO corporate document repository. (http://www.fao.org/docrep/w7241e/w7241e00.HTM)

丸山茂德·磯崎行雄, 1998. 生命と地球の歴史. 岩波新書. 275pp.

日本海洋学会(編), 2001. 海と環境 -海が変わると地球が変わる- 講談社サイエンティフィク. 244pp.

日本生態学会(編), 2004. 生態学入門. 東京化学同人, 273pp.

岡崎惠規·市村宣幸, 1996. 円石藻のコッコロリス形成と光合成の間に見られる無機炭索代謝の共役. 海洋. 号外 10: 61-68.

大野正夫(編著), 2004. 有用海藻誌 海漢の資源開発と利用に向けて. 內田老鶴圃, 575pp.

折戸 学·梶野敏貴, 2003. 元素合成と宇宙年齡, 宇宙核物理 2. ビッグバン元素合成と宇宙論. プラズマ·核融合学会誌, 79: 855-861.

Pace, N.R., 1997. A molecular view of microbial diversity and the biosphere. Science, 276: 734-740.

酒井治孝, 2003. 地球学入門 惑星地球と大氣·海洋のシステム. 東海大学出版会. 284pp.

Sherr, E.B. and Sherr, B.F., 1994. Bacterivory and herbivory: key roles of phagotrophic protists in pelagic food webs. Microb. Ecol., 28: 223-235.

綜合科学技術会議環境担当議員·內閣府政策統括官 (科学技術施策担当) (共編), 2003. 綜合科学技術会議 地球溫暖化研究イニシャティブ 氣候變動研究分野報告書 地球溫暖化研究の最前線 -環境の世紀の知と技術 2000-. 141pp.

Sunda, W., Kleber, D.J., Klene, R.R. and Huntsman, S., 2002. An antioxidant function for DMSP and DMS in marine algae. Nature, 418: 317-320.

鈴木 款(編), 1997. 海洋生物と炭素循環. 東京大学出版会, 193pp.

平 朝彦·川上神一·有馬 真·箕浦幸治·阿部 豊·淸川昌一·西近英一, 1998. 地球進化論 岩波講座地球惑星科学 13. 岩波書店, 527pp.

樽谷修一(編), 1995. 地球環境科学. 朝倉書店, 176pp.

Tsukahara, K. and Sawayama, S., 2005. Liquid fuel production using microalgae. J. Japnan. Petrol. Inst., 48: 251-259.

渡辺 信(企劃), 2000. 特集「藻類と地球環境」. 遺伝, 54(9).

Westbroek, P., Young, J.R. and Linschooten, K., 1989. Coccolith production (biomineralization) in the marine alga *Emiliania huxleyi*. J. Protozool., 36: 368-373.

Winter, A. and Siesser, W.G.(eds.), 1994. Coccolithophores. Cambridge University Press, 242pp.

山崎一正(監修), 2004. 鉄の起源 宇宙の創造から生物の進化まで. Nippon Steel Monthly モノづくりの原点. 科学の世界, 15: 9-14.

矢田 浩, 2005. 鉄理論 = 地球と生命の奇跡. 講談社現代新書, 222pp.

제7장 생명과 조류의 탄생

Allen, J.F., 2002. The function of genomes in bioenergetic organelles. Phil. Trans. R. Soc. Lond. B, 358: 19-38.

Bengtson, S.(ed.), 1994. Early Life on Earth. Nobel Symposium No. 84. Columbia University Press, New York, 630pp.

Cavalier-Smith, T., 2001. Obcell as proto-organisms: membrane heredity, lithophosphorylation, and the origins of the genetic code, the first cell, and photosynthesis. J. Mol. Evol., 53: 555-595.

Doolittle, R.F., 1995. Of Archae and Eo: What's in a name? Proc. Natl. Acad. Sci. USA, 92: 2421-2423.

Gupta, R.S. and Golding, G.B., 1993. Evolution of HSP70 gene and its implications regarding relationships between archaebacteria, eubacteria, and eukaryotes. J. Mol. Evol., 37: 573-582.

Forterre, P. and Philippe, H., 1999. The last uiniversal common ancestor (LUCA), simple or complex? Biol. Bull., 196: 373-377.

Fortey, R.(渡辺政隆(訳), 生命40億年全史. 草思社, 493pp.

Hedges, S.B., Blair, J.E., Venturi, M.L. and Shoe, J.L., 2004. A molecular timescale of eukaryote evolution and the rise of complex multicellular life. BMC Evol. Biol., 4: 2. (http://www.biomedcentral.com/1471-2148/4/2)

石川 統·斎藤成也·佐藤矩行·長谷川眞理子(編) 石川 統·山岸明彦·河野重行·渡辺雄一郎·大島泰郎, 2005. 化学進化·細胞進化. シリ-ズ進化学 3. 岩波書店. 247pp.

Iwabe, N., Kuma, K., Hasegawa, M., Osawa, S. and Miyata, T., 1989. Evolutionary relationship of archaebacteria, eubacteria, and eukaryotes inferred from phylogenetic trees of duplicated genes. Proc. Natl. Acad. Sci. USA, 86: 9355-9359.

Kirschvink, J.L and Weiss, B.P. 2003. Mars, Panspermia, and origin of life: Where did it all begin? (磯崎行雄(訳), 火星. バンスペルミア, そして生命の起源 -すべてはどこで始まったか?-. 地球雑誌, 112: 187-196.

Knoll, A.H., 2003. Life on a Young Planet. The First Three Billion Years of Evolution on Earth. Prinston University Press. (斎藤隆央(訳), 2005. 生命 最初の30億年. 紀伊国屋書店) 能澤峰大·伊藤孝志·吉田茂生 (編). 2002. 全地球史解說. 東京大学出版会, 540pp.

Martin, W. and Russell, M.J., 2003. On the origins of cells: a hypothesis for the evolutionary transitions from abiotic geochemistry to chemoautotrophic prokaryotes, and from prokaryotes to nucleated cells. Phil. Trans. R. Soc. Lond. B, 358: 59-85.

松井孝典, 1996. 惑星科学入門. 講談社学術文庫, 320pp.

松井孝典, 2000. 地球46億年の孤独. ガイア仮説を越えて. 德問文庫. 235pp.

Maynard Smith, J. and Szathmáry, E., 1995. The Major Transitions in Evolution. Oxford University Press, 346pp.

宮田 隆, 1994. 分子進化学への招待 DNAに秘められた生物の歴史. 講談社ブルーバックス, 280pp.

大島泰郎, 1995. 生命は熱水から始まった. 東京化学同人, 140pp.

オバ-リン, A.I.(著) 江上不二夫(編), 1956. 生命の起源と生化学. 岩波新書, 216pp.

酒井 均, 1999. 地球と生命の起源. 火星に生命は生まれなかったか. 講談社ブルーバックス, 303pp.

Woese, C.R. 2000. Interpreting the universal phylogenetic tree. Proc. Natl. Acad. Sci. USA, 97: 8392-8396.

Woese, C.R. Kandler, O. and Wlieelis, M.L., 1990. Towards a natural system of organisms: Proposal for the domains Archaea, Bacteria, and Eucarya. Proc. Natl. Acad. Sci. USA, 87: 4576-457.

Yamagishi, A., Kon, T., Takahashi, G. and Oshima, T., 1998. From the common ancestor of all living organisms to protoeukaryotic cell. In: Wiegel, J. and Adams, M.W.W. (eds.) Thermophiles: The Keys to Molecular Evolution and the Origin of Life? Taylor & Francis Ltd, p. 287-295.

山岸明彦, 2003. 全生物の共通の祖先の実験的検證 -過去のタンパク質を再現する-. 地学雜誌, 112: 197-207.

제8장 산소발생형 광합성: 지구환경을 변화시킨 생물진화 최대의 이벤트

藤茂 宏, 1982. 光合成. 明反応研究の流れ. 東京大学出版会, 163pp.

Gogarten, J.P., Doolittle, W.F. and Lawrence, J.G., 2002. Prokaryotic evolution in light of gene transfer. Mol. Biol. Evol., 19: 2226-2238.

原島圭二, 1994. 光合成細菌の世界. 共立出版, 109pp.

Heldt, H.-W.(金井龍二(訳), 2000. 植物生化学. シュプリンガ-フェアラ-ク(東京), 502pp.

伊藤 繁, 2000. 光合成生物の起源とその進化. 大石 正·小野高明 (編), 光が拓く生命科学 第2巻. 共立出版. p. 44-61.

伊藤 繁(企画), 1995. 特集「光合成系の進化」遺伝, 49(2).

垣谷俊昭·三室 守(編), 1999. 光がもたらす生命と地球の共進化. エネルギ-と食料と地球環境にたいするグロ-バル視点. 中部経済新聞社, 137pp.

垣谷俊昭·三室 守(編), 2000. 電子と生命. 新しいバイオエナジュティックスの展開. 共立出版, 180pp.

北村 博·森田茂廣·山下仁平, 1984. 光合成細菌. 学会出版センタ-, 361pp.

Lazcano, A. and Miller, S.L., 1994. How long did it take for life to begin and evolve to Cyanobacteria? J. Mol. Evol., 39: 546-554.

Lane, N., 2006.(西田 陸(監訳), 遠藤圭子(訳), 生と死の自然史 進化を統べる酸素. 東海大学出版会, 560pp. (原書は2002年, Oxygen The Molecule that Made the World.)

三室 守, 1999. 光合成色素にみる多様性. 千原光雄 編 岩槻邦男·馬渡俊輔 (監修), 藻類の

多様性と系統 (バイオバイバ-シティ・シリ-ズ 3). 裳華房, p. 68-94.
三室 守·高市真一·富田純史(高市真一(編), 2006. カロテノイド その多様性と生理活性. 裳華房, 267pp.
三室 守·田中 歩(企画), 2000. 遺伝 特集「光合成の進化 -植物の進化の原点に迫る-. 遺伝, 56(7).
Mohr, H. and Schopfer, R.、(網野真一·駒嶺 穆(監修), 1998. 植物生理学字. シュプリンガ-プェアラ-ク, 東京, 598pp.
中根英昭, 2000. オゾン層の形成と紫外線. 光環境と生物の進化. 大石 正·小野高明(編), 光が拓く生命科学 第2巻. 共立出版. p.17-29.
中島映至, 2000. 地球の光環境と太陽. 大石 正·小野高明(編), 光が拓く生命科学 第2巻. 共立出版. p.1-16.
日本光合成研究会(編), 2003. 光合成事典. 学会出版センタ-, 430pp.
Towe, K.M., 2002. The problematic rise of Archean oxygen. Science, 295: 1419.
佐藤公幸(編), 2002. 光合成. 朝倉植物生理学講座. 194pp.
Xiong, J., Inoue, K. and Bauer, C.E., 1998. Tracking molecular evolution of photosynthesis by characterization of a major photosynthesis gene cluster from *Heliobacillus mobilis*. Proc. Natl. Acad. Sci. USA, 95: 14851-14856.
Xiong. J., William M. Fischer, W.M. Inoue, K. Nakahara, M. and Bauer, C.E., 2000. Molecular evidence for the early evolution of photosynthesis. Science, 289: 1724-730.

제9장 진핵생물의 탄생과 다양화

Akhmanova, A., Voncken, F., van Alen, T., van Hoek, A., Boxma, B., Vogels, G., Veenhuis, M. and Hackstein, J.H.P., 1998. A hydrogenosome with a genome. Nature, 10: 396, 527-28.
Arisue, N., Maki, Y., Yoshida, H., Wada, A., Sanchez, L.B., Mtiller, M. and Hashimoto, T., 2004. Comparative analysis of the ribosomal components of the hydrogenosome-containing protist. *Trichomonas vaginalis*. J. Mol. Evol., 59: 59-71.
Andersson, S.G.E., Zomorodipour, A., Andersson, J.O., Sicheritz-Pontén, T., Alsmark, U.C.M., Podowski, R.M., Näslund, A.K., Eriksson, A.-S., Winkler, H.H. and Kurland, C.G., 1998. The genome sequence of *Rickettsia prowazekii* and the origin of mitochondria. Nature, 396: 133-140.
Baldauf, S.L., Roger, AJ., Wenk-Siefert, I. and Doolittle, W.F., 2000. A kingdom-level phylogeny of eukaryotes based on combined protein data. Science, 290: 972-977.
Bell, S.D. and Jackson, S.F., 1998. Transcription and translation in Archaea: a mosaic of * eukaryal and bacterial features. Trends Microbiol., 6: 222-228.
Blanchard, J.L. and Lynch, M., 2000. Organellar genes why do they end up in the nucleus? TIG, 16: 315-320.
Brown, J.R. and Doolittle, W.F., 1997. Archaea and prokaryote-to-eukaryote transition.

Microbiol. Mol. Biol. Rev., 61: 456-502.

Bui, E.T.N., Bradley, P.J. and Johnson, P.J., 1996. A common origin for mitochondria and hydrogenosomes. Proc. Natl. Acad. Sci. USA, 93: 9651-9656.

Cavalier-Smith, T., 1987. Eukaryotes with no mitochondria. Nature, 326: 332-333.

Cavalier-Smith, T., 2000. Membrane heredity and early chloroplast evolution. Trends Plant Sci., 5: 174-182.

Cavalier-Smith, T., 2002. The neomuran origin of archaebacteria, the negibacterial root of the universal tree and bacterial megaclassification. Int J. Syst Evol. Microbiol., 52: 7-76.

Clark, C.G. and Roger, A.J. 1995. Direct evidence for secondary loss of mitochondria in *Entamoeba histolytica*. Proc. Natl. Acad. Sci. USA, 92: 6518-6521.

Dyall, S.D. and Johnson, P., 2000. Origins of hydrogenosomes and mitochondria: evolution and organelle biogenesis. Current Opinion in Microb., 3: 404-411.

Dyall, S.D., Brown, M.T. and Johnson, P.J., 2004. Ancient invasions: From endosymbionts to organelles. Science, 304: 253-257.

Dyall, S.D. and Johnson, P., 2000. Origins of hydrogenosomes and mitochondria: evolution and organelle biogenesis. Current Opinion in Microb., 3: 404-411.

Embley, T.M., Horner, D.A. and Hirt, R.P., 1997. Anaerobic eukaryote evolution: hydrogenosomes as biochemically modified mitochondrioa? Tree, 12: 437-441.

Emelyanov, V.V., 2003. Mitochondrial connection to the origin of the eukaryotic cells. Eur. J. Biochem., 270: 1599-1618.

Gray, M.W., Burger, G. and Lang, B.F., 1999. Mitohondrial evolution. Science, 283 : 1476-1481.

Gupta, R.S., 2000. The phylogeny of proteobacteria: relationships to other eubacterial phyla and eukalyotes. FEMS Microbiol. Rev., 24: 367-402.

Gupta, R S. and Golding, G. B. 1996. The origin of the eukaryotic cell. TIBS, 21: 166-171,

Hartman, H. and Fedorov, A., 2002. The origin of the eukaryotic cell: A genomic investigation. Proc. Natl. Acad. Sci. USA, 99: 1420-1425.

林 純一, 2002. ミトコンドリア·ミステリ- 驚くべき細胞小器官の働き. 講談社プルーバックス, 297pp.

Henze, K. and Martin, W., 2001. How are mitochondrial genes transferred to the nucleus? Trends Genet, 17: 383-387.

Horiike, T., Hamada, K., Kanaya, S. and Shinozawa, T., 2001. Origin of eukaryotic cell nuclei by symbiosis of Archaea in Bacteria is revealed by homology hit analysis. Nature Cell Biol., 3: 210-214.

Karlin, S., Brocchieri, L, Mrizek, J., Campbell, M. and Spormann, A.M., 1999. A chimeric prokaryotic ancestry of mitochondria and primitive eukaryotes. Proc. Natl. Acad. Sci. USA, 96: 9190-9195.

河野重行 1999. ミトコンドリアの謎. 講談社現代新書, 254pp.

Knoll, A.H., 1992. The early evolution of eukaryotes: a geological perspective. Science, 256: 622-627.

Lake, J.A., 1988. Origin of the eukaryotic nucleus determined by rateinvariant analysis of rRNA sequences. Nature, 331: 184-186.

Lang, B.F.. Burger, G., O'Kelly, C.J., Cedergren, R., Golding, G.B., Lemieux, C., Sankoff, D., Turmel, M. and Gray, W., 1997. An ancestral mitochondrial DNA resembling a eubacterial genome in miniature. Nature, 387: 493-497.

López-García, P. and Moreira, D., 1999. Metabolic symbiosis at the origin of eukaryotes. TIBS, 24: 88-93.

Margulis, L and Schwartz, K.V., 1987. 図說·生物界ガイド 五つの王国. 日経サイエンス社, 365pp.

Margulis, L., 1985. (永井 進[監訳]) 細胞の共生進化(上·下). 学会出版センタ-, 247pp., 489pp.

Martin, W. and Müller, M., 1998. The hydrogen hypothesis for the first eukaryote. Nature, 392: 37-41.

Mayr, E., 1998. Two empires or three? Proc. Natl. Acad. Sci USA, 95: 9720-9723.

McFadden, J., 2000. Quantum Evolution. 斎藤成也(監訳), 十河和代·十河誠治(訳), 2003. 量子進化. 共立出版, 468pp.

Moreira, D. and López-García, P., 1998. Symbiosis between methanogenic Archaea and ∂-roteobacteria as the origin of eukatyotes: The syntrophic hypothesis. J. Mol. Evol., 47: 517-530.

Osteryoung, K.W., 2003. The division of endosymbiotic organelles. Science, 302: 1698-1704.

Patterson, D.J., 1999. The diversity of eukaryotes. Amer. Nat., 154: S96-S124.

Philippe, H. and Adourte, A., 1998. The molecular phylogeny of eukaryota: solid facts and uncertainties. In: Coombs, G., Vickerman, K., Sleigh, M. and Warren, A.(eds.) Evolutionary Relationships among Protozoa. Chapman and Hall, London, p. 25-26.

Race, H.L, Herrmann, R.G. and Martin, W., 1999. Why have organelles retained genomes? TIG, 15: 364-370.

Rivera, M.C. and Lake, J.A., 1992. Evidence that eukaryotes and eocyle prokaryotes are immediate relatives. Science, 257: 74-76.

Roger, A., 1999. Reconstructing early events in eukaryotic evolution. Amer. Nat., 154: S146-S163.

Vogel, G., 1998. Did the first complex cell eat hydrogen? Science, 279: 1633-1634.

Woese, C.R., Kandler, O. and Wheelis, M.L., 1990. Towards a natural system of organisms: Proposal for the domains Archaea, Bacteria, and Eucarya. Proc. Natl. Acad. Sci., USA, 87: 4576-4579.

제10장 진핵조류의 탄생: 남조(시아노세균)에서 엽록체로

Andersson, J.O. and Roger A.J., 2002. A cyanobacterial gene in nonphotosynthetic protists: An early chloroplast acquisition in eukaryotes? Curr. Biol., 12: 115-119.

Beech, P.L., Nheu, T., Schultz, T., Herbert, S., Lithgow, T., Gilson, P.R. and McFadden, G.I., 2000. Mitochondrial FtsZ in a chromophyte alga. Science, 287: 1276-1279.

Bhattacharya, D.(ed.), 1998. Origins of Algae and their Plastids. Springer Verlag, Wien, 278pp.

Bhaya, D. and Grossman, A.R., 1991. Targeting proteins to diatom plastids involves transport through an endoplasmic reticulum. Mol. Gen. Genet., 229: 400-404.

Birky, C.W.J., 1995. Uniparental inheritance of mitochondrial and chloroplast genes: mechanisms and evolution. Proc. Natl. Acad. Sci. USA, 92: 11331-11338.

Delwiche, C.F., Kuhsel, M. and Palmer, J.D., 1995. Phylogenetic analysis of *tuf* A sequences indicates a cyanobacterial origin of all plastids. Mol. Phyl. Evol., 4: 110-128.

Durnford, D.G., Deane, J.A., Tan, S., McFadden, G.I., Gantt, E. and Green, B.R., 1999. A Phylogenetic assessment of the eukaryotic light-harvesting antenna proteins, with implications for plastid evolution. J. Mol. Evol., 48: 59-68.

Gao, H., Kadiijan-Kalbach, D., Froehlich, J.E. and Osteryoung, K.W., 2003. ARC5, a cytosolic dynamin-like protein from plants, is part of the chloroplast division machinery. Proc. Natl. Acad. Ssi., USA, 100: 4328-4333.

Gutman, B.L. and Niyogi, K.K., 2004. Chlamydomonas and Arabidopsis. A dynamic duo. Plant Physiol., 135: 607-610.

Iino, M. and Hashimoto, H., 2003. Intermediate features of cyanelle division of *Cyanophora paradoxa* (Glaucocystophyta) between cyanobacterial and plastid division. J. Phycol., 39: 561-569.

Keegstra, K. and Cline, K., 1999. Protein import and routing systems of chloroplasts. Plant Cell, 11: 557-570.

黑岩常洋, 2000. ミトコンドリアはどこからきたか. NHKブックス. 301pp.

黑岩常洋, 2000. 葉緑体の起源と進化. 大石 正·小野高明(編), 光が拓く生命科学 第2卷. 共立出版. p.89-105.

黑岩常祥·中野明彦/(財) 遺伝学普及会(編), 2002. 細胞ミクロコスモス -進化とゲノムからその素顔に迫る-. 遺伝 別冊 14, 裳華房, 168pp.

Löffelhardt W., Bohnert H.J. and Bryant D.A., 1997. The complete sequence of the *Cyanohora paradoxa* cyanelle genome (Glaucocystophyceae). In: Bhattacharya, D. (ed.), Origins of Algae and their Piastids. Springer Verlag, Wien, p. 149-162.

Martin, W. and Herrmann, R.G., 1998. Gene transfer from organelles to the nucleus: How much, what happens, and why? Plant Physiol., 118: 9-17.

Marlin, W. and Kowallik, K.V., 1999. Annotated English translation of Mereschkowsky's 1905 paper Über Natur und Ursprung der Chromalophoren im Pøanzenreiche. Eur. J. Phycol., 34: 287-295.

Martin, W., Rujan, T., Richy. E., Hansen. A., Cornelsen. S., Lins. T., Leister. D., Stoebe, B., Hasegawa, M. and Penny, D., 2002. Evolutionary analysis of *Arabidopsis*, cyanobacterial and chloroplast genomes reveals plastid phytogeny and thousands of cyanobacterial genes in the nucleus. Proc. Natl. Acad. Sci. USA, 99: 12246-12251.

Martin, W., Stoebe, B., Goremykin, V., Hansmann, S., Hasegawa, M. and Kowallik, K.V., 1998. Gene transfer to the nucleus and the evolution of chloroplasts. Nature, 393: 162-165.

Matsuo, M., Ito, Y., Yamauchi, R. and Obokata, J., 2005. The rice nuclear genome continuously integrates, shuffles, and eliminates the chloroplast genome to cause chloroplast-nuclear DNA flux. Plant Cell, 17: 665-675.

Matsuzaki, M., Misumi, O., Shin-I, T., Maruyama, S., Takahara, M., Miyagishima, S.Y., Mori, T., Nishida, K., Yagisawa, F., Nishida, K., Yoshida, Y., Nishimura, Y., Nakao, S., Kobayashi, T., Momoyama, Y., Higashiyama, T., Minoda, A., Sano, M., Nomoto, H., Oishi, K., Hayashi, H., Ohta, F., Nishizaka, S., Haga, S., Miura, S., Morishita, T., Kabeya, Y., Terasawa, K., Suzuki, Y., Ishii, Y., Asakawa, S., Takano, H., Ohta, N., Kuroiwa, H., Tanaka, K., Shimizu, N., Sugano, S., Sato, N., Nozaki, H., Ogasawara, N., Kohara, Y. and Kuroiwa T., 2004. Genome sequence of the ultrasmall unicellular red alga Cyanidioschyzon merolae 10D. Nature, 428: 653-657.

McFadden, G.I., 1999. Endosymbiosis and evolution of the plant cell. Current Opinion in Plant Biol., 2: 513-519.

McFadden, G.I., 2001. Primary and second endosymbiosis and die origin of plastids. J. Phycol., 37: 951-959.

McFadden, G.I. and Ralph, S.A., 2003. Dynamin: The endosymbiosis ring of power. Proc. Natl. Acad. Sci. USA, 100: 3557-3559.

Mita, T. and Kuroiwa, T., 1988. Division of piastids by a plastid dividing ring in *Cyanidium caldarium.* Protoplasma, 146 (suppl. 1): 133-152.

Miyagishima, S., Nishida, K. and Kuroiwa, T., 2003. An evolutionary puzzle: chloroplast and mitochondrial division rings. Trends in Plant Sci., 8: 432-438.

Moran, N.A., 1996. Accelerated evolution and Muller's rachet in endosymbiotic bacteria. Proc. Natl. Acad. Sci. USA, 93: 2873-2878.

Nishida, K., Takahara, M., Miyagishima, S.Y., Kuroiwa, H., Matsuzaki, M. and Kuroiwa, T., 2003. Dynamic recruitment of dynamin for final mitochondrial severance in a primitive red alga. Proc. Natl. Acad. Sci. USA, 100: 2146-2151.

小保方潤一, 2002. 葉錄体から核に移った遺伝子. 新しい発現制御系はどのように生まれたか? 遺伝, 56(4): 73-77.

Pfanzag, B., Allmaier, G., Schmid, E.R., Pedro, M.A. and Loffelhardt, W., 1996. N-acetyl-putrescine as a characteristic constituent of cyanelle peptidoglycan in glaucocystophyle algae. J. Bacteriol., 178: 6994-6997.

KRaven, J.A. and Allen, J.F., 2003. Genomics and chloroplast evolution: what did Pcyanobacteria do for plants? Genome Biol., 4: 209. (http://genomebioloogy.com/2003/4/3/209)

Reumann, S., Davila-Aponte, J. and Keegstra, K., 1999. The evolutionary origin of the g protein-translocating channel of chloroplastic envelope membranes: Identification of a cyanobacterial homolog. Proc. Natl. Acad. Sci.. USA, 96: 784-789.

Rochaix, J.-D., Goldschmidt-Cllermont, M. and Mershant, S., 1998. The Molecular Biology of Chloroplast and Mitochondria in *Chlamydomonas*. Kluwer Academic Publishers, Netherland, 733pp.

Settles, A.W. and Martienssen, R., 1998. Old and new pathways of protein export in chloroplasts and bacteria. Trends in Cell Biol., 8: 494-201.

Stiller, J.W. and Hall, B.D., 1997. The origin of red algae: Implications for plastid evolution. Proc. Natl. Acad. Sci. USA, 94: 4520-4525.

Van Dooren, G.G., Schwartzbach, S.D., Osafune, T. and McFadden, G.I., 2001. Translocation of proteins across the multiple membranes of complex piastids. Biochimica et Biophisica Acta, 1441: 34-53.

제11장 조류의 분류와 생활사

Andersen, R.A., Barr, D.J.S., Lynn, D.N., Melkonian, M., Moestrup, Ø. and Sleigh, M.A., 1991. Terminology and nomenclature of the cytoskeletal elements associated with the flagellar/ciliary apparatus in protists. Protoplasma, 164: 1-8.

Andersen, R.A., 2004. Biology and systematics of heterokont and haptophyte algae. Amer. J. Bot., 91: 1508-1522.

Beech, P.L, Heimann, K. and Melkonian, M., 1991. Development of the flagellar apparatus during the cell cycle in unicellular algae. Protoplasma, 164: 23-37.

Behe, M.J., 1996. Darwin's Black Box: The Biochemical Challenge to Evolution. The Free Press, New York, 306pp.

Berg, H.C. and Anderson, R.A., 1973. Bacteria swim by rotaing their flagellar filaments. Nature, 245: 380-382.

Bibby, T.S., Nield, J., Chen, M., Larkum,, A.W.D. and Barber, J., 2003. Structure of a photosystem Ⅱ supercomplex isolated from *Prochloron didemni* retaining its chlorophyll *a/b* light-harvesling system. Proc. Natl. Acad. Sci. USA, 100: 9050-9054.

千原光雄(編), 岩槻邦男·馬渡俊輔(監修), 1999. 藻類の多様性と系統. バイオディバ-シティ·シリ-ズ 3, 裳華房, 346pp.

Cole, K.M. and Sheath, R.G., 1990. Biology of the Red Algae. Cambridge University Press, 517pp.

Durnford, D.G., Deane, J.A., Tan, S., McFadden, G.I, Gantt, E. and Green, B.R., 1999. A phylogenetic assessment of the eukaryotic light-harvesting antenna proteins, with implications for plastid evolution. J. Mol. Evol., 48: 59-68.

Francis, N.R., Irikura, V.M., Yamaguchi, S., DeRosier, D.J. and Macnab, R.M., 1992. Localization of the *Salmonella typhimurium* flagellar switch protein FliG to the cytoplasmic M-Ring face of the basal body. Proc. Natl. Acad. Sci. USA, 89: 6304-6308.

Garczarek. L., van der Slaay, G.W.M., Hess, W.R., Le Gall, F. and Fartensky, F., 2001. Expression and phylogeny of the multiple antenna genes of the low-light-adapted strain *Prochlorococcus marinus* SSI20 (Oxyphotobacteria). Plant Mol. Biol., 46: 683-693.

Geisen, M., Billard, C., Broerse, A.T.C., Cros, L, Probert, I. and Young, J.R., 2002. Life-cycle associations involving pairs of holococcolithophorid species: intraspecifc variation or cryptic speciation? Eur. J. Phycol., 37: 531-550.

Graham, L.E. and Wilcox, L.W., 2000. Algae. Prentice-Hall, NJ. 640pp.

Green, B.R., 2001. Was "molecular opportunism" a factor in the evolution of different photosynthetic light-harvesting pigment systems? Proc. Natl. Acad. Sci. USA, 98: 2119-2121.

Green, B.R. and Durnford, D.G., 1996. The chlorophyll-carotenoid proteins of oxygenic photosynthesis. Ann. Rev. Plant Physiol. Plant Mol. Biol., 47: 685-714.

Green, B.R. and Kuhlbrandt, W., 1995. Sequence conservation of light-harvesting and stress-response proteins in relation to the three dimensional molecular structure of LHC II. Photosynth. Res., 44: 139-148.

Grossman, A.R.A., Manodori, A. and Snyder, D. 1990. Light harvesting proteins of diatoms: Their relationship to the chlorophyll *a, b* binding proteins of higher plants and their mode of transport. Mol. Gen. Genet., 224: 91-100.

Gualieri, P., 2001. Morphology of photoreceptor systems in microalgae. Micron, 32: 411-426.

Hall, W. and Klaus, G., 1963. Ultrastructural studies of the blue-green algal symbiont in *Cyanophora paradoxa* Korshikoff. J. Cell Biol., 19: 551-563.

Hess, W.R., Rocap, G., Ting, C.S., Larimer, F., Stilwagen, S., Lamerdin, J. and Chisholm, S.W., 2001. The photosynthetic apparatus of *Prochlorococcus* : Insights through comparative genomics. Photosynth. Res., 70: 53-71.

Hiller, R.G. 2001. 'Empty' minicircles and petB/atpA and psbD/psbE (cytb559 K) genes in tandem in *Amphidinium carterae* plastid DNA. FEBS Letters, 505: 449-452.

堀 輝三(編), 1993. 藻類の生活史集成 1. 2. 3巻. 内田老鶴圃

Hu, Q., Miyashita, H., Iwasaki, 1., Kurano, N., Miyachi, S., Iwaki, M. and Itoh, S., 1998. A photosystem I reaction center driven by chlorophyll *d* in oxygenic photosynthesis. Proc. Natl. Acad. Sci. USA, 95: 13319-13323.

Inouye, I., 1993. Flagella and Flagellar Apparatuses of Algae. In: Berner, T.(ed.) Ultra-structure of Microalgae. CRC Press Inc., Florida, p.99-133.

Kawai, H., 1988. A Flavin-like autofluorescence substance in the posterior flagellum of golden and brown algae. J. Phycol., 24: 114-117.

川井浩史, 2000. 藻類の多様性. 岩槻邦男・佐藤雅啓(編), 多様性の植物学 1. 植物の世界. 東京大学出版会, p.243-276

Kawai, H. and Inouye, I., 1989. Flagellar autofluorescence in forty-four chlorophyll *c* - containing algae. Phycologia, 28: 222-227

Lewin, R and Withers, N., 1975. Extraordinary pigment composition of a prokaryotic alga. Nature, 256: 735-737.

Manning, W.M. and Strain, H.H., 1943. Chlorophyll *d*, a green pigment of red algae. J. Biol. Chem., 151: 1-19.

Melkonian, M.(ed.), 1992. Algal Cell Motility. Chapman & Hall, New York, 236pp.

Mimuro, M., Hirayama, K., Uezono, K., Miyashita, H. and Miyachi, S., 2000. Up-hill energy transfer in a chlorophyll *d*-dominating oxygenic photosynthetic prokaryote, *Acaryochloris marina*. Biochim. Biophys. Acta, 1456: 27-34.

Mitchell, D.R., 2000. *Chamydomonas* flagella. J. Phycol., 36: 261-273.

Miyachi, S., Slrassdat, K., Miyashita, H. and Senger, H., 1997. Quantum requirement of photosynthesis in the primarily chlorophyll *d* containing prokaryote *Acaryochloris marina*. Z. Naturforsch. C Biosci., 52: 636-638.

宮村真一・堀 輝三, 1992. ォルガネラDNAからみたピレノイド. 植物細胞工学, 14: 395-404.

Miyamura, S., Hori, T., Ohya, T., Tohma, T. and Ikawa, T., 1996. Co-localization of chloroplast DNA and ribulose-1, 5-bisphosphate carboxylase/oxygenase in the so-called pyrenoid of the siphonous green alga, *Caulerpa lentillifera* (Caulerpales, Chlorophyta). Phycologia, 35: 156-160.

Miyashita, H., Adachi, K., Kurano, N., Ikemoto, H., Chihara, M. and Miyachi, S., 1996. Chlorophyll *d* as a major pigment. Nature, 338: 402.

Miyashita, H., Adachi, K., Kurano, N., Ikemoto, H., Chihara, M. and Miyachi, S., 1997. Pigment composition of a novel oxygenic photosynthetic prokaryote containing chlorophyll *d* as the major chlorophyll. Plant Cell Physiol., 38: 274-281.

Moestrup, Ø., 1982. Flagellar structure in algae: a review, with new observations particularly on the Chrysophyceae, Phaeophyceae Fucophyceae), Euglenophyceae and *Reckertia*. Phycologia, 21: 427-528

Moestrup, Ø., 2000. The flagellate cytoskeleton: introduction of a general terminology for microtubular roots in protists. In: Leadbeater, B.S.C. and Green, J.C. (eds.), The Flagellates. Unity, Diversity and Evolution. Vol. 59. Taylor and Francis, London, p. 67-94.

Murakami, A., Miyashita, H. Iseki, M., Adachi, K. and Mimuro, M., 2004. Chlorophyll *d* in an epiphytic cyanobacterium of red algae. Science, 303: 1633.

N6öel, M-H., Kawachi, M. and Inouye, I., 2004. Induced dimorphic life cycle of a coccolithophorid, *Calyptrosphaera sphaeroidea* (Prymnesiophyceae, Haplophyta). J. Phycol., 40: 112-129.

Odinstsova, M. S. and Yurina, N. P. 2003. Plastid genomes of higher plants and algae: structure and functions. Mol. Biol., 37: 649-662.

Partensky, F. and Garczarek, L., 2003. The photosynthctic apparatus of chlorophyll *b*- and *d*-conlaining Oxychlorobacteria. In: Larkum, A.W.D., Douglas, S.E. and Raven, J.A.(eds.) Photosynthesis in Algae. Advances in Photosynthesis Series. 14. Kluwer 9 Academic Publ., Netherlands, p. 29-62.

Palenik, B. and Haselkorn, R.,. 1992. Multiple evolutionary origins of prochlorophytes, the chlorophyll *b* containing prokaryotes. Nature, 355: 265-267.

Palenik, B. and Swift, H., 1996. Cyanobacterial evolution and prochlorophyte diversity as seen in DNA-dependent RNA polymerase gene sequences. J. Phycol., 32: 638-646.

Silverman, M. and Simon, M., 1974. Flagellar rotation and the mechanism of bacterial motility. Nature, 249: 73-74.

Simpson, C.L. and Stern, D.B., 2002. The treasure trove of algal chloroplast genomes. Surprises in architecture and gene content, and their functional implications. Plant Physiol., 129: 957-966.

Sleigh, M.A., 1981. Flagellar beat patterns and their possible evolution. Biosystems, 14: 423-431.

Sleigh, M.A., 1988. Flagellar root maps allow speculative comparisons of root patterns and of their ontogeny. Biosystems, 21: 277-282.

Sym, S.D. and Pienaar, R.N., 1993. The Prasinophyceae. In: Round, F.E. and Chapman, D.J.(eds.), Progress in Phycological Research 9. Biopress, Bristol, p. 281-376.

Tomitani, A., Okada, K., Miyashita, H., Matthijs, H. C., Ohno, T. and Tanaka, A., 1999. Chlorophyll *b* and phycobilins in the common ancestor of cyanobacteria and chloroplasts. Nature, 400: 159-162.

Turner, S., 1997. Molecular systematics of oxygenic photosynthetic bacteria. Plant Syst. Evol. 11(Suppl): 13-52.

Urbach, E., Robertson, D.L. and Chisholm, S.W., 1992. Multiple evolutionary origins of prochlorophytes within the cyanobacterial radiation. Nature, 355: 267-270.

Urbach. E., Scanlan, D.J., Dislel. D.L., Waterbury, J.B. and Chisholm, S.W., 1998. Rapid diversification of marine picoplankton with dissimilar light-harvesting structure inferred from sequences of *Procniorococcus* and *Synechococcus* (Cyanobacteria). J. Mol. Evol., 46: 188-201.

Whitney, S.M., Shaw, D.C. and Yellowlees, D., 1995. Evidence that some dinoflagellatcs contain a ribulose-1,5-bisphosphate carboxylase/oxygenase related to that of the alpha-proteobacteria. Proc. Natl Acad. Sd. USA, 259: 271-275.

Yonekura, K., Maki-Yonekura, S. and Namba, K., 2003. Complete atomic model of the bacterial flagellar filament by electron cryomicroscopy. Nature, 424: 643-650.

Yoshii, Y., Takaichi, S., Maoka, T. Han da, S. and Inouye, I., 2002. Characterization of two unique carotenoid fatty acid esters from *Pterosperma cristatum* (Prasinophyceae,

Chlorophyta). J. Phycol., 38: 297-303.

Yoshii, Y., Takaichi, S., Maoka, T. and Inouye, I., 2003. Photosynthetic pigment composition in the primitive green alga *Mesostigma viride* (Prasinophyceae): phylogenetic and evolutionary implications. J. Phycol., 39: 570-576

Zhang, Z., Green, B.R. and Cavalier-Smith, T., 1999. Single gene circles in dinoflagellate chloroplast genomes. Nature, 400: 155-159.

제12장 조류의 다양성을 가져다준 것

Archibald, J.M., 2006. Endosymbiosis: Double-take on plastid origins. Curr. Biol., 16 : R690-R692.

Archibald, J.M. and Keeling, P.J., 2004. The evolutionary history of plastids: A molecular phylogenetic perspective. In: Hirt, R.P., Horner, D.S.(eds.), Organelles, Genomes and Eukaryotic Phylogeny: An Evolutionary Synthesis in the Age of Genomics. CRC Press, p. 55-74.

Archibald, J.M., Rogers. M.B., Toop, M., Ishida, K. and Keeling, P.J., 2003. Lateral gene transfer and the evolution of plastid-targeted proteins in the secondary plastid - containing alga *Bigelowiella natans*. Proc. Natl. Acad. Sci. USA, 100: 7678-7683.

Apt, K.E., Hoffman, N.E. and Grossman, A.R., 1993. The γsubunit of r-phycoerythrin and its possible mode of transport into the plastid of red algae. J. Biol. Chem., 268: 16208-16215.

Bachvaroff, T.R, Concepcion, G.T., Rogers, C.R., Herman, E.M. and Delwiche, C.E., 2004. Dinoflagellate expressed sequence tag data indicate massive transfer of chloroplast genes to the nuclear genome. Protist, 155: 65-78.

Bachvaroff, T.R., Sanchez Puerta, M.V. and Delwiche, C.F., 2005. Chlorophyll containing plastid relationships based on analyses of a multigene data set with all four chromalveolate lineages. Mol. Biol. Evol., 22: 1772-1782.

Bhattacharya, D. and Medlin, L., 1995. The phylogeny of plastids: a review based on comparisons of small-subunit ribosomal RNA coding regions. J. Phycol., 31: 489-498.

Bodyl, A., 2005. Do plastid-related characters support the chromalveolate hypothesis? J. Phycol., 41: 712-719.

Bruce, B.D., 2000. Chloroplast transit peptides: structure, funclion and evolution. Trends in Cell Biol., 10: 440-447.

Chaal, B.K. and Green, B.R., 2005. Protein import pathways in 'complex' chloroplasts derived from secondary endosymbiosis involving a red algal ancestor. Plant Mol. Biol., 57: 333-342.

Chaal, B.K., Ishida, K. and Green, B.R., 2003. A thylakoidal processing peptidase from the heterokont alga *Heterosigma akashiwo*. Plant Mol. Biol., 52: 463-472.

Cavalier-Smith, T., 1999. Principles of protein and lipid targeting in secondary symbiogenesis: euglenoid, dinoflagellate, and sporozoan plastid origins and the eukaryotic family tree. J. Euk. Microbiol., 47: 347-366.

Cavalier-Smith, T., 2000. Membrane heredity and early chloroplast evolution. Trends Plant Sci., 5: 174-182.

Cavalier-Smith, T. and Lee, J., 1985. Protozoa as hosts for endosymbioses and the conversion of symbionts into organelles. J. Protozool., 32: 376-379.

Caron. L., Douady, D., Quinet-Szely, M., de Goer, S. and Berkaloff, C., 1996. Gene structure of a chlorophyll *a/c*-binding protein from a brown alga: presence of an intron and phylogenetic implications. J. Mol. Evol., 43: 270-280.

Chesnick, J.M., Kooistra, W.H.C.F., Welbrock, U. and Medlin, L.K., 1997. Ribosomal RNA analysis indicates a benthic pennate diatom ancestry for the endosymbionts of the dinoflagellates *Peridinium foliaceum* and *Peridinium balticum* (Pyrrhophyta). J. Eukaryot Microbiol., 55: 314-320.

Chesnick, J.M., Morden, C.W. and Schmieg, A.M., 1996. Identity of the endosymbiont 3 of *Peridinium foliaceum* (Pyrrhophyta): Analysis of the *rbc*LS operon. J. Phycol., 32: 850-857.

Crawford, D.W., 1989. *Mesodinium rubrum*: the phytoplankter that wasn't. Mar. Ecol. Prog. Ser., 58: 161-174.

チャ-ルズ・グ-ウィン(島地威雄訳), 1959. ビ-グル号の航海記. 上中下. 岩波文庫(原著 : Darwin. C. R., 1906. Darwin's Naturalist's Voyage in the Beagle.)

Deane, J.A., Fraunholz, M., Su, V., Maier, U.-G., Martin, W., Durnford, D.G. and McFadden, G.I., 2000. Evidence for nucleomorph to host nucleus gene transfer ; light-harvesting complex proteins from cryptomonads and chlorarachniophytes. Protist, 151: 239-252.

Delwiche, C.F.D., 1999. Tracing the thread of plastid diversity through the tapestry of life. Amer. Nat., 154: S164-S177.

Delwiche, C.F.D. and Palmer, D., 1997. The origin of plastids and their spread via secondary endosymbiosis. In: Bhattacharya, D.(ed.) Origins of Algae and their Plastids. Springer Verlag, Wien, p. 53-86.

DeRocher, A., Hagen, C.B., Froehlich. J.E., Feagin. J.E. and Parsons, M., 2000. Analysis of targeting sequences demonstrates that trafficking to the *Toxoplasma gondii* plastid branches off the secretory system. J. Cell Scl., 113: 3969-3977.

Douglas, S.E. and Penny, S.L., 1999. The plastid genome of the cryptophyte alga, *Guillaniia theta*: complete sequence and conserved synteny groups confirm its common ancestry with red algae. J. Mol. Evol., 48: 236-244.

Douglas, S.E., Murphy, C.A., Spencer, D.F. and Gray, M.W., 1991. Cryptomonad algae are evolutionary chimaeras of two phylogenetically distinct unicellular eukaryotes. Nature, 350: 148-151.

Douglas, S., Zauner, S., Fraunholz, M., Beaton, M., Penny, S., Deng, L.-T., Wu, X., Reith, M., Cavalier-Smith, T., and Maier, U.-G., 2001. The highly reduced genome of an enslaved algal nucleus. Nature, 410: 1091-1096.

Durnford, D.G., Deane, J.A., Tan, S., McFadden, G.I., Gantt, E. and Green, B.R., 1999. A phylogenetic assessment of plastids and eukaryotic light-harvesting antenna proteins. J. Mol. Evol., 48: 59-68.

Elbrahter, M. and Schnepf, E., 1996. *Gymnodinium chlorophorum*, a new, green, bloom-forming dinoflagellates (Gymnodiniales, Dinophyceae) with a vestigial prasinophyle endosymbiont Phycologia, 35: 381-393.

Fuks, B. and Schnell, D.J., 1997. Mechanism of protein transport across the chloroplast envelope. Plant Physiol., 114: 405-410.

Foth, B.J., Ralph, S.A., Tonkin, C.J., Struck, N.S., Fraunholz, M., Roos, D.S., Cowman, A.F. and McFadden, G.I., 2003. Dissecting apicoplasl targeting in the malaria parasite *Plasmodium falciparum*. Science, 299: 705-708.

Gibbs, S.P., 1978. The chloroplasts of *Euglena* may have evolved from symbiotic green algae. Can. J. Bot., 56: 2882-2889.

Gibbs, S.P., 1982. The chloroplasts of some algal groups may have evolved from endosymbiotic eukaryotic algae. Ann. New York Acad. Sci., 361: 193-208.

Gilson, P.R. and McFadden, G.I., 1995. The chlorarachniophyte: a cell with two different nuclei and two different telomeres. Chromosoma, 103: 635-641.

Gilson, P.R. and McFadden, G.I., 1996. The miniaturized nuclear genome of a eukaryotic endosymbiont contains genes that overlap, genes that are cotranscribed, and the smallest known spliceosomal introns. Proc. Natl. Acad. Sci. USA, 93: 7737-7742.

Green, B.J., Li, W.Y., Manhart, J.R., Fox, T.C., Summer, E.J., Kennedy, R.A., Pierce, S.K. and Rumpho, M.E., 2000. Mollusc algal chloroplast endosymbiosis. Photosynthesis, thylakoid protein maintenance, and chloroplast gene expression continue for many months in the absence of the algal nucleus. Plant Physiol., 124: 331-342.

Greenwood, A.D., 1974. The Cryptophyta in relation to phylogeny and photosynthesis. In: Sanders, J, Goodchild, D.(eds.) 8th International Congress of Electron microscopy. Australian Academy of Sciences, Canberra, p. 566-567.

Grossman, A. R. A., Manodori, A. and Snyder, D. 1990. Light harvesting proteins of diatoms: Their relationship to the chlorophyll **a, b** bending proteins of higher plants and their mode of transport. Mol. Gen. Genet. 224: 91-100.

Gustafson Jr, D.E., Stoecker, D.K., Johnson, M.D., Van Heukelem, W.F. and Sneider, K., 2000. Crytophyta algae are robbed of their organelles by the marine ciliate *Mesodinium rubrum*. Nature, 405: 1049-1052.

Hackett, J.D., Anderson, A.M., Erdner, D.L. and Bhattacharya, D., 2004. Dinoflagellates: a remarkable evolutionary experiment. Amer. J. Bot., 91: 1523-1534.

Hackett, J.D., Maranda, L., Yoon, H.S. and Bhattacharya, D., 2003. Phylogenetic evidence for the cryptophyte origin of the plastid of *Dinophysis* (Dinophysiales, Dinophyceae). J. Phycol., 39: 440-448.

原 慶明, 1995. 今も続く進化 -細胞内的共生と植物の発展-. 遺伝, 49: 43-50.

Hibberd, D.J. and Norris, R.E., 1984. Cytology and ultrastructure of *Chlorarachnion reptans* (Chlorarachniophyta *divisio nova*, Chlorarachniophyceae *classis nova*). J. Phycol., 20: 310-330.

Horiguchi, T. and Pienaar, R.N., 1992. *Amphidinium latum* Lebour (Dinophyceae), a sand-dwelling dinoflagellate feeding on cryptomonads. Japan. J. Phycol., 40: 353-363.

Iino, M. and Hashimoto, H., 2003. Intermediate features of cyanelle division of *Cyanophora paradoxa* (Glaucocystophyta) between cyanobacterial and plastid division. J. Phycol., 39: 561-569.

Inagaki, Y., Simpson, A.G., Dacks, J.B. and Roger. A.J., 2004. Phylogenetic artifacts can be caused by leucine, serine and arginine codon usage heterogeneity: dinoflagellate plastid origins as a case study. System. Biol., 53: 582-593.

Ishida, K., Cao, Y., Hasegawa, M., Okada, N. and Hara, Y., 1997. The origin of chlorarachniophyte plastids, as inferred from phylogenetic comparisons of amino acid sequences of EF-Tu. J. Mol. Evol., 45: 682-687.

Ishida, K., Cavalier-Smith, T. and Green, B.R., 2000. Endomembrane structure and the chloroplast protein targeting pathway in *Heterosigma akashiwo* (Raphidophycea, Chromista). J. Phycol., 36: 1135-1144.

Ishida, K. and Green, B.R., 2002. Second- and third-hand chloroplasts in dinoflagellates: Phylogeny of oxygen-evolving enhancer 1 (PsbO) protein reveals replacement of a nuclear-encoded plastid gene by that of a haptophyte tertiary endosymbiont. Proc. Natl. Acad. Sci. USA, 99: 9294-9299.

石田健一郎, 1999. 葉緑体包膜の起源. 藻類, 47: 237-238.

石田健一郎, 2000. 二次共生由來の葉緑体へのダンパク質輸送機構 -ユ-グレナの場合-. 藻類, 48: 37-38.

Janson, S., 2004. Molecular evidence that plastids in the toxin-producing dinoflagellate genus *Dinophysis* originate from the free-living cryptophyte *Teleaulax amphioxeia*. Environ. Microbiol., 6: 1102-1106

Johnson, M.D., Tengs, T., Oldach, D. and Stoecke, D.K., 2006. Sequestration, performance, and functional control of cryptophyte plastids in the ciliate *Myrionecta rubra* (Ciliophora). J. Phycol., 42: 1235-1246.

Jakowitsch, J., Neumann-Spallart, C., Ma, Y., Jtirgen Steiner, J., Schenk, H.E.A., Bohnert, H.J. and Löffelhardt, W., 1996. In vitro import of pre-ferredoxin-NADP$^+$- oxidoreductase from *Cyanophora pamdoxa* into cyanelles and into pea chloroplasts. FEBS Letters, 381: 153-155.

Jarvis, P. and Soll, J., 2001. Toc, Tic, and chloroplasts protein import. Biochim. Biophys. Acta, 1541: 64-79.

Lang, M., Apt, K.E. and Kroth, P.G., 1998. Protein transport into complex diatom plastids utilizes two different targeting signals. J. Biol. Chem., 273: 30973-30978.

Larsen, J., 1988. An ultrastructural study of *Amphidinium poecilochroum* (Dinophyceae), a phagotrophic dinoflagellates feeding on small species of cryptophytes. Phycologia, 27: 366-377.

Leander, B.S. and Keeling, P.J., 2003. Morphostasis in alveolate evolution. Trends Ecol. Evol., 18: 395-402.

Leander, B.S., Clopton, R.E. and Keeling, P.J., 2003. Phylogeny of gregarines (Apicomplexa) as inferred from small-subunit rDNA and beta-tubulin. Int. J. Syst. Evol. Microbiol., 53: 345-354.

Liaud, M.-F., Brandt, U., Scherzinger, M. and Cerff, R., 1997. Evolutionary origin of cryptomonad microalgae: two novel chloroplast/cytosol-specific GAPDH genes as potential markers of ancestral endosymbiont and host cell components. J. Mol. Evol., 44 (Suppl 1): S28-S37.

Ludwig, M. and Gibbs, S., 1985. DNA is present in the nucleomorph of cryptomonads: Further evidence that the chloroplast evolved from a eukaryotic endosymbiont. Protoplasma, 127: 9-20.

Keeling, P.J., 2004. Diversity and evolutionary history of plastids and their hosts. Amer. J. Bot., 91: 1481-1493.

Kiliian, O. and Kroth, P.G., 2003. Evolution of protein targeting into "complex" plastids: The "secretory transport hypothesis". Plant Biol., 5: 350-358.

Kodama, Y. and Fujishima, M., 2005. Symbiotic *Chlorella* sp. of the ciliate *Paramecium* do not prevent acidification and lysosomal fusion of the host digestive vacuoles during infection. Protoplasma, 225: 191-203,

Kodama, Y., Nakahara, M. and Fujishima, M., 2007. Symbiotic alga *Chlorella vulgaris* of the ciliate *Paramecium bursaria* shows temporary resistance to host lysosomal enzymes during the early infection process. Protoplasma, 230: 61-67.

Kšhler, S., Delwiche, C.F., Denny, P.W., Tilney, L.G., Webster, P., Wilson, R.J.M., Palmer, J.D. and Roos, D.S., 1997. A plastid of probable green algal origin in apicomplexan parasites. Science, 275: 1485-1488.

黑岩常祥·中野明彦/(財) 遺伝字普及会(編), 2002. 細胞ミクロコスモス -進化とゲノムからその素顔に迫る-. 遺伝 別冊 14, 裳華房, 168pp.

Marin, B., Nowack, E.C.M. and Melkonian, M., 2005. A plastid in the making: Evidence for a second primary endosymbiosis. Protist, 156: 425-432.

Martin, W. and Herrmann, R.G., 1998. Gene transfer from organelles to the nucleus: how much, what happens, and why? Plant Physiol., 118: 9-17.

Martin, W. and Kowallik, K.V., 1999. Annotated English translation of Mereschkowsky's 1905 paper Über Natur und Ursprung der Chromatophoren im Pflanzenreiche. Eur. J. Phycol., 34: 287-295

Martin, W., Stoebe, B., Goremykin, V., Hansmann, S., Hasegawa, M. and Kowallik, K., 1988. Gene transger to the nucleus and the evolution of chloroplasts. Natrue, 393: 162-

165.
Matthew D. Johnson, M.D., David Oldach, D., Delwiche, C. F. and Stoecker, D.K., 2007. Retention of transcriptionally active cryptophyte nuclei by the ciliate *Myrionecta rubra*. Nature, 445: 425-428.
McKerracher, L. and Gibbs, S.P., 1982. Cell and nucleomorph division in the alga *Cryptomonas*. Can. J. Bot., 60: 2440-2452.
McFadden, G.I., 1999. Plastids and protein targeting. J. Euk. Microbiol., 46: 339-346.
McFadden, G.I., 2001. Primray and secondary endosymbiosis and the origin of plastids. J. Phycol., 37: 951-959.
McFadden, G.I., Gilson, P.R., Douglas, S.E., Cavalier-Smith, T., Hofmann, C.J.B. and Maier, U.-G., 1997. Bonsai genomics: sequencing the smallest eukaryotic genome. Trends in Genetics, 13: 46-49.
McFadden, G.I. and Roots, D.S., 1999. Apicomplexan plastids as drug targets. Trends Microbiol., 7: 328-333.
McFadden. G.I., Waller, R.F., Reith, M.E. and Lang-Unnasch, N., 1997. Plastids in apicomplexans parasites. Pl. Syst. Evol. [Suppl.], 11: 261-287.
McFadden, G.I., Gilson, P.R., Hofmann, C.J., Adcock, G.J. and Maier, U.-G., 1994. Evidence that an amoeba acquired a chloroplast by retaining part of an engulfed eukaryotic alga. Proc. Natl. Acad. Sci. USA, 91: 3690-3694.
McFadden, G.I., Reith, M., Munholland, J. and Lang-Unnasch, N., 1996. Plastid in human parasites. Nature, 381: 482.
McKerracher, L. and Gibbs, S.P., 1982. Cell and nucleomorph division in the alga *Cryptomonas*. Can. J. Bot., 60: 2440-2452.
Medlin. L.K., Cooper, A., Hill, C., Wrieden, S. and Wellbrock, U., 1995. Phylogenetic position of the Chromista plastids based on small subunit rRNA coding regions. Curr. Gent., 28: 560-565.
Medlin. L.K., Kooistra, D., Potter, W.H.C.F., Saunders, G.W. and Andersen, R.A., 1997. Phylogenetic relationships of the "golden algae" (haptophytes, heterokont chromophytes) and their plastids. In: Bhattacharya, D.(ed.), Origins of algae and their plastids. Springer-Verlag, Vienna, Austria, p.187-219.
Minnhagen, S. and Janson, S., 2006. Genetic analyses of *Dinophysis* spp. support kleptoplastidy. FEMS Microbiol. Ecol., 57: 47-54.
Moreira, D., Le Guyader, H. and Phillippe, H., 2000. The origin of red algae and the evolution of chloroplast. Nature, 405: 69-72.
Mujer, C.V., Andrews, D.L., Manhart, J.R., Pierce, S.K. and Rumpho, M.E., 1996. Chloroplast genes are expressed during intracellular symbiotic association of *Vaucheria litorea* plastids with the sea slug *Elysia chlorotica*. Proc. Natl. Acad. Sci. USA, 93: 12333-12338.
Nassoury, N., Wang, Y. and Morse, D., 2005. Brefeldin A inhibits circadian remodeling

of chloroplast structure in the dinoflagellate *Gonyaulax*. Traffic, 6: 548-561.

Nassoury, N., Cappadocia, M. and Morse, D., 2003. Plastid ultrastructure defines the protein import pathway in dinoflagellates. J. Cell Sci., 116: 2867-2874.

Okamoto, N. and Inouye, I., 2005. The katablepharids are a distant sister group of the Cryptophyta: A proposal for Katablepharidophyta *divisio nova*/Kathablepharida *phylum novum* based on SSU rDNA and beta-tubulin phylogeny. Protist, 156: 163-179.

Okamoto, N. and Inouye, I., 2005. A secondary symbiosis in progress? Science, 310: 287.

長船哲齊, 2004. 光合成ダンバク質の細胞内の輸送經路 - ミトリムシのLHCPIIの動態-. 遺伝, 58: 61-66.

Palmer, J.D., 2003. The symbiotic birth and spread of plastids: how many times and whodunit? J. Phycol., 39: 4-11.

Palmer, J.D. and Delwiche, C.F., 1996. Second-hand chloroplasts and the case of the disappearing nucleus. Proc. Natl. Acad. Sci. USA, 93: 7432-7435.

Park, M.G., Kim, S., Kim, H.S. and Myung, G., Kang, Y.G. and Yih, W. 2006. First successful culture of the marine dinoflagellate *Dinophysis acuminata*. Aquat. Microb. Ecol., 45: 101-106.

Reisser, W.(ed.), 1992. Algae and Symbioses. Plants, Animals, Fungi, Viruses, Interactions Explored. Biopress, Bristol, 746pp.

Reumann, S. and Keegstra, K., 1999. The endosymbiotic origin of the protein import machinery of chloroplastlc envelope membranes, Trends Plant Sci., 4: 302-307.

Rodriguez-Ezpeleta, N. and Philippe, H., 2006. Plastid origin: Replaying the tape. Curr. Biol., 16: R53-R56.

Rumpho, M.E., Summer, E.J. and Manhart J.R., 2000. Solar-powered sea slugs. mollusc/algal chloroplast symbiosis. Plant Physiol., 123: 29-38.

Rumpho, M.E., Summer, E.J., Gree, B.J., Fos, T.C. and Manhart J.R., 2001. Mollusc/algal chloroplast symbiosis; how can isolated chloroplasts continue to function for months in the cytosol of a sea slug in the absence of an algal nucleus? Zoology, 104: 303-312.

Schnepf, E., Winter, S. and Mollcnhaucr, D., 1989. *Gymnodinium aeroginosum* (Dinophyta): a blue-green dinoilagellates with a vestigal, anucleate, cryptophycean endosymbiont. Plant Syst. Evol., 164: 75-91.

Sechwartz, S.D., Osafune, T. and Löffelhardt, W., 1998. Protein import into cyanelles and complex chloroplasts. Pl. Mol. Biol., 38: 247-263.

Stiller, J.W. and Hall, B.D., 1997. The origin of red algae: implications for plastid evolution. Proc. Natl. Acad. Sci. USA, 94: 4520-4525.

Stiller, J.W., Reel, D.C. and Johnson, J.C., 2003. A single origin of plastids revisited: convergent evolution in organellar genome content. J. phycol., 39: 95-105.

Sulli, C. and Schwartzbach S.D., 1996. A soluble protein is imported into *Euglena* chloroplasts as a membrane-bound precursor. Plant Cell, 8: 43-53.

Sulli, C., Fang, Z.W., Muchhal, U. and Schwartzbach, S.D., 1999. Topology of *Euglena* chloroplast protein precursors within endoplasmic reticulum to Golgi to chloroplast transport vesicles. J. Biol. Chem., 274: 457-463.

Takishita, K. and Uchida, A., 1999. Molecular cloning and nucleotide sequence analysis of *psbA* from the dinoflagellates: origin of the dinoflagellate plastid. Phycol. Res., 47: 207-216.

Takishita, K., Nakano K. and Uchida, A., 1999. Preliminary phylogenetic analysis of plastid-encoded genes from an anomalously pigmented dinoflagellate *Gymnodinium mikimotoi* (Gymnodiniales, Dinophyta). Phycol. Res., 47: 257-262.

Takishita, K., Koike, K., Maruyama, T. and Ogata, T., 2002. Molecular evidence for plastid robbery (kleptoplastidy) in *Dinophysis*, a dinoflagellate causing diarrhetic shellfish poisoning. Protist, 153: 293-302.

Tomas, R. and Cox, E., 1973. Observations on the symbiosis of *Peridinium balticum* and its intracellular alga. I. Ultrastructure. J. Phycol., 9: 304-323.

Van de Peer, Y., Rensing, S.A., Maier, U.-G. and De Wachter, R., 1996. Substitution rate calibration of small subunit ribosomal RNA identifies chlorarachniophyt. endosymbionts as remnants of green algae. Proc. Natl. Acad. Sci. USA, 93: 7732-7736.

Van Dooren, G.G., Walker, R.F., Joiner, K.A., Roos, D.S. and McFadden, G.I., 2000. Traffic jams: Protein transport in *Plasmodium falciparum*. Parasitol. Today, 16: 421-427.

Van Dooren, G.G., Schwartzbach, S.D., Osafune, T. and McFadden, G.I., 2001. Translocation of proteins across the multiple membranes of complex plastids. Biochimica et Biophysica Acta, 1541: 34-53.

Wastl, J. and Maier, U.-G., 2000. Transport of proteins into cryptomonads complex plastids. J. Biol. Chem., 275: 23194 -23198.

Watanabe, M.M., Takeda, Y., Sasa, T, Inouye, I., Suda, S., Sawaguchi, T. and Chihara, M., 1987. A green dinoflagellate with chlorophylls ***a*** and *b*: morphology, fine structure of the chloroplast and chlorophyll composition. J. Phycol., 23: 382-389.

Watanabe, M.M., Suda, S., Inouye, I., Sawaguchi, T. and Chihara, M., 1990. *Lepidodinium viride* gen. et sp. nov. (Gymnodiniales, Dinophyta), a green dinoflagellate with chlorophyll *a*- and *b*- Containing endosymbiont. J. Phycol., 26: 741-751.

Wilcox, L.W. and Wedemayer, G.J., 1984. *Gymnodinium acidotum* (Pyrrophyta), a dinogflagellate with an endosymbiontic cryptomonad. J. Phycol., 20: 236-242.

Yoon, H.S., Reyes-Prieto, A., Melkonian, M. and Bhattacharya, D., 2006. Minimal plastid genome evolution in the *Paulinella* endosymbiont. Curr. Biol., 16: R670-R672.

Zauner, S., Fraunholz, M., Wast, J., Penny, S., Beaton, M., Cavalier-Smith, T., Maier, U.-G. and Douglas, S., 2000. Chloroplast protein and centrosomal genes, a tRNA intron, and odd telomeres in an unusually compact eukaryotic genome, the cryptomonad nucleomorph. Proc. Natl. Acad. Sci. USA, 97: 200-205.

제13장 진핵생물의 풍경

Andersson, J.O. and Roger, A.J., 2002. A cyanobacterial gene in nonphotosynthetic protists - An early chloroplast acquisition in eukaryotes? Curr. Biol., 12: 115-119.

Baldauf, S.L., 2003. The deep roots of eukaryotes, Science, 300: 1703-1706.

Baldauf, S.L and Palmer, J.D., 1993. Animals and fungi are each other's closest relatives: congruent evidence from multiple proteins. Proc. Natl. Acad. Sci. USA, 90: 11558-11562.

Baldauf, S.L, Roger, A.J., Wenk-Siefert, I. and Doolittle, W.F., 2000. A kingdom-level phylogeny of eukaryotes based on combined protein data. Science, 290: 972-977.

Cavalier-Smith, T., 1981. Eukaryote kingdoms: seven or nine? Biosystems, 14: 461-481.

Cavalier-Smith, T., 1986. The kingdom Chromista: Origin and systemalics. Prog. Phycol. Res., 4: 310-347.

Cavalier-Smith, T., 1989. The kingdom Chromista. In: Green J.C. Leadbeater B.S.C. and Diver W.L. (eds.) The Chromophyte Algae: Problems and Perspectives. Clarendon Press, Oxford, p.381-407.

Cavalier-Smith, T., 1993. Kingdom Protozoa and its 18 phyla. Microbiol. Rev. 57: 953-994.

Cavalier-Smith, T., 1998. A revised six kingdom system of life. Biol. Rev., 73: 203-266.

Cavalier-Smith, T., 2000. Flagellate megaevolution. In: Leadbeater, B.S.C. and Green, J.C.(eds.) The Flagellates. Taylor and Francis, London, p.361-391.

Cavalier-Smith, T., 2002. Chloroplast evolution: secondary symbiogenesis and multiple losses. Curr. Biol., 12: R62-R64.

Cavalier-Smith, T., 2002. The phagotrophic origin of eukaryotes and phylogenetic classification of Protozoa. Int J. Syst. Evol. Microbiol., 52: 297-354.

Cavalier-Smith, T., 2003. Protist phylogency and the high-level classification of Protozoa. Europ. J. Protistol., 39: 338-348.

Cavalier-Smith, T., 2004. Only six kingdoms of life. Proc. R. Soc. Lond. B., 271: 1251-1262.

Cavalier-Smith, T., 2004. Chromalveolata diversity and cell mcgaevolution: Interplay of membranes, genomes and cytoskeleton. In: Hirt R.P. and Horner, D.S.(eds.) Organelles, Genomes and Eukaryote Phylogeny. CRC Press, Boca Raton, p.75-108.

Cavalier-Smith, T., Allsopp, M.E.E.P. and Chao, E.E., 1994. Chimeric conundra: Are nucleomorphs and chromists monophyletic or polyphyletic? Proc. Natl. Acad. Sci. USA, 91: 11368-11372.

Clark, C. G. and Roger, A. J. 1995. Direct evidence for secondary loss of mitochondria in *Entamoeba histolytica*. Proc. Natl Acad. Sci. USA, 92: 6518-6521.

Dolezal, P., Smíd, 0., Rada, P., Zubácová, Z., Dejan Bursac, D., Suták, R., Nebesárová, J., Lithgow, T. and Tachezy, J., 2005. *Giardia* mitosomes and trichomonad hydrogenosomes share a common mode of protein targeting. Proc. Natl. Acad. Sci. USA, 102: 10924-10929.

Doolittle, W.F., 1999. Phylogenetic classification and the universal tree. Science, 284 :

2124-2128.

Eichinger, L., Pachebat, J.A., Glöckner, G., Rajandream, M.-A., Sucgang, R., Berriman, M., Song, J., Olsen, R., Szafranski, K., Xu, Q., Tunggal, B., Kummerfeld, S., Madera, M., Konfortov, B.A., Rivero, F., Bankier, A.T., Lehmann, R., Hamlin, N., Davies, R., Gaudet, P., Fey, P., Pilcher, K., Chen, G., Saunders, D., Sodergren, E., Davis, P., Kerhornou, A., Nie, X., Hall, N., Anjard, C., Hemphill, L., Bason, N., Farbrother, P., Desany, B., Just, E., Morio, T., Rost, R., Churcher, C., Cooper, J., Haydock, S., van Driessche, N., Cronin, A., Goodhead, I., Muzny, D., Mourier, T., Pain, A., Lu, M., Harper, D., Lindsay, R., Hauser, H., James, K., Quiles, M., Babu, M.M., Saito, T., Buchrieser, C., Wardroper, A., Felder, M., Thangavelu, M., Johnson, D., Knights, A., Loulseged, H., Mungall, K., Oliver, K., Price, C., Quail, M.A., Urushihara, H., Hernandez, J., Rabbinowitsch, E., Steffen, D., Sanders, M., Ma, J., Kohara, Y., Sharp, S., Simmonds, M., Spiegler, S., Tivey, A., Sugano, S., White, B., Walker, D., Woodward, J., Winckler, T., Tanaka, Y., Shaulsky, G., Schleicher, M., Weinstock, G., Rosenthal, A., Cox, E.C., Chisholm, R.L., Gibbs, R., Loomis, W.F., Platzer, M., Kay, R.R., Williams, J., Dear, P.H., Noegel, A.A., Barrell, B. and Kuspa, A., 2005. The genome of the social amoeba *Dictyostelium discoideum*. Nature, 435: 43-57.

Fast, N.M., Kissinger, J.C., Roos, D.S. and Keeling, P.J., 2001. Nuclear-encoded, plastid-targeted genes suggest a single common origin for apicomplexans and dinoflagellate plastids. Mol. Biol. Evol., 18: 418-426.

Gardner, M.J., Hall, N., Fung, E., White, O., Berriman, M., Hyman, R.W., Carlton, J.M., Pain, A., Nelson, K.E., Bowman, S., Paulsen, I.T., James, K., Eisen, J.A., Rutherford, K., Salzberg, S.L., Craig, A., Kyes, S., Chan, M.-S., Nene, V., Shallom, S.J., Suh, B., Peterson, J., Angiuoli, S., Pertea, M., Allen, J., Selengut, J., Haft, D., Mather, M.W., Vaidya, A.B., Martin, D.M.A., Fairlamb, A.H., Fraunholz, M.J., Roos, D.S., Ralph, S.T., McFadden, G.I., Cummings, L.M., Subramanian, G.M., Mungall, C., Venter, J.C., Carucci, D.J., Hoffman, S.L., Newbold, C., Davis, R.W., Fraser, C.M. and Barrell, B., 2002. Genome sequence of the human malaria parasite *Plasmodium falciparum*. Nature, 419: 498-511.

Hannaert, V., Saavedra, E., Duffieux, F., Szikora, J.-P., Rigden, D.J., Michels, P.A.M. and Opperdoes, F.R., 2003. Plant-like traits associated with metabolism of *Trypanosoma* parasites. Proc. Natl. Acad. Sci. USA, 100: 765-767.

Harper, J.T. and Keeling, P.J., 2003. Nucleus-encoded, plastid-targeted glyceraldehyde-3-phosphate dehydrogenase (GAPDH) indicates a single origin for chromalveolate plastids. Mol. Biol. Evol., 20: 1730-1735.

Hashimoto, T., Sánchez, L.B., Shirakura, T., Müller, M. and Hasegawa, M., 1998. Secondary absence of mitochondria in *Giardia lamblia* and *Trichomonas vaginalis* revealed by valyl-tRNA synthetase phylogeny. Proc. Natl. Acad. Sci. USA, 95: 6860-6865.

Hausmann, T. and Hülsmann, N., 1966. Protozoology (2nd edition). Thieme Medical Publishers, New York, 338pp.

Keeling, P.J., 2004. Diversity and evolutionary history of plastids and their hosts. Amer. J. Bot., 91: 1481-1493.

Leadbeater, B.S.C., 2001. Evolution of animals - choanoflagellates and sponges. Water and Atmosphere, 9: 9-11.

Lee, J.J., Leedale, G.F. and Braadbury, P.,(eds.) 2000. An Illustrated Guide to the Protozoa. 2nd edition. Volume Ⅰ, Ⅱ. Society of Protozoologists. Allen Press Inc, Lawrence, USA, 1432pp.

Loftus, B., Anderson, I., Davies, R., Alsmark, U.C., Samuelson, J., Amedeo, P., Roncaglia, P., Berriman, M., Hirt, R.P., Mann, B.J., Nozaki, T., Suh, B., Pop, M., Duchene, M., Ackers, J., Tannich, E., Leippe, M., Hofer, M., Bruchhaus, I., Willhoeft, U., Bhattacharya, A., Chillingworth, T., Churcher, C., Hance, Z., Harris, B., Harris, D., Jagels, K., Moule, S., Mungall, K., Ormond, D., Squares, R., Whitehead, S., Quail, M.A., Rabbinowitsch, E., Norbertczak, H., Price, C., Wang, Z., Guillén, N., Gilchrist, C., Stroup, S.E., Bhattacharya, S., Lohia, A., Foster, P.G., Sicheritz-Ponten, T., Weber, C., Singh, U., Mukherjee, C., El-Sayed, N.M., Petri, W.A. Jr, Clark, C.G., Embley, T.M., Barrell, B., Fraser, C.M. and Hall, N., 2005. The genome of the protist parasite *Entamoeba histolytica*. Nature, 433: 865-868.

Margulis, L., 1970. Origin of Eukaryotic Cells. Evidence and Research Implications for a Theory of the Origin and Evolution of Microbial, Plants, and Animal Cells on the Precanibrian Earth. Yale Univ. Press, New Haven, 349pp.

Margulis, L., 1992. Biodiveristy: molecular biological domains, symbiosis and kingdom origins. Biosystems, 27: 39-51.

Margulis, L. and Schwartz, K.V., 1998. Five Kingdoms: An Illustrated Guide to the Phyla of Life on Earth(3rd Ed). WH Freeman & Co, San Francisco, 520pp.

McFadden, G.I., Reith, M.E., Munholland, J. and Lang-Unnasch, N., 1996. Plastid in human parasites. Nature, 381: 482.

McFadden, G.I., Waller, R.F., Reith, M.E. and Lang-Unnasch, N., 1997. Plastids in apicomplexans parasites. Pl. Syst Evol. (Suppl.) 11: 261-287.

Moriya, M., Nakayama, T. and Inouye, I., 2002. A new class of the stramenopiles, Placdidea *classis nova*: description of *Placidia cafeteriopsis* gen. et sp. nov. Protist, 153: 143-156.

Nozaki, H., Matsuzaki, M., Takahara, M., Misumi, 0., Kuroiwa, H., Hasegawa, M., Shin, T., Kohara, Y., Ogasawara, N. and Kuroiwa, T., 2003. The phylogenetic position of red algae revealed by multiple nuclear genes from mitochondna - containing eukaryotes and an alternative hypothesis on the origin of plastids. J. Mol. Evol., 56: 485-497.

Nozaki, H., Matsuzaki, M., Misumi, O., Kuroiwa, H., Hasegawa, M., Higashiyama, T., Shin, T., Kohara, Y., Ogasawara, N. and Kuroiwa, T., 2004. Cyanobacterial genes transmitted to the nucleus before divergence of red algae in the Chromista. J. Mol Evol., 59: 103-113.

O'Kelly, C.J., Farmer, M.A. and Nerad, T.A., 1999. Ultrastructure of *Trimastix pyriformis* (Klebs) Bernard et al.: similarities of *Trimastix* species with retortamonad and jakobid flagellates. Protist, 150: 149-162.

Patron, N.J., Rogers, M.B. and Keeling, P.J., 2004. Gene replacement of fructose-1,6-bisphosphate aldolase supports the hypothesis of a single photosynthetic ancestor of chromalveolates. Eukaryo. Cell, 3: 1169-1175.

Patterson, D.J., 1999. The diversity of eukaryotes. Am. Nat., 154: S96-S124.

Rogers, M. and Keeling, F.J., 2004. Lateral transfer and recomparlmentalization of Calvin cycle enzymes of plants and algae. J. Mol. Evol., 58: 367-375.

Simpson, A.G.B., 2003. Cytoskeletal organization, phylogenetic affinities and systematics in the contentious taxon Excavata (Eukaryota). Int. J. Syst EvoL Microbiol., 53: 1759-1777.

Simpson, A.G. and Roger, A.J., 2002. Eukaryotic evolution: getting to the root of the problem. Curr. Biol., 12: R691-R693.

Simpson, A.G., Roger, A.J., Silberman, J.D., Leipe, D.D., Edgcomb, V.P., Jermiin, L.S., Patterson, D.J. and Sogin, M.L., 2002. Evolutionary history of "ear!y-diverging" eukaryotes: The excavate taxon *Carpediemonas* is a close relative of *Giardia*. Mol. Biol. Evol., 19: 1782-1791.

Stiller, J.W., Duflield, E.C.S. and Hall, B.D., 1998. Amitochondriate amoebae and the evolution of DNA-dependent RNA polymerase II. Proc. Natl. Acad. Sci. USA, 95: 11769-11774.

Whittaker, R.H., 1959. On the broad classification of organisms. Quart. Rev. Biol., 34: 210-226.

Whittaker, R.H., 1969. New concepts of kingdoms of organisms. Science, 163: 150-160.

Whittaker, R.H. and Margulis, L., 1978. Protist classification and the kingdoms of organisms. BioSystems, 10: 3-18.

Williamson, D.H., Gardner, M.J., Preiser, P., Moore, D.J., Rangachari, K. and Wilson, R.J.M., 1994. The evolutionary origin of the 35 kb circular DNA of *Plasmodium falciparum*. New evidence supports a possible rhodophyte ancestry. Mol. Gen. Genet., 243: 249-252.

Yoon, H.S., Hackett, J.D., Pinto, G. and Bhattacharya, D., 2002. The single, ancient origin of chromist plastids. Proc. Natl Acad. Sci. USA, 99: 15507-15512.

Yoon, H.S., Hackett, J.D., Ciniglia, C., Pinto, G. and Bhattacharya, D., 2004. A molecular timeline for the origin of photosynthetic eukaryotes. Mol. Biol. Evol., 21: 809-818.

제14장 육상으로의 길

Bhattacharya, D., 2000. Plant origin. J. Phycol., 36: 798.

Bhattacharya, D., Aubry, J., Twait, E.C. and Jurk, S., 2000. Actin gene duplication and the evolution of morphological complexity in land plants. J. Phycol., 36: 813-820.

Bhattacharya, D., Surek, B., Rüsing, M., Damberger, S. and Melkonian, M., 1994. Group 1 introns are inherited through common ancestry in the nuclear-encoded rRNA of Zygnematales (Charophyceae). Proc. Natl. Acad. Sci. USA, 91: 9916-9920.

Bremer, K., 1985. Summary of green plant phylogeny and classification. Cladistics, l: 369-385.

千原光雄(企劃), 1983. 特集「緑藻類の系統と進化」遺伝, 37.

Delwiche, C.F., Karol, K.G., Cimino, M.T. and Sytsma, K.J., 2002. Phylogeny of the genus *Coleochaete* (Coleochaetales, Charophyta) and related taxa inferred by analysis of the chloroplast gene *rbcL*. J. Phycol., 38: 394-403.

Friedl, T., 1995. Inferring taxonomic positions and testing genus level assignments m coccoid green lichen algae: A phylogenetic analysis of 18S ribosomal RNA sequences from *Dictyochloropsis reticulata* and from members of the genus *Myrmecia* (Chlorophyta, Trebouxiophyceae Cl. Nov.). J. Phycol., 31: 632-639.

Friedl, T., 1997. The evolution of the green algae. In: Bhattacharya, D.(ed.) Origins of Algae and their Plastids. Springer Verlag, Wien, p.87-101.

福沢秀哉, 1997. 炭酸脱水素酵素による二酸化炭素固定の促進. 遺伝, 51: 30-35.

Graham, L.E., 1993. Origin of Land Plants. John Wiley and Sons, Inc, New York, 287pp. (渡辺 信·堀 輝三[訳], 1996. 陸上植物の起源 -緑藻から緑色植物へ-. 内田老鶴圃, 359pp.)

Graham, L.E., Cook, M.E. and Busse, J.S., 2000. The origin of plants: Body plan changes contributing to a major evolutionary radiation. Proc. Natl. Acad. Sci. USA, 97: 4535-4540.

Graham, L.E., Delwiche, C.F. and Mishlcr, B.D., 1991. Phylogenetic connections between the 'Green Algae' and the 'Bryophytes'. Adv. Bryol., 4: 213-244.

Hori, T., Inouye, I., Horiguchi, T. and Boalch, T., 1985. Observations on the motile stage of *Halosphaera minor* Ostenfeld (Prasinophyceae) with special reference to the cell structure. Bot. Mar., 28: 529-537.

Huss, V.A.K. and Kraiu, H.D., 1997. Charophyte evolution and the origin of land plants. In: Bhattacharya, D.(ed.) Origins of Algae and their Plastids. Springer Verlag, Wien, p.103-114.

Inouye, I., Hori, T. and Chihara, M., 1990. Absolute configuration analysis of the flagellar apparatus of *Pterosperma cristatum* (Prasinophyceae) and consideration of its phylogenetic position. J. Phycol., 26: 329-344.

Ir vine, D.E.G. and John, D.,(eds.), 1984. The Systematics of Green Algae. Academic Press, London, 449pp.

Jeffrey, C., 1981. Kingdoms, codes and classification. Kew Bulletin, 37: 403-416.

Karol, K.G., McCourt, R.M., Cimino, M.T. and Delwiche, C.F., 2001. The closest relatives of land plants. Science, 294: 2351-2353.

Lanieux, C., Otis, C. and Turmel, M., 2000. Ancestral chloroplast genome in *Mesostigma viride* reveals an early branch of green plant evolution. Nature, 403: 649-652.

Mattox, K.R. and Stewart, K.D., 1984. Classification of the green algae: A concept based on comparative cytology. In: Ir vine, D.E.G. and John, D.M.(eds.), Systematics of Green Algae. Academic Press, London, p.29-72.

Melkonian, M., 1982. Structural and evolutionary aspectsof the flagellar apparatus in green algae and land plants. Taxon, 31 : 255-265.

Melkonian, M., 1990. Phylum Chlorophyta : Introduction to the Chlorophyta. In: Margulis, L., Corliss, J.O., Melkonian, M. and Chapman, D.J.(eds.), handbook of Protoctista. Jones and Bartlett Publishers, Boston, p.597-599.

Melkonian, M. and Surek, B., 1995. Phylogeny of the Chlorophyta; Congruence between ultrastructural and molecular evidence. Bull. Soc. ZooL Fr., 120: 191-208.

Mishler, B.D. and Churchill, S.P., 1985. Transition to a land flora: phylogenetic relationships of the green algae and bryophytes. Cladistics, 1: 305-328.

Müller, T., Rahmann, S., Dandekar, T. and Wolf, M., 2004. Accurate and robust phylogeny estimation based on profiledistances: a study of the Chlorophyceae (Chlorophyta). BMC Evol. Biol., 4: 20.

Nakayama. T., Marin, B., Kranz, H.D., Surek, B., Huss, V.A.R., Inouye, I. and Melkonian, M., 1998. The basal position of scaly green flagellates among the green algae (Chlorophyta) is revealed by analyses of nuclear-encoded SSU rRNA sequences. Protist, 149: 367-380.

Nakayama, T. Watanabe, S., Mitsui, K.. Uchida, H. and Inouye, I., 1996. The phylogenetic relationship between the Chlamydomonadales and Chlorococcales inferred from 18SrDNA sequence data. PhycoL Res., 44: 47-55.

Nakayama, T., Watanabe, S. and Inouye, I., 1996. Phylogeny of wall-less green flagellates inferred from 18SrDNA sequence data. Phycol. Res., 44: 151-162.

O`Kelly, C.J. and Floyd, G.L., 1983. Flagellar apparatus, absolute orientations and the phylogeny of the green algae. Biosystems, 16: 227-251.

Pickett-Heaps, J.D., 1975. Green Algae: Structure, Reproduction and Evolution in Selected Genera. Sinauer Associates, Inc., Sunderland, Massachusetts, 606pp.

Qui, Y-L., and Lee, J., 2000. Transition to land flora: A molecular phylogenetic perspective. J. Phycol., 36: 799-802.

白岩善博, 1999. 微細藻類のCO_2順化・適応の分子機構. 生物工学会誌, 77: 154-157.

Surek, B., Beemelmanns, U., Melkonian, M. and Bhattacharya, D., 1993. Ribosomal RNA sequence comparisons demonstrate an evolutionary relationship between Zygnematales and charophyles. PI. SysL Evol., 191: 171-181.

Simiki, E., Shiraiwa, Y. and Miyachi, S., 1994. The cellular and molecular aspects of carbonic anhydrase in photosynthetic microorganisms. In: Round, F.E. and Chapman, D.J.(eds.) Progress in Phycological Research. Vol. 10. Biopress, Bristol, p.1-54.

Sym, S.D. and Pienaar, R.N., 1993. The Prasinophyceae. In: Round, F.E. and Chapman, D.J.

eds.) Progress in Phycological Research 9, p. 81-376.

Turmel, M., Ehara, M., Otis, C. and Lemieux, C., 2002. Phylogenetic relationships among streptophytes as inferred from chloroplast small and large subunit rRNA gene sequences. J. Phycol., 38: 364-375.

Vergara-Silva, F., Martinez-Castilla, L and Alvarez-Buylla, E.R., 2000. Mads-box genes: development and evolution of plant body plans. J. Phycol., 36: 803-812.

제15장 조류를 둘러싼 지구역사

鎭西清高·植村和彦(編), 2004. 古生物の科学 5. 地球環境と生命史. 朝倉書店, 248pp.

Condie, K.C. and Sloan, R.E., 1978. Origin and Evolution of Earth. Principles of Historical Geology. Prentice-Hall, Inc. New Jersey, 498pp.

Falkowski, P.G., Katz, M.E., Knoll, A.H., Quigg, A., Raven. J.A., Schofield, O. and Taylor, F.J.R., 2004. The evolution of modern eukaryotic phytoplankton. Science, 305: 354-360.

Falkowski, P.G., Schofield, 0., Katz, M. E. van de Schootbrugge, B. and Knoll, A., 2004. Why is the land green and ocean red? In: Thierstein, H.R. and Young, J.R.(eds.) Coccolithophores: From Molecular Process to Global Environment Springer Berlin, p.429-453.

Gzebyk, D., Schofield, 0., Vetriani, C. and Falkolwski, P.G., 2003. The Mesozoic radiation of eukaryotic algae: the portable plastid hypothesis. J. Phycol., 39: 259-267.

池谷仙之·北里 洋, 2004. 地球生物学. 東京大学出版会, 228pp.

能澤峰夫·伊藤孝志·吉田茂生 (編), 2002. 全地球史解說. 東京大学出版会, 540pp.

川上神一, 1995. 稿稿学 リズムから地球史に迫る. 東京大学出版会, 253pp.

川上神一, 2000. 生命と地球の共進化. NHKブックス, 267pp.

川上神一, 2003. 全地球凍結. 集英社新書. 203pp.

Knoll, A.H., 2003. Life on a Young Planet The First Three Billion Years of Evolution on Earth. Prinston University Press. (斎藤隆央(編), 2005. 生命 最初の30億年. 紀伊国屋書店)

丸山茂德·磯崎行雄, 1998. 生命と地球の歷史. 岩波新書, 275pp.

Medlin, L.K., Cooper, A., Hill, C., Wrieden, S. and Wellbrock, U., 1995. Phylogenetic position of the Chromista plastids based on small subunit rRNA coding regions. Curr. Gent., 28: 560-565.

Quigg, A., Finkel, Z.V., Irwin, A.J., Rosenthal, Y., Ho, T.-Y., Reinfelder, J.R., Schofield, O., More, F.M.M. and Falkowski, P.G., 2003. The evolutionary inheritance of elemental stoichiometry in marine phytoplankton. Nature, 425: 291-294.

제16장 원핵생물학의 르네상스

Andersen, R.A., 1998. What to do with Protists? Australian Systematic Bot., 11: 185-201.

Berney, C., Fahrni, J. and Pawlowski, J., 2004. How many novel eukaryotic *kingdoms? Pitfalls and limitations of environmental DNA susrveys. BMC Biol., 2: 1-13.

Mayr, E., 1998. Two empires or three? Proc. Natl. Acad. Sci. USA, 95: 9720-9723.
Moon-van der Staay, S.Y., De Wachter, R. and Vaulot, D., 2001. Oceanic 18S rDNA sequences from picoplankton reveal unsuspected eukaryotic diversity. Nature, 409: 607-610.
Norton, T.A., Melkonian, M. and Andersen, R.A., 1996. Algal biodiversity. Phycologia, 35: 308-326.
Taylor, F.J.R., 2003. The collapse of the two-kingdom system, the rise of protistology and the founding of the International Society for Evolutionary Protistology (ISEP). Int J. SysL Evol. Microbiol., 53: 1707-1714.
Woese, C.R., 1998. Default taxonomy: Ernst Mayr's view of the microbial world. Proc. Natl. Acad. Sci. USA, 95: 11043-11046.

한글 색인

ㄴ

ㄷ

ㅂ

ㅅ

ㅇ

ㅈ

ㅊ

ㅋ

ㅌ

ㅍ

ㅎ

영문 색인

A

B

C

D

G

H

I

J

K

L

M

P

Q

R

S

T

U

V

W

X

Z

학명 색인

D

E

30억년의 조류 자연사

조류를 통해 본 생물진화·지구·환경

인 쇄 | 2016년 12월 15일
발 행 | 2016년 12월 20일

저 자 | Isao INOUE (井上 勳)
역 자 | 윤양호(尹良湖, Yang Ho YOON)
발행인 | 지병문
발행처 | 전남대학교출판부

등록 | 1981. 5. 21. 제53호
주소 | 61186 광주광역시 북구 용봉로 77
전화 | (062) 530-0571 ~ 2 마케팅 530-0573
팩스 | (062) 530-0579
홈페이지 | http://www.cnup.co.kr
이메일 | cnup0571@hanmail.net

값 45,000원

ISBN 978-89-6849-363-8 (93470)

이 도서의 국립중앙도서관 출판예정도서목록(CIP)은 서지정보유통지원시스템 홈페이지(http://seoji.nl.go.kr)와 국가자료공동목록시스템(http://www.nl.go.kr/kolisnet)에서 이용하실 수 있습니다.
(CIP제어번호 : CIP2016031007)